CW00704749

1 MONTH OF
FREE
READING

at

www.ForgottenBooks.com

By purchasing this book you are eligible for one month membership to ForgottenBooks.com, giving you unlimited access to our entire collection of over 700,000 titles via our web site and mobile apps.

To claim your free month visit:

www.forgottenbooks.com/free767615

* Offer is valid for 45 days from date of purchase. Terms and conditions apply.

ISBN 978-0-483-18652-1
PIBN 10767615

This book is a reproduction of an important historical work. Forgotten Books uses
state-of-the-art technology to digitally reconstruct the work, preserving the original format
whilst repairing imperfections present in the aged copy. In rare cases, an imperfection in
the original, such as a blemish or missing page, may be replicated in our edition. We do,
however, repair the vast majority of imperfections successfully; any imperfections that
remain are intentionally left to preserve the state of such historical works.

Forgotten Books is a registered trademark of FB &c Ltd.
Copyright © 2017 FB &c Ltd.
FB &c Ltd, Dalton House, 60 Windsor Avenue, London, SW19 2RR.
Company number 08720141. Registered in England and Wales.

For support please visit www.forgottenbooks.com

Fünfzehnter Bericht

der

Oberhessischen Gesellschaft

f ü r

Natur- und Heilkunde.

———•◄►•———

Mit 1 Steindrucktafel.

⸺⸎⸶⸺

Giefsen,
im September 1876.

Inhalt.

688074

I.

Phänologische Beobachtungen in Giefsen.

Von H. Hoffmann.

Im Folgenden sind die wesentlichsten Resultate meiner an 247 Pflanzenarten und 25 Thieren angestellten phänologischen Beobachtungen in Giefsen (492' p. abs. Höhe, 50⁰ 35' n. Br., 26⁰ 22' ö. L. v. F.) niedergelegt. Dieselben umfassen bezüglich der Pflanzen die wichtigeren Vegetations-Phasen, namentlich die mittlere Zeit der ersten-Blüthe, und in mehreren Fällen die ganze Vegetationsthätigkeit von der ersten Vegetationsbewegung, dem Knospenschieben, bis zu deren Ende, der allgemeinen Laubverfärbung.

In der Regel handelt es sich dabei um sehr verbreitete, allgemein cultivirte Pflanzen oder überall vorkommende Unkräuter u. dgl., bei denen also die sichere Beobachtung einer bestimmten Phase mit keinen besonderen Schwierigkeiten verbunden war. Bei zahlreichen anderen Pflanzen, welche in hiesiger Gegend nicht wild oder allgemein cultivirt vorkommen, wurden die Beobachtungen im botanischen Garten ausgeführt. Schwieriger war die Lösung der Aufgabe bei solchen Pflanzen, welche zwar wild vorkommen, wie Cineraria spathulaefolia, Goodyera repens, Tussilago Farfara u. dgl., welche aber wegen Entfernung des Standortes nicht täglich beobachtet werden konnten. Bei diesen liefs sich eben nur feststellen, zu welcher Zeit sie überhaupt in *Blüthe* beobachtet wurden, nicht aber der Eintritt der „ersten Blüthe“. Jene etwas unbestimmte Phase ist aber doch in gewisse Grenzen eingeengt, indem hinzugefügt wurde, an welchem frühesten sowohl als spätesten Termin das Blühen überhaupt im Laufe der Jahre beobachtet worden ist. Die übrigen Phasen bedürfen keiner besonderen Erklärung, sie sind die an allen Stationen üblichen.

Der Zeitraum der Beobachtungen ist verschieden, erstreckt sich aber bei den wichtigeren, d. h. den allgemein auch anderwärts beobachteten Species (die alle im Sinne von Koch's Synopsis Fl. Germ. et Helvet. genommen sind) auf viele Jahre, wenigstens bezüglich der wichtigeren Phasen : bei einzelnen Pflanzen bis auf 27 Jahre, z. B. Corylus Avellana und Fagus sylvatica, bei Alauda arvensis auf 33 Jahre. Davon greifen einzelne (mit Unterbrechungen) bis 1835 zurück. So können diese also wohl vollkommene Zuverlässigkeit in Anspruch nehmen.

Aber auch kürzere Jahresreihen können in vielen Fällen schon zu fast oder ganz zuverlässigen, correcten Mittelwerthen führen, wenigstens wo es sich um leicht und regelmäfsig zu beobachtende Arten handelt, sofern diese überhaupt einigermafsen präcis in ihrer Entwickelung sind, zumal wenn Jahr für Jahr ein und dieselbe Plantage, dasselbe Beet beobachtet wird. Bei Winterblüthen dagegen, z. B. Corylus Avellana, Hepatica triloba, Daphne Mazereum, Helleborus niger u. dgl. ist die Entwickelung sehr ungleich, und es bedarf hier langer Jahre, bis sich der ganze Umfang aller Möglichkeiten erschöpft hat.

Als Beispiele von Fällen, wo bereits eine kürzere Jahresreihe gute Resultate liefert, mögen folgende dienen :

(Diese Species würden sich also vorzugsweise für derartige Beobachtungen empfehlen, da nur selten ein einzelner Beobachter an demselben Orte länger als 10 Jahre zu beobachten in der Lage ist.)

Die „erste Blüthe“ von
Geranium sylvaticum ergab

          im 8jährigen Mittel den 20. Mai;
     „ 13   „   „   „ 19.   „

Helianthus annus	15 Jahre den	26.	Juni
	21 „ „	25.	„
Hordeum vulgare	11 „ „	22.	„
	16 „ „	22.	„
Lilium Martagon	14 „ „	13.	„
	22 „ „	13.	„
Medicago falcata	12 „ „	9.	„
	18 „ „	9.	„
Nuphar luteum	10 „ „	30.	Mai
	16 „ „	30.	„
Prunus armeniaca	12 „ „	1.	April
	18 „ „	1.	„
Prenanthes purpurea	3 „ „	15.	Juli
	9 „ „	16.	„
Primula elatior	9 „ „	25.	März
	14 „ „	25.	„
Triticum vulgare	8 „ „	15.	Juni
	13 „ „	14.	„
	19 „ „	14.	„
Potentilla verna	7 „ „	8.	April
	12 „ „	8.	„

Gröfser ist schon der Unterschied bei

Prunus Avium	8 Jahre der	23.	April
	14 „ „	21.	„
	21 „ „	19.	„

Bei Winterblüthen wird der Unterschied noch gröfser, was bei der Ungleichheit unserer Winter sehr natürlich ist. Hepatica triloba kann schon zu Ende Decembers aufblühen, ein andermal wieder erst am 30. März. Daher das Mittel von

6 Jahren der	3.	März
13 „ „	28.	Februar
18 „ „	26.	„

Petasites niveus schwankt zwischen dem 18. December und 16. März; daher das Mittel von

9 Jahren der	18.	Februar
15 „ „	13.	„

Cornus mas schwankte zwischen dem 1. Februar und 16. April.

1*

Das Mittel aus

7 Jahren ergab den 19. März

14   „   „   „   15.   „

20   „   „   „   17.   „

Ferner sind die Beobachtungen an solchen Pflanzen unsicher (und erfordern also sehr lange Jahresreihen), deren
Blüthen öfter durch Nachfröste verzögert werden. So schwankt
die erste Blüthe von Syringa vulgaris zwischen dem 20. April
und 16. Mai; daher ist das Mittel nach

6 Jahren der 9. Mai

13   „   „   4.   „

20   „   „   3.   „

Ich habe bereits im Jahre 1867 eine vorläufige Berechnung der damaligen Mittelwerthe für Gießen veröffentlicht
(13. Bericht d. oberhessischen Gesellschaft für Natur - und
Heilkunde in Gießen, ed. 1869. p. 64ff.), worauf ich Diejenigen
verweise, welche weiteres Material zur Vergleichung des
Werthes längerer oder kürzerer Beobachtungsreihen zu benutzen wünschen.

Beachtenswerth ist, daß der sonnige oder schattige Standort von sehr bedeutendem Einflusse ist, wonach es sich empfiehlt,
derartige Beobachtungen im Interesse der Vergleichbarkeit
mit anderen Orten stets an möglichst sonnigen Standorten
anzustellen. Ein Beispiel von extrem schattigem und extrem
sonnigem Standorte möge genügen, die Bedeutung dieser
Thatsache hervorzuheben. Die erste Blüthe von 2 Plantagen
aus demselben Samen von Prunella grandiflora ergab auf
schattigem Standorte im Mittel von 6 identischen Jahren den
21. Juni; an einem durchaus sonnigen Standorte den 12. Juni.

Im Interesse Derjenigen, welchen es wünschenswerth erscheint, die im Folgenden niedergelegten phänologischen Mittelwerthe mit den *Temperatur*-Verhältnissen von Gießen zu vergleichen, bemerke ich Folgendes : Die *Mitteltemperatur* eines
jeden Tages, aus den Jahren 1852 bis 1865, findet sich abgedruckt auf Seite 65 des 12. Berichts der oberhess. Ges. f.
Natur- und Heilkunde in Gießen, 1867. (Es sind hier nur
die Tagesmittel über 0°, als die für die Vegetation positiv

wirksamen, gerechnet.) — Ebendaselbst, auf S. 67., sind dieselben positiven Mitteltemperaturen für jeden Tag des Jahres
vom 1. Januar an *summirt*. — Die letztere Tabelle, bis 1869
incl. fortgeführt, ist abgedruckt auf S. 390 der Abhandl. der
Senckenberg. naturf. Gesellsch. in Frankfurt a. M. VIII. 1872.
— Ebendaselbst findet sich in der Mittelberechnung aus mehreren Jahren für jeden Tag die *Summe der Maxima an der
Sonne* angegeben. — Der tägliche Betrag des *Niederschlags*
im Mittel von 20 Jahren ist abgedruckt in dem Notizblatt des
Vereins für Erdkunde in Darmstadt 1873 no. 134. — Alles
dieses hier noch einmal zu wiederholen, würde den Druck un-
nöthiger Weise zu sehr compliciren.

So möge denn diese mit aller Gewissenhaftigkeit ausgeführte Beobachtungsreihe dazu beitragen, neue Freunde diesem
Felde zuzuführen und alte in der Ausdauer zu befestigen.
Zu Ende kommt man freilich hier, wie auch sonst in der
Wissenschaft, nie; aber es ist schon lohnend, Bausteine vor-
bereiten zu helfen im Interesse der Zukunft. Und daſs derartige Beobachtungen dereinst zu werthvollen Aufschlüssen
und zur Erkenntniſs jetzt noch vielfach dunkler Gesetze der
Pflanzenklimatologie führen werden, daran ist nicht zu zweifeln.

Giessen, im December 1875.

H. Hoffmann.

Uebersicht der beobachteten Phasen mit Erklärung der Abkürzungen.

1. K. s. Knospen schwellen. Erste Vegetationsbewegung. — 2. K. b.
Knospen brechen auf; Blattspitzen brechen hervor. — 3. B. O. s. Erste
Blattoberfläche sichtbar. Anfang der Belaubung. — 4. a. B. A. Allgemeines
Blätter-Ausschlagen. — 5. g. B. Volle Belaubung, ganz und allgemein belaubt.
— 6. a. L. V. Allgemeine Laubverfärbung, über die Hälfte der Blätter verfärbt. — 7. a. L. F. Allgemeiner Laubfall. — 8. e. B. Erste Blüthe offen;
mittleres Datum. — 9. fr. frühestes Datum. — 10. sp. spätestes Datum.
— 11. B. Blüthe (überhaupt, ohne genauere Bezeichnung des Stadiums). —
12. V. B. Vollblüthe, über die Hälfte der Blüthen offen. — 13. e. Fr. r.
Erste Frucht reif. — 14. a. Fr. r. Allgemeine Fruchtreife. — 15. Ä. Ärndte-
Anfang.

Die eingeklammerten Ziffern bedeuten die Anzahl der Beobachtungsjahre.

Mittlere Vegetations-

Namen	1. K. s.	2. K. b.	3. B. O. s.	4. a. B. A.	5. g. B.
1. *Abies excelsa Lam.* Fichte	15. IV (3)	30. IV (5)	4. V (3)	—	—
2. *Acer platanoides*	—	—	22. IV (4)	—	—
3. *Acer Pseudoplatanus*	—	—	—	—	—
4. *Aconitum Lycoctonum*	—	—	—	—	—
5. *Acorus Calamus*	—	—	—	—	—
6. *Actaea spicata*	—	—	—	—	—
7. *Adenostyles albifrons*	—	—	—	—	—
8. *Adonis aestivalis*	—	...	—	—	—
9. *Adonis vernalis*	—	—	—	—	—
10. *Aesculus Hippocastanum*	7. III (11)	8. IV (4)	10. IV (16)	—	17. IV (4)
11. *Aesculus macrostachya*	—	—	—	—	—
12. *Agaricus campester*, erster Frucht- träger	—	—	—	—	—
13. *Agaricus Oreades*, ebenso	—	—	—	—	—
14. *Agaricus praecox*, ebenso	—	—	—	—	—
15. *Allium acutangulum*	—	—	—	—	—
16. *Allium ursinum*	—	—	—	—	—
17. *Alnus glutinosa*	—	—	—	—	—
18. *Alnus viridis*, stäubend	3. IV (3)	—	—	—	—
19. *Ampelopsis hederacea*	—	—	30. IV (5)	—	—
20. *Amygdalus communis*	—	—	—	—	—
21. *Amygdalus nana*	3. II (6)	—	—	—	—
22. *Anagallis arvensis*	—	—	—	—	—
23. *Anagallis coerulea*	—	—	—	—	—

Phasen von Giefsen.

6. a. L. V.	7. a. L. F.	8. e. B.	9. fr.	10. sp.	11. B.	12. V. B.	13. e. Fr. r.	14. a. Fr. r.	15. A.
—	—	4. V. (3)	—	—	14. V (12)	—	—	—	—
7. X (9)	—	12. IV (17)	29. III	26. IV	—	19. IV (13)	—	—	—
—	—	30. IV (7)	24. IV	14. V	—	10. V (4)	—	—	—
—	—	2. VI (4)	—	—	—	6. VI (16)	—	—	—
—	—	—	8. VI	—	—	27. VI (16)·	—	—	—
—	—	11. V (19)	29. IV	21. V	—	—	7. VII (8)	—	—
—	—	23. VI (4)	—	—	—	—	—	—	—
—	—	24. V (18)	9. V	12. VI	—	3. VI (4)	—	—	—
—	—	29. IV (8)	28. III	6. V	—	—	—	—	—
10. X (21)	21. X (3)	7. V (20)	21. IV	27. V	—	14. V (19)	19. IX (20)	—	—
9. X (5)	—	21. VII (12)	7. VII	1. VIII	—	29. VII (3)	—	—	—
—	—	17. VI (17)	11. V	5. VIII	—	—	—	—	—
—	—	18. VI (11)	22. V	2. VIII	—	—	—	—	—
—	—	31. V (11)	4. V	30. VI	—	—	—	—	—
—	—	21. VII (11)	12. IV	15 VIII	—	7. VIII (7)	—	—	—
—	—	12. V (18)	2. V	23. V.	—	19. V (15)	—	—	—
—	—	19. III (6)	8. II	12. IV	—	—	—	—	—
—	—	23. IV (4)	16. IV	3. V	—	—	—	—	—
7. X (7)	—	15. VII (8)	23. VI	14 VIII	—	20. VII (5)	—	—	—
—	—	16. IV (16)	29. III	18. V	—	23. IV (6)	—	—	—
—	—	19. IV (17)	5. IV	11. V	—	30. IV (12)	—	—	—
—	—	30. V (5)	—	—	—	—	—	—	—
—	—	11. VJ (4)	—	—	—	—	—	—	—

Namen	1. K. s.	2. K. b.	3. B. O. s.	4. a. B. A.	5. g. B.
24. *Anemone nemorosa*	—	—	—	—	—
25. *Anemone Pulsatilla*	—	—	—	—	—
26. *Anemone ranunculoides*	—	—	—	—	—
27. *Aquilegia vulgaris*	—	—	—	—	—
28. *Arabis albida*	—	—	—	—	—
29. *Arnica montana*	—	—	—	—	—
30. *Arum maculatum,* Spatha offen	—	—	—	—	—
31. *Asperula cynanchica*	—	—	—	—	—
32. *Aster alpinus*	—	—	—	—	—
33. *Aster Amellus*	—	—	—	—	—
34. *Aster chinensis*	—	—	—	—	—
35. *Aster novae Angliae*	—	—	—	—	—
36. *Atropa Belladonna*	—	—	—	—	—
37. *Aubrietia deltoidea*	—	—	—	—	—
38. *Avena sativa* (Antheren sichtbar*)	—	—	—	—	—
39. *Bellis perennis*	—	—	—	—	—
40. *Berberis vulgaris*	11. III (4)	—	6. IV. (7)	—	—
41. *Betula alba*	—	—	—	28. IV (4)	—
42. *Brassica Napus hiberna*	—	—	—	—	—
43. *Brassica Rapa hiberna*	—	—	—	—	—
44. *Bupleurum falcatum*	4. III (4)	—	—	—	—
45. *Calluna vulgaris*	—	—	—	—	—
46. *Caltha palustris*	—	—	—	—	—
47. *Cardamine pratensis*	—	—	—	—	—
48. *Carpinus Betulus*	—	—	—	—	—

6.	7.	8.	9.	10.	11.	12.	13.	14.	15.
a. L. V.	a. L. F.	e. B.	fr.	sp.	B.	V. B.	e. Fr. r.	a. Fr. r.	Ä.
—	—	26. III (15)	10. III	16. IV	—	10. IV (8)	—	—	—
—	—	26. III (14)	11. III	18. IV	—	20. IV (11)	—	—	—
—	—	4. IV (6)	27. III	8. IV	—	16. IV (5)	—	—	—
—	—	14. V (9)	1. V	26. V	—	7. VI (5)	—	—	—
—	—	29. III (15)	12. III	16. IV	—	—	—	\	—
—	—	6. VI (14)	23. V	19. VI	—	20. VI (11)	—	—	—
—	—	7. V (7)	29. IV	19. V	—	17. V (14)	—	—	—
—	—	19. VI (6)	10. VI	27. VI	—	—	—	—	—
—	—	1. VI (18)	19. V	16. VI	—	—	—	—	—
—	—	11 VIII (14)	27. VII	25 VIII	—	—	—	—	—
—	—	27. VII (24)	16. VII	8. VIII	—	—	—	—	—
—	—	30. VII (7)	13. VII	15 VIII	—	—	—	—	—
—	—	3. VI (15)	20. V	19. VI	—	—	6. VIII (8)	—	—
—	—	4. IV (9)	17. III	24. IV	—	—	—	—	—
—	—	*30. VI (17)	14. VI	14. VII	—	—	—	—	12.VIII(20) 1ª. VII bis 7. IX
—	—	20. II (13)	26. XII	31. III	23. III (9)	—	—	—	—
—	24. X (2)	7. V (19)	8. IV	20. V	—	18. V (16)	11 VIII (11)	—	—
14. X (7)	—	15. IV (9)	5. IV	26. IV	—	26. IV (15)	—	—	—
—	—	24. IV (11)	16. IV	9. V	—	—	—	—	—
—	—	15. IV (16)	2. IV	28. IV	—	27. IV (11)	—	—	—
—	—	1. VII (19)	11. VI	15. VII	—	25. VII (14)	26 VIII	—	—
—	—	23. VII (8)	27. VI	10 VIII	—	—	—	—	—
—	—	10. IV (8)	31. III	24. IV	—	—	—	—	—
—	—	18. IV (17)	31. III	3. V	—	—	—	—	—
—	—	18. IV (3)	—	—	—	24. IV (5)	—	—	—

Namen	1. K. s.	2. K. b.	3. B. O. s.	4. a. B. A.	5. g. B.
49. *Castanea vulgaris*	22. III (11)	—	27. IV (14)	—	—
50. *Catalpa syringaefolia*	29. IV (13)	—	15. V (12)	—	—
51. *Centaurea Cyanus*	—	—	—	—	—
52. *Cephalanthera rubra*	—	—	—	—	—
53. *Cercis Siliquastrum*	—	—	—	—	—
54. *Chaerophyllum hirsutum*	—	—	—	—	—
55. *Chrysanthemum corymbosum*	—	—	—	—	—
56. *Cineraria spathulaefolia*	—	—	—	—	—
57. *Colchicum autumnale*	14. III (9) 1)	—	25. III (7)	—	—
58. *Convallaria majalis*	—	—	—	—	—
59. *Convolvulus arvensis*	—	—	—	—	—
60. *Cornus mas*	—	—	23. IV (4)	—	—
61. *Cornus sanguinea*	—	—	—	—	—
62. *Coronilla varia*	—	—	—	—	—
63. *Corydalis cava*	treibt 11. III	—	—	—	—
64. *Corydalis fabacea*	treibt 14. III (7)	—	—	—	—
65. *Corydalis solida*	—	—	—	—	—
66. *Corylus Avellana*	26. II (4)	—	8. IV (11)	—	—
67. *Crataegus Oxyacantha*	—	—	2. IV (3)	—	—
68. *Crocus luteus*	—	—	—	—	—
69. *Crocus sativus*	—	—	—	—	—

1) Blattspitzen über der Erde.
2) Colchicum blühte in 24 Jahren 4mal auch im Frühling (Febr. oder März), einmal

6.	7.	8.	9.	10.	11.	12.	13	14.	15.
a. L. V.	a. L. F.	e. B.	fr.	sp.	B.	V. B.	e. Fr. r.	a. Fr. r.	Ä.
22. X (20)	—	27. VI (12)	7. VI	11 VIII	—	6. VII (19)	2. X (8)	—	—
9. X (19)	27. X (4)	23. VII (17)	3. VII	9. VIII	—	29. VII (23)	0	—	—
—	—	28. V (12)	14. V	10. VI	—	—	.	—	—
—	—	15. VI (8)	25. V	24. VI	24. VI (20)	—	—	—	—
—	—	14. V (5)	24. IV	25. V	—	—	—	—	—
—	—	15. V (8)	5. V	21. V	—	20. V (11)	—	—	—
—	—	16. VI (7)	29. V	24. VI	—	28. VI (8)	—	—	—
—	—	9. V (4)	29. IV	—	15. V (21)	—	—	—	—
26. IV (8)	—	13 VIII (24)	19. VII ²)	1. IX	—	1. IX (10)	23. VI (12)	—	—
—	—	6. V (20)	24. IV	22. V	—	19. V (11)	—	—	—
—	—	8. VI (4)	—	—	—	—	—	—	—
8. V (4)	—	17. III (20)	1. II	16. IV	—	2. IV (20)	27 VIII (11)	—	—
—	—	4. IV (4)	25. V	21. VI	—	—	—	—	—
—	—	17. VI (15)	28. V	27. VI	—	30. VI (13)	15 VIII (5)	—	—
—	—	1. IV (14)	18. III	18. IV	—	14. IV (8)	—	—	—
—	—	2. IV (8)	26. III	14. IV	—	. —	—	—	—
—	—	24. III (12) stäubt	13. III	16. IV	—	31. III (8)	—	—	—
13. X (12)	—	13. II (27)	20 XIII	22. III	—	14. II (19)	12. IX (5)	—	—
—	—	7. V (19)	15. IV	19. V	—	20. V (15)	—	—	—
—	—	9. III (13)	17. II	2. IV	—	—	—	—	—
—	—	17. X. (9)	4. X	1. XI	—	—	0	—	—

ziemlich zahlreich. In obiger Berechnung nicht berücksichtigt.

Namen	1. K. s.	2. K. b.	3. B. O. s.	4. a. B. A.	5. g. B.
70. *Crocus vernus*	—	—	—	—	—
71. *Cydonia vulgaris*	—	—	—	—	—
72. *Cypripedium Calceolus*	—	—	—	—	—
73. *Cystopus candidus* (erstes Erscheinen*)	—	—	—	—	—
74. *Cytisus Laburnum*	—	—	21. IV (5)	—	—
75. *Cytisus sagittalis*	—	—	—	—	—
76. *Dahlia variabilis*	—	—	—	—	—
77. *Daphne Mezereum*	4. II (4)	—	26. III (11)	—	—
78. *Dentaria bulbifera*	—	—	—	—	—
79. *Dianthus deltoides*	—	—	—	—	—
80. *Dianthus Carthusianorum*	—	12. III (13)	12. III (13)	—	—
81. *Dianthus plumarius*	—	—	—	—	—
82. *Dianthus superbus*	—	—	—	—	—
83. *Dielytra spectabilis*	—	—	—	—	—
84. *Digitalis purpurea*	—	—	—	—	—
85. *Doronicum caucasicum*	—	—	—	—	—
86. *Doronicum Pardalianches*	—	—	—	—	—
87. *Draba repens*	—	—	—	—	—
88. *Draba verna*	—	—	—	—	—
89. *Epipactis palustris*	—	—	—	—	—
90. *Equisetum arvense*	—	—	—	—	—
91. *Eranthis hyemalis*	—	treibt 1. II (4)	—	—	—
92. *Erucastrum Pollichii*	—	keimt 29. IV (8)	—	—	—

6.	7.	8.	9.	10.	11.	12.	13.	14.	15.
a. L. V.	a. L. F.	e. B.	fr.	sp.	B.	V. B.	e. Fr. r.	a. Fr. r.	Ä.
—	—	15. III (16)	21. II	4. IV	—	30. III (16)	—	—	—
—	—	14. V (9)	29. IV	23. V	—	19. V (5)	—	—	—
—	—	15. V (11)	2. V	23. V	—	—	—	—	—
—	—	*1. V (11)	*5. IV	*4. VI	—	—	—	—	—
—	—	10. V (14)	28. IV	24. V	—	26. V (19)	—	—	—
—	—	12. VI (6)	6. VI	19. VI	—	—	—	—	—
—	—	5. VII (20)	21. VI	24. VII	—	26. VII (7)	—	—	—
7. IX (4)	—	17. II (19)	12. XII	3. IV	11. III (4)	18. III (15)	20. VI (11)	—	—
—	—	2. V (6)	—	—	—	14. V (5)	—	—	—
—	—	18. VI (5)	—	—	—	—	—	—	—
19. IX (8)	—	7. VI (16)	9. V	13. VIII!	—	21. VI (15)	6. VIII (13)	—	—
—	—	30. V (11)	21. V	6. VI	—	—	—	—	—
—	—	2. VII (4)	—	—	—	21. VII (11)	—	—	—
—	—	29. IV (12)	8. IV	24. V	—	—	—	—	—
—	—	11. VI (17)	22. V	5. VII	—	2. VII (12)	—	—	—
—	—	13. IV (7)	1. IV	19. IV	—	—	—	—	—
—	—	19. V (14)	7. V	30. V	—	6. VI (20)	—	—	—
—	—	18. IV (9)	30. III	3. V	—	—	—	—	—
—	—	20. III (14)	7. III	9. IV	—	31. III (9)	—	—	—
—	—	1. VII (19)	13. VI	18. VII	—	—	—	—	—
—	—	—	—	—	—	—	16. IV (13)	28. IV (6)	—
—	—	15. II (19)	13. I	22. III	—	28. II (15)	—	—	—
—	—	16. VI (18)	15. III	3. IX!	—	14. VII (8)	8. VIII (11)	—	—

Namen	1. K. s.	2. K. b.	3. B. O. s.	4. a. B. A.	5. g. B.
93. *Eryngium campestre*	—	—	—	—	—
94. *Euphorbia Cyparissias*	—	treibt 22. III (8)	—	—	—
95. *Evonymus europaeus*	—	—	—	—	—
96. *Fagus sylvatica*	5. IV (9)	—	26. IV (16)	—	Wald- grün 4. V (27)
97. *Falcaria Rivini*	—	—	—	—	—
98. *Fragaria vesca*	—	—	—	—	—
99. *Fraxinus excelsior*	—	—	6. V (10)	—	—
100. *Fritillaria imperialis*	—	—	—	—	—
101. *Gagea lutea*	—	—	—	—	—
102. *Gagea stenopetala*	—	—	—	—	—
103. *Galanthus nivalis*	—	treibt 12. I (5)	—	—	—
104. *Gentiana lutea*	—	—	—	—	—
105. *Gentiana verna*	—	—	—	—	—
106. *Geranium macrorhizon*	—	—	—	—	—
107. *Geranium sylvaticum*	—	—	—	—	—
108. *Goodyera repens*	—	—	—	—	—
109. *Gymnosporangium Juniperi Sabinae*	—	—	—	—	—
110. *Hedera Helix*	—	—	—	—	—
111. *Helianthus annuus*	—	—	—	—	—
112. *Helianthus tuberosus*	—	—	—	—	—
113. *Helichrysum arenarium*	—	—	—	—	—

6. a. L. V.	7. a. L. F.	8. e. B.	9. fr.	10. sp.	11. B.	12. V. B.	13. e. Fr. r.	14. a. Fr. r.	15. Ä.
—	—	26. VII (14)	13. VII	18 VIII	—	—	—	—	—
—	—	4. V (13)	28. IV	12. V	—	15. V (7)	—	—	—
—	—	20. V (9)	10. V	30. V	—	—	—	—	—
14. X (17)	—	2. V (6)	24. IV	16. V	—	—	—	—	—
—	—	19. VII (19)	29. VI	18 VIII	—	—	—	—	—
—	—	30. IV (9)	10. IV	9. V	—	—	9. VI (18)	21. VI (7)	—
20. X (13)	29. X (6) oft grün	21. IV (14)	7. IV	4. V	—	26. IV (15)	14. IX (8)	—	—
—	—	14. IV (15)	1. IV	26. IV	—	21. IV (11)	—	—	—
—	—	3. IV (12)	22. III	21. IV	—	10. IV (12)	—	—	—
—	—	31. III (8)	20. III	14. IV	—	—	—	—	—
—	—	21. II (22)	29. XII	22. III)	—	2. III (16)	—	—	—
—	—	13. VI (7)	3. VI	19. VI	—	—	—	—	—
—	—	28. III (7)	25. II	6. IV	—	27. IV (24)	—	—	—
—	—	21. V (18)	6. V	13. VI	—	—	—	—	—
—	—	19. V (13)	5. V	31. V	—	—	—	—	—
—	—	—	—	—	25. VII (7)	—	—	—	—
—	—	*stroma* 22. IV (5)	28. III	18. V	—	—	—	—	—
—	—	16. IX (6)	26 VIII	30. IX	—	24. X (3)	—	3. V (4)	—
—	—	25. VII (21)	13. VII	13 VIII	—	—	—	—	—
—	—	16. X (6)	10. X	— oft gar nicht	—	—	—	—	—
—	—	21. VII (7)	11. VII	6. VIII	—	—	—	—	—

Namen	1. K. s.	2. K. b.	3. B. O. s.	4. a. B. A.	5. g. B.
114. *Helleborus foetidus*, Antheren offen	—	—	—	—	—
115. *Helleborus niger*	—	—	—	—	—
116. *Helleborus viridis*, Antheren offen	—	—	—	—	—
117. *Hepatica triloba*	—	—	—	—	—
118. *Hibiscus syriacus*	—	—	—	—	—
119. *Hordeum distichon*	—	—	—	—	—
120. *Hordeum vulgare aestiv.*	—	—	—	—	—
121. *Hyacinthus orientalis*	—	—	—	—	—
122. *Hypecoum procumbens*	—	—	—	—	—
123. *Ilex Aquifolium*	—	18. IV (5)	—	—	—
124. *Inula salicina*	—	—	—	—	—
125. *Iris pumila*	—	—	—	—	—
126. *Juglans regia*	—	—	5. V (12)	—	—
127. *Lamium album*	—	—		—	—
128. *Larix europaea*	—	—	—	—	—
129. *Lathyrus tuberosus*	—	—	—	—	—
130. *Leucoium vernum*	—	treibt 5. XII (4)	—	—	—
131. *Leycesteria formosa*	—	—	—	—	—
132. *Ligustrum vulgare*	—	—	—	—	—
133. *Lilium candidum*	—	—	—	—	—
134. *Lilium Martagon*	—	—	—	—	—
135. *Linaria Elatine*	—	—	—	—	—

| 6. | 7. | 8. | 9. | 10. | 11. | 12. | 13. | 14. | 15. |
a. L. V.	a. L. F.	è. B.	fr.	sp.	B.	V. B.	e. Fr. r.	a. Fr. r.	Ä.
–	–	27. II (7)	31. XII	11. V	–	–	–	–	–
–	–	26. IX (11) *iterum* 8. II (4)	18. VII 27. I	3. XI 25. II	–	25. XI (7) *iterum* 24. II (4)	–	–	–
–	–	8. III (4)	27. I	8. IV	–	–	–	–	–
–	–	26. II (18)	31. XII	2. IV	–	23. III (22)	–	–	–
–	–	15 VIII (7)	7. VIII	19 VIII	–	–	–	–	–
–	–	16. VI (10)	7. VI	26. VI	–	–	–	–	ab 9. VIII (16)
–	–	22. VI (16)	12. VI	1. VII	–	–	29. VII (8)	–	–
–	–	3. IV (11)	16. III	18. IV	–	–	–	–	–
–	–	28. V (13)	27. IV	4. VII	–	–	13. VII (7)	–	–
–	–	14. V (5) bei 8⁰ R	1. V	23. V	–	–	–	–	–
–	–	31. VI (6)	14. VI	12. VII	–	16. VII (15)	–	–	–
–	–	17. IV (13)	6. IV	27. IV	–	–	–	–	–
11. X (5)	–	11. V (12)	27. IV	23. V	–	–	10. IX (5)	–	–
–	–	24. IV (7)	15. IV	14. V	–	–	–	–	–
–	–	15. IV (9)	30. III	8. V	–	–	–	–	–
–	–	15. VI (9)	29. V	3. VII	–	–	–	–	–
–	–	3. III (21)	6. II	3. IV	–	11. III (18)	–	–	–
–	–	28. VII (6)	4. VII	4. IX	–	–	–	–	–
–	–	27. VI (5)	18. VII	7. VII	–	–	–	–	–
–	–	30. VI (18)	9. VI	18. VII	–	3. VII (9)	–	–	–
–	–	13. VI (22)	30. V	7. VII	–	23. VI (15)	–	–	–
–	–	–	11. VII	12 VIII	27. VII (14)	–	–	–	–

XV.

2

Namen	1. K. s.	2. K. b.	3. B. O. s.	4. a. B. A.	5. g. B.
136. *Linosyris vulgaris*	—	—	—	—	—
137. *Liriodendron tulipifera*	—	—	—	—	—
138. *Lithospermum purpureo-coeruleum*	—	—	—	—	—
139. *Lonicera alpigena*	14. II (12)	—	6. IV. (15)	—	—
140. *Lunaria rediviva*	—	—	—	—	—
141. *Lychnis alpina*	—	—	—	—	—
142. *Lysimachia nemorum*	—	—	—	—	—
143. *Mahonia Aquifolium*	—	—	—	—	—
144. *Malva moschata*	—	—	—	—	—
145. *Medicago falcata*	—	—	—	—	—
146. *Menyanthes trifoliata*	—	—	—	—	—
147. *Mercurialis perennis*	—	—	—	—	—
148. *Mespilus japonica*	—	—	—	—	—
149. *Mirabilis Jalapa*	—	—	—	—	—
150. *Muscari botryoides*	—	—	—	—	—
151. *Narcissus poeticus*	—	—	—	—	—
152. *Narcissus Pseudo-Narcissus*	—	—	—	—	—
153. *Nigella damascena*	—	—	—	—	—
154. *Nuphar luteum*	—	—	—	—	—
155. *Nymphaea alba* in demselben Teich	—	—	—	—	—
156. *Ophrys muscifera*	—	—	—	—	—
157. *Orobanche coerulea*	—	—	—	—	—
158. *Orobus niger*	—	—	—	—	—
159. *Orobus vernus*	—	—	—	—	—
160. *Paeonia officinalis*	—	—	—	—	—

6.	7.	8.	9.	10.	11.	12.	13.	14.	15.
a. L. V.	a. L. F.	e. B.	fr.	sp.	B.	V. B.	e. Fr. r.	a. Fr. r.	A.
—	—	10 VIII (8)	6. VIII	14 VIII	—	—	—	—	—
—	—	10. VI (10)	26. V	19. VI	24. VI (16)	—	—	—	—
—	—	—	8. V	16. VI	1. VI (22)	—	—	—	—
9. X (11)	—	29. IV (22)	16. IV	18. V	—	6. V (19)	21. VII (20)	—	—
—	—	28. IV (19	16. IV	14. V	—	7. V (7)	—	—	—
—	—	18. V (6)	7. V	26. V	—	—	—	—	—
—	—	25. V (8)	11. V	3. VI	—	—	—	—	—
—	—	17. IV (5)	1. IV	5. V	—	—	—	—	—
—	—	—	—	—	25. VII (7)	—	—	—	—
—	—	9. VI (18)	27. V	29. VI	—	—	—	—	—
—	—	—	—	—	28. V (8)	—	—	—	—
—	—	—	20. III	20. IV	8. IV (8)	—	—	—	—
—	—	15. IV (7)	31. III	24. IV	—	—	—	—	—
—	—	23. VII (13)	5. VII	4. VIII	—	—	—	—	—
—	—	1. IV (9)	25. III	13. IV	—	—	—	—	—
—	—	5. V (21)	24. IV	19. V	—	—	—	—	—
—	—	6. IV (7)	26. III	26. IV	—	—	—	—	—
—	—	6. VI (6)	23. V	14. VI	—	—	—	—	—
—	—	30. V (16)	6. V	19. VI	—	—	—	—	—
—	—	6. VI (18)	19. V	22. VI	—	—	—	—	—
—	—	—	14. V	15. VI	28. V (7)	—	—	—	—
—	—	—	27. V	15. VII	26. VI (7)	—	—	—	—
—	—	—	19. V	28. VI	11. VI (11)	—	—	—	—
—	—	16. IV (13)	4. IV	1. V	—	28. IV (6)	—	—	—
—	—	16. V (15)	2. V	29. V	—	—	—	—	—

Namen	1. K. s.	2. K. b.	3. B. O. s.	4. a. B. A.	5. g. B.
161. *Paeonia peregrina*	—	—	—	—	—
162. *Papaver alpinum*	—	—	—	—	—
163. *Peronospora devastatrix*	—	—	—	—	—
164. *Persica vulgaris*	3. II (9)	—	19. IV (8)	—	—
165. *Petasites niveus*	—	—	—	—	—
166. *Phaseolus multiflorus*	—	—	—	—	—
167. *Phellandrium aquaticum*	—	—	—	—	—
168. *Phyteuma nigrum*	—	—	—	—	—
169. *Phyteuma spicatum*	—	—	—	—	—
170. *Phyteuma orbiculare*	—	—	—	—	—
171. *Pinus sylvestris*	—	—	—	—	—
172. *Plantago major*	—	—	—	—	—
173. *Platanus acerifolia*	—	—	6. V (10)	—	—
174. *Plumbago europaea*	—	—	—	—	—
175. *Polygala amara*	—	—	—	—	—
176. *Polyporus squamosus*	—	—	—	—	—
177. *Populus italica*	—	—	—	29. IV (4)	—
178. *Populus tremula*	—	—	—	—	—
179. *Potentilla Fragariast. micrantha*	—	—	—	—	—
180. *Potentilla verna*	—	—	—	—	—
181. *Prenanthes purpurea*	—	—	—	—	—
182. *Primula acaulis*	—	—	—	—	—
183. *Primula elatior*	—	—	—	—	—

6.	7.	8.	9.	10.	11.	12.	13.	14.	15.
a. L. V.	a. L. F.	e. B.	fr.	sp.	B.	V. B.	e. Fr. r.	a. Fr. r.	Ä.
—	—	7. V (8)	28. IV	16. V	—	—	—	—	—
—	—	4. VI (6)	15. V	21. VI	—	—	—	—	—
—	—	—	(27.VI)	(18. 8)	—	—	23. VII (16)	—	—
—	8. XI (11) meist grün	5. IV (20)	23. I	30. IV		17. IV (19)	3. IX (10)	—	—
—	—	13. II (15)	18. XII	16. III	—	9. III (5)	—	—	—
—	—	28. VI (4)	—	—	—	—	—	—	—
—	—	—	18. VI	12 VIII	15. VII (12)	—	—	—	—
—	—	18. V (7)	11. V	29. V	—	—	—	—	—
—	—	27. V (5)	19. V	10. VI	—	—	—	—	—
—	—	—	21. V	7. VI	1. VI (6)	—	—	—	—
—	—	15. V (4)	26. IV	6. VI	12. V (14)	—	—	—	—
—	—	23. VI (7)	15. VI	4. VII	—	—	—	—	—
26. X (6)	30. X (4)	—	8. V	19. VI	24. V (9)	—	—	—	—
—	—	4. X (7)	8. IX	19. X	—	—	—	—	—
—	—	—	6. V	27. VII	9. VI (8)	—	—	—	—
—	—	—	—	—	—	—	*stroma* 21. VI (5)	—	—
17. X (5)	—	8. IV (9)	26. III	26. IV	13. IV (7)	—	—	—	—
—	—	16. III (5)	17. II	26. III	—	—	—	—	—
—	—	4. IV (7)	11. III	22. IV	—	23. IV (6)	—	—	—
—	—	8. IV (12)	13. III	20. IV	—	—	—	—	—
—	—	16. VII (9)	2. VII	30. VII	—	—	—	—	—
—	—	4. III (6)	1. II	4. IV	—	—	—	—	—
—	—	25. III (14)	9. III	10. IV	—	—	—	—	—

Namen	1. K. s.	2. K. b.	3. B. O. s.	4. a. B. A.	5. g. B.
184. *Primula officinalis*	—	—	—	—	—
185. *Prunella grandiflora*	—	—	—	—	—
186. *Prunus armeniaca*	27. II (3)	—	—	—	—
187. *Prunus Avium*	20. II (12)	—	13. IV (12)	—	—
188. *Prunus Cerasus*	—	—	20. IV (6)	—	—
189. *Prunus domestica*, Zwetsche	—	—	—	—	—
190. *Prunus insiticia*, Mirabelle	—	—	—	—	—
191. „ „ Pflaume	—	—	—	—	—
192. „ „ Reineclaude	—	—	—	—	——
193. *Prunus Padus*	—	—	2. IV (9)	-	—
194. *Prunus spinosa*	10. III (4)	—	—	—	—
195. *Pteris aquilina*	—	treibt 30. IV (13)	—	—	—
196. *Pulicaria dysenterica*	—	—	—	—	—
197. *Pulmonaria officinalis*	—	—	—	—	—
198. *Pyrus communis*	7. III (11)	—	14. IV (9)	—	—
199. *Pyrus Malus*	21. III (11)	—	16. IV (10)	—	—
200. *Quercus pedunculata*	20. IV (8)	—	1. V (16)	—	14. V (15)
201. *Ranunculus Ficaria*	—	—	—	—	—
202. *Ribes Grossularia*	29. I! (10)	—	10. III (22)	—	—
203. *Ribes rubrum*	—	—	30. III (6)	—	—
204. *Robinia Pseudacacia*	—	—	10. V (5)	—	—
205. *Rosa alpina*	—	—	—	—	—
206. *Rosa arvensis*	—	—	—	—	—
207. *Rosa centifolia*	—	—	—	—	—

6.	7.	8.	9.	10.	11.	12.	13.	14.	15.
a. L. V.	a. L. F.	e. B.	fr.	sp.	B.	V. B.	e. Fr. r.	a. Fr. r.	Ä.
—	—	29. III (11)	7. I	18. IV	—	21. IV (6)	—	—	—
—	—	7. VI (16)	21. V	18. VI	—	—	—	—	—
—	—	1. IV (18)	11. III	19. IV	—	16. IV (9)	31. VII (12)	—	—
16. X (14)	—	19. IV (21)	5. IV	7. V	—	23. IV (20)	13. VI (21)	—	—
20. X (7)	—	22. IV (20)	7. IV	8. V	—	28. IV (18)	6. VII (15)	—	—
18. X (4)	—	26. IV (16)	11. IV	9. V	—	3. V (18)	8. IX (13)	—	—
—	—	22. IV (11)	12. IV	5. V	—	—	—	18 VIII (9)	—
—	—	14. IV (11)	8. IV	21. IV	—	22. IV (12)	—	3. VIII (11)	—
—	—.	21. IV (9)	13. IV	29. IV	—	—	—	—	—
18. IX (8)	—	23. IV (18)	12. IV	6. V	—	1. V (15)	—	—	—
—	—	20. IV (18)	7. IV	11. V	—	25. IV (10)	—	—	—
—	—	—	—	—	—	—	14. VII (10)	—	—
—	—	14. VII (11)	29. VI	5. VIII	—	—	—	—	—
—	—	29. III (13)	7. III	14. IV	—	—	—	—	—
11. X (17)	—	23. IV (21)	9. IV	10. V	—	29. IV (20)	12 VIII (13)	—	—
23. X (18)	29. X (6)	27. IV (21)	17. IV	19. V	—	10. V (19)	16 VIII (14)	—	—
20. X (13)	—	10. V (7)	3. V	19. V	—	15. V (7)	18. IX (7)	—	—
—	—	24. III (16)	27. II	11. IV	—	—	—	—	—
21. X (17)	—	12. IV (20)	28. III	1. V	—	20. IV (19)	5. VII (19)	—	—
18. X (8)	—	14. IV (16)	2. IV	28. IV	—	24. IV (20)	21. VI (22)	—	—
—	—	30. V (10)	12. V	13. VI	—	11. VI (17)	—	—	—
—	—	23. V (13)	8. V	11. VI	—	—	—	—	—
—	—	19. VI (9)	4. VI	3. VII	—	—	—	—	—
—	—	7. VI (13)	20. V	24. VI	—	20. VI (17)	—	—	—

Namen	1. K. s.	2. K. b.	3. B.O. s.	4. a. B.A.	5. g. B.
208. *Salix Caprea*	—	—	—	—	—
209. *Salix daphnoides mas*	2. II*!* (10)	—	9. IV (7)	—	—
210. *Salvia pratensis*	—	—	—	—	—
211. *Sambucus nigra*	—	3. II*!* (5)	17. III (14)	—	—
212. *Saponäria Vaccaria*	—	—	—	—	—
213. *Sarothamnus vulgaris*	—	—	—	—	—
214. *Scilla sibirica*	—	—	—	—	—
215. *Secale cereale*	—	—	—	—	—
216. *Sedum album*	—	—	—	—	—
217. *Solanum tuberosum*	—	—	—	—	—
218. *Sorbus aucuparia*	—	—	17. IV (7)	—	—
219. *Specularia Speculum*	—	—	—	—	—
220. *Stachys germanica*	—	—	—	—	—
221. *Syringa chinensis*	10. II (5)	—	4. IV (4)	—	—
222. *Syringa vulgaris*	20. II (12)	—	4. IV (16)	—	—
223. *Taraxacum officinale*	—	—	—	—	—
224. *Tilia grandifolia*	—	—	16. IV (12)	—	—
225. *Tilia parvifolia*	—	—	25. IV (8)	—	—
226. *Triticum vulgare*, Winterweizen	—	—	—	—	—
227. *Trollius europaeus*	—	—	—	—	—
228. *Tulipa gesneriana*	—	—	—	—	—
229. *Tulipa suaveolens*	—	—	—	—	—
230. *Tussilago Farfara*	—	—	—	—	—
231. *Ulmus campestris*	—	—	—	—	—
232. *Ulmus effusa*	—	—	—	—	—

6. a. L. V.	7. a. L. F.	8. e. B.	9. fr.	10. sp.	11. B.	12. V. B.	13 e. Fr. r.	14. a. Fr. r.	15. Ä.
—	—	28. III (7)	22. III	9. IV	—	4. IV (8)	—	—	—
14. X (10)	—	7. IV (12)	24. III	16. IV	—	9. IV (5)	—	—	—
—	—	25. V (11)	12. V	3. VI	—	—	—	—	—
7. X (21)	—	27. V (21)	9. V	17. VI	—	13. VI (19)	11 VIII (21)	30 VIII (9)	—
—	—	16. VI (11)	2. VI	30. VI	—	23. VI (8)	27 VIII (9)	—	—
—	—	13. V (8)	5. V	23. V	—	—	—	—	—
—	—	17. III (10)	16. II	1. IV	—	6. IV (4)	—	—	—
—	—	28. V (21)	14. V	9. VI	—	4. VI (21)	—	—	21. VII (21)
—	—	25. VI (14)	14. VI	7. VII	—	—	—	—	—
—	—	12. VI (21)	31. V	30. VI	—	—	—	—	—
—	—	16. V (12)	3. V·	24. V	—	23. V (14)	30. VII (13)	—	—
—	—	3. VI (14)	8. V	6. VII	—	14. VI (11)	29. VII (8)	—	—
—	—	—	13. VII	14 VIII	31. VII (7)	—	—	—	—
—	—	4. V (7)	23. IV	15. V	—	—	—	—	—
16. X (17)	—	3. V (20)	20. IV	16. V	—	15. V (20)	—	—	—
—	—	29. III (12)	10. I!	29. IV	—	—	—	—	—
—	—	21. VI (14)	1. VI	7. VII	—	23. VI (7)	—	—	—
6. X (15)	—	26. VI (13)	14. VI	8. VII	—	5. VII (9)	—	—	—
28. VII (6)	—	14. VI (19)	31. V	30. VI	—	21. VI (14)	21. VII (14)	—	5. VIII (22)
—	—	4. V (15)	25. IV	15. V	—	—	—	—	—
—	—	4. V (8)	26. IV	13. V	—	—	—	—	—
—	—	7. IV (9)	18. III	19. IV	—	—	—	—	—
—	—	4. IV (11)	13. III	21. IV	—	—	—	—	—
—	—	—	27. III	16. IV	7. IV (7)	—	—	—	—
—	—	—	17. III	21. V	20. IV (17)	—	—	—	—

Namen	1. K. s.	2. K. b.	3. B. O. s.	4. a. B. A.	5. g. B.
233. *Ustilago Carbo*	—	—	—	—	—
234. *Vaccinium Myrtillus*	—	—	—	—	—
235. *Valoradia plumbaginoides*	--	—	—	—	—
236. *Veronica montana*	—	—	—	—	—
237. *Veronica spicata*	—	—	—	—	—
238. *Viburnum Opulus*	—	—	—	—	—
239. *Vinca minor*	—	—	—	—	—
240. *Viola mirabilis*	—	—	—	—	—
241. *Viola odorata*	—	—	—	—	—
242. *Vitis vinifera*	17. IV (10)	—	30. IV (18)	—	—
243. *Waldsteinia geoides*	—	—	—	—	—
244. Wiesen grün	—	—	—	—	12. IV (16)
245. *Wisteria chinensis*	—	—	—	—	—
246. *Zea Mays*	—	—	—	—	—

6.	7.	8.	9.	10.	11.	12.	13.	14.	15.
a. L. V.	a. L. F.	e. B.	fr.	sp.	B.	V. B.	e. Fr. r.	a. Fr. r.	A.
—	—	—	—	—	—	—	18. VI (9) 2.VIbis 8. VII	—	—
—	—	—	—	—	—	—	—	10. VII (12)	—
—	—	25 VIII (11)	22. VII	5. X!	—	—	—	—	—
—	—	13. V (10)	3. V	26. V	—	—	—	—	—
—	—	10. VII (8)	8. VI	30. VII	—	—	—	—	—
—	—	27. V (5)	22. V	7. VI	—	—	—	—	—
—	—	23. III (12)	10. I!	24. IV	—	—	—	—	—
—	—	15. IV (12)	6. IV	26. IV	—	—	—	—	—
—	—	—	15. XII !	9. X !	—	3. IV (11)	—	—	—
16. X (21)	—	14. VI (22)	24. V	6. VII	—	26. VI (21)	4. IX (16)	—	—
—	—	13. IV (8)	7. IV	24. IV	—	—	—	—	—
—	—	—	29. III	2. V	—	—	—	—	Mahd 27. VI (22)
—	—	6. V (12)	17. IV	18. VI	—	—	—	—	—
—	—	15. VII	23. VI	6. VIII	—	—	—	—	—

Znr Phänologie der Thiere in Giefsen.

Name	erste			letzte	Bemerkungen
	im Mittel	frühestes Datum	spätestes Datum		
1. Aurora, *Papilio Cardamines*	1. V (11)	13. IV	16. V	—	
2. Bachstelze, weifse, (*Motacilla alba*)	2. III (26)	11. I	16. III	—	
3. Citronenfalter, *Papilio Rhamni*	17. III (15)	22. I	5. IV	—	
desgl. mas.	5. III (10)	22. I	5. IV	—	
4. Fledermaus (*Vespertilio spec. v.*)	4. III (18)	1. I	14. IV	—	
5. Frosch, *Rana temporaria*	21. III (16)	17. II	19. IV	—	Froschlaich schwimmt 23. III (17)
6. Fuchs, grofser, *Papilio Polychloros*	24. III (7)	8. III	8. IV	—	
7. Fuchs, kleiner, *Papilio Urticae*	13. III (12)	10. II	16. IV	—	
8. Garten - Rothschw. *Sylvia phoenicurus*	8. IV (14)	22. III	21. IV	—	
9. Haus-Rothschwanz *Sylvia tithys*	26. III (17)	2. III	16. IV	—	
10. Hausschwalbe, *Hirundo urbica*	11. V (10)	20. IV	3. VI	—	
11. Johanniswürmchen *Lampyris noctiluca*	9. VI (16)	3. IV	30. VI	—	
12. Kuckuk, *Cuculus canorus*	22. IV (26)	10. IV	9. V	—	
13. Lerche(singt),*Alauda arvensis*	17. II (33)	19. I	10. III	—	
14. Maikäfer, *Melolontha vulgaris*	18. IV (24)	21. XII!	11. V	—	

Name	erste			letzte	Bemerkungen
	im Mittel	frühestes Datum	spätestes Datum		
15. Mauerschwalbe, *Cypselus apus*	27. IV (17)	20. IV	6. V	1. VIII (13)	Extreme bez. des Abzugs : 28. VII und 7. VIII.
16. Nachtigall , *Sylvia luscinia*	26. IV (13)	11. IV	6. V	—	
17. Pfauenauge , *Vanessa Io*	6. IV (8)	13. III	2. V	—	
18. Pfingstvogel, *Oriolus Galbula*	10. V (23)	23. IV	27. V	—	
19. Rauchschwalbe, *Hirundo rustica*	16. IV (15)	8. IV	21. V	27. IX (6)	Ankunft bei + 3,0 bis + 9,8⁰ R ; Mittel 7⁰ (7 Jahre).
20. Rothkehlchen, *Sylvia rubecula*	11. III (14)	17. II	27. III	—	
21. Schneegans, *Anser segetum*	4. III (7)	6. I!	26. III	15. X (8)	
22. Storch, *Ciconia alba* 1. mas.	7. III (31)	16. II	22. III	12 VIII (11)	Ankunft zwischen 8ʰ VM und 6 Uhr, bei SO, S, SW, W, NWN bis NO Wind, und sehr ungleicher Wärme.
2. fem.	12. III (19)	—	—.	—	*b* kommt 0—14 Tage später als *a* auf das Nest.
23. Wachtel, *Coturnix vulgaris*	11. V (15)	20. IV	29. V	—	
24. Wendehals , *Yunx torquilla*	13. IV (23)	5. IV	21. IV	—	
25. Wiedehopf, *Upupa Epops*	2. V (9)	15. IV	30. V	—	

Uebersicht

der

meteorologischen Beobachtungen

im botanischen Garten zu Giefsen,

ausgeführt vom Universitäts-Gartengehülfen **H. Weifs** und vom Universitäts-Gärtner **J. F. Müller.**

1873.*)

Zeit	Lufttemperatur im Schatten					Atmosphärischer Niederschlag (Regen und Schnee) in Par. Zollen (an .. Tagen)	Schneedecke um 12 Uhr an .. Tagen	Schneefall an .. Tagen	Höhe der Schneedecke höchste (Par. Zoll) um 9 Uhr V. M.
	Maximum des Monats ° R.	Minimum des Monats ° R.	Mittel der täglichen						
			Maxima	Minima	Maxima und Minima				
Jan.	+ 7,5	— 3,5	+ 4,61	+ 0,38	+ 2,49	1,02 (11)	0	2	0,3
Febr.	+ 9,7	— 7,3	+ 2,85	— 1,70	+ 0,57	0,89 (12)	4	11	1,0
März	+ 16,7	— 4,0	+ 8,87	+ 0,91	+ 4,89	1,15 (10)	0	2	0
April	+ 18,7	— 4,0	+ 10,66	+ 1,41	+ 6,03	1,13 (13)	1	9	0
Mai	+ 17,0	— 4,3	+ 13,26	+ 3,91	+ 8,58	1,63 (15)	0	0	0
Juni	+ 23,0	+ 3,0	+ 18,57	+ 9,08	+ 13,82	1,79 (13)	0	0	0
Juli	+ 25,0	+ 6,0	+ 20,55	+ 10,85	+ 15,70	2,12 (13)	0	0	0
Aug.	+ 24,0	+ 6,0	+ 19,48	+ 9,61	+ 14,54	1,48 (10)	0	0	0
Sept.	+ 18,3	0,0	+ 14,96	+ 6,16	+ 10,56	1,13 (11)	0	0	0
Oct.	+ 18,0	— 0,3	+ 11,37	+ 4,76	+ 8,06	1,72 (12)	0	1	0
Nov.	+ 9,7	— 5,3	+ 6,43	+ 0,36	+ 3,39	0,97 (11)	0	1	0
Dec.	+ 7,5	— 8,0	+ 3,51	— 1,53	+ 0,99	0,36 (9)	0	2	0
						Summe	Summe	Summe	Maximum
Jahr (Mittel)	+ 16,3	+ 1,8	+ 11,26	+ 3,68	+ 7,47	15,39 (140)	5	28	1,0

*) Vgl. den 14. Bericht, 1873, p. 64 f.

1874.

Zeit	Lufttemperatur im Schatten					Atmosphärischer Niederschlag (Regen und Schnee) in Par. Zollen (an .. Tagen)	Schneedecke um 12 Uhr an .. Tagen	Schneefall an .. Tagen	Höhe der Schneedecke höchste (Par. Zoll) um 9 Uhr V. M.
	Maximum des Monats °R.	Minimum des Monats °R.	Mittel der täglichen						
			Maxima	Minima	Maxima und Minima				
Jan.	+ 9,5	— 7,7	+ 4,18	— 1,08	+ 1,55	0,92 (17)	0	5	0
Febr.	+ 8,5	— 16,0	+ 3,65	— 3,39	+ 0,13	0,42 (4)	6	8	2,0
März	+ 12,3	— 6,2	+ 7,77	— 0,10	+ 3,83	0,97 (16)	0	8	0
April	+ 20,3	— 2,3	+ 13,08	+ 3,09	+ 8,04	0,61 (6)	0	0	0
Mai	+ 22,3	— 1,5	+ 12,58	+ 3,24	+ 7,91	2,49 (15)	0	8 !	0
Juni	+ 24,0	+ 3,5	+ 18,06	+ 8,06	+ 13,06	1,86 (9)	0	0	0
Juli	+ 26,5	+ 6,5	+ 21,54	+ 11,28	+ 16,41	1,13 (9)	0	0	0
Aug.	+ 21,0	+ 3,3	+ 17,26	+ 7,29	+ 12,59	1,31 (11)	0	0	0
Sept.	+ 23,0	+ 0,5	+ 17,17	+ 7,34	+ 12,26	1,11 (11)	0	0	0
Oct.	+ 20,5	— 2,0	+ 11,81	+ 3,58	+ 7,69	0,98 (9)	0	0	0
Nov.	+ 9,4	— 8,5	+ 4,05	— 0,81	+ 1,62	1,63 (18)	1	13	3,5
Dec.	+ 8,5	— 15,5	+ 1,56	— 3,35	— 0,89	2,26 (19)	12	18	5,3
						Summe	Summe	Summe	Maximum
Jahr (Mittel)	+ 17,1	— 3,8	+ 11,06	+ 2,93	+ 7,02	15,69 (144)	19	60	5,3

1875.

| Zeit | Lufttemperatur im Schatten | | | | | Atmosphärischer Niederschlag (Regen und Schnee) in Par. Zollen (an .. Tagen) | Schneedecke um 12 Uhr an .. Tagen | Schneefall an .. Tagen | Höhe der Schneedecke höchste (Par. Zoll) um 9 Uhr V. M. |
| | Maximum des Monats °R. | Minimum des Monats °R. | Mittel der täglichen | | | | | | |
			Maxima	Minima	Maxima und Minima				
Jan.	+ 9,0	− 15,5	+ 3,99	− 1,02	+ 1,49	2,24 (18)	6	6	7,0
Febr.	+ 4,5	− 10,3	+ 1,07	− 5,08	− 2,00	1,12 (14)	19	16	6,0
März	+ 12,0	− 8,0	+ 5,10	− 1,94	+ 1,58	0,87 (12)	2	8	2,0
April	+ 19,0	− 4,5	+ 11,95	+ 0,62	+ 6,28	0,15 (3)	0	1	0
Mai	+ 19,5	+ 1,5	+ 15,78	+ 5,39	+ 10,58	2,76 (14)	0	0	0
Juni	+ 23,7	+ 6,4	+ 18,19	+ 9,83	+ 14,01	5,38 (18)	0	0	0
Juli	+ 21,7	+ 4,8	+ 18,28	+ 10,19	+ 14,23	4,65 (18)	0	0	0
Aug.	+ 24,5	+ 6,7	+ 19,92	+ 10,43	+ 15,17	2,13 (14)	0	0	0
Sept.	+ 21,0	0,0	+ 16,44	+ 6,03	+ 11,23	1,61 (10)	0	0	0
Oct.	+ 15,8	− 1,5	+ 9,28	+ 2,57	+ 5,92	1,46 (14)	0	0	0
Nov.	+ 12,0	− 7,7	+ 3,30	− 0,33	+ 1,49	4,35 (20)	5	7	1,0
Dec.	+ 9,3	− 17,0	+ 1,29	− 4,86	− 1,79	2,08 (18)	13	10	3,5
Jahr (Mittel)	+ 16,0	− 3,7	+ 10,38	+ 2,65	+ 6,52	Summe 28,80 (173)	Summe 45	Summe 48	Maximum 7,0

II.

Ueber den Basalt des Schiffenberges.

Von A. Winther und W. Will.

Der Schiffenberg (bei Giefsen) ist einer der äufsersten westlichen Ausläufer des Vogelsberges. Das Hauptgestein desselben ist ein schwarzer Basalt *), der durch die Mannigfaltigkeit seiner Ausbildung reichen Stoff für eine wissenschaftliche Bearbeitung liefert.

Die Lagerungsverhältnisse sind sehr schön an einem Durchstich der Oberhessischen Bahn, etwa 300 Schritt südöstlich vom vierten Bahnwärterhäuschen, aufgeschlossen. Hier liegt zu unterst ein eisenreiches Conglomerat von Quarzbruchstücken, auf welches ein rother und dann ein weifser Sand folgt. Auf diesem liegt concordant ein Basalttuff, aus Basaltbruchstücken, Augit, Olivin und Quarzkörnchen bestehend, die durch eine lehmige Grundmasse verbunden sind. Das Ganze ist so verwittert, dafs Salzsäure kein Aufbrausen mehr hervorruft, also aller kohlensaure Kalk schon hinweggeführt ist. Ueber dem Tuff liegt ein verwitterter Basalt. Ganz dieselbe Lagerung ergab sich beim Graben eines Brunnens am südlichen Abhange des Schiffenberges, wobei man zuerst durch losen Basalt, Lehm (verwitterter Basalt) dann Tuff kam und zuletzt in weifsem Sand auf Wasser traf. Der

---

*) Tasché, Eintheilung in schwarze und blaue Basalte.

XV.   4

Sand fällt in nordöstlicher Richtung unter den Tuff ein. Er ist eine tertiäre Bildung, und da sich auf dem Basalte selbst tertiäre Kalke finden, so mufs die Eruption innerhalb der Tertiärperiode stattgefunden haben. Der frische Basalt ist in zwei Steinbrüchen am südöstlichen Abhange des Schiffenberges aufgeschlossen. Der eine derselben liegt zwischen der Bahn und der Waldgrenze, östlich von dem Fahrwege nach Steinberg. Das Gestein ist hier in unregelmäfsigen Blöcken abgesondert und für die Bearbeitung zu Pflastersteinen wenig geeignet, weshalb der Betrieb des Bruches bald sistirt wurde. Aber in mineralogischer Beziehung ist dasselbe wichtig wegen der zahlreichen Drusenmineralien, unter denen namentlich Gismondin sehr schön vertreten ist. Der andere Steinbruch ist der des Herrn Eichelmann, etwas oberhalb, dicht an der Fahrstrafse nach dem Schiffenberger Gehöft gelegen. Hier ist das Gestein in der obersten Lage, 6—7 ^{m} tief, in unregelmäfsigen Säulen (sog. Pfeifen), darunter aber sehr regelmäfsig plattenförmig abgesondert und wegen des hohen Werthes dieser Platten 20—24 ^{m} tief aufgeschlossen.

Innerhalb des Bruches finden sich sehr verschiedene Modificationen des Gesteins. Im Allgemeinen ist es hart, von muscheligem Bruch, an manchen Stellen, z. B. in der östlichen Ecke, ganz frei von accessorischen Bestandtheilen, an anderen sehr reich an solchen, ja manchmal durch häufiges Auftreten von Zeolithmandeln als Basaltmandelstein erscheinend. Obenauf liegt eine Decke von sehr drusenreichem, stark verwittertem Basalt. Schlackige, fast blasige Beschaffenheit hat derselbe in einem anderen kleinen Steinbruch am östlichen Abhange des Schiffenberges. Glasig erstarrte Rinde des Basalts, Tachylyt, findet sich von Bol umgeben dicht an der Spitze des Schiffenberges am westlichen Abhange und in losen Bruchstücken auf den Schurfstellen in der Nähe von Hausen.

Auf der Oberfläche des Basalts finden sich mitunter Kalksteine von graugelber Farbe, welche sich durch ihre Versteinerungen als tertiäre Bildungen ausweisen. Durch das ganze Gebiet verbreitet sind Hornsteinknauer, in welchen

aber keine Versteinerungen (wie sie am Aspenkippel bei Clim-
bach vorkommen) aufgefunden werden konnten.

Für die mineralogische und chemische Untersuchung des
typischen Gesteins eignet sich am meisten der Basalt in dem
Steinbruch des Herrn Eichelmann, da derselbe hier sowohl
sehr frisch und frei von accessorischen Bestandtheilen erhalten werden kann, als auch an anderen Stellen eine grofse
Mannigfaltigkeit der accessorischen Mineralvorkommnisse zeigt.

Die Grundmasse des Basalts ist feinkörnig, mit der Lupe
nicht zu entziffern. Ihre Farbe ist violettschwarz, ihr Bruch
muschelig; sie ist sehr hart und unter dem Hammer zu scharf-
kantigen Stücken springend. In dieser Grundmasse liegen:

1) bis zu 2 ^{cm} grofse Ausscheidungen von *Augit*. Er ist
leicht erkennbar durch den Winkel seiner Spaltflächen
(87°), meist glänzend und von schwarzer Farbe, die
zuweilen in Grün übergeht, wodurch die Unterscheidung
vom Olivin schwierig werden kann.

2) *Olivin*, in kleinen isolirten Körnchen oder in bis zu
4 ^{cm} grofsen Brocken, theils frisch, theils in Serpentin (?)
umgewandelt.

3) *Magneteisen* durchzieht das ganze Gestein in metall-
glänzenden Blättchen. Es hat oft muscheligen Bruch
und findet sich in Concentrationen, die gewöhnlich Titaneisen enthalten und mit Quarz durchsetzt sind;
daneben findet sich:

4) *Titaneisen* in hexagonalen Tafeln, welche im Reduc-
tionsfeuer (bei Zusatz von Zinn) die Phosphorsalzperle
intensiv violettroth färben. An den Rändern der Drusen
und der fremden Einschlüsse ist häufig eine stärkere
Ausscheidung von Magneteisen- oder Titaneisenblätt-
chen zu bemerken.

Die Drusen des Gesteins enthalten Kalkspath, Aragonit
und Zeolithe und zwar bestehen die letzteren aus Phillipsit,
Gismondin und Mesotyp.

Der *Phillipsit* ist nur in ganz kleinen mit der Lupe
kaum erkennbaren Kryställchen von quadratischem Habitus
(∞ P, ∞ P ∞) vertreten. Er bildet, wenn er mit anderen

4*

Drusenmineralien zusammenkommt, immer die Unterlage für die übrigen.

Gismondin in Sechslingen, seltener in einfachen Krystallen (P), ist meist frisch und glänzend mit deutlicher Streifung, zuweilen jedoch auch in Bol und Palagonit pseudomorphosirt. In der Paragenesis steht er nach Phillipsit, denn er ist auf demselben aufgewachsen.

Auf ihn folgt dann der *Mesotyp* in schönen Nadeln von der Form ∞ P, P. Wo er mit Kalkspath zusammenkommt, ist er früher auskrystallisirt. Wir fanden Mesotypnadeln, auf deren Spitzen kleine Kalkspathrhomboeder sehr zierlich aufsaßen. Außerdem tritt der Mesotyp noch in concentrisch strahligen, kugeligen Aggregaten auf oder er überzieht in feinen Sternchen die Absonderungsflächen des Gesteins. Sehr häufig sind Uebergänge in Bol.

Der *Kalkspath* ist klein und selten schön krystallisirt.

Der *Aragonit* findet sich in stängeligen Aggregaten als Mandelausfüllung oder seltener in spießigen Kryställchen $6 \overset{.}{P} \frac{1}{3}$, $6 \overset{.}{P} \infty$ und m P n.

Der Basalt enthält nun ferner Einschlüsse, die nur als Bruchstücke fremder Gesteine gedeutet werden können. Einige derselben bestehen aus Quarz, in welchem mitunter Magneteisenkörnchen liegen, andere aus einer dichten weißen oder grauen, ziemlich weichen krystallinischen nicht näher bestimmbaren Masse. Wieder andere sind gelb, schwammartig, mit kleinen Hohlräumen durchzogen oder endlich von bolartigem Aussehen, in welch' letzteren Magnetkies gefunden wurde.

Zwischen den Säulen in dem oberen Theile des Steinbruchs fand sich ein stark verwitterter, mehrere Fuß breiter Einschluß von älterem Basalt, in dem noch sehr deutlich Ausscheidungen von Olivin und Augit zu erkennen waren. Derselbe war ganz von Hohlräumen durchsetzt, die mit Phillipsit überzogen waren. Der umgebende Basalt war rings um den Einschluß durch concentrische Sprünge zertheilt.

Die mikroskopische Untersuchung des Basaltes ergab eine feinkörnige, aus triklinem Feldspath, Magneteisen und Augit bestehende Grundmasse, welche zuweilen kleine Fleckchen amorpher Substanz umgibt. In ihr liegen porphyrisch ausgeschieden :

1) gröfsere farblose Krystalle von körniger Beschaffenheit und wellenförmig gekräuselter Schlifffläche. Sie zeigen meist starke Polarisationsfarben und sind von unregelmäfsigen Sprüngen durchzogen, von denen aus eine Umwandlung in ein grünes, undurchsichtiges Mineral beginnt. Es sind in Serpentin übergehende *Olivin*krystalle. Sie zeigen meist unregelmäfsige Begrenzung, doch finden sich Uebergänge in regelmäfsig ausgebildete, hellgrün gefärbte, faserige Krystalle, welche durch Erwärmen mit Salzsäure entfärbt und an den Rändern aufgeschlossen werden. Auch dies sind offenbar metamorphosirte Olivine. Daneben liegen

2) rothbraune Krystalle von *Augit*. Derselbe ist scharf begrenzt und zeigt einen schichtenförmigen Aufbau, parallel den Umgrenzungsflächen. Meist ist das Innere der Krystalle lichter als der Rand, der aus abwechselnden hell- und dunkelbraunen Zonen besteht. Die Winkelmessung der Grenzlinien ergab Winkel von etwa 135°, woraus eine Begrenzung durch ∞P, $\infty \check{P} \infty$, $\infty P \infty$ folgt. Die Spaltbarkeit parallel den Säulenflächen macht sich durch zahlreiche in dieser Richtung verlaufende Sprünge bemerklich. Die Augite sind, wie auch die Olivine, häufig ganz angefüllt mit Glaseinschlüssen oder Magneteisenkörnchen, welche letztere sich bei den ersteren dem schichtenförmigen Aufbau parallel reihen oder in der Mitte zusammendrängen. Ferner finden sich :

3) farblose Krystalle von *triklinem Feldspath*, meist lang und schmal mit deutlicher Zwillingsstreifung. In dem porphyrisch ausgebildeten Basalt ist er gewöhnlich nur ein Bestandtheil der Grundmasse und ist dann oft trübe und von hellgrauer Farbe. Doch gibt es in einem alten Steinbruch westlich vom Schiffenberg eine Basaltvarietät, in welcher die Grundmasse selbst grobkörniger wird, so dafs gewissermafsen der porphyrische Habitus verschwindet. Hier sind dann auch die triklinen Feldspathe gröfser ausgebildet und enthalten zuweilen auch Einschlüsse von farblosen runden Körnchen.

4) In der ganzen Masse sind schwarze, scharf begrenzte Körner von *Magneteisen* oder *Titaneisen* verbreitet und hier und da zu büschel- und keulenförmigen Gestalten aneinander gereiht;

5) treten vereinzelt feine farblose Nadeln von *Apatit* auf;

6) sind Nadeln vorhanden, die mit einer hellgrünen krystallinischen Masse erfüllt sind und häufig eine concentrisch schaalige, radialfaserige Structur haben.

Hier und da findet sich sog. Viridit in Blättchen oder faserigen Aggregaten.

Das ganze Gestein ist von Adern einer farblosen krystallinischen Substanz durchzogen, welche an manchen Stellen mit Salzsäure aufbraust, was auf Kalkspath hindeutet. An der Grenze nach einem fremden Einschluß zu werden die Mineralausscheidungen häufiger und die Grenze selbst ist durch eine scharfe Linie bezeichnet, der oft eine zweite in kurzem Abstand parallel läuft.

In einem Dünnschliff, der von einer Stelle des Gesteins angefertigt wurde, wo eine Concentration von Magneteisen und Titaneisen stattgefunden hatte, wurde noch Quarz aufgefunden, der mit zahlreichen, parallel gelagerten, hellbraunen Mikrolithen angefüllt war.

Ferner wurde der *Tachylyt* einer mikroskopischen Untersuchung unterworfen. Er besteht aus einer hellbraunen, glasigen, vielfach gesprungenen Grundmasse, in der Krystalle von triklinem Feldspath, Augit und Olivin ausgeschieden sind. Die *Feldspathe* sind farblos und zeigen deutliche Zwillingsstreifung; sie sind zum Theil lang und schmal, zum Theil in breiteren, sechsseitigen Krystallen vorhanden, welche Winkel von 129⁰ und 114⁰ zeigen, was auf eine Begrenzung von ∞P, $P \infty$ und OP hinweist. Der *Augit* ist farblos und reich an Glaseinschlüssen. Der *Olivin* ist gleichfalls farblos, lebhaft polarisirend und umschließt eckige, schwarze Körnchen von Magneteisen oder Picotit. Auch enthält er größere Einschlüsse der amorphen Grundmasse. Ebenso wie im Basalt finden sich auch im Tachylyt Mandeln, die mit einer grünlichen unbestimmbaren Substanz gefüllt sind. Die ausgeschiedenen Krystalle sind meist von einem dunkelbraunen Rande umgeben, welcher bei 750 facher Vergröfserung noch nicht aufgelöst werden konnte.

Durch concentrirte Salzsäure ist der Tachylyt unter Abscheidung von schleimiger Kieselerde fast völlig aufschliefsbar.

Zur chemischen Untersuchung des Basalts wanden wir frische, von accessorischen Bestandtheilen und fremden Einschlüssen freie Stücke an, wovon etwa 500 Gramm gepulvert und innig vermengt wurden. Das Material wurde bei 100° getrocknet und die Bestandtheile nach folgenden Methoden bestimmt.

Zur Ermittelung des Wassergehaltes wurde die abgewogene Substanz in einer vorher durch Erwärmen getrockneten Glasröhre, durch welche ein trockener Luftstrom geleitet wurde, geglüht und der entweichende Wasserdampf durch Chlorcalcium aufgefangen. Die Analysen ergaben nachstehende Zahlen :

	Angew. Subst.	H_2O	%	Mittel
1)	1,740	0,0501	2,86	
2)	1,628	0,0465	2,88	2,92
3)	1,897	0,0572	3,01	

Die Kohlensäure wurde durch Salzsäure unter Erwärmen ausgetrieben, getrocknet und durch Aetzkali absorbirt.

	Angew. Subst.	CO_2	%	Mittel
1)	4,6617	0,0083	0,178	0,177
2)	4,8215	0,0085	0,176	

Hierauf wurde ein Theil des Basaltes mit kohlensaurem Natronkali aufgeschlossen, die Schmelze in Salzsäure gelöst und bei 110—120° zu staubiger Trockne eingedampft. Der Rückstand wurde mit Salzsäure angefeuchtet, in Wasser gelöst, die Kieselsäure filtrirt und über dem Gebläse geglüht. Das Filtrat wurde mit chlorsaurem Kali versetzt, die kochende Lösung mit Ammoniak übersättigt, durch Essigsäure angesäuert (zur Lösung von allenfalls mit niedergerissenem Kalk oder Magnesia). Dann wurde bis zur schwach alkalischen Reaction wieder Ammoniak zugesetzt und Eisenoxyd und Thonerde aus der kochenden Flüssigkeit abfiltrirt. Aus der

durch Zink reducirten Lösung des geglühten und gewogenen
Niederschlags in conc. Schwefelsäure wurde die Menge des
Eisenoxyds durch Titration mit übermangansaurem Kali be-
stimmt. Der Kalk wurde mit oxalsaurem Kali, die Magnesia
mit phosphorsaurem Natron ausgefällt. Es resultirten folgende
Zahlen :

	I.	II.
Angew. Substanz	1,363	1,6304
SiO_2	0,6024	0,7155
$Al_2O_3 + Fe_2O_3$	0,3912	0,4708
CaO	0,1392	0,1704
$Mg_2P_2O_7$	0,4161	0,5091.

Die Titration des Eisenoxyduls erfordert bei Analyse I
27,8 ^{cc} einer Lösung des übermangansauren Kalis, von der
1 ^{cc} 0,00478 ^{gr} Eisen entsprach. Bei Analyse II 39 ^{cc} einer
Lösung vom Eisenwerth 0,00395.

Die Alkalien wurden nach der Methode von Smith bestimmt.

	I.	II.
Angew. Subst.	0,795	2,1398
Chloralkalimetalle	0,0504	0,1363
Kaliumplatinchlorid	0,070	0,1841.

Zur Bestimmung des Eisenoxyduls wurde Basalt in zu-
geschmolzener Röhre durch Salzsäure bei 270⁰ aufgeschlossen
und die Lösung mit übermangansaurem Kali titrirt.

	I.	II.
Angew. Subst.	3,075	0,676
Anzahl der cbcm von $KMnO_4$	46,2	9,9.

1 cbcm entspricht 0,00477 Fe.

Die Titansäure erhielten wir durch Kochen aus der stark
verdünnten schwefelsauren Lösung des durch Flußsäure aufgeschlossenen Basalts. Die Oxydation und Abscheidung des
Eisens wurde durch öfteres Versetzen mit saurem schweflig-
saurem Natron verhindert. Der Niederschlag wurde stark
geglüht und sofort nach dem Erkalten gewogen. Er gab mit
Phosphorsalz in der Reductionsflamme eine rein violette Perle.

$$\text{Angew. Subst.} \quad 2,0003$$
$$\text{TiO}_2 \quad \quad 0,095.$$

Aus einer ebensolchen Lösung wurde die Phosphorsäure durch molybdänsaures Ammoniak abgeschieden und der Niederschlag in Ammoniak aufgelöst. Die Lösung wurde nach Zusatz von Salmiak mit schwefelsaurer Magnesia versetzt, die geglühte phosphorsaure Magnesia nochmals gelöst, durch Ammoniak wieder gefällt und als pyrophosphorsaure Magnesia gewogen.

	I.	II.
Angew. Subst.	5,2005	6,2037
$\text{Mg}_2\text{P}_2\text{O}_7$	0,0451	0,0436.

Um den sehr geringen Gehalt des Basalts an den Metallen der Blei- und Arsengruppe quantitativ zu bestimmen, wurden 14,56 gr desselben mit kohlensaurem Kali aufgeschlossen und die salzsaure Lösung nach Entfernung der Kieselsäure mit Schwefelwasserstoff behandelt. Der geglühte Niederschlag wog 0,0643. Zur Feststellung der Natur dieser Metalle wurden 300 gr mit Flußspath und conc. Schwefelsäure zersetzt, mit Wasser ausgezogen und mit Schwefelwasserstoff gefällt. Aus dem bräunen Niederschlag erhielt man durch Schwefelammonium die Metalle der Arsengruppe in Lösung. Diese enthielt aufser Spuren von Kupfer nur Zinn, welches durch den reducirenden Einfluſs der salzsauren Lösung auf Quecksilberchlorid seine Anwesenheit kund gab. Der Rückstand wurde in Salpetersäure aufgelöst. Die weiſse Fällung durch Ammoniak, sowie der bei der Behandlung mit Zinnoxydulkali entstehende schwarze Niederschlag wies auf Wismuth hin. Kupfer wurde durch das Verhalten gegen Ferrocyankalium und die blaue Phosphorsalzperle erkannt. Blei konnte bei dieser Aufschlieſsungsweise natürlich nicht nachgewiesen werden, doch ist seine Anwesenheit wahrscheinlich, da dasselbe von Engelbach (Annal. d. Pharm. 135) in dem benachbarten Basalt von Annerod aufgefunden worden ist. Mangan ist nur in Spuren vorhanden, wie die Reaction gegen Mennige und Salpetersäure ergab. Schwefelsäure verursacht in der Lösung des Basalts eine ganz geringe Trübung, welche die Gegenwart von Baryt anzeigt. Der wässerige Auszug der mit kohlensaurem Natronkali und einer Spur Salpeter erlangten Schmelze ist gelb gefärbt und gibt nach Reduction durch Schwefelwasserstoff mit Ammoniak eine grüne Fällung von Chromoxyd. In der Lösung des mit Schwefelsäure aufgeschlossenen Basalts wurde Chlor mit Silbernitrat nachgewiesen. Fluor gab sich durch die Trübung zu erkennen, welche die aus einem Gemenge von Basalt und Schwefelsäure beim Erwärmen sich entwickelnden Dämpfe in Wasser verursachten.

Das Gesammtresultat ist hiernach folgendes :

	I. %	II. %	Mittel %
SiO_2	44,19	43,88	44,04
Al_2O_3	15,24	15,37	15,31
Fe_2O_3	3,23	3,53	3,38
FeO	9,21	8,98	9,09
CaO	10,21	10,45	10,33
MgO	10,98	11,12	11,05
K_2O	1,71	1,66	1,69
Na_2O	1,95	1,98	1,97
H_2O	3,01	2,88	2,94
CO_2	0,18	0,18	0,18
	99,91	100,03	99,98
TiO_2			4,75
P_2O_5	0,55	0,45	0,50

Schwefelmetalle der Blei- und Arsengruppe
 (bei Luftzutritt geglüht)   0,44
Die Schwefelmetalle bestehen aus Zinn, Kupfer,
 (Blei?), Wismuth.
Mangan, Baryt, Chrom, Chlor, Fluor   Spuren.
Der Phosphorsäuregehalt 0,501 % entspricht
 1,093 % phosphorsaurem Kalk (Apatit).
Specifisches Gewicht = 2,902.

Der Basalt, welcher sich in dem bisher behandelten Steinbruch findet, ist von dichter Beschaffenheit; nur nach der

Oberfläche hin treten Drusen und Hohlräume häufiger in ihm auf. Gehen wir aber nun die Fahrstraße aufwärts, so findet sich gleich nach dem Waldausgang zu beiden Seiten derselben ein Basalt anstehend, welcher ganz von größeren Drusen durchzogen ist, die schön krystallisirten Barytharmotom enthalten. Derselbe hatte ganz das Aussehen der Anneröder Phillipsite, mit welchen wir ihn auch anfangs verwechselten. Da fand sich in der mineralogischen Sammlung der hiesigen Universität ein von Professor Wernekinck herstammendes Mineral, das als „Barytharmotom vom Schiffenberg" bezeichnet war und das in seiner krystallographischen Ausbildung, wie in der ganzen Art des Vorkommens mit dem obigen übereinstimmt. Wernekinck (Gilbert's Annal. Bd. 76, S. 171) hat dasselbe näher beschrieben und analysirt. Zum völligen Identitätsnachweis suchten wir die einzelnen, von ihm angegebenen Krystallformen auf und führten ebenfalls eine Analyse aus. Das Material zu derselben ist nur sehr schwer rein und in genügender Menge zu beschaffen. Die Krystalle sind klein, sie sitzen mitten zwischen ebenfalls farblosen Chabasitkrystallen und sind oft von einem Manganüberzug bedeckt.

Die von uns zusammengebrachte Menge wog bei 100° getrocknet 1,8817 ^{gr}. Den Wassergehalt ergab der Glühverlust. Da das geglühte Mineral durch Salzsäure nicht vollkommen aufgeschlossen wird, so wurde es mit kohlensaurem Natronkali geschmolzen und die Analyse dann nach den oben ausführlich angegebenen Methoden vollendet. Es ergab sich:

Angew. Subst. 1,8817 ^{gr}

		%
Glühverlust	0,2465	13,09
SiO_2	0,9161	48,68
Al_2O_3 $\big\}$	0,3207	16,61
Fe_2O_3		0,43
BaO ($BaSO_4$ = 0,4507)		15,78
CaO	0,0245	1,58
Alkali aus dem Verlust berechnet		4,03
		100,00.

In Beziehung auf die Krystallformen können wir auf die Abhandlung von Wernekinck hinweisen, wo dieselben genau beschrieben und abgebildet sind.

Die schönsten Krystalle finden sich in losen Bruchstücken, die auf dem Felde zerstreut liegen. Ein ganz analoges Vorkommen findet sich am jenseitigen Waldrande in der Richtung nach Steinbach zu. Es war uns nicht mehr möglich, auch von den hier vorkommenden Harmotomkrystallen den Kalk- und Barytgehalt festzustellen und so zu untersuchen, ob sich zwischen den in der Krystallform fast identischen Anneröder Kalk- und Schiffenberger Baryt-Harmotomen vielleicht Uebergänge im Sinn einer zwischen zwei Endgliedern schwankenden, isomorphen Mischung von beiden auffinden lassen.

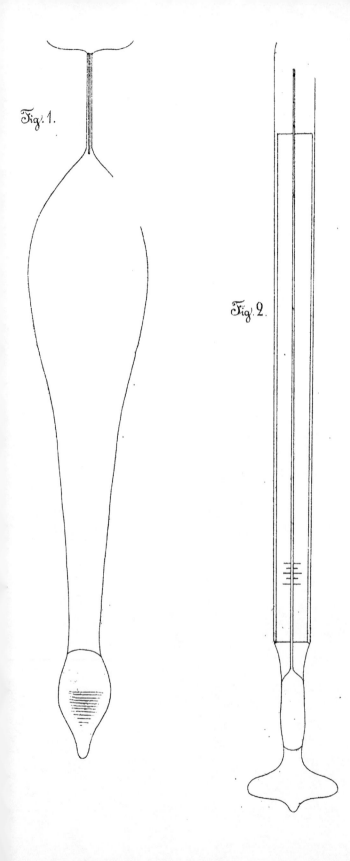

Fig. 1.

Fig. 2.

III.

Ueber ein Normal-Aräometer

zur Bestimmung des specifischen Gewichtes von
Flüssigkeiten zwischen 0,650—2,000 und darüber.

Von Dr. B. Hirsch,

Apotheker z. Z. in Giefsen.

Die Unvollkommenheiten, welche den zur Bestimmung
des specifischen Gewichtes von Flüssigkeiten bisher gebräuchlichen Instrumenten nach verschiedenen Richtungen und in
mehr oder minder hohem Grade eigenthümlich sind, hatten
in mir den Wunsch nach Herstellung eines vollkommeneren
Instrumentes erweckt.

Durch langjährigen Gebrauch mit den Vorzügen und
Mängeln der verschiedenen Systeme wohl vertraut, erwartete
ich die mögliche Verwirklichung meines Wunsches nur von
solchen Instrumenten, welche aus dem absoluten oder relativen
Gewicht eines unveränderlichen Volumens von Flüssigkeit
deren specifisches Gewicht ermitteln lassen; und zwar konnte
ich mich in Rücksicht auf die allgemeinere Anwendbarkeit und
namentlich auf die Bedürfnisse der Pharmacie nur für diejenigen unter ihnen entscheiden, welche das bestimmte Flüs-
sigkeitsvolumen nicht in einem Hohlraum aufnehmen, wie die
sog. Grammflaschen oder Piknometer, sondern welche, wie
eine gewisse Classe von Senkspindeln, durch Eintauchen eines
Körpers von ganz genau bekanntem, unveränderlichem Volumen
die entsprechende Flüssigkeitsmenge verdrängen und zugleich

dem Gewichte nach bestimmen. Solche Instrumente sind von
Fahrenheit, Nicholson, Wittstock, Mohr, Westphal u. A. construirt, bezüglich modificirt worden, bleiben
aber mehr oder minder hinter den Anforderungen zurück,
welche meines Erachtens heutzutage gestellt werden können,
und deren Erfüllung dazu berechtigen würde, dem entsprechenden Instrument den Namen eines *Normal-Aräometers* beizu-
legen. Diese Anforderungen sind folgende :

das Material des Instrumentes darf von keiner der zu wägenden Flüssigkeiten angegriffen werden;

die zwischen 0,650—2,000 liegenden specifischen Gewichte
müssen bis zur dritten Decimale einschließlich genau
und unzweifelhaft bestimmbar sein, und zwar nicht bloß
bei leichten und leichtbeweglichen, sondern auch bei
schweren und bei minder leicht beweglichen Flüssigkeiten;

das einzutauchende Volumen muß genau bestimmt und in
einer Weise markirt sein, die einen Zweifel über die
Tiefe der normalen Einsenkung ausschließt;

die Wägung muß rasch ausführbar sein, auch wenn ganze
Reihen von Flüssigkeiten nach einander zu wägen sind;
im Zusammenhang hiermit muß ebenso

die Reinigung, Ab- und Austrocknung rasch und vollständig, und auch auf mechanischem Wege leicht zu bewirken sein;

die Angaben müssen sich auf eine bestimmte Temperatur
und auf eine bestimmte Normalflüssigkeit von genau
normirter Temperatur beziehen;

die zu einer Wägung erforderliche Flüssigkeitsmenge darf
nicht sehr erheblich sein, und 100 Ccm nicht wesentlich
überschreiten;

die Construction muß eine möglichst einfache, daher auch
die Zahl der möglichen Fehlerquellen eine nur sehr
geringe sein;

die Prüfung aller integrirenden Theile des Instrumentes
muß sich leicht und rasch ausführen lassen, und zwar
ohne alle anderen Hülfsmittel, als welche das Instrument

selbst und eine jede Apotheke oder ein jedes technische
oder chemische Laboratorium bietet;

einzelne Theile, die etwa beschädigt werden oder verloren
gehen, müssen ohne unverhältnifsmäfsige Mühe und
Kosten zu ersetzen sein und nicht etwa noch andere
Theile mehr oder minder entwerthen;

die Möglichkeit von Beschädigungen, welche sich der Wahrnehmung leicht entziehen können, mufs durch die Construction ausgeschlossen sein; sie müssen überhaupt und
auch auf dem Transport nicht leicht ohne besonderes
Unglück und ohne grobe Ungeschicklichkeit begegnen;

der Preis endlich mufs ein mäfsiger und der allgemeinen
Anwendung in Apotheken und Laboratorien nicht hinderlich sein.

Zu diesen Anforderungen stellen sich die bisher gebräuchlichen Instrumente etwa folgendermaafsen :

Das *Material* ist am wenigsten angreifbar bei denjenigen
Instrumenten, welche ganz und gar aus Glas, und zwar
aus guten, widerstandsfähigen Glassorten bestehen, also
bei dgl. Scalen-Aräometern; sind zur Benutzung auch
Gewichte erforderlich, wie bei den Fahrenheit'schen,
Nicholson'schen, Wittstock'schen Spindeln, oder Gewichte
und Waagen, wie bei den Grammflaschen, Piknometern,
Mohr'schen und Westphal'schen Waagen, so ist eine
Beschädigung der Metalltheile durch etwa aus den Flüs-
sigkeiten aufsteigende ätzende Dämpfe möglich. Me-
tallene Senkspindeln, wie die Nicholson'schen sind un-
statthaft; ist die directe Berührung von Flüssigkeit und
Metall nicht zu vermeiden, so darf das Metall nur aus
Platin oder Gold bestehen.

Bestimmbar sind die specifischen Gewichte aller denkbaren
Flüssigkeiten mittelst der Grammflaschen und Piknometer;
von den leichtesten an bis zu etwa 1,9 oder 2,0 mittelst
der Mohr'schen und Westphal'schen Waagen; in der
Regel von 0,700 bis zu 2,000 mittelst der Scalen-, von
0,700 bis etwa 1,9 mittelst der Wittstock'schen Aräometer.

Die Genauigkeit der Bestimmung *könnte* bei allen genannten Instrumenten ausreichend und annähernd gleich
grofs sein; sie *ist* es in der Regel nicht in dem erfor-
derlichen Grade, oft nur ganz unzureichend bei den
Scalenaräometern, besonders wenn es sich um schwerere
Flüssigkeiten handelt.

Das einzutauchende *Volumen* ergibt sich von selbst bei den
Scalenaräometern, ist aber bei ihnen selten mit aus-
reichender Genauigkeit abzulesen; es ist gut markirt
bei den Wittstock'schen, nicht ausreichend bei den
Mohr'schen und Westphal'schen Waagen.

Die zur Bestimmung erforderliche *Zeit* ist am kürzesten bei
den Scalenaräometern; demnächst, unter Voraussetzung
gleicher Bekanntschaft mit den Apparaten, bei den
Wittstock'schen, hierauf bei den Mohr'schen und Westphal'schen Waagen, am längsten bei den Grammflaschen
und Piknometern. Ungefähr ebenso verhält es sich
mit der

Reinigung, Ab- und Austrocknung der genannten Intrumente.
Besondere Vorsicht erfordert die Reinigung und Trock-
nung der Haken und Oesen, mittelst deren die Mohr'-
schen und Westphal'schen Senkkörper an die Waage
gehängt sind, soweit sie mit der Flüssigkeit nothwendig
in Berührung kommen. Hohlgefäfse mit enger Oeffnung,
wie die Grammflaschen und Piknometer, lassen sich
nicht immer gut reinigen und erfordern zum Austrock-
nen unverhältnifsmäfsig lange Zeit.

Da die meisten Pharmacopöen die specifischen Gewichte der
Flüssigkeiten bei *15⁰ C.* bestimmen lassen und sie auf
destillirtes Wasser von 15⁰ C. beziehen, so verdienen
diese Grundlagen den Vorzug vor anderen; Abweichungen
davon müssen durch entsprechende Correctionen unschädlich gemacht werden.

Die geringste *Flüssigkeitsmenge* erfordern Piknometer und
Grammflaschen, demnächst Mohr'sche und Westphal'sche
Waagen, nicht unter 120—150 Ccm. die Wittstock'schen
und häufig noch mehr die Scalen-Aräometer.

Die einfachste *Construction* besitzen an und für sich die Grammflaschen und Piknometer, vorausgesetzt daſs eine hinreichend feine analytische Waage nebst Gewichten zu Gebote steht; muſs dieselbe erst besonders beschafft werden, so geht der angedeutete Vortheil verloren. Es folgen die Scalen- und die Wittstock'schen Aräometer, und als sehr complicirt die Mohr'schen und Westphal'-schen Waagen.

Die *Prüfung* läſst sich mit groſser Leichtigkeit und Zuverlässigkeit bei den Wittstock'schen Aräometern vollziehen; bei den Grammflaschen und Piknometern muſs sie sich auf die zugehörige Waage nebst Gewichten mit erstrecken und wird dadurch schon umständlich; sie ist ziemlich schwierig und mit den gewöhnlichen Hülfsmitteln einer jeden Apotheke nicht nach allen Richtungen durchführbar bei den Mohr'schen und Westphal'schen Waagen; sehr schwierig, zeitraubend und doch kaum jemals erschöpfend ist sie bei den Scalen-Aräometern und, was dieselben *in diesem Sinne* ganz verwerflich macht : die zur Prüfung unentbehrlichen zahlreichen Probeflüssigkeiten können ohne Hülfe anderer Instrumente gar nicht hergestellt werden.

Der *Ersatz* beschädigter oder verlorener Theile ist leicht bei den Scalenaräometern, Grammflaschen und Piknometern; schwierig bei den Wittstock'schen Waagen, weil es für sie kaum noch Bezugsquellen gibt und die ihnen zu Grunde liegende Gewichtseinheit eine ganz auſsergewöhnliche ist (annähernd 29,232 Milligramm). Bei den Mohr'schen und Westphal'schen Waagen macht eine Beschädigung des Balkens alle Angaben unrichtig; der Verlust eines Gewichtes ist bei der geringen und sehr schwankenden Gröſse der Gewichtseinheit schwierig und nur mit viel Zeitaufwand aus wenigen Bezugsquellen zu ersetzen; der Verlust des Senkkörpers entwerthet zugleich die zugehörigen Gewichte, weil deren Gröſse lediglich von dem nicht ein für allemal festgestellten, vielmehr sehr willkürlichen Volumen der einzelnen Senkkörper abhängt.

XV.

Beschädigungen, welche sich der Wahrnehmung leicht entziehen, können nicht füglich bei Glaskörpern, eher noch
bei Gewichten, sehr leicht aber bei Waagen vorkommen.
Besonders beim Transport (bei Gelegenheit von Apo-
theken-Revisionen an verschiedenen Orten) kann es leicht
begegnen, dafs ein Waagebalken eine an sich nicht
augenfällige Stauchung, Verbiegung oder Streckung erfährt und nun plötzlich unrichtige Angaben veranlafst.
Wird die Beschädigung nicht bemerkt, so kann sie fortgesetzt die verdriefslichsten Folgen haben; wird sie bemerkt, so ist der ganze Apparat bis nach erfolgter
Reparatur unbrauchbar. Ein besonderer Grad von Zer-
brechlichkeit, wie ihn *sehr* dünnes oder *sehr* sprödes
Glas besitzt, kann bei allen genannten Glaskörpern vermieden werden; einer ungeschickten Behandlung wider-
steht freilich auch Stahl und Messing nicht.
Die *Preise* verschiedener Apparate sollen am Schlufs zusammengestellt werden.

Nach diesem Allem habe ich mein Ziel am sichersten zu
erreichen geglaubt durch Verbesserung des aus dem Fahrenheit'schen oder Nicholson'schen Aräometer hervorgegangenen
Wittstock'schen Gewichtsaräometers, und es ist diefs meines
Erachtens vollkommen gelungen, nachdem Herr W. Z o r n
in Berlin, Fabrikant von Glasinstrumenten für wissenschaftliche Zwecke, insonders auch der Wittstock'schen Aräometer-
spindeln, die technische Ausführung übernommen hat.
Das neue Instrument, welches wohl mehr als irgend ein
anderes die Bezeichnung *Normalaräometer* verdient, besteht aus

> 3 Glasspindeln,
> 1 Satz Gewichte nebst Pincette,
> 1 Thermometer,
> 1 Glascylinder,

die in einen verschliefsbaren eleganten Kasten mit weicher,
federnder Decke so eingepafst sind, dafs eine Beschädigung
beim Transport nicht zu befürchten steht.

Die *Glasspindeln* zeigen etwa die Fig. 1 in natürlicher Gröfse angegebene Form. In ihren engen Hals ist durch die Oeffnung im Teller ein Emailstäbchen eingesenkt, welches, in dieser Weise ganz unverlöschlich, die Marke trägt, bis zu welcher die Spindel beim Gebrauch einzusenken ist und bis zu welcher ihr Volumen genau 40 Ccm. bei 15⁰ C. mifst. Das Emailstäbchen verschliefst mit seinem pilzförmigen Ende und mit Hülfe von sehr wenig Kitt fest und dauerhaft die Oeffnung des Tellers; doch werden auf Verlangen auch Spindeln geliefert, bei denen der Verschlufs durch Verschmelzung in Glas bewirkt ist, wodurch allerdings die Anfertigung bedeutend erschwert wird.

Die Form der Spindeln ist minder schlank, als bei den Wittstock'schen; sie sind dadurch widerstandsfähiger, verlaufen in die mit Quecksilber belastete Kugel mit einem sehr stumpfen Winkel, ohne Einschnürung oder schroffen Absatz, und bedürfen, indem sie bei gleicher Länge eine gröfsere Flüssigkeitsmenge verdrängen, unter sonst gleichen Umständen eine geringere Menge Flüssigkeit zur Wägung.

Das absolute Gewicht der 3 Spindeln ist unter sich verschieden und beträgt sehr genau 650, 1000 und 1400 Gewichtseinheiten; sie sinken demgemäfs unbelastet und bei der Normaltemperatur in Flüssigkeiten von bezüglich 0,650, 1,000 und 1,400 spec. Gew. genau bis zur Marke ein.

Die gröfseren *Gewichte* sind in Form von Einsatzgewichten aus Messing, die kleineren in Form von Blechen aus Neusilber mit grofser Genauigkeit von der Fabrik der Herren C. Staudinger u. Co. in Giefsen geliefert. Ihre Theilung ist dem decadischen System angepafst und sie reichen aus, um die leichteste Spindel (und mit deren Hülfe auch die schwereren) direct abzuwägen.

Das *Thermometer* ist genau und rasch empfindlich, die Theilung in ½ Grade C. auf Milchglas, 1 Grad etwa 2 Millimeter Länge einnehmend. In den zugehörigen Glascylinder eingestellt, ragt das Thermometer noch über denselben hinaus, verdrängt aber weniger Flüssigkeit, als die Spindeln, bringt also nichts davon zum Ueberlaufen, wenn es an Stelle der

5*

Spindeln eingesenkt wird. Da Flüssigkeiten in einem verhältnifsmäfsig hohen und engen Cylinder sich durch Umrühren in gewöhnlicher Weise nur langsam mischen, die Mischung aber für Temperaturbestimmungen nothwendig ist, so ist das Thermometer so eingerichtet worden, dafs es mittelst eines tellerförmigen Ansatzes, welcher zugleich zum Schutz des Quecksilbergefäfses dient, beim Heben und Senken eine rasche und gleichmäfsige Mischung der Flüssigkeit bewirkt (Fig. 2).

Der *Glascylinder* (Fig. 3) bildet einen nach unten verjüngten und halbkugelig verlaufenden, abgestumpften Kegel mit abgeschliffenem Rande und solidem Glasfufs. Die zur Wägung erforderliche Flüssigkeitsmenge ist in dieser Weise thunlichst beschränkt und die Reinigung und Austrocknung des Cylinders, auch auf mechanischem Wege, möglichst leicht gemacht. Zwei Marken geben diejenige Menge von Flüssigkeit an, welche mindestens oder höchstens einzufüllen ist, um eine Wägung zu vollziehen und einem Ueberlaufen bei Einsenkung der Spindel vorzubeugen.

Die *Prüfung* des Instrumentes, *und diefs mufs als ein ganz besonderer Vorzug desselben gelten,* ist sehr leicht, rasch und mit völliger Beweiskraft durchzuführen. Man braucht dazu aufser dem Besteck selbst nur eine mäfsig empfindliche Waage, etwa 100 Ccm. destillirtes Wasser und ebensoviel einer Flüssigkeit von 1,400 oder etwas höherem spec. Gewicht.

Man überzeugt sich zuerst in bekannter Weise, dafs der Gewichtssatz in sich richtig ist, dafs also die Stücke 1 + 1 dem Stück 2, die Stücke 2 + 2 + 1 dem Stück 5, die Stücke 5 + 5 dem Stück 10 gleich sind u. s. w. Darauf stellt man fest, ob die Spindeln das richtige absolute Gewicht, also von 650, bezüglich 1000 und 1400 der geprüften Gewichtseinheiten besitzen. Endlich senkt man die beiden leichteren Spindeln, und zwar die leichteste mit 350 Gewichtseinheiten beschwert, die andere unbelastet, in destillirtes Wasser von 15° C., die schwerste Spindel in eine Flüssigkeit von 1,400 bei derselben Temperatur; die Spindeln müssen dann genau bis zur Marke einsinken.

Es kann begegnen, dafs hierzu noch ein Auflegen vor

1—2 Gewichtseinheiten nöthig ist; und zwar wird dieſs in der Regel der Fall sein, wenn die Spindeln von der zu wägenden Flüssigkeit nicht *vollständig* benetzt werden. Die beim Herausheben der Spindel sehr leicht bemerkbare unvollständige Benetzung tritt aber immer ein, wenn eine Spindel, etwa durch Berührung mit fettigen Fingern oder sonst einen Anlaſs, mit einer dünnen Fettschicht, wenn auch in gar nicht sichtbarer Weise, verunreinigt ist und die Flüssigkeit darauf nicht lösend wirkt. Die Spindeln müssen also nur in völlig reinem und fettfreiem Zustande benutzt werden; und gewöhnt man sich am besten von Anfang an, ihre einzutauchenden Flächen gar nicht mit der bloſsen Hand zu berühren.

Ueber die *Benutzbarkeit* und *Empfindlichkeit* des Instrumentes ist folgendes zu sagen. Die leichteste, für Flüssigkeiten von 0,650—1,000 bestimmte Spindel läſst sich etwa bis 1,100, die mittlere, für Flüssigkeiten von 1,000—1,400 bestimmte, noch bis über 1,500 hinaus, die schwerste von 1,400 bis etwa 2,200 oder 2,300 benutzen. Bei gröſserer Belastung tritt natürlich, durch Höherrücken des Schwerpunktes, Schwanken oder Schiefstellung ein.

Die *Empfindlichkeit* ist sehr erheblich und läſst in vielen Fällen nicht bloſs die Schätzung, sondern die directe Bestimmung der vierten Decimale mit Hülfe von Gewichtsstücken zu, die 0,5, 0,2 und 0,1 der Gewichtseinheit entsprechen. Ich habe bei einer Anzahl leichter und schwererer, mehr und minder beweglicher Flüssigkeiten bestimmt, um wie viele Millimeter die richtig eingesenkte Spindel bei gleichbleibender Temperatur sich dauernd senkt oder hebt, wenn man 1, $\frac{1}{2}$, $\frac{2}{10}$, $\frac{1}{10}$ Gewichtseinheit zufügt oder entfernt, und gebe daraus folgende Beispiele mit dem Bemerken, daſs ich das Maaſs dem Gewichte proportional gefunden habe.

Es betrug der *dauernde Ausschlag* für *eine* Gewichtseinheit bei:

Aether von 0,725 bei 16° C.   14 Mm.

Alkohol von 0,819 bei 15° C.   9 „

Essigäther von 0,906 bei 16° C. 7,5 „

Alkohol von 0,896		
Ammoniak von 0,964	bei 15° C.	4,5 Mm.
Baumöl von 0,914		
Chloroform von 1,488	bei 16° C.	4 „
Pottaschenlösung von 1,330		
Glycerin von 1,230	bei 16° C.	3,5 „
Eisenchloridlösung v. 1,450	bei 16° C.	2,5 „
Schwefelsäure von 1,839		

Den Preis hat der oben genannte Fabrikant für das ganze Besteck auf 42, bezüglich 50 Mark gestellt, je nachdem das Emailstäbchen eingekittet oder eingeschmolzen ist.

Nach vorliegenden Preiscouranten bedeutender Firmen kostet ein Wittstock'sches Aräometer mit nur 2 Spindeln, von 0,700 bis etwa 1,9 reichend, 40,5 Mark, eine Mohr'sche Waage 37,5 Mark, ein Besteck Scalenaräometer in Etui, von 0,700 bis 2,000 reichend, bei 5, 6, 7 Spindeln 26, 31,5, 33 Mark. Die Westphal'sche Waage kostet bei ihrem Fabrikanten mit 1 Reservedraht und Zange 44,5 Mark.

Anmerkung. Weitere Angaben werden im Archiv der Pharmacie, Augustheft 1876, erfolgen.

IV.

Bericht über die Thätigkeit und den Stand der Gesellschaft von März 1873 bis Ende Juni 1876.

Von dem zweiten Secretär.

I. Vorträge in öffentlichen Sitzungen.

In der Regel wurde mit Ausnahme von April, August und September in jedem Monat eine öffentliche Sitzung mit Vorträgen gehalten, dabei auch die neuen Einläufe für die Bibliothek vorgelegt und allgemeine Vereinsangelegenheiten verhandelt. Es wurde für wünschenswerth erachtet, von jetzt an nicht nur die Themata der Vorträge in den Berichten anzuzeigen, sondern kurze Referate seitens der Vortragenden selbst zu veröffentlichen, um auch den Nichtanwesenden den Kern des Vortrags zugänglich zu machen. Diese abgekürzten Protokolle folgen nachstehend.

1. Sitzung am 7. Mai 1873.

Prof. K ö s t e r sprach *„über Doppelmißbildungen."* — Ausgehend von den xiphopagen siamesischen Zwillingen und den in neuester Zeit in Berlin sich producirenden pygopagen Mulattenmädchen, gab Redner mit Hülfe von Präparaten und schematischen Tafelzeichnungen einen kurzen Ueberblick über die ganze Reihe der Doppelmißbildungen und besprach sodann die Möglichkeiten der Entstehungsweise solcher Geschöpfe, wobei er sich entschieden gegen die Verwachsungs- und für

die Theilungstheorie erklärte, welche letztere allein durch
wissenschaftliche Gründe gestützt würde. Wann die Theilung
der embryonalen Anlage vor sich gehe, sei noch nicht entschieden.

Auf die Frage des Vortragenden, wie sich diese Theilungen
bei Pflanzen verhalten, bei denen ja ebenfalls viele Doppel-
bildungen vorkommen, erwiederte Prof. H o f f m a n n, daſs
hier immer erst nach der Befruchtung die Spaltungen eintreten.

2. Sitzung am 11. Juni 1873.

Prof. K e h r e r sprach „*über therapeutische Injectionen.*"
— Seit Alters macht man zu Heilzwecken Einspritzungen in
normale und abnorme Hohlräume des Körpers. Die dazu
dienenden Apparate sind äuſserst zahlreich. Die einfachste
Vorrichtung ist ein Gefäſs mit einem an dessen Boden ab-
gehenden Abfluſsrohr resp. Kautschukschlauch, dessen peri-
pheres Ende ein Ansatzrohr trägt von einer den verschiedenen Zwecken entsprechenden Form und Dicke. Hierher
gehört der gewöhnliche *Wundirrigateur,* der für viele Zwecke
die Spritzen und andere Apparate allmählich verdrängt hat.
Der Druck des ausflieſsenden Wassers kann hier regulirt
werden durch Erheben oder Senken des Gefäſses.

Auch Hebervorrichtungen werden gebraucht, so z. B.
der *Scanzoni'sche Injectionsapparat,* eine Art Glocke, die auf
den Boden eines mit Wasser gefüllten Gefäſses gestellt wird
und an ihrer Kuppe einen Schlauch trägt, den man über den
Rand des Gefäſses nach unten leitet. Hat man durch An-
saugen am freien Ende den Schlauch gefüllt, so flieſst con-
tinuirlich die Flüssigkeit ab.

Bei dem *Trichterapparat* von *Hegar,* einem Schlauch mit
Ansatzrohr und oberem Trichter dringt die Flüssigkeit theils
durch ihre Schwere in eine Körperhöhle, theils wird sie in
letztere aspirirt, wenn man den Körpertheil passend lagert.

Spritzen. Die einfachste ist die *Ballonspritze,* aus Kaut-
schukballon, Pfropf und conischem Rohr construirt. Letzteres
dient nach einander als Saug- und Abfluſsrohr.

Bei den *cylindrischen Spritzen* (Klystierspritze z. B.) bewirkt ein Kolben mit passender Liderung das Einsaugen und
Ausdrücken. Bei einzelnen derselben — Irrigateur von
Eguisier — ist der Kolben mit conischem Ventil versehen
und wird die Kolbenstange durch ein Getriebe mit Feder
bewegt.

Um gröfsere Flüssigkeitsmengen unter hohem Druck ein-
zuspritzen, gebraucht man *Pumpen* mit Saug- und Steigrohr
sowie Klappen- oder Kugelventilen, welche das Ein- und Aus-
strömen der Flüssigkeit reguliren. Beispiele die vielgestaltigen
Clysopompen.

Um die stofsweise Entleerung der Flüssigkeit in eine
continuirliche überzuführen, haben manche Pumpen einen
Windkessel, wie z. B. der Douche-Apparat von *C. Braun.*

Nach dem Princip der chemischen Spritzflasche sind die
Apparate von *Stein* und *Beigel* construirt. Durch ein System
von 2 Kautschukballons und Schläuchen wird hier ein ziemlich continuirlicher Luftstrom in das Glasgefäfs eingeführt
und damit ein entsprechendes Quantum Wasser in gleich-
mäfsigem Strom durch das Abflufsrohr verdrängt.

Durch Flüssigkeitsinjectionen in Höhlen will man entweder den normalen oder pathologischen Inhalt wegspülen
oder desinficiren. Andere Male soll die auskleidende Haut
durch die Arzneimittel zu normaler Ernährung und Absonderung angeregt werden. Ferner beabsichtigt man öfters
Blutstillung (durch zusammenziehende Mittel) oder man spritzt
Stoffe ein, die in die Säfte übergehen sollen.

Sowohl zur Schonung des Darmcanals, wie zu rascher,
sicherer und möglichst reiner Wirkung werden seit Jahren
gewisse Arzneimittel in gelöstem Zustande unter die Leder-
haut *subcutan* eingespritzt.

Auch zur Zerstörung von Neubildungen benutzt man die
subcutanen Injectionen von Aetzmitteln, überhaupt von Stoffen,
welche die Gewebe auflösen, vertrocknen oder zur Verfettung
bringen.

Redner demonstrirt während des Vortrags eine gröfsere
Anzahl Injectionsapparate.

3. Sitzung am 5. Juli 1873, Generalversammlung zu Friedberg.

Professor S c h n e i d e r sprach „über Structur und Entwickelung der Vogelfeder" *).

Dr. U l o t h zeigte einen durch längeres Liegen in einem Fasse mit kohlensaurem Ammoniak eigenthümlich umgestalteten hölzernen Löffel vor, der auf den ersten Anblick einem Pilze glich.

Dr. B u c h n e r legte die bis dahin erschienenen Lieferungen des grofsen „anthropologisch-ethnologischen Albums" in Photographien von C. Dammann in Hamburg vor und sprach über die Vortheile, welche die Photographie auch dem Studium der Anthropologie und Ethnographie darbietet. Dr. A. T r a p p wurde dadurch veranlafst, eine gröfsere Anzahl vorzüglicher anthropologischer und landschaftlicher Aufnahmen von Alb. F r i s c h aus dem Gebiet des oberen Amazonas aufzulegen.

Prof. S t r e n g sprach über verschiedene Mineralien und über einen angeblichen Vulcan bei Fauerbach unweit Friedberg. Das, was dort für einen Vulcan ausgegeben worden war, ist nichts als eine durch Verwitterung hervorgebrachte Veränderung des Basalts.

Prof. K e h r e r sprach „über die sog. Hohlwarzen bei Frauen." — Ist die Warze unter das Niveau des Warzenhofes derart versenkt, dafs letzterer wie ein hoher Wall dieselbe umgibt, so ist der Ausdruck „Hohlwarze" gerechtfertigt. Vom praktischen Standpunkte mufs man 2 Formen unterscheiden : solche, wobei sich die sonst normale Warze genügend weit herausziehen läfst, um vom Kinde gefafst zu werden und solche, wobei die Warze theils wegen ihrer Kleinheit, namentlich Kürze, theils wegen Enge der vom Hofe gebildeten Krateröffnung nicht herausgezogen werden kann und dadurch für das Kind unfafsbar wird. Im letzteren Falle mufs der ganze Warzenhof herausgeschnitten und die

---

*) Auszug nicht eingereicht.

übrig bleibende Haut an die Basis der Warze durch Nähte befestigt werden — ein Verfahren, das in zwei vom Redner operirten Fällen den gewünschten Erfolg hatte.

Prof. H o f f m a n n sprach „über *Diphtheritis* mit Rücksicht auf die noch immer sehr zweifelhafte Pilzfrage." Näheres in dessen mykologischen Berichten, Giefsen bei Ricker.

4. Sitzung am 12. November 1873.

Dr. B u c h n e r sprach über das Sandblasverfahren von Tilghman, wie es auf der Wiener Weltausstellung gezeigt wurde, erklärte die dazu gehörige Maschine und führte aus, welchen praktischen Nutzen man sich davon verspricht. Darauf zeigte er eine gröfsere Anzahl von aus gesponnenem Glase gefertigten Gegenständen, wie sie von Brunfaut in Wien und Scholz von Gablonz auf der Ausstellung dargestellt und verkauft wurden. Bei der darauf folgenden Discussion wurde die ausgedehntere Verwendbarkeit der Sandblasmaschine mehrfach bezweifelt und auf die Gefährlichkeit der aus gesponnenem Glas dargestellten Gegenstände für Augen und Athmungswerkzeuge aufmerksam gemacht.

5. Sitzung am 10. December 1873.

Prof. H o f f m a n n zeigte die Abbildung eines Agaricus, welcher die Lamellenform von Cyclomyces angenommen hatte, demonstrirte dann einen Birndurchwachs, erklärte die Bereitung von Papier aus Holz, sprach unter Vorzeigung einer Jericho-Rose über hygroskopische Bewegungen der Pflanzen, zeigte ein Stück von der Rinde der Sequoia (Wellingtonia) gigantea, ferner Abdrücke von Photographien von Flechten von Frisch in Homburg. Derselbe berichtete ferner über den damaligen Stand seiner Versuche, bezüglich Pilzinoculationen auf Bäume, wonach es wenig wahrscheinlich ist, dafs mehrere dieser Holzschwämme (Polyporus, Daedalea u. a.) als Ursache der Holzverderbnifs der Bäume betrachtet werden können, vielmehr scheinen dieselben nur consecutiv aufzutreten, nachdem das Holz bereits in seiner Beschaffenheit aus anderweitigen Ursachen alterirt ist.

Prof. S c h n e i d e r sprach „*über vergleichende Anatomie und Entwicklungsgeschichte des Muskelsystems der Wirbelthiere*" *). — „Obgleich man die Muskeln einzelner Wirbelthiere vielfach untersucht hat, ist doch die ganze Klasse in dieser Beziehung bisher nur unvollständig bekannt gewesen, so daſs eine vergleichende Anatomie der Muskeln nicht aufgestellt werden konnte. Diese Lücke auszufüllen soll im Folgenden versucht werden.

Gehen wir zunächst von den Myxinoiden aus. Die Muskeln, welche ihre Körperwand zusammensetzen, zerfallen in drei Schichten, eine mittlere Längs-, eine äuſsere und eine innere Querfaserschicht. Die *Längsschicht* ist in der dorsalen und ventralen Medianlinie durch andere Gewebe getrennt. Sie zerfällt in einen dorsalen gröſseren und einen ventralen kleineren Theil. Diese beiden Muskel, der dorsale Längsmuskel und der ventrale — *Rectus abdominis* —, sind durch ein breites Seitenfeld getrennt. Der dorsale Längsmuskel reicht vom Kopf bis in die Schwanzspitze, der ventrale vom Zungenbein bis zum After. Unmittelbar von seiner vorderen Insertion entspringt ein neuer Längsmuskel, dessen Sehne sich am Mund um das Zungenbein schlingt und an die Zunge setzt, wir wollen ihn als *Geniohyoideus* bezeichnen, er darf als Fortsetzung des *Rectus* betrachtet werden.

Die *äuſseren Querfasern* entspringen unter der Rückenlinie. An der Bauchlinie verhalten sie sich im vorderen und hinteren Theil verschieden. Vom Mund an bis hinter der letzten Kiemenspalte treten die Fasern der einen Hälfte auf die andere über, indem sie sich in der Mitte verflechten. Von da bis zum After berühren die Fasern beider Seiten sich in der Mittellinie. Diesen letzteren Theil nennen wir *Mylohyoideus*.

Die *inneren Querfasern* entspringen in der Mittellinie des Rückens. In der Kiemengegend setzen sie sich an den dor-

---

*) Es folgt der Inhalt unverändert, wie er schon früher separat gedruckt worden ist. Nur zwei Anmerkungen wurden hinzugefügt, welche als „Zusatz" bezeichnet sind.

salen Rand des Rectus abdominis, in der Zungengegend an
den fleischigen Zungenkörper. Nach hinten hören diese Muskeln vor dem Herzen auf, indem sie ein Diaphragma bilden.

Diese Muskelschichten, deren Eigenschaften ich kurz anzugeben versucht habe, kommen allein an dem Stamme des
Wirbelthierkörpers vor. Versucht man nun die Aenderungen
darzustellen, welche dieser Grundplan in den verschiedenen
Gruppen erfährt, so wird man zu einer neuen Eintheilung
der Wirbelthiere geführt. Weiter unten wird dieselbe mitgetheilt werden, wir wollen uns aber bereits jetzt auf dieselbe
beziehen.

Rectus abdominis.

Derselbe fehlt nur den Pisces in unserer Begränzung.
Sie besitzen aber sämmtlich, auch Amphioxus und Petromyzon,
den *Geniohyoideus*. Die Pisces bestehen demnach nur aus
Kopf und Schwanz. Das hintere Ende des Rectus ist immer
am After oder Becken. Sein vorderes Ende liegt am weitesten
vorn bei den Dipnoi am Unterkiefer, in Folge dessen denselben auch ein eigner Geniohyoideus fehlt. Bei den Ophio-
morphi endigt er am Anfang des Kopfes. Wo ein Schultergürtel oder Sternum vorhanden ist, setzt er sich an dasselbe
an. Er kann aber wieder von demselben entspringen und
sich an das Zungenbein ansetzen, den letzteren Theil nennt
man gewöhnlich Sternohyoideus. Wir werden ihn weiter
unten besonders betrachten und hier nur von dem am Sternum
endigenden Theil — Rectus abdominis im engeren Sinne —
sprechen. Entweder ist der Rectus von dem Rückenmuskel,
wie bei den Myxinoiden, durch ein Seitenfeld getrennt, oder
er legt sich genau an den Rückenmuskel an, so aber, daſs
er immer davon trennbar ist, weil beide ihre eignen Fascien
besitzen. Das Vorkommen dieser Modificationen wird man
aus dem System ersehen. Nur ein besonders schwieriger
Punkt muſs besprochen werden. Bei den Saurii *) bedeckt

---

*) Zusatz. Die folgende Beschreibung gilt nicht für die Crocodilii, die
sich überhaupt von den übrigen Saurii und den Ophidii entfernen und den
Chelonii angereiht werden müssen.

gewöhnlich der Rectus nach vorn die Rippen, dann berührt
sein Rand die Enden derselben. Nach hinten, wo die Rippen
kürzer werden oder ganz fehlen, sollte man voraussetzen, daſs
ein freier Raum zwischen dem Rectus und den Rückenmuskeln
entstehe. Allein es bildet sich eine eigenthümliche Art von
Rückenmuskeln, welche diesen freien Raum ausfüllt. Von
denjenigen Rippen nämlich, welche noch den Rectus berühren,
entspringen Längsfasern, die bis an das Becken gehen, oder
sich auch schon vorher in schiefer Richtung an der inneren
Fläche des Rectus inseriren. Sie liegen auf der Auſsenfläche
der Rippen, bedeckt von den äuſseren Querfasern.

Die Gränzen der Segmente des Rectus sind entweder
genau die Fortsetzungen der Gränzen der Segmente des
Rückens, oder unabhängig davon und dann immer weniger.
Bei den Schildkröten und Vögeln *) besteht er nur aus einem
Segmente. Die gröſste Mannigfaltigkeit zeigen die Saurii,
wo er aus 1, 3, 5, 6 oder gerade soviel Segmenten, als der
entsprechende Theil des Rückens, bestehen kann.

Die Brust entsteht dadurch, daſs die Rückenmuskeln, den
Rippen folgend, sich auf der Bauchseite vereinigen. Entweder
hört der Rectus da auf, wo die hintersten Rippen zusammen-
stoſsen, dieſs ist der gewöhnliche Fall, oder er geht bis an
das vordere Ende der Brust, dieſs findet, soviel ich weiſs, nur
bei den Katzenarten statt.

Die bedeutendste Abweichung von der Regel zeigt der
Rectus bei den Schlangen, den Lacertinen, Scincoiden, Pty-
chopleuren und Amphisbänen, indem sein lateraler Rand sich
in jedem Segment bandförmig nach rückwärts verlängert und
auf die Auſsenfläche der Rippen setzt. Die Entwicklung des
Rectus in den Saurii ist überhaupt so verschieden, daſs sich
darauf eine neue und bessere Classification derselben gründen
läſst, welche ich in der ausführlichen Abhandlung mittheilen
werde.

---

*) Zusatz. Mit Ausnahme von Apteryx, der nach Owen drei Myo-
commata besitzt. Aus der Abbildung (Trans. zool. Society Bd. III. 1849.
Taf. III) ersieht man, daſs diese Angabe nicht ganz richtig ist. Die In-
scriptiones durchsetzen den Rectus nur theilweise.

Rückenmuskel.

Derselbe ist auf seiner tiefsten Entwicklungsstufe (Myxinoiden, Petromyzon, Amphioxus, Ganoiden [Accipenser]) eine ungetheilte Masse, bei den Teleostei, Gastronautae, Urodela, Anurenlarven zerfällt er durch ein Interstitium in zwei Theile.

Weiter hinauf geht er eine sehr bedeutende Metamorphose ein. Vergleicht man z. B. die Rückenmuskeln eines Fisches und eines Säugethieres, so unterscheiden sich dieselben dadurch, daſs der Fisch entweder keine Rippen und Wirbel hat, oder solche, welche ungleich dünner als die Muskelschicht sind. Nur ein geringer Theil der Fasern setzt sich an die Knochen, der gröſsere Theil an die intersegmentalen Ligamente. Beide Theile sind aber untrennbar verbunden. Bei einem Säugethier kann man die kurzen, ausschlieſslich an Knochen sich setzenden, leicht von den langen trennen, am Hals sogar in der Länge einiger Segmente. Der Frosch hat nun als Larve die Rückenmuskeln des Fisches, im erwachsenen Zustand die des Säugethiers.

Sowie bei dem Frosch die Knorpel der Wirbelsäule sich bilden, entstehen wenigstens gleichzeitig, wahrscheinlich schon vorher, die m. m. intertransversarii und interspinales. Die Larvenmuskeln nehmen zwar mit dem Wachsthum der Larven an Volumen zu, allein sie setzen sich niemals an die Knorpel oder Knochen, sondern nur an die Ligamenta intermuscularia. Die genannten definitiven und die Larvenmuskeln sind durch Lymphräume getrennt, so daſs sie bei älteren Larven sich leicht von einander ablösen lassen. Aber auch innerhalb der Fascien der Larvenmuskeln entstehen gleichzeitig neue Muskelfasern und zwar an den Rändern, welche der medianen Rückenlinie zunächst liegen. Aus diesen Fasern entsteht der Extensor dorsi communis. Beim Uebergang in den definitiven Zustand schwindet zuerst der Schwanz, etwas später die übrige Larvenmuskulatur, welche die Wirbelsäule umhüllte, die fibrilläre Substanz zerfällt in Trümmer und löst sich schlieſslich auf. Oeffnet man eine Froschlarve, so wird man sich leicht überzeugen, wie bedeutend der Rückenmuskel der Larve und des Frosches sich unterscheiden. Man sieht dann nichts von den Spinalganglien, aber man findet sie unter den unteren Rückenmuskeln, während sie am erwachsenen Frosch bekanntlich sofort ins Auge fallen. An Querschnitten unterscheidet man die alten und die neuen Muskeln leicht dadurch, daſs die Primitivbündel der alten ungleich dicker sind. Keiner von den übrigen Muskeln erleidet eine ähnliche Metamorphose. In der ausführlichen Abhandlung soll nachgewiesen werden, in welcher Weise diese Beobachtung sich verallgemeinern läſst.

Sternohyoideus.

Dieser Muskel tritt auch dann auf, wenn kein Sternum vorhanden ist. Derselbe ist entweder eine Fortsetzung der Rückenmuskeln, *Hyodorsalis*, oder der Bauchmuskeln, *Hyoventralis*.

Der Hyoventralis ist dann vorhanden, wenn die Kiemenspalten zwischen Rücken- und Bauchmuskeln liegen. Seine einfachste Form treffen wir bei den Myxinoiden. Er wird hier durch den Theil des Rectus abdominis vertreten, welcher sich vom Zungenbein bis zur hintersten Kiemenspalte erstreckt. Auch bei einer Froschlarve verhält sich der Hyoventralis ganz wie ein Segment des Rectus und sein Zusammenhang mit demselben ist um so deutlicher, als das Sternum fehlt. Nur dadurch zeichnet er sich aus, daſs seine Fasern nicht bloſs in der Bauchfläche, sondern auch auf dem Zwerchfell in dorsaler Richtung entspringen. Er hat die Gestalt eines Dreiecks, dessen Basis auf dem Zwerchfell, dessen Spitze am Zungenbein liegt. Der durch die beiden Hyoventrales (Sternohyoidei Aut.) begränzte Raum schlieſst den Herzbeutel ein. Bei den Selachiern und Plectognathi wird nun der Hyoventralis vom Rectus durch den Schultergürtel getrennt.

Die einfachste Gestalt des Hyoventralis finden wir bei Petromyzon. Der groſse Rückenmuskel trennt sich an der hintersten Kiemenspalte in einen ventralen und dorsalen Theil und läſst einen Raum frei, welcher die Kiemenspalten enthält. Der ventrale Theil ist der Hyodorsalis. Er unterscheidet sich dadurch von dem dorsalen Theil, daſs auf 2 dorsale Segmente (myocommata) nur ein ventrales kommt.

Die Gränzlinien der Myocommata des letzteren entsprechen den Kiemenspalten. Seine Fasern setzen sich mit deutlichen Sehnen an die äufsere Fläche der Kiemenbogen. Bei den Ganoiden und Teleostei trennt der Schultergürtel den hinteren Theil des Rückenmuskels von dem Hyodorsalis. Er besteht immer aus drei Segmenten und setzt sich bei Accipenser mit je einer Sehne an einen Kiemenbogen, bei den Teleostei nur an das Zungenbein. Unter diesem Hyodorsalis liegen zwei dünne platte Muskeln, welche vom Schultergürtel entspringend sich an das os pharyngeum ansetzen, der eine entspringt weiter hinten und setzt sich an die Mittellinie, der andere entspringt weiter vorn, geht nach aufsen von dem vorigen und setzt sich in seiner ganzen Breite an den Knochen. Diese zwei Muskeln der Teleostei erwähne ich hier, obgleich sie nicht zum Hyodorsalis gehören. Auch die Dipnoi besitzen den Hyodorsalis, welcher von dem Rectus bedeckt ist.

Bei den Urodelen (Salamandra, Triton, Proteus, Menobranchus, Siredon) trennt sich der Hyodorsalis am Sternum oder wenigstens an der Stelle, wo es liegen könnte, vom Rückenmuskel ab und zerfällt in eine nach der Gattung verschiedene Zahl von Segmenten. Er setzt sich an die Copula (?) und die Kiemenbogen. Ein Theil tritt durch den Ring, welcher vom ersten und zweiten Kiemenbogen gebildet wird und setzt sich an das ventrale Stück des Zungenbeins. Dieser Muskel ist bei Salamandra bis zum Becken selbstständig, ein wahrer Hyopubicus.

Bei den Schlangen und Cöcilien ist ein Hyodorsalis vorhanden. Bei den Cöcilien setzt sich weder der Geniohyoideus noch der Hyodorsalis an das Hyoideum, wohl aber bei den Schlangen, sonst verhalten sich diese Muskel in beiden Gruppen gleich.

Soweit kann man leicht entscheiden, ob ein Hyoventralis oder Hyodorsalis vorhanden ist; sobald aber die Rippen mit dem Sternum verwachsen, also bei den Saurii, Chelonii, Aves, Mammalia, fehlt uns jedes Merkmal, um anzugeben zu welcher Gruppe ihr Sternohyoideus gehört. Allein in Rücksicht auf ihre Stellung im System läfst sich wohl annehmen, dafs er bei den Saurii ein Hyodorsalis, bei den andern ein Hyoventralis sein wird.

Aufser der Insertion an das Zungenbein giebt der Hyodorsalis und Hyoventralis auch Insertionen an die Kiemenbogen ab. So gehen unmittelbar Sehnen an die Kiemenbogen bei Petromyzon. Noch deutlicher sind diese Sehnen und Muskeln bei Accipenser. Bei den Plagiostomi, Holocephali und Plectognathi läfst sich ein Sternobranchialis als ein getrennter Muskel unterscheiden. Bei den Teleostei, den Anurenlarven und den Urodelen hat dieser Muskel keine Verbindung mehr mit dem Sternohyoideus, sondern beginnt vom os pharyngeum oder hintersten Kiemenbogen und geht als ein Längsmuskel von Kiemenbogen zu Kiemenbogen. Diese tiefere Portion hat immer die Eigenschaft, dafs zwischen ihren Insertionen und den Kiemenbogen die Kiemenarterien hindurch gehen. Bei Petromyzon ist diefs natürlich unmöglich, da die Aorta nach innen von den Kiemenbogen liegt. Dieser von Kiemenbogen zu Kiemenbogen gehende Längsmuskel ist auch bei Amphioxus zu sehen, während es mir nicht gelang, eine oberflächliche Schicht des Hyodorsalis zu finden.

Aeussere Querfaserschicht.

Während diese Schicht bei den Myxinoiden bis zum After den Character des Mylohyoideus besitzt, ist der Mylohyoideus sonst immer kürzer. Bei den Schildkröten und Vögeln reicht er bis zur Brust, sonst überschreitet er den Unterkiefer oder die hinterste Kiemenspalte nicht. Er fehlt keinem Wirbelthier, aufser vielleicht Petromyzon. Bei den Plagiostomen zerfällt er in so viel Segmente als Kiemenbogen vorhanden sind und enthält in den Gränzlinien seiner Segmente die äufseren Kiemenknorpel.

Wenn die äufsere Querfaserschicht sich auch weiter nach hinten findet, so geht sie einmal nie auf den Schwanz über und nimmt auch einen andern Character an, den des *Obliquus externus*. Soweit nämlich ein Rectus abdominis. — im engeren Sinne — vorhanden ist, reichen die Fasern nur bis an den lateralen Rand desselben. Man kann danach immer die Gränzen des Rectus abdominis auffinden.

Innere Querfaserschicht.

Die innere Querfaserschicht der Myxinoiden überschreitet den Kiementheil nicht. Soweit kommt dieselbe allen Wirbelthieren, speciell auch Amphioxus zu. Ihre Fasern setzen sich immer an die Kiemenbogen. Wo die Kiemenstrahlen bestehen, sind besondere Muskeln vorhanden, welche, wie man bisher übersehen hat, rythmische Bewegungen vollziehen. Bei jedem Athemzug werden die Kiemenblättchen der Knochenfische so bewegt, als ob die Kiemenspalten geschlossen und geöffnet würden. Diese Bewegung hört nach der Zerschneidung des Vagus auf.

Im Halstheil fehlt durchweg die innere Querfaserschicht. In der Brust ist sie bei Vögeln und Säugethieren vorhanden. Im Bauchtheil findet sie sich bei den Reptilia und Theria. Bildet sie nur eine Schicht, so nennen wir dieselbe *Obliquus internus*, bildet sie zwei Schichten, so nennen wir die äußere *Obliquus internus*, die innere *Transversus*. Die Richtung der Fasern ist durchweg wie beim Menschen. Der Obliquus internus und transversus überschreiten bei den Theria niemals die Gränzen des Rectus, bei den Reptilia endigen sie immer an den ventralen Gränzen der Rückenmuskeln. Wo die Rippen, wie bei den Schlangen, in der Bauchlinie sich treffen, ist auch die innere Querfaserschicht in der Bauchlinie angewachsen. Der Transversus kommt vor bei den Saurii, Cöciliae, Ophidii, Aves und Mammalia. Bei den Reptilia bedeckt er immer nur die halbe Breite des Obliquus und zwar auf der ventralen Hälfte.

Der Obliquus internus endigt nach vorn immer am Sternum. Bei den Urodela und Anura convergiren die Fasern nach dem Kehlkopf und dem Oesophagus zu und bilden so einen zwerchfellartigen Abschluß der Bauchhöhle. Dieser Ansatz zum Zwerchfell bildet sich bei den Saurii nicht weiter aus. Ihre Quermuskeln hören auf in der Linie, in welcher die hintere Fläche des Pericardium an der Bauchwand angewachsen ist. Bei den Theria bildet sich dagegen ein Zwerchfell immer aus. Die Bauchhöhle der Chelonia ist von einer festen Membran umschlossen, welche mit dem Brustschilde

6*

nur durch ein von Lymphgefäfsen durchzogenes Bindegewebe
verwachsen, nach vorn aber ganz locker in dem Raum unter
der Körperhaut liegt, in welcher die Muskeln und Knochen
des Schultergürtels sich befinden. Auf diesem vorderen stark
gewölbten Theil der Membran verbreiten sich die Fasern des
Obliquus internus. Man wird diese gewölbte zum Theil mus-
kulöse Membran als Zwerchfell betrachten müssen, nicht den
Muskel, welchen Bojanus als Diaphragmaticus bezeichnet.
Das Zwerchfell der Vögel und Säugethiere darf als bekannt
vorausgesetzt werden. Mit diesem Zwerchfell hat der zwerch-
fellartige Muskel der Crocodile nichts gemein. Es scheint
mir eine innere Schicht des untersten Segments des Rectus zu
sein, welche abgetrennt und mit dem Bauchfell verwachsen ist.

Entwickelung der Extremitäten.

Dieselbe läfst sich am besten bei den Froschlarven beobachten. Es geht daraus hervor, dafs alle an den Schulter-
und Beckengürtel sowie an die Extremitäten sich setzenden
Muskel vollkommene Neubildungen sind, also nicht Abzwei-
gungen oder Theile der Stammesmuskeln. Ausgenommen
sind nur der Sternohyoideus und Rectus abdominis, welche
schon vor dem Extremitätengürtel bestehen und erst später
an denselben anwachsen.

System der Wirbelthiere.

A. Rectus abdominis fehlt **Pisces.**
Petromyzontidae.
Leptocardii.
Ganoidei.
Teleostei.

B. Rectus abdominis vorhanden.
  1. Rectus abdominis und Rücken-
    muskeln berühren sich.
      Obliquus externus und inter-
      nus fehlt **Gastronautae.**
Plagiostomi.
Holocephali.
Plectognathi.
Dipnoi.

Obliquus externus und internus vorhanden	**Reptilia.**
Schultergürtel vorhanden	**Sauriomorphi.** Urodela. Saurii.
Schultergürtel fehlt	**Ophiomorphi.** Cöcilia. Ophidii.

2. Rectus abdominis und Rückenmuskel durch einen freien Raum getrennt.

Obliquus externus und internus fehlt	**Myxinoidei.**
Obliquus externus und internus vorhanden	**Theria.**
Hals und Brust fehlen	Anura.
Hals und Brust vorhanden	Chelonia. Aves. Mammalia.

Daſs diese Eintheilung die Modificationen des Muskelsystems besser ausdrückt, als die bisher gebräuchliche in Pisces, Amphibia, Reptilia, Aves, Mammalia, bedarf natürlich keines Beweises. Allein auch noch in anderer Beziehung dürfte sie vorzuziehen sein. Die Eigenschaften der Muskulatur, auf welchen sie beruht, treten wenigstens eben so früh auf, als alle Organe, auf deren Entwickelung man die bisherige Eintheilung gründete, nämlich das Herz und die Athmungsorgane. Die eigenthümlichste Muskulatur des Fisches erkennt man schon am Amphioxus und an dem jungen Fisch, wenn er noch den Dottersack trägt, ebenso ist an der Froschlarve der Rectus abdominis schon unzweifelhaft deutlich, wenn die äuſseren Kiemen noch vorhanden sind. Während nun die Muskeln ihren Character behalten, durchläuft das Herz viele Stadien der Entwickelung. Ebenso ändern sich die Kiemen, bis sie sogar verschwinden. Erst innerhalb der Typen, welche durch den Bau der Muskeln characterisirt sind, darf man also die Athmungsorgane und das Herz als Eintheilungsmerkmal benutzen.

Gegenüber von Huxley's Eintheilung in Ichthiopsida, Sauropsida und Mammalia darf die unserige wohl den Vorzug der Einfachheit und Schärfe der Charactere in Anspruch nehmen.

Daſs die bisherige Eintheilung auch in Bezug auf die sogenannte natürliche Gruppirung groſse Mängel hat, ist, wie aus den vielen Versuchen einer neuen Classification hervorgeht, allseitig bemerkt worden. Hat es irgend einen Vortheil, Petromyzon und die Myxinoiden zu vereinigen, oder die Selachier und Knochenfische, oder die Frösche und Salamander? Stehen die Chelonier etwa natürlich bei den Eidechsen und Schlangen? Hat man nicht Ursache, zu der alten Ansicht zurückzukehren, die Urodela (Saurobatrachia Huxley) mit den Sauriern und die Cöcilia mit den Schlangen zu vereinigen?

In einer ausführlichen, von vielen Abbildungen begleiteten Abhandlung soll über diese Punkte, wie überhaupt über alle Details dieser Untersuchung, weitere Auskunft gegeben werden."

6. Sitzung am 13. Januar 1874.

Prof. T h a e r sprach „über die Darstellung des Fleischextractes." — Redner begleitete seinen Vortrag — um die Vorgänge bei der Fleischextractfabrikation zu veranschaulichen — mit einer Reihe von Experimenten. Er zerhackte zunächst das rohe Ochsenfleisch, laugte es mit kaltem Wasser aus, kochte dann das Filtrat, filtrirte das coagulirte Albumin ab und dampfte schlieſslich die Brühe im Wasserbad bis zur Syrupconsistenz ein. Die auf diese Weise gefertigte syrupartige Masse ist das Fleischextract.

Hierauf kochte Redner das bereits ausgelaugte Fleisch und gewann dadurch Leim und Fett. Endlich wurde die ausgekochte Fleischmasse getrocknet und auf diese Weise das sogenannte Fleischmehl erhalten, das zur Viehfütterung und als Dünger noch Verwendung findet.

Redner führte weiter aus, daſs von 100 Thln. frischen mageren Ochsenfleisches etwa 6 Theile im kalten Wasser löslich sind, von denen wieder 3 Theile beim Kochen coaguliren und als Albumin ausgeschieden werden, und somit nur 3 Theile fester Substanz in der Brühe verbleiben. — Im Groſsen gewinnt man von 30 Pfund frischem Muskelfleisch gegen 1 Pfünd Fleischextract in handelsmäfsiger, üblicher Consistenz.

Prof. Koester sprach *„über Mikrokephalie und Gehirn-mifsbildungen."* — Die Theorie der Abstammung des Menschen vom Affen stützt sich auf die grofse Aehnlichkeit des Baues der höheren Affen und der niedrigsten Menschenraçen. Man hat jedoch stets zugegeben, dafs zwischen beiden eine gröfsere Kluft existirt und defswegen angenommen, dafs in früherer Zeit eine Art existirt haben müsse, die zwischen Affe und Mensch das Verbindungsglied herstellte, ohne dafs man jedoch so glücklich gewesen wäre, irgend welche Reste (etwa fossile Knochen) solcher Individuen gefunden zu haben. C. Vogt aber nahm an, dafs solche Zwischenindividuen die Mikrokephalen seien, die er defshalb hommes-singes, Affenmenschen nennt und von denen er annimmt, dafs sie einen Rückfall in den Affentypus darstellen. Er bezeichnet dieses Abweichen von dem Menschentypus als Atavismus. Seine Ansichten stützen sich wesentlich auf die Untersuchung des knöchernen Schädels mikrokephaler Idioten; Gehirne hat er nicht untersucht.

, Es hat sich nun durch die Untersuchungen Luschka's, Bischoff's, Aeby's u. A. herausgestellt, dafs weder das Gehirn, noch der Schädel eigentlich nach dem Affentypus construirt sind, sondern dafs beide durch eine Hemmungsbildung entstehen, bei der entweder das Gehirn primär in der Entwicklung gestört ist und dadurch auch der knöcherne Schädel im Wachsthum zurückbleibt oder umgekehrt, oder bei der beide durch eine gemeinschaftliche Ursache in ihrer Ausbildung gehindert sind. Das Gehirn bleibt dabei auf einer niederen Entwicklungsstufe des menschlichen Gehirns stehen. Redner vergleicht nun andere Mifsbildungen bez. Entwicklungsstörungen des Gehirns, die sehr häufig sind, meist aber die Lebensfähigkeit solcher mifsbildeten Wesen ausschliefsen.

Die ursächlichen Momente für alle solche Entwicklungsstörungen des Gehirns und seiner Umhüllungen können aber ganz dieselben sein, wie für die Mikrokephalie. Es wird nur darauf ankommen, wie frühzeitig während des Fötallebens

oder wie intensiv oder in welcher Ausdehnung die hemmende
Ursache eingewirkt hat und ferner ob noch andere consecutive
Veränderungen zur Erzeugung der Verunstaltung beigetragen
haben. So können angeborne Wasserköpfe, Akephalie, Hemi-
kephalie, angeborne Gehirnbrüche und Gehirnwasserbrüche,
auch Cyclopie und andere Mifsbildungen auf eine und dieselbe
Ursache oder eine Reihe von Ursachen zurückgeführt werden,
die man auch als Ursachen der Mikrokephalie betrachten
kann. Man kann also die letztere nicht als Atavismus im
Vogt'schen Sinne betrachten, sondern nur als eine Entwick-
lungsstörung, als pathologisches Product. Ein Zurücksinken
des Menschentypus in den Affentypus darf fernerhin auch
defswegen nicht angenommen werden, weil bei allen den
vielen bisher beobachteten Mikrokephalen die *Erhaltung der
Art*, die doch wesentliche Bedingung zur Aufstellung einer
Affenmenschenart ist, ausgeschlossen war.

7. Sitzung am 4. Februar 1874.

Prof. Schneider sprach „*über parasitäre in Thieren
lebende Pflanzen*" *).

Hierauf sprach Dr. Laubenheimer „*über das Ende
der Welt.*" — Der Vortragende erörterte die Gründe, warum
die Bedingungen für die Existenz lebender Wesen auf der
Erde nicht in Ewigkeit vorhanden sein werden und wies darauf hin, dafs für das Weltall ein Zeitpunkt eintreten müsse,
wo die in dem räumlichen Getrenntsein gröfserer Massen und
in dem chemischen Geschiedensein verschiedener Körper gelegene Spannkraft erschöpft sein wird, wo sich beide in
Wärmebewegung umgesetzt haben.

8. Sitzung am 4. März 1874.

Dr. Buchner sprach „*über Haarmenschen.*" — Unter
Vorlage zahlreicher Photographien · beschrieb er die eigen-
thümlichen Erscheinungen, wie sie die Pastrana, das Schweizer
Nähmädchen (Lancet 1852, Apr. S. 421), der Russe Jeftijew

---

*) Auszug nicht eingereicht.

und das mit ihm herumgeführte Kind, sowie die merkwürdige birmanische Familie nun in dritter Generation darboten. Er suchte zu beweisen, dafs hier nicht von einem Rückschlag, sondern nur von einer eigenthümlichen Krankheitserscheinung die Rede sein könne. Redner ging dann dazu über, die Entwicklung des Bartes bei den verschiedenen Völkern der Erde an Photographien zu demonstriren und bewies, dafs besonders stark entwickelte Bärte ausnahmsweise auch bei Völkern gefunden werden, die sich sonst durch ärmlichen Bartwuchs auszeichnen, ohne dafs defshalb eine besondere Krankheitserscheinung vorliege.

Dr. Haupt sprach *„über Ursachen und Behandlung des Scheintodes Neugeborner"* *).

9. Sitzung am 6. Mai 1874.

Professor Zöppritz sprach *„über die Erforschung von Africa."* — Es werden zuerst die verschiedenen Ursachen gewürdigt, welche der Erforschung dieses Europa so unmittelbar benachbarten Continents hinderlich gewesen sind, und daran die Geschichte der allmählich fortschreitenden Entdeckung der Küstenlinie, der Hauptströme und des Inneren von der ältesten Zeit bis zur jüngsten Vergangenheit angeknüpft.

10. Sitzung am 17. Juni 1874.

Professor Pflug sprach *„über die von Thieren auf Menschen übertragbaren Krankheiten."* — Zuerst gab Redner eine allgemeine Uebersicht über die von Thieren auf Menschen übertragbaren Krankheiten. Von den durch *pflanzliche Parasiten* hervorgerufenen Krankheiten schilderte er eingehender Herpes tonsurans und betonte dabei insbesondere die leichte Uebertragbarkeit dieser Flechte vom Rindvieh auf den Menschen. Von den *Zooparasiten*, welche auch Krankheiten beim Menschen erzeugen, wurden die Eingeweidewürmer, die Krätzmilben und darunter vorzugsweise Sarcoptes scabiei bespro-

---

*) Auszug nicht eingereicht.

chen und an diese anschliefsend interessante Mittheilungen über Acarus folliculorum gemacht und die Unterschiede hervorgehoben, die zwischen den Haarsackmilben der Hunde und jenen der Menschen bestehen dürften.

Von den *Zoonosen* besprach Redner die Hundswuth und stellte weitere Mittheilungen über Milzbrand, Aphtenseuche, Pocken und Rotz in Aussicht.

Gelegentlich des Vortrages wurden geeignete Präparate demonstrirt.

11. Sitzung am 4. Juli 1874, Generalversammlung zu Büdingen.

Professor H e s s sprach über :
1. die Nobbe'sche Keimplatte,
2. die Biologie des Fichtenborkenkäfers (Bostrychus typographus L.);
3. Aufastungen an Eichen, Kiefern und Fichten und
4. die Rindenkrankheit (den sog. Rindenbrand) der Rothbuche, unter Vorzeigung zahlreicher Demonstrationsobjecte zu allen Gegenständen seines Vortrags.

Ad. 1. Als Vorzüge des betr. Keimapparats hebt Redner — auf eine Reihe eigener Untersuchungen sich stützend — hervor : dafs sich die Keimung unter vollständigem Lichtabschlufs vollziehe, dafs die Sauerstofferneuerung in der Umgebung der keimenden Samen trotzdem sehr vollständig sei, weil der nicht fest aufsitzende Thondeckel einem continuirlichen Luftstrom Zutritt gestatte, dafs im Keimraum eine constante Luftfeuchtigkeit herrsche und dafs die Temperatur in demselben jederzeit mit hinreichender Genauigkeit ermittelt und nach Erfordernifs geregelt werden könne.

Ad. 2. Hervorgehoben wird hauptsächlich: — nach einer Beschreibung des Frafses, welchen Imago und Larve des B. typ. in höchst regelmäfsiger und zierlicher Weise (daher der Name : Buchdrucker) auf der Fichtenbasthaut ausführen — die aufserordentliche *Vermehrungsfähigkeit* und *Lebenszähigkeit* dieses die sog. Wurmtrocknifs in Fichtenwaldungen verursachenden Borkenkäfers und hierbei auf den jüngsten Fraſs im Böhmerwald Bezug genommen.

Ad. 3. Die Aufastung betreffend. wurde insbesondere der wesentliche Unterschied zwischen der *früheren* und *jetzigen* Aufastungspraxis characterisirt und eine Reihe von Problemen angedeutet, welche der Forstwirth in Bezug auf die Aufastung noch zu lösen habe (Maximalstärke der ohne nachtheilige Folgen bez. Stammfäulniſs noch abnehmbaren Aeste, Aufastungshöhe, Ueberwallungsdauer je nach Holzarten und Standortsverhältnissen; pathologische Vorgänge hierbei; Aufastungszeit etc.).

Ad. 4. Die Rindenkrankheit der Rothbuche wurde nach ihren einzelnen Stadien geschildert und erklärt. Der Anfang kennzeichne sich durch Röthung der Rinde, dann folge Abspringen derselben, Bräunen des Holzsafts im Splint und zuletzt Trockenfäule (in Dreiecksform, gewissermaſsen im Banne der Markstrahlen), über welche sich mitunter wieder gesundes Holz lagere. Als Ursache dieser an der West- und Südwestseite der Stämme auftretenden Krankheit sei starke Insolation anzusehen, wie angestellte Thermometerbeobachtungen von Dr. Vonhausen (in Carlsruhe) gezeigt hätten (Maxim. 47⁰); die Südseite der Stämme erwärme sich deſshalb weniger, weil dieselbe von den bei heiterem Wetter wehenden, abkühlend wirkenden nordöstlichen Luftströmungen tangirt werde.

Um dieser Krankheit vorzubeugen, sei die Freistellung der Buche nach W. u. S. W. zu vermeiden oder bei Zeiten ein schützender Waldmantel aus immergrünen Schattenhölzern (Fichte oder Tanne) vorzubauen.

Darauf sprach Dr. Laubenheimer *„über Darstellung des Vanillins aus Coniferin"* *).

Dr. Buchner zeigte eine reiche Sammlung von in Glas nachgebildeten Edelsteinen vor, welche namentlich auch zu Schuldemonstrationen geeignet ist.

―――――――

*) Auszug nicht eingereicht.

Optiker Hensoldt von Wetzlar demonstrirte eine Anzahl mikroskopischer Präparate im polarisirten Licht.

Prof. Stieda von Dorpat sprach „*über den Axolotl und seine Verwandlung* *).

12. Sitzung am 5. August 1874.

Professor Hoffmann sprach „*über die Vegetation Italiens.*" — Er weist darauf hin, daſs die jetzt für Italien charakteristischen Bäume und Sträucher nicht autochthon sind. Etrusker, Römer und Griechen importirten vielmehr die Feige, Olive, Cypresse, Pinie, Orange und verdrängten damit Eiche, Ilex, Buchen und Pineta von ihrem Heimathboden. Unter Vorzeigung zahlreicher klimatologischer Karten, auf welchen durch Punkte die Verbreitungsgebiete einzelner für Italien jetzt typischer Pflanzen graphisch dargestellt sind, schildert Redner Bau, Standort, Art der Züchtung, öconomischen und mercantilen Nutzen, sowie die ursprüngliche Heimath von den oben erwähnten, jetzt Italien charakterisirenden Gewächsen; derselbe zeigt von manchen derselben lebende Exemplare vor und erwähnt, auf welchem Wege diese Pflanzen importirt wurden.

13. Sitzung am 11. November 1874.

Professor Hess sprach „*über die Staatswaldfrage.*" — Redner beginnt mit einer statistischen Einleitung über die Waldflächen Deutschlands und anderer Länder, die Vertheilung der Wälder je nach Eigenthumscategorien und weist darauf hin, daſs die Thatsache, daſs die meisten Staaten Wald besitzen, wohl keine Zufälligkeit sei. Hierauf ergeht er sich in einem literar-historischen Rückblick, unter besonderer Betonung der von einigen sehr heftigen Gegnern der Staatswaldwirthschaft (Trunk, v. Hazzi, Pfeil) *gegen* diese vorgebrachten Argumente.

---

*) Auszug nicht eingereicht.

Beim Ueberblicken der *für* den Staatswaldbesitz aufgestellten Gründe ergebe sich eine *principielle* Verschiedenheit zwischen *sonst* und *jetzt*.

Früher habe man den sog. *cameralistischen* Gesichtspunkt geltend gemacht d. h. die Ansicht breitgetreten : der Staat müsse defshalb Wald besitzen, um den Holzbedarf der Unterthanen jederzeit auf bequeme und billige Weise befriedigen zu können, wozu der Staat verpflichtet sei.

Gegenwärtig fange man an, das Hauptgewicht auf die *mittelbare* Bedeutung der Wälder, d. h. den *klimatologischen* Werth derselben, zu legen. Bei näherer Untersuchung stelle sich nun heraus, dafs der cameralistische ein *Schein-* oder wenigstens ein *unzureichender* Grund sei, während der klimatologische als *wahrer Hauptgrund* für die Staatswälder bestehen bleibe.

Beide Punkte werden im Vortrag näher ausgeführt, namentlich die neuesten Ergebnisse der bayerischen forstmeteorologischen Parallelstationen (im Freien und Wald) besprochen und darauf hingewiesen, dafs der Wald insbesondere da, wo sein Einflufs auf Klima und Boden der nächsten Umgebung greifbar sei, d. h. wo er *Schutzzwecken* (Verhinderung von Austrocknung, Bodenabfluthung, Versandung etc.) diene, erhalten werden müsse. Zur Conservirung dieser Schutzwälder sei namentlich der *Staat* berufen, weil, wenn sich derselbe in den Besitz jener Wälder setze, die Privatwaldwirthschaft — den Forderungen der gegenwärtigen Zeitströmung entsprechend — nahezu freigegeben werden könne.

Schliefslich wird noch den wichtigsten, von gegnerischer Seite gemachten Einwänden : der Staat sei ein ungeschickter Producent, die Staatsforstverwaltung zu complicirt, Forstgärtnerei könne nur der Private treiben etc. die gebührende Würdigung zu Theil.

Das Schlufsresultat der Betrachtung fafst Redner dahin zusammen :

    1. dafs die *deutschen Staatswaldungen* im Allgemeinen als solche *beizubehalten* seien, insbes. die *Schutzwaldungen;*

2. daſs die Frage nach dem *Umfang* des Staatswaldbe-
sitzes wesentlich an die Resultate der im Gange befindlichen, forstmeteorologischen Stationen geknüpft und
local, d. h. nach *Ländern,* zu lösen sei ;

3. daſs — unter der Voraussetzung des Vorhandenseins
der zur Erzielung der günstigsten klimatologischen
Effecte nothwendigen Staatswaldflächengröſse in an-
gemessener Vertheilung über das ganze Land — der
An- oder Verkauf von Wald oder die Umwandelung
von Wald in Feld oder Wiese rein dem Gesichtspunkt
der *höchsten Rentabilität* unterliege.

14. Sitzung am 9. December 1874.

Prof. S t r e n g sprach „*über die Vulkane Mittel-Italiens.*"
— Nach einer kurzen allgemeinen Uebersicht der geologischen
Verhältnisse Italiens schildert Redner die Vulkane der Umgegend von Neapel und der Albaner Gebirge, welche er aus
eigener Anschauung kennen gelernt hatte.

Die Vulkane der *Umgegend von Neapel* zerfallen nach
den von ihnen gelieferten Producten in 2 Gruppen :

1. *Leucitophyr-Vulkane.* — Hierzu gehört der Vesuv. Es
wird zuerst die Lage und die Configuration des Berges und
dann das von ihm gelieferte Material geschildert, nämlich :
Leucit-Lava, Lapilli und Asche, Schlacken und vulkanische
Bomben, fremde Gesteine als Auswürflinge.

2. *Trachytische Vulkane.* — Hierzu gehören : die Solfa-
tara, der Monte nuovo, der Astroni und eine Anzahl anderer
Vulkane, welche dicht gedrängt in den phlegräischen Feldern
zusammenliegen ; endlich die Vulkane der Insel Ischia. Es
werden die wichtigsten dieser Vulkane, sowie das von ihnen
gelieferte trachytische Material geschildert.

Das Albaner Gebirge, welches ebenfalls zu den Leucito-
phyr-Vulkanen gehört, bildet einen sehr complicirt zusammengesetzten Vulkan, dessen Lage und Configuration
beschrieben wird. Die Producte dieses Gebirges sind
Leucitophyr-Laven, wie sie am Grabmale der Cecilia
Metella (Capo di Bove) bei Rom gebrochen werden, ferner

Tuffe der verschiedensten Art, darunter der Peperin, endlich Auswürflinge fremder Gesteine. Von besonderem Interesse ist dieses Gebirge noch durch die Seen, die vielleicht als Kraterseen, vielleicht auch als Maare aufzufassen sind.

15. Sitzung am 13. Januar 1875.

Prof. Pflug sprach „*über Pyogenesis.*" — Nachdem Redner auseinander gesetzt hatte, was man unter Eiter zu verstehen habe, entwickelte er die ältesten und älteren Ansichten über Pyogenesis, sprach hierauf von Zellentheilung und Zellenwanderung, von den Ansichten Virchow's und Cohnheim's über die Entstehung des Eiters und theilte schliefslich mit, dafs seinen Erfahrungen zu Folge *sowohl durch Zellentheilung, als durch Zellenwanderung Eiter entstehen könne.* Er glaubt, dafs in den meisten Fällen von Eiterung die Zuwanderung der weifsen Blutzellen das Primäre, die Theilung dieser Wanderzellen das Secundäre bei der Pyogenesis wäre. Die weifsen Blutkörperchen, die in das gereizte Gewebe eingewandert seien, vergröfsern sich; es kommt zur Vermehrung der Zellenkerne in den Wanderzellen; die so gebildeten Mutterzellen zerfallen; die grofsen Zellenkerne werden frei, umgeben sich mit etwas Protoplasma und bilden dann jene kleineren Körperchen, welche man als Eiterkörper bezeichnet.

16. Sitzung am 3. Februar 1875.

Prof. Birnbaum sprach „*über die Transfusion des Blutes.* — Nach kurzer Uebersicht der Stellen älterer z. Th. vorhistorischer Werke, welche auf Transfusion sich beziehen oder fälschlich darauf bezogen wurden, giebt Redner eine gedrängte Geschichte des Kreislaufs des Blutes von Hippocrates bis auf Harvey, Malpighi und Loeuwenhoeck, und zeigt, wie durch die Entdeckung des grofsen Kreislaufes, durch Harvey (1628) die Anregung zu wissenschaftlichen Versuchen über Infusion und Transfusion gegeben war. Hierbei erläutert Redner den Unterschied zwischen Infusion und Transfusion, zwischen unmittelbarer und mittelbarer, zwischen arterieller und venöser Transfusion. Hieran schliefst sich eine Geschichte der Transfusion von den ersten gelungenen Versuchen durch Richard Lower (1666) und Jean Denis (1667), welche Thierblut, meist unmittelbar, transfundirten, bis auf unsere Zeit, in welcher dieselbe Operation in verbesserter Ausführung wieder empfohlen wurde, während von 1824, wo James Blundell die inzwischen fast vergessene Transfusion wieder in die Praxis einführte, bis Anfang der 70er Jahre ausschliefslich die mittelbare Transfusion an der Tagesordnung war. Nach dieser geschichtlichen Erläuterung schildert Redner unter Vorzeigung einiger Apparate (Eulenburg-Landois, Martin) die mittelbare Transfusionsmethode, bei der mittelst Spritzen aus menschlichen Venen gelassenes Blut, unverändert oder defibrinirt, in die Blutadern des zu Transfundirenden injicirt wird und zeigt ihre Vortheile und Schattenseiten. Dann bespricht er unter Vorzeigung des einfachen Nasse'schen Apparates die in jüngster Zeit wieder aufgenommene Lammbluttransfusion und stellt schliefslich die Indicationen der Transfusion fest, wobei er es als eine Frage der Zukunft bezeichnet, ob die, besonders von Gesellius und Nasse, an die Lammbluttransfusion geknüpften grofsen Erwartungen sich realisiren werden.

17. Sitzung am 3. März 1875.

Prof. Hess sprach „über mehrere der Forstcultur schädliche Insecten", bez.

1. die Werre (Gryllus Gryllotalpa L.) und
2. drei Rüsselkäfer (Orchestes fagi Gyll., Orchestes quercus L. und Rhynchites Betulae L.).

Nach einleitenden Bemerkungen über die aufserordentliche Vielgestaltigkeit der Insecten überhaupt und über die practische Bedeutung derselben für den Forst-, Land-wirth, Obstzüchter, Weinbauer etc. im Besonderen wendet sich der Redner zur Darstellung der Oekonomie und forstlichen Bedeutung der oben genannten 4 Insecten, veranlafst durch das in den letzten Jahren in der Umgegend von Giefsen häufige Auftreten jener Kerfe. Als wirksamste Vertilgungsmittel der durch Abbeifsen der Wurzeln von Keimlingen (Fichte,

Kiefer etc.) sehr schädlichen Werre werden das *Aufsuchen* und *Tödten* der Imagines und das *Nesterzerstören* bezeichnet.

Gegen die drei namhaft gemachten, mehr durch ihre interessante Oekonomie, als durch Waldschaden bemerkenswerthen Rüsselkäfer lasse sich *nicht* erfolgreich operiren.

Der — durch seinen Fraſs an Buchenblättern im Larven- und ausgebildeten Zustand Blattverschrumpfungen u. -Bräunung (so daſs die Blätter wie vom Froste getroffen aussehen) verursachende — schwarze Buchenrüſsler (O. fagi) habe sich hier namentlich im Jahr 1873 massenhaft gezeigt, der — die Eichenblätter in ähnlicher Weise beschädigende — Eichenrüſsler (O. quercus) im Jahre 1874. Den — eigenthümliche Blattrollen insbesondere an Birken wickelnden — Birkenblattrüſsler (R. betulae, nicht mit Rh. betuleti Fbr., dem Rebenstichler, zu verwechseln) hat Redner auch an *Buchen* gefunden (im Philosophenwald bei Gieſsen). Der Vortrag wird durch Vorzeigung der betreffenden Insecten und Fraſsstücke unterstützt.

18. Sitzung am 3. Mai 1875.

Prof. Z ö p p r i t z sprach *„über die physikalischen Verhältnisse des Meeres."* — Nachdem Redner Einiges über Art und Schwierigkeit der Untersuchungsmethoden vorausgeschickt, erwähnt er als ätiologische Momente für die 'Strömungen im Meere :

1. Die *Temperatur des Meeres.* Bezüglich derselben unterscheidet man

a) die obere oder Insolationsschicht von verhältniſsmäſsig geringer Tiefe, deren Temperatur rasch nach der Tiefe zu abnimmt und von der Jahreszeit und dem Sonnenstand bedingt ist;

b) eine in tiefen Meeren oft sehr mächtige, den Boden bedeckende Wassermasse von kaum veränderlicher, dem Gefrierpunkt nahekommender Temperatur und

c) eine oder mehrere zwischenliegende Schichten, in deren jeder die Temperatur ziemlich constant ist und nur nach oben zur nächsten Schicht mit rascher Temperaturzunahme, zur nächst darunterliegenden mit rascher Abnahme übergeht. Diese Schichten tragen in ihrer Temperatur (und ihrem Salzgehalt) das Zeichen ihrer Herkunft an sich, insofern im Allgemeinen die Meereswärme abhängig ist von der geographischen Breite und von herrschenden Strömungen.

2. *Der Salzgehalt des Meeres* rührt her von den Flüssen. Letztere bringen, wenn auch kleine Quantitäten, so doch nach und nach immer mehr Salze in das Meer; das Wasser verdunstet und erstere bleiben rückständig. Wo der Abfluſs fehlt, da ist das Meer sehr salzreich, wie das todte Meer ·und andere.

Verschiedene Concentrationsgrade und Temperaturdifferenzen können innerhalb engerer Bereiche (z. B. in einzelnen Meerengen) Ausgleichungsströmungen veranlassen, die dann meist paarweise in entgegengesetzter Richtung, einer an der Oberfläche, der andere submarin auftreten.

3. Die *groſsen Meeresströmungen* dagegen verdanken ihre Entstehung der Wirkung der vorherrschenden Winde (besonders der Passate), deren Einfluſs in Folge der inneren Reibung des Wassers bis in alle Tiefen, wenn auch in abnehmendem Maaſse, reicht.

19. Sitzung am 2. Juni 1875.

Dr. B u c h n e r sprach *„über Japan und die Japanesen.*" — Nach kurzer Schilderung der Geographie und Geschichte Japans ging Redner auf die Beschreibung des Volks und seiner Sitten über und legte zahlreiche Photographien aus den verschiedensten Schichten der Gesellschaft, sowie landschaftliche Aufnahmen vor; auch die Ainos auf Jesso wurden als besondere, von den Japanesen verschiedene Race ausführlicher geschildert, sowie Photographien derselben vorgezeigt.

20. Sitzung am 3. Juli 1875, Generalversammlung auf Schloss Schaumburg.

Stud. chem. A. N i e s sprach über *Gismondin* und insbesondere über ein von ihm aufgefundenes neues Vorkommen dieses Minerals von Burkhards im Vogelsberg, das sich, wie vorgelegte Stücke zeigten, vor anderen durch besondere Gröfse und Schönheit der Krystalle auszeichnet. Die Massenhaftigkeit des Vorkommens läfst es möglich erscheinen, Material zu einer Analyse zu erhalten.

Darauf sprach stud. Winther *„über Barytharmotom* vom Schiffenberg bei Giefsen" (s. Abh. II. S. 33).

Dr. Buchner sprach: *„über die verschiedenen Menschenracen"* und legte dabei das von ihm zusammengestellte kleinere „Anthropologische Album in Photographien von W. Dammann in Hamburg" vor, in welchem auf 25 Tafeln die wichtigsten Völker der verschiedenen Racen in zahlreichen guten photographischen Aufnahmen dargestellt sind.

Prof. Hoffmann sprach: *„über die Betheiligung der von der Oberfläche von Seen und Flüssen reflectirten Sonnenstrahlenwärme auf die Entwicklung der Uferflora."* Es steht fest, dafs durch den Reflex zu den direct auffallenden Sonnenstrahlen ein Plus von Wärme hinzukommt, welches an den Ufern die Entwicklung einer Flora ermöglicht, die sonst nur in den südlicheren Breiten fortkommt. (Vgl. österr. landwirthsch. Wochenblatt von Krafft. Wien. 1875. Nr. 28. 10. Juli. S. 328—330.)

Aufserdem gibt Redner eine Fortsetzung seiner Beobachtungen über thermische Vegetationsconstanten, welche mit den Beobachtungen früherer Jahre übereinstimmen. Er hat nämlich ermittelt, dafs zur Blüthenentwickelung desselben Pflanzenindividuums in jedem Jahre die gleiche Zahl von Wärmegraden erforderlich ist, wenn man dieselben von der Mitte des Winters ab an einem der Sonne ausgesetzten Thermometer — und zwar den täglich höchsten Stand desselben abliest und summirt.

(Vgl. Zeitschr. d. österr. Gesellsch. f. Meteorologie von Jelinck u. Hann. 1875. Nr. 16. X. (15. Aug. 1875.) S. 250 —252.)

Dr. Laubenheimer sprach: *„über einen Fall molekularer Umlagerung."* Bei Einwirkung von alkoholischer Kalilauge auf Metachlornitrobenzol entsteht ein Dichlorazoxybenzol,

welches bei Reduction mit Schwefelammonium Dichlorhydra-
zobenzol liefert. Letzteres geht unter molekularer Umlagerung bei Behandlung mit Säuren in Dichlordiamidodiphenyl
über.

21. Sitzung am 4. August 1875.

Prof. Buchheim hielt einen Vortrag: „über den Sauerstoff im Blute." — Er erwähnte dabei zuerst die Veränderungen der Athmungsluft durch die Respiration, schilderte
dann die morphologische und chemische Structur des Blutes.
und dessen Beziehung zum Sauerstoff. — Die Flüssigkeit
des Blutes, das Plasma, hat ungefähr den gleichen Absorptions-
coëfficienten für Sauerstoffgas, wie das Wasser, und nimmt
deshalb auch nur wenig davon auf; hauptsächlich ist es
das Hämoglobin in den rothen Blutkörperchen, welches sich
mit Sauerstoff zu Oxyhämoglobin verbindet. 1 Grm. Hämoglobin (trocken berechnet) vermag im Mittel 1,19 Cbcm.
Sauerstoff (unter 1 M. Druck) aufzunehmen. Da der Hämo-
globingehalt des Blutes beständigen Schwankungen unterworfen ist, so bleibt auch der Sauerstoffvorrath des Blutes sich
nicht gleich. Die im Gesammtblut enthaltene Sauerstoffmenge
reicht aus, das Leben 1—2 Minuten zu erhalten, dann tritt
Asphyxie und Tod ein. Wenn das Blut in den Lungen mit
Sauerstoff gesättigt worden ist, strömt es durch den grofsen
Kreislauf und von da vermittelst der rechten Herzhälfte nach
den Lungen zurück. Auf diesem Wege gibt es einen, je
nach den Umständen verschieden grofsen Theil seines Sauer-
stoffes ab und nimmt bei seiner Rückkehr in die Lungen
ebenso viel davon, als es verloren hatte, wieder auf. Die
Menge des in den Lungen aufgenommenen Sauerstoffs ist
daher abhängig von dem Verbrauche desselben im grofsen
Kreislaufe. Je mehr Sauerstoff hier in festere Verbindungen
übergeht, z. B. in Folge angestrengter Arbeit, reichlicher
Zufuhr von Nahrungsstoffen, fieberhafter Krankheiten u. s. w.,
desto gröfsere Mengen müssen in den Lungen wieder aufgenommen werden. Von ungleich geringerem Einflusse ist dagegen der Sauerstoffgehalt der eingeathmeten Luft, indem

das Blut in den Lungen auch aus einer sauerstoffarmen Luft immer noch die zum Leben genügende Menge von Sauerstoff aufzunehmen vermag und auch in reinem Sauerstoffgase nicht mehr aufnehmen kann, als zu seiner Sättigung nöthig ist. Wir sind demnach nicht im Stande, wie man früher glaubte, durch Zufuhr einer sauerstoffreichen Luft den Stoffwechsel zu erhöhen.

22. Sitzung am 10. November 1875.

Dr. Haupt sprach: „über Lister's antiseptische Operations- und Verbandmethode" *).

Hierauf sprach Prof. Hoffmann: „über insectenfressende Pflanzen." — Im Anschluß an ein Buch von Darwin über diesen Gegenstand werden zunächst verschiedene exotische und einheimische Pflanzen vorgeführt, welche durch gewisse Organe im Stande sind, Insecten, welche mit diesen in Contact kommen, nicht nur festzuhalten, sondern auch zu tödten und deren eiweißähnliche Stoffe zu extrahiren und ihrem Pflanzenleibe zu assimiliren. So die Drosera rotundifolia Drosophyllum und Dionaea; erstere wächst hier in der Nähe am Philosophenwald, ihre löffelförmigen Blätter tragen auf der oberen Fläche Haare, die vom Rande des Blattes nach seinem Centrum hin kürzer werden. Diese Haare tragen an den freien Enden kolbige Drüsen, die einen klebrigen Schleim absondern. An den Drüsen kleben die Insecten fest. Nach Darwin besitzen die Haare nicht nur Contractilität, sondern auch Irritabilität; Darwin hat sogar durch kleine Haarstückchen ein Maaß für den Grad der Irritabilität einzelner Arten aufgestellt. Die Haare reagiren fast nur auf aufgelegte stickstoffhaltige Substanzen. Weiter demonstrirt Herr Hoffmann die Structur der die Haare aufbauenden Zellen und weist nach, daß der abgesonderte Drüsenschleim dem Pepsin des Thiermagens analoge Eigenschaften besitzt. Dadurch werden eben die Muskeln eines Insectes in lösliche Modificationen von Einweiß übergeführt, um assimilirt werden zu können.

---

*) Auszug nicht eingereicht.

23. Sitzung am 8. December 1875.

Prof. Lorey trug vor: *„über die Gehörnbildung des Reh-bockes."* — Der Vortragende schildert zunächst (veranlaßt durch die den Gegenstand betreffenden neuesten Kundgebungen des Prof. Dr. *Altum* zu Neustadt-Eberswalde und des Oberförsters *Joseph* zu Eberstadt) das Geweih der Hirscharten im Allgemeinen, die Bedingungen seiner Lebensthätigkeit, den Uebergang vom lebenden zum todten Geweih, wobei alle einschlagenden Fragen, — als insbesondere der Zusammenhang der Geweihentwicklung mit der Brunft, der Vorgang des jährlichen Abwerfens, die Neubildung, Weiterentwickelung und Veränderung mit zunehmendem Alter, bez. der Schluß von der Beschaffenheit des Geweihes auf das Alter des Thieres, der Zweck des Geweihes etc., — erörtert werden, meist im Anschluß an die Altum'sche Darstellung.

Danach wird *das Gehörn des Rehbockes* specieller betrachtet.

Nach einleitenden Bemerkungen über die Eigenthümlichkeiten desselben, wie über die Schwierigkeit, bei dem Rehbocke Alter und Geweihgestalt in bestimmt nachweisbare Beziehung zu bringen (conf. Einfachheit und Beständigkeit der Bildung, häufige Abnormitäten), folgen die Angaben *Altum's*, der einen Knopfspießer, Schmalspießer, Gabelbock und Sechserbock, also 4 normale Anfangsstufen unterscheidet. Nach *Altum* ist das einzige sichere Kriterium für das Alter des Bockes in der *Stärke des Rosenstockes* zu suchen (beispielsweise je 7, 10, 13 und 16 Millimeter für die einzelnen Stufen); die Gestalt der Stange ist gleichgiltig, da der Rehbock mit häufiger Uebersprringung der Zwischenformen auf das Sechsergehörn „losstürmt." Das Characteristische von *Altum's* Auffassung liegt in der Annahme der *zwei* Spießer, Knopf- und Schmalspießer, so daß der normale Sechserbock nicht, wie man seither meist annahm, *drei*, sondern *vier* Jahre alt wäre.

Joseph bestreitet die Möglichkeit, die Stärke des Rosenstockes als sicheren Anhalt für die Altersbestimmung zu benutzen. Er hebt ebenfalls hervor, daſs die Zahl der Enden
nicht bestimmend sein könne für das Ansprechen des Alters
und findet in der *Zahnbildung* das entscheidende Moment.
Auffallend ist, daſs innerhalb eines Jahres beim Rehbocke
sämmtliche Schneidezähne gewechselt werden, während unsere
Hausthiere denselben Vorgang erst in einem Zeitraum von $4^1/_2$
Jahren aufweisen. Spätestens im Juli des zweiten Lebens-
sommers vollzieht sich auch der Wechsel der 3 ersten Backen-
zahnpaare.

Da alle diese Wechsel mit der gröſsten Regelmäſsigkeit
erfolgen, so geben sie für die Altersbestimmung einen absolut
sicheren Anhalt, wenigstens bis zu dem vorerwähnten Zeit-
punkte. Von da ab, also vom zweiten Sommer an, kann für's
Erste die Zahnbildung ebenwohl keinen Aufschluſs mehr ge-
währen. Uebrigens sind die Untersuchungen *Joseph's* noch
nicht abgeschlossen.

Jedenfalls scheint aber durch die Betrachtung der Zahnbildung festgestellt zu sein, daſs *Altum's* Knopfspieſser und
Schmalspieſser identische Altersstufen sind, wonach sich also
auch die *Altum'*sche Altersbestimmung als unzutreffend er-
wiese.

Der Vortrag wird durch Vorzeigen zahlreicher characte-
ristischer Rehgehörne erläutert.

24. Sitzung am 19. Januar 1876.

Prof. S t r e n g sprach: *„über kochend heiſse Quellen.“* —
Nachdem Redner die Eintheilung der Quellen in kalte und
warme auseinandergesetzt und als die Ursache der höheren
Temperatur der letzteren die innere Erdwärme bezeichnet
hatte, wandte er sich zu den kochend heiſsen Quellen, die
ihre Temperatur der vulkanischen Hitze verdanken. Sie finden sich daher nur in vulkanischen Gegenden. Als diejenigen
Regionen, in welchen solche kochende Quellen in besonders
groſser Zahl vorkommen, nennt er Island, Nord-Neuseeland
und das Quellengebiet des Missouri. Nachdem er diese

3 Regionen kurz beschrieben hatte, theilte er die kochend
heifsen Quellen nach ihrem Gehalte in : 1) Kalkreiche, welche
grofse Massen von Kalksinter oft in den wunderbarsten Formen
absetzen, 2) Kieselerdereiche, deren Absätze aus Kieselsinter
bestehen, 3) Schwefelquellen, 4) Quellen mit schwefliger Säure,
5) Schlammquellen. Für jede dieser Quellen führt er Beispiele aus jenen 3 Regionen an.

Redner theilt dann die Quellen nach ihrem Mechanismus
in 1) Reine Dampfexhalationen mit oft hochgespannten Was-
serdämpfen. 2) Ruhig ausfliefsende heifse Quellen, welche
nur an ihrer Oberfläche Wasserdampf entwickeln. 3) Stetig
aufsprudelnde Quellen, aus welchen sich ununterbrochen
Dampfblasen entwickeln. 4) Intermittirende Kochquellen mit
abwechselnden Perioden der Ruhe und stürmisch erregter
Thätigkeit. Hierzu gehören die Geysirquellen und die Strokr-
quellen. Nachdem Redner beide Quellen beschrieben und
ihre beiden Zustände geschildert hatte, zeigt er einige Abbildungen vor, aus welchen hervorgeht, wie massenhaft diese
Quellen sowohl in Nord-Neuseeland, als auch im Quellgebiet
des Missouri vorkommen. Redner schliefst, indem er die Beobachtungen *Bunsen's* und dessen Geysirtheorie mittheilt.

25. Sitzung am 2. Februar 1876.

Prof Pflug sprach: *„über die Schlachtmethoden mit besonderer Berücksichtigung des ritualen Schlachtverfahrens und
der Schlachtmaske.“* — Redner führte in seinem Vortrage aus,
wie sehr sich jeder Mensch dafür interessiren müsse, dafs die
Thiere, deren Fleisch wir essen, auf die schmerzloseste und
kürzeste Weise getödtet würden. — Die Hauptsache sei
es, dafs man so rasch, als nur immer möglich bei der
Schlachtung den Thieren die Empfindung und das Bewufst-
sein raube, da es nicht möglich sei, das Leben in allen Theilen des thierischen Körpers plötzlich zu sistiren und man
bei der Schlachtung auf das allmähliche Absterben einzelner
Organe und Gewebe des Körpers keine Rücksicht nehmen
könne.

Um die Thiere schmerzlos und rasch zu tödten, empfiehlt

es sich, zuerst das Gehirn zu ertödten und dann sofort das Blut dem Thierkörper zu entziehen, um zu verhindern, dafs das Thier aus seinem bewufstlosen Zustande wieder erwacht.

Die zweckmäfsigste Schlachtmethode ist und bleibt — vom theoretischen Standpunkt aus betrachtet — immer das *Keulen der Thiere mit folgendem Halsschnitt oder Bruststich.* Wenn dieses von geübter und kräftiger Hand ausgeführt wird, dann genügt ein Moment, um das gröfste Thier bewufstlos zu Boden zu strecken. — Häufig wird dieses Keulen aber von ungeübter, schwächlicher Hand, oft von rohen Menschen besorgt, und dadurch wird diese Schlachtmethode zur grausamsten Thierquälerei. Um letztere zu verhüten, empfiehlt sich der Gebrauch der *Schlachtmaske.* Ja selbst das *Schächten* — das seit c. 3000 Jahren von den Israeliten geübte rituale Schlachten — ist dem Keulen der Thiere, wie es in der Praxis gewöhnlich geschieht, vorzuziehen. — Beim Schächten sind eigentlich die Vorbereitungen zum Schlachten dasjenige, was den üblen Eindruck auf die Anwesenden macht. Der rasche Halsschnitt mit dem scharfen, von kundiger Hand geführtem Messer wird kaum gefühlt, und die reichliche Menge Blut, welche sich sofort entleert, bedingt alsbald Blutleere des Gehirns und Bewufstlosigkeit.

Das *Stechen* der Thiere, namentlich der kleineren Hausthiere, ist dem Schächten verwandt und führt, wenn sicher ausgeführt, rasch zum Tode. — Nicht empfehlenswerth sind als Schlachtmethoden das *Knicken*, weil dadurch die Thiere nur plötzlich gelähmt, nicht aber bewufstlos werden — und das *Lufteinblasen in die Brusthöhle* oder *in die Blutgefäfse.*

Unter Vorzeigung der verschiedensten Schlachtwerkzeuge und darunter auch der Schlachtmaske, beschrieb Redner auch die Ausführung der einzelnen Schlachtmethoden und erklärte dabei, nach welchen Naturgesetzen je dadurch der Tod des Thieres erfolge.

Hierauf zeigte Prof. P f l u g noch „*ächte Flufsperlmuscheln*" aus Berneck bei Baireuth vor. — In Berneck im Südwesten des Fichtelgebirges finden sich diese Muscheln in den dortigen Bächen und zwar im weifsen Main, in der Oelschnitz und vielleicht auch im Knotenbach an bestimmten Plätzen in reichlicher Menge angehäuft und vom Ufer aus auf dem Flußbette sichtbar. Die Perlfischerei ist ärarialisch, ein eigener Perlfischer ist angestellt und dieser der Forstbehörde unterstellt. Alle sieben Jahre soll gefischt werden; mittelst eines eigenen Instruments werden sämmtliche Muscheln geöffnet und durchsucht. Die Perlen finden sich im Mantel des Thieres von der Größe eines Hirsekorns bis erbsen- und bohnengroß. Mit einem scharfen Messer werden die Perlen aus dem Mantel herausgeschnitten und darauf das Muschelthier wieder ins Wasser gesetzt.

Ein Ritter von Wallenrode — die Burgruine dieses Geschlechtes steht noch oberhalb des Städtchens — soll vor Zeiten diese Muscheln aus der Elster entnommen und in die Bernecker Bäche versetzt haben.

26. Sitzung am 8. März 1876.

Professòr Wernher sprach: „*über das öffentliche und Militärsanitätswesen in den ältesten geschichtlichen Zeiten.*" — Redner zeigte, daß während des ganzen frühen Alterthums den europäischen Culturvölkern, den Juden, Griechen und Römern der Sinn für öffentliche Wohlthätigkeitsanstalten abging. Dauernde militärische Sanitätseinrichtungen traten erst auf, als die stehenden Heere sich ausbildeten. In den Zeiten, wo sich noch kein internationaler Verkehr entwickelt hatte, konnte in Krankheitsfällen der Familienverband und die Gastfreundschaft aushelfen; dazu dienten die Domuncula und Hospitalia der wohlhabenden Griechen und Römer. (Vitruv. VII. c. 10.) Ein Proletariat gab es anfangs noch nicht. Als dieses später eine politische Macht geworden war, mußten öffentliche Unterstützungen eintreten.

Später wurde aus der freiwilligen eine durch Vertrag pflichtmäßige Krankenpflege in Griechenland und Rom, wofür zahlreiche Beispiele vorliegen. Auch der Sclave war nicht ganz ohne gesetzlichen Schutz und konnte, wenn er bei Erkrankung von seinem Herrn verlassen wurde, seine Freiheit verlangen. Für die erkrankten Feldsclaven war ein Valetu-

dinarium, und für die Haussclaven und die Gladiatorenschulen
waren wohl auch Aerzte da; jedenfalls werden Theater-
ärzte genannt; nur den Leichtverwundeten wurde Hülfe zu-
theil, die Schwerverwundeten schlug man kurzweg todt. Auf
den Gütern der Reichen waren besondere Krankensäle, die
jedoch zuweilen leer standen (Columella). Unter den Aerzten
unterschied man Theoretiker und Empiriker (Celsus); in den
Sclavenhospitien wird der Eigenthümer oder sein Wirthschaf-
ter der behandelnde Arzt gewesen sein. Doch gehörte es
zum guten Ton und war auch Nothwendigkeit, daſs die Söhne
reicher Römer u. a. auch etwas Medicin studirten; die ältesten
medicinischen Schriftsteller waren nicht Aerzte von Gewerbe.
Nach Columella XI, 18. waren auch besondere Beobachtungen
betreffs Simulation vorgeschrieben. Das Sprechzimmer des
Arztes war mit Büchsen, Spritzen, Brennspiegeln u. s. w.
charlatanartig ausgeziert; Kranke suchten dort Hülfe,
Gesunde Zeitvertreib; sie waren auch, wie die Bader-
stuben des Mittelalters das Stelldichein vornehmer Personen
und standen nicht in gutem Rufe. Gemeindekrankenhäuser
mit hohen Thüren und luftigen Räumen wurden berühmten
Aerzten zur Verfügung gestellt (Galen) und nahmen eine
bessere Stellung ein.

Während die geringsten kriegerischen Ereignisse sorgfältig verzeichnet sind, wurde von jeher der ärztlichen Ver-
pflegung der Heere nur dann gedacht, wenn durch Vernach-
lässigung derselben schwerer Schade entstanden war. Sobald geschlossene Heere, nicht mehr ungeordnete Schaaren,
weit von der Heimath Krieg führten, war auch ärztliche Hülfe
nöthig. Bei den Juden war kein ärztlicher Stand und das
alte Testament enthält nichts über die Sanitätspflege bei
den Kriegen der alten Hebräer, obgleich anzunehmen ist,
daſs sie während der 430 Jahre des Aufenthaltes in Aegypten
nicht ohne medicinische Kenntnisse blieben. Die mancherlei
diätetischen und Sanitätsvorschriften des Moses sind nur
theilweise verständlich und ohne Zweifel überschätzt worden.
Auch bei der Lepra, die Moses sehr gut kennt, erscheint kein
Arzt, nur der Priester, der die unheilbare Krankheit durch

seinen Fluch hervorrufen, durch sein Gebet heilen kann. Die
Geschichtsbücher des A. T. erzählen viel von Lagerseuchen,
den ältesten, die genannt sind.

Der Argonautenzug, eine grofsartige, poetisch verherr-
lichte Wikingerfahrt enthält nichts, was auf medicinische
Kenntnisse hinweist, wenn man nicht annehmen will, dafs
Medea durch Transfusion von Jünglingsblut den Vater der
Peliden verjüngt habe. Im Trojanischen Krieg 1190 v. Ch.,
einem eigentlichen National-, Raub- und Rachekrieg, sollen
in 1186 Schiffen je 120 Mann von Griechenland übergeschifft
worden sein, also über 140,000 Mann, sicherlich mit starkem
Trofs von Sclaven und Dienern, und über 10 Jahre vor Troja
gelegen haben. Es ist unmöglich, dafs da nicht schwere
Seuchen ausbrachen. Doch ist nirgends von Typhus, Ruhr,
Lagerseuche etc. die Rede. Verluste durch Wunden sind bei
der Kampfweise gering. 2 Aerzte, Machaon und Podaleirios
genügen als Wundärzte für das riesige Heer; sind sie nicht
zu erreichen, so hilft man sich gegenseitig, wie man ében
kann. Und dabei gehören sie noch zu den ersten kämpfen-
den Helden. *Welcker* ist wohl zu weit gegangen, wenn er
nachzuweisen sucht (Hecker lit. Ann. d. g. Heilk. B. 22), Machaon sei mehr Chirurg, Podaleirios mehr Arzt für innere
Krankheiten gewesen.

Im alten Aegypten, aus welchem Hellas die Anfänge
seiner Cultur gezogen, scheint die Medicin auch von den
Priestern ausgeübt worden zu sein, aber doch auf höherer
Stufe gestanden zu haben. Sie verstanden auch die innere
Heilkunde, nicht die Wundarzneikunst allein. Plato wurde
durch ägyptische Aerzte von schwerer Krankheit geheilt und
Diogenes von Sicilien sagt, dafs die ägyptischen Soldaten von
regelmäfsig besoldeten Militärärzten begleitet und unentgelt-
lich behandelt worden seien.

27. Sitzung am 10. Mai 1876.

Prof. Buff sprach: „*über ein neu eingerichtetes optisches
Galvanometer.*" — Dieses vom Mechaniker Jung in Giefsen
ausgeführte Instrument wurde vorgezeigt und erklärt. Be-

züglich des wesentlichen Theils seiner inneren Einrichtung ist es ein Multiplicator mit astatischer Doppelnadel, der sich, behufs richtiger Einstellung um eine Vertikalaxe, welche mit der Drehaxe des Nadelsystems zusammenfällt, drehen läfst. Letzteres hängt an einem Bündel Coconfäden, deren oberer Befestigungspunkt in vertikaler Richtung verschiebbar ist. Die Fäden hängen in der Mitte eines Glasrohrs herab, das auf einer Glasplatte sitzt, welche zugleich die sehr leicht abhebbare Deckplatte des Messinggehäuses bildet.

Die zur Aufnahme des Gewindes bestimmte, sehr flach gedrückte Spule ist aus Kupferblech von 2,5^{mm} Dicke verfertigt. Sie besteht aus zwei gleichen Abtheilungen, welche zusammen 342 Windungen eines 2^{mm} dicken Kupferdrahts in 17 Lagen übereinander enthalten.

Die beiden Magnetnadeln sind genau gleich grofs, von parallelepipedischer Gestalt, 65^{mm} lang, 2^{mm} breit und eben so dick. Sie sind aus bleibend gehärtetem Stahl verfertigt und halten den ihnen eingeprägten Magnetismus erfahrungsmäfsig sehr fest. Obgleich fast astatisch, vollenden sie, in Folge ihres bedeutenden Gewichtes, ihre Schwingungen mit grofser Stetigkeit und kommen wegen der durch die beträchtliche Kupfermasse der Spule bewirkten starken Dämpfung rasch zur Ruhe. Die untere Nadel schwebt, ganz so wie bei anderen astatischen Galvanometern, zwischen den Windungen. Die obere wird aber nicht als Zeicher benutzt. Die Gröfse der Ablenkungen wird vielmehr auf optischem Wege gemessen.

Zu dem Ende befindet sich nahe über der oberen Magnetnadel ein kreisrunder, mit Silber belegter, leichter Glasspiegel, mit dem Nadelsystem in der Art fest verbunden, dafs einer seiner Durchmesser mit der Drehaxe der Nadel zusammenfällt. Dieser Spiegel mufs also an den Schwingungen und schliefslich an jeder Ablenkung der Nadeln Theil nehmen. Gegenüber demselben befindet sich in dem Messinggehäuse eine 40^{mm} weite Oeffnung, welche durch eine Convexlinse geschlossen ist, bestimmt, die aus einem schmalen Spalt einer, sonst ringsum verdunkelten Gasflamme hervortretenden Lichtstrahlen soweit parallel zu richten, dafs sie, von dem Spiegel unter ungefähr 45⁰ Einfall zurückgeworfen, und durch eine zweite (durch eine klare Glasscheibe geschlossene) Oeffnung des Gehäuses wieder austretend, auf einem entfernten in Grade abgetheilten, weifsen Schirm ein. hell beleuchtetes, scharfes Bild des Spaltes erzeugen.

Dieses Instrument ist hauptsächlich zur Demonstration thermoelectrischer Erscheinungen in Vorlesungen berechnet und leistet zu diesem Zwecke Vorzügliches. Schwache electrische Ströme, welche sich bei einem gewöhnlichen, übrigens sehr empfindlichen astatischen Galvanometer mit dickem Multiplicatordraht durch Ablenkungen von 2—3 Grade zu erkennen geben, bewirkten bei diesem optischen Galvanometer, wenn die Theilung 2,5 Meter von dem Spiegel aufgestellt war, Abweichungen von 2—3 Decimeter aus der Ruhelage.

28. Sitzung am 14. Juni 1876.

Prof. Kehrer trug vor : „über die Hämophilie (Bluterkrankheit)." — Durch die Mittheilungen amerikanischer Aerzte ist es seit Anfang unseres Jahrhunderts bekannt, dafs es Individuen gibt, welche ihr ganzes Leben hindurch häufig an starken, schwer stillbaren Blutungen zu leiden haben. Man nennt sie *Bluter*, die zu Grunde liegende Krankheit oder besser den krankhaften Zustand der Gefäfse (abnorme Brüchigkeit derselben) die *hämorrhagische Disposition* oder *Hämophilie*.

Die Hämophilie entsteht primär bei einzelnen Geschwistern, Vettern oder Nachgeschwisterkindern, während Eltern und Ahnen frei sind. Einmal entwickelt vererbt sie leicht, entweder direct bis ins vierte Glied oder mit Uebersringen einzelner Glieder. So können Vater und Enkel Bluter sein, die Kinder bleiben verschont; oder es leidet Onkel oder Tante und Neffe oder Nichte, während die Eltern der Letzeren frei sind. Dieser Modus — Nepotismus könnte man ihn nennen — ist gerade hier sehr häufig. Kein Lebensalter bleibt verschont, doch nehmen im Allgemeinen die Blutungen mit vorrückendem Alter an Häufigkeit und Stärke ab. In der Kindheit ist kein Geschlecht bevorzugt, späterhin leidet das männ-

liche weit mehr, als das weibliche (11 : 1). Bis jetzt ist
Hämophilie fast ausschliefslich bei Individuen der germani-
schen, romanischen, semitischen Race beobachtet worden. Die
Blutungen kommen theils ohne äufsere Veranlassungen aus
Haut und Schleimhäuten oder gehen in das Innere von Organen, theils entstehen sie durch Verletzungen. Sie zeichnen
sich durch Stärke, sowie lange Dauer aus und stehen zur
Gröfse der Verletzung fast im umgekehrten Verhältnifs : ein
unbedeutender Stofs oder Schlag bewirkt eine grofse Blutbeule
oder heftige freie Blutung; aus der Höhle eines ausgerissenen
Zahns blutet es Tage lang etc. Oft wird die Blutung tödtlich. Die Section hat bis jetzt keine charakteristischen Be-
funde ergeben.

Das beste Mittel, die Blutungen zu stillen, besteht in dem
dauernden Zusammendrücken des blutenden Theiles durch
Binden, Baumwollpfröpfe (in Höhlen eingeführt). Schorfbil-
dende Mittel sind nur vorübergehend wirksam, bei der Ab-
lösung des Schorfes giebt es neue Blutungen. Im Uebrigen
ist eine kräftigende Behandlung, milde, nahrhafte Kost, aber
keine Spirituosen u. a. erhitzende Mittel, am Platze. Andere
Mittel sind unzuverlässig.

Zum Schlufs wird die Bedeutung der Hämophilie für die
rituelle Circumcision, Schuldisciplin, Militärpflicht, Verheira-
thung, für die Gesetzgebung (Beurtheilung tödtlicher Verletzungen bei Blutern) beleuchtet.

II. Vorstand.

Statutarisch wird in jeder Sommergeneralversammlung,
die jährlich an einem anderen Orte aufserhalb Giefsen abgehalten wird, ein neuer Vorstand gewählt; der erste Director
kann nur einmal nach abgelaufenem Dienstjahr wiedergewählt
werden. Es wurden gewählt in der

Generalversammlung

	zu *Friedberg*	*Büdingen*	*Schaumburg*
	5. Juli 1873	4. Juli 1874	3. Juli 1875
1. Director	Prof. Kehrer	Prof. Buchheim	Prof. Heſs
2. „	F. Maurer	Prof. Heſs	Prof. Pflug
1. Secretär	Dr. Laubenheimer	Dr. Haupt	Dr. Haupt
2. „	Dr. Buchner	Dr. Buchner	Dr. Buchner
Bibliothekar	Dr. Diehl	Dr. Diehl	Dr. Diehl

III. Mitgliederzahl.

Es betrug die Anzahl der Mitglieder der Gesellschaft mit Ausschluſs der Ehren- und correspondirenden Mitglieder (s. Anl. B.).

	1873	1874	1875	Juni 1876
in Gieſsen	104	108	109	109
auſserhalb Gieſsen	83	72	87	83
	187	180	196	192

VI. Rechnungsablage.

pro 1873. Die Einnahmen betrugen fl. 1168. 28.
„ Ausgaben „ „ 1070. 14. fl. 98. 14.

„ 1874. Die Einnahmen betrugen fl. 478. 29.
„ Ausgaben „ „ 398. 9. fl. 80. 20.

„ 1875. Die Einnahmen betrugen M. 1394. 72.
„ Ausgaben „ „ 1169. 91. M. 224. 81.

V. Statutenveränderung.

Mit Einführung der neuen Reichswährung wurde das Eintrittsgeld für neue Mitglieder auf *vier Mark* und ebenso auch die Beiträge für die Benutzung des Lesecirkels auf M. 4 abgerundet. Wesentlicher sind die Veränderungen in den Bibliotheksverhältnissen.

VI. Bibliothek.

Schon mehrfach traten seitens früherer Vorstände der Gesellschaft Bemühungen ein, unsere Bibliothek mit der Universitätsbibliothek in passender Weise zu vereinigen. Als Hauptbeweggrund wurde dabei hervorgehoben, dafs alsdann die Benutzung unserer Bibliothek wesentlich erleichtert werde. Erst im letzten Geschäftsjahre konnte der lang vorbereitete Plan ausgeführt werden und wurde der angestrebte Zweck dabei um so mehr erreicht, als auch unterdefs auf der Universitätsbibliothek ein Lesezimmer eingerichtet und die Zeit der Benutzung wesentlich erweitert worden war. Nach längeren Verhandlungen mit dem Grofsh. Ministerium des Inneren und der Direction der Universitätsbibliothek wurde ein Vertrag abgeschlossen, dessen wesentliche Punkte hier folgen :

1) Die vorhandene Bibliothek der Oberhess. Gesellschaft für Natur- und Heilkunde geht mit Ende 1875 in das volle Eigenthum der Universitätsbibliothek über, soweit die Bücher, Hefte, Karten etc. nicht schon daselbst vorhanden sind. Die Doubletten bleiben zur Verfügung der Oberhess. Gesellschaft.

2) Bücher und Zeitschriften, welche die Gesellschaft kauft oder in Tausch von anderen Gesellschaften erhält, werden, nachdem sie die Lesecirkel der Gesellschaft durchlaufen haben, ebenfalls an die Universitätsbibliothek zu freiem Eigenthum abgetreten.

3) Alle Mitglieder der Gesellschaft haben das Recht, die Bücher, Zeitschriften, Karten etc., welche von der Gesellschaft an die Universitätsbibliothek übergingen, nach wie vor zu benutzen, selbstverständlich unter den für die Benutzung der Universitätsbibliothek überhaupt bestehenden Bestimmungen. Die Gesellschaft übernimmt dabei für die an auswärtige Mitglieder verliehenen Bücher etc. eine generelle Bürgschaft.

4) Grofsh. Ministerium gewährt dagegen der Gesellschaft eine jährliche ständige Subvention von sechshundert Mark.

Durch diesen Vertrag, der von der Generalversammlung zu Schaumburg genehmigt wurde, haben also die einheimischen und auswärtigen Mitglieder der Gesellschaft den Vortheil :

1) die reiche Literatur bald nach ihrem Einlaufen im Lesecirkel der Gesellschaft und

2) später an den sechs Wochentagen von 9—12 und von 2—4 Uhr auf der Universitätsbibliothek benutzen zu können, entweder im Lesezimmer, oder gegen Schein zu Hause. Auswärtige Mitglieder können gegen Tragung der Kosten auch durch die Post Bücher etc. von der Universitätsbibliothek erhalten.

3) Durch den jährlichen Zuschufs von M. 600 ist es der Gesellschaft möglich, häufiger als früher Berichte erscheinen zu lassen und dadurch nicht nur den Mitgliedern häufiger Rechenschaft von der Thätigkeit der Gesellschaft abzulegen, sondern auch einen regeren Tauschverkehr mit anderen Gesellschaften zu unterhalten. Es werden ohne Zweifel dadurch die Erwerbungen für die Bibliothek nicht unbeträchtlich erweitert und der Hauptzweck der Gesellschaft : „Förderung der theoretischen und praktischen Naturwissenschaften" mehr erreicht wie vorher.

Es ergeht dabei an die verehrlichen Mitglieder der Gesellschaft die ergebene Bitte :

„Die Direction in der Veröffentlichung neuer Berichte durch passende wissenschaftliche Beiträge (§. 11 der Statuten) unterstützen zu wollen. Nach einem Beschlufs des Vorstandes ist jedes Mitglied berechtigt zu verlangen, dafs der Druck einer Abhandlung, die von der Redactionscommission, bestehend aus den jeweiligen beiden Directoren und Secretären für zur Aufnahme geeignet erklärt wird, sofort in Angriff genommen werde ; der Verfasser erhält 50—100 Sonderabzüge."

Sobald die begonnene Katalogisirung der Bibliothek beendigt sein wird, soll im Bericht der Gesellschaft ein möglichst vollständiges Bücher- und Kartenverzeichnifs erscheinen.

VII. Verbindungen mit auswärtigen Gesellschaften.

Die Anzahl von Gesellschaften, Vereinen, Redactionen etc. etc., mit welchen Schriftenaustausch besteht, beziffert sich auf *224*. Sie sind unter Anlage *A* aufgeführt und bitten wir, das Verzeichnifs der daselbst aufgeführten Schriften zugleich als Empfangsanzeige betrachten zu wollen. Zugleich sagen wir unseren verbindlichen Dank für die reichen wissenschaftlichen Gaben, durch welche die Strebungen unserer Gesellschaft aufs lebhafteste gefördert wurden.

Seit dem letzten Bericht wurden neue Tauschverbindungen angeknüpft mit :

1) Naturforsch. Verein d. Harzes, *Blankenburg.*
2) Soc. des Naturalistes de la Nouvelle Grénade, *Bogatà.*
3) Amer. Acad. of Arts and Sciences, *Boston.*
4) Soc. entomologique de Belgique, *Brüssel.*
5) Soc. Khédiviale de Géographie, *Cairo.*
6) Gartenbauverein f. Baden, *Carlsruhe.*
7) Verband Rhein. Gartenbauvereine, *Carlsruhe.*
8) Verein Maja, *Clausthal.*
9) Univ. Biological Assoc., *Dublin.*
10) kk. Gartenbauverein, *Graz.*
11) Verein f. nat.-wiss. Unterhaltung, *Hamburg.*
12) Musée Teyler, *Haarlem.*
13) Verein f. Naturwissenschaft, *Herford.*
14) State University, *Jowa.*
15) Fürstl. Jablonowski'sche Gesellschaft, *Leipzig.*
16) R. Patent-Office, *London.*
17) Soc. géol. de Belgique, *Lüttich.*
18) Soc. de Botanique, *Luxemburg.*
19) Wisc. Acad. of Sciences, Arts and Letters, *Madison.*
20) Soc. des Sciences, *Nancy.*
21) Orleans Cty. Soc. of Nat. Sc., *Newport.*
22) Amer. Philos. Soc., *Philadelphia.*
23) N. giornale botan., red. C a r u e l, *Pisa.*
24) Kurländ. Ges. f. Lit. u. Kunst, *Riga.*
25) R. Comitato geol., *Rom.*

8*

26) Soc. geografica ital., *Rom.*

27) Cosmos, red. G u i d o C o r a, *Turin.*

28) Deutsche Gesellschaft für Natur- und Völkerkunde
Ostasiens, *Yeddo.*

Anlage A.

Verzeichnifs der Akademien, Behörden, Institute, Vereine und Redactionen, mit welchen Schriftentausch besteht, nebst Anlage der von denselben von Februar 1873 bis Ende Juli 1876 eingesandten Schriften.

Altenburg : Gewerbverein, naturforschende Gesellschaft und
bienenwirthschaftlicher Verein.

Amsterdam : K. Akademie van Wetenschappen. — Versl. en
Meded. Afd. Natuurk. 2 r. D. 7. 8. 9. Letterk. 2 r. D.
3. 4. Jaarboek 1872. 1873. 1874.— Proc. Verbaal 1872
—1873. 1874. 1875. — H o e u f f t Gaudia domestica, ele-
gia Petri Esseiva. Amst. 1873.— Carmina latina. Amst.
1875.

Amsterdam : K. zoologisch Genootschap „Natura Artis Magistra."

Annaberg-Buchholz : Verein f. Naturkunde. — Jahresber. III

Augsburg : Naturhistor. Verein. — Ber. 22. 23.

Bamberg : Naturforschende Gesellschaft. — Ber. 10.

Basel : Naturforschende Gesellschaft. — Verh. Th. 5 H. 4.
Th. 6 H. 1. 2.

Batavia : Bat. Genootschap van Kunsten en Wetenschappen.
— Verhandelingen D. 34. 35. 36. 37. 38. — Notulen D.
8. 10. 11. 12. 13. — Tijdschrift voor Ind. Taal-, Land-
en Volkenkunde D. 18. 20. 21. 22. — Alphabet. Lijst van
Land-, See-, Rivier-, Wind-, Storm- en andere Karten.
Bat. 1873.

Batavia : K. Natuurk. Vereeniging in Nederl. Indie. — Natuurk. Tijdschrift D. 32. 33.

Berlin : K. Preufs. Akademie der Wissenschaften. — Monatsber. Jg. 1873—76. — Register 1859—73.

Berlin : Gesellsch. für allgem. Erdkunde. — Ztschr. B. 7.
H. 3—6. B. 8 bis 11. H. 2. — Verh. Jg. 1873. 1874.
1875. 1876. III. 4, 5. — Corr. Bl. d. Afrik. Ges. 1873.
1874—76. bis No. 18.

Berlin : Botanischer Verein für Brandenburg. — Verhandlungen Jg. XIII. 1871. XIV. 1872. XV. 1873. XVI.
1874.

Berlin : Verein zur Beförderung des Gartenbaues in Preufsen.
Monatsschrift Jg. 1872. 1873. 1874. 1875.

Berlin : Deutsche geolog. Gesellsch.

Bern : Schweizerische Gesellsch. f. d. gesammten Naturwissenschaften. — Actes, Fribourg 1872. — Verhandl.
Schaffhausen 1873. Chur 1874. Andermatt 1875.

Bern : Naturforschende Gesellschaft. — Mitth. $\begin{matrix}1872\\1873\end{matrix}$ No. 792
bis 827. 1874, 1875.

Besançon : Société d' Emulation du Doubs. 4 Ser. Vol 6,
8, 9.

Blankenburg : Naturforsch. Verein des Harzes.

Bogotà : Société des Naturalistes de la Nouvelle Grénade.

Bologna : Accademia delle Scienze. — Memorie Ser 3. T. 2.
f. 2—4. T. 3. f. 1, 2. T. 5. f. 1—4. — Rendiconto
delle sessioni 1873—74. 1874—75.

Bonn : Naturhistor. Verein der preufs. Rheinlande und Westfalens. — Verh. Jg. 29. 30. 31. 32.

Bonn : Landwirthschaftl. Verein f. Rheinpreufsen. — Zeitschrift Jg. 1873. 1874. 1875. 1876 (bis No. 6).

Bordeaux : Société des Sciences physiques et naturelles. —
Extr. des Proc. verbaux. A. 1872—73. 1875—76. —
Mém. T. 9. 10. (n. S.) T. 1. cah. 1. 2.

Bordeaux : Société Linnéenne. — Actes T. 28.

Bordeaux : Société medico-chirurgicale des hopitaux et hospices.

Boston : Society of Natural History. Proceed. Vol. 13. 14.
15. 16. 17. 18; 1, 2. Mem. Vol. II. p. 1. N. 2, 3. p. 2.

N. 1, 2, 3, 4. p. 3. N. 1, 2—5. p. 4. N. 1—4. — Occasional Papers No. II. — J. Wyman Memorial Meeting. Oct. 7, 1874.

Boston : Amer. Acad. of Arts and Sciences. — Proceed. vol. 8. Schluſs. n. S. 1. II.

Bremen : Naturwissenschaftl. Verein. — Abhandl. B. 3, H. 3 und 4. 4 H. 1—3. — Beil. statist. Tabellen. 1874. — Tabellen über d. Flächeninhalt d. brem. Staats etc. 1872. Brem. 1873.

Bremen : Landwirthschaftl. Verein f. d. bremische Gebiet. — Jahresber. Jg. 1872—75.

Breslau : Schlesische Gesellsch. f. vaterländische Cultur. — Abh. Phil. hist. Abth. 1872—73. 1873—74. Nat.-wiss. Med. Abth. 1872—73. — Jahresber. 1872. 1873. 1874. Körber Festgruſs an d. 47. Vers. deutscher Naturf. u. Aerzte. 1874.

Breslau : Verein f. schles. Insektenkunde. — Ztschr. f. Entomologie N. F. H. 4, 5. — Entomolog. Miscellen. 1874.

Breslau : Central-Gewerbverein. — Breslauer Gewerbeblatt. Jg. 1874, 1875, 1876.

Bromberg : Landwirthschaftl. Centralverein f. d. Netzdistrict.

Brünn : kk. Mährisch-schles. Gesellsch. zur Beförderung d. Ackerbaues, der Natur- u. Landeskunde. — Mitth. Jg. 52. 53. 54. 55. — Notizenbl. d. histor. statist. Sect. 1872.

Brünn : Naturforschender Verein. — Verh. B. 10. 11. 12. 13.

Brüssel : Académie R. des Sciences, des Lettres et des Beaux-Arts. — 100 Anniversaire. (1772—1872) T. 1, 2. — Annuaire 1872, 1873, 1874, 1875. — Bull. T. 31—34. T. 38—40. — Quetelet de l'homme, considéré dans le syst. social.

Brüssel : Société R. de Botanique de Belgique. — Bull. T. 11 No. 3.

Brüssel : Académie R. de Médecine de Belgique. — Mém. des concours des savants étrangers T. III. F. 1. VII. F. 1, 2. — Bull. A. 1873, 3 Ser. T. 7. 8—12. 1874.

T. 8, T. 9, T. 10 No. 6. — Mém. couronnés. T. II.
F. 2—4. T. III. F. 2. 4.

Brüssel : Société malacologique de Belgique. — Annales T.
6, 7, 8, 9. — Proc. Verb. T. 2. T. 5, Juin 4, 1876.

Brüssel : Soc. Entomologique de Belgique. — Annales T.
5. 16.

Cairo : Société Khédiviale de Géographie. — Statuts. Alexan-
dria 1875. — Schweinfurth Discours à la séance
d'inauguration. 2. Juin 1875.

Cambridge, Mass. : Museum of Comparative Zoölogy, at Harvard College. — Ann. Rep. 1871, 1872, 1873, 1874.

Carlsruhe : Gartenbauverein f. d. Grofsh. Baden. — Jahresber. 1875. — Rhein. Gartenschrift Jg. X.

Carlruhe : Naturwissenschaftl. Verein. — Verhandl. H. 1, 2,
6, 7.

Carlsruhe : Verband rhein. Gartenbauvereine. — Rheinische
Gartenschrift, red. Noack. Jg. 8, 9.

Cassel : K. Commission f. landwirthschaftl. Angelegenheiten.

Cassel : Verein f. Naturkunde.

Catania : Accademia Gioenia di Scienze naturali. — Atti Ser.
III. T. 6, 7, 8, 9. — Carmelo Scinto-Patti Carta geologica d. citta di Catania e Dimtormi. Tav. 1—8. 1873.

Chemnitz : Naturwiss. Gesellsch. — Bericht 4, 5. — Kramer
Phanerogamen-Flora v. Chemnitz u. Umgegend. 1875.

Cherbourg : Société des Sciences naturelles. — Mém. T. 17,
18, 19. — le Jolis Catalogue de la Bibl. de la Soc.
P. II. lvr. 1.

Christiania : Videnskabs-Selskabet. — Forhandlinger 1871. —
Norges officielle Statistik. 1869, 1870.

Christiania : K. Norske Universitet. — Proveforelesninger
til Concurrence om den med. Professorpost. Christ.
1873. J. Heibergs 3die og 4de Prof. post i Medicin.
Christ. 1874. Gen. beretning fra Gaustad Sindssyge-
asyl. 1871. Christ. 1872. Kiaer Dodeligheden i det
forste Leveaar. — Sars, Carcinolog. Bidr. til Norges Fauna. Christ. 1872. — Ds. On some remar-
kable forms of animal life from the great deeps of the

Norw. Coast. Christ. 1872. — Sexe Rise of Land in Scandin. Christ. 1872.

Chur : Naturforschende Gesellsch. Graubündens. — Jahresber. N. F. Jg. 17, 18, 19. — Naturgeschichtl. Beitr. zur Kenntnifs der Umgebungen von Chur. 1874. — Husemann und Killias, die arsenhalt. Eisensäuerlinge von Val Sinestra. 1876.

Clausthal : Verein Maja.

Columbus, Ohio : Staats-Ackerbau-Behörde v. Ohio. — 26. Jahresber.

Danzig : Naturforschende Gesellsch. — Schriften. N. F. B. 3. H. 2, 3.

Darmstadt : Verein f. Erdkunde u. verwandte Wissenschaften. — Notizbl. III. Folge. H. 11, 12, 13, 14.

Darmstadt : Centralbehörde f. d. landwirthschaftl. Vereine Hessens.

Dessau : Naturhistor. Verein f. Anhalt. — Bericht 31.

Dijon : Acad. des Sciences, Arts et Belles-Lettres. — Mém. 2 Sér. T. 14, 15, 16.

Donaueschingen : Verein f. Geschichte u. Naturgeschichte der Baar u. der angrenzenden Landestheile.

Dorpat : Naturforscher-Gesellschaft. — Archiv f. d. Naturk. Liv-, Est- und Kurlands. B. 5. Lf. 2—4. B. 7. Lf. 1—3. — Biolog. Naturk. B. V. 1875. Sitzungsber. III. H. 3, 4, 5, 6. IV. H. 1.

Dresden : Kais. Leopoldinisch-Carolinische Akademie der Naturforscher. — Leopoldina H. 7—11.

Dresden : Naturwissenschaftl. Gesellschaft „Isis." — Sitzungsber. Jg. 1872, 1873, 1874, 1875.

Dresden : Gesellsch. für Natur- und Heilkunde. — Jahresber. Oct. 1872 bis Juni 1873. Oct. 1873 bis Junil 874. 1874—75.

Dresden : Oekonom. Gesellschaft im Kgr. Sachsen. — Jahrbücher für Volks- und Landwirthschaft B. 10, H. 4.

Dublin : University Biological Association. — Proceed. Vol. I. No. 1.

Dublin : Natural History Society.

Dürkheim a. H. : Pollichia. — Jahresber. 30—32. Nachtr. zu
28 u. 29 Jahresber.

Edinburg : Botanical Society. — Transact. and Proceed. Vol.
XII. p. 2. 1875.

Elberfeld : Naturwiss. Verein v. Elberfeld und Barmen. .

Emden : Naturforschende Gesellsch. — Jahresber. 58, 59, 60.
— Kleine Schriften. No. 12. 16.

Erfurt : K. Academie gemeinnütziger Wissenschaften. — Jahrbücher N. F. H. 7.

Erlangen : Physikalisch-medicinische Societät. — Sitzungsber.
Nov. 1871 bis Aug. 1875.

Florenz : R. Comitato geologico d'Italia. — Bull. 1—12,
1873.

Florenz : Soc. entomologica italiana. — Bulletino Ao. IV.
Trim. 4. 1872· Ao. V. Trim. 1—4. 1873. Ao. VI
Ao. VII. bis Ao. VIII. H. 2. — Resoconti 1872. 1875.
1876.

Florenz : Società geografica italiana.

Frankfurt a. M. : Senckenbergische Naturforschende Gesellschaft. — Abhandl. B. 8, H. 3, 4. B. 9, H. 1—4. B. 10,
H. 1—4. Ber. 1872—73. 1873—74. 1874—75.

Frankfurt a. M. : Physikalischer Verein. — Jahresber. 1871
—72. 1872—73. 1873—74. 1874—75.

Frankfurt a. M. : Aerztlicher Verein. — Jahresber. Jg. 14, 15.
16, 17, 18. — Statist. Mitth. über d. Civilstand d. St.
Frankfurt i. J. 1871, 1872, 1875.

Frankfurt a. M. : Centralverein deutscher Zahnärzte.

Frauendorf : Prakt. Gartenbaugesellsch. in Bayern. — Vereinigte Frauendorfer Blätter Jg. 1873—75.

Freiburg i. Br. : Naturforschende Gesellsch. — Berichte über
d. Verh. B. 6, H. 1—4.

Freiburg i. B. : Gesellsch. f. Beförderung der Naturwissenschaften.

Fulda : Verein f. Naturkunde. — Ber. 2, 3.

Genua : Società di Letture e conversazioni scientifiche. —
Effemeridi Ao. III, Fasc. 9—12. Ao. IV, Fasc. 1—9.
n. S. 1874, 1875.

Gera : Gesellsch. von Freunden der Naturwissenschaften.

Görlitz : Oberlausitzische Gesellsch. d. Wissensch. — N. Lausitzisches Magazin B. 49, H. 2 B. 50, H. 1, 2. B. 51
bis B. 52, H. 1.

Görlitz : Naturforsch. Gesellsch. — Abh. B. 15.

Görz : J. R. Sociëta Agraria.

Göttingen : K. Gesellsch. der Wissenschaften. — Nachrichten
Jg. 1872, 1873, 1874, 1875.

Graz : Geognost.-montanist. Verein in Steiermark. — Schlufs-
bericht 1874.

Graz : Naturwissenschaftl. Verein für Steiermark. — Mitth.
Jg. 1873, 1874, 1875.

Graz : K. K. Steiermärkische Landwirthschaftsgesellschaft. —
Der steirische Landbote Jg. 5, 6, 7, 8.

Graz : Verein der Aerzte in Steiermark. — Sitzungsber. Jg.
9, 10, 11, 12.

Graz : K. K. Steierm. Gartenbau-Verein. — Rechenschaftsber.
24. 1874. — Mitth. Jg. I, II.

Greifswalde : Naturwiss. Verein v. Neuvorpommern u. Rügen.
— Mitth. Jg. 4—7.

Güstrow : Verein d. Freunde d. Naturgesch. in Mecklenburg.
— Archiv Jg. 26.

Halle a. S. : Naturforschende Gesellsch. — Abh. B. 12, H.
3, 4. B. 13, H. 1, 2. — Bericht 1872, 1873, 1874.

Halle : Naturwissensch. Verein f. Sachsen u. Thüringen. —
Zeitschr. für die gesammten Naturwissenschaften. Red.
Giebel. N. F. B. 5—12.

Halle : Landwirthschaftl. Centralverein der Provinz Sachsen.

Hamburg : Naturwissenschaftlicher Verein. — Uebersicht der
Aemter, Vertheilung der wissensch. Thätigkeit 1871. —
Abhandl. B. 5, Abth. 3, 4. B. 6, Abth. 1.

Hamburg : Verein f. naturwissenschaftl. Unterhaltung. — Verhandl. 1871—74. 1875.

Hanau : Wetterauische Gesellsch. — Jahresber. 1861—63. —
Ber. 1868—1873.

Hannover : Naturhistor. Gesellsch. — Jahresber. 22, 23, 24.

Harlem : Musée Teyler. — Archives Vol. 1, F. 2—4. Vol.
2, F. 1—4. Vol. 3, F. 1—4.

Heidelberg : Naturhistor. Medic. Verein. — Verh. N. F. B. 1,
H. 1, 2.

Helsingfors : Finska Vetenskaps-Societet. — Öfversigt af
Förhandl. XIV, XV, XVI. — Bidr. till Kännedom af
Finl. Nat. och Folk 19—23. — Observat. à l' observat.
magnétique et météorologique B. 5.

Herford : Verein f. Naturwissenschaft. — Statuten.

Hermannstadt : Siebenbürg. Verein f. Naturwissenschaften.
— Verh. Jg. 6, 10, 12, 19, 23, 24, 25, 26.

Innsbruck : Ferdinandeum für Tirol u. Vorarlberg. — Ztschr.
III. F. H. 17, 18, 19.

Innsbruck : Naturwissenschaftlich-medic. Verein. — Ber. Jg.
3, H. 1—3. Jg. 4, H. 1—2. Jg. 5. Jg. 6, H. 1.

Jowa : State University.

Kiel : Naturwissenschaftl. Verein für Schleswig-Holstein. —
Schriften I, H. 1, 2, 3. II, H. 1.

Klagenfurt : Naturhistor. Landesmuseum von Kärnten. —
Jahrb. Jg. 15—16, 20, 21.

Königsberg : K. physikalisch-ökonom. Gesellsch. — Schriften.
Jg. 13, 14, 15.

Kopenhagen : K. Danske Videnskaberne Selskab. — Oversigt
1872, 1873, 1874, 1875. — Preisschriften f. 1876.

Kopenhagen : Naturhistorik forening. — Vidensk. Meddelelser
1872, 1873, 1874.

Landshut : Botan. Verein. — Ber. 4, 5.

Lausanne : Société Vaudoise des Sciences naturelles. — Bul-
letin 2 S. Vol IX, No. 55, XI, No. 68.

Leipzig : K. Sächsische Gesellschaft der Wissenschaften. —
Ber. d. Math. phys. Cl. Jg. 1871, No. 4—7, 1872, 1873,
1874, 1875, 1. — S c h u l z e, Elemente des 1. Cometen
von 1830.

Leipzig : Fürstl. Jablonowskische Gesellsch. — Wangerin
Reduct. der Potentialgleichung für gewisse Rotations-
körper auf eine gewöhnl. Differentialgleichung. Leipzig
1875.

Linz : Museum Francisco-Carolinum. — Bericht 31, 32. — Das Oberöstr. Museum Francisco-Carolinum. Linz 1873.

London : Anthropological Instit. of Great-Britain and Ireland. — Journ. Vol. II, No. 3. Vol. III, No. 1—3. Vol. IV, No. 2. Vol. V, No. 1, 2. — List of the members. 1875. — Dr. John Edw. Gray.

London : Anthropological Soc.

London : R. Patent.-Office. — Abridgments, relating : 1) Lamps, Candlesticks, Chandeliers and other illuminat. app. 1871. — 2) Preparation of India-Rubber and Gutta Percha. 1875. — 3) Preservation of food. 1857, 1870. — 4) Photography. 1861, 1872. — 5) Watches, Clocks and other timekeepers. 1858, 1871. — 6) Paper, Pasteboard and Papier mâché. 1858. — 7) Electricity and Magnetism, their generation and application. 1874. — 8) Acids, Alkalies, Oxides and Salts. 1869. — 9) Ventilation. 1872.

London : Geological Soc. — Quarterly Journ. B. 29—33. List 1872—74.

London : Linnean Soc. — Zool. vol. 11, 12 No. 55. 56, 59. — Bot. vol. 13, 14 No. 68—80. — Proceed. 1872—73, 1873—74. — Additions to the library Lond.1873. — List 1873.

London : Ethnological Soc. — Marshall : A Phrenologist amongst the Todas. London 1873.

Lüneburg : Naturwiss. Verein. — Jahreshefte B. 5. 1870, 1871. B. 6. 1872, 1873.

Lüttich : Soc. géologique de Belgique. — Annales T. I.

Lüttich : Soc. R. des Sciences. — Mém. 2. Ser. T. 3—5.

Luxemburg : Instit. R. Grandducal de Luxembourg. — Publications T. 13, 14, 15. — Reuter Observat. mét. 2 B. 1874.

Luxemburg : Soc. des sciences natúrelles.

Luxemburg : Soc. des sciences médicales. Bull. 1873.

Luxemburg : Soc. de Botanique. — Recueil des Mém. No. 1.

Lyon : Acad. des Sciences, Belles-Lettres et Arts. — Mémoires T. 19, 20.

Lyon : Soc. d'Agriculture d'Hist. naturelle et des Arts utiles. Annales 4 Ser. T. 3—6.

Madison : Wisconsin Acad. of Sciences, Arts and Letters. — Transact. Vol. II.

Magdeburg : Naturwiss. Verein. — Jahresber. 3, 4, 5. — Abh. H. 5, 6.

Manchester : Litterary and Philos. Soc. — Mém. 3 Ser. Vol. 4. — Proceed. Vol. 8—12.

Mannheim : Verein f. Naturkunde. — Jahresber. 36, 37, 38, 39—40.

Marburg : Gesellsch. zur Beförderung der gesammten Natur-wissenschaften. — Schriften. B. 10, Abh. 5—12. Suppl. Heft 1. — Sitzungsber. Jg. 1870, 1872, 1873, 1874, 1875.

Melbourne : Philos. Instit. of Victoria.

Melbourne : R. Society of Victoria. — Transact. Vol. 10, 11.

Metz : Soc. d' Histoire naturelle.

Milwaukee Wis. : Deutsch. Naturhistor. Verein. — Ber. Jg. 1872, 1873, 1874. — Brendecke Nordlichterscheinungen.

Mitau : Kurländ. Gesellschaft für Literatur und Kunst. — Sitzungsber. 1872, 1873.

Modena : Museum di Storja naturale della R. Universita.

Modena : Soc. dei Naturalisti.

Moncalieri : Observatorio del R. Collegio Carlo Alberto. — Bull. meteorol. bis Vol. 7, No. 10.

Montpellier : Acad. des Sciences et Lettres. — Mém. Sect. d. Sciences T. 6, fsc. 2, 3. T. 7, fsc. 1—4. T. 8. fsc. 1, 2. — Mém. Sect. de Méd. T. 4, fsc. 3—6.

Moskau : Soc. Imp. des Naturalistes. — Bull. 1872, No. 3, 4 bis 1876, No. 1.

München : K. Bayrische Academie der Wissenschaften. — Sitzungsber. Jg. 1872, H. 1, 2, 3. 1873, H. 1, 2 bis 1875, H. 3. — Verzeichnifs d. Mitgl. München 1873. — Inhaltsverz. zu Jg. 1860—70. — Beetz, d. Antheil d. k. bayr. Acad. an d. Entwickl. d. Elektricitätslehre. München 1873. — Erlenmeyer, die Aufgabe des chem. Unterrichts. Festrede 1871. — Bischoff, Einfluſs Liebigs auf d. Entwicklung d. Physiologie. Denkschr. 1874. — Vogel, Liebig als Begründer der Agriculturchemie.

Denkschr. 1874. — Pettenkofer, Liebig zum Gedächtnifs. Rede. 1874. — Döllinger, Rede in der
öffentlichen Sitzung, 25 Juli 1873. München. 1873. —
Erlenmeyer, Einflufs Liebig's auf die Entwicklung
der reinen Chemie. Denkschr. 1874.

Nancy : Société des Sciences. — Statuts.

Neu-Brandenburg : Verein der Freunde der Naturgeschichte
in Mecklenburg. — Archiv Jg. 27, 28, 29.

Neuchâtel : Soc. des Sciences naturelles. — .Bullet. T. 9,
cah. 3. T. 10, cah. 2. — Mém. T. 4. p. 2.

New-Haven Conn. : Conn. Acad. of Arts and Science. — Transact. Vol. 1, p. 1, 2. Vol. 2, p. 2.

Newport Orleans : Orleans Cty. Soc. of Nat. Sciences. —
Archives of Sciences and Transact. Vol. I, No. 4, 5,
8, 9.

New-York : Lyceum of Nat. History. — Proceed. 2 Ser.
Jan. bis Mrch. 1873. — Annals Vol. X, No. 8—11.

Nürnberg : German. Nationalmuseum. — Anzeiger Jg. 19, 20.
— Die Aufgaben und Mittel des G. Mus. Nürnb. 1872.
Jahresber. 1—22. 1853—75.

Nymwegen : Ned. Botan. Vereeniging. — Ned. Kruidkundig
Archief. 2 ser. I. Th. 2—4. II. Th. 1, 2.

Offenbach a. M. : Verein f. Naturkunde. — Bericht 13, 14.

Osnabrück : Naturwiss. Verein. — Jahresber. 1872—73.

Padua : Soc. Veneto-Trentina di scienze nat. — Atti Vol. I,
Fasc. 3. Vol. II, Fasc. 1, 2. Vol. III, Fasc. 1, 2.

Paris : Soc. Botanique de France. — Bull. u. Revue Bibl.
T. 19, 20, 21, 22. — Comptes rendus. I. — Session ex-
traor. à Prades-Montlouis, Paris. 1872. — do. en Belgique Par. 1873. — Liste des membres 1876.

Paris : Soc. Géologique de France.

Paris : Soc. zoologique d'Acclimatation.

Passau : Naturhistor. Verein. — Ber. 10.

Pesaro : Accad. agraria. — Esercitazioni Ao. 15.

Pest : Magyarhoni Földtani Tarsulat Munkalatai. — Földtani
Közlöny 1874—1876. bis 9. szam. — Posepny Geolog.
montanist. Studie d. Erzlagerstätten v. Rezbanya. 1874.

St. Peteřsburg': Acad. Imp. des Sciences. — Bull. T. 17, No.
4, 5. T. 18, No. 1—5. T. 19, No. 1—5. T. 20, No.
1, 2. T. 21, No. 5. — Tabl. gén. des publications. T. I.

St. Petersburg : Kais. Gesellsch. für d. gesammte Mineralogie.

Philadelphia : Acad. of Nat. Sciences. — Proceed. p. 1—3.
1874—75.

Philadelphia : Amer. Philos. Society. — Proceed. Vol. 12,
13, 14.

Pisa : Nuovo giornale botanico da T. Caruel, Pisa. — Ital.
V. No. 1—4. VI. No. 1—4. VII. 1, 2.

Prag : K. Böhm. Gesellsch. der Wissenschaften. — Sitzungsber. Jg. 1871, H. 1, 2. 1872. 1873, 1874, H.
1—6. 1875, H. 1—2. (Aus den Abh.) Feistmantel,
Steinkohlenflora von Kralup. — Matzka, Horners eigentliche Auflösungsreihe algebr. Ziffergleichungen. —
v. Waltenhofen, Bestimmung der Vergröfserung des
Gesichtstfeldes von Fernröhren. — Weyr, Erzeugnisse
mehrdeutiger Elementargebilde im Raume. — Zenger,
Tangentialwage u. ihre Anwendung. — Dienger, Ueber
einen Satz der Wahrscheinlichkeitsrechnung. — Do-
malip, Electromagnet. Untersuchungen. — Feistmantel, Fruchtstadien fossiler Pfl. — Küpper, Beitr.
zur Theorie der Curven 3, 4. — Schöbl, Nervenendi-
gung an den Tasthaaren der Säugethiere. — Solin,
Graphische Integration. — Feistmantel, Baumfar-
renreste der Böhm. Steink. Perm- und Kreideformat. —
Küpper, die Steiner'schen Polygone. — Weyr, die
Lemniscate in rationaler Behandlung. Ds. Ueber algebr. Raumcurven. — Feistmantel, Steinkohlen- u.
Perm-Ablagerung in N. W. von Prag. — Feistmantel, Studien im Gebiet des Kohlengeb. von Böhmen. —
Krejci, das isokline Krystallsystem. — Matzka, Zur
Lehre der Parallelprojection und der Flächen. — Sa-
farik, chem. Constitut. der natürl. chlor- u. fluorhalt.
Silikate. — Weyr, Theor. d. cubischen Involutionen.

Prag : Naturhistor. Verein Lotos. — Lotos Jg. 22—25.

Prag : Verein böhm. Forstwirthe. — Vereinsschrift für

Forst-, Jagd- und Naturkunde Jg. 1873 bis 1876. H. 3.
— Die Forst- und Jagdlit. 1870—75. Prag 1876.

Prag : K. K. patriotisch-ökonomische Gesellschaft.

Presburg : Verein für Natur- und Heilkunde. — Verh. N. F.
H. 2.

Regensburg : Zoolog.-mineralog. Verein. — Correspondenzblatt
Jg. 26, 27, 28. — Abhandlungen H. 10.

Reichenberg, Böhmen : Verein der Naturfreunde. — Mitth.
Jg. 4.

Riga : Kurländ. Gesellsch. f. Literatur u. Kunst. — Sitzungsber. 1874.

Riga : Naturforschender Verein. — Correspondenzblatt Jg.
19, 20, 21. — S t i e d a, Die Bildung des Knochenge-
webes. Leipzig 1872.

Rom : R. Comitato Geologico d' Italia. — Boll. No. 1—12,
1874. No. 1—12. 1875.

Rom : Società geografica Italiana. — Boll. vol. X. XI. fsc. 7.

Salem : Essex Institute. — Bull. Vol. 4, 5, 6.

Salzburg : Gesellschaft für Landeskunde. — Mitth. Jg. 13.
14, 15.

Santiago : Universidad de Chile.

San Francisco : California Academy of Natural Sciences. —
Proceed. vol. III.

St. Gallen : Naturwissensch. Gesellsch. — Bericht 1871—72,
1872—73, 1873—74.

St. Louis : Acad. of Science. — Transact. Vol. 3, No. 1, 2.

Sondershausen : Verein zur Beförderung der Landwirthschaft.
— Verh. Jg. 34—36.

Stockholm : K. Svenska Vetenskabs-Akademien. — Handl.
B. 9—12. — Öfvers. Jg. 28, 29, 30, 31, 32. — Bihang
B. I; II; III, 1. — Lefnadsteckningar B. I, H. 3 — Met.
Jakttagelser Sver. B. 12—15.

Stockholm : Bureau de la récherche géologique de la Suède.
— Atlas No. 46—56. — Beskrifning, Kartbl. No. 46—
56. — H u m m e l, Geol. Forhallandena vid Hallands.
Stockh. 1872. — G r u m a e l i u s, Sver. Erratisca Bildningar. das. 1872. — L i n n a r s s o n, Sver. och Norges

Primondialzon. Das. 1873. — Törnebohm, Geogn.
der schwed. Hochgebirge. Das. 1873. — Börtzell,
Besier-Eckstein's Kromolitografi och Litotypografi etc.
Das. 1872. — Erdmann, Format. carbonifère de la
Scanie. Das. 1873. — Die Ausstellung der geol. Landes-
untersuchung in Wien 1873. Das. 1873. — Hummel,
Om Rullstensbildningar. Das. 1874. — Gumaelius,
Om Mellersta Sver. Glaciale Bildningar. Das. 1874. —
Törnebohm, Persbergets gruvefält. Das. 1875. —
Gumaelius, Malmlager sasom ledlager. Das. 1875.
— Hummel, Lagrade urberg jemförda. Das. 1875.

Stuttgart : Verein für vaterländ. Naturkunde. — Württ. nat.-
wiss. Jahreshefte, Jg. 29—32.

Trier : Gesellsch. f. nützl. Forschungen, Jahresber. 1872 bis
1873. — v. Wilmowsky, Archäol. Funde in Trier
und Umgebung. Trier 1873. — Bone, D. Plateau v.
Ferschweiler bei Echternach. Tr. 1876.

Turin : Red. der Zeitschr. Cosmos di Guido Cora. — Cosmos Vol. I, 1—6. Turin 1873—1874. — Vol. II, No.
1—12. Vol. III, Nr. 1—5.

Ulm : Verein für Kunst und Alterthum in Ulm und Oberschwaben. — Verh., N. R. H. 6. 7. — Korrespondenzbl.
I, 1876.

Upsala : K. Wetenskaps-Societet. — Nova acta Ser. III,
Vol. VIH, fsc. 2. IX, fsc. 1. 2. — Bull. météorol. Vol.
4. 5. 6.

Utrecht : K. Nederl. Meteorologisch-Institut. — Ned. Met.
Jaarboek, 1868. 1870. 1872—1874. — L. Ballot, Les
courants de la mer et de l'atmosphère. Bruges 1875.

Venedig : J. R. Istituto Veneto di scienze, lettere ed arti.

Washington : Smithsonian Institution. — Contributions to
knowledge, Vol. 18. 19. — Annual Report. 1871—1874.
— Young, Ber. über Einwanderung in die Ver. St.
Washington 1872. — The U. St. Sanitary Commission
in the Valley of the Mississippi 1861—66. Cleveland
1871. — Miscellaneous Collections, Vol. X. XI. XII. —
Porter and Coulter Flora of Colorado. 1874.

Washington : Office N. S. Geological Survey of the Territories. — Rep. Vol. II. Cretaceous Vertebrata. Wash. 1875. — Bull. Nr. 1. 2. — Descr. Catalogue of Photographs 1869—1873. Wash. 1874. — Catal. of Publications. Das. 1874. — Miscellan. Publ. No. 1. 3. — Warren, Important phys. features in the valley of Minnesota river. Das. 1874. — Hayden, Report Vol. 6, and Colorado (1876). — Ann. Rep. Directory of the Mint 1875.

Washington : Navy Department, Bureau of Medicine and Surgery. — Annual Rep. of the Secretary of the Navy 1870 bis 1875. — Medical Essays I. Wash. 1873. — Sanitary and Med. Reports III. 1873—74.

Washington : Department of the Interior.

Washington : War department, Surgeon general's office. — Med. and surgical Hist. of the war of rebellion 1861 bis 1865. 2 Bd. Wash. 1870. — Cholera Epidemic of 1873. Wash. 1875. — Spec. fasciculus of a Catalogue of the Nat. med. library. 1876. — Rep. on the hygiene of the U. S. Army 1875. — Treasury department, Marine-Hospital Service. — Ann. Rep. Marine-Hospital Service 1873. 1874.

Washington : Department of Agriculture of the U. S. A. — Rep. for 1871. 1872. 1873. — Monthly Rep. 1873. 1874.

Wien : Kaiserl. Academie der Wissenschaften. Sitzungsber. B. 65, Abth. 1. 2. 3. B. 66. 67. 68. — Registerband zu B. 61—64. 1872.

Wien : K. K. Geologische Reichsanstalt. Verhandlungen, Jg. 1872, 14—18. 1873, 1874, 1875, 1876. — Jahrb. B. 22. 23. 24. 25. 26. — Generalregister z. Jahrb. B. 11 bis 20. — Tschermak, Mineralog. Mitth. B. 4. 5.

Wien : K. K. zoolog. botan. Gesellsch. Verh. B. 22—25.

Wien : Verein z. Verbreitung naturwissenschaftlicher Kenntnisse. Schriften Bd. 14. 15. 16.

Wien : K. K. Gartenbau-Gesellschaft. — Der Gartenfreund, Jahrg. 6. 7. 8. 9. — Lucas, Verh. d. internat. pomolog. Congresses in Wien 1874.

Wien : K. K. Geograph. Gesellsch. — Mitth. B. 15—18.

Wien : Leseverein der deutschen Studenten. — Statuten.

Wiesbaden : Nassauischer Verein für Naturkunde. — Jahrbücher, Jahrg. 27, 28.

Wiesbaden : Verein Nassauischer Land- und Forstwirthe. —
Zeitschr. Jg. 55, 56.

Würzburg : Physikal. medicin. Gesellsch. — Verhandl. N. F.
B. 3, H. 4. B. 4. 5. 6. 7. 8. B. 9, H. 1, 2. — Köl-
liker, Die Pennatulide Umbellula und 2 neue Typen
d. Alcyonarien. Festschr. 1875.

Würzburg : Polytechn. Centralverein für Unterfranken und
Aschaffenburg. — Gemeinnütz. Wochenschr., Jg. 23—26.

Würzburg : Kreiscomité d. landwirthschaftlichen Vereins von
Unterfranken.

Yeddo (Yokohama) : Deutsche Gesellsch. für Natur- und
Völkerkunde Ostasiens. — Mitth. H. 1—8. — Arendt,
Das schöne Mädchen von Pao, Yokoh. 1875.

Zürich : Naturforschende Gesellschaft. — Vierteljahrsschrift,
Jg. 17. 18.

Zweibrücken : Naturhistor. Verein.

Zwickau : Verein für Naturkunde. — Jahresber. 1871. 1872.
1873. 1874. 1875. — Mietzsch, Die Ernst-Julius-
Richter-Stiftung. 1875.

Anlage B.

Vermehrung der Gesellschaftsbibliothek durch Geschenke und Kauf.

Auch diesmal können wir mit verbindlichstem Danke
eine große Anzahl von Geschenken an Büchern und Sonder-
abdrücken aufführen. Bei dieser Gelegenheit erlauben wir
uns, den § 10 der Statuten in Erinnerung zu bringen; er
lautet :

„Die Gesellschaft nimmt Geschenke an Drucksachen,
naturgeschichtlichen Objecten und anderen für ihre Zwecke
geeigneten Hilfsmitteln dankbar an, sammelt diese Gegen-

stände, führt sie, wenigstens summarisch, in ihren Berichten (§ 11) auf, und macht geeignete Mitglieder zu Custoden derselben.

Die Gesellschaft hofft, daſs in der Regel jedes Mitglied, welches ein Werk aus dem Gebiete der reinen oder angewandten Naturwissenschaften neu oder auch nur in einer neuen Auflage herausgibt, ihr ein Exemplar davon, bei Journalabhandlungen einen Separatabdruck zustelle."

H. v. Asten : Felsitgesteine bei Eisenach. Heidelberg 1873. (Pr. Hoffmann.)

Uloth : Karlsbader Salz. (Ds.)

Ettling : Braunstein bei Gieſsen. 1842. (Ds.)

v. Klipstein : Dolomite der Lahngegenden. Berlin 1843. (Ds.)

Hoffmann : Eine merkw. Variation. (Bot. Z. 1873.) (Vf.)

Eichler : Blütenbau von Canna. (Ds.)

Paulicki : Beitr. z. vergl. pathol. Anatomie. Berl. 1872. (Ds.)

Steinbrinck : Anat. Ursachen des Aufspringens der Früchte. Bonn 1873. (Ds.)

Hoffmann : Geaster coliformis. (Vf.)

Ber. über *Ebermayer*, d. physikal. Einwirkung d. Waldes auf Luft und Boden etc. (Vf.)

Hoffmann : Neues über Pilzkrankheiten. (Vf.)

Gibelli e Griffini : Polimorfismo della Pleospora Herbarum Mil. 1873. (Pr. Hoffmann.)

Hoffmann : Kann man Schneeglöckchen treiben? (Vf.)

Delpino : Sui rapporti delle formiche colle tettigometre etc. (Pr. Hoffmann.)

Hoffmann : Ueber Papaver rhoeas. (Vf.)

Ders. : Zur Kenntniſs der Gartenbohnen. (Vf.)

Ders. : Neues über Fermentpilze. (Vf.)

Ders. : Z. vergl. Phänologie Italiens. (Vf.)

Weiſs : Beitr. zur quantit. Bestimmung des Zuckers auf opt. Wege. (Pr. Hoffmann.)

Thudichum : State of animal chemisty in Austria. (Pr. Hoffmann.)

Leuckart : Mem. H. Th. Franckii. Leipz. 1874. (Ds.)

Hoffmann : Neues über Fermentpilze. (Vf.)

Hoffmann : Zur Lehre der Mykosen. (Vf.)

Ders. : Einfluſs der Binnenwässer auf die Vegetation des Ufergeländes. (Vf.)

Jäger : In Sachen Darwin's ca. Wigand. (Pr. Hoffmann.)

de Bary : Zur Keimungsgesch. d. Charen. (Ds.)

Gartenflora von Regel. 1875. 1876. (Ds.)

Hoffmann : Thermische Vegetationsconstanten. 1875. (Vf.)

Ders. : Notiz über Bovista gigantea. (Vf.)

Ders. : Culturversuche. (Vf.)

Ders. : Beitr. zur Lehre v. d. Vitalität der Samen. (Vf.)

Hinrichs : Jowa Weather-Review Nr. 1. (Pr. Hoffmann.)

Wigand : Der Darwinismus und die Naturforschung Newton's und Cuvier's. (Ds.)

Kinkelin : Stoffwechsel und Ernährung im menschlichen und thierischen Körper. (Ds.)

Literar. Bericht über Lorenz und Rothe, Lehrb. der Klimatologie. (Ds.)

Hoffmann : Zur Speciesfrage. (Vf.)

Ders. : Thermische Constanten und Accomodation. (Vf.)

Thaer : Ländl. Arbeiterwohnungen. Berl. 1873. (Vf.)

Braun : Modus d. Magensaft-Secretion. Gieſsen 1873. (Vf.)

Pflug : Amtl. Ber. d. Congresses deutscher Thierärzte. 1872. Augsb. 1873. (Vf.)

v. Szontagh : Der Kur- und Badeort Korytnicza. (Vf.)

Naumann : Chem. Jahresbericht. 1870–1874. (Ricker'sche Buchhandlung.)

Phoebus : Z. Würdigung d. heutigen Lebensverhältnisse d. Pharmacie. Gieſsen 1873. (Vf.)

Noticia sobre el Instit. das Casas de Asylo da Infancia des valida de Lisboa 1873. (Buchner.)

Sandberger : D. kryst. Gesteine Nassau's. (Vf.)

Thaer : Ueber den Ackerbau der alten Deutschen. (Vf.)

Ulivi: Partenogenesi e Semipartenogenesi delle Api. 1874. (Vf.)

F. Fischer : Das Trinkwasser etc. Hanau 1873. (Vf.)

Maurer : Paläont. Studien im rhein. Devon. (Vf.)

Almen : Jemförelse mellan naturliga och konstgjorda helsovatten. Ups. 1874. (Pr. Phoebus.)

Temple : Nutzen des eisernen Oberbaues für Eisenbahnen.
  Brünn 1864. (Vf.)

Ders. : Physiol. anat. Betrachtungen über die Seidenraupe.
  1869. (Vf.)

Ders. : Einfluſs d. Nat. auf d. Landwirthsch. Pest. (Vf.)

Ders. : Parasitische Pilzbildungen. Brünn 1874. (Vf.)

Ders. : D. bevorzugte Stellung d. Honigbienen in d. Nat. (Vf.)

Zöppritz : Aus d. Zillerthaler Gruppe. I. Der Greiner. (Vf.)

Proceed. R. Soc. London. X, No. 35—39. 41. XI, 46—48.
  XII, 49. 50. XVII, 111—113. XVIII, 114. (Prof.
  Zöppritz.)

Amtl. Bericht über d. Wiener Weltausstellung 1873. H. 1—13,
  16—20. (Pr. Kehrer.)

Streng : Ueber fluorchromsaures Kali. (Vf.)

Ders. : Melaphyre des südlichen Harzrandes. Berl. 1859. (Vf.)

Ders. : Porphyre des Harzes. Stuttg. 1860. (Vf.)

Bunsen : Bildung des Granits. (Prof. Streng.)

Streng : Beitr. z. min. u. chem. Kenntniſs d. Melaphyre und
  Porphyrite d. südl. Harzrandes. (Vf.)

Ders. : Serpentinfels und Gabbro von Neurode, Schles. (Vf.)

Ders. : Zusammensetzung einiger Silicate. (Vf.)

Ders. : Vulkan. und pluton. Gesteinsbildung. (Vf.)

Ders. : Mikrosk. Unters. einiger Porphyrite und verw. Gest.
  aus d. Nahegeb. (Vf.)

Beschreibung der 100jähr. Gedächtniſsfeier d. K. Berginstit.
  St. Petersburg 1874. (Pr. Streng.)

Streng : Ueber einige in Blasenräumen der Basalte vork.
  Mineralien. (Vf.)

Ders. : Krystallform u. Zwillingsbildungen d. Phillipsit. (Vf.)

Ders. : Mikr. Untersuchung d. Porphyrite v. Ilfeld. (Vf.)

Stahlberg : Wirkung d. Kumys. Wsb. 1873. (Dr. Diehl.)

Germann : Impfung und Impfzwang. Lpz. 1873. (Ds.)

Braubach : Ueber Darwin'sche Artlehre. Lpz. 1869. (Ds.)

Tagblatt der 46. Vers. deutscher Naturforscher und Aerzte.
  Wiesbaden 1873. (Ds.)

Resultat der neuerdings gepflogenen Erwägungen betr. Feuer-
  bestattung. (Pr. Phoebus.)

Schaer und Wyſs : Notizen über Cubebencampher. (Prof. Phoebus.)

Kolbe : Ueber antisept. Eigenschaft der Salicylsäure. (Prof. Hoffmann.)

V. Meyer und Kolbe : Antisept. Wirkung v. Salicylsäure und Benzoësäure. (Ds.)

Spamer : Aphasie und Asymbolie. Berl. 1876. (Vf.)

Heſs : Organisat. d. forstl. Versuchswesens. Gſsn. 1870. (Vf.)

Ders. : Prot. über d. 11. Vers. Thüring. Forstwirthe 1864. Eisenach 1865. (Vf.)

Ders. : Grundr. zu Vorles. über Encyclopädie u. Methodologie d. Forstwissenschaft. (Vf.)

Repert. d. Naturwissensch. 1. Jahrgang 1875, 1—6. Berlin. (Verlagshandlung.)

Geyler : Tertiärflora von Stadecken-Elsheim. (Vf.)

Erxleben's Geolog. Bilder von *Braun*. Wien 1874. (Prof. Phoebus.)

Ziegler : Beitr. zur Frage der thermischen vegetat. Constanten. Frf. 1875. (Vf.)

Sandberger : Die prähistor. Zeit im Maingebiet. Würzburg 1875. (Vf.)

Claus: Neue Beobachtungen über Cypridinen. (Dr. Buchner.)

Ders. : Die Typenlehre u. Häckel's Gastraea-Theorie. (Ds.)

Ders. : Bemerkungen zur Lehre von der Einzelligkeit der Infusorien. (Ds.)

Ders. : Schalendrüse der Daphnien. (Ds.)

Katter : Entomolog. Nachrichten. Putbus. Jahrg. I, 1875. (Herausgeber.)

Radlkofer : Monogr. d. Gatt. Serjania. Mnch. 1875. (Vf.)

Hessenberg : Mineralog. Notizen, H. 9. (Vf.)

v. Kokscharow : Materialien zur Min. Rußlands. Bd. 6, Bg. 14—28. Bd. 7, Bg. 1—11. Atlas No. 83—87. (Vf.)

Böttger : Calamaria iris n. Sp. Neue Schlange v. Sumatra. Offenbach 1873. (Vf.)

Ders. : Ueber d. 1871—72 in d. geschichteten Format. um Offenbach neu gemachten Funde u. Verstein. (Vf.)

Ders.: Reptilien v. Marokko u. d. Kanar. Ins. Frf. 1874. (Vf.)

Böttger : Spermophilus citillus var. superciliosus Kp. v. Weilbach. (Vf.)

Ders. : Gliederung der Cyrenenmergelgruppe. 1875. (Vf.)

Ders. : Eocänformation v. Borneo und ihre Versteinerungen. 1875. (Vf.)

Müller : Wanderheuschrecke am Bieler See. Luz. 1876. (Vf.)

Kramer : Phanerogamenflora von Chemnitz und Umgegend. 1875. (Vf.)

Krohn und Schneider : Annelidlarven mit porösen Hüllen. (Pr. S c h n e i d e r.)

Schneider : Z. Kenntnifs d. Radiolarien. (Vf.)

Ders. : Entwicklung von Echinorhynchus Gigas. Giefsen 1871. (Vf.)

Ders. : Muskeln d. Würmer. (Vf.)

Ders. : Entwicklungsgesch. v. Petromyzon. Gfsn. 1872. (Vf.)

Ders. : Haematozoen des Hundes. (Vf.)

Ders. : Noch ein Wort über die Muskeln der Nematoden. (Vf.)

Ders. : Entwicklungsgesch. der Aurelia aurita. (Vf.)

Ders. : Entwicklungsgesch. u. systemat. Stellg. der Bryozoen u. Gephyreen. (Vf.)

F. Maurer : Paläontologische Studien im Gebiet d. rhein. Devon. (Vf.)

Pflug : Struma congenita, eine comparative Studie. (Vf.)

Amtl. Ber. üb. d. 1. u. 2. Versammlung d. deutschen Veterinärraths in Berlin. 1874. 1875. (Pr. P f l u g.)

Aufser den durch Tausch und Schenkung erworbenen Schriften hat die Gesellschaft gekauft :

Petermann, Mitth. Jg. 1873—76 bis H. 8. Ergänzungsh. 35—48.

Globus bis 1876.

Deutsche Warte B. 5.

Polytechn. Centralbl. Jg. 1873—75.

D. Naturforscher v. Sklarek bis 1876.

Polytechn. Notizbl. v. Böttger. Jg. 1873—76.

Heis-Klein, Wochenschrift f. Astronomie etc. N. F. bis 1876.

Festschrift zur Feier d. 25jähr. Bestehens der k. k. zool.-
botan. Ges. Wien 1876.

Annalen d. Hydrographie u. maritimen Meteorologie,
herausgeg. v. d. kais. Admiralität. 4. Jahrgang.
Berlin 1876.

Anlage C.

Verzeichnifs der Mitglieder.

1. Ehrenmitglieder.

Seine Grofsh. Hoheit *Prinz Karl* von Hessen zu Darmstadt.

Seine Grofsh. Hoheit *Prinz Ludwig* von Hessen zu Darmstadt.

Seine Grofsh. Hoheit *Prinz Heinrich* von Hessen zu Darmstadt.

Dr. *Birnbaum,* Geheimerath, Kanzler u. ord. Prof. der Rechte
i. P. zu Giefsen.

Dr. *Brandt* Exc., k. russ. Geheime Rath, Professor zu
St. Petersburg.

Dr. *Al. Braun,* Academiker und Professor zu Berlin.

Dr. *Bunsen,* Hofrath und Professor zu Heidelberg.

Dr. Freiherr *v. Dalwigk* Exc., wirkl. Geh. Rath, Staatsminister
i. P. in Darmstadt.

Dr. *Göppert,* Geh. Med. Rath und Professor zu Breslau.

Dr. *Rob. Knox* Esq., Professor zu London.

Dr. *v. Kokscharow* Exc., Academiker, Gen. Major im Berg-
ingenieurcorps zu St. Petersburg.

Dr. *Rud. Leuckart,* Professor in Leipzig.

Dr. *Carl Martins,* Professor zu Montpellier.

Dr. *Quenstedt,* Professor zu Tübingen.

Dr. *Renard* Exc., wirkl. Staatsrath zu Moskau.

Freiherr *Schenck zu Schweinsberg* Exc., wirkl. Geh. Rath und
Finanzminister i. P. zu Darmstadt.

Jul. Rinck Freiherr v. Starck Exc., Präs. des Gr. Gesammt-
Ministeriums, Minister d. Grofsh. Hauses u. d. Aeufseren,
sowie des Inneren, wirkl. Geh. Rath in Darmstadt.

Dr. *Sturz*, Generalconsul in Berlin.

Dr. *Thielmann* Exc., wirkl. Staatsrath und Oberarzt in St. Petersburg.

Dr. *Vogel*, Professor in Halle a. S.

Thom. Wright Esq., hon. secretary of the Ethnol. Soc. London.

Zimmermann, Geh. Cabinetsrath in Darmstadt.

2. Correspondirende Mitglieder.

de Bary, Professor, Strafsburg.

Bauer, Oberpostrath, Darmstadt.

Bernhard, Apotheker, Samaden.

Dr. *O. Böttger*, Docent am Senckenb. Inst., Frankfurt a. M.

Dr. *Buchenau*, Lehrer a. d. Bürgerschule, Bremen.

Dr. *Budge*, Professor, Geh. Med. Rath, Greifswalde.

Dr. *Th. Caruel*, Professor, Florenz.

Dr. *C. Claus*, Professor, Wien.

J. Colbeau, Secr. d. Soc. Malacologique, Brüssel.

Dr. *Dunker*, Geh. Bergrath und Professor, Marburg.

Dr. *Erlenmeyer*, prakt. Arzt, Sanit. Rath, Bendorf b. Coblenz.

Dr. *Const. v. Ettingshausen*, Professor, Graz.

Dr. *J. G. Fischer*, Lehrer an der Realschule, Hamburg.

Dr. *Jos. Fischer*, Director d. Real- und Handelsschule, Pest.

Dr. *Flechsing*, Hofrath und Brunnenarzt, Bad Elster.

Dr. *R. Fresenius*, Geh. Hofrath, Professor, Wiesbaden.

Dr. *Gerlach*, Professor, Erlangen.

Dr. *C. Giebel*, Professor, Halle a. S.

Dr. *Glaser*, Realschuldirector, Bingen.

Dr. *Franz v. Hauer*, Ritter, Dir. der k. k. Geol. Reichsanstalt, Wien.

Dr. *Henry*, Bibliothekar, Bonn.

Dr. *Luc. v. Heyden*, Hauptmann a. D., Frankfurt a. M.

Dr. *G. Heyer*, Geh. Reg. Rath, Director d. Forstlehranstalt, Münden.

Dr. *Hille*, Secr. d. Wetterauischen Gesellsch., Hanau.

Le Jolis, Präsident d. naturforsch. Gesellsch., Cherbourg.

Vict. Klingelhöffer, Oberst z. D., Darmstadt.

Dr. *Adolf Knop*, Professor, Carlsruhe.

Dr. *K. Koch*, Professor, Berlin.

Dr. *K. Koch*, k. Landesgeologe, Wiesbaden.

Dr. *Küchenmeister*, Medicinalrath, Dresden.

Dr. *Mosler*, Professor, Greifswald.

Dr. *O'Leary*, Professor, Cork in Ireland.

Dr. *Ad. v. Planta*, Reichenau b. Chur.

Dr. *J. J. Rein*, Professor, Marburg.

Dr. *F. Sandberger*, Professor, Würzburg.

Dr. *G. Sandberger*, Conrector, Wiesbaden.

Dr. *Schabus*, Professor, Wien.

Dr. jur. *Scharff*, Frankfurt a. M.

Dr. *Schauenburg*, Kreisphysikus, Mörs.

Dr. theol. *Schmitt*, Prälat, Mainz.

Dr. *A. Senoner*, Bibliothekar d. geol. Reichsanst., Wien.

Dr. *E. Söchting*, Archivar d. deutsch. geol. Gesellsch., Berlin.

Steeg, Optiker, Bad Homburg.

Dr. *Susewind*, Medicinalrath, Braunfels.

Dr. *Suringar*, Professor, Leyden.

R. Temple, Hauptmann a. D. und Assecuranzinspector, Pest.

C. Umlauf, Kreisgerichtsarzt, Kremsier.

Dr. *O. Volger*, Frankfurt a. M.

Dr. *H. Welcker*, Professor, Halle a. S.

Dr. *H. J. Wienecke*, k. Gesundheitsofficier, Aalten (Niederland).

Dr. *V. v. Zepharovich*, Oberbergrath und Professor, Prag.

3. Ordentliche Mitglieder zu Giessen.

Albach, Reallehrer.

Baur, H, Dr. med.

Bender, F., Cigarrenfabrikant.

Birnbaum. Prof. Dr. med.

Bock, Siegm., Cigarrenfabrikant.

Braubach, Prof. Dr.

Briel, Hofgerichtsadvokat.

Buchner, O., Reallehrer Dr.

Bücking, L., Rentner.

Buff, Prof. Dr.

–Bayrer, Zeichenlehrer.

Bansa, Chr., Grubendirector.

Bergen, Otto, Gastechniker.

Buchheim, Prof. Dr.

Clemm, Canzleirath.

Curschmann, Lehrer.

Daudt, Maschinenmeister.

Deines, Kunst- und Handelsgärtner.

Diehl, W., Dr.

Dornseiff, Hofgerichtsadvokat.

Diery, K, Hofgerichtsadvokat.

Dieffenbach, O., Civilingenieur Dr.

Dröscher, Bergingenieur.
Eckstein, Hofgerichtsadvokat Dr.
Eickemeyer, Geh. Baurath.
Emmerich, B., Bergwerksbesitzer.
Eckel, Christian, Literat.
Ferber, W., Buchhändler.
Gail, Ferd, Fabrikant.
v. Gehren, F., Mechanikus.
v. Grolmann, Hofgerichtrath Dr.
Georgi, Oberförster.
Grossmann, Dr.
Godeffroy, Privatdocent Dr.
Haberkorn, Regierungsrath.
Hess, Aug., Fabrikant.
Hirsch, Steuerrath.
Holzapfel, Kreisbaumeister.
Hoffmann, Professor Dr.
Homberger, Ad., Fabrikant.
Homberger, M., Fabrikant.
Hempel, Apotheker Dr.
Hess, Rich, Professor Dr.
Haupt, F., Dr. med.
Heichelheim, Sigm., Banquier.
Hirsch, Bruno, Apotheker Dr.
Jann, K., Reallehrer.
Kehrer, Professor Dr.
Keller, W., Buchdrucker.
Koch, W., Zahnarzt.
Küchler, Theod, Kaufmann.
Kempf, Otto, Cigarrenfabrikant.
Leo, Chr., Uhrmacher.
Liebrich, Chr., Mechanikus.
von Löhr, Dr. med.
Lips, Mitprediger.
Laubenheimer, Aug., Professor Dr.
Laubinger, Apotheker Dr.
Lorey, Th., Professor Dr.
Lyncker, Rentamtmann.
Mettenheimer, Apotheker Dr.
Muhl, Hofgerichtsadvokat Dr.
Möller, Louis, Optikus.
Müller, Universitätsgärtner.
Mayer, Aug., Weinhändler.
Mohn, Oberfinanzrath.
Naumann, Professor Dr.
Noll, Adolf, Cigarrenfabrikant.
Nies, Aug., stud. phil.

Noack, K., stud. math.
Neuenhagen, Oberförster.
Oncken, Professor Dr.
Pascoe, S., Director.
Phoebus, Geh. Med. Rath, Prof.
Pietsch, Buchdrucker.
Platz, Districtseinnehmer.
Ploch, Fr., Dr. med.
Pflug, Professor Dr.
Pütz, Carl, Civilingenieur.
Petri II., Louis, Bauunternehmer.
Ricker, A., Buchhändler.
v. Ritgen, Professor Dr.
Rettig, Expedient.
Reuning, Rechnungsrath.
Rausch, Emil, Gymnasiallehrer Dr.
Sander, Pfarrer.
Schmidt, Kreiswundarzt Dr. med.
Schwarz, Hofgerichtsadvokat Dr.
Schüler, Hofgerichtsadvokat Dr.
Seitz, Professor Dr.
Schneider, Professor Dr.
Schmidt, Gymnasiallehrer Dr.
Streng, Professor Dr.
Supp, Major.
Spamer, Privatdoc. Dr. med.
Schellenberg, chirurg. Instrumenten-
    macher.
Tasché, Reallehrer Dr.
Trapp, Justizrath.
Völcker, Hofgerichtsdirector.
Vullers, Professor Dr.
Wasserschleben, Professor Dr., Geh.
    Justizrath, Kanzler.
Weber, Dr. med.
Wernher, Professor Dr.
Wernher, Carl, Dr. med.
Willbrand, Professor Dr.
Will, Professor Dr.
Wilson, S., Bergwerksdirector.
Wortmann, Geh. Hofgerichtsrath.
Wittmann, Gymnasiallehrer Dr.
Weißenbach, Gymnasiallehrer Dr.
Winkler, L., acad. Lehrer und Kreis-
    veterinärarzt Dr.
Winther, Adolf, stud. phil.
Zöppritz, Professor Dr.

4. Auswärtige Mitglieder.

Benecke, Geh. Med.-Rath, Professor, Marburg.

Bode, Geh. Med.-Rath, Kreisarzt Dr., Nauheim.

Bose, Kreisarzt Dr., Ortenberg.

Bossler, Lehrer, Heuchelheim.

Buss, G., Kaufmann, Wetzlar.

Braun, Apotheker, Nidda.

Bruch, Prof. Dr., Offenbach.

Braubach, Carl, Wirth, Westfäl. Hof bei Giefsen.

Bücking, Rud., Kaufmann, Alsfeld.

Buchheim, Dr. phil., Alsfeld.

Bach, Lehrer, Langsdorf.

Brettel, Carl, Dr. med.

Bier, Fabrikant, Herrenhag bei Büdingen.

Bücking, H., Dr., Bieber bei Gelnhausen.

Diehl, W., Kreisarzt Dr. med., Butzbach.

Dickoré, Carl, Dr. med., Trais a. Lda

Drehwald, Kammersecr., Büdingen.

Ehrhardt, Med.-Rath Dr. med., Nauheim.

Ewald, Obersteuerrath, Darmstadt.

Ebel, Oberappellationsgerichts - Rath, Darmstadt.

Fresenius, Kammer-Assessor, Assenheim.

Fehrs, Gymnasiallehrer Dr., Wetzlar.

Giessler, Bergassessor, Limburg.

Glaser, Gymnasiallehrer Dr., Wetzlar.

Hallwachs, W., Dr. phil., Darmstadt.

Hiepe, W., Apotheker, Wetzlar.

Habich, Ed., Cassel.

Hoffmann, Aug., Eisenbahn-Inspector, Büdingen.

Hensoldt, Optiker, Wetzlar.

Hofmann, Oberlehrer, Custos der Min.-Samml., Schlofs Schaumburg.

Hartmann, Grubendirector, Spanien.

Jakoby, Physikus Dr., Bockenheim.

Kinzenbach, Bergverwalter, Weilburg.

Kohlhauer, Premierlieutenant a. D. Wetzlar.

v. Koehen, Prof. Dr., Marburg.

Krause, Hnr., Rentner, Alsfeld.

Kekulé, Kreisrath, Büdingen.

Kempf, Minist.-Director, Darmstadt.

Klein, Registrator, Büdingen.

Ludwig, Bankdirector, Darmstadt.

Lettermann, Pharmaceut, Darmstadt.

Lehmann, Kaufmann, Büdingen.

Martiny, Dr. med., Fulda.

Melior, Aug., Oekonom, Holzhausen bei Vilbel.

Müller, Bergassessor, Braunfels.

Maurer, F., Rentner, Darmstadt.

Oeser, Carl, Dr. chem., Darmstadt.

Prinz, Kreisarzt Dr., Nidda.

v. Rabenau, Adalb. Freiherr, Friedelhausen b. Lollar.

Raiser, Dr. med., Worms.

Reiz, Reallehrer a. D., Alsfeld.

Rittershausen, Dr., Amtsapotheker, Herborn.

Rinn III., Wilh., Oekonom, Heuchelheim.

Risch, Fabrikant, Hammer bei Büdingen.

Scriba, Apotheker, Schotten.

Schäfer, Bergverwalter, Braunfels.

Schellenberg, Dr. med., Wetzlar.

Schmidt, Bergverwalter, Langenaubach bei Dillenburg.

Schütz, E., Dr. med., Calw in Württemberg.

Seibert, Wilh. Carl, Optiker, Wetzlar.

von Solms-Laubach, Friedr., Graf, Kloster Arnsburg.

Strack, F., Oberförster, Oberrofsbach bei Friedberg.

Simon, Wilh., Dr. Chem., Baltimore.

Stieda, Prof., Dorpat.

Schlosser, Kreisarzt Dr., Alsfeld.

Stammler, K., Dr. med., Alsfeld.

Seifert, Leop., Apotheker, Alsfeld.

Schenck, Carl, zu Schweinsberg,
  Freiherr, Wäldershausen bei Hom-
  berg a. O.
Schaum, Rath, Lauterbach.
Trapp, Aug., Dr. chem , Friedberg.
Trapp, Bergwerksdirector, Friedberg.
Tecklenburg, Bergmeister, Bad Nau-
  heim.
Uloth, Apotheker Dr., Friedberg.

Vogt, Apotheker, Butzbach.
Weiler, Dr. med., Frohnhausen bei
  Marburg.
Wimmenauer, Forstrath, Lich.
Wiessell, Kreisbaumeister, Alsfeld.
Wöll, Kaufmann, Hamburg.
Ziegler, Jul., Chemiker Dr., Frank-
  furt a. M.
v. Zangen, Landrichter, Büdingen.

Sechzehnter Bericht

der

Oberhessischen Gesellschaft

für

Natur- und Heilkunde.

———•♦•———

Mit 6 Steindrucktafeln.

Gießen,
im Juni 1877.

Inhalt.

I.

Untersuchungen über Variation.

Rückblick auf meine Culturversuche bezüglich Species und
Varietät von 1855 bis 1876.

Von H. Hoffmann.

Es sprechen viele Gründe dafür, dafs die heute lebenden
Pflanzenarten die theils unveränderten, theils veränderten *Descendenten* von früher dagewesenen sind, und so rückwärts bis
in die fernsten geologischen Zeiträume.

Der *Modus*, nach welchem diese Evolution stattfand und
noch stattfindet, ist der *Fortschritt*, und zwar im Sinne vom
Einfachen zum Complicirten nach dem Principe der Arbeits-
theilung, welche durch die Concurrenz bedingt wird; ferner
im Sinne vom Niederen zum Höheren oder Vollkommneren
in ganz bestimmten — nicht beliebigen — harmonisch in einander greifenden, auf einander passenden und sich gegenseitig
ergänzenden Richtungen, deren letzte Ursache uns derzeit
unzugänglich ist. (*System.* Der empirische Ausdruck dafür,
sowie für das Natursystem überhaupt, ist „das *Entwickelungs-
gesetz*", der speculative „die prästabilirte Harmonie" (L e i b -
n i t z), — speciell auf dem Gebiete des Organischen : der
„Organisationsplan".)

Wir unterscheiden als *Species* solche stammverwandte
Formen, welche von den ähnlichsten durch eine Gruppe von
constanten Kennzeichen (oder — wie bei Avena orientalis —
ein einzelnes) getrennt sind, über deren relativen Werth nur
der Züchtungsversuch entscheidet. Man kann (auf Grund des

XVI.   1

Analogieschlusses) die Species als dermalige Endglieder gene-
tischer Reihen betrachten, deren Verbindungsfäden abge-
rissen, deren Stammbaum unbekannt oder unterbrochen ist;
während bei *Varietäten* das Umgekehrte der Fall ist. Die
Constanz einer Form durch eine Reihe von Generationen hat
also nur *vorbehaltlichen* Werth bezüglich des Speciesranges im
Gegensatze zum Varietätsrange, weil eben das Wesentlichste
des Speciesbegriffes nicht in ihr, sondern in der Genesis, dem
Ursprung oder *Ausgangspunkt* der betreffenden Form liegt;
d. h. bei den Varietäten ist der Ursprung aus abweichenden
Formen nachgewiesen und bekannt; bei den Species ist er
nicht nachgewiesen und zur Zeit unbekannt. (Hordeum trifurcatum und Phaseolus haematocarpus, die ich 1869 — Unters.
S.170 — noch für constant hielt, sind seitdem erschüttert worden.)

Die *Proben* auf die Realität einer Species (auf die Quali-
fication als Species) sind folgende :

1. Die *Eduction.* Wenn es sich darum handelt, zu ermitteln, ob eine bestimmte uns vorliegende Form eine selbst-
ständige Species oder nur eine Varietät einer verwandten
(ähnlichen) ist, so ist der Versuch zu machen, durch fortge-
setzte Cultur in einer Reihe von Generationen die eine in
die andere *überzuführen.* Wenn der Versuch mifslingt, so ist
die Form bis auf Weiteres als Species zu betrachten; wenn
er aber gelingt : als Varietät.

Mifslungen sind mir Ueberführungen in diesem Sinne von :
Atropa Belladonna lutea in typica — Anagallis phoenicea in coerulea — Adonis aestivalis miniata in stra-
minea — Papaver Rhoeas in dubium — Phaseolus
vulgaris in multiflorus — Ranunculus arvensis inermis
in muricatus — Salvia Horminum : roth in blau —
Prunella grandiflora in vulgaris.
Gelungen ist die Ueberführung von :
Plantago alpina in maritima, Lychnis vespertina in
diurna, Lactuca Scariola in virosa, Papaver setigerum
in somniferum, Phyteuma nigrum in spicatum, Ranunculus polyanthemus in nemorosus, Raphanus Rapha-
nithrum in sativus, Viola lutea in tricolor etc.

Die *Fixation* einer Form ist neben der Eduction nur von secundärer Bedeutung. Eduction beweist Stammverwandtschaft, also im Verhältnifs der Variation ; aber Fixabilität beweist noch nicht genetische Isolirtheit (oder Speciescharakter), denn es giebt ächte educirte Varietäten, die sich vollkommen fixiren lassen, z. B Nigella damascena polysepala durch eine lange Reihe von Generationen und Tausende von Individuen; ebenso Hordeum vulgare nudum, Triticum vulg. villosum, Linum usitatissimum album, Helianthemum polifolium roseum und album. Hierher auch Sedum album f. albissimum. Ziemlich fixirbar : Specularia Speculum f. alba.

Ganz unfixirbar erwiesen sich dagegen :

> Lavatera trimestris (alba und rosea), Eschscholtzia californica (alba, striata, laciniata), Celosia cristata forma fasciata, Triticum compositum, Raphanistrum weifs oder gelb, Collinsia tricolor varr., Clarkia pulchella varr., Oenothera amoena, Gilia tricolor, Papaver alpinum (weifs, citrongelb, mennigroth), Papaver Rhoeas (weifs oder andere Farben), Papaver somniferum (bestimmte Samenfarben), Rumex scutatus (glaucus und viridis), Secale cereale (2 jähriger Typus.)

2. Die *Reduction.* Sie ist derselbe — aber umgekehrte — Weg wie bei 1. und der Ausdruck hat eigentlich nur bei gewissen *Cultur*formen einen besonderen Sinn; er bezeichnet hier das Verhältnifs des s. g. „veredelten" z. B. Gartenspargels zum wilden, der Gartenmöhre (Daucus Carota sativa) zur wilden, die auf einer quantitativen (hier histologischen) Aenderung beruhen. Ferner bei *ungewöhnlichen luxurirenden* Formen, welche an die typischen anzuschliefsen sind (z. B. *gefüllte*), deren sich die Cultur mit Vorliebe bemächtigt, die aber auch wild in jeder Weise vorkommen (Aquilegia vulgaris f. cornucopioides, Papaver Rhoeas etc.).

Gelungene Reductionen :

> Papaver somniferum : polycarpum in typicum, ebenso flore pleno in simplex, fimbriatum in integrum; Triticum compositum in simplex. Auch Hieracium alpinum änderte sich wesentlich, erhielt einen verzweigten Stengel u. s. w.

1*

Sehr *fest haften* in gewissen Fällen *einmal angenommene* Varietätscharaktere auch ohne weitere Auslese, also sich selbst überlassen bei :

> Viola tricolor varia, Eschscholtzia californica striata, Papaver Rhoeas var. Cornuti, Fragaria monophyllos, Brassica oleracea v. crispa u. a.

Ganz mifslungen ist die Reduction der (nach Ausweis der „Uebergänge" wohl als Varietät aufzufassenden) :

> Lactuca sativa in virosa oder Scariola.

Ebenso die der nach Vermuthung mancher Autoren zusammengehörigen :

> Aster alpinus in Amellus, Alchemilla fissa in vulgaris, Dianthus alpinus in deltoides, Dianthus Seguierii in Carthusianorum.

3. Die *Uebergänge*. Sie beweisen sehr wenig, wenn sie ohne *genetische* Vermittelung vorliegen. Es lassen sich *alle* denkbaren Mittelstufen zwischen Lactuca scariola und sativa auffinden, und die Pflanze müfste demnach eine einzige Species bilden, aber der Eductions- oder Reductionsversuch ist bis jetzt nicht gelungen.

Fast vollständige Uebergänge zeigt Phaseolus vulgaris in multiflorus; doch fehlt ersterer (unter allen Charakteren) die Fähigkeit zur Perennität, die häufige Scharlachfarbe, die besondere Narbenform; alles Uebrige kann sich bei der einen *und* der andern zeigen.

Eine oder die *andere* Stufe des Ueberganges, also *Andeutungen* desselben (durch *gelegentlich* vorkommende Ununterscheidbarkeit eines sonst in die Gruppe der diagnostischen Charaktere gehörenden Gebildes) finden sich, je länger man beobachtet, desto allgemeiner bei näher verwandten Species (Adonis aestivalis zu flammea, Atriplex latifolia zu patula, Avena sativa zu orientalis, Brassica oleracea und Napus, Papaver Rhoeas, dubium und somniferum, Rumex scutatus und Acetosella). Es deutet dieses sehr entschieden auf tiefere Verwandtschaft dieser Formen unter einander. Hiernach wären die *gut* abgegrenzten, in irgend einem Character streng gesondert bleibenden *Species* im Sinne der Descendenztheorie als zeitweilige Ruhepunkte in der fortwährenden Umgestaltung der Organismen zu betrachten, angepaſst an die dermalige Lage des Kampfes um die Existenz, der Umgebung.

4. Die *Hybridation.* Sie ist der geringstwerthige von allen Beweisen bezüglich der Specificität. Mimulus cardinalis und luteus lieferten uns durch eine ganze Reihe von Generationen inter se fruchtbare Bastarde, und doch sind diese Species so ächt, so unreducirbar in einander, wie irgend welche in der Welt. Daher kann bez. Raphanus sativus und Raphanistrum deren leichte Kreuzung und die groſse Fruchtbarkeit der Producte nur wenig den Beweis der Zusammengehörigkeit verstärken, der bereits durch die genetische Ueberführung der einen in die andere (in sativus) erbracht ist. Ebenso bez. Lychnis diurna und vespertina. Bei Salvia Horminum (blau und roth) ist vielleicht die Zusammengehörigkeit — als Varietäten —, wofür sonst kein Beweis vorliegt, wahrscheinlicher geworden durch die Leichtigkeit der Hybridation und das Rückfallen der Bastarde rein in die eine oder die andere Form. — Im Allgemeinen finde ich, daſs Hybridation inter species im Freien und spontan aufserordentich *selten* vorkommt, selbst wenn man die Gelegenheit noch so günstig gestaltet (Phaseolus-Varietäten, Anagallis phoenicea und coerulea, Dianthus-Arten, Raphanus, Papaver alpinum varr., Papaver Rhoeas varr., Hordeum varr., Triticum varr., Avena orientalis und sativa, Brassica, Primula varr., Nigella spec., Adonis aestivalis und autumnalis).

In vielen Fällen gelingt sie selbst künstlich bei nahe verwandten Species (und selbst Varietäten : Phaseolus) *nicht.* Adonis aest. : citrina und miniata, Papaver.

Wenn sie *gelingt,* so ist das Resultat : ein Mittelproduct, oder es schlägt mehr oder ganz nach dem Vater, oder nach der Mutter; wenn es (wie namentlich bei *Varietäten*) *dauernd* fruchtbar ist, so schwankt die Form hin und her (Raphanus sativus mit Raphanistrum, Lychnis vespertina und diurna), oder sie schlägt in eine der Aelternformen zurück. Ein Gesetz ist hier noch nicht zu erkennen.

5. Die *geographische Verbreitung* ist von Interesse für die Speciesfrage, indem sonst nahe verwandte, vermischt vorkommende Arten (Prunella grandiflora und vulgaris, Anagallis phoenicea und coerulea, Adonis aestivalis, autumnalis, flammea, Primula acaulis, officinalis und elatior, Papaver Rhoeas, hybridum, dubium, Argemone) ihre *Nicht-Identität* dadurch andeuten, daſs stellenweise die eine oder die andere aus dem gemeinsamen Gebiet isolirt heraustritt und in anderes Gebiet übergreift und damit ein anderes Entstehungscentrum, oder andere klimatische Bedürfnisse, oder andere Accommodationsfähigkeit andeutet. Lactuca scariola und virosa, Plantago alpina und maritima, verrathen ihre *nahe Beziehung* (specifische Identität) dadurch, daſs ihre Gebiete sich vollständig decken, das kleinere von dem gröſseren gänzlich umfaſst wird.

Variations - Gesetze.

Die Variation ist *quantitativ* (z. B. Zwerge, Riesen, oder partiell : Vergröſserung und Farbenvertheilung der Blüthe bei Viola tricolor, Breite der Blätter bei Plantago alpina), — oder *qualitativ*, morphologisch (z.B. radiate oder discoide Bidens, überhaupt Dimorphie, wozu auch die eingeschlechtigen Blüthen gehören).

Auf erstere haben *äuſsere Verhältnisse* (das Medium), z. B. Klima oder die Cultur (Daucus Carota, durch reichliche Nahrung überführbar in sativa) den entschiedensten *Einfluſs; auf letztere nicht.* (Bez. Klima : s. Phaseolus haematocarpus, Triticum vulgare villosum.) Es gelingt nicht, die aus der Wasserform (mit Schwimmblättern) entstandene Luftblätterform des Polygonum amphibium *nach Willkür* wieder in die Wasserform überzuführen. Dasselbe gilt von Marsilea. — Die Variation in qualitativer Richtung ist ein durchaus spontaner, *innerlich* bedingter Vorgang; ihr Verhältniſs zu dem umgebenden Medium ist die Eigenschaft der Accommodation (nicht causal oder Wirkung aus Ursache).

Chemische Einflüsse zeigen sich ganz wirkungslos bezüglich der Hervorbringung von Varietäten (Plantago maritima, Polygonum aviculare, Atriplex latifoliá salina bez. Kochsalz, ebenso Erythraea linariaefolia, Taraxacum officinale salinum). Insbesondere macht kochsalzreicher Boden die Blätter nicht succulenter. Nur die künstliche Blaufärbung der Hortensia auf Anwendung gewisser (chemisch unverständlicher) Zusätze zum Boden bildet bis zu einem gewissen Grade eine Ausnahme. Die vermuthete Farbänderung der Blüthe einiger Pflanzen durch mehr oder weniger *Kalk* mifslang (bei Gypsophila repens, Silene rupestris und quadrifida). *Zink* ohne Einflufs : Thlaspi alpestre, Viola tricolor, lutea. Die *Schwerkraft verursacht* keine Form; z. B. sind die Pelorien nicht von ihr bedingt. Das Verhältnifs der Pflanzenformen zur Schwerkraft ist das der spontanen Accommodation.

Der *Umfang* (der Betrag) der Variation ist verschieden, eine Grenze nicht zu ziehen. (Das Bedeutendste in dieser Beziehung ist der Uebergang von Raphanus Raphanistrum in sativus, Pyrus mit unterständiger Blüthe u. s. w.)

Allein die *Richtung* der Variation ist nicht willkürlich oder allseitig, sie findet nur in bestimmten Linien Statt, die der Farbe nur in bestimmtem Umfang.

Der *Schritt* in der Variation ist bald plötzlich, bald allmählich. Plötzlich bei Nigella damascena polysepala; allmählich oder plötzlich bei Medicago Helix (dieselbe Hülse halb rechts halb links, oder es entstehen aus rechtswendigem Samen Pflanzen, welche rein linkswendig sein können); bald ganz allmählich (Füllung numerisch fortschreitend bei Papaver Rhoeas).

Enge *Inzucht* oder gar *Selbstbestäubung* fördert nicht die Variabilität, führt aber bei *vielen* Species zur Unfruchtbarkeit (zur Verkümmerung vieler Samen, wahrscheinlich auch zur Abschwächung der Lebenskraft der Descendenten : Papaver u. a.). Selbstbestäubung gelingt indefs (bei Abschlufs einer Blüthe oder bei Isolirung im Florbeutel) in ziemlich vielen Fällen : Phaseolus, Hordeum, Papaver Rhoeas, alpinum, somniferum, Triticum, Nigella damascena, Adonis aestivalis.

Normal oder jedenfalls unschädlich oder sonstwie ohne Einfluſs scheint Selbstbestäubung bei Hordeum, Triticum, Phaseolus, Mercurialis annua (n. A. auch bei Fumaria offic., Pisum u. s. w.) — *Geschlechtliche* Fortpflanzung verwischt leichter den Varietätscharakter, als *ungeschlechtliche* (Allium Porrum : Perlzwiebel).

Die natürliche *morphologische Stellung* einer Blüthe je nach der Achsenordnung ist von bedeutendem Einfluſs auf Farb- und Formbildung (Papaver Rhoaes bez. der Farbe; Pelorien, Ruta, Adoxa bez. der Form und Zahlenverhältnisse der Terminalblüthe). Dieselbe Erscheinung wiederholt sich in morphologischer Beziehung in der Einzelblüthe : die inneren Staubgefäſse sind geneigter zum Uebergang in Pseudocarpelle, als die äuſseren (Papaver Rhoeas, somniferum).

Allgemeine *kräftige Beschaffenheit* eines Individuums, in der Regel von guter Ernährung abhängig, begünstigt die Variabilität; doch kommt dieselbe in gleichen Richtungen mitunter auch bei Kümmerlingen vor (Nigella damascena polysepala), und kann bei Riesen fehlen (Papaver somnif. polycarpum).

Von allen *Farben* kann die weiſse noch am ehesten — und bisweilen vollkommen — fixirt werden (Sedum albissimum, Linum albiflorum, Helianthemum polifolium var.)

Verzeichniſs der behandelten Arten, mit Angabe der Stelle.

(A, B, C u. s. w. vgl. das nachfolgende Schriften-Verzeichniſs.)

Avena orientalis. — G. 88.
Avena sativa. — G. 88.
Bidens pilosa.
Brassica oleracea. — G. 90.
Caprisum annuum. — R. 603.
Colosia cristata. — R. 603.
Cheiranthus Cheiri. — G. 94. — U. 546.
Clarkia elegans. — R. 604.
Clarkia pulchella. — R. 604.
Collinsia bicolor. — R. 617.
Datura. — G. 102. — R. 617.
Daucus Carota. — A. — G. 104. — U. 547.
Dianthus alpinus.
Dianthus Seguierii. — R. 618.
Digitalis purpurea. — G. 109. — H. 291.
Dimorphotheca. — G. 109.
Erythraea.
Erigeron uniflorus. — U. 565.
Eschscholtzia californica.
Fragaria vesca monophyllos. — G. 111.
Gilia tricolor. — R. 619.
Glaucium corniculatum.
Glaucium luteum.
Glaux maritima. — M. 531. — H. 301.
Gomphrena. — R. 620.
Gypsophila repens. — R. 620.
Helianthemum variabile (polifolium).
Herniaria glabra u. hirsuta. — H. 291. — R. 621.
Hieracium alpinum.
Hordeum distichum.
Hordeum vulg. nudum. — G. 114.
Hord. vulg. trifurcatum. — G. 114.
Hortensia. — G. 115. — R. 622.
Hutchinsia alpina.
Lactuca sativa. — G. 117. — S. 28.
Lactuca Scariola. — G. 117. — S. 28.
Lactuca virosa. — G. 118. — S. 37.
Lavatera trimestris.
Lepigonum medium, rubrum.
Linum usitatissimum. — G. 120. — U. 566.

Lychnis diurna. — G. 121. — U. 568.
Lychnis vespertina. — K. — G. 121. — U. 568.
Marsilea. — R. 623.
Matthiola. — G. 122.
Mercurialis. — K. 85. — G. 124.
Morus. — G. 124.
Myosotis sylvatica. — G. 125. — R. 624.
Nemophila. — G. 125.
Nigella arvensis.
Nigella damascena. — G. 126. — S. 39.
Nigella hispanica.
Nigella orientalis.
Nigella sativa.
Oenothera amoena. — G. 128. — R. 620.
Papaver alpinum. — G. 130. — S. 44.
Papaver Argemone.
Papaver dubium.
Papaver hybridum.
Papaver Rhoes u. v. Cornuti. — G. 130. — P. 257.
Papaver satigerum. — S. 50.
Papaver somniferum. — G. 131. — S. 52.
Peloriae. — R. 624.
Persica vulgaris. — G. 133. — R. 628.
Phaseolus multiflorus u. vulgaris. — B. p. 1. — G. 47 bis 80. — Q. 273.
Phyteuma nigrum, spicatum.
Pisum. — G. 136.
Plantago alpina. — H. 296.
Plantago maritima. — H. 293.
Polygonum amphibium. — T. 8.
Polygonum aviculare. — R. 626.
Primula elatior. — G. 142.
Primula officinalis. — G. 142. — U. 570.
Prunella grandiflora. — G. 144.
Prunus. — G. 146.
Pyrethrum Parthenium.

Pyrus, — G. 150. — O. 357.
Ranunculus arvensis.
Ranunculus polyanthemus. — G. 152.
Raphanus caudatus. — L. 481.
Raphanus Raphanistrum. — L. 481.
N. no. 9.
Raphanus sativus. — G. 152. — L. 481.
Rumex Acetosella. — K.
Rumex scutatus.
Salicornia. — H. 302, 295.
Salix. — G. 156, 46.
Salvia Horminum. — G. 157.
Salvia Selarea. — R. 624.
Secale cereale. — G. 157.

Sedum album. — G. 158. — S. 58.
Silene quadrifida.
Silene rupestris. — H. 293.
Specularia Speculum. — G. 159. — S. 59.
Spinacia oleracea. — K.
Taraxacum officinale.
Thlaspi alpestre. — R. 628.
Triticum compositum.
Triticum vulgare (villosum). — G. 161.
Verbascum Lychnitis. — G. 162.
Viola lutea. — S. 60.
Viola tricolor.. — G. 164. — S. 66.
Zea Mays. — G. 167.

Schriften - Verzeichnifs.

A. Ueber die Wurzeln der Dolden-gewächse (Flora. 1849. No. 2. f. t. 1 : Daucus.)

B. Ein Versuch zur Bestimmung des Werthes von Species und Varie-tät. (Ab Mai 1855. — S. Botan· Zeitg. 1862. 3. Jan., betreffend Phaseolus.)

C. Ueber Pflanzenbastarde u. Pflanzen-arten. (Westerm. illustr. Mo-natshefte. 1862. Novb. Heft 74. S. 178 bis 186).

D. Recherches sur la nature végétale de la levure. (1865 : Compt. rend. Par. LX. No. 13. S. 633; — betr. Hefe; — s. auch Botan. Zeitg. 1865. S. 348 und Botan. Unters. ed. Karsten. 1867. I. S. 341.)

E. Ueber den Favus - Pilz. (1867. Botan. Zeitg. No. 31, betr. Mucor-Formen.)

F. Ueber Saprolegnia und Mucor. (Bot. Zeitg. 1867, S. 345, betr· Mucor-Formen).

G. Untersuchungen zur Bestimmung der Werthes von *Species* und *Varietät*; ein Beitrag zur Kritik der Darwin'schen Hypothese. Giefsen bei Ricker. 1869. 171 S.

H. Ueber Kalk- und Salzpflanzen (1870. Landwirthsch. Versuchs Stationen. XIII. S. 269 bis 304. Heft 4)

I. Unters. über künstliche *Semper-virens*, ein Beitrag zur Accli-matisationslehre. (Koch's Wo-chenschrift für Gärtnerei und Pflanzenkunde. 1871, Jan. No. 3. f. Berlin. — S. auch Botan. Zeitg. 1865, Beilage, S. 49.)

K. Zur Geschlechtsbestimmung. (Botan. Zeitg.1871, No. 6. 7. — Einflufs früher oder später Be-fruchtung auf Geschlecht, Farbe. Lychnis u. a.)

L. Ueber Raphanus-Früchte. (Botan. Zeitg. 1872, No. 26 mit Abb.)

M. Ueber Variation. (Ebenda No. 29.)

N. Ueber eine merkwürdige Variation

(Raphanus Raphanistrum in sá-
tivus. — 1873. Bot. Zeitg. No. 9.)

O. Pflanzen-Mifsbildungen. (Juglans
regia und Pyrus communis. 1873,
Abhandl. nat. Verein. Bremen,
III. S. 357. t. 7.)

P. Ueber Papaver Rhoeas. (Botan.
Zeitung 1874, No 17.)

Q. Zur Kenntnifs der Gartenbohnen.
(1874. Botan. Zeitg., No. 18 f.
taf. 5.)

R. Culturversuche. (1875. Bot. Ztg.
No. 37, 38.)

S. Zur Species-Frage. (1875. Natuurk.
Verhand. holland. Maatsch. We-

tensch. Haarlem II, S. 1 bis
72, taf. 1 bis 5.)

T. Ueber Accommodation. (Rectorats-
rede in Giefsen, Juni 1876. —
Wiener Obst- und Gartenzeitg,
Aug. 1876.)

U. Culturversuche. (Bot. Zeitg. 1876,
No. 35, 36).

V. Versuche über Verunkrautung,
Kampf um die Existenz. (Bot.
Ztg. 1865. Beilage S. 112. —
Landwirth. Wochenblatt. Wien,
1870, No. 1, 2. — Georgica,
1871, Jan., S. 1 bis 21.)

Resultate meiner Versuche über Species und Varietät,

auszüglich nach den *Species* geordnet.

Achillea Clavenae.

Die Pflanze läfst sich auch auf kalkreichem Boden ziehen,
und verliert dabei nicht ihre filzige Behaarung.

Adonis aestivalis.

Theilweiser Uebergang in flammea. — Kreuzung mit
autumnalis : Samen taub. Ebenso mit citrina. Keine spontane Kreuzung. — Fruchtbare Selbstbestäubung kommt vor. —
Variirt ohne Augenfleck- — Aufblühzeit gleich mit citrina,
früher als bei autumnalis. Adonis aestivalis citrina : einmal
Uebergaug in miniata (wenn nicht fremde Einschleppung?).
Die geographischen Areale der aestivalis, flammea und autumnalis zeigen Verschiedenheiten ; so fehlt z. B. aestivalis und
flammea in England, wo. autumnalis vorkommt; flammea in
Spanien, wo die beiden anderen vorkommen. Diefs deutet
auf klimatisch verschiedene Bedürfnisse, da es wenigstens an

Gelegenheit für Aussaat mit Getreidesamen nach allen Richtungen nicht fehlen dürfte.

Alchemilla fissa.

Gedeiht auch auf kalkreichem Boden (durch eine Reihe
von 10 Jahren) vortrefflich, bringt Samen und erzeugt zahlreiche junge Pflanzen, ohne irgend eine Aenderung des specifischen Charakters.

Allium Porrum : v. Perlzwiebel.

Degenerirt sofort bei Samencultur; ist durch ungeschlechtliche Vermehrung constant zn züchten.

Althaea rosea.

Die Form atro-violacea ist vielleicht samenbeständig.

Anagallis arvensis (phoenicea und coerulea).

Kein Unterschied aufser der Farbe, doch blüht phoenicea
wohl etwas früher; auch decken sich die geographischen Areale
nicht vollständig, was auf ungleiche klimatologische Bedürfnisse hinweist. — Auch innerhalb des im Ganzen gemeinsamen Gebietes tritt meist die eine oder die andere auf, selten
beide zusammen an derselben Localität.

Künstliche Kreuzung mifslang, wenigstens bildete sich in
den einzigen Fällen, wo fruchtbare Samen erzielt wurden,
keine Mittelform; viemehr war das neue Product der Mutter
gleich, wonach also der Verdacht clandestiner und nachträg-
licher legitimer Bestäubung vorläge. Uebrigens habe ich bei
Salvia Horminum (roth und blau) beobachtet, dafs die Bastarde sofort und ganz theils in die rothe, theils in die blaue
Form zurückschlugen, ohne Mittelformen; das könnte also
auch hier stattfinden.

Natürliche Kreuzung wird angeblich im Freien öfter beobachtet. Ich sah auf gemischtem Beete, wo Insecten (An-
drena) sie besuchten, mehrmals eine scheinbare Mittelform :
rosea oder carnea (fleischfarbig) auftreten, welche bald un-
fruchtbar, bald fruchtbar war, und welche ich aus den zwei

reinen Formen bei *getrennter* Cultur noch *nicht entstehen* sah.
Sie züchtete in einigen Fällen rein weiter; in einem Fall sah
ich sie in einzelnen Exemplaren in *phoenicea* umschlagen; in
einem andern (angeblich reine Samen von auswärts) einige in
coerulea. — Bedenklich ist, daſs auch eine *weiſse* Varietät
existirt, wonach die rosea am Ende auch nur Varietät sein
könnte. Alsdann wäre sie in der That eine Mittelform und
verbände phoenicea und coerulea zu Einer Species. Direct
schlägt die blaue nicht in phoenicea (oder umgekehrt) um.

Anthyllis Vulneraria.

Die *rothblühende* Form hat innerhalb 5 Jahren (in einigen
Generationen) trotz Auslese keine Neigung zur Fixation gezeigt.

Durch *Salzzusatz* zum Boden konnte die Pflanze nicht
in die *maritima* übergeführt werden.

Aquilegia vulgaris.

Ein wild gefundener Stock der Var. polypetala cornu-
copioïdes blühete ab 1866 in den Garten verpflanzt bis 1874,
stets in gleicher Form. Staubgefäſse und Fruchtknoten waren
nicht vorhanden. Die Pflanze ging 1875 ein. — Die Verpflanzung in anderen Boden hat also den Varietätscharakter
dieses Stockes nicht erschüttert.

Asperula cynanchica.

Diese unter gewöhnlichen Verhältnissen niederliegende, dem
Boden angepreſste Pflanze streckt in dichtem Stande inmitten
anderer Kräuter, besonders Poa pratensis, ihre Stämme senkrecht und in doppelter Länge in die Höhe.

Aster alpinus.

Die Pflanze hat sich bei der Cultur in unserer Niederung
binnen 10 Jahren durch eine Reihe von Generationen nicht
geändert, namentlich keinen Schritt nach *Amellus* hin gethan, von der auch ihr Areal stellenweise wesentlilich ab-
weicht; so fehlt Amellus in Nord-Amerika. Auch erblüht

letzterer bei uns 10 Wochen später. Ferner, läfst sich bis jetzt (in der dritten Generation) nicht erkennen, dafs alpinus seine Aufblühzeit zu verlegen begänne. — Beide Arten kommen stellenweise im Gebirge auf gleichen Höhen vor. — Die Blätter schwanken in der Breite, der Stengel ist unverästelt. — In kalkarmem Glimmerschiefer nicht verändert.

Atriplex latifolia.

Die Form salina oder lepidoto-incana kommt auch auf nicht-salinischem Boden vor und kann nicht durch Salzzusatz zum Boden aus der gewöhnlichen Form (in 6 Generationen) gezüchtet werden. Letztere findet sich auch auf Salzboden. Ebenso ist die aufrechte oder niederliegende Haltung des Stammes von dem Salzgehalte des Bodens unabhängig, auch ist dieselbe nicht erblich.

Atropa Belladonna.

Eine von Schütz bei Calw gefundene Form mit *gelber* Blüthe und Frucht wurde von mir aus Samen ab 1860 weiter gezüchtet. Sie blieb durch eine Reihe von Generationen ganz unverändert (nämlich 5 Generationen — bis 1876 — in der Hauptlinie; daneben mehrere Nebenlinien. Im Ganzen 12 Plantagen).

Kreuzung mit der *typica* (braungelbe Blüthen, schwarze Beeren) lieferten inter se fruchtbare Bastarde (durch 2 Generationen bis 1876).

Das *Product* war, wenn das Pollen von der *typica* genommen wurde: braungelbblühend mit schwarzen Beeren (3 Versuche), und zwar durch 2 Generationen bleibend.

Und wenn das Pollen von der *gelben* genommen und auf die typica übertragen wurde : ebenfalls braunblüthig mit schwarzen Beeren (2 Versuche), und zwar durch 2 Generationen bleibend.

Avena orientalis.

Züchtete von 1865 bis 1876 rein. Auch bildete sie keine Bastarde mit den daneben stehenden Species : Avena dura, sterilis und strigosa. Aufblühzeit gleich sativa.

Avena sativa.

Die begrannte Form züchtete rein von 1867 bis 1876. In den 2 letzten Jahren erschienen einzelne Rispen, die fast einseitswendig waren und sehr an orientalis erinnerten.

Bidens pilosa.

Die Form α mit grofsem weifsem Radius ist nicht fruchtbarer als β : ohne Radius (oder nur mit einem Rudiment); eher das Gegentheil. Insecten habe ich (bei Tag) in Jahren nur einmal daran bemerkt.

Brassica oleracea.

Eine *hochstämmige* Form aus dem Schwarzwalde cultivirte ich ohne Auslese ab 1864 bis 1876; sie wurde allmählich niederer, erhielt aber noch immer unverkennbar etwas von ihrem Charakter, zeigte auch keine deutlichen Spuren von etwa Statt gefundener Kreuzung mit anderen benachbarten Sorten.

Den *Krauskohl* (Brassica oleracea laciniata crispa) cultivirte ich ohne Auslese auf ungedüngtem Boden ab 1863 bis 1876; aber auch hier verlor sich der eigenthümliche Charakter (die krausen Blätter) nicht bei allen Exemplaren.

Capsicum annuum.

Die Fruchtform scheint nicht samenbeständig.

Celosia cristata.

Die fasciate Form zeigte sich in 5 Generationen bei sorgfältiger Zuchtwahl nicht fixirbar.

Centaurea Cyanus.

Wenn man darnach sucht, findet man im freien Felde alle Farben-Varietäten unserer Gärten.

Cheiranthus Cheiri.

Die gefüllte, braun- und violett auf goldgelbem Grunde gefärbte- Gartenform zeigte auf schlechtem Boden und ohne

Auslese sich selbst überlassen schon bald an einzelnen Kümmerlingen mehr oder weniger Rückschlag in die rein gelbe, kleinblüthige wilde Form. Trotzdem war nach 3 Generationen der besondere Charakter noch entschieden überwiegend.

Clarkia elegans.

Die Varietät *alba pura* zeigte sich im Verlaufe von 4 Generationen bei sorgfältiger Zuchtwahl anscheinend zunehmend fixirbar.

Clarkia pulchella.

Die *rothblüthige* Form schlug trotz Auslese wiederholt in die *weifse* um. Die weifse schlägt in der zweiten Generation leicht in Roth zurück. Ebenso die Form *fimbriata* in die typische.

Collinsia bicolor.

Diese roth- und weifse Blume scheint geringe Neigung zum Albinismus zu saben. Die weifse Form scheint bei Auslese zunehmend fixirbar.

Datura Tatula.

Zeigte durch 4 Generationen unverändert den violetten Anflug.

Daucus Carota.

Die Pflanze ist entweder ein- oder zweijährig, auch die cultivirte. Die (aus unbekannten Ursachen) zweijährig angelegten lassen sich innerhalb einiger Generationen in immer zunehmender Menge auch ohne Auslese auf gutem Boden in die saftige Gartenmöhre überführen, deren Wurzel durch Wucherung des Parenchyms Structuränderungen erleidet. Aber auch die einjährigen werden fleischig, wenn auch weniger dick. — Auch Farbänderung der Wurzel wurde beobachtet. Ebenso läfst sich die saftige Gartenmöhre binnen einiger Generationen auf magerem Boden ohne Auslese in die holzig harte wilde Form reduciren.

Dianthus alpinus.

Hat in unserer Niederung innerhalb einiger Generationen binnen mehreren Jahren keine Aenderung gezeigt. Die

Blüthezeit ist verschieden von der bei *Dianthus deltoides* :
bei letzterer um 19 Tage später (im Mittel). Ebenso ist das
Areal der beiden verschieden : alpinus fehlt mehrfach auf
Hochgebirgsstöcken im Gebiete des deltoides, oder überschreitet
dasselbe stellenweise.

In kalkarmem Boden (Glimmerschiefer u. s. w.) gesäet:
keine Aenderung!

Dianthus Seguierii.

Geht nicht in Carthusianorum über. Kalkreichthum des
Bodens ohne Einfluſs.

Digitalis purpurea.

Kann an derselben Staude weiſse und rothe Blüthen
bringen. Kalkboden, auf welchem die Pflanze — trotz gegen-
theiliger Angabe — bei genügendem Feuchthalten trefflich
gedeiht und fructificirt, ändert die rothe Farbe nicht.

Dimorphotheca pluvialis.

Die Samen der Rand- und der Scheibenblüthen bringen
ganz gleiche Pflanzen hervor.

Erigeron uniflorus v. glabrata.

Ich cultivirte die Pflanze durch 3 Jahre ohne sichtbare
Aenderung auf sehr kalkreichem Boden. Gehört wahrscheinlich zu alpinus.

Eschscholtzia californica.

Variirt in rein Citrongelb, Schwefelgelb, Orange, Purpur-
streifig (unterseits), *weiſslich* mit Stich ins Gelbliche. Letztere
Varietät hat sich in 8 Generationen mit Auslese nicht vollkommen fixiren lassen; doch scheint sie sich der Fixität zu
nähern, d. h. die Menge der Rückschläge abzunehmen.

Eine andere Varietät zeigt gelbe *Streifen* auf den Blumenblättern auf Orangegrund, oder Orange auf citrongelbem Grund,
in der Richtung der Gefäſsbündel. Trotz Auslese machten
— in Betracht der zahlreichen Rückschläge in die typische

Form : citrongelb, nach der Basis verwaschen in Orange übergehend, ohne Streifen — die gestreiften Varianten keinen
Fortschritt zur Fixität. In den folgenden 7 Jahren (oder
Generationen) fand keine Auslese mehr Statt; es machte den
Eindruck, als wenn nun allmählich die Rückschläge in die Stammform zunähmen, doch ist der Rückschlag weit davon entfernt,
ein allgemeiner zu sein. — In einem Sommer zeigte sich im
Nachsommer (vom Juli zum September) relative Abnahme
der Varianten (wie bei Viola lutea und Papaver Rhoeas). —

Eine Varietas *dentata* (mit gezähnten oder geschlitzter
Petala), zum Theil mit *Emergenzen* (Duplicaturen in Form
schmaler, am Grunde befestigter Lamellen), zeigte sofort
Neigung zum Rückschlag.

Fragaria vesca monophyllos.

Ist fast — aber nicht ganz — samenbeständig (durch
mehrere Generationen).

Gilia tricolor.

Neigt sehr zur Variation in Weifs (Gilia nivalis). Auch
die weifse ist nicht sofort fixirbar.

Glaucium corniculatum.

Ich sah die Blumen in 8 Jahren stets 3 farbig mit rothe
Grundfarbe. Der schwarze Fleck mit weifsem Hof erinner
an dieselbe Erscheinung bei den verwandten Papaverarten
und kommt auch angedeutet — ohne Hof — bei Glauciun
luteum (Serpierii) vor.

Glaucium luteum (zweijährig).

Variirt in Gelbroth (v. *fulva*), Orange - Mennigroth
violettaugig (bei der — specifisch nicht verschieden —
Serpieri, wenn auch nicht constant). Die Farben scheinei
nicht fixirbar. Die rein gelbe Stammform erhielt sich indel
(bei Auslese durch 2 Jahre) in einer Serie durch weitere
Jahre unverändert.

Glaux maritima.

Gedeiht unverändert auch auf nicht salinischem Boden.

Gomphrena globosa.

Neigt zur Variation : von Amaranthroth in Fleischfarbig, und umgekehrt.

Gypsophila repens.

Die gelegentlich vorkommende Verfärbung von Weiſs in Rosa wird nicht durch gröſseren Kalkgehalt des Bodens bedingt, auch nicht durch gröſsere Kalkaufnahme in die Pflanze auf solchem Boden.

Helianthemum polifolium.

Blüht im zweiten Jahre nach der Saat. — 1. Var. *albiflora*, aus Samen von Weiſsblüthigen auf gemischten Beeten. Schlug in der zweiten und dritten Generation — bei isolirter Lage der Plantage —, theilweise in Roth um; durch die folgenden 7 Jahre nach geschehener Auslese blieb dieselbe ohne Rückschlag weiſs. — 2. Var. *rosea*. Aus rein gesammelten Samen ; schlug in den nächsten Generationen theilweise in Weiſs, auch einzeln in Schwefelgelb um. Vom sechsten Jahre an — nach geschehener consequenter Auslese — nur noch roth, allerdings manchmal sehr blaſs, fast weiſslich. — Hiernach zunehmende Fixirbarkeit beider Formen.

Herniaria glabra.

Läſst sich durch Cultur nicht in hirsuta überführen. Auf kalkreichem Boden gedieh sie vortrefflich durch 10 Jahre, ohne irgend welche Aenderung, während sie doch im Freien den Kalkboden zu meiden scheint.

Hieracium alpinum.

Gedeiht vortrefflich auf kalkarmer oder kalkreicher Erde. In mehreren Fällen unverändert durch 2 Generationen ; — in einem schon in der ersten einen dreiköpfigen, verzweigten, hohen Stengel treibend (im fünften Jahre, während vorher

2*

der Schaft ganz typisch war). Ist danach vielleicht nur eine Hochgebirgsform einer anderen Species. Reicher Kalkgehalt des Bodens ohne Einfluſs.

Hordeum distichum.

Die gelegentlich aufgetretene *grannenlose* Form verschwand wieder in der dritten Generation.

Hordeum vulgare nudum.

Blieb durch 4 Generationen unverändert.

Hordeum vulgare trifurcatum.

Erwies sich als eine monströse Form des vulgare, inder bei specieller Cultur der Samen aus gelegentlich auftretende seitlich begrannten Blüthen reines vulgare (wenigstens in ein zelnen Blüthen der erzogenen Aehren) erhalten wurde, aller dings erst nach 11 Jahren oder Generationen unter viele Tausenden von Exemplaren. Bastardirte nicht mit danebe stehendem hexastichon.

Hortensia.

Läſst sich durch gewisse Erdmischungen, die inde chemisch nichts gemein haben, aus Rosa in Blau verfärber, der einzige mir bekannte Fall einer bestimmten Einwirkur des Bodens auf die Blüthenfarbe. Man kann sogar *partie* färben, nämlich von einer Hälfte der Wurzel (von der anden gehörig isolirt) die entsprechende eine Hälfte der Blüthe, was eine Reihe von Tagen hindurch so verbleibt; später geht die Wirkung auch auf die andere Seite über.

Hutchinsia alpina.

Zeigte sich auf kalkreichem und kalkarmem Boden gar gleich.

Lactuca sativa.

Ist durch Formübergänge mit scariola verbunden; er genetische Reductionsversuch ist aber bis jetzt (in 13 Jahre) nicht gelungen trotz ausgesucht schlechtem Boden. June

Spätlinge überwintern bisweilen im freien Lande. Die Samenfarbe änderte sich von Schwarz in Weiſs.

Lactuca scariola u. virosa.

Beide sind specifisch nicht verschieden; sie lassen sich aus
einander züchten, auch ihre Areale decken sich. Scariola
blüht und fruchtet bisweilen im ersten Jahre. Blattfarbe von
graugrün in lattichgrün schwankend.

Lavatera trimestris.

Purpurblüthig; variirt rein weiſs. Letztere konnte trotz
Auslese in 8 Jahren (und Generationen) nicht fixirt werden;
doch schien die Zahl der Rückschläge allmählich abzunehmen.

Lepigonum medium, rubrum.

Lieſsen sich bisher durch Cultur ohne oder mit Kochsalz
nicht in einander überführen.

Linum usitatissimum.

Die blaue Farbe der Blüthe ändert in weiſs ab. Die
weiſse Varietät wurde durch 12 Jahre und Generationen (in
Tausenden von Exemplaren) gezogen, ohne einen Rückschlag
zu zeigen. — Der Same überwintert nicht im Freien. — Die
Pflanze ist der Selbstbestäubung fähig.

Lychnis diurna u. vespertina.

Beide angebliche Species flieſsen in jedem Sinne in einander über und sind also nicht zu trennen. Die Bastarde
aus denselben sind zwar vollkommen fruchtbar und schwanken
sofort und weiter durch einige Generationen nach beiden
Formen hin, ja bis zum vollständigen Rückschlag in die eine
oder andere; trotzdem hält Gärtner dieselben für zwei Species,
weil jede derselben mit Cucubalus viscosus einen anderen,
eigenartigen Bastard liefert. — Blüthe oft schon im ersten
Jahre. —

Durch späte Bestäubung werden mehr Weibchen erzeugt,
als durch frühe; noch mehr im spontanen Zustande und sich

selbst überlassen. Frühe Bestäubung begünstigt das Auftreten der Rosafarbe bei den Descendenten, späte das der weifsen.

Marsilea.

Nicht alle Wasserblätter sind ächte Schwimmblätter (ohne Stomata unterseits). Man kann die Production der einen oder der anderen Blattform nicht durch Versenken in Wasser erzwingen.

Mercurialis annua.

Typisch einjährig; frostfrei überwintert lebt sie durch den zweiten Sommer. — Im Freien sich selbst überlassen sind beide Geschlechter in ziemlich gleicher Anzahl vertreten, bei künstlich beeilter, möglichst früher, oder möglichst später Bestäubung ändert sich das Verhältnifs. Bestäubung mit frischem Pollen producirt mehr Männchen, als mit älterem (einjährigem). Es kommen auch monöcische Pflanzen, ja sogar Zwitterblüthen vor.

Mimulus. Bastard.

Im Jahre 1870 wurde Mimulus *cardinalis* castrirt und mit Pollen von *moschatus* bestäubt, um die Fortpflanzungsfähigkeit der entstehenden Bastarde zu erproben. Beide Species sind sehr verschieden, zeigen auch niemals Uebergänge (oder Andeutungen dazu) von der einen zu der anderen. Auch ist cardinalis deshalb sehr geeignet zu solchem Versuch, weil derselbe — bei uns wenigstens — nicht von selbst oder durch Insecten befruchtet wird, daher die Vermehrung im Garten nur durch Theilung Statt findet.

Die erzielten Bastarde hatten 1871 die Blüthengröfse des cardinalis, die Färbe war geändert, nämlich statt einfach rosa:

a) rosa oder purpurn oder carmin mit gleichmäfsig dunkelrothem Schlund; oder

b) glühroth oder orange mit dunkelrothem Schlund, — also mit Beimischung von Gelb; oder

c) ebenso glühroth, aber mit dunkelrothen *Punktstrichen* im Schlund; —

also im Ganzen mehr der Mutter (in Blattform, Gröfse und Form der Blüthe) als dem Vater nachschlagend. Die dunkelrothen Punktstriche der beiden Aeltern haben sich bei a und b in eine breite, gleichmäfsig gefärbte Zone ausgebreitet, welche den ganzen Schlund bedeckt; auch sind einige gelbe Haare am Schlund vom Vater vererbt, ferner ist bei b noch etwas Moschusgeruch und der tubus corollae porrectus vom Vater zu bemerken. Das Pollen des Bastards a schwankt in der Gröfse um das Doppelte.

Diese Bastarde lieferten *mit sich selbst künstlich befruchtet* durch 4 Generationen bis 1876 Producte, welche von a und b nicht verschieden waren. Aus a kann auch b hervorgehen, selbst bei Bestäubung von a mit a; b züchtete bisher unverändert weiter. — Blüht bereits im ersten Jahre der Saat. — Gedeihen vortrefflich. Nach Bestäubung von reinem *moschatus* mit Pollen des *Bastards* b entstanden Pflanzen, welche in die Mutterform moschatus zurückgeschlagen waren.

Morus nigra.

Ein reichlich fructificirender Ast schlug aus unbekannter Ursache in rein männliche Blüthen um. Nach Anlegung eines fest anschliefsenden Ringes stellte sich allmählich der weibliche Charakter wieder her, der Ast trug wieder reichlich Früchte.

Myosotis sylvatica v. albiflora.

Blühete durch 4 Sommer constant weifs.

Nemophila insignis.

Durch 2 Generationen blau.

Nigella damascena.

Schlägt spontan in die Form *polysepala* um (viele hellblaue, gelbliche oder weifse Kelchblätter ohne Nectarien oder Petala); diese zeigte sich auf einem Beete bei getrennter Zucht im freien Lande durch 11 Generationen in Tausenden von Exemplaren (von 1868 bis 1876 wurden deren 2842 gezählt; 1864 bis 1867 nicht gezählt) *unverändert*, nachdem sich im ersten Jahre noch einige Rückschläge gezeigt hatten, welche beseitigt wurden. Diefs der entschiedenste Fall von Fixation einer erheblichen morphologischen Varietät, welchen ich beobachtet habe.

Bei einem *anderen Versuche* schlugen alsbald mehrere zurück in die Grundform. Im dritten Jahre Zunahme der gefüllten (alle einfachen waren in der ersten und zweiten Generation beseitigt worden). In der vierten *alle* gefüllt; so bis zur siebenten, womit dieser Versuch abgebrochen wurde.

Fructificirt bei Selbstbestäubung unter Insectenausschlufs, aber die Samen zum Theil taub. Spontane Kreuzung kam auf einem Beete der Normalform, welches sich neben Nigella hispanica befand, mit dieser nicht vor.

Die Form *coarctata*, ein Zwerg, ist nicht fixirbar. Dasselbe gilt von der forma *fimbriata*.

Nigella hispanica.

Blüthe hellblau, variirt in dunkelviolett (punktirt, gestreift, gefleckt); ferner weifs. Die violette Form war trotz Auslese der anders gefärbten binnen 7 Generationen nicht fixirbar. — Von da an wurde die Plantage unberührt sich selbst überlassen, um zu ermitteln, ob sie in die hellblaue typische Form zurückgehen würde, wozu sie aber in den 2 nächsten Generationen keinen Schritt that; die Mehrzahl blühete violett.

Oenothera (Godetia) amoena.

Blüht rosa, mit ziemlich geringer Neigung zur Variation. Die Form rosea-alba ist variabeler, variirt sogar an demselben Stocke.

Papaver alpinum.

Kommt wild in einer *breit-* und einer *feinlappigen* Blattform vor, welche indefs geographisch nicht scharf getrennt zu sein scheinen. Indefs konnte ich bis jetzt die eine nicht aus der andern züchten, während sie sich leicht *kreuzen* lassen (was mit Pollen von Papaver Rhoeas und somniferum nicht gelang). Der Mischling bildete eine Mittelform bez. der Blattbreite, als das Pollen von tenuilobum entnommen war; war in einem Fall ziemlich schmalblätterig, im zweiten breitlappiger, als das Pollen von latilobum stammte. Die einzelnen Blüthen*farben* übertragen sich nicht bei der Kreuzung.

Die Blätter sind behaart und kahl; graugrün, können aber auch in rein grün umschlagen.

Die Farben der Blüthen sind bald constant, bald inconstant. Beides habe ich z. B. bei der *citrongelben* Latiloben beobachtet, die in *derselben* Linie von Generationen (aus Einem Stamme) theils stets citrongelb auftrat (wobei die Petala bald rein gelb abfielen, bald sich verschrumpfend orange verfärbten); in einer Nebenlinie aus demselben Stamme einmal mennigroth aufblühete und citrongelb wurde; in einer anderen citrongelb aufblühete und mennigroth wurde. — Aus einer *orangegelben* Tenuiloben sah ich Orange, Ziegelroth, Citrongelb, in weiterer Generation auch Weifs neben Mennigroth auftreten. Einmal Gelb und Ziegelroth auf *demselben* Stock! — Endlich aus *citrongelber* Latilober (besondere Linie von anderer Herkunft) citrongelb und weifs!

Die Petala sind bisweilen gefranst; auch schwache Füllung und zum Theil petaloide Stamina wurden beobachtet. Gröfse der Blüthe schwankend; die Blüthe kommt ausnahmsweise schon im ersten Herbst zur Entfaltung.

Selbstbestäubung (isolirt oder im Florbeutel) mit *gutem* Erfolg habe ich zweimal beobachtet bei Latilobum; mit *tauben* Samen einmal bei derselben, siebenmal bei tenuilobum. Indefs ist auch bei gesellig verblüheten die Anzahl der tauben Früchte eine bedeutende. Die Pflanze ist meist protandrisch, selten protogynisch.

Papaver Argemone.

Zeigte binnen 2 Generationen zahlreicher Exemplare nur die Variation einzelner Blüthen in Carmin und in Ziegelroth — statt Rhoeasroth — als Grundfarbe.

Papaver dubium.

In zwei Generationen keine Varianten beobachtet. Kreuzung mit Pollen von Papaver alpinum und somniferum mifslang.

Papaver Rhoeas.

Dreizehnjährige Cultur — durch eben so viele Generationen — der typischen Form a, sowie achtjährige der Varietas b Cornuti ergaben Folgendes. Die *Gröfse der Blüthe* schwankt von 13 bis 100 Millim. Die *Farben* sind sehr schwankend (bis zu der gewöhnlichen des somniferum), Variationen häufig auch bei *wilden,* besonders mit Augenfleck; auch Füllung nicht allzu selten. Ende *Juni* ist die *Gröfse* der Blüthen und die *Zahl der Farbvarianten* in der Mehrzahl der Jahre bedeutender, als späterhin, was darin liegt, dafs diese zuerst blühenden Exemplare nach Zweigzahl, Wurzeldicke und Blumengröfse *kräftiger* sind. Indefs sind durchaus nicht alle Riesen zugleich Varianten. Jede *Grund*farbe (weifs, roth) kann bei jeder Blüthengröfse vorkommen; ein weifsberandeter schwarzer Augen*fleck* dagegen nicht bei kleinen (unter 60 Millim.).

An einem und demselben Stocke sind die Blüthen der 1. bis 3. *Achsen* gröfser und variabler, als die später blühenden der 4. und 5. Achsen. In der Einzelblüthe sind die zwei inneren Petala in der Farbe variabeler, als die zwei äufseren. Ebenso sind die innersten Stamina weit mehr geneigt zur Umwandlung in Pseudo-Carpelle, als die äufseren.

Die Farbvariationen konnten nicht fixirt werden. Die einmal angewöhnte Variabilität (bei Cornuti) steht nicht wieder still, auch ohne künstliches Eingreifen, und ganz sich selbst überlassen. —

Pollenfarbe normal grün, ferner gelb, weifslich, grau. —

Behaarung abstehend oder anliegend. —

Blattform sehr schwankend. —

Selbstbestäubung mifslingt gewöhnlich, oder liefert wenige und schwächliche Exemplare. *Kreuzung* mit Argemone mifslang. — Ist von Papaver *dubium* specifisch verschieden, insofern es nicht gelang, die eine aus der andern zu züchten. Aber sämmtliche *Einzel*charaktere des dubinm können auseinander gelegt bei Rhoeas dann und wann vorkommen! Die Areale beider decken sich nicht ganz; dubium geht in Europa weiter nach Nord und nach Südost.

Teratologische Varianten. Carpellandeutungen an Staub-
gefäfsen, erinnernd an die peripherischen Carpelle bei Papaver
somniferum polycarpum.

Papaver setigerum.

Ist identisch mit somniferum. — Kümmerlinge hatten gewöhnlich nur 2 Sepala, 2 Stamina, 2 Petala, jedesmal alternirend; Narbe mit 3, selten 4 Streifen.

Papaver somniferum.

Die *Farbe der Blüthe* ist höchst variabel (weifs, rosa,
carmin, mennigroth, rhoeasroth, lila, violett, braunroth, aber
nicht gelb) und nicht fixirbar. Ein besonders gefärbter
Nagel kann vorkommen oder fehlen. Diese Farben stehen in
keiner constanten Beziehung zur *Samenfarbe*. Letztere ist
nicht streng fixirbar, es kann aus Weifs Hellbraun entstehen,
aus Braun Gelblich; doch sah ich Weifs nicht in Schwarzbraun übergehen, auch nicht Schwarzbraun in Weifs. In derselben Kapsel kann Hellgrau und Braun vorkommen.

Fransen an den Petala sind häufig, aber nicht fixirbar;
ebenso *Füllung* (in 4 Generationen). Beides kommt selbst
an Kümmerlingen vor, und kann umgekehrt an Riesen in
einer derartigen Plantage ausbleiben.

Polycarpie ist ebenfalls nicht zunehmend fixirbar, trotz
Auslese (13 Jahre), kommt an demselben Stengel mit normaler Frucht vor, kann an Riesen fehlen, an Zwergen erscheinen (bei 15 Millim. Kapsellänge), ist aber doch weit
häufiger bei kräftigen Exemplaren. — Die Samen der *peripherischen* Carpelle verhalten sich bezüglich der Nachkommen-
schaft wie die des centralen.

Selbstbestäubung kann Statt finden, zweimal geschah dieses
(bei Abschlufs der Blüthe in Florbeutel) mit sehr gutem Erfolg, zweimal mit schlechtem. — *Kreuzung* mifslang (mit
Pollen von pilosum, Rhoeas, alpinum). — Die *Frucht* kommt
mitunter zwergig und länglich vor und ähnelt dann dubium.
Sie kann äufserlich Längsrinnen haben. — Die *Samen* können
in günstigen Fällen im freien Lande überwintern. Bei Selbst-

aussaat im Spätherbst beobachtete ich zweimal, daſs die sonst ungetheilten Blätter im ersten Frühling fiederschnittig, rhoeasartig waren.

Peloriae.

Konnte ich durch Senkrechtstellung lateraler sehr junger Blüthenknospen in keinem Falle (bei Versuchen mit zygomorphen Blüthen aus sehr verschiedenen Familien) künstlich hervorbringen. Der mitunter (z. B. Gloxynia) sehr vom Normalen abweichende und in mannigfaltigen Richtungen (Linaria) verschiedenartige innere und äuſsere Bau der Pelorien ist der Annahme einer solchen rein mechanischen Entstehung derselben an sich schon höchst ungünstig.

Persica vulgaris.

Der Safranpfirsich hat sich durch Samen in die zweite Generation unverändert erhalten.

Phaseolus multiflorus, vulgaris u. a.
Cultur ab Mai 1855.

Phaseolus vulg. sphaericus haematocarpus. Variirt—sogar in derselben Hülse neben der typischen Form :. hell, rothbunt — in roth; diese rothe ist nicht fixirbar. Variirte ferner (erst 1870!) in der Gesammtfarbe (in braun, grau, weiſs, und in der Gestalt. (So auch bei Martens; s. m. Unters. Sp. Var. 1869. S. 78 und verher.) Aehnliches Variiren beobachtete ich bei der lividen Flageoletbohne; ferner bei Phaseolus vulgaris pictus. Keine Rasse scheint auf die Dauer absolut unerschütterlich fixirt. Phaseolus Zebra, derasus und eine rothe Passeyer Bohne haben bei mir zwar bis jetzt widerstanden (durch mehrere Generationen); aber erstere sah Martens umschlagen in weiſs. — Alter der Samen ohne Einfluſs auf Variabilität. Die Bodenbeschaffenheit, Exposition gegen die Sonne u. dgl. sind ohne Einfluſs auf die Variabilität; ebenso das Klima (Genua, Palermo verglichen mit Züchtung identischer Samen in Gieſsen).

Phaseolus multiflorus. Die Samenfarben sind nicht fixirbar. Sie entsprechen nicht bestimmten Blüthenfarben, jede kann jede bringen; wohl aber bringen gewisse Blüthenfarben bestimmte (correlate) Samenfarben : rothe oder carminfarbige Blüthen : violettschwarz marmorirte Samen; weiße : weiße Samen; roth mit weiß oder fleischfarbig : braun marmorirte. —

. Differentialcharakter. Vulgaris ist stets einjährig, multiflorus ein- bis sechsjährig. Letztere Species allein kann Scharlachroth an der Blüthe haben. Ihre Narbe ist extrors, die der vul-garis intros. Blüthezeit und Wärmebedürfniß gleich; Länge der racemi schwankend; Cotyledonen auch bei vulgaris gelegentlich bis 3¹/₂ Centim. unter der Erde. Bracteolae schwankend; ebenso Gröfse der Samen.

Kreuzung (künstlich oder natürlich) nicht gelungen, weder zwischen beiden Species, noch zwischen Varietäten einer derselben.

Selbstbestäubung ist normal, vielleicht unterstützt durch Bienenbesuch (s. m. Unters. 1869. S. 71; — die Notiz hierüber bei Darwin — cross fertilis. 1876 S. 152 — ist nicht ganz zutreffend).

Phyteuma nigrum, spicatum.

Sind nur Varietäten, ebenso die *hechtblaue* (v. amethystina). Aus denselben Wurzeln der letzteren sah ich im Laufe von 7 Jahren durch Sprofsvariation alle 3 Farben entstehen (nicht aus Sämlingen; die Saat — künstliche oder spontane — mifslang jedesmal). — Die *weiße* (wild gefunden) blieb dagegen durch 10 Jahre ganz unverändert.

Pisum sativum.

Die rothbraune oder sonstwie ungewöhnliche Samenfarbe liefs sich (ohne Auslese) durch eine längere Reihe von Generationen (6) nicht unverändert fortzüchten.

Plantago alpina und maritima.

Beide sind identisch. Die alpina habe ich durch Cultur (ohne Salz) in maritima übergeführt; der Differentialcharakter bez. der Aequidistanz der Blattnerven, der Blattbreite und

Aehrenlänge ist schwankend. Salzgehalt des Bodens ist ohne irgend welchen Einfluſs auf maritima, obgleich sie davon viel aufnimmt. Sie gedeiht und fruchtet auch ohne Salzzusatz. Auch in der Structur der Oberhaut der Blätter und der Samenschale ändert sich nichts. (Ebenso verhält sich Chlorkalium.)

Die Areale beider Pflanzen decken sich, indem das der maritima die alpina umfaſst.

Polygonum amphibium.

Eine Pflanze mit ächten *Schwimmblättern* wurde 1870 aus dem flieſsenden Wasser der Lahn (5 Fuſs tief) theils in den Teich des botan. Gartens (Stelle 2 Fuſs tief), theils in flache Wasser- oder in Erdtöpfe mit Sumpferde verpflanzt; eine Zeit lang unter bedeutendem Kochsalzzusatz. Die Pflanzen entwickelten nun ausschlieſslich *Luftblätter* (ganz typische, auch die gesalzenen, ohne Andeutung der Form *maritimum*). Und die Pflanzen fuhren auch fort, ausschlieſslich *Luft*blätter zu bilden, nachdem eine Cultur durch 2 Jahre in einem Faſs bei 2 Fuſs Wassertiefe fortgeführt worden; ja selbst (Decbr. 1875 bis Sept. 1876) nach Versenkung in eine 7 Fuſs tiefe Stelle eines Teiches. — Ich sah auch *im Freien* aus ächter Schwimmblattform mituntur an den Knoten Seitenzweige mit Luftblättern senkrecht in die Höhe steigen.

Polygonum aviculare.

Läſst sich durch Salzzusatz zu der Erde nicht in litorale überführen oder sonst wie (binnen 6 Jahren) erheblich oder constant ändern.

Primula elatior.

Es gelang nicht, durch Verpflanzung unter Benutzung verschiedener Erdmischungen, oder Aussaat der Samen von gelben wilden Pflanzen im Laufe von mehreren Generationen andere Farben zu erzielen (1867 bis 1876).

Primula officinalis.

Aus der gelben läfst sich im Laufe der Generationen gelegentlich die rothe Form unserer Gärten züchten; die Bodenbeschaffenheit hat keinen Einfluſs hierauf —

Aus Samen der feuerrothen Gartenform entstehen mitunter gelbblühende Exemplare.

Prunella grandiflora.

Geht in der Blüthen*gröſse* in vulgaris über, zweierlei Gröſsen sogar einmal gleichzeitig an demselben Stamme beobachtet, die der Terminalähre von doppelter Gröſse!); bleibt aber durch die Haltung der Oberlippe u. s. w. immer noch unterscheidbar. Die Areale beider Species decken sich nicht; oft kommen sie zusammen vor, vielfach nur die eine oder andere. Ich sah die Farbe der grandiflora aus violett in purpurroth übergehen, und zwar auf derselben Plantage gleichzeitig neben violetten (mehrmals binnen 19 Jahren). Variirt mit weifser Unterlippe u. s. w. Kreuzung mit Pollen von vulgaris mifslang wiederholt.

Prunus.

Ich halte Prunus domestica (Zwetsche) für eine besondere Species; insititia (mit Pflaumen, Mirabellen, Reineclauden) leite ich von Prunus spinosa her.

Pyrethrum Parthenium.

Die Form mit *gelb*grünen Blättern züchtete durch 5 Generationen ohne Rückschlag in reines Grün.

Pyrus communis.

Ich beobachtete Blüthen mit unterständigen, freien Kelch- und Blumenblättern.

Ranunculus arvensis, inermis.

Die Form *inermis* züchtete nach einigen Rückschlägen (oder Einmischungen?) im ersten Jahre — nach geschehener einmaliger Auslese der letzteren durch 8 Generationen rein;

doch zeigten sich einmal schwache Andeutungen von Stacheln, und zwar an einem Stengel, der sonst nur glatte Früchte trug. (Diese Andeutungen erhielten sich aber nicht bei separater Weiterzucht in der folgenden Generation.) — Die Blüthe und die Vegetationsorgane sind nicht verschieden von der muricaten Form; überdiefs ist der Uebergang der letzteren in die inerme von Godron direct beobachtet worden. (In meinen Culturen zeigte sich muricatus durch 10 Generationen constant.) Uebrigens sind beide Formen noch durch eine Zwischenform (reticulatus) u. s. w. verbunden. Auch die Aufblühzeit ist gleich.

Bei *Kreuzung* von inermis mit Pollen von muricatus waren die Früchte mitunter taub. Einmal schlug das Product nach dem Vater (muricatus) zurück, zweimal zur Mutter (inermis), — wenn hier nicht unbemerkt legitime Bestäubung Statt fand; sie blieben auch in der zweiten Generation inerm.

Kreuzung von muricatus mit Inermis-Pollen : 3 Fehlversuche, 2 gelungene. In diesen beiden war das Product der Mutter gleich (und blieb so in einer weiteren Generation).

Ranunculus polyanthemus.

Ist genetisch mit nemorosus verbunden.

Raphanus caudatus, Raphanistrum, sativus.

Raphanus caudatus und Radicula erwiesen sich bei der Züchtung als nicht fixirte Formen von sativus, welchen selbst wieder ich aus Raphanistrum hervorgehen sah : an derselben Pflanze Früchte von typischem Raphanistrum, Mittelformen und ächter sativus. (Ist die weitest gehende Variation, welche ich beobachtet habe). Ebenso ging caudatus in Raphanistrum über.

Sativus ist mit Raphanistrum leicht zu *kreuzen.* Das Product ist bald schwankend : mit reinen Aelternformen und mit Mittelformen bezüglich der Früchte (gemischt durch einander), oder mehr der einen oder andern sich zuneigend; bei Auslese in dieselben zurückschlagend. Uebrigens sehr fruchtbar inter se, — reine Selbstbestäubung der einzelnen Blüthe scheint erfolglos. In einem Falle wurden durch Kreuzung mit sativus-caudatus-Pollen Samen erhalten, welche Pflanzen lieferten, die theils rein sativus, theils rein Raphanistrum waren; also sofortiger und vollständiger Rückschlag nach Vater oder Mutter. (Bei der Weitercultur im folgenden Jahre verriethen diese aber ihren Mischlingscharakter durch neu auftretende Schwankungen hin und her).

Blüthenfarbe purpurroth, lila, weißlich, schwefelgelb, citrongelb; nicht fixirbar! Der Boden ohne entscheidenden Einfluß darauf; ebenso Kalkgehalt.

Der obere, aufwärts wachsende Theil der s. g. Wurzel dieser Pflanze (und ebenso bei Beta vulgaris) ist ein hypocotyledonares Stengelglied.

Rumex Acetosella.

Durch späte Bestäubung scheinen mehr Männchen erzeugt zu werden, als durch frühe.

Rumex scutatus.

Kommt wild in gewissen Gegenden rein grün vor, in anderen graugrün bereift. Letztere Form schwankt mitunter in rein grün; aus der grünen habe ich grüne, weißfleckige, graugrüne gezüchtet, mitunter auf demselben Boden, ja an derselben Pflanze. Ebenso aus der grauen grüne. Kalkzusatz zum Boden — überhaupt die Bodenbeschaffenheit — zeigte sich ohne Einfluß; ebenso die Licht- oder Schattenstellung.

Die Blattform wechselt in nierenförmig, auch in spießförmig und lanzettlich, selbst dreilappig.

Salicornia herbacea.

Gedeiht unverändert auch auf nicht salinischem Boden.

Salix.

Vorübergehendes Auftreten androgyner Kätzchen bei mehreren Arten von mir beobachtet. Ferner in einem Jahre

XVI. 3

sehr allgemeine Bifurcation der männlichen Kätzchen an einem Baume von Salix fragilis.

Salvia Horminum.

Die Form mit rothen Bracteen, sowie jene mit blauen, züchten vollkommen rein (erstere durch 11 Jahre und Generationen), so daſs man an specifische Verschiedenheit denken könnte. Die Areale scheinen nicht verschieden. Keim- und Blüthezeit gleich. — *Kreuzung* gelingt leicht; die Bastarde schlugen sofort scheinbar rein in die eine *oder* die andere der Aelternformen zurück; ich habe aber aus der blauen in zweiter Generation wieder blau *und* roth (scharf geschieden nach den Exemplaren) entstehen sehen. Ebenso aus rothen blau *und* roth. Selbstbestäubung kann mit Erfolg Statt finden.

Salvia Sclarea.

Keine Pelorienbildung durch lothrechtes Aufbinden junger Blüthenknospen.

Secale cereale.

Verliert bei geeigneter Cultur sofort den zweijährigen Charakter und wird einjährig.

Sedum album.

Eine Form *albissimum* mit rein weiſsen Blüthen und ohne Spur von Roth an den Stengeln und Blättern, wild bei Boppard unter der gewöhnlichen gefunden, züchtete ab 1864 durch 13 Jahre *rein*, theils durch Verzweigung sich vermehrend, theils durch Sämlinge. Die Form geht an sonniger Stelle nicht in die roth angelaufene über; auch kann man letztere nicht etwa an schattiger Stelle in die andere überführen; vielmehr ist auch diese (nach 19 jähriger Cultur) vollkommen unveränderlich. Indeſs sind beide durch wild vorkommende Uebergangsformen verbunden. Bodenbeschaffenheit ohne Einfluſs.

Silene quadrifida.

Blüht auch auf kalkreichem Boden weiſs; nur vorübergehend sah ich Rosa auftreten.

Silene rupestris.

Die Blüthen sind weifs, verfärben sich aber manchmal in Rosa. Der Kalkgehalt des Bodens ist ohne Einflufs hierauf.

Specularia Speculum.

Variirt lila und weifs. Letztere konnte trotz aufmerksamer Auslese binnen 12 Jahren und Generationen nicht fixirt werden; vielmehr wurde sie allmählich seltener und ging endlich ganz aus. (Doch schien die Zahl der Weifsen *procentisch* gegen die Blauen zuzunehmen). Auch die Blaue ist nicht ohne Varianten (in Weifs) auf längere Zeit zu züchten, trotz Auslese.

Spinacia oleracea.

Ist sehr häufig monöcisch.

Taraxacum officinale.

Mittelst Zusatzes von Kochsalz, das diese Pflanze in bedeutender Menge verträgt, gelang es innerhalb 4 Jahren durch 2 Generationen (mit mehreren Seitenlinien) nicht, die Blattform zu ändern.

Thlaspi alpestre.

In sechsjähriger Cultur hat sich kein Einflufs von Kalk- oder Zinkzusatz zum Boden auf die Pflanze ergeben.

Triticum vulgare compositum.

Ist nach vieljährigen Züchtungsversuchen, mit Auslese der einfachen, nicht fixirbar. Die kräftigsten Pflanzen sind am häufigsten componirt (doch nicht alle); Kümmerlinge fast in allen Fällen einfach. — Triticum vulgare ist von turgidum nicht specifisch verschieden.

Triticum vulgare villosum.

Cultur von 2 Sorten :

    a) grau angelaufen, Aehre 2zeilig, schwach begrannt,

    b) strohgelb, Aehre 4zeilig, stark begrannt,

züchteten durch 11 Generationen im Wesentlichen unverändert; der Grad der Behaarung ist schwankend. Die normalen

3*

4 Zeilen bei b waren · in 2 Jahren undeutlich, die Aehren eher zweizeilig. Auch bei einer Parallel-Cultur in Montpellier keine Aenderung. Selbstbefruchtung (bei Einschluſs in Florbeutel) lieferte guten Samen.

Verbascum Lychnitis.

Die *gelbe* Form züchtete durch 6 Generationen vollkommen rein (doch nur wenige Exemplare; die meisten Samen scheinen taub).

Viola lutea, tricolor.

Beide sind nicht specifisch verschieden. — Der Zinkgehalt des Bodens ist bezüglich der Farbe und des Habitus des s. g. Zinkveilchens (Viola lutea calaminaria) ganz ohne Einfluſs. Ebenso der gröſsere oder kleinere Kalkgehalt (bez. lutea und tricolor.) Ein- bis zweijährig bis perenn.

Die kleine gelbe Ackerform der tricolor variirt mitunter mit violetten Fleckchen. Aus dieser läſst sich durch Auslese und auf gutem Boden die groſsblüthige hortensis (Pensée unserer Gärten) züchten. Einmal auf diese Höhe des Varietätscharakters gebracht, schlägt dieselbe, sich selbst überlassen, — wenigstens innerhalb 4 Jahren — nicht vollkommen in die Stammform zurück. — An demselben Stengel können (selbst wild) groſse und kleine, gelbe, violette und bunte Blumen vorkommen. — Lutea schwankt auch in Himmelblau (2 obere Petala), violett, braun, sammtig; auch im wilden Zustand in Gröſse und Farbe höchst variabel, sogar auf derselben Stelle, wie auch tricolor, die auch purpurn und weiſs vorkommt, ferner 4 blätterig (unteres Blatt doppelt, die 2 seitlichen fehlend). — Ueppige Pflanzen können kleinblüthig, dürftige groſsblüthig sein. Boden ohne Einfluſs auf Farbe; ebenso Zurückstutzen der Pflanze. Verfärbung an *derselben* Blüthe wurde beobachtet : 1) bei lutea : die 2 oberen Petala wurden allmählich lila aus blaſsgelb ; — 2) bei tricolor : das untere Petalum wurde violett aus gelb. Bei lutea schien im Hochsommer die Neigung, blaue Blüthen zu bringen, gröſser; die Blüthen waren gegen den Herbst hin etwas kleiner. —

Die Areale beider Formen decken sich; doch kommt an vielen Orten sehr ausschliefslich nur die eine oder die andere Form vor, während dieselben an anderen durch einander laufen. Blüthezeit gleich.

Zea Mays.

Beobachtung merkwürdiger Formen von Androgynie; z. B. folgende : Männliche Rispe fast nur mit kleinen Spreublättchen statt wirklicher Blüthen besetzt, nur 1 Ast mit perfecten männlichen Blüthen; die untersten Aeste verzweigt, sehr fein; an zweien derselben am Ende eine 1 Zoll lange Aehre von vollkommenen Früchten, auf fadendünnem Zweig, im Bogen überhängend, also ohne Kolbenspindel.

II.

Das stereoskopische Mikroskop. *)

Von **W. Seibert**, Optiker in Wetzlar. **)

Die Schwierigkeiten in der richtigen Auffassung der
räumlichen Verhältnisse eines Objectes im Mikroskop sind
jedem Forscher bekannt, der sich öfter dieses unentbehrlichen Hülfsmittels der Naturwissenschaften bedient. Um
diese zu vermindern, versuchte man schon bald nach Erfindung
der zusammengesetzten Mikroskope die von dem Objecte ausgehenden Strahlen so zu theilen, dafs in 2 Ocularen 2 den
Stereoskopbildern ähnliche Bilder entstanden, durch deren
richtige Verschmelzung das Auffassen der Entfernung der
einzelnen Objectpunkte in der Richtung der Mikroskopaxe
erleichtert werden sollte.

Schon im Jahre 1678 construirte der Capuciner Cherubin
ein solches Instrument in der Weise, dafs er zwei vollständige
Mikroskope so auf denselben Objectpunkt richtete, dafs dieser
mit zwei Augen zugleich betrachtet wurde, ungefähr wie Fig. 1
Taf. I schematisch veranschaulicht. Auf diesem Wege scheint man
jedoch zu keinem befriedigenden Resultate gekommen zu sein,
erstens wegen der Unvollkommenheit der optischen Instrumente im Allgemeinen, hauptsächlich aber wohl, weil das so
construirte Instrument pseudoskopische Bilder lieferte, d. h.
die Erhöhungen des Objectes als Vertiefungen und umgekehrt

---

*) Hierzu Tafel I.

**) Vortrag, gehalten auf der Generalversammlung der Gesellschaft zu
Wetzlar am 8. Juli 1876. Redner zeigte dabei eine grofse Anzahl von
mikroskopischen Präparaten unter seinem Apparat und photographische Aufnahmen mit dem Mikroskop zum Betrachten im gewöhnlichen Stereoskop.

zeigte; warum, werde ich später erläutern. Erst der Amerikaner Prof. Riddel zeigte im Jahre 1853 den richtigen Weg, den man zur Erreichung dieses Zieles einzuschlagen habe, indem er in der Weise, wie Fig. 2 zeigt, direct über das Objectiv 4 rechtwinkelige Prismen setzte, die die vom Object ausgehenden Strahlenbündel, nachdem sie das Objectiv verlassen, so in zwei gleiche Theile theilten, daſs dieselben in zwei der Entfernung der Augen entsprechend gestellten Ocularen aufgefangen und so das Object mit beiden Augen zugleich betrachtet werden konnte, ganz in der Weise, wie es zum körperlichen Sehen erforderlich ist. Auch diese Einrichtung leidet an dem Fehler der Pseudoskopie, doch war hiermit die Richtung angegeben und wurden nach diesem Prinzip seitdem Mikroskope von Wenheim, Nachet, Harting nnd Anderen mit den mannigfaltigsten Abände-rungen ausgeführt, die mehr oder weniger vollkommen ihren Zweck erfüllten. Alle diese Einrichtungen hier aufzuführen gestattet der Raum nicht.

Obgleich jedoch nun diese Instrumente einen ziemlich hohen Grad von Vollkommenheit erlangt haben, fanden sie doch in Deutschland bis jetzt nur eine geringe Verbreitung und existiren in vielen sonst maſsgebenden Kreisen noch irrige Ansichten über ihre Leistungsfähigkeit. Die nächste Ursache davon mag der verhältniſsmäſsig nicht ganz niedrige Preis sein (die von mir verfertigte binoculare Einrichtung kostet ohne das Mikroskop 105 Mark), sodann hat überhaupt nicht Jeder die Fähigkeit, stereoskopische Bilder aufzufassen. Ebenso wie es farbenblinde Augen giebt, d. h. solche, die gewisse Farben nicht erkennen können, giebt es auch solche, die die beiden Netzhautbilder nicht richtig zu verschmelzen vermögen. Auch haben Viele sich so an das Sehen mit einem Auge gewöhnt, daſs sie das zweite Bild unwillkürlich unterdrücken und auf diese Weise den stereoskopischen Effect nicht erzielen; überhaupt erfordert es einige Uebung, um auf den ersten Blick an dem Bilde die richtigen körperlichen Verhältnisse zu sehen.

Wenn auch die von mancher Seite von dem Instrumente im Anfang gehegten Erwartungen nicht in vollem Maſse verwirklicht wurden, besonders da Untersuchungen damit bis jetzt nur bei Vergröfserungen bis ca. 400 gemacht werden können, so ist die Wirkung doch in vielen Fällen eine so überraschende, dafs es wohl verdient, in viel weiteren Kreisen bekannt zu werden. Zum leichteren Verständnifs für die weniger mit dem Gegenstande Vertrauten seien einige kurze Bemerkungen über das stereoskopische Sehen überhaupt, sowie über die mikroskopische Wahrnehmung und die Theorie der Binocularmikroskope vorausgeschickt. Das auf der Netzhaut unseres Auges entworfene Bild von dem vor demselben befindlichen Gegenständen liegt immer in einer Fläche, gleichgültig, ob die dasselbe erzeugenden Strahlen von einem wirklichen Körper oder einem Gemälde ausgingen, man kann also (bei unveränderter Haltung des Kopfes) mit einem Auge nicht den Eindruck des Körperlichen erhalten, derselbe entsteht erst durch die Combination der Bilder in beiden Augen. Sind a und b (Fig. 3) Punkte eines Objectes, in c und d befinden sich die Augen, so wird auf dem Netzhautbilde in c der Punkt a links von b, hingegen in d rechts von b liegen. Die dadurch gewonnene Vorstellung von der Lage der beiden Punkte wird ermöglicht durch eine von der ersten Kindheit an in jeder Minute geübte Erfahrung und unterstützt durch Hin- und Herbewegen des Kopfes u. s. w. und wird dadurch unser Urtheil bestimmt und entschieden.

Der Winkel c a d oder c b d Fig. 3, den die Axen der beiden Augen mit einander bilden, heifst der Convergenzwinkel derselben, er ändert sich mit der Entfernung des Punktes, worauf die Augen gerichtet sind, ebenso ändert sich damit die Gröfse des Netzhautbildes. Vermittelst dieser beiden Factoren lehrt uns ebenfalls die Erfahrung die Entfernung der Gegenstände innerhalb gewisser Grenzen 'schätzen. Blindgeborene, die erst später sehend wurden, haben im Anfange noch nicht gelernt, die Netzhautbilder richtig zu combiniren und können deshalb Form und Entfernung der sie umgebenden Gegenstände nicht schätzen, sie greifen nach den entfernten und straucheln über naheliegende, sie schliefsen im

Anfange beim Gehen die Augen, um sich mit Sicherheit bewegen zu können.

Eine so grofse Rolle nun aber auch Erfahrung u. s. w. bei der richtigen Beurtheilung der räumlichen Verhältnisse spielt, so dient sie doch nur dazu, uns die empfangenen Eindrücke verstehen zu lehren. So sehr diese Beurtheilung unterstützt wird durch Veränderung in der Haltung des Kopfes des Convergenzwinkels u. s. w., so ist doch die eigentliche wahre Grundlage des stereoskopischen Sehens die Verschmelzung zweier, der Augendistanz entsprechend perspectivisch verschobener Bilder und reicht hierzu vollkommen aus. Diefs Moment kommt hier vorwiegend in Betracht, da bei allen stereoskopischen optischen Apparaten jede andere Hülfe fast ganz wegfällt. Personen, denen diefs zur Erlangung einer richtigen Vorstellung nicht genügt, werden in keinem dieser Apparate die Bilder körperlich auffassen können. Schuld hieran ist meistens zu grofse Verschiedenheit der beiden Augen.

Hierauf beruht auch die Einrichtung der gewöhnlichen Stereoskope, deren überraschende Wirkung Jedem bekannt ist. Die beiden Bilder sind von Punkten aufgenommen, deren Entfernung der der beiden Augen gleich ist. Wird nun jedes mit dem entsprechenden Auge betrachtet und durch die prismatischen Linsen des Apparates der richtige Convergenzwinkel hervorgebracht, so hat man denselben Eindruck, als betrachte man den Gegenstand selbst. Gewöhnlich wirkt auch unsere Einbildungskraft etwas mit; so ist es schwer sich einen Gegenstand bei dem Gebrauch eines Auges in einer Fläche zu denken, wenn man dessen körperliche Formen kennt, sieht man z. B. ein Stereoskopbild, an dem man die Tiefenverhältnisse nicht schon kennt, mit einem Auge an, so wird es als Bild erscheinen, bei dem Gebrauch beider Augen treten diese Verhältnisse sofort hervor, indem die Punkte theilweise in die Tiefe, theilweise nach vorne zu rücken scheinen, schliefst man hierauf wieder ein Auge, so wird es schwer, es wieder als Bild zu sehen, man wird vermöge der Einbildungskraft den Eindruck des Körperlichen nicht wieder los.

Das Sehen mit dem Mikroskop weicht in mancher Beziehung von dem mit blofsem Auge ab, und erfordert es eine längere Uebung, um in der richtigen Beurtheilung des Gesehenen eine gewisse Sicherheit zu erlangen. Es unterscheidet sich hauptsächlich durch zweierlei : erstens ist die Beleuchtung eine andere, man sieht hier die Gegenstände gewöhnlich bei durchfallendem, mit blofsem Auge dagegen bei auffallendem Licht; das mikroskopische Bild ist gewissermafsen ein Schattenbild, die undurchsichtigen Stellen des Objectes erscheinen dunkel, einerlei, welche Farbe sie haben, die durchsichtigen hell, mit der Modification, dafs Unebenheiten und Dichtigkeitsdifferenzen wesentlich zur Vertheilung von Licht und Schatten durch Brechung und Reflexion beitragen. Zweitens entspricht das gesehene Bild immer nur einer bestimmten Durchschnittsebene des Objectes, worauf grade eingestellt ist; was höher und tiefer liegt sieht man nicht, oder doch nur undeutlich. Freilich kann man durch Heben und Senken des Tubus nach und nach von jeder Ebene des Objectes ein Bild entwerfen und so das Gesammtbild construiren, doch ist diefs nicht in allen Fällen leicht. Ein Hülfsmittel hat man in der optischen Reaction, der Methode, nach der von jedem Flecke mit Berücksichtigung der Brechungsverhältnisse bestimmt wird, ob er als Concav- oder Convexlinse wirkt. Die vorkommenden Fälle sind sehr zahlreich und würde es zu weit führen, sie hier aufzuführen, man findet hierüber Näheres in mehreren mikrographischen Werken, besonders schön erläutert und durch Rechnungen unterstüzt in dem trefflichen Buche von Nägeli u. Schwendener. Ich will mich darauf beschränken, hier ein Beispiel anzuführen, nämlich den Fall, wo eine Kugel eines schwächer brechenden Mediums umgeben ist von einem stärker brechenden, z. B. eine Luftblase im Wasser. Sei Fig. 4 eine solche Blase und das Mikroskop eingestellt auf die Ebene $m\,n$ und $a\,b\,c\,d\,e$ einige der einfallenden Lichtstrahlen, so werden diese beim Ein- und Austritt aus der Blase gebrochen, in dem Sinne, wie die Figur anzeigt. Es ist nun klar, dafs ein bestimmter Punkt der Ebene $m\,n$ um so heller erscheinen mufs, je mehr Strahlen nach der letzten Brechung von ihm her zu kommen scheinen. Seien nun a'' und e'' die äußersten Strahlen, die gerade noch in das Objectiv gelangen. Diese scheinen von den Punkten f und g zu kommen, ebenso gelangen von allen Punkten des Kreises mit dem Durchmesser $f\,g$ Strahlen in das Objectiv und dieser erscheint hell erleuchtet, während der hierauf folgende Ring dunkel erscheint und schwarz sein würde bis zum Rande, wenn nicht die Strahlen hinzukämen, die von der Innenfläche reflectirt werden. Sei $a\,a'$ Fig. 5 ein solcher Strahl, der bei a' nach a'' gebrochen, dort nach a''' reflectirt wird und hier eine zweite Brechung nach a^{IV} erleidet, wo er in das Objectiv gelangt; er scheint nach der letzten Brechung von b zu kommen. In Wirklichkeit ist denn auch der auf den hellen Kreis folgende dunkle Ring von einem hellen Kreise umgeben, dem ein gleichmäßiger Halbschatten bis zum Rande folgt, dieser zeigt sich bei genauer Beobachtung als eine Aufeinanderfolge von feinen dunklen und hellen Ringen und wird hervorgebracht durch Strahlen, die eine zwei- und mehrmalige innere Reflexion erlitten haben. Es ist klar, daß sich der Durchmesser des hellen Kreises in der Mitte, sowie der Ringe mit dem einfallenden Lichtkegel und dem Oeffnungswinkel des Objectives ändert. Daraus geht hervor, daß die Ansicht von Harting u. A., es sei das Sehen mit bloßem Auge dem durch das Mikroskop gleich, wenn man die Objecte gegen das Licht hält, eine irrige ist; denn es gelangen hier nur Strahlen ins Auge, die einen sehr kleinen Winkel miteinander bilden, während die ins Mikroskop gelangenden Strahlen mitunter Winkel bilden bis nahezu 180^0, wodurch das Bild auf Grund der vorhergehenden Betrachtungen ein wesentlich anderes wird. Anders als eine Luftblase verhalten sich natürlich Kugeln aus stärker brechenden Medien, von schwächer brechenden umgeben. Andere Erscheinungen bieten anders geformte Objecte, so daß es mit dieser Hülfe oft leicht ist, sich die Form des Objectes zu construiren; immer jedoch führt auch dieses nicht zum Ziele und wenn es gelingt, kann die so gewonnene Vorstellung doch nicht verglichen werden dem lebendigen Eindruck eines stereoskopischen

Bildes, besondes wenn diefs ein Gewirr von Umrissen enthält, die nach allen Seiten durcheinanderlaufen. .

Sind die Dimensionen der inneren Einrichtung eines Objectes nicht grofs im Verhältnifs zur Wellenlänge des Lichtes, dann wird das Bild wesentlich verändert durch Beugung. Es wurden durch die Herren Professoren A b b e und H e l m h o l t z zuerst Arbeiten über diesen Punkt veröffentlicht und nachgewiesen, dafs, wenn die Entfernung bestimmter Contouren (z. B. der Streifen eines gestreiften Objectes) kleiner ist als eine halbe Wellenlänge des angewandten Lichtes, diese auf keine Weise mehr sichtbar gemacht werden können. Es ist überflüssig, hierauf näher einzugehen, denn es hat diefs auf das Binocularmikroskop keinen Bezug, da dasselbe an so kleinen Objecten überhaupt keine Vortheile mehr bietet.

Die Einrichtung der von mir verfertigten stereoskopischen Instrumente ist im Wesentlichen die von W e n h a m angegebene, die auch von den meisten englischen Optikern angenommen ist. Fig. 6 stellt die Einrichtung schematisch dar, Fig. 7 das Prisma in doppelter natürlicher Gröfse. Dieses bedeckt das Objectiv grade zur Hälfte. Die durch den linken Theil des letzteren gehenden Strahlen gelangen direct in das Ocular zur Rechten. Die durch die rechte Hälfte gehenden erleiden in dem direct darüber stehenden Prisma eine zweimalige totale Reflexion, wie ohne weiteres aus den Figuren ersichtlich ist; sie durchkreuzen nach ihrem Austritt aus dem Prisma die gradeaus gehenden Strahlen und gelangen in das Ocular zur Linken. Da nun jeder Theil des Objectives ein vollständiges Bild des ganzen Objectes entwirft, so entsteht in jedem Ocular ein Bild von *e f*. Von der Fläche *e* gelangen keine Strahlen nach der rechten, von *f* keine nach der linken Hälfte des Objectives, die beiden Bilder sind also genau ebenso von einander verschieden wie die Netzhautbilder in unseren beiden Augen bei entsprechender Form und Lage des Gegenstandes und müssen, richtig verschmolzen, auch genau ebenso den Eindruck des Körperlichen hervorbringen, wie beim Sehen mit blofsem Auge. Da in Fig. 3 der Punkt

a von *c* ausgesehen links, von *d* aus hingegen rechts von *b*
erscheint, und diefs nach den Gesetzen des stereoskopischen
Sehens eine richtige Vorstellung von der gegenseitigen Lage
der beiden Punkte giebt, so würde, wenn man auf irgend eine
Weise · die nach den Augen in *c* und *d* zielenden Strahlen
wechselte, während alles andere unverändert bliebe, der Punkt
a hinter *b* zu liegen scheinen und an dem Object, dem beide
angehören, würden die Erhöhungen als Vertiefungen und umgekehrt erscheinen. Da nun im Mikroskope das Bild umgekehrt erscheint, müssen auch die Strahlen von der rechten
Seite des Objectes ins linke Auge und umgekehrt gelangen,
resp. sie müssen sich vorher kreuzen, wenn das Bild ortho-
skopisch sein soll. Bei den zuerst beschriebenen Einrichtungen findet diese Kreuzung nicht statt, sie liefern deshalb
pseudoskopische Bilder.

Um einen richtigen stereoskopischen Effect zu erzielen,
ist eine vollkommene Verschmelzung der Bilder unerläfslich,
diefs ist jedoch nur dann möglich, wenn die Entfernung der
Oculare genau der der Augenaxen entspricht. Aus Erfahrung
weifs ich, dafs dieser Punkt häufig nicht beobachtet wird und
dadurch die Leistungen des Instrumentes sehr oft falsch be-
urtheilt werden.

Sorgfältiges Reguliren der Beleuchtung ist bekanntlich
bei allen mikroskopischen Beobachtungen unumgänglich nöthig,
wenn das Bild alle Details des Objectes zeigen soll, so natürlich auch bei dem. stereoskopischen Mikroskope. Hier gewährt mitunter, besonders bei sehr blassen, durchsichtigen
Objecten, eine besondere Art der Beleuchtung, wie sie das
W e n h a m' sche Paraboloid liefert, grofse Vortheile. Diefs ist
verhältnifsmäfsig sehr theuer und erreiche ich dasselbe viel
einfacher durch einen einfachen Condensator, an dem der
mittlere Theil abgeblendet ist. Die Intensität des so erhaltenen
Lichtes ist für schwächere Vergröfserungen vollkommen genügend. Die Objecte erscheinen hierbei hell erleuchtet auf
schwarzem Grunde und zwar in ihren natürlichen Farben,
ganz wie beim Sehen mit blofsem Auge. Die Einrichtung
ist im Wesentlichen folgende : In Fig. 8 ist *a b* die halb-

kugelförmige Condensatorlinse, über deren Mitte sich ein rundes, geschwärztes Blättchen befindet. Die von dem Spiegel auf dieselbe fallenden Strahlen kreuzen sich alle in dem Brennpunkte c und erleuchten das hier befindliche Object. Das Gesichtsfeld des Mikroskopes wird bei gewöhnlicher Beleuchtung erhellt durch die an dem Object vorbei direct in das Objectiv gelangenden Strahlen. Sei nun d die untere Linse des Objectives, so ist aus der Figur ohne Weiteres klar, daſs diese von keinem Strahl direct getroffen wird, alle die, die etwa hin gelangen, werden durch das schwarze Blättchen abgehalten und bleiben nur die übrig, die von dem Objecte als diffuses Licht zerstreut oder von demselben nach der Richtung der Axe gebrochen oder gebeugt werden. Eine gröſsere Intensität des Lichtes wird bei fast gleicher Wirkung erzielt durch den von A b b e in S c h u l t z e's Archiv IX. Band 3. Heft beschriebenen Beleuchtungsapparat.

Der Durchmesser des den centralen Theil des Lichtkegels abblendenden Blättchens muſs natürlich wachsen mit dem Oeffnungswinkel des Objectives und darf dieser nicht wohl über 50 Grad sein, da sonst die wirksame Randzone des Condensators zu sehr geschmälert wird. Bei groſsem Oeffnungswinkel ist ein schwarzes Gesichtsfeld überhaupt nicht mehr zu erreichen.

Schlieſslich mag noch einer Kunst erwähnt werden, die vielleicht auch eine Zukunft hat, nämlich die beiden Bilder des stereoskopischen Mikroskopes photographisch zu fixiren und so für den Gebrauch mit einem gewöhnlichen Stereoskop herzurichten. Arbeiten hierüber sind mir besonders von Herrn Prof. G. F r i t s c h in Berlin bekannt. Er benutzte dazu ein gewöhnliches einfaches Mikroskop und erreichte den Zweck auf zwei Wegen; erstens indem er das Object um eine horizontale Axe in der Ebene des Objectes, um die Gröſse des entsprechenden Convergenzwinkels drehte, und so in den 2 entsprechenden Stellungen Aufnahmen davon machte. Zum Drehen benutzte er einen besonderen Apparat, die sogenannte stereoskopische Wippe. Ferner bedeckte er abwechselnd die

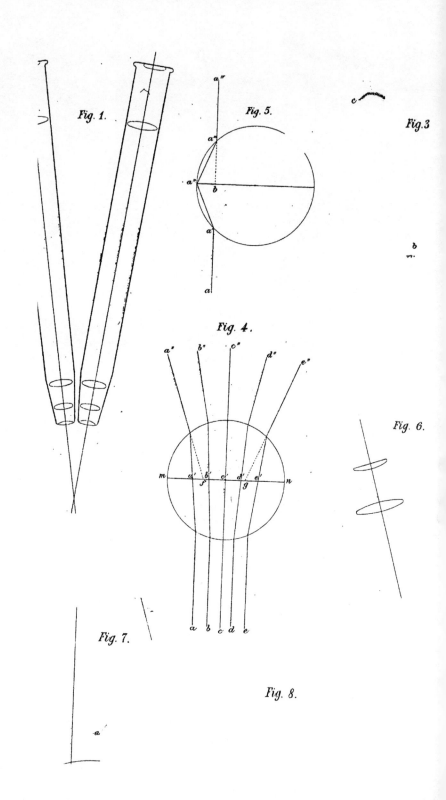

Fig. 1.

Fig. 5.

Fig. 3

Fig. 4.

Fig. 6.

Fig. 7.

Fig. 8.

eine und dann die entgegengesetzte Hälfte des Objectives und verfertigte in beiden Stellungen Aufnahmen. Es ist leicht klar, daſs auf beiden Wegen dasselbe Resultat erzielt wurde, nämlich zwei perspectivisch verschobene Bilder von demselben Objecte, durch deren Verschmelzung im Stereoskop die körperlichen Verhältnisse desselben hervortreten. Die Wirkung ist eine ziemlich vollkommene.

III.

Beitrag zur Kenntnifs der Samen der Ackerunkräuter.*)

Von **Fr. Lühn.**

Bei den botanischen Excursionen, die ich im Laufe meiner Studien mit Herrn Professor Dr. Hoffmann öfter in die Umgebung von Gießen machte, kam mir der Gedanke, ob es für den Samenhandel nicht von Werth sein könne, eine Arbeit über die Samen der wichtigsten Unkräuter zu liefern.

Ich habe zu diesem Zwecke die Samen der gewöhnlichsten Ackerunkräuter gesammelt und dieselben in anliegender Abhandlung nach der Natur gezeichnet und näher beschrieben. Für die Zusammenstellung der einzelnen Samen schien mir eine alphabetische Ordnung als die geeignetste, weil ich dadurch zugleich die Uebersichtlichkeit des Ganzen zu erleichtern hoffte. Weit entfernt von der Ansicht, Vollkommenes geliefert zu haben, glaube ich aber dennoch in etwas meinem Zweck, Täuschungen im Samenhandel vorzubeugen, gerecht geworden zu sein. Es sind zwar theils zerstreute Abbildungen, theils umfangreichere Arbeiten über dieses Thema bereits veröffentlicht worden; allein diese machen eine für den Kreis der Oberhessischen Gesellschaft zugänglichere specielle Publication wohl nicht überflüssig.

---

*) Vergl. die beigegebenen lithog. Tafeln II. u. f.

1. Adonis aestivalis L.

a'. Schliefsfrucht in natürlicher Gröfse. a. Dieselbe vergröfsert. b. Längsschnitt.

Schliefsfrucht rundlich, dicklich, sitzend, einsamig, trocken, hellbraun bis strohgelb, 4 bis 5 mm grofs, mit aufsteigendem gleichfarbigem Schnabel und auf dem oberen Rande mit zwei Zähnen besetzt, von denen der hinterste spitz ist. Der Samen umgekehrt, in der Spitze der Schliefsfrucht befestigt; Keimling in dem an der Spitze des Früchtchens befindlichem Grunde des Eiweifses liegend, sehr klein.

2. Aethusa Cynapium L.

a'. Eine Theilfrucht in natürlicher Gröfse. a. Dieselbe von innen. b. Von aufsen, vergröfsert. c. Eine Spaltfrucht quer durchschnitten. d. Längsschnitt einer Theilfrucht, e. Der Keimling.

Spaltfrucht kugelig, eirund, auf dem Querschnitt stielrund, 3 bis 4 mm grofs, strohgelb, auf der Berührungsfläche zwei röthliche Streifen; Theilfrüchte dicht fünfriefig, die Riefen erhaben, dick, mit einem spitzigen Kiel belegt, die seitenständigen randend, etwas breiter und mit einem etwas geflügelten Kiele versehen; Rillen sehr schmal, einstriemig, mit im Bogen verlaufenden Striemen; Mittelsäulchen frei, zweitheilig. Samen umgekehrt, eiweifshaltig, das Eiweifs halbkugelig, am Rücken gewölbt, an der Berührungsfläche platt; Keimling in dem oberen Ende des Eiweifses, gerade, klein, das Würzelchen nach oben gerichtet.

3. Agrostemma (Lychnis) Githago L.

a'. Samen in natürlicher Gröfse. a. Samen mehrfach vergröfsert. b. Längsschnitt. c. Querschnitt.

Samen 2 bis 3 mm grofs, schwarz, dicklich, zusammengedrückt, fast dreieckig-eirund, bekörnelt, eiweifshaltig; Keimling ringförmig um das mehlige Eiweifs herumgebogen; Samenlappen auf einander liegend.

4. (Agrostis L.) Apera spica venti Beauv.

a. Die Schliefsfrucht in natürlicher Gröfse. b. Dieselbe mehrfach vergröfsert. c. Querschnitt.

Schliefsfrucht länglich, etwa 1·5 mm lang, strohgelb, kahl, an der Bauchseite mit einer Furche durchzogen, in der Blüthenhülle 'eingeschlossen, frei.

5. Alchemilla arvensis Scop.

a'. Eine Schliefsfrucht in natürlicher Gröfse. a. Schliefsfrucht stark vergröfsert. b. Längsschnitt.

Schliefsfrucht grünlich - gelb, 1 bis 1·5 mm grofs, einsamig, die äufsere Schicht der Fruchtschale dünn, aber festhäutig, die innere Schicht fast krustig. Samen nahe am Grund, angeheftet, aufsteigend, fast geradeläufig, eiweifslos; das Würzelchen des Keimlings nach oben gerichtet.

6. Alsine media L. (Stellaria media Vill.)
a. Der Samen in natürlicher Gröfse. b. Derselbe mehrfach vergröfsert. c. Längsschnitt. d. Querschnitt.

Der etwa 1 mm grofse Samen ist nierenförmig, rothgelb, rundlich, bekörnelt, eiweifshaltig, am Nabel ohne Anhängsel; Keimling ringförmig um das mehlige Eiweifs herumgebogen; Samenlappen auf einander liegend, linealfädlich.

7. Amaranthus Blitum L.

a. Die schliefsfruchtartige Kapsel nebst der Blüthenhülle, vergröfsert. b'. Der Samen in natürlicher Gröfse. b. Derselbe vergröfsert. c. Längsschnitt.

Kapsel nicht aufspringend, einsamig, Samen auf kurzem Nabelstrange, aufrecht, vertical, rundlich-eirund, zusammengedrückt, 1 bis 1·5 mm grofs, eiweifshaltig; Samennabel klein, Samenschale krustig, schwarzbraun, glänzend; Keimling ringförmig, das mehlige Eiweifs umgebend, Samenlappen aufeinander liegend, das Würzelchen nach unten gerichtet, an den Samennabel stofsend.

8. Anagallis arvensis L.

a'. Ein Samen in natürlicher Größe. a. Derselbe stark vergrößert. b. Längsschnitt.

Kaffeebraun, 1 mm grofs, eiweifshaltig, an einem freien kugeligen Samenträger befestigt, bekörnelt, am Rücken abgeplattet, weniger gewölbt, an der Bauchseite stärker gewölbt und daselbst mit dem Samennabel versehen. Keimling in der Axe des fleischigen Eiweifses, gerade, dem Samennabel parallel, das Würzelchen von letzterem entfernt.

9. Anagallis coerulea Schreb.

a'. Ein Samen in natürlicher Größe. b. Derselbe stark vergrößert.

Der Samen etwas dunkler und stärker bekörnelt, sonst wie Anagallis arvensis.

10. Anchusa officinalis L.

a'. Eine Schliefsfrucht in natürlicher Größe. a. Eine Schliefsfrucht stark vergröfsert. b. Senkrechter Durchschnitt. c. Keimling.

Schliefsfrucht sehr schief eirund, 4 mm grofs, graugrün, von erhabenen Linien fast gegittert, am Grunde zuweilen etwas ausgehöhlt und daselbst in einen aufgetriebenen, faltig gerieften Ring endend, einfächerig, einsamig; Samen aufsteigend, eiweifslos; Keimling gerade, das Würzelchen nach oben gerichtet.

11. Anthemis Cotula L.

a'. Schliefsfrucht in natürlicher Größe. a. Schliefsfrucht vergröfsert.

Strohgelb, 1·5 mm lang, stielrundlich, bekörnelt, gerieft, in einen gekerbelten, die etwas erhabene Scheibe umgebenden Rand endend, einsamig; Fruchtkrone fehlend; Samen eiweifshaltig; Samenschale sehr dick; Keimling gerade, das Würzelchen nach unten gerichtet.

12. Anthemis tinctoria L.

a'. Schliefsfrucht in natürlicher Gröfse. a. Dieselbe vergröfsert. b. Längsschnitt.

Braun, 2 mm lang, zusammengedrückt, vierseitig, schmal
geflügelt, beiderseits 5 riefig, einfächerig, einsamig; Fruchtkrone klein; sonst wie A. Cotula.

13. Antirrhinum Orontium L.

a'. Samen in natürlicher Gröfse. a. Derselbe stark vergröfsert. b. Längsschnitt. c. Querschnitt.

Samen kaum 1 mm grofs, eiweifshaltig, rundlich-oval
und convex-concav, glatt, schwarzbraun, Keimling in der
Axe des Eiweifses, gerade, das Würzelchen dem Samennabel
zugewendet.

14. Arabis Thaliana L. oder Sisymbrium Thalianum Gaud.

a. Ein Theil der Schote mit Samen, vergröfsert. a'. Ein
Samen in natürlicher Gröfse. b. Ein Samen vergröfsert.
c. Dessen Querschnitt.

Samen sehr klein ($^1/_6$ mm), gelb, oval, fast eirund, länglich, ungerandet, glatt, eiweifslos; Nabelstränge fadenförmig;
Keimling rückenwurzelig; Samenlappen aufeinander liegend,
flach; das Würzelchen auf dem Rücken des einen Samenlappens liegend.

15. Arenaria serpyllifolia L.

a'. Samen in natürlicher Gröfse. a. Derselbe stark vergröfsert. b. Längsschnitt. c. Querschnitt.

Samen $^1/_4$ mm grofs, schwarz, kugelig bis nierenförmig
zusammengedrückt, bekörnelt-schärflich, matt; Keimling ringförmig um das mehlige Eiweifs herumgebogen; Samenlappen
aufeinanderliegend.

16. Asperula arvensis L.

a'. Eine Schliefsfrucht in natürlicher Gröfse. a. Eine Theilfrucht stark vergröfsert. b. Längsschnitt.

Theilfrüchte schliefsfruchtartig, 2·5 mm grofs, braun, am
Rücken gewölbt, nicht aufspringend, einsamig, Samen von

der Fruchtschale nicht gesondert, aufrecht, eiweifshaltig; der Keimling in der Axe des hornigen Eiweifses, etwas gekrümmt, Samenlappen blattartig, das Würzelchen walzig, nach unten gerichtet.

17. Avena fatua L.

a. Schliefsfrucht mit Blüthenspelzen, vergröfsert. b.' Schliefs-frucht in natürlicher Gröfse. b. Dieselbe vergröfsert. c. Querschnitt.

Schliefsfrüchte braungelb mit weifslichen Haaren besetzt, 7 bis 8 mm lang, länglich, stielrundlich, auf der Bauchseite mit einer Furche versehen, in der krautig-häutigen Hülle locker eingeschlossen.

18. Bromus arvensis L.

a. Die Schliefsfrucht in natürlicher Gröfse. b. Dieselbe stark vergröfsert. c. Querschnitt.

Die braungelbe, 4 bis 5 mm lange Schliefsfrucht ist läng-lich bis linealisch, an der Spitze behaart, am Rücken mehr oder minder gewölbt, an der Bauchseite mit einer Furche durchzogen, in der Blüthenhülle eingeschlossen und an die Blüthenblätter angewachsen.

19. Bromus secalinus L.

a. Natürliche Gröfse der Schliefsfrucht. b. Dieselbe stark vergröfsert. c. Deren Querschnitt.

Die Frucht ist etwas länger, etwa 6 mm lang, sonst wie Bromus arvensis.

20. Bupleurum rotundifolium L.

a'. Eine Spaltfrucht in natürlicher Gröfse. a. Eine Spalt-frucht von der Seite gesehen, vergröfsert. b. Längs-schnitt. c. Querschnitt.

Spaltfrucht graubraun, 3 mm lang, eirund, an den Seiten zusammengedrückt; Theilfrüchte dicht, fünfriefig, Rillen der Frucht mit einer feinen Furche durchzogen. Das Mittel-säulchen frei zweitheilig, Samen umgekehrt, eiweifshaltig; das

Eiweifs am Rücken gewölbt, an der Berührungsfläche ziemlich platt; Keimling in dem oberen Ende des Eiweifses, gerade, klein, das Würzelchen nach oben gerichtet.

21. Calendula arvensis L.

a′. Eine nachenförmige Randfrucht in natürlicher Gröfse. a. Dieselbe stark vergröfsert. b. Längsschnitt derselben. c. Querschnitt. d′. Eine Scheibenfrucht in natürlicher Gröfse. d. Dieselbe stark vergröfsert. e. Querschnitt derselben.

Schliefsfrucht mehr oder weniger gekrümmt, auf dem Rücken stachelig, von zweierlei Gestalt, die äufseren breiter, nachenförmig, an beiden Rändern breit geflügelt, dunkelbraun, 7 bis 8 mm lang und 6 bis 7 mm breit; die inneren graubraun, 10 bis 12 mm lang, linealisch, in einen Schnabel verdünnt, einfächerig, einsamig; Samen eiweifslos, mehr oder minder gekrümmt; Samenlappen in den breiten nachenförmigen Früchten dem Rücken derselben parallel, in den linealischen Früchten den Seiten derselben parallel liegend, das Würzelchen nach unten gerichtet.

22. Camelina sativa Crantz.

a′. Samen in natürlicher Gröfse. a. Derselbe vergröfsert. b. Querschnitt.

Samen rothgelb, 1·5 mm lang, oval, zusammengedrückt, eiweifslos (in Wasser eingeweicht sich mit einer Gallertschicht überziehend); Keimling rückenwurzelig, Samenlappen aufeinanderliegend.

23. Campanula rapunculoides L.

a′. Ein Samen in natürlicher Gröfse. a. Derselbe vergröfsert. b. Längsschnitt.

Samen 1·25 mm lang, braun, oval, flach zusammengedrückt; Keimling in der Axe des fleischigen Eiweifses, gerade, Samenlappen kurz, das Würzelchen dem Samennabel genähert.

24. Capsella Bursa pastoris Moench.

a. Ein Samen in natürlicher Größe. b. Derselbe sehr vergrößert. c. Querschnitt.

Der rothgelbe, kaum 1 mm große Samen ist rundlich-oval, zusammengedrückt, eiweißlos; Keimling rückenwurzelig; Samenlappen aufeinanderliegend, flach.

25. Centaurea Cyanus L.

a'. Eine Frucht mit Fruchtkrone in natürlicher Größe. a. Dieselbe stark vergrößert. b. Längsschnitt. c. Querschnitt.

Schließfrucht 4 mm lang, hellgrau mit einer braunen, spreuborstigen Fruchtkrone gekrönt, verkehrt-oval, zusammengedrückt, behaart, mit seitenständigem Fruchtnabel, mit einer kelchförmigen überweibigen Drüsenscheibe bekrönt, einfächerig, einsamig, gerade; das Würzelchen nach unten gerichtet.

26. Chenopodium urbicum L.

a'. Samen in natürlicher Größe. a. Samen vergrößert. b. Längsschnitt.

Samen schwarz, glänzend, unter starker Vergrößerung äußerst fein punktirt, kaum 1 mm groß, rundlich, von oben und unten zusammengedrückt, eiweißhaltig, mit randständigem Samennabel; Samenschale krustenartig; Keimling ringförmig das reichliche mehlige Eiweiß umgebend, Samenlappen aufeinanderliegend, das Würzelchen dem Samennabel genähert.

27. Chondrilla juncea L.

a'. Eine Schließfrucht in natürlicher Größe. a. Eine vergrößerte Schließfrucht. b. Längsschnitt. c. Querschnitt.

Schließfrucht 4 mm lang, graubraun, gekrönt, stielrundlich, mit 5 Hauptriefen, von denen jede wieder mit 2 schwächeren Furchen durchzogen ist, geschnäbelt, mit einem fädlichen Schnabel, oben schuppenstachelig, an der Spitze mit einem den Grund des Schnabels umgebenden Krönchen versehen, welches aus 5 zugespitzten, länglichen Schüppchen besteht, einfächerig, einsamig, mit grundständigem Fruchtnabel; Fruchtkrone haarig, schneeweifs, mit scharfen Haaren, Samen eiweifslos; Keimling gerade, das Würzelchen nach unten gerichtet.

28. Chrysanthemum segetum L.

a'. Eine Randfrucht in natürlicher Gröfse. a. Eine Randfrucht vergröfsert. b. Längsschnitt. c. Querschnitt. d'. Eine scheibenständige Frucht in natürlicher Gröfse. d. Dieselbe vergröfsert. e. Deren Querschnitt.

Schliefsfrüchte ringsum gerieft, einfächerig, einsamig, hellbraun, 4 bis 5 mm lang, ungleich, die randständigen stielrund, beiderseits in einen dicken Flügel ausgebreitet, die scheibenständigen stielrund, flügellos, Fruchtkrone fehlend. Samen eiweifslos, Keimling gerade, das Würzelchen nach unten gerichtet.

29. Cichorium Intybus L.

a'. Eine Frucht in natürlicher Gröfse. a. Eine Frucht vergröfsert. b. Längsschnitt.

Schliefsfrüchte gleich, verkehrt eirund, oval, zusammengedrückt, gestreift, etwas fünfkantig, kahl, einfächerig, einsamig, hellbraun, 3 mm lang; Fruchtkrone kurz, einreihig, ein aus stumpfen, unten mehr oder minder. verwachsenen Spreuborsten bestehendes Krönchen bildend. Samen eiweifslos; Keimling gerade, das Würzelchen nach unten gerichtet.

30. Colchicum autumnale L.

a'. Ein Samen in natürlicher Gröfse. a. Ein Samen vergröfsert. b. Längsschnitt.

Samen braun, 2 mm grofs, fast kugelig, eiweifshaltig, an der einen Seite mit fleischiger Nabelwulst versehen; Samenschale etwas runzelig; Keimling klein, in dem dem Samennabel entgegengesetzten Ende des fleischigen Eiweifses eingeschlossen, das Würzelchen nach aufsen gerichtet.

31. Conium maculatum L.

a'. Eine Spaltfrucht in natürlicher Gröfse. a. Eine Spaltfrucht von der Seite gesehen, vergröfsert. b. Querschnitt einer Theilfrucht. c. Längsschnitt derselben. d. Eine Theilfrucht von der Berührungsfläche gesehen.

Spaltfrucht eirund, an den Seiten zusammengedrückt, grünlichgrau, 3 mm lang; Theilfrüchte dicht, 5 riefig, die Riefen gleich, vorragend, wellig gekerbt, die seitenständigen randend; Rillen striemenlos, fein-vielstreifig, Berührungsfläche platt, striemenlos, vielstreifig, Mittelsäulchen frei, zweitheilig. Samen der Fruchtschále anhängend, frei, eiweifshaltig; das Eiweifs am Rücken sehr convex, an der Berührungsfläche mit einer tiefen und schmalen Furche durchzogen, auf dem Querschnitt herzförmig-rundlich; Keimling in dem oberen Ende des Eiweifses, klein, gerade, das Würzelchen nach oben gerichtet.

32. Coronilla varia L.

a'. Samen in natürlicher Gröfse. a. Samen vergröfsert. b. Längsschnitt. c. Querschnitt.

Samen braun, lineálisch, 3 mm lang und 1 mm breit, zusammengedrückt, Nabel in der Mitte der Länge des Samens, bauchständig; Keimling seitenwürzelig; das Würzelchen herabgeschlagen, auf den Berührungsspalt der Samenlappen gelegt.

33. Cuscuta europaea L.

a. Samen in natürlicher Gröfse. b. Derselbe stark vergröfsert. c. Längsschnitt. d. Querschnitt. e. Keimling vergröfsert.

Samen kaum 1 mm grofs, gelbgrau, aufrecht, grubig getüpfelt, eiweifshaltig; Keimling fadenförmig, samenlappenlos, um das fleischige Eiweifs spiralig herumgerollt, das Wurzelende verdickt, nach unten gerichtet.

34. Draba verna L.

a'. Ein Samen in natürlicher Gröfse. a. Derselbe vergröfsert. b. Querschnitt.

Samen hellbraun, sehr klein ($\frac{1}{5}$ mm), rundlich zusammengedrückt, glatt, eiweifslos; Nabelstränge fädlich, Keimling seitenwurzelig; Samenlappen neben einander liegend, flach.

35. *Erigeron canadensis L.*

a. Die Schliefsfrucht in natürlicher Gröfse. b. Dieselbe stark vergröfsert. c. Längsschnitt. d. Querschnitt.

Schliefsfrucht 1 mm lang, blafsgelb, gekrönt, schnabellos, länglich, zusammengedrückt, behaart, einfächerig, einsamig; Fruchtkrone mit scharfen Haaren. Samen ohne Eiweifs, Keimling gerade, das Würzelchen nach unten gerichtet.

36. *Erodium cicutarium Herit.*

a'. Ein Samen in natürlicher Gröfse. a. Derselbe vergröfsert. b. Querschnitt.

Samen 3 mm lang, braun, glatt, eiweifslos, mit einem etwas über dem Grunde befindlichen seitenständigen Nabel; Samenschale krustig; Keimling gekrümmt; Samenlappen zusammengefaltet-halbreitend, das Würzelchen kegelförmig, nach unten gerichtet, den Nabel erreichend.

37. *Erucastrum Pollichii Schimp. u. Spen.*

a'. Ein Samen in natürlicher Gröfse. a. Derselbe vergröfsert. b. Querschnitt.

Samen hellbraun, 1 mm grofs, oval, etwas zusammengedrückt, glatt, sehr fein gegittert, eiweifslos; Keimling seitenwurzelig, Samenlappen in einen Halbzirkel gebogen.

38. *Eryngium campestre L.*

a. Eine Spaltfrucht vergröfsert. b. Längsschnitt. c'. Ein Samen herausgenommen in natürlicher Gröfse. c. Derselbe vergröfsert.

Spaltfrucht grauweifs, mit weifsen Haaren besetzt, 3 bis 4 mm lang, von eben so langem Kelchsaum bekrönt, verkehrt-eirund, stielrundlich; Theilfrüchte dicht, riefen- und striemenlos, halbstielrund; Samen umgekehrt, der Fruchtschale anhängend, eiweifshaltig; Eiweifs auf dem Rücken gewölbt, an der Berührungsfläche platt; Keimling in dem oberen Ende des Eiweifses, das Würzelchen nach oben gerichtet.

39. Falcaria Rivini Host.

a'. Eine Spaltfrucht in natürlicher Gröfse. a. Eine Spaltfrucht vergröfsert. b. Längsschnitt einer Theilfrucht. c. Querschnitt.

Spaltfrucht länglich, an den Seiten zusammengedrückt, hellbraun, 5 mm lang und 1·5 mm breit; Theilfrüchte dicht, fünfriefig, die Riefen fädlich, gleich, die seitenständigen randend; Rillen einstriemig, mit fädlichen Striemen, die Striemen in der Fruchtschale liegend, die Berührungsfläche zweistriemig; Mittelsäulchen frei, zweispaltig; Samen umgekehrt, eiweifshaltig, das Eiweifs am Rücken stielrund-convex, an der Berührungsfläche ziemlich platt; Keimling in dem oberen Ende des Eiweifses, klein, gerade, das Würzelchen nach oben gerichtet.

40. Fumaria officinalis L.

a'. Die Frucht in natürlicher Gröfse. a. Die Frucht vergröfsert. b. Längsschnitt durch Frucht und Samen. c. Samen vergröfsert.

Nufshülse (Schliefsfrucht) aufgetrieben, braun, 1·5 bis 2 mm dick, kugelig, nervenlos, hart, stumpf, körnig, runzelig, einfächerig, einsamig, nicht aufspringend. Der Samen nierenförmig; der Keimling klein, im Grunde des Eiweifses.

41. Geranium pusillum L.

a'. Der Samen in natürlicher Gröfse. a. Derselbe vergröfsert. b. Längsschnitt. c. Querschnitt.

Gröfse 1·5 mm, Farbe rothbraun, walzig, glatt, ohne Eiweifs; Samenschale krustig; Keimling gekrümmt; Samenlappen grofs, schlängelig zusammengerollt; das Würzelchen kegelförmig nach unten gerichtet.

42. Heliotropium europaeum L.

a'. Schliefsfrucht in natürlicher Gröfse. a. Schliefsfrucht vergröfsert. b. Längsschnitt. c. Querschnitt.

Schliefsfrucht 2 mm lang und 1·25 mm breit. Graugrün, saftlos, dreikantig, am Innenwinkel gekielt, einfächerig, einsamig, Samen umgekehrt, eiweifshaltig, Keimling in der Axe des Eiweifses, gerade, Samenlappen fleischig, das Würzelchen stielrund, dick, nach oben gerichtet.

43. Holosteum umbellatum L.

a'. Samen in natürlicher Gröfse. a. Derselbe stark vergröfsert. b. Längsschnitt. c. Querschnitt.

Gröfse 1 mm, hellbraun, oval, zusammengedrückt, bekörnelt-schärflich, in der Mitte der einen Seite mit einem erhabenen stumpfen, jedoch nicht ganz bis zum entgegengesetzten Ende durchlaufenden Kiele belegt, welcher durch das darunter liegende Würzelchen gebildet wird, und auf der entgegengesetzten Seite mit einer Längsfurche durchzogen, am Nabel ohne Anhängsel, eiweifshaltig; Keimling rückenwurzelig, in dem mehligen Eiweifse; Samenlappen auf einander liegend, flach, linealisch; Würzelchen verlängert, auf den Rücken des einen Samenlappens gelegt.

44. Hieracium Pilosella L.

a. Eine Frucht in natürlicher Gröfse. b. Dieselbe sehr vergröfsert. c. Längsschnitt. d. Querschnitt.

Schliefsfrucht gekrönt, ohne Krone 2 bis 2·5 mm lang, braun, fast prismatisch, bis zur Spitze gleich dick, einfächerig, einsamig, an der Spitze mit einem kurzen, dünnen, gekerbelten, den Grund der Fruchtkrone umgebenden Rande versehen; Fruchtkrone haarig, bleibend, schmutzig-weifs bis gelblich, die Haare derselben scharf, etwas starr, brüchig, sehr fein, einreihig, gleich lang; Samen ohne Eiweifs; Keimling gerade, das Würzelchen nach unten gerichtet.

45. Inula germanica L.

a'. Schliefsfrucht in natürlicher Gröfse. a. Dieselbe vergröfsert. b. Längsschnitt.

Gröfse 1·5 mm, graubraun, gekrönt, gerieft, kahl, einfächerig, einsamig; Samen eiweifslos; Keimling gerade, das Würzelchen nach unten gerichtet.

46. Lamium amplexicaule L.

a'. Schliefsfrucht in natürlicher Gröfse. a. Schliefsfrucht vergröfsert. b. Längsschnitt. c. Querschnitt.

Schliefsfrucht verkehrt eirund-länglich, dreikantig, an der Spitze mit einer dreieckigen Fläche schief abgestutzt, kahl, braun mit weifsen Punkten, einfächerig, einsamig, mit grundständigem Fruchtschnabel. Samen aufrecht, etwas eiweifshaltig, Keimling gerade, in der Axe des Eiweifses, das Würzelchen nach unten gerichtet.

47. Lathyrus tuberosus L.

a'. Samen in natürlicher Gröfse. a. Derselbe vergröfsert. b. Längsschnitt.

Samen 4 bis 5 mm grofs, kugelig, braun, glatt, Samennabel oval; Keimling seitenwurzelig, das Würzelchen gekrümmt, auf den Berührungsspalt der Samenlappen gelegt.

48. Lepigonum rubrum Wahlb.

a'. Ein Samen in natürlicher Gröfse. a. Derselbe vergröfsert. b. Querschnitt.

Samen verkehrt eirund-keilförmig, fast dreikantig, flügellos, feinrunzelig-scharf, braun, $\frac{1}{5}$ mm grofs; Keimling hakenförmig, im Halbkreise um das mehlige Eiweifs herumgebogen; Samenlappen aufeinander liegend.

49. Lithospermum arvense L.

a'. Eine Schliefsfrucht in natürlicher Gröfse. a. Dieselbe vergröfsert. b. Längsschnitt. c. Querschnitt.

Schliefsfrucht braun, 2·5 bis 3 mm grofs, eirund, beinhart, bekörnelt, am Grunde platt, einfächerig, einsamig, Samen eiweifslos; Keimling gerade, das Würzelchen nach oben gerichtet.

50. Lolium temulentum L.

a'. Eine von der Blüthenhülle befreite Schliefsfrucht in natürlicher Gröfse. a. Dieselbe stark vergröfsert. b. Querschnitt.

Schliefsfrucht gelb, fünf mm lang, oval oder länglich, am

Rücken gewölbt, an der Bauchseite mit einer Furche durchzogen, in der Blüthenhülle fest eingeschlossen und an die
Blüthenblätter angewachsen.

51. Luzula campestris De C.

a'. Ein Samen in natürlicher Größe. a. Derselbe vergröfsert. b. Längsschnitt.

Samen grundständig, aufrecht, 1 bis 1·5 mm grofs, graugrün, grubig-gerillt, eiweifshaltig, am Grunde mit dicker,
verkehrt kegelförmiger Nabelwarze; Keimling im Grunde
des fleischigen Eiweifses eingeschlossen, sehr klein, gerade,
das Würzelchen dem Samennabel genähert, etwas dicker,
nach unten gerichtet.

52. Lycopsis arvensis L.

a'. Eine Spaltfrucht in natürlicher Größe. a. Dieselbe vergröfsert. b. Längsschnitt.

Schliefsfrüchte dunkelbraun, 2·5 bis 4 mm lang und 2 mm
breit, sehr schief eirund, von erhabenen Linien fast gegittert,
am Grunde ausgehöhlt und daselbst in einen aufgetriebenen
faltig-gerieften Ring endend, einfächerig, einsamig; Samen
aufsteigend, eiweifslos; Keimling fast horizontal.

53. Matricaria Chamomilla L.

a. Natürliche Größe der Frucht. b. Dieselbe stark vergröfsert. c. Längsschnitt. d. Querschnitt.

Schliefsfrucht fruchtkronenlos oder mit ohr- oder kronen-
förmiger Fruchtkrone, 1 bis 1·5 mm lang, gelblichweifs, etwas
verkehrt eirund-walzlich, an den Seiten etwas zusammengedrückt, meist ein wenig gekrümmt, an der äufseren Hälfte
gewölbt, riefenlos, an der Innenseite fünfriefig, mit einem
vorragenden Mittelriefen, sonst glatt, einfächerig, einsamig,
im Wasser eingeweicht sich mit einer Gallertschicht überziehend. Samen eiweifslos; Keimling gerade, das Würzelchen
nach unten gerichtet.

54. Medicago lupulina L.

a'. Samen in natürlicher Gröſse. a. Derselbe vergröſsert.
b. Längsschnitt. c. Querschnitt.

Zwei mm lang, ein mm breit, hellbraun, nierenförmig,
glatt; Keimling seitenwurzelig; Würzelchen gekrümmt, auf
den Berührungsspalt der Samenlappen gelegt.

55. Melilotus alba Desr.

a'. Ein Samen in natürlicher Gröſse. a. Derselbe vergröſsert. b. Längsschnitt. c. Querschnitt.

Hellgelb, 2·5 mm lang, 2 mm breit, eirund, glatt, Keimling seitenwurzelig; das Würzelchen gekrümmt, auf den Berührungsspalt der Samenlappen gelegt.

56. Melilotus macrorrhiza Pers.

a'. Samen in natürlicher Gröſse. a. Derselbe vergröſsert.
b. Längsschnitt. c. Querschnitt.

Samen etwas gröſser wie der von M. alba.

57. Melilotus officinalis Willd.

Wie M. alba.

58. Mercurialis annua L.

a'. Samen in natürlicher Gröſse. a. Derselbe vergröſsert.
b. Längsschnitt. c. Querschnitt.

Gröſse 1·5 bis 2 mm, hellgelb, Theilfrüchte fast kugelig,
einfächerig, einsamig; Samen hängend, eirund, eiweiſshaltig,
an der Bauchseite mit auslaufender Bauchnath bezeichnet;
Samenschale dünn, brüchig; Keimling in der Axe des reich-
lichen fleischigen Eiweiſses, gerade, Samenlappen flach, rundlich, das Würzelchen nach oben gerichtet, so lang wie die
Samenlappen.

59. Moehringia trinervia Clairv. oder Arenaria trinervia Rchb.

a'. Samen in natürlicher Gröſse. a. Derselbe vergröſsert.
b. Längsschnitt.

Gröſse 1 mm, Samen nierenförmig, glatt, schwarz, glänzend,

spitzkantig, gerandet, sehr fein gestriegelt, eiweifshaltig; Keimling um das mehlige Eiweifs herumgebogen; Samenlappen auf einander liegend, lineallänglich.

60. Myosotis stricta Link.

a′. Schliefsfrucht in natürlicher Gröfse. a. Dieselbe vergröfsert. b. Längsschnitt. c. Querschnitt.

Schliefsfrucht 1 mm grofs, eiförmig, dreiseitig, auf der einen Seite gewölbt, glatt, schwärzlich, glänzend, einfächerig, einsamig; Samen aufrecht, ohne Eiweifs; Keimling gerade, das Würzelchen nach oben gerichtet.

61. Origanum vulgare L.

a′. Eine Schliefsfrucht in natürlicher Gröfse. a. Dieselbe vergröfsert. b. Längsschnitt. c. Querschnitt.

Schliefsfrüchte kaum ½ mm grofs, rundlich, an der Spitze abgerundet, trocken, dunkelbraun, glatt, einfächerig, einsamig; Samen aufrecht, eiweifslos; Keimling gerade, das Würzelchen nach unten gerichtet.

62. Papaver Argemone L.

a′. Ein Samen in natürlicher Gröfse. a. Derselbe vergröfsert. b. Längsschnitt.

Dunkelbraun, kaum 1 mm lang, beinahe nierenförmig, feingitterig-grubig; Keimling in dem Grunde des Eiweilses, etwas gebogen, mit stumpfen Sammenlappen.

63. Papaver dubium L.

a. Ein Samen in natürlicher Gröfse. b. Derselbe vergröfsert.

Dunkelbraun bis stahlgrau, etwas kleiner wie der vorige.

64. Papaver Rhoeas L.

a. Ein Samen in natürlicher Gröfse. b. Derselbe vergröfsert.

Samen dunkelbraun, noch kleiner.

65. *Plantago arenaria W. Kit.*

a′. Der Samen in natürlicher Gröſse. a. Derselbe von der
Rücken- und b. von der Bauchseite gesehen. c. Längsschnitt.

Samen schwarzbraun, glänzend, 2 bis 2·5 mm lang, oval
bis länglich, glatt, schildförmig befestigt, mit bauchständigem
Nabel, eiweiſshaltig, in Wasser eingeweicht sich mit Gallerte
überziehend, da die Zellen der Oberhaut dicht mit Gallerte
erfüllt sind; Keimling in der Axe des dichtfleischigen Eiweiſses, ein wenig gebogen, walzlich, fast so lang, als das
Eiweiſs, die Samenlappen länglich, das Würzelchen vom Samennabel entfernt, nach unten gerichtet.

66. *Polygonum Convolvulus L.*

a′. Schlieſsfrucht in natürlicher Gröſse. a. Schlieſsfrucht
ohne die Blüthenhülle vergröſsert. b. Dieselbe nebst
dem Samen längs durchschnitten, vergröſsert. c. Querschnitt.

Schlieſsfrucht dreikantig, einfächerig, einsamig, grünlich-
braun, 5 mm lang, 3 mm breit; Fruchtschale lederartig;
Samen von der Gestalt der Schlieſsfrucht, aufrecht, eiweiſshaltig; Keimling umgekehrt, gebogen, Samenlappen aufeinanderliegend, breit blattartig; das Würzelchen nach oben gerichtet.

67. *Ranunculus arvensis L.*

a′. Eine Schlieſsfrucht in natürlicher Gröſse. a. Dieselbe vergröſsert. b. Längsschnitt.

Schlieſsfrucht braun mit strohgelbem Rande und vielen
Stacheln besetzt, 5 bis 6 mm lang, 4 mm breit und 1 mm dick,
trocken, einsamig, geschnäbelt, stark zusammengedrückt, an
den Seiten flach. Der Samen an der Spitze befestigt, der
Keimling in der Spitze liegend, sehr klein.

68. *Raphanus Raphanistrum L.*

a′. Ein Samen in natürlicher Gröſse. a. Derselbe vergröſsert. b. Keimling, dessen Würzelchen herausgelegt
ist, vergröſsert. c. Querschnitt des Samens vergröſsert.

Samen hellbraun, 2 mm lang, fast kugelig, ohne Eiweiſs, Keimling faltenwurzelig, Samenlappen dicklich, ausgerandet, zusammengefaltet, das Würzelchen in die Falte aufnehmend.

69. *Rhinanthus major. L.*

a'. Ein Samen in natürlicher Gröſse. a. Derselbe vergröſsert. b. Längsschnitt.

Samen kaffeebraun mit einem helleren häutigen Flügel umzogen, 4 bis 5 mm lang und 3 bis 4 mm breit, schief eirund-rundlich, flach zusammengedrückt, eiweiſshaltig; Samennabel seitenständig; Keimling in der oberen Hälfte des Eiweiſses schrägliegend; Samenlappen schmal lineallänglich, das Würzelchen dem Samennabel genähert, schief nach oben gerichtet.

70. *Rumex Acetosella L.*

a. Die Schlieſsfrucht in natürlicher Gröſse. b. Dieselbe sehr vergröſsert. c. Längsschnitt.

Schlieſsfrucht dreikantig, 1·5 mm grofs, braun, von den drei innern vergröſserten und klappenartig zusammenschlieſsenden Blüthenhüllblättern völlig eingeschlossen, frei, einfächerig, einsamig. Samen der Schlieſsfrucht an Gestalt gleich, aufrecht, eiweiſshaltig; Keimling auſsen an der einen flachen Seite des Eiweiſses liegend, umgekehrt, schwach gebogen, Semenlappen schmal, elliptisch, auf einander liegend, das Würzelchen nach oben gerichtet.

71. *Saponaria Vaccaria Lin.*

a'. Ein Samen in natürlicher Gröſse. a. Derselbe vergröſsert. b. Längsschnitt.

Schwarz, 2 mm grofs, ründlich, reihenweise bekörnelt, eiweiſshaltig; Keimling ringförmig um das mehlige Eiweiſs herumgebogen; Samenlappen auf einander liegend.

72. *Scleranthus annuus L.*

a. Eine fruchttragende Blüthenhülle vergröſsert. b. Frucht in natürlicher Gröſse. b. Dieselbe vergröſsert. c. Senk-

rechter Durchschnitt der Frucht. d. Samen längs durchschnitten. e. Querschnitt derselben.

Schliefsfrucht häutig, nicht aufspringend, in der verhär-
teten Blüthenhüllröhre eingeschlossen, einfächerig, einsamig,
den Samen locker umgebend. Samen an einem langen auf-
steigenden Nabelstrange hängend, glatt, gelblichweifs, 1·2 mm
grofs, durch das vorstehende Würzelchen neben dem Nabel
kurz geschnäbelt, eiweifshaltig; Keimling ringförmig das mehlige Eiweifs umgebend; Samenlappen linealisch auf einander
liegend; das Würzelchen nach oben gerichtet.

73. Senecio vulgaris L.

a'. Schliefsfrucht in natürlicher Gröfse. a. Dieselbe vergröfsert. b. Längsschnitt.

Schliefsfrucht braun, 2 mm lang, mit langer weifser Haar-
krone, stielrundlich, gerieft, einfächerig, einsamig; Fruchtkrone
haarig; Samen eiweifslos; Keimling gerade, das Würzelchen
nach unten gerichtet.

74. (Serratula Dill.) Cirsium arvense Scop.

a'. Die Frucht in natürlicher Gröfse. a. Dieselbe vergröfsert. b. Längsschnitt.

Schliefsfrucht ohne Krone 2 mm lang, strohgelb, oval,
zusammengedrückt, kahl, riefenlos, auf der Spitze in einen
ringförmigen Rand endend und mit einer sehr kurz ge-
stielten, dicklichen, mehr oder minder deutlich fünfkerbigen,
überweibigen Drüsenscheibe gekrönt, einfächerig, einsamig,
mit grundständigem Fruchtnabel; Fruchtkrone federig, am
Grunde in einen zur Reife von der Frucht sich ablösenden
Ring verwachsen, abfallend, Strahlen derselben 2- bis 3reihig,
an der Spitze etwas keulig. Samen ohne Eiweifs; Keimling
gerade, das Würzelchen nach unten gerichtet.

75. Setaria viridis Beauv.

a. Die Schliefsfrucht in natürlicher Gröfse. b. Dieselbe sehr
vergröfsert von der Rückenseite, c. von der Bauchseite gesehen.

5*

Die Schliefsfrucht ist grünlich, eirund, 1·5 mm lang, fast planconvex, am Rücken gewölbt, glatt, von den knorpeligen erhärteten Blumenhüllblättern eng umschlossen, frei.

76. Silene gallica L. β quinquevulnera Koch.

a'. Samen in natürlicher Gröfse. a. Derselbe vergröfsert. b. Längsschnitt.

Samen dunkelbraun, 1 mm grofs, nierenförmig, fast kugelig, bekörnelt, am Nabel ausgerandet; Keimling kreisförmig um das mehlige Eiweifs gebogen; Samenlappen rinnig zusammengefaltet.

77. Sinapis arvensis L.

a'. Samen in natürlicher Gröfse. b. Querschnitt.

Samen kaffeebraun, 1·5 bis 2 mm grofs, kugelig, ungerandet, etwas bekörnelt, eiweifslos; Keimling faltenwurzelig; Samenlappen rinnig zusammengefaltet.

78. Sonchus asper Vill.

a. Die Frucht in natürlicher Gröfse. b. Dieselbe sehr vergröfsert. c. Längsschnitt.

Schliefsfrucht gekrönt, zusammengedrückt, beiderseits dreiriefig, glatt, hellbraun, 2 bis 2·5 mm lang, an der Spitze etwas verdünnt, einfächerig, einsamig, mit grundständigem Fruchtnabel; Fruchtkrone haarig, weifs, mit weichen, biegsamen Haaren, am Grunde mit einem Haarkrönchen umgeben. Samen eiweifslos, Keimling gerade, das Würzelchen nach unten gerichtet.

79. Sonchus oleraceus L.

a. Die Frucht in natürlicher Gröfse. b. Dieselbe stark vergröfsert. c. Querschnitt.

Die Schliefsfrucht hat noch Querriefen, sonst wie die vorige.

80. Spergula arvensis L.

a'. Samen in natürlicher Gröfse. a. Derselbe vergröfsert. b. Senkrechter Durchschnitt.

Samen linsenförmig, rund, 1 mm groſs, mit einem
Flügel umzogen, schwarz, sehr fein punktirt, eiweiſshaltig;
Keimling ringförmig um das mehlige Eiweiſs gebogen;
Samenlappen auf einander liegend, an der Spitze im Kreise
eingerollt.

81. Thlaspi arvense L.

a'. Ein Samen in natürlicher Gröſse. a. Derselbe vergröſsert. b. Querschnitt.

Samen rothbraun, 2 mm lang, zusammengedrückt, hängend,
fein gerieft, ungerandet, eiweiſslos; Keimling seitenwurzelig;
Samenlappen neben einanderliegend.

82. Triticum repens L.

a. Schlieſsfrucht in natürlicher Gröſse. b. Dieselbe stark
vergröſsert von der Rückseite, c. von der Bauchseite
gesehen. d. Längsschnitt.

Schlieſsfrucht länglich, von den Spelzen eingeschlossen,
oben behaart, strohgelb, 2 bis 3 mm lang; Same mit dem
Fruchtgehäuse verwachsen, mit mehligem Eiweiſs versehen.
Embryo an der Seite der Basis, klein, Würzelchen nach unten
gekehrt, Nebenwurzeln treibend, der Samenlappen schildförmig,
scheidenartig das Knöspchen einschlieſsend, vorn mit einer
Längsspalte; Knöspchen aus mehreren scheidenartig sich um-
fassenden Blättchen bestehend.

83. Tussilago Farfara L.

a. Die Frucht in natürlicher Gröſse. b. Dieselbe sehr
vergröſsert. c. Längsschnitt. d. Querschnitt.

Schlieſsfrucht gekrönt, walzenförmig, kaum gebogen,
schwach gerippt, ohne Krone 2 bis 2·5 mm lang, hellbraun;
Fruchtkrone sehr feinhaarig, mehrreihig, sehr weich, weiſs,
die Haare kaum merklich schärflich; Same meist etwas kürzer
als das Gehäuse, mit dünner Samenhaut bekleidet; Embryo
eiweiſslos; Würzelchen nach unten gerichtet, fast eben so lang
als die planconvexen, lanzettlichen Samenlappen; Knöspchen
unentwickelt.

84. Valerianella Auricula De C.

a'. Die Frucht in natürlicher Gröfse. a. Dieselbe vergröfsert. b. Querschnitt.

Schliefsfrucht fast häutig, mit dem Kelchsaum gekrönt,
dreifächerig, die leeren Fächer weiter als das fruchtbare Fach,
an einander stofsend, durch vollständige Scheidewand geschieden; Fruchtschale nicht verdickt; die Frucht ist auf der vorderen Seite zwischen den leeren Fächern mit einer Furche
durchzogen; der Kelchsaum auf der Frucht ist krautig, schief
abgeschnitten, gezähnt, nur ⅓ so breit als die hell- bis kaffee-
braune, kugelig-eirunde und 2 bis 2·5 mm lange Frucht.
Samen umgekehrt, eiweifslos; Keimling gerade, die Samenlappen länglich, das Würzelchen nach oben gerichtet, kürzer
als die Samenlappen.

85. Valerianella carinuta Lois.

a'. Die Frucht in natürlicher Gröfse. a. Dieselbe vergröfsert. b. Querschnitt.

Die Wand der Fruchtschale ist nicht verdickt, der Kelchsaum kaum erkennbar. Die Früchte sind länglich, hellbraun
bis kaffeebraun, 2 bis 2·5 mm lang, fast vierseitig, auf der
hintern Seite mit einer tiefen Rinne durchzogen, an der vorderen Seite ziemlich flach. Samen und Keimling wie bei Val.
Auricula.

86. Valerianella olitoria Poll.

a'. Die Frucht in natürlicher Gröfse. a. Dieselbe vergröfsert.
b. Längsschnitt. c. Querschnitt.

Die Wand der Fruchtschale ist am Rücken des fruchtbaren Fachs schwammig verdickt, die beiden unfruchtbaren
Fächer sind durch eine unvollständige Scheidewand geschieden.
Kelchsaum auf der Frucht, sehr klein. Frucht eirund-rundlich, gelblichgrün, 2 bis 3 mm grofs, etwas zusammengedrückt,
beiderseits ziemlich flach, am Rande mit einer Furche durchzogen, an den Seiten riefig, sonst wie Val. Auric.

87. Verbascum Lychnitis L.

a'. Samen in natürlicher Gröfse. a. Derselbe vergröfsert.
b. Längsschnitt.

Samen dunkelbraun, klein (kaum 1 mm grofs), oval, run-
zelig-gerieft, eiweifshaltig, mit grundständigem Samennabel;
Keimling in der Axe des Eiweifses, gerade, kürzer als letzteres, das Würzelchen so lang wie die Samenlappen.

88. Verbena officinalis L.

a. Eine Theilfrucht in natürlicher Gröfse. a'. Eine Theilfrucht von der Berührungsfläche gesehen, vergröfsert.
b. Längsschnitt. c. Querschnitt.

Schliefsfrüchte länglich, trocken, 2 mm lang, auf der Berührungsfläche rauh und grau, auf dem Rücken gestreift,
braun, glänzend, einfächerig, einsamig. Samen eiweifslos;
Keimling gerade, die Samenlappen dick, das Würzelchen nach
unten gerichtet.

89. Veronica arvensis L.

a'. Samen in natürlicher Gröfse. a. Derselbe vergröfsert.
b. Längsschnitt.

Samen hellbraun, nicht 1 mm grofs, eirund, zusammengedrückt, eiweifshaltig; Samenschale knorpelig; Keimling im
Eiweifse, gerade.

90. Veronica hederifolia L.

a'. Samen in natürlicher Gröfse. a. Samen vergröfsert.
b. Längsschnitt.

Samen kreisrund, graubraun, 2 bis 3 mm grofs, tief
näpfchenartig-ausgehöhlt, eiweifshaltig; Keimling im Eiweifse
gerade, das Würzelchen nach der Spitze der Frucht gerichtet.

91. Vicia hirsuta L. oder Ervum hirsutum L.

a'. Samen in natürlicher Gröfse. a. Derselbe vergröfsert.
b. Querschnitt. c. Längsschnitt.

Samen kugelig, glatt, strohgelb mit braunen Flecken, 2 bis 2·5 mm grofs, Keimling seitenwurzelig; das Würzelchen kurz, gekrümmt, auf den Berührungsspalt der Samenlappen gelegt.

92. *Vicia lutea L.*

a′. Samen in natürlicher ˙Gröfse. a. Samen vergröfsert. b. Längsschnitt.

Samen mehr oder minder stark zusammengedrückt, hellbraun, bis 4 mm grofs; sonst wie Vicia hirsuta.

93. *Vicia tetrasperma L. oder Ervum tetraspermum L.*

a′. Samen in natürlicher Gröfse. b. Derselbe vergröfsert.

Samen kugelig, dunkelbraun, 2 mm grofs, sonst wie Vicia hirsuta.

Verzeichnifs der Abbildungen.

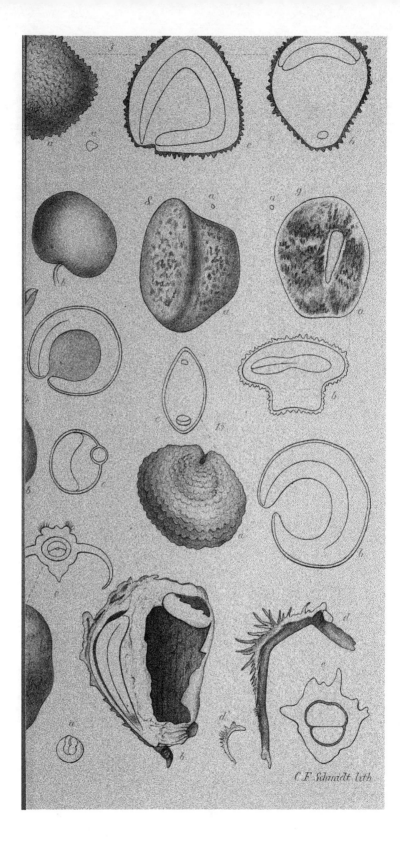

C.F. Schmidt lith.

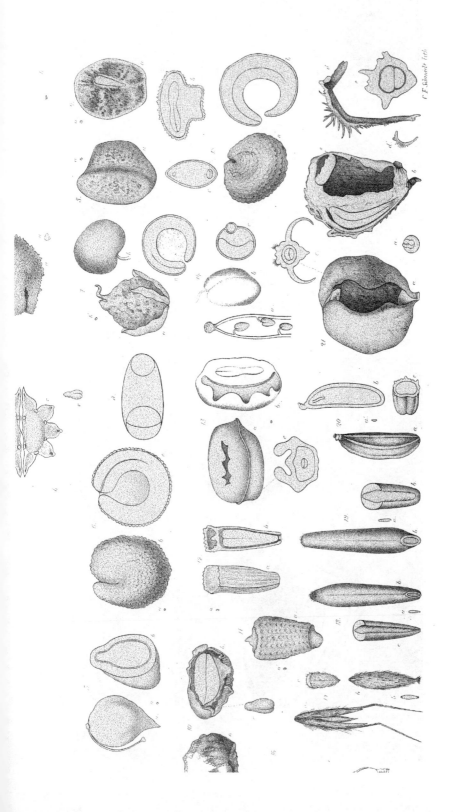

C.F.Schmidt lith.

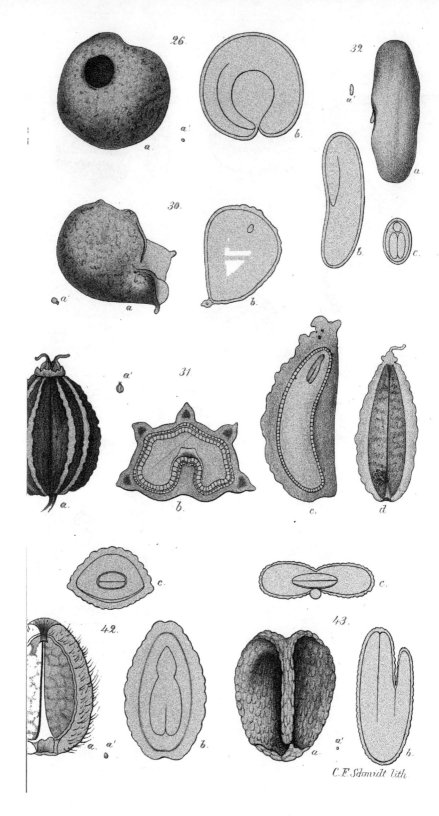

C.F.Schmidt lith.

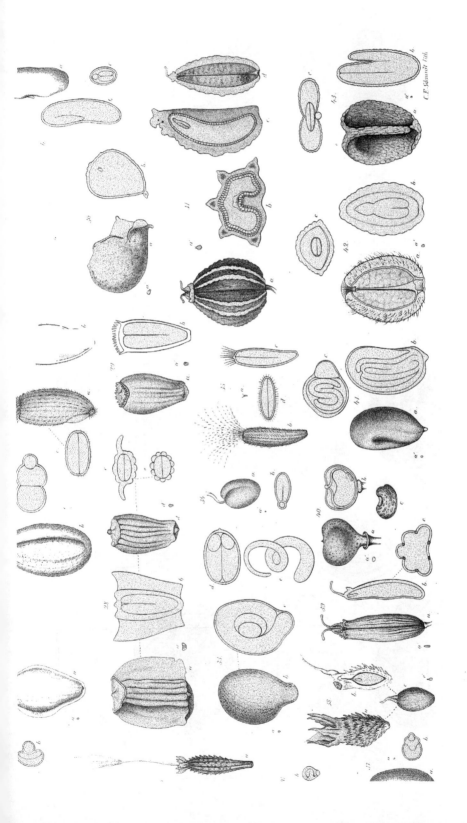

C.F. Schmidt lith.

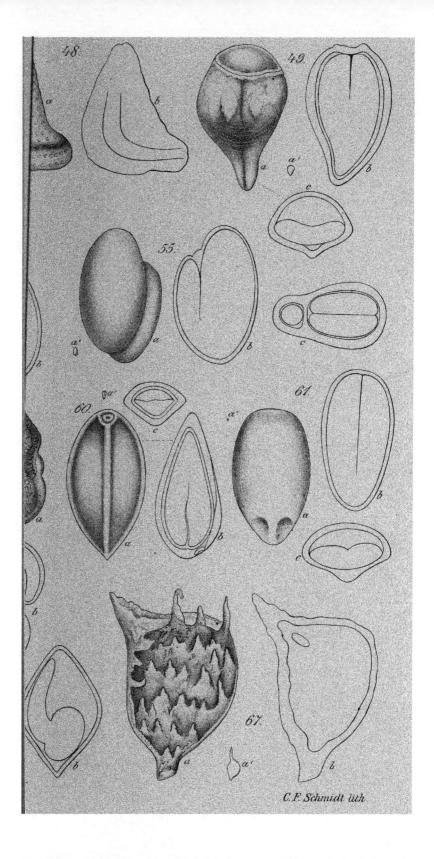

48.

49.

55.

60.

61.

67.

C.F. Schmidt lith.

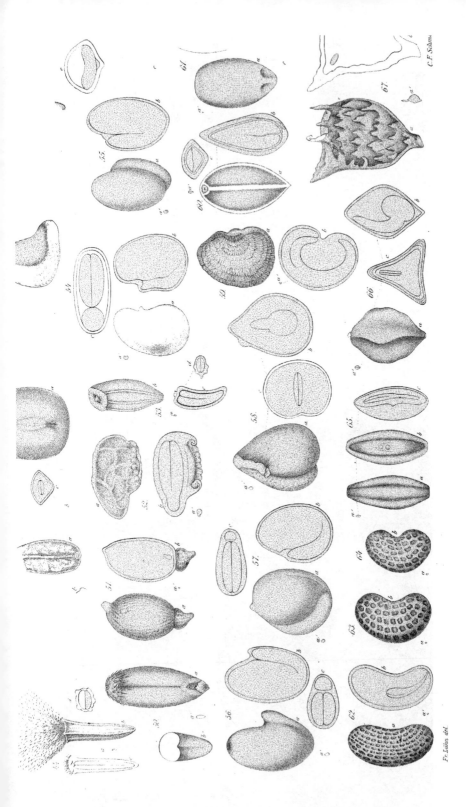

C.F. Selim

Fr. Liún delt.

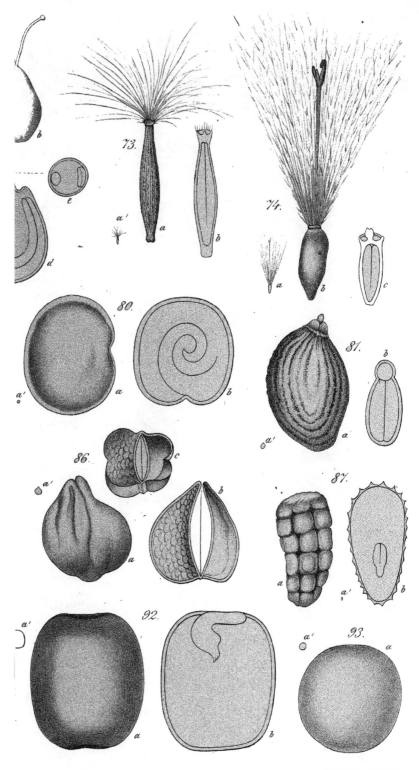

C.F. Schmidt lith.

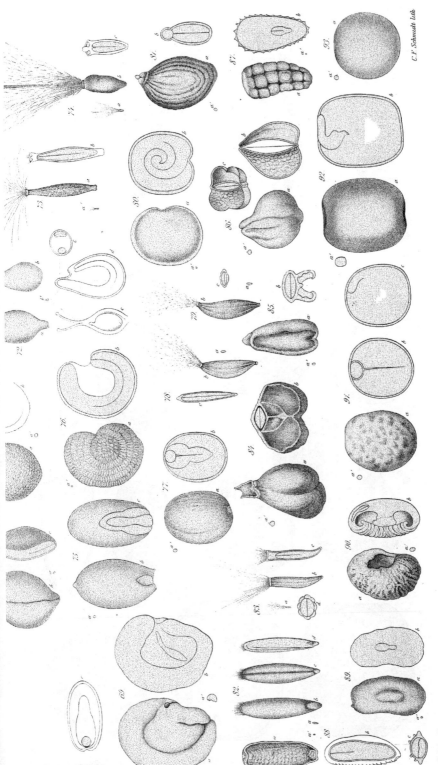

C.F. Schmidt lith.

Fr. Liitin del

40. Fumaria officinalis L.
41. Geranium pusillum L.
42. Heliotropium europaeum L.
43 Holosteum umbellatum L.
44. Hieracium Pilosella L.
45. Inula germanica L.
46. Lamium amplexicaule L.
47. Lathyrus tuberosus L.
48. Lepigonum rubrum Wahlb.
49. Lithospermum arvense L.
50. Lolium temulentum L.
51. Luzula campestris De C.
52. Lycopsis arvensis L.
53. Mahicaria Chamonilla L.
54. Medicago lupulina L.
55. Melilotus alba Decc.
56. Melilotns macrorrhiza Pers.
57. Melilotus officinalis Willd.
58. Mercurialis annua L.
59. Moehringia trinervia Clairv.
60. Myosotis stricta Link.
61. Origanum vulgare L.
62. Papaver Argemone L.
63. Papaver dubium L.
64. Papaver Rhoeas L.
65. Plantago arenaria W. Kit.
66. Polygonum Convolvulus L.
67. Ranunculus arvensis L.

68. Raphanus Raphanistrum L.
69. Rhinanthus major L.
70. Rumex Acetosella L.
71. Saponaria Vaccaria Lin.
72. Scleranthus annuus L.
73. Senecio vulgaris L.
74. (Serratula Dill.) Cirsium arvense Scop.
75. Setaria viridis Beauv.
76. Silene gallica L. quinquevulnera Koch.
77. Sinapis arvensis L.
78. Sonchus asper Vill.
79. Sonchus oleraceus L.
80. Spergula arvensis L.
81. Thlaspi arvense L.
82. Triticum repens L.
83. Tussilago Farfara L.
84. Valerianellia Auricula De C.
85. Valerianella carinata Lois.
86. Valerianella olitoria Poll.
87. Verbascum Lychnitis L.
88. Verbena officinalis L.
89. Veronica arvensis A.
90. Veronica hederifolia L.
91. Vicia hirsuta L.
92. Vicia lutea L.
93. Vicia tetrasperma L.

IV.

Ueber den Chabasit.

Von **A. Streng** in Gießen.

Der Chabasit gehört zu den am häufigsten vorkommenden Zeolithen, namentlich findet er sich sehr oft in den Mandeln basaltischer Gesteine, aber auch in den Blasenräumen anderer krystallinischer Gesteine kommt er sehr häufig vor. Da es deshalb an genügendem Material zur chemischen Untersuchung nicht fehlt, so sollte man denken, daß seine Zusammensetzung genau erkannt sein müsse. Gleichwohl ist dies nicht der Fall trotz der zahlreichen Analysen, die von diesem Minerale vorliegen. In der ersten Auflage von Rammelsberg's Mineralchemie, worin 17 Analysen aufgeführt werden, wird unterschieden zwischen Chabasiten mit höherem und solchen mit geringerem Kieselerdegehalt. Für die ersteren wird die Formel: $Ca_2Al_2Si_9O_{26} + 12H_2O$, für die letzteren die Formel: $CaAlSi_4O_{12} + 6H_2O$ aufgestellt. Von Anderen ist für erstere die Formel: $CaAlSi_5O_{14} + 6H_2O$ in Vorschlag gebracht worden. In einer späteren Arbeit [*] zeigte Rammelsberg durch übersichtliche Zusammenstellung der bekannten Analysen, wie sehr schwankend die Zusammensetzung des Chabasit ist. Aus dieser Zusammenstellung zieht Er den Schluß: 1) daß auf 1 Al im Maximo 5 Si, im Minimo 4 Si kommen, welch letzteres Verhältniß Er aber für zweifelhaft hält, so daß auf 1 Al stets

---

[*] Zeitsch. d. d. g. Ges. 21, S. 84.

mehr als 4 Si kommen müssen. 2) Dafs Ca : Al sich nahezu verhalten wie 1 : 1. 3) Dafs das Verhältnifs von K : Ca schwankt zwischen 1 : 3 und 1 : 8. 4) Dafs Ca + äquival. Alkalimetall : Al nahezu = 1 : 1, meist mit geringem Ueberschusse an Ca. Rammelsberg glaubt, dafs ein grofser Theil der Schwankungen in der Zusammensetzung des Chabasit auf Rechnung der Versuchsfehler in den Analysen, d. h. auf Rechnung der ungenauen und ungenügenden Trennungsmethoden zu setzen sei und hat es deshalb unternommen, den Chabasit von Neuschottland, Aussig und Osteroe mit grofser Sorgfalt von Neuem zu analysiren. Da der Chabasit von Neuschottland an sich unrein ist, so ist diese Analyse nicht weiter berücksichtigt worden. Aus den beiden andern Analysen findet Rammelsberg : 1) das Verhältnifs von Al : Si = 1 : 5; 2) von Ca : Al = 1 : 1; 3) von K : Ca = 1 : 4; 4) von $\begin{Bmatrix} Ca \\ K_2 \end{Bmatrix}$: Al = 9 : 8 = 1·125 : 1.

Aus Gründen, die auf S. 91 der Abhandlung angegeben sind, hält Rammelsberg ferner das über 300° entweichende Wasser als zur Constitution des Silicatmolecüls gehörig und schreibt die Formel des Chabasit : $(H_7K)Ca_4Al_4Si_{20}O_{60}$ +

$24 H_2O = \overset{I}{R_2}CaAlSi_5O_{15} + 6 H_2O$; d. h. ein Complex von

Bisilicatmolecülen : $\begin{Bmatrix} \overset{I}{R_2SiO_3} \\ CaSiO_3 \\ AlSi_3O_9 \end{Bmatrix}$ + 6 H₂O. Am Schlusse Seiner

Arbeit sagt Rammelsberg : „Wenn ich im Vorhergehenden zu zeigen suchte, dafs die beiden Chabasite aus den Bisilicaten von K, Ca und Al in den nämlichen Molecularverhältnissen bestehen, so ist dadurch die Möglichkeit nicht ausgeschlossen, dafs diese Bisilicate sich auch in anderen Verhältnissen ohne Formveränderung zusammenlagern können, d. h. dafs die Proportion Al : Si = 1 : 5 *nicht für alle* statt habe. Nach Thomson ist im Chabasit von Port Rush : $Na_9Ca_3Al_8Si_{34}$; nach Durocher in einem von den Faroër : $RCaAl_2Si_8$ enthalten. Aber erst eine Bestätigung dieser Verhältnisse durch genaue Analysen könnte über diese Frage Auskunft geben.“

Auch Kenngott *) hat sich mit der Zusammensetzung des Chabasit beschäftigt und die sämmtlichen Analysen nochmals berechnet. Er unterwirft die Schlufsfolgerungen Rammelsberg's einer Kritik, in welcher Er zu dem Resultate kommt, dafs zwar Ca : Al = 1 : 1 und $SiO_2 : H_2O = 40:55$, dafs aber das Verhältnifs von Al : Si schwankt zwischen 1 : 3·96 bis 5·55. Kenngott berechnet nun sämmtliche Analysen auf gleichen Kalkgehalt und findet da ein stetiges Anwachsen der Kieselerde oder bei gleichem Kieselerdegehalt ein allmähliches Abnehmen des Kalks in derselben Reihenfolge, in welcher bei gleichem Kalkgehalt der Kieselerdegehalt steigt.

Kenngott findet ferner, dafs die Zunahme der Kieselerde bei Abnahme der Kalkerde in keinem ersichtlichen Verhältnisse zu den übrigen Bestandtheilen steht, woraus man wohl folgern könne, dafs, aufser dem Einflusse des ungleich bestimmten Wassergehalts, gewisse Fehler in der Bestimmung der einzelnen Bestandtheile vorliegen müfsten, wie sie Rammelsberg schilderte. Kenngott schliefst seine Abhandlung mit folgenden Worten : „Aus Allem scheint mir mit Berücksichtigung der möglichen Fehler und wirklichen Differenzen, die zum Theil auch in Beimengungen ihren Grund haben können, wie solche in dem Chabasit von Parsboro nachgewiesen wurden, hervorzugehen, dafs man den Chabasit wesentlich als ein wasserhaltiges Kalkthonerdesilicat anzusehen habe, welches auf 1 CaO 1 Al_2O_3, 4 SiO_2 und 6 H_2O enthält ($CaAlSi_4O_{12} + 6 H_2O$) und dafs dasselbe durch eine verhältnifsmäfsig untergeordnete Menge eines wasserhaltigen Alkalithonerdesilicates ersetzt wird, welches dasselbe Verhältnifs von $SiO_2 : H_2O = 2 : 3$ zu haben scheint, wahrscheinlich auf 1 R_2O 1 AlO_3 4 SiO_2 und 6 H_2O enthält ($R_2AlSi_4O_{12} + 6 H_2O$). Die unverhältnifsmäfsige Zunahmé der Kieselerde bei gleichem Gehalt an Kalkerde hat gewifs zum Theil ihren Grund in der unvollständigen Zersetzung, wodurch dann die Mengen der Thonerde beeinflufst werden. Selbst die Bestimmung des Wassergehalts, das starke Glühen, kann auf den Alkaligehalt

---

*) Journ. f. pr. Ch. 119, S. 123·

von Einfluſs sein, da ich bei wiederholten Versuchen mit dem Chabasit von Aussig fand, daſs das ausgetriebene H_2O schwach alkalisch reagirt."

Die aus diesen verschiedenen Ansichten sich ergebenden Zweifel über die Zusammensetzung des Chabasit waren die Veranlassung, daſs zwei meiner früheren Zuhörer : Herr Burkhardt und Herr Hammerschlag, im hiesigen Universitätslaboratorium die Chabasite der Umgegend von Gieſsen einer sehr genauen Untersuchung unterzogen haben, deren Resultate hier mitgetheilt werden sollen. Es sind namentlich 4 Vorkommnisse des Chabasit, welche im Basalte der weiteren Umgegend von Gieſsen sich finden :

1) *Chabasit von Nidda.* Oestlich von Nidda am Wege nach Michelnau findet sich am Eingange einer Reihe von Felsenkellern ein Basaltmandelstein, dessen Blasenräume mit prächtigen Krystallen von Chabasit und Phillipsit erfüllt sind. Der Chabasit ist völlig farblos und durchsichtig, glasglänzend und zeigt das Grundrhomboëder (mit einer Axenlänge von etwa 3 bis 6 mm), dessen Flächen hie und da durch eine kürzere Diagonale in 2 Hälften getheilt sind, welche mit einander einen stumpfen Winkel bilden. Man hat diese Erscheinung bisher als ein stumpfes Scalenoëder gedeutet. Die damit gewöhnlich verbundene federförmige Streifung parallel den stumpfen Endkanten von R ist nur schwer erkennbar, da sie meist nur eine sehr feine ist. Auch ist die stumpfe diagonale Kante über der Fläche von R stark abgerundet, so daſs sie nicht als eine scharf ausgeprägte Linie hervortritt. Andere Flächen kommen nicht vor. Dagegen ist es Regel, daſs jeder Krystall von einem zweiten kreuzweise durchwachsen ist, der gegen ihn um die Hauptaxe um 180⁰ verdreht erscheint, so daſs man selten einen Krystall sieht, aus dessen Flächen nicht wenigstens Eine oft nur ganz winzig kleine Ecke eines zweiten Krystalls herausragte.

Weniger häufig findet sich das zweite Zwillingsgesetz : Zwei Krystalle sind nach einer Rhomboëderfläche symmetrisch gestellt. Dabei bildet der Eine Krystall meist nur eine schmale Lamelle, die entweder auf dem Hauptkrystall aufsitzt oder

ihm eingeschaltet ist. Mitunter kommt es vor, daſs jedes der
drei Flächenpaare des Hauptrhomboëders unterbrochen wird
durch je eine Zwillingslamelle, welche in ihrer Richtung sich
mit anderen, parallel den übrigen Rhomboëderflächen eingeschalteten Zwillingslamellen durchkreuzen würde, wenn sie
durch den ganzen Krystall hindurchginge, was nicht der
Fall ist.

Unter dem Mikroskop erweist sich dieses Mineral als fast
völlig rein und frei von fremden Einschlüssen. Seine Analyse wird daher ohne Zweifel ein richtiges Bild seiner Zusammensetzung geben können.

Das spec. Gew. habe ich bestimmt und in 2 Versuchen
bei 13⁰ C. Folgendes erhalten :

$$1) \quad 2\cdot133.$$
$$2) \quad 2\cdot133.$$

Die Analysen, von denen hier ebenso wie bei den folgenden
Chabasiten ein Theil von Herrn Burkhardt, ein anderer
von Herrn Hammerschlag ausgeführt worden ist, ergaben
folgendes Resultat :

Wasserbestimmung.

Gewichtsverlust bei

100⁰	200⁰	250⁰	300⁰	b. schwach.	b. stark. Glühhitze.
4·687	9·491	12·498	14·499	20·987	22·379
4·810	9·612	12·530	14·661	21·034	22·401
4·721	9·423	12·601	14·470	20·799	22·398
4·699	9·541	12·504	14·700	21·143	22·369
4·732	9·431	12 612	14·581	21·210	22·411
4·701	9·700	12·401	14·397	20·989	22·376
4·725	9·533	12·524	14·551	21 027	22·389 im Mittel

Das bei 300⁰ getrocknete Mineral nahm in feuchter Luft
das verlorene Wasser vollständig wieder auf.

	1.	2.	3.	4.	5.	6. Analyse.
SiO_2	46·811	46·824	46·995	47·403	46·931	46·850
AlO_3	20·734	21·191	20·709	20·643	20·684	20·810
CaO	11·187	10·681	10·954	10·987	10·943	11·106
K_2O	0·288	0·171	0·211	0·204	0·178	0·213

Durchschnitt auf 100 berechnet.		Divid. durch d. Atomgewicht.	
SiO_2	46·35	Si	21·794	0·7675
AlO_3	20 52	Al	10·976	0·1992
CaO	10·83	Ca	7·736	0·1934
K_2O	0·21	K	0·174	0·0044
H_2O	22·09	H	2·454	2·4544
	10000			

$$Al : CaK_2 = 1 : 0·98$$
$$Al : Ca = 1 : 0·97$$
$$Al : K = 1 : 0·02$$
$$Al : Si = 1 : 3·85$$
$$Al : H = 1 : 12·32$$
$$Ca : K = 1 : 0·022$$

Ueber 300⁰ weggehend :

$$\left. \begin{array}{l} H_2O = 7·838 \\ H = 0.8709 \end{array} \right\} Al : KH = 1 : 4·4$$

über der schwachen Glühhitze weggehend

$$\left. \begin{array}{l} H_2O = 1·362 \\ H = 0·1513 \end{array} \right\} Al : KH = 1 : 0·8$$

2) *Chabasit am Wege von Altenbuseck nach Daubringen im zersetzten Basaltmandelstein.* Auch hier findet sich dieses Mineral zusammen mit Phillipsit; die Krystalle sind aber nur klein (1 bis 2 mm dick), dabei hellgraulich gefärbt bis fast farblos, glasglänzend, durchscheinend bis durchsichtig. Sie bestehen ebenfalls aus dem Grundrhomboëder R und zeigen mitunter die stumpfe, der kürzeren Diagonale der R-Flächen entsprechende Kante. Auch hier kommen Durchkreuzungs-zwillinge des gewöhnlichen Gesetzes sehr häufig vor; ferner finden sich zuweilen Zwillingslamellen nach der Rhomboëder-fläche eingeschaltet.

Unter dem Mikroskope zeigten sich auch diese Krystalle an sich als durchaus rein und unvermischt mit anderen Mineralien.

Wasserbestimmung.

Gewichtsverlust bei					
100⁰	200⁰	250⁰	300⁰	b. schwach.	b. stark. Glühhitze.
3·989	10·988	12·321	14·979	20·101	21·769
4·103	11·110	12·776	14·676	19·869	21·813
3·898	10·698	12·097	15·214	20·316	21·791
3·978	10·813	12·199	14·850	20·240	21·758
3·992	10·902	12·348	14·929	20·131	21·782

Das bei 300⁰ getrocknete Mineral nahm in feuchter Luft
das verlorene Wasser vollständig wieder auf.

	1.	2.	3.	4. Analyse.
SiO_2	51·461	51·348	51·720	51·514
AlO_3	16·284	16·518	16·093	16·309
FeO_3	1·422	1·511	1·632	1·251
CaO	6·725	6·810	6·551	6·931
K_2O	2·141	2·290	2·026	2·751
Na_2O	1·341	1·516	1·292	1·447

Durchschnitt auf 100 berechnet.				Divid. durch d. Atomgewicht.
SiO_2	50·75	Si	23·862	0·8404
AlO_3	16·06	Al	8·590	0·1559
FeO_3	1·43	Fe	1·001	0·0089
CaO	6·65	Ca	4·750	0·1187
K_2O	2·27	K	1·885	0·0482
Na_2O	1·38	Na	1·024	0·0445
H_2O	21·46	H	2·384	2·3844
	10000			

$$Al : CaK_2Na_2 = 1 : 1·06$$
$$Al : Si = 1 : 5·4$$
$$Al : H = 1 : 15·3$$
$$FeAl : CaK_2Na_2 = 1 : 1·00$$
$$FeAl : Ca = 1 : 0·72$$
$$FeAl : KNa = 1 : 0·56$$
$$FeAl : Si = 1 : 5·09$$
$$FeAl : H = 1 : 14·47$$
$$Ca : KNa = 1 : 0·39$$

Ueber 300⁰ entweichend :
$$H_2O = 6·853 \atop H = 0·7614 \} \; {Al : KNaH \atop 1 : 5·2}$$
über der schwachen Glühhitze entweichend :
$$H_2O = 1·651 \atop H = 0·1834 \} \; {Al : KNaH \atop 1 : 1·70}$$

3) Chabasit vom Fuſse der Platte bei Annerod. An dieser
Stelle findet sich ein mürber etwas zersetzter Basaltmandelstein, dessen Blasenräume überzogen sind mit Phillipsit und
Chabasit. Der letztere ist auch hier nur klein (1 bis 2 mm
dick), dabei völlig farblos, durchsichtig und glasglänzend. Die
Krystalle bestehen lediglich aus dem Rhomboëder R; die
kantenartig hervortretende Diagonale war auf den Rhomboëderflächen nur angedeutet; die federförmige Streifung war nich
zu erkennen. Durchkreuzungszwillinge nach dem Hauptgesetz

sind häufig sichtbar, Zwillinge nach dem zweiten Gesetze waren nicht zu finden.

Unter dem Mikroskop waren auch diese Krystalle vollständig rein und frei von fremder Substanz.

Wasserbestimmung.

Gewichtsverlust bei					
100⁰	200⁰	250⁰	300⁰	b. schwach.	b. stark. Glühhitze.
3·998	11·632	13·014	15·162	21·201	22·499
4·201	11·010	12·854	14·907	20·925	22·381
4·134	11·329	12·642	15·001	21·410	22·389
3·896	11·053	12·405	14·776	21·120	22·589
4·102	11·599	13·000	15·301	21·325	22·464
4·019	11·211	12·766	14·987	21·451	22·672
4·058	11·305	12·780	15·022	31.238	22·499

Auch hier wurde das bei 300⁰ ausgetriebene Wasser in feuchter Luft wieder aufgenommen.

	1.	2.	3. Analyse.
SiO_2	49·896	50·101	49·910
AlO_3	18·210	18·484	19·030
FeO_3	1·198	1·241	1·301
CaO	6·470	7·246	6·639
K_2O	2·113	1.987	2·200
Na_2O	0·973	0·731	1·101

Durchschnitt auf 100 berechnet :			Divid. durch das Atomgewicht :	
SiO_2	= 48·93	Si = 23·007	0·8102	
AlO_3	= 18·19	Al = 9·730	0·1766	
FeO_3	= 1·22	Fe = 0·854	0·0076	
CaO	= 6·64	Ca = 4·743	0·1186	
K_2O	= 2·06	K = 1·710	0·0437	
Na_2O	= 0·92	Na = 0·682	0·0297	
H_2O	= 22·04	H = 2·448	2·4488	
	10000			

$$Al : CaK_2Na_2 = 1 : 0·88$$
$$Al : Si = 1 : 4·6$$
$$Al : H = 1 : 13·86$$
$$FeAl : CaK_2Na_2 = 1 : 0·84$$
$$FeAl : Ca = 1 : 0·64$$
$$FeAl : KNa = 1 : 0·40$$
$$FeAl : Si = 1 : 4·4$$
$$FeAl : H = 1 : 13·29$$
$$Ca : KNa = 1 : 0·52$$

Ueber 300⁰ entweichend :

$$H_2O = 7\cdot477 \ \Big\} \quad \text{Al : KNaH}$$
$$H = 0\cdot8307 \ \ \ 1 : \ 4\cdot9$$

Ueber der dunkeln Glühhitze entweichend :

$$H_2O = 1\cdot261 \ \Big\} \quad \text{Al : KNaH}$$
$$H = 0\cdot1401 \ \ \ 1 : \ 1\cdot2$$

4) Phacolith von Annerod, am Wege nach Rödchen, lose umherliegend und in Drusenräumen des völlig zersetzten Basaltmandelsteins neben und oft auch auf Mesotyp aufgewachsen. Dieses interessante Mineral ist hier nicht mehr durchsichtig, sondern nur noch durchscheinend, von gelblichweifser oder rein weifser Farbe und meist schwachem Glasglanz. Am interessantesten ist seine Krystallform. Es kommt nämlich theils in den Formen und der Ausbildungsweise des Chabasit vor, indem die Flächen von $+R$, welche häufig die federförmige Streifung und die stumpfe diagonale Kante zeigen, fast ausschliefslich vorhanden sind ($-2R$ und $-\frac{1}{2}R$ sind seltener sichtbar) und je 2 Krystalle nach dem gewöhnlichen Gesetze kreuzweise durchwachsen sind, theils, und zwar vorwaltend, in den Formen und in der Ausbildungsweise des echten Phacolith. Diese Phacolithe stellen sich als vollkommene Durchkreuzungszwillinge folgender Formen dar : Vorherrschend ist meist $\frac{2}{3}P_2$, dessen Endkanten mit dem Anlegegoniometer zu ungefähr 145⁰ bis 146⁰, mit dem Reflexionsgoniometer unter Einstellung auf den Lichtschein annähernd zu 145⁰22′ gemessen werden konnten. Diese Endkanten sind durch die entweder stark gestreiften oder fast gerundeten Flächen von $-\frac{1}{2}R$ gerade abgestumpft. Meist gehen indessen beide Formen durch gerundete Kanten so vollständig in einander über, dafs der ganze Krystall eine linsenförmige Gestalt erhält, aus welcher aber die Endecken stark hervorragen. $-2R$ ist meistens vorhanden, erscheint aber immer sehr matt und rauh. Das Rhomboëder R ist gewöhnlich nur untergeordnet in den einspringenden Winkeln sichtbar. Wie schon erwähnt, sind die Krystalle vollkommene Durchkreuzungszwillinge nach OR. Statt der Seitenkanten findet sich oft eine tief eingeschnittene Rinne, welche von den einspringenden Flächen R und $\bar{R}$ der beiden verzwillingten Individuen begrenzt wird. Die Flächen von R finden sich ferner noch in ganz kurz einspringenden Kanten an den Stellen, wo $^2/_3 P_2$ des Einen Individuums an $^2/_3 P_2$ des andern seitlich anstöfst resp. wo die hierdurch entstehende Zwillingsnaht die im basischen Hauptschnitt den Krystall umziehende Rinne trifft. Die Fig. 192 Taf. 32 von Des cloizeaux : Manuel de Min. entspricht am meisten den Phacolithen von Annerod, wenn man sich die Flächen von $d' = \infty P_2$ wegdenkt, ebenso die Fig. 3 von G. v. Rath's vortrefflicher Abhandlung über den Phacolith (Seebachit) von Richmond [*]), wenn man sich $C = OP$ entfernt und die Kanten von $t = {}^2/_3 P_2$ durch $-^1/_2 R$ abgestumpft denkt. Das hiesige mineral. Cabinet besitzt einen solchen Phacolithzwilling von Annerod, welcher von einer Seitenkante zur gegenüberliegenden einen Durchmesser von 22 mm besitzt. Gewöhnlich beträgt er aber nur 10 bis 15 mm. Kleinere Krystalle bestehen häufig vorwaltend aus $^2/_3 P_2$, dessen Endkanten nur schwach abgestumpft sind. An den Seiten stofsen dann die Pyramidenflächen der beiden Individuen in scheinbar einfachen Kanten zusammen. Die Zwillingsnatur der Krystalle tritt aber an den Seitenecken durch einen einspringenden Winkel hervor. Sehr selten sind die Krystalle dünn tafelartig entwickelt, indem die Pyramide in das basische Pinakoïd übergeht, so dafs eine schwach aufwärts gewölbte Fläche entsteht. Solche Krystalle sind aber sehr klein und meistens in Mesotyp umgewandelt.

Die Vertheilung der chabasitartigen und der phacolithartigen Modification, die übrigens durch eine ganze Reihe von Uebergangsformen mit einander verknüpft sind, ist mitunter derart, dafs in Einer Druse die eine, in einer benachbarten die andere Modification vorkommt.

Unter dem Mikroskop erscheint ein Dünnschliff dieses Minerals an sich ziemlich rein, er ist aber durchzogen von zahllosen Spalten und Spältchen, auf denen sich graubraune oder gelbe, zum Theil körnige Substanz abgeschieden hat. Das Mineral ist demnach nicht völlig rein, so dafs man

---

[*]) Pog. Ann. 158, S. 387.

möglicher Weise durch die Analyse kein vollkommen richtiges Bild von seiner Zusammensetzung erhält. Das spec. Gew. habe ich bei 13⁰ C. zu 2·116 und 2·115 gefunden.

Wasserbestimmung.

Gewichtsverlust bei

100⁰	200⁰	250⁰	300⁰	b. schwach.	b. stark. Glühhitze.
4 701	11·478	14·324	14·989	20·919	22·579
4·687	12·032	15·101	15·321	21·134	22·434
4·800	11·598	14·414	15·171	21·261	22·801
4·692	12·034	15·001	15·287	20 879	22·683
4·579	11·645	14·431	15·000	21·314	22·768
4·689	12·112	14·501	15·211	21·351	22·481
4.691	11·816	14·628	15·163	21·143	22·624 im Mittel

Auch hier wurde das bei 300⁰ entweichende Wasser beim Stehen in feuchtem Raume vollständig wieder aufgenommen.

	1.	2.	3.	4.	5.	6. Analyse.
SiO_2	47·369	47·408	47·299	47 372	47·483	27·241
AlO_3	19·513	19·498	19·419	19·552	19·610	19·522
FeO_3	0·147	0·142	0·150	0·132	0·143	0·155
CaO	10·347	10·451	10·397	10·201	10·558	10·443
K_2O	0·431	0·399	0·403	0·387	0·425	0·379
Na_2O	0·743	0·691	0·589	0·824	0·611	0·810

Durchschnitt auf 100 berechnet:

Divid. durch das Atomgewicht :

SiO_2	= 46·82	Si	= 22·014	0·7752
AlO_3	= 19·29	Al	= 10·328	0·1873
FeO_3	= 0·14	Fe	= 0·098	0·0009
CaO	= 10·29	Ca	= 7·350	0·1838
K_2O	= 0·40	K	= 0·332	0·0085
Na_2O	= 0·70	Na	= 0·519	0·0226
H_2O	= 22·36	H	= 2·484	2·4844
	100·00			

$$Al : CaK_2Na_2 = 1 : 1·06$$
$$Al : Ca = 1 : 0·97$$
$$Al : KNa = 1 : 0·18$$
$$Al : Si = 1 : 4·12$$
$$Al : H = 1 : 13·20$$
$$Al : KNa = 1 : 0·17$$

Ueber 300⁰ entweichend :

$$H_2O = 7·461 \quad Al : KNaH$$
$$H = 0·829 \quad 1 : 4·6$$

Ueber der schwachen Glühhitze entweichend :

$$H_2O = 1·481 \quad Al : KNaH$$
$$H = 0·1645 \quad 1 : 1·14$$

Bei allen diesen Analysen wurde die gewogene Kieselerde mit kohlens. Natronlösung gekocht; worin sie sich vollständig löste, zum Zeichen der Abwesenheit von Quarz und von Thonerde.

Sehr merkwürdig sind die Veränderungen, denen dieser Phacolith ausgesetzt ist. Zunächst beobachtet man, dafs von der Unterlage aus, auf welcher die Krystalle sitzen, ein feinfaseriges Mineral, Mesotyp oder Scolezit, in dasselbe eindringt und sich immer weiter darin verbreitet. Ja es kann schliefslich die Phacolithsubstanz, wie es scheint, vollständig verdrängen. Hie und da finden sich nämlich die oben erwähnten dünntafelförmigen kleinen Krystalle, welche häufig einen eigenthümlichen weifsen Schiller zeigen. Bricht man sie durch, so bestehen sie aus einem Aggregate von parallelen aufserordentlich feinen Fasern, welche lebhaften Seidenglanz und weifse Farbe besitzen. Sie stehen der Hauptaxe parallel und bilden zwei Systeme von Fasern, die sich von oben und unten in der Mitte treffen und in einer feinen, dem basischen Hauptschnitt entsprechenden Naht an einander stofsen, oder durch einen schmalen Streifen unveränderten Phacoliths von einander getrennt sind. Der Seidenglanz dieser Fasern ist ein so lebhafter, dafs das Mineral sehr an Fasergyps erinnert. Indessen ist seine Härte weit gröfser und aufserdem erhält man vor dem Löthrohr mit Soda keine Hepar-Reaction. Leider war nicht genug Material vorhanden, um die pseudomorphosirende Substanz genauer durch Analyse bestimmen zu können. Man kann daher nur vermuthen, dafs es Scolezit (bez. Mesotyp) oder vielleicht auch Phillipsit ist. Ich fand diese Pseudomorphosen im mineralogischen Cabinet vor, wahrscheinlich sind sie von meinem Vorgänger Knop gesammelt worden.

Vergleicht man nun die für diese 4 Chabasite gefundene Zusammensetzung mit derjenigen anderer Chabasite, so findet man sofort, dafs sich in dieser kleinen Reihe von Analysen ganz dieselbe Verschiedenheit der Zusammensetzung wiederspiegelt, wie bei diesen. Der Chabasit von Nidda, in welchem

Al : Si = 1 : 3·85, gehört zu den basischsten Chabasiten;
dann folgt der Phacolith von Annerod (1 : 4·12), dann der
Chabasit von Annerod (1 : 4·4) und endlich der Chabasit von
Altenbuseck (1 : 5·09). Es mufs hier besonders hervorgehoben werden, dafs alle diese Analysen nach derselben Methode ausgeführt wurden und deshalb auch alle in gleicher
Weise die etwaigen Fehler der Methode an sich tragen müssen.
Gleichwohl weichen die verschiedenen Analysen desselben Vorkommens nur sehr wenig, diejenigen der verschiedenen Vorkommnisse aber sehr wesentlich von einander ab, so dafs der
Unterschied im Kieselerdegehalt 4·4 Proc. beträgt. Diese Verschiedenheiten können also nicht in der Methode der Analyse
begründet sein.

Ehe wir jedoch zu einer Besprechung der vorstehenden
und der älteren Analysen übergehen, wird es nöthig sein, die
Frage zu beantworten, was man denn eigentlich unter Chabasit zu verstehen habe. In der oben citirten Abhandlung
von G. v. Rath wird der Beweis geliefert, dafs Seebachit
und Herrschelit nichts anderes sind als Phacolithe. Da nun
aber der Phacolith höchst wahrscheinlich nur eine besondere
Ausbildungsform des Chabasit ist, so gehören alle diese Mineralien zusammen und können auf Eine Grundform, das
Rhomboëder des Chabasit, bezogen werden. Schon von Tamnau *) ist es in seiner Monographie des Chabasit versucht
worden, auch den Gmelinit und den Levyn mit dem Chabasit
zu vereinigen und ihre Formen mit denen des Chabasit in
Verbindung zu bringen. G. Rose **) hat sich aber gegen
eine solche Vereinigung erklärt, indem er zugleich anerkannte,
dafs die chemische Formel in allen diesen Mineralien eine
übereinstimmende sei. Er machte gegen die Vereinigung des
Gmelinit mit dem Chabasit geltend, dafs sowohl die hexago-
nale Pyramide, als auch das Prisma des ersteren beim Chabasit
nicht vorkämen und dafs die Spaltbarkeit bei dem Gmelinit
den Prismaflächen, bei dem Chabasit aber den Rhomboëderflächen parallel sei.

*) Neues Jahrb. f. Min. 1836, S. 633.
**) Krystallochem. Mineralsystem, S. 99 und 102.

Bezieht man die Pyramide des Gmelinit auf den Chabasit, so erhält sie als Pyramide erster Ordnung das Zeichen $^2/_3$ P mit einem berechneten Seitenkantenwinkel von 79⁰46' und einem Endkantenwinkel von 142⁰36'. Das Prisma des Gmelinits würde auch am Chabasit = ∞P sein. Der Seitenkantenwinkel der Gmelinit-Pyramide ist nun sowohl von G. Rose als auch von Tamnau zu 80⁰54', von mir an einem schönen Krystall von Parsboro als Mittel aus 3 fast völlig übereinstimmenden Messungen zu 80⁰46½', von Dufrenoy zu 80⁰6', von Descloizeaux zu 79⁰54', von Breithaupt zu 79⁰44' und von Howe *) zu 79⁰27' gefunden worden. Der berechnete Endkantenwinkel des Rhomboëders $^2/_3$ R ist am Chabasit = 112⁰32', während er für den Gmelinit von Descloizeaux zu 112⁰5', von Guthe **) zu 112⁰10' und von Howe zu 112⁰27' gefunden wurde. Die Endkanten von $\pm$ $^2/_3$ R = $^2/_3$ P werden von $^2/_3$ P₂ abgestumpft, eine Combination, die von Howe für den Gmelinit von Two Islands, Neuschottland, und von G. v. Rath für den Phacolith von Richmond beschrieben worden ist.

Die verschiedenen Angaben über die Winkel der Gmelinitpyramide zeigen, dafs derselbe ein schwankender ist und dafs der aus dem Axenwerth des Chabasit für $^2/_3$ P berechnete Winkel sehr nahe mit mehreren dieser Angaben übereinstimmt. Die Winkelverhältnisse des Gmelinit sind also einer Vereinigung mit Chabasit nicht im Wege und auch der Umstand, dafs $^2/_3$ P oder $^2/_3$ R am eigentlichen Chabasit bis jetzt noch nicht gefunden ist, hat wohl nur untergeordnete Bedeutung im Hinblick auf die Thatsache, dafs $^2/_3$ P am Phacolith von Richmond vorkommt. Von gröfserer Bedeutung ist freilich die Verschiedenheit der Spaltbarkeit. Dagegen ist die Zusammensetzung eine so ähnliche, dafs man Gmelinit und Chabasit jedenfalls als einander sehr nahestehend bezeichnen mufs und dafs es von Interesse ist, die Zusammensetzung Beider mit einander zu vergleichen.

---

*) Americ. Jour. of sc. a. arts 112, Nr. 70, S. 270.
**) Jahresb. d. naturf. Ges. zu Hannover 1871, S. 52.

Auch beim Levyn macht G. Rose *) dieselben Gründe gegen seine Vereinigung mit Chabasit geltend, wie beim Gmelinit. Wollte man gleichwohl das Rhomboëder des Levyns auf die Form des Chabasit beziehen, so würde das erstere das Zeichen $^3/_4 R$ erhalten, dessen Endkantenwinkel sich aus dem Axenverhältnifs des Chabasit zu $107^0 13'$ berechnet, während er aus dem von Phillips zu $136^0 1'$ gemessenen Winkel von $0 R : R$ zu $106^0 3'$ gefunden wurde. Das bisherige Rhomboëder $-3 R$ des Levyn mit $70^0 7'$ Endk. würde sich in $-^9/_4 R$ (berechneter Endkantenwinkel $= 70^0 35'$), das bisherige $-2 R$ des Levyn mit $79^0 29'$ Endk. würde sich in $-^3/_2 R$ (berechneter Endkantenwinkel $= 80^0 15'$) verwandeln. Das sind Formen, die beim Chabasit noch nicht gefunden worden sind; gleichwohl sind sie an ihm möglich und ihr Fehlen am Chabasit würde eine Vereinigung mit ihm nicht verhindern, wenn andere entscheidende Gründe für die Vereinigung geltend gemacht werden könnten, zumal da die Krystallflächen des Levyns keine genaueren Messungen zulassen. Gegen eine solche Vereinigung würde daher nur das Fehlen der rhomboëdrischen Spaltbarkeit am Levyn sprechen.

Vom krystallographischen Standpunkte aus ist also eine Vereinigung von Phacolith (Herschelit und Seebachit), Gmelinit und Levyn mit dem Chabasit möglich. Die nachstehende Tabelle I gibt für den Fall einer Vereinigung die sämmtlichen Flächen des Chabasit und seiner Abänderungen nebst einer Anzahl von Winkelangaben, die theils neu berechnet, theils den Angaben von Descloizeaux in dessen Manuel de Mineral. entnommen sind.

---

*) Auch Kenngott hat sich in der Vierteljahrschr. der nat. Ges. in Zürich 1871, S. 132 anknüpfend an den von ihm für Levyn gehaltenen Phacolith von Richmond über die Beziehungen dieses Minerals zum Chabasit und die Möglichkeit seiner Vereinigung mit ihm ausgesprochen.

Tabelle I.

Winkelangaben über den Chabasit und die ihm nahestehenden Mineralien.

Die Länge der Hauptaxe ist 1·0858 mal so grofs, wie die einer Nebenaxe.

	Berechnet		Gefunden	
	End-Kantenwinkel.	Seiten-Kantenwinkel.	Endkantenwinkel.	Seitenkantenwinkel.
$+R$	85°14'		94°46' am Chabasit und Phacolith (Phillips und Haidinger)	
$-^1/_2R$	125°13'	—	am Chabasit und Phacolith	
$+^2/_3R$	112°32'	—	112°5' (Descloizeaux) am Gmelinit	
			112°10' (Guthe) " "	
			112°27' (Howe) " "	
$-^2/_3R$	" "	79°46'	am Phacolith (Seebachit)	
$\underline{+^2/_3R = ^2/_3P}$	142°36'			80°54' (Rose u. Tamnau) am Gmelinit
				80°46½' (Streng) "
				80°6' (Dufrenoy) "
				79°54' (Descloizeaux) "
				79°44' (Breithaupt) "
				79°27' (Howe) "
$+^3/_4R$	107°13'		am Levyn	
$-^3/_2R$	80°15'		am Levyn	
$-2R$	72°53'		am Chabasit und Phacolith	
$-^9/_4R$	70°35'		am Levyn	
$^2/_3P_2$	145°54'	71°48'	144°58½' (Arzruni) am Seebachit	74°4' (Arzruni) am Seebachit
			145° (Ulrich) " "	74°6' (v. Rath) " "
			145° (v. Rath) " "	72°34' (Tamnau) am Gmelinit
			am Chabasit und Phacolith	
$^1/_4R^3$	130°36'	—	am Chabasit	
	155°53'	—		

| | Berechnet | | Gefunden | |
	End-	Seiten-Kantenwinkel.	Endkantenwinkel.	Seitenkantenwinkel.
$^{13}/_{16}$ R$^{5}/_{4}$?	103°28'	—	103°21' $\big\}$ (Phillips und Haidinger) am 173°30' $\big\}$ Chabasit	
∞P	174°5'	—	am Gmelinit	
∞P$_2$	—	—	am Chabasit und Phacolith	
0R	—	—	am Phacolith, Herschelit, Seebachit, Gmelinit, Levyn	
$^{7}/_{4}$R = (502) v. Lang?	—	—		
±$^{7}/_{4}$R	—	131°		$\left.\begin{matrix}130°9'\\129°30'\end{matrix}\right\}$ (v. Lang) am Herschelit für 502.

R : ²/₃P₂	154°26'	175°30' (Phillips) am Chabasit
R : ¹³/₁₆R^{5/4}	175°39'	129°57' (Descloizeaux) am Gmelinit
²/₃R : ∞R	129°53'	{160°57' (Descloizeaux) am Gmelinit
+²/₃R : ²/₃P₂	161°18'	{161°10' (Howe) am Gmelinit
—¹/₃R : ¹³/₁₆R^{5/4}	141°44'	141°40' (Tamnau) am Chabasit
—¹/₃R : —2R	143°50'	
—¹/₃R : ¹/₄R³	155°18'	
—¹/₂R : ²/₃P₂	162°57'	
—2R : ∞P₂	143°33'	
Zwillinge nach 0 R.		
—¹/₂R : —¹/₂R̄ über die Endecke	115°50'	
R : R̄ a. d. Seitenk.	77°9'	
R : R̄ anliegend	133°59'	
—2R : —2R̄	43°28' oder 136°32'	
³/₂R : ³/₂R̄	124°	125°12' (Phillips) am Levyn
Zwillinge nach R.		
R : R̄	171°48' einspringend.	

Es wurde nun zunächst der Versuch gemacht, auch die optischen Eigenschaften des Chabasit kennen zu lernen, da der Chabasit von Nidda klar und rein genug zu sein schien, um sein Verhalten im polarisirten Lichte zu ermitteln. Ein ausgesucht schöner und klarer Krystall wurde deshalb so geschliffen, dafs eine senkrecht zur Hauptaxe geschnittene Platte, deren Umrisse ein gleichseitiges Dreieck darstellten, erhalten wurde. Als dieselbe unter dem Polarisationsapparat untersucht wurde, kamen so unklare und verschwommene Bilder zum Vorschein, dafs weder farbige Kreise noch Lemniscaten zu erkennen waren. Um nun zu ermitteln, was die Ursache dieser Erscheinung sei, wurde das Präparat unter das Mikroskop gebracht. Hier zeigte es sich, dafs es, bei aller Klarheit der Substanz selbst, erfüllt war mit so zahlreichen kleinen Sprüngchen, dafs die Entstehung des regelmäfsigen Interferenzbildes gestört wurde. Als nun unter dem Mikroskope polarisirtes Licht angewandt und das Präparat zwischen gekreuzten Nikols betrachtet wurde, ergab sich, dafs es nicht dunkel war, wie es hätte sein müssen, wenn die Krystalle regelmäfsig hexagonal wären, es zeigte sich vielmehr beim Drehen des Präparats ein Wechsel von Licht und Dunkelheit, aber zugleich auch eine sehr scharfe gerade Linie, welche sich als eine Normale a d von Einer der 3 Spitzen des gleichseitigen Dreiecks auf die gegenüberliegende Seite b c (die sie übrigens nicht ganz erreichte) Fig. 1, Taf. VI. darstellte und das Dreieck in 2 Hälften a d b und a d c theilte, deren jede bei einer anderen Stellung hell oder dunkel wurde, wie die andere. Jede dieser Hälften wurde beim Drehen um 360^0 vier Mal hell und dunkel. Die scharfe Grenzlinie beider Hälften entspricht einem verticalen Hauptschnitt parallel einer Fläche von ∞P_2. Stellt man die Grenzlinie parallel einer der beiden Polarisationsebenen der Nicols, so mufs man bei Beleuchtung mit einer gelben Natriumflamme das Präparat um 8 bis 10^0 nach rechts oder nach links drehen, um zuerst in der einen, dann in der anderen Hälfte vollkommene Dunkelheit zu erhalten. Die Elasticitätsaxen des Lichts in jeder der beiden Hälften bilden also mit der Grenzfläche beiderseits Winkel von 8 bis 10⁰, d. h. die Berührungsebene beider Hälften bildet in Bezug auf die Elasticitätsaxen in ihnen eine Symmetrieebene, die Ersteren liegen beiderseits symmetrisch zu ihr.

Nach diesen Beobachtungen mußte man zunächst vermuthen, daß man es mit einer Zwillingsbildung zu thun habe und daß das optische Verhalten der beiden Individuen sie nicht zu den einaxigen, sondern zu den zweiaxigen Krystallen verweisen müßte.

Es wurden nun von den Niddaer Krystallen noch mehrere Schliffe parallel OP angefertigt und unter dem Mikroskope untersucht. Man konnte da beobachten, daß bei gekreuzten Nikols nur in bestimmten Stellungen des Präparats für einen Theil der Krystalle Dunkelheit eintrat und daß nicht nur eine, sondern mehrere Trennungslinien vorhanden waren, die sich im Innern des Krystalls begegnen und nach welchen sich Theile des Krystalls optisch verschieden verhalten; in keinem Schliffe waren aber die Erscheinungen so auffallend und regelmäßig, wie bei dem zuerst untersuchten; auch ließen die Winkel, unter denen sich diese Linien schneiden, nur selten eine Regelmäßigkeit der Anordnung erkennen, indem sie oft zwischen 50 und 60⁰ schwankten.

Es wurden nun noch andere Chabasite in ähnlicher Weise untersucht; zunächst die großen in Rhomboëdern krystallisirten Chabasite von Annerod. Auch hier waren zwischen gekreuzten Nikols beim Drehen des senkrecht zur Hauptaxe geschnittenen Präparats mehrere Grenzlinien heller und dunkler Abtheilungen zu erkennen, welche mitunter Winkel von etwa 60⁰ mit einander bildeten. — Bei einem Chabasit von Aussig waren, wenn auch nicht sehr deutlich, 3 Linien erkennbar, welche ungefähr von den 3 Ecken des senkrecht zur Hauptaxe geschliffenen Präparats ausgingen und, den Winkel zweier Seiten des Schnitts halbirend, sich im Innern des Krystalls unter einem Winkel von etwa 60⁰ trafen.

Da es bei der Unzulänglichkeit meines Materials auf diesem Wege zunächst nicht möglich war, einen klaren Einblick in den Zusammenhang der Verhältnisse zu erhalten, so wurde es versucht, Dünnschliffe parallel einer Fläche von R

anzufertigen und zwar so, daſs die Fläche R eines Krystalls
nur eben geschliffen und mit Canadabalsam auf eine Glasplatte gekittet und der ganze übrige Theil des Krystalls ab-
geschliffen wurde. Man erhielt auf diese Weise einen Schliff,
der die Form eines Rhombus hatte und beinahe von der Oberfläche des Krystalls entnommen war. Dies wurde ausgeführt
an zahlreichen Krystallen von Nidda, Annerod, Aussig, Oberstein und Nova Scotia.

Hier zeigte sich zunächst als eine fast überall hervortretende Erscheinung zwischen gekreuzten Nikols beim Drehen
des Präparats unter dem Mikroskope eine scharfe Linie parallel
der kürzeren Diagonale des Rhombus (bez. der Rhomboëder-
fläche), oder mit ihr zusammenfallend, welche die Fläche in
2 verschieden gefärbte Theile zerlegte. Diese Linie ging nur
selten durch die ganze Fläche von einer stumpfen Ecke zur
andern (Fig. 2); meistens erreichte sie in der Mitte oder jenseits der Mitte der Fläche ihr Ende. In diesem letzteren
Falle kam es nur selten vor, daſs sie sich spaltete in 2 Linien,
welche den Seiten des Rhombus bez. den Rhomboëderkanten
parallel liefen (Fig. 3); meistens hörte sie entweder gänzlich
auf (Fig. 4), oder sie nahm eine andere Richtung an (Fig. 5),
um später wieder in die ursprüngliche überzugehen (Fig. 6
und 7), oder sie nahm eine Richtung an, welche keiner der
Seiten parallel lief (Fig. 8). Mitunter zeigten sich mehrere
Linien, die sich entweder trafen (Fig. 8 und 9), oder mitten
in der Fläche aufhörten (Fig. 10, 11 und 12). Dann und
wann, wenn auch selten, sind gar keine Linien erkennbar,
oder sie sind so verwachsen, d. h. die Farben der verschiedenen Theile gehen so allmählich in einander über, daſs keine
Grenze mehr gezogen werden kann. Dies ist namentlich
dann der Fall, wenn eine scharfe Linie in der Mitte der
Fläche aufhört, bemerkbar zu sein; dann gehen die vorher
scharf getrennten Farben der beiden Flächenabtheilungen allmählich in einander über.

Um nun zu erkennen, ob diese Erscheinungen innerhalb
des Krystalls mit solchen auf den Krystallflächen in Verbindung stehen, wurden die zu schleifenden Flächen vorher genau

untersucht. Hierbei ergab sich, daſs die, der kürzeren diagonalen parallel laufende, im Dünnschliff zwischen gekreuzten
Nikols hervortretende Linie mit der durch die federförmige
Streifung auf R hervorgebrachten, eine stumpfe Kante bildenden Naht in der innigsten Verbindung steht, so daſs die
erstere genau der Lage der letzteren entspricht. Während
aber auf der Oberfläche des Rhomboëders von dem Punkte
e Fig. 13 aus, wo die Naht h der federförmigen Streifung
aufhört, 2 sehr stumpfe Kanten e f und e g beginnen, welche
anscheinend den Endkanten von R parallel laufen, in der That
aber damit einen Winkel bilden (es sind die Combinations-
kanten von R mit dem angeblichen $^{13}/_{16} R^5/_4$), so hört im
Schliffe derselben Fläche (Fig. 14) zwischen gekreuzten Nikols
die scharfe Linie h an dem Punkte e auf und an Stelle der
auf der Oberfläche deutlich hervortretenden Kanten e f und e g
finden sich nur verwaschene Uebergänge der Farben von b
und c zur Farbe von d und nur hie und da findet sich statt
dieses verwaschenen Uebergangs eine schärfere geradlinige
Farbengrenze.

Es ergibt sich aus diesen Beobachtungen, daſs die optischen Erscheinungen mit dem Vorhandensein der federförmigen Streifung in der innigsten Verbindung stehen. Wären
sie eine Folge von Zwillingsbildung, dann müſste die Linie h
Fig. 13 und 14 entweder durch die ganze Fläche bis zur
entgegengesetzten Ecke hindurchgehen (was nur selten der
Fall ist), oder sie müſste von dem Punkt e aus in scharfen,
zwischen gekreuzten Nikols deutlich hervortretenden Zwillings-
nähten nach den Seitenkanten des Rhomboëders sich wenden,
was meistens auch nicht stattfindet.

Dieses Resultat gab Veranlassung, die federförmige Streifung und das damit verbundene angebliche Scalenoëder
$^{13}/_{16} R^5/_4$ einer genaueren Untersuchung zu unterwerfen. Zunächst wurde eine Anzahl von Winkelmessungen mit dem
Fernrohrgoniometer unter Benutzung eines künstlich beleuchteten W e b s k y 'schen Spalts vorgenommen, um den sehr
stumpfen Winkel der Kante d genauer zu bestimmen.

Krystalle von Nidda. Erster Krystall. Die reflectirten Bilder waren wegen der Streifung nicht scharf, aber doch deutlich genug zum Einstellen : 176⁰25′ — 176⁰27′ — 176⁰25$\frac{1}{2}$′; im Mittel : 176⁰26′.

Zweiter Krystall. Die eine Fläche gibt eine ganze Reihe verwaschener Bilder ; es wurde das deutlichste eingestellt. Die zweite Fläche gab 2 Bilder, von denen das deutlichste zum Einstellen benutzt wurde. 176⁰26$\frac{1}{2}$′ — 176⁰25$\frac{1}{2}$′ — 176⁰23′ — 176⁰25$\frac{1}{2}$′ — 176⁰24′; im Mittel : 176⁰26′. Beide Messungen gaben also sehr wohl übereinstimmende Resultate.

Krystalle von Annerod, am Wege nach Rödchen. Erster Krystall. Beide Flächen gaben sehr verschwommene Bilder; eingestellt wurden die einander zunächst liegenden : 177⁰43′ — 177⁰47′ — 177⁰40′ — 177⁰43′; im Mittel : 177⁰43′.

Zweiter Krystall. Die Flächen zeigen mehrere etwas verwaschene Bilder; Einstellung bei der einen Fläche auf das deutlichste aber entfernteste, bei der zweiten auf ein mittleres Bild : 177⁰57′ — 177⁰58′ — 177⁰58′; im Mittel 177⁰58′.

Krystall von Aussig. Erstes Flächenpaar : Jede Fläche hat mehrere verwaschene Bilder. Einstellung auf

die beiden äufsersten		die beiden innersten Bilder	
178⁰6′		179⁰15′	
178⁰4$\frac{1}{2}$′	178⁰6′	179⁰16′	
178⁰7$\frac{1}{2}$′	im Mittel.	179⁰16$\frac{1}{2}$′	179⁰16′
178⁰7′		179⁰16$\frac{1}{2}$′	im Mittel.
		179⁰16′	

Zweites Flächenpaar desselben Krystalls. Die erste Fläche gibt ein etwas verschwommenes Bild, die zweite eine ganze Reihe verschwommener Bilder. Einstellung auf

das oberste		das unterste Bild	
178⁰21′		178⁰52′	
178⁰24′	178⁰23′	178⁰54′	178⁰52′
178⁰26′	im Mittel.	178⁰51′	im Mittel.
178⁰21′		178⁰51′	

Krystalle von Oberstein. Erster Krystall. Die Flächen zeigten mehrere sehr verschwommene Bilder. Ein deutlicheres am obersten Ende wurde bei der ersten Fläche zum Einstellen benutzt; bei der zweiten wurde eingestellt

auf das nächste Bild		auf das unterste Bild	
177°23'		176°32'	
177°18'		176°32¹/₂'	
177°20'	177°21'	176°29¹/₂'	176°31'
177°22'	im Mittel	176°31¹/₂'	im Mittel

Zweiter Krystall. Jede Fläche zeigte Ein etwas verwaschénes Bild. 178°33' — 178°43' — 178°31¹/₂' — 178°31¹/₂' — 178°31¹/₂'; im Mittel 178°32'.

Dritter Krystall. Auf jeder Fläche Ein verwaschenes Bild : 178°59' — 179°0' — 179°2' — 178°59'; im Mittel 179°0'.

Vierter Krystall. Die erste Fläche zeigte Ein verwaschenes Bild, die zweite 2 verwaschene Bilder. Einstellung auf

das erste Bild		das zweite Bild	
177°48'		177°30'	
177°48'		177°27'	
177°47¹/₂'	177°48'	177°27'	177°28'
177°48'	im Mittel	177°30'	im Mittel

Ein fünfter Krystall gab statt einzelner Bilder nur die verschwommenen Streifensysteme Fig. 15.

An einem anderen Krystall wurde es versucht, auch den Winkel von c : a Fig. 12 zu messen, d. h. den Winkel, welchen das glatte R mit dem gestreiften $^{13}/_{16}$ R$^5/_4$ bildet. Auch hier erhielt man matte verwaschene Bilder, so daſs nur ungefähre Messung möglich war. Dieselbe ergab : 176°54' — 176°56' — 176°47'; im Mittel 176°52' für R : $^{13}/_{16}$ R$^5/_4$.

Krystall von Neuschottland, wo federförmige Streifung nicht sehr häufig vorkommt. Hier gab jede Fläche Ein verwaschenes Bild. 179°38' — 179°39' — 179°39'; im Mittel 179°39'.

An einem andern Krystall gaben beide Flächen eine ganze Reihe von Bildern, deren äuſserste einem Winkel von etwa 178°54' entsprachen, der Winkel der beiden innersten Bilder war also noch stumpfer.

Phillips fand den stumpfen Winkel über R zu 173°30, und aus dem von Tamnau für das Scalenoëder gewählten Zeichen berechnet sich derselbe zu 174°5'·

Aus allen diesen Beobachtungen ergibt sich nun, daſs die Mittelzahlen für die stumpfe Kante des angeblichen Scalenoëders $^{13}/_{16}$ R$^5/_4$ folgende Werthe hatten :

XVI. 7

176°26' Nidda	177°48' Oberstein	178°52' Aussig
176°31' Oberstein	177°58' Annerod	178°54' N.-Schottl.
177°21' „	178°6' Aussig	179°0' Oberstein
177°28' „	178°23' „	179°16' Aussig
177°43' Annerod	178°32' Oberstein	179°39' N.-Schottl.

Mit anderen Worten : Die Gröſse des stumpfen Winkels der angeblichen Scalenoëderflächen über den Rhomboëderflächen des Chabasit ist so überaus schwankend, daſs sie nicht als Flächen, welche einer bestimmten Form angehören, betrachtet werden können; es sind Flächen, deren Lage eine durchaus schwankende ist.

Durch weitere Beobachtungen an den Chabasiten verschiedener Fundorte wurden nun noch einige Thatsachen ermittelt, welche geeignet sind, für die bis jetzt erwähnten optischen und krystallographischen Eigenthümlichkeiten der Chabasite geeignete Erklärungen zu geben :

1) Die federförmige Streifung auf R kommt nur dann vor, wenn auch eine sehr stumpfe Kante parallel der kurzen Diagonalen dieser Fläche vorhanden ist und umgekehrt.

2) Wenn die federförmige Streifung auf Einer Fläche von R vorhanden ist, so fehlt sie zuweilen auf der parallelen Gegenfläche. Stünde nun diese federförmige Streifung und die damit verbundene stumpfe Kante auf R mit einer Zwillingsbildung parallel einer Fläche von ∞P_2 oder parallel einer entsprechenden rhombischen Säulenfläche in Verbindung, dann müſste die Zwillingsnaht auch auf dieser Gegenfläche vorhanden sein. Da dies nicht der Fall ist, so liegt hier keine Zwillingsbildung vor. — Ist ferner die Gegenfläche auch federförmig gestreift, so ist die stumpfe Kante keine einspringende, sondern auf beiden Flächen ausspringend. Einspringende Winkel kommen nur in dem Fig. 23 und 25 angegebenen Falle vor.

3) Die federförmige Streifung ist oft nur auf einzelnen Flächen von R vorhanden, auf andern fehlt sie und zwar ohne jede Regel der Vertheilung. Wäre die federförmige Streifung und die stumpfe Kante hervorgebracht durch irgend ein stumpfes Scalenoëder, so würde entweder jede Rhomboëder-

fläche die Streifung zeigen, oder sie müſste überall fehlen. Es ist deshalb auch im höchsten Grade unwahrscheinlich, daſs ein bestimmtes stumpfes Scalenoëder vorhanden ist, was sich ja auch schon aus dem groſsen Schwanken in den Winkeln ergeben hat.

4) Die stumpfe Kante bildet gewöhnlich keine gerade Linie, sondern hat einen sägeartigen Verlauf, der nur im Allgemeinen der kurzen Diagonale der Rhomboëderfläche parallel läuft.

5) Die federförmige Streifung und die stumpfe Kante sind (mit wenigen Ausnahmen) nur da vorhanden, wo aus der betreffenden Fläche eine Ecke des um die Hauptaxe verdrehten Zwillingskrystalls herausragt. Die stumpfe Kante nimmt dabei ihren obersten Anfang entweder in der Endecke, oder an irgend einer Stelle einer Endkante und geht dann parallel der kurzen Diagonale *bis zu demjenigen Punkte, an welchem eine Seitenkante des Zwillingskrystalls* die Fläche R bei e Fig. 16 schneidet. Je nachdem diese Hervorragung des Zwillingskrystalls mehr rechts oder mehr links liegt, findet sich die Kante d auch mehr zur Rechten oder mehr zur Linken von der Diagonale. Hat die stumpfe Kante am Anfange nicht die Richtung nach dem oben erwähnten Punkt e, dann wendet sie sich mit 2 oder mehr Einknickungen demselben zu (Fig. 25 und 26).

Mitunter sind 2 Nähte zu beiden Seiten der hervorragenden Ecke vorhanden. In diesem Falle ist oft sowohl oberhalb bei a, als auch unterhalb der hervorragenden Ecke bei d ein ungestreifter Theil von R, der aber mit dem gestreiften stets einen stumpfen Winkel bildet (Fig. 17 und 23, worin x und y einspringende Flächen bilden). Das Feld a liegt tiefer wie b, c und d.

6) Sind zwei hervorragende Ecken, d. h. zwei Krystalle vorhanden, welche neben einander und in paralleler Stellung den Hauptkrystall durchkreuzen, dann geht entweder, und das ist der seltenste Fall, die stumpfe Kante nur an die Eine Hervorragung (Fig. 24), oder es sind 2 stumpfe Kanten vorhanden, deren jede mit einer Hervorragung in Verbindung steht

7*

(Fig. 18 und 19), oder es findet sich nur Eine stumpfe Kante zwischen beiden Krystallen (Fig. 20).

Die Figuren 21, 22, 23, 25, 26 und 27 geben noch einige besondere Eigenthümlichkeiten der Federstreifung wieder. In Fig. 21, 22 und 25 ist die glatte Fläche d ersetzt durch eine Fläche mit umgekehrt federförmiger Streifung.

7) Die Streifung ist den Endkanten von R parallel, die Kanten e f und e g Fig. 16 sind es aber nicht, so daſs die Streifen an diesen stumpfen Kanten absetzen. Mitunter stöſst auch die Streifung an einer Linie ab, die von dem Punkte, wo die *Endkante* der Zwilligskrystalle die Rhomboëder-fläche trifft (bei i Fig. 26), nach dem Rande bei k verläuft.

8) Die Streifung beruht auf einer alternirenden Com-bination zweier Flächen, die einen sehr stumpfen Winkel mit einander bilden, also z. B. R und $^{13}/_{16} R^5/_4$ oder R und $^1/_4 R^3$ oder $^{13}/_{16} R^5/_4$ und $^1/_4 R^3$.

9) Genau dieselben Erscheinungen wiederholen sich oft auf den aus R hervorragenden Flächen des Zwillingskrystalls.

———

Aus allen diesen und vorhergenannten Beobachtungen kann man wohl den Schluſs ziehen, daſs die Federstreifuǹg und die stumpfe Kante auf den Rhomboëderflächen des Cha-basit weder von dem Vorhandensein eines echten Scalenoëders, noch von einer Zwillingsbildung herrühren, sondern daſs sie eine Folge sind von Störungen in dem Ebenmaaſse der den Krystall aufbauenden Kräfte, hervorgebracht durch das Vor-handensein des zweiten Krystalls, welcher den ersten durch-kreuzt und so gegen ihn verdreht ist, daſs an der Stelle einer Fläche sich Kanten und Ecken befinden. Auf jedes Molekül, welches sich an einen der Krystalle anzulegen im Begriffe ist, wirken zwei von je einem Krystall ausgehende Kräfte in ver-schiedenen Richtungen. Das Molekül wird sich nun unter dem Einflusse einer Kraft an Einen Krystall anlegen, welche als die Resultirende der beiden anziehenden Kräfte betrachtet werden muſs. Die so entstehenden Flächen werden daher eine andere Lage haben müssen, als wenn auf die sich anlagern-

den Molecüle nur die anziehenden Kräfte Eines Krystalls
wirkten; es wird auf diese Art eine Fläche entstehen, welche
ein sehr complicirtes krystallographisches Zeichen besitzt und
wohl zu denjenigen Flächen gehört, welche als vicinale bezeichnet worden sind. Die Lage der Molecüle wird aber abhängen müssen theils von der relativen Masse der beiden
Krystalle, theils von ihrer gegenseitigen Lage, d. h. von der
gröfseren oder geringeren Entfernung ihrer beiderseitigen
parallelen Hauptaxen von einander. Man wird sich daher
denken können, dafs die Lage einer Fläche an verschiedenen
Individuen eine verschiedene wird sein können, d. h. dafs die
beiden Flächen a und b Fig. 15 unter verschiedenen Verhältnissen verschiedene Winkel mit einander bilden. Durch das
Vorhandensein des Durchkreuzungszwillings und durch die
Störung, die hierdurch auf die anziehenden Kräfte des Haupt-
krystalls ausgeübt wird, kann also dieselbe Wirkung erzielt
werden, als wenn der Punkt e von unten nach oben gehoben
würde, es entsteht eine gebrochene Fläche, indem drei (oder
mehr) Kanten und an Stelle einer Fläche deren drei (oder
mehr) sich bilden.

Mit dem Namen „*Durchbruchsflächen*" könnte man vielleicht solche Flächen bezeichnen, welche an einem Krystall
dadurch entstanden sind, dafs ein zweiter Krystall den ersten
in Zwillingsstellung durchwachsen hat, aus ihm hervorragt
und einen verändernden Einflufs auf die Zahl und die Lage
gewisser Flächen des ersteren ausübt so, dafs es den An-
schein hat, als habe der zweite Krystall eine Fläche des
ersten gehoben, durchbrochen und in mehrere Flächen zertheilt.

Dieser Erklärung könnte man den Einwurf machen, dafs
es Krystalle gibt, welche die Federstreifung und die stumpfe
Kante zeigen, ohne dafs eine hervorragende Ecke eines Zwillingskrystalls sichtbar ist. In solchem Falle würde man vermuthen können, dafs der letztere im Innern vorhanden und
allmählich von dem Hauptkrystall überwachsen ist, weil mitunter nur eine ganz kleine, kaum hervorragende Ecke die
stumpfe Kante an sich zieht.

Die vorstehenden Beobachtungen sind vornehmlich von Interesse bei der Beurtheilung vicinaler Flächen mit sehr complicirten Parameterverhältnissen. Solche Flächen mögen sich wohl auch bei andern Krystallen in ähnlicher Weise und unter ähnlichen Verhältnissen bilden, wie bei dem Chabasit.

Aber auch die eigenthümlichen optischen Verhältnisse lassen sich hieraus erklären; denn offenbar befinden sich die Molecüle in einem solchen Individuum, wie in Fig. 16, nicht in normaler Stellung; statt dafs sich dieselben auf allen Theilen der Rhomboëderfläche in gleicher Lage befinden, ist ihre Lage oder Stellung oder Anordnung auf a eine andere als auf b, d. h. sie wird in a symmetrisch sein zu derjenigen in b. Hiermit stehen innere Spannungen in Verbindung und dies ist die Ursache, dafs die Krystalle im polarisirten Lichte bei Schnitten senkrecht zur Hauptaxe nicht optisch einaxig, sondern optisch zweiaxig erscheinen und dafs sie durch die Kante h und durch die Rhomboëderendkante in Abtheilungen getheilt werden, welche im polarisirten Lichte sich verschieden verhalten.

Wie Herr v. Rath *) in seiner Arbeit über den Phacolith mittheilt, beruhen die von Herrn v. Lang **) für den Herschelit beobachteten optischen Erscheinungen, welche ihn als optisch zweiaxig, d. h. als rhombisch erscheinen lassen, nach den Mittheilungen der Herrn Groth und Arzruni auf einer mit der Zwillingsbildung verbundenen inneren Spannung, wodurch abnorme optische Zweiaxigkeit herbeigeführt wird.

Hat man daher allen Grund, den Herschelit und Seebachit, d. h. den Phacolith nicht für rhombisch, sondern für rhomboëdrisch zu halten, so wird dies in gleicher Weise auch für den Chabasit gelten können, dessen Hauptform man also trotz der oben erwähnten optischen Erscheinungen für ein einfaches Rhomboëder wird halten müssen.

---

*) Pogg. Ann. 158, S. 394.
**) Philos. mag. IV. Ser., Bd. 28. 1864, S. 506.

Die oben aufgeführten Messungen an Krystallen von Chabasit waren die Veranlassung, eine Reihe weiterer Messungen an diesem Minerale vorzunehmen, die hier eingeschaltet werden sollen.

Chabasit von Nidda. Seitenkantenwinkel von R. Auf der Einen Fläche zwei Bilder, beide nicht scharf; erstes Bild : $85^{0}6'$ — $85^{0}9^{1}/_{2}'$ — $85^{0}8'$, im Mittel $85^{0}8'$; zweites Bild : $85^{0}27^{1}/_{2}'$.

Endkantenwinkel von R : $97^{0}22'$ — $97^{0}21^{1}/_{2}'$ — $97^{0}23'$; im Mittel : $97^{0}22'$. Die Eine Fläche war durch die stumpfe diagonale Kante gestört und gab kein klares Bild.

An einem andern Krystall, dessen Eine Fläche ebenfalls die diagonale stumpfe Kante zeigte, waren auf jeder Fläche mehrere Bilder zu beobachten. Die Messung gab in Folge dessen je nach der Einstellung verschiedene Resultate : $95^{0}36'$ — $97^{0}24^{1}/_{2}'$ (als Mittel aus 4 gut stimmenden Beobachtungen) — $98^{0}18'$.

Chabasit von Aussig. Erster Krystall. Seitenkantenw. von R. Die erste Fläche gab vier nahe aneinander liegende Bilder, wovon Eines recht scharf war; es diente zur Einstellung. Die zweite Fläche gab eine grofse Zahl von Bildern, darunter ein recht scharfes in der Mitte, es diente zum Einstellen : $85^{0}27^{1}/_{2}'$ — $85^{0}26'$ — $85^{0}28'$ — $85^{0}26^{1}/_{2}$; im Mittel : $85^{0}27'$. Wurde die zweite Fläche auf das oberste Bild eingestellt, so wurde $86^{0}15'$, auf das unterste : $84^{0}21'$ erhalten.

Zweiter Krystall. Endkantenw. von R. Die eine Fläche hatte zwei Bilder :

erstes Bild	zweites Bild
$97^{0}9'$	$97^{0}20'$
$97^{0}9^{1}/_{2}'$ } $97^{0}9'$	$97^{0}20^{1}/_{2}'$ } $97^{0}20'$
$97^{0}9'$ } im Mittel	$97^{0}20'$ } im Mittel

Dritter Krystall. Endkantenwinkel von R. Einstellung auf verschiedene Bilder :

$94^{0}36^{1}/_{2}'$			
$94^{0}35'$ } $94^{0}35'$	$95^{0}39'$ } $95^{0}40'$	$96^{0}12'$ } $96^{0}13'$	
$94^{0}34^{1}/_{2}'$ } im Mittel	$95^{0}40'$ } im Mittel	$96^{0}13^{1}/_{2}'$ } im Mittel	
$94^{0}35'$	$95^{0}40'$	$96^{0}12^{1}/_{2}'$	

Andere Endkanten desselben Krystalls :

$$96^06'$$
$$96^05' \Big\} \ 96^05'$$
$$96^03\tfrac{1}{2}' \Big\} \ \text{im Mittel}$$

$$96^038'$$
$$96^038' \Big\} \ 96^037'$$
$$96^036'$$

Vierter Krystall. Seitenkantenwinkel. Einstellung auf verschiedene Bilder :

$$85^039\tfrac{1}{2}'$$
$$85^040' \Big\} \ 85^040'$$
$$85^040' \Big\} \ \text{im Mittel}$$

$$84^017'$$
$$84^018\tfrac{1}{2}' \Big\} \ 84^018'$$
$$84^018' \Big\} \ \text{im Mittel}$$

Fünfter Krystall mit federartig gestreiften Rhomboëder-flächen, mit $-\tfrac{1}{2}$R und mit einer aber nur auf der Einen Seite sichtbaren Abstumpfung der Combinationskante von $-\tfrac{1}{2}$R : R. Nennen wir diese Fläche 0. Die erste Fläche von R zeigte eine ganz Reihe verwaschener Bilder. Zuerst wurde auf ein stärker hervortretendes mittleres Bild (a), dann auf das erste Bild eingestellt (b). Die Fläche 0 war rinnenförmig gebogen und gab keine erkennbaren Bilder. Sie mußte mit der Lupe auf den stärksten Lichtschein des Websky'schen Spalts eingestellt werden. $-\tfrac{1}{2}$R war sehr schmal und gab kein erkennbares Bild, mußte daher auch auf den Lichtschein eingestellt werden. Die zweite Fläche von R gab drei verwaschene Bilder, auf welche der Reihe nach eingestellt wurde :

a.		R : R		
		1.	2.	3. Bild der
R : O	R : $-\tfrac{1}{2}$R			2. Fläche von R.
171°44'	137°24'	97°13'	96°50'	96°15'
171°58'	137°40'	97°16'	96°40'	96°18'
171°56'	136°53'	97°15'	96°48'	96°18'
Mittel 171°53'	137°19'	97°16'	96°54'	96°17'
		97°15'	96°48'	96°17'
b.				
172°26'	137°51'	96°54'	96°29'	95°57'
172°40'	137°23'	96°56'	96°31'	95°58'
172°37'	137°39'	96°57'	96°33'	95°59'
172°34'	137°38'	96°56'	96°31'	95°58'

Chabasit von Annerod. Erster Krystall. Endkanten-winkel von R. Jede Fläche gab ein sehr lichtschwaches und verwaschenes Bild. Eine der beiden Flächen zeigte Feder-streifung. $95^040' - 95^039' - 95^054' - 95^051' - 95^050' - 95^050'$; im Mittel $95^047'$.

Zweiter Krystall. Endkantenwinkel von R. Die erste Fläche gab zwei dicht aneinanderliegende ziemlich scharfe

Bilder; Einstellung auf das deutlichste unterste Bild. Aehnlich verhielt sich die zweite Fläche. Einstellung auf das oberste Bild. Beide Flächen waren ohne Federstreifung. $94^0 53^1/_2'$ — $94^0 52^1/_2'$ — $94^0 52^1/_2'$ — $94^0 52^1/_2'$; im Mittel $94^0 53'$.

Dritter Krystall. Seitenkantenwinkel von R; auf beiden Flächen mehrere Bilder; Einstellung auf das deutlichste Bild in Beiden. Eine der Flächen zeigte Federstreifung. $85^0 20'$ — $85^0 20'$ — $85^0 20'$; im Mittel $85^0 20'$.

Vierter Krystall. Seitenkantenwinkel von R. Beide Flächen gaben 2 Bilder, ein lichtschwaches scharfes und ein lichtstarkes verschwommenes. Einstellen

auf die beiden ersteren		auf die beiden letzteren	
$81^0 22'$		$84^0 54'$	
$81^0 23'$	$81^0 22'$	$84^0 53'$	$84^0 52'$
$81^0 22^1/_2'$	im Mittel	$84^0 48'$	

Fünfter Krystall. Auch hier ist die oben erwähnte Fläche 0 in der Endkantenzone von R als schiefe Abstumpfung der Endkante von R vorhanden. Sie ist stark gestreift und konnte nur auf den Lichtschein eingestellt werden; da auch die schwach gestreifte Fläche von R kein klares Bild gab und ebenfalls auf den Lichtschein eingestellt werden mußte, so waren die Resultate sehr schwankend. $165^0 20'$ — $165^0 8'$ — $165^0 0'$ — $165^0 6'$ — $165^0 21'$ — $164^0 58'$ — $165^0 10'$ — $165^0 15'$; im Mittel $165^0 10'$. Auch hier und an andern Krystallen ist 0 rinnenförmig vertieft.

Chabasit von Oberstein. Erster Krystall. Endkantenwinkel von R. Jede Fläche gab 4 bis 5 Bilder. Bei jeder Fläche wurde auf das erste und letzte Bild eingestellt. Beide Flächen sind gestreift.

1. Fläche	erstes	erstes	letztes	letztes Bild
2. „	letztes	erstes	letztes	erstes „
	$96^0 31'$	$98^0 2'$	$98^0 39'$	$99^0 6'$
	$96^0 30^1/_2'$	$98^0 6'$	$98^0 39'$	$99^0 7^1/_2'$
	$96^0 31'$	$98^0 2^1/_2'$	$98^0 39'$	$99^0 7^1/_2'$
	$96^0 31^1/_2'$	$98^0 2'$		$99^0 7'$ im Mittel.
	$96^0 31'$	$98^0 3'$		
		$98^0 3'$		

Zweiter Krystall. Endkantenwinkel von R. Die erste Fläche gab einen ganzen Haufen neben und über, aber stets nahe bei einander liegender Bilder, von denen zwei in einer Linie sich befanden und sich gut einstellen liefsen. Die zweite Fläche gab eine ganze Reihe übereinanderliegender Bilder. Einstellen der zweiten Fläche auf das

1.	2.	3. u. stärkste	letzte Bild
97º10'	96º33$^{1}/_{2}$'	95º39'	94º44'
97º9'	96º33'	95º39'	94º43$^{1}/_{2}$'
97º9'	96º32'	95º40'	94º45'
97º9'	96º33'	95º39'	94º44'

Beide Flächen waren gestreift.

Dritter Krystall. Endkantenwinkel von R. Die erste Fläche gab zwei nahe aneinanderliegende Bilder, von denen das bei Weitem lichtstärkere zum Einstellen benutzt wurde. Die zweite Fläche gab drei verschwommene Bilder. Einstellen auf das

1.	2.	3. Bild
96º57'	96º26'	95º40'
96º52$^{1}/_{2}$'	96º23'	95º37$^{1}/_{2}$'
96º57'	96º26'	95º39'
96º58'	96º27'	95º39'
96º56'	96º25'	95º39'

Winkel der ersten Rhomboëderfläche zu $-^{1}/_{2}$R, welche aber nur einen sehr schwachen Lichtschein gab : 134º14' — 134º22' — 134º20' — 134º26'; im Mittel 134º21'.

-2R (mit zwei dicht aneinanderliegenden Bildern) : $-^{1}/_{2}$R (mit lichtschwachem aber einstellbarem Bilde) :

1.		2. Bild auf -2R	
144º24'		144º14'	
144º23$^{1}/_{2}$'		144º13$^{1}/_{2}$'	
144º24$^{1}/_{2}$'	144º24'	144º14$^{1}/_{2}$'	144º14'
144º22$^{1}/_{2}$'	im Mittel	144º12'	im Mittel
144º26'		144º15$^{1}/_{2}$'	

-2R : R (3 Bilder) :

1.		2.		3. Bild	
127º18$^{1}/_{2}$'		127º50'		128º9'	
127º17$^{1}/_{2}$'	127º18'	127º48$^{1}/_{2}$'	127º49'	128º11'	128º10'
127º17$^{1}/_{2}$'	im Mittel	127º48$^{1}/_{2}$'	im Mittel	128º9'	im Mittel

Vierter Krystall. Kante von -2R mit sehr scharfem Bilde zu dem darunter liegenden nicht gestreiften R, welches ein etwas verschwommenes aber schmales und noch eben einstellbares Bild gibt :

119°29′ — 119°36′ — 119°34′ — 119°34′ — 119°32^1/$_2$′ — 119°37′ — 119°32^1/$_2$′ — 119°32′ — 119°32′ — 119°32^1/$_2$′ — 119°32′ — 119°34′. **Mittel aus diesen 12 Messungen 119°33′.**

Aus diesen Messungen ersieht man zunächst, wie außerordentlich schwankend die Werthe für die Kanten von R sind, was mit dem Vorhandensein der oben erörterten Unregelmäßigkeit in der Flächenbildung zusammenhängt. Wie unregelmäßig diese Flächen ausgebildet sind, zeigen die verschiedenen Winkelwerthe, welche zwei Krystallflächen geben, wenn man die verschiedenen Bilder einstellt. Jedes Bild entspricht streng genommen einer Fläche, so daß eine Fläche von R aus mehreren Flächen zu bestehen scheint, die sehr stumpfe Winkel mit einander bilden. Beträgt doch der Winkelunterschied der verschiedenen Bilder auf einer Fläche von R unter Umständen über 3^1/$_2$°.

Es sind nach dem Vorstehenden für R folgende Winkelwerthe gefunden (N = Nidda, Ag = Aussig, Ad = Annerod, O = Oberstein):

Endkantenwinkel:			Seitenkantenwinkel:	
94°35′ Ag	96°17′ Ag	97°09′ O	86°15′	Ag
94°44′ O	96°25′ O	97°15′ Ag	85°27^1/$_2$′	N
94°53′ Ad	96°31′ Ag	97°20′ Ag	85°27′	Ag
95°36′ N	96°31′ O	97°22′ N	85°20′	Ad
95°39′ O	96°33′ O	97°24^1/$_2$′ N	85°8′	N
95°40′ Ag	96°37′ Ag	98°03′ O	84°40′	Ag
95°47′ Ad	96°48′ Ag	98°18′ N	84°21′	Ag
95°58′ Ag	96°56′ Ag	98°39′ O	84°18′	Ag
96°05′ Ag	96°56′ O	99°07′ O	81°22′	Ad
96°13′ Ag	97°09′ Ag			

Unter allen diesen Messungen sind nur sehr wenige, die den eigentlichen Winkelwerth der Kanten von R angeben, es sind solche, bei denen die Flächen von R nicht gestreift und mit keiner stumpfen Diagonalkante versehen waren; das ist 94°53′ für den Endkantenwinkel eines Krystalls von Annerod und 85°8′ sowie 85°27.^{1}/$_2$′ (entsprechend einem Endkantenwinkel von 94°52′ und 94°32^1/$_2$) für einen Krystall von Nidda. Der erste dieser letzten beiden Werthe stimmt fast vollkommen mit dem für den Anneroder Krystall erhaltenen Werthe überein. Nimmt man aus den 3 Zahlen das Mittel, so erhält man 94°46′, was mit dem von Phillips und Haidinger angegebenen Werthe vollkommen zusammenfällt, so daſs dieser dadurch eine neue Bestätigung erfährt. Wahrscheinlich würde man ein noch zuverlässigeres Resultat erhalten, wenn man die Messung beschränken wollte auf zwei Flächen von —2 R, die meistens sehr regelmäſsig und gut entwickelt sind und keine solche Störungen zeigen, wie die Flächen von R oder —¹/₂ R. Leider fand ich unter dem mir zu Gebote stehenden Materiale keine geeigneten Exemplare.

Für R : —¹/₂ R wurde gefunden : 134°21′ — 137°38′ — 137°19′; das Mittel aus den beiden letzten Zahlen ist 137°28′, während die Berechnung 137°23′ ergibt.

Für R : —2 R wurde an den Seitenkanten gefunden 119°33′; die Berechnung gibt 119°41′; an den Endkanten wurde 127°18′ — 127°49′ und 128°10′ erhalten, während der berechnete Winkel = 126°27′ beträgt.

Für —2 R : —¹/₂ R wurde erhalten 144°24′ und 144°14; der berechnete Winkel ist = 143°50′.

Die oben erwähnte Fläche 0, welche in der Endkantenzone von R liegt und die Combinationskante von —¹/₂ R zu R abstumpft, ist meist rinnenartig ausgehöhlt und hat deshalb eine sehr schwankende Lage. Der Winkel von R : 0 ist an einem Krystall von Aussig im Mittel zu 171°53′ bestimmt worden, schwankt aber zwischen weiten Grenzen. An einem Krystalle von Annerod, wo die Fläche 0 ausnahmsweise etwas ebener war, ist der Winkel von 0 : R oder ¹³/₁₆ R⁵/₄ zu 165°10′ gefunden worden. Da die Fläche ¹/₄ R³, die von Tamnau angegeben wird, mit ¹³/₁₆ R⁵/₄ einen Winkel von 166°23′ bilden müſste, so wird die Fläche 0 wohl mit dieser Fläche ¹/₄ R³ übereinstimmen. Ich muſs es aber dahingestellt sein lassen, ob sie als eine selbständige Form betrachtet werden kann, oder ob sie ebenfalls als eine in ihrer Lage schwankende vicinale Fläche zu deuten ist.

Nachdem im Vorstehenden die krystallographische Möglichkeit der Vereinigung des Phacolith, Gmelinit und Levyn
mit dem Chabasit dargelegt worden ist und auch die optischen
Untersuchungen für den Chabasit ähnliche Störungen nachgewiesen haben, wie für den Phacolith, wird es wohl gestattet
sein, auch die chemische Zusammensetzung aller dieser Mineralien vergleichend zusammenzustellen. In der nachstehenden
Tabelle II sind die Resultate sämmtlicher Analysen der Levyne,
Gmelinite, Phacolithe und Chabasite in der Reihefolge zusammengestellt, in welcher der Siliciumgehalt verglichen mit dem
Aluminiumgehalt zunimmt.

ən-

ist

¹⁵/₁₄
von

ser

Tabelle II.

		I. $Al : \begin{cases} Ca \\ K_2 \\ Na_2 \end{cases} = 1 :$	II. $Al : Si = 1 :$	III. $Al : H = 1 :$	IV. $Al : Ca = 1 :$	V. $Al : \begin{cases} K \\ Na \end{cases} = 1 :$	
1	Levyn v. Island, Damour	0·93	3·13	10·10	0·75	0·36	
2	Phacolith (Seebachit) von Richmond, Kerl	0·98	3·41	11·65	0·72	0·52	
3	" " " Lepsius	0·86	3·45	11·42	0·62	0·48	
4	Phacolith (Seebachit) von Richmond, Pitt-mann I.	1·05	3·48	9·62	0·59	0·92	
5	Levyn von Skye, Connel	0·97	3·51	9·93	0·79	0·35	
6	Phacolith (Seebachit) von Richmond, Pitt-mann II.	1·03	3·56	9·98	0·58	0·90	
7	Phacolith (Seebachit) von Richmond, Pitt-mann III.	0·99	3·64	9·20	0·56	0·86	
8	Phacolith (Seebachit) von Richmond, v. Rath	0·95	3·72	11·44	0·50	0·90	
9	Levyn v. Faröe (Mesolin), Berzelius	1·05	3·79	9·72	0·68	0·74	
10	Chabasit von Nidda, Burkhardt und Ham-merschlag	0·98	3·85	12·32	0·97	0·02	
11	Gmelinit von Glenarn, Rammelsberg	1	3·85	11·70	0·33	1·34	
12	Phacolith (Herschelit) v. Aci reale, Damour	0·92	3·87	9·76	0·03	1·78	Pogg. Ann. 105, S. 126
13	Chabasit von ? Anal. v. Eichhorn	0·99	3·91	11·16	0·92	0·14	
14	" " Faröe, Durocher	0·77	3·92	11·60	0·5	0·54	
15	Phacolith (Herschelit) v. Acireale, Lemberg	1·03	3·92	10·99	0·09	1·88	Zeitsch. d. d. geol. Ges. 28, S. 547
16	" von Leippa, Anderson	1·47	3·94	10·40	1·25	0·44	
17	" (Herschelit) von Aci castello, S. v. Waltershausen	0·99	3·97	10·11	0·48	1·02	
18	Gmelinit von Neuschottland, Marsh	1·01	4·0	12·23	0·67	0·66	
19	" " Glenarn, Lemberg	0·99	4·0	10·55	0·07	1·84	Zeitsch. d. d. g. G. 28, S. 547

20	Gmelinit von Cypern, Damour	1·00	4·05	12·87	0·49	1·02	Zeitsch. d. d. g. G. 28, S. 556
21	Chabasit von Aussig, Lemberg	1·02	4·05	12·24	0·94	0·16	
22	Levyn von Faröe, Berzelius	1·06	4·1	11·04	0·80	0·52	
23	Phacolith von Annerod, Genth	1·06	4·1	12·80	0·99	0·14	
24	Phacolith von Annerod, Burkhardt und Hammerschlag	1·06	4·12	13·20	0·97	0·18	
25	Chabasit von Port Rush, Thomson	0·9	4·23	12·00	0·38	1·04	
26	Gmelinit von Vicenza, Vauquelin	0·8	4·26	12·02	0·41	0·75	
27	Chabasit vom Fassathal, Hofmann	1·02	4·3	12·00	0·96	0·12	
28	„ „ Faröe, Arfvedson	0·97	4·3	12·40	0·83	0·28	
29	„ „ Aussig, Hofmann	1·05	4·3	12·40	0·90	0·30	
30	„ Annerod, Engelhardt *)	1·14	4·3	14·40	1·07	0·14	
31	Chabasit von Annerod, Burkhardt und Hammerschlag	0·84	4·4	13·29	0·64	0·40	
32	Gmelinit von Bergen Hill, Howe	1·06	4·42	13·01	0·25	1·62	Americ. Journ. of. sc. a. arts 112, Nr. 70, S. 270
33	Chabasit von Aussig, Rammelsberg	1·13	4·5	13·60	0·36	1·54	
34	Gmelinit von Glenarn, Connel	0·9	4·57	13·68	0·52	0·71	
35	Chabasit von Csödiberge in Ungarn, Koch	0·92	4·6	12·82	0·77	0·30	Zeit. d. d. g. Ges. 28, S. 304
36	Gmelinit von Five Islands, Howe	1·01	4·68	12·89	0·11	1·80	
37	Chabasit von Kilmalkolm, Thomson	1·1	4·7	14·20	0·99	0·22	
38	Chabasit von Neuschottland, Rammelsberg	0·87	4·7	11·40	0·75	0·24	
39	Chabasit von Kilmalkolm, Thomson	1·2	4·8	13·00	1·1	0·20	
40	„ „ Gustafsberg, Berzelius	1·06	4·8	12·60	0·95	0·22	Amer. Journ. of. sc. a. arts 112, Nr. 70, S. 270
41	Gmelinit von Two Islands, Howe	0·96	4·9	13·40	0·58	0·76	
42	Chabasit von Kilmalkolm, Connel	1·04	4·9	13·60	0·9	0·28	
43	„ von Oberstein, Schröder	1·02	4·9	14·40	0·8	0·44	

*) Aus der Abhandlung in Lieb. Ann. 65, S. 370 ersieht man nicht, ob sich diese Analyse auf den Phacolith oder auf die kleinen Chabasitkrystalle bezieht, deren Analyse in Nr. 31 berücksichtigt ist.

	I. Al : $\begin{cases} Ca \\ K_2 \\ Na_2 \end{cases}$ = 1 :	II. Al : Si = 1 :	III. Al : H = 1 :	IV. Al : Ca = 1 :	V. Al : $\begin{cases} K \\ Na \end{cases}$ = 1 :
44 Chabasit von Aussig, Rammelsberg	1·23	4·93	14·73	1·1	0·26
45 „ „ Neuschottland, Hayes	1	5·0	11·80	0·44	1·12
46 „ „ Hoffmann	1·04	5·0	12·60	0·92	0·24
47 „ „ Altenbuseck, Burkhardt und Hammerschlag	1·00	5·09	14·47	0·72	0·56
48 Chabasit von Osteröe, Rammelsberg	1·17	5·2	15·20	1·03	0·28
49 Chabasit von Neuschottland, Rammelsberg	1·01	5·52	13·84	0·87	0.28

In dieser 'Tabelle sind die neueren Analysen von mir berechnet; die Berechnung der älteren ist meistens der oben citirten Arbeit Rammelsberg's entnommen.

Wie schon oben erwähnt, hat Rammelsberg für einige von ihm genauer untersuchte Chabasite die Formel :

$$\left.\begin{matrix} K \cdot \\ Na \\ H \end{matrix}\right\}_2 Ca AlSi_6 O_{15} + 6 H_2 O$$

aufgestellt. Er ist dabei von der Voraussetzung ausgegangen, daß alles über 300⁰ entweichende Wasser zur Constitution des Silicatmoleculs gehöre und deshalb der entsprechende Wasserstoffgehalt dem Alkaligehalt zugezählt werden müsse, während das bis 300⁰ fortgehende Wasser als Krystallwasser zu betrachten sei. Dieses wird durch einfaches Stehen in feuchter Luft wieder aufgenommen, wenn es durch Erwärmen ausgetrieben war; dagegen kann das Erstere nicht mehr durch einfachen Zusatz von Wasser gebunden werden. Wenn ich nun auch die Unterscheidung von Wasser im Molecüle und von Krystallwasser für durchaus gerechtfertigt halte, so glaube ich doch, daß es gewagt ist, schon jetzt diesen Grundsatz auf den Chabasit anzuwenden. Die Ermittelung des im Molecüle enthaltenen Wassers ist nämlich mit großen Schwierigkeiten verknüpft. Bis jetzt hat man nur die bei bestimmten Temperaturen bis 300⁰ entweichenden Wassermengen ermittelt, weil nur bis zu diesem Grade die Temperatur einigermaßen genau bestimmt werden kann. Diese Wassermenge ist nun aber von den verschiedenen Beobachtern sehr verschieden gefunden worden.

Nach Damour *) beträgt sie 19 bis 21 Proc.

„ Rammelsberg 19·5 bis 17·1 „

„ Burckhardt u. Hammerschlag 15 „

im Durchschnitt für die vier Chabasite der Umgegend von Gießen. Für diese Letzteren würde also, wie bei den Analysen angegeben, auf 1 Al mehr als 4, ja zum Theil mehr als 5 At. HKNa kommen. Legt man aber die Wassermengen zu Grunde, die erst über der schwachen Glühhitze entweichen,

---

*) Compt. rend. 44, S. 975.

so kommen auf 1 Al nur 0·8 bis 1·76 At. HKNa. In beiden
Fällen kommt man also weder auf ein einfaches noch auf ein
übereinstimmendes Verhältnifs. Dasselbe ist aber auch bei
Rammelsberg's Analysen der Fall, denn im Chabasit von
Aussig ist das gefundene Atomverhältnifs von Al : HKNa =
1 : 2·42, in demjenigen von Osteröe = 1 : 2·13, während das
berechnete Verhältnifs = 1 : 2 sein müfste. Ob nun die
Temperatur von 300⁰ C, genau diejenige ist, unter welcher
nur Krystallwasser und über welcher nur moleculares Wasser
entweicht, ist bis jetzt noch nicht mit Sicherheit festgestellt.
Für den Phacolith fand Damour diese Temperaturgrenze
bei 360⁰, während das bei beginnender Rothgluth entweichende
Wasser bis auf 3 Proc. wieder ersetzbar ist.

Sehen wir nun ganz ab von der Möglichkeit, das mole-
culare Wasser einigermafsen genau ermitteln zu können, so
werden die bis jetzt vorliegenden Thatsachen uns nicht bestimmen können, die Alkalimetalle im Chabasit nicht dem Calcium, sondern dem Wasserstoff zuzutheilen. Da nämlich der
Chabasit wechselnde Mengen von Alkali enthält, so müfste
auch die im Molecüle enthaltene Wassermenge in dem Sinne
eine wechselnde sein, dafs mit steigendem Alkaligehalt der
Wassergehalt abnehmen würde. Bei Rammelsberg's Analysen findet aber gerade das Umgekehrte statt. Denn im
Chabasit von Aussig kommen auf 2·09 Proc. Alkali 3·23 Proc.
H₂O, im Chabasit von Osteröe aber auf 1·6 Proc. Alkali nur
2·75 Proc. Wasser.

In der vorstehenden Tabelle findet sich nun in der ersten
Spalte das Verhältnifs von Al : Ca(K₂Na₂), in der vierten das
Verhältnifs von Al : Ca ohne Alkalien. Sieht man mit Rammelsberg das letztere Verhältnifs = 1 : 1 als das normale
an, dann müfsten sämmtliche Analysen verworfen werden,
bei welchen die Verhältnifszahl des Ca sich wesentlich von
der Zahl 1 entfernt, also gröfser ist wie etwa 1·1 und kleiner wie
0·9. Innerhalb dieser Grenzen bleiben aber von den 49 Analysen
nur etwa 14, nämlich Nr. 10, 13, 21, 23, 24, 27, 29, 30, 37,
40, 42, 44, 46 und 48, übrig, alle anderen Analysen müfsten,
soweit sie sich auf Chabasite beziehen, verworfen werden;

namentlich wäre dies der Fall, ganz abgesehen von den Gmeliniten, mit allen alkalireicheren Chabasiten, Phacolithen und Levynen, wie Nr. 1 bis 9, 12, 15, 17, 22, 25, 33, 35, 43, 45, 47. In der That führt Rammelsberg als mit seiner Formel übereinstimmend nur 5 Chabasitanalysen auf (Mineralchemie, 2. Aufl., S. 615), während er von 7 anderen Analysen sagt, daſs sie weder Al : Si noch auch Al : Ca richtig angeben. Schlägt man aber die Alkalimetalle in äquivalenter Menge zum Calcium und nimmt auch hier das Atomverhältniſs Al : $Ca(K_2Na_2) = 1 : 1$ als das normale, welches etwa innerhalb der Grenzen 1 : 1·1 und 1 : 0·9 schwanken könne, so stimmen von den 49 Analysen etwa 38 mit diesem Verhältnisse überein und nur 11 Analysen, nämlich Nr. 3, 14, 16, 26, 30, 31, 33, 38, 39, 44, 48 zeigen dasselbe nicht. Ich glaube, das berechtigt uns wohl zu der Annahme, daſs es das Richtige sei und. das K_2 und Na_2 das Ca polymer isomorph ersetzen, wie dies ja auch von Rammelsberg für den Gmelinit, den Levyn, den Herschelit und Seebachit angenommen worden ist. Es ergibt sich dies auch aus der Vergleichung von Spalte 4 und 5, welche lehrt, daſs mit steigendem Kalkgehalt der Alkaligehalt sinkt und umgekehrt.

Während also einerseits *nicht* bewiesen werden kann, daſs der Alkaligehalt steigt in dem Maaſse, wie der Gehalt an molecularem Wasser sinkt und umgekehrt, so läſst sich andererseits der Nachweis führen, daſs in der überwiegend gröſseren Zahl von Analysen Alkali- und Kalkgehalt von einander abhängig sind.

Aus der Spalte 2 ersieht man ferner, daſs die Levyne, Gmelinite, Phacolithe und Chabasite eine bunt durcheinander gewürfelte Reihe bilden mit stetig zunehmendem Siliciumgehalt; denn das Atomverhältniſs von Al : Si steigt von 1 : 3·1 bis 1 : 5·2, oder wenn man die letzte Analyse Nr. 49 noch gelten lassen will, bis 1 : 5·5. Die Zunahme des Siliciumgehalts läſst sich nun nicht auf eine Beimischung von Quarz zurückführen, denn sowohl Rammelsberg als Kenngott geben an, daſs wenigstens in dem Chabasite von Aussig ein Quarzgehalt sowie überhaupt namhafte Verunreinigungen nicht nachzu-

8*

weisen sind, was ich aus eigenen Beobachtungen bestätigen kann. Ich fand nur auf Spalten und Rissen gelbliche oder graue oder bräunliche körnige Substanz in unregelmäßiger Vertheilung ausgeschieden, aber Nichts, was an Quarz erinnerte. Aehnlich ist es mit dem Chabasit von Oberstein, der auch in seiner Substanz sehr rein ist und nur von zahlreichen Spältchen durchzogen wird, welche mitunter von fremder Substanz erfüllt sind.

Auch die Fehler der Analysen und die Verschiedenheiten der Methoden sind nicht so bedeutend, daß ein so großer Unterschied im relativen Siliciumgehalte hervorgebracht werden könnte. Außerdem sind sämmtliche Analysen der Chabasite von Gießen nach derselben Methode ausgeführt und geben gleichwohl für die verschiedenen Vorkommnisse so sehr verschiedene Resultate.

Aus der Spalte 3 der Tabelle wird man erkennen, daß im Allgemeinen mit steigendem Si-Gehalt auch der Wassergehalt zunimmt, wenn auch mit einigen oft auffallenden Ausnahmen. Das Verhältniß von Al : H steigt von 1 : 9·9 bis 1 : 15·2. Berücksichtigt man die Thatsache, daß der Wassergehalt des Chabasit und der ihm nahestehenden Mineralien abhängig ist von dem Trockenheitszustande der Luft, indem er nach Damour's *) Untersuchungen in trockner Luft 7·2 Proc. H_2O verliert (Gmelinit verliert 6 Proc., Levyn 6·4 Proc.): so ist es begreiflich, daß die Werthe für den Wassergehalt schwankend sein müssen selbst bei gleichem relativem Siliciumgehalt. Man wird deshalb im Allgemeinen trotz dieser Schwankungen annehmen können, daß in der Reihe der dem Chabasit nahe stehenden Mineralien bei gleichem Aluminiumgehalt die Menge des Wasserstoffs mit derjenigen des Siliciums steigt. Auf 1 Al und 3 Si kommen im Allgemeinen 10 H, auf 4 Si kommen 12 H, auf 5 Si kommen 14 H. Das würde also für bestimmte Glieder der ganzen durch allmähliche Uebergänge verbundenen Reihe folgende Formeln geben :

*) Compt. rend. 44, S. 975.

$$\overset{\text{II}}{\text{R}}\text{AlSi}_3\text{O}_{10} + 5\,\text{H}_2\text{O}$$

$$\overset{\text{II}}{\text{R}}\text{AlSi}_4\text{O}_{12} + 6\,\text{H}_2\text{O}$$

$$\overset{\text{II}}{\text{R}}\text{AlSi}_5\text{O}_{14} + 7\,\text{H}_2\text{O}$$

Der Gehalt an Wasserstoff ist auffallend verschieden von dem in obigen Formeln enthaltenen in Nr. 4, 5, 6, 7, 9, 12, 15, 16, 17, 19, 22, 30, 38, 40, 45, 46. Es sind darunter namentlich einige Phacolithe, deren Wasserstoffgehalt auffallend niedrig ist, während er bei andern den obigen Formeln angepaſst ist. Gerade der Umstand, daſs der Phacolith von Richmond in den Analysen 4, 6 und 7 einen zu geringen, in den Analysen 2, 3 und 8 aber einen den obigen Formeln entsprechenden Wassergehalt besitzt, lehrt uns, wie schwierig es ist, den richtigen Wassergehalt eines Minerals kennen zu lernen, welches in trockner Luft oder bei mäſsig erhöhter Temperatur Wasser verliert.

Die chabasitähnlichen Mineralien bilden also wie die triklinen Feldspathe eine Reihe, deren Glieder sich durch mehr oder weniger SiH$_2$O$_3$ von einander unterscheiden. Es fragt sich nun zunächst, ob sie, da sie als isomorph angesehen werden können, sich als beliebige Mischungen zweier isomorpher Endglieder betrachten lassen. Man würde diese Frage bejahend beantworten können, wenn man

$$\overset{\text{II}}{\text{R}}\text{AlSi}_2\text{O}_8 + 4\,\text{H}_2\text{O} = \text{H}_8\text{R}\text{AlSi}_2\text{O}_{12} \quad \text{oder}$$

$$\overset{\text{II}}{\text{H}_{16}\text{R}_2}\text{Al}_2\text{Si}_4\text{O}_{24} = \overset{\text{II}}{\text{H}_{16}\text{R}}\text{AlR}\text{AlSi}_4\text{O}_{24}$$

als das Eine Endglied und

$$\overset{\text{II}}{\text{R}}\text{AlSi}_6\text{O}_{16} + 8\,\text{H}_2\text{O} = \overset{\text{II}}{\text{H}_{16}\text{R}}\text{AlSi}_6\text{O}_{24} = \overset{\text{II}}{\text{H}_{16}\text{R}}\text{AlSi}_2\text{Si}_4\text{O}_{24}$$

als das andere betrachten könnte; dann würde ganz wie bei den triklinen Feldspathen die Atomgruppe RAl in dem Einen Endgliede in dem andern ersetzt sein durch die äquivalente Atomgruppe Si$_2$ und durch Mischung dieser beiden Endglieder würden sämmtliche in der Tabelle vertretenen Mittelglieder entstehen können. Da aber diese beiden Endglieder bis jetzt nicht existiren, wenigstens nicht in den rhomboëdrischen Formen der chabasitähnlichen Mineralien, so würde man den Boden der Thatsachen verlassen, wenn man die vorstehenden Formeln als solche zweier rhomboëdrischen Krystalle betrachten wollte.

Man kann ferner fragen, ob die Ursache der Verschiedenheit in der Zusammensetzung der Chabasite auf die Beimischung einer fremden Substanz zurückgeführt werden kann. Dieselbe könnte nur aus Kieselerde bestehen, aber nicht aus Quarz, sondern aus amorpher wasserhaltiger Kieselerde, die, wenn sie die Krystalle sehr fein imprägnirt, weder optisch noch durch Analyse nachgewiesen werden kann, optisch nicht, weil sie gegen das polarisirte Licht sich neutral verhält, chemisch nicht, weil sie sich gegen eine Lösung von kohlens. Natron verhält wie die beim Aufschliefsen mit Salzsäure hinterbleibende Kieselerde. Eine wasserhaltige Kieselerde, die der Formel SiH_2O_3 entspricht, und welche einen Wassergehalt von 23 Proc. enthalten müfste, ist indessen bis jetzt nicht gefunden worden; es ist deshalb nicht wahrscheinlich, dafs die schwankende Zusammensetzung der Chabasite von einer mechanischen Beimengung wasserhaltiger Kieselerde herrühre.

Es gehört zu den merkwürdigsten Erscheinungen, dafs Chabasite von demselben Fundorte in ihrer Zusammensetzung so sehr von einander abweichen. So ist für den Chabasit von Aussig gefunden

	Al : Si	Al : H
nach der Analyse von Lemberg	1 : 4·05	1 : 12·24
nach der Analyse von Hofmann	1 : 4·3	1 : 14·4
nach der älteren Analyse v. Rammelsberg	1 : 4·5	1 : 13·6
nach der neueren Analyse von „ .	1 : 4·93	1 : 14·7

Das ist dieselbe Verschiedenheit der Zusammensetzung, die auch im Allgemeinen an den Chabasiten verschiedener Fundorte hervortritt.

Die vorstehenden Untersuchungen zeigen, dafs weder die Rammelsberg'sche noch die Kenngott'sche Formel der Chabasite die allein richtige ist, sondern dafs diese, wie auch schon Rammelsberg am Schlusse Seiner Abhandlung vermuthete, eine schwankende ist, die sich zwischen gewissen sehr weiten Grenzen des Si- und des H-Gehaltes bewegt.

Die Spalte 5 der Tabelle II lehrt, dafs aber auch das Verhältnifs von Al zu KNa ein sehr schwankendes ist und zwar zwischen 1 : 0·02 und 1 : 1·88. In dem Maalse wie der Gehalt an Alkalimetall zunimmt, sinkt der Gehalt an Kalk. Der Reichthum an Alkalimetall ist sowohl bei den siliciumreichen, als auch bei den siliciumarmen Gliedern der Reihe zu finden; ganz ebenso ist es aber auch mit dem Reichthume an Kalk, so dafs hier nicht, wie dies bei den triklinen Feldspathen der Fall ist, der Alkaligehalt und der Kalkgehalt abhängig sind vom Gehalt an Silicium.

Wollte man sowohl den Silicium- als auch den Calcium- oder Alkaligehalt als Grundlage der Eintheilung der chabasit-ähnlichen Mineralien wählen, dann könnte man 4 Abtheilungen aufstellen, die in Tabelle III übersichtlich zusammengestellt sind :

Tabelle III.

I. Siliciumarm ($Al : Si = 1 : 3\cdot1$ bis $4\cdot1$ excl.) Alkaliarm ($Al : \begin{cases} K \\ Na \end{cases} = 1 : 0\cdot02$ bis 1 excl.)		II. Siliciumarm ($Al : Si = 1 : 3\cdot1$ bis $4\cdot1$ excl.) Alkaliarm ($Al : \begin{cases} K \\ Na \end{cases} = 1 : 1$ bis $1\cdot88$.)	
Nr.	auf 1 Al	Nr.	auf 1 Al
10. Chabasit v. Nidda	0·02 KNa	17. Phacolith v. Aci castello	1·02 KNa
13. „ v. ?	0·14 „	20. Gmelinit v. Cypern	1·02 „
21. „ v. Aussig	0·16 „	11. „ v. Glenarn	1·34 „
5. Levyn v. Skye	0 35 „	12. Phacolith v. Aci reale	1·78 „
1. „ v. Island	0·36 „	19. Gmelinit v. Glenarn	1·84 „
16. Phacolith v. Leippa	0·44 „	15. Phacolith v. Aci reale	1·88 „
3. „ v. Richmond	0·48 „		
2. „ v. „	0·52 „		
14. Chabsit von Faröe	0·54 „		
18. Gmelinit v. Neuschottl.	0·66 „		
9. Levyn v. Faröe	0·74 „		
7. Phacolith v. Richmond	0·86 „		
6. „ „	0·90 „		
8. „	0 90 „		
4. „	0·92 „		

III.			IV.		
Siliciumreich ($Al : Si = 1 : 4\cdot1$ bis $5\cdot5$)			Siliciumreich ($Al : Si = 1 : 4\cdot1$ bis 5).		
Alkaliarm ($Al : \begin{cases} K \\ Na \end{cases} = 1 : 0\cdot1$ bis 1 excl.).			Alkalireich ($Al : \begin{cases} K \\ Na \end{cases} = 1 : 1$ bis $1\cdot80$).		
Nr.		auf 1 Al	Nr.		auf 1 Al
27. Chabasit v. Fassathal		0·12 KNa	25. Chabasit v. Port Rush		1·04 KNa
30. „ v. Annerod		0·14 „	45. „ „ Neutschottl.		1·12 „
23. Phacolith „		0·14 „	33. „ „ Aussig		1·54 „
24. „ „		0·18 „	32. Gmelinit v. Bergen Hill		1·62 „
39. Chabasit v. Kilmalkolm		0·20 „	36. „ „ Five Islands		1·80 „
37. „ „ „		0·22 „			
40. „ „ Gustafsberg		0.22 „			
46. „ „ Neuschottl.		0·24 „			
38. „ „ „		0·24 „			
44. „ „ Aussig		0·26 „			
28. „ „ Faröe		0·28 „			
42. „ „ Kilmalkolm		0·28 „			
48. „ „ Osteröe		0·28 „			
49. „ „ Neuschottl.		0·28 „			
35. „ „ Csodiberge		0·30 „			
29. „ „ Aussig		0·30 „			
31. „ „ Annerod		0·40 „			
43. „ „ Oberstein		0·44 „			
22. Levyn von Faröe		0·52 „			
47. Chabasit v. Altenbuseck		0·56 „			
34. Gmelinit v. Glenarn		0·71 „			
26. „ „ Vicenza		0·75 „			
41. „ „ Two Islands		0·76 „			

Man ersieht hieraus, dafs die Abtheilung I Phacolithe, Chabasite, Levyne und einen Gmelinit, die Abtheilung II Gmelinite und Phacolithe, die Abtheilung III Chabasite, Gmelinite, einen Phacolith und einen Levyn, die Abtheilung IV Gmelinite und Chabasite enthält; dafs ferner die einzelnen Abtheilungen nicht scharf von einander getrennt sind und dafs jede Grenze, wo man sie auch ziehen mag, als eine durchaus willkürliche erscheint. Vom chemischen Standpunkte aus ist also eine scharfe Trennung von Chabasit, Phacolith, Gmelinit und Levyn nicht möglich. Der Unterschied liegt also fast lediglich in der verschiedenen Spaltbarkeit.

Da es von Interesse war, zu wissen, ob die spec. Gewichte in derselben Weise sich verändern, wie die Gehalte an Silicium und Wasserstoff, so wurde eine Reihe von Gewichtsbestimmungen solcher Chabasite, deren Zusammensetzung bekannt ist, mit grofser Sorgfalt nach derselben Methode (im Pyknometer) und bei annähernd gleicher Temperatur ($+13^0$ C.) ausgeführt. Die Resultate, ausgedrückt durch das Mittel aus 2 bis 3 übereinstimmenden Wägungen, war Folgendes :

Chabasit v. Nidda	=	2·133
Phacolith v. Annerod	=	2·115
Chabasit v. Oberstein	=	2·092
„ „ Aussig	=	2·093

Stellt man hierzu noch einige ältere Bestimmungen, so erhält man folgende Reihe :

	Al : Si	Sp. G.
Levyn v. Island	1 : 3·1	2·21
Phacolith v. Richmond	1 : 3·72	2·135
Chabasit v. Nidda	1 : 3·85	2·133
Phacolith v. Annerod	1 : 4·12	2·115
Chabasit a. d. Fassathale	1 : 4·3	2·112
Chabasit v. Oberstein	1 : 4·9	2·092
Chabasit v. Aussig	1 : 4·93	2·093

Man sieht hieraus, dafs, ganz wie bei der Reihe der triklinen Feldspathe, im Allgemeinen mit steigendem Silicium- (und Wasser-) Gehalt das spec. Gew. sinkt. Daraus geht hervor, dafs ein etwaiger Gehalt an Quarz, dessen sp. G. = 2·6 ist, nicht die Ursache der Schwankungen in der Zusammensetzung sein kann. Aber auch die amorphe wasserhaltige Kieselerde hat ein. so hohes spec. Gew., nämlich 2·15 bis 2·18 für den Hyalith, dafs durch eine stets wachsende mechanische Beimengung dieses Körpers das spec. Gew. nicht unter diese Zahlen herabgedrückt werden könnte. Dadurch wird die Annahme, dafs die Schwankungen im Si- und H-Gehalte auf mechanische Beimengung von Hyalith zurückzuführen seien, unwahrscheinlich gemacht. Es darf übrigens nicht verschwiegen werden, dafs einige ältere Gewichtsbestimmungen von Chabasiten sich in die obige Reihe nicht fügen.

Aus den vorstehenden Untersuchungen ergibt sich nun, dafs die Zusammensetzung des Chabasit und der ihm nahe stehenden Mineralien bei gleicher oder sehr ähnlicher Form eine innerhalb bestimmter Grenzen schwankende ist, indem entweder

zwei isomorphe Substanzen von verschiedener Zusammensetzung und verschiedenem spec. Gewicht in schwankenden
Mengen mit einander gemischt sind, oder indem neben $AlSi_3O_3$
und $CaSiO_3$ noch wechselnde Mengen des Bisilicats H_2SiO_3,
welches dann als isomorph mit den beiden andern Silicaten
betrachtet werden müfste, chemisch beigemischt sind. Spaltbarkeit und gewisse krystallographische Eigenthümlichkeiten
trennen die einzelnen Abänderungen von einander.

Nach älteren Untersuchungen von B r e w s t e r *) bestehen
gewisse Chabasite aus einem Kerne mit regelmäfsiger positiver Doppelbrechung. Dieser Kern wird umgeben von Lagen
mit immer geringer werdender Doppelbrechung, bis sie in
einer gewissen Lage = 0 geworden ist. In den darüber sich
befindenden Lagen beginnt sich wieder eine schwache Doppelbrechung geltend zu machen; dieselbe ist aber nun negativ
und nimmt in den weiterfolgenden Lagen mit negativem Charakter bis zur Oberfläche zu. B r e w s t e r schreibt diese Erscheinung irgend einer unbestimmbaren fein beigemischten
Substanz zu, welche stark negative Doppelbrechung zeigt
und in dem Kerne fehlt, in den auflagernden Schichten aber
in immer steigender Menge vorhanden ist, so dafs der ursprünglich positive Charakter des Chabasit allmählich in einen negativen umgewandelt wird. J o h n s t o n **) sucht diese Erscheinung dadurch zu erklären, dafs er, gestützt auf den
wechselnden Gehalt an Kieselerde in den verschiedenen Vorkommnissen des Chabasit, glaubt, Chabasit, dessen Doppelbrechung an sich positiv und dessen Endkantenwinkel =
$94^0 46'$, sei isomorph mit Quarz, dessen Doppelbrechung negativ
ist und dessen Rhomboëder einen Endkantenwinkel von $94^0 15'$
hat. Indem sich nun Quarz während des Wachsthums eines
ursprünglich normal positiv optisch einaxigen Chabasitrhom-
boëders diesem in immer gröfseren Mengen beimische, würde

---

*) Philos. Transact. 1830, p. 93.
**) Lond. and Edinb. philos. Magaz. 1836, Vol. 9, p. 166.

der optische Charakter des Minerals in der oben angedeuteten Weise verändert. Diese Annahme wird widerlegt theils durch das Fehlen des Quarzes bei mikroskopischen und chemischen Untersuchungen kieselerdereicher Abänderungen, theils durch den Umstand, dafs es nicht wasserfreie Kieselerde ist, wodurch sich die verschiedenen Varietäten des Chabasit von einander unterscheiden, sondern wasserhaltige, und dafs die Verschiedenheiten des spec. Gewichts der verschiedenen Varietäten das Vorhandensein des Quarzes ausschliefsen.

In einer Zusatzbemerkung theilte Brewster *) mit, dafs ein Chabasit von Giants causeway eine Doppelbrechung gezeigt habe, welche erheblich gröfser und eine einfache Brechung, welche erheblich kleiner gewesen sei, als diejenige der gewöhnlichen Chabasite. Ferner bemerkt er, dafs schöne kleine Chabasitrhomboëder von Faröe sich als zusammengesetzte Krystalle erwiesen hätten; die Zusammensetzungsfläche sei mit den diagonalen Rhomboëderflächen zusammengefallen. Die Verschiedenheit des optischen Charakters zwischen Kern und Hülle sei weder bei diesen, noch bei den Krystallen von Giants causeway bemerkbar; sie beschränke sich auf die gewöhnlichen Chabasite. — Ich vermuthe nun, dafs die zusammengesetzte Natur der Chabasite von Faröe auf ähnlichen Erscheinungen beruht, wie sie in diesem Aufsatze beschrieben worden sind. Es ist daher gewifs von· grofsem Interesse, diese optischen Untersuchungen fortzusetzen; freilich gehört dazu ein besonders schönes und klares Material, welches mir leider noch nicht in genügender Weise zu Gebote steht. Ich werde darauf bedacht sein, besseres Material zu sammeln und es optisch zu untersuchen.

Giefsen, am 1. Mai 1877.

---

*) Lond. and Edinb. phil. Mag. 9, p. 170.

V.

Bericht über die Thätigkeit und den Stand der Gesellschaft von Anfang Juli 1876 bis Ende Juni 1877.

Von dem zweiten Secretär.

Die Gesellschaft hielt wie früher, mit Ausnahme der in die Ferien fallenden Zeit, regelmäſsige Monatssitzungen und eröffnete die Reihe derselben mit der

Generalversammlung zu Wetzlar am 8. Juli 1876. *)

Nach erfolgter Berichterstattung über die Thätigkeit der Gesellschaft im vorhergehenden Jahre durch den 1. Director, Professor Dr. Heſs, und nach Erledigung der geschäftlichen Angelegenheiten hält Dr. med. Herr aus Wetzlar einen Vortrag „über die Impfkrankheiten, d. h. über die Krankheiten, welche in ursächlichem Zusammenhange mit dem Impfen der Vaccine und deren Entwickelung stehen"; Optiker Seibert aus Wetzlar einen solchen über „das stereoskopische Sehen und die stereoskopischen Mikroskope"; Optiker Hensoldt aus Wetzlar über „ein Passageninstrument"; Stud. Nieſs aus Gieſsen über „mikroskopische Steinschliffe"; Dr. Buchner zeigt Proben von japanesischem Papier vor und erklärt ein Galvanometer zum Prüfen der Blitzableiter; Prof. Dr. Streng aus Gieſsen erklärt den Unterschied von Nephelin und Apatit unter dem Mikroskope durch chemische Reactionen und Prof. Hoffmann aus Gieſsen spricht „über Honigthau". —

---

*) Die ausführlichen Referate über die Vorträge in den Monatssitzungen werden im nächsten Berichte geliefert.

Zu Beamten für das neue Geschäftsjahr wurden erwählt: Prof. Dr. P f l u g als 1. Director, Prof. Dr. Z ö p p r i t z als 2. Director, Dr. G o d e f f r o y als 1. Secretär, Dr. B u c h n e r als 2. Secretär, Dr. D i e h l als Bibliothekar. — Für die nächste Generalversammlung wurde Dillenburg ausersehen.

Sitzung am 2. August 1876.

Erledigung der geschäftlichen Angelegenheiten. Vortrag von Dr. G o d e f f r o y „Ueber die technische Verwerthung des Talges". —

Sitzung am 15. November 1876.

Erledigung der geschäftl. Angelegenheiten. Vortrag von Professor Dr. Z ö p p r i t z „Ueber die neuesten Forschungen der Nordamerikaner bez. der Ausführbarkeit eines Schifffahrtkanals durch den Isthmus von Darien". —

Sitzung am 6. December 1876.

Erledigung geschäftlicher Angelegenheiten. Vortrag von Professor Dr. H o f f m a n n „Ueber die Conservation vegetabilischer Getränke und Nahrungsmittel".

Generalversammlung am 17. Januar 1877.

Erledigung geschäftlicher Angelegenheiten, Bericht über die Thätigkeit der Gesellschaft durch den 1. Director. Vortrag von Professor Dr. W e r n h e r „Ueber Boden, Klima und endemische Krankheiten der Balkanländer in Bezug auf Kriegsführung in diesen Gegenden".

Sitzung am 7. Februar 1877.

Erledigung geschäftlicher Angelegenheiten. Vortrag von Prof. Dr. K e h r e r „Ueber die thierische Wärme". —

Sitzung am 7. März 1877.

Erledigung geschäftlicher Angelegenheiten. Vortrag von Professor Dr. S t r e n g „Ueber die geologische Geschichte des Rheinthals".

Die Sitzung im Mai fiel wegen Durchreise S. M. des deutschen Kaisers aus.

Sitzung am 13. Juni 1877.

Erledigung geschäftlicher Angelegenheiten. Bericht von Prof. Dr. Streng über ein Basaltvorkommen in der Nähe der Sieben Hügel bei Giefsen. Vortrag von Prof. Dr. Pflug „Ueber künstliche Blutleere bei Operationen." —

Der Vorstand besteht aus den Herren :

Prof. Dr. Pflug, erster Director,
Prof. Dr. Zöppritz, zweiter Director,
Dr. Godeffroy, erster Secretär,
(im Herbst F. v. Gehren),
Dr. Buchner, zweiter Secretär,
Dr. Diehl, Bibliothekar, (seit 1877 Prof. Noack).

Dr. Godeffroy wurde durch eine Berufung nach Wien genöthigt, seine Stelle niederzulegen. Ebenso schied zum Leidwesen des Vorstandes im Lauf des Geschäftsjahres, durch Kränklichkeit dazu genöthigt, Herr Dr. Diehl aus. Als kleines Zeichen der Dankbarkeit für die durch eine lange Reihe von Jahren der Gesellschaft unermüdlich geleisteten höchst werthvollen und durchaus uneigennützigen Dienste beschlofs die Gesellschaft in ihrer Wintergeneralversammlung Herrn Dr. W. Diehl zum Ehrenmitglied zu ernennen.

Ebenso wurde Herr Geh. Med.-Rath Prof. Dr. Phoebus, einer der Gründer und allezeit eines der eifrigsten Mitglieder der Gesellschaft, gelegentlich der Feier seines 50jährigen Doctorjubiläums am 15. Juni 1877 zum Ehrenmitglied ernannt.

Die Anzahl der Mitglieder betrug im Juni 1877 :

in Giefsen	118
aufserhalb Giefsen	75

Die Einnahmen betrugen 1876	M.	2095,31
Die Ausgaben „ „	M.	1212,73

Im letzten Jahre hat sich der Schriftentauschverkehr nur wenig erweitert. Neu zugekommen sind :

Aussig, naturwissenschaftl. Verein.
Boston, The Mafs. State Board of Health.

Hannover, k. Thierarzneischule.

Leipzig, Naturforschende Gesellschaft.

Lübeck, Gesellschaft zur Beförderung gemeinnütziger Thätigkeit.

Lyon, Société d'Études scientifiques.

Rio de Janeiro, Museum Nacional.

Triest, Società Adriatica di Scienze naturali.

Turin, R. Accademia delle Scienze.

Dagegen sind 1) die Gesellschaft für Landeskunde zu Salzburg und 2) die Redaction der Zeitschrift Cosmos zu Turin vom Schriftentausch zurückgetreten.

Obgleich kaum ein Jahr seit dem Abschluſs unseres letzten Berichtes verstrichen ist, so haben wir doch auch diesmal wieder mit allerverbindlichstem Danke für die reichen Gaben eine groſse Anzahl von neuen Einläufen für die Bibliothek seitens tauschender Schwestergesellschaften sowie von Geschenken von Autoren und Mitgliedern zu verzeichnen. Sie sind in Anl. A. aufgeführt. Auf besonderen Wunsch werden durch den correspondirenden Secretär Empfangsquittungen ausgestellt, im anderen Fall bitten wir die Anzeige im Verzeichniſs als Quittung ansehen zu wollen.

Anlage A.

Verzeichniſs der Akademien, Behörden, Institute, Vereine und Redactionen, mit welchen Schriftentausch besteht, nebst Anlage der von denselben von August 1876 bis Ende Juni 1877 eingesandten Schriften.

Altenburg : Gewerbverein, naturforschende Gesellschaft und bienenwirthschaftlicher Verein.

Amsterdam : K. Akademie van Wetenschappen. — Versl. en Meded. Afd. Natuurk. (2) B. 10. Letterk. (2) B. 5. Jaarboek 1875. — Proc. Verbaal Mai 1875 — April 1876. Hollandia, carmen. Amst. 1876.

Amsterdam : K. zoologisch Genootschap „Natura Artis Magistra." Nederlandsch Tijdschrift voor de Dierkunde, B. I — IV.

Annaberg-Buchholz : Verein f. Naturkunde.

Augsburg : Naturhistor. Verein.

Aussig : Naturwissenschaftlicher Verein. Purgold, Bildung d. Aussig-Teplitzer Braunkohlenflötzes. 1877.

Bamberg : Naturforschende Gesellschaft. — Ber. 11, Lf. 1.

Basel : Naturforschende Gesellschaft.

Batavia : Bat. Genootschap van Kunsten en Wetenschappen. — Notulen D.13, 3. 4. 14, 1. Tijdschrift voor Ind. Taal- Land- en Volkenkunde D. 23, 2 — 4. — Cohen Stuart Kaawie Oorkonden, m. Tff. Bat. 1875.

Batavia : K. Natuurk. Vereeniging in Nederl. Indie. — Natuurk. Tijdschrift D. 34.

Berlin : K. Preufs. Akademie der Wissenschaften. — Monatsber. Jg. Aug. — Dec. 1876. Jan. — Feb. 1877.

Berlin : Gesellsch. für allgem. Erdkunde. — Ztschr. B. 11, H. 3 — 6. 12. H. 1. — Verh. Jg. 1876. III. Nr. 6—10; IV., Nr. 1. — Corr.-Bl. d. Afrik. Ges. 1876, Nr. 19, 20.

Berlin : Botanischer Verein für Brandenburg.

Berlin : Verein zur Beförderung des Gartenbaues in Preufsen. Monatsschrift Jg. 19, 1876.

Berlin : Deutsche geolog. Gesellsch.

Bern : Schweizerische Gesellsch. f. d. gesammten Naturwissenschaften.

Bern : Naturforschende Gesellschaft.

Besançon : Société d' Émulation du Doubs. Mém. (4) T. X. 1875.

Blankenburg : Naturforsch. Verein des Harzes.

Bogotà : Société des Naturalistes de la Nouvelle Grénade.

Bologna : Accademia delle Scienze. — Memorie Ser 3. T. 6. — Rendiconto delle sessioni 1875—76. Verzeichnifs der Aldini-Preisaufgaben.

Bonn : Naturhist. Verein der preufs. Rheinlande und Westfalens. — Verh. Jg. 32, H. 27. 33, H. 1.

Bonn : Landwirthschaftl. Verein f. Rheinpreufsen. — Zeitschrift Jg. 1876, Nr. 7—12. 1877 Nr. 1, 2, 3, 4, 5.

Bordeaux : Société des Sciences physiques et naturelles. — Mém. (n. S.) T. 1 cah. 3.

Bordeaux : Société Linnéenne.

Bordeaux: Société médico-chirurgicale des hôpitaux et hospices.

Boston : Society of Natural History.

Boston : Amer. Acad. of Arts and Sciences. — Proceed. n. S. Vol. III.

Bremen : Naturwissenschaftl. Verein. — Abhandl. B. 5, H. 2.

Bremen : Landwirthschaft-Verein f. d. bremische Gebiet. — Jahresber. Jg. 1876.

Breslau : Schlesische Gesellsch. für vaterländische Cultur. — Jahresber. 53, 1875.

Breslau : Verein f. schles. Insektenkunde.

Breslau : Central-Gewerbverein. — Breslauer Gewerbeblatt. Jg. 1876, 1877. — Jahresber. 1876.

Bromberg : Landwirthschaftl. Centralverein f. d. Netzdistrict.

Brünn : kk. Mährisch-schles. Gesellsch. zur Beförderung d. Ackerbaues, der Natur- u. Landeskunde. — Mitth. Jg. 56. — Notizenbl. d. hist.-statist. Sect. 1876.

Brünn : Naturforschender Verein. — Verh. B. 14, 1875.

Brüssel : Académie R. des Sciénces, des Lettres et des Beaux-Arts.

Brüssel: Société R. de Botanique de Belgique. — Bull. T. 12—14.

Brüssel : Académie R. de Médecine de Belgique. — Bull. 3 Ser. T. X. No. 12. T. XI., No. 1, 2, 3, 4.

Brüssel : Société malacologique de Belgique.

Brüssel : Soc. Entomologique de Belgique. — Cpt. rnd. ser. II., No. 33, 34, 35, 36, 37, 38.

Cairo : Société Khédiviale de Géographie.

Cambridge, Mass. : Museum of Comparative Zoology, at Harvard College. — Ann. Rep. 1876.

Carlsruhe : Naturwissenschaftl. Verein.

Carlsruhe : Verband rhein. Gartenbauvereine. — Rheinische Gartenschrift, red. N o a c k. Jg. 11, 1877.

Cassel : K. Commission f. landwirthschaftl. Angelegenheiten.

Cassel : Verein f. Naturkunde.

Catania : Accademia Gioenie di Scienze naturali. — Atti Ser. III. T X., 1876. Diplom und Denkmünze.

Chemnitz : Naturwiss. Gesellsch.

Cherbourg : Société nationale des Sciences naturelles. — Cpt. rnd. séance extr. 30. Decb. 1876,

Christiania : Videnskabs-Selskabet. — Forhandlinger 1875.

Christiania : K. Norske Universitet. — S c h n e i d e r, Enumerat. Insec. Norveg. Fasc. III., IV. S e u e, Windrosen d. südl. Norwegen. G o l d b e r g u. M o h n, Etudes sur les mouvements de l'atmosphère. M ü l l e r, Transfusion und Plethora. H e l l a n d u. M ü n s t e r, Forekomster af kise i Vifse skifere i Norge. S a r s, Remark. forms of anim. life I, II. S e x e, Jaettegryder og Gamle strandlinier. Norges offic. Statistik 1871—75.

Chur : Naturforschende Gesellsch. Graubündens.

Clausthal : Verein Maja.

Columbus, Ohio : Staats-Ackerbau-Behörde von Ohio.

Danzig : Naturforschende Gesellsch.

Darmstadt : Verein für Erdkunde und verwandte Wissenschaften. — Notizbl. III. Folge H. 15.

Dessau : Naturhist. Verein für Anhalt.

Dijon : Acad. des Sciences, Arts et Belles-Lettres. — Mém. (3) T. 2, 3.

Donaueschingen : Verein f. Geschichte u. Naturgeschichte der Baar und der angrenzenden Landestheile.

Dorpat : Naturforscher-Gesellschaft. — Archiv f. d. Naturk. Liv-, Esth- und Kurlands 1. Ser. B. VII., Lf. 5. B. VIII. Lf. 1, 2. 2. Ser. B. VII. Lf. 3. Sitzungsberichte B. IV. H. 2.

Dresden : Kais. Leopoldinisch-Carolinische Akademie der Naturforscher. — Leopoldina H. 12, No. 19, 20 bis 24. H. 13, No. 1, 2, 3, 4, 5, 6.

Dresden : Naturwissenschaftl. Gesellschaft „Isis". — Sitzungsber. Jg. 1876. 1, 2.

Dresden : Gesellsch. für Natur- und Heilkunde. — Jahresber. Oct. 1875 bis Juni 1876.

Dresden : Oekonom. Gesellschaft im Kgr. Sachsen.

Dublin : University Biological Association.

Dublin : Natural History Society.

Dürkheim a. H. : Pollichia.

Edinburg : Botanical Society.

Elberfeld : Naturwiss. Verein v. Elberfeld und Barmen.

Emden : Naturforschende Gesellsch. — Jahresber. 61.

Erfurt : K. Academie gemeinnütziger Wissenschaften.

Erlangen : Physikalisch-medicinische Societät. — Sitzungsber: H. 8, Nov. 1875 bis Aug. 1876.

Florenz : R. Comitato geologico d'Italia.

Florenz : Soc. entomologica italiana. — Bulletino Ao. VIII. H. 3, IX. H. 1. — Catalogo della Collez. di Insetti ital. del R. Mus. di Firenźe Ser. 1a Coleotteri Fir. 1876.

Florenz : Società geografica italiana.

Frankfurt a. M. : Senckenbergische Naturforschende Gesellsch.

Frankfurt a. M. : Physikalischer Verein. — Jahresber. 1875—76.

Frankfurt a. M. : Aerztl. Verein. — Jahresber. Jg. 19. — Statist. Mitth. über d. Civilstand d. St. Frankf. i. J. 1875.

Frauendorf : Prakt. Gartenbaugesellschaft in Bayern.

Freiburg i. Br. : Naturforschende Gesellschaft.

Freiburg i. B. : Gesellsch. für Beförderung der Naturwissenschaften.

Fulda : Verein f. Naturkunde. — Met. phänol. Beobachtungen 1876.

Genua : Società di Letture e conversazioni scientifiche. — Giornale Ao. I. fsc. 1. 2. 3. 4. 5.

Gera : Gesellsch. von Freunden der Naturwissenschaften.

Görlitz : Oberlausitzische Gesellsch. d. Wissensch. — N. Lausitzisches Magazin. B. 52, H. 2. B. 53, H. 1.

Görlitz : Naturforsch. Gesellsch.

Görz : J. R. Societa Agraria.

Göttingen : K. Gesellsch. der Wissenschaften. — Nachrichten Jg. 1876.

Graz : Geognost.-montanist. Verein in Steiermark.

Graz : Naturwissenschaftl. Verein für Steiermark. — Mitth. Jg. 1876.

Graz : K. K. Steiermärkische Landwirthschaftsgesellschaft. — Der steierische Landbote Jg. 9, 1876.

Graz : Verein der Aerzte in Steiermark.

Graz : K. K. Steierm. Gartenbau-Verein. — Mitth. Jg. III., 12.

Greifswalde : Naturwiss. Verein v. Neuvorpommern u. Rügen.
— Mitth. Jg. 8.

Güstrow : Verein d. Freunde d. Naturgesch. in Mecklenburg.

Halle a. S. : Naturforschende Gesellsch. — Abh. B. 13, H. 3.
Bericht 1875.

Halle : Naturwissensch. Verein f. Sachsen u. Thüringen.

Hamburg-Altona : Naturwissenschaftlicher Verein. — Uebersicht der Aemter, Vertheilung der wissensch. Thätigkeit
1873 u. 74. Abhandl. B. 6, Abth. 2, 3.

Hamburg : Verein f. naturwissenschaftl. Unterhaltung.

Hanau : Wetterauische Gesellsch.

Hannover : K. Thierarzneischule. Jahresber. VIII, 1875.

Hannover : Naturhistor. Gesellsch.

Harlem : Musée Teyler. — Archives Vol. 1, F. 1. Vol. 4 F. 1.

Heidelberg : Naturhistor.-medic. Verein. — Verh. N. F. B. 1,
H. 4. 5.

Helsingfors : Finska Vetenskaps-Societet.

Herford, Westfalen : Verein f. Naturwissenschaft.

Hermannstadt : Siebenbürg. Verein für Naturwissenschaften.

Innsbruck : Ferdinandeum für Tirol u. Vorarlberg. — Ztschr.
III. F. H. 20.

Innsbruck : Naturwissenschaftlich-medic. Verein. — Ber. Jg.
6. H. 2.

Iowa : State University.

Kiel : Naturwissenschaftl. Verein für Schleswig-Holstein.

Klagenfurt : Naturhistor. Landesmuseum von Kärnten. —
Jahrb. Jg. 22—24, H. 12.

Königsberg : K. physikalisch-ökonom. Gesellsch. — Schriften.
Jg. 16.

Kopenhagen : K. Danske Videnskabernes Selskab. — Oversigt
1875, 2. 3. 1876, 1. 2. 1877, 1.

Kopenhagen : Naturhistorik forening.

Landshut : Botan. Verein.

Lausanne : Société Vaudoise des Sciences naturelles.

Leipzig : K. Sächsische Gesellschaft der Wissenschaften.

Leipzig : Naturforschende Gesellschaft. — Sitzungsberichte
Jg. I—III. IV, 1.

Leipzig : Fürstl. Jablonowskische Gesellschaft.

Linz : Museum Francisco-Carolinum. — Ber. 33, 1875. 34, 1876.

London : Anthropological Instit. of Great-Britain and Ireland. — Journ. Vol. 5, No. 3, 4. Vol. 6, No. 1, 2.

London : R. Patent-Office.

London : Geological Soc. — Quarterly Journ. Vol. 32, p. 3. 4. List Nov. 1876.

London : Linnean Soc. — Zool. vol. 12, No. 60—63. — Bot. vol. 15, 81—84. — Proceed. 1874—75. — Additions to the library, Lond. 1874—75.

London : Ethnological Soc.

Lübeck : Gesellsch. zur Beförderung gemeinnütz. Thätigkeit. Jahresber. d. Vorsteher d. Nat.-Samml. in Lübeck 1874, 1875.

Lüneburg : Naturwiss. Verein.

Lüttich : Soc. géologique de Belgique.

Lüttich : Soc. R. des Sciences.

Luxemburg : Inst. R. Grandducal de Luxembourg.

Luxemburg : Soc. des sciences naturelles.

Luxemburg : Soc. des sciences médicales.

Luxemburg : Soc. de Botanique.

Lyon : Acad. des Sciences, Belles-Lettres et Arts.

Lyon : Société d'Études scientifiques. — Bull. No. 1, 2.

Lyon : Soc. d'Agriculture d'Hist. naturelle et des Arts utiles. Annales 4 Ser. T. 7. Mém., T. 21.

Madison : Wisconsin Acad. of Sciences, Arts and Letters.

Magdeburg : Naturwiss. Verein. — Jahresber. 6. — Abh. H. 7.

Manchester : Litterary and Philos. Soc. — Mem. 3 Ser. Vol. 5. — Proceed. Vol. 13—15. Catal. of Books. 1. Bd.

Mannheim : Verein f. Naturkunde.

Marburg : Gesellsch. zur Beförderung der gesammten Naturwissenschaften.

Melbourne : Philos. Instit. of Victoria.

Melbourne : R. Society of Victoria. — Transact. Vol. 12.

Metz : Soc. d'Histoire naturelle.

Milwaukee Wis. : Deutsch. Naturhistor. Verein.

Mitau : Kurländ. Gesellschaft für Literatur und Kunst. — Sitzungsber. 1875.

Modena : Museum di Storja naturale della R. Universita.

Modena : Soc. dei Naturalisti.

Moncalieri : Observatorio del R. Collegio Carlo Alberto. — Bull. meteorol. Vol. 7, No. 11, 12, Titel und Inhalt. Vol. X., No. 5 bis 12. Titel und Inh. Vol. XI. No. 1, 2, 3, 4.

Montpellier : Acad. des Sciences et Lettres. — Mém. Sect. d. Sciences T. 8. fsc. 3, 4.

Moskau : Soc. Imp. des Naturalistes. — Bull. 1876, No. 2, 3, 4.

München : K. Bayrische Academie der Wissenschaften. — Sitzungsber. Jg. 1876, H. 2.

Nancy : Société des Sciences. — (2) T. II. Fsc. 5.

Neu-Brandenburg : Verein der Freunde der Naturgeschichte in Mecklenburg. — Archiv Jg. 30.

Neuchâtel : Soc. des Sciences naturelles. — Bull. T. 10, cah. 3.

New-Haven Conn. : Conn. Acad. of Arts and Sciences. — Transact. Vol. 3, p. 1.

Newport Orleans : Orleans Cty. Soc. of Nat. Sciences.

New-York : Lyceum of Nat. History. — Proceed. 2. Ser. Mrch. 1873 bis Juni 1874. — Annals Vol. X., No. 12—14. Vol. XI, No. 1—8.

Nürnberg : German. Nationalmuseum. — Anzeiger Jg. 23, 1876. — Jahresber. 1. Jan. 1877.

Nürnberg : Naturhistor. Gesellsch.

Nymwegen : Ned. Botan. Vereeniging. — Ned. Kruidkundig Archief. 2 ser. II. Th. 3.

Offenbach a. M. : Verein f. Naturkunde.

Osnabrück : Naturwiss. Verein. — Jahresber. III. 1874—75.

Padua : Soc. Veneto-Trentina di scienze nat. — Atti Vol. V, Fasc. 1.

Paris : Soc. Botanique de France. — Bull., Inhaltsverzeichnifs v. T. 20 und 21. T. 21 (Sess. extr. à Gap) T. 22, No. 3. T. 23. Rev. bibl. A—D. Cpt. rnd. No. 1—3.

Paris : Soc. Géologique de France.

Paris : Soc. zoologique d'Acclimatation.

Passau : Naturhistor. Verein.

Pesaro : Accad. agraria.

Pest : Magyarhoni Földtani Tarsulat Munkalatai. — Földtani Közlöny 1876. 10—12 szam. 1877, 1—6 szam.

St. Petersburg : Acad. Imp. des Scienzes. — Bull. T. 20, Nr. 3, 4. T. 21, No. 1—4. T. 22, No. 1—4 T. 23, 1—3.

St. Petersburg : Kais. Gesellsch. für d. gesammte Mineralogie.

Philadelphia : Acad. of Nat. Sciences. — Proceed. p. I—III.

Philadelphia : Amer. Philos. Society. — Proceed. Vol. 15, No. 96. 16, No. 97, 98.

Pisa : Nuovo giornale botanico da T. Caruel, Pisa.

Prag : K. Böhm. Gesellsch. der Wissenschaften. — Sitzungs- ber. Jg. 1876. — Jahresber. Mai 1875. — Abhandlungen VI. Folge, B. 8.

Prag : Naturhist. Verein Lotos. — Jahresber. Jg. 1876.

Prag : Verein böhm. Forstwirthe. — Vereinsschrift f. Forst-, Jagd- und Naturkunde Jg. 1876, H. 4. 1877, H. 1, 2.

Prag : K. K. patriotisch-ökonomische Gesellschaft.

Presburg : Verein für Natur- und Heilkunde.

Regensburg : Zoolog.-mineralog. Verein. — Correspondenzblatt Jg. 29.

Reichenberg, Böhmen : Verein der Naturfreunde.

Riga : Kurländ. Gesellsch. f. Literatur u. Kunst.

Riga : Naturforschender Verein.

Rio de Janeiro : Museum Nacional. Archivos Vol. I. Trim. 1. 1876.

Rom : R. Comitato Geologico d'Italia. Boll. ao VII., 1876.

Rom : Società geografica Italiana.

Salem : Essex Institute. — Bull. Vol. 7, 1875.

Santiago : Universidad de Chile.

San Francisco : California Academy of Natural Sciences.

St. Gallen : Naturwissensch. Gesellsch.

St. Louis : Acad. of Sciense. — Transact. Vol. 3, No. 3.

Sondershausen : Verein zur Beförderung der Landwirthschaft.

Stockholm : K. Svenska Vetenskabs-Akademien.

Stockholm : Bureau dè la récherche géologique de la Suède.

Stuttgart : Verein für vaterländ. Naturkunde.

Trier : Gesellschaft für nützliche Forschungen.

Triest : Società Adriatica di Scienze naturali.

Turin : R. Accademia delle Scienze. Progr. des zu vergeben-
den Bressa-Preises. 3 Ex.

Ulm : Verein für Kunst und Alterthum .in Ulm und .Ober-
schwaben. — Korrespondenzbl. I., 1876, No. 7—12.· II.,
1877, No. 1, 5.

Upsala : K. Wetenskaps-Societet. — Nova acta Ser. III, Vol.
X, fsc. 1. — Bull. météorol. Vol. 7.

Utrecht : K. Nederl. Meteorologisch-Institut. — Ned. Met.
Jaarboek, 1871, 1875. Marche annuelle du thermom. et
barom. en Néerl. 1843—75. Utr. 1876.

Venedig : J. R. Istituto Veneto di Scienze, lettere ed arti.

Washington : Smithsonian Institution. — Contributions to
knowledge, Vol. 20, 21. — Annual Report. 1875.

Washington : Office N S. Geological Survey of the Terri-
tories. — Miscellan. Publ. No. 1. 3. — Hayden, Report.
Vol. X. Wash. 1876. — Catal. of the publications N. S.
Geol. Survey. Wash. 1874. — Meek, Rep. on the
invertebrate cretaceous and tertiary fossils of the Upper
Missouri Country. Wash. 1876.

Washington : Navy Departement, Bureau of Medicine and
Surgery.

Washington : Departement of the Interior. — Hayden,
Geological Rep. 1867—1874. — Coues, Birds of the
Northwest. 1874. — Rep. of the Commissioner of Indian
Affairs 1870—1875. — Powell, Geology of the Uinta
Mts. m. Atlas. 1876 — Powell, Explorat: of Colorado
River 1869—1872. — Leidy, Extinct Vertebrate Fauna
of the Western Territ. 1873. — Thomas, Synopsis of
the Acrididae of N. A. 1873.

Washington : War department, Surgeon general's office. —
Med. and surgical Hist. of the war of rebellion Part. II.,
Vol. II, Surgical Hist. Wash. 1876.

Washington : Department of Agriculture of the U. S. A. —
Rep. 1875. Monthly Rep. 1875, 1876.

Wien : Kaiserl. Academie der Wissenschaften. Sitzungsber.
I. Abth. 1875, Nr. 6—10. II. Abth. 1875, Nr. 6—10, 1876,
Nr. 1—3. III. Abth. 1875, Nr. 3—10.

Wien : K. K. Geologische Reichsanstalt. Verhandlungen, Jg. 1876, Nr. 7—17. 1877, Nr. 1—6. — Jahrb. Bd. 26, Nr. 2, 3, 4. 1876. Bd. 27, Nr. 1. 1877. — Tschermak, Mineralog. Mitth. 1876, H. 2, 3, 4. 1877, H. 1.

Wien : K. K. zoolog.-botan. Gesellsch. Verh. B. 26. Festversammlung am 8. April 1876. Wien 1876.

Wien : Verein z. Verbreitung naturwissenschaftlicher Kenntnisse. Schriften Bd. 17.

Wien : K. K. Gartenbau-Gesellschaft. — Der Gartenfreund, Jahrg. IX. 9, 10. X. 1, 2.

Wien : K. K. Geograph. Gesellschaft.

Wien : Leseverein der deutschen Studenten.

Wiesbaden : Nassauischer Verein für Naturkunde.

Wiesbaden : Verein Nassauischer Land- und Forstwirthe. — Zeitschr. n. F. Jg. 7, 1876.

Würzburg : Physikal.-medicin. Gesellschaft. — Verhandl. N. F. B. 9, H. 3, 4.

Würzburg : Polytechn. Centralverein für Unterfranken und Aschaffenburg. — Gemeinnütz. Wochenschr., Jg. 26, Schluſs. Jg. 27, 1—4.

Yeddo (Yokohama) : Deutsche Gesellsch. für Natur- und Völkerkunde Ostasiens. — Mitth. H. 9, 10. — Arendt, Das schöne Mädchen von Pao, Cap. 2, 3.

Zürich : Naturforschende Gesellschaft. — ·Vierteljahrsschrift, Jg. 19, 20.

Zweibrücken : Naturhistor. Verein.

Zwickau : Verein für Naturkunde.

Geschenke.

Geyler : Fossile Pflanzen Siliciens. Cassel 1876. (Vf.)

Müller, F. v. : Fragmenta phytographiae Australiae. Melbourne 1869—71. (Vf.)

Koch, K. : Geol. Karte d. Reg.-Bez. Wiesbaden. (Vf.)

Böttger, O., Dr. : Bemerk. über einige Reptilien v. Griechenland u. d. Insel Chios. (Vf.)

Maurer, F. : Paläontolog. Studien im Gebiet des rhein. Devon.
Ausschn. (Vf.)

Amussat, A. : Mém. sur la Galvanocaustique thermique. Par. 1876.

Ders. : Sondes à demeure et du Conducteur en baleine. (Vf.)

Meneghini u. Bornemann : Aptychus. Pisa 1876. (Dr. Senoner, Wien.)

Senoner : Revue allemande et italienne (aus Rev. scient. nat.
T. V, 1876). (Vf.)

Ders. : D. prähistor.-ethnogr. Staatsmuseum in Rom. Sep.-
Abdr. (Vf.)

Ders. : Notizie I, II. (Aus Giornale di Agricol. Indust. e
Comercio 1876, Vol. I, II.) (Vf.)

Bertolini : Avvertenze da osservarsi per la raccolta e spediz.
di coleotteri. (Dr. Senoner, Wien.)

Böttger, Osc. : Reptilien u. Amphibien v. Madagascar. Frfrt.
1877. (Vf.)

Regel : Gartenflora, Dcb. 1876 bis Mai 1877. (Prof. Hóffmann.)

Petersen : Zur Kenntn. d. trikl. Feldspathe. (Prof. Streng.)

Schwabe : Homöopath. Vademecum. Lpz. 1875. (Dr. Buchner.)

Fittica : Jahresber. d. Chem. 1875, H. 1, 2. (Ricker'sche
Buchh.)

Böttger, O. : Neue Eidechse v. Brasilien. (Vf.)

Nies : Ueber Strengit. (Vf.)

Bleeker : Révision des Apogonini. Harl. 1874. (Vf.)

Bleeker : Révision des espèces d'Ambassis et de Parambassis.
Harl. 1874. (Vf.)

Böttger, O. : Anthracotherium v. Rott. (Vf.)

Streng u. Kloos : Kryst. Gest. v. Minnesota I, II. (Vf.)

Hornblende-Gabbro. (Prof. Streng.)

Uloth : Karlsbader Salz (Vf.)

Hoffmann : Fermentpilze. (Vf.)

Geyler : Fossile Pflanzen Japans. (Vf.)

Böttger, O. : Fauna d. Corbicula-Schichten im Mainzer Becken
(Vf.)

Hoffmann : Culturversuche. (Vf.)

Darwin : Oversight in the Mechanique celeste and Internal
densities of the Planets. (Buchner.)

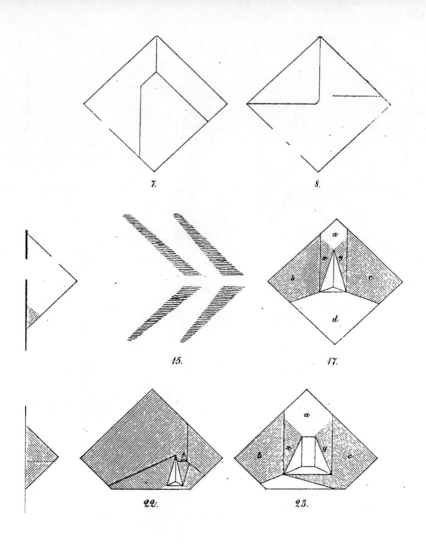

7.   8.

15.   17.

22.   23.

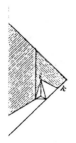

Lith. Anst. v L. Wenzel, Giessen.

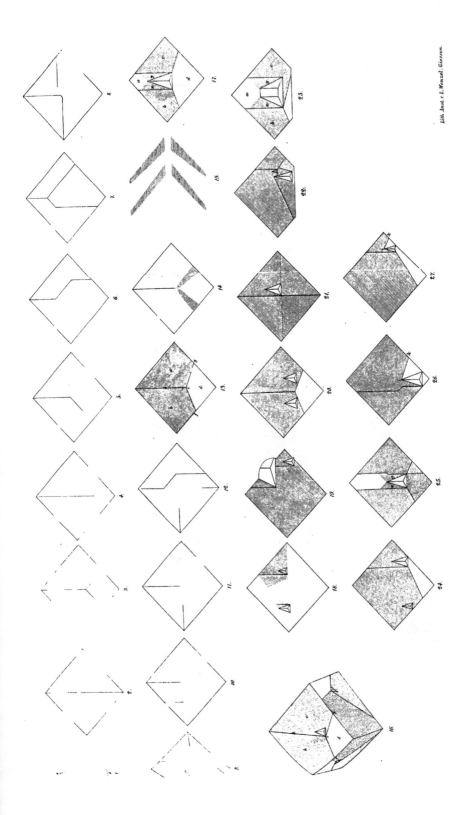

Lith. Anst. v. L. Wenzel, Giessen.

Sandberger : Ueber Braunkohle (Vf.)
Weismann : Thierleben im Bodensee. (Prof. H o f f m a n n.)
Cenni : Sul Lavoro della Carta geologica. 1876. (Vf.)
Pflug : Zur patholog. Zootomie d. Lungenrotzes d. Pferde. (Vf.)

Durch **Kauf** wurden erworben :

Petermann, Mitth. Jg. 1876, 1877. Ergänzungsh. 49, 50,
    51. Inh. 1865—1874.
Globus 1876, 1877.
D. Naturforscher v. Sklarek 1876. 1877.
Polytechn. Notizbl. v. Böttger. Jg. 1876. 1877.
Heis-Klein , Wochenschrift für Astronomie etc. N. F.
    1876. 1877. .
Annalen d. Hydrographie Jg. 4, 1876.

Berichtigung :

Aus Versehen ist Tafel VI als Tafel VII bezeichnet worden.

Druck von Wilhelm Keller in Giefsen.

Siebenzehnter Bericht

der

Oberhessischen Gesellschaft

für

Natur- und Heilkunde.

———>✶<———

Mit 2 lithographirten Tafeln.

——≈≈≈✶≈≈≈——

Giefsen,
im October 1878.

Inhalt.

I.

Botanische Mittheilungen.

Von Dr. W. Uloth in Friedberg.

1. Ueber die Verzweigungsweise der Bäume mit hängenden Aesten.

Diejenigen Bäume mit hängenden Aesten, welche durch Pfropfen der hängenden Form auf den gekürzten Stamm der aufrechten Form erhalten werden, bilden aus ihren Aesten und Zweigen schon nach einigen Vegetationsperioden einen aus mehreren Schichten bestehenden dichten Schirm, der nach aufsen aus kräftig vegetirenden, mit zahlreichen Blättern besetzten Zweigen, nach innen aus einem scheinbar regellosen Gewirr abgestorbener Aeste und Zweige gebildet wird.

Der Schirm ist - entweder nach allen Seiten hin gleichmäfsig entwickelt, nahezu eine Halbkugel bildend, oder er ist ungleichmäfsig, nach der einen Seite hin stärker (mit längeren Aesten), nach der anderen hin schwächer (mit kürzeren Aesten oder ganz unterbrochen) entwickelt.

Dafs diese Ungleichmäfsigkeit in der Ausbildung des Schirms hauptsächlich mit der Art der Beleuchtung zusammenhängt, davon kann man sich leicht überzeugen, wenn man derartige Bäume im Freien beobachtet; man findet, dafs da, wo sie von allen Seiten gleichmäfsig beleuchtet sind — also etwa auf grofsen, sonst baumfreien Plätzen — sich auch die Schirme gleichmäfsig entwickeln, während sie da, wo sie von einer Seite stärker beleuchtet sind, als von der anderen —

wenn sie z. B. in Baumgruppen stehen —, sich nach der stärker beleuchteten Seite hin kräftiger entwickeln.

Was nun das Wachsthum der Aeste und Zweige der beiden Formen anbelangt, so nimmt man, soweit mir bekannt, allgemein an, daſs ein Unterschied zwischen ihnen eben nur hinsichtlich ihrer Richtung bestehe, daſs die Stellungsverhältnisse hingegen bei beiden vollkommen übereinstimmend seien.

Bei genauerer Beobachtung kann man sich indessen leicht überzeugen, daſs unter Umständen auch hinsichtlich der Stellung der Zweige und in Zusammenhang mit dieser, auch der Blätter, eine wesentliche Verschiedenheit zwischen beiden Formen vorkomme, die allerdings nicht so sehr durch eine specifische Veränderung des morphologischen Charakters bedingt wird, als vielmehr durch Zufälligkeiten, welche diese Wachsthumsweise veranlassen.

Ich habe in dieser Beziehung Folgendes beobachtet : So lange die auf das Stammende aufgepfropften Zweige noch vereinzelt stehen, entsprechen die Stellungsverhältnisse der sich an ihnen entwickelnden Seitenzweige ganz denen der aufrechten Form. Später, wenn die Zweige und mit diesen die Blätter sich zahlreicher entwickelt haben, sich unter einander decken, findet eine kräftigere Entwickelung — Förderung — der äuſseren (oberen) Zweige im Vergleich zu den inneren (unteren) statt. Der Unterschied zwischen dem Wachsthum der äuſseren und der inneren Zweige tritt um so deutlicher hervor, je dichter der Zweig- und Laubschirm wird. In ähnlichem Verhältniſs, in dem die Förderung der äuſseren Zweige stattfindet, bleiben die in den unteren Schichten liegenden zurück und sterben schlieſslich von der Spitze an ab und zwar die innersten, die in der Regel auch die ältesten sind, zuerst. Ich kann schon jetzt darauf hinweisen, und man wird es auſserdem auch schon aus den im Vorstehenden geschilderten Thatsachen entnehmen können, daſs beide Erscheinungen — die Förderung der äuſseren Zweige sowohl, wie das Absterben der inneren — Folge der ungleichen Intensität der Beleuchtung und, in Zusammenhang mit dieser, auch der ungleichen Ernährung der betreffenden Zweige sind.

Es ist unbestreitbar, dafs diejenigen Zweiganlagen, die zu der Lichtquelle am günstigsten gestellt sind, sich rascher entwickeln, als die ungünstiger gestellten; sie werden, eben in Folge intensiverer Beleuchtung, kräftiger ernährt und deshalb dicker, länger und blattreicher.

Denken wir uns einen Baum mit hängenden Aesten und Zweigen (Fig. 1) und vergegenwärtigen wir uns die eigenthümlichen Wachsthumserscheinungen durch eine schematische Zeichnung eines solchen Zweiges, so werden sie sich in folgender Weise (Fig. 1) projiciren : Nach dem Aufpfropfen des Zweiges a der hängenden Form, wächst derselbe in der Richtung a, als Mittelaxe, weiter, die Seitenaxen a^1 ganz nach Art der aufrechten Form bildend, also hier wechselständig. Nachdem sich nach einigen Vegetationsperioden durch dichte Zweig- und Blattentwickelung ein Schirm zu bilden begonnen hat, wird die oberste und äufserste der Seitenaxen, a^I, günstiger beleuchtet als die unteren Theile der Mittelaxe a und die übrigen aus ihr entspringenden Seitenaxen, und während a^I gefördert wird und sich in der Richtung a^1 kräftig entwickelt und verlängert, bleibt a im Wachsthum zurück, die Blattentwickelung nimmt ab und der ganze Zweig stirbt allmählich von der Spitze bis zur Ansatzstelle der Seitenaxe a^I ab; später wird an dem Zweige a^I die oberste Seitenaxe, hier a^{II}, unter denselben Umständen gefördert und wird zur scheinbaren Fortsetzung der Axe a^I, während alle übrigen Theile der Axe a^{II} absterben; ganz ebenso wiederholt sich diese Wachsthumsweise auch an den folgenden Axen.

In der Regel wird die oberste Seitenaxe gefördert und nur ausnahmsweise eine weiter untenstehende, wenn diese nämlich günstiger beleuchtet ist als jene. Selbstverständlich ereilt die zuerst geförderten Axen im Verlauf der Zeit ein gleiches Schicksal; sie werden auch von jüngeren Generationen überwuchert und sterben in Folge dessen auch von unten nach oben ab.

Wir sehen in dem beschriebenen Fall, wie sich eine Anzahl aufeinanderfolgender, median zu einandergestellter

gestellter Seitenaxen zu einer anscheinend einfachen Schein-
axe eines Sympodiums (*a*, *a*^{I}, *a*^{II}, *a*^{III} u. s. w.) ausbilden.

Jede dieser sympodialen Scheinaxen bildet einen Bogen,
welcher aus einer Anzahl (oft 10—12) eben durch diese
Wachsthumsweise kräftig entwickelter kleiner Bogen gebildet
wird; ein Umstand, durch welchen sowohl die Tragkraft, wie
die Spannweite des grofsen Bogens bedeutend vermehrt und
vergröfsert, und die Bildung des Schirms überhaupt ermöglicht wird.

Ich habe diese Bildungen an allen Individuen mit dichten
Zweig- und Laubschirmen beobachtet, namentlich an den
hängenden Formen von Sophora japonica, Fraxinus excelsior,
Salix purpurea. Sie treten bei diesen ganz besonders deutlich und auffallend hervor, wenn die abgestorbenen Axen
herausgeschnitten worden sind, wie dies z. B. in den gut
unterhaltenen Parkanlagen zu Bad Nauheim der Fall ist.
Andere Individuen mit weniger dichten Schirmen behalten
hinsichtlich der Stellung die Verzweigungsweise der aufrechten Form bei, so namentlich die hängenden Formen von
Ulmus, Pyrus u. a., bei denen dann auch der Schirm, nicht
aus bogenförmig gekrümmten, sondern aus mehr oder weniger
senkrecht herabhängenden Aesten bestehend, nicht halbkugelig
gewölbt ist. — Auch an Bäumen mit aufwärtsgerichteten Aesten
habe ich Aehnliches — wenn auch nicht so regelmäfsig —
beobachtet, wenn deren Krone sehr dicht und flach ausgebreitet ist, wie dies z. B. bei Aepfelbäumen häufig vorkommt.
In den untersten Zweigschichten solcher Bäume findet man
mitunter sympodiale Verzweigungsformen, deren Bildung offenbar mit der Art der Beleuchtung zusammenhängt.

Ich habe als Ursache der sympodialen Wachsthumsweise
hängender Seitenaxen die Art der Beleuchtung angenommen,
insofern die in dieser Beziehung günstig gestellten gefördert,
die ungünstig gestellten zum Absterben gebracht werden.
Es läfst sich in der That auch keine andere Erklärungsweise
denken; diejenigen wenigstens, welche noch denkbar wären,
wie z. B. vermehrte bezw. verminderte Ernährung, beschleu-
nigte bezw. verlangsamte Saftströmung, veränderte Gewebe-

spannung u. s. w., lassen sich in diesem Fall doch wieder
als Folgen der Art der Beleuchtung erkennen. Der beste
Beweis für diese Annahme liegt wohl darin, dafs Bäume,
deren hängende Seitenaxen eine theilweise oder vollständige
Durchleuchtung zulassen, die beschriebene sympodiale Wachsthumsweise und, im Zusammenhang mit dieser, den gewölbten
Schirm, nicht zeigen.

Fig. 2 ist die im letzten Winter genommene Abbildung
eines im Park zu Bad Nauheim stehenden Exemplars von
Sophora japonica, forma pendula, an welchem die sympodiale
Verzweigungsweise besonders regelmäfsig ausgebildet ist.
Der Baum steht am Rand eines grofsen Rasenplatzes und
ist von der einen Seite (S) voll beleuchtet, von der entgegengesetzten durch in der Nähe stehendes Buschwerk beschattet.

2. Bildungsabweichungen an Rosen.

a) Ein ca. 30 cm langer, kräftig entwickelter Zweig einer
Centifolie *) (Fig. 3), dessen untere (dem Stamme ansitzende)
Hälfte vier ganz normal entwickelte Blätter trägt, zeigt in
seiner oberen Hälfte folgende Bildungsabweichungen : ohn-
gefähr in der Mitte des Zweigs rücken drei Laubblätter *a, b,
c* so dicht zusammen, dafs sie nahezu einen Wirtel bilden.
Diese Blätter weichen hinsichtlich ihrer Gestalt insofern von
der gewöhnlichen ab, als bei den normal grofsen Blättern *a*
und *b* das oberste Fiederblattpaar mit dem unpaarigen Endblättchen verwachsen ist und das (verkümmerte) Blatt *c* nur
aus einem Fiederblattpaar besteht. In einem Abstand von
ca. 0,5 cm oberhalb dieser Blätter sitzen, ebenfalls in Wirtel-
stellung und mit den Laubblättern alternirend, drei normal
entwickelte Blumenblätter *d, e* und *f*. Etwas über der Mitte

---

*) Die Blüthen der Centifolien scheinen ganz besonders zu Bildungs-
abweichungen geneigt zu sein. Es kann dies eigentlich nicht auffallend
erscheinen, wenn man bedenkt, dafs der normale Entwickelungsgang der
(gefüllten) Blüthen dieser Pflanzen schon durch das Auftreten von Blumenblättern an der Stelle der Staubblätter gestört ist; es wird also nur geringer
abnormer Einflüsse auf die noch rudimentären Anlagen der übrigen Meta-
morphosenstufen der Blüthe bedürfen, um auch diese zu modificiren.

des zwischen den Blumenblättern *d* und *e* liegenden Axensegmentes sitzt ein gefiedertes Blatt *g*, theils Blumenblatt, theils Laubblatt; der Gestallt nach ist es nämlich ganz laubblattartig, der Farbe und Consistenz nach sind die unteren zwei Fiederblattpaare blumenblattartig, das oberste Fiederblattpaar und das mit ihm verwachsene unpaarige Endblättchen laubblattartig.

Nun folgen auf das Blatt g in Abständen von $3/4$ bis 1 cm, in Spiralstellung (ca. $2/3$ Stellung) die normal entwickelten Blumenblätter *h, i, k, l,* von denen die untersten (äufsersten) gröfser als die obersten (innersten) sind.

Die Bildung schliefst mit dem Laubblatt m ab, dessen oberes Fiederblattpaar und unpaariges Endblatt mit einander verwachsen sind, ebenso wie dies bei den Blättern *a* und *b* der Fall ist. Es folgen nun noch drei durchaus regelmäfsig entwickelte Laubblätter, mit denen der Zweig abschliefst.

Die an diesem Rosenzweig auftretenden Bildungsabweichungen sind also folgende :

1) die nahezu wirtelartige Stellung der Laubblätter *a b c,* welche den, wahrscheinlich abortirten, Kelch zu ersetzen scheinen;

2) die Verwachsung des obersten Fiederblattpaares mit dem unpaarigen Endblatt der Laubblätter *a, b* und *m*;

3) die Verkümmerung des Blattes *c* ;

4) die Entwickelung der Interfoliartheile der Blüthenaxe und, in Zusammenhang hiermit, die spiralige Stellung der Blumenblätter ;

5) die theilweise Rückbildung des Blumenblattes *g* in ein Laubblatt, nämlich : seiner Gestalt nach und, bezüglich des oberen Blattpaares und des unpaarigen Endblattes, auch der Farbe und der Consistenz nach.

Was nun die Entwickelung und Bedeutung dieser Bildungsabweichung anbelangt, so erklärt sich dieselbe in folgender Weise : In einem sehr frühen Knospenzustand des Sprosses — d. h. in einem Stadium, wo derselbe bereits als zukünftige Blüthe disponirt war, die einzelnen Blattorgane aber noch rudimentär und bezüglich ihrer späteren Form noch unbestimmt waren —, fanden durch Ursachen, die sich selbstverständlich der Nachweisung entziehen, Störungen in der Entwicklung des Sprosses statt. Diese Störungen äufserten sich zunächst in einer Streckung der Mittelaxe, die in den unteren Theilen derselben eine Verschiebung der Blumenblattkreise zur Folge hatte, so dafs zwar die unteren Blumenblätter die wirtelartige Stellung nahezu beibehielten, die oberen dagegen sich in Spiralstellung anordneten. Mit dieser Veränderung der Blüthe verliert sie selbstverständlich auch ihren morphologischen Charakter und namentlich die Eigenthümlichkeit, die Fortentwickelung des Mittelaxe zu unterdrücken. Die Axe verlängert sich in Folge dessen unter gleichzeitiger Umwandlung ihres oberen Theil in einen Laubsprofs.

Wären die muthmafslichen Störungen in der Entwickelung der Blüthe erst später eingetreten, nachdem die Blumenblätter und die unteren Theile der Axe völlig ausgebildet waren, so würde wahrscheinlich eine Durchwachsung (Diaphyse) mit Rückbildung der Zweigspitze in einen Laubsprofs entstanden sein.

Neben der Streckung der Axe und den mit dieser in Zusammenhang stehenden veränderten Stellungsverhältnisse der Blumenblätter, sind dann auch noch die in obiger Zusammenstellung unter 2, 3 und 5 erwähnten Angaben in Betracht zu ziehen.

b) Ein Zweig (Fig. 4) einer Centifolie zeigt folgende interessante Diaphyse.

Der Kelch ist in fünf gestielte, gefiederte, überhaupt normal entwickelte, wirtelständige Laubblätter, *a, b, c, d* und *e* verwandelt. An der verlängerten Mittelaxe folgt ca. 3 cm oberhalb des Kelchwirtels eine zum Theil wirtelartig, zum Theil zerstreut um die Axe angeordnete Gruppe von sieben (*f* bis *m*) regelmäfsig ausgebildeten Blumenblättern; in geringen Abständen über dieser Bildung sitzen zwei wechselständig angeordnete Laubblätter (*n, o*), von denen das unterste, *n*, normal, das obere, *o*, theils laubblattartig, theils blumenblattartig entwickelt ist; etwa 2 cm oberhalb des letzten Blattes folgt eine blüthenartige Bildung, die aus acht wirtel-

artig gestellten kleinen, verkehrteiförmigen Blättchen besteht,
die zum Theil (namentlich an ihrer Basis und in der Mitte)
ihrer Farbe und Consistenz nach, laubblattartig, zum Theil
(namentlich am Rand und die obere Hälfte) blumenblattartig
sind. Endlich schliefst dann die verlängerte Axe mit einem
aus mehreren kleinen Laubblättchen bestehenden Sprofs ab.

Auch bei dieser Bildungsabweichung kommt die zum
Abschlufs der Mittelaxe bestimmte Blüthe nicht zur vollen
Entwickelung und Geltung; in Folge dessen wird die weitere
Verlängerung der Mittelaxe nicht gehemmt, sie wächst weiter
und setzt eine zweite Blüthe an, die eben so wenig wie die
erste zur normalen Entwickelung kommt, so dafs sich die
Mittelaxe nochmals, eben als Laubzweig, verlängern kann,
mit dem sie dann abschliefst. In der ganzen Bildung spricht
sich ein Trieb zur (sogen. rückschreitenden) Metamorphose
des Blüthensprosses in einen Laubsprofs aus. Der Kelch ist
vollständig verlaubt.

Die unterste metamorphosirte Blüthe besteht zwar aus
vollständig ausgebildeten Blumenblättern, weicht aber durch
die unregelmäfsige zum Theil spiralige Stellung von der normalen ab und neigt hierdurch schon zum Laubsprofs hin;
ausgeprägter tritt diese Neigung in dem Ansatz zur zweiten
Blüthe hervor, bei der zwar noch die Gestalt und Stellung,
dagegen nur theilweise die Farbe und Consistenz der Blätter
den Charakter der Blumenblätter trägt; endlich bei der letzten Verlängerung der Axe tritt dann der Laubsprofs vollständig entwickelt auf.

c) An einem Exemplar von Rosa canina L. beobachtete ich
eine eigenthümliche Bildungsabweichung hinsichtlich der
gegenseitigen Stellungsverhältnisse der Axe und der Blattorgane der Blüthe.

Der sonst fünftheilige Kelch war in fünf getrennte, gefiederte Laubblätter zurückgegangen, während die Blumenkrone in jeder Beziehung durchaus normal entwickelt war.
Die bei der normalen Blüthe unterhalb des Kelchs befindliche
krugförmige, die Pistille einschliefsende Erweiterung der Axe,
erhob sich bis über die Blumenkrone als ein hohles, oben

offenes, urnenförmiges Gebilde, dessen innere Wand mit zum
Theil völlig entwickelten Pistillen besetzt war und an dessen
oberem Ende eine Anzahl Staubfäden zerstreut herumstanden.
Aufser der Verlaubung des Kelchs fand also in diesem Fall
eine Verlängerung und eine Verschiebung des oberen erwei-
terten Axentheils und, in Zusammenhang hiermit, der, der
inneren Wand desselben aufgewachsenen, Pistille statt, wodurch die, bei der normal entwickelten Blüthe oberständigen
Blattorgane derselben (Kelch und Blumenkrone), unterständig
geworden sind. Die Axenverlängerung erstreckte sich hauptsächlich auf den zwischen der Blumenblatt- und Staubblattfor-
mation liegenden Theil. — Erlaubt diese Bildungsabweichung
einen Schlufs auf die Stellungsverhältnisse der Blattorgane
und der Axe der Blüthe zu einander zu ziehen, so würde
sie wohl zu dem führen, dafs die unterständige Stellung der
die Pistille tragenden Axenerweiterung zwar eine in der Regel
vorkommende, jedoch mehr zufällige, aber nicht für die betreffenden Pflanzen charakteristische Eigenthümlichkeit sei,
wie wir dies letztere von den an der Axe stehenden Blatt-
organen der Blüthe annehmen müssen.

d) Sehr häufig fand ich Centifolien, bei denen der Blüthen-
sprofs vollständig verlaubt war.

In der Regel waren sämmtliche Blattorgane des Sprosses
in Laubblätter umgewandelt und nur durch theilweise Beibehaltung der, der Blüthe eigenthümlichen Stellungsverhältnisse
war die ursprüngliche Disposition des Sprosses zum Blüthen-
sprofs zu erkennen. Gewöhnlich war der Kelch in fünf getrennte vollständig ausgebildete Laubblätter verwandelt; ebenso,
und zwar mit den Kelchblättern und untereinander alternirend,
ein oder zwei auf dem Kelchblattkreis folgende Wirtel, welche
den unteren Blumenblattkreisen entsprechen.

In einem Fall waren einzelne Laubblätter ganz, oder
einzelne Fiederblättchen derselben innerhalb dieser Wirtel
blumenblattartig entwickelt.

Weiter oben standen die Blätter zerstreut um die Axe
herum und die Bildung sank nunmehr vollständig zum Laubsprofs zurück.

e) Ein nicht häufiges Vorkommen sogen. vorschreitender Metamorphose hatte ich an dem Rosenzweig (Fig. 5) *) zu beobachten Gelegenheit.

Der mit einer normal entwickelten Blüthe abschliefsende Zweig trägt an seinem unteren Theil zwei Laubblätter (*a, b*), welche nur hinsichtlich ihrer Stellung von der Regel in so fern abweichen, als sie nicht alternirend, sondern dicht neben einander am Stengel sitzen. Etwa 2,5 cm oberhalb dieser und mit ihnen alternirend folgt ein Blatt (*c*), welches aus einem gröfseren Endblatt und zwei kleineren Fiederblättchen besteht, von denen das eine (das rechte) blumenblattartig seiner Farbe und Consistenz nach entwickelt ist. $1\frac{1}{2}$ cm über diesem Blatt sitzt nun das Blatt *d*, ein vollständig entwickeltes, grofses Blumenblatt; diesem gegenüber zwei Laubblätter (*e* und *f*), die ebenso wie *a* und *b* dicht neben einander sitzen; endlich folgt noch am Ende des Zweiges, etwa 0,5 cm unterhalb der Blüthe, ein mit dem vorigen alternirendes Laubblatt *g*.

Beispiele der sogen. vorschreitenden Metamorphose kommen im Allgemeinen seltener vor, als solche der rückschreitenden Metamorphose. In der Regel erstrecken sich jene auf das Auftreten von Staubfäden innerhalb des Blumenblattkreises oder von Pistillen an der Stelle der Staubfäden; wenig bekannt dagegen sind Fälle wie der vorliegende, bei denen einzelne Theile eines Laubblattes blumenblattartig werden und ein Blumenblatt an einer Stelle des Stengels vorkommt, an der gewöhnlich Laubblätter auftreten. Besonders auffallend mufs dieser Fall aber auch dadurch erscheinen, dafs das Blumenblatt nicht etwa unmittelbar unter der Blüthe, sondern in der Mitte des Zweiges sitzt und der Stengeltheil bis zur Blüthe noch mit einer Anzahl Laubblätter besetzt ist; dafs ferner die Blattformation, welche in der Regel zwischen der Laubblatt- und Blumenblattformation auftritt, die des Kelches, übersprungen wird.

---

*) Die Abbildung ist nach dem getrockneten Original, welches sich in der Sammlung der hiesigen Realschule befindet, entnommen. Einzelne Laubblätter waren beschädigt.

Dieses isolirte Auftreten eines Blumenblattes (und eines
Laubblattes mit einem blumenblattartigen Fiederblatt) an
einem Laubsprofs zwischen einer Anzahl von Laubblättern,
läfst sich nur auf eine Entwickelungsstörung der im frühesten
Knospenzustand noch rudimentär angelegten Blätter zurückführen. Durch eine die Entwickelung abnorm beschleunigende
Wirkung waren die Blattrudimente, aus welchen sich unter
normalen Umständen auch Laubblätter gebildet haben würden, ganz oder theilweise zu Blumenblättern geworden; alle
übrigen Rudimente bildeten sich, da für sie die Entwick-
lungsumstände nicht modificirt wurden, zu Laubblättern aus.
Hinsichtlich der von der Regel abweichenden Stellungsverhältnisse der Blätter a und b, sowie e und f, bemerke ich
noch, dafs diese darauf beruhen, dafs a und e bis nahe zur
Ansatzstelle der Blätter b und f mit dem Stengel verwachsen
sind, so dafs die Ansatzstellen dieser Blätter scheinbar nahe
zusammenliegen.

f) Vollständige Vergrünung der Blüthe kommt bei Centifolien ziemlich häufig vor; es ist dies die Bildung, die unter
der Bezeichnung „grüne Rose" bekannt, von Laien als eine
Rose mit grünen Blumenblättern bewundert wird und die auch
dadurch noch ausgezeichnet ist, dafs sie sich durch Pfropfen
und Oculiren vermehren läfst.

Bei dieser Bildungsabweichung sind die Blumenblätter,
Staubblätter und Pistille, unter Beibehaltung der diesen Blatt-
kreisen in der Blüthe eigenthümlichen Stellungsverhältnisse,
ganz oder theilweise in Blätter verwandelt, welche die Farbe
und krautartige Consistenz der Laubblätter besitzen, dagegen
die Gestalt der Blattorgane der entsprechenden Blattkreise
beibehalten haben. Es treten also an Stelle der Blumenblätter
vegetative Blätter von der Gestalt der Blumenblätter auf, an
Stelle der Staubblätter Blättchen, welche an einem langen
dünnen Stiel (dem Filament) eine oft mit den Rändern verwachsene Blattspreite (der Anthere entsprechend) tragen.

Bei dem Pistill erstreckt sich die Vergrünung, soweit ich
dies nach den Untersuchungen, die ich an zahlreichen Exem-

plaren anstellen konnte, beurtheilen kann, nur auf das Carpellarblatt, an dessen Stelle ein an der Basis verwachsenes, oben offenenes, scheidenartiges, vegetatives Blättchen auftritt. Eine Vergröfserung der Samenknospe, wie sie eigentlich erwartet werden durfte, wurde in keinem Fall beobachtet; in allen untersuchten Pistillen war die Samenknospe normal entwickelt.

3. Verlaubungen der Hüllen und Hüllchen bei Umbelliferen

sind im Allgemeinen nicht selten. Ich fand deren wiederholt bei Heracleum Sphondylium in verschiedenen Entwickelungsstufen.

Bei den einen waren nur einzelne derselben, bei anderen alle, entweder nur in längere und breitere, lanzettliche, die Dolden und Döldchen oft überragende Deckblätter verwandelt, oder es traten an Stelle derselben vollständig ausgebildete gröfsere oder kleinere Laubblätter auf.

Bei Heracleum Sphondylium fehlt normal die Hülle entweder ganz, oder sie ist wenig blätterig. Trotzdem fand ich in allen Fällen, dafs an Stelle der Hülle oft fünf relativ grofse (in einzelnen Fällen war der Stiel 15 mm lang, die Blattspreite 55 mm lang und eben so breit), dreilappige Laubblätter auftraten. Die Blätter der Hüllchen hatten zwar auch die Gestalt der vorigen, waren aber viel kleiner.

Oft sind bei derartigen Pflanzen die Stiele nebeneinanderstehender Blüthenstände mit einander verwachsen.

Ein Fall scheint mir dadurch besonders merkwürdig, dafs die Verlaubung der Hüllen und Hüllchen sich an ein und demselben Individuum mehrere aufeinanderfolgende (bis jetzt drei) Jahre wiederholte.

Es scheint, als beruhe die Bildungsabweichung bei diesem Individuum weniger auf einer, den morphologischen Aufbau der Pflanze abändernden Zufälligkeit, als auf einer diese Abänderung bedingenden individuellen physiologischen Eigenthümlichkeit; ob diese etwa auch durch Samen vererblich ist, bleibt noch durch Versuche festzustellen.

4. Birne mit Kelch.

An einer B i r n e, Fig. 6 *), findet sich am oberen Ende
des Stiels eine kelchartige Anschwellung, welche den unteren
Theil der Scheinfrüchte napfartig umschließt und die an
ihrem oberen Rand auf vier zahnartigen, gleich weit von
einander abstehenden Erhöhungen je ein eiförmiges Blättchen
trägt. Die Birne ist sonst normal entwickelt.

Zur Erklärung der kelchartigen Anschwellung am Grund
der Birne haben wir uns zunächst die morphologische Bedeutung und Entwickelung derselben vorzustellen. Bekanntlich
ist die Birne, wie der Apfel, eine Scheinfrucht, welche von
dem fleischig entwickelten, sogen. Unterkelch (die napfartig
erhobene Blüthenaxe), der das ganze pergamentartige, aus
fünf Fruchtblättern bestehende Samengehäuse umschließt,
gebildet wird.

Die vorliegende Bildungsabweichung besteht nun darin,
daß die die Entwickelung der Axe abschließende Blüthe frühzeitig eine Störung erlitt, in Folge deren sie sich nicht vollständig ausbildete, sondern schon mit der Anlage des Kelchs
abschloß und hierdurch eine Fortbildung der Axe gestattete.
Das Axenende producirte eine neue, wieder mit dem Kelch
beginnende, ganz normal entwickelte Blüthe, aus der sich eine
vollständige Scheinfrucht ausbildete.

Die am Grund der Birne befindliche napfförmige, kelchartige Bildung ist in der That nichts anderes, als der
fleischig entwickelte Unterkelch, während die auf seinem Saum
sitzenden vier Blättchen den Kelchzipfeln entsprechen ; normal
sind deren fünf vorhanden, es muß also eines verkümmert sein.

Vollständig ausgebildete Blüthendurchwachsungen, bei
denen sich schließlich oberhalb einer Scheinfrucht ein zweite
entwickelt hat (sogen. Zwillinge), kommen bei der Gattung

---

*) Das Original befindet sich in der Sammlung des hiesigen Lehrer-
seminars.

Pyrus nicht selten vor ; seltener sind dagegen Fälle, wie der hier beschriebene, bei dem der Metamorphosengang mit dem Kelch abbricht und nachher eine nochmals mit dem Kelch beginnende Blüthe bezw. Frucht producirt.

Taf. I.

Fig. 6.

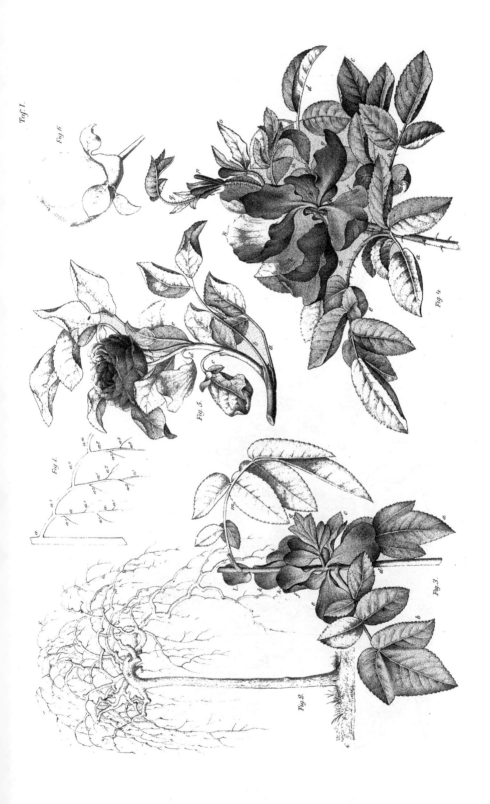

Fig. 6.

Fig. 4.

Fig. 5.

Fig. 1.

Fig. 3.

Fig. 2.

II.

Phänologische Beobachtungen aus Italien und Griechenland.

Von Dr. C. Hoffmann.

	Datum 1877	Giefsen 1877	Tage vor Giefsen
Rom.			
Prunus armeniaca, Vollblüthe (V. B.)	14. I	e. B. 26. III	71
Amygdalus communis, V. B. . . .	15. I	blüht 17. IV	92
Sarothamnus vulgaris, erste Blüthe (e. B.)	29. I	—	—
Ranunculus Ficaria, e. B.	29. I	16. III	46
Narcissus poëticus, V. B.	15. II	e. B. 11. V	85
Lamium maculatum, V. B.	15. II	—	—
Cydonia japonica, e. B.	16. II	19. II	3
Prunus spinosa, V. B.	18. II	e. B. 9. IV	50
Tussilago Farfara, V. B.	25. II	—	—
Brassica Rapa, e. B.	27. II	—	—
Mittel . .			58
Athen 1877.			
Hirundo rustica	7. III	17. IV	41
Brassica Rapa, V. B.	7. III	—	—
Papaver Rhöas, blüht	8. III	4. VI	88
Borago officinalis, e. B.	10. III	—	—
Lamium album, V. B.	13. III	—	—
Centaurea Cyanus (?), blüht . . .	12. III	e. B. 2. VI	82
Pyrus communis, e. B.	26. III	e. B. 27. IV	32
Juglans regia, erste Blätter entfaltet	27. III	—	—
Wachtel	18. III	—	—
Nachtigal, erste	29. III	12. IV?	—
Mittel . . .			61
Brindisi.			
Pisum sativum, V. B.	18. IV	Anfg. 13. VI	57
Monopoli.			
Syringa vulg., V. B.	18. IV	e. B. 1. V	13

	Datum 1877	Giefsen 1877	Tage vor Giefsen
Mola di Bari.			
Robinia Pseudacacia, V. B. . . .	18. IV	blüht 15. VI	58
Trani (N. von Brindisi).			
Crataegus Oxyacantha, V. B. . . .	18. IV	e. B. 18. V	30
Neapel.			
Wisteria chinensis, V. B.	19. IV	—	—
Antirrhinum majus, V. B.	19. IV	—	—
Robinia Pseudacacia, V. B. . . .	20. IV	bl. 15. VI	56
Lychnis diurna, V. B.	20. IV	—	—
Iris Pseudacorus, V. B.	20. IV	—	—
Digitalis purpurea, blüht	20. IV	e. B. 18. VI	59
Sambucus nigra, V. B.	21. IV	e. B. 5. VI	
		V. B. 14. VI	45
Paeonia officinalis, über V. B. . .	21. IV	V. B. 3. VI	43
Acer platanoides, V. B.	21. IV	—	—
Syringa vulgaris, V. B.	21. IV	e. B. 1. V	10
Syringa chinensis, V. B.	21. IV	—	—
Lonicera tatarica, V. B.	21. IV	e. B. 10. V	19
Viburnum Opulus, Anfang der Blüthe	21. IV	—	—
Platanus, e. B.	21. IV	—	—
Aesculus Hippocastanum, V. B. . .	21. IV	e. B. 16. V.	25
Arum maculatum, V. B	21. IV	—	—
Fagus sylvatica, ganz belaubt . . .	21. IV	9. V	18
Quercus (pedunc.), ebenso	21. IV	18. V	27
„ „ in V. B. . . .	22. IV	—	—
Morus alba it.	22. IV	—	—
Populus nigra it.	22. IV	—	—
Secale cereale, V. B.	23. IV	e. B. 5. VI	43
Mittel . .			34
Caserta.			
Pyrus Malus, V. B.	24. IV	e. B. 11. V.	18
Aescul. Hippocast., Anfang der Blüthe	24. IV	e. B. 16. V	22
St. Maria in Capua vetere.			
Sambucus nigra, e. B.	24. IV	e. B. 5. VI	42
Sparanisi.			
Sambuc. ebenso	24. IV	e. B. 5. VI	42
Teano.			
Syringa vulgaris, V. B.	24. IV	e. B. 1. V	7
Riardo.			
Vitis vinifera, erste Blätter entfaltet	24. IV	11. V	17
Mignano.			
Cercis Siliquastrum, fast V. B. . .	24. IV	e. B. 28. V	34
Monte Casino.			
Pyrus Malus, V. B.	24. IV	e. B. 11. V	17
Crataegus Oxyacantha, V. B. . . .	24. IV	e. B. 18. V	24
Vitis vinifera, fast völlig belaubt .	24. IV	e. Blttr. 11. V	17
Rocca secca.			
Pisum sativum, V. B.	24. IV	Anfang 13. VI	50
Quercus, V. B.	24. IV	—	—
Rom.			
Mauerschwalbe	25. IV	30. IV	5
Robinia Pseudacacia, e. B.	25. IV	blüht 15. VI	51
Sambucus nigra, e. B.	25. IV	e. B. 5. VI	41

	Datum 1877	Giefsen 1877	Tage vor Giefsen
Cercis Siliquastr., V. B.	25. IV	e. B. 28. V	33
Aesculus Hippocast., fast V. B.	25. IV	e. B. 16. V	21
Platanus, Anfang der Blüthe	25. IV	—	—
Wisteria chinens., V. B.	25. IV	—	—
Berberis vulgaris, e. B.	25. IV	e. B. 26. V	31
Tamarix gallica, V. B.	25. IV	Anfang 5.. VI	41
Syringa vulgaris, V. B.	25. IV	e. B. 1. V	5
Syringa chinensis, V. B.	25. IV	—	—
Viburnum Tinus, V. B.	25. IV	—	—
Sedum album, e. B.	25. IV	21. VI	56
Arum maculat., V. B.	25. IV	—	—
Pyrus Malus, V. B.	25. IV	e. B. 11. V	16
Mittel (Rom)			30
Orvieto.			
Prunus Avium, noch in V. B.	26. IV	V. B. 6. V	10
Cortona.			
Syringa vulgaris, V. B.	26. IV	e. B. 1. V	5
Prunus Avium, V. B.	26. IV	V. B. 6. V	10
Vitis vinifera, erste Blättchen entfaltet	26. IV	11. V	15
Pyrus Malus, V. B.	26. IV	e. B. 11. V	15
Arezzo.			
Prunus Avium, V. B.	26. IV	V. B. 6. V	10
Pyrus Malus, V. B.	26. IV	e. B. 11. V	15
Florenz.			
Pyrus Malus, V. B.	26. IV	e. B. 11. V	15
Pisum sativum, V. B.	26. IV	Anfang 13. VI	48
Prunus Avium, V. B.	26. IV	V. B. 6. V	10
Cercis Siliquastrum, V. B.	26. IV	e. B. 28. V	32
Vitis vinifera, erste Blätter	26. IV	11. V	15
Aesculus Hippocast., fast V. B.	28. IV	e. B. 16. V	18
Tamarix (gallica ?), V. B.	29. IV	Anfang 5. VI	37
Nachtigall	12. IV	12. IV ?	0
Cytisus Laburnum, V. B.	1. V	e. B. 22. V	21
Vicia Faba, V. B.	3. V	—	—
Euphorbia Cyparissias, V. B.	3. V	—	—
Rosa canina ?, e. B.	3. V	—	—
Crataegus Oxyacantha, fast V. B.	3. V	e. B. 18. V	15
Viburnum Opulus, e. B.	3. V	—	—
Aquilegia vulgaris, V. B.	4. V	(e. B.) 28. V	24
Paeonia officinalis, e. B.	4. V	e. B. ca. 13. V	9
Secale cereale, e. B. bei Prato	13. V	e. B. 5. VI	23
Mittel (Florenz)			20
Verona.			
Robinia Pseudacacia, V. B.	17. V	blüht 15. VI	29
Aesculus Hippocastanum, V. B.	17. V	e. B. 16. V	30
Viburnum Opulus, V. B.	17. V	—	—
Innsbruck.			
Pyrus Malus, V. B.	18. V	e. B. 11. V	—
Brixlegg.			
— *Narcissus poëticus*, V. B.	18. V	e. B. 11. V	—
Prunus Avium, V. B.	18. V	V. B. 6. V	—
München.			
Prunus Avium, V. B.	18. V	V. B. 6. V	—

Anmerkungen.

Rom 1877.

Januar 19: Sambucus nigra und Rosa centifolia noch stellenweise belaubt und grün (also immergrün); Bellis perennis in der
Campagna allgemein auffallend hoch (20 cm) und grofsblüthig.
Pyrus Malus, der am 5. Januar zum Theil noch grüne Blätter
hatte, nun ganz entlaubt beim Treiben der Knospen. Morus
alba, Vitis vinifera, Juglans regia waren bereits Mitte November mehr oder weniger verfärbt, Robinia Pseudacacia, Salix
babylonica und Platanus anfangs December (alle drei fallen
bei uns grün durch Frost).

Februar 15 : Narcissus poëticus in Vollblüthe, Prunus
Avium noch nicht blühend. (In Giefsen ist die Succession
umgekehrt : Prunus Avium e. B. 19. IV; Narcissus p. 5. V
im Mittel.) — 18 : Sambucus nigra noch völlig belaubt und
grün. — 27 : In der Villa Albani haben den Winter über
Camelien im Freien geblüht.

Was die Vergleichung der Daten mit Giefsen betrifft,
so kann dieselbe selbstverständlich nur sehr unvollkommen
ausfallen. Selbst angenommen, der Witterungsgang in Athen,
Rom, Neapel und Giefsen sei im Jahre 1877 zufällig ganz
correct, d. h. im Sinne des vieljährigen *Mittels* eines jeden
der drei Orte verlaufen, so kommt als störend in Betracht,
dafs die Angaben ihrer Natur nach nicht immer vergleichbar
sind : z. B. dort „Vollblüthe", in Giefsen „erste Blüthe", oder
umgekehrt. Unter den Januarphasen für *Rom* sind offenbar,
in Betracht des Fehlens eines echten Winters (Januarmittel
$+ 6,1^0$ R.), einzelne, die schon dem Vorwinter angehören
können, z. B. Amygdalus communis (s. u.). Ich halte danach
das Mittel des Unterschieds von 58 Tagen gegen Giefsen
für viel zu hoch. — Für *Athen* (Unterschied im Mittel
61 Tage) mögen die Ziffern schon correcter vergleichbar sein,
da es sich bereits um den März handelt, also eine Zeit, wo
Vorwinterpflanzen kaum mehr blühen dürften. Doch sind
einige darunter (Papaver Rhoeas und Centaurea Cyanus *)),

---

*) Ist wohl die ähnliche C. depressa gemeint, da nach v. Heldreich
die ächte Cyanus dort fehlt (A. Mommsen griech. Jahreszeiten 1877. V.

welche wohl gelegentlich durch den ganzen Winter blühend vorkommen mögen. Dazu kommt die bedeutend südlichere Lage, fast 11 Breitegrade, was einer Beschleunigung der Vegetationsentwickelung um 41 Tage entspricht, wenn man $3^3/_4$ Tage für 1 Grad berechnet. Aber die geographische Breite allein ist nicht maßgebend; es kommt auch auf die Lage an. — Was *Neapel* betrifft (April), so ist die gewonnene Mittelzahl : 34 Tage vor Gießen — sehr gut übereinstimmend mit der von mir auf ähnliche Weise im Jahre 1874 ermittelten : 35 Tage (s. J e l i n e k und H a n n, österr. Zeitschrift f. Meteorol. 1874 Nr. 20. Octbr.). — Ebenso stimmen die April-Beobachtungen in *Rom* annähernd mit den früheren : jetzt 30 Tage, in 1874 : 23 Tage. — *Florenz* ergab jetzt 20 Tage Unterschied, in 1874 26.

Soviel scheint ersichtlich, daß nach diesem Verfahren in wenigen Jahren eine ziemlich sichere Kenntniß der fraglichen Verhältnisse erreicht werden könnte.

In *Athen* sind vom Hofgärtner F r. S c h m i d t aus Beobachtungen von 1869 bis 1873 annähernde Mittel der Blüthezeiten verschiedener Pflanzen berechnet worden. Aus dessen Handschrift sollen hier einige Auszüge mitgetheilt werden, verglichen mit den vieljährigen Mitteln von Gießen, welche im 15. Berichte S. 1 ff. abgedruckt sind. (Erste Blüthe offen.) In der zweiten Columne ist das mittlere Datum aus S c h m i d t's Angaben durch Schätzung bestimmt.

S. 531). Ebenda (p. 487) wird für Pap. Rhoeas als mittlere, normale Blüthezeit Ende Februar bis Anfang Juni angegeben; für Cent. depr. (502) Mitte März bis Ende April. — „Für die Vegetation der attischen Ebene beginnt der Frühling entschieden im Spätherbst, d. h. nach den ersten Regen" (S. 571).

Namen	Athen	Giefsen e. B.	Athen Tage vor Giefsen
Mespilus japonica	6. I	16. IV	100
Amygdalus communis	6. I	15. IV	99
Narcissus poëticus	21. I	5. V	104
Anemone Hepatica	22. I	26. II	35
Hyacinthus orientalis . . .	25. II	3. IV	37
Fritillaria imperialis	7. III	14. IV	38
Prunus domestica	15. III	26. IV	42
Prunus Cerasus	15. III	22. IV	38
Pyrus communis	15. III	23. IV	39
Pyrus Malus	15. III	·27. IV	43
Cydonia vulgaris	15. III	14. V	60
Syringa vulgaris	15. III	3. V	49
Aesculus Hippocastanum . . .	15. III	7. V	53
Aquilegia vulgaris	15. III	4. IV	25
Dielytra spectabilis	25. III	29. IV	45
Fraxinus excelsior	25. III	21. IV	27
Wisteria sinensis	25. III	6. V	42
Crataegus Oxyacantha	25. III	7. V	43
Cytisus Laburnum	1. IV	10. V	39
Sambucus nigra	1. IV	27. V	56
Berberis vulgaris	10. IV	7. V	27
Quercus pedunculata	10. IV	10. V	30
Digitalis purpurea	20. IV	11. VI	52
Aster chinensis	20. IV	27. VII!	98
Ligustrum vulgare	20. IV	27. VI	68
Lilium candidum	1. V	30. VI	60
Vitis vinifera	1. V	14. VI	44
Specularia Speculum	1. V	3. VI	33
Dahlia variabilis	1. V	5. VII	96
Mittel . .			53

Das Mittel von 53 Tagen (oben fanden wir sogar 61)
ist unzweifelhaft immer noch zu hoch; auch hier dürfte der
Einflufs der Vorwinterblüthen (wie Mespilus japonica, Amygdalus communis, Narcissus poëticus) sich allzu sehr und
störend geltend machen. Correcter dürfte der Unterschied
von 39—43 Tagen sein, wie er sich aus den ächten Frühlingsblüthen ergiebt : Cytisus Laburnum, Crataegus Oxyacantha, Wisteria sinensis. (Wir berechneten oben nach der
geographischen Breite den Unterschied auf 41 Tage.)

. Das Calendarium Florae atticae von J. Sartori und
T. v. Heldreich (nach fast 30jährigen Beobachtungen),
abgedruckt in den „Griechischen Jahreszeiten" a. a. O.
S. 471—520 giebt in systematischer Ordnung die „Blüthezei-

ten" einer grofsen Anzahl von Pflanzen der attischen Ebene
u. s. w., doch nicht in Ziffern, sondern durch Querstriche
bezeichnet, welche durch die betreffenden Monatscolumnen
laufen; z. B. Pyrus communis $^2/_3$ März bis Mitte April,
Juglans regia von Mitte April bis Mitte Juni, Vitis vinifera
Anfang bis Mitte Mai, ausnahmsweise (durch Punkte bezeichnet) Mitte April bis $^2/_3$ Mai, Amygdalus communis Mitte
Januar bis Ende Februar, extrem : Anfang Januar *) bis
$^1/_3$ März, Papaver Rhoeas Anfang März bis $^2/_3$ Mai, extrem :
$^2/_3$ Februar bis Anfang Juni; P. dubium : April, Bellis perennis Mitte October bis Mitte Mai, extrem : Anfang October
bis Ende Juni.

Wir wählen daraus eine Anzahl ächter Frühlingsblüthen
in unserm Sinne und setzen das Anfangsdatum der Blüthezeit nach Schätzung daneben, um dieselbe mit dem mittleren
Tage der „ersten Blüthe" in Giefsen vergleichen zu können.

Namen	Athen Anfang des Blühens	Giefsen erste Blüthe	Athen Tage vor Giefsen
Prunus spinosa	5. II	20. IV	74
Prunus domestica	1. III	26. IV	56
Prunus Avium	1. III	19, IV	49
Persica vulgaris	20. I	5. IV	75
Pyrus communis	20. III	23. IV	34
Crataegus monogyna	1. IV	—	—
Crataegus Oxyacantha	—	7. V	36
Juglans regia	14. IV	11. V	27
Aubrietia deltoidea	1. III	4. IV	34
Sambucus nigra	15. IV	27. V	42
Quercus sessiliflora	1. IV	—	—
Quercus pedunculata	—	10. V	39
Triticum vulgare hybernum . .	15. IV	14. VI	60
Mittel			53
„ mit Weglassung von *Persica vulgaris* (als Winterblüthe)			45

Wir gelangen also nach diesen Angaben zu dem Ergebnifs eines Unterschiedes von 45 Tagen zu Gunsten von
Athen.

---

*) Blüht oft schon Mitte December (a. a. O. S. 580).

Im Allgemeinen stellt sich nach allem Vorhergehenden demnach der Unterschied für Athen auf ungefähr 42 Tage.

Wir werden uns mit dieser nur ganz ungefähren Schätzung einstweilen begnügen müssen, bis es den Beobachtern gefallen wird, wirklich Vergleichbares zu ermitteln, d. h. den wirklichen mittleren Tag der ersten Blüthe oder der Vollblüthe durch mehrjährige Beobachtungen festzustellen.

H. Hoffmann.

III.

Phänologische Beobachtungen in Leipzig, 1875.

Von Dr. C. Hoffmann.

Namen	Datum	Tage vor	Tage nach
Fritillaria imperialis, erste Blüthe (e. B.)	30. IV	—	4
Cardamine pratensis, e. B.	1. V	—	1
Carpinus Betulus, Vollblüthe (V. B.) . .	1. V	0	0
Pyrus communis, e. B.	5. V	—	3
Prunus Padus, e. B.	6. V	—	4
Prunus spinosa, e. B.	6. V	—	8
Prunus insititia, Pflaume e. B.	6. V	—	11
Pyrus Malus, e. B.	9. V	—	4
Aesculus Hippocastanum, e. B.	11. V	—	1
Prunus domestica, e. B.	10. V	—	5
Syringa vulgaris, e. B.	12. V	—	3
Prunus Avium, e. B.	4. V	—	6
Ribes aureum, e. B.	5. V	—	8
Sambucus nigra, e. B.	2. VI	—	8
Secale cereale, e. B.	3. VI	—	5
Mauerschwalbe, erste	5. V	—	4
Kukuk	2. V	—	7

Wenn man die am sichersten zu beobachtenden Frühlingsphasen, wie die erste Blüthe von Pyrus communis, Pyrus Malus, Syringa vulgaris, Prunus Avium zunächst ins Auge faſst, so beträgt die Verzögerung für Leipzig gegen Gieſsen um diese Zeit 3—6 Tage (im Mittel 4 Tage). Es ist wahrscheinlich, daſs diese Differenz auch für andere Jahre und durchschnittlich gültig ist.

Anmerkung. Für *Berlin* finde ich nach mehrjährigen Beobachtungen im April die Vegetations-Entwickelung genau synchronisch mit Gieſsen.

H. Hoffmann.

Phänologische

Monsheim bei Worms (vgl.

Beobachtet von

Namen	1872	Tage vor |nach Giefsen		1874	Tage vor |nach Giefsen		
Aesculus Hippocastanum . . .	—	—	—	—	—	—	
Amygdalus communis	—	—	—	3. IV	16	—	19. .
Amygdalus nana	—	—	—	20. IV	—	—	
Fritillaria imperialis	—	—	—	—	—	—	27. I
Lilium candidum	—	—	—	—	—	—	
Prunus Avium	15. IV	5	—	19. IV	4	—	
Prunus spinosa	—	—	—	—	—	—	25. I
Pyrus communis	24. IV	4	—	23. IV	2	—	30. I
Pyrus Malus	1. V	5	—	30. IV	12	—	7. |
Ribes Grossularia	—	—	—	—	—	—	
Ribes rubrum	—	—	—	—	—	—	
Sambucus nigra	15. VI	1	—	13. VI	—	—	10. |
Secale cereale	27. V	6	—	27. V	10	—	23. |
Syringa vulgaris	3. V	8	—	6. V	—	—	9. |
Tilia parvifolia	30. VI	—	—	30. VI	—	—	
Triticum vulgare	20. VI	—	—	10. VI	3	—	
Vitis vinifera, im Weinberg (Gut-edel)	24. VI	2	—	18. VI	7	—	15. |

Beobachtungen.

14. Bericht S. 63). Vollblüthe.

W. Ziegler.

1875	1876	1877	Mittel 1867—1876 (. . . Jahre)	Giefsen (Mittel) (. . . Jahre)	Tage vor Giefsen
4. V	—	—	—	—	—
19. IV	5. IV	7. IV	—	—	—
23. IV	11. IV	19. IV	—	—	—
27. IV	10. IV	13. IV	—	—	—
26. VI	29. VI	29. VI	—	—	—
26. IV	12. IV	20. IV	19. IV (6)	23. IV (20)	4
25. IV	8. IV	12. IV	—	—	—
30. IV	20. IV	29. IV	23. IV (8)	29. IV (20)	6
7. V	1. V	14. V	3. V (8)	10. V (19)	7
21. IV	10. IV	—	—	—	—
21. IV	9. IV	14. IV	—	—	—
10. VI	21. VI	17. VI	12. VI (9)	13. VI (19)	1
23. V	2. IV	4. VI	25. V (9)	4. VI (21)	10
9. V	—	17. V	7. V (8)	15. V (20)	8
27. VI	—	4. VII	29. VI (8)	5. VII (9)	6
9. VI	18. VI	14. VI	15. VI (9)	21. VI (14)	6
15. VI	24. VI	24. VI	20. VI (9)	26. VI (21)	6

Hieraus ergiebt sich, daſs die Vegetationsentwickelung in Monsheim im Frühling um 4—6 Tage vor derjenigen von Gieſsen voraus ist (Prunus Avium, Pyrus communis); auch im Sommer beträgt der Unterschied noch ungefähr 6 Tage zu Gunsten von Monsheim (Vitis vinifera, Triticum vulgare, Tilia parvifolia).

V.

Uebersicht der meteorologischen Beobachtungen im botanischen Garten zu Giefsen,

ausgeführt vom Universitäts-Gartengehülfen **H. Weifs** und vom Universitäts-Gärtner **J. F. Müller.**

1876*).

Zeit	Lufttemperatur im Schatten					Atmosphärischer Niederschlag (Regen und Schnee) in Par. Zollen (an .. Tagen)	Schneedecke um 12 Uhr an .. Tagen	Schneefall an .. Tagen	Höhe der Schneedecke, höchste (Par. Zoll) nm 9 Uhr V. M.
	Maximum des Monats º R.	Minimum des Monats º R.	Mittel der täglichen						
			Maxima	Minima	Maxima und Minima				
Januar	+ 5,5	— 14,5	+ 0,32	— 5,49	— 2,59	0,41 (8)	1	7	0,6
Febr.	+ 11,5	— 13,5	+ 4,41	— 2,03	+ 1,19	4,53 (24)	12	12	8,0
März	+ 14,0	— 5,5	+ 7,44	+ 0,36	+ 3,90	3,79 (23)	0	16	0,5
April	+ 15,0	— 4,3	+ 12,03	+ 2,58	+ 7,30	1,07 (12)	0	1	0
Mai	+ 20,7	— 2,0	+ 12,32	+ 2,70	+ 7,51	0,97 (9)	0	0	0
Juni	+ 22,0	+ 2,5	+ 17,93	+ 9,28	+ 13,60	2,62 (16)	0	0	0
Juli	+ 24,0	+ 5,0	+ 19,47	+ 10,43	+ 14,95	2,29 (12)	0	0	0
Aug.	+ 25,5	+ 3,2	+ 19,84	+ 9,26	+ 14,55	2,87 (14)	0	0	0
Sept.	+ 18,7	+ 1,0	+ 13,71	+ 7,09	+ 10,40	4,75 (23)	0	0	0
Oct.	+ 18,0	— 0,3	+ 11,66	+ 5,61	+ 8,63	1,26 (10)	0	1	0
Nov.	+ 8,2	— 9,8	+ 4,32	— 0,87	+ 1,72	2,50 (17)	4	7	3,0
Dec.	+ 10,0	— 12,0	+ 5,19	+ 0,49	+ 2,84	3,12 (21)	0	4	0
Jahr (Mittel)	+ 16,09	— 4,18	+ 10,71	+ 3,28	+ 7,00	Summe 30,18 (189)	Summe 17	Summe 48	Maximum 8,0

*) Vgl. den 15. Bericht 1876, S. 32.

1877.

Zeit	Lufttemperatur im Schatten					Atmosphärischer Niederschlag (Regen und Schnee) in Par. Zollen (an . . Tagen)	Schneedecke um 12 Uhr an . . Tagen	Schneefall an . . Tagen	Höhe der Schneedecke, höchste (Par. Zoll) um 9 Uhr V. M.
	Maximum des Monats °R.	Minimum des Monats °R.	Mittel der täglichen						
			Maxima	Minima	Maxima und Minima				
Januar	+ 13,0	− 4,7	+ 5,14	+ 0,51	+ 2,82	3,12 (20)	1	8	1,5
Febr.	+ 9,5	− 4,7	+ 6,18	+ 0,87	+ 3,52	3,09 (24)	1	8	2,0
März	+ 12,5	− 13,8	+ 5,45	− 1,36	+ 2,04	2,45 (22)	4	12	4,2
April	+ 18,0	− 2,0	+ 9,70	+ 2,10	+ 5,90	0,99 (12)	0	3	0
Mai	+ 19,0	− 2,5	+ 12,96	+ 3,75	+ 8,35	2,16 (17)	0	3	0
Juni	+ 26,0	+ 4,5	+ 20,00	+ 9,52	+ 14,76	1,17 (9)	0	0	0
Juli	+ 23,5	+ 4,0	+ 17,45	+ 9,83	+ 13,64	3,46 (20)	0	0	0
Aug.	+ 23,2	+ 3,7	+ 17,85	+ 10,12	+ 13,99	2,42 (14)	0	0	0
Sept.	+ 18,0	− 4,0	+ 12,43	+ 4,38	+ 8,40	1,66 (16)	0	0	0
Oct.	+ 15,5	− 4,2	+ 10,01	+ 1,69	+ 5,85	1,46 (18)	0	1	0
Nov.	+ 12,5	− 1,8	+ 7,72	+ 2,35	+ 5,03	2,10 (19)	0	3	0
Dec.	+ 7,0	− 10,8	+ 3,00	− 2,00	+ 0,50	2,24 (18)	7	10	7,0
Jahr (Mittel)	+ 16,48	− 3,03	+ 10,66	+ 3,48	+ 7,07	Summe 26,32 (209)	Summe 13	Summe 48	Maximum 7,0

VI.

Verzeichnifs

der in der Kaichener sowie den angrenzenden Gemarkungen in der Wetterau aufgefundenen Pflanzen (Phanerogamen).

Von **Hörle**.

Papilionaceen.

Sarothamnus vulgaris
Genista pilosa
  „ tinctoria
  „ germanica
Cytisus Laburnum
Ononis spinosa
  „ repens
Anthyllis Vulner.
Lotus cornic.
  „ uliginosus
Trifolium hybr.
    repens
    pratense
    sativum
    medium
    alpestre
    incarnatum
    montanum
    arvense
    fragiferum
    aureum
    campestre
  ♃ procumbens
  „ filiforme
Melilotus alba
  „ offic.
  „ coerulea
Astragalus cicer.
  „ glycyphyllos
Medicago sativa
  „ media
  „ falcata
  „ lupulina

Onobrychis sativ.
Ervum hirsutum
  „ tetraspermum
  „ Lens.
Lathyrus sativus
  „ tuberosus
  „ pratensis
  „ sylvestris
Orobus vernus
  „ tuberosus
Pisum arvense
    sativum
Vicia pisiformis
    (Naumburg, Bönstadt!)
  „ cracca
  „ Faba
  „ sepium
  „ sativa
  „ angustifolia
Coronilla varia.

Amygdaleen.

Prunus spinosa.

Spiraeaceen.

Spiraea Ulm.
  „ Filipendula.

Sanguisorbeen.

Alchemilla vulg.
  „ arvensis
Sanguisorba offic.
Poterium Sanguisor.

Rosaceae.

Rubus idaeus
  „ caesius
  „ fructicosus
Geum urbarum
Fragaria vesca
  „ elatior
    (Bönstadt)
Potentilla supina
    (Kl. Karben)
    anserina
    argentea
    reptans
  ♃ verna
Tormentilla erecta
Agrimonia Eupatoria
Rosa canina
  „ rubiginosa
  „ repens
    (Bönstadt, Naumburg)
  „ gallica (Bönstadt).

Pomaceae.

Crataegus Oxyacantha
  „ monogyna
Pyrus communis
  „ Malus
Sorbus domestica
  „ aucuparia.

Celastrineae.

Staphylea pinnata
Evonymus europ.

Rhamneae.

Rhamnus cathart.
"   frangula.

Euphorbiaceae.

Euphorb. helioscop.
"   platyphyllos
"   Cyparissias
"   Peplus
"   exigua
Mercurialis perennis
"   annua.

Acerineae.

Acer platanoides
"   campestre.

Ampelideae.

Vitis vinifera
Ampelopsis hederac.

Oxalideae.

Oxalis acetosella.

Lineae.

Linum cathart.

Geraniaceae.

Geranium pratense
"   palustre
"   pyrenaicum
          (Assenheim)
"   pusillum
"   dissectum
"   columbinum
"   Robertianum
Erodium cicut.

Balsamineae.

Impatiens Nolitangere.

Malvaceae.

Malva Alcea
"   sylvestris
"   rotundifolia
Althaea offiic.
          (Dortelweil).

Tiliaceae.

Tilia grandifolia
"   vulgaris
"   sylvestris.

Philadelpheae.

Philadelph. coron.

Onagrarieae.

Epilobium angust.
"   hirsutum
"   palustre
"   roseum
"   parviflorum
Oenothera biennis
Circaea lutetiana.

Lythrarieae.

Lythrum Salicar.

Halorayeae.

Myriophyllum spicat.
Callitriche vernal.
Ceratophyll. demersum.

Saxifrageae.

Saxifr. granulata
"   tridactylites
Chrysosphen. atternifo-
lium.

Crassulaceae.

Sedum maxim.
"   acre
"   reflexum
Semperviv. tector.

Sileneae.

Dianthus prolif.
"   Carthusian
"   deltoides
"   Armeria
Gypsophila mural
Saponaria offic.
Silene nutans
"   inflata
Lychnis Viscaria
"   Flos cuculi
"   vespertina
"   diurna
Agrostemma Githago.

Alsineae.

Holosteum umbell.
Arenaria trinervia
"   serpyllifolia
Stellaria media
"   Holostea

Stellaria glauca
"   graminea
Sagina procumb.
Cerastium triviale
"   arvense
Malachium aquaticum.

Paronychieae.

Spergula arvens.
Herniaria glabra.

Sclerantheae.

Scleranth. annuus.

Amaranthaceae.

Amaranth. Blitum.

Phenopodieae.

Chenopodium Bon. Hen.
"   glaucum
"   album
"   viride
"   polysper-
          mum
"   olidum
Beta vulgaris
Atriplex hortensis
"   patula
"   latifolia
Spinacia oleracea.

Hypericineae.

Hypericum perforatum
"   humifusum
"   quadrangu-
          lum
Hypericum tetrapterum
"   pulchrum
"   hirsutum.

Droseraceae.

Parnassia palustr.

Violarieae.

Viola hirtu
"   odorata
"   Riviniana
"   sylvestris
"   canina
"   stagnina
          (Dorfelden,
          Dortelweil)
"   tricolor
"   arvensis.

Grossularieae.

Ribes Grossularia
„ Uva crispa
„ rubrum.

Cucurbitaceae.

Bryonia dioica.

Cruciferae.

Nasturtium officinalis
„ amphibium
„ sylvestre
„ palustre
Barbarea vulgaris
Erysimum cheirant.
Cardamine prat.
„ amara
Sisymbrium officinalis
„ Sophia
„ Alliaria
Sinapis arvensis
Brassica Rapa
„ Napus
„ oleracea
Alyssum calycinum
Farsetia incana
(Kl. Karben)
Draba verna
Armoracia rustic.
Camelina sativa
Thlaspi arvense
Lepidium Draba
(Kl. Karben)
„ campestre
„ ruderale
„ sativum
Capsella Bur. part.
Neslia paniculata
(Dortelweil)
Raphanus sativus
„ Raphanist.

Papaveraceae.

Papaver Argem.
„ Rhoeas
„ somniferum
„ officinale
Chelidonium maj.

Fumariaceae.

Fumaria officinale
„ media
Corydalis cava
„ solida.

Polygaleae.

Polygala vulgaris
„ comosa.

Resedaceae.

Reseda lutea
„ Luteola.

Nymphaeaceae.

Nuphar luteum.

Ranunculaceae.

Clematis Vitalba
Thalicteum minus
Anemone sylvestr.
„ nemorosa
„ ranunculoides
Adonis aestivalis
Myosurus minimus
Ranunculus fluit.
„ divaricatus
„ aquatilis
„ acris
„ lanugino-
sus
„ nemorosus
„ repens
„ bulbosus
„ Philonotis
„ auricomus
„ sceleratus
„ arvensis
„ Flammula
Caltha palustr.
Nigella arvensis
Aquilegia vulgaris
Delphinium Consol.

Paeoniaceae.

Paeonia officinalis.

Berberideae.

Berberis vulgaris.

Umbelliferae.

Eryngium campestre
Sanicula europ.
Bupleurum falcatum
„ rotundifo-
lium
Helosciadium nodiflo-
rum
Aegopodium Podag.
Carum carvi

Pimpinella magn.
„ Saxifraga
Falcaria Rivini
Berula angust.
Sium latifolium
Silaus prat.
Aethusa Cynap.
Oenanthe festulosa
„ peucedanifolia
(Helden-
bergen)
„ Phellandrium
Scandix pect. Ven.
Athriscus sylvestris
Chaerophyl. temul.
„ bulbosum
Conium macul.
Angelica sylvestr.
Selinum Carvifolia
Peucedanum Cervaria
Heracleum Spondylium
Anethum grav.
Pastinaca sat.
Orlaya grand.
(Kl. Karben)
Daucus Carota
Caucalis daucoid.
Torilis Anthrisc.
„ helvetica.

Araliaceae.

Hedera Helix.

Corneae.

Cornus sanguin.

Visaceae.

Viscum album.

Oleaceae.

Ligustrum vulg.
Syringa vulg.
Fraxinus excelsior.

Caprifoliaceae.

Sambucus racemosa
„ nigra
„ Ebulus
Viburnum Opulus
Lonicera Xylost.

Stellatae.

Sherardia arv.
Asperula odor.

Asperula cynanchica
Galium Apar.
    „   *uliginosum*
    „   *palustre*
    „   *verum*
    „   *sylvat.*
    „· *Mollayo*
    „   *sylvestre.*

Anocyneae.

Vinca minor.

Asclepiadea.

Cynanchum Vinetoxi-
cum.

Gentianeae.

Menyanthes trif.
Gentiana cruciata
      (Kl. Karben)
Erythraea Centaur.
   „   *pulchella.*

Boragineae.

Cynoglossum officin.
Borago officin.
Symphytum officin.
    „   *tuberosum*
        (Gronau)
Lycopsis arv.
Myosotis palustris
    „   *sylv.*
    „   *intermedia*
    „   *stricta*
Pulmonaria officin.
    „   *angustifolia*
Lithosperm. officin.
      (Naumburg)
    „ *arvense*
Echium vulg.

Solaneae.

Solanum nigrum
    „ *Dulcam.*
Physalis Alkekengi
Atropa Belladon.
Lycium barb.
Hyoscyamus niger
Datura Stram.

Cuscuteae.

Cuscuta europ.

Convolvulaceae.

Convol. sepium
   „ *arvensis.*

Labiatae.

Mentha sylvestr.
    „   *aquat.*
    „   *sativa*
    „   *arvensis*
Lycopus europ.
Pulegium vulgaris
      (Kl. Karben)
Salvia officinalis
    „   *pratensis*
    „   *sylvestris*
      (Heldenbergen)
    „   *verticillata*
      (Heldenbergen)
Origanum vulg.
Thymus Serpyllum
    „   *vulgaris*
Calamintha Acin.
Clinopodium vulgare
Nepeta Cataria
Glechoma heder.
Lamium amplex.
    „   *purpur.*
    „   *macul.*
    „   *album*
Galeobdolon lut.
Galeopsis Ladanum
    „   *ochroleuca*
    „   *Tetrahit*
Stachys germ.
    „   *sylvat.*
    „   *palustris*
    „   *arvensis*
    „   *annua*
      (Kaichen)
    „   *recta*
Betonica officin.
Ballota nigra
Scutellaria galer.
Prunella vulg.
    „   *grandifl.*
Ajuga reptans
    „   *genevensis*
    „   *Chamaepitys*
      (Kaichen)
Teucrium Scorodonia
    „   *Scordium*

Verbenaceae.

Verbena officin.

Ericaceae.

Calluna vulgaris
Pyrola minor
„ secunda
„ rosea.

Monotropeae.

Monotropa Hypo.

Vaccinieae.

Vaccinium Myrt.

Campanulaceae.

Jasione mont.
Phyteuma spicat.
„ nigrum
Campanula rotundifolia
„ Rapunc.
„ persicifolia
„ Trachelium
„ rapunculoid
„ glomerata
„ cervicaria
Specularia Speculum.

Compositae.

Eupatorium cannab.
Tussilago Farfar.
Petasites officinalis
Bellis perennis
Erigeron acris
„ canadensis
Solidago Virgaur.
Inula Helen.
„ hirta
(Bönstadt)
„ britannica
Conyza squar.
Pulicaria vulgare
Bidens tripartit.
„ cernuus
Artemisia Absinth.
„ vulgare
Tanacetum vulgaris
Achillea Ptarm.
„ Millefolium
„ nobilis
(Eichen)
Anthemis tinctor.
„ arvensis
„ cotula
Matricaria Cham.

Chrysanthemum Leucanth.
Chrysanthemum corymbosum
Senecio vulgaris
„ viscosus
„ sylvaticus
„ erucaefolius
„ Jacobaea
„ aquaticus
Filago arvensis
„ germanica
„ minima
Gnaphalium silv.
„ uliginosum
„ luteo-album
„ dioicum
Centaurea Jacea
„ Scabiosa
„ Cyanus
Carlina vulgaris
Cirsium lanceol.
„ palustre
„ arvense
„ oleraceum
Carduus nutans
„ crispus
Onopordon Acan.
Lappa major ·
„ minor
Serratula tinct.
Lampsana comm.
Arnoseris pusilla
Cichorium Intyb.
Barkhausia foet.
Crepis biennis
„ virens
„ tectorum
Hieracium Pilos.
„ praealtum
„ murorum
„ vulgatum
„ umbellatum
Lactuca saligna
(Kl. Karben)
„ sativa
„ Scariola
„ muralis
Sonchus olerac.
„ arvensis
„ asper.
Chondrilla junc.
Taraxacum officinale
Leontodon hastilis
„ autumnale
Thrincia hirta
Picris hierac.

Helminthia echioides
Tragopogon prat.
„ major
Hypochaeris glabr.
„ radicata.

Dipsaceae.

Dipsacus sylvestr.
Scabiosa succisa
„ arvensis
„ columbaria.

Velerianeae.

Valerianella olit.
„ Auricula
Valeriana officinalis
„ dioica.

Plantagineae.

Plantago major
„ media
„ lanceolata.

Thymeleae.

Daphne Mezer.

Asarineae.

Asarum europ.
Aristolochia Clematitis.

Polygoneae.

Rumex obtusifol.
„ crispus
„ aquaticus
„ Acetosa
„ Acetosella
Polygon. amphib.
„ Persicaria
„ Hydropiper
„ aviculare
„ Convolvulus
„ dumetorum
„ Fagopyrum.

Urticaceae.

Urtica urens.
„ dioica
Humulus Lupulus
Cannabis sativ.

Ulmaceae.

Ulmus camp.
„ effusa.

Salicineae.

Salix fragilis
„ babylon.
„ alba
„ amygdalina
„ purpurea
„ viminalis
„ cinerea
„ Caprea
„ aurita
Populus tremula
„ pyramid.
„ alba
nigra.

Juglandeae.

Juglans regia.

Cupuliferae.

Fagus sylv.
Castanea vulg.
Quercus sessilifl.
„ peduncul.
Corylus Avellon.
„ tubul.
Carpinus Betul.

Betulineae.

Alnus incana
„ glutinosa.
Betula alba.

Hydrocharideae.

Hydroch. Morsus
ranae.

Orchideae.

Orchis fusca.
„ militaris
„ coriophora
„ Morio
„ mascula
(Naumburg,
Erbstadt)
„ latifolia
Gymnadenia con.
Platanthera bif.
Cephalanth. pallens
„ ensifolia
Epipactis latifol.
Neottia nid. avis.
Listera ovata.

Irideae.

Iris Pseud-Acorus.

Amaryllideae.

Galanthus niv.
Narcissus poëtic.

Smilaceae.

Convallaria multifl.
„ majalis.
Majanthem. bif.
Paris quadrifol.

Liliaceae.

Gagea stenop.
„ arvensis
Ornithogal. umb.
Allium ursin.
„ acutangul.
„ vineale
Scilla bifol.
Lilium candid.

Colchicaceae.

Colchic. aut.

Typhaceae.

Typha angustif.
Sparganium ramos.
„ simplex.

Aroideae.

Arum macul.

Lemnaceae.

Lemna minor.

Butomeae.

Butomus umb.

Alismaceae.

Alisma Plant.
Sagittaria sagittifolia.

Potameae.

Potamogeton nat.
„ crispus
„ pusillus

Juncaceae.

Juncus conglomeratus

Juncus effusus
„ glaucus
„ sylvat.
„ lamprocarpus
„ compressus
„ bufonius
Luzula pilosa
„ albida
„ campestris
„ multiflor.

Cyperaceae.

Cyperus flavescens
Heleocharis pal.
„ uniglumis
Scirpus setaceus
„ lacustris
„ . Tabernaemont.
(Kl. Karben)
„ sylvat.
„ compressus
Eriophorum latif.
„ angustif.
Carex distich.
„ vulp.
„ muricata
„ virens
„ leporina
„ Schreberi
„ stellulata
„ canescens
„ remota
„ vulgaris
„ acuta
„ pilulifera
„ montana
„ praecox
„ tomentosa
„ flava
„ pallescens
„ sylvatica
„ panicea
„ distans
„ hirta
„ glauca
„ ampullac.
„ visicaria
„ paludosa.

Gramineae.

Phalaris arund.
Anthoxanth. odor.
Panicum sanguin.
„ crus-galli
„ miliaceum
Setaria virid.

Setaria glauca
Milium effusum
Phleum prat.
Alopecurus prat.
    „   genicul.
    „   agrestis
Agrostis Spica venti
    „   alba
    „   vulgaris
Calamagrostis Epigeios
    „   sylvat.
Arundo Phragm.
Briza media
Glyceria fluit.
    „   spectabilis
Cynosurus cristatus
Brachypadium silv.
    „   pinnatum
Festuca ovina
    „   heterophyl.
    „   rubra
    „   elatior
Bromus steril.

Bromus tectorum
    „   asper.
    „   secalinus
    „   mollis
    „   arvensis
    „   asper
    „   giganteus
Poa annua
    „   nemoralis
    „   trivialis
    „   pratensis
    „   compressa
Molinia coerulea
Koeleria crist.
Dactyl. glom.
Melica unifl.
    „   nutans
Triodia decumb.
Aira caespit
    „   flexuosa
    „   caryophyl.
Avena sativa
    „   fatua

Avena pubescens
    „   flavescens
Arrhenatherum elatius
Holcus mollis
    „   lanatus
Lolium perenne
    „   arvense
    „   temulentum
Triticum repens.
Hordeum hexastichon
    „   distichon
    „   murinum
Nardus stricta.

Juniperus comm.
Populus tremul.
    „   pyram.
    „   nigra
Pinnis sylv.
    „   Strobus
    „   Larix
    „   Picea
    „   Abies.

VII.

Geologisch-mineralogische Mittheilungen.

1) Vorläufige Mittheilungen über den Quarz von der Grube
Eleonore am Dünstberge bei Giessen;

von **A Streng.**

Schon seit langer Zeit ist es bekannt, daſs in dem mulmigen manganreichen Brauneisenstein der Grube Eleonore
am südlichen Fuſse des Dünstberges Quarz in einzelnen zer-
brochenen Krystallen und in zusammenhängenden Drusen
vorkommt, an denen die beiden Rhomboëder $\pm$ R als Pyramide und das Prisma ∞ P, oft nur als schmale Abstumpfung
der Seitenkanten der Pyramide sichtbar sind.

Im 14. Bericht der Oberhessischen Gesellschaft für
Natur- und Heilkunde (April 1873) hat Herr C. Trapp,
damals Director der dortigen Gruben, eine Beschreibung der
Brauneisensteinlager gegeben, aus welcher hervorgeht, daſs
der dortige Stringocephalenkalk keine Quarze enthält, wohl
aber der aus seiner Umwandlung hervorgehende Dolomit,
welcher in der Nähe des ihn bedeckenden Eisensteinlagers
in Drusenräumen neben Braunspath auch Quarz- und Kalk-
spathkrystalle führt. Da nun der Dolomit in Brauneisenstein
umgewandelt wird (wahrscheinlich entsteht zunächst $FeCO_3$
und durch dessen Oxydation Brauneisenstein), so enthält
auch dieses Gestein Drusen von Quarz. Ueber das Vorkommen des Quarzes drückt sich Trapp auf S. 36 folgen-
dermaſsen aus :

„Der Quarz blieb bei der Umwandlung des Dolomites
durch die eisenhaltigen Wasser von den letzteren unberührt;

er bildete im Dolomite Infiltrationen und Drusen und stellt sich nunmehr auch als solche in dem Eisensteinlager dar. Die Krystalle besitzen die gewöhnliche Form des Quarzes und zeigen sehr häufig Einschlüsse von Eisenglimmer und Braunstein; auch sind die sogenannten Kappenbildungen sehr häufig an denselben wahrzunehmen, ebenso Eindrücke in den Krystallflächen, welche weggeführten kleinen Rhomboëdern entsprechen und welche wohl von Kalkspath herrühren, mit welchem vergesellschaftet wir den Quarz noch im Dolomite finden. Nach allen Seiten hin ausgebildete gröfsere Krystalle sind selten und bis jetzt nur an wenigen Stellen in der Grube gefunden worden. Dieselben sind höchstens 2 cm lang und 0,5—0,7 cm dick, von bräunlicher, weifs gewölkter Farbe. Meistens bilden sie Durchwachsungszwillinge, welche sich in Winkeln von 60⁰ gegen die Hauptaxe durchkreuzen, zuweilen aber auch durch massenhaftes Durcheinanderwachsen Krystallkugeln, an deren Oberfläche die pyramidalen Enden der Krystalle hervorstehen. Kleinere rundum ausgebildete Krystalle kommen als feiner pulverartiger Sand in einzelnen Drusen, doch nicht sehr häufig vor, die einzelnen Kryställchen sind alsdann meistens 0,3—0,5 mm lang und entsprechend dick."

„Die gröfseren Drusen und derberen, jedoch immer kleinkrystallinischen Quarzstücke zeigen immer eine sehr zellige äufsere Oberfläche, welche bei genauer Betrachtung den Eindrücken vormaliger Krystalle von Braunspath genau entsprechen".

„Zumeist findet sich der Quarz in einzelnen Krystallbruchstücken im ganzen Lager vertheilt, dann in einzelnen Drusen, welche sehr wenig Zusammenhalt besitzen, so dafs sie meistens beim Herausnehmen in einzelne Krystallbruchstücke zerfallen. Derbere Parthieen sind im Ganzen selten".

„Die zerstreuten Krystallbruchstücke in der Lagermasse sind in der Weise zu erklären, dafs nach der Umwandlung des Dolomites in Brauneisenstein der letztere einen geringeren Raum einnahm als der erstere. In Folge dessen trat durch den Druck der hangenden Schichten eine Verschiebung der einzelnen Lagertheile ein, durch welche die weniger widerstandsfähigen Quarzdrusen zertrümmert und die Trümmer durch das Lager vertheilt wurden".

Soweit die Mittheilungen von Trapp.

Bei einer meiner jüngsten Excursionen nach der Grube Eleonore nahm ich eine kleine Quarzdruse mit, welche ich später einer genaueren Betrachtung unterwarf, wobei es sich herausstellte, daſs an diesen Krystallen eine Anzahl seltener Flächen vorkommen. Bei einer in Folge dessen vorgenommenen Durchmusterung aller in meinem Besitze befindlicher Quarzkrystalle von Eleonore ergab sich, daſs zwar die meisten nur die oben erwähnten gewöhnlichen Formen zeigen, eine kleine Zahl von Drusen aber Krystalle enthielt, an denen diese seltenen Flächen, wenn auch überall nur sehr untergeordnet, vorkommen, wie sie neuerdings von Descloizeaux, Websky, v. Rath, Laspeyres, Frenzel und Anderen beschrieben worden sind. Zunächst wird es nun meine Aufgabe sein, an Ort und Stelle weiteres Material zu sammeln und dieses einer eingehenden Untersuchung zu unterziehen. Leider ist die Zahl der Quarze mit den seltenen Flächen sehr klein, gegenüber der groſsen Masse von Quarzkrystallen, die dort vorkommen; man muſs deshalb eine Menge von Material durchmustern, ehe man Krystalle findet, welche jene seltenen Formen zeigen. — Im Nachstehenden soll vorläufig nur das mitgetheilt werden, was bis jetzt an dem beschränkten Materiale beobachtet worden ist.

1) Die häufigste der selteneren Flächen ist ein symmetrisch zwölfseitiges Prisma, welches *sämmtliche* Kanten von ∞P zuschärft. Indessen sind die zuschärfenden Flächen nicht immer an der ganzen Längenausdehnung der Kanten von ∞P sichtbar, sondern sie treten oft nur lückenhaft auf, so daſs einzelne Theile der Kante entweder frei sind von den zuschärfenden Flächen, oder nur eine spurenweise Andeutung derselben aufweisen. Die Flächen der zwölfseitigen Pyramide sind horizontal schwach gestreift und sind dadurch nicht so stark glänzend, daſs ein deutliches Spiegelbild erhalten werden könnte, dagegen gaben sie an mehreren Krystallen bei

Anwendung einer Gasflamme einen so deutlichen Lichtreflex, daſs auf den Lichtschein recht gut eingestellt werden konnte. Bei der Messung wurden folgende Resultate erhalten, wobei jede Zahl der Durchschnitt aus sechs Messungen ist :

		Für ∞P : ∞Pn	∞Pn : ∞Pn (X)
Erster Krystall		158°10′	—
„ „		158° 1′	162°52′
		158°15′	162°31′
„ „	andere Kante	158°46′	162°30′
„ „	„ „	158°55′	162° 3′
Zweiter Krystall		158°42′	162°30′
„ „	andere Kante	158°30′	162°30′
Dritter Krystall		158°40′	162°56′
Mittel		158°30′	162°33′

Aus dem Winkel 158°30′ für ∞P : ∞Pn ergiebt sich für die schärfere Kante Y von ∞Pn der Winkel von 137°0′.

Aus diesen Winkelwerthen kann man berechnen, daſs das Prisma höchst wahrscheinlich mit dem am Quarze schon bekannten Prisma

$$\infty P\ {}^{11}/_7 = {}^{11}/_7\,a : a : {}^{11}/_4\,a : \infty c = 7.11.4.0$$

übereinstimmt, denn für

	berechnet	gefunden
∞P $^{11}/_7$ ist X =	162°6′	162°33′
Y =	137°54′	137°0′.

Unter Berücksichtigung des Umstandes, daſs die Einstellungen nur auf den Lichtschein erfolgten, ist die Uebereinstimmung der gefundenen Werthe mit den berechneten genügend, um die Form als ∞P $^{11}/_7$ bestimmen zu können.

Bei Winkelmessungen an einigen weniger glänzenden Flächen habe ich den Eindruck gewonnen, daſs an anderen Krystallen die Prismenflächen einer andern Form angehören mögen; die bis jetzt erhaltenen Winkelwerthe waren indessen so schwankend, daſs bestimmtere Angaben vorläufig nicht gemacht werden können.

2) Bei solchen Krystallen, an welchen —R untergeordnet vorhanden ist, so daſs die Rhomboëder-Endkanten von R

hervortreten könnten, bemerkt man mitunter, daſs diese Kante abgestumpft ist durch eine äuſserst schmale glänzende Fläche; es ist aber nicht — $\frac{1}{2}$ R, sondern, wie vorläufige Messungen ergeben haben, eine Fläche, welche diese Kante schief abstumpft. Mitunter sind sogar mehrere solcher Flächen neben einander vorhanden; es sind Hemiscalenoëder. Die beste Messung ergab für den Winkel einer dieser Flächen mit R im Mittel etwa 129°. Andere sehr wenig zuverlässige Messungen gaben für zwei nebeneinander liegende Flächen Winkel von 157 und 170° mit R.

3) An Einem Krystall war ein Theil der Endkante der Pyramide P scheinbar einfach abgestumpft; eine genauere Beobachtung und Messung mit Einstellung auf den Lichtschein ergab, daſs zwar eine Fläche P2 vorhanden ist, welche diese Endkante gerade abstumpft und mit P einen Winkel von etwa 158° bildet (berechneter Winkel von P2 : P = 156°52′); daneben ist aber noch eine zweite Fläche erkennbar, welche die Combinationskante von P2 mit P abstumpft und mit letzterem einen Winkel von etwa 149° bildet.

An anderen Krystallen sind die Endkanten von P nur durch die allerschmalsten Flächen abgestumpft, die selbst unter der Lupe kaum zu sehen sind.

4) An der Stelle von 2P2 findet sich eine oder mehrere, sehr matte Flächen, welche zu ∞P und zu R unter anderen Winkeln geneigt sind, wie 2P2; es mögen obere Trapezflächen sein. Sie kommen nicht etwa am Ende der abwechselnden Kanten von ∞P vor, sondern gewöhnlich an allen. — Die gewöhnlichen Trapezflächen, sowie 2P2 selbst sind nicht vorhanden, so daſs vorläufig jeder Anhalt fehlt zur Beurtheilung, ob die Krystalle rechts oder links drehend sind.

5) An solchen Krystallen, bei welchen die Endecke der Pyramide P durch eine horizontale Kante ersetzt ist, stellen sich mitunter schiefe Abstumpfungen oder Zuschärfungen derselben ein, welche stumpferen Rhomboëdern entsprechen. Es ist eine jedenfalls auffallende Thatsache, daſs, soweit ich beobachten konnte, diese stumpferen Rhomboëder niemals an der eigentlichen Endecke des Dihexaëders oder des

Rhomboëders vorkommen, sondern immer nur dann, wenn an Stelle der Ecke eine Kante vorhanden ist.

Die unter 3), 4) und 5) angeführten Flächen sind meist so schmal, dafs man sie nur mit einer Lupe erkennen kann.

Aus dem Vorstehenden ergiebt sich, dafs die Quarze der Grube Eleonore ganz ähnliche Erscheinungen darbieten, wie sie in so ausgezeichneter Weise von W e b s k y an den Quarzen von Striegau beschrieben worden sind *). In wie weit die Erscheinungen hier und dort völlig gleich sind, liefse sich nur durch eingehenderes Studium der fraglichen Krystalle erkennen, was freilich durch die Kleinheit und den geringen Glanz der Flächen, sowie durch das Fehlen der Rhomben- und gewöhnlichen Trapezflächen sehr erschwert wird.

Ganz ähnlicher Art scheint das von F r e n z e l **) geschilderte Vorkommen des Quarzes von Langenberg bei Schwarzenberg zu sein; denn diese Quarze, welche zahlreiche seltene Formen aufweisen, stehen ebenfalls mit Brauneisenstein und Manganerz in Verbindung.

Ich kann zum Schlusse die Bemerkung nicht unterdrücken, dafs vielleicht die genannten seltenen Flächen an den Quarzen der Eleonore durch einen natürlichen Aetzungsprocefs entstanden sein mögen. Zu einer solchen Aetzung bedarf es nicht der Fluorverbindungen, die hier vollständig fehlen, sondern es mögen dazu dieselben Gewässer beigetragen haben, welche den Dolomit in Spatheisenstein und diesen wieder in Eisenhydroxyd verwandelt haben. Da die Quarze sowohl im Dolomit als auch im Spatheisenstein vorkommen, so sind auch sie lange Zeiträume hindurch mit jenen Gewässern in Berührung gewesen. Vielleicht waren es vorzugsweise die Kanten, welche zunächst von der Aetzung betroffen wurden, so dafs Abstumpfungs- und Zuschärfungsflächen der mannigfachsten Art entstanden. — Vorläufig kann

---

*) Zeitschrift der geolog. Ges. 1865, S. 348 und Neues Jahrb. f. Min. 1871, S. 732.

**) Neues Jahrb. f. Min. 1875, S. 682.

ich übrigens das Vorstehende nur als eine Vermuthung aus-
sprechen; ob sich dieselbe wird begründen lassen, werden
erst genauere Untersuchungen lehren können.

2) Ueber die Basaltdurchbrüche am Wetteberge bei Giessen;

von A. Streng.

Durch den Bau der Berlin-Metzer Eisenbahn, welche
zwischen Lollar und Wetzlar die grofse Biegung des Lahn-
thals abschneidet und den Hügelzug der Haardt in tiefen
Einschnitten kreuzt, sind wenig neue Aufschlüsse bezüglich
der geologischen Beschaffenheit der Umgegend von Giefsen
erfolgt. Jener ganze Hügelzug besteht aus Kulm-Grauwacken
der verschiedensten Art, frei von Versteinerungen, aber bedeckt mit zum Theil sehr mächtigen Löfslagen. Nur der
Einschnitt am Wetteberg (den sogenannten Sieben Hügeln)
bot interessantere Verhältnisse dar und gewährte Aufschlüsse,
welche es gestatteten, eine bisher zweifelhafte Frage zu entscheiden.

Der Wetteberg bildet in seinem höchsten Punkte eine
Basaltkuppe, deren Configuration bedeutend verändert worden
ist durch einen mit tiefem Graben versehenen altgermanischen
Ringwall. Von diesem höchsten Punkte aus kann man nun
in der Richtung nach Südost einen Hügelzug verfolgen, der
aus einer Reihe von immer niedriger werdenden kleinen
Basaltkuppen besteht, die freilich ihre Umgebung nur sehr
wenig überragen, so dafs das Ganze als ein langgestreckter,
nach Südost allmählich abfallender mit kleinen Hervorragungen versehener Hügel erscheint. Der Eisenbahneinschnitt
zieht sich nun quer d. h. von NO nach SW durch diesen Rücken
und zwar zwischen den beiden letzten kleinen Kuppen hindurch und hat zuerst ein kleineres, von Grauwacken fast allseitig umschlossenes Basaltmassiv erschlossen, welches sich
nach Norden d. h. am nördlichen Gehänge des Einschnittes
spitz auskeilt, nach Süden aber wahrscheinlich mit der süd-
östlichsten, kaum über die Umgebung hervorragenden Basaltkuppe in Verbindung steht, welche unmittelbar den Einschnitt

begrenzt. Nach der Aussage eines der dortigen Ingenieure soll sich die erwähnte Basaltmasse nach oben hin verjüngt haben.

Etwa 20 Schritte weiter südwestlich fand sich am Nordgehänge des Einschnitts ein etwa ½ m mächtiger, senkrecht einfallender Basaltgang, welcher von der Sohle bis zum Rande des Einschnitts verfolgt werden konnte, der sich aber weder in der Sohle noch am Südgehänge desselben auffinden ließ, vielmehr bestand diese letztere hier überall aus Grauwacke. Während diese nun im Allgemeinen ein ungefähres Streichen von h. 4 hatte, war das Streichen des Basaltganges h. 9 und als die Verhältnisse genauer untersucht wurden, stellte es sich heraus, daß dieser Gang in seiner Längenerstreckung genau mit einer Linie zusammenfiel, welche die südöstlichste Basaltkuppe mit der nächst höheren nach Nordwesten hin liegenden verbindet. Es ergiebt sich daraus, daß die beiden Kuppen durch eine Spalte mit einander in Verbindung stehen, welche mit Basalt erfüllt ist, aber nicht überall die Oberfläche erreicht. Man wird nun wohl berechtigt sein, das für die beiden letzten Kuppen des Wetteberges Gefundene auch für alle übrigen als wahrscheinlich anzunehmen, daß nämlich die 7 oder 8 Basaltkuppen des Wetteberges mit einer in Stunde 9 streichenden Spalte, einem Basaltgange, in Verbindung stehen, der nur an einzelnen Punkten die Oberfläche erreichte und hier das Material für die kleineren Kuppen lieferte. Die Kuppen des Wetteberges sind also keine secundären, sondern ächte Kuppen.

Dasselbe wird man wohl auch von den benachbarten Kuppen Gleiberg und Vetzberg annehmen dürfen, deren Säulenstellung überdies derart ist, wie sie bei ächten Kuppen vorkommt; namentlich am Vetzberge ist die nach oben convergirende, dem Holze in einem Meiler vergleichbare Stellung der Säulen sehr schön sichtbar. Man wird auch hier voraussetzen dürfen, daß diese beiden ausgezeichnet ausgebildeten Basaltkuppen ebenso wie diejenigen des Vetteberges mit Basaltgängen in Verbindung stehen, also keine secundären, sondern ebenfalls ächte Kuppen sind.

3) Ueber das Schlacken-Agglomerat von Michelnau bei Nidda;

von A. Streng.

Auf einer meiner letzten Excursionen in die Umgegend von Nidda kam ich auch nach Michelnau (nordöstlich von Nidda), um den auf der Karte in unmittelbarer Nähe des Ortes angegebenen Basalttuff in Augenschein zu nehmen. Statt eines richtigen feinkörnigen Tuffes fand ich aber ein so prachtvolles Schlacken-Agglomerat, wie mir ein solches im übrigen Theile der Basaltdecke des Vogelsberges noch nicht zu Gesicht gekommen ist. Zugleich ist diese Ablagerung durch einen Steinbruch sehr schön aufgeschlossen und kann man in Folge dessen alle Modificationen der Ablagerung genau sehen. Das Gestein besteht aus einer Anhäufung basaltischer Schlacken in allen Korngröfsen; namentlich sind es faustdicke bis kopfgrofse, meist aber plattgedrückte Bruchstücke der schlackigen, halb erstarrten Oberfläche von einstmals feuerflüssigen Basalten, die hier vorwaltend sind. Sie bestehen aus schwammig, ja fast schaumig aufgeblähtem Basalt, der ganz erfüllt ist mit runden gröfseren und kleineren Blasen, und besitzen eine Oberfläche, welche dieselben lang gezogenen, gedrehten und gewundenen Runzeln besitzt, wie diejenige der Laven moderner Vulkane. Ich habe die ausgezeichnetsten Stücke herausschlagen können, die sich kaum von den Schlacken neuerer Vulkane unterscheiden lassen. Auf dem Bruche sind sie meist von hellgrauer Farbe, während ihre Oberfläche braunroth gefärbt ist durch einen Ueberzug von Eisenoxyd. Dieses letztere dringt aber auch in die Körner und Brocken mehr oder weniger tief ein, so dafs sie entweder an ihren Rändern oder in ihrer ganzen Masse eine braune Farbe besitzen. Solche Stücke sind offenbar bei Zutritt von Luft glühend gewesen, wobei sich der Eisengehalt oxydirte; es sind also roth gebrannte Schlacken.

Die einzelnen gröberen oder feineren Brocken und Bröckchen sind nun entweder dadurch mit einander verkittet, dafs sie offenbar mit einander verschmolzen sind, oder auch dadurch, dafs sich zeolithische Substanz zwischen ihnen abge-

lagert hat, die dann als Bindemittel dient. Auch in den runden
Hohlräumen der Blasen sind kleine wasserhelle Kryställchen
von Chabasit bez. Phacolith zahlreich ausgeschieden.

Das ganze Gestein ist ziemlich weich und läfst sich vortrefflich bearbeiten.

Offenbar hat in der Nähe dieser Ablagerung ein Ausbruch
basaltischer Massen stattgefunden, wobei auf der Oberfläche
der noch gluthflüssigen Lava in dem Krater, der freilich jetzt
durch Erosion verschwunden ist, halberstarrte Schlackenschol-
len entstanden, welche durch die sich entwickelnden hochgespannten Dämpfe fortgeschleudert wurden und sich in der
Nähe dieser Stelle ansammelten und zusammen mit Lapilli
und Asche dieses Agglomerat bildeten.

Wer die Fundstätte der schönen Chabàsite und Phillipsite an den Felsenkellern bei Nidda besucht, möge es nicht
versäumen diesen Steinbruch im Agglomerate westlich von
Michelnau aufzusuchen, der nur ½ Stunde von jener Stelle
entfernt ist und gewifs zu den gröfsten Merkwürdigkeiten
des Vogelsberges gehört.

4) Ueber den Magnetkies von Auerbach;

von stud. chem. L. Roth.

Bei Gelegenheit der geologischen und mineralogischen
Excursion, die Herr Prof. Dr. Streng mit seinen Zuhörern
zu Pfingsten dieses Jahres durch einen Theil des Spessarts
und Odenwalds machte, kamen wir in der Nähe von Auerbach an das Marmorbergwerk auf der sogen. Bangertshöhe.
Ich hatte das Glück, unter dem theils grob-, theils feinkörnigen Marmor, der dort aufgeschichtet safs, ein Stück zu
finden, welches neben einer grofsen Menge von Granaten
(von der Form ∞O) viel *Magnetkies* eingesprengt enthielt.
Dieses Mineral bildete theils Aederchen oder gröfsere kry-
stalline Ausscheidungen in dem Marmor, theils allseitig ausgebildete Krystalle, von denen ich drei behufs einer näheren
Untersuchung loslösen konnte.

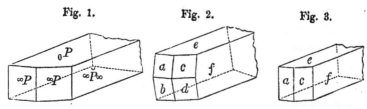

Fig. 1.   Fig. 2.   Fig. 3.

Der am schönsten ausgebildete Krystall (der aber leider beim Loslösen zerbrach) war etwa 4 mm breit, 2 mm dick und 5—6 mm lang und zeigte entschieden rhombischen Habitus (Fig. 1). Er war tafelartig ausgebildet und nach einer Seite in die Länge gezogen. Sieht man den Magnetkies für rhombisch an (wie Herr Prof. Dr. Streng annimmt, der ihn für isomorph mit dem Silberkies hält), so würde der in Rede stehende Krystall eine Combination des basischen Pinakoïds $0P$ mit dem Prisma ∞P und dem Brachypinakoïd $\infty \breve{P} \infty$ bilden; ist er aber hexagonal, so würden seine Flächen als $0P$ und ∞P zu deuten sein. Vier der Winkel dieses Krystalls konnten mittelst des Reflexionsgoniometers (auf den Lichtschein eingestellt) gemessen werden; doch waren seine Flächen zu uneben und zu wenig glänzend, als daſs diese Messungen so genaue Resultate hätten ergeben können, wie es zur Entscheidung der Frage, ob der Magnetkies rhombisch oder hexagonal, unbedingt nöthig ist, da ja der Prismenwinkel des rhombischen Silberkieses von dem Prismenwinkel beim hexagonalen Krystallstystem nur um 20′ verschieden ist. Drei der an den Bruchstücken dieses Krystalls gemessenen Winkel ergaben je 120⁰ (ungefähr), der vierte Winkel ergab 90⁰ (Durchschnitt aus 8 Messungen).

Bei dem zweiten Krystall (Fig. 2), etwa 3 mm dick, 3 mm breit und 6 mm lang, war eine Deutung der Krystallflächen unmöglich, da einerseits diese Flächen nur auf der einen Seite des Krystalls unversehrt geblieben waren, andererseits die Messung anscheinend entsprechender Winkel von einander völlig abweichende Resultate ergab. Diese Abweichung ist wohl die Folge einer alternirenden Combination oder irgend einer Störung im Aufbau des Krystalls.

Dem Anscheine nach stellt dieser Krystall dar eine Combination einer sehr steilen Pyramide (auf der Fig. mit a, b, c, d bezeichnet) mit $0P$ und $\infty \breve{P} \infty$. Die Winkelverhältnisse entsprechen aber dieser Deutung durchaus nicht.

An dem dritten Krystall (Fig. 3), der etwa 2 mm dick, 2 mm breit und 3,5 mm lang war, konnten zwei Winkel, aber auch nur annähernd, gemessen werden; sie ergaben die Werthe 120⁰ und 90⁰ (für a : c und für a : e). Der Krystall zeigte ebenfalls rhombischen Habitus und seine Flächen sind wie die des zuerst beschriebenen Krystalls zu deuten.

Auf $0P$ hatten diese Krystalle eine bronzegelbe Farbe, während die anderen Flächen tombakbraun und blau angelaufen waren. Sie waren von schwachem Glanz, sehr spröde, von unebenem-muscheligem Bruch und ziemlich magnetisch.

Wenn auch die im Vorstehenden beschriebenen Krystalle zu unvollkommen ausgebildet sind, um die Frage nach dem Krystallsystem des Magnetkies zu entscheiden, so eröffnet sich doch die Möglichkeit, in dem körnigen Kalke von Auerbach bessere Krystalle zu finden, welche einen Beitrag zur Lösung der Frage liefern können.

5) Ueber ein neues Vorkommen von Gismondin;

von stud. chem. L. Roth.

Zu Ostern dieses Jahres fand ich an dem Ostabhange des Berges zwischen Gedern und Ober-Seemen im Vogelsberge Krystalle eines Zeolithes, den ich für Gismondin halte, da die Krystalle ihrer Form nach identisch zu sein scheinen mit dem mir bekannten Gismondin vom Schiffenberg und von Burkhards. Sie saſsen in den Drusenräumen eines sehr harten und spröden blauen Basalts, der dort dicht an der Straſse aus einem Acker herausgebrochen worden war. Die Drusenräume sind meist mit einer weiſsen Rinde bekleidet, auf welcher auſser den Gismondinkrystallen öfters noch stark glänzende Chabasitkryställchen, oder Phillipsite, oder auch sehr kleine glänzende Nädelchen sitzen; oft sind die Drusenräume bedeckt mit Hyalith, oder sie sind ausgefüllt mit Bol. Die Gismondinkrystalle selbst stellen sich als rhombische Pyramiden dar und sind theils anscheinend einfach, theils zusammengesetzt; im letzteren Falle sind die Krystallindividuen entweder in paralleler Stellung mit einander verwachsen, oder sie stellen Zwillinge oder Durchkreuzungssechslinge dar, ähnlich denjenigen, welche Herr Prof. Streng *) nach einem Vorkommen am Schiffenberg beschrieben hat. Die Gröfse der Krystalle schwankt zwischen 2 und 8 mm; die gröfseren sind sämmtlich mit einer weifsen oder gelben krystallinischen Rinde, häufig auch mit Hyalith überzogen, haben aber stets einen klaren durchsichtigen und farblosen Kern; die kleineren sind meist schwach glänzend (Glasglanz) und durchsichtig. Manche Krystalle zeigen eine Streifung parallel den Seitenkanten. Ihre Härte ist etwa = 5.

Bei mehreren der gröfseren Krystalle suchte ich, so gut es bei der rauhen Beschaffenheit der Flächen gehen konnte, mittelst des Anlegegoniometers die Winkel zu messen. Ich fand für drei Krystalle folgende Durchschnittswerthe:

	Nr. 1	Nr. 2	Nr. 3
Seitenkantenwinkel	132⁰	—	130⁰
Winkel der makrodiagonalen Polkanten	88⁰	87⁰	86⁰
„ „ brachydiagonalen „	114⁰	—	—

Unter dem Mikroskop konnte auch der ebene Winkel im basischen Hauptschnitt zu etwa 80⁰ gemessen werden.

Es ergiebt sich hieraus, dafs die vorliegende Pyramide äufserlich eine durchaus rhombische ist. Indessen lehrte doch die Beobachtung einiger Dünnschliffe im polarisirten Lichte, dafs die Form nicht so einfach ist, wie sie erscheint, denn es ergab sich sogleich, dafs jeder Krystall aus mehreren Individuen besteht und dafs eingehendere Untersuchungen nöthig sind, um den Zusammenhang der Verhältnisse zu erkennen. Ich behalte mir vor, später auf diesen Gegenstand zurückzukommen.

Schliefslich sei noch bemerkt, dafs ich auch an der Strafse zwischen Mittel- und Nieder-Seemen in den dort zerstreut umherliegenden Basaltblöcken Drusen von Gismondin gefunden habe.

---

*) Neues Jahrb. für Min. 1874, S. 578.

VIII.

Die geognostischen Verhältnisse des Büdinger Waldes und dessen nächster Umgebung, mit besonderer Berücksichtigung der tertiären Eruptivgesteine.

Von **Hugo Bücking** in Straßburg.

Erster Theil.

(Hierzu Tafel II.)

Der Büdinger Wald wird von Alters her als der südlichste Ausläufer des Vogelsberges betrachtet. Im Osten beginnt er auf der rechten Seite des tiefeingeschnittenen Thals der Bracht, wird im Süden durch das breite Kinzigthal von den nördlichen Vorbergen des Spessart geschieden, grenzt im Westen an die fruchtbare, flachhügelige Wetterau und im Nordwesten zwischen Büdingen und Rinderbiegen an das ebenfalls sehr tiefe Thal des Seemenbachs, welches ihn von den südwestlichen Ausläufern des Gebirges trennt. Nur im Norden auf der Hochebene zwischen Rinderbiegen und dem Brachtthale hängt er in einer Breite von etwa $1\frac{1}{2}$ Stunden mit der Haupterhebung zusammen. Das so begrenzte Gebiet, welches auf den Sectionen Gelnhausen, Birstein und Hüttengesäfs der kurhessischen Niveaukarte (im Maßstabe $\frac{1}{25000}$) und dem Blatte Büdingen der grofsherzogl. hessischen Ge-

neralstabskarte (im Maßstab $^1/_{50000}$) topographisch dargestellt
ist *), umfaßt etwas über zwei Quadratmeilen. Es ist, wie
auch schon der Name andeutet, zum größten Theil bewaldet.
Dörfer finden sich in größerer Zahl in den fruchtbaren Thä-
lern, welche es begrenzen, und auf der im Nordosten beginnenden Hochebene, die schon ganz den rauhen Charakter
des Vogelsberges an sich trägt. Im Walde selbst liegen nur
die beiden Ortschaften Gettenbach und Breitenborn da, wo
die dem Wald entströmenden und nach Westen fließenden
Bäche ihr Thal zu einem fruchtbaren Wiesengrunde erweitern und die etwas flacheren Gehänge zu einem unbedeutenden,
die Arbeit kaum lohnenden Ackerbau Veranlassung geben.

Die geologischen Verhältnisse des Büdinger Waldes sind
abgesehen von einigen bedeutenden und mehreren kleineren
Schichtenstörungen, deren Verlauf sich in dem bewaldeten
Terrain nicht ohne Schwierigkeiten verfolgen läßt, durchaus
einfach. Etwa zwei Drittel des ganzen Gebietes werden von
Buntsandstein eingenommen; nur am Rande, nach der Wetterau und dem Spessart hin wird derselbe von Zechstein und
Rothliegendem unterteuft, während nach dem Gebirge zu
unter den dort herrschenden basaltischen Massen außer zwei
nicht beträchlichen, zwischen Verwerfungsspalten eingeklemm-
ten Röth- und Wellenkalkablagerungen vorzugsweise tertiäre
Sand- und Thonschichten hervortreten. Diese tertiären Sedimente sollen, das sie wegen ihrer Stellung zu den genauer
untersuchten tertiären Eruptivgesteinen und für den Aufbau
des ganzen Vogelsbergs von besonderer Wichtigkeit sind,
im Folgenden etwas näher betrachtet werden; zuvor aber
möchte ich über die Lagerungsverhältnisse im Allgemeinen
und die Entwickelung der älteren **) Formationen am Rande

---

*) Die im Folgenden gebrauchten Ortsbezeichnungen sind sämmtlich
den hier erwähnten Karten entlehnt. Die Höhenangaben bezeichnen, wie
auf der kurhess. Niveaukarte, rheinl. Fuß über der Nordsee bei Langwarden
(Oldenburg) nach Gaus.

**) Ausführlichere Mittheilungen über diese Formationen, speciell über
das Rothliegende und den Zechstein, behalte ich mir für später vor.

des Büdinger Waldes einige Angaben vorausschicken, die mir um so nothwendiger erscheinen, als bis heute zwar sehr viele, aber theils schon veraltete, theils vielfach unzuverlässige Mittheilungen über diese Gegend existiren.

Die ältesten mir bekannt gewordenen wissenschaftlichen Arbeiten rühren von A. Klipstein*) und R. Ludwig**) her. In denselben wird das mittlere Rothliegende noch zum Buntsandstein gerechnet, die Tertiärablagerungen sind gar nicht oder nur unvollständig berücksichtigt, und die Ausdehnung der basaltischen Gesteine ist auf den jenen Arbeiten angefügten geognostischen Karten nicht der Wirklichkeit entsprechend angegeben. Auch die geognostische Karte des mittelrheinischen geologischen Vereins, Blatt Büdingen, bearbeitet von R. Ludwig ***), auf der zwar das Rothliegende richtig als solches gedeutet ist, enthält so aufserordentlich viele und grobe Ungenauigkeiten, was das Auftreten und die Verbreitung der Schichten betrifft, dafs es unmöglich ist, an der Hand dieser Karte sich ein Bild von dem Aufbau gerade des interessanteren Theiles der Gegend zu machen. So ist z. B. eine ganz vereinzelte kleine Wellenkalkablagerung an der Wiese zwischen „altem Heegkopf" und „Scheiberain" (gerade westlich von Schlierbach und südlich von Udenhain),

---

*) A. Klipstein, Versuch einer geognostischen Darstellung des Kupferschiefergebirges der Wetterau und des Spessarts. Darmstadt, 1830.

**) R. Ludwig, geognostische Beobachtungen in der Gegend zwischen Giefsen, Fulda, Frankfurt a. M. und Hammelburg; Darmstadt, 1852. Neuere Arbeiten von R. Ludwig, in welchen ältere ungenaue Angaben theilweise berichtigt wurden, finden sich in früheren Bänden dieser Berichte, in den Jahresberichten der Wetterauischen Gesellschaft zu Hanau, in dem Notizblatt des Vereins für Erdkunde zu Darmstadt, und in anderen Zeitschriften. Besonders erwähnt seien nur noch folgende drei Abhandlungen : 1) Die Kupferschiefer- und Zechsteinformation am Rande des Vogelsbergs und des Spessarts; Jahresbericht der Wett. Ges. zu Hanau, 1854, S. 78—134; 2) Geognosie und Geogenie der Wetterau, in den „Naturhistorischen Abhdlg. aus dem Gebiete der Wetterau", Hanau 1858, S. 1 ff.; 3) die Dyas in Westdeutschland in „Geinitz, Dyas", Leipzig 1861, S. 239 ff.

***) Geologische Specialkarte des Grofsherzogthums Hessen, Section Büdingen. Darmstadt 1857.

welche ehedem, als die Karte zur Ausgabe gelangte, durch Steinbruchsbetrieb *) aufgeschlossen war, in das eine halbe Stunde nördlicher liegende Thal, welches sich von Hellstein nach Udenhain heraufzieht, verlegt worden, wo sich auch nicht eine Andeutung von Wellenkalk findet, während da, wo er in der That vorhanden ist, Buntsandstein angegeben wird. Ferner ist am Hammelsberg bei Breitenborn und am Birkenstrauch bei Hellstein statt der hier vorhandenen, über zwei Kilometer in die Länge und ein Kilometer in die Breite sich erstreckenden Basaltdecke Buntsandstein eingezeichnet; anderwärts sind mehrfach Ablagerungen von Röth und im Westen des Blattes gar eine über eine Quadratmeile einnehmende Löfsablagerung zwischen Hüttengesäfs, Rothenbergen, Mittelgründau, Vonhausen, Düdelsheim und Büdingen übersehen, was um so auffallender ist, als doch sonst mehrfach Röth und Löfs auf der Karte besonders ausgezeichnet wurden.

Es ist selbstverständlich, dafs ich hier nicht auf alle einzelne Beobachtungen von Klipstein und Ludwig, die sich durch spätere Untersuchungen zum Theil als unrichtig erwiesen haben, eingehen kann; ich werde mich vielmehr darauf beschränken, nur da, wo es nöthig erscheint, die früheren Angaben zu berücksichtigen, im Uebrigen aber meine durch eingehende Untersuchung der ganzen Gegend erlangten Resultate in den Vordergrund treten lassen. Dabei werde ich aber die Verbreitung der einzelnen Schichten nicht specieller erörtern, da diese Verhältnisse auf den geologischen Karten, Section Gelnhausen und den nördlich und westlich angrenzenden Blättern, welche die preufs. geologische Landesanstalt seiner Zeit zur Ausgabe bringen wird, ihren Ausdruck finden werden. Ich verweise nur auf die dieser Arbeit beigefügten und am Schlusse kurz erläuterten Profile (Tafel II).

Die **Lagerung der Schichten** im Büdinger Walde ist eine nahezu horizontale; nur im Kinzigthale und am westlichen Waldesrand beobachtet man ein gelindes Einfallen

---

*) Es ist dies durch eine besondere Signatur auf der Karte richtig hervorgehoben worden.

nach NO. Der im Ganzen regelmäfsige Verlauf der Forma-
tionsgrenzen erleidet jedoch mannigfache Störungen durch
Verwerfungen. Diese lassen sich nach dem Alter der Ablagerungen, auf welche sie noch störend eingewirkt haben,
in verschiedenalterige eintheilen, zunächst in solche, welche
ein höheres Alter besitzen als die ältesten tertiären Eruptiv-
gebilde und solche jüngeren Ursprungs, welche jedenfalls der
Tertiärzeit angehören. Zu den ersteren mufs man einige
Verwerfungsspalten nördlich von Wächtersbach rechnen,
zwischen welchen Wellenkalk und Röth mitten im Gebiete
des Buntsandsteins auftreten; ihre Entstehung fällt in die
Zeit zwischen Ablagerung des Wellenkalks und der älteren
tertiären Sedimente, welche jenen unmittelbar überlagern
(vgl. Profil 7).

Weitaus die meisten Verwerfungen sind jüngeren Ursprungs; auch sie gehören wiederum verschiedenen Zeitepo-
chen an. Diejenigen, welche nach oder bei der Eruption
der jüngsten basaltischen Massen entstanden, sind im Allgemeinen von gröfserer Bedeutung. Namentlich ist es aber
eine, welche für den Büdinger Wald, wie für den ganzen
Vogelsberg überhaupt von ganz besonderer Wichtigkeit ist;
sie ist, ebenso wie die andern hier zu erwähnenden Gebirgsstörungen, seither gänzlich übersehen worden. Sehr deutlich
erkennbar ist sie nördlich von Gelnhausen und insbesondere
am Eichelkopf zwischen Gettenbach und Breitenborn, wo auf
gröfsere Erstreckung der untere Buntsandstein auf der Südwestseite der Spalte scharf an dem mittleren auf der Nordostseite derselben absetzt (vgl. Profil 2). Von hier verläuft sie, auf ihrer Nordostseite stets von höheren Schichten
begleitet, in nordwestlicher Richtung (darin ganz analog den
meisten jüngeren Verwerfungen), mehrere Meilen weiter am
Südwestrande des Vogelsberges entlang, nicht immer geradlinig, sondern öfter durch seitlich unter mehr oder weniger
spitzem Winkel zulaufende Querveränderungen auf gröfsere
oder geringere Entfernung verschoben. Eine solche Verschiebung hat sie bei Breitenborn durch eine von Süden nach
Norden gerichtete Verwerfung im Hüttengrunde erfahren.

Erst eine halbe Stunde nördlich von Breitenborn, da wo sich
das Thal nach NO umbiegt, streicht sie in ursprünglicher
Richtung über den Geiskopf weiter, hier mittleren Buntsandstein, Tertiärschichten und Basalt scharf gegen den untern
Buntsandstein abschneidend (Profil 1). Nördlich vom Büdinger Wald fand ich sie wieder am Abhang der Steinröde,
bei Pferdsbach und am Betten bei Bergheim, von wo sie in
der Richtung nach Ortenberg und Bobenhausen fortsetzt.
Diese große Verwerfung dürfte vielleicht mit der bei Bieber
im Lochborner Revier durch den Bergbau bekannt gewordenen Verwerfung, dem „Sandrücken" der Bieberer Bergleute, der jedoch im umgekehrten Sinne die Schichten auf
seiner Südwestseite um circa 100 Meter tiefer gelegt hat, in
Verbindung zu bringen sein, und würde in diesem Falle südlich vom Vogelsberg sich noch bis in die Nähe von Kempfen-
brunn, circa 6 Stunden von Gelnhausen entfernt, verfolgen
lassen. Doch läßt sich zwischen Bieber und dem Kinzigthal
das Vorhandensein einer Verwerfungsspalte nicht mit Sicherheit constatiren, weil bei dem petrographisch durchaus ein-
förmigen Habitus des hier allein zu Tage tretenden mächtigen
Schichtensystems des feinkörnigen Buntsandsteins jegliche
Gebirgsstörung von nicht sehr bedeutendem Umfange sich
ganz der Beobachtung entzieht.

Gleichfalls nordwestliches Streichen besitzen mehrere
Verwerfungen am Büdinger Berg bei Breitenborn (vergl.
Profil 3), vielleicht Abläufer der benachbarten Hauptspalte,
welche größere Partien mittleren und oberen Buntsandsteins
in ein tieferes Niveau gebracht haben; ferner zwei Verwerfungen am Querberg nördlich von Wächtersbach, welche die
Tertiärablagerungen scharf an dem zwischen ihnen empor-
gehobenen mittleren Buntsandstein abschneiden (vgl. Profil
1 und 7) und mehrere kleine Verwerfungen in der Nähe des
Dachsberges zwischen Hammelsberg und Arnoldsberg an der
Erlenau bei Wittgenborn (vgl. Profil 6). Auch an dem westlichen Waldesrande existiren mehrere parallele Bruchlinien;
eine, welche von Roth in der Richtung nach dem Hühner-
hofe verläuft, wo das mittlere Rothliegende mit dem untern

Buntsandstein ein gleiches Niveau besitzt; eine andere in
dem Thälchen östlich von Haingründau, in deren Fortsetzung
der schon früh durch die Einschlüsse von geglühtem und
dadurch prismatisch abgesondertem Sandsteine berühmt ge-
wordene Basaltgang des „Wildensteins" bei Büdingen liegt,
sowie eine dritte Verwerfung in dem Thälchen des Kälber-
bachs zwischen Grofsendorf und Büdingen.

Nahezu senkrecht zu dem Streichen der Hauptspalte verläuft vom Querberg aus nach Osten zwischen der Augustenhöhe und der Wolferburg hindurch eine gleichfalls beträchtliche Verwerfungslinie, an welcher die Tertiärablagerungen
ihre südliche Grenze erreichen (s. Profil 5). Ihre Fortsetzung
liegt jenseits des Brachtthals am Herrntrieb vor. Sie scheint
sich auch westlich vom Querberg noch weiter zu erstrecken,
doch durch die zu ihr senkrechten Querveränderungen soweit
nach Norden verschoben, dafs sie erst dicht südlich von
Wittgenborn auf der Grenze des grauen plagioklasreichen
und des dunkeln plagioklasarmen Basaltes vom Hollerstrauch,
über den Köhlersberg nach dem Bennerhorst fortsetzt, und
von da, durch eine zu ihr fast senkrechte Verwerfung aufs
Neue nach Norden verschoben, durch die Johannisstruth nach
dem Wildwiesenschlag hin verläuft. Es spricht für diesen
Verlauf der Linie einmal das sonst nicht wohl erklärbare
Fehlen der Tertiärablagerungen zwischen dem Buntsandstein
des Querbergs und dem jüngeren grauen Plagioklasbasalt
von Wittgenborn, ferner die Aehnlichkeit des dunkeln Basalts
vom Hollerstrauch und von der Augustenhöhe einerseits und
von dem grauen Basalt von Wittgenborn und von der Wolferburg andererseits, und aufserdem der aus den Lagerungsverhältnissen mit ziemlicher Sicherheit zu ziehende Schlufs, dafs
eine vom Bennerhorst nach dem Köhlersberg streichende
Verwerfung existiren mufs. Auch mit dieser zweiten Haupt-
veränderung besitzen mehrere meist nur unbedeutende Bruchlinien ein nahezu paralleles Streichen.

Von weiteren Verwerfungen sind nur noch zwei von
einiger Wichtigkeit. Eine zwischen Moorhaus und Knisseküppel streicht in nordwestlicher Richtung nach Rinderbiegen

zu; sie schneidet die Braunkohlen führenden Tertiärschichten nach Westen hin gegen den Basalt des Knisseküppels ab. Die zweite verläuft etwa senkrecht zu der ersten und legt dieselben Schichten im Norden an der Grenze gegen den Basalt vom Preiserle in ein tieferes Niveau.

Näher auf die Einzelheiten einzugehen, würde zu weit führen; ich muſs mich beschränken, auf meine später erscheinenden Aufnahmen zu verweisen.

Die ältesten Ablagerungen, welche am Rande des Büdinger Waldes auftreten, gehören dem **Rothliegenden** an. Sie kommen im Westen bei Büdingen und Haingründau, in der Nähe des Hühnerhofes an der Straſse von Gelnhausen nach Büdingen, am Stickelberg und weiter südlich an der linken Thalwand des Gründaubachs, namentlich. gut aufgeschlossen an dem Bahnhofe Mittelgründau und am Fuſse der Bergkirche bei Niedergründau, sowie im Waldgraben nördlich von Lieblos unter der über die ganze Wetterau ausgedehnten, im Westen bis dicht an den Waldessaum heranreichenden Löſsdecke zum Vorschein. Im Thale der Gründau und bei Büdingen bestehen die Schichten vorwiegend aus rothbraunen Schieferthonen, denen häufig schwache Bänke äuſserst feinkörnigen, thonreichen und dünnplattig abgesonderten Sandsteins eingelagert sind. Letztere werden in Ermangelung besseren Materials wohl auch als Werksteine, z. B. in den Steinbrüchen oberhalb der Weinberge bei Langenselbold gewonnen.

Diese Schichten, welche wegen ihrer Aehnlichkeit mit dem die unterste Lage des Buntsandsteins bildenden Bröckelschiefer sehr oft mit dem bei den Bergleuten für letzteren gebräuchlichen Namen „Leberstein" bezeichnet werden, gehören der mittleren Abtheilung des Rothliegenden an. Dieselbe beginnt in der Gegend von Altenstadt in der Wetterau über dem unteren Rothliegenden, einem grauen, auch wohl röthlichgrauen Sandsteine, welcher zuweilen thonige Zwischenschichten, in seiner unteren Etage auch häufig einzelne Conglomeratbänke einschlieſst. Die ältesten Schichten dieser unteren Abtheilung sind bei Vilbel und an der Naumburg

bei Erbstadt (resp. Windecken), altbekannten Fundorten
zahlreicher Blattabdrücke und verkieselter Holzreste, die
höheren feinkörnigen Lagen, gleichfalls reich an Pflanzenresten, bei Altenstadt und Lindheim in Steinbrüchen sehr gut
aufgeschlossen.

Jenseits der Kinzig wird das mittlere Rothliegende von
der oberen Abtheilung überlagert. Die Schichten beider Etagen, unter einander im Allgemeinen parallel, liegen hier dis-
cordant auf den ziemlich steil aufgerichteten krystallinischen
Schiefern des Spessarts, theils auf dem jüngeren zuweilen
sehr hornblendereichen Gneiſse, theils auf dem Quarzitschiefer,
welcher als ein mächtiges Schichtensystem den jüngeren von
dem älteren (Spessart-)Gneiſse trennt. Bei Niederrodenbach,
wo allein die directe Auflagerung des oberen Rothliegenden
auf dem mittleren deutlich sichtbar ist, besteht die letztere
Abtheilung aus einem über 100 Meter mächtigen, durch
Eisenoxyd verkitteten Conglomerate von Geschieben mannigfacher Spessartgesteine, vorwiegend von Quarzitschiefer und
Gneiſs *). Als charakteristische Begleiter gesellen sich
zu diesen noch Geschiebe von Quarzporphyr in groſser
Menge; aber nur ein geringer Theil desselben läſst sich mit
dem bei Obersailauf im Spessart anstehenden Porphyr iden-
tificiren; weitaus die meisten mögen dem Odenwald entstammen oder von Vorkommnissen von Porphyr herrühren, welche
jetzt fast vollkommen der Erosion anheimgefallen sind oder,
von jüngeren Schichten bedeckt, sich der Beobachtung entziehen. Nach Osten hin erhalten einzelne Schichten des
oberen und mittleren Rothliegenden eine etwas abweichende
petrographische Beschaffenheit. So liegt bei Groſsenhausen,
Lützelhausen und Neuses, südlich vom Büdinger Wald jenseits der Kinzig, zwischen dem Porphyrconglomerate und
dem mittleren Rothliegenden als untere nur local entwickelte

---

*) Ludwig's Angabe (Geognosie und Geogenie der Wetterau, S. 69),
der zufolge diese „unmächtigen" Conglomeratschichten sich „unter den
rothen Schieferthonen verbergen" sollen, ist unrichtig. Ein Gleiches gilt
für seine Eintheilung des Rothliegenden.

Etage der oberen Abtheilung eine meist nur lose durch
Eisenoxyd verkittete Quarzitschieferbreccie; anderseits wird
im Reufertsgrund bei Hailer und bei Niedermittlau das mittlere Rothliegende in seiner oberen Etage durch einen röthlichgrauen mürben Sandstein, in den tiefsten Grubenbauen des
Büchelbacher Reviers bei Bieber, wo das Porphyrconglomerat
gleichfalls in bedeutender Mächtigkeit angetroffen wird, durch
einen grauen, selten röthlichen, feinkörnigen Sandstein, das
„Grauliegende" (resp. „Rothliegende") der Bieberer Bergleute,
vertreten. Für gleichalterig mit den letztgenannten Schichten
halte ich auch die in dem Waldgraben bei Lieblos unter der
Zechsteinformation hervortretenden röthlichen und gelblichen
sandigen Ablagerungen. Sie fehlen nördlich im Gründauthal
und bei Büdingen, wo der Zechstein unmittelbar auf den
rothbraunen Schieferthonen des mittleren Rothliegenden ruht.

Die Entwickelung der **Zechsteinformation** ist im Westen
und im Süden des Büdinger Waldes nicht durchaus die gleiche,
so gering auch die Entfernungen selbst zwischen den ent-
ferntesten Aufschlüssen sind. Namentlich die mittlere und
die obere Abtheilung der Formation sind, wie allenthalben
am Rande des Spessarts und des Vogelsberges, sehr ver-
schiedenartig ausgebildet, doch so, dafs die im Süden bei
Lieblos und Gelnhausen zu Tage tretenden Schichten
im Allgemeinen eine ähnliche Ausbildung zeigen wie im
Spessart, die westlichen Ablagerungen aber ganz analog den
weiter nördlich bei Selters und Bleichenbach vorhandenen
Zechsteinschichten entwickelt sind.

Die Aufschlüsse hinter der Kirche von Grofsendorf bei
Büdingen, sowie am südlichen Abhang des Reffenkopf und
an den Einschnitten auf beiden Seiten vor dem Büdinger
Eisenbahntunnel bei Haingründau geben einen sehr deutlichen
Einblick in die Schichtenfolge. Es folgt hier über dem mittleren Rothliegenden (s. o.) das **Zechsteinconglomerat**, feste
graue Sandsteine und Conglomerate, deren Mächtigkeit etwa
1 Meter beträgt. Sie sind zuweilen in deutliche Bänke abgesondert und enthalten in den obersten Lagen nicht selten
Kupfererze, z. B. bei Haingründau vorwiegend Malachit und

Kupferlasur. Auf dem Zechsteinconglomerate, welches allgemein bei den Bergleuten in Bieber und im Kahlthale den Namen „Grauliegendes“ führt, liegt in der Nähe der alten Schachthalden des längst auflässig gewordenen Haingründauer Kupferbergwerks *) deutlich aufgeschlossen der **Kupferschiefer**, in seinem petrographischen Verhalten wesentlich verschieden von dem Kupferschiefer von Riechelsdorf und Mansfeld und weit ähnlicher dem ebenfalls durch organische Substanzen dunkel gefärbten, zähen Kupferletten von Bieber. Er wird bei normaler Ausbildung etwa 30—60 Centimeter mächtig, nicht selten ist er auch schwächer entwickelt oder fehlt ganz. In letzterem Falle lagert die dritte Etage des unteren Zechsteins, der **Zechstein** im engeren Sinne, ein dunkler, stark bituminöser, dünnbänkig abgesonderter Kalkstein, unmittelbar auf dem Zechsteinconglomerate. Nach oben geht er in heller gefärbten, mehr dolomitischen Kalk über, wie solcher in den Steinbrüchen neben der Ziegelhütte bei Großendorf gewonnen wird, oder in dunkele und in höherer Etage bläulichgraue Kalkmergel, welche in frischem Zustande den festesten Kalksteinen ähnlich sind, aber der Luft ausgesetzt in kurzer Zeit in feine Blättchen zerfallen. Diese Mergelschichten, welche bei dem Bau des Büdinger Tunnels in größter Ausdehnung aufgeschlossen wurden und vorzugsweise das Material zu den Eisenbahndämmen auf beiden Seiten des Tunnels geliefert haben, geben eine reiche Ausbeute an charakteristischen Petrefacten. Am häufigsten sind Productus horridus mit allen Uebergängen zu der als Productus Geinitzianus unterschiedenen

---

*) Bei Haingründau war in der zweiten Hälfte des vorigen Jahrhunderts ein reger Bergbau auf Kupferschiefer und auf die Kupfererz führende Schicht im Zechsteinconglomerate, das „Sanderz“ der Bieberer Bergleute. Die Erze wurden auf der Bieberer Silberhütte mit dem Bieberer Kupferletten zusammen zu Gute gemacht. Vgl. Cancrin, Geschichte und syst. Beschreibung der in der Grafschaft Hanau-Münzenberg u. s. w. gelegenen Bergwerke, Leipzig 1787, S. 186—188, Klipstein, geognost. Darstellung des Kupferschiefergebirges der Wetterau und des Spessarts, Darmstadt 1830, S. 55 und 56, und Tasche, Notizblatt des Vereins für Erdkunde, Nr. 38, Darmstadt 1856, S. 266—268.

Form, Terebratula elongata, Camarophoria Schlotheimi, Stro-
phalosia Morrisiana und Goldfussi, Spirifer alatus, Arca striata,
Nucula Beyrichi, Leda speluncaria, Gervillia keratophaga
und antiqua, Edmondia elongata, Pleurophorus costatus,
Pleurotomaria Verneuilli, antrina und n. sp., Turbo helicinus,
Turbonilla Roessleri und Phillipsi, Serpula pusilla, Stenopora
columnaris (var. incrustans, ramosa und tuberosa), Fenestella
Geinitzi, Synocladia virgulacea und Anthocladia anceps.
Seltener, zum Theil nur einmal, fand ich Schuppen von
Palaeoniscus Freieslebeni, Avicula speluncaria, Schizodus
truncatus, Allorisma elegans, Nautilus Freieslebeni, Stacheln
von Eocidaris Keyserlingi, Orthis pelargonata und Lingula
Credneri. Neben letzterer und Productus horridus juv. kamen
merkwürdigerweise auch Blättchen von Ullmannia Bronni,
ganz ähnlich den von Geinitz (Dyas, Taf. XXXI, Fig. 21
und 22) abgebildeten Blättern vor. Es schliefst dann die
untere Abtheilung der Zechsteinformation mit bläulichgrünen
Kalkmergeln, welche sowohl über dem grauen dolomitischen
Kalke an der Ziegelei von Grofsendorf, als am Reffenkopf
bei Haingründau über den dunklen Zechsteinkalken und
-mergeln beobachtet werden. Sie gehören, weil sie Productus
horridus (und Geinitzianus), sowie Camarophoria Schlotheimi
und Strophalosia Morrisiana ziemlich reichlich führen, noch
zu dem Zechstein im engeren Sinne.

Die **mittlere Zechsteinformation** beginnt da, wo sie zu
Tage tritt, wie z. B. am Reffenkopf bei Haingründau, mit
dünnschieferigen, bläulich- und grünlichgrauen Kalkmergeln,
die keine Petrefacten führen, petrographisch aber sich von
den zum eigentlichen Zechstein zu stellenden Mergeln nur
durch etwas gröfseren Glanz (in Folge zahlreicher feiner
Glimmerblättchen) und etwas gröfsere Widerstandsfähigkeit
gegen Auflösung zu einem lettenartigen Mergel unterscheiden.
In etwas höherem Niveau gehen sie in rothe mergelartige
Schieferthone über, die an das mittlere Rothliegende oder
die unterste Etage des Buntsandsteins in auffallender Weise
erinnern. Die Mächtigkeit dieser dünnschieferigen Schichten,
aus welchen sich über Tage die mittlere Zechsteinformation

zusammensetzt, ist nicht bedeutend; doch ist durch Bohrlöcher in der Nähe des Salinenhofes bei Büdingen bekannt, dafs dieselbe durch Einschaltung ansehnlicher Salzthonlager*) eine sehr beträchtliche werden kann. Ihr entstammen die bei Büdingen und an der Eisenbahnbrücke in der Nähe der Gummifabrik bei Gelnhausen zu Tage tretenden Soolquellen. Der Salinenhof bei Büdingen hat seinen Namen von der ehedem hier in Betrieb gewesenen Saline, auf welcher die Soole der Büdinger Quellen versotten wurde.

Als **obere, dritte Abtheilung des Zechsteins** folgt über den rothen Mergelschichten bei Haingründau die **Rauchwacke,** ein der Thüringer Rauchwacke durchaus ähnliches, sehr zerfressenes dolomitisches Gestein, nur von geringerer Mächtigkeit als jene. Bei Haingründau fand ich in ihr Terebratula elongata und einen fraglichen Schizodus. Im Allgemeinen scheint sie sehr arm an Petrefacten zu sein. Der Zechsteinletten, die dem Zechstein am Spessartrande niemals fehlende oberste Etage, ist bei Büdingen und Haingründau nicht vorhanden.

Ganz abweichend ist, wie schon betont wurde, die Entwickelung der Zechsteinformation in dem von Haingründau nur 3 Kilometer entfernten Profile im Waldgraben nördlich von Lieblos. Hier findet sich über dem etwa 1 Meter mächtigen Zechsteinconglomerat als Aequivalent des Kupferschiefers typischer **Kupferletten,** wie solcher jenseits der Kinzig bei Bieber und im Kahlgrunde ehemals Gegenstand des Bergbaus behufs Gewinnung von Kupfer, Silber und Blei war**).

---

*) Aus den von L u d w i g mehrfach angegebenen Bohrprofilen läfst sich nicht mit Sicherheit ersehen, ob die Salzthonschichten nicht vielleicht als oberste Etage des eigentlichen Zechsteins zu betrachten sind. Ich schliefse mich hier der seither allgemein angenommenen Ansicht über die Stellung dieser Schichten an.

**) Fr. S a n d b e r g e r führt in der „Berg- und Hüttenmännischen Zeitung", 1877, S. 391 an, dafs Bleiglanz bis jetzt noch nicht im Spessart beobachtet sei; doch wird er von L u d w i g unter den Mineralien der Bieberer Zechsteinformation mehrfach genannt. Ich kenne ihn, freilich nur selten deutlich krystallisirt, aus dem Zechstein von Huckelheim, Kahl und

Auf demselben liegt ein circa 1 Meter mächtiges **Eisenstein-flötz** als Vertreter des Zechsteins im engern Sinne. Dieses wird überlagert von einem nur wenig mächtigen, grauen, dünnbänkig und parallelepipedisch abgesonderten, petrefacten-freien **Dolomit**, der die mittlere Abtheilung der Zechstein-formation zu repräsentiren scheint. Zwischen letzterem und dem Buntsandstein ist die obere Abtheilung der Formation als ein bläulicher und rothbrauner **Letten** vorhanden, welcher

---

Bieber, auch von den Gängen und aus dem Eisensteinlager am letztgenann-ten Ort; namentlich auf den Halden des alten Bergwerks bei Kahl finden sich im Zechstein eingesprengt ziemlich häufig bis haselnußgrofse krystal-linische Partien. Auch der Kupferletten ist sowohl bei Kahl und Huckel-heim, als in Bieber stellenweise reich an Bleiglanz, der theils fein vertheilt, theils öfter in deutlich sichtbaren Schnüren und Knollen ausgeschieden vorkommt. In Bieber wurden nach Cancrin (a. a. O. S. 171) ehedem in manchen Jahren circa 2—300 Centner Blei aus dem Kupferletten gewonnen; ein Centner Schlieg aus dem Kupferletten (a. a. O. S. 83) enthielt durch-schnittlich $1—1\frac{1}{2}$ Loth Silber, 4—5 Pfund Kupfer und gegen 10 Pfund Blei.

Auch kann ich nicht unterlassen, hier darauf hinzuweisen, dafs ein eingehendes Studium der Bieberer Gangverhältnisse, zu welchem ein mehr-jähriger Aufenthalt in meinem Geburtsorte Bieber mir die beste Gelegen-heit gab, mich überzeugt hat, dafs der Erzgehalt der Bieberer und ebenso der gleichalterigen Kahlgründer Erzgänge nicht, wie Sandberger es an-nimmt (vgl. Sitzungsber. der Münchener Academie der Wissensch. Math.-phys. Classe, 1878, S. 136 und Berg- und Hüttenmännische Zeitung, 1877, S. 391 und 392), aus den ursprünglich erzreicheren krystallinen Schiefern durch Auslaugung der letzteren hervorgegangen ist, sondern lediglich dem erzreichen Kupferletten und den Zechsteinschichten über demselben ent-stammt. Die dolomitischen eisen- und barythaltigen Schichten des Zech-steins lieferten insbesondere die die Erze begleitende Gangmasse, welche aus Spatheisenstein und Schwerspath besteht. Wenn jetzt schwere Metalle in den constituirenden Mineralien der krystallinen Nebengesteine der Gänge nachgewiesen werden, so halte ich es wegen der aufserordentlich aufge-lösten Beschaffenheit des ganzen Bieberer Grundgebirges für mehr als wahrscheinlich, dafs dieser Erzgehalt sich nachträglich von den Gängen (zum Theil auch wohl aus dem Kupferletten) in das Nebengestein verbreitet hat. Gegen Sandberger's Ansicht spricht wohl auch der Umstand, dafs ein Theil der Gänge gar nicht im krystallinen Schiefergebirge, sondern wie im Büchelbacher Revier bei Bieber, im Rothliegenden aufsetzt. In einer ausführlichen Arbeit über die Bieberer Gangformationen werde ich Gelegen-heit haben, meine Ansicht noch näher zu begründen.

auch bei Gelnhausen und allenthalben jenseits der Kinzig die obere Abtheilung der Formation bildet.

Bei Gelnhausen ist die Entwickelung im Allgemeinen ähnlich, für die jüngeren Formationsglieder noch mehr analog der von Bieber und Kahl im Spessart. Das **Zechsteincon-glomerat** wird an den letztgenannten Orten von dem selten mehr als 1 Meter mächtigen **Kupferlettenflötz** bedeckt. Diesem folgt der eigentliche **Zechstein**, ein dünnplattiger, dolomitischer Mergelschiefer, der nach oben allmählich thonerdeärmer und magnesiareicher wird und so in den gewöhnlich dickbänkig abgesonderten, auch wohl anscheinend massig auftretenden Hauptdolomit übergeht. Dieser **Hauptdolomit** repräsentirt gewöhnlich da, wo der Salzthon nebst den ihn begleitenden Schieferthonen fehlt, allein die mittlere Zechsteinformation. Er ist in seiner Mächtigkeit großen Schwankungen unterworfen. Zuweilen wird er (oft mit dem eigentlichen Zechstein zusammen, wie an manchen Stellen im Lochborner Revier bei Bieber) durch ein **Eisensteinlager** von verschiedener, zwischen 1 und 10 Meter variirender Mächtigkeit vertreten. Bei Gelnhausen, wo der Hauptdolomit in dem östlich vor der Stadt gelegenen Weinberge, „das Königsstück" genannt, zu Tage tritt, zeigt er die normale Ausbildung, wie bei Bieber und Kahl. Er bildet einen aschgrauen, äußerlich zuweilen auch rosa und violett gefärbten, rauh anfühlbaren Dolomitsand, der nur eine verticale Zerklüftung erkennen läßt. Auf den Klüften findet sich, analog dem ausgedehnteren Vorkommen von Kahl und Huckelheim im Spessart und von Aulendiebach nordwestlich von Büdingen, fast immer Braunsteinmulm oder von oben zugeführter Zechsteinletten angehäuft. Die tieferen Schichten, welche bei Gelnhausen möglicherweise durch einen allerdings sehr bald unterbrochenen Bohrversuch im Jahre 1866, dessen Resultate mir nicht vollständig bekannt sind, aufgeschlossen wurden, sind, nach dem Auftreten der Soolquelle an der Eisenbahnbrücke zu urtheilen, als Salzthon entwickelt. Derselbe würde hier, ähnlich wie bei Orb, die untere Etage der mittleren Zechsteinformation (oder vielleicht auch die oberste Etage des eigentlichen Zechsteins, s. Anmerkung S. 61) einnehmen. Die obere Zechsteinformation, der **Zechsteinletten**, ist bei Geln- hausen zwischen Hauptdolomit und Buntsandstein, circa 5—8 Meter mächtig, als hellbläulich- und rothgefärbter Thon in den Weinbergen östlich von der Stadt bis zur Gummifabrik, wo er sich dann in die Thalsohle stürzt, vorhanden, doch wegen starken Gehängeschuttes nicht allenthalben deutlich erkennbar.

Die Zechsteinformation wird von den Schichten der **Trias** durchaus gleichförmig überlagert. Vorzüglich ist es der Buntsandstein, der im Büdinger Wald in gröfster Verbreitung auftritt; von jüngeren triadischen Schichten kommt nur am Kalkrain zwischen Wächtersbach und Wittgenborn zwischen zwei starken Verwerfungen eine kleine Partie Wellenkalk ganz vereinzelt vor, der Rest einer einst weit über die ganze Gegend verbreiteten Ablagerung, welche jetzt bis auf ganz wenige, durch Gebirgsstörungen in das Niveau tieferer Schichten gesunkene, weit von einander entfernte Theile voll- ständig der Erosion zum Opfer gefallen ist.

Der **Buntsandstein** des Büdinger Waldes zerfällt in fünf Abtheilungen, von welchen die beiden älteren, der Bröckel- schiefer und der feinkörnige Sandstein, der unteren, die dritte, der grobkörnige Sandstein, und die vierte, der Chirotherien- sandstein, der mittleren, und die letzte, der Röth, der oberen Etage der Formation entsprechen.

Der **Bröckelschiefer**, allgemein mit dem Namen „Leber- stein" bezeichnet, tritt nur im Süden und Westen des Ge- bietes zu Tage. Man beobachtet ihn bei Büdingen in der Umgebung des Wildensteins, dann am Gehänge des Stulerts bis zum Thiergartenhof. Hier zieht er in dem Thälchen, welches in südlicher Richtung gerade auf den Reffenkopf zuläuft, ziemlich hoch in die Höhe und wird allenthalben im Walde am Abhang des Reffenkopfs angetroffen, besonders gut aufgeschlossen oberhalb des nördlichen Portals des Bü- dinger Eisenbahntunnels in der Richtung nach der Reffen- strafse hin. Nach Osten fällt er ziemlich steil in das Thäl- chen zwischen dem Reffenkopf und dem Hohen Herd, an dessen Einmündung in das Thal der Gründau schon die höheren Schichten anstehend beobachtet werden. Jenseits der westlich vom Hühnerhof zwischen mittlerem Rothliegendem und feinkörnigem Sandstein durchstreichenden Verwer-fung erreicht er dann eine sehr bedeutende Entwickelung, namentlich am südwestlichen Abhang des Herzbergs bei Roth. Von hier nimmt er, im Allgemeinen nur um wenige Grade nach Osten hin einfallend, einen regelmäfsigen Verlauf in der Richtung nach Gelnhausen, wo er oberhalb der Stadt deutlich entblöfst zu Tage tritt. Weiter im Kinzigthal aufwärts, bei Haitz, verschwindet er unter dem feinkörnigen Sandstein in der Thalsohle. Der Bröckelschiefer erreicht durchschnittlich eine Mächtigkeit von 70 Meter. Er besteht aus rothbraunen Schieferthonen, welche in der unteren Etage sehr dünnschie-ferig sind, nach oben aber in dickschieferige Lagen von hellerer Farbe übergehen. Sie schliefsen hin und wieder schwache Bänke eines sehr feinkörnigen thon- und glimmer-reichen, zuweilen auch sehr festen quarzitischen Sandsteins ein.

Der **feinkörnige Sandstein,** welcher etwas über 150 Meter mächtig wird, besteht aus 1—2 Meter starken Sandsteinbän-ken, welche besonders häufig an der Basis dieser Abtheilung durch schwache Zwischenschichten von rothbraunem, gewöhn-lich glimmerreichem Schieferthon von einander getrennt sind. Der Sandstein besitzt vorherrschend eine blafsrothe Farbe, ist stets feinkörnig und führt ein thoniges; selten kieseliges Bindemittel. Er besteht aus Körnern von Quarz und Kaolin ; nur in quarzitischen Schichten treten letztere zurück. Zahl-reiche Glimmerblättchen bedingen nicht selten eine verhält-nifsmäfsig leichte Schieferung. Discordante Parallelstructur ist im Ganzen häufig vorhanden. Die Schichten nahe an der Bröckelschiefergrenze liefern die besten Werksteine. Sie werden mehrfach in zum Theil grofsartig betriebenen Stein-brüchen gewonnen, so zwischen Büdingen und der Papier-mühle an der Strafse nach Rinderbiegen, an der Reffenstrafse oberhalb des Büdinger Tunnels, am Herzberg und am west-lichen Abhang der Gelnhäuser Warte bei Roth, oberhalb der Stadt Gelnhausen und an dem Gehänge zwischen Gelnhausen und Haitz, am Hofe Kalteborn und diesem gegenüber an

XVII.   5 dem Berg bei Wirtheim. Bei Wächtersbach verschwindet der feinkörnige Sandstein unter dem mittleren Buntsandstein in der Thalsohle.

Die untere Abtheilung des mittleren Buntsandsteins, der **grobkörnige Sandstein**, besitzt östlich von der oben erwähnten, in nordwestlicher Richtung verlaufenden Hauptverwerfung eine aufserordentliche Verbreitung; erst nach dem Plateau des Büdinger Waldes hin erreicht er seine Grenze an den Tertiärablagerungen. Die Gesammtmächtigkeit beträgt circa 200 Meter. Ebenso wie der feinkörnige Sandstein ist auch der grobkörnige in 1 bis 2 Meter mächtige Bänke geschichtet, welche wie z. B. östlich von Neudorf auf der linken Thalseite der Bracht zuweilen durch beträchtliche Zwischenschichten von rothbraunen Schieferthonen von einander getrennt sind. Der Sandstein selbst besitzt eine blafsrothe oder rothbraune, in seinen höheren Lagen, z. B. an den Abhängen des Hammelsberges, Vogelkopfes und Sandkopfes bei Breitenborn auch wohl eine weifse und gelblichweifse Farbe. Er besteht aus Körnern von Quarz und Kaolin, von welchen erstere zuweilen Krystallflächen erkennen lassen; Glimmerblättchen treten nur sparsam auf. Fast immer ist er sehr grobkörnig; sein Bindemittel ist meist thonig, selten kieselig; zuweilen tritt es sehr zurück und es entstehen dann locker zusammenhängende, auch wohl zerfressen aussehende Sandsteine, die, wie am Eichelkopf bei Breitenborn, sehr leicht in losen Sand zerfallen. . Zwischenschichten dünnplattigen feinkörnigen Sandsteins, die in ihrer Mächtigkeit meist zwischen 2 und 4 Meter variiren und nur am westlichen Gehänge des Brachthales einmal circa 50 Meter erreichen, bezeichnen auf weitere Erstreckung keinen bestimmten Horizont. Dasselbe gilt von äufserst grobkörnigen, conglomeratartigen Bänken, welche im Allgemeinen in den oberen Lagen ihre gröfste Verbreitung besitzen. Sie finden sich sehr schön entwickelt an den vier Fichten, an der Ruheichswiese, sowie im Wildwiesenschlag auf der linken Seite der Bracht, an diesen Punkten nur locker verbunden und in groben Kies zerfallend; aufserdem aber auch am Niederhang und an der Leite bei Schlierbach, wo sie eine grofse Festigkeit besitzen und in mächtigen Quadern abgesondert auftreten. Sie bilden hier eine etwa 20 Meter hohe, steile Terrasse, welche in ziemlich horizontaler Erstreckung von Neuenschmitten bis in die Nähe von Hesseldorf verfolgt werden kann. Nach ersterem Orte hin werden diese Conglomeratbänke von einem feinkörnigen gelblichweifsen Sandstein überlagert. Dieser unterscheidet sich von dem folgenden Chirotheriensandstein wesentlich dadurch, dafs er bei weitem dickbänkiger, in grofsen, zu Bausteinen wohl geeigneten Quadern abgesondert auftritt, auch zuweilen vereinzelte gröfste Quarzgeschiebe enthält. Aufserdem besitzt er einen nicht unbeträchtlichen Gehalt an Mangan, der zum Theil auf den Schichtungsflächen und Klüften in Form von Dendriten oder festen, bis 3 Millimeter dicken Krusten von Psilomelan si$_c$h ausgeschieden hat und im Sandstein selbst in der Regel durch unregelmäfsig verlaufende dunkele Flecken und Bänder sich bemerklich macht. Letztere geben dem Sandstein ein getigertes Aussehen.

Die obere Abtheilung des mittleren Buntsandsteins, der **Chirotheriensandstein**, ist in dem Steinbruch am Hoherain bei Spielberg, zwischen letzterem Dorfe und Schlierbach gelegen, sowie in dem Steinbruch zwischen Neuenschmitten und Spielberg, und an der Strafse von letzterem Orte nach dem Hammer am besten aufgeschlossen. Seine Gesammtmächtigkeit beträgt circa 18 Meter. Er ist ein dünnplattiger, feinkörniger Sandstein von hellgrauer und -röthlicher Farbe; reichliche Glimmerschuppen begünstigen seine dünnplattige Absonderung. Chirotherienfährten wurden in ihm nicht beobachtet. In geringerer Mächtigkeit und ohne deutliche Aufschlüsse kommt diese Ablagerung auch am jungen Heegkopf östlich von Schierbach, am Kalkrain nordwestlich von Wächtersbach und am östlichen Abhang des Hammelsberges zum Vorschein.

Der obere Buntsandstein, der **Röth**, bedeckt an dem rechten Gehänge des Brachtthales zwischen Schlierbach und Streitberg und auf der linken Seite der Bracht am jungen Heegkopf östlich von Schlierbach den Chirotheriensandstein.

Aufserdem wird er noch, zwischen Verwerfungsspalten einge-
sunken, am Kalkrain bei Wächtersbach unter dem Wellenkalk und am Eichwäldchen bei Breitenborn im Gebiete des
grobkörnigen Buntsandsteins beobachtet. Er besteht hier,
ebenso wie in der Umgegend von Salmünster, Steinau und
Schlüchtern, wo er in gröfserer Verbreitung auftritt, vorwaltend aus dünnschieferigen, durch zahlreiche feine Glimmerschuppen glänzenden, rothbraunen Schieferthonen, welche hin
und wieder schwache Bänke eines sehr feinkörnigen thon-
und glimmerreichen, zuweilen aber auch sehr festen quarzitischen Sandsteins einschliefsen. Seine Mächtigkeit beträgt
nicht über 70 Meter.

Vom **Muschelkalk** kommen im Büdinger Wald und
dessen nächster Umgebung nur an zwei Stellen Ablagerungen von ganz geringer Ausdehnung vor, die der unteren
Abtheilung, dem **Wellenkalk**, angehören. Im Wald selbst
findet sich Wellenkalk zwischen Wittgenborn und Wächtersbach am Kalkrain, einem mannigfach von Verwerfungen
durchschnittenen Terrain (vgl. Profil 7), wo ein circa 25 Meter mächtiges Lager zwischen Röth und dem älteren tertiären
Thon vorhanden ist, mitten im Gebiete des mittleren Buntsandsteins. Die Schichten besitzen hier nur ein geringes
Einfallen nach NO. Die untere Grenze gegen den Röth
wird von einer schwachen Schicht festen gelben Kalksteins
gebildet, welcher petrographisch durchaus ähnlich dem sog.
„Grenzdolomit" in Thüringen ist. Der eigentliche Wellenkalk über dieser Grenzschicht besteht aus etwa 1 Meter
mächtigen, leicht dünner spaltenden Bänken von vorzugsweise
faserigem, selten ebenschieferigem dichtem Kalkstein von grauer
Farbe, welcher nur spärlich schlechterhaltene Steinkerne von
Gervillia socialis, Turbo gregarius und Lima lineata liefert.
Ludwig giebt an, dafs Fr. Sandberger unter den früher
von Genth gesammelten Versteinerungen von hier auch
noch Dentalium torquatum Holl. und „einen Goniatiten (Goniatites cultrijugatus Sdbgr. n. sp.), ähnlich dem Goniatites Buchii
v. Alberti sp. aus dem Wellenkalk Württembergs" erkannt
habe. Ferner theilt er in seinen Erläuterungen zur Section

Büdingen mit, dafs er „über dem Wellenkalk einen in 0,03
bis 0,4 Meter starke glattflächige Bänke getrennten dichten,
blaugrauen Muschelkalk" beobachtet habe, welcher „zum
Hauptmuschelkalk gestellt werden müsse, weil in ihm Encri-
nus liliiformis Lam., Terebratula vulgaris v. Schloth., Lima
striata Goldf. und L. lineata Goldf., Gervillia socialis v.
Schloth. sp., Myophoria vulgaris Br. und Myophoria pesan-
seris Br., Turbinites dubius Münst., Dentalium laeve Holl. und
Ceratites nodosus Haan nicht selten seien. Der Hauptmuschelkalk ruhe sohin in unserer Gegend unmittelbar auf dem
Wellenkalk; die sonst zwischen beiden auftretende Anhy-
dritgruppe fehle gänzlich und sei weder durch eine Dolomit-
noch durch eine Mergelschicht vertreten". Es ist mir trotz
genauester Nachforschungen nicht möglich gewesen, die letzteren Angaben Ludwig's über das Auftreten von oberem
Muschelkalk in irgend einer Weise bestätigen zu können;
von den von ihm als „nicht selten" angegebenen Petrefacten
habe ich nur Gervillia socialis und Lima lineata, die ja aber
auch dem unteren Muschelkalk angehören, im Ganzen selten
und in schlechten Exemplaren beobachten können.

Auf der linken Seite der Bracht, am alten Heegkopf
östlich von Schlierbach, wurde ehedem in einem nun längst
verlassenen Steinbruche Wellenkalk gewonnen, der hier zwischen Röth und tertiären Thonen zu Tage tritt. Nach den
allerdings nicht mehr deutlichen Aufschlüssen ist er nur in
geringer Mächtigkeit vorhanden. Es ist dies jedenfalls dasselbe Vorkommen, welches Ludwig in seinen Erläuterungen
zur Section Büdingen als „Hauptmuschelkalk" von Schlierbach bezeichnet und auf der Karte, welche einen Steinbruch
und zugleich einen Fundpunkt für Petrefacten in dieser Ablagerung besonders angiebt, in das von Hellstein nach Udenhain heraufziehende Thal verlegt, wo sich in Wirklichkeit
über Buntsandsteinschichten nur Basalt und tertiäre Braunkohlen
führende Thone finden. Letztere, in welchen Ludwig am
Hainacker bei Udenhain die für Septarienthon charakteristischen Versteinerungen gefunden haben will, haben mit Septarienthon nichts gemeinsam; übrigens konnte allenthalben

am Hainacker, wo L u d w i g diesen Septarienthon über dem
Muschelkalk anstehend angibt, in der ganzen Ausdehnung
nur anstehender Basalt beobachtet werden.

Die **Tertiärablagerungen** des Büdinger Waldes und
seiner Umgebung sind bisher hauptsächlich durch Arbeiten
R. L u d w i g's in der Literatur bekannt geworden. Leider
sind aber, wie schon oben erwähnt wurde, seine Angaben
durchaus unzuverlässig und die Ansichten, welche er zu verschiedenen Zeiten über die Lagerungsverhältnisse und über
die Parallelisirung der einzelnen Schichten mit den durch
ihre Petrefacten charakterisirten Etagen des Mainzer Beckens
ausgesprochen hat, zum Theil gar nicht mit einander in Ein-
klang zu bringen.

Nach meinen Untersuchungen ist die älteste Tertiärablagerung der hier näher zu betrachtenden Gegend ein zum
Septarienthon zu stellender dunkelblauer fetter Thon, welcher
innerhalb des weiteren Gebietes bis jetzt *nur* bei Eckardroth,
im Thale der Salz, zwei Stunden nordöstlich von Wächtersbach, nachgewiesen ist. Die erste Nachricht über dieses
interessante und in der Literatur später mehrfach erwähnte
Vorkommen verdanken wir G e n t h *). Derselbe fand an
der Halde eines im Jahre 1842 auf Braunkohlen abgeteuften
Schürfschachtes eine Anzahl Conchylien, von welchen S a n d-
b e r g e r **) nur drei sicher bestimmen konnte; es waren
Leda Deshayesiana, Nucula Chastelii und Pleurotoma Water-
keynii. R. L u d w i g, der später die Thone mehrfach bespricht ***), erwähnt aus ihnen noch „Natica sigaretina und

---

*) Neues Jahrbuch f. M., 1848, S. 188 u. f.

**) S a n d b e r g e r, Untersuchungen über das Mainzer Tertiärbecken.
Wiesbaden 1853, S. 24.

***) R. L u d w i g, geognost. Beobachtungen in der Gegend zwischen
Gießen, Fulda u. s. w. Darmstadt 1852, S. 14.

—, in den Jahresberichten der Wetterauischen Gesellschaft. Hanau
1851, S. 13 u. 143; 1855, S. 49.

—, Notizblatt des Vereins für Erdkunde. Darmstadt 1855, S. 114 u. f.

—, Geognosie und Geogenie der Wetterau. Hanau 1858, S. 125.

—, Erläuterungen zur Section Büdingen, 1857, S. 29.

—, Geolog. Skizze des Großherz. Hessen. Darmstadt 1867, S. 16.

glaucinoides, Crassatella sulcata, Ancillaria buccinoides, Arca
diluviana, Fusus polygonus, Dentalium Kickxii, Aporrhais
speciosus, Tritonium flandricum, Tornatella globosa, Pleurotoma Duchastelli, Cyprina rotundata var.", ferner „Marginella
sp.", Bruchstücke von „Ostrea, Pecten, Pyrula", Zähne von
Fischen; eine grofse Anzahl von Polythalamien (Operculina
angigyra, Polystomella, Rotalia, Nodosaria, Sphaeroidina,
Textularia, Heterostegina) und in Schwefelkies umgewandelte
Pflanzen. Ludwig's Bestimmungen sind zum Theil wohl
irrig, z. B. was Fusus polygonus betrifft *). Nach den Funden, die ich an der jetzt sehr verwachsenen Halde machte, kann
ich nur bestätigen, dafs Leda Deshayesiana sehr häufig ist;
von einer Pleurotoma und einer Natica fand ich nur Bruchstücke, die keine sichere Bestimmung ermöglichten. Die
Fundstelle liegt an der Strafse von Eckardroth nach Katho-
lischwüllenroth, gegenüber den letzten Häusern des erstge-
nannten Dorfes, in etwa 750 Fufs Meereshöhe, auf der rechten
Seite eines Wasserrisses, welcher in nordwestlicher Richtung
bis zum Waldessaum verfolgt werden kann.

Meine Untersuchungen der Lagerungsverhältnisse bestä-
tigten die erste Angabe Ludwig's, derzufolge nach Aussage
des den Schürfversuch leitenden Bergbeamten der Septarienthon auf Muschelkalk liege. Durchaus unrichtig aber fand
ich alle Mittheilungen Ludwig's über ferneres Auftreten
des Septarienthons - in der Nähe und somit alle aus jenen
gezogenen Schlufsfolgerungen über die Stellung des Septarienthons zu den übrigen Tertiärbildungen dieser Gegend
und über das relative Alter der verschiedenen Schichten des
Mainzer Beckens. Es kommen allerdings, wie Genth a. a. O.
richtig hervorhebt, „noch an einigen Orten der Umgegend
ähnliche Thone vor, in denen aber bis jetzt noch keine Versteinerungen gefunden sind". Genth läfst es daher zweifelhaft, ob sie zum Septarienthon gehören oder nicht. Jedenfalls darf der von Ludwig erwähnte, „mit Triebsand wech-

---

*) Vgl. auch die Anmerkung auf Seite 25 unten in Fr. Sandberger,
Untersuchungen über das Mainzer Tertiärbecken. Wiesbaden 1853.

selnde" Thon bei der Teufelsmühle, ½ Stunde höher im Thale hinauf, nicht als Septarienthon gedeutet werden. Er gehört zu Schichten, welche, wie wir weiter unten sehen werden, durch eine ansehnliche Tertiärablagerung und durch eine ziemlich mächtige Decke basaltischer Gesteine von jenem getrennt sind. Ebensowenig, wie der Thon von der Teufelsmühle im Salzthale, darf der Thon oberhalb des Muschelkalkbruchs östlich von Schlierbach zum Septarienthon gerechnet werden. Ludwig beschreibt *) ausführlich, dafs dieser „Septarienthon" „an mehreren Stellen im Walde anstehend beobachtet werden" könnte; ja er will sogar durch Auswaschen eine Anzahl Foraminiferen, Bruchstücke von Leda Deshayesiana, Crassatella, Gehörknochen von Fischen und verkieste Algenstengel erhalten haben, mithin ganz gleiche Versteinerungen wie aus dem Thon von Eckardroth. Ich habe dergleichen nicht finden können; vielmehr habe ich über dem Wellenkalk bei Schlierbach nur eine tertiäre Sand- und Thonablagerung beobachtet, welche mit der ältesten Tertiärbildung im Büdinger Wald vollkommen übereinzustimmen scheint und demnach für jünger als der Septarienthon und für älter als der Braunkohlen führende Thon von der Teufelsmühle im Salzthale gehalten werden mufs. Dagegen tritt im Walde nach Udenhain hin im Hangenden des jene ältere Tertiärschicht überlagernden Basaltes mehrfach dunkeler Braunkohlenthon auf, welcher nach Genth's Angabe (a. a. O. S. 191) ehedem zu Schürfversuchen auf Braunkohlen, die von keinem günstigen Erfolge begleitet waren, Veranlassung gegeben hat. Dieser Braunkohlenthon ist gleichalterig mit dem Thon von der Teufelsmühle.

Eine directe Auflagerung von jüngeren Tertiärschichten auf dem Septarienthon von Eckardroth läfst sich wegen starken basaltischen Gehängeschuttes nicht beobachten. Indessen wurden nur etwa 400 Schritt von dem Septarienthonaufschlufs in südwestlicher Richtung entfernt eine Schotter-

---

*) Erläuterungen zur Section Büdingen, S. 29.

bildung und etwa 800 Schritt nordöstlich von demselben ein
weifser etwas sandiger Thon angetroffen, welche bei dem hier
offenbar durch keine Verwerfungen gestörten, regelmäfsigen
Verlauf der älteren Schichten und mit Rücksicht auf die
Niveauverhältnisse für jünger als der Septarienthon angesehen
werden müssen. Diese jüngeren Bildungen zeigen petrographisch die gröfste Aehnlichkeit mit den mächtigeren älteren
Tertiärschichten, welche allenthalben, besonders an dem
gegenüberliegenden Thalgehänge oberhalb Romsthal *), hier
nach Ludwig's Angaben mit nierenförmigen Ausscheidungen
von kohlensaurem Kalk („Septarien"), ferner im Brachtthal
und besonders im Büdinger Wald auftreten.

Im nördlichen Theile des letztgenannten, hier specieller
zu betrachtenden Gebietes finden sich Tertiärablagerungen
in ausgedehnter Verbreitung. Zu ihnen treten in sehr nahe
Beziehung basaltische Gesteine, welche zwei ganz bestimmte,
wohl von einander getrennte Horizonte einnehmen. Gestützt
auf die unten näher zu beschreibenden Profile am Thalgehänge zwischen Wittgenborn und Schlierbach, am Kalkrain
südlich von Wittgenborn und in der Nähe der zwischen den
Forstorten Bubenrain und Moorhans auf grofsherz. hessischem
Gebiete gelegenen Braunkohlengrube, welche sämmtlich eine
analoge Aufeinanderfolge der Schichten zeigen, wie sie am
Heegkopf gegenüber Schlierbach in der schon erwähnten
Weise beobachtet wurde, mufs man eine ältere und eine
jüngere Tertiärablagerung unterscheiden. Diese sind von
einander getrennt durch eine Decke basaltischer Eruptivgesteine, welche allenthalben am Rande des im Norden der
Section Gelnhausen beginnenden und in nördlicher und östlicher Richtung auch jenseits der tiefeingeschnittenen Erosions-
thäler der Bracht und Salz auf die Sectionen Birstein und
Steinau sich verbreitenden Plateaus als eine steile Terrasse

---

*) Auch R. Ludwig hielt einst die weifsen Thone unter dem Sand
und dem quarzigen Sandstein von Romsthal für jünger als den Septarienthon (vgl. Jahresbericht der Wetterauischen Gesellschaft, Hanau 1855, S. 49
Anm. 1 und S. 50 unten).

von 20—30 Meter Mächtigkeit scharf hervortritt. Die jüngste Ablagerung wird auf dem erwähnten Plateau nach dem hohen Vogelsberg hin überlagert von oft sehr mächtig entwickelten basaltischen Gesteinen, welche zum gröfsten Theile selbst ohne eingehende petrographische Untersuchung als von den älteren Basalten verschieden erkannt werden können. R. Ludwig hat auf seiner Section Büdingen weder die verschiedenartigen Basalte noch ältere und jüngere Tertiärschichten von einander geschieden; auch in den Erläuterungen zu dieser Karte erwähnt er nichts von einer Gliederung der gedachten Gebilde. Ueberdies ist ihre Verbreitung eine wesentlich andere als die auf seiner Karte angegebene.

Die **ältere Tertiärablagerung des Büdinger Waldes** ist am vollständigsten entwickelt an dem Abhang auf der rechten Seite des Brachtthales zwischen Schlierbach und Hesseldorf da, wo oberhalb der oben erwähnten steilen Terrasse, aufgebaut aus mächtigen Bänken conglomeratartigen Sandsteins, das Terrain bis zu der folgenden, von dem älteren Basalt gebildeten Terrasse nur wenig ansteigt (vgl. Profil 1). Sie besteht hier aus zwei gut von einander zu scheidenden Schichtensystemen.

Das untere, etwa 15 Meter mächtig, stellt sich dar als eine **Schotterbildung** aus faustgrofsen und etwas gröfseren Geschieben von grobkörnigem Sandstein und Quarz, gemengt mit gelbem und weifsem Sand. Sehr charakteristisch für diese Ablagerung und zwar für ihre höheren Schichten sind zahlreiche Kieselhölzer, die zuweilen in beträchtlicher Gröfse, über 30 Centimeter lang und 15 Centimeter dick, gefunden werden. Die Untersuchung mehrerer Stücke ergab, dafs sie sämmtlich einer Species zuzurechnen sind, und zwar nach der näheren Bestimmung, welche ich dem Herrn Professor Graf Solms-Laubach dahier verdanke, der Araucarienart Araucariaxylon Rollei Kr (= Dadoxylon Rollei Ung.), welche zuerst von Unger[*] aus dem Rothliegenden von Erbstadt,

---

[*] Sitzungsber. d. Wiener Acad. XXXIII, 1858, S. 230; Taf. II, Fig. 6—8.

d. i. von der Naumburg bei Windecken, beschrieben wurde. In der That zeigen sie schon bei oberflächlicher Betrachtung mit den dort und bei Vilbel in den Steinbrüchen im unteren Rothliegenden zahlreich vorkommenden Kieselhölzern die auffallendste Aehnlichkeit.

Aufser an der erwähnten Stelle wurde diese unterste Abtheilung im Büdinger Wald nur noch am Ostabhang des Hainrain am Grenzbach jenseits der grofsh. hessischen Grenze in geringer Mächtigkeit beobachtet; Kieselhölzer wurden aber dort nicht aufgefunden. Letztere stellen sich erst wieder ein aufserhalb des engeren Gebietes bei Hellstein und Udenhain, von wo schon Genth *) dieselben erwähnt. Die Ablagerung zeigt dort ganz gleiche Entwickelung wie an der Leite.

Die obere Abtheilung der unteren Tertiärablagerung besteht aus Schichten von weifslichem und gelblichem **Thon und Sand**, welche im Allgemeinen in mannigfacher Weise mit cinander wechsellagern, doch so, dafs im Osten des Gebietes mehr die thonigen, im Westen mehr die sandigen Schichten vorherrschen. In dem Profil am Weg von Hesseldorf über den Rosengarten nach Wittgenborn, welches ich den Besuchern der Gegend zum Studium ganz besonders empfehlen kann, liegen über der auf eine Länge von circa 140 Schritt aufgeschlossenen, etwa 15 Meter mächtigen Schotterablagerung von unten nach oben folgende Schichten :

1) Sandiger Thon von schmutzig-weifser und gelblicher Farbe;

2) fetter plastischer Thon von weifser Farbe;

3) grau- und röthlichgelber Sand, sehr reich an Kieselhölzern von derselben Beschaffenheit wie die in der Schotterablagerung vorkommenden;

4) thonige und sandige Schichten, welche hier weniger gut aufgeschlossen sind, dagegen mit den in der Thongrube am Beckersrain entblöfsten Lagen identisch zu sein scheinen und sich demnach als Ablagerungen von abwechselnd bläulich-weifsen fetten Thonen und gelblich gefärbten, bald mehr

---

*) A. a. O. S. 191 unten.

bald weniger thonhaltigen Sanden darstellen würden. Auch in diesen Schichten wurden an der nach dem Beckersrain hin in nördlicher Richtung anfangs bergabwärts ziehenden Schneuse vereinzelte Kieselhölzer aufgefunden;

5) schmutzig-gelb- und grünlichgrauer fetter Thon, nur mit einzelnen, anscheinend unbedeutenden sandigen Zwischenschichten. Diese Lagen setzen den unteren ziemlich beträchtlichen Theil der Terrasse zusammen, welche oben von der Decke älteren Basaltes gebildet wird. Die Gesammtmächtigkeit der von 1—5 angeführten Ablagerungen beträgt etwas mehr als 30 Meter.

Am Beckersrain sind die Schichten der älteren Tertiärbildung am neuen Fahrweg von Schlierbach nach der Thongrube, welche von der fürstlichen Steingutfabrik bei Schlierbach betrieben wird, sehr gut aufgeschlossen. Man beobachtet hier folgende Verhältnisse: Da, wo der Weg „an der Leite" sich bis auf circa 100 Schritt der breiten, in nördlicher Richtung am Bergabhang sich hinziehenden Triesch nähert, findet man auf der steilen Terrasse des grobkörnigen Buntsandsteins unmittelbar aufgelagert die untere Abtheilung, Schotter mit gelbem Sand reichlich gemengt. In der untern Etage ist dieselbe anscheinend ganz frei von Kieselhölzern; erst da, wo der Weg auf der Triesch anlangt, stellen sich letztere reichlicher ein. Es möchte fast scheinen, als wenn der gelbliche und schmutzig-weiße, zum Theil thonhaltige Sand, welcher sich hier unmittelbar im Hangenden des Schotters findet und am besten noch zu der Schotterablagerung hinzuzurechnen ist, diejenige Schicht sei, welche am reichsten an eingeschwemmten Kieselhölzern ist. Die obere Abtheilung der unteren Tertiärablagerung beginnt mit thonigen Schichten, die zwar nicht deutlich aufgeschlossen, aber anscheinend ganz ähnlich entwickelt sind, wie im ersterwähnten Profil von Hesseldorf nach dem Rosengarten. Auch in dieser Zone finden sich noch ziemlich zahlreich Kieselhölzer; sie rühren jedenfalls aus den sandigen Zwischenlagen her. Sehr reich an ihnen ist namentlich eine Lage gelblichgrauen Sandes, welche sehr viele Eisenconcretionen, meist in Form von

dünnen Schalen, führt und etwa 10 Meter über der Grenze
der oberen Abtheilung gegen die Schotterbildung liegt. Sie
scheint mit der im vorhergehenden Profile erwähnten Schicht 3
identisch zu sein. Ueber derselben folgen nun diejenigen
Ablagerungen, welche in der Thongrube selbst sehr schön
zu beobachten sind. Es sind vorwiegend bläulichweifse und
gelbliche plastische Thone, welche abwechselnd in Lagen
von circa ½ Meter Mächtigkeit auftreten. Zuweilen werden
sie von eben so mächtigen Zwischenschichten sehr feinen
weifsen thonhaltigen Sandes von einander getrennt. Die
Gesammtmächtigkeit des brauchbaren Thones beträgt etwa
5 bis 7 Meter. Oberhalb der Thongrube beginnt in etwa
60 Schritt Entfernung die von dem älteren Basalt gebildete
steile Terrasse. Zwischen dieser und der Grube findet sich
nur abwechselnd weifser und gelblicher Sand und sandiger
Thon. Letzterer ist trotz des oft beträchtlichen Sandgehaltes
für Wasser undurchlässig; es treten deshalb über ihm unter
der Basaltdecke mehrfach Quellen zu Tage.

Die Verbreitung der sandig-thonigen Schichten der älteren Tertiärablagerung im Büdinger Wald ist eine sehr grofse
und verhältnifsmäfsig sehr regelmäfsige. Man findet sie anstehend am Bergabhang oberhalb Schlierbach auf der rechten
Seite der Bracht von Spielberg bis zur Augustenhöhe bei
Hesseldorf südlich und nördlich von den eben besprochenen
Profilen am Beckersrain, allenthalben über der vorher erwähnten Schotterbasis und unter der vom älteren Basalt gebildeten Terrasse. Etwas nördlich von der Augustenhöhe,
zwischen Wolferburg und Altsee, schneidet eine jüngere,
oben erwähnte Verwerfung die Schichten gegen den mittleren
Buntsandstein ab (vgl. Profil 5). Sie werden in regelmäfsiger
Lagerung erst am Kalkrain südlich von Wittgenborn zwischen Röth, Muschelkalk und Buntsandstein einerseits und
der Basaltterrasse andererseits wieder angetroffen (Profil 7).
Im Kalksteinbruche an der Strafse von Wächtersbach nach
Wittgenborn liegen über dem Wellenkalk zu unterst hellgelbe fette Thone, denen Nester und schmale sich bald aus-
keilende Schichten blauen Thones eingelagert sind. Weiter

nach oben scheint thonhaltiger und dadurch für Wasser un-
durchlässiger gelber Sand zu folgen, der an einzelnen quellen-
reichen Stellen unter dem Basalt zu Tage tritt. Vom Kalkrain aus kann man das Ausgehende der Schichten am Fuſse
der Basaltterrasse entlang, durch die Glasstrut, wo gleichfalls
oben gelber Sand, nach unten bläulichweiſser und gelber
Thon beobachtet wurde, nach der Gartenruh hin, durch den
Kirchwiesenschlag und um den Hammelsberg herum (in einer
Zone zwischen den Niveaulinien 1200 und 1260 Fuſs der
Niveaukarte) bis zum Bennerhorst verfolgen. Hier verursachen
einige Verwerfungen beträchtliche Störungen in dem regel-
mäſsigen Verlauf. Es lieſs sich nachweisen, daſs die Schichten im Wiesengrunde in der Erlenau in beträchtlich tieferem
Niveau als am Hammelsberg zu Tage treten (vgl. Profil 6)
und in der Nähe des Forsthauses unter dem älteren Basalt
verschwinden. Dann findet man sie westlich vom Hammelsberg, in einem etwa 60—100 Fuſs tieferen Niveau als dort,
an dem Vogelkopf bei Breitenborn, im Ganzen weniger
mächtig und meist nur als Sand entwickelt (vgl. Profil 3), und
jenseits der Darmstädtischen Grenze am Geiskopf und Hainrain, hier etwa in 1000 Fuſs Meereshöhe. Weiter nördlich
in dem Thale des Grenzbachs streichen sie an der Wildwiese
und am Kennelhorst, sowie auf dem hessischen Gebiete jenseits des Baches aus, sehr gut aufgeschlossen in der Sandgrube unweit des Stollenmundlochs des Rinderbieger Braun-
kohlenwerks (Profil 1). Auſserdem beobachtet man noch
hierhergehörige Schichten über dem Buntsandstein im Thale
zwischen Geiskopf und Knisseküppel und am nördlichen
Abhang des letztgenannten Berges, von wo sie in nordöstlicher Richtung nach dem Rinderbieger Hof und dem Dorfe
Rinderbiegen hin streichen.

Wie schon oben erwähnt wurde, sind die Schichten in
dem westlichen Gebiete etwas anders ausgebildet als im östlichen; sie nähern sich aber in ihrer Entwicklung sehr den
noch zu besprechenden gleichalterigen Schichten an dem
linken Thalabhang der Bracht und am Sandkopf bei Hellstein. Ebenso wie letztere sind sie vorwiegend sandig und

in ihrer Mächtigkeit aufserordentlich starken Schwankungen
unterworfen. Sehr typisch entwickelt sind die Schichten,
welche in der „Rinderbieger" Sandgrube am Grenzbach zwischen Moorhaus und Bubenrain unweit der Braunkohlengrube
vorliegen. Es wird hier ein feiner thonreicher, intensiv gelber
Sand gewonnen, der nur zuweilen einzelne Nester (durch
Auslaugung) weifsen und grauen Sandes enthält. Organische
Einschlüsse, wie Kieselhölzer u. s. w., wurden in ihm nicht
beobachtet. In seinen unteren Lagen führt er häufig Braun-
eisenschalen, d. h. durch Eisenoxydhydrat fest verkittete Sand-
platten, auch einzelne knollenförmige **Quarzite**, sog. **Braun-
kohlenquarzite** oder **Trappquarze**, von den Landleuten auch
wohl „Feuerwacke" genannt, feste, durch Kieselsäure zusam-
mengefrittete Sandmassen. Letztere zeigen auf frischer
Bruchfläche eine feste glasige Masse, in welcher die einzelnen
Quarzkörner gleichsam eingeknetet liegen. Aeufserlich ist
das Bindemittel sehr oft zu einer gelblichweifsen feinsandigen
Substanz zersetzt, in welcher die Quarzkörner so lose liegen,
dafs man sie leicht herauslösen kann. Auch bilden sich in
der Verwitterungsrinde häufig Ausscheidungen von Eisenoxydhydrat und Psilomelan, die dem Gestein ein getigertes Ansehen geben. Solch zersetzte Quarzite sind grobkörnigem
Buntsandstein zuweilen zum Verwechseln ähnlich. Sie finden
sich in der Umgebung der Sandgrube ziemlich häufig, besonders in grofser Menge an dem Grenzbach aufwärts. Durch
ihre Verbreitung zeigen sie die Ausdehnung der älteren Tertiärablagerung unter dem herrschenden Basaltgerölle am
besten an.

Weiter nach Westen und Südwesten am Geiskopf und
Knisseküppel besteht die Ablagerung vorwiegend aus
schmutzigweifsen und gelblichen Sanden, in denen untergeordnet hellgraue und röthliche Thone auftreten. Auch am
Vogelkopf und am Hammelsberg, also südöstlich von der
vorher besprochenen Sandgrube, herrschen sandige Schichten;
gröfsere Thonlager, wie am Südwestabhang des vordersten
Vogelkopfs, scheinen nur untergeordnet aufzutreten. Die
Schotterablagerung fehlt gänzlich; überhaupt ist die Mächtig-

keit des ganzen Schichtensystems nicht sehr beträchtlich. Nur an einigen wenigen, räumlich nicht sehr ausgedehnten Stellen wird sie etwas bedeutender dadurch, daſs den Sandschichten groſse linsenförmige Lager von Quarzit eingeschaltet sind. Man beobachtet solche am südwestlichen Rande des Plateaus am Hammelsberg, am östlichen Abhang des hintersten Vogelkopfs und vornehmlich am Weiſsesteinküppel nördlich vom Vogelkopf. An letzterem Orte bilden die Quarzite eine wahrhaft groteske, weithin sichtbare Felswand; gewaltige Felsblöcke liegen am Fuſs derselben wild über einander gestürzt und finden sich thalabwärts in auſserordentlich groſser Zahl weit umher zerstreut, ein Zeugniſs liefernd für die Macht der Erosion, der es möglich war, so gewaltige Felsstücke von ihrer ursprünglichen Lagerstätte zu bewegen. Die Wand am Weiſsesteinküppel ist etwa 10 Meter hoch. Sie zeigt, wie bei massigen Gesteinen, unregelmäſsige Zerklüftungen, und besitzt eine durch knollenförmige Hervorragungen unebene Oberfläche. Eine Absonderung in etwa 2 bis 3 Meter hohe Bänke ist nur schwer zu erkennen; dagegen tritt unten eine $1/2$ Meter mächtige Schicht, grobkörnigem Buntsandstein ähnlich, ziemlich scharf hervor. Die abgestürzten Blöcke, welche sämmlich gewaltige Dimensionen besitzen (5—6 Meter lang, 3—4 Meter breit und 2—4 Meter dick), lassen bei näherer Betrachtung eine deutliche Schichtung erkennen, indem parallel gestellte Rippen und Kämme festerer Partien zwischen verwitterten oder ausgewaschenen weicheren Zwischenlagen hervorragen. Auch wechseln in ihnen feinkörnige Lagen mit gröberen; zuweilen finden sich selbst 10—20 Centimeter starke Conglomeratbänke vor, welche wesentlich aus faustgroſsen Geschieben von grobkörnigem Sandstein und Quarz bestehen. Sonst ist der Quarzit in seiner Beschaffenheit ganz ähnlich wie in der „Rinderbieger" Sandgrube; von grobem Buntsandstein unterscheidet er sich meist nur durch das kieselige Bindemittel. Die Höhlungen in dem Gestein, welche anscheinend mit losem Sand erfüllt waren, besitzen in der Regel eine glatte glänzende Oberfläche.

Daſs übrigens die Quarzite nur eine locale Ausbildung sind und nicht auf weitere Erstreckung in gleicher Mächtigkeit fortsetzen, geht mit Evidenz aus den Lagerungsverhältnissen am Weiſsesteinküppel hervor. Unmittelbar über der Felswand beginnen lose gelbe Sande und dicht unter derselben liegen thonhaltige sandige Schichten, über welchen mehrfach Quellen zu Tage treten; am Bergabhang entlang ist der Quarzit nur auf eine Länge von etwa 500 Schritt sichtbar, er verschwindet dann nach beiden Seiten hin vollständig.

Ziemlich mächtig ist der Quarzit auch wieder am südwestlichen Abhang des Hammelsbergs entwickelt, doch fällt hier im Hochwalde die ganze Ablagerung nicht so in die Augen, wie am Weiſsesteinküppel. Man beobachtet nur einige groſse Felsblöcke anstehend; einer derselben ist 5½ Meter lang, 4 Meter breit und 2½ Meter dick.

Ganz wie im westlichen Theil des hier betrachteten Gebiets ist die ältere Tertiärablagerung auch östlich von der Bracht ausgebildet. Man begegnet den Schichten allenthalben am Abhang des Eichwaldes, insbesondere „auf'm Herrnhof" zwischen Schlierbach und Udenhain, wo sie über dem Buntsandstein zu Tage treten. Schon Genth *) erwähnt von hier Quarzit und spricht von Kieselhölzern, die mit ihm zusammen vorkommen.

Am deutlichsten, auch am bequemsten zu erreichen, und deshalb den Besuchern der Gegend besonders zu empfehlen ist das Profil am Sandkopf bei Hellstein (Profil 4). Auf der östlichen Seite des Sandkopfs, wo in einigen Gruben weiſser Sand für die Steingutfabrik bei Schlierbach und Scheuersand gewonnen wird, finden sich von oben nach unten folgende Schichten :

    1) gelber Sand, circa 6 Meter mächtig,
    2) weiſser Sand, circa 1 bis 1½ Meter mächtig,
    3) gelber Sand, circa 1 Meter mächtig,
    4) Quarzitbank, 0,3 bis 0,6 Meter mächtig,

---

*) A. a. O. S. 191 unten.

5) weifser Sand, ehedem hauptsächlich von der Breiten-
borner Glashütte zur Glasfabrikation benutzt.

Nach Westen hin nimmt plötzlich das Quarzitlager auf
Kosten der übrigen Schichten an Mächtigkeit bedeutend zu, so
dafs der ganze Abhang des Sandkopfs bis zu dem von Hellstein nach Birstein führenden Weg sich lediglich aus grofsen
Quarzitfelsen zusammensetzt, die aber nicht solch riesige Dimensionen besitzen, wie am Hammelsberg und Weifsesteinküppel.

Es wurde oben erwähnt, dafs die ältere Tertiärablagerung
mit dem Vorschreiten nach Westen im Allgemeinen schwächer
wird. Gleiches gilt auch für das südliche Gebiet. Am
Eichelkopf bei Breitenborn, dessen Basaltdecke mit der des
Vogelkopfs und des Hammelsbergs einst vor Erosion der
tiefen Thäler zwischen diesen Bergen zusammenhing, wie aus
der ähnlichen petrographischen Beschaffenheit der Basalte
und aus dem Umstande folgt, dafs dieselben nahezu in gleichem
Niveau über den gleichen älteren Schichten liegen (vgl. Profil
2 und 3), ist die Tertiärablagerung zwischen dem grobkörnigen Buntsandstein und dem Basalt auf eine unbedeutende
Schicht reducirt (Profil 2). Im Fahrweg nach dem Basalt-
bruche ist sie etwa 0,3 Meter mächtig entblöfst, zuweilen
wird sie auch in dem Steinbruche als eine nur 5 Centimeter
mächtige Lage unter dem Basalt angetroffen. Sie besteht
vorzugsweise aus weifsem Sand, gemengt mit kleinen Geschieben von Quarz und grobkörnigem Sandstein und ruht
auf hellgefärbten, weifsen oder hellgelblichen lockeren grobkörnigen Sandsteinen, die zum mittleren Buntsandsteine gehören. Letztere zerfallen sehr leicht und sind dann von dem
tertiären Sande nicht zu unterscheiden. Daher mag es auch
gekommen sein, dafs Ludwig auf seiner Karte die Tertiärschichten am Eichelkopf fälschlicherweise in so grofser Ausdehnung angegeben hat.

Was das Material betrifft, aus welchem sich die sandigen
Schichten der älteren Tertiärablagerung gebildet haben, so
dürfte vor Allem der grobkörnige Buntsandstein in Betracht
kommen, und zwar namentlich die an thonigem Bindemittel
ärmeren, leichter zerfallenden Bänke, welche bei der Ver-

witterung einen dem tertiären zum Verwechseln ähnlichen
Sand liefern. Kieselsäurehaltige Quellen, welche kurz vor
oder vielleicht auch bei Eruption der basaltischen Massen
eine grofse Rolle spielten, mögen dann später die Sande zum
Theil zu festen Quarziten verkittet haben *). Sehr auffallend
ist, dafs letztere vorzugsweise auf bestimmten, in nordnordwest-
licher Richtung verlaufenden Linien auftreten, also nahezu
parallel der Hauptverwerfung am Rande des Gebirges. So
liegen die Quarzite im Thal zwischen Moorhans und Bubenrain, vom Weifsesteinküppel und vom Südwestabhang des
Hammelsbergs nahezu in dieser Richtung, und ihr ungefähr
parallel ist die Linie, längs welcher die Quarzite am jungen
Heegkopf, Eichwald und am Sandkopf bei Hellstein vorkommen.

Die **jüngere Tertiärablagerung** wird von der älteren
durch eine Decke basaltischer Gesteine getrennt. Sie besteht
vorwiegend aus **thonigen Schichten**, nur äufserst selten und
dann nur von rein localer Bedeutung sind Einlagerungen von
Sand. Der Thon besitzt eine hellblaue, sehr oft durch den
Gehalt an vegetabilischen Resten auch schwarze Farbe. Er
eignet sich vorzüglich zur Anfertigung von Ziegeln und
gröberen Töpferwaaren und wird deshalb vielfach in ausgedehnten Gruben gewonnen. In seinen unteren Lagen führt
er meist schwache, nur zuweilen auch mächtigere, bauwürdige
Braunkohlenflötze.

In weitester Verbreitung finden sich die hierher gehörigen
Schichten in der Umgebung des Weiherhofes und Forsthauses
bei Wittgenborn (vgl. Profil 1), hier allerdings bis auf wenige
Aufschlüsse, unter denen die Thongrube unweit der fürstlichen Ziegelhütte einen hervorragenden Platz einnimmt, vollständig bedeckt von basaltischen Schuttmassen. Nach Osten
hin setzt sich die Ablagerung unter der nicht sehr mächtigen

---

*) Es ist dies auch die Meinung Ludwig's. Die ältere Ansicht, der
z. B. Klipstein huldigte, dafs der Sand durch den feurigflüssigen Basalt
zu diesen sogen. „Trappquarzen" zusammengefrittet sei, führt auf eine
Menge von Widersprüchen.

6 *

Decke jüngeren Basaltes fort und streicht am Abhang gegen
das Brachtthal hin wieder zu Tage; sie wird dort an mehreren Stellen oberhalb der früher erwähnten, vom älteren Basalt
gebildeten Terrasse recht gut aufgeschlossen beobachtet. Ihr
Ausgehendes verläuft vom Dorfe Spielberg, wo durch Brun-
nenabteufen das Vorhandensein der jüngeren Tertiärschichten
und eines Braunkohlenflötzes in denselben mehrfach constatirt
ist, in südlicher Richtung, etwa zwischen den Niveaucurven
1080 und 1140 Fuſs, eine den Wald umsäumende Reihe von
Wiesen entlang. Hier deuten häufig hervortretende Quellen
auf die thonige Beschaffenheit des Untergrundes. Südlich
vom Rosengarten, wo die Schichten in dem Wege von Hesseldorf nach Wittgenborn deutlich zu Tage treten, erreichen sie
an der schon früher besprochenen Verwerfung zwischen der
Wolferburg und Augustenhöhe ihre Grenze (vgl. Profil 5);
westlich aber verbreiten sie sich unter dem Basalt des Raben-
walds bis zur Teufelswiese und der Kreuzstrut (vgl. Profil 1).
An dieser Stelle wird schon seit langen Jahren von den Ein-
wohnern von Wittgenborn Töpferthon auf eine-freilich nicht
rationelle Weise gewonnen *).

Mit dem Thon in der Kreuzstrut und am Weiherhof
sind auch die Schichten am Planteich südwestlich von Wittgenborn in Verbindung zu bringen (vgl. Profil 7); letztere
erstrecken sich bis zum Bennerhorst, Eichsträutchen und
Forsthaus; sie sind zum Theil von jüngeren Basalten bedeckt.
Auch der Thon vom Planteich gelangt in den Wittgenborner
Töpfereien zur Verwendung.

In gleicher Weise wie nach Osten verbreitet sich die
Ablagerung vom Weiherhof auch nach Westen. Ihr Ausgehendes bildet ein breites Band um die Basaltmassen des

---

*) Dicht neben dem Thon sind in einer Sandgrube Schichten aufge-
schlossen, die ich ihrer ganzen Beschaffenheit nach und wegen ihrer Führung von Kieselhölzern, die sich als Araucarioxylon Rollei erwiesen, nur
als der unteren Tertiärablagerung zugehörig ansehen kann. Es müssen
demnach hier noch beträchtliche Verwerfungen vorhanden sein, welche
jene Schichten in dieses Niveau gebracht haben; über ihren Verlauf þin
ich zur Zeit noch nicht im Stande bestimmte Angaben zu machen.

Arnoldsberges und Bubenrains (vgl. Profil 1), die ebenso, wie der Basalt von Wittgenborn, mit der ausgedehnten Decke jüngeren Basaltes zwischen Waldensberg und Spielberg in Verbindung stehen. Am Abhang des Bubenrains und jenseits des Grenzbachs am Moorhans führen die nach Südwesten hin im Allgemeinen an Mächtigkeit abnehmenden Schichten bauwürdige Braunkohlenflötze, welche durch mehrere Schächte und einen Stollen auf einige Erstreckung aufgeschlossen waren. Die Braunkohlen führenden Thone setzen sich in nahezu gleicher Beschaffenheit, nur zuweilen durch einige beträchtliche Verwerfungen in ihrem regelmäfsigen Verlauf gestört, nach Nordosten unter den jüngeren Basaltmassen fort. Erst am Abhang unterhalb des Rinderbieger Hofes und im Dorfe Rinderbiegen selbst werden sie, zwischen basaltischen Gesteinen gelagert, wieder angetroffen. Nur im Südwesten vom Bubenrain, am Hainrain, keilen sich die jüngeren Tertiärschichten zugleich mit der das Liegende derselben bildenden Basaltdecke anscheinend ganz aus, wie in Ermangelung deutlicherer Aufschlüsse aus der topographischen Gestaltung des Terrains mit ziemlicher Bestimmtheit gefolgert werden darf. Auch fehlen sie am nördlichen Abhang des Knisseküppel, treten aber zwischen Moorhans und Preiserle östlich von einer in nahezu nördlicher Richtung verlaufenden Verwerfung wieder auf, in gewöhnlicher Mächtigkeit und Braunkohlen führend. Auch in dem Thale zwischen Geiskopf und Knisseküppel finden sie sich wieder, zungenförmig vom Moorhans aus unter der Decke jüngeren Basaltes sich bis hierher forterstreckend. Nur fehlt an letzterer Stelle im Liegenden die für die östliche Gegend so charakteristische Lage älteren Basaltes und es ruhen die hier ebenfalls Braunkohlen führenden thonigen Schichten unmittelbar auf der älteren als schmutzigweifser thoniger Sand vorhandenen Ablagerung (vgl. Profil 1), ganz entsprechend den später zu erwähnenden, weiter nördlich in der Richtung nach Pferdsbach, sowie bei Bergheim, Useborn und Lifsberg beobachteten Lagerungsverhältnissen.

Aufser dem Thone, welcher, wie schon hervorgehoben
wurde, für die Töpfereien und Ziegelhütten von Wittgenborn
von Bedeutung ist, sind von ganz besonderem Interesse die
Braunkohlen dieser Etage. Im Jahre 1875 wurden dem
Bubenrain gegenüber auf grofsherzogl. hessischem Gebiete
zwei je 1 Meter mächtige, durch einen schmalen Lettenbesteg
von einander getrennte Kohlenflötze erschürft und eine Zeit
lang in Abbau genommen. Die Fortsetzung dieser Flötze
nach Nordwesten hin wurde durch Schürfversuche an der
Waldwiese am nördlichen Abhang des Moorhans nachgewiesen. Ferner wurde jenseits einer von Ost nach West
verlaufenden Verwerfung am Preiserle, wo im Bache vielfach
zerstreute Braunkohlenstücke das Ausgehende eines Flötzes
auch in dieser Gegend verriethen, ein solches entdeckt und
sein Zusammenhang mit den Flötzen am Rinderbieger Hof
und im Dorfe Rinderbiegen constatirt. Auch östlich vom
Bubenrain nach dem Weiherhof hin wurden durch einige
Schürfversuche Braunkohlen zu Tage gefördert. Das Ausgehende eines etwa 2 Meter mächtigen Braunkohlenflötzes
beobachtet man aufserdem dicht an der Strafse am Forsthaus
bei Wittgenborn; es finden sich ferner Kohlenreste im Thon
am Planteich; ein Kohlenflötz endlich wurde im Dorfe Streitberg bei Anlage eines Brunnens durchteuft.

Jenseits der Bracht beobachtete ich ebenfalls in denselben
jüngeren Thonschichten Braunkohlenflötze, so in der Gemar-
kung Udenhain im Wiesengrunde zwischen Hellstein und Udenhain, ungefähr da, wo Ludwig auf seiner Karte Muschelkalk
angiebt, ferner am Westabhange des Alsbusch, welche Localität wohl Genth im Neuen Jahrbuch für Mineralogie, 1848,
S. 191 (in der Mitte), im Auge hat, und an der Teufelsmühle
im Salzthale (Section Steinau).

Im Rinderbieger Braunkohlenbergwerk gegenüber dem
Bubenrain bestand die Braunkohle etwa zur Hälfte aus sehr
gut erhaltenen, ziemlich grofsen Stämmen, welche, wie mir
Herr Professor Graf Solms-Laubach dahier mitzutheilen
die Güte hatte, in Präparaten noch recht deutlich die Holzstructur erkennen lassen. Ein anderer Theil des Flötzes

bestand aus einer mulmigen, beim Verbrennen aromatisch riechenden Kohle von braungelber Farbe, die sich theils aus dicht verfilzten Wurzelfasern, theils aus Moospflanzen zusammensetzte. In ihr lagen ziemlich zahlreich Blätter und Stengel von schlechter Erhaltung, namentlich aber kleine braune Früchtchen, die trotz ihrer auffallenden Form und Gröfse und ihrer anscheinend guten Erhaltung bis jetzt noch keine hinreichend sichere Bestimmung zuliefsen. Sowohl in der mulmigen als in der holzförmigen Kohle war zuweilen Retinit in grofsen reinen Partien ausgeschieden.

Nach der Mittheilung des Herrn Obersteiger Schmidt zu Rinderbiegen wurden mit den Schächten, welche sich dicht an der „Reffenstrafse" befanden, von oben nach unten folgende Schichten durchsunken :

1) Im ersten Schacht :

Basaltgerölle	9 Meter
Zersetzter Basalt, anstehend	2 „
Thon	1 „
Braunkohle	1 „
Dunkler Lettenbesteg	0,10 „
Braunkohle	1 „

Rother Letten, von wechselnder Mächtigkeit; zuweilen bildete auch reiner weifser Sand, der bis 15 Centimeter mächtig wurde, unmittelbar das Liegende.
Basalt, in frischem Zustande dicht und schwarz, durch Zersetzung röthlich *).

2) Im zweiten Schacht :

Basaltgerölle	5 Meter
Blasiger, zersetzter Basalt, anstehend	2 „
Thon	1 „
Braunkohle	1,5 „
Liegender Thon, durchbohrt	5—7 „

Das Flötz, welches von dem auf eine grofse Erstreckung im liegenden Basalt aufgefahrenen Stollen aus ausgerichtet

---

*) Der mikroskopischen Untersuchung zufolge mufs er als plagioklasreicher, nephelinfreier Leucitbasalt bezeichnet werden (siehe unten).

wurde, lag nicht ganz regelmäfsig, sondern machte öfters
Mulden und wurde zuweilen durch kleine Verwerfungen abgeschnitten, resp. höher oder tiefer gelegt.

Zum Vergleich füge ich hier die Schichtenfolge an, welche
in dem Profil neben der Strafse am Forsthaus bei Wittgenborn beobachtet wird. Es lassen sich von oben an folgende
Schichten unterscheiden :

1) zersetzter Basalt,
2) gelber Thon,
3) rothgelber und röthlichgrauer, stark eisenhaltiger Thon;
4) Braunkohle, vorwiegend erdig, etwa 2 Meter mächtig;
   zu oberst mulmige Kohle, zum Theil mit Letten vermischt, auch „bituminöses Holz" führend; zu unterst
   $1/_2$ Meter brauchbare, erdige Kohle,
5) dunkler Thon, circa 1 Meter mächtig,
6) gelblichgrauer Thon mit Eisenocker, circa 1 Meter
   mächtig.

Tiefere Schichten sind im Profile nicht aufgeschlossen;
jedenfalls folgt sehr bald nach unten der ältere Basalt, der
thalabwärts in der Erlenau zu Tage geht.

Von den von Ludwig in den Erläuterungen zu Blatt
Büdingen erwähnten thierischen Ueberresten aus den Tertiärbildungen dieser Gegend, unter welchen Schalen von Cypris,
Pisidium, Limneus, Melania und Paludina besonders hervorgehoben werden, habe ich weder in den älteren noch in den
jüngeren Ablagerungen etwas bemerken können. Auch habe
ich weder am Vogelkopf noch sonst innerhalb der sandigen
Ablagerungen „schwarzen Thon" aufgefunden.

Auf die Diluvial- und Alluvialbildungen im Büdinger
Wald werde ich, da dieselben fast durchgängig von keiner
hervorragenden Bedeutung sind, hier nicht eingehen. Auch
auf das Vorkommen von **Basalteisensteinen** will ich hier nur
aufmerksam machen; dasselbe wird erst nach Betrachtung der
Eruptivgesteine weiter unten ausführlicher behandelt werden
können.

In der Fortsetzung dieser Arbeit werde ich die tertiären
Eruptivgesteine einer näheren Beschreibung unterziehen und
dann auf Grund einer Reihe von Beobachtungen der Lagerungsverhältnisse in weiterer Umgebung des Büdinger Waldes
nachzuweisen suchen, daſs die ältere tertiäre Sand- und Thonablagerung als gleichalterig dem Münzenberger Sand und
Sandstein anzusehen ist und die jüngeren Braunkohlen führenden Schichten gleiches Alter besitzen wie die Braunkohlenbildung von Salzhausen, also beide Ablagerungen dem **älteren
Untermiocaen** entsprechen *). Es wird daraus folgen, daſs
die Eruptivgesteine des Büdinger Waldes, welche durch die
Braunkohlenthone von einander getrennt sind, zwei verschiedenen Eruptionsepochen angehören, von welchen die eine
ganz in den Anfang der **Untermiocaenzeit** fällt, die andere
aber in die Zeit nach der ebenfalls noch in der älteren Untermiocaenzeit erfolgten Ablagerung der erwähnten Braunkohlen-
schichten. Mit Berücksichtigung aller bis jetzt am Rande
des Vogelsberges durch verschiedene Forscher bekannt gemachten Lagerungsverhältnisse wird es dann möglich werden,
die für die Eruptivgesteine des Büdinger Waldes gefundene
Gliederung mit geringen Modificationen auch auf das vulkanische Gebiet des ganzen Gebirges auszudehnen. Sollte die
spätere Untersuchung dann noch ergeben, daſs auch in den
anderen Theilen des Vogelsbergs, dessen vulkanische Thätigkeit anscheinend in der Untermiocaenzeit ihr Maximum erreichte und jedenfalls schon lange vor Ablagerung der jüng-

---

*) Vgl. Ettinghausen, die fossile Flora der älteren Braunkohlen-
formation der Wetterau, Sitzungsber. der Wiener Akademie 1868 LVII, 1,
S. 807—893 und Fr. Sandberger, die Land- und Süſswasser-Conchylien
der Vorwelt, Wiesbaden 1870—75 (S. 365 und 417). In ersterer Arbeit
wird angegeben, daſs die Flora von Münzenberg und die der Blätterkohle
von Salzhausen eine ältere und eine jüngere Facies der aquitanischen Stufe
(jedenfalls im Sinne C. Mayer's) repräsentiren; in dem Werke von Sandberger ist mit Rücksicht auf die Lagerungsverhältnisse jener Schichten
bestimmter ausgesprochen, daſs dieselben „mit dem Cerithienkalk gleichzeitig
abgelagerte Niederschläge" sind, also dem älteren Untermiocaen (der Zone
der Helix Ramondi) zugehören.

sten (oberpliocaenen *)) Braunkohlenbildung der Wetterau
vollständig erloschen war, der jüngere Basalt ähnlich wie im
Büdinger Wald eine weitere Eintheilung in verschiedenalterige,
zum Theil durch Sedimente (z. B. durch die Corbicula-Schichten und den Hydrobien- oder Litorinellenkalk, beide nach
Sandberger's Angaben dem oberen Untermiocaen zugehörig) von einander getrennte Ströme zuläfst, woran ich nach
meinen bisherigen Erfahrungen kaum noch zweifeln kann, so
würde dies der Anfang dazu sein, den Aufbau des grofsen
basaltischen Gebietes, über den uns bisher nur sehr wenig bekannt war, nach und nach vollständig zu ergründen.

---

*) Sandberger, Land- und Süfswasser-Conchylien, S. 749.

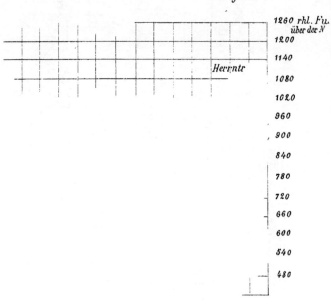

1260 rhl. Fu.
über der N

1200

1140

Herrntr

1080

1020

960

, 900

840

780

720

660

600

540

480

Fig. 4.

S

720

700

K° fernwäldchen

680

660

640

reioser Sand

620

grober Buntsandstein

600

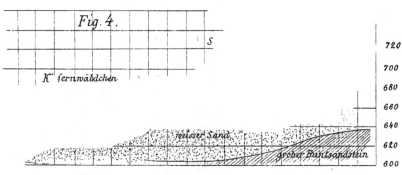

Fig. 7.

Planteich   Hollerstrauch   Wutgenborn

9

Kalkrain

1200

1100

1000

900

800

Lith Passoh Strassbg

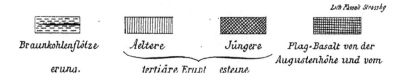

Braunkohlenflötze   Aeltere   Jüngere   Plag-Basalt von der

eruna.   tertiäre Erunt   esteine   Augustenhöhe und vom

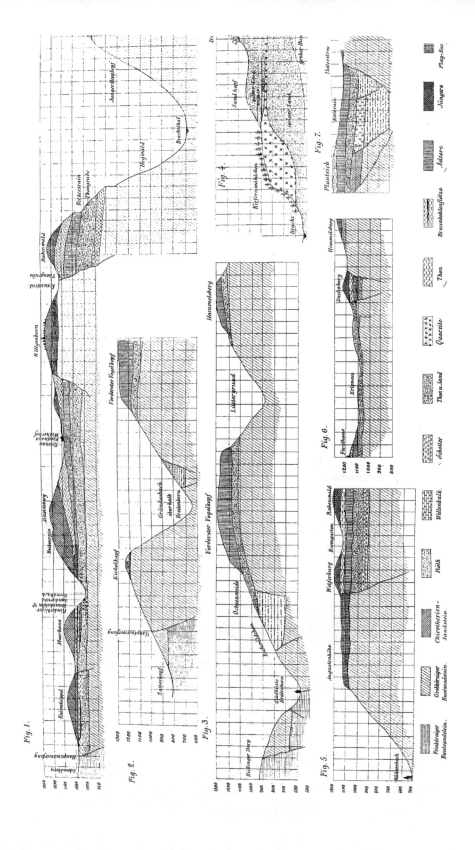

Fig. 1.

Fig. 2.

Fig. 3.

Fig. 4.

Fig. 5.

Fig. 6.

Fig. 7.

Erklärung der Profile auf Tafel II.

Nr. 1. *Gebirgsdurchschnitt durch den ganzen Büdinger Wald;* beginnt westlich jenseits der Hauptverwerfung am Schmidberg bei Büdingen und endigt östlich am Herrntrieb bei Schlierbach. Maſsstab der Längen $^1/_{40000}$; die Höhen sind 10mal gröſser. Die beigefügten Zahlen bezeichnen die Meereshöhe in rhl. Fuſsen (vgl. die Anmerkung auf Seite 49).

Nr. 2. *Durchschnitt durch den Eichelkopf und den vordersten Vogelkopf bei Breitenborn;* beginnt westlich jenseits der Hauptverwerfung am Sutterkopf bei Gettenbach. Maſsstab der Längen $^1/_{25000}$; die Höhen sind 4mal gröſser.

Nr. 3. *Durchschnitt durch den vordersten Vogelkopf und den Hammelsberg bei Breitenborn;* beginnt westlich jenseits der hier in mehrere Theile gespaltenen Hauptverwerfung am Büdinger Berg. Maſsstab wie bei 2.

Nr. 4. *Durchschnitt durch den Sandkopf bei Hellstein,* vgl. S. 47. Maſsstab für die Längen $^1/_{5000}$, für die Höhen $^1/_{2500}$.

Nr. 5. *Durchschnitt durch die Augustenhöhe, die Wolferburg und den Rabenwald zwischen Wächtersbach und Wittgenborn.* Maſsstab wie bei 2.

Nr. 6. *Durchschnitt durch den Dachsberg und die Erlenau vom Hammelsberg bis zum Forsthause bei Wittgenborn.* Maſsstab wie bei 2.

Nr. 7. *Durchschnitt durch den Kalkrain bei Wittgenborn,* vom Planteich bis zum Hollerstrauch (Querberg). Maſsstab wie bei 2.

IX.

Bericht über die Thätigkeit und den Stand der Gesellschaft von Anfang Juli 1877 bis Ende Juni 1878.

Von den beiden Secretären.

Unter Hinweisung auf die Notiz im vorjährigen Berichte folgen hier zuerst die Referate über die Vorträge in den Monatssitzungen vom Juli 1876 bis Juni 1877.

Generalversammlung am 8. Juli 1876 zu Wetzlar.

Auszug aus dem Vortrag des Herrn Dr. med. Adolf Herr von Wetzlar „*über Impfkrankheiten d. h. über Krankheiten, welche in ursächlichem Zusammenhange mit dem Impfen der Vaccine und deren Entwickelung stehen*".

1. *Scrophulose und Tuberculose.* Die Ueberimpfbarkeit beider Krankheiten ist nicht erwiesen. Es mag mehr scrophulöse Kinder geben als im vorigen Jahrhundert, aber nur deswegen, weil viele scrophulöse Kinder durch das Impfen vor dem Tode durch Pocken bewahrt werden (Hebra). Dafs der Tod nur hinausgeschoben werde von der frühen Jugend (durch die Pocken) bis zum Alter von 15—30 Jahren (durch Scrophulose und Tuberculose) ist ein falscher Vorwurf, weil beide Krankheiten nicht unheilbar sind. Dagegen ist Thatsache, dafs die Vaccine in einzelnen Fällen zum schnelleren Ausbruch einer schlummernden erblichen Scrophulose Veranlassung giebt (scrophulöse Eczeme), wie die Masern, das Scharlach und die Blattern dies in viel höherem Grade thun.

2. *Syphilis* wird höchst selten durch das Impfen übertragen; man rechnet auf 12—13 Millionen Impfungen 2—3 Fälle; in Württemberg kam von 1818—71 kein einziger Fall von Impfsyphilis vor. Sie kommt aber vor und kommt überall vor — in kleinen wie grofsen Städten, in Deutschland und Frankreich, in Amerika wie in Europa. Die Uebertragung der Syphilis durch das Impfen ist deshalb möglich, weil diese Krankheit beim Säuglinge ohne äufsere Merkmale vorhanden sein kann. Sie entsteht nämlich äufserst selten durch directe Ansteckung; selbst wenn die mütterlichen Geschlechtstheile von syphilitischen Geschwüren bedeckt sind, wird der dieselben bei der Geburt passirende Foetus nicht inficirt, weil ein dicker käsiger Ueberzug, die sog. Vernix caseosa, seine Haut gleich einer schützenden Decke überzieht. Die Syphilis der Säuglinge ist vielmehr *ererbt* und zwar von dem syphilitischen Vater, weil bei der syphilitischen Mutter die Schwangerschaft nicht bis zum Ende dauert, sondern bereits in den ersten Monaten durch Abortus unterbrochen wird.

Bei dem neugeborenen Kinde, welches dieses traurige Erbtheil seines Vaters mit auf die Welt bringt, entwickelt sich nun die Krankheit in zweierlei Weise. Entweder wird das Kind mit den Erscheinungen der Syphilis geboren, dann stirbt es in den ersten Tagen; oder es kommt ohne diese Erscheinungen zur Welt, dann bleibt die Krankheit eine Zeit lang im latenten Zustande, jedoch, wie die Erfahrungen Roger's und Depaul's an den Pariser Kinderspitälern beweisen, nie länger als 3 Monate. Bis dahin brechen jedenfalls die Symptome der hereditären Syphilis hervor und die Krankheit ist leicht erkennbar. Ebenso wie bei erblicher Scrophulose das Eczem kann bei latenter Syphilis durch die Impfung und Entwickelung der Vaccine die Syphilis aus ihrem Schlummer erweckt werden. Dies ist von besonderer Wichtigkeit für die Weiterimpfung, indem in einem solchen Falle zuweilen als *einzige Erscheinung* unterhalb der normal entwickelten Jenner'schen Bläschen syphilitische Excrescenzen sich bilden.

Die Lymphe des Jenner'schen Bläschens, wenn sie rein, ohne jede Beimischung übertragen wird, erzeugt immer nur ächte Vaccine. Bei dem Acte des Impfens kann daher nur dann eine andere Krankheit und namentlich Syphilis übertragen werden, wenn zugleich mit der Lymphe des Jenner-schen Bläschens eine das inficirende Gift tragende Flüssigkeit mit in die kleine Wunde des Impflings kommt. Träger des syphilitischen Giftes sind die Absonderung der syphilitischen Geschwüre und Excrescenzen und das Blut. Die Syphilis eines hereditär syphilitischen Kindes kann daher nur unter zwei Bedingungen weiter geimpft werden :

1) Wenn statt reiner Lymphe Lymphe dem Jenner'schen Bläschen entnommen wird *welche mit dem Blute des Kindes gemengt* ist. Wie überall beim Entnehmen der Lymphe, so kann dies auch bei einem syphilitischen Kinde leicht vorkommen, wenn dasselbe in der latenten Periode seiner Krankheit, also bis zum 3. Lebensmonate, vom Impfarzte für gesund gehalten wird. Durch Versuche ist indessen erwiesen, daſs das Blut der Syphilitischen nur dann die Krankheit durch Impfung übertragen kann, wenn es in einem gröſseren Quantum, als dasjenige in der Regel beträgt, welches zufällig dem Tröpfchen Vaccinelymphe beigemengt wird, in die Wunde kommt, oder wenn es einem Individuum entnommen wird, welches sich auf dem virulentesten Höhestadium der Krankheit befindet.

2) Wenn von einem Kinde mit ausgebrochener Syphilis statt reiner Lymphe Lymphe entnommen wird, welche *mit dem Secrete eines venerischen Geschwüres gemengt* ist, also in dem Falle, wenn die Basis des Jenner'schen Bläschens von einer Feigwarze gebildet wird. Dies kann von dem Impfarzte übersehen werden, wenn es das einzige Symptom der aus ihrem Schlummer, aus ihrem latenten Stadium durch die Impfung erweckten Krankheit ist. Die Erfahrung lehrt indessen, daſs eine solche Condylombildung erst vom 11. Tage an d. h. also nach begonnener Involution der Vaccine stattfindet, einer Zeit, wo nur äuſserst selten noch Stoff zum Weiterimpfen entnommen wird.

3. *Impfrothlauf, Erysipelas vaccinale.* Von Blumerincq in München legt dem Impfrothlaufe eine weit gröfsere Wichtigkeit bei als der Impfsyphilis; diese sei weit leichter zu vermeiden und komme nur sehr selten vor, während der Impfrothlauf häufig und sogar in epidemischer Verbreitung beobachtet werde; sei die Syphilis eine scheufsliche, schmähliche, schwer heilbare Krankheit des unglücklichen Kindes, so setze der Impfrothlauf Wochen lang dasselbe den schwersten Leiden aus und bedrohe sein Leben in hohem Grade.

Das Impferysipel tritt in zwei ganz bestimmten Perioden des Verlaufs der Vaccine auf, entweder in den ersten zweimal 24 Stunden zur Zeit der Entstehung, oder zwischen dem 9. und 12. Tage zur Zeit der Blüthe und beginnender Involution der Blatter. Man bezeichnet das erste als *vaccinales Früh-* und das zweite als vaccinales *Späterysipel.* Der Verlauf ist bei beiden einer und derselbe; gewöhnlich von der Impfstelle, zuweilen auch von einer andern Körperstelle ausgehend verbreitet sich eine intensive Hautentzündung entweder nur über den ergriffenen Arm, oder wandert von einem Theil zum andern, über Brust, Bauch, Rücken und Beine, so dafs zuweilen drei Viertel und mehr der ganzen Körperfläche bedeckt ist; dabei schwellen die Hände und Füfse ödematös an und nicht selten bilden sich Eiterungen im Zellgewebe. Der ganze Krankheitsprocefs verschleppt sich oft in sich wiederholenden Recidiven bis auf 6 Wochen. Das Früherysipelas ist in der Regel bösartiger als das spät ausbrechende.

Verhältnifsmäfsig am häufigsten ist das Späterysipelas. Nicht selten tritt es epidemisch auf, besonders in Findelhäusern und Gebäranstalten (Petersburg, Moskau, Wien, München), auch in der freilebenden Bevölkerung, zumal, wenn Erysipelas der Erwachsenen oder Masern unter den Kindern epidemisch herrschen. Bei der Revaccination der Rekruten im heifsen Sommer des Jahres 1859 sah von Blumerincq in München eine grofse Zahl derselben an Späterysipelas erkranken, von denen Viele an der Vereiterung des Zellgewebes starben. Ueberhaupt hat man die Entstehung des Impfrothlaufs öfter beobachtet, wenn viele Impflinge in überheißen, schlechtgelüfteten Localen zusammengedrängt waren.

Unter denselben Bedingungen tritt auch nach der Vaccination das Früherysipelas auf. Von ganz besonderer Wichtigkeit ist aber die Thatsache, daß dasselbe am häufigsten *durch Uebertragung der Lymphe eines Kindes, welches nach Abimpfung an Späterysipelas erkrankt, verbreitet wird.* Entnimmt also der Impfarzt am 8. Tage von einer normal entwickelten Vaccineblatter reine Lymphe und impft damit ein anderes ebenso gesundes Kind, so kann es vorkommen, daß sich bei diesem innerhalb 14—24—48 Stunden von den Impfwunden aus ein — oft sehr bösartiger — Rothlauf entwickelt, dessen Keim bereits in der geschlossenen normalen Vaccineblatter des Stammimpflings lag, wie der Ausbruch des Späterysipelas 1—2—3 Tage nach der Abimpfung bei demselben beweist. Und zwar kann dieses dem Arzte sehr leicht passiren, da kein Symptom bei der Entnahme der Lymphe am 8. Tage den Ausbruch des Späterysipelas am 9.—12. Tage vorraussehen läßt. Es giebt daher nur ein Mittel, ein solches unangenehmes und trauriges Ereigniß zu verhüten : man verwende die Lymphe erst 3 Tage nach der Abnahme und überzeuge sich vorher vom Befinden des Mutterimpflings.

Um die Entstehung des Impfrothlaufs überhaupt zu verhüten, impfe man nie in überheißen, überfüllten Localen, oder bei sehr heißem und schwülem Wetter, oder während herrschender Epidemieen von Hautkrankheiten. Man sei namentlich vorsichtig mit Röhrchenlymphe, da dieselbe leicht der Zersetzung anheimfällt.

Das Unheil der Impfsyphilis ist leichter zu verhüten. Erste Bedingung ist genaue Besichtigung des Kindes. Von großem Vortheil ist es, wenn der Arzt die Familie kennt. Man entnehme nie Lymphe von einem Kinde unter einem Vierteljahre. Man entnehme nur reine Lymphe und entferne etwa hervorquellendes Blut vorher durch Abwischen mit einem Läppchen. Nach Versuchen Roger's verliert das

Virus syphiliticum nach 8 Tage langer Aufbewahrung seine Infectionskraft.

Optiker S e i b e r t von Wetzlar sprach über „das stereoskopische Sehen und die stereoskopischen Mikroskope", deren erstes 1853 construirt wurde und von welchen er eine neue Construction demonstrirt.

Optiker H e n s o l d t von Wetzlar demonstrirte ein neues, sehr genaues Passageninstrument.

Stud. N i e f s von Giefsen sprach über „mikroskopische Steinschliffe.

Dr. B u c h n e r von Giefsen demonstrirte ein Galvanometer zur Prüfung von Blitzableitern.

Professor Dr. S t r e n g von Giefsen erklärte die Unterscheidung von Nephelin und Apatit unter dem Mikroskop durch chemische Reaction und zeigte betr. Präparate vor.

Professor Dr. H o f f m a n n von Giefsen sprach über „den Honigthau" der von Blattläusen hervorgebracht wird und führte Beispiele an, wonach an Blättern auch ohne Blattläuse und andere Insecten Honigausschwitzungen auftreten können.

Sitzung vom 2. August 1876.

Dr. G o d e f f r o y sprach über „die technische Verwerthung des Talges". Nachdem derselbe kurz erwähnt hatte, was Fette, speciell was Talg sei, beschreibt er die verschiedenen Verfahren der ersten Reinigung des Rohtalgs, wobei sogen. Nierenfett, Abfall und eigentlicher Talg gewonnen werden. Aus dem Nierenfett stellt man die im Handel immer mehr auftretende Sparbutter, ein Gemenge von Nierenfett und Milch, her, der Abfall ergiebt ein vorzügliches Düngemittel und aus dem eigentlichen Talg werden hergestellt : Seifen, Kerzen, Glycerin und dessen Präparate. Redner besprach nun die verschiedenen Methoden der Zersetzung des Talgs, wobei immer einerseits Glycerin, andererseits die in dem Talg enthaltenen Säuren als Stearin-, Palmitin- und Oleïnsäure gewonnen werden. Letztere werden durch verschiedene Manipulationen getrennt, aus Oleïnsäure stellt man die ver-

schiedenen Seifen, aus Stearinsäure aber die sogenannten
Stearinkerzen dar. Aus einem Ochsen gewinnt man etwa
83 Kilo Rohtalg, welche gesondert gegen 28 Kilo Nierenfett
und 55 Kilo eigentlichen Rohtalg ergeben. Im Ganzen können
aus einem Ochsen gewonnen werden etwa 18 Kilo Sparbutter,
24 Kilo Stearinsäure, als solche und in Form von Kerzen
(Millykerzen rein, Stellakerzen mit Paraffin) in den Handel gebracht, 23,5 Kilo Oleïnsäure, als solche, als Oleïnseife (Natron-
seife) und Schmierseife (Kaliseife) in den Handel gebracht,
2,5 Kilo reines Glycerin, als solches, als Glycerinseife und
Walzenmasse in den Handel gebracht und 16,5 Kilo trockene
Abfälle.

Sitzung am 15. November 1876.

Professor Dr. Zöppritz hielt einen durch Ausstellung
zahlreicher Karten und Profile erläuterten Vortrag über „*die
neuesten Forschungen der Nordamerikaner bezüglich der Ausführbarkeit eines Schifffahrtkanals durch den Isthmus von
Darien.*" Nach einem Ueberblick über die verschiedenen
mehr nordwestwärts gelegenen Einschnürungen der mittel-
amerikanischen Landbrücke (Tehuantepec, Honduras, Nica-
ragua) wird das eigentliche Darien-Choco-Gebiet, von Panama
ost- und südwärts geschildert, auf dem sich die Forschungen
des Capt. Selfridge in den Jahren 1870—73 bewegten. Mit
den Terrainverhältnissen des eigentlichen Panama-Isthmus
und seiner, die Wasserscheide in nur 263' (engl.) Höhe über-
schreitenden Eisenbahnlinie beginnend, schreitet die Besprechung gegen Osten zum Isthmus von San Blas fort, wo
sich die bei Panama so äußerst ungünstigen Hafenverhält-
nisse auf der pacifischen Seite durch die weite Mündung des
Rio Chepo etwas günstiger gestalten. Doch erheben sich
von Norden, vom vorzüglichen Mandingahafen her die Cordil-
leren in drei Parallelketten von 1100—1600' Paßhöhe so massig,
daß jeder Gedanke an eine Kanalisirung schwinden muß. —
Auch die von der trefflich geschützten Caledoniabai aus gegen
Westen zu den Zuflüssen Sucubti und Morti des vielgewun-
denen Rio Chucunaque leitenden Pässe wurden zwischen

900 und 1100′ hoch gefunden, die Oberläufe jener Nebenflüsse liegen 4—500′ und ihre Mündungen in den Hauptstrom
noch 142′ über dem Meer, so dafs auch der Gedanke, auf
diesem Wege den Darienhafen und somit den von Westen
her tiefeinschneidenden Golf von San Miguel durch einen
Kanal zu erreichen aufgegeben werden mufs. In noch höherem Mafse gilt dies von der 1865 von de Puydt vorgeschlagenen Route, von der nördlichen Atratomündung her
längs dem Tanelaflufs, an welchem die Erforscher eine Höhe
von 684′ erreichten. Weit niedriger gestaltet sich die Gegend
zwischen den oberen Zuflüssen des Rio Tuyra und denjenigen
Cacarica und Peranchita des unteren Atrato. Es wurden hier
Wasserscheiden von 420 bis 732′ gefunden und es ist nicht
ausgeschlossen, dafs sich etwas weiter gegen Nordosten noch
niedrigere Uebergänge finden. Doch zeigte sich das ganze
Land im Nordwesten der Wasserscheide so hügelig und zer-
rissen, dafs es zum Zweck einer Kanalführung ganz untauglich erschien. — Der mächtige Atratostrom bietet den gröfsten
Schiffen zu jeder Zeit eine bequeme Wasserstrafse aus dem
völlig gesicherten, für alle Flotten der Welt ausreichenden
Columbiahafen, dem Südende des Golfs von Darien oder
Uraba, bis 60 Seemeilen nach Süden. Dort mündet von
Westen her der Napipi, ein wasserreicher Nebenflufs des Atrato
und leitet durch eine kaum merklich ansteigende Ebene bis
auf wenige Meilen vòn der Küste des stillen Oceans. Das Gebirg erhebt sich von dieser Küste mit einem Steilrand auf
500—600′ und geht dann vermittels eines von östlich strömen-
den Bächen durchfurchten Plateaus in die Alluvialebene des
Napipi über. Weiter im Norden, an den Quellflüssen des
Rio Truando, die in den Jahren 1855 von Kennish und
1858 von Craven und Michler bezüglich der Ausführbarkeit einer Kanallinie untersucht worden sind, wird der Küsten-
rand weiter im Inneren von einer niedrigeren Parallelkette,
der Sierra de los Saltos begleitet, welche neue Schwierigkeiten bereiten würde. Am Napipi fehlt diese und Selfridge
berechnet, dafs bei Benutzung des Doguadothales, eines Quell-
flusses des Napipi zur Chirichiribai des stillen Oceans ein

7*

Kanal von 28 engl. Meilen Länge mit einem Tunnel von 3 engl. Meilen = 5 Kilometer Länge, 60' Breite, 112' Höhe und 25' Wassertiefe und einer Höhe der Scheitelstrecke entweder a) von 120' mit 8 Schleufsen auf der atlantischen und 12 auf der pacifischen, oder b) von 80' mit 4 Schleufsen auf der atlantischen und 8 auf der pacifischen, oder endlich c) mit einer Scheitelstreckenhöhe von 38' gleich der Höhe des Atrato an der Napipimündung und nur 3 Schleufsen an der Küste, in diesem Falle aber mit 3³/₄ Meilen langem Tunnel, zu 60 Mill., bez. 72, bez. 90 Millionen Dollars ausgeführt werden könne. — Einige Betrachtungen über den Nutzen des Kanals und die Verkürzung der Handelswege dadurch beschlossen den Vortrag. — Der mit Karten und Abbildungen reichlich ausgestattete Report of explorations and surveys to ascertain the practicability of a ship-canal between the Atlantic and Pacific oceans by the way of the isthmus of Darien by T. O. Selfridge, Washington 1874, lag zur Ansicht vor.

Sitzung am 6. December 1876.

Prof. Dr. Hoffmann trug vor über „die Conservation vegetabilischer Getränke und Nahrungsmittel" und suchte die üblichen Methoden nach dem jetzigen Stand der Wissenschaft, insbesondere der Fermentlehre, zu erklären. Besprochen wurde Bier (Lupulin), Champagner (Gasdruck und grofser Weingeistgehalt), Wein (vinum coctum der Alten und Pasteur's); nebenbei wurde Dinte, Gummilösung und Milch erwähnt und auf die conservirende Kraft von Zucker, Honig und Kreosot aufmerksam gemacht.

Hierauf wurde die Aufbewahrung im *trockenen* Zustande besprochen: Samen und Brot; — dann diejenige *feuchter* Pflanzentheile: mit Kohlensäure, wobei auf die Couverschel'sche Entdeckung der Selbstgährung des Obstes — ohne Fermente — hingewiesen wurde; ferner die Salicylsäure, welche auch in der Chirurgie Eingang gefunden, dagegen als inneres Mittel bei putriden Zuständen sich nicht bewährt hat. Ferner wurde über die Conservation von Zwetschen, unter Blase in Flaschen gekocht, gesprochen; zuletzt über die Appert'sche Methode, woran Bemerkungen über Tyndall's Nachweis organischer Körper in der Luft (mittelst des Sonnenstrahles) und über Bastian's Versuche zum Nachweise der generatio spontanea (Abiogenesis) geknüpft wurden.

Generalversammlung am 17. Januar 1877.

Vortrag von Professor Dr. Wernher *„über Boden, Klima und endemische Krankheiten der Balkanländer in Bezug auf Kriegführung in diesen Gegenden."* Derselbe giebt eine Uebersicht der zahlreichen kriegerischen Ereignisse in den Gegenden an der unteren Donau während der Römerherrschaft, unter den Byzantinern und ihren Nachfolgern bis in die neuere. Zeit, wo besonders die Russen häufig das Kriegsglück in diesen Gegenden versuchten, aber nie mit wirklichem Erfolg.

„Schon oft kämpften unsere Truppen auf dem alten Kriegsboden der Moldau und Wallachai, schon oft kehrten sie siegreich und mit immer genauerer Localkenntnifs von da zurück, so dafs ihnen jeder Steg, jeder Schlupfwinkel bekannt war, sobald sie den Pruth und die Donau überschritten hatten. Nur die medicinischen Erfahrungen erbten sich niemals fort und jeder Feldzug war durch dieselbe Seuche, durch dieselben unzulänglichen hygienischen Mafsregeln verderblich, wie es die früheren waren" heifst es in Seydlitz Oraeus descriptio pestis 1770, 1771 und an einer anderen Stelle: „Wenn eine Armee in Dacien eintritt, so wird sie von Fiebern befallen werden, die anfangs wie Fleckfieber auftreten, bald aber zur Pest werden". In der That waren den Kriegführenden in diesen Gegenden die Gefahren nicht durch die Waffen, sondern durch das Klima, den Boden und die endemischen Krankheiten bereitet. Kommen die russischen Truppen aus weiter Entfernung, theilweise aus dem hohen Norden, nach langwierigem Marsch oder ermattender Fahrt in die Steppen der Ukraine und Bessarabiens, so finden sie ein ganz anderes Klima, das im heifsen trockenen Sommer von dem im Winter mit —28—30⁰ sehr verschieden ist. Dazu ist das

Land wenig bevölkert, der Städte sind wenige und diese
können an und für sich den Truppen keine Hülfsmittel darbieten. Jassi und Bukarest, die Hauptstädte Rumäniens, bieten
eine wunderliche Mischung von Luxus und Armuth, von
Schmutz und Unsittlichkeit dar. Die Nahrung besteht vorwiegend aus Vegetabilien, Fleisch ist selten. Der fette
schwarze Boden ist weglos und erst bei Frost zu passiren.
Die Donau selbst mit ihren flachen Ufern und dem Stau-
wasser zu beiden Seiten, den todten Armen und den zahlreichen Inseln gibt Gelegenheit zur Bildung ausgedehnter Sümpfe,
die eben so viel Kirchhöfe sind. Die armseligen türkischen
Festungen des Donauufers sind Schmutz- und Pesthöhlen.
Die Dobrutscha endlich ohne Feldbau und mit armseligem
Viehstand ist aller localer Hülfsmittel für Heere baar. Dazu
kommen die plötzlich hereinbrechenden verheerenden Gewitter-
stürme. Nicht besser ist ein Heer in der Bulgarei daran, wo
$1/_6$ des Landes aus Sümpfen besteht und die Hauptnahrung
aus Kukuruz. Vom Waldgebirge des Balkan kommen wenig
Flüsse, aber viele Bäche die in der Ebene Sümpfe bilden.
So ist es kein Wunder, daſs zu den gewöhnlichen Lager-
krankheiten der Heere sich Durchfall und Dysenterie gesellt
und durch die ungewohnte Nahrung und schlechte Wohnung
zu Typhus wird.

Im Laufe der Zeit haben die endemischen Krankheiten
gewechselt. Was die Pest des Thykydides war, wissen wir
nicht. Seit 520 trat die Beulenpest auf, verbreitete sich,
wahrscheinlich von Cypern aus, über Europa und hielt bis
zum dreiſsigjährigen Krieg an. Anfangs mit dieser, dann
allein, grassirte das Fleckfieber bis 1814. 1780 trat dazu der
Hospitalbrand und jetzt herrscht das Typhoid in Verbindung
mit Scorbut. So ist der Uebergang zu contagiösen Epidemieen gegeben, die sich auch in einzelnen Jahren aus mias-
matischen Krankheiten entwickeln können. Im Kriege bei
Anhäufung vieler Menschen in Lagern, Festungen und Spitä-
lern sind die Bedingungen für Entwickelung und Verbreitung
dieser Krankheiten noch viel günstiger.

Endemische Krankheiten sind bei den Völkern der unteren Donau wohl bekannt. Jedes Jahr treten sie im Frühjahr auf und lassen gegen Herbst nach. Wenn diese auch geringe Gefahr darbieten, so gehen sie doch auch oft in stark remittirende Fieber, in das ächte Fleckfieber über, das unter apoplektischen Anfällen tödtlichen Ausgang nimmt. — Bricht diese „walachische Pest" aus, so verlassen die Bewohner ihre Dörfer, nachdem sie ihre bessere Habe vergraben haben und kehren erst im Herbst wieder zurück, wo sie das äußerst Entbehrliche verbrennen und mit Mistfeuer die Wohnungen ausräuchern.

Die Symptome der walachischen Seuche sind in den verschiedenen Stadien der Krankheit sehr verschieden. Namentlich der Soldat auf dem Marsche wird von unendlicher Schwäche und Kopfweh gepeinigt, aber er taumelt weiter. Das Fieber steigert sich, Hitze und Durst werden unerträglich, Delirium tritt ein, die Leisten- und Achseldrüsen schwellen an, schwarze Petechien und Brandbeulen treten auf, Scorbut tritt dazu und nach 6—7 Tagen folgt apoplektischer Tod. Die russische Kriegsgeschichte ist reich an furchtbaren Episoden; das Absperren der Dörfer hilft nicht, die Krankheit blitzt bald an diesem, bald an jenem Orte auf. Inficirte Regimenter abzusperren, die Bewohner der Dörfer auszutreiben und diese zu verbrennen, erwies sich als völlkommen zwecklos. Wie konnte auch Besserung eintreten, da die russischen Kranken nach ärztlicher Vorschrift mit Caviar, Oliven, Brod, Knoblauch und Branntwein genährt wurden, während Fleisch, Wein, Hirse und Milch verboten war. Auch Pferdemistsaft mit Baumöl wurde als Specificum empfohlen. So erklären sich die unerhörten Verluste, welche die russischen Heere in verschiedenen Feldzügen erlitten und noch größer dadurch wurden, daß es an allen Lazarethbedürfnissen fehlte und an Mitteln, die Lazarethe zu evacuiren. Die meisten Hospitäler endeten damit, daß Kranke, Beamte und Aerzte starben und Niemand übrig blieb, der von dem Elend erzählen konnte.

Redner liefert hierzu schreckenerregende Beispiele aus den russischen Kriegen 1828 und 1829.

Sitzung am 7. Februar 1877.

Prof. Kehrer behandelt die „thierische Wärme". Bei
den sogen. Kaltblutern ist die Wärmeproduction gering, es
kann aber bei Bewegungen deren Körpertemperatur um
mehrere Grade die der umgebenden Medien übertreffen. Bei
den Warmblutern ist die Temperatur relativ constant, d. h.
sie schwankt bei den Vögeln zwischen 40 und 45⁰ C., bei
den Säugern zwischen 35 und 40⁰ C. Durch den Einfluſs war-
mer Medien kann die Temperatur um mehrere Grade an-
steigen; geht die Blutwärme über 44⁰ C., so stirbt das Thier,
wahrscheinlich durch Aufhören des Herzschlages. Durch
starke Abkühlung tritt zuletzt Frostasphyxie und Tod ein.
Die Körperwärme wird gebildet bei der chemischen Umsetzung (nicht bloſs Verbrennung), welche fortwährend alle
Gewebe erleiden. Den Hauptantheil nehmen die Muskeln,
bei deren Zusammenziehung mechanische Arbeit und Wärme
entsteht, doch sind auch die Nerven, die Drüsen, kurz alle
Gewebe bei der Wärmeproduction betheiligt.

Das Nervensystem regulirt die chemische Umsetzung in
den Geweben und damit die Wärmebildung, es regulirt aber
auch die Wärmevertheilung. Indem es das Kaliber der Blutgefäſse beherrscht, bewirkt es bald ein Zurückweichen des
Blutes in das warme Körperinnere bei Abkühlung der Peripherie, bald einen starken Blutzufluſs gegen die Peripherie mit
Schweiſsbildung und Abkühlung, wenn die Bluttemperatur
durch Erwärmung der Peripherie gestiegen ist. Auf diese
Weise vermögen die Gefäſsnerven die Constanz der Körpertemperatur in gewissen Grenzen zu erhalten.

Der Hauptwärmenerv ist der sogen. Sympathicus. Seine
Durchschneidung oder Lähmung erhöht die Temperatur der
von ihm versorgten Organe, seine Reizung vermindert die
Temperatur — alles dies durch Vermittelung der einer Zusammenziehung fähigen Blutgefäſse.

Sitzung am 7. März 1877.

Vortrag von Professor Dr. Streng über „die geologische
Geschichte des Rheinthals". — Nachdem Redner die Einthei-

lung der Geschichte der Erde in Perioden und Formationen
dargelegt hatte, zeigte er dafs ursprünglich das ganze Land
Meeresboden war; dafs sich aus diesem Meere zuerst das
rheinische Schiefergebirge als Insel erhob, an deren Süd-
ufer sich das Material des bunten Sandsteins, Muschelkalks
und Jura's ablagerte. Es erfolgte dann eine Hebung des ganzen südlich von der Insel gelegenen Meeresbodens, wodurch
derselbe sich in Festland verwandelte, in welchem durch Einsenkung die breite Thalspalte von Basel bis Mainz sich bildete, die sich nach Süden in das weite, die ganze jetzige
Alpenkette bedeckende Meer öffnete und sich mit Meerwasser
füllte. Zu jener Zeit (Beginn der Oligocänformation) war
also das obere Rheinthal von Basel bis Mainz ein nach Süden
offener Meerbusen, dessen Verbindung mit dem Meere allmählich unterbrochen wurde, so dafs das Meerwasser durch
brakisches Wasser, dieses durch Süfswasser ersetzt wurde.

Mit der nun folgenden Erhebung des Jura und der
Alpen erhielt das ganze Land und namentlich auch die Thalsohle selbst eine Neigung nach Norden, so dafs nun am nördlichen Ende des Thales, bei Bingen, etwa in der Höhe des
Niederwalds, das Wasser abfliefsen mufste. Der Theil des
Rheinthals von Bingen bis Bonn ist der jüngste, denn er ist
durch die erodirende Wirkung des damals sehr wasserreichen
und mit starkem Gefälle ausgerüsteten Flusses selbst entstanden und zwar innerhalb der quartären Periode, zu welcher
auch die Gegenwart gehört; mit anderen Worten: der Rhein
hat sich diesen Theil seines Bettes selbst eingeschnitten durch
die langsame und stetige Wirkung der Erosion.

Sitzung am 13. Juni 1877.

Vortrag von Prof. Dr. Pflug über „künstliche Blutleere
nach Esmarch". — Redner hebt zunächst die Bedeutung
der Chirurgie und ihrer Fortschritte in den letzten Jahrhunderten hervor, verweist auf die humane Weise in der alle
Operationen, auch an Thieren, nunmehr ausgeführt werden,
so dafs heutigen Tags durch die Heranziehung der Anästhe-
tica bei schmerzhaften Operationen, sowohl in der Menschen-

als auch in der Thierheilkunde ein Arzt selbst mit weichem
Gemüth das Messer häufiger gebrauchen wird, als früher.

Auch „blutscheue" Aerzte und „blutscheue" Personen
überhaupt verdanken der Entdeckung des Herrn Professor
E s m a r c h es, daſs sie jetzt, wenn sie mit dem Messer arbeiten,
in vielen Fällen weniger Blut sehen.

Bei allen Operationen sei übrigens eine Blutung immer
eine unangenehme Erscheinung; denn erstens wird dadurch
das Operationsfeld vielfach verdeckt und zweitens der —
vielleicht anämische — Patient durch einen neuen Blutverlust während der Operation möglicherweise tödtlich ge-
schwächt.

Nachdem hierauf Redner mitgetheilt hat, wie man bisher
verfuhr, um eine Blutung zu verhindern oder sie zu stillen,
schildert er das E s m a r c h'sche Verfahren selbst und zeigt
die dazu nöthigen elastischen Bänder und Schleifen vor, betont den Werth dieser Methode besonders bei Amputationen
und Operationen an extremitalen Theilen, ihren besondern
Werth in der menschenärztlichen Praxis und auch ihre Bedeutung in der Veterinärchirurgie. Im Folgenden die Vorzüge und auch die wirklichen oder nur eingebildeten Nach-
theile der Operation. In ersterer Beziehung schildert er den
ganz geringen Blutverlust, selbst bei tiefgreifenden Operationen, die Verminderung der Sensibilität in den abgeschnürten
Theilen, ferner wie bei Verblutenden durch Herausdrängen
des Blutes aus den extremitalen Theilen in das Herz und
Hirn dem Collapsus vorgebeugt und vielleicht Zeit zur Blut-
transfusion gewonnen werden könne; dann erwähnt er die
Behauptung E s m a r c h's, daſs Wunden, welche nach Anwendung der künstlichen Blutleere' gemacht werden (Ampu-
tationsstümpfe), leichter heilen und accidentelle Wundkrank-
heiten selten auftreten.

Eingehend wird die Wirkung der künstlichen Blutleere,
resp. das Gefühl besprochen, welches in den von der Circu-
lation ausgeschalteten Theilen entsteht und jene Fälle hervorgehoben, wo nach der Application der elastischen Schleife in
den ausgeschalteten Partieen Brand, Schmerz, behinderte

Beweglichkeit, Lähmung, Anästhesie, Temperaturverminderung, Nachblutungen, Hämorrhagien im Amputationsstumpf, Septicämie u. s. w. beobachtet wurden.

Nachdem die Ursachen und die Beseitigung dieser üblen Zufälle bei oder nach Anwendung der elastischen Schleife beleuchtet worden waren, zählte Redner endlich noch eine Reihe von Amputationen bei Thieren auf, bei welchen er die künstliche Blutleere mit verschiedenem Erfolg zur Anwendung brachte.

Generalversammlung am 7. Juli 1877 zu Dillenburg.

Der erste Director, Professor Dr. Pflug, eröffnet die Versammlung um 3 Uhr Nachmittags in dem Locale der Bergschule, und nachdem das Protocoll der vorigen Sitzung verlesen und genehmigt worden, berichtet derselbe über die Thätigkeit und den Stand der Gesellschaft im verflossenen Jahre und legt gleichzeitig den XVI. Jahresbericht vor.

Die Gesellschaft schreitet hierauf zur Wahl der Gesellschaftsbeamten für das nächste Jahr und ernennt

zum ersten Director Professor Dr. Zöppritz,
zum zweiten Director Professor Dr. Streng,
zum ersten Secretär F. von Gehren,
zum zweiten Secretär Dr. Buchner,
zum Bibliothekar Professor Dr. Noack.

Zum Ort für die nächste Generalversammlung wird Grünberg bestimmt.

Professor Dr. Streng spricht hierauf „über das Vorkommen der Diamanten in Südafrika und deren muthmaßliches Muttergestein" und „über das Vorkommen einer granitartigen Grauwacke in der Gegend von Marburg".

Medicinalrath Dr. Speck trägt vor „über den Einfluß des veränderten Luftdrucks auf den Athmungsproceß. — Die Untersuchungen wurden nach einer Methode angestellt, die Redner in den Schriften der Gesellschaft zur Beförderung der Naturwissenschaften zu Marburg 1872 veröffentlichte. Der dabei benutzte Athemapparat besteht im Wesentlichen

aus zwei grofsen Spirometern, die so viel Luft fassen, dafs sie
ein 10—15 Minuten langes Athmen gestatten. Aus dem einen
Spirometer wird eingeathmet und die ausgeathmete Luft in
dem zweiten aufgenommen. Der Luftstrom wird dabei durch
sehr leicht gehende Ventile regulirt.

Auf diese Weise ist der Einflufs des veränderten Luftdrucks untersucht worden, der hier also blofs auf die Lungen
selbst einwirken konnte. Als Hauptergebnifs stellte sich dabei
heraus, dafs jede Veränderung des Luftdrucks, betreffe sie
die eingeathmete oder die ausgeathmete Luft oder beide zugleich, sowohl im positiven wie im negativen Sinn ein ver-
stärktes Athmen hervorruft. Das geathmete Luftquantum
wird gröfser, der aufgenommene Sauerstoff und die ausge-
schiedene Kohlensäure werden vermehrt. Diese Vermehrung
ist jedoch keine gleichmäfsige; die Kohlensäureausfuhr ist
verhältnifsmäfsig mehr gesteigert, als die Sauerstoffaufnahme,
so dafs zwischen beiden ein so grofses Mifsverhältnifs auftreten kann, dafs in der Kohlensäure mehr Sauerstoff ausgeathmet wird, als in der gleichen Zeit aufgenommen wurde.
Dabei tritt denn auch eine Umänderung in dem Verhältnifs
der eingeathmeten zur ausgeathmeten Luft ein. Während
bei regelmäfsigem Athmen immer ein etwas gröfseres Luft-
volumen eingeathmet, als wieder ausgeathmet wird, verhält
es sich bei dem durch Druckdifferenz gesteigerten Athmen
umgekehrt. Am stärksten zeigen sich alle diese Veränderungen, die übrigens auch, wie Redner früher schon gezeigt
hatte, bei willkürlich verstärktem (forcirtem) Athmen auftreten,
bei dem durch die Druckverhältnisse möglichst erleichterten
Athmen, bei dem Einathmen comprimirter und dem Ausath-
men in verdünnte Luft. Ueberlegungen und Vergleiche mit
anderen, früher publicirten Versuchen über das Athmen kohlen-
säurereicher Luft, sowie sauerstoffreicher und sauerstoffarmer
Luft führen zu dem Schlufs, dafs die Veränderungen in der
Sauerstoffaufnahme und der Kohlensäureausscheidung bei ver-
ändertem Luftdruck nicht als Veränderungen in den Oxy-
dationsvorgängen im Körper aufzufassen sind, sondern dafs
sie blofs von den physikalischen Erscheinungen der Gasdif-

fusion im Blut herrühren. Die angewandten Druckverände-
rungen waren gering und betrugen positiv wie negativ nie
über 22 Centimeter Wasserdruck.

(Die Versuche sind mittlerweile ausgearbeitet in den Schriften der Gesellschaft zur Beförderung der Naturwissenschaften
zu Marburg 1877 erschienen.)

Daran knüpfte Redner noch die Mittheilung, daſs eine
Anzahl unter allen Cautelen angestellten Versuche über den
Einfluſs geistiger Thätigkeit auf den Athmungsproceſs das
unerwartete Resultat ergeben hat, daſs diese Thätigkeit entweder nur eine, namentlich im Vergleich zu der eminenten
Wirkung körperlicher Thätigkeit, äuſserst geringe, oder gar
keine Vermehrung des Athemprosses bewirkt.

Stud. Niefs berichtet über *„ein Eisenphosphat"*, von ihm
in der Grube „Eleonore" bei Gieſsen entdeckt und „Strengit"
genannt.

Professor Dr. Hoffmann spricht über auffallende
Charakterveränderungen bei verschiedenen, von ihm selbst
gezüchteten Pflanzen.

Vor Beginn der Sitzung besichtigte die Gesellschaft das
Dillenburger sehr sehenswerthe Gestüte, besuchte nach der
Sitzung das vollständig neu hergerichtete Schloſs und ver-
einigte sich dann zu einem gemeinschaftlichen Abendessen im
Gasthaus zur Post.

Sitzung am 2. August 1877.

Nach Erledigung einiger geschäftlichen Angelegenheiten
hält Herr Professor Dr. Zöppritz einen Vortrag über *„die
Geographie und Kartographie der Balkanländer"*. — Es
wurde die Türkei als das einzige europäische Land bezeichnet,
für welches noch keinerlei systematische Landesaufnahme
begonnen worden sei und dessen Karte aus den zufälligen
Itinerarien und vereinzelten Ortsbestimmungen der Reisenden
noch bis vor Kurzem habe zusammengesetzt werden müssen.
Erst die systematische Durchforschung und halbinstrumentale
Aufnahme, die in den Jahren 1869 bis 1873 von österreichischen Generalstabsofficieren ausgeführt worden sei, habe zu

der ziemlich zuverlässigen, von dem Vortragenden ausgestell-
ten Karte des gröfsten Theiles der Türkei in 1 : 300000
geführt. An der Hand dieser Karte erläuterte der Vortragende die grofsen physikalischen Grundzüge von Donau-
bulgarien und dem Balkan, sowie der südlich vorgelagerten,
von der Natur so sehr begünstigten Längenthäler und schlofs
mit einigen Notizen über Bodenerzeugnisse, Industrie und
Bewohner dieses Gebietes.

Sitzung am 14. November 1877.

Geschäftliche Erledigungen, dann Vortrag von Professor
Dr. H. Sattler *„über Farbensinn und Farbenblindheit“*. —
Das gewöhnliche weifse Licht ist aus einer Reihe von Farben
zusammengesetzt und kann mittelst eines Prismas in diese
Farben zerlegt werden. Man kann nun einzelne dieser Farben beliebig mit einander combiniren, indem man auf eine
und dieselbe Stelle der Netzhaut des Auges gleichzeitig zwei
verschiedenfarbige Eindrücke einwirken läfst. Dadurch erhält man die sog. Mischfarben. Nun wurden die verschiedenen Methoden der Farbenmischung besprochen und demonstrirt.

Dann wurde der Begriff der Complementärfarben entwickelt, d. h. jener Farben, welche zusammengemischt den
Eindruck von Weifs erzeugen.

Dann wurde erwähnt, dafs fast alle Farben, die in der
Natur existiren, Mischfarben sind, d. h. dafs sie sich durch
Prismen immer noch in eine Summe von Farben mit mehr
oder weniger Weifs zerlegen lassen.

Hierauf wurde der Begriff der Contrastfarben erklärt,
d. h. jener Farben, welche auf subjectivem Wege durch eine
andere Farbe hervorgerufen werden und zu jener stets complementär gefärbt erscheinen.

Die verschiedenen Methoden, durch die man im Stande
ist, die Erscheinungen der Contrastfarben zur Anschauung
zu bringen, wurden nun demonstrirt.

Die Fähigkeit, die verschiedenen Farbenerscheinungen
wahrzunehmen, kann nicht auf rein physikalischem Wege

erklärt werden; man hat den Farbensinn als einen besondern
Vorgang in unserer Sehsubstanz aufzufassen.

Es wird erinnert an die schönen Farbenerscheinungen,
welche man in objectiver Dunkelheit wahrnimmt bei Druck
aufs Auge, beim Durchleiten eines electrischen Stromes u. s. w.

Es existiren zwei Theorien über die Art, wie die Farben-
empfindungen zu Stande kommen. 1) Die Young-Helm-
holtz'sche, welche aussagt, dafs wir im Sehnerven dreierlei
Arten von Nervenfasern besitzen, die durch die verschiedenen
Lichtsorten in quantitativ verschiedener Weise erregt würden;
2) die Hering'sche Theorie, welche annimmt, dafs unsere
Sehsubstanz aus drei verschiedenen Substanzarten zusammengesetzt sei, a) aus der Substanz für die Empfindung von
Schwarz und Weifs und den verschiedenen Zwischenstufen
zwischen beiden, b) aus der Substanz für unsere Empfindungen von Roth und Grün, und c) aus der Substanz für die
Empfindung von Gelb und Blau. Die schwarzweifse Sehsubstanz würde von allen Lichtsorten mit erregt werden,
und die verschiedenen Farbentöne, welche zwischen den vier
principalen Farben gelegen sind, werden empfunden durch
quantitativ verschiedene Erregungszustände in der blaugelben
und rothgrünen Sehsubstanz.

Wenn die beiden letztgenannten Arten unserer Sehsubstanz, oder eine derselben mangelhaft oder gar nicht entwickelt wären, so müfste totale oder partielle Farbenblindheit
resultiren. Beides kommt vor; weitaus am häufigsten ist
aber Rothgrünblindheit.

Nun wurden die verschiedenen Methoden namhaft gemacht, durch welche der Farbensinn geprüft und die Form
und der Grad der Farbenblindheit ermittelt wird.

Farbenblindheit kommt nicht blofs als angeborener, sondern auch als erworbener Fehler vor bei verschiedenen Leiden des Sehnerven und der Centralorgane des Nervensystems.

Endlich wird noch darauf aufmerksam gemacht, dafs
man Ursache hat anzunehmen, dafs der Farbensinn in den
Anfängen der historischen Zeit noch nicht so ausgebildet
war, als heutzutage, und man erst allmählich gelernt hat,

neben Licht und Dunkel die einzelnen Farben und ihre Abstufungen zu unterscheiden.

Professor S c h n e i d e r sprach über den „*Bau von Amphioxus lanceolatus*". — Die *Längsmuskeln* der Leibeswand zerfallen in den Longus dorsi und Rectus abdominis. Der Rectus reicht vom dritten Segment bis zum After und liegt unterhalb der Chorda und nach Innen vom Longus dorsi. Seine Segmente sind dieselben, wie die des Longus, so dafs auf der genannten Strecke jedes Myocomma in einen dem Longus und einen dem Rectus angehörenden Theil zerfällt. Die Platten, aus welchen, wie G r e n a c h e r nachwies, die fibrilläre Substanz der Längsmuskeln besteht, convergiren im Longus nach dem Rückenmark, im Rectus nach einem aufserhalb des Körpers und zwar für die rechte Seite rechts, für die linke Seite links belegenen Punkte.

Das *Nervensystem* läfst sich nach der von O w s i a n i - k o w angegebenen Methode sehr schön isoliren. Indefs nur zum Theil, auch zeigt die Abbildung von O w s i a n i k o w keineswegs, wie man bisher annahm, das ganze Nervensystem, sondern aufser Rückenmark und Hirn nur die oberen, sensibelen Nerven. Die unteren Wurzeln sieht man am besten an Querschnitten, wie S t i e d a richtig angiebt. Die Beschreibung, welche S t i e d a von den Nerven giebt, würde vollkommen richtig sein, wenn er nicht von der Voraussetzung ausginge, dafs die Nervenwurzeln nur in den Scheidewänden der Myocommata, Ligamenten, liegen. Nach S t i e d a würde der in das Ligament eintretende Nerv abwechselnd ein sensibler und ein motorischer sein. Allein in die Ligamente treten nur die sensiblen Nerven, die motorischen sind interligamental. Hinter jedem Ligamente entspringt eine obere Wurzel, welche bald in das Ligament eintritt und nach der Haut verläuft. Die Fasern sind sehr zart und beim Austritt aus dem Rückenmark zu einem runden Strang vereinigt. Eine Anschwellung fehlt, kleine, im Anfang des Stranges liegende Kerne entsprechen wahrscheinlich dem Spinalganglion. Die motorischen Wurzeln verhalten sich anders. Die bindegewebige Hülle, welche das Rückenmark eng umschliefst, ist längs ihrer unteren

Kante und zwar in der ganzen hintern Hälfte jedes Myocomma
mit Oeffnungen versehen, durch welche Fasern des Rücken-
marks, die motorischen Nerven, austreten. Die von den Oeffnungen weiter gehenden Fasern vereinigen sich zuerst zu
einem platten Strang und strahlen dann nach oben und unten
aus über die inneren freien Kanten der fibrillären Platten.
Ihre Richtung kreuzt die Kanten. Für jede Kante biegt je
eine Faser in weitem Bogen um und setzt sich unter einem
sehr spitzen Winkel daran. In den Spalt zwischen Rectus und
Longus dorsi treten diese Fasern hinein. Grofse Exemplare
von 4 cm bieten an den fünf hinter dem After folgenden
Segmenten einen merkwürdigen Anblick. Diejenigen Fasern,
welche sich an die obere Hälfte des nach unten vom Rückenmark liegenden Theils des Myocomma begeben, sind von den
Platten an bis nahe an das Rückenmark in quergestreifte
Muskelfasern verwandelt. Ich bediene mich des Ausdrucks
„verwandeln“ nur zur leichteren Beschreibung der Thatsache.
Wenn man das Rückenmark nach der Methode von O w s i a-
n i k o w isolirt, so zeigen sich daran nur die Ursprünge der
motorischen Nerven als leichte kegelförmige Erhebungen.

. Das *Herz* beginnt an dem freien Ende des Blinddarms,
läuft längs der oberen Kante desselben nach dem Darm und
dort umbiegend längs der Ventralseite des Darmes nach den
Kiemen. Der am Cöcum liegende Theil ist zuerst ein einfaches Rohr, dann ein System von 4 bis 5 parallel laufenden,
mehrfach communicirenden Röhren, welches beiderseits blinde
Ausläufer besitzt. Der am Darm gelegene Theil ist wieder
einfach.

Von den Kiemenstäben sind die einen etwas dickeren
am untern Ende gespalten, die andern nicht. Aufser durch
diese schon bekannte Eigenschaft unterscheiden sich dieselben
durch die Form ihres Querschnittes und die Gestalt des in
ihnen liegenden Kanals. Das Blut tritt aus den Aesten der
Kiemenarterie zunächst in den Kanal der gespaltenen Stäbe
und von da durch die längs — nicht im Innern — der Quer-
stäbe verlaufenden Gefäfse in die ungespaltenen Stäbe.

Die Kanäle der Kiemenstäbe öffnen sich oben in Kiemen-
venen, welche sich nach hinten und unten biegend in die
Aorten münden. Aus der im Kiementheil bekanntlich doppelten, weiter hinten einfachen Aorta entspringt jederseits interligamental ein oberer Ast zu den Längsmuskeln, ligamental
ein unterer Ast, welcher sich, längs des Ligamentes verlaufend,
auf der Oberfläche der Bauchhöhle verzweigt. Eine Auflösung
dieser Aeste in Capillaren oder eine Verbindung derselben
mit Venen war nicht zu finden.

Hinter dem Kiementheil längs des Darmes treten beiderseits aus der Aorta ohne Vermittelung von Arterien Capillaren,
welche sich in der Bindegewebsschicht der nachher zu beschreibenden Muscularis mucosae netzförmig ausbreiten. Ihr
Auftreten ist von Langerhans gefunden worden. Ventral-
wärts liegt auf derselben Schicht die Darmvene. Sie besteht
hinten aus etwa fünf netzförmig communicirenden parallelen
Röhren, nach vorn wird die Zahl geringer bis auf eine, welche
am Anfang des Blinddarms immer enger werdend verschwindet. Von hinten bis in die Gegend, wo etwa drei Röhren vorhanden sind, gehen beiderseits aus dem Rande des Röhren-
systems kurze Queräste ab, in welche die Capillaren münden.
Dann folgt eine Strecke ohne Queräste oder sonstige Oeffnungen für die Capillaren, bis endlich vor dem Ende wieder
Queräste auftreten, welche keine Capillaren aufnehmen, sondern wahrscheinlich frei in den noch zu beschreibenden
Lymphraum münden. Die Darmvenen und ihre Queräste
sind dicht mit queren Muskelfasern bedeckt.

Joh. Müller, dem ein Theil dieser Gefäſse schon bekannt war, nahm eine durch Gefäſse vermittelte Verbindung
der Darmvenen mit dem von mir Herz genannten Gefäſse
an, eine solche läſst sich aber nicht nachweisen.

Der Darmkanal wird von einer inneren und äuſseren
Schicht gebildet. Die innere Schicht besteht aus dem Darm-
epithel und einer aus vorzüglich querlaufenden Fasern zusammengesetzten Muscularis, die man also wohl als Muscularis
mucosae betrachten kann. Diese Schicht enthält in ihrer

Grundsubstanz die Capillaren und ihrer Aufsenfläche sitzt die Darmvene auf. Die äufsere Schicht besteht aus dem Peritonealepithel und einer ebenfalls aus Fasern bestehenden querverlaufenden Muskelschicht. An der Stelle, wo der Darm in den Kiementheil übergeht, sind die Muskeln vorzüglich dick und theilweise quergestreift. Zwischen diesen beiden Schichten, welche sich auch auf den Kiementheil verfolgen lassen, liegt ein weiter Raum. Die verwickelte Gestalt desselben ist von Langerhans, aber besonders genau von Rolph beschrieben worden. Ich kann seine Beschreibung bestätigen und füge derselben nur hinzu, dafs von dem Theil dieses Raumes, welcher die Kiemenarterie umgiebt, sich je ein Ast längs der Aufsenfläche der gespaltenen Kiemenstäbe nach dem oben längs der Kiemen verlaufenden Abschnitt verfolgen läfst. Allein welches auch die Entwickelung dieses Raumes sein mag, am entwickelten Thiere dient er nicht, wie Rolph annimmt, als Leibesraum, sondern als Venen- oder, was bei Amphioxus sich nicht davon trennen läfst, als Lymphraum. Nicht nur führt derselbe eine grofse Menge von in Chromsäure und Alkohol gerinnenden Stoffen, sondern er führt auch in das Herz. Das Herz läfst sich von der Spitze des Cöcum noch ein Stück nach vorwärts verfolgen, wo es dann in den oben längs der Kiemen verlaufenden Venenraum mündet. Aufser dieser gröfsten und längsten Vene finden sich noch kürzere Venen, welche an jedem Kiemenstabe längs des Cöcum in das Herz treten. Diese Venen des Herzens sind von J. Müller gesehen, aber als Bänder zwischen dem Cöcum und den Kiemen betrachtet worden.

Sitzung am 5. December 1877.

Geschäftliche Erledigungen, dann Vortrag von Dr. Spamer „*über ärztliche Untersuchungsmethoden*" (im Auszuge nicht eingereicht) und kurzer Bericht von Professor Dr. Zöppritz „*über die Entdeckung des Congolaufes durch den Afrikareisenden Stanley*".

8 *

Generalversammlung zu Giessen am 16. Januar 1878.

Das Protocoll der vorigen Sitzung wird verlesen und genehmigt.

Der erste Director, Professor Dr. Zöppritz, giebt einen kurzen Bericht über die Thätigkeit und den Stand der Gesellschaft, legt die Rechnung des Jahres 1877 vor und fordert zu Beiträgen zu dem im laufenden Jahre zu druckenden Bericht auf.

Der zweite Secretär, Dr. Buchner, berichtet über die äußere Thätigkeit der Gesellschaft, vorzugsweise über den Tauschverkehr mit auswärtigen Vereinen und spricht denjenigen, die die Bibliothek mit Geschenken bedacht haben, den Dank der Gesellschaft dafür aus.

Der Bibliothekar, Professor Dr. Noack, erstattet Bericht über den Stand der Bibliothek und die Einrichtung des Lesezirkels.

Candidat Friedrich hält hierauf seinen angekündigten Vortrag „über einige Culturpflanzen asiatischen Ursprungs". Er berichtet in sehr ausführlicher Weise über das Vorkommen der Citrusarten und der Dattelpalme in den ältesten historischen Zeiten und zeigt wie dieselben von Asien aus sich nach und nach über eine große Anzahl anderer Länder verbreitet haben.

Hierauf spricht Dr. Rausch „über das Telephon". — Historische Notizen : Philipp Reis construirt, nachdem er schon früher Versuche angestellt, 1861 das erste Telephon. Nach dieser Zeit ruhten die Bestrebungen, die Reis'sche Idee zu verwirklichen, bis in die 70er Jahre. In dieser Zeit beschäftigten sich mehrere Amerikaner wieder mit den von Reis verfolgten Versuchen. 1877 erfand Graham Bell aus Boston das bis jetzt vollendetste Instrument.

Physikalische Erörterungen : Magnetisirung, Entmagnetisirung des weichen Eisens durch Schließung und Oeffnung eines herumgeleiteten Stroms. Dabei treten abwechselnd Verlängerungen und Verkürzungen des Eisenstabs ein, durch

welche Töne hervorgerufen werden können. Aehnliche Ein-
wirkung eines electrischen Stroms auf einen Magnetstab :
Verstärkung, Schwächung des Magnetismus. Induction durch
Schliefsen, Oeffnen eines Stroms in einem benachbarten Lei-
ter. Induction durch einen Magneten. — Höhe, Intensität,
Klangfarbe eines Tons.

Beschreibung des Reis'schen Telephons. Dasselbe giebt
nur die Höhe des Tons wieder.

Bell'sches Telephon. Hierdurch wird auch die Klangfarbe übermittelt.

Durch eine von Herrn Dr. Tasché ersonnene Vorrichtung kann von einer Station zur andern ein deutlich ver-
nehmbares Zeichen gegeben werden. Dabei werden durch
eine Batterie hervorgerufene Inductionsströme um den Magneten des Telephons geleitet, die weit stärker sind als die durch
die Bewegungen der Eisenplatte des Telephons erzeugten
Inductionsströme.

Mehrere Telephone, die durch passende Leitung unter
einander verbunden waren, ermöglichten es, dafs immer eine
Anzahl der Anwesenden gleichzeitig Versuche damit vor-
nehmen konnte.

Die Versammlung schlofs mit einem gemeinschaftlichen
Abendessen im Gasthaus zum Einhorn.

Sitzung am 13. Februar 1878.

Vortrag von Professor Dr. Streng „über die Theorie
des Vulkanismus."

Sitzung vom 6. März 1878.

Fortsetzung des Vortrags von Professor Dr. Streng
„über die Theorie des Vulkanismus". In der Sitzung vom
13. Februar gab der Vortragende zunächst eine eingehende
Darstellung der neuerdings von Tschermak aufgestellten
Ansichten bezüglich der vulkanischen Erscheinungen auf der
Erde, den Planeten und der Sonne. Nach dieser Ansicht
haben die feurigflüssigen Massen, aus denen einstmals die
Erde bestand, unter dem ungeheuern Drucke einer mächtigen

Atmosphäre grofse Mengen von Gasen gelöst, die bei der
Erstarrung dieser feurigflüssigen Masse in Freiheit gesetzt
wurden und theils durch ihre hohe Temperatur in höheren
Regionen der erstarrten Erdrinde Schmelzungen hervorriefen,
theils durch ihre grofse Spannung ein. Aufschäumen und
Verstäuben der flüssigen Laven bewirkten. Diese Hypothese,
die übrigens schon im Jahre 1843 A n g e l o t aufgestellt, später
aber wieder aufgegeben hatte, schliefst sich eng an die
K a n t 'sche Hypothese an und ist eine einfache Consequenz
derselben.

In der Sitzung am 6. März besprach der Vortragende
einige andere Folgerungen aus der K a n t 'schen Hypothese.
Er entwickelte zuerst die Ansicht, dafs die Elemente, welche
die flüssige Erdkugel zuerst bildeten, sich nach ihrem specifischen
Gewicht gesondert haben mufsten, dafs bei weiterer Abkühlung
der Erdkugel die oberflächlich vorhandenen, specifisch leichteren Elemente Ca, Mg, Si und Al sich mit dem O der Luft
verbinden und die Silicate bilden mufsten, die sich ebenfalls
nach ihrem specifischen Gewicht anordneten. Bei immer fort-
schreitender Abkühlung trat nicht allein eine Erstarrung der
Erdrinde ein, sondern es konnten auch tiefer im Innern
Kugelringe, die erfüllt waren mit *schwer schmelzbaren* Stoffen,
ebenfalls fest werden, so dafs möglicherweise unter der
festen Erdrinde eine Wechsellagerung fester und flüssiger
Kugelringe vorhanden ist. Durch diese Annahme, welche
ebenfalls eine Folgerung aus der K a n t 'schen Hypothese ist,
werden manche Erscheinungen sich anders und leichter erklären lassen wie bisher, namentlich die Thatsache, dafs an
verschiedenen Stellen saure oder basische Gesteine hervor-
brechen und die andere Thatsache, dafs in den Basalten
Bruchstücke von Olivinfels und metallischem Eisen vorhanden sind.

Sitzung am 8. Mai 1878.

Nach Verlesung des Protocolls der vorigen Sitzung und
Erledigung verschiedener geschäftlicher Angelegenheiten hält
Professor Dr. P f u g seinen angekündigten Vortrag *„über die*

Rinderpest". Er schildert die Geschichte dieser furchtbaren
Rindviehseuche, spricht über Kennzeichen und Sectionsdata
der Krankheit und verbreitet sich insbesondere über die Ursachen der Seuche, welche nach der Meinung Einiger sich
beim podolischen Vieh spontan entwickeln soll, nach den
Behauptungen Anderer aber eine reine Contagion wäre.

Ausführlich erörterte Redner die volkswirthschaftliche
Bedeutung der Seuche und constatirte durch Zahlen die un-
geheuren Verluste, welche Länder mit schlecht organisirtem
Veterinärwesen durch die Rinderpest erleiden.

Zum Schlusse erwähnte Pflug die Mittel zur Bekämpfung
der Seuche und beleuchtete dabei wieder eingehender die
Impfung des Rindviehs in den südrussischen Steppen.

Sitzung am 5. Juni 1878.

Nach Verlesung des Protocolls der vorigen Sitzung und
nach Erledigung verschiedener geschäftlicher Angelegenheiten
hält Professor Dr. Zöppritz seinen angekündigten Vortrag
*„über die von der Erschliefsung Centralafrika's zu erwarten-
den Vortheile"*. Die unrichtigen Vorstellungen von dem
Wüstencharakter des Innern von Afrika, welche dadurch
entstanden waren, dafs die von der Nordküste und die von der
Südspitze aus vordringenden Reisenden bald auf Wüsten ge-
stofsen waren, sind erst durch die beiden neuerlichen Durch-
kreuzungen des Continents von Osten nach Westen, ausgeführt von Cameron und von Stanley, gründlich beseitigt
worden. Die Entdeckung des weitverzweigten, im Inneren
Tausende von engl. Meilen weit schiffbaren, von der Küste
leider durch eine lange Reihe von Stromschnellen getrennten
Stromsystems des Congo, gestattet einen Vergleich mit dem
in vieler Beziehung analogen Amazonenstrom des gegenüberliegenden südamerikanischen Continents, dessen Producte
schon wohlbekannt sind. Die Auffindung einer Anzahl gleicher Naturproducte am Congo, die Gleichheit von Lage und
Klima lassen erwarten, dafs letzterer einen ähnlichen Reichthum an Nutzhölzern, Droguen, Früchten, Zierpflanzen u. a.
liefern wird, wie der Amazonas. Hierzu kommt noch der

aufgefundene Metall- und Elfenbeinreichthum. Die Entwicklung des Handels wird gefördert werden durch die verhältnifsmäfsig hohe Culturstufe der dem Flufs anwohnenden
Negerstämme, deren Wohnungen und Schiffsbauten die Be-
wunderung Stanley's und seiner Begleiter erregten. Bedeutend erschwert ist aber die Erschliefsung durch die Stromschnellen, die den mächtigen, nahe seiner Mündung bis 900'
tiefen Strom von etwa 25 deutsche Meilen oberhalb der Mündung an 30 bis 40 Meilen weit unschiffbar machen und vermittelst einer durch zerrissenes Hügelland zu führenden Strafse
umgangen werden müfsten. Immerhin sind die sicher vorhandenen Naturschätze es werth, dafs die handeltreibenden
Nationen alle Anstrengungen zur Erschliefsung des Continents
machen.

Anlage A.

Verzeichnifs der Akademien, Behörden, Insti- tute, Vereine und Redactionen, welche seit dem Erscheinen des letzten sechzehnten Berichts von Juni 1877 bis Mitte October 1878 Schriften eingesendet haben.

Amsterdam : K. Akademie van Wetenschappen. — Versl. en
Meded. Afd. Natuurk. (2) B. 11. Letterk. (2) B. 6.
Jaarboek 1876. — Proc. Verbaal Mai 1876—April 77.
Carmina latina (Pastor bonus etc.).

Amsterdam : K. zoologisch Genootschap „Natura Artis Magistra". Nederlandsch Tijdschrift von de Dierkunde,
B. Openingsplechtigheid. Linnaeana in Nederl. aanwe-
zig. 1878. Rede ter herdenking v. d. stervdag van
Carolus Linnaeus. 1878.

Augsburg : Naturhistor. Verein. — Ber. 24.

Aufsig : Naturwissenschaftl. Verein. Ber. I. 1876—77.

Basel : Naturforschende Gesellschaft. — Verh. Th. 6. H. 3. 4.

Batavia : Bat. Genootschap van Kunsten en Wetenschappen.

— Notulen D. 14, 2—4. 15, 1. Tijdschrift voor Ind. Taal-, Land- en Volkenkunde D. 23, 5. 6; 24, 1—5. — Clercq, Het Maleisch der Molukken. — Catalogus der Ethnolog. Afd. v. het Museum. — 2. Catalogus der Bibliotheek. — Verhandelingen D. 39, 1.

Batavia : K. Natuurk. Vereeniging in Nederl. Indie. — Natuurk. Tijdschrift D. 35. 36. 37.

Berlin : K. Preufs. Akademie der Wissenschaften. — Monatsber. Jg. 1877, März bis Dec. 1878 Januar bis Juni.

Berlin : Gesellschaft für Erdkunde. — Zeitschr. B. 12 H. 2—6; 13 H. 1—3. — Verh. Jg. IV, Nr. 2—10; V, 1—4. — Koner, zur Erinnerung an das 50jährige Bestehen d. Ges. f. Erdk. 1878.

Berlin : Botanischer Verein der Provinz Brandenburg. Verh. Jg. 18. Berl. 1876.

Berlin : Verein zur Beförderung des Gartenbaues in Preufsen. Monatsschrift Jg. 19, 1876; 20 1877.

Bern : Schweizerische Naturforschende Gesellschaft. — Verh. Basel 1876.

Bern : Naturforschende Gesellschaft. — Mitth. 1876.

Bistritz (Siebenbürgen) : Direction der Gewerbeschule. — 4. Jahresber. 1877—78.

Bologna : Accademia delle Scienze. — Memorie Ser. 3. T. 6, 7, 8 H. 1—4; T. 9 H. 1, 2. —. Rendiconto delle sessioni 1875—76. 1876—77. 1877—78.

Bonn : Naturhistor. Verein der preufs. Rheinlande und West falens. — Verh. Jg. 34 H. 1.

Bonn : Landwirthschaftl. Verein für Rheinpreufsen. — Zeitschrift Jg. 1876, 1877 Nr. 1—12, 1878 Nr. 1—10.

Bordeaux : Société des Sciences physiques et naturelles. — Mém. (n. S.) T. II, cah. 1. 2. 3.

Boston : Society of Natural History. — Mem. Vol. II, part 4 N. 6. Append. Index a. Title-page. Proceed. Vol. 19, 1. 2.

Boston : Amer. Acad. of Arts and Sciences. — Proceed. n. S. Vol. III, IV, V p. 1—3.

Boston : Mass. State Board of Health. — Ann. Rep. 7—9.

Bremen : Naturwissenschaftl. Verein. — Abhandl. B. 5 H. 3,
4. Beilage Nr. 6.

Bremen : Landwirthschafts-Verein f. d. bremische Gebiet. —
Jahresber. Jg. 1877.

Breslau : Schlesische Gesellsch. f. vaterländische Cultur. —
Jahresber. 54, 1876.

Breslau : Verein f. schles. Insektenkunde. — Ztschr. f. Entomologie N. F. H. 1, 6.

Breslau : Central-Gewerbverein. — Breslauer Gewerbeblatt.
Jg. 1878. Festnummer d. Gew. Bl. z. 50jähr. Jubiläum
6. Juli 1878.

Brünn : kk. Mährisch-schles. Gesellsch. zur Beförderung des
Ackerbaues, der Natur- und Landeskunde. — Mitth.
Jg. 57.

Brünn : Naturforschender Verein. — Verh. B. 15, 1. 2.

Brüssel : Société R. de Botanique de Belgique. — Bull. T.
15. 16.

Brüssel : Académie R. de Médecine de Belgique. — Bull. A.
3 Ser. T. XI No. 5—11, T. 12 No. 1—7. — Mém.
couronnés. T. 4 F. 2—6, T. 5 F. 1.

Brüssel : Société malacologique de Belgique. — Annales T.
10. — Proc. verb. Jul. 2, 1876 bis Dec. 3, 1876.
Jan. 1877 bis Dec. 2, 1877.

Brüssel : Soc. Entomologique de Belgique. — Cpt. rend. ser.
II No. 39—55.

Caen : Société Linnéenne de Normandie. — Bull. (2). T. 5.
1871.

Carlsruhe : Verband rhein. Gartenbauvereine. — Rheinische
Gartenschrift, red. N o a c k. Jg. 12, 1878 Januar bis
Juni.

Cassel : Verein f. Naturkunde. — Ber. XIX—XXII, XXIV,
XXV. E i s e n a c h, Pilze der Umgegend von Cassel.
1878.

Catania : Accademia Gioenia di Scienze naturali. — Atti Ser.
III. T. XI, 1877; XII, 1878.

Cherbourg : Société nationale des Sciences naturelles. — Mém.
T. 20.

Chur : Naturforschende Gesellsch. Graubündens. — Jahresber. N. F. Jg. 20.

Danzig : Naturforschende Gesellsch. — Schriften N. F. B. 4 H. 1, 2.

Darmstadt : Verein f. Erdkunde u. verwandte Wissenschaften. — Notizbl. III. Folge H. 15, 16.

Dijon : Acad. des Sciences, Arts et Belles-Lettres. — Mém. 14, 15, 16. (3) T. 1, 2, 3, 4.

Dorpat : Naturforscher-Gesellschaft. — Archiv f. d. Naturkunde Liv-, Est- und Kurlands. 1 ser. B. VIII H. 3; 2 ser. B. VII Lf. 4, VIII Lf. 1, 2. Sitzungsberichte B. IV H. 3.

Dresden : Kais. Leopoldinisch-Carolinische Akademie der Naturforscher. — Leopoldina H. 13, H. 14, 1—18.

Dresden : Naturwissenschaftl. Gesellschaft „Isis". — Sitzungsber. Jg. 1876, 1877.

Dresden : Gesellsch. für Natur- und Heilkunde. — Jahresber. 1876—77. Katalog d. Bibliothek.

Edinburg : Botanical Society. — Transact. and Proceed. Vol. XIII, p. 1.

Emden : Naturforschende Gesellsch. — Jahresber. 61, 62, 63.

Erfurt : K. Akademie gemeinnütziger Wissenschaften. — Jahrbücher N. F. H. 8, 9.

Erlangen : Physikalisch-medicinische Societät. — Sitzungsber. H. 9, Nov. 1876 bis Aug. 1877.

Florenz : R. Biblioteca Nazionale. — 1) Sezione di Medicina e Chirurgia e Scuola di Farmacia. Vol. I. — 2) Sezione di Scienze Fisiche e Naturali. Targioni-Tozzetti (A). Zoologia del Viaggio intorno al Globo della Regia Piro-Corvetta Magenta (1865—68). Crostacei Brachiuri e Anomouri (13 Taf.). Cavanna (G.). Studi e ricerche sui Picnogonidi. Parte Prima : Anatomica e Biologia (2 Taf.). Descrizione di alcuni Batraci Anuri Polimeliani e Considerazioni intorno alla Polimelia (1 Taf.). — 3) Opere publicate.

Florenz : Soc. entomologica italiana. — Bulletino Ao. IX H.

3, 4; X H. 1. 2. Catalogo della Collez. di Insetti ital.
del R. Mus. di Firenze Ser. 1 a Coleotteri. Fir. 1876.

Frankfurt a. M. : Senckenbergische Naturforschende Gesellschaft. — Abh. XI H. 1. Ber. 1875—76.

Frankfurt a. M. : Physikalischer Verein. — Jahresber. 1875—76,
1876—77.

Frankfurt a. M. : Aerztlicher Verein. — Jahresber. Jg. 20,
21. — Statist. Mitth. über d. Civilstand d. St. Frankfurt
i. J. 1876.

Freiburg i. Br. : Naturforschende Gesellsch. — Berichte über
d. Verh. B. 7 H. 1, 2.

Fulda : Verein f. Naturkunde. — Met. phänol. Beobachtungen
1877. Ber. 5.

Genua : Società di Letture e conversazioni scientifiche. —
Giornale Ao. I Fasc. 6—12; Ao. II Fasc. 1—9.

Görlitz : Oberlausitzische Gesellsch. d. Wissensch. — N. Lausitzisches Magazin B. 54 H. 1.

Göttingen : K. Gesellsch. der Wissenschaften. — Nachrichten
Jg. 1876. 1877.

Graz : Naturwissenschaftl. Verein für Steiermark. — Mitth.
Jg. 1876. 1877.

Graz : K. K. Steiermärkische Landwirthschaftsgesellschaft. —
Der steirische Landbote Jg. 10, 1877.

Graz : Verein der Aerzte in Steiermark. — Mitth. XIII, 1. 2;
1876—77.

Graz : K. K. Steierm. Gartenbau-Verein. — Mitth. Jg. IV,
bis 18.

Greifswalde : Naturwiss. Verein v. Neuvorpommern u. Rügen.
— Mitth. Jg. 9.

Halle a. S. : Naturforschende Gesellsch. — Abh. B. 13 H. 4.
— Bericht 1876.

Halle : Naturwissensch. Verein f. Sachsen u. Thüringen. —
Zeitschr. für die gesammten Naturwissenschaften. Red.
Giebel. 3. Folge B. 1, 2. 1877.

Halle : Verein für Erdkunde. — Mitth. 1877. 1878.

Hannover : K. Thierarzneischule. — Jahresber. VIII, 1875;
IX, 1876; X, 1876—77.

Hannover : Naturhistor. Gesellsch. — Jahresber. 25, 26.

Heidelberg : Naturhistor. Medic. Verein. — Verh. N. F. B. 1
H. 4, 5; B. 2 H. 1, 2.

Helsingfors : Finska Vetenskaps-Societet. — Bidr. till Kännedom af Finl. Nat. och Folk, Tjugonde H. Tjugondefemte
H. Tjugondesjette H. Öfversigt af Förh. XVIII. Observat. mét. 1874.

Hermannstadt : Siebenbürg. Verein für Naturwissenschaften.
— Verh. Jg. 27, 28.

Innsbruck : Ferdinandeum für Tirol u. Vorarlberg. — Ztschr.
III. F. H. 21.

Innsbruck : Naturwissenschaftlich-medic. Verein. — Ber. Jg.
7 H. 1—3.

Kiel : Naturwissenschaftl. Verein für Schleswig-Holstein. —
Schriften B. 2 H. 2.

Königsberg : K. physikalisch-ökonom. Gesellsch. — Schriften.
Jg. 16; 17, 1. 2 ; 18, 1.

Kopenhagen : K. Danske Videnskabernes Selskab. — Översigt
1873 Nr. 3. 1876 Nr. 3. 1877 Nr. 2. 3. 1878 Nr. 1.

Landshut : Botan. Verein. — Ber. 6.

Leipzig : Naturforschende Gesellschaft. — Sitzungsberichte.
Jg. I—III; IV, 1—10, 1877.

Leipzig : Verein f. Erdkunde. — Mitth. 1877.

Linz : Museum Francisco-Carolinum. — Bericht 33, 34, 35,
36, nebst Lf. 30 Beitr. z. Landeskunde v. Oestr. o. d. E.

London : Anthropological Instit. of Great-Britain and Ireland.
— Journ. Vol. 5 No. 3, 4 ; Vol. 6 No. 1—4; Vol. 7
No. 1—3.

London : Geological Soc. — Quarterly Journ. Vol. 33, 1—4;
Vol. 34, 1. 2. List Nov. 1877.

London : Linnean Soc. — Journ. Zool. No. 64—71. Bot.
No. 84—92. List 1876.

Lübeck : Gesellschaft zur Beförderung gemeinnütz. Thätigkeit. — Jahresber. d. Vorsteher der Nat. Samml. in
Lübeck 1876.

Lüttich : Soc. géologique de Belgique. – Annales T. II, III,
V. 1877—78 H. 1.

Lüttich : Soc. R. des Sciences. — Mém. 2 sér T. 6.

Luxemburg : Instit. R. Grandducal de Luxembourg. — Publications T. 16.

Luxemburg : Soc. royale des sciences naturelles et mathématiques. — N. Wies, Geolog. Karte v. Luxemburg. 8 Bl. u. Titelbl. — N. Wies, Wegweiser zur Geolog. Karte v. Luxemburg 1877.

Luxemburg : Soc. des sciences médicales. — Bull. 1877.

Luxemburg : Botanischer Verein des Grofsherzogthums Luxemburg. — Recueil des Mém. No. II—III.

Lyon : Acad. des Sciences, Belles-Lettres et Arts. — Mémoires T. 22.

Lyon : Société d'études scientifiques de Lyon, Palais des Arts. — Bull. T. 3 No. 1.

Lyon : Soc. d'Agriculture Hist. naturelle et Arts utiles. — Annales 4 Ser. T. 8. 9.

Magdeburg : Naturwiss. Verein. — Jahresber. 7. 8.

Marburg : Gesellsch. zur Beförderung der gesammten Naturwissenschaften. — Sitzungsber. Jg. 1876, 1877. — Speck, Wirkung des veränderten Luftdrucks auf den Athmungsprocefs. Cassel 1878. — Müller, Ueber einseitig frei schwingende Membranen. Cassel 1877. — Hefs, Ueber d. zugl. gleicheckigen und gleichflächigen Polyeder. Cassel 1876.

Milwaukee, Wis. : Deutsch. Naturhistor. Verein. — Jahresber. 1877—78.

Mitau : Kurländ. Gesellschaft für Literatur und Kunst. — Sitzungsber. 1876.

Moncalieri : Observatorio del R. Collegio Carlo Alberto. — Bull. meteorol. Vol. XI, XII XIII, 1.

Montpellier : Acad. des Sciences et Lettres. — Mém. Sect. d. Sciences T. 9, fcs. 1. — Mém. Sect. de Méd. T. 5, fcs. 1.

Moskau : Soc. Imp. des Naturalistes. — Bull. 1877, 1878 Nr. 1.

München : K. Bayrische Academie der Wissenschaften. — Sitzungsber. Jg. 1876 H. 2, 1877, 1878 H. 1. 2.

Münster : Westfäl. Provinzialverein für Wissenschaft und Kunst (zool. Section). — Jahresber. 1876, 1877.

Nancy : Société des Sciences. — Bull. (2) T. III fcs. 6, 7.

Neu-Brandenburg : Verein der Freunde der Naturgeschichte in Mecklenburg. — Archiv Jg. 31.

Neuchatel : Soc. des Sciences naturelles. — Bullet. T. 11, cah. 1.

Nürnberg : German. Nationalmuseum. — Anzeiger Jg. 1877. Jahresber. Jan. 1878.

Nürnberg : Naturhistor. Gesellsch. — Abh. B. VI.

Offenbach a. M. : Verein f. Naturkunde. — Ber. 15, 16.

Padua : Soc. Veneto-Trentina di scienze nat. — Atti Vol. V, Fasc. 2.

Paris : Soc. Botanique de France. — Cpt. rnd. No. 4. Session mycolog. à Paris 1876.

Pest : Magyarhoni Földtani Tarsulat Munkalatai. — Földtani Közlöny 1876, szam 10—12; 1877, szam 7—12; 1878, szam 1—8.

St. Petersburg : Acad. Imp. des Sciences. — Bull. T. 23, No. 1—4; T. 24; T. 25, No. 1, 2. — Das 50jähr. Doctorjubiläum von J. F. Brandt, 12./24. Jan. 1876. Petersburg 1877.

Philadelphia : Acad. of Nat. Sciences. — Proceed. 1875, 1876, 1877.

Philadelphia : Amer. Philos. Society. — Proceed. Vol. 17, No. 100. List of Members 1878.

Prag : K. Böhm. Gesellsch. der Wissenschaften. — Sitzungsber. Jg. 1877. Jahresber. Mai 1876.

Prag : Naturhistor. Verein Lotos. — Jahresber. Jg. 1877.

Prag : Böhm. Forstverein. — Vereinsschrift für Forst-, Jagd- und Naturkunde Jg. 1876 H. 4, 1877 H. 3—4, 1878 H. 1—3.

Regensburg : Zoolog.-mineralog. Verein. — Correspondenzblatt Jg. 30, 31.

Riga : Naturforschender Verein. — Correspondenzblatt Jg. 22.

Rom : R. Comitato Geologico d'Italia. — Boll. ao. VIII, 1877.

Rom : La reale Accademia dei Lincei. — Transunti Vol. I,

H fasc. 1—6. — Atti, Mem. della Classe di Scienze
fisiche, matematiche e naturali. (3) Vol. I disp. 1, 2.

Salem : Essex Institute. — Bull. Vol. 9 No. 1—12.

St. Gallen : Naturwissensch. Gesellsch. — Bericht 1875—76,
1876—77.

St. Louis : Acad. of Science. — Transact. Vol. 3 No. 4.

Sondershausen : Verein zur Beförderung der Landwirthschaft.
— Verh. Jg. 37, 38.

Stockholm : K. Svenska Vetenskabs-Akademien. — Handlingar
B. XIII, XIV, 1. Öfversigt 1876, XXXIII. Bihang
III, 2. Met. Jakttagelser XVI, 1874.

Stockholm : Bureau de la récherche géologique de la Suède.
Carte géol. d. l. Suède, Atlas No. 57—62 und 1—3 und
Beskrifn. — Nathorst, Arkt. Växtlemningar. — San-
tesson, kem. Bergartsanalyser. — Gumaelius, Glac.
Bildingar. — Torell, Traces de l'existence de l'homme
en Suède. — Linnarsson, Öfvergangsbildingar. —
Nathort, Cycadékotte.

Stuttgart : Verein für vaterländ. Naturkunde. — Württ. nat.-
wiss. Jahreshefte Jg. 33 H. 1, 2; Jg. 34 H. 1—3. —
Festschr. zur Feier d. 400 jähr. Jubiläums d. Univ. Tübingen. Stuttgart 1877.

Triest : Società Adriatica di Scienze naturali. — Bollet. Vol.
III No. 1—3; Vol. IV No. 1.

Ulm : Verein für Kunst und Alterthum in Ulm und Oberschwaben. — Korrespondenzbl. I, 1876 Nr. 7—12; II,
1877 Nr. 6—12. — Pressel, Ulm und sein Münster,
Festschr. 1877.

Upsala : K. Wetenskaps-Societet. — Nova acta Vol. extra
ord. edit. 1877.

Utrecht : K. Nederl. Meteorologisch-Institut. — Ned. Met.
Jaarboek 1872, 2 ; 1876, 1. Observat. mét. 1876. Utr.
1877.

Washington : Smithsonian Institution. — Annual Rep. 1876.
— R. Napp, die Argentin. Republik. Buenos Aires
1876.

Washington : Departement of Agriculture. — Rep. Commiss.

of Agric. 1872. Monthly Rep. 1873; Rep. 1874, 1875, 1876.

Washington : Departement of the Interior. — Packard, Rocky Mountain Locust ad other insects. 1877. — Hayden, Rep. U. S. Geol. Survey of the Territories. Vol. VII. 1878. I Ann. Rep. Entomol. Commiss. 1877.

Washington : War departement, Surgeon general's office. — Transport of Sick and Wounded by Packanimals. Wash. 1877.

Wien : Kaiserl. Academie der Wissenschaften. — Sitzungsber. I Abth. 1876 B. 73 Nr. 1—5, B. 74 Nr. 1—10; 1877. B. 75 Nr. 1—5; II Abth. 1876 B. 73 Nr. 1—5, B. 74 Nr. 1—5; 1877. B. 75 Nr. 1—5, B. 76 Nr. 1; III Abth. 1876 B. 73 Nr. 1—5, B. 74 Nr. 1—5; 1877. B. 75 Nr. 1—5.

Wien : K. K. Geologische Reichsanstalt. — Verhandlungen Jg. 1877 Nr. 1—17, 1878 Nr. 1—10. — Jahrbuch 1877 B. 27 Nr. 2—4; 1878 B. 28 Nr. 1. — Tschermak, Mineralog, Mitth. 1876 H. 2—4, 1877 H. 1—4.

Wien : K. K. zoolog. botan. Gesellsch. — Verh. B. 27.

Wien : Verein z. Verbreitung naturwissenschaftlicher Kenntnisse. — Schriften Bd. 18.

Wien : K. K. Gartenbau-Gesellschaft. — Der Gartenfreund Jg. X H. 3—12, XI H. 1—8.

Wien : K. K. Geograph. Gesellsch. — Mitth. B. 19, 1876; B. 20, 1877.

Wiesbaden : Nassauischer Verein für Naturkunde. — Jahrbücher Jg. 29, 30.

Wiesbaden : Verein Nassauischer Land- und Forstwirthe. — Zeitschr. n. F. Jg. 8, 1877.

Würzburg : Physikal.-medicin. Gesellsch. — Verhandl. N. F. B. 10 H. 3, 4; B. 11 H. 1—4; B. 12 H. 1, 2.

Würzburg : Polytechn. Centralverein für Unterfranken und Aschaffenburg. — Gemeinnütz. Wochenschr. Jg. 27, Schluß. 28, 1—22.

Yeddo (Yokohama) : Deutsche Gesellschaft für Natur- und Völkerkunde Ostasiens. — Mitth. H. 11, 13, 14, 15.

Zürich : Naturforschende Gesellschaft. — Vierteljahrsschrift
Jg. 21, 22.

Zwickau : Verein für Naturkunde. — Jahresber. 1876, 1877.

Geschenke.

Fittica : Jahresber. d. Chem. 1875 H. 3; 1876 H. 1, 2, 3;
1877 H. 1; Register zu 1867—1876, I. (Ricker'sche
Buchhandlung.)

Temple : Gründungs-Urbeginn v. Krakau. (Vf.)

Ders. : Theorie und Praxis der landw. Thierzucht. (Vf.).

Hoffmann : Academ. Rede am 9. Juni 1877. (Vf.)

Regel : Gartenflora 1877 Juni—Dec., 1878 Januar—Juli.
(Prof. Hoffmann.)

C. Peyrani : Stimolazione di Taluni nervi in rapporto col
cuore e colla respirazione. (Vf.)

J. Bielmayr : Zur Geschichte d. Rotat. Magnetismus. 1877.
(Dr. Buchner.)

S. Harris : Elementary laws of electricity. (Ds.)

O. Böttger : Clausilienstudien. (Vf.)

v. Feilitzsch : A. E. Segnitz. (Dr. Buchner.)

K. Koch : Beitr. z. Kenntnifs d. Ufer d. Tertiärmeeres im
Mainzer Becken. (Vf.)

R. Leuckart : Ueber die Einheitsbestrebungen in d. Zoologie
(Rectoratsrede). (Vf.)

F. Sandberger : Vorkommen von schweren und edlen Met.,
sowie Arsen und Antimon in Silicaten. (Vf.)

F. Maurer : Rhein. Devon. (Vf.)

Zürn : Psorospermien bei Hausthieren. (Prof. Pflug.)

Blösch : Haller-Ausstellung. Bern 1877. (Stadtbibl. Bern.)

Katalog der Haller-Ausstellung. Bern 1877. (Desgl.)

Zündel : Thermometrie bei Hausthieren. (Prof. Pflug.)

Fischer v. Waldheim : les Ustilaginées. I. II. (Vf.)

Buchner : Meteorstein v. Hungen. (Vf.)

H. v. Ihering : Befruchtung und Furchung des thierischen
Eies (Prof. Pflug.)

Streng : Beitr. z. Theorie d. Plutonismus. (Vf.)

Legrand : la nouvelle Soc. Indo-Chinoise. Par. 1878. (Vf.)

A. Schmidt-Mülheim : Gelangt d. verdaute Eiweifs durch d. Brustgang ins Blut? (Prof. Pflug.)

C. Schmidt : Krankh. des Rinds durch Verschlucken grofser und fremder Körper. (Ds.)

Pütz : Lungenseuche. (Ds.)

Hoffmann : Culturversuche (Bot. Zeitg. 1878, Nr. 18, 19). (Vf.)

J. M. Toner : Address before the Rocky Mt. Med. Association, Juni 6, 1877. Washington 1877. (Vf.)

Hoffmann : Blätterverfärbung. (Vf.)

Buck : Rhizopodienstudien. (Prof. Hoffmann.)

Feser : Polizeil. Controle der Marktmilch. (Prof. Pflug.)

O. Böttger : Abb. seltner Limneen d. Mainzer Beckens. (Vf.)

Ders. : Studien über neue oder wenig bekannte Eidechsen I. (Vf.)

Ders. : Beitr. z. Verbr. d. Clausilia in Rufsl. (Vf.)

G. Ulivi : La nuova teoria di riproduzione 1878. (Vf.)

Siedamgrotzky : Leukämie bei Hausthieren. (Prof. Pflug.)

Bücking : Krystallformen d. Epidot. (Dr. Buchner.)

Hinrichs : Jowa Weather Rep. (Prof. Hoffmann.)

Durch **Kauf** wurden als Fortsetzung erworben :

Petermann, Mitth. Jg. 1877, 1878. Ergänzungsh. 52, 53, 54, 55.

Globus 1878.

D. Naturforscher v. Sklareck 1878.

Polytechn. Notizbl. v. Böttger. Jg. 1878.

Heis-Klein, Wochenschrift f. Astronomie etc. N. F. 1878.

Druckfehler.

S. 7 Z 21 lies Stellungsverhält*nissen* statt Stellungsverhältnisse.

S. 12 Z. 4 lies *Vergrünung* statt Vergröfserung.

Druck von Wilhelm Keller in Gielsen.

LIBR...
OF THE
UNIVERSITY OF ILLINOIS
3 NOV 1914

Achtzehnter Bericht

d e r

erhessischen Gesellschaft

f ü r

Natur- und Heilkunde.

———>•<———

Mit 2 lithographirten Tafeln.

Gießen,

im November 1879.

Inhalt.

I.

Nachträge zur Flora des Mittelrhein-Gebietes.

Von Prof. H. Hoffmann.

Hierzu Tafel 1.

Nach einer nunmehr 33jährigen Durchwanderung des Gebietes beabsichtige ich, zu meinen früheren Mittheilungen im Folgenden dasjenige nachzutragen, was ich bezüglich der betreffenden Gefäfspflanzen theils selbst beobachtet, theils zusammengetragen habe. *Ausgeschlossen* sind von dieser Zusammenstellung solche Seltenheiten, bezüglich deren ich nichts Neues zu bieten habe, z. B. Draba muralis, Scheuchzeria palustris; ebenso die Culturpflanzen; ferner diejenigen, welche, wie ich mich überzeugt habe, ganz allgemein im Gebiete verbreitet sind, z. B. Capsella bursa pastoris und Stellaria media, bezüglich deren unsere Floren die wünschenswerthe Auskunft geben. Es war in der That eine Hauptschwierigkeit, bei jeder einzelnen Species zu ermitteln, ob sie in diese Kategorie gehöre, da die üblichen Angaben der Floristen hierin oft vollständig irre leiten; denn sie bezeichnen auch die nur *strichweise* (aber hier allgemein) verbreiteten Pflanzen als „gemein". Und so finden wir als solche in der Regel alle diejenigen bezeichnet, welche eben gerade *an den Wohnorten der Floristen* (z. B. um Frankfurt, Darmstadt, Hanau, Wiesbaden, Herborn, Heidelberg) sehr gewöhnlich sind, die aber thatsächlich in den anderen Districten gänzlich *fehlen*. Hierhin gehört u. a. Eryngium campestre, Dianthus Carthusianorum und

XVIII.   1

viele andere. Dieser Fehler der Floren, das Verschweigen oder Nichtkennen derjenigen Bezirke, in welchen eine anderwärts gemeine Pflanze gänzlich fehlt, erschwert aufserordentlich eine wahre Einsicht in den Thatbestand und bedarf dringend der Remedur. Dann giebt es eine zahlreiche Gruppe von Pflanzen, deren Areal auf den nachfolgenden Täfelchen mit „unvollständig" bezeichnet ist (wie Erythraea Centaurium, Asperula odorata), von welchen die Floristen mit mehr Recht annehmen, dafs sie überall vorkommen (so heifst es oft „gemein durch Nassau"), wo es aber an genügenden Belegen für wirklich allgemeine Verbreitung aus Mangel an allen Standortsangaben doch noch fehlt. — Ausgeschlossen sind ferner die *zweifelhaften Species*, wie Epilobium lanceolatum, Mentha, Hieracium, Rubus, Scrophularia Ehrharti u. s. w. Für solche ist bei der verschiedenen individuellen Auffassung der Beobachter eine irgend wie vollständige topographische Zusammenstellung nicht ausführbar.

Ich fasse überhaupt die *Species* (im Sinne Linné's und Koch's) nur als *Typen* auf, die aber nach allen Seiten hin wenn nicht eigentliche *Uebergänge* zeigen können (denn davon sind im Ganzen doch nicht viele wirklich nachgewiesen), so doch *Mittelformen* oder *Hindeutungen* auf benachbarte Species. Die Schriften der neueren und sorgfältigsten Beobachter *in der freien Natur,* wie F. Schultz, Wirtgen, Kerner, ja Koch's selbst in seiner späteren Zeit, sind voll von solchen Formen, die meist ohne allen Beweis für *Bastarde* ausgegeben werden, was in der Hauptsache übrigens hier ganz gleichgültig ist; — und meine eigenen vieljährigen *Cultur-Versuche* (s. Botan. Zeitg., und diese Berichte 1877, S. 1 ff.) haben deren eine Menge aufgewiesen, z. B. bez. Papaver Rhöas und dubium, Phaseolus vulgaris und multiflorus, Phyteuma, Viola, Anagallis, Raphanus und viele andere. Mit dem Fortschritte der Wissenschaft werden die Species nicht fester, sondern umgekehrt immer unsicherer; nur als *Typen* (Form-Knotenpunkte) behalten sie (ganz wie die Genera) volle Geltung. Nicht lange, und man wird das Wort Species fallen lassen. Lassen wir aber auch noch diese *Typen* oder Mark-

steine der systematischen Bezeichnung fallen, dann haben wir
das Chaos *), und es ist dann nicht mehr möglich, statistisch-
topographische Zusammenstellungen zu machen, oder überhaupt sich zu verständigen, und das Fundament der ganzen
Pflanzen-Geographie ist vernichtet. An diese Typen hat sich
der Pflanzen-Geographe zu halten **), wobei es ganz gleichgültig ist, welche Ansicht er im Uebrigen über Species und
deren reale Abgrenzung hat oder späterhin haben wird. Das
Studium der sog. Uebergänge und Varianten gehört auf ein
anderes, besonderes Gebiet.

Aufgenommen sind von Seltenheiten solche, bezüglich deren ich entweder eigene neue Standorte aufgefunden
habe (z. B. Empetrum nigrum, Phyteuma orbiculare, Seseli
coloratum) oder wo ich bereits publicirte Standorte zu bestätigen Gelegenheit hatte, was in vielen Fällen sehr wünschenswerth ist. Ferner solche, bezüglich deren ich theils schriftliche, theils mündliche Angaben von Anderen besitze, die mir
interessant genug schienen, um davon Notiz zu nehmen; wäre
es auch nur, um zu weiteren Untersuchungen Veranlassung

---

*) Dieser Fall liegt bereits theilweise vor, und zwar geradezu als Regel
bezüglich fast aller artenreicher Genera, z B. Rubus, Viola, Salix, Mentha,
Ranunculus, Hieracium, Cirsium, Aster, Potentilla, Galeopsis, Carex, Prunus,
Rosa, Pyrus, Orchis, Orobanche, Arabis, Erysimum, Thalictrum, Draba,
Sedum, Plantago, Bromus, Festuca u. v. a. Jeder hat erfahren, dafs die
gemeinsten Sachen am schwersten zu bestimmen sind. — A. de Candolle,
einer der ersten Systematiker, sehr conservativ, kommt zu dem Resultat,
dafs kaum ein Drittel unserer heutigen Bücher-Species aufrecht erhalten
werden kann; die grofse Mehrzahl ist provisorisch; je genauer wir sie kennen lernen, desto mehr Mittelformen stellen sich ein, desto zweifelhafter
wird die specifische Begrenzung (Etud. s. l' Espèce . . Cupulifères. Bibl.
un. d. Genève). Diefs Urtheil ist um so beachtenswerther als Bestätigung
meines eigenen, weil es auf einem ganz verschiedenen Wege gewonnen
worden ist, nämlich mittelst Vergleichung und Bestimmung zahlloser *wild*
gesammelter Pflanzen, während mein Schlufs sich überwiegend auf *Züch-
tungen* gründet.

**) Zur Erleichterung von Zusammenstellungen aus verschiedenen Floren
würde es sich sehr empfehlen, entweder die alten (Koch'schen) Namen für
solche Uebersichten einfach beizubehalten, oder wenigstens als Synonyma
aufzuführen.

zu geben. Vielfach habe ich die betreffenden Exemplare selbst gesehen; solche Fälle sind mit v. s. (vidi specimen) bezeichnet; für viele derartige Standorte sind die Belege in einer besonderen Abtheilung des Universitäts-Herbariums in Giefsen deponirt.

Von der Mehrzahl der aufgenommenen Pflanzen, selteneren oder strichweise gemeinen, habe ich eine genügende Anzahl von Standorten (theils eigenen, theils fremden) zusammentragen können, um mehr oder weniger *vollständige Arealübersichten ihrer Gesammtverbreitung* innerhalb des Gebietes entwerfen zu können. Einige wenige derselben (im Ganzen 4) sind, wie früher, auf *Arealkarten* *) dargestellt; für die grofse Mehrzahl habe ich eine einfachere Methode benutzt, indem ich für sie *bezifferte Täfelchen* aufstellte, welche die Textangaben übersichtlich resumiren, nach folgendem Schema :

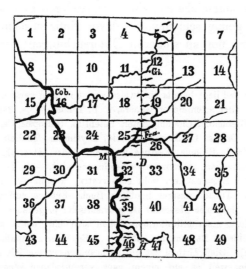

Jede Ziffer entspricht hier einem gleich bezifferten Felde des Netzes der kleinen *Orientirungskarte*, welche auf der Tafel unter Nr. 6 beigefügt ist. Solche Ziffern-Täfelchen

---

*) Die runden Punkte auf diesen bezeichnen eigene Beobachtungen; die viereckigen fremde.

haben, abgesehen von ihrer einfacheren Herstellung durch den Druck, unter Anderem den Vorzug, dafs sie auf einen Blick eine Uebersicht gestatten, welche annähernd zeigt, in welchen Districten weiter] zu forschen, oder wo die Forschung relativ abgeschlossen ist.

Es ist einleuchtend, dafs das beste Gedächtnifs eine solche Uebersicht nicht ersetzen kann, nicht einmal für den vielgewanderten und ortskundigen Beobachter, geschweige denn für den gewöhnlichen Leser.

Für viele Species kann in der That die Absuchung in unserem Gebiete als erledigt betrachtet werden; es ist wenig Hoffnung vorhanden, Diplotaxis tenuifolia, Amaranthus retroflexus, Artemisia campestris weiterhin (säculare Wanderungen vorbehalten) noch in anderen als den bezeichneten Districten aufzufinden. Ich rede hier aus genügend langer Erfahrung. Seit der Publication meiner letzten Arealkarten ist ein Jahrzehnd vergangen, reich an weiteren Beobachtungen und neuen Einträgen; aber die Physiognomie jener Arealkarten ist dadurch gar nicht oder (in ganz wenigen Fällen) nur wenig und niemals wesentlich verändert worden; so bei Ilex Aquifolium, Coronilla varia, Centaurea calcitrapa u. a.

Hiermit ist zugleich (gegenüber manchen Zweiflern) der Beweis geliefert, dafs in der That bei vielen Pflanzen, namentlich von auffallenderer Form und an freien Standorten, eine relative und für alle wissenschaftlichen Fragen und Zwecke genügende *Vollständigkeit* der Arealkenntnifs durch fleifsige Abgehung eines selbst nicht ganz kleinen Gebietes erreicht werden *kann*. Gerade diese, in der Regel strichweise verbreiteten Pflanzen sind insofern die interessantesten, als sie eben wegen ihrer leichteren Findbarkeit am ersten geeignet sind, Aufschlufs zu geben über die Gesetze, welche der Pflanzenverbreitung zu Grunde liegen. Allerdings hat sich bei einigen, wie Centaurea jacea und Sarothamnus vulgaris, wider Erwarten gezeigt, dafs sie fast überall und allgemein durch das ganze Gebiet verbreitet sind; in diesen Fällen haben die betreffenden Arealkarten wenigstens das Interesse, dem Leser einen *Mafsstab* zu geben, bis zu welchem Grade

der Vollständigkeit die Abgehungen in jeder Richtung wirklich
ausgeführt sind.

Andeutungen über das *Gesammtareal* der betreffenden
Species durch ganz Deutschland, Europa, oder mehrere Welt-
theile zu geben, habe ich in der Regel der Kürze wegen
hier unterlassen und verweise in dieser Beziehung auf Garcke,
Nymann, Lecoq's études de géographie botanique 1854
bis 1858 (9 Bände), A. de Candolle u. a.

Die Nomenclatur ist, wo nichts Anderes bemerkt, nach
Koch's Taschenbuch und Synopsis, ed. 2. Die Namen derjenigen Autoren, von welchen der betreffende Standort bereits
publicirt ist, sind mit * bezeichnet. Diefs bezieht sich namentlich auf solche Beobachtungen, welche in Zeitschriften und
sonst sehr zerstreut veröffentlicht sind. Für die übrigen verweise ich auf die meist schon früher citirten *Floren des Gebietes* [Fl. d. Wett., Fresenius, Heyer und Rossmann
(1860), Schnittspahn, Dosch und Scriba (1878),
Wirtgen, F. Schultz, Fuckel, Löhr u. s. w.], bei
denen das Nähere bezüglich der ersten Entdecker der einzel-
zelnen Standorte nachgesehen werden kann und wo auch
noch einzelne sonstige Fundorte aufgeführt sind aus Districten,
die in unseren Uebersichten (Vierecken) bereits genügend
vertreten waren.

Hier will ich noch bemerken, dafs auch bezüglich der
theoretischen Ergebnisse ein gewisser Abschlufs (wenn auch
zunächst nur subjectiv) erreicht zu sein scheint, denn ich habe
weiterhin keine Veranlassung gefunden (trotz mancher ent-
schiedenen Bekämpfung von anderen Seiten, aber auch unter
voller Zustimmung mehrerer sehr competenter Beurtheiler),
meine früher gewonnenen Resultate wesentlich zu modificiren
(wohl aber zu erweitern), welche in Kürze die folgenden
sind :

1. In geobotanischer Beziehung. Die s. g. *Kalkpflanzen*
sind nach Ausweis meiner zahlreichen Analysen und Culturen
solche Gewächse, welche einen *warmen* Boden (aber keinen

gröfseren Kalkgehalt als Nahrungsmittel *)) verlangen, der ihnen anderwärts oft ebenso gut auch durch ganz andere Substrate geboten werden kann. So bezüglich Stachys germanica : um Giefsen streng Kalkpflanze, in der Maingegend auf Quarzsand, anderwärts auf Thonschiefer und Grauwacke. Aehnlich Cynoglosum officinale : hier Basaltpflanze, anderwärts auf Sand. Ebenso Linaria arvensis, Anthercium u. a. Am feinfühligsten scheinen die Orchideen.

Kalkfeindliche Pflanzen existiren nicht; selbst Digitalis purpurea und Sarothamnus gedeihen bei geeigneter Cultur und stellenweise auch spontan auf Kalk.

Ueberhaupt ist nicht die chemische, sondern die *physikalische* Beschaffenheit des Bodens in erster Linie entscheidend für das locale Gedeihen der s. g. bodensteten-Pflanzen. (Zu demselben Resultat ist neuerdings auch B l y t t bezüglich Norwegens gekommen·)

Von der *Geognosie* sind in den bei weitem meisten Fällen *keine* Aufschlüsse zu erhalten. (Eine skizzirte Darstellung der geognostischen Verhältnisse unseres Gebietes ist auf der Arealkarte von Viburnum Lantana gegeben, s. Oberh. Ber· XII, 1867, Taf.)

Im Allgemeinen aber ist hier festzuhalten, dafs die *Accommodationsfähigkeit* der Pflanzen gegenüber dem Boden (und der Beleuchtung) eine *aufserordentlich grofse* ist, was viel zu wenig beachtet wird. Daher die fortwährend sich häufenden Anomalien im Vorkommen, die doch eigentlich nur Widerlegungen unserer vorschnell gefafsten Meinungen sind. (Convolvulus sepium im tiefen Wasser, Euphorbia Cyparissias und Abies excelsa im Sumpfe und zahllos Aehnliches. Ferner Vaccinium Myrtillus : in der Niederung im Walde, auf Hochpunkten im Freien. S. auch unten bei Phyteuma nigrum.)

2. *Salzpflanzen* sind solche, welche mehr Salz *vertragen* können, als andere. Unsere Salinenpflanzen gedeihen aber ebenso gut ohne als mit Salz.

---

*) Wirklich kalk*freier* Boden existirt nicht, soweit überhaupt Pflanzen wachsen.

3. Wanderung. Bei mehreren Pflanzen ist die Ein-
und Weiterwanderung aus *neuerer Zeit* nachgewiesen; mitunter bedingt durch *menschlichen Verkehr* (Xanthium spinosum). Manche sind sogar absichtlich von Botanikern verpflanzt
worden (Sedum spurium, Stratiotes). Bezüglich der hier sich
anschliefsenden *Ackerunkräuter,* einer neueren Einwanderung,
ist übrigens bemerkenswerth, dafs ihre Verbreitungsfähigkeit
aufserordentlich ungleich ist. Papaver Rhöas geht mit dem
Getreidebau überall hin, während die in den Feldern Rhein-
hessens und der Pfalz auf sehr verschiedenartigem Boden so
unendlich häufige Diplotaxis tenuifolia ein streng begrenztes
Gebiet festhält, also offenbar mit dem Ackerbau nur *scheinbar* connex und wirklich einheimisch ist*).

Noch viel auffallander ist diefs bei Carduus acanthoides,
da diese Pflanze fliegende Samen hat.

Viele sind *verwilderte* und emancipirte Ueberreste *alter
Cultur*; so von Arzneipflanzen Artemisia Absinthium, Chrysanthemum Parthenium, Aristolochia Clematitis; von Gemüse-
pflanzen Rumex scutatus; von Zauber- oder Schutzpflanzen
Sempervivum tectorum; oder alte Zierpflanzen nun verfallener
Klostergärten und Schlösser : Lychnis coronaria, Antirrhinum majus, Corydalis lutea, Cheiranthus Cheiri; oder durch-
gegangene moderne Zierpflanzen : Aster, Collomia. Andere
sind durch Kriegszüge verschleppt : Corispermum Marschalli;
viele leichte Samen durch *Sturmwinde* : Orchideen, Farne,
Orobanche, Pyrola, Populus, Typha**), und daher *regellos.*

Wieder andere wandern *Schritt für Schritt* (Quercus),
andere rascher durch die *Wandervögel*: Beerenflanzen (Ribes,
Rubus, Sambucus Ebulus); Wasserpflanzen, die sich um

---

*) Wichtig ist hier auch, ob die Samenreife der betreffenden Pflanze
zeitlich zusammenfällt mit dem Schneiden des Getreides, oder früher stattfindet, was auf die Verschleppung durch den Getreidehandel von Einflufs
sein mufs.

**) Bekanntlich gilt diefs in nur geringerem Grade von mehreren Compo-
siten mit Pappus, wie Podospermum lac., während Erigeron canadensis über-
allhin fliegt.

ihre Beine schlingen (Potamogeton), oder an den Federn haften*), eine wichtige und seit lange fortwährend wirksame

---

*) Ich glaube namentlich *4 Zugstraßen der Vögel* in vielen Arealkarten von Pflanzen abgespiegelt zu sehen. (Siehe die Isohypsen auf Karte 2.)

a) rheinabwärts die *Hauptstraße* von Marseille, Lyon über Genf, Basel (und Lagomaggiore, Gotthard, Reuß, Basel), auf der Rheinfläche über Groß-Gerau, Frankfurt, Friedberg, Gießen, Marburg; geradeste Linie (im Meridian), also kürzester Weg für *fernziehende* Vögel *(Passanten)* der *Niederungen,* die sich auf den Höhen nicht niederlassen und *bei uns selten nisten,* wie Schneeganz, Becassine, Kranich. (S. das Areal von Seirpus Tabernaemontani, Typha augustifolia, Senecio paludosus, Teuerium Scordium, Hydrocharis u. a., also meist *Sumpfpflanzen,* die aber *seitwärts* auf den *Hochmooren fehlen*).

Hier also fallen die *Wasserscheiden* der hohen Gebirgszüge mit den Pflanzen-Arealgrenzen zusammen; z. B. ist eine solche der Vogelsberg zwischen Main- und (oberem) Wesergebiet. (S. auch Potentilla alba : Wasserscheide zwischen Main und Lahn.)

N. B. *Flußgrenzen* sind selten. — S. Trifolium spadiceum — im oberen Rheingebiet).

b) am unteren Ende der Rheinfläche sich gabelnd : links über Mainz, Bingen (Kreuznach) *abzweigend* durch das *Rheinthal* nach Bonn; und von Coblenz der Mosel und Lahn aufwärts. Strichvögel und solche Zugvögel der Niederungen, welche im Gebiete nisten (Sommergäste), sich also zunächst den früher aus dem Winterschlaf erwachenden Flußthälern entlang verbreiten und außer der Linie *a* auch *b* folgen. (S. d. Areal vom Nigella arvensis, Senebirra coronopus, Trifolium fragiferum, Silene noctiflora, Spiraea Filipendula, Orlaya grandiflora, Veronica verua u. a.; also meist *Acker-* u. *Wiesen*-Pflanzen, bezüglich deren man an die Wachtel, Trappe, Anthus, Crex, Ciconia erinnert wird. — Arealkarten oder Arealübersichten solcher Wandervögel wären sehr wünschenswerth und mögen Beiträge dazu hiermit unseren Vereins-Mitgliedern empfohlen sein.)

c) Die *Hochpunkte.* Gebirgs-Wandervögel, wie Turdus pilaris, Bombycilla garrula. So bez. Vaccinium Vitis idaea, Oxycoccos, Convallaria verticillata u. a. bes. Beeren-Pflanzen.

d) Eine vierte Linie kommt *von Südwest* über Frankreich durch die Nahe und Mosel; sie wird besonders von Noll neuerdings mit Recht hervorgehoben, wenn auch ohne besondere Beziehung auf die Zugvögel. (S. Jahresb. d. Vereins f. Geographie und Statistik in Frankf. 1878. So von der Rhone und Nahe : Oxytropis pilosa; von der Mosel : Buxus sempervirens. — S. ferner Palmén, Zugstraßen der Vögel, 1876. p. 49 u. Karte.)

Außerdem ziehen zahlreiche Vögel, wie Staare, Dohlen, Krähen regellos in *allen* Richtungen auf Aeckern und Wiesen hin und her; sie mögen wie die Winde die Ursache sein, daß die Mehrzahl der Pflanzenareale fast ganz *regellos* erscheint, daß manche Pflanzen nur vorübergehend und ganz

Ursache der Verbreitung, wenn auch oft nur *sehr vorüber-*
gehend und *sporadisch.*

Die Vögel spielen bezüglich der Dispersio seminum eine
ganz ebenso wichtige Rolle, wie die Bienen und andere Insecten bez. der Dispersio pollinis; auch sind die morphologischen Adaptationen ebenso vollkommen. Niemand wird im
Ernste behaupten, dafs die Setae hypogynae retrorsum scabrae
von Rhynchospora alba nur der botanischen Diagnose halber
vorhanden seien. (S. Hildebrand, Verbreitungsmittel der
Pflanzen. Leipzig 1873, und Botan. Ztg., 1872, t. 13, p. 914.)
— Auch ohne alle weitere Adaptation werden übrigens zahlreiche Samen in dem an den Beinen haftenden Kothe der
Laufvögel verschleppt. Darwin erhielt ein Stück Erde von
6½ Unzen Gewicht, welches an dem Schenkel eines Reb-
huhnes ausgetrocknet anhaftete. Nach drei Jahren wurde
dasselbe befeuchtet und lieferte nun 28 Pflanzen (Di- und
Monocotyledonen, darunter Hafer). — Cesati sah in einem
Teiche bei Vercelli Fimbristylis adventitia auftreten, nachdem
ein Schwarm von Pelikanen vorübergezogen war.

Wenn übrigens das Bedingtsein gewissser Arealformen
von Pflanzen durch die Zugrichtung gewisser Vögel nicht nur,
wie ich es unten versuche, angedeutet und wahrscheinlich gemacht, sondern wirklich nachgewiesen werden soll, so wird
es erforderlich sein, für jede betreffende wanderfähige Pflanze
den oder die zngehörigen Vögel festzustellen, und für jeden
derselben die besondere Zugstrafse zu ermitteln. Diefs möge
weiteren Beobachtungen empfohlen sein.

4. Die Beziehung zum *Rheine* ist bei einer sehr grofsen
Anzahl der Areale ganz offenbar, ja vorherrschend. Dem
Vater Rhein verdanken wir direct oder indiret unsere schön-

---

zerstreut (sporadisch) hier oder dort auftreten, und zwar auch solche, deren
Samen nicht vom Winde getragen werden. Die *Hauptzugstrafsen* dagegen
veranlassen, da die Aussaat immer in gleichem Sinne geschieht, zusammenhängende, weithin sich ziehende Striche, in denen das Bestehen der ver-
schleppten Pflanzen unter so vielen Concurrenten eben durch die sich *stets*
wiederholende Aussaat in gröfserer Individuenzahl gesichert ist.

sten Pflanzen. Auch ist einleuchtend, in welcher Richtung
der Strom der vegetabilischen Einwanderer gezogen ist, nämlich von Süden her abwärts und dann seitlich (im Sinne der
heutigen Nebenflufsthäter, scheinbar aufwärts). Das weit
offene Main-, Nahe- und Moselthal hat sie massenhaft und
weit hinauf eindringen lassen, das Neckarthal nur bis an die
enge Schlucht von Heidelberg, der Main bis zum Spessart.
Die Ausnahmen von dieser Regel sind zu zählen.

Manche sind aus der *Ferne*, der hohen Schweiz, auf dem
Rheine hinabgeschwemmt worden (Salix daphnoides, Myri-
caria, Chlora, Hippophaë); andere aus *benachbarten* Gebirgen
in die Niederungen herabgezogen (Arnica, Polypodium Phegopteris, Cetraria islandica in die sandigen Kiefernwaldungen
der Rheinfläche).

Unter den in *älterer, prähistorischer* Zeit eingewanderten
rheinischen Pflanzen ist eine Anzahl, deren jetziges Areal an
die *Diluvialzeit* anzuknüpfen ist, namentlich an die Verbreitung des *Löfs**). So Euphrasia lutea, Artemisia campestris,
Helleborus foetidus, Linum tenuifolium, Eryngium campestre,
Erucastrum Pollichii, Linosyris, Aster Amellus, Lepidium gra-
minifolium. Ihr Areal und ihr gewöhnlicher Boden wird verständlich, wenn man eine ältere Ausdehnung und Höhe des
Rheinwasserstandes ins Auge fafst, und zwar eine verschiedene, (allmählich sinkend) zu verschiedenen Zeiten und für
verschiedene Pflanzen. Dem *höchsten* Niveau oder Horizont

---

*) Meine eigenen, sehr zahlreichen Beobachtungen bez. des *rheinischen*
Löfs bestimmen mich, Denen unbedingt beizustimmen, welche ihn für ein
Wassersediment halten. Die Birs, Aar, Emme mögen das Hauptmaterial
aus ihren Kalkgebirgen geliefert haben. In Monsheim bei Worms sah ich
ihn beim Fundament-Graben für das neue Postgebäude an einer Stelle deutlich *horizontal geschichtet*, darin in einem gewissen Horizont eine Lage von
zerstreuten Steinen bis zur Gröfse eines Kinderkopfes; darunter und darüber
etwa je 6 Fufs hoch reiner Löfs.

Etwa 3- bis 400 Fufs über dem jetzigen Rhein bei Lorch ist am Berg-
hang eine Lage Rheinsand, identisch mit dem heutigen des Flufsufers. —
Unterlage Grauwacke.

S. auch die Karte des Löfsgebietes in Centraleuropa von Habenicht :
Peterm. geog. Mitth. 1878, T. 6.

mit entsprechend weitem Einschluſs der Nebenthäler corre-
spondirt Diplotaxis tenuifolia und Eryngium campestre; einem
mittleren Calendula arvensis, dem *niedersten* (gegenwärtigen)
Brassica nigra.

Einzelne, wie Pinguicula vulgaris, Cornus suecica, Gentiana verna, Empetrum, Ledum, Arctostaphylos deuten vielleicht
auf die Zeit der Eisdrift hin; ebenso wie die Moosflora der
erratischen Blöcke; — eine oder die andere sogar möglicherweise auf die *Tertiärzeit* : Pflanzen der Dünen und Strand-
linien jener Periode, wie Statice, Salsola, Psamma, Lepigonum
medium, Salicornia. (S. die Karte des oligocaenen Ter-
tiarmeeres bei Pulicaria in Botan. Ztg. 1865. Beil. Kärt-
chen Nr. 13. — Ferner L u d w i g's betr. Karte des Oligocaen-
Meeres im Notizblatt des Vereins für Erdkunde in Darmstadt.
1855. Nr. 14.

5. Mehrere Pflanzen sind *noch jetzt in lebhafter Wanderung* (und zwar spontan) begriffen, so Oenothera biennis, Erigeron canadensis, Elodea canadensis. Unsere Nachkommen
werden mit Interesse das heutige Areal mit dem späteren
vergleichen.

Ueberhaupt bin ich der Ansicht, daſs die Geschichte
der Wanderung (für jede einzelne Species und durch deren
ganzes Areal zu erforschen) dazu berufen ist, dereinst den
gröſseren Theil auch der localen pflanzen-geographischen Pro-
bleme zu lösen. Hierfür aber sind vollständige Arealkarten
der erste und nothwendige Schritt; namentlich auch solcher
Species, die sich in historischer Zeit verbreitet haben und
noch verbreiten, da sie uns die sicherste Führung bieten.

Wenn Vorstehendes wahr ist, 'so liegt das Wesentlichste
der localen Pflanzenvertheilung nicht nur in der besonderen
Eigenthümlichkeit der Pflanzenarten und ihrer relativen Con-
currenzfähigkeit, sondern zunächst in einem rein *äuſseren*
Momente, dem historischen *Zufall:* Nicht einmal die *Häufigkeit* wird durch die innere Natur der Pflanze (ihre Accomo-
dationsfähigkeit an Boden und Klima) bedingt, sondern durch
die Beschaffenheit der jedesmaligen zufälligen Concurrenten.

Nach dem heutigen Stande der Wissenschaft ist zu erwarten, daſs die ganze Pflanzengeographie später oder früher einer neuen Bearbeitung unterzogen werden muſs, und zwar vom Gesichtspunkte der Descendenz, der Entstehungscentren und der Wanderung (paläologisch und modern), also in ähnlicher Weise, wie dieſs von Wallace für die Thiergeographie ausgeführt worden ist.

Unsere deutsche Ebene insbesondere ist kein Abgeschlossenes, vielmehr in fortwährendem aber ungleichem *Flusse* *); sie gleicht einem botanischen Garten, aber leider einem solchen ohne Buchführung. Sie enthält Pflanzen aus allen Weltgegenden, daneben eine gewisse Zahl *in loco* durch Transmutation *entwickelter* Species oder Subspecies**); und es wird lange Zeit in Anspruch nehmen, bis es gelingen dürfte, diesen Teppich aus tausend bunten Fäden zu analysiren und für *jede einzelne* Species in diesem farbenreichen Gesammtbilde die Herkunft und die Abstammungswege zu ermitteln. Klima und Boden kommen erst in zweiter Linie und untergeordneter in Betracht.

6. Klimatische Arealgrenzen kommen bei uns nur ausnahmsweise in *horizontalem* Sinne vor : Aronia, Ilex als Zeichen der letzten Einwirkung des Küstenklimas; häufiger (und namentlich bei Culturpflanzen deutlich), macht sich, wie überall, der Einfluſs der relativen *Höhe*-Unterschiede geltend. Doch zeigen viele Pflanzen in dieser Beziehung groſses Accommodationsvermögen (Eriophorum vaginatum, Circaea alpina u. s. w.); ebenso in horizontalem Sinne Populus tremula u. a.

---

*) Bekanntlich sind auch die Verbreitungsbezirke der Vögel an ihren Grenzen nicht unveränderlich (ganz wie beim Menschen).

**) Hierhin rechne ich als unserem Specialgebiete angehörig, z. B. Origanum vulg. megastachyum, Bromus secalinus grossus, Melampyrum pratense aureum, Aconitum eminens, Scrophularia Balbisii, Epilobium lanceolatum, Iberis boppardensis u. a. — Milde beobachtete, daſs die skandinavischen Moose auf den norddeutschen erratischen Blöcken sich zum Theil verändert haben, einzelne ganz local auf einem Felsblocke. Hierher gehört u. a. eine haarlose Varietät von Grimmia Hartmanni, welche sonst nicht vorkommt. (Jahrb. schles. Ges. v. C. 1871, p. 60).

Bezüglich des Näheren sei auf die nachfolgend verzeichneten Publicationen verwiesen.

So mögen denn diese Nachträge dazu dienen, neue Forschungen seitens der Freunde der grünen, sonnigen Pflanzenwelt in der freien Natur anzuregen, damit die vielen noch vorhandenen Lücken allmählich ausgefüllt *) und die Fehler verbessert werden. Mögen sie diejenige Berücksichtigung finden, welche sie nach der darauf verwendeten Zeit und Mühe wohl in Anspruch nehmen dürfen. Mögen sie namentlich auch dazu dienen, den Blick der jungen Botaniker von der eng begrenzten Flora ihrer Vaterstadt hinaus in's Weite zu lenken und sie begreifen lassen, dafs mit dem blofsen Sammeln und Registriren das Ziel : wissenschaftliche Einsicht nicht erreicht, sondern nur der erste Schritt dazu gethan ist.

Chronologisches Verzeichnifs meiner auf das Gebiet bezüglichen pflanzengeographischen Arbeiten.

1847. Orchidieen in der Umgegend von Giefsen (1. Bericht d. oberhess. Gesellsch. f. Natur- u. Heilkunde in Giefsen. Giefsen bei R i c k e r).

1849. Nomenclator zu W a l t h e r's Flora von Giefsen 1802 (2. Bericht d. o. Ges. f. N. u. H.).

1852. Der Vogelsberg, eine geographisch-botanische Skizze. (P r u t z' Deutsches Museum. Mai).

1852. *Pflanzenverbreitung* und *Pflanzenwanderung*, eine botanisch-geographische Untersuchung. Darmstadt, J o n g h a u s. (Wanderung durch schwimmende Samen; altes Rheinniveau in der Diluvialzeit, Löfspflanzen.)

1860. Vergleichende Studien zur Lehre von der Bodenstetigkeit der Pflanzen. (8. Bericht der oberhess. Gesellsch.). Betr. Kalkpflanzen in Giefsen und Kissingen. Mit 2 Karten.

1865. Untersuchnngen zur *Klima- und Bodenkunde* mit Rücksicht auf die Vegetation. (Botan. Zeitung 1865. Beilage.

*) Namentlich die auf der Orientirungskarte 6 mit 49, 42, 35, 28, 21, 20, 14, 7, ferner 17, 41, 48, 47, 29, 22, 2, 3, 8, 1 bezeichneten Bezirke sind noch mehr oder weniger ungenügend durchforschst.

Mit Arealkarten.) Experimentelles u. Topographisches. (Im Auszug in Heyer's allg. Forst- u. Jagd-Zeitung. Suppl. VI. 1866.)

1867. Pflanzenarealstudien in den Mittelrheingegenden (12. Bericht der oberhess. Gesellsch. f. Nat. u. Heilk.). Mit 6 Arealkarten.

1868. Die geographische Verbreitung unserer wichtigsten Waldbäume (Heyer's allg. Forst- u. Jagdzeitg. Suppl., mit 16 Karten).

1869 Pflanzenarealstudien in den Mittelrhein-Gegenden. Forts. (13. Bericht der oberhess. Geséllsch. f. Nat. u. Heilk.). Mit 42 Karten.

1870. Ueber Verunkrautung. Ein Beitrag zur Lehre vom Kampfe um's Dasein (Landwirthsch. Wochenblatt des Ackerbau-Ministeriums in Wien. Januar). Davon Auszug in Birnbaum's Georgica 1871. Jan.

1870. Ueber Kalk- und Salzpflanzen. (Nobbe's landw Versuchsstationen. XIII, S. 269.) Culturversuche.

1872. Einfluſs der Bodenbeschaffenheit auf die Vegetation. (Fühling's neue landw. Zeitung. XXI.)

1875. Areale von Culturpflanzen (insbes. Bäume von zärterer Beschaffenheit), ein Beitrag zur Pflanzengeographie und vergleichenden Klimatologie (Regel's Gartenflora. 1875 ff.). Mit Karten.

1875. Ueber den Einfluſs der Binnenwässer (Spiegelung des Lichtes an der Oberfläche und dadurch Wärmezuschuſs für die Uferpflanzen) auf die Vegetation des Ufergeländes. (Oesterr. landwirthsch. Wochenblatt von Krafft. Wien, Nr. 28. — Auszug : Naturforscher 1875, Nr. 37.)

1875. Ueber die Culturpflanzen der Hochpunkte des westlichen Deutschlands. (Zeitschrift d. landwirthsch. Vereins des Gr. Hessen. Nr. 31.)

Anhang.

Klimatologische Uebersicht des Gebietes.

(Siehe Karte 1 der Tafel.)

Die Karte soll dazu dienen, eine Uebersicht der Wärme-
verhältnisse unseres Gebietes zu geben, und zwar während
des Sommers (Juni, Juli, August). Sie ist copirt nach A n d r é e
und P e s c h e l : physikalisch-statistischer Atlas des deutschen
Reichs. 1878. Tafel 4.

Während diese Karte die Temperatur vom rein physikalischen Gesichtspunkte veranschaulicht, hat die folgende den
Zweck, deren Wirkung auf das Pflanzenleben zu zeigen.

Phänologische Uebersicht aus dem Gebiete.

(Siehe Karte 2 der Tafel.)

Eingetragen sind die Zeitunterschiede in der Vegetations-
entwickelung einer Anzahl von Stationen, *bezogen auf Gie-
fsen* *) (160 Meter abs. H.), wobei zum Anschlufs an andere
Gegenden bemerkt sein möge, dafs Giefsen im Mittel hinter
Frankfurt um 5 Tage zurückbleibt, während Wien um 1,3
Tage voraus ist **).

---

*) Vgl. den XV. Bericht der oberhess. Ges. f. Nat. u. Heilk., 1876. —
Das Material ist noch nicht ausreichend, um eine Darstellung in Curven-
form als isochronische Linien (wie bei Karte 1) zu gestatten. Im Ganzen
dürfte eine solche Karte mit den Isohypsen (Karte 3) sich vielfach decken.
Der Breiteunterschied ist irrelevant in Betracht der Kleinheit des Gebietes
Weit einflufsreicher ist die *Exposition* (der Schutz gegen Norden) und die
*Boden*beschaffenheit (bes. Sand), doch läfst sich hierfür eine allgemeine
Formel nicht aufstellen. Sie ist ziemlich unabhängig von der absoluten
Höhe.

**) So bei Berechnung der Phänomene vom April bis Juli. Für den April
allein berechnet, was correcter ist, hat Frankfurt 6 Tage Vorsprung, während
Wien um 1 Tag hinter Giefsen *zurück* ist. (Zeitsch. österr. Ges. f. Meteorologie 1872, S. 362.) — Brüssel ist im Frühling um 1 Tag voraus, Paris 7,

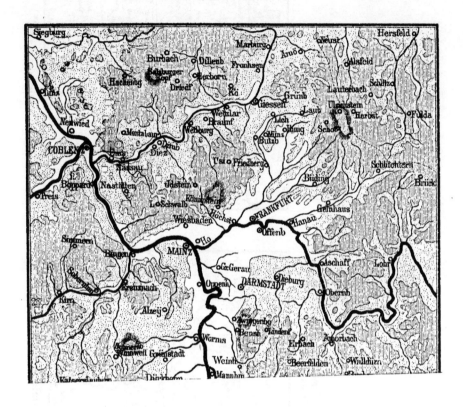

No.2. Zeit der Vegetations-Entwicklung, verglichen mit Giessen.

No.5. Sambucus Ebulus.

1000-2721 P.F.   unter 500 P.F.   500-1000 P.F.
No.3. Ilex Aquifolium. Höhenschichten.

No.6. Orientirungs-Karte.

k. Lathyrus Tuberosus.

Die Angaben sind sehr verschiedenen Quellen entnommen, welche alle hier anzugeben, zu weit führen würde; mehrere besitze ich handschriftlich, manche beruhen nur auf Schätzung (in loco). Sie beziehen sich theils auf mehr-, theils auf einjährige Beobachtungen und zwar meist auf das Datum der Entwickelung der ersten Blüthe (verschiedener Pflanzen) im Frühling und Vorsommer.

Durch einen kleineren oder gröfseren *Kreis* ist bez. einer Anzahl von Stationen schon für das Auge erkennbar, ob ein Ort um mehr oder weniger Tage vor Giefsen *voraus* ist (+), durch ein kleineres oder gröfseres *Quadrat,* um wieviel ein Ort *zurück* (—) ist; die Ziffern selbst sind beigeschrieben.

Man könnte übrigens schon in einem einzigen Sommer zu ganz brauchbaren Resultaten kommen, und zwar für das ganze Gebiet, wenn an jedem Orte das *erste Aufblühen* einiger von den geeignetsten Pflanzen notirt würde, die zugleich den Vortheil haben, überall vorzukommen; so die Schlehe (Prunus spinosa), die Süfskirsche (Prunus Avium), die Syringe (Nägelchen, Syringa vulgaris), der Hollunder (Sambucus nigra). (Ich bitte hiermit um solche Mittheilungen an meine Adresse in Giefsen.)

Dem nachfolgenden alphabetisch geordneten Verzeichnisse sind zur Vergleichung noch einige (mit * bezeichnete) Orte beigefügt, welche auf der Karte keinen Platz mehr fanden, oder aufserhalb deren Grenze fallen.

Es ist unnöthig zu bemerken, dafs hier noch sehr viele Lücken auszufüllen sind; selbst das Gegebene hat für die Mehrzahl der Orte nur sehr provisorischen Werth. Es soll nur Anregung geben, in dieser Richtung zu immer mehreren Beobachtungen aufzufordern; es hat sich gezeigt, dafs auf diesem Wege nicht nur in kürzerem Zeitraum, sondern auch mit geringerer Mühe und gröfserer Sicherheit sich eine

---

Venedig 8, Edinburg 18, Florenz 23, Rom 26, Nizza 31, Neapel 35. Dagegen ist Berlin gleich (isochronisch), Helsingfors um 31 Tage zurück, Petersburg (verglichen mit unseren Phänomenen des April, Mai und Juni) um 40 Tage.

Anschauung über die klimatische Stellung eines Ortes gewinnen läfst, als mittelst der an vielen Mängeln leidenden Thermometrie. Wir bilden uns unzweifelhaft eine lebhaftere Vorstellung, wenn wir lesen : die Vegetation entwickelt sich auf dem Kreuzberg (Rhön) um 27 Tage später als in Giefsen; — als wenn wir lesen : der Kreuzberg hat eine Sommertemperatur von $+9,94^0$ R., Giefsen $13,63^0$. Die Methode ist genau genommen eine ganz analoge; nur der Vergleichungspunkt ist ein anderer, nämlich nicht der Schmelzpunkt des Eises, sondern das gesammte Frühlings- und Sommerklima während der Blüthezeit der verschiedensten Gewächse an einem bestimmten Orte, — für unser Gebiet *Giefsen* als demjenigen, von welchem bei Weitem die längste Reihe von Beobachtungsjahren vorliegt. S. Bericht XV. (Für unsere Gegenden entsprechen $3^3/_4$ Tage Vegetationsverzögerung = 1^0 Breite = $^1/_2{}^0$ R. Mitteltemperatur = 300 p. F. Höheunterschied.)

Alphabetisches Ortsverzeichnifs.

Aschaffenburg $+5,8$. Nach Beobachtungen von Kittel, Prof. 149 Meter ü. d. M. 5 Jahre.

* Basel $+5,3$. Mitgetheilt von Ebermayer. 265 Meter.

* Battenberg -12 Tage. Dr. E. Stammler. (Hinterland, N. N. W. von Marburg.) 380 Meter. Schätzung. Grofsmann, Apotheker, 1851.

* Bauhaus -12. Forst, Revierförster. 388 Meter a. H. (Forsthaus im Kreis Rotenburg, $^1/_2$ Meile südlich von Nentershausen, nordöstlich von Hersfeld). 1878.

* Bellers $-15,2$. Jäckel, Revierförster. 339 Meter (Forsthaus $^1/_2$ Meile nördlich von Hönebach, nordöstlich von Hersfeld, Kreis Rotenburg). 1878.

Bensheim $+8,7$. Seibert, Lehrer. 1855. E. v. Rodenstein. 1857. (Bergstrafse.) 104 Meter.

* Berleburg -14. H. Hoffmann. 1872. Schätzung. 451 Meter (Sauerland).

* Berlin $+-0$ (d. h. synchronisch mit Giefsen). H. Hoffmann. 2 Jahre im April. A. Braun 10 Jahre (e. B. von Aesculus Hippocastanum).

Biedenkopf -8. H. Hoffmann. 1852. Schätzung. 290 Meter.

Bingen $+4,6$. Wagner, Carl. 1856. 88 Meter.

Birkenau + 6,0. Heinemann, C., Forstaccessist. 2 Jahre. (Bergstrafse bei Weinheim.) 147 Meter.

* Bischdorf — 8. H. Zuschke, Lehrer. 1879. Oestlich von Breslau bei Rosenberg.

Bleidenstadt — 6. Mitgetheilt von Noll. Taunus, westlich von Langen-Schwalbach. 1842. ca. 300 Meter.

* Bobenhausen — 6. Weitz, Lehrer. Vogelsberg. ca. 370 Meter. 1879.

Braunfels — 1,1. Lambert, Dr. med. Bei Wetzlar. 272 Meter.

Büdingen + 5,0. C. Hoffmann. 1879. 136 Meter.

Butzbach — 3. H. Hoffmann. 1851. Schätzung. 202 Meter.

* Cassel + 4 (!). Schwaab. 180 Meter. 9 Jahre. (Aesculus Hippocast)

Darmstadt + 5,0. Bauer, P. R. 1851. 1852. H. Hoffmann, 4 Aprile. 147 Meter.

* Dresden + 3,0. Hermann. 1849 bis 1857.

Driedorf — 11. Mitgetheilt von Noll. Westerwald. 1842. ca. 400 Meter.

* Eichenrod — 15. Daab. 1879. ca. 550 Meter (bei Ulrichstein).

Felsberg — 5. Schätzung. H. Hoffmann. (Odenwald.) 516 Meter.

Flörsheim + 4. H. Hoffmann. 1854. Schätzung. (Am unteren Main). 94 Meter.

Frankfurt a. M. + 5,0. Ziegler, J. Dr., (ab 1867. 12 Jahre). 101 Meter. s. auch Römerhof.

Friedberg + 1. H. Hoffmann. Schätzung aus mehreren Jahren. 147 Meter.

Fulda — 3,7. Göfsmann, Rentier. 261 Meter. 1878.

Geisenheim + 9,1. Krämer, Dr. 1852. Rheingau. ca. 88 Meter.

* Grabnik — 9. Rector J. Marczowka. 1879. Ostpreufsen zwischen Arys und Lyk. 53°51' n. Br. Für die *April*blüthen Prunus Cerasus, Pyrus comm. und Ribes Grossularia ergiebt sich im 4- bis 7jährigen Mittel eine Verspätung von 22 Tagen!

* Grofs-Woltersdorf — 8,4. Lehrer F. Bünger. 1879. (Bei Pritzwalk, halbwegs zwischen Berlin und Schwerin.)

Grünberg — 5. H. Hoffmann. Schätzung. 1851. 274 Meter.

* Gundhelm — 6,7. Sopp, Pfarrer. 384 Meter. (Oestlich von Schlüchtern.) 1878.

Hahn — 12. H. Hoffmann. Schätzung 1853. Westerwald. ca. 400 Meter.

* Haina, Kloster — 6,5. H. Hoffmann. Schätzung 1852. Nord-Nordöstlich von Marburg.) 323 Meter.

* Hammelburg + 0,6. Streit, Forstmeister. 182 Meter. (Fränkische Saale.) 1878.

Hanau + 5,0. Russ. (Schätzung.)

* Haselstein — 9,2. Werner, Förster. 422 Meter. (Nordöstlich von Hünfeld.) 1878.

Herbstein — 19. H. Hoffmann. Schätzung 1851. (Vogelsberg.) ca. 450 Meter.

2 *

Jugenheim + 9. H. Hoffmann. Schätzung 1850. (Bergstraſse.) ca. 125 Meter.

Kath. Willenroth — 7,2. Zimmer, Lehrer. 307 Meter. (Unter-Wüllenroth, ³/₄ Meile nördlich von Salmünster, Kreis Schlüchtern.) 1878.

* Kirchhasel — 3,9. Firle, Lehrer. 317 Meter. (Nord-Nordöstlich von Hünfeld). 1878.

Kleinfelda — 8. H. Hoffmann. Schätzung 1851. (Vogelsberg, nordöstlich von Grünberg.) ca. 370 Meter.

* Köln + 7,0. Garthe, Dr. 10 Jahre.

* Kreuzberg — 27,0. Zimmerle, Firnstein, Leitner: Patres. (Südöstlich von Fulda.) 832 Meter. 1878.

* Lanzenhain — 14. Honecker, Lehrer. 1879. Vogelsberg, bei Herbstein.

Lauterbach — 5. H. Hoffmann. Schätzung 1851. ca. 299 Meter.

* Leipzig — 4,0. C. Hoffmann. 1875.

* Lüdenscheid — 6,5. van der Marck. (Sauerland.) Ribes Gross, Prun. av. 1842 bis 1849.

Mainz + 6,0. Gebr. Mardner, Kunstgärtner. 1855. W. von Reichenau. 1876 bis 1879. 91 Meter.

Marburg — 3,4. Wigand, Prof. 7 Jahre. 182 Meter.

Messel — 6,7. Glock, Lehrer. 5 Jahre. Nordöstlich von Darmstadt. ca. 171 Meter.

* Mihla — 6,3. Buchner, C., Oekonom. An der Werra, 2¹/₂ Stunden von Eisenach.

Mockstadt + 6,3. Bechtold, Lehrer. 1851. Wetterau. ca. 134 Meter.

Monsheim + 6,0. W. Ziegler. Westlich bei Worms. 1867 bis 1876.

.Neunkirchen — 11. H. Hoffmann. Schätzung 1855. (Odenwald.) 590 Meter.

Ober-Ramstadt — 0,7. Alefeld. Dr. med. 1854. Südöstlich von Darmstadt. 203 Meter.

Offenbach + 5,0. Braun, Pfarrer. 1856. 101 Meter.

Pfeddersheim + 3,4. W. Ziegler, 1859. (Westlich von Worms.) 108 Meter.

Ramholz — 6,4. C. Reuſs, Oekonom. 1859. (Oestlich von Schlüchtern.) ca. 250 Meter.

* Rapperswyl + 8,3. W. Simon. Am Züricher See. 410 Meter. 1865.

* Ratzeburg — 11. Rector R. Tempelmann. Holstein. 1879.

Rehbach — 5,6 Ewald, Oekonom. 2 Jahre. (Odenwald, nordwestlich von Erbach.) ca. 275 Meter.

Roſsdorf + 1,5. Wagner, Hofrath. 3 Jahre. (Oestlich von Darmstadt.) ca 200 Meter.

* Rotenburg — 3,5. Jordan, Rector. (Zwischen Fulda und Kassel.) 1878.

Rothenbuch — 11. H. Hoffmann. Schätzung. 1857. (Spessart.) 405 Meter.

Rüdesheim + 14. Mitgetheilt von Noll. Am Rhein, 88 Meter. 1842.

Salzhausen + 2,9. Tasché, B. V. 2 Jahre. (Wetterau, westlich von Nidda.) ca. 133 Meter.

* Schönberg — 16,7. J. Plath, Lehrer. 770 Fufs. Kreis Karthaus, westlich von Danzig. 1879.

Schotten — 4,8. Brumhard, Oberförster. 8 Jahre. Vogelsberg. 200 bis 250 Meter.

Selters + 3,5. Heldmann, Dr. med. 4 Jahre. (Westlich von Büdingen.) ca. 145 Meter.

Selzen + 3,6, J. Schneider, Lehrer. 1879. Rheinhessen, westlich von Oppenheim.

Siegen — 3. E. Ihne. 1879. 279 Meter.

Stockhausen — 9. H. Hoffmann. Schätzung 1851 und 1870. (Vogelsberg, südöstlich von Lauterbach.) ca. 300 Meter.

Storndorf — 8. H. Hoffmann. Schätzung 1851. (Vogelsberg, nordöstlich von Ulrichstein.) ca. 300 Meter.

* Tann — 9,1 (?). Wehmeyer, Oberförster. 381 Meter. (Nordöstlich von Fulda). 1878.

* Thiessow — 16,5. Lehrer Westphal. 1879. Insel Rügen : Mönchgut.

* Trier + 9,0 Rosbach. 4 Jahre. 156 Meter.

* Ulrichstein — 18. Schäfer. 1879. 578 Meter.

* Waldeck, Schlofs — 14. H. Hoffmann. Schätzung. (Südwestlich von Cassel.) 400 Meter.

Wetzlar + 1,5. Lambert, Dr. med. 2 Jahre. 123 Meter.

* Wilhelmshaven — 2,8 : 1878. — 18 : 1879. Dr. P. Andries.

Willenroth, s. kathol. Willenroth.

* Wüstensachsen — 16,0. Hahn, Pfarrer. 577 Meter. (O. S. O. von Fulda. 1878.

* Zduny — 1,4. V. R. Fleischer, Lehrer. 1879. N. N. O. von Breslau.

Systematisches Verzeichnifs der aufgenommenen Arten.

Ranunculaceae.

Clematis Vitalba
Thalictrum flavum
„ minus
Anemone Hepatica
„ Pulsatilla
„ pratensis
„ sylvestris
Adonis aestivalis
„ flammea
„ vernalis
Ranunculus hederaceus
„ aquatilis

Ranunculus divaricatus
„ aconitifolius
„ Lingua
„ lanuginosus
„ polyanthemus
„ nemorosus
„ Philonotis
Trollius europaeus
Helleborus viridis
„ foetidus
Nigella arvensis

Aquilegia vulgaris
Delphinium Consolida
Aconitum Napellus
„ variegatum
„ Lycoctonum
Actaea spicata.

Berbideae.

Epimedium alpinum.

Nymphaeaceae.

Nymphaea alba
Nuphar luteum.

Papaveraceae.

Papaver Argemone
„ hybridum
„ Rhoeas
„ dubium.

Fumariaceae.

Corydalis solida
„ fabacea
„ lutea
Fumaria caperolata
„ Vaillantii
„ parviflora.

Cruciferae,

Cheiranthus Cheiri
Nasturtium officinale
Arabis arenosa
Cardamine impatiens
„ sylvatica
„ hirsuta
Dentaria bulbifera
Sisymbrium Sophia
Erysimum virgatum
„ strictum
„ orientale
„ crepidifolium
„ cheiranthoi-
des
Brassica nigra
Sinapis arvensis
„ Cheiranthus
Erucastrum Pollichii
Diplotaxis tenuifolia
„ muralis
„ viminea
Alyssum montanum
„ calycinum
Farsetia incana
Lunaria rediviva
Cochlearia Armoracia
Camelina Sentata
Thlaspi alpestre
„ perfoliatum
Teesdalia nudicaulis
Iberis amara
Biscutella laevigata
Lepidium campestre
„ Draba
„ ruderale
„ graminifo-
lium
Capsella bursa pastoris
(apetala)
Senebiera Coronopus

Isatis tinctoria
Neslia paniculata
Calepina Corvini
Raphanus Raphani-
strum.

Cistineae.

Helianthemum vulgare.

Violarieae.

Viola palustris
„ arenaria
„ stagnina
„ pratensis
„ elatior
„ mirabilis
„ tricolor.

Resedaceae.

Reseda lutea
„ luteola.

Droseraceae.

Drosera rutundifolia.

Polygaleae.

Polygala depressa
„ amara.

Sileneae.

Dianthus prolifer
„ Carthusiano-
rum
„ deltoides
„ superbus
Saponaria Vaccaria
Silene gallica
„ nutans
„ Otites
„ inflata var.
„ conica
„ nemoralis
„ Ameria
„ noctiflora
Lychnis viscaria
„ diurna.

Alsineae.

Sagina apetala
„ nodosa
Spergula pentandra
Lepigonum medium
Alsine tenuifolia
Stellaria nemorum

Stellaria glauca
„ uliginosa
Mönchia erecta
Cerastium glomeratum
„ brachypeta-
lum.

Lineae.

Linum tenuifolium
Radiola linoides.

Malvaceae.

Malva Alcea
„ moschata
„ rotundifolia
Althaea officinalis.

Hypericineae.

Hypericum humifusum
„ pulchrum
„ hirsutum.

Acerineae.

Acer monspessulanum.

Geraniaceae.

Geranium macrorhizum
„ sylvaticum
„ pratense
„ pyrenaicum
„ palustre
„ phacum.

Balsamineae.

Impatiens nolitangere
„ parviflora.

Oxalideae.

Oxalis corniculata.

Rutaceae.

Dictamnus Fraxinella.

Papilionaceae.

Sarothamnus vulgaris
Genista pilosa.
„ germanica.
Cytisus sagittalis
Anthyllis Vulneraria
Medicago falcata
„ denticulata
„ minima
Trifolium alpestre

Trifolium rubens
   „ *ochroleucum*
   „ *striatum*
   „ *fragiferum*
   „ *spadiceum*
   „ *aureum*
Lotus corniculatus var.
   „ *tenuifolius*
Tetragonolobus siliquo-
        sus
Astragalus cicer.
Coronilla varia
Ornithopus perpusillus
Hippocrepis comosa
Vicia pisiformis
   „ *sylvatica*
   , *villosa*
   „ *tenuifolia*
   „ *lutea*
Lathyrus Aphaca
   „ *Nissolia*
   „ *hirsutus* ·
   „ *tuberosus*
   „ *sylvestris*
   „ *palustris*
Orobus vernus
   „ *tuberosus*
   „ *niger.*

Amygdaleae.

Prunus Chamaecerasus
   „ *Padus.*

Rosaceae.

Spiraea salicifolia
   „ *Aruncus*
   „ *Filipendula*
Geum rivale
Rubus saxatilis
Fragaria elatior
   „ *collina*
Comarum palustre
Potentilla supina
   „ *rupestris*
   „ *recta*
   „ *inclinata*
   „ *cinerea*
   „ *opaca*
   „ *alba*
   „ *Fragariastrum*
   „ *micrantha*
Agrimonia odorata
Rosa pimpinellifolia
   „ *rubiginosa*
   „ *pomifera*
   „ *arvensis.*

Pomaceae.

Crataegus monogyna
Cotoneaster vulgaris
Mespilus germanica
Aronia rotundifolia
Sorbus Aria
   „ *torminalis.*

Onagrariae.

Epilobium tetragonum
Oenothera biennis
Circaea lutetiana
   „ *alpina*
   „ *intermedia*
Trapa natans.

Halorageae.

Myriophyllum verticilla-
        tum.

Hippurideae.

Hippuris vulgaris.

Callitrichineae.

Callitriche spatulaefo-
        lia.

Ceratophylleae.

Ceratophyllum submer-
        sum.

Portulaceae.

Montia minor
   „ *rivularis.*

Paronychieae.

Corrigiola litoralis
Herniaria hirsuta.

Scieranteae.

Scleranthus perennis.

Crassulaceae.

Sedum purpurascens
   „ *Fabaria*
   „ *villosum*
   „ *album*
   „ *boloniense*
   „ *reflexum*
   „ *spurium*
Sempervivum tectorum
   „ *sobolife-*
        rum.

Grossularieae.

Ribes alpinum
   „ *nigrum* ·
   „ *rubrum*
   „ *petraeum.*

Saxifrageae.

Saxifraga Aizoon
   „ *caespitosa*
   „ *sponhemia*
   „ *tridactylites*
Chrysosplenium oppo-
sitifolium.

Umbelliferae.

Hydrocotyle vulgaris
Sanicula europaea
Eryngium campestre
   „ *planum*
Cicuta virosa
Apium graveolens
Helosciadium nodiflo-
        rum
   „ *repens*
Falcaria Rivini
Ammi majus
Carum Bulbocastanum
Pimpinella magna
   „ *Saxifraga*
       (dissectifolia)
Berula angustifolia
Sium latifolium
Bupleurum falcatum
   „ *longifolium*
   „ *rotundifo-*
       lium
Oenanthe fistulosa
Seseli coloratum
Archangelica officinalis
Peucedanum officinale
   „ *Chabraei*
   „ *Cervaria*
   „ *Oreoseli-*
       num
   „ *alsaticum*
Siler trilobum
Orlaya grandiflora
Caucalis daucoides
Torilis helvetica
Scandix pecten Veneris
Anthriscus vulgaris
Chaerophyllum bulbo-
        sum
   „ *aureum*
   „ *hirsu-*
       tum

Myrrhis odorata
Conium maculatum.

Caprifoliaceae.

Sambucus Ebulus
      „   racemosa
Viburnum Lantana
Lonicera Periclymenum
      „   Xylosteum.

Stellatae.

Asperula arvensis
     „   galioides
     „   cynanchica
     „   odorata
Galium Cruciata
     „   palustre
        borcale
     „   ochroleucum
     „   saxatile.

Valerianeae.

Valerianella Morisonii
     „   Auricula.

Dipsaceae.

Dipsacus pilosus
Knautia sylvatica
Scabiosa columbaria
     „   suaveolens.

Compositae.

Petasites albus
Linosyris vulgaris
Aster Amellus
    „   abbreviatus
    „   Tripolium
    „   salignus
    „   leucanthemus
Stenactis bellidiflora
Erigeron canadensis
Inula Helenium
    „   germanica
    ,   media
    „   salicina
    ,   hirta
    „   Conyza
    „   britanica
Pulicaria dysenterica
Filago germanica
Gnaphalium luteo-al-
          bum
Helichrysum arenarium
Artemisia Absinthium
    „   pontica
    „   campestris

Achillea Millefolium
    „   nobilis
Anthemis tinctoria
Matricaria Chamomilla
Chrysanthemum corym-
          bosum
          Parthe-
          nium
    „   segetum
Doronicum Pardalian-
          ches
Arnica montana
Cineraria spatulaefolia
Senecio erucifolius
    „   aquaticus
    „   nemorensis
    „   paludosus
Calendula arvensis
Echinops sphaerocepha-
          lus
Cirsium acaule
    „   bulbosum
    „   eriophorum
    „   heterophyllum
Silybum Marianum
Carduus acanthoides
Carlina vulgaris
    „   acaulis
Jurinea Pollichii
Centaurea Jacea
    „   montana
    „   nigra
    „   phrygia
    „   Scabiosa
    „   maculosa
    „   solstitialis
    „   Calcitrapa
Arnoseris pusilla
Thrincia hirta
Helminthia echioides
Tragopogon major
    „   orientalis
Podospermum lacinia-
          tum
Hypochoeris glabra
    „   maculata
Chondrilla juncea
Prenanthes purpurea
Lactuca virosa
    „   Scariola
    „   saligna
    „   stricta
    „   perennis
Mulgedium alpinum
Sonchus palustris
Crepis foetida
    „   praemorsa
    „   tectorum

Hieracium praealtum
    „   pratense.

Ambrosiaceae.

Xanthium strumarium
    „   spinosum.

Campanulaceae.

Phyteuma orbiculare
    „   nigrum
    „   spicatum
Campanula latifolia
    „   patula
    „   persicifolia
    „   Cervicaria
    „   glomerata
Specularia Speculum.

Vaccinieae.

Vaccinium Vitis idaea
    „   Oxycoccos
    „   uliginosum.

Ericineae.

Andromeda polifolia
Erica Tetralix.

Pyrolaceae.

Pyrola rotundifolia
    „   media
    „   chlorantha
    „   secunda
    „   uniflora
    „   umbellata.

Monotropeae.

Monotropa Hypopitys.

Aquifoliaceae.

Ilex Aquifolium.

Asclepiadeae.

Cynanchum Vincetoxi-
    cum.

Apocyneae.

Vinca minor.

Gentianeae.

Limnanthemum nym-
    phoides
Menyanthes trifoliata
Chlora perfoliata

Gentiana cruciata
„ Pneumonanthe
„ verna
„ campestris
„ germanica
„ ciliata
Erythraea Centaurium
„ pulchella.

Convolvulaceae.

Cuscuta Epithymum
„ Schkuhriana.

Polemoniaceae.

Collomia grandiflora.

Boragineae.

Heliotropium europaeum
Asperugo procumbens
Echinospermum Lappula
Cynoglossum officinale
„ montanum
Anchusa officinalis
Symphytum officinale (var.)
Pulmonaria officinalis
„ angustifolia
Lithospermum officinale
„ purpureocoeruleum
Myosotis caespitosa
„ sylvatica
„ versicolor.

Solaneae.

Physalis Alkekengi
Nicandra physaloides
Atropa Belladonna
Datura Stramonium.

Verbasceae.

Verbascum Schraderi
„ Blattaria.

Antirrhineae.

Digitalis purpurea
„ grandiflora
„ fuscescens
„ lutea
Antirrhinum majus
„ Orontium
Linaria Cymbalaria
„ Elatine
„ spuria

Linaria minor
„ arvensis
Veronica montana
„ prostrata
„ latifolia
„ longifolia
„ spicata
„ acinifolia
„ verna
„ praecox
„ agrestis (var.)
„ polita
„ opaca
„ Buxbaumii.
Limosella aquatica.

Orobancheae.

Orobanche Rapum
„ Epithymum
„ Galii
„ rubens
„ amethystea
„ coerulea
„ ramosa
Lathraea Squamaria.

Rhinanthaceae.

Melampyrum cristatum
„ arvense (var.)
„ pratense (aureum)
Pedicularis sylvatica
„ palustris
Rhinanthus Alectorolophus
Euphrasia lutea.

Labiatae.

Mentha rotundifolia
„ sylvestris
„ piperita
„ sativa
Pulegium vulgare
Salvia pratensis
„ sylvestris
„ verticillata
Origanum vulgare (megastachyum)
Calamintha Acinos
„ officinalis
Hyssopus officinalis
Nepeta Cataria
Lamium album var.
Galeopsis ochroleuca
„ bifida

Stachys germanica
„ alpina
„ arvensis
„ annua
„ recta
Sideritis scordioides
Marrubium vulgare
Chaiturus Marrubiastrum
Scutellaria hastifolia
„ minor
Prunella grandiflora
„ alba
Ajuga pyramidalis
„ Camaepitys
Teucrium Scorodonia
„ Botrys
„ Scordium
„ Chamaedrys.

Lentibularicae.

Utricalaris vulgaris
„ intermedia
„ minor.

Primulaceae.

Trientalis europaea
Lysimachia nemorum
Anagallis arvensis
„ coerulea
Androsace maxima
Primula ellatior
Samolus Valerandi
Hottonia palustris
Glaux maritima.

Plumbagineae.

Statica elongata.

Plantagineae.

Plantago maritima
„ arenaria.

Amaranthaceae.

Amaranthas Blitum
„ retroflexus.

Chenopodeae.

Salsola Kali
Salicornia herbacca
Corispermum hyssopifolium
„ Marschalli
Polycnemum arvense

Kochia arenaria
Chenopodium urbicum
   „   opulifo-
      lium
   „   Vulvaria
   „   Botrys
Blitum capitatum
Atriplex oblongifolia.

Polygoneae.

Rumex maritimus
   „   aquaticus
   „   scutatus
Polygonum Bistorta.

Thymeleae.

Passerina annua
Daphne Mezereum
   „   Cneorum.

Santalaceae.

Thesium intermedium
   „   pratense
   „   alpinum.

Aristolochieae.

Aristolochia Clematitis.

Empetreae.

Empetrum nigrum.

Euphorbiaceae.

Euphorbia platyphyllos
   „   dulcis
   „   palustris
   „   Gerardiana
   „   stricta
   „   Cyparissias
   „   Esula
   „   falcata
   „   exigua
   „   Lathyris.

Urticeae.

Parietaria erecta
   „   diffussa.

Cupuliferae.

Quercus sessiflora.

Salicineae.

Salix ambigua.

Betulaceae.

Alnus incana.

Myriceae.

Myrica Gale.

Hydrocharideae.

Hydrocharis morsus
ranae.

Alismaceae.

Alisma parnassifolium
Sagittaria sagittifolia.

Juncagineae.

Triglochin maritimum.

Potameae.

Potamogeton gramineus
   „   lucens
   „   perfoliatus
   „   densus.
Zannichellia palustris.

Najadeae.

Najas major.

Typhaceae.

Typha angustifolia
Sparganium simplex
   „   natans.

Aroideae.

Arum maculatum
Calla palustris
Acorus Calamus.

Orchideae.

Orchis fusca
   „   militaris
   „   ustulata
   „   coriophora
   „   variegata
   „   sambucina
Gymnadenia conopsea
Peristylus albidus
   „   viridis
Platanthera chlorantha
Ophrys muscifera
   „   arachnites
   „   aranifera
Epipogum Gmelini
Cephalanthera pallens

Cephalanthera ensifolia
   „   rubra
Epipactis palustris
Neottia nidus avis
Goodyera repens
Spiranthes autumnalis
Cypripedium Calceolus.

Irideae.

Iris sibirica.
   „   squalens.

Amaryllideae.

Narcissus Pseudo-Nar-
cissus
Leucoium vernum.

Asparageae.

Asperagus officinalis
Paris quadrifolia
Convallaria verticillata.

Liliaceae.

Tulipa sylvestris
Frittillaria Meleagris
Lilium Martagon
Anthericum ramosum
   „   Liliago
Ornithogalum umbella-
tum
   „   nutans
Gagea arvensis
   „   lutea
Scilla bifolia
Allium ursinum
   „   acutangulum
   „   vineale
   „   rotundum
   „   oleraceum
   „   Schonoprasum
   „   scorodoprafum
Muscari comosum
   „   racemosum
   „   botryoides.

Colchicaceae.

Colchicum autumnale
Tofjeldia calyculata.

Juncaceae.

Juncus filiformis
   „   obtusiflorus
   „   supinus
   „   Gerardi
Luzula Forsteri
   „   maxima
   „   albida.

Cyperaceae.

Cyperus flavescens
" fuscus
Schoenus nigricans
Rhynchospora alba
" fusoa
Heleocharis uniglumis
" acicularis
Scirpus caespitosus
" pauciflorus
" setaceus
" Tabernaemonta.
triqueter
" maritimus
" compressus
Eriophorum vaginatum
" gracile
Carex dioica
Davalliana
pulicaris
cyperoides
paniculata
paradoxa
Schreberi
brizoides
elongata
♃ tomentosa
" montana
ericetorum
digitata
hordeiformis
flava
distans
divulsa
Pseudo-Cyperus
♃ filiformis.

Gramineae.

Andropogon Ischaemum
Panicum ciliare

Panicum glabrum
Setaria verticillata
Phleum Böhmeri
" asperum
Chamagrostis minima
Cynodon Dactylon
Leersia oryzoides
Calamagrostis lanceolata
" montana
" sylvatica
Stipa pennata
" capillata
Köleria glauca
Corynephorus canescens
Avena strigosa
" tenuis
Melica ciliata
" nebrodensis
" uniflora
Poa sudetica
Glyceria distans
" aquatica
Festuca Pseudo-Myoros
" sciuroides
" heterophylla
" sylvatica
Brachypodium sylvati-
cum
" pinnatum
Bromus secalinus (gros-
sus)
" racemosus
" patulus
" asper
" erectus
" inermis
Triticum caninum
Elymus europaeus
Hordeum secalinum
Lolium italicum
Nardus stricta.

Equisetaceae.

Equisetum Telmateja
" sylvaticum.

Lycopodiaceae.

Lycopodium Selago
" annotinum
" Chamaecy-
parissus
" complana-
tum
" clavatum.

Ophioglosseae.

Botrychium Lunaria
Ophioglossum vulgatum.

Osmundaceae.

Osmunda regalis.

Polypodiaceae.

Grammitis Ceterach
Polypodium Phegopteris
" Dryopteris
" Robertia-
num
Aspidium aculeatum
Polystichum Thelypteris
" Oreopteris
" cristatum
Cystopteris fragilis
Asplendum Adiantum
nigrum
" Breynii
" septentrio-
nale
Scolopendrium officinale
Blechnum Spicant
Pteris aquilina.

Areal der einzelnen Arten, in alphabetischer Ordnung.

Acer monspessulanum.

Rheingrafenstein : Quadrat 30 der Orientirungskarte 6 und Seite 4. Niederwald 23. Oberstein 36; altes Schlofs. H. Hoffmann.

Berg Alteburg bei Boppard 16 (nach L. Bichof). Donnersberg 37,
Frei-Laubersheim 37, Fürfeld 37 (Dosch und Scriba Exc. Fl. v. Hessen

1878, S. 472). — Pfalz : Glan- und Nahe-Gegenden 36, 29, 30, Grünstadt 38, Kallstadt 45 (F. Schultz Fl. d. Pfalz 1846, S. 97). Idarthal aufwärts bis zum Katzenloch 29 (Wirtg *). Ganzes Rhein- und Moselthal N. bis Coblenz 15 (Wirtg, Fl. Rheinpreuss. 1857). Nollinger Burg bei Lorch 23, Ruinen Sternberg und Liebenstein 23, Bornhofen 23 Amts Braubach, bei Holzappel im Lahnthal 16 (Fuckel, Fl. Nassau 1856). Winningen 15, Coblenz 15, Boppard 16 (Löhr Enum. 1852). Elzthal 15 (Noll *). Wendelsheim 38 Wonsheim 37 (Dosch *). Grumbach 40 S. W. bei Lindenfels (Borkhausen).

Uebersicht
(vgl. die Orientirungskarte Nr. 6).

.	.	.	.	.	.	.
.	.	.	.	.	.	.
15	16	.	.	.	.	.
.	23	.	.	.	.	.
29	30	.	.	.	.	.
36	37	38	.	40	.	.
.	.	45	.	.	.	.

Scheint aus Südost — Frankreich über Lyon — Genf eingewandert zu sein. (Isolirt weiter östlich : Würzburg, Schweinfurt). Wohl verbreitet durch die Südweststürme, Samen flugfähig.

Achillea Millefolium.

Wassennach 8 : floribus roseo-purpureis. Ebenso Giefsen. H. Hoffmann.

Achillea nobilis.

Burkhardsfelden 12. Altenbuseck 12. Giefsen 12 : Weg nach Rödgen, Sieben Hügel 11 (Weddenberg). Langgöns 12; Neuhof bei Leihgestern 12, Garbenteich 12, Oppenrod 12. Rehbachthal 31. Effolderbach 19. Altenstadt 19. Rauenthal 24. Unter Rüdesheim 30. Münzenberg 19.

Ober-Hörgern 12. Launspach 11, Beuern, Burkhardsfelden, Annerod 12. Möttau 11. Burg-Schwalbach 17. Boos 30 Medard 36. Limburg 45. Hoffmann. — Homburg 25, Vilbel 26 (Hey. R. 210). Marburg (Wender. *). Eichen 19 (Hörle *). Kleeberg 18 gegenüber auf Thonschiefer-Felsen (n. Lambert). Oppenheim 31 (n. Bauer). Rheinhessen 31 häufig, Wetterau 19; *nicht im Vogelsberg und Starkenburg* (D. u. Scr. S. 245).

.	.	.	.	5	.	.
b	.	.	11	12	.	.
15	16	17	18	19	.	.
.	23	24	25 ·	26	.	.
29	30	31	.	.	.	:
36	37	38	.	.	.	.
43	.	45	.	.	.	.

— Pfalz : Neustadt 45, Königsbach 45, Forst 45, Wachenheim 45, Dürkheim 45, Kallstadt 45, Leininngen 45, Battenberg 45, Grünstadt 38, von da über Oppenheim 31 bis Mainz 31 und Bingen 30; Kloster Limburg bei Dürkheim 45; Kreuznach 30, Oberstein 36, Meisenheim 37, Lauterecken 36, Grumbach 36, Baumholder 37, Kusel 43 : Remigiusberg (Schlz. S. 233).

Thalabwärts von Dalberg 30, Kirn 29 (Wirtg*). Wolfstein 36 (Böhmer*). Coblenz 15 bis gegen Bonn 8. Winningen 15 (Löhr En.). Nassau : stellenweise durch das ganze Gebiet 24, 23, 18, 17, 16 mit *Ausnahme des Westerwaldes* (Fuck. Fl.). Fehlt auch im *Hinterland.* Gewöhnlich zusammen mit Anthemis tinctoria vorkommend. — Sehr auffallendes Areal! Sonst Schweiz, Süddeutschland u. s. w.

Aconitum Lycoctonum.

Giefsen 12 : Hangelstein, Lollarer Koppe. Oberwald 13 : Geiselstein. H. (Hey. R. 14).

.	.	.	.	.	.	.
8	.	.	.	12	13	.
15	.	.	.	.	.	.
.	.	.	.	26	.	.
29	30	.	32	.	.	.
36	37	.	.	.	.	.
.	44	.	.	.	.	.

Zwischen Griesheim und dem Landgraben 32 (D. u. Scr. S. 411). — Pfalz : Idarwald 29, Oberstein 36, Wolfstein 36, Kreuznach 30, Donnersberg 37, Hohenecken bei Kaiserslautern 44, zwischen Mölschbach 44 und Elmstein 44, zwischen Igelbach 44, Hofstätten 44 und Eusserthal 44, zwischen Kaiserlautern 44 und Anweiler : unter 44 (Schlz. S. 23). Aschbacher Thal und Hohenecken 44 (Böhmer*). Mayen : neben 15 : var. Thelyphonum (Wirtg*). Isenburg links der Sayn 8 (Fuck. Fl. : Form Vulparia nach Wirtg*). Heusenstamm 26 (Wett. Ber. 1868, S. 26). Stromberg 30 (Wirtg*).

Aconitum Napellus L. (pyramidale Mill.)

.	2	3	(4)	.	.	.
.	.	10	.	.	13	14
.	.	.	.	.	.	21
.	.	.	.	.	.	.
.	.	.	.	.	.	.
.	.	.	.	.	.	.
.	.	.	.	.	.	.

Wellerskaisergrund bei Hatzfeld : über 4. H. 1852. Oberwald 13 (Hey. R. 14).

Zwischen Lauterbach und Blitzenroth an der Lauter (nach Kühn und Rahn). Angeblich beiGrebenhain 21 : am schwarzen Flufs (nach Heldmann). Langenaubach 3, Schönbach 10 (Vog.*). Daden, Friedewald, Neukirch 3 : Neubergense (Wirtg*). Haiger 3, Westerburg 10, Amt Hachenburg 2 (Fuck. Fl.)

Aconitum variegatum L. (A. Cammarum J.)

Oberwald 13 : Geiselstein (nach C. Heldmann). Zwischen Ulrichstein 13 und Taufstein 13 : im s. g. Haferacker; zwischen Eisenbach und Blitzenroth bei Lauterbach 14, Oberwald am Herrenhaag 13 (D. u. Scr. S. 411). Lanzenhain 13 (A. Fink, 1851. v. s.). Nicht in Nassau (Fuck. Fl.) und Rheinpreußen (Wirtg. Fl.). Ueberhaupt nur in zwei zusammenhängenden Districten.

Acorus Calamus.

Gießen 12 : Lahn H. (Hey. R. 358). Eich 39 : Altrhein, H. Marburg 5, Schlüchtern 21, Salmünster 27 (Wender*). Offenbach 26 : im Blutegel-Weiher angepflanzt (C. B. Lehmann, 1851). Selters 20 : im Calmus-Garten (nach Heldmann). Hanau 26 : Fasanerie; Hengster, Bergener Schloßgraben, Eichen (bei Windecken) am Hof, Grafenbruch bei Offenbach (nach Theobald). Altrhein 32 (nach Reissig), Dill bei Herborn 4, Elb bei Hadamar 10; scheint 1626 bei uns noch nicht bekannt gewesen zu sein (Vogel, Beschreibung von Nassau 1843, S. 92 : Prof. Rosenbach, der um diese Zeit in Herborn lehrte, sagt, man habe nicht mehr nöthig, ihn aus Indien kommen zu lassen, da er bei Braunschweig wachse, woher man ihn frisch beziehen könne). Spessart 34 (Behlen*). Rheinufer, Laubacher Schloßgarten 12 (D. u. Scr. S. 163). — Pfalz : Rheinfläche bei Speyer 46, Mußbach 45, Dürkheim 45, Frankenthal 46,

.	.	.	4	5	.	.
.	.	10	.	12	.	.
15	16	17	.	.	20	21
.	.	.	.	26	27	.
.	.	.	32	.	34	.
.	37	.	39	.	.	.
43	44	45	46	.	.	.

Oppau 46 im Walde, Handschuchsheim 46. Oppenheim 32 im Altrhein; Rockenhausen 37, Rodenbach 43 bei Kaiserlautern 44 (Schlz. S. 436). Nassau : nur in der Lahn 16, 17 (Fuck. Fl.); Mosel 15, Westerwald (Wirtg. Fl.).

Ich halte die Pflanze nach ihrer Gesammtverbreitung für einheimisch in fast ganz Europa wie in Asien; kommt auch in Amerika vor.

Actaea spicata.

Gießen : Lindener Mark, Lollarer Kopf 12, Stoppelberg, Altenberg, Bieberthal, Obermühle, Bubenrod 11. Langwasser 13. Auersberg bei Schwarz 6. Hatzfeld (Hinterland). Oberwald 13. Burg-Nassau 16 : Schloßberg. Laurenburg 16. Geiselstein .im Oberwald. H.

Mühlenthal bei Darmstadt 32 (nach Bauer). Hoxhohl 40, Nieder-Ramstadt 32 (nach Alefeld). Ober-Ramstadt 33, durch 20 Jahre 1 Exemplar (nach Wagner 1850). Kreuznach 30 (nach Derscheid). Falkenstein 25 (nach Wendland). Frankenstein 32, zwischen

.	.	.	.	5	6	.
.	.	.	11	12	13	14
15	16	.	.	.	20	.
.	.	.	25	26	27	.
.	30	.	32	33	.	.
.	37	.	39	40	.	.
.	44	45	46	.	.	.

Zwingenberg und Alsbacher Schlofs 39. Kreuznach 30 (Polstorf). Auerbacher Schlofs 39, Frankfurt 26, Vilbel 26, Taunus 25, Wonsheim 37 : im Bamberger Wald, Ibener Hof 37 (D. u. Scr. S. 411). Crumbach 11, Hohensolms 11, Laubach 12 (Hey. R. 15). Pfalz : Meisenheim 37, Donnersberg 37, Kaiserslautern 44 : am Beutelsteiner Schlosse, Hohenecken 44, Neustadt 45, Edenkoben 45, St. Martiner Schlofs 45; Falkenburg bei Wilgarts wiesen 44 und Trifels bei Annweiler 44, Kallenberger Hof bei Zweibrücken 43; Heidelberg 46 : gegen den Bierhelder Hof; Weinheim 46, Melibocus 39, Rheinfläche bei Waghäusel 46 (Schlz. S. 24); Häusel 44 (das. S. 570). Hohenecken 44 (Böhmer*). Nassau : zerstreut durch das ganze Gebiet (Fuck. Fl.). Coblenz 15 (Löhr En.). Rheinpreufsen (Wirtg. Fl.) Bieber 27 (Wett. Ber. 1868, S. 26). Marburg 5, Fulda 14 (Wender. Fl.) Hitzkirchen 20 (Schüler, v. s.)

Adonis aestivalis.

S. Arealkarte von Europa: T. 1, Haarlem, nat. Verhandl. 1875 : Hoffmann, Zur Speciesfrage).

Holzheim 12. Grüningen 12, gelb. S. W. von Münzenberg 19. Nauheim : Steck 19. S. O. von Steinberg 12, gelb. N. O. von Wölfersheim 19, gelb. Florstadt 19, roth. Assenheim 19, roth. Ibenstadt 19, roth. N. von Butzbach 12, gelb und roth zusammen. Johannisberg gegen Obermörlen 19, gelb. Niederkleen 11. Kirchgöns 11. Ostheim 18, weifslich. Langgöns 12, roth. H.

•	•	•	•	•	• •	•
•	•	•	11	12	•	14
15	•	•	18	19	20	21
•	•	24	25	26	•	•
•	30	31	32	•	•	•
•	•	38	•	• ,	•	•
43	•	•	•	•	•	•

Kaichen 19, Erbstadt 19 (n. Hörle). Ramholz 21, (n. C. Reufs, roth u. gelb). Zw. Ober-Rofsbach und Friedberg 19 (n. Lambert). Weilmünster 18 (n. Rudio). Dornheim, Oppenheim 32 (n. Bauer) Hochheim 25, Flörsheim 25 (nach Lehmann). Effolderbach 19 (nach Heldmann). Thal der Nidda 26, und hohe Strafse; (nach Theobald). Zwischen Nieder-Höchstadt und Kronberg 25 (nach Wendland). Rheinhessen 31, 38 : oft ein lästiges Unkraut (D. u. Scr. S. 403). Die gelbe bei Zweibrücken 43 neben der rothen (Schlz. *). Kreuznach 30 (n. Polstorf) bis Sobernheim 30 (Schlz. *). Mayenfeld 15, Bassenheim 15 (Wirtg*). Selters 20, Hanauer Gegend 26 (Ber. wett. Ges. 1868, S. 10). Wiesbaden 24 : v. pallida (Fuck.). Fulda 14 (Lieblein *).

Adonis flammea.

S. Arealkarte von Europa : T. 2 (Haarlem nat. Verh. 1875).

N. O. von Morschheim 38. Bobernheim 38. H. — Hochstadt, Bergen, Vilbel 26 (Wett. Ber. 1868, S. 10). — Wetzlar 11 : Oberhalb des Sieghofs

1842 und 1843, später nicht mehr; Burgsolms 11 : unweit des Kalkstein-bruchs 1852; 1853 auf Aeckern bei Hochelheim 11 (n. Lambert). Dornheim 32 (n. Bauer). Trais 31, Finthen 31 (n. Reissig). Zwichen Echzell und Wohnbach 19 (Weis, v. s.). Rheinhessen 31, 38; Ried 32, Wetterau 19 (D. u. Scr. S. 403). (Hey. R. 5). Bayrische Rheinfläche : Dürkheim, Kallstadt, Herxheim, Maxdorf, Neustadt, Forst, Gönnheim : sämtlich 45; Frankenthal 46. Worms 39. Mainz 31, Darmstadt 32, Heidelberg 46, Mannheim 46, Nahethal 30, selten um Zweibrücken 43 (Schlz. S. 11). Zwischen Kreuznach u. Bingen 30, Schwetzingen 46 (Schlz. *). Okriftel 25, Weilmünster 18, Wiesbaden 24 (Fuck. Fl.) Zwischen Rübenach und Bassenheim 15 (Wirtg. *)

.	.	.	.	.	.	.
.	.	.	11	.	.	.
15	.	.	18	19	.	.
.	.	24	25	26	.	.
.	30	31	32	.	.	.
.	.	38	39	.	.	.
43	.	45	46	.	.	.

Hiernach dem niederen Niveau des engeren mittleren Rheingebietes angehörig; vereinzelt weiter schreitend 18, 11 (Lahn). (Hauptzugrichtung der acker-bewohnenden Wandervögel).

Adonis vernalis.

Rosenheimer Berg bei Kreuznach 30 (nach Polstorf), Geisberg bei Ober-Ingelheim 31. H. — Zwischen Wiesbaden und Erbenheim 24 (Vogel *). Mainz 31, Gonsenheim 31, Worms 38, Nahethal 29, Offenbach 26 (D. u. Scr. S. 403). Leiningen 38, Dürkheim 45, gegen Leistadt 45, Pfeddersheim 38, zw. Mainz und Nieder-Ingelheim 24 (Schlz. S. 11). Schifferstadt 46, Dannstadt 45, früher bei Kallstadt 45 (Schlz. *). Bingen, Rochusberg 30, Algesheimer Berg 31 (Wirtg *)· Fehlt in Nassau (nach Fuck. Fl.). Oberstein 36 (Löhr En.).

.	.	.	.	.	.	.
.	.	.	.	.	.	.
.	.	.	.	.	.	.
.	.	24	.	26	.	.
29	30	31	.	.	.	.
36	.	38	.	.	.	.
.	.	45	46	.	.	.

Agrimonia odorata.

Gießen 12 : Stolzenmorgen (1854). H. — Fernewald bei Gießen 12, Offenbach 26, Hanau 26, Messel 33 (D. u. Scr. S. 523). — Nahethal 30 (Wirtgen *). Nicht in der bayerischen Pfalz (Schlz. *). Dierdorf 9, Neustadt 9, Altenkirchen 2, Hochenburg 2, Vallendar 16 (Wirtg. *).

Ajuga Chamaepitys.

Südöstlich bei Eberstadt 32. Elsheim 31. Monsheim 38. H. Hoff-mann. Kaichen 19 (Hörle).

```
 .   .   .   .   .   .   .
 8   .   .   .   .   .   .
15  16   .   .   .  19   .
 .  23  24  25   .   .   .
 .  30  31  32  33   .   .
 .   .  38   .   .   .   .
43   .  45  46   .   .   .
```

Griesheim 32 (n. Bauer). Rofsdorf 33, einmal (n. Wagner). Starkenburg und Rheinhessen (D. u. Scr. S. 310). — Pfalz : Rheinfläche zwischen Heidelberg 46 und Schwetzingen 46; Darmstadt 32; Flomersheim 46, Eppstein 45; Maxdorf 45; Dürkheim 45; Nahe : bei Kreuznach 30, Laubenheim 30; Zweibrücken 43 (Schlz. S. 369). Schifferstadt 46, Speyer 46, Grünstadt 38, Bingen 30 (Poll. 1863, 209). Zwischen Hochdorf 45 u. Dannstadt 45 (Schlz.*), zw. Mutterstadt 46 u. Maudach (Ney*), Forst 45 (Schlz.*). Unteres Lahn- 16 u. Moselthal 15, Linz 8 einzeln (Wirtg. Fl.). Nassau : Main- 25, Rhein-, 23, 24 u. Lahnthal (Fuck. Fl.). Freienweinheim 31 (Fuck.*).

Ajuga pyramidalis.

```
 .   .   .   4   .   .   .
 .   .  10   .   .   .  14
 .  16   .   .   .   .   .
 .   .   .   .  26   .   .
 .  30   .   .   .   .   .
 .   .   .   .   .   .   .
 .  44   .   .   .   .   .
```

Frankfurt u. Hanau 26 (D. u. Scr. S. 309). — Pfalz : Kaiserslautern 44 : gegen die Vogelweh w., Entersweiler ö., Lauterspring ö., Krebser-Berge; Nahe : bei Niederhausen 30 (Schlz. S. 368), Norheim 30 (Schlz.*). Kreuznach 30 (Poll. 1863, 208). Boppard 16 : District Burden (Wirtg. Fl.). Westerwald : Niederscheid 4 Amt Dillenburg, Frickhofen 10 (Fuck. Fl.). Altenburg bei Boppard 16 (Löhr En.), Fulda 14 (Lieblein*).

Also nur in wenigen und ganz zerstreuten Districten.

Alisma parnassifolium.

Entensee bei Offenbach 26 (nach Fresenius). Giefsen 12 im Heegstrauch (C. Heyer*).

Allium acutangulum.

Giefsen 12 : Gänsäcker-Wiesen. H. — Bauerbach 5 (Wender*). Laubenheimer Wiesen 31 (n. Reissig). Durch das ganze Ried 32, Darmstadt 32 (D. u. Scr. S. 125). — Pfalz : *Rheinfläche* bei Mainz 31, an der

XVIII.   3

Hartmühle, Mombach 24, Nackenheim 31, Bodenheim 31, Laubenheim 31, Worms 39, zw. Dürkheim 45, Lambsheim 45, Frankenthal 46 und Maxdorf 45, Eppstein 45, Mörsch 46, Oppau 46, Neuarau 46, zw. Schriesheim u. Handschuchsheim 46, Speyer 46, Schauernheim 45 u. Darmstadt [? Dannstadt 45] (Schlz. S. 471). Ludwigshafen 46, zw. Schifferstadt 46 und Fufsgönnheim 45, Maxdorf 45, Dürkheim 45 (Poll. 1863, 247). Oberhalb Bingen 31, nicht in Rheinpreufsen (Wirtg. Fl.). Nassau: nur im oberen Rheinthale (Fuck. Fl.). Oestrich 24 (Löhr En.). Form montanum bei Offenbach 26 (Hey. R. 384). Wilhelmsbad 26, Hanau 26 (Russ*).

.	.	.	.	5	.	.
.	.	.	.	12	.	.
.	.	.	.	.	.	.
.	.	24	.	26	.	.
.	.	31	32	.	.	.
.	.	.	39	.	.	.
.	.	45	46	.	.	.

Allium oleraceum.

Giefsen 12 : Riegelpfad in Hecken. Bieber 11. Annerod 12. Ziegenberg 18. H. — (Hey. R. 384). Marburg 5 (Wender*). Dornheim, Crumstadt 32 (n. Bauer). Lerchenberg bei Sachsenhausen 26 (n. Wolf u. Seiffermann). Weiterstadt 32 (n. Wagner). — Pfalz : fast überall gemein, bes. Zweibrücken 43, Kusel 43, Oberstein 36, überhaupt im Nahe-Gebiet 29, 30; Kaiserslautern 44, Otterbach 44, Marnheim 38, Standebühl 37; Mainz 31, Alzey 38, Dürkheim 45, Friesenheim 46, Mannheim 46, Neckarau 46, Speyer 46, Alt-Lufsheim 46, Annweiler : unter 44 (Schlz. S. 473). Fehlt ganz auf den höheren Bergen der Vogesias (Schlz.*). Rheinpreufsen (Wirtg. Fl.), Nassau stellenweise (Fuck. Fl.)

(1)	.	(3)	(4)	5	.	.
(8)	(9)	(10)	11	12	.	.
(15)	(16)	(17)	18	.	.	.
(22)	(23)	(24)	(25)	26	.	.
29	30	31	32	.	.	.
36	37	38	.	.	.	.
43	44	45	46	.	.	.

(unvollständig)

Wegen mangelnder specieller Fundorts-Angaben bei beiden letzteren Autoren kann die Zifferntafel nur unvollständig und ganz provisorisch aufgestellt werden.

Allium rotundum.

Rehbachthal 31. Mittelheim 24. Rüdesheim 30 : Weinberge. H.

Zwingenberg 39, Auerbach 39, Wonsheim 37, Heidelberg am Philosophenweg (D. u. Scr. S. 126). — Pfalz : Oberstein 36, Kirn 29, Kreuznach

30, Bingen 30, zw. Mannweiler 37 und Rockenhausen 37; Ockelheim 30, Nieder-Ingelheim 24, Rehbachthal 31, Dürkheim 45; Rheinfläche : bei Speyer 46, Schwetzingen 46, Relaishaus bei Mannheim 46, Laumersheim 38, Boxheim 39, Nackenheim 31, Budenheim 24, Laubenheim 31 (Schlz. S. 471). Forst 45 (Schlz. *). Mosel- 15, Rhein- 23, Ahrthal 8 (Wirtg. Fl.). Nassau : Rheinthal von Castel 24 bis 23 Nieder-Lahnstein 16 (Fuck. Fl.). Linz 8, Ober-Wesel 23, Frankfurt 26 bis Würzburg, Wertheim 42 (Löhr En.).

Also am Rhein und den Nebenflüssen mehr oder weniger weit aufwärts.

```
 .   .   .   .   .   .
 8   .   .   .   .   .
15  16   .   .   .   .
 .  23  24   .  26   .   .
29  30  31   .   .   .
36  37  38  39   .   .  42
 .   .  45  46   .   .   .
```

Allium Schoenoprasum.

Güls 15 : zahlreich im Flufskiese der Mosel (1868) H. — Ufer des Rheins und der Mosel auf *Felsen* u. s. w. (Wirtg. Fl.). Coblenz 15, Linz 8 (Löhr En.). Nassau nur cult. (Fuck. Fl.).

Allium Soorodoprasum.

Limburg 17 : in einem Grasgarten. H. — Erfelden 32 (n. Reissig). Dornheim, Wallerstädten, Leeheim, Schwedensäule : 32; von Bingen 30 bis Kreuznach 30, Heidelberg 46, Worms 39 (D. u. Scr. S. 127). — Pfalz : Rheinfläche bei Speyer 46, Mannheim 46, Neckarauer Wald 46, Frankenthal 46, zwischen Alzey und Nieder-Olm 31; Rohrbach 46 und Handschuchsheim 46 (Schlz. S. 473). Schwetzingen 46 (Poll. 1863. 247). Rheinpreufsen (Wirtg. Fl.). Nassau : Rheinthal 23 und unteres Lahnthal 16 (Fuck. Fl.)

Also im Rheinthal und etwas aufwärts an einigen Nebenflüssen.

```
 .   .   .   .   .   .
 .   .   .   .   .   .
 .  16  17   .   .   .   .
 .  23   .   .   .   .
 .  30  31  32   .   .   .
 .   .  38  39   .   .   .
 .   .   .  46   .   .   .
```

Allium ursinum.

Rödelheim 25 : Niederwald. SW. Ebersgöns 11. W. von Lich 12. Gießen 12 : Erlenbrunnen, Forstgarten. H. — (Hey. R. 385). Gundernhauser Wald 33, Herzbrunnen (n. Bauer). Dippelshof 33, Messel 33, an

3*

der wilden Sau 33, Kranichstein 32, zwischen Büttelborn und! Dornheim 32, Schlüchterwald bei Mörfelden 32, Haarlaſs bei Heidelberg 46, im Seelenwald im Vogelsberg 13 (D. u. Scr. S. 125). Marburg 5, Fulda 14, Meerholz 27 (Wender*). Kreuznach 30 (Polstorf). — Pfalz : Kaiserslautern 44; am Rhein vielfach : z. B. Rheininseln bei Mannheim 46; Schwetzingen 46, Waghäusel 46; Leinsweiler bei Annweiler : unter 44 (Schlz. S. 470). Mannheim 46 (Poll. 1846, 246). Moselthal, unter Coblenz im Vinxthale bei Rheineck 8 (Wirtg. Fl.) Nassau : Aarthal 17, Lorsbach 25 (Fuck. Fl.).

.	.	.	.	5	.	.
8	.	.	11	12	13	14
.	.	17	.	.	.	.
.	.	.	25	.	27	.
.	30	.	32	33	.	.
.	.	.	.	.	.	.
.	44	.	46	.	.	.

Rückblick : Anscheinend ganz regellos zerstreut im Gebiete.

Allium vineale.

Nauheim : Teichhaus 19. N. von Vilbel 26. Groſslinden, Ober-Hörgen 12. W. von Rödgen 12. Südl. von Lollar; Baumgarten, Badenburg, Oppenrod 12. Sieben Hügel bei Gieſsen 11. Berstadt 19. Wippenbach 20. Assmannshausen 23. Winzenhohl 34. Weiler 34. Johannisberg 34. Trais-Münzenberg 12. Blasbach 11. Waldböckelheim 30. Oestl. von Laubach 13. H. (Hey. R. 382). — Ziegenberg 18 (n. H. Z. Solms u. H. Meier). Marburg 5 (Wender*). Kaichen 19 (Hörle*). — Pfalz : Rheinfläche bei Speyer 46, Neckarau 46, Mannheim 46, Friesenheim 46; Hardt bei Muſsbach 45 und Dürkheim 45; am Fuſse des Donnersbergs 37, bei Kreuznach 30, von Katzweiler 44 bis nach Wolfstein 36, Kusel 43, Kaiserslautern 44, Zweibrücken 43 (Schlz. S. 472). Rheinpreuſsen (Wirtg. Fl.) Vereinzelt durch Nassau ; v. capsulifera : Okriftel 25, Lorch 23 (Fuck. Fl.).

.	.	.	.	5	.	.
.	.	.	11	12	13	.
.	.	.	18	19	20	.
.	23	.	25	26	.	.
.	30	.	.	.	34	.
36	37	.	.	.	.	.
43	44	45	46	.	.	.

Hiernach im Gebiete anscheinend regellos zerstreut.

Alnus incana.

S. v. Neukirch 10 (Salzburger Kopf). Ebenso gegen Lippe 3. H.

```
  .   .   3   .   .   .   .
  .   .  10   .   .  13   .
 15  16   .   .   .   .   .
  .   .   .  26   .   .
  .   .  32  33   .   .
  .   .   .   .   .   .
  .   45  46   .   .   .
```

Rhein-Auen 32, Bessunger Wald 32 : am Hirschweg, Gundernhäuser Wald 33, Oberwald 13 (D. u. Scr. S. 172). — Pfalz : Rheinfläche bei Speyer 46, Mannheim 46, Worms 39, Kreuznach 30, nicht im pfälzer Gebirge (Schlz. S. 418). Wachenheim 45 (Bechtel*). Rheinpreußen : in allen Gebirgswäldern bis auf die Ebene (Wirtg. Fl.). Coblenz 15 (Löhr En.), Ems 16, zw. Walmerod u. Hadamar 10 (Fuck. Fl.). Hausen 26 geg. Seligenstadt (Rufs*).

Also anscheinend ganz regellos zerstreut.

Alsine tenuifolia.

Friedberg 19. Rodheim 11. S. v. Oberkleen 11. Mühlberg bei Niederkleen 11. Bieberthal 11 : Bieber, Eberstein. H. Grofs-Buseck 12 u. s. w. (Hey. R. 53).

```
  .   .   .   .   .   .
  .   .  11  12   .   .
  .   .  18  19   .   .
  .   .  25  26  27   .
  .  30   .  32  33   .   .
 36  37  38   .   .   .
  .  44  45  46   .   .   .
```

(unvollständig)

Wetzlar 11 : auf Felsen u. Mauern (n. Lambert). Weilmünster 18, Wasserlos 27 (Wender. Fl.). Darmstadt 32 : Exercierplatz (n. Bauer.) Rofsdorf 33 (n. Wagner). — Pfalz : Rheinfläche an vielen Orten 46, Tertiärkalk-Hügel: 45, 38; Steinbach am Donnersberg 37; Nahe 30, Wolfstein 36, Kaiserslautern 44 ((Schlz. S. 84). Hanauer Flora (Wett. Ber. 1868, 101). Okriftel 25 (Fuckel*). Ganz Rheinpreufsen (Wirtg. *).

Hiernach anscheinend regellos zerstreut; doch überwiegend in der Hauptzugrichtung der Wandervögel.

Althaea officinalis.

Steinfurt 19 : an der Wetter. H. — Wifsmar 12 (Hey. R. 64). Eich 39 (n. Bauer). Dortelweil gegen Kleinkarben 26 (n. Theobald). Laubenheimer Wiesen 31 (n. Reissig).

.	.	.	.	.	.	.
.	.	.	.	12	.	.
15	.	.	.	19	.	.
.	.	.	25	26	.	.
.	30	31	32	.	.	.
.	.	38	39	.	.	42
.	.	45	46	.	.	.

Ried 32 : Dornheim, Leeheim; Wisselsheim 19; Odernheim 31, Framersheim 38 (D. u. Scr. S. 467). Pfalz : Rheinfläche; Dürkheim 55, Lomersheim (? Laumersheim 38), Maxdorf 45, Lambsheim 45, Oggersheim 46; Speyerdorf 45, Ruchheim 45, Eppstein 45; Kreuznach 30 (Schlz. S. 94). Frankenthal 46, Kreuznach 30 (Poll. 1863, S. 121). Soden 25 (Fuck. Fl.), früher bei Winningen und Kobern 15 (Wirtg*), bis zum Niederrhein (Löhr En.). Tauber-Bischofsheim 42 (Wirtg. Reisefl.)
Also stellenweise am Rhein und an wenigen Punkten seiner Nebenflüsse.

Alyssum calycinum.

Chaussée-Rain zwischen Grofslinden und Langgöns 12, Südöstl. hinter Münzenberg 19, zwischen Weinheim und Birkenau 46, Grüningen 12, Ziegenberg 18, Bieberthal 11 : Kalk; Sieben Hügel 11 bei Giefsen : Basaltfels, Biebesheim 32, Rehbachthal bei Nierstein 31, Bockenheim 25 : Sand; Stockhausen 14, Oestl. von Bieber 26. Alsenzthal N. von Alten-Bamberg 30, Hopfgarten 6, Kalkhügel S. von Oberkleen 11, Leun 11, zw. Hasenhütte u. Oberscheld 4, Eberstein im Bieberthal 11 : Kalkfels; Königsberg 11, Seckbach 26 : Kalklehm; Juden-Kirchhof bei Klein-Karben 26 : Grobkalk;

.	.	3	4	5	6	.
8	.	.	11	12	13	14
15	.	17	18	19	.	21
.	.	.	25	26	.	.
29	30	31	32	33	34	35
36	37	38	.	.	41	42
43	44	45	46	.	.	.

Nordöstl. von Oberkleen 11, Wilhelmsbad 26, Ober-Hörgern 12, Blasbach 11, Klein-Girmes 11 : Uebergangskalk; Weyer 17 : Lehmlager; Westlich von Monzingen 30, Monsheim 38 : auf Litorinellenkalk. H. — Darmstadt 32 (n. Bauer). Rofsdorf 33 (n. Wagner). Spessart 34. Marburg 5. In der Rheinfläche, durch Rheinbayern von der Ebene und den östlichen Hügeln 45 nach dem Donnersberge 37, Kaiserslautern 44, Homburg 43, im Westrich 43, 36, Nahethal 29 (F. Schultz*); Kreuznach 30 (n. Polstorf). — Abwärts durch Nassau, bei Coblenz 15, an der Mosel 15, Wied 8, Ahr 8, in der Eifel bis zur Spitze des hohen Kellbergs : 2598 F.; am Nieder-Rheine.

Giefsen : Teufelsberg 11, Hohberg und Alteberg bei Grofsen-Buseck 12; häufig auf Kalk des Rimbergs, Rothenbergs, Ebersteins 11; zwischen Ruppertenrod und Ulrichstein 13 (Hey. R. 32). — Schlofs Ulrichstein 11, H. — Auf Alluvium im ganzen Mainthale 42, 41, von Lohr 35 bis Kahl

26 (n. Kittel). — Wildenburg 29 Idarthal (Wirtg.*). S von Neustadt 35, Steinfurt 42, Rüdenthal 42. H. — Schlofsberg bei Dillenburg 3, Biedenkopf und Wittgensteiner Schlofs bei Laasphe 4 (n. Wigand). — Frauenberg bei Biedenkopf 4, Karlsmund bei Wetzlar 11, Buchenau 4, Berger Mühle bei Arnsburg 12. H. — Ramholz 41 (n. C. Reufs). Kaichen 19 (Hörle*). Hanau 26 (Wett. Ber. 1868, 57).

Sand, Alluvium, Diluvium, Tertiärkalk, Muschelkalk, Vogesen-Sandstein, Uebergangskalk, Spiriferen-Grauwacke, Basalt, vulkanisches Gebirg der Eifel, Porphyr.

Bis in die obere Bergregion verbreitet und wenig zahlreich wahrscheinlich durch das ganze Gebiet an sonnigen Plätzen : auf Feldern, an Wegen, Mauer-Trümmern, über viele Formationen.

Weit verbreitet durch Mittel- und Südeuropa.

Alyssum montanum.

Griesheim 32. Pfungstadt 32. Hof Schönau 32. Rheingrafenstein 30. Geisberg bei Ober-Ingelheim 31. Zw. Mettenheim und Eich 39. H. Ramholz 21 (n. C. Reufs). Runkel 17 (n. Snell). Spessart 34 (Behlen*), längs der Bergstrafse 39; im Odenwalde 40, Wetterau 19 (D. u. Scr S. 426). Grofsauheim 26 (Wett. Ber. 1868, 55). Pfalz : Nahethal bei Sobernheim 30, Kreuznach 30, Bingen 30 bis Schwetzingen und Wiesloch 46, z. B. Nieder-Ingelheim 24, Finthen 24, Mainz 31, Bensheim 39, Darmstadt 32 (Schlz. S. 50). Münster, Norheim, Böckelheim 30 (Schlz.*). Drachenfels 1, Brohl- und Ahrthal 8, Linz 8 (Wirtg*). Mainthal von Okriftel 25 bis Wiesbaden 24, unteres Rheinthal in Nassau 16, Schadeck 17, Münchau bei Hattenheim 24 (Fuck. Fl.). Mosel- 15, Ahrthal 8, Rheinthal bis Siebengebirge 1 (Wirtg. Rs. Fl.). Coblenz 15, Linz 8. Remagen 8, (Löhr En.).

1	.	.	.	.	.	.
8	.	.	.	.	.	.
15	16	17	.	19	.	21
.	.	24	25	26	.	.
.	30	31	32	.	34	.
.	.	.	39	40	.	.
.	.	.	46	.	.	.

Hiernach in der Niederung des Rheinthals und zum Theile einiger Nebenthäler; nicht an Nahe und Neckar.

Amaranthus Blitum.

Giefsen 12, Laubach 12; Friedberg 19 u. s. w. (Hey. R. 312). Rödelheim 25. H. — Darmstadt 32 (n. Bauer). Rofsdorf 33 (n. Wagner). — Pfalz : überall (Schlz. S. 381). Rheinpreufsen durch die Hauptthäler (Wirtg. Fl.). Nassau stellenweise (Fuck. Fl.).

Specialangaben unzureichend zur Aufstellung einer Arealübersicht.

Amaranthus retroflexus.

Arealkarte des Specialgebiets [Mittelrhein] : s. Oberhess. Ber. 12 (1867).

Nachträge.

Mehrere Standorte zwischen Aschaffenburg 34 und Miltenberg 41 (nach Kittel). — Zwischen Kreuz-Wertheim und Triefenstein 42. Neuwied 8. Nördl. von Guntersblum 32. Alsheim 38. Mettenheim 38. Osthofen 38· Ludwigshafen 46. Oberrad 26. H. — Münster am Stein 30 (Wirtg*). Vorübergehend bei Giefsen (Hey. R. 312).

Hierdurch wird das früher dargestellte Areal insofern erweitert, als das Mainthal rings um den Spessart und die Rheinfläche bei Neuwied hinzukommen.

Soll aus Pennsylvanien stammen (A. de Cand. g. b. 738). Jetzt durch ganz Mittel- und Südeuropa bis Sibirien verbreitet. Nicht in England!

Ammi majus.

Illenstadt 19 (Hörle). v. s. — Darmstadt 32 : auf Luzerne-Aeckern (Bauer 1856). Zwischen Kreuznach u. Bosenheim 30 (Touton). Bockenheim 25 (Kesselmeyer*). Fechenheim 26 (Becker*).

Anagallis arvensis (phoenicea).

Arealkarte : Oberhess. Ges. Ber. 13 (1869). Taf. I, Nr. 1.

Arealkarte von Europa : Taf. 2 (Haarlem nat. Verh. 1875).

102 Falkenstein am Donnersberg. 103 Wassenach. H. — Waldmohr 43 (Schlz.*).

Anagallis coerulea.

Arealkarte : Oberhess. Ges. Ber. 13 (1869). Taf. I.

Arealkarte von Europa : T. 3, Haarlem. nat. Verh. 1875.

Nachtrag.

Ramholz 21 (nach C. Reufs). Fehlt bei Waldmohr 43 (Schlz.*).

Anchusa officinalis.

Bischofsheim 32, W. von Grofs-Gerau 32. W. von Mainz 31 : *Felder*. Gegenüber Höchst 25 : Hinkelstein. Rebstock bei Rödelheim 25. Biebrich 24. Marburg 5 : Schlofsberg. Langenselbold 26. Rettersheim 42. Darmstadt 32 (n. Wagner). — Pfalz: Sandige *Nadelwälder* u. s. w. auf der Rheinfläche, z. B. Otterstadt 46 bei Speyer, zw. Heidelberg u .Mannheim 46, trockene *Wiesen* bei Mainz 31; Gonsenheim 31, Heidesheim 31; Zweibrücken 43, Homburg 43 : Schlofsberg (Schultz S. 307), Nieder-Ingelheim 24, Bingen 30, Kreuznach 30 (Poll. 1863, 186). Rheinpreufsen durch die Hauptthäler (Wirtg. Fl.). Coblenz 15 (Löhr En.). Nassau stellenweise, fehlt bei Reichelsheim 19 und Dillenburg 3 (Fuck.). Laubach : Obernseen 13, Babenhausen 33, Oberwöllstadt 19' früher bei Giefsen 12 (Hey. R. 263).

```
 .   .   .   .   5   .   .
 .   .   .   .  12  13   .
15   .   .   .  19   .   .
 .   .  24  25  26   .   .
 .  30  31  32  33   .   .
 .   .   .   .   .   .  42
43   .   .  46   .   .   .
```
(unvollständig)

Gehört dem niederen und mittleren Niveau des Rheinsystems an.

Andromeda polifolia.

Schlitz : in einem langen Graben häufig im Torfmoor bei Grofsenmohr 7 (n. Th. Welcker 1858). Hengster 26 (Schnittsp.*). — Pfalz : Kaiserslautern 44, durch die ganze Fläche bis Landstuhl 43 und Homburg 43 (Schlz. S. 294). Siegburg 1 (Wirtg. Fl.), fehlt in Nassau (Fuck. Fl.). Rhön : im rothen Mohr neben 14, Griesheim 25? (Wender. Fl. 122).

Ganz regellos zerstreut; ziemlich niedere Lagen.

```
 .   .   .   .   .   .   7
 .   .   .   .   .   . (14)
 .   .   .   .   .   .   .
 .   .   . (25) 26   .   .
 .   .   .   .   .   .   .
 .   .   .   .   .   .   .
43  44   .   .   .   .   .
```

Andropogon Ischaemum.

Niedesheim 38. Nied 25. W. von Pfeddersheim 38. H. — Dörnigheim 26, Frankfurt 26 (Fl. Wett.). Worms 38, Oppenheim 31, Mainz 31, Bingen 30 (Ziz*). Mannheim 46 (Poll.*). Eberstadt 32, Nieder-Ramstadt 32, Heppenheim 39, Alsheim 38, Mettenheim 38 (Dosch*). Zwischen Offenbach und Bieber 26 (Scriba*). Wonsheim 37 (Knodt*). — Pfalz : Rheinfläche und nahe Hügel. Weiher bei Edenkoben 45, Wiesloch 46,

Schwetzingen 46, Mannheim 46, Dürkheim 45, Leistadt 45; zwischen Klein-Niedesheim 38 und Heuchelheim, nach Lambsheim 45 und Worms 39, zwischen Frankenthal 46 und Worms, zwischen Oppenheim 32 und Worms, Zweibrücken 43 (Schlz. S. 516). Speyer 46, Grofs-Karlbach 38, Nahe : Bingen 30 bis 29, Oberstein 36, Hochheim 25 am Mainufer : Kelsterbach 25 (Fuck.*) Heidelberg 46 (Poll. 1863, 267). Rheinthal und Nebenthäler (Wirtg. Fl). Coblenz (Löhr En.). Okriftel 25 bis Schriesheim 24 (Fuck. Fl.).

.	.	.	.	.	.	.
.	.	.	.	.	.	.
15	.	.	.	.	.	.
.	.	24	25	26	.	.
.	30	31	32	.	.	.
36	37	38	39	.	.	.
43	.	45	47	.	.	.

Hiernach in der mittleren Rhein- u. unteren Maingegend; Mosel : Mündung und oberer Lauf (Bliesgebiet, unter 400 Meter.

Androsace maxima.

Pfaffen-Schwabenheim 31 : (nach Polstorf). Monsheim 38 (nach W. Ziegler). Rehbachthal, Nierstein 31 (nach Reissig). Ried 32, ganz Rheinhessen, Wiesbaden 24, Castel 24 (D. u. Scr. S. 357). — Pfalz : Rheinfläche bei Ellerstadt 45 und Fufsgönnheim 45, Maxdorf 45, Lambsheim 45, Oggersheim 46, Studernheim 46, Frankenthal 46, Hefsheim 45, zw. Worms und Klein-Niedesheim 38; Tertiärkalkhügel bei Kallstadt 45, Herxheim 45, Grünstadt 38, Stetten 38, Gauersheim 38, Marnheim 38, zw. Oppenheim 31 u. Mainz, bes. bei Nierstein 31; Bingen 30, Kreuznach 30 (Schultz S. 375). Bosenheim 30 (Poll. 1863, 211). Bretzenheim 30, Mayenfeld 15, Dreckenbach 15, Rüber Polch 15, Ochtendung 15, Mayen 15 (Wirtg. Fl.). Wiesbaden 24 : am Hefsler, Mosbach 24 (Fuck. Fl.). Bodenheim [? Badenheim] 30, Posenheim

.	.	.	.	.	.	.
.	.	.	.	.	.	.
15	.	.	.	.	.	.
.	.	24	.	.	.	.
.	30	31	32	.	.	.
.	.	38	.	.	.	.
.	.	45	46	.	.	.

[? Bosenheim] 30, Langenlonsheim 30; Coblenz bei Mühlheim 15, Rübenach 15 (Löhr En.). Ockelheim 30 (Fuck.*).

Also nur in der Rheinniederung und wenig aufwärts an der Nahe und Mosel. Wohl aus der Schweiz und Südfrankreich.

Anemone Hepatica.

Loor bei Kreuznach 30 (n. Polstorf). Erdbach bei Herboru 3 ; an den Steinkammern (Vogel*). Ober-Ingelheim 31 (n. Reissig). Alges heimer Beŕg 31, Lichtenberg 40, Oberwald 13 : zwischen Geiselstein und Taufstein, Lauterbach 14, Klein-Linden 12 (D. u. Scr. S. 401). Laubach 12 (Thilenius*). Am Donnersberg 37 („am Durstberg in der Herren von Falkenstein Oberkeit": H. Bock), Hartenburg bei Dürkheim 45, im Sommerthale, Grünstadt 38, Kallstadt 45, Herxheim 45 (Schlz. S. 6). Käferthaler Wald 46 bei Mannheim (C. Schimper*). Nicht in Rheinpreußen (Löhr En.). Fehlt in Nassau (Fuck. Fl.). Buchrainweiher 26 (Fl. Wett.).

.	.	3	.	.	.	.
.	.	.	.	12	13	14
.	.	.	.	.	.	.
.	.	.	.	26	.	.
.	30	31	.	.	.	.
.	37	38	.	40	.	.
.	.	45	46	.	.	.

Also ganz zerstreut durch einzelne höhere und niedere Gegenden der verschiedensten Formationen.

Anemone pratensis (Pulsatilla pr. Mill.).

Nonnenrod 12 : um die Kirche; zwischen Nonnenrod und Langsdorf 12 (C. Heldmann) : am neuen Seekopf. Früher bei Gundernhausen 33 (Borkhausen*), Bockenheim 25 (Hesse *), Offenbach 26, Rabenhausen 33 (G. Gärtner*).

Anemone Pulsatilla.

Gießen : Anneröder Haide 12. 'Bieberer Berg 26. Pfungstadt 32. Lohr bei Seckbach 26. Hinkelstein bei Kelsterbach 25. Mühlberg bei Niederkleen 11. Rochusberg 30. Freiweinheimer Wald 31. Rettersheim 42. H. Langd 12 (n. Braun in Nidda), Griedel 19 gegen Münzenberg (E. Dieffenbach 1854). v. s. Pohlheimer Wäldchen ö. von Watzenborn 12 (n. C. Eckhard). Bruchenbrücker Steinbruch 19 :

1	.	.	.	.	.	.
8	.	.	11	12	13	14
15	16	.	.	19	.	.
.	23	24	25	26	.	.
.	30	31	32	33	.	.
.	37	38	.	.	.	42
.	.	45	46	.	.	.

nahe der Wetter; auf dem Winterstein 19 (n. C. Schmidt). Gambach 12; zwischen Lich u. Langsdorf 12; Hitzeberg und Lisberg bei Nonnenrod 12; W. von Münster 12 (nach E. Dieffenbach) auf Basalt. Heinrichsberg bei Ober-Kleen 11 (n. Lambert). Von Oppershofen bis Wisselsheim (nach E. Dieffenbach). Mühlenthal bei Darmstadt 32 (n. Bauer). Borsdorf 33 (n. Wagner). Fulda 14 (Lieblein*). Mainz am Sand; Mühlenthal bei Darmstadt 32, Bessungen 32. H. — Worms

38, Hernsheim 38 (n. Rofsmann). Zahlbacher Wasserleitung 31. H. — Rheinfläche Speyer 46, Maxdorf, Mainz 31, Mannheim 46, bei Zweibrücken 43, Kaiserslautern 44, Annweiler : unter 44; fehlt auf dem Buntsandstein (Schlz. S. 8). Schifferstadt 46, Dannstadt 45 (Schlz.*). Zw. Schweisweiler und Rockenhausen 37, Hardt von Landau 45 bis Grünstadt 38 (Schlz. *). Coblenz 15 (Wirtg. *). Nassau : Main- und Rheinthal 23, Flörsheim 25, Lorsbach 25, Pfaffenberg bei Clarenthal 24, Rauenthal 24, Geisenheim 24, Braubach 16, Nieder-Lahnstein 16 (Fuck. Fl.) Rheinthal 8, 1 bis Bonn und Nebenthäler (Wirtg. Reisefl.). Kreuznach 30 (nach Polstorf). Vogelsberg 13 u. s. w. (Hey. R. 3). Hanau 26 (Rufs *).

Im Ganzen dem Rheine folgend, verschieden weit aufwärts in den Nebenthälern; auch in höhere Gegenden vordringend (fliegende Samen).

Anemone sylvestris.

Kreuznach 30. Finthen 31. Bieberthal 11 : Südwestl. bei der Steinmühle. Starkenburg bei Heppenheim 39. Nordöstl. von Wörrstadt 31 : zahlreich am *Chauseerain im freien Felde*. Südl. von Nieder-Flörsheim 38 : ebenso. H.

1	.	.	.	.	.
.	.	.	11	12 13	.
.	16	.	.	19	. 21
.	23	24	25	26	. .
.	30	31	32	33	. .
.	.	38	39	.	. .
.	.	45	46	.	. .

Ramholz 21 (n. C. Reufs). Kaichen 19 (Hörle*). W. bei Braunfels 11 (nach A. Paulitzky). Im Walde bei Braunfels 11 : N. von der Weilburger Chausée (n. Lambert). Darmstadt 33: Mathildentempel (Bauer). Rofsdorf 33 (n. Wagner). Münzenberg 19 : im Schlofshofe (Reufs 1851). v. s. Rehbachthal 31, Oppenheim 31, Mombach 24 bis Bingen 30; Darmstadt 32 : Waltherstaich (n. Reissig). Worms : Hochheim 38 (n. Rofsmann), Wald bei Dorlar 11 (nach C. Heyer). Durch Rheinhessen und Starkenburg gemein, Grüninger *Wald* 12, Oberwald 13 (D. u. Scr. S. 402). Marköbel 26, Bergen, Nieder-Rodenbach 26 (Rufs*). Pfalz : fast am ganzen Hardtgebirge 45, z. B. Neustadt, Mufsbach, Deidesheim, Hardenburg, Dürkheim, Kallstadt 35; Grünstadt 38, Heiligenstein bei Speyer, Leimen, Wiesloch, Handschuchsheim, Schriesheim, Weinheim : 46; Auerbach 39 (Schlz. S. 9). Schifferstadt 46, Dannstadt 45, Ludwigshafen 46, Oggersheim 46, Maxdorf 45; Nahe : Laubenheim 30 bis Odernheim 30, Gerolsheim 45 (Poll. 1863, 103). Boppard 16, Siegburg 1 (Wirtg.*). Zwischen Okriftel und Marxheim 25, Niederwalluf 24, Rüdesheim 23, zwischen Eltville und Kiedrich 24 (Fuck. Fl.).

Also vorzugsweise im niederen Theile des Main- und Rheingebietes; aufserdem zerstreut an wenigen Orten. (Hauptzuglinien der Wandervögel. Wollige Samen.)

Anthemis tinctoria.

Nauheim 19. Giefsen 12 : Lindener Mark, Launspach 11. Krumbach 11. Frankenbach 11, Gleiberg 11, Sieben Hügel 11, Hof Haina 11. Birkenau 39. Grofs-Karben 19. Oppenheimer Schlofsberg 31, Dienheim 32, Rehbachthal 31. Lich 12. Hettingenbeuern 41. Buchen 48. Wachenheim 38. Alzey 38. Erbesbüdesheim 38. Wonsheim 37. Münster 30. Ober-Ingelheim 31. Otzberg 33. Langen 33. Buchenau 4. Niederkleen 11. Gedern 20. Kefenrod 20. Wolfenborn 20. Stockheim 20. Seckbach 26. Reinheim 33. Alsbacher Schlofs 39. Schlofs Starkenburg 39. Kirschhausen 39. Heegheim 19. Langen-Bergheim 26. Bischofsheim 26. Nordwestl. von Kaichen 19. Griedel 19. Hohensolms 11. Königsberg 11. Haina 11. Blasbach 11. Kraftsolms 11. Möttau 11. Weyer 17. Burgschwalbach 17. Burgnassau 16. Wisperthal 23. Lorch 23. Kempten 30. Stromberg 30. Rheinböllen 23. Oberstein 36. Gerach 36. Monsheim 38. Holzmühl 21. Schlüchtern 21. Triefenstein 42. Steinfurt 42. Wertheim 42. Höpfingen 41. Walldürn 48. Nieder-Mendig 15. St. Goarshausen 23 : Schweizerthal. Dillenburg 3. H. — (Hey. R. 210).

.	.	3	4	5	.	.
.	.	.	11	12	.	14
15	16	17	.	19	20	21
.	23	.	.	26	.	.
.	30	31	32	33	.	.
36	37	38	39	.	41	42
43	44	45	46	.	48	.

(unvollständig)

Kaichen 19 (Hörle*). Ramholz 21 (n. C. Reufs). Rofsdorf 33 (n. Wagner). — Pfalz : Rheinfläche fast überall 46 ; Hardtgebirge 45, 38 ; Berge am Rhein, Nahe- 30 und Glan-Gegenden 36, Kaiserslautern 44, Zweibrücken 43 (Schlz. S. 234). Zw. Dürkheim 45 und Ludwigshafen 46, Mannheim 46, Limburg 45, Hardenburg 45, Grünstadt 38, Oppenheim 31 bis Bingen 30, Donnersberg 37 (Poll. 1863, 162). Durch das ganze Gebiet (Löhr En.). Nassáu häufig (Fuck. Fl.). Marburg 5, Fulda 14, Hanau 26 (Wender. Fl.).

Scheint hiernach durch unser ganzes Gebiet verbreitet zu sein.

Anthericum Liliago.

Usbrücke östlich von Usingen 18. Hinkelstein bei Kelsterbach 25. Ziegenberg 18. Auf der Bodenhard am Grenzweg nach Butzbach, $1/4$ Stunde östlich von Kleeberg 18. H. — Büdingen 20 : Pfaffenwald (n. G. Krauser 1873). Abhang des Hausbergs 18 : nach Hausen hin (n. C. Oeser 1863). Auf dem kahlen Berge bei Oberndorf 11 ; Bilstein bei Nauborn 11 ; Wetzlar 11 : hinter Luther's Weinberg ; südliches Lahnufer bis Weilburg 10 (n. Lambert). Südwestlich von Alsbach 39 (n. Bauer). Auf dem *Sande* bei

Mainz 31 (n. Reissig). Ober-Ursel 25 (n. Wendland) : Tannen-Wälder.

.	.	.	.	.	.	.
.	.	10	11	.	.	.
.	.	.	18	19	20	.
.	.	.	25	26	27	.
29	30	31	.	.	.	.
.	37	38	39	.	.	.
43	44	45	46	.	.	.

Bergstraße 39, vulkanischer Theil des Odenwaldes, Rheinthal stellenweise, Wendelsheim 38, Nahethal 30, 29, Butzbach 19 (D. u. Scr. S. 130). — Pfalz : Südwestl. 43 bis Kaiserslautern 44 und Dürkheim 45 auf Vogesen-Sandstein, ferner bis Neustadt, südöstl. bis Landau : unter 45 und Annweiler : unter 44; Remigiusberg bei Kusel 43, Steinbach 37 am Donnersberg, Kreuznach 30; Kalkhügel bei Oppenheim 31, Nierstein 31, Rheinfläche in Nadelwäldern bei Käferthal 46, Eppstein? 45; — Weinheim 46, Odenwald 44 (Schlz. S. 464). Waldmohr 43 (Schlz.*). Nassau stellenweise (Fuck. Fl.). Rheinpreußen (Wirtg. Fl.). Wilhelmsbad 27 (Becker*). Gelnhausen 27 (Wender*).

Anthericum ramosum.

Darmstadt 32 (Marien-Tempel). Kreuznach 30. Geisberg bei Ober-Ingelheim 31. Mühlberg bei Niederkleen 11 : Kalk. Altenburg bei Soden 34 : Spessart. Messenhausen 33 : Kiefernwald, Sandboden. H. — Früher bei Gießen (Hey. R. 380). Rehberg bei Roßdorf 33 (n. Wagner). Auf dem Sande bei Mainz 31 (n. Reissig). Ober-Ursel 25 (n. Wendland).

.	.	.	.	.	.	.
.	.	.	11	12	.	.
15	.	.	18	.	.	.
.	.	24	25	36	27	.
.	30	31	32	33	34	.
.	.	.	39	40	.	.
.	44	45	46	.	.	.

Darmstadt 32, längs der Bergstraße 39, Odenwald 40, Rheinhessen 31 (D. u. Scr. S. 129). — Pfalz : Westrich auf Muschelkalk : unter 43; Bingen 30, Kreuznach 30; *Sand der Nadelwälder und Tertiärkalkhügel* : zwischen Bingen und Nieder-Ingelheim 24, Mainz 31; Dürkheim 45, zw. Frankenstein u. dem Picard, Leistadt 45; *trockene Wiesen in der Rheinfläche zwischen Lambsheim* 45, Frankenthal 46, Oggersheim 46 und Maxdorf 45, bes. bei Eppstein 45. — Heidelberg 46 (Schlz. S. 465). Schifferstadt 46, Dannstadt 45 (Schlz.*), Oestrich 24, Kleeberg 18, Lorsbach 25 (Fuck. Fl.). Algesheimer Berg 31, Mayenfeld 15 (Wirtg. Fl.). Hanau 26, Gelnhausen 27 (Wender*).

Anthriscus vulgaris.

Fetzberg 11 (Hey. R. 173). Amöneburg 5. H. — Durch Rheinhessen gemein 31, 38, Ried bei Lorsch 39, Leeheim 32, Bonames 25 (D. u. Scr.

S. 385). — Pfalz : Rheinfläche, z. B. Dürkheim 45, Hessen [? Heſsheim] bei Lambsheim 43, um Worms 39 in den stinkenden Wegen der Stadt überall, alle Dörfer um Oppenheim 32, Mannheim 46; Heidelberg 46, Speyer 46, Sanddorf 46, Neu-Luſsheim 46, Schwetzingen 46; Nahe : Kreuznach 30, Birkenfeld : neben 36; fehlt im Westrich 43 und der Vogesen-Sandsteinformation (Schlz. S. 197). Sobernheim 30 (Schlz.*). Coblenz 15 (Löhr En.)? Herborn 4 (Fuck. Fl.). Hiernach überwiegend in den rheinischen Niederungen. (Haftende Samen. Hauptzugrichtung der Wandervögel.)

.	.	.	.	5	.	
.	.	.	11	.	.	.
15	.	.	.	.	.	.
.	.	.	25	.	.	.
.	30	31	32	.	.	.
.	.	38	39	.	.	.
.	.	45	46	.	.	

Anthyllis Vulneraria.

Arealkarte : Oberhess. Ges. Ber. 13 (1869). Taf. 1.

Nachträge.

Westlich von Oes 18. Dillenburg 3. H. Kaichen 19 (Hörle*). Braunfels (nach A. Paulitzky).

Es wird hierdurch das frühere Areal nicht verändert.

Geht durch fast ganz Europa.

Var. *rubriflora* : auf dem Heiligenberg bei Jugenheim 39 (D. u. Scr. S. 534).

Antirrhinum majus.

Schloſs Altenberg bei Wetzlar 11. Worms 38. .Hardt bei Neustadt 45 : auf Mauern. Johannisberg 24 : Mauer. Aschaffenburg 34 : Schloſsmauer. (Würzburg : Mauern.) Schaumburg 17 : Schloſsmauern (gelb oder roth). Breidenstein 4 : Mauern (roth, wenige gelblich). Schloſs Dhaun 29. Leutesdorf am Rhein 8. H. — Marburg 5 (Wender*).

Am Stephans-Dom in Mainz 31, Schloſs in Darmstadt 32 (n. Reissig). St. Goar 23 (n. Wirtg.). Spessart 34 (Behlen*). — Pfalz, Mauern : Speyer 46, Heidelberg 46; *Felsen* und Mauern von Schloſs Dhaun 29, Ernstweiler 43 (Schlz. S. 327). Zweibrücken 43 (Poll. 1863, 192). Rheinfels bei St. Goar 23 (Wirtg. Fl.) Rhein von Basel bis Niederland, Moselthal 15 (Löhr En.) Nassau : am Rhein (Fuck. Fl.). Auf Rheinfels roth oder gelblich (C. Noll*).

.	.	.	4	5	.	.
8	.	10	11	.	.	.
15	.	17	.	.	.	.
.	23	24	.	.	.	.
29	.	31	32	.	34	.
.	.	38	39	.	.	.
43	.	45	46	.	.	

Hiernach überwiegend auf alten Mauern der Ortschaften in den Fluſs-
niederungen bis weit hinauf in die Nebenthäler, sehr zerstreut.

Antirrhinum Orontium.

Giefsen 12 : Nahrungsberg u. sonst.
Dorfgill 12. Bennhausen 38. Steinfurt
19. Hungen 12. Zotzenbach 40. H.
— Gleiberg 11, Rodheim 11 (Hey. R.
276). Ramholz 21 (n. C. Reuſs). Rofsdorf 33 (n. Wagner). — Pfalz : fast
überall sehr gemein (Schlz. 327).
Rheinpreuſsen (Wirtg. Fl.). Nassau
häufig (Fuck. Fl.). Kurhessen gemein
5 (Wender Fl.).

Scheint in unserem Gebiete allgemein verbreitet zu sein.

.	.	.	.	5	.	.
.	.	.	11	12	.	.
.	.	.	.	19	.	21
.	.	.	.	.	.	.
.	.	.	.	33	.	.
.	.	38	.	40	.	.
.	.	.	.	.	.	.

unvollständig

Apium graveolens.

Münzenberger Moor 12 (Hey. R.
156). Salzhausen 20. Soden (Spessart)
34. Nauheim 19. Saline Dürkheim 45.
H. — Wisselsheim 19, Schwalheim 19,
zw. Oppenheim u. Dienheim 32, Langen
33 (D. u. Scr. S. 374). Soden im
Taunus 25, an der Salzbach bei Wiesbaden 24 (Fuck. Fl.) Für Kreuznach
und Wimpfen nicht angegeben. Fehlt
auch bei Kissingen. H.

Salinen, Nordseeküste, Ostsee, südl.
Litoral.

.	.	.	.	.	.	.
.	.	.	.	12	.	.
.	.	.	.	19	20	.
.	.	24	25	.	.	.
.	.	.	32	33	34	.
.	.	.	.	.	.	.
.	.	45	.	.	.	.

(Wird fortgesetzt.)

II.

Studien zur Pflanzengeographie : Geschichte der Einwanderung von Puccinia Malvacearum und Elodea canadensis.

Von **Egon Ihne**.

I. Puccinia Malvacearum.

Hierzu Tafel 2, Karte 1.

Das Vaterland der Puccinia Malvacearum ist Chili. Hier ist sie zuerst von B e r t e r o auf Althaea officinalis gesammelt und von M o n t a g n e in der Flora chil. VIII. S. 43 beschrieben worden. C o r d a brachte in seinen Icones fungorum VI, Tab. I, Fig. 12 eine Abbildung und auf S. 4 einige kurz erläuternde Worte. Seitdem gilt die Individualität des Pilzes als festgestellt und derselbe findet seine Erwähnung unter den Arten der Gattung Puccinia.

Ans dem heimischen Erdtheil unserer Puccinia theilt uns v. T h ü m e n einen Standort mit (30)*): „Dr. L o r e n z sammelte sie im October 1875 auf Malva rotundifolia zu Concepcion am Uruguay" (Argentische Republik) und bemerkt dazu : „Der Pilz liegt also hier aus demselben Erdtheil vor, von wo er zuerst von M o n t a g n e beschrieben wurde, aber die Nährpflanze ist eine erst kürzlich aus Europa eingeschleppte Art! Es bleibt demzufolge das Problem zu lösen:

---

*) Die Zahlen verweisen auf die Quellen, welche in einem besonderen Anhange verzeichnet sind.

ist die Puccinia von einheimischen Malvaceen auf die eingewanderte Art übertragen worden (denn daſs sie, ebenso wie
im Nachbarstaat Chili, auch in der argentinischen Republik
vorkommt, ist wohl anzunehmen), oder ist der Pilz mitsammt
seiner Nährpflanze eingeschleppt? In letzterem Falle hätte
die Puccinia, was wohl einzig dasteht, zweimal eine Wanderung über das Weltmeer gemacht." — Nicht unerwähnt will
ich eine Bemerkung des Herrn Th. Meehan lassen (25),
welcher glaubt, daſs Puccinia Malvacearum schon vor vielen
Jahren in den Vereinigten Staaten Nordamerikas verbreitet
gewesen sei, denn er erinnert sich, vor 30 Jahren eine ver-
heerende Krankheit an Althaea rosea beobachtet zu haben,
die von einem kleinen Pilze herrührte. „Identificirt hat er
denselben nicht, da die Stockmalven aus der Gegend verschwunden zu sein scheinen."

Das erste Auftreten der Puccinia in Europa wurde in
Spanien konstatirt; Herr Loscos fand sie im Jahre 1869 auf
Malva sp. bei Castelseras (Aragonien) (2). Wie der Pilz
hierhin gelangt ist, wissen wir nicht, doch ist mit groſser
Sicherheit zu vermuthen, daſs er durch die zahlreichen Han-
delsverbindungen Spaniens mit Südamerika von letzterem
Lande her gebracht worden ist.

Daſs von Spanien aus die Einwanderung der Puccinia
nach Frankreich, aus welchem eine ganze Reihe von Fundorten vorliegen, stattgefunden haben mag, ist nicht unwahrscheinlich; dieselbe wird dann durch den Wind — die herr-
schende Windrichtung ist Südwest, also günstig für die Hypothese — erfolgt sein. Andererseits kann man aber auch die
Puccinia für direct aus ihrem Vaterlande eingeschleppt halten;
hierfür spricht das nahezu gleichzeitige Auftreten an verschiedenen Küstenorten. Einer der frühesten Fundorte ist der
Mitte April 1873 bei der Localität Crus unweit der Domaine
Gaulac (bei Bordeaux) auf Malv. silv. von einer Dame beobachtete (2). Durieu de Maisonneuve, der denselben
publicirt, ist sicher, daſs der Pilz 1871 noch nicht dort war.
Obgleich sich nun Durieu, nachdem ihm das Vorkommen
bei Crus bekannt geworden, bestrebte, die Uredinee auch im

botanischen Garten zu Bordeaux nachzuweisen, so gelang es ihm doch erst Anfangs August, ebenfalls auf Malva silv. Einmal da, verbreitete sie sich bald über alle Stöcke des Gartens und der Umgegend und befiel noch Althaea rosea (nächst Malva silv. am meisten), Malva nicaeensis, Malva rotundifolia, Malva arborea, Lavatera olbia, Lavatera mauritanicà. Seine Nährpflanze in Chili, Althaea officinalis, verschmähte der Pilz gänzlich (2). Bei Blanquefort (Gironde) wurde die Puccinia auch auf Malva silv.· beobachtet (8), um dieselbe Zeit wie bei Bordeaux. M. C. Roumeguère sammelte sie im August 1873 auf Althaea rosea : „qui dans le midi de la France est presque subspontanée" bei Toulouse, St. Gaudens (Haute-Garonne.), Bagnères-de-Bigorre, Lourdes (Hautes-Pyrénees), Peyrehorade (Landes). Er vertheilte sie an seine Correspondenten als Pucc. Alcea Roum (8). Bei Hyères (Departement du Var) hatte sie schon Anfang Juni 1873 Herr Faur auf Lavatera silv. Brot. gefunden (23). Im April 1874 trat der Pilz bei der Stadt Collioure „sur les feuilles des Mauves, qu'il détruisit complètement" auf (20). — Ungefähr zur gleichen Zeit, wie die Puccinia bei Crus erschien, beobachtete sie M. Planchon bei Montpellier und Cornu sammelte sie hier bald darauf (6). Cornu legte in der Sitzung der Société botanique de France vom 13. Juni 1873 den Pilz, den ihm M. Decaisne gesandt hatte vom Museum in Paris, auf Althaea rosea vor und fügte hinzu, dafs derselbe sich hier in grofser Häufigkeit auf den meisten Malva- und Althaeaarten fände (6). Roze bestätigte in der Sitzung vom 27. Juni c. diese Vorkommen und theilte ferner mit, dafs er die Puccinia am 22. Juni auf Malva silv. gefunden habe (7). Ebenfalls im Jahre 1873, im Monat Mai, ist sie von Gaston Genevier an mehreren Localitäten der Umgegend von Nantes beobachtet worden, auf Althaea rosea, Lavatera arborea und Malva silv. (9). — Bei Charleville (Ardennen) constatirte Paul Petit die Anwesenheit des Pilzes im August 1874 auf Althaea officinalis (21), also der Nährpflanze, worauf Bertero ihn gefunden hatte und die er bis dahin durchaus zu meiden schien. Sowohl hierdurch,

als auch durch eine Untersuchung, die Cornu in der Sitzung
der Soc. bot. de France vom 19. November bekannt machte
und aus welcher sich die vollständige Gleichheit des von
Montagne beschriebenen und des in Frankreich aufgetre-
tenen Pilzes ergab, war jeder Zweifel an der Identität beider
beseitigt (22). — — Alle bisher in Frankreich gemachten
Beobachtungen datiren aus den Jahren 1873 und 1874. Wie
aber Roze berichtet (8), hat Dr. Richon schon 1872 die
Uredinee auf Malva silv. zu St. Amand (Marne) constatirt
und abgebildet. — — Seit Mitte Mai 1874 ist der Pilz ganz
allgemein im mittleren Frankreich aufgetreten, sowohl auf
wilden, wie auf cultivirten Malven. M. Ripart, dem ich
dies entnehme (29), hat Proben auf Malva silv., Malva rotundifolia, Althaea rosea, 1875 „ella a pullulé avec encore plus
d' abondance" (29).

Es unterliegt wohl keinem Zweifel, daſs von Frankreich
aus die Einwanderung der Puccinia in Belgien nnd Holland
stattgefunden hat. 1874 wurde sie in der Umgegend von
Hérol bei Lüttich auf Roses Trémières (Althaea rosea) und
wilden Malven, sowie in Gärten von Antwerpen gefunden;
an beiden Orten war sie vorher nicht (13). Oudemans
berichtet (19), daſs sie im Laufe des Jahres 1874 „in den
verschiedensten Localitäten Niederlands vom Norden bis zum
Süden und vom Osten bis zum Westen" vorgekommen ist
und daſs Malva vulg., Malva silv. (beide im Freien) und Althaea rosea (im Leidener botan. Garten), erstere jedoch in
viel weniger heftigem Grade als die beiden letzteren befallen
wurden. Auf Althaea officinalis konnte er den Pilz nicht constatiren, weil bei Amsterdam, wo er dieſs thun wollte, alle
Exemplare des Eibischs abgeschnitten waren. Er ist jedoch
sicher, daſs 1873 keine Spur des Pilzes daran vorgekommen
ist. Im Nederlandsch Kruidkundig Archief 1876 (17) wird
die Uredinee angegeben „op Althaea rosea in den Hortus te
Leiden, Juli 1874; op Malva vulg. et. silv. bij Amsterdam.
October 1874".

Ungefähr um dieselbe Zeit, wie in Südfrankreich, trat
Puccinia Malvacearum in England auf. — In den Monaten

Juni und Juli 1873 beobachteten sie J. Hussey zu Salis-
bury, Dr. Paxton zu Chichester und Mr. Parfitt zu Exeter, alle drei auf Blättern von Malva silvestris (3). In demselben Jahre (die Monatsangabe fehlt) traf ihn Dr. Capron
zu Shere in Surrey und Roper zu Eastbourne und Pevensey,
beide auf „Mallow" (4). Im November 1873 constatirte sie
Ch. B. Plowright bei Lynn in Norfolk auf Malva silv.
und im nächsten Monat fand sie White bei Newbury auf
„Mallow" und in grofser Menge auf dem Kirchhofe zu Ealing
(11). — In Irland ist ihr Vorkommen festgestellt worden
durch Greensword Pim zu Easton Lodge, Monkstown,
Co. Dublin (26). Dieser Herr beobachtete sie seit dem
18. April 1875 „in great abundance" auf einigen „hollyhocks",
(Althaea rosea), deren Samen von einem englischen Hause
bezogen worden waren, was ihn zur Frage veranlafst, ob
vielleicht die Pilzsporen in dem Samen gewesen seien. Seine
Frage kann wohl unbedenklich bejaht werden und wir werden daher richtig gehen bei der Annahme, dafs die Puccinia
nach Irland auf dem Wege der Cultur aus England gelangt
ist. (Vgl. unten bei Greifswald.) — Um zu erklären, wie
der Pilz nach England selbst gekommen ist, liegen zwei
Vermuthungen vor. Die eine läuft darauf hinaus, dafs er sich
von Spanien aus nach Frankreich, Belgien, Holland und auch
England verbreitet habe. Mir scheint diese Ansicht etwas
gewagt, darum, weil die Puccinia in dem Spanien so nahen
Südfrankreich gleichzeitig auftrat, wie in dem entfernten
England. — Ihr Vorkommen bei St. Amand 1872 tritt uns
hier um so merkwürdiger entgegen. — Wahrscheinlicher als
die erste Annahme ist die zweite, die nämlich, dafs die Pucc.
nach England direct durch Schiffe eingewandert ist, sei es
nun von Südamerika, sei es von Australien. Für letzteres
spricht der Umstand, dafs Berkeley — vor dem 18. Januar
1872 — sie unter den Australian fungi aufführt als „on Malva
rotundifolia, Melbourne und hinzufügt : „it also occurs abun-
dantly on the common Hollyhock. Introduced possibly from
Chili, where it was originally found" (5). Eine Bemerkung
in der Belgique horticole lautet ebenfalls dahin, dafs der Pilz

seinen Weg von Chili über Australien genommen habe (13).
Cooke (10) führt sogar 1874 als Heimath nur Australien
und Chili an. — Wie nach Australien, so haben englische
Schiffe unzweifelhaft auch nach dem Kap der guten Hoffnung die Puccinia gebracht; von hier wurde sie 1874 Herrn
v. Thümen von Freunden auf Althaea rosea mitgetheilt (24).

In Deutschland hat Dr. J. Schröter den Pilz zuerst
beobachtet und zwar auf Malva silvestris im October 1873
zu Rastadt in Baden (1). Er fand auf der angegebenen Pflanze
zu dieser Zeit eine Puccinia, „deren plötzliches Auftreten ihn
überraschte und von der er sich nicht denken kann, daſs er
sie übersehen hätte." Er schickte sie als neue Art an Rabenhorst. Nachdem ihm aber die Vorkommen der Pucc. Malv.
in England bekannt wurden, zweifelte er nicht, daſs seine
Pucc. mit der dort gefundenen identisch sei, wie es auch
wirklich der Fall war. Beim ersten Auftreten sammelte sie
Schröter immer nur auf Malva silv., dann allmählich auf
Malva neglecta und Altaea rosea, woraus hervorgeht, daſs
sie von wilden Malven auf cultivirte gewandert ist. Bis in
den December gewann sie stets Terrain. — Ebenfalls im
Herbst 1873 wurde der Pilz (15) von Stahl zu Straſsburg
auf Althaea rosea und anderen Malven (die an der angeführten Stelle 15 nicht genannt werden) entdeckt. — Die Vermuthung, die Puccinia habe sich von Frankreich aus spontan nach
Straſsburg und Rastadt verbreitet, wird die wahrscheinlichste
zur Erklärung beider Vorkommen sein. — Einmal an diesen
Orten, bürgerte sich die Uredinee bald völlig ein. Nach
Stahl (15) zeigte sie sich im Sommer 1874 reichlich in
Straſsburg und nach Schröter (28) in den ersten Frühlings-
monaten 1875, obwohl der Winter 1874/75 sehr hart gewesen,
im Murg-, Nekar- und Albthal (Herrenalb), ja auf Höhen
des badischen Odenwaldes ganz verbreitet. Im Freien ist in
diesen Gegenden ihre Hauptnährpflanze immer Malva silv.;
„doch geht sie gelegentlich auch auf andere Malven über",
wie im botan. Garten zu Karlsruhe auf M. borealis und in
Rastadt auf M. alcea und M. neglecta. In den Gärten dagegen ist Althaea rosea allerorts befallen.

Von Rastadt und Straßburg aus hat die Puccinia ihren Weg in das übrige Süddeutschland genommen, indem sehr wahrscheinlich der Wind als Verbreitungsmittel diente. Seit Anfang Juni 1874 ergriff sie in der Erlanger und Nürnberger Gegend Althaea rosea, die hier im Großen cultivirt wird, ganz allgemein und verwüstete sie furchtbar (16). Früher ist sie hier nicht vorgekommen, „die auffällige Erscheinung der Puccinia und die übereinstimmenden Aussagen aller die Pappelrosen bauenden Landwirthe bürgt dafür" (16). Seit Juni aber wurden Tag für Tag neue Fundorte an Professor Reefs, dem wir obige Mittheilung verdanken, gemeldet. Neben Althaea rosea erwählte die Uredinee noch Malva vulg. und Althaea officinalis als Nährpflanzen; auf letzterer ist sie um Kraftshof bei Nürnberg beobachtet und dadurch wiederum ihre Identität mit der von Montagne beschriebenen constatirt worden (16). — Ende Juli 1874 fand Prof. Ahles (15) den Pilz auf Malva silvestris zu Stuttgart, sowohl in der Umgebung, als auch im Garten des Polytechnikums. Derselbe sah ihn ferner noch in Cannstadt und in Beuron im Donauthal. — v. Thümen (24) sammelte die Puccinia 1874 bei Baireuth massenhaft auf Althaea rosea, außerdem noch auf Malva silv. und neglecta. 1875 fand er sie auf den drei Pflanzen wieder, ferner hatte sie aber bereits die folgenden Malvaceen des königl. Hofgartens ergriffen : Malva crispa, M. mauritiana, M. moschata, M. borealis, Malope grandiflora, M. malacoides, Lavatera thuringiaca, L. trimestris.

Nicht bloß in Süddeutschland, auch in Mittel- und Norddeutschland fand Pucc. Malv. ihren Eingang. Zunächst sind am Rheine mehrere Vorkommen zu verzeichnen. — Schon im Juli 1874 trat sie im fürstlich Salm-Dyck'schen Garten zu Dyck bei Glehe (Reg.-Bez. Düsseldorf) so stark auf Althaea rosea auf, daß deren Cultur aufgegeben werden mußte (37). — Von 1874 bis 1876 beobachtete Prof. Körnicke den Pilz bei Nettegut an der Nette (am linken Rheinufer bei Neuwied) „auf Malva silvestris sehr zahlreich, auf der dazwischen wachsenden Malva neglecta sehr sparsam" (32, 12). — 1875 trat derselbe, Körnicke zufolge (32), „auf einem wild-

wachsenden Exemplare der Malva silvestris in der Nähe des
Malvenbeets" im Bonner bot. Garten auf „und 1876 daselbst
auf Althaea rosea, nicht auf anderen Malven des Beets."
Ferner fand sich die Puccinia „im Sommer 1876 zahlreich
auf Malva neglecta und Malva verticillata, deren Samen aus
Japan stammten." Körnicke kommt, da er in früheren Jahren den Ort, wo die beiden letzterwähnten Malven wuchsen
und der bis dahin als Düngerstätte und Grasfläche gedient
hatte, besucht hatte, ohne die Uredinee gewahr worden zu
sein, zur Annahme, sie sei wahrscheinlich aus Japan eingeschleppt. Ich glaube, dafs diese vollständig isolirt stehende
und durch nichts weiter unterstützte Vermuthung besser ersetzt wird durch die, dafs der Pilz sich von den schon infi-
cirten Malvaceen spontan auf die anderen verbreitet habe,
was für uns, bei Betrachtung seines Vorkommens in Süddeutschland, nichts Unwahrscheinliches hat. Nach Bonn überhaupt wird wohl der Pilz durch spontane Verbreitung von
Neuwied aus gelangt sein; Neuwied und Dyck mögen ihn
von Nordfrankreich, Belgien und Holland erhalten haben. —
Noch ein Platz des Auftretens der Puccinia am Rhein ist
St. Goar, wo sie Herr Herpell im September 1877 auf Althaea rosea und Malva maur. antraf, vorzugsweise auf ersterer,
in geringer Menge auf letzterer, auf wilden Malven gar nicht.
Vorher hatte Herpell die Uredinee nie bemerkt (37). — —
In Norddeutschland war der erste Beobachter der Puccinia
Dr. Brockmüller, welcher sie am 8. Juli 1874 im Sach-
senberger Garten bei Schwerin antraf und ihre grofse Verwüstungsfähigkeit in Augenschein nahm (31). Sie erhielt sich
hier während 1875 und 1876, gewann sogar im letzten Jahre
bei Schwerin neues Terrain, indem sie am 20. Juli Stock-
rosen des Stadtkrankenhauses in der Werderstrafse, am
20. August des Grofsh. Gemüfshausgartens befiel und ferner
auf die spontanen Malvaceen: Malva silv. [am 20. August im
Garten des Schriftsetzers Seust in der Werderstrafse und
am 22. October bei der Paulskirche] und Malva neglecta
[am 17. October in der Fritz-Reuterstafse] übersiedelte. —
Wenige Tage nach Brockmüller's Beobachtung, am

17. Juli 1874, constatirte Senator Brehmer den Pilz bei
Lübeck auf Althaea rosea in einem Garten; auf wilden Malven war nichts zu sehen (15 u. 31). — Eine Notiz Rostrup's
(14 u. 23) besagt, dafs Pucc. Malv. Ende August 1874 bei
Nyborg (auf Fünen) auf Malva silv., später, im October und
November, auch in anderen Theilen der Insel auf dieser
Malve und Althaea rosea reichlich gefunden wurde; womit
also die Uredinee schon Skandinavien betreten hat. — Um
zu erfahren, woher der Pilz in diese nördlichen Gegenden
gekommen ist, erwägen wir Folgendes. Er kann nur gekommen sein von Ländern, in denen er schon war. Vor
Sommer 1874 war er in Spanien, Frankreich, England, Rastadt
und Strafsburg; im Sommer 1874, also gleichzeitig mit Norddeutschland und Fünen, trat er in ganz Süddeutschland und
einigen Punkten am Rhein auf. Wäre er nun von hier nach
Norddeutschland und Fünen gewandert, so müfsten wir ihn
von Zwischenstationen kennen. Diese fehlen aber (Erfurts
Werth als solche ist nicht anzuschlagen; siehe gleich) und es
ergiebt sich mit grofser Sicherheit, dafs er von Frankreich
und England her nach Norddeutschland und Fünen gelangt
ist, was dann durch Schiffe geschehen sein wird. Magnus
glaubt, dafs „die Puccinia von Frankreich und England aus
mit dem Handel die Meeresküste entlang nach Holland, Dänemark und Lübeck gewandert ist und von der Küste aus in
Norddeutschland vordringt" (23). Er nimmt hiernach auch
den Weg zur See an; ob er bezüglich Hollands hierin Recht
hat, steht dahin, denn wie wir gesehen, ist für dieses Land
auch der Landweg durchaus annehmbar. Vielleicht ist die
Puccinia auf beiden Wegen nach Holland gekommen. — —
Den bereits erwähnten Vorkommen in Norddeutschland reihe
ich die folgenden an : Dr. Eichelbaum entdeckte bei
Hildesheim an den Ufern der Innerste den Pilz im Juni
1875 auf Malva silv. (23). Dr. Wittmack traf ihn am
16· August 1875 im Garten des Herrn Benary zu Erfurt
auf Althaea rosea (23). Herr Benary hatte die Uredinee
schon seit zwei Jahren hier beobachtet und „es ist möglich,
dafs sie mit englischen Malvensorten eingeschleppt ist". Die

Möglichkeit wird zur Wahrscheinlichkeit, ja zur Gewifsheit, wenn man bedenkt, dafs der Pilz in Zeit von 2 Jahren nur Althaea rosea befallen hat, während doch bei einer Verbreitung in gröfserem Umfange, wie sie, wenn Erfurt eine Zwischenstation Süd- und Norddeutschlands wäre, stattgefunden haben müfste, auch andere, namentlich wilde Malven inficirt worden sein müfsten. — Auch Altona wird 1875 als Standort der Puccinia angegeben (31). — In der Umgegend von Bremen fand Dr. Focke im August 1876 die Uredinee bei Sellstadt auf Althaea rosea und bei Oslebshausen auf Malva crispa, welche hier als Gemüse gebaut wird; in der Umgebung Braunschweigs, bei Martinsbüttel, beobachtete er sie schon seit Ende Juli auf Althaea rosea (37). Herr Schütte (37) constatirte sie im November bei Fallersleben, ebenfalls auf Althaea rosea. Bei Ober-Röblingen (bei Eisleben) fand R. Staritz im September 1877 den Pilz in einem Garten auf Malva verticillata und maurit., nicht auf anderen Species (2).

In Westfalen trat die Puccinia Malv. 1876 auf, Stud. Karsch wies sie im October auf dem Kirchhofe am Neuthor von Münster auf Althaea rosea nach (37). Sie kann hierhin gelangt sein von Holland und dem Rhein aus, wie es Magnus (37) direct ausspricht, oder von Nordosten (Hildesheim, Oslebshausen u. s. w.). — — Auch in den hessischen Lande ist die Uredinee eingerückt. Unter den Pilzen von Kassel (34) 1878 wird sie auf Malva silv. bei Kratzenberg aufgeführt. Im botan. Garten zu Giefsen fand sie Prof. Hoffmann am 10. August 1878 nuf Malva nicaeensis A. und M. parviflora, beide im freien Land stehend; die Samen der ersteren waren von Jena (von 1874) und die der anderen von Rouen (von 1877) bezogen. Ob der Pilz schon früher im Garten vorhanden gewesen ist oder nicht, vermag Prof. Hoffmann nicht zu sagen, da er nicht danach gesucht hat (39) *). — Noch drei Orte des Vorkommens der Puccinia in

---

*) Im Juni 1879 sah ich selbst die Puccinia in Giefsen im botanischen Garten

Deutschland sind zu erwähnen, in denen sie die östliche
Grenze ihrer Verbreitung in Deutschland erreicht, es sind
Greifswald, Brandenburg und Berlin. — In Greifswald ist
sie, wie Prof. Münter Herrn Magnus mittheilt (36), im
Frühjahr 1876 auf zwölf von Hage und Schmidt in Er-
furt bezogenen Stöcken von Althaea rosea bald nach ihrer
Ankunft reichlich aufgetreten. Es liegt hier ein evidenter
Fall einer Verbreitung durch Cultur vor : mit den Erfurter
Stöcken kamen die Pilzsporen nach Greifswald.

In der Umgegend von Brandenburg beobachteten den
Pilz Dr. Winter am 11. September 1877 im Dorf Gollwitz
bei Wusterwitz und Dr. W. und F. A. Töpfer im Dorf
Nauendorf auf Malva silv. (37). Bei Brandenburg selbst fand
Töpfer die Puccinia nicht, weder auf wilden, noch auf cultivirten Malven, was diesen Autor zur Vermuthung veranlaſst,
daſs sie durch rein spontane Verbreitung, ohne Vermittelung
des Handels, in die Dörfer gelangt sei; denn, füge ich hinzu,
wenn Pucc. Malv. an einem Orte nur wilde Malven befällt oder
wilde Malven früher als cultivirte, so kann man mit groſser
Sicherheit eine spontane Verbreitung nach diesem Orte annehmen. Wenn sie dagegen sich an einem Orte eher auf
cultivirten als auf wilden Malven, oder auf cultivirten allein
zeigt, so ist die Richtigkeit des Schlusses, daſs in diesem
Fall nicht spontane Verbreitung stattgefunden habe, möglich,
aber nicht gewiſs. — Bei Berlin beobachtete Lehrer Sydow

---

auf Althaea rosea auftreten. Auf dieser Pflanze vermehrte sie sich zu-
sehends, alle übrigen Malvaceen des Gartens aber (u. a. Lavatera olbia, trimestris, Althaea officinalis, Malva grossul., Malope trifida) blieben frei davon. (Meine Beobachtungen gehen bis zum 9. August.) Auf Althaea rosea
eines anderen hiesigen Gartens fand ich den Pilz ebenfalls; dagegen konnten sowohl Prof. Hoffmann als auch ich auf den wilden Malven der Umgegend Gieſsens (namentl. Malva silv. und rotundifolia) keine Spur von ihm
wahrnehmen. — Da mir zu dieser Zeit Sporen des Pilzes zu Gebote standen,
so habe ich einige Keimversuche gemacht, durch die ich die Beobachtungen
von Schröter, Kellermann, Magnus u. A. bestätigt fand. Nur
möchte ich hervorheben, daſs ich niemals Stielchen an den Sporidien bemerkt habe, stets schnürten sich letztere ohne solche vom Promycel ab.

die Uredinee bereits im September 1877 im botanischen
Garten, sowie im Park des Schlosses Bellevue auf Althaea
rosea (37). Magnus fand am 5. Dec. im bot. Garten aufserdem ergriffen: Malva silv., Althaea Heldreichii Bois. f. rotundata, Althaea asterocarpa var. intermedia; Malva moschata,
mitten unter diesen Malvaceen stehend, war pilzfrei (37). In
der unmittelbaren Umgebung von Berlin sammelte Günther
die Puccinia am 12. Oct. 1877 auf Althaea rosea in der Mai-
schen Gärtnerei in Pankow, Ascherson und Dumas am
28. October in der Gärtnerei von Haase ebendort, Parring
Mitte November im Borsig'schen Garten auf Topfpflanzen von
Althaea rosea, bezogen von Erfürt (also vielleicht ein ähnlicher Fall wie in Greifswald), Ernst Ule Mitte November
auf Althaea rosea in einem Vorgarten der Dorfstrafse in
Tempelhof (37). „So sehen wir, wie Puccinia Malv. ziemlich
gleichzeitig im Herbst 1877 in der ganzen Umgegend von
Berlin aufgetreten ist" (Magnus 37).

Während 1877 fand unser Pilz seinen Eingang in die
Schweiz. Dr. G. Winter (34) beobachtete ihn im April
zuerst bei Hottingen (bei Zürich) auf Malva silv. und dann
beim eidgenössischen Polytechnikum in Zürich auf Althaea
rosea. Später erschien er im botanischen Garten in Zürich
und in Gärten in Richtersweil (linkes Ufer des Züricher
Sees), ferner in Wipkingen und Dielsdorf (bei Zürich), in
beiden Orten auf Malva silv. und in Dielsdorf noch auf Malva
maur. Im August 1877 entdeckte Winter die· Puccinia
auch bei Altdorf und Erstfelden (Kanton Uri) auf Malva silv.
und stud. Lehmann fand sie (Monatsangabe fehlt) bei Sion
(Wallis) ebenfalls auf Malva silv. und im botanischen Garten
zu Bern auf Malva glomerata und Althaea rosea (34). — Die
Einwanderung des Pilzes nach der Schweiz ist vielleicht von
Süddeutschland aus erfolgt, zwischen Beuron und Zürich ist
die Entfernung nicht grofs. Indessen ist keineswegs ausgeschlossen, dafs er von Frankreich gekommen sei.

Erheblich früher als die Schweiz wurde Italien von der
Puccinia heimgesucht. Seit Anfang Januar 1874 beobachtete
sie v. Beltrani-Pisani auf Malva silvestris bei der Villa

Borghese zu Rom, im April auch im Kloster „San Lorenzo zu Panisperma" (31), im Juni entdeckte sie Cesati am Colosseum (27). [Das Kloster San Lorenzo zu „Panisperma" läfst sich nicht finden, sollte es vielleicht die Via di S. Lorenzo in Panisperma (in Rom) sein?] Im November 1874 fand sie Cesati bei Neapel auf verschiedenen Malvenarten (35), Saccardo bei Padua auf Althaea rosea (35). Wie sie nach Italien gekommen ist, ob von Frankreich durch das Département du Var, ob von Spanien oder sonst einem Lande, läfst sich nicht entscheiden.

Mit dem Vorkommen des Pilzes in Oberitalien hängt vielleicht sein Auftreten in Laibach (Krain) zusammen. Hier beobachtete sie Prof. Vofs im Juli 1876 im Garten des Handelsgärtners Schmidt auf Althaea rosea (36 u. 37). Die Samen der Malven, welche seit 1874 cultivirt wurden, waren von London bezogen und mit diesen Samen glaubt Vofs den Pilz eingeschleppt. Magnus ist dagegen der Meinung, die Puccinia sei von Oberitalien nach Laibach gelangt und seine Ansicht ist der von Vofs vorzuziehen, weil 1874 und 1875 kein Pilz in Laibach erschien, was bei directem Herkommen aus England doch zu erwarten gewesen wäre, zumal derselbe es nicht verschmäht, sich sobald wie möglich zu entwickeln (siehe Greifswald). Im Juni 1877 fand Vofs die Uredinee auch in der Umgebung Laibachs, sie war in reichlichem Mafse auf Malva silv. im Dorfe Techza.

Ein zweites Vorkommen der Puccinia Malvacearum in Oesterreich ist das in der Gegend von Linz. — Am 6. August 1876 beobachtete sie Dr. Schiedermeyer (33) auf Blättern von Althaea rosea im Park des Cisterzienser Stifts Wilhering am rechten Donauufer bei Linz. Der Pilz hatte nur eine Pflanze und diese nur spärlich befallen und da Schiedermeyer mit grofser Bestimmtheit versichert, dafs derselbe früher nicht vorhanden war, so haben wir es mit einem ganz recenten Auftreten zu thun. Wie Schiedermeyer berichtet, werden oft Samen und Pflanzen von Althaea rosea von Erfurt nach Wilhering bezogen und vielleicht ist die Puccinia auf diesem Wege eingeschleppt, indessen konnte, nach Schiedermeyer, „ein näherer Zusammenhang nicht constatirt werden." — Wenige Wochen nach dem Eintreffen der Uredinee bei Wilhering fand sie Schiedermeyer im Garten der Apotheke zu Neufelden (5 Stunden nordwestlich von Linz am linken Donauufer) reichlich auf einigen Stöcken der dort als Unkraut wachsenden Malva silv. und auch auf den vor kurzem eingesammelten Blättern von Althaea officinalis. Die 1877er Ernte der letzteren war nach Aussage des Apothekers bedeutend geringer ausgefallen wie sonst, woran wahrscheinlich der Pilz schuld ist. Im Bezug auf die Frage, wie die Puccinia nach Neufelden gelangt ist, ist zu bemerken, dafs der Apotheker mit deutschen Handelsgärtnern nicht in Verbindung steht (33). Magnus meint, sie könne sich spontan daihn verbreitet haben, was dann von Wilhering oder Süddeutschland aus sich ereignet haben könnte. — Bei Tetschen (Böhmen) an der Elbe fand am 7. September 1877 Magnus (36) in einem kleinen Vorgärtchen den Pilz reichlich auf jungen einjährigen Pflanzen von Althaea rosea; sowohl auf älteren Stöcken von Althaea rosea als auf wilden Malven war die Uredinen nicht vorhanden und ebenso traf Magnus dieselne nirgends in der sächsischen Schweiz. Er meint, dafs die Puccinia auf dem Handelswege nach Tetschen gelangt sei, die Eigenthümer des Vorgärtchens, bei denen er sich näher erkundigen wollte, fand er nicht zu Hause. — Noch eine Anzahl Funde sind aus Oesterreich-Ungarn zu melden. 1876 trat sie bei Stortek im Waagthaale (südlich von Trentschin) und bei Ungarisch-Skalitz auf der dort cultivirten Althaea rosea auf und schädigte seitdem deren Bau auf's Empfindlichste (40). 1877 war sie, nach Holuby (40), in Stara-Tura (Neutraer Comitat) auf Althaea rosea und in N. Podhard und Umgegend ebenfalls auf dieser Malvacee und aufserdem auch auf Malva silv., M. rotundifolia, M. borealis (40).

Die südliche und östliche Grenze ihrer Verbreitung in Europa erreicht Puccinia Malv. in Athen, wo sie von Thümen im April 1877 auf Althaea rosea Cav. sammelte (36).

Kurzer Rückblick.

Puccinia Malvacearum stammt aus Chili. Sie tauchte in Europa zuerst 1869 in Spanien auf, alsdann in Frankreich, namentlich im südlichen und mittleren, verbreitete sich von hier über Belgien und wahrscheinlich auch Holland. In England trat sie zu derselben Zeit auf, wie in Südfrankreich : 1873, und scheint direct von Chili oder Australien eingeschleppt worden zu sein. Irland hat sie auf dem Wege der Cultur von England empfangen; es stellt das westlichste Land dar, in dem sie in Europa vorkommt. In Deutschland befiel der Pilz zuerst Süddeutschland, und nicht viel später wurde seine Anwesenheit am Mittelrhein und einigen der Küste nahen Orten Norddeutschlands constatirt. Nach Süddeutschland wird er von Frankreich, an den Rhein von Holland, nach Norddeutschland auf dem Seewege im Gefolge des Handels mit Frankreich und England gebracht worden sein. Es hat sich dann von diesen Districten aus weiter in Deutschland ausgebreitet, theils spontan (wohl durch Wind), theils durch directe Verschleppung. Der nördlichste Punkt in Europa ist Fünen, wohin er ungefähr um dieselbe Zeit und auf demselben Wege gelangte, wie nach der Küste Norddeutschlands. — Oesterreich besitzt die Puccinia an mehreren, ziemlich zerstreut auseinander liegenden Punkten, ebenso Italien. Das südlichste und östlichste Vorkommen in Europa ist das bei Athen. — Aufser in Amerika und Europa kommt die Puccinia noch in Australien und am Cap der guten Hoffnung vor, wohl ohne Zweifel durch englische Schiffe hierher gebracht. — Als Nährpflanzen des Pilzes dienen sowohl wilde wie cultivirte Malven, besonders Malva silvestris und Althaea rosea. Seine Verwüstungsfähigkeit ist enorm.

Quellen zur Geschichte der Einwanderung von
Puccinia Malvacearum.

(Chronologisch geordnet.)

1. Dr. J. Schröter in Hedwigia 12, 1873.
2. P. Magnus in den Sitz.-Ber. der Ges. naturforsch. Freunde zu Berlin, Sitzung am 16. Dec. 1873 und im März 1874, in Hedwigia 7, 1874.
3. Grevillea 15, 1873, p. 47.
4. F. C. S. Roper in the Journal of Botany, British and foreign XI. 1873, p. 340.
5. Berkeley in the Journal of the Linnean society (Botany) XIII, p. 173.
6. Cornu' in Bull. de la soc. bot. de France XX, 1873, p. 160 et 161.
7. Roze in Bull. de la soc. bot. de France XX, 1873, p. 187.
8. Roze und eine allgemeine Bemerkung in Bull. de la soc. bot. de France XX, 1873, p. 281 et 282.
9. Genevier in Bull. de la soc. bot. de France XX, 1873, p. 305.
10. Cooke in Grevillea 21, 1874, p. 137.
11. White in. the Journal of Botany, Brit. and for. XII, 1874, p. 24.
12. Körnicke in Verh. d. nat. Ver. der preufs. Rheinl. und Westf., Sitz. am 6. März 1874, S. 33; 1876, S. 48 der Sitz.-Ber.
13. La Belgique horticole 1874, p. 41 et 232 in Just, bot. Jahresber. 2. Jahrg., 1874, S. 202.
14. Rostrup in Verhandl. des botan. Ver. der Prov. Brandenburg 17; 1875, S. 91.
15. Magnus in den Sitz.-Ber. der Ges. nat. Freunde zu Berlin in Bot. Zeit. 8, 1875.
16. Reefs in den Sitz.-Ber. der medicin. Soc. in Erlangen in Hedwigia 10, 1874.
17. Nederlandsch Kruidkundig Archief Tweede serie, 2. Deel, 2. Stuck, 1876, p. 101.
18. Rabenhorst in Hedwigia 12, 1874.
19. Oudemans in Botan. Zeit. 1874, 46, S. 742.
20. Bull. de la soc. bot. de France XXl, 1874, p. 235
21. Paul Petit in Bull. de la soc. bot. de France XXI, 1874, p. 299.
22. Cornu in Bull. de la soc. bot. de France XXI, 1874, 293.
23. Magnus in den Verh. d. bot. Ver. für die Prov. Brandenburg 1875, S. 91 u. 92 der Sitznngsberichte.
24. v. Thümen in Hedwegia 8, 1875.
25. Meehan in Just's botan. Jahresb. 1878, S. 152.
25. Greensworth Pim in Grevillea 28, 1875, p. 176.
27. V. Cesati in Just's botan. Jahresb. 1875, 3. Jahrg., S. 166.
28. Dr. J. Schröter in Hedwigia 12, 1875.
29. Ripart in Bull. de la soc. bot. de France XXIII, 1876, p. 212.
30. v. Thümen in Hedwigia 6, 1876.

UNIVERSITY O

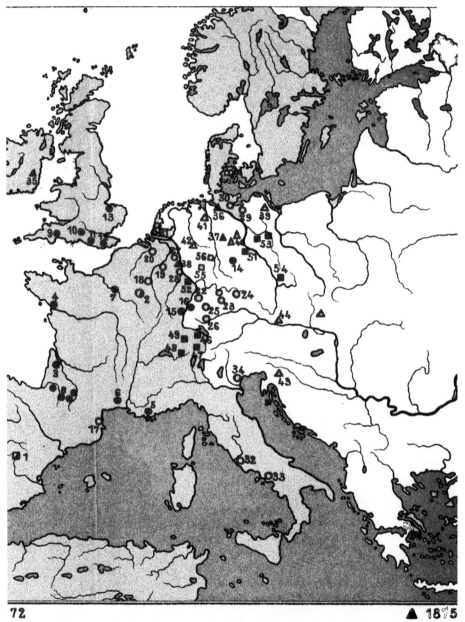

№ 1. Puccinia Malvacearum.

▲ 1875
■ 1877

31. Dr. H. Brockmüller in Archiv des Ver. für Freunde der Naturg. in Mecklenburg 30, 1876, S. 239 ff.
32. Körnicke in Hedwigia 2, 1877.
33. Schiedermeyer in Hedwigia 7, 1877.
34. Winter in Hedwigia 11, 1877.
35. Rabenhorst, Fungi excicati europ. Cent. 24. Dresdae 1877 in Hedwigia 6, 1878.
36. Magnus in Hedwigia 10, 1877.
37. Magnus in den Sitz.-Ber. der Ges. nat. Freunde zu Berlin in Bot. Zeit. 27, 1878.
38. Ries-Wigand-Eisenach, Uebersicht über die bisher in der Umgegend von Kassel beobachteten Pilze 1878, S. 31.
39. H. Hoffmann, handschr. Aufzeichnung vom 10. Aug. 1878, Giefsen.
40. Holuby, briefl. Mittheilung an H. Hoffmann in Giefsen, 15. Feb. 1879.

Erklärung der Karte.

Bei der Numerirung der Orte wurde, soweit es thunlich war, die chronologische Folge des Auftretens berücksichtigt.

1869	1.	Castelseras in Aragonien.		30.	Lübeck.
1872	2.	St. Amand im Dép. Marne.		31.	Nyborg auf Fünen.
1873	3.	Gegend von Bordeaux.		32.	Rom.
	4.	Nantes.		33.	Neapel.
	5.	Hyères.		34.	Pavia.
	6.	Montpellier.	1875	35.	Monkstown.
	7.	Paris.		36.	Altona.
	8.	Toulouse, Lourdes u. A.		37.	Hildesheim.
	9.	Exeter.		38.	Bonn.
	10.	Salisbury.	1876	39.	Greifswald.
	11.	Chichester.		40.	Martinsbüttel und Fallersleben.
	12.	Eastbourne.			
	13.	Lynn in Norfolk.		41.	Sellstadt bei Bremen.
	14.	Erfurt.		42.	Münster.
	15.	Strafsburg.		43.	Laibach.
	16	Rastadt.		44.	Linz.
1874	17.	Collioure.		45.	Stortek und Ung. Skalitz.
	18.	Charleroi.			
	19.	Hérol bei Lüttich.	1877	46.	Zürich.
	20.	Antwerpen.		47.	Altdorf.
	21.	Leiden und Amsterdam.		48.	Sion.
	22.	Gegend um Karlsruhe.		49.	Bern.
	23.	Erlangen und Nürnberg.		50.	Athen.
	24.	Baireuth.		51.	Eisleben.
	25.	Stuttgart.		52.	St. Goar.
	26.	Beuron.		53.	Gegend von Brandenburg und Berlin.
	27.	Glehn (Reg. Bez. Düsseldorf).			
				54.	Tetschen.
	28.	Neuwied.	1878	55.	Giefsen.
	29.	Schwerin.		56.	Kassel.

II. Elodea canadensis.

Das Vaterland unserer Pflanze ist Nordamerika (Canada, Vereinigte Staaten). Zuerst findet sich der Name Elodea canadensis in der Flora boreali-americana von M i c h a u x 1803 und von da an beschrieben sie mehrere Naturforscher; aber theils ertheilten ihr diese eine solche Menge von verschiedenen Namen (circa ein Dutzend), theils wandten sie den Namen auch auf andere Pflanzen an, daſs zuletzt die Verwirrung eine heillose war. R o b e r t C a s p a r y hat das Verdienst, durch seine vortreffliche Arbeit : die Hydrilleen (Anacharideen Endl.) (1) Licht in die Sache gebracht und den Begriff der Species Elodea canadensis von M i c h a u x endgültig festgestellt zu haben.

Irland war das europäische Land, in dem die Elodea zuerst bemerkt wurde. Hier fand sie 1836 der Gärtner J o h n N e w in einem Teich bei Warringstown, unmittelbar nachdem einige fremde Wassergewächse gepflanzt worden waren. Sie vermehrte sich so schnell, daſs noch in demselben Sommer (1836) der Teich mehrmals von ihr gesäubert werden muſste. Ob sie bereits im Teich existirte, ehe die Wassergewächse hineingebracht wurden, oder ob sie mit diesen eingeführt wurde, ist nicht bekannt (2). Ohne Kenntniſs von diesem Vorkommen zu haben entdeckte in der ersten Hälfte 1842 D. M o o r e die Elodea in einem kleinen Weiher des Gartens des Herrn I s a a c M. D'O l i e r zu Booterstown bei Dublin (3). Er constatirte sie als eine nicht-britische Species und brachte sie in den botanischen Garten zu Dublin, damit man sie hier cultivire, was geschah. Auch M o o r e erstaunte höchlichst über ihre ungewöhnlich- rasche Vermehrung. Bezüglich ihres Herkommens vermuthet er, daſs sie mit exotischen Pflanzen, welche I s a a c M. D'O l i e r aus den übrigen Gegenden Englands und vom Continent zu beziehen pflegte, in den Garten gelangt sei; Gewiſsheit fehlt ihm indessen (3). — — Am 3. August 1842 fand Dr. J o h n s t o n im See zu Dunse Castle (bei Berwick) unter verschiedenen Potamogetonarten „a plant, which interested him from its neat and peculiar habit" (4).

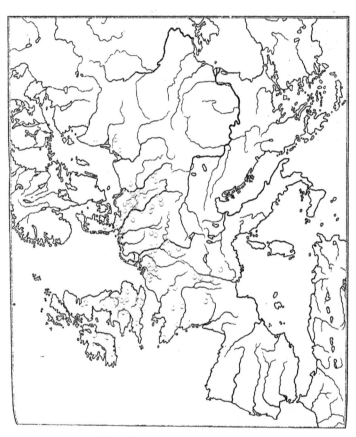

№ 2. Elodea canadensis.

Lith.Anst.v.Loew & Reinzke in Giessen

Er sandte mehrere Exemplare an Babington, aber seine Frage „after the name and character of the plant was very unsatisfactory". Kein Wunder, denn Babington „had totally forgotten the plant . . . and the specimens were lost". [Babington entschuldigte diefs nachher damit, dafs die Johnston'schen Proben keine Blüthe und Frucht besessen hätten (5).] Johnston's Interesse schwand daher „under the persuasion, that the plant might have been introduced into the lake with some other aliens from the south". Dr. Maclagan, der das Kraut bei Johnston sah, bestätigte diese Ansicht, indem er es für die canadische Species der Gattung Udora erklärte. — — Die nächste Entdeckung der Elodea geschah zu Anfang September 1847 durch Miss Mary Kirby in Teichen, welche in Verbindung mit dem Canal zu Foxton Locks bei Market Harborough, Leicestershire, standen (6). Mr. Bloxam sammelte sie etwas später an demselben Orte (7) und schickte sie an Babington, der in den Annals and Magazine of Natural History 1848 eine Beschreibung der Pflanze gab und ihr den Namen „Anacharis Alsinastrum" ertheilte. Als Johnston dieser Aufsatz zu Gesicht kam, constatirte er die Identität seiner bei Dunse-Castle gefundenen Pflanze mit der Anacharis. [Ueber die Berechtigung des Namens An. Als. siehe Caspary (1).] — — Ebenfalls im Jahre 1847 wurde die Elodea in Leigh Park bei Havant (Hampshire) gefunden und zwar nach Einführung einiger amerikanischer Wassergewächse (8).

. Die bis jetzt erwähnten Fundorte der Elodea sind die ältesten in England. Anläfslich derer bei Warringstown, Booterstown und Leigh Park erscheint die Annahme, dafs die Pflanze mit fremden (wohl amerikanischen) Wassergewächsen eingeführt ist, sehr wahrscheinlich; über den bei Dunse-Castle fehlen Mittheilungen, die zu einer solchen Vermuthung berechtigen. Hinsichtlich des Vorkommens bei Foxton Locks nahm Babington anfangs an, dafs die Elodea dort, wie in England, heimisch sei, änderte aber später seine Meinung dahin, dafs „er sie für möglicher Weise von Amerika eingeführt hielt" (1). „Marshall (1) wirft die Hypothese

5*

auf, dafs sie durch ein einziges weibliches Samenkorn mittelst
canadischen Bauholzes nach England gelangt sei". Eine Einführung nach Grofsbritannien ist unter allen Umständen anzunehmen; denn einmal sind alle Pflanzen nur weiblich, und
dann wäre ohne eine solche „die ungeheure Verbreitung der
Pflanze in so wenigen Jahren (siehe gleich unten), nachdem
sie bisher völlig aller Beobachtung entgangen war, nicht zu
erklären" (1). „Wie sie nach England gekommen ist, wird
sich nie ermitteln lassen, aber dafs sie aus Nordamerika stammt,
scheint nicht bezweifelt werden zu dürfen, da sie sich dort
ursprünglich wild findet" (1). — —

Vom Jahre 1848 ab tritt die Pflanze in den verschiedensten
Localitäten Grofsbritanniens auf. — Am 9. August 1848 fand
sie Dr. Johnston im Whiteadder, einem Nebenflufs des
Tweed, bei dem Orte Newmills, am 4. September zwischen
Whitehall und Edington Mill, und 1851 ist sie von Whitehall
bis Gainslaw-Bridge (9 und 4) eine der gemeinsten Pflanzen
des Flusses. — Am 4. September 1848 entdeckte sie Dr.
Mitchell reichlich im Lene, einem Nebenflufs des Trent,
und auf Wiesen bei Nottingham (10). Wenige Wochen später
beobachtete sie Th. Kirk in den Watford Locks, nicht weit
von den Forton Locks (Northamptonshire) und glaubt, dafs
sie von hier aus in die Watford Locks gelangt sei, weil beide
Gewässer in Connex stehen (11). Im Sommer 1849 sah sie
Edwin Brown (12) in grofser Ausdehnung im Trent bei
Burton-on-Trent und in einem Kanal der Nachbarschaft
(Staffordshire). Auch in Derbyshire fand Brown 1849 die
Pflanze (1). In demselben Jahre entdeckte sie Carrington
in enormer Häufigkeit in Lincoln am Wittham [wahrschein-
lich ist sie hierhin aus dem Trent gekommen, da beide Flüsse
communiciren (13)] und Prof. Balfour bei Duddingston bei
Edinburg (10). 1850 trat sie an einigen Orten in Warwick-
shire auf (1), 1851 in Cambridgeshire in den Strömen Cam und
Ouse (1). Nach Cambridge kam sie dadurch, dafs sie Babington in den botanischen Garten einführte (14) und der
Curator Murray dann in einen Bach pflanzte, der durch
den Garten ging, von wo aus sie in den Cam gelangte. (Iro-

nisch wurde sie daher Babingtonia diabolica (15) oder Babingtonia infestans (100) genannt.) 1852 fand sie Lawson bei
London und zwar in Gräben bei Wandsworth (17). — 1854
trat die Elodea in Oxford auf (1), ferner im botanischen Garten
bei Edinburg in einem Teich („not planted there") und bei
Cork in Irland (1). 1858 hat sie „ascended the Thames as
high as Reading" (16). 1859 kennt sie Grindon in der
ganzen ·Gegend von Manchester (18). — — Um diese Zeit
hatte sich die Elodea allmählich über ganz England, namentlich das mittlere, verbreitet, indem ihr die zahlreichen Kanäle
und kleineren Ströme ein überaus günstiges Terrain darboten.
Sie fand sich in solcher Häufigkeit, daſs Schiffahrt und Fischerei
aufs empfindlichste gestört wurden und es vorkam, daſs stecken-
gebliebene Fahrzeuge durch Pferde weitergezogen werden
muſsten (1), ja sogar, daſs das Wasser in den Flüssen auf-
gestaut würde, wie 1852 im Cam bei Cambridge. Diese ungeheure Vermehrung ist nur auf ungeschlechtlichem Wege,
durch Sproſsbildung, erfolgt; in ganz England existirt keine
männliche Pflanze. Im übrigen Europa hat sich die Elodea
auf ganz dieselbe Weise vervielfältigt (siehe nachher). Im
Folgenden beschränke ich mich darauf, einige Fundorte der
Elodea aus späteren Jahren zu nennen, die mir gerade zu
Gesicht gekommen sind, und welche, in Gemeinschaft mit den
schon erwähnten, erkennen lassen, wie fast alle Grafschaften
des Reichs die Pflanze unter die Bürger ihrer Flora zählen.
— Auf der Insel Wight wurde sie 1860 zu Barton Farm,
1863 zu Lynn Farm und 1871 zu Millstream at Shide constatirt (19). Zu Ryde at the Spencer Road hatte sie Dr. Salter
vor 1850 angepflanzt (19). — Im September 1869 legte Watson dem Botanical Exchange Club Exemplare von Fleed
Ponds, Hants, vor (20). — Bei London wird die Elodea 1871
als gemein im „Octagon pont" und „Serpentine", sowie in
den „Kensington gardens" aufgeführt (21). 1874 giebt Miss
Hodgson als Standort in Lake Lancashire Windermere at
Newby Bridge an (22). 1874 fand sie Parfitt auf dem
Exeter Canal (23), und Prof. Balfour „very abundant" auf
dem Corrib in Irland (24). 1875 erwähnt sie Hemsley in

seiner „outline of the Flore of Sussex" (25), Nicholson in
„the wild Flora of Kew Gardens and pleasure grounds (26)
und Baaker (27) in the Parret and neighbouring ditches at
Langport (Sommersetshire).

Nicht lange, nachdem die Elodea in England festen Fuſs
gefaſst hatte, verzeichnete man ihre Anwesenheit in den Niederlanden. 1858 hatte Prof. Scheidweiler einige lebende
Exemplare aus England kommen lassen und in einen Teich
bei Ledeberg, (bei Gent) [der mit den benachbarten Gewässern
nicht communicirt] gebracht. Zwei Jahre später, 1860, entdeckte der Untergärtner des Genter botanischen Gartens L.
Bossaerts die Pflanze in einem Graben bei Pauwken (bei
Gent). Ob dieses Vorkommen mit dem bei Ledeberg in Zusammenhang steht, ist nicht bekannt, doch leicht möglich.
1862 wurde die Elodea an mehreren Stellen in Belgien constatirt. Seit April fand sie Dr. Westendorp zu Termonde,
erst in einem Graben, dann „dans toutes les fosses à une lieue
autour de cette ville"; im Mai sammelte sie Crépin bei Gent
in einer Lache, welche durch einen kleinen Bach gespeist
wurde, Lache wie Bach waren reichlich damit erfüllt. Wie
lange sie sich hier befindet und woher sie kommt, kann Crépin
nicht angeben. Er erhielt noch in demselben Jahre mehrere
Exemplare aus den Gräben und Kanälen von Melle (a. d.
Schelde), ferner aus einem kleinen Graben von Wetteren (a.
d. Schelde) und aus Gräben um Schellebelle und glaubt, daſs
sie die Schelde hinaufsteige (28). 1867 beobachtete sie Cogniaux in Lachen bei Hermalle-sous-Argenteau (a. d. Maas
zwischen Lüttich und Mastricht) (29), 1868 Marchal bei Disé
a. d. Maas („assez rare") und in Lachen bei Lannaye (30),
v. Haesendonck bei Herenthals und Gheel am Canal
de la Campine (31). A. Devos führt 1870 (32) eine Reihe
von Fundorten der Elodea auf, beobachtet zwischen 1862 und
1870, ohne jedoch bei jedem die specielle Jahreszahl anzugeben; es sind : Overmeire (zwischen Gent und Termonde),
Hamme (an d. Dürme), Boitsfort (Brabant), Canal von Löwen
bis Mecheln, Herstall (bei Lüttich a. d. Maas), Jambe und
Wépion (beide bei Namur). Im April 1871 fand Cosson

die Elodea reichlich in seichten Wassergräben der Umgebung von Ostende (33), 1872 und 73 wurde sie bei Peruwels und St. Ghislain beobachtet in Gewässern, die mit der Schelde und Skarpe in Verbindung stehen (34). In der Provinz Lüttich sammelten sie 1873 Morren zu Lüttich (35), Donckier und Durand (36) zu Ben-Ahin (bei Huy) a. d. Maas; 1874 die beiden letzten Autoren zu Aguesses und Vennes (37) (a. d. Ourthe); 1875 zu Angleur (a. d. Ourthekanal), Gives und Bas-Oha (a. d. Maas) (38). 1876 verzeichnete sie Baguet unter den Annotations nouvelles de la province de Brabant und nennt als Standort Gelrode, Aerschot und Betecom (bei Löwen) (39); 1877 endlich beobachtete sie Alfred Wesmael in Lachen und Gräben der Torfhaide zu Douvrain (a. d. Maas) (40).

Um dieselbe Zeit wie in Belgien tauchte die Elodea in Holland auf. 1860 bemerkte sie Oudemans in grofser Menge in den Gräben von Utrecht und glaubt, dafs sie sich dahin aus dem botanischen Garten verbreitet habe. Ihre Vermehrung ist grofs (28 und 41, 42). Von ferneren Standorten in Holland sind mir bekannt : 1861 Nymwegen (43), 1870 Fijenoorel (44), 1872 Hilversum und Blaricun (Nordholland) und Huissen (linkes Rheinufer) (45). 1874 nennt van Eeden die Elodea als eine gemeine Pflanze der Dünen von Vorne und Kennemerland (46). — — Schauen wir auf die Verbreitung der Elodea in den Niederlanden zurück, so sehen wir, dafs auch hier, wie in England, wenige Jahre genügt haben, sie zu einem allgemein vorkommenden Gewächs zu machen, und dafs sowohl für Holland, wie für Belgien, die Ausgangspunkte dieser Verbreitung botanische Gärten gewesen zu sein scheinen.

Das älteste Jahr des Vorkommens der Elodea in Frankreich ist [soweit ich bis jetzt erfahren habe] 1866, in welchem Dr. Warion sie zu Vincennes (bei Paris) constatirt (47). Sie gedieh gut und 1868 und 69 traf sie Warion in den Gräben und Bächen daselbst in grofser Menge an (48). 1870 entdeckte sie Jaubert im Teich des Parks von Givry (Dép. Saône et Loire) und Lany in einem Sumpfe von Limousin (49).

1871 sah sie Mr. Chabert in der Umgegend von Fontainebleau (47), und in demselben Jahre fand sie Warion sehr häufig bei St. Amand in der Skarpe und einem kleinen, hier einströmenden Nebenflüfschen (48), ferner Gosselin auch bei Douai in der Skarpe (34). 1872 und 73 constatirte man sie noch in mehreren mit der Skarpe und Schelde zusammenhängenden Gewässern, sowohl des franz. Departements du Nord (z. B. bei Lille), als auch des angrenzenden Belgiens (z. B. bei Peruvels und St. Ghislain) (34). 1874 legte sie Chatin der Soc. bot. de France aus Lachen bei Essarts (bei Bourbon-vendée) vor (50), Delacour traf sie bei Paris im ganzen Marnekanal und in der Marne selbst an (51) und Royer im Kanal von Bourgogne bei St. Remy, Buffon, Velars und zwischen Dijon und Plombières (Dép. Côte d'or) (52). 1875 wurde ihre weitere Verbreitung in der Gegend von Lille auf beiden Ufern der Lys von Menin bis Estaire beobachtet (53). In demselben Jahre meldete sie Chaboisseau an in einem Teiche bei Riz-Chauvron (Haute Vienne), wo sie ganz neuen Datums ist (der Behauptung Chaboisseau's nach) und in den Festungsgräben bei Grenoble; ebenfalls 1875 pflanzte sie ein Freund Chatin's auf des letzteren Veranlassung in das alte Bett der Orne : „comme offrant aux poissons et aux écrevisses un refuge utile à leur conservation" (54), und man entdeckte sie ferner in der „Boire de Juigné", (Loire bei Angers), wo sie bisher noch nicht war (55), bei Nantes und Brest (56). 1876 nennt Boullu als Fundort Pont de Tassin", wo „elle est devenue un vrai fléau" (57). — — Nach Nordfrankreich ist die Elodea ohne Zweifel von Belgien aus eingewandert. Ob für die übrigen Vorkommen in Frankreich vielleicht botanische Gärten (vergl. Gent und Utrecht) im Spiele sind, habe ich nicht erfahren.

Kurze Zeit nach der Occupirung Hollands durch die Elodea, erschien letztere in den angrenzenden Territorien der Rheinprovinz. Seit 1866 beobachtete sie Herrenkohl im Spoykanal in der Gegend von Cleve, nach seiner Meinung hierhin durch Schifffahrt aus Holland gebracht (43). 1867 beobachtete sie Zuccalmaglio bei Grevenbroich und in der Erft und dem Rhein (am Zusammenfluſs beider) in ziemlicher Menge (58). Allein schon einige Jahre vorher war die Pflanze in der Rhein-provinz. 1860 in ein Bassin des botanischen Gartens zu Pop-pelsdorf gesetzt, hatte sie schon 1861 ein zweites Bassin in Besitz genommen, ohne daſs man wüſste, wie sie dahin gelangt war; Hildebrand, der diese Mittheilung macht, meint durch die Wasserleitung (59). 1866 meldet sie Hildebrand in groſser Menge im Poppelsdorfer Weiher [der rings um den botan. Garten geht] (60). — Anfangs der 60er Jahre ist sie auch bei Trier beobachtet worden (58). — 1869 giebt Wirtgen in den „Beiträgen zur rheinischen Flora" als Standort Wasser-tümpel an der Ahr und bei Mülheim am Rhein an (61). Mels-heimer 1873 bemerkte sie „vor Jahren in Tümpeln der Ahr", sah sie aber demnächst „durch Austrocknung ihres Standorts" verschwinden. 1872 constatirte er die Pflanze in einem Weiher oberhalb der Sternhütte bei Linz und beobachtete im folgenden Jahre ihre Aùsdehnung daselbst (62). 1874 fand sie Becker in den Mündungen der alten Sieg (unterhalb Bonn) und sagt, daſs sie diese seit einigen Jahren bedeckt (63).

Den Vorkommen der Elodea im Gebiete des Rheins in der Rheinprovinz reihen sich noch etliche im Elsaſs und in Hessen an. — Was den Elsaſs betrifft, so führt Waldner 1876 die Pflanze im Kanal bei Steinburg (Zabern) auf, mit dem Bemerken, daſs sie erst nach 1870 eingeführt sei (56). — In Hessen entdeckten Weltner und Kirschbaum die Elodea im Sommer 1876 bei Budenheim und Mombach (Gegend von Mainz) (64), 1877 Dosch bei Rheindürk-heim in einer Lehmgrube und Werner in den Lauben-heimer Sümpfen (65). Sollte die Pflanze, wie es hiernach scheint, rheinaufwärts gewandert sein? Von ferneren Vor-kommen in den hessischen Landen sind mir noch folgende be-kannt. Im October 1869 sah sie Kiefer massenhaft in dem Teiche hinter der Wecker'schen Fabrik bei Offenbach (66). 1878 theilte Prof. Wiegand in Marburg Prof. Hoff-mann in Gieſsen mit, daſs sie vor einigen Jahren in einem

Tümpel des marburger botanischen Gärtens aufgetreten, jetzt
hier in allen Gräben sich finde und die anderen Wasserpflanzen
verdränge (67). Am 15. Juli 1879 wurde die Elodea bei
Giefsen entdeckt und zwar in grofser Menge in einem Teiche
dicht an der Lahn. Es ist wahrscheinlich, dafs dieses Vorkommen durch spontane Verbreitung, nicht durch die Hand
des Menschen bewirkt worden ist.

Verlassen wir das westliche und südliche Deutschland
und wenden uns nach Norden und Osten. Hier wird uns
auffallen, dafs sich die Elodea von mehreren botanischen
Gärten aus, in die sie ungefähr um dieselbe Zeit eingeführt
wurde, verbreitete. — 1860 in den botanischen Garten zu
Hamburg gepflanzt, erweiterte sie in den nächsten Jahren ihr
Terrain durch den Stadtgraben und das Alsterbassin, wo sie
in enormer Menge auftrat (41). 1865 fand sie sich schon in
der Wanse bei Wandsbeck und in der Elbe bei Geesthacht
und Lauenburg (68), sowie in der Stecknitz (69). Im folgenden Sommer erschien sie bei Harburg, Bleckede und Hitz-
akker (69) und hatte zu dieser Zeit die Alster schon so erfüllt, dafs wochenlange Anstrengungen gemacht wurden, das
Unkraut auszurotten. [1870 bedeckte sie bei Harburg eine
Fläche von 50,000 Quadratfufs (70).] 1868 und 69 fand sie
sich bei Harburg überall in der Elbe und „was damit zusammenhängt" (71). 1869 war sie vom „alten Lande" her
bis Stade vorgerückt und ins Kehdingsche eingedrungen (72),
so dafs sie 1874 im unteren Elbgebiet allgemein eingebürgert
ist (73); das Wesergebiet dagegen ist bis 1874 noch von ihr
verschont geblieben. 1874 beobachtete man sie auch bei
Uelzen reichlich (73). — In Schleswig-Holstein constatirte
Hennings 1875 oder 1876 die Elodea in Rathmannsdorf bei
Kiel (56) und Prahl führt sie 1875 — unter den seit 1872
neuaufgefundenen Pflanzen — im Seegardsee und in der
Berndruperau an (74). Wahrscheinlich ist sie an diese Orte
von Hamburg aus gelangt.

Ein zweites Verbreitungscentrum der Elodea ist der botanische Garten zu Berlin. Hierhin sandte 1854 Bennet,
Brockham Lodge, Betchworth, Surrey, an Professor

Caspary einige Exemplare. Dieselben wurden zuerst in
Kübeln gezogen, gelangten aber nicht zur Blüthe und man
brachte sie daher 1857 in einen Teich, wo sie vortrefflich ge-
diehen, sich vermehrten und bald als Unkraut empfunden
wurden. Aus dem botanischen Garten wurde sie nach zwei
Orten hin verpflanzt (75), einmal 1859 nach der Wildparkstation bei Potsdam und dann 1860 nach dem alten Wasser-
fall unweit Neustadt-Eberswalde. — Wenig Zeit nach der
Ueberführung nach der Wildparkstation, noch in demselben
Jahre, trat sie in den Gewässern von Charlottenhof (bei Sanssouci) und in .der Havel bei Sanssouci auf (41), womit der
Anfang ihrer Verbreitung über die ganze Gegend von Potsdam gegeben war. 1863 fand sie Dr. Hegelmeier bei
Werder an der Havel und im Glindowersee (41), ferner Dr.
Bolle bei der sog. Ablage, einer Einbuchtung des linken
Havelufers unterhalb Potsdam auf dem Wege zum Templin
(75) und Dr. Reinhardt beim Tornow (75). 1864 wurde
sie von Bolle in ungeheurer Menge im Schwielowsee (75),
von Hechel im Quenzsee, einem Busen des grofsen plauen-
schen Wasserbeckens, constatirt; ferner bemerkte man sie
stromabwärts noch in Pritzerbe, Briest, Rathenow und Havel-
berg, so dafs also bereits 1864 die Havel von Potsdam bis
zu ihrer Mündung von der Elodea occupirt ist (75 und 76).
Stromaufwärts fand sie Bolle 1864 unfern der Pfaueninsel
und im Tegelersee (75). Gleichzeitig beobachtete sie Dr.
Tichy in der Spree bei Berlin und Stud. Kuhn in dem die
Spree mit der oberen Havel verbindenden Kanal und zwar
in der ganzen Strecke vom Humboldtshafen bis zur Brücke
vor Plötzensee (75). 1865 constatirte sie Kuhn im Rüders-
dorfer Kalksee (75), 1866 war sie nach Dietrich in reichlicher Menge im Wernsdorfersee bei Köpenick (76), seit 1867
trat sie allgemein in der Spree und ihren Seitengewässern auf,
so im Spandauerkanal, im Müggelsee, Dömritzsee, Schwieloch-
see (58). Im Spandauerkanal wurde sie bald so häufig, dafs
1868 ihre Ausrottung auf eine Länge von 1,5 Meilen in 3
Monaten mehr als 2500 Thaler kostete (77). 1869 fand sie
sich auch im Friedrich-Wilhelmskanal (78). — In ebenso kurzer

Zeit, wie die Spree, eroberte sich die Elodea auch die Havel
vom Tegelersee an stromaufwärts. 1866 beobachtete sie N i e -
s i n g bei Zehdenik, wo sie 1865 P e c k noch nicht bemerkt
hatte (76). 1867 fand man sie bei Dannenwalde (79), im
Wentowersee bei Fischerwall (58), Fürstenberg, Templin (58),
1868 bei Strasen und Pelzkuhl (79). — Von der Havel aus
drang sie in den Rhin und sein Gebiet; 1865 bereits sah sie
K u h n bei Neuruppin in dem Bützsee und Altfriesack (76),
1867 L a m p r e c h t in der Nähe von Rheinsberg (79). Die
Elbe wurde ebenfalls bald von ihr ergriffen. 1866 war der
Hafen zu Wittenberge dicht von ihr erfüllt, 1867 fand sie
sich bei Dömitz in reichlicher Menge (70). In den beiden
kleinen Nebenflüssen der Elbe, der Karthaun und Stepnitz,
die in dieser Gegend münden, setzte sie sich gleichfalls fest (78).
Weiter elbabwärts verbreitete sie sich rasch, besonders
die flachen Unterränder und die Buchten mit stagnirendem
Wasser occupirend (70), und so treffen denn die Pflanzen,
die aus dem Berliner botanischen Garten stammen, mit denen
aus dem Hamburger im unteren Elblaufe zusammen. — — —
Von der Havel aus gelangte die Elodea in die mecklenburgischen Binnengewässer. 1862 war sie hier noch nicht (80),
1866 sammelte sie R o l o f f in der Gegend von Neustrelitz (76).
1867 entdeckte sie S t r u c k in der Müritz bei Sembzin
und 1869 noch an mehreren Orten dieses Sees. 1871 sah sie
B r o c k m ü l l e r im Schweriner See (81). — — Von Neustadt-
Eberswalde aus kam unsere Pflanze in die Oder. Stud. K u h n
beobachtete 1864 ihr Vorschreiten von hier aus, wo sie ja
schon 1860 war, in die Schwärze (ein kleines Flüfschen), welche
mit dem Finowkanal in unmittelbarer Verbindung steht, und
I l s e fand sie im Juli 1865 zahlreich blühend in seichten Stellen
der alten Oder unterhalb Oderberg (75). Bei Zerpenschleuse
am Finowkanal war Juni 1865 die Elodea noch nicht (76),
erst zwei Jahre später kam sie im Finowkanal und dem benachbarten Werbellinkanal allgemein vor (78). 1866 fand sie
sich sparsam bei Frankfurt a. d. O. (76), 1867 entdeckte sie
Dr. R u t h e bei Zellin (58) und Apotheker W e n z i g erhielt
Exemplare von dem nahen, stromabwärts gelegenen Dorfe

Lietzegörike (58). Bei Stettin trat sie schon 1866 vereinzelt auf, aber erst im folgenden Jahr erfüllte sie fast sämmtliche Oderarme : Zollstrom, Parnitz, Dunzig, eigentliche Oder, Dammscher See. Stromaufwärts beobachtete sie Stud. Minks bei Garz 1867 (82). Im Sommer 1869 constatirte sie See- haus (82) auf der ganzen Strecke von Oderberg bis in die Nähe der Ostsee ; als Orte, wo sie besonders häufig sich zeigt, nennt er Garz, Greifenhagen, Stettin, Pölitz, Neuwarp und Wollin. Nach Fench ist dasselbe in der Diewenow der Fall. Hier, wie überall, sucht sie sich das ruhigere Gewässer als Wohnort und vermeidet die raschfliefsenden Hauptströme. — Durch die Ihna, den Nebenflufs der Oder, ist die Elodea viel- leicht nach Arnswalde gekommen, wo sie 1872 noch vereinzelt, aber schon 1875 überaus häufig war (83, 84). — — In Bezug auf die Art und Weise der Wanderung der Elodea will ich nur bemerken, dafs aufser der Strömung jedenfalls Wasser- vögel und Schiffe in erster Linie gewirkt haben, letztere na- mentlich da, wo die Pflanze stromaufwärts gegangen ist. (Siehe auch 75.)

In die Provinz Preufsen fand die Elodea auch Eingang. Bereits 1866 entdeckte sie Caspary in den Festungsgräben von Königsberg (85), 1871 beobachtete sie Stud. Peter bei Jodsleizen in der Angerapp (bei Gumbinnen) (86), 1872 Seyd- ler in der Passarge bei Pfahlbude (87), 1873 Peter bei Angerburg und Lötzen (88). 1876 erfüllte sie, „von Nord- osten her eingewandert" einen grofsen Theil der Gräben des marienburger Werders (89). Wahrscheinlich ist für Preufsen Königsberg das Verbreitungscentrum der Elodea gewesen, und ich vermuthe, obgleich ich nichts darüber erfahren habe, dafs man sie in den botanischen Garten eingeführt hat und von hier ihr weiteres Umsichgreifen den Ursprung nimmt.

. Selbst Rufsland hat die Elodea betreten, indem sie 1873 in einem Teich bei Friedrichshof bei Riga reichlich erschien. Sie ist an diese Localität von Königsberg gekommen und zwar unbemerkt mit Nymphaea alba, die Caspary 1872 sandte und die man in den Teich setzte, worauf dann im folgenden Jahre nebst dieser Pflanze noch die Elodea zu Tage trat (90).

Wir haben schon gesehen, daſs die Elbe im unteren Lauf
überall von der Elodea ergriffen ist, ihr mittleres Stromgebiet
weist ebenfalls eine Anzahl Standorte auf. Bürgermeister
Schneider entdeckte die Pflanze im August 1867 beim
Werder in der Umgebung Magdeburgs und glaubt sicher zu
sein, daſs sie erst vor kurzem dort angelangt ist. Bei Magdeburg fand man sie ferner noch im Hafen an der Citadelle,
auf dem Rothenhorn, Glindenberg, sowie in einer ganz enormen
Masse in der alten Elbe bei Lostau, und bezüglich dieses
Vorkommens bemerkt Ebeling, der es uns mittheilt, daſs
die Elodea „etwa seit 5 Jahren — also seit 1862 — die Schifffahrt gestört und die Fischerei fast unmöglich gemacht habe".
Ob die Pflanze von Halle oder Leipzig (siehe sogleich unten),
oder von dem Havelgebiete aus nach Magdeburg gekommen
ist, steht nicht fest (58). — Bei Halle datirt sich die Anwesenheit der Elodea vom Ende Juli 1867 an, das Kraut wurde
von Dr. Müller in den Gräbern der Ziegelwiese zuerst bemerkt (58). Es ist hierhin wahrscheinlich von Leipzig gelangt, wo es Auerswald 1861 in der Elster als Flüchtling
aus dem botanischen Garten entdeckt hat (41). Aus Sachsen
liegen mir noch einige weitere Standorte vor : 1870 Dresden (91), 1873 einige Buchten der Chemnitz, 1875 ein Tümpel
bei Dreisdorf (bei Chemnitz) (92) und Oberreinsdorf bei
Zwickau (93).

Auch den schlesischen Gewässern ist die Elodea kein
Fremdling. Ihr erstes Auftreten beobachtete 1869 Prof. Milde
„in einem Teiche in der Nähe des Rothkretscham bei Breslau" (94). 1870 war sie schon in einem der „Waschteiche" (95),
1877 ist sie um Breslau äuſserst verbreitet und verdrängt
stellenweise die einheimischen Wasserpflanzen (96). Nach
Zimmer (77) ist für Breslau es ebenfalls der botanische
Garten gewesen, aus dem sich die Elodea verbreitet hat. —
1874 fand sie Rabenau im Teich des Stadtparks zu Görlitz (97), 1875 Hellwig in „Altwasser der Elbe bei Pir-
nig" (98). 1877 ist sie in der Weistritzniederung um Canth —
„schon seit Jahren" nicht selten (96). — In Jägerndorf (Oester-

reich. Schlesien) baute Spatzier 1869 die Pflanze mit Erfolg in einem Sumpfe an (99).

Zum Schlufs will ich erwähnen, dafs die Elodea auch
in Australien und Asien aufser in Amerika und Europa
festen Fufs gefafst hat. In ersterem Erdtheil führt sie v.
Müller (56) in Tasmanien im Jordan River bei Pont-
ville auf; sie ist aus den Franklingardens von Hobarttown,
wohin sie 1862 eingeführt worden, entschlüpft. — In Asien
giebt das Journal des Débats (etwa Mitte November 1873)
Hooghy am Ganges als Standort an (100).

Kurzer Rückblick.

Elodea canadensis stammt aus Nordamerika. Sie erschien
in Europa zuerst in Grofsbritannien, wurde hier schon 1836
und 1842 an einzelnen Localitäten beobachtet, aber erst Ende
der vierziger Jahre häufiger und war gegen 1860 eine sehr
gemeine Pflanze. In den Niederlanden kam sie um 1860 in
den botanischen Garten von Utrecht und in einen Sumpf bei
Ledeberg bei Gent durch directen Bezug von England und
hat sich sehr wahrscheinlich von hier aus über die ganzen
Lande verbreitet. Frankreich besitzt sie seit 1866 an einer
beträchtlichen Anzahl Orte, die Departements an der Grenze
von Belgien haben sie von letzterem Lande erhalten. Im
Rheingebiet findet sich die Elodea im unteren, wohin sie von
Utrecht gelangt sein wird und im mittleren nicht gerade sehr
häufig. Die Ems und Weser sind frei davon. Dagegen erfüllt sie in ganz ungeheurer Menge die Elbe im unteren Lauf
(etwa von der Havelmündung an) mit den Nebenflüssen, namentlich die Havel und Spree, die mecklenburgischen Binnengewässer und den unteren Lauf der Oder. Für diese Gegenden
sind zwei Orte die Ausgangspunkte der Verbreitung gewesen :
die botanischen Gärten zu Hamburg und Berlin. Zuerst wurde
die Pflanze in Kübel, dann in Gewässer dieser Gärten gesetzt,
die mit der Umgebung communicirten und von hier aus verbreitete sie sich dann über die Umgebung. Sowohl in Hamburg als in Berlin geschahen die ersten Anfänge der Aus-

breitung um 1860. — Die Elbe und Oder haben im mittleren oder oberen Flufsgebiete die Elodea noch an mehreren Stellen, so bei Magdeburg, Halle, Leipzig, Dresden, Breslau u. s. w. Bei Leipzig und Breslau hat sie sich wiederum als Flüchtling des botanischen Gartens Terrain verschafft. — Auch in der Provinz Preufsen wurde sie an einigen Orten constatirt, wohin sie vielleicht vom botanischen Garten zu Königsberg gewandert ist. — Der nördlichste und östlichste Punkt ihres Vorkommens ist Riga, hierhin durch directe Einschleppung von Königsberg aus gelangt; der südlichste ist Grenoble an der Isère, der westlichste der Corrib in Irland. — — Die Vermehrung der Elodea in Europa, so enorm sie auch immer ist, hat nur auf ungeschlechtlichem Wege stattgefunden und im ganzen Erd-theil existirt kein spontan wachsendes, männliches Exemplar.

Quellen zur Geschichte der Einwanderung von
Elodea canadensis.

1. Caspary, die Hydrilleen in Pringsheim, Jahrbücher für wissenschaft-liche Botanik I, 1858 (S. 432, 437 und 438).
2. Dickie in Annals and Magazine of nat. hist. 1854, XIII, p. 340.
3. Moore, ibidem 1854, XIV, p. 309.
4. Johnston in Phytologist III, 1849, p. 540.
5. Babington in Annals and Mag. of nat. hist. 1849 III, p. 62.
6. Babington, ibidem, 1848, I, p. 83.
7. Watson in Phytologist III, 1849, p. 481.
8. Bromfield, ibidem, III, 1849, p. 896.
9. Johnston in Annals and Mag. of nat. hist. 1851, VII, p. 425.
10. Watson in Phytologist III, 1849, p. 676.
11. Kirk, ibidem, p. 390.
12. Brown, ibidem, p. 647.
13. Carrington in Annals and Mag. of nat. hist. 1849, IV, p. 450.
14. Marshall in Bibliothèque univ. de Genève, Octobre 1853, in bot. Zeit. 12, 1854.
15. Henfrey in bot. Zeit. 15, 1852.
16. Journal of Botany, Brit. and foreign. 1871, IX, p. 53.
17. Lawson in Annals and Mag. of nat. hist. 1852, IX, p. 238.
18. Grindon, the Manchester Flora 1859.
19. Journal of Botany, Brit. and foreign. 1871, IX, p. 202.
20. Watson in Journal of Botany, Brit. and foreign. 1870, p. 263.
21. Warren, ibidem, 1871, IX, p. 235.
22. Hodgson, ibidem, 1874, XII, p. 302.

23. Parfitt in Just's botan. Jahresb. 1874, S. 23.
24. Balfour in Transact. of the bot. soc. of Edinb. 1875, XII, 2, p. 372.
25. Hemsley in Journal of Botany, Brit. and for. 1875, XIII, p. 27.
26. Nicholson, ibidem, 1875, XIII, p. 73.
27. Baaker, ibidem, 1875, XIII, p. 361.
28. Crépin in Bull. de la soc. r. de Bot. de Belgique 1862, I, p. 32 ff.
29. Cogniaux, ibidem, 1867, VI, p. 388.
30. Marchal et Hardy, ibidem, 1868, VII, p. 267.
31. v. Haesendonck, ibidem, 1868, VII, p. 303.
32. Devos, ibidem, 1870, IX, p. 115.
33. Cosson in Bull. de la soc. bot. de France 1871, p. 64.
34. Giard in Just's botan. Jahresb., 3. Jahrg. 1875, S. 678.
35. Morren in Bull. de la soc. bot. de France, 1873, p. 55.
36. Donckier et Durand in Bull. de la soc. roy. de Bot. de Belgique 1873, XII, p. 412.
37. Donckier et Durand, ibidem, 1874, XIII, p. 532.
38. Donckier et Durand, ibidem, 1875, XIV, p. 321.
39. Baguet, ibidem, 1876, XV, p. 139.
40. Wesmael, ibidem, 1877, XVI, p. 183.
41. Horn im Archiv der Pharmacie 51. Jahrg., 1872, CC. Bandes, erstes Heft, S. 51 ff.
42. Miquel in Botan. Zeitung 44, 1861·
43. Herrenkohl in Verh. d. nat. Ver. der preufs. Rheinl. u. Westfalens 1871, S. 201.
44. Oudemans in Nederlandsch kruidkundig Archief. Tweede serie, 1. Deel, 1. Stuck, 1871, p. 79.
45. de Heeren, ibidem, 1874, p. 306.
46. van Eeden, ibidem, 1874, p. 409.
47. Chabert in Bull. de la soc. bot. de France 1871, p. 200.
48. Warion, ibidem, 1871, p. 295.
49. Bull. de la soc. bot. de France 1870, p. LXXIX et LXXX.
50. Ibidem, 1874, p. 151.
51. Ibidem, 1874, p. 285.
52. Ibidem, 1874, p. 288.
53. Flahault in Just's botan. Jahresb., 3. Jahrg., 1875, p. 678.
54. Bull. de la soc. bot. de France 1875, p. 31 et 88—89.
55. Doûmet-Adanson in bull. d. l. s. bot. de France 1875, p. LXX—LXXV.
56. Bouvet in Just's bot. Jahresb., 1876, 3. Abth. 1878.
57. Boullu in Bull. de la soc. bot. de France 1876, p. LCXII—CLXII.
58. Bolle in Verh. d. bot. Ver. f. d. P. Brandenburg 1867, S. 137—142.
59. Hildebrand in Verh. d. nat. Ver. der preufs. Rheinlande und Westfalens 1861, S. 95 d. Sitz-Ber.
60. Hildebrand, ibidem, 1866, S. 119.
61. Wirtgen, ibidem, 1869, S. 72.
62. Melsheimer, ibidem, 1873, S. 83.
63. Becker, ibidem, 1874, S. 137.

XVIII.   6

64. Rescript der grofs. hessischen Obermedicinaldirection. vom 7. Sept. 1876.
65. D o s c h und S c r i b a, Exkursionsflora vom Grofsherzogthum Hessen 1878, S. 137.
66. K i e f e r, October 1869 bei Prof. H. H o f f m a n n's Arealnotizen.
67. W i e g a n d, Prof. in Marburg, an Prof. H. H o f f m a n n, bei des letzteren. Arealnotizen.
68. S t e i n v o r t h in Jahresb. d. nat. V. f. d. Fürst. Lüneburg 1866, II, S. 150.
69. C l a u d i u s, ibidem, 1866, II, S. 106.
70. F i e d l e r in Archiv d. V. f. Frd. d. Nat. in Mecklenburg 1871.
71. O v e r b e c k in Jahresh. d. n. V. f. d. Fürst. Lüneburg 1868—69, IV. S. 122.
72. A l p e r s in Abh. des nat. Ver. zu Bremen IV, 1875, p. 368.
73. F o c k e in J u s t's botan. Jahresb. 1874, 2. Jahrg.
74. P r a h l in Verh. d. bot. V. f. d. P. Brandenburg 1876, S. 22.
75. B o l l e, ibidem, 1865, S. 1—15.
76. A s c h e r s o n, ibidem, 1866, S. 157 u. 158.
77. Z i m m e r im Programm d. Gesammtschule zu Gera 1871, Ostern.
78. Flora 1869, S. 174.
79. W i n t e r in Verh. d. bot. Ver. f. d. P. Brandenburg 1870, S. 5 u. 28.
80. B o l l in Archiv d. V. f. Frd. d. Nat. in Mecklenburg 1862, S. 89.
81. H o r n, ibidem 1871, S. 1.
82. S e e h a u s in Verh. d. bot. Ver. f. d. P. Brandenburg 1870, S. 92 ff.
83. W a r n s t o r f, ibidem, 1872, S. 77.
84. W a r n s t o r f, ibidem, 1876, S. 81.
85. S e y d l e r in Schriften der königl. physikal.-ökonom. Gesellschaft zu Königsberg 1866, S. 205.
86. P e t e r, ibidem, 1871, S. 120.
87. S e y d l e r in J u s t's botan. Jahresb., 2. Jahrg. 1874, S. 1035.
88. P e t e r, ibidem.
89. P r e u s c h o f f in Schriften der königl. physikal.-ökonom. Gesellschaft zu Königsberg 1876, S. 44.
90. B u h s e in Correspondenzblatt d. nat. Ver. zu Riga 1874, S. 150.
91. S e i d e l in Sitz.-Ber. der Isis 1870, S. 166 bei Prof. H. H o f f m a n n's Arealnotizen.
92. Z i m m e r m a n n in J u s t's bot. Jahresb., 3. Jahrg. 1875, S. 598.
93. K e s s n e r in Jahresb. d. V. für Naturkd. in Zwickau 1875, S. 21.
94. M i l d e in Ber. der schles. Gesellsch. für vaterl. Cultur 1869, S. 91.
95. E n g l e r, ibidem, 1870, S. 133.
96. U e c h t r i t z, Erforschung. der schles. Flora in: Bericht über die Thätigkeit der botan. Section 1877 von F. C o h n.
97. v. R a b e n a u, die Gefäfskryptogamen und monokot. Angiospermen der Oberlausitz 1874, S. 34.
98. U e c h t r i t z in Ber. d. schles. Gesellsch. für vaterl. Cultur 1875, S. 152.
99. S p a t z i e r in Lotos 1869, S. 163.
100. Journal des débats (circa vom 17. Nov. 1873) bei Prof. H. H o f f m a n n's Arealnotizen.

III.

Ueber die Zusammensetzung des Magnetkieses.

von **Heinrich Habermehl**.

Der Magnetkies W e r n e r 's *), der Pyrrhotin B r e i t -
h a u p t 's, wird zum ersten Male in den Wallerii Mineralogia
vom Jahre 1747 als eine selbständige Mineralspecies aufge-
geführt. In denselben wird er indefs nicht Magnetkies,
sondern Wasserkies, sulphur ferro mineralisatum, minera fusca
vel hepatica, auch pyrites aquosus genannt. C r o n s t e d t erwähnt in seinem Werke : „Versuch einer Mineralogie oder
Aufstellung eines Mineralreichs" vom Jahre 1758 gleichfalls
den Magnetkies unter dem Namen eines leberfarbigen Kieses,
pyrites colore rubescente, Leberkies, und fügt einige Fundorte desselben hinzu, wie Neu-Kupferberg, Stolberg und Silber-
berg. Er sagt in genanntem Werke, dafs dieser Kies zu
viel Eisen enthält, um mit Vortheil zur Schwefelgewinnung
verwendet werden zu können. Die meisten der späteren Mineralogen verwechselten sehr wahrscheinlich den neuen Magnetkies mit Schwefelkies, oder erblickten in ersterem nur eine
Varietät des letzteren, indem sie annahmen, dafs beide nur
in ihren physikalischen Eigenschaften verschieden seien, bis

---

*) Die historischen Notizen wurden hauptsächlich L i n d s t r ö m 's Arbeit
„Ueber die Zusammensetzung des Magnetkieses" entnommen.

6 *

Hatchet im Jahre 1804 einen Magnetkies vom Berge Moel Aelia in Caernarvonshire analysirte. Er kam hierbei zu dem Resultate, daſs der Magnetkies in seiner Zusammensetzung mit dem Einfach-Schwefeleisen übereinstimme, von welchem letzteren Proust bereits gezeigt hatte, daſs es bedeutend weniger Schwefel enthält, als der Schwefelkies. Da indeſs Hatchet's Zerlegungsmethode und die der Berechnung der Resultate zu Grunde gelegten Data die Richtigkeit seiner Bestimmungen sehr zweifelhaft machen, so ist die Uebereinstimmung seiner Analysen mit Proust's Analysen des von ihm künstlich dargestellten Einfach-Schwefeleisens wohl nur eine zufällige. Auch enthält der von Hatchet analysirte Magnetkies auffallend wenig Schwefel, weniger als zur Bildung des Monosulfurets erforderlich ist. Hatchet's Resultate sind um so auffallender, als er schon die Beobachtung machte, daſs der Magnetkies beim Lösen in Salzsäure Schwefel abscheidet, wie dieſs aus folgender Stelle seiner Abhandlung hervorgeht : „Wenn man Salzsäure auf den gepulverten Magnetkies gieſst, so entsteht sogleich ein leichtes Aufbrausen, welches, wenn man Wärme zur Hülfe nimmt, auſserordentlich zunimmt; das sich entwickelnde Gas ist Schwefelwasserstoff. Dabei setzt sich Schwefel ab, der einen kleinen Theil des Kieses so einhüllt, daſs er ihn gegen die weitere Einwirkung der Säure schützt."

Merkwürdiger Weise erblickte Hatchet in dieser charakteristischen Eigenschaft des Magnetkieses keine Widerlegung seiner Ansicht, wiewohl bereits Proust erkannt hatte, daſs sich das Einfach-Schwefeleisen ohne Schwefelabscheidung unter Schwefelwasserstoffentwicklung in Salzsäure auflöst. Da bald nach Hatchet's Untersuchung Vauquelin für das Einfach-Schwefeleisen ein ganz anderes Zusammensetzungsverhältniſs fand, als Proust und Berzelius früher übereinstimmend gefunden hatten, so suchte Stromeyer im Jahre 1814 das wahre Verhältniſs zu bestimmen, in welchem das Eisen, sowohl im natürlichen, als auch im künstlichen Magnetkiese, mit Schwefel verbunden ist. Er analysirte zwei Magnetkiese, einen magnetischen von Trese-

burg am Harz und einen unmagnetischen von Barèges in
den Pyrenäen, sowie auch die Producte, welche entstanden,
wenn er Schwefelkies an der Luft glühte und wenn er Eisenoxyd wiederholt mit Schwefel glühte. Weil er nun für erstere
sowohl wie für letztere ein gleiches Zusammensetzungsver-
hältnifs fand, und bei allen, wenn er sie in Salzsäure löste,
eine Schwefelabscheidung bemerkte, so erklärte er, von der
irrigen Vorstellung ausgehend, dafs die auf die beschriebene
Weise erhaltenen Kunstproducte wahres Einfach-Schwefeleisen
seien, auch den natürlichen Magnetkies für Einfach-Schwefeleisen und da seine Analysen nicht unbedeutend mehr Schwefel
ergaben, als Berzelius in dem Einfach-Schwefeleisen gefunden hatte, zog er und Gilbert dessen Analyse des Eisensulfurets in Zweifel, ja Stromeyer glaubte sogar, dafs die
Zusammensetzung des Magnetkieses mit der Lehre der constanten Proportionen in Widerspruch stehe. Berzelius,
welcher den Magnetkies im Allgemeinen auch, als Einfach-
Schwefeleisen betrachtete, verfocht gleichwohl die Richtigkeit
seiner Analysen des Eisensulfurets. Er behauptete, dafs
Stromeyer deshalb mehr Schwefel und weniger Eisen, als
dem Monosulfuret entspräche, gefunden habe, weil die von ihm
untersuchten Mineralien mit Schwefelkies vermengt gewesen
seien. Dafs diefs so der Fall war hatte Stromeyer selbst
bereits in seinem Aufsatze erkannt. Da er indefs auch bei
guter Vergröfserung keinen Schwefelkies zu erkennen ver-
mochte, so nahm er an, dafs er in dem Magnetkiese „chemisch
aufgelöst" sei. Den dadurch in den Analysen entstehenden
Fehler hatte Stromeyer zu verbessern gesucht, indem er
die Menge des Schwefelkieses bestimmte. Einige Jahre danach kam Berzelius auf denselben Gegenstand zurück und
zeigte, dafs das von Stromeyer künstlich dargestellte
Schwefeleisen mit dem dem Eisenoxydul entsprechenden Sulfuret identisch sein könne, da es bei der Auflösung in Säuren
Schwefel abscheide. Stromeyer's Methode zur Darstellung
des Einfach-Schwefeleisens biete keine Garantien für dessen
Reinheit. Er habe dasselbe auf eine andere, jeden Zweifel
an seiner Reinheit ausschliefsende Weise erhalten. Er habe

laminirtes, reines Eisen genommen, es mit Schwefel erhitzt und die Verbindung völlig ausgeglüht. Das gebildete Schwefeleisen sei nicht geschmolzen, könne also kein Eisen ·aufgelöst enthalten, sondern habe nur eine Rinde auf dem Eisen gebildet, von dem es durch Biegen leicht abzusondern gewesen wäre. So dargestelltes Schwefeleisen sei auch mit Eisen gesättigt, weil überschüssiges Eisen vorhanden gewesen, es löse sich ohne Abscheidung von Schwefel leicht in Salzsäure auf und entspreche vollständig dem Eisenoxydul. Indem nun B e r - z e l i u s seine frühere Ansicht über die Zusammensetzung des Magnetkieses aufgab und die Richtigkeit der S t r o m e y e r - schen Analysen zugeben mufste, erklärte er jetzt den Magnetkies als eine Verbindung zweier verschiedener Schwefelungsstufen des Eisens und stellte für das Harzer Mineral die Formel

$$FeS_2 + 6\,FeS$$

auf. Das Mineral von Barèges, in welchem S t r o m e y e r 24,4 pC. „Schwefeleisen im Maximo" gefunden hatte, betrachtete B e r z e l i u s als ein von dem Harzer Mineral verschiedenes und gab ihm die Formel

$$FeS_2 + 2\,FeS.$$

Letztere wurde indefs von den Mineralogen in Zweifel gezogen und B e r z e l i u s selbst gab auch sehr bald den Gedanken an ihre Selbständigkeit auf. Es blieb also nur als Ausdruck für die Zusammensetzung des Magnetkieses die Formel

$$FeS_2 + 6\,FeS = Fe_7S_8,$$

die indefs von manchen Mineralogen auch als eine Verbindung von

$$Fe_2S_3 + 5\,FeS = Fe_7S_8$$

aufgefafst wurde.

Da B e r z e l i u s an einer anderen Stelle sagt, dafs das Eisensesquisulfuret beim Erhitzen $2/_9$ seines Schwefels verliert und sich dabei in Magnetkies verwandelt, so scheint er der Formel

$$Fe_7S_8$$

keinen allzu grofsen Werth beigelegt zu haben, denn

$$3\,\mathrm{Fe_2S_3} - \mathrm{S_2} = \mathrm{Fe_6S_7}.$$

Freilich würde sich weder nach der einen noch nach der andern Formel die Zusammensetzung des Magnetkieses merkbar ändern. Sehr wahrscheinlich betrachtete also Berzelius den Magnetkies nicht als eine constant zusammengesetzte Verbindung, sondern als eine Verbindung von Monosulfuret mit Bisulfuret oder · Sesquisulfuret in variablen Verhältnissen. Während der folgenden 20 Jahre analysirten Plattner, H. Rose und Berthier Magnetkiese von den verschiedensten Fundorten, aber keiner dieser Chemiker hatte Grund, die von · Berzelius aufgestellte Formel

$$\mathrm{Fe_7S_8}$$

zu ändern. Graf Schaffgottsch hingegen, der im Jahre 1840 den bereits von H. Rose untersuchten Magnetkies von Bodenmais auf's Neue untersuchte, fand, dafs er weniger Schwefel enthielt als die entsprechende Berzelius'sche Formel; was auch schon H. Rose gefunden hatte. Er berechnete auf Grund seiner Analysen für den Magnetkies von Bodenmais eine bis dahin noch nicht bekannte Formel und behauptete, dafs der Name Magnetkies drei verschiedene Mineralien bezeichne : die von Berzelius aufgestellten zwei Mineralspecies und eine dritte, für welche das Bodenmaiser Mineral den Typus bilde, dem er die Formel

$$9\,\mathrm{FeS} + \mathrm{Fe_2S_3} = \mathrm{Fe_{11}S_{12}}$$

gab. Diese Ansicht wurde indefs von G. Rose entschieden zurückgewiesen. Er hält diese Trennung für durchaus nicht gerechtfertigt, da den kleinen Differenzen der Analysen keine Unterschiede in den sonstigen Eigenschaften des Minerals entsprechen. Den niedrigeren Schwefelgehalt des Bodenmaiser Magnetkieses sucht er durch die Annahme zu erklären, dafs sich zwischen den Flächen der schaligen Zusammensetzungsstücke eine dünne Lage Eisenoxyd abgelagert habe. Auch ·Berzelius hielt die Ansicht des Grafen Schaffgotsch für noch nicht erwiesen. G. Rose wies ferner nach, dafs die auffallende Zusammensetzung des Magnetkieses von Barèges ihren Grund in beigemengtem

Schwefelkies habe und zeigte, daſs selbst Krystalle von Magnetkies einen Kern von Schwefelkies enthalten können. In seiner Abhandlung bekämpft er auch die Ansichten Breit. haupt's, von Kobell's, Frankenheim's und Rammelsberg's, welche auf Grund der bloſsen Isomorphie des Magnetkieses mit Einfach-Schwefelmetallen, wie Greenockit (CdS), Arsennickel (NiAs), Antimonnickel (NiSb) und Millerit (NiS), denselben als Einfach-Schwefeleisen betrachteten. Sie nahmen nämlich an, daſs, wenn Schwefel, Arsen und Antimon isomorph seien, für die erwähnten Sulfurete eine analoge Zusammensetzung aus je einem Atom der Bestandtheile folge. G. Rose zeigte aber an verschiedenen Beispielen, daſs aus der bloſsen Krystallform gar nicht auf die chemische Natur geschlossen werden dürfe. Wenn man Breithaupt's Ansicht huldige, so müsse man die seitherige Fassung der Isomorphie aufgeben und alle Mineralien von ähnlicher Krystallform, wenn auch von noch so verschiedener atomistischer Zusammensetzung als isomorph betrachten, während es doch gerade ein wesentliches Erforderniſs der isomorphen Körper sei, daſs sie eine analoge Zusammensetzung besäſsen und sich gegenseitig zu ersetzen vermöchten, was jedoch bei dem Magnetkies nicht vorkomme. G. Rose machte auch darauf aufmerksam, daſs alle Magnetkiesanalysen einen Ueberschuſs an Schwefel ergeben hätten, der weder als Schwefel in Substanz, noch als Schwefelkies vorhanden sein könne, denn ersterer müsse aus dem pulverisirten Mineral vermittelst Schwefelkohlenstoff ausgezogen werden können und letzterer beim Lösen des Minerals in verdünnter Salzsäure zurückbleiben, welches keines von beiden der Fall sei, wie es vom Grafen Schaffgotsch und Plattner, die darüber Versuche angestellt hätten, bewiesen worden wäre. Auch zeige der geschliffene und polirte Magnetkies nicht die geringste Ungleichartigkeit, wovon er sich selbst überzeugt habe. Einen weiteren, gegen Breithaupt's Ansicht sprechenden Grund erblickt G. Rose in dem Magnetismus des Magnetkieses, den man weder bei sorgfältig dargestelltem Einfach-Schwefeleisen, noch bei Millerit und Greenockit beobachtet habe. H. Rose habe dieſs für

ein durch Reduction des Schwefelkieses im Wasserstoffstrome
dargestelltes und Graf S c h a f f g o t s c h für ein durch Reduction des Magnetkieses im Wasserstoffstrome dargestelltes
Einfach-Schwefeleisen bewiesen. Er habe sich, um ganz
sicher zu sein, selbst nochmals durch Versuche mit, nach der
oben erwähnten B e r z e l i u's 'schen Methode dargestelltem
Einfach-Schwefeleisen, von der Richtigkeit dieser Beobachtung überzeugt. Ueberdiefs habe der Magnetkies ein ge-
ringeres specifisches Gewicht als der Schwefelkies, welche
Thatsache den Beweis liefere, dafs derselbe kein Einfach-
Schwefeleisen sein könne, da die niedrigeren Schwefelungsstufen der Metalle stets ein höheres specifisches Gewicht
hätten, als die höheren. Aus dem gerade umgekehrten Verhalten des Magnetkieses gehe also hervor, dafs derselbe unmöglich Einfach-Schwefeleisen, sondern nur eine Verbindung
zweier verschiedener Schwefelungsstufen sein könne.

Im Jahre 1864 veröffentlichte R a m m e l s b e r g eine grofse
und experimentell sehr reiche Arbeit über „die Schwefelungsstufen des Eisens, die Zusammensetzung des Magnetkieses und
das Vorkommen des Eisensulfurets im Meteoreisen", in der er
sämmtliche bis dahin gelieferte Magnetkiesanalysen discutirte
und auf Grund theils alter, theils neuer von ihm gelieferter
Analysen die Ansicht aussprach, dafs die wahrscheinlichste
Formel des Magnetkieses

$$Fe_8S_9$$

sei. Den nickelhaltigen Magnetkies fand er sehr nahe den
beiden Formeln

$$R_5S_6 \text{ und } R_6S_7$$

zusammengesetzt, unter der Voraussetzung jedoch, dafs Nickel
und Eisen auf gleiche Weise mit Schwefel verbunden sind.
Er glaubt indefs nicht, dafs der nickelhaltige Magnetkies in
seiner Zusammensetzung von dem nickelfreien verschieden sei,
wenigstens könne, sollte auch ein wirklicher Unterschied in
der Zusammensetzung existiren, derselbe auch durch noch so
sorgfältig ausgeführte Analysen nicht entschieden werden.

Im Jahre 1870 versuchte B l o m s t r a n d zu zeigen, dafs
der Magnetkies entsprechend der Formel

$$3\,FeS,\ Fe_2S_3 = Fe_5S_6$$

zusammengesetzt sei und endlich kehrte Lindström im Jahre 1875 wieder zu der schon von Rammelsberg ausgesprochenen Ansicht zurück, dafs die wahrscheinlich allen Magnetkiesen gemeinsame Formel

$$Fe_8S_9$$

sei.

Die Frage nach der chemischen Natur des Magnetkieses ist also noch keineswegs erledigt. Die Analysen schwanken in ziemlich weiten Grenzen, von Fe_6S_7 bis $Fe_{11}S_{12}$ oder von 60 bis 61,6 Proc. Eisen und von 38,4 bis 40 Proc. Schwefel ebenso auch die Verluste an Schwefel, die der Magnetkies im Wasserstoffstrome erleidet, von 3,2 bis 5,71 Proc.

Es entsteht sonach die Frage: ist der Magnetkies, dem Rammelsberg die allgemeine Formel

$$Fe_nS_{n+1}$$

giebt, überhaupt als eine chemische Verbindung aufzufassen, oder ist er als eine isomorphe Mischung zweier verschiedener Schwefelungsstufen zu betrachten? Oder endlich, ist der Magnetkies weder eine chemische Verbindung, noch eine isomorphe Mischung, sondern ein mechanisches Gemenge verschiedener Schwefelungsstufen, etwa von $FeS + FeS_2$, oder von $FeS + Fe_2S_3$ in wechselndenMengen der Componenten? Fassen wir den Magnetkies als eine chemische Verbindung auf, so müfste er, als ein krystallisirter Körper, eine constante Zusammensetzung zeigen; n müfste alsdann eine constante Zahl sein und die in den Analysen gefundenen Differenzen wären thatsächlich nicht vorhanden. Indefs dürfte die Richtigkeit von mehr als 70 Analysen doch kaum zu bezweifeln sein. Auch kehren dieselben Schwankungen bei magnetkiesähnlichen Producten, die man durch starkes Erhitzen von Eisenoxyd in Schwefelwasserstoff, nach Arfvedson auch durch Erhitzen von Halb-Schwefeleisen in letzterem erhalten kann, wieder.

.Was die Annahme einer isomorphen Mischung betrifft, so ist eine solche aus dem Grund nicht annehmbar, weil krystallographische Beziehungen zwischen den in der Natur vorkommenden Schwefelungsstufen des Eisens nicht erkennbar sind.

Wäre endlich der Magnetkies ein Gemenge verschiedener Schwefelungsstufen, so würden sich die Schwankungen in seiner Zusammensetzung auf sehr einfache Weise erklären. Indeſs sprechen gewichtige Bedenken gegen diese Annahme. Einmal kann ein Gemenge niemals krystallisiren, was doch beim Magnetkiese, wenn auch selten, schon beobachtet worden ist; auch müſste ein Gemenge von FeS mit FeS_2 bei der Auflösung in verdünnter Salzsäure FeS_2 zurücklassen, da letzteres von verdünnten Säuren nicht angegriffen wird, was man bei reinem Magnetkiese, krystallisirtem und derbem, noch niemals beobachtet hat. Ein Gemenge von FeS mit Fe_2S_3 müſste beim Lösen in verdünnter Salzsäure ebenfalls FeS_2 hinterlassen, denn Fe_2S_3 zersetzt sich nach Rammelsberg durch dieselbe in sich auflösendes FeS und in zurückbleibendes FeS_2. Sprechen nun diese Thatsachen gegen die Annahme einer höheren Schwefelungsstufe im Magnetkiese? Könnte nicht vielleicht die wahre Zusammensetzung des Minerals durch die Analyse der verschiedenen, unter Zuhülfenahme eines Magneten erhaltenen Schlämmproducte eines reinen Magnetkieses ermittelt werden? Ergäben die Analysen verschiedene Resultate, so wäre der Beweis geliefert, daſs wir es mit einem Gemenge zu thun haben, ergäben sie übereinstimmende Resultate, so ginge daraus hervor, daſs der Magnetkies ein homogener Mineralkörper, ein Individuum, sei. Eines von beiden muſste mit Nothwendigkeit aus der Untersuchung hervorgehen.

Zu derselben wurde der durch seine Reinheit ausgezeichnete blätterige Magnetkies benutzt, den schon früher H. Rose, Graf Schaffgotsch und Rammelsberg analysirten.

Der Gang der Untersuchung war folgender:

Um einen möglichst reinen Magnetkies zu erhalten, wurden aus dem pulverisirten Mineral unter Wasser mit einem kräftigen Hufeisenmagneten die magnetischen Partikelchen ausgezogen, wobei eine Berührung der unteren Flächen der magnetischen Pole mit der Oberfläche des Magnetkiespulvers sorgfältig vermieden wurde. Nachdem es auf diese Weise nach längerer Zeit gelungen war, einige Gramme auszuziehen, wurde das so erhaltene Pulver auf dem Wasserbade getrocknet, eine Probe davon entnommen und analysirt. Das übrige Material wurde in dem Achatmörser auf's Neue zerrieben und abermals unter Wasser mit dem Magneten behandelt. Der Rückstand wurde wieder feiner zerrieben und unter Wasser mit dem Magneten behandelt. Nachdem durch diese viermal wiederholte Operation alles Pulver von dem Magneten ausgezogen war, wurden die so erhaltenen vier völlig magnetischen Producte (I—IV) auf dem Wasserbade sorgfältig getrocknet und analysirt. Diese Operation wurde nun mit frischem Material wiederholt und zwar wurden hier sechs magnetische Producte (V—X) erhalten und einzeln analysirt. Mit verdünnter Salzsäure behandelt schieden sie sämmtlich Schwefel ab. Endlich wurde auch noch die ursprüngliche Substanz analysirt (XI).

Auch das Verhalten des Magnetkieses im Wasserstoffstrome wurde einer näheren Untersuchung unterworfen. Zu diesen letzteren Versuchen wurden vermittelst einer guten Lupe möglichst reine quarzfreie Stückchen des Minerals ausgelesen, die in Form eines feinen, durch Trocknen von mechanisch anhängendem Wasser befreiten Pulvers angewendet wurden. Das Glühen des Pulvers geschah in den drei ersten Versuchen in einem Platinschiffchen, in den drei letzten in einem Porcellanschiffchen. Das Schiffchen mit der Substanz wurde in eine am einen Ende ausgezogene, schwer schmelzbare Glasröhre gebracht, deren anderes Ende mit einem Chlorcalciumapparat in Verbindung stand. Letzterer war mit einer concentrirte Schwefelsäure enthaltenden Waschflasche, diese mit einem Gefäße, welches eine Lösung von salpetersaurem Silber enthielt, und dieses schließlich mit einem continuirlichen Wasserstoffentwickelungsapparate verbunden. Nachdem der ganze Apparat mit Wasserstoffgas gefüllt und das ausströmende Gas an dem Ende der ausgezogenen Röhre angezündet war, wurde die Stelle der Röhre, an der sich das Schiffchen mit dem Erze befand, nach und nach zum Roth-

glühen erhitzt. Eine Wasserbildung war bei keinem der
Versuche zu bemerken. Anfangs war die Schwefelwasserstoffentwickelung in allen Versuchen ziemlich heftig; sie
wurde jedoch nach kurzer Zeit schwach, dauerte aber unab-
lässig fort, so dafs selbst nach 36 stündigem Glühen noch eine
deutliche Schwefelwasserstoffentwickelung constatirt werden
konnte. Der reducirte Magneskies erkaltete bei jedem Versuche im Wasserstoffstrome. Aus dem Gewichtsverlust ergab sich die Menge des ausgetriebenen Schwefels. Als
mehrere der reducirten Proben unter der Lupe genauer untersucht wurden, zeigten sich jedesmal zwei verschiedene Producte, das eine, auf dem Boden des Schiffchens, war matt-
grau und äufserst magnetisch, das andere, welches in directer
Berührung mit dem Wasserstoff gewesen, besafs noch die
ursprüngliche Farbe des Magnetkieses, nur hatte es seinen
metallischen Glanz verloren, war nicht im Geringsten magnetisch und löste sich in verdünnter Salzsäure beim Erwärmen
mit Leichtigkeit, unter Schwefelwasserstoffentwickelung auf;
es war also Einfach-Schwefeleisen. Bei zwei reducirten Proben hatten sich sehr schöne, glänzend schwarze Kryställchen
gebildet, deren Menge zu einer Analyse leider nicht hinreichte.
Von dem magnetischen Producte vermuthe ich, dafs es entweder
metallisches Eisen oder ein Subsulfuret sei. Um diefs festzustellen, verband ich das Kölbchen, in dem sich das magnetische
Product befand, einerseits mit einer Waschflasche, die mit einem
continuirlichen Kohlensäureentwickelungsapparate in Verbindung
war, andererseits vermittelst eines Kautschuckschlauches mit
einer Glasröhre, die in eine kleine mit Kalilauge gefüllte
Glaswanne tauchte. Durch den dreifach durchbohrten Stopfen
des Kölbchens ging aufserdem noch eine bis fast auf den Boden reichende dünne Glasröhre, an die oben, vermittelst eines
mit einem Quetschhahne versehenen Kautschuckrohres ein
kleiner Glastrichter befestigt wurde. Sobald alle Luft aus
dem Apparate verdrängt war, was leicht an der völligen Ab-
sorption der austretenden Kohlensäure durch die Kalilauge
erkannt werden konnte, wurde durch den Glastrichter tropfen-
weise verdünnte Salzsäure zugegossen. Das sich entwickelnde

Gas wurde unter einen umgestülpten, völlig.mit Kalilauge
gefüllten Cylinder geleitet, wobei die Kohlensäure und der
sich etwa entwickelnde Schwefelwasserstoff absorbirt wurden,
der Wasserstoff dagegen unabsorbirt blieb. Es zeigte sich
hierbei eine ganz deutliche Entwickelung von Wasserstoff,
der beim Verbrennen die charakteristischen Eigenschaften
desselben ergab. Hierdurch ist also der Beweis geliefert, daſs
die Reduction des Magnetkieses im Wasserstoffstrome weiter
geht, als zur Bildung des Einfach-Schwefeleisens. Da die
qualitative Untersuchung des Minerals nur Eisen und Schwefel
ergab, so war der Gang der Analyse einfach folgender :

Das gepulverte Erz wurde mit Königswasser so lange
digerirt, bis sich das Eisen und auch der Schwefel vollständig
oxydirt hatten. Die völlige Oxydation des Schwefels nahm
1 bis 2 Tage in Anspruch, gelang aber stets vollständig,
wenn die Temperatur während der Dauer der Oxydation 40
bis 50 Grade nicht überstieg. Die Auflösung in Königswasser
zeigte in den meisten Fällen einen kleinen Rückstand, der
in der Regel aus Quarz, seltener aus kleinen Flittern eines
grünen chloridähnlichen Minerals bestand und der bei der
Gewichtsbestimmung des Eisens und Schwefels berücksichtigt
wurde. Aus der von der Gangart abfiltrirten Auflösung wurde
das Eisen durch überschüssig zugesetztes Ammoniak unter
fortwährendem Umrühren in der Wärme gefällt und nachdem sich der voluminöse Niederschlag abgesetzt hatte filtrirt,
ausgewaschen, getrocknet, im Platintiegel geglüht und gewogen.
Auch auf maſsanalytischem Wege ist das Eisen in einigen
Fällen bestimmt worden. Die Auflösung in Königswasser
wurde zu diesem Zwecke unter Zusatz von Schwefelsäure bis
fast zur Trockne eingedampft, um alle Salzsäure und Salpetersäure zu verjagen. Zu dem Rückstand wurde verdünnte
Schwefelsäure hinzugefügt und zur Entfernung der Gangart
filtrirt.

Die Reduction des so erhaltenen schwefelsauren Eisenoxyds
wurde durch metallisch reines Zink bewirkt, unter hinreichen-
dem Zusatz von verdünnter Schwefelsäure, in einem schief-
liegenden Kölbchen mit langem Halse. Sobald die Lösung

in der Wärme farblos erschien, war vollständige Reduction eingetreten. Die Lösung wurde rasch durch stärkefreie Leinwand filtrirt, entsprechend verdünnt und nach abermaligem Zusatz von verdünnter Schwefelsäure mit einer Lösung von übermangansaurem Kalium von bestimmtem Tagestitre titrirt. Sobald die Flüssigkeit einen Stich ins Braunrothe zeigte, war die Operation beendet. Der Schwefel wurde in besonderen Portionen bestimmt. Die Lösung des Minerals in Königswasser wurde abgedampft, mit verdünnter Salzsäure und dann mit Chlorbaryum versetzt. Da indefs die gefällte schwefelsaure Baryterde noch salpetersaure Baryterde enthielt, so mufste der geglühte Niederschlag, nachdem er gewogen, abermals mit verdünnter Salzsäure digerirt, ausgewaschen, geglüht und gewogen werden. Hierbei wurden keine guten Resultate erhalten. Vor dem Fällen der schwefelsauren Baryterde wurde deshalb die Salpetersäure durch Abdampfen unter Zusatz von Salzsäure zerstört, wodurch nur ein einmaliges Wägen der schwefelsauren Baryterde erfordert wurde. Zur Fällung derselben erhitzte ich die stark verdünnte salzsaure Lösung zum Kochen und fügte dann die ebenfalls stark verdünnte heifse Lösung von Chlorbaryum unter Umrühren rasch hinzu. Nachdem sich die schwefelsaure Baryterde vollständig abgesetzt hatte, wurde die überstehende Flüssigkeit vorsichtig auf das Filter gebracht und der Niederschlag nochmals mit kochendem Wasser digerirt. Nach dem Erkalten liefs sie sich alsdann gut filtriren und auswaschen. Einige Schwefelbestimmungen wurden auch durch Oxydation mit Salzsäure und chlorsaurem Kalium ausgeführt.

Die Analysen der verschiedenen mit dem Magneten erhaltenen Producte ergaben folgende Resultate :

A.

a. Eisenbestimmungen.

I. 0,2725 ergaben 0,23597 Fe_2O_3 = 0,16517 Fe = 60,612 Proc. Fe.

II. 0,3190 ergaben 0,27577 Fe_2O_3 = 0,193 Fe = 60,501 Proc. Fe.

III. 0,2403 ergaben 0,20867 Fe_2O_3 = 0,14607 Fe = 60,786 Proc. Fe.

IV. 0,2664 ergaben 0,2304 Fe_2O_3 = 0,16127 Fe = 60,536 Proc. Fe.

b. Schwefelbestimmungen.

I. 0,4504 ergaben 1,29467 SO_4Ba = 0,1778 S = 39,476 Proc. S.

II. 0,6791 ergaben 1,93337 SO_4Ba = 0,26552 S = 39,098 Proc. S.

III. 0,5104 ergaben 1,47587 SO_4Ba = 0,20269 S = 39,711 Proc. S.

IV. 0,2032 ergaben 0,58417 SO_4Ba = 0,08023 S = 39,483 Proc. S.

B.

a. Eisenbestimmungen.

V. 0,2432 ergaben 0,14734 Fe = 60,583 Proc. Fe ⎫
VI. 0,2007 ergaben 0,12117 Fe = 60,373 Proc. Fe ⎬ Maassanalytisch bestimmt
VII. 0,2117 ergaben 0,12852 Fe = 60,708 Proc. Fe ⎭

VIII. 0,3629 ergaben 0,3147 Fe_2O_3 = 0,22029 Fe = 60,702 Proc. Fe.

IX. 0,3696 ergaben 0,3205 Fe_2O_3 = 0,22435 Fe = 60,701 Proc. Fe.

X. 0,2164 ergaben 0,1872 Fe_2O_3 = 0,13104 Fe = 60,554 Proc. Fe.

b. Schwefelbestimmungen.

V. 0,2494 ergaben 0,7169 SO_4Ba = 0,09845 S = 39,474 Proc. S.

VI. 0,2902 ergaben 0,8371 SO_4Ba = 0,11496 S = 39,614 Proc. S.

VII. 0,1808 ergaben 0,5186 SO_4Ba = 0,071224 S = 39,405 Proc. S.

VIII. 0,1554 ergaben 0,4457 SO_4Ba = 0,06121 S = 39,388 Proc. S.

Für IX und X wurde der Schwefelgehalt nur aus der Differenz berechnet.

Die Analyse des nicht mit dem Magneten behandelten Magnetkieses ergab folgende Resultate : ·

XI$_a$. 0,3437 ergaben 0,20719 Fe = 60,282 Proc. Fe. ·

XI^b. 0,3684 ergaben 0,22298 Fe = 60,526 Proc. Fe.

XI$_c$. 0,3918 ergaben 0,3381 Fe$_2$O$_3$ = 0,23667 Fe = 60,405 Proc. Fe.·

XI$_d$. 0,4865 ergaben 0,4215 Fe$_2$O$_3$ = 0,29505 Fe = 60,647 Proc. Fe.

Der Schwefel ist hier nur aus der Differenz berechnet worden.

Die Resultate der Analysen der verschiedenen Producte zeigen, wie leicht ersichtlich, keine erheblichen Verschiedenheiten, wenigstens keine gröfseren, als sie sich bei allen Mineralanalysen mehr oder weniger finden. Es wäre also zwecklos, die Analysen gesondert zu betrachten. Stellen wir die Resultate in der Reihenfolge der Producte, wie sie durch den Magneten erhalten wurden, übersichtlich zusammen, indem wir nach Rammelsberg's Vorgange mit A. den Gehalt an Eisen, mit B. den Gehalt an Schwefel, a. direct, b. durch Differenz gefunden, bezeichnen, so erhalten wir :

	A.	B.	
		a.	b.
I.	60,612	39,476	39,388
II.	60,501	39,098	39,499
III.	60,786	39,711	39,214
IV.	60,536	39,483	39,464
V.	60,583	39,474	39,417
VI.	60,373	39,614	39,627
VII.	60,708	39,405	39,292
VIII.	60,702	39,388	39,298
IX.	60,701	—	39,299
X.	60,554		39,446
XI^a.	60,282		39,718
XI$_b$.	60,526		39,474
XI$_c$.	60,405		39,595
XI$_d$.	60,647		39,353.

XVIII.

7

Dividirt man diese Zahlen durch die bezüglichen Atom-
gewichte und ordnet die sich ergebenden Atomverhältnisse
nach steigendem Schwefelgehalt, so werden folgende Verhältnisse zwischen Eisen und Schwefel erhalten :

	Fe : S		Fe : S
III.	1,0854 : 1,2254	=	1 : 1,1289
VIII.	1,0839 : 1,2280	=	1 : 1,1320
IX.	1,0839 : 1,2280	=	1 :· 1,1320
VII.	1,0840 : 1,2278	=	1 : 1,1326
XI$_d$.	1,0829 : 1,2297	=	1 : 1,1355
I.	1,0823 : 1,2308	=	1 : 1,1372
V.	1,0818 : 1,2317	=	1 : 1,1385
X.	1,0813 : 1,2326	=	1 : 1,1399
XI$_b$.	1,0808 : 1,2335	=	1 : 1,1412
IV.	1,0810 : 1,2341	=	1 : 1,1416
II.	1,0803 : 1,2343	=	1. : 1,1425
XI$_c$.	1,0786 : 1,2373	=	1 : 1,1471
VI.	1,0780 : 1,2383	=	1 : 1,1487
XI$_a$.	1,0764 : 1,2411	=	1 : 1,1530.

Die Atomverhältnisse schwanken von 1 : 1,1289 bis 1 :
1,1530, ersteres einer zwischen Fe_7S_8 und Fe_8S_9, doch näher
bei Fe_8S_9 liegenden Formel entsprechend, letzteres nahezu
der Formel Fe_7S_8 entsprechend. Das mittlere Atomverhältnifs ergiebt sich hier zu

$$1 : 1,1393$$
oder 7 : 7,9751, d. i. sehr nahe
$$Fe_7S_8,$$

60,492 Proc. Fe und 39,508 Proc. S entsprechend. Die
Schwankungen in der Zusammensetzung sind hier so gering,
dafs sie als auf Versuchsfehlern beruhend betrachtet werden
müssen, um so mehr, als die Zunahme des Schwefelgehalts
ganz unabhängig ist von der Reihenfolge der Schlämmproducte. Man kann also sagen, dafs die Zusammensetzung
der Schlämmproducte und der ursprünglichen Substanz die
gleiche ist.

Der Magnetkies von Bodenmais zeigt also eine constante
Zusammensetzung und der höhere Schwefelgehalt desselben

kann weder auf eine mechanische Beimengung von Schwefelkies noch von Schwefel zurückgeführt werden. Ein reiner
Magnetkies hinterläfst, mit verdünnter Salzsäure digerirt, nur
einen aus Schwefel bestehenden Rückstand, was Rammelsberg schon vor einer Reihe von Jahren an dem Magnetkiese von
Bodenmais gezeigt hat und wovon ich mich selbst überzeugt habe.

Indefs ist damit die Schwierigkeit der Deutung der chemischen Constitution des Magnetkieses noch keineswegs beseitigt und eine Erklärung seines höheren Schwefelgehaltes
und seines Verhaltens gegen verdünnte Salzsäure kann auch
jetzt noch nicht gegeben werden. Vielleicht kann durch die
Analyse eine Entscheidung in dieser Frage überhaupt nicht
gegeben werden. Nordenskiöld, der eine Theorie über
additionelle Bestandtheile, die in Mineralien vorkommen, aufgestellt hat, betrachtet den Magnetkies als eine Vereinigung
von Einfach-Schwefeleisen mit wechselnden Quantitäten
Schwefel. Ersteres ist nach ihm der sogenannte formgebende
Bestandtheil, letzterer nur ein auf die Form unbedeutend
einwirkender additioneller Bestandtheil. Wenn diese Theorie
richtig wäre, so würde dadurch allerdings die Verschiedenheit
in den Analysen und die krystallographische Uebereinstimmung mit Millerit und Greenockit erklärt. Indefs werden
auch durch diese Theorie die früher erörterten Bedenken bezüglich der Annahme unsichtbar beigemengten Schwefels, der
nicht experimentell bestätigt werden kann, keineswegs über-
wunden. Auch würde diese Theorie nicht mehr genügen,
wenn sich herausstellen sollte, dafs der Magnetkies nicht hexagonal, sondern rhombisch krystallisirte (wie A. Streng annimmt, der ihn für isomorph mit dem Silberkies hält), was
immerhin möglich sein könnte, da in Auerbach gefundene
Krystalle rhombischen Habitus zeigen (vgl. die Arbeit von
L. Roth in dem 17. Berichte der Oberhess. Ges. f. Natur- u.
Heilkunde, S. 45).

Bei der Reduction des Magnetkieses im Wasserstoffstrome
wurden folgende Resultate erhalten :

I. 0,3894 verloren nach 36 stündigem Glühen 0,1057 S
= 27,144 Proc. S.

7*

II. 0,7645 verloren nach 12 stündigem Glühen 0,0922 S
= 12,16 Proc. S.

III. 0,2996 verloren nach 12 stündigem Glühen 0,0381 S
= 10,101 Proc. S.

IV. 0,3048 verloren nach 24 stündigem Glühen 0,0729 S
= 23,918 Proc. S.

V. 0,2571 verloren nach 3 stündigem Glühen 0,0148 S
= 5,766 Proc. S.

VI. 0,5865 verloren nach 15 stündigem Glühen 0,066 S
= 11,353 Proc. S.

Nach G. Rose, Plattner und Rammelsberg wird der Magnetkies, im Wasserstoffstrome geglüht, zu Einfach-Schwefeleisen reducirt. Aus den Resultaten vorstehender Versuche geht jedoch hervor, daſs das Mineral, bei anhaltendem Durchleiten von Wasserstoff, weit mehr Schwefel verliert, als dem Ueberschuſs über das Einfach-Schwefeleisen entspricht. Sehr wahrscheinlich haben die genannten Chemiker den Magnetkies nur einige Stunden im Wasserstoffstrome geglüht, in welcher Zeit sich nur der Ueberschuſs an Schwefel über das Einfach-Schwefeleisen verflüchtigen konnte, wie es auch der fünfte Versuch beweist.

Endlich ergab die Analyse des im Wasserstoffstrome gebildeten grauen magnetischen Productes folgendes Resultat:

0,0850 ergaben 0,1137 Fe_2O_3 = 0,079589 Fe = 93,631 Proc. Fe (6,369 Proc. S),

d. i. sehr nahe Fe_8S, indeſs wahrscheinlich ein Gemenge von Sulfuret mit metallischem Eisen, wie sich aus dem Verhalten dieses Productes gegen HCl ergiebt.

Zum Schlusse möge die schon von Lindström gegebene Zusammenstellung der bis jetzt bekannt gewordenen Analysen, um einige neuere vermehrt, folgen :

1. Moël Aelion, Wales (Hatchet) :

	a	b	Mittel
Fe =	(64,71)	(66,35)	(65,53)
S =	35,29	33,65	34,47
	·100,00	100,00	100,00.

Svecifisches Gewicht = 4,518.

Die eingeklammerten Zahlen sind hier und bei allen folgenden Analysen aus dem Verlust bestimmt.

2. Treseburg, Harz (Stromeyer):

$$Fe = 60,42$$
$$S = 39,58$$
$$\overline{100,00.}$$

Der Schwefel ist hier vermuthlich aus dem Verlust bestimmt. Das Mineral enthielt 3,92 Proc. Schwefelkies.

3. Barèges, Pyrenäen (Stromeyer):

$$Fe = 60,42$$
$$S = 39,58$$
$$\overline{100,00.}$$

Der Schwefel ist vermuthlich aus dem Verlust bestimmt. Das Mineral enthielt 24,42 Proc. Schwefelkies.

4. Bodenmais (H. Rose):

$$Fe = 61,10$$
$$S = 38,60$$
$$Quarz = 0,82$$
$$\overline{100,52.}$$

5. Falun (Akerman):

$$Fe = 60,29$$
$$S = 39,84$$
$$\overline{100,13.}$$

6. Brasilien (Berthier):

$$Fe = 62,62$$
$$S = 37,38$$
$$\overline{100,00.}$$

Hier wurde weder das Eisen noch der Schwefel direct bestimmt. Die Analyse wurde in der Weise ausgeführt, daſs das Mineral mit Salzsäure zersetzt, der ungelöste Theil gewogen und der Schwefel in demselben bestimmt wurde. Was sich auflöste wurde als Einfach-Schwefeleisen betrachtet. Die Analyse ergab auſserdem noch einige Procente Schwefel und Kupferkies, die abgerechnet wurden.

7. Sion (Berthier) :

	a	b
Fe =	57,78	40,85
S =	37,52	26,15
Quarz =	3,70	28,00
Schwefelkies =	1,00	5,00
	100,00	100,00.

Das Mineral war etwas kupferhaltig.

8. Conghonas da Campo (Plattner) :

$$Fe = 60,21$$
$$S = 40,24$$
$$100,45.$$

Verlust in Wasserstoff = 4,92 Proc. S.
Specifisches Gewicht = 4,627.

9. Falun (Plattner) :

$$Fe = 60,29$$
$$S = 39,84$$
$$100,13.$$

Verlust in Wasserstoff = 4,72 Proc. S.

Diese Analyse stimmt genau mit Akerman's Analyse von demselben Fundorte überein.

10. Bodenmais (Schaffgotsch) :

	a	b	Mittel
Fe =	61,19	61,16	61,18
S =	(38,81)	(38,83)	(38,82)
	100,00	100,00	100,00.

Verlust in Wasserstoff = 3,36 Proc. S.
Specifisches Gewicht = 4,622.

11. Klefva, Smaland (Berzelius) :

$$Fe = 58,19$$
$$S = (37,54)$$
$$Ni = 3,04$$
$$Co = 0,09$$
$$Mn = 0,23$$
$$Cu = 0,45$$
$$Quarz = 0,46$$
$$100,00.$$

Verlust in Wasserstoff = 3,75 Proc. S.
Specifisches Gewicht = 4,674.

12. Garpenberg (v. Ehrenheim) :

$$Fe = 57,54$$
$$S = 32,05$$
$$Cu = Spur$$
$$Quarz = 3,00$$

92,59.

13. Modum, Smaland (Scheerer) :

$$Fe = 56,86$$
$$Ni = 2,83$$
$$S = 40,52$$

100,21.

14. Rajpootanah (Middleton) :

$$Fe = 62,27$$
$$S = 37,73$$
$$CaO = Spur$$

100,00.

Der Schwefel ist vermuthlich aus dem Verlust bestimmt
worden.

Specifisches Gewicht = 2,58.

15. Gap Mine (Boye) :

$$Fe = 41,73$$
$$S = 24,72$$
$$Ni = 4,55$$
$$Cu = 1,30$$
$$Pb = 0,27$$
$$Al_2O_3 = 1,70$$
$$CaO = Spur$$
$$Quarz = 25,46$$

99,73.

Specifisches Gewicht = 4,193.

16. Inverary, Schottland :

	a	b
Fe =	50,4	50,4
S =	37,0	37,6
Ni =	7,1	6,5
Co =	Spur	Spur
CaO =	0,9	0,7
MgO =	2,1	2,2
Quarz =	2,0	2,0
	99,5	99,4.

Das Mineral war mit Schwefelkies verwachsen.

17. Bernkastel (Baumert) :

	a	b	Mittel
Fe =	61,00	61,02	61,01
S =	(39,00)	(38,98)	(38,99 ·
	100,00	100,00	100,00.

18. Piemont (Tournaire) :

$$Fe = 54,4$$
$$S = (35,5)$$
$$Ni = 0,2$$
$$Gangart = 9,9$$
$$100,0.$$

Specifisches Gewicht = 4,27.

19. Treseburg (Rammelsberg) :

$$Fe = (59,44)$$
$$S = 40,56$$
$$100,00.$$

20. Unbekannt (Rammelsberg) :

$$Fe = 58,90$$
$$S = 39,95$$
$$Ni = 2,60$$
$$101,45.$$

21. Bodenmais (Rammelsberg) :

$$Fe = 60,66$$
$$S = (39,34)$$
$$100,00.$$

22. Treseburg (Rammelsberg):

	a	b	c	d	Mittel
Fe =	59,05	58,33	59,35	59,19	58,98
S =	(40,95)	39,75	(40,65)	(40,81)	(39,75)
	100,00	98,08	100,00	100,00	98,73.

Verlust in Wasserstoff = 6,75 Proc. S.
Specifisches Gewicht = 4,513.
Das Mineral war von Brauneisenstein durchzogen.

23. Harzburg (Rammelsberg):

	a	b	Mittel
Fe =	60,42	60,25	60,34
Ni =	0,65	—	0,65
S =	(38,93)	(39,75)	(39,65)
	100,00		100,64.

Verlust in Wasserstoff = 3,99 Proc. S.
Specifisches Gewicht = 4,58.
Das Mineral war von Quarz und Glimmer durchzogen.

24. Trumbull (Rammelsberg):

	a	b	c	Mittel
Fe =	60,91	60,66	60,70	60,76
S =	(39,09)	(39,34)	(39,30)	(39,24)
	100,00	100,00	100,00	100,00.

Verlust in Wasserstoff = 5,04 Proc. S.
Specifisches Gewicht = 4,64.
Das blätterige Mineral war an einzelnen Stellen von Glimmer und Kupferkies durchwachsen.

25. Xalastoc (Rammelsberg):

	a	b	Mittel
Fe =	61,25	61,34	61,30
S =	(38,75)	(38,66)	(38,70)
	100,00	100,00	100,00.

Verlust in Wasserstoff = 3,87 Proc. S.
Specifisches Gewicht = 4,564.
In dem Mineral waren kleine schwarze Granatoeder eingewachsen.

26. Unbekannt, krystallisirt (Rammelsberg) :

$$Fe = 60,26$$
$$S \ = (39,74)$$
$$\overline{100,00.}$$

Verlust in Wasserstoff = 5,05 Proc. S.
Specifisches Gewicht = 4,623.

27. Gap Mine (Rammelsberg) :

$$Fe = 55,82$$
$$Ni = 5,59$$
$$S \ = (38,59)$$
$$\overline{100,00.}$$

Verlust in Wasserstoff = 5,36 Proc. S.
Specifisches Gewicht = 4,543.
Das derbe Mineral war mit Quarz und Glimmer ver-
wachsen.

28. Horbach, Baden (Rammelsberg) :

$$Fe = 55,96$$
$$Ni = \ 3,86$$
$$S \ = 40,01$$
$$\overline{99,83.}$$

Verlust in Wasserstoff = 5,56 Proc. S.
Specifisches Gewicht = 4,7.
Das derbe Mineral war mit Strahlstein verwachsen und
enthielt 0,58 Proc. Kupferkies, die abgerechnet wurden.

29. Hilsen (Rammelsberg) :

$$Fe = 56,57$$
$$Ni = \ 3,16$$
$$Si \ = (40,27)$$
$$\overline{100,00.}$$

Verlust in Wasserstoff = 6,65 Proc. S.
Specifisches Gewicht = 4,577.
Das derbe blätterige Mineral war mit Schwefelkies ver-
wachsen.

30. Unbekannt, krystallisirt (Rammelsberg):

$$Fe = 56,42$$
$$Ni = 3,33$$
$$S = 40,56$$
$$\overline{100,31.}$$

Verlust in Wasserstoff = 6,19 Proc. S.

Specifisches Gewicht = 4,609.

Das Mineral war ein Bruchstück eines sechsseitigen Prismas, welches schwarze Glimmerblättchen enthielt.

31. Bodenmais (v. Leuchtenberg):

	a	b	c	d	e	f	Mittel
Fe =	61,11	61,13	60,99	61,34	61,48	60,52	61,11
S =	(38,89)	(38,87)	38,21	39,55	38,63	(39,48)	38,80
	100,00	100,00	99,20	100,89	100,11	100,00	99,91.

Specifisches Gewicht = 4,54.

32. Hausach (Petersen):

$$Fe = 58,31$$
$$\left.\begin{array}{l} Ni \\ Co \end{array}\right\} = 0,63$$
$$S = 39,93$$
$$Pb = 0,10$$
$$Cu = 0,36$$
$$As = 0,15$$
$$Ti = Spur$$
$$\overline{99,48}$$

Das Mineral enthielt aufserdem Spuren von Mangan, Wismuth und Silber.

33. Auerbach (Petersen):

$$Fe = 59,39$$
$$\left.\begin{array}{l} Ni \\ Co \end{array}\right\} = 0,06$$
$$S = 39,90$$
$$Ti = 0,17$$
$$\overline{99,52.}$$

Specifisches Gewicht = 4,583.

Das Mineral enthielt Spuren von Mangan.

34. New-York (Hahn) :

$$Fe = 58,31$$
$$\left.\begin{array}{l} Ni \\ Co \end{array}\right\} = 2,28$$
$$S = 39,41$$
$$\overline{100,00.}$$

Der Schwefel wurde wahrscheinlich aus dem Verluste bestimmt.

35. Utö (Lindström) :

$$Fe = 60,91$$
$$S = 38,22$$
$$Quarz = 0,97$$
$$\overline{100,10.}$$

Specifisches Gewicht = 4,627.

36. Freiberg (Lindström) :

$$Fe = 60,18$$
$$S = 38,88$$
$$Quarz = 0,87$$
$$\overline{99,93.}$$

Specifisches Gewicht = 4,642.

37. Kongsberg (Lindström) :

$$Fe = 60,20$$
$$S = 38,89$$
$$Quarz = 0,98$$
$$\overline{100,07.}$$

Specifisches Gewicht = 4,584.

38. Tammela (Lindström) :

$$Fe = 59,87$$
$$Ni = 0,09$$
$$S = 39,75$$
$$Quarz = 0,45$$
$$\overline{100,16.}$$

39. Smörvik (Lindström) :

$$Fe = 59,40$$
$$Ni = 0,51$$
$$S = 38,77$$
$$Quarz = 1,22$$

99,90.

40. Adolfsgrube (Lindström) :

$$Fe = 60,85$$
$$Ni = 0,04$$
$$S = 37,77$$
$$Quarz = 1,91$$

100,57.

41. Elizabethtown (Smith) :

$$Fe = 59,88$$
$$S = 39,24$$

99,12.

Specifisches Gewicht = 4,642.

42. Lowell, Massachusetts (How) :

$$Fe = 53,75$$
$$Ni = 2,41$$
$$S = 33,91$$
$$Gangart u. Verlust = 9,93$$

100,00.

43. Geppersdorf, Schlesien (Schumacher) :

$$Fe = 60,76$$
$$S = (38,64)$$
$$Bergart = 0,60$$

100,00.

Lindström, der die Analysen einer genauen Durch-
sicht unterwarf, fand, daſs eine groſse Zahl derselben zur
Berechnung einer Formel unbrauchbar ist. So schloſs er die
Analysen 1, 2, 3, 6, 7, 12, 14, 15, 16, 18, 19, 22 und 36 aus,
2, 3, 6, 7, 12, 14, 15, 16, 22 und 36, weil der untersuchte
Kies mit fremden Mineralien verwachsen war, oft mit Schwefel-
und Kupferkies, 1, 6 und 7 auf Grund der analytischen Methoden, 12 und 19, weil unvollständig und 14 als zweifelhaft

wegen des auffallend niedrigen specifischen Gewichts. Berechnet man nun von den übrigen die nickelfreien auf Eisen
und Schwefel, einschliefslich derjenigen, die nur wenig Nickel
enthalten, und die nickelhaltigen auf Eisen, Nickel und
Schwefel, so hat man, wenn A den Gehalt an Eisen, B den
Gehalt an Nickel, C den Gehalt an Schwefel, a direct, b durch
Differenz gefunden bedeutet :

	A	B	a	C	b
4.	61,283	—	38,716		—
5.	60,29		39,84		—
8.	60,21		40,24		—
9.	60,29		39,84		—
10.	61,18	—	—		38,82
11.	58,914	3,077	—		38,009
13.	56,86	2,83	40,52		—
17.	61,01	—	—		39,99
20.	58,90	2,60	39,95		—
21.	60,66	—	39,34		—
22.	58,98		—		39,75
24.	60,76	—	—		39,24
25.	61,30	—	—		38,70
26.	60,26	—	—		39,74
27.	55,82 ·	5,59	—		38,59
28.	55,96	3,86	40,01		—
29.	56,57	3,16	—		40,27
30.	56,42	3,33	40,56		—
31.	61,11	—	38,80		
33.	59,824	—	40,185		—
34.	58,31	2,28	—		39,41
35.	61,44	—	38,555		—
36.	60,751		39,248		—
37.	60,752	—	39,247		
38.	60,044	0,09	39,865		—
39.	60,194	0,516	39,288		—
40.	61,676	0,04	38,282		—
41.	59,88	—	39,24		
42.	59,675	2,675	37,648		
43.	61,13	—	38,87		

Bei der Berechnung der Atomverhältnisse wurde die willkürliche Annahme gemacht, dafs Nickel und Eisen auf gleiche Weise mit Schwefel verbunden seien. Der Nickelgehalt wurde auf Eisen berechnet und zu dem gefundenen Eisengehalt hinzuaddirt. Ordnet man auch hier die Atomverhältnisse nach steigendem Schwefelgehalt, so ergeben sich folgende Zahlen :

	Fe : S	Fe : S
42.	1,1085 : 1,1762	= 1 : 1,0610
11.	1,1038 : 1,1877	= 1 : 1,0760
40.	1,1020 : 1,1963	= 1 : 1,0855
35.	1,0971 : 1,2048	= 1 : 1,0981
27.	1,0930 : 1,2059	= 1 : 1,1032
25.	1,0946 : 1,2093	= 1 : 1,1047
4.	1,0943 : 1,2098	= 1 : 1,1055
31.	1,0921 : 1,2125	= 1 : 1,1102
10.	1,0925 : 1,2131	= 1 : 1,1103
43.	1,0916 : 1,2146	= 1 : 1,1126
24.	1,0850 : 1,2262	= 1 : 1,1301
37.	1,0848 : 1,2264	= 1 : 1,1306
36.	1,0848 : 1,2265	= 1 : 1,1306
39.	1,0841 : 1,2277	= 1 : 1,1324
21.	1,0832 : 1,2293	= 1 : 1,1348
20.	1,0966 : 1,2484	= 1 : 1,1384
34.	1,0805 : 1,2315	= 1 : 1,1397
41.	1,0692 : 1,2262	= 1 : 1,1468
17.	1,0893 : 1,2496	= 1 : 1,1471
26.	1,0760 : 1,2418	= 1 : 1,1541
5.	1,0766 : 1,2450	= 1 : 1,1564
9.	1,0766 : 1,2450	= 1 : 1,1564
38.	1,0738 : 1,2457	= 1 : 1,1601
8.	1,0751 : 1,2575	= 1 : 1,1696
28.	1,0675 : 1,2503	= 1 : 1,1732
33.	1,0682 : 1,2557	= 1 : 1,1755
22.	1,0532 : 1,2421	= 1 : 1,1793
29.	1,0646 : 1,2584	= 1 : 1,1820
13.	1,0641 : 1,2662	= 1 : 1,1899
30.	1,0649 : 1,2675	= 1 : 1,1902.

Die Atomverhältnisse schwanken von 1 : 1,0610 bis 1 : 1,1902, ersteres nahezu der Formel $Fe_{16}S_{17}$ (16 : 16,9760), letzteres fast Fe_5S_6 (5 : 5,9510) entsprechend.

Diese bedeutenden Abweichungen in der Zusammensetzung des Magnetkieses müssen also, da doch wohl die Richtigkeit einer so grofsen Zahl von Analysen nicht angezweifelt werden kann, thatsächlich vorhanden sein. Das mittlere Atomverhältnifs, welches sich hier zu

$$1 : 1,1361$$

oder 7 : 7,9527 d. i. nahezu

$$Fe_7S_8$$

ergiebt, wird daher keineswegs den wahren Ausdruck für die Zusammensetzung des Magnetkieses darstellen, um so weniger, je grölser die Abweichungen sind. Man gelangt so, da eine mechanische Beimengung von FeS_2 und von Schwefel nicht vorhanden ist, zu der schon von Rammelsberg aufgestellten allgemeinen Formel

$$Fe_nS_{n+1},$$

wo n von 5 bis 16 wachsen kann. Dieser auffallende Wechsel der Zusammensetzung wiederholt sich, wie A. Streng in einer neueren Arbeit über den Silberkies von Andreasberg gezeigt hat, auch in der Zusammensetzung des Silberkieses, für welchen derselbe die allgemeine Formel

$$Ag_2S + pFe_nS_{n+1}$$

aufgestellt hat. Der Silberkies stellt also hiernach eine Mischung dar von Ag_2S mit wechselnden Mengen eines dem Magnetkies völlig analogen Schwefeleisens, und Streng wirft deshalb die Frage auf, ob der Silberkies nicht vielleicht als eine isomorphe Mischung von Acanthit (Ag_2S) mit Magnetkies betrachtet werden könne, läfst diese Frage aber unentschieden, da bis jetzt noch keine Isomorphie des Silberkieses mit genannten beiden Mineralien beobachtet worden ist. Zugleich zeigt er, dafs die Formen des Magnetkieses, wenn man ihre rhombische Natur behauptet, auf die Formen des Silberkieses zurückgeführt werden können, woraus hervorgehe, dafs eine Isomorphie von Silberkies, Magnetkies und Acanthit immerhin nicht ausgeschlossen sei.

IV.

Untersuchungen über die Frauenmilch bei Icterus.

Von **F. Frank**, Assistenten der gynäkologischen Klinik zu Gießen.

Die chemische Zusammensetzung der Milch wird beeinflußt durch die Constitution, das Allgemeinbefinden im weitesten Sinne, die Menge und Beschaffenheit der Nahrung. Entsprechend dem mannigfachen Wechsel, welchem diese Factoren unterliegen, finden wir die Milch nicht bloß bei den einzelnen Frauen verschieden zusammengesetzt, sondern selbst bei demselben Individuum wechselt je nach Zeit und Umständen die chemische Constitution.

Seit Langem ist die Aufmerksamkeit der Aerzte nicht nur auf die procentische Zusammensetzung, sondern auch auf die Frage gerichtet gewesen, *welche Substanzen aus dem mütterlichen Darmkanal resp. dem Blute in die Milch und dadurch in den Magen des Säuglings übergehen?*

Von folgenden Körpern ist der Uebergang behauptet oder bewiesen :

· 1) *Farbstoffe.*

Durch den Genuß von Moorrüben, Caltha palustris, Crocus wird die Milch nach Mosler gelb, durch Opuntia, Rubia tinctorum nach Schauenstein und Späth roth, durch Myosotis palustris, Polygonum, Mercurialis, Anchusa und Equisetum bläulich. Ob diese Farbstoffe einen Einfluß auf die Ernährung der saugenden Jungen, resp. der mit Kuhmilch ernährten Kinder haben, ist nicht bekannt.

XVIII. 8

2) *Quecksilber.*

Mit der Frage nach dem Uebergange von Hg in die Milch haben sich schon P e l i g o t , H e n r y , C h e v a l i e r und H a r - n i e r beschäftigt, doch Alle mit negativem Resultate, theils weil sie sich mit einer einmaligen Untersuchung begnügten, theils weil sie die Thiere mit solchen Dosen Hg-Salbe tractirten, dafs sehr bald Speichelflufs entstand. Dieser ist aber das entschie- denste Hindernifs für Auffindung des Hg in der Milch, da dann die Hauptmasse des Hg durch die Speicheldrüsen ausge- schieden wird und die Milchsecretion bald versiegt. Erst L e w a l d *) hat in seiner trefflichen Habilitationsschrift mit Berücksichtigung aller Cautelen den Uebergang des Hg in die Milch bei Ziegen nach wiederholten Gaben von Calomel sicher nachgewiesen, und gleichzeitig auf die Heilung von syphilitischen Kindern aufmerksam gemacht, deren Ammen mit Hg·Präparaten behandelt werden. Wenn auch später K a h l e r (Corresp.-Blatt 23. Febr. 1875) in der Milch dreier der Inunctionskur unterworfener, Frauen nach der von S c h n e i d e r angegebenen elektrolytischen Methode kein Hg gefunden hat, so konnte doch kürzlich Dr. E. W. H a m - b u r g e r in Franzensbad **) unzweideutig durch empfindliche Reagentien (Elektrolyse mit nachheriger Ueberführung des Hg in Hgjodid) darthun, dafs in der That Hg in die Milch übergeht.

3) *Jod.*

S i m o n ***) suchte es vergeblich in der Milch einer Frau, welcher er durch 30 Stunden 23 Gramm Jodkalium ver- abreicht hatte; später aber ist es von H e r b e r g e r , H e n r y , C h e v a l i e r und P e l i g o t in der Frauenmilch beobachtet worden. Bei Kühen haben L a b o u r d e t t e und D u s - m e n i l 1846, bei Ziegen W. H a r n i e r †), der 1847 unter

---

*) „Untersuchungen über den Uebergang von Arzneimitteln in die Milch." Breslau 1857.

**) „Untersuchungen über die Ausscheidung des Quecksilbers während des Gebrauchs von Mercurialkuren. Prager med. Wochenschr. II, 4 u. 5, 1867

***) S i m o n , „Frauenmilch," Seite 76.

†) H a r n i e r , „de transitu medicamentorum in lac." Marburg 1847. Dissertation.

Leitung der Professoren F a l k und B u n s e n Fütterungs-
versuche mit Jodkalium anstellte, Jod in die Milch übergehen
gesehen. 1857 hat L e w a l d den Nachweis des Uebergangs
von Jod an einer Ziege bestätigt und will gleichzeitig mit
L a b o u r d e t t e bei seinen Versuchen die interessante Beobachtung gemacht haben, dafs die Thiere nach Darreichung
von Jodgaben eine gröfsere Menge Milch secerniren. Seit
dieser Zeit ist von vielen Seiten und erst neuerdings wieder
von Dr. G e m m e l in Birnbaum *) auf den Nutzen solcher
jodhaltigen Milch bei rhachitischen Kindern hingewiesen
worden, und ebenso wurde auch von L e v i s e u r *) bei secundärer Syphilis der Säuglinge Jodkalium durch die Milch der
Ammen verabreicht. Dr. L e o p o l d L a z a n s k y ***) berichtet von einem fünfmonatlichen, mit allen Erscheinungen
der Syphilis behafteten Knaben, bei welchem in sehr kurzer
Zeit durch den Genufs von jodhaltiger Muttermilch alle
Zeichen dieser Krankheit verschwanden, und empfiehlt sogar
für ältere Kinder und für Erwachsene, welche Jod in anderer
Form nicht vertragen, Jodmilch, die man leicht durch Zusatz von Jod zum Futter der Thiere gewinnen kann.

4) *Eisen.*

Auch der Uebergang von Eisen in die Milch ist vielfach
untersucht. V. a l e t †) hat Eisen in der Frauenmilch nach inner-
licher Darreichung von Eisenpräparaten gefunden, jedoch
konnte diefs nicht als Beweis für den Uebergang dieses
Metalls in die Milch angesehen werden, da ja schon im normalen Zustande eine nicht unbedeutende Menge von Eisen in
der Milch enthalten ist. Im Jahre 1856 haben R o m b e a u ††)
und R o s e l e u r Versuche mit Eisenfeile und milchsaurem

---

*) Dr. G e m m e l, „Eine neue Art der Jodmedication bei ganz
schwachen rhachitischen Kindern." Berliner klin. Wochenschr. XII, 15, 1877.
    **) L e v i s e u r, s. Jahresbericht für Kinderkrankheiten, N. F. IV, 3, 1873.
    ***) Vierteljahrschr. f. Dermatologie und Syphilis. V, I, S. 43. 1878.
    †) H e n r y et C h e v a l i e r, Journ. de pharm. vol. XXV, p. 404.
    ††) R o m b e a u, Bulletin de thérap. p. 355, Avril 1856.

Eisen angestellt und darnach eine Vermehrung des normalen Eisengehaltes der Milch gefunden. Dieselben Resultate erhielt auch L e w a l d, wenn er einer Ziege Eisenpräparate einverleibte, und es steht daher fest, dafs man auf den Säugling einwirken kann, wenn man der Mutter Eisenpräparate darreicht. Nach B i s t r o w's Beobachtungen besserten sich auch anämische Kinder sehr bald, wenn die Ammen Eisen einnahmen.

5) *Arsenik* ist in der Milch zum ersten Male von L e w a l d bei einer Ziege, 17 Stunden nach der Gabe von 45 Tropfen Solutio Fowleri, gefunden worden; 60 Stunden nach der Einverleibung hatte die Ausscheidung des Arseniks durch die Brustdrüse ihr Ende erreicht.

Auf diese Thatsache hin hat L e v i s e u r Kinder mit chronischen Hautausschlägen erfolgreich behandelt, indem er den Ammen Arsenik gab.

6) *Blei.*

Auf den Uebergang des Bleies in die Milch hat schon T a y l o r*) hingewiesen, der die Milch einer Kuh, die zufällig ¹/₂ Pfund Bleifirnifs gefressen hatte, auf Blei untersuchte. Da seine Versuche indessen ziemlich unbestimmt sind, so dürfte wohl L e w a l d zuerst mit Sicherheit bei einer Ziege, der er Bleizucker gegeben hatte, das Blei in der Milch wiedergefunden haben. Daraufhin forderte L. die Aerzte auf, bei Stillenden nur mit gröfster Vorsicht Bleipräparate anzuwenden. L. ist ferner der Meinung, dafs den an Bleikolik leidenden Frauen und selbst solchen, welche Bleikrankheiten überstanden häben, das Säugegeschäft im Interesse der Kinder widerrathen werden müsse.

7) *Antimon.*

Nicht minder vorsichtig mufs man sein mit der Darreichung von Antimonpräparaten bei Säugenden. Der Uebergang des Antimons in die Milch ist nach L e w a l d unleugbar, und da die Einwirkung dieses Giftes auf die Magen- und

---

*) Journal de chimie méd. 1845, p. 479 — 480.

Darmhäute eine sehr intensive ist, so könnte solche Milch den Kindern sehr gefährlich werden.

8) *Wismuth* fand Lewald 36 Stunden nach Darreichung von 2 × 0,915 salpetersauren Wismuthoxyds in der Milch wieder; 3 × 24 Stunden nach der letzten Dosis dieses Mittels aber war die Milch wieder frei von diesem Metalle.

9) *Zink* gehört jedenfalls zu den Metallen, welche am leichtesten aus dem Organismus wieder ausgeschieden werden, wahrscheinlich deswegen, weil es zahlreiche, in Wasser leicht lösliche Verbindungen eingeht. Auch durch die Milch findet seine Ausscheidung statt. In dieser ist es von Henry, Chevalier und Harnier beobachtet worden und Lewald hat gefunden, daß bei Gaben von 1,0 schon nach Verlauf von 4 bis 18 Stunden Zink in der Milch nachweisbar war, daß es aber auch schnell aus derselben verschwindet, so daß 58 bis 60 Stunden nach der letzten Dosis die Ausscheidung des Zinks aus der Brustdrüse aufgehört hat. .

10) Von *Chinin* weiß man nur, daß es die Milch bitterschmeckend macht.

11) *Opium.* Auch Versuche über den Uebergang von Narcoticis in die Milch sind von Lewald angestellt worden und zwar, da es von vornherein unmöglich war, auf chemischem Wege den Gehalt an Narcoticis in der Milch nachzuweisen, in der Art, daß L. eine Ziege 3 Wochen lang sowohl mit Opium, als Morphium fütterte, und die Milch Kaninchen zu trinken gab, bei denen jedoch keine toxischen Erscheinungen eintraten.

Trotzdem scheint Opium seine Wirkung durch die Milch auf den Säugling erstrecken zu können, denn ein Fall ist bekannt, in dem der Gebrauch von 20 Tropfen Opiumtinctur Seitens der Mutter auf das nachher angelegte Kind so einwirkte, daß es unmittelbar nach dem Trinken in einen 43 Stunden dauernden Schlaf verfiel.

12) *Alkohol.* Nach Darreichung von Alkohol an Ziegen konnte Lewald keine auf Alkoholwirkung zu beziehenden Erscheinungen beobachten, wenn er diese Milch anderen Versuchsthieren eingab.

13) *Krankheitsproducte.*

Indem ich betreffs des Einflusses gewisser, namentlich Allgemeinkrankheiten auf die Qualität der Milch und die Frage, in wie fern den an den verschiedenen Krankheiten leidenden Wöchnerinnen das Selbststillen zu gestatten sei, auf die Darstellung von Prof. K e h r e r, „Ueber die erste Kindernahrung" in V o l k m a n n's Sammlung klinischer Vorträge verweise, will ich in Folgendem mich mit einer Krankheit befassen, deren Bedeutung für die Milch und dadurch für den Säugling bis jetzt noch nicht genügend festgestellt ist, nämlich dem *Icterus.*

Ausgangspunkt für die Bearbeitung dieser Frage war eine Icterische in der Praxis des Herrn Dr. D i c k o r é in Lollar. Der Fall war folgender : Eine 36 jährige Wöchnerin, früher ganz gesund, hatte vier normale Geburten durchgemacht, und auch die Wochenbetten verliefen gut bis auf das letzte, in welchem sie in der 4. Woche icterisch wurde. Zuvor hatte sie sich 3 oder 4 Tage unbehaglich und matt gefühlt, an Appetitlosigkeit, geringen Kopfschmerzen und Obstipation gelitten. Es bildete sich in kurzer Zeit das charakteristische Bild einer Gallensteinkolik aus. Bei der angestellten Untersuchung zeigte sich die Lebergegend bei Druck schmerzhaft, und Herr Dr. D i c k o r é konnte die stark gefüllte Gallenblase unter dem Rippenbogen fühlen. Der Urin war braun und zeigte deutlich Gallenreaction. Alle diese Erscheinungen verschwanden aber schon nach 2 Tagen. Die Milch war nicht merklich gefärbt. Es wurden 25 Gramm zur Untersuchung aufbewahrt, nach Zusatz eines gleichen Volums Alkohol. Um vorzugreifen, so konnten 7 Wochen später mit der unten angegebenen Methode keine Gallensäuren in dieser Probe gefunden werden. Das Kind trank diese Milch ohne Widerwillen zu verrathen, und hat auch keinen merklichen Nachtheil davongetragen.

Bald nachher bot sich mir Gelegenheit, einen ähnlichen Fall in hiesiger Entbindungsanstalt zu beobachten.

Eine 27 jährige kräftige Zweitgebärende war, abgesehen von den gewöhnlichen Kinderkrankheiten, niemals ernstlich krank

gewesen. Vor 3 Jahren wurde sie zum ersten Male schwan-·
ger. Die Schwangerschaft verlief normal. Die Geburt
dauerte 2 Tage und mufste die Zange wegen secundärer
Wehenschwäche angelegt werden. Das Kind war ausgetragen
und lebt noch. Das Wochenbett verlief gut, so dafs Wöchnerin am 6. Tage das Bett wieder verlassen konnte. Sie
hatte damals sehr viel Milch und fungirte 10 Monate als
Amme.

Die letzte Periode vor der jetzigen Geburt begann am
20. Juli 1878; die ersten Kindesbewegungen wurden am
19. November 1878 verspürt. Aufser Erbrechen, Kopfweh
und Schwindel im Anfang verlief auch die jetzige Schwangerschaft bis zum Eintritt der Wehen gut. Vier Tage vor der
Niederkunft begann der Icterus. Appetit gut. Allgemeinbefinden ungestört.

Die am 24. März 1879 Nachmittags 5 h. erfolgte Geburt dauerte $4^3/_4$ Stunden und verlief ganz normal. Das Kind
weiblichen Geschlechts, wog 2165 Gramm, war nicht icterisch.
Kurze Zeit nach Austreibung der Geburt trat eine mäfsige
Blutung ein, die jedoch bald durch Massiren des Uterus, sowie durch kalte Injectionen beseitigt wurde. Die Temperatur
betrug 37,1, der Puls 66 in der Minute.

Im Anfange des Wochenbettes wurden auch die übrigen
Organe einer näheren Untersuchung unterworfen. Bei der
Inspection der Lebergegend fiel nichts Besonderes auf. Die
Palpation war nicht schmerzhaft, der untere Rand mit hakenförmig gekrümmten Fingern leicht zu umgreifen. Die Leber-
dämpfung begann in der Mammillarlinie etwas unterhalb der
6. Rippe und hörte unterhalb des Rippenbogens auf. Im
Uebrigen verlief die untere Grenze nach links und oben.
Die Milz war nicht vergröfsert oder bei Druck schmerzhaft. Lungen und Herz schienen gesund, nur konnte
bei der Auscultation des letzteren vielleicht der Pendelrhy-
thmus auffallen. Der Urin zeigte eine ganz dunkelbraune Farbe
und gab die schönste Gmelin'sche Reaction. Der Nachweis von Gallensäuren gelang zwar nach dem Verfahren von

.G. Straſsburg *) nicht, indem nur eine röthliche Färbung mit einem Stich ins Violette eintrat. Deutlich aber war die Reaction nach Neukomm's *) Methode und auch nach Dragendorff **) konnten die Gallensäuren mit Sicherheit nachgewiesen werden. Die Fäces waren lehmartig und frei von Farbstoff.

Leider wurde unsere Absicht, das Kind an die Wöchnerin anzulegen und das Gedeihen desselben durch den constanten Gebrauch der Waage zu controliren, durch den Tod des Kindes vereitelt.

Da am Tage p. part. nur mit groſser Mühe einige Tropfen Colostrum, welches vor der Gelbsucht der Mutter oft spontan ausgelaufen sein soll, ausgepreſst werden konnte und das Kind zu schwach war, um an einer anderen Wöchnerin zu trinken, flöſste man ihm am 1. und 2. Tage einige Löffelchen Ammenmilch ein. Es befand sich auch verhältniſsmäſsig ganz wohl, bis am 27. III. Morgens 5 die Wärterin die Nabelbinde von Blut durchtränkt fand. Als ich einige Minuten später hinzukam, lag das Kind theilnahmlos da, war am ganzen Körper schmutziggelb gefärbt, und aus der Rinne zwischen Haut und Nabelschnurrest sickerte dunkles, miſsfarbiges Blut hervor. Wenn nun auch ˙durch Auflegen von mit Liq. ferri sesquichlorati getränkten Bäuschchen die Blutung rasch aufhörte, so entstanden doch bald am harten Gaumen, an der Lippe, dem Kinn und den Wangen ausgedehnte Ecchymosen. Das Kind schüttete die ihm dargereichte Milch wieder aus, wimmerte unaufhörlich und starb Nachmittags 4 h., nachdem sich vorher die unteren Extremitäten und der Rücken

---

*) Archiv der Physiologie, Bd. IV, S. 461. Modif. Pettenkofer'sche Probe zum Nachweis der Gallensäuren im Harn. Dieselbe besteht darin, daſs man in den Harn nach vorherigem Zusatz von etwas Rohrzucker ein Filtrirpapier taucht und dasselbe dann trocknen läſst. Bringt man auf dieses Papier sodann mit einem Glasstabe reine concentrirte Schwefelsäure, so entsteht bei Gegenwart von Gallensäuren eine schöne violette Färbung.

**) Siehe hierüber Näheres in Neubauer und Vogel, Analyse des Harns, S. 97 — 102 und Gorup-Besanez, Physiologische Chemie, S. 193, 194.

mit Ecchymosen bedeckt und die ganze Körperoberfläche eine fast citronengelbe Farbe angenommen hatte.

Die Section ergab aufser intensiver Gelbfärbung der ganzen Haut und des Panniculus adiposus Folgendes :

Im Pericardium befand sich eine geringe Menge gelblich gefärbter Flüssigkeit. Die rechte Lunge war etwas dunkler als die linke und zeigte ein marmorirtes Aussehen. Unter der Pleura befanden sich gröfsere und kleinere Ecchymosen. Beim Durchschneiden der Lungen entleerte sich ein blutig gefärbter Schaum. Das Herz mit den Lungen schwamm in Wasser. Herzfleisch auffallend blafs. Foramen ovale durchgängig, Septum atriorum sehr dünn. Botalli'scher Gang für eine chirurgische Sonde bequem durchgängig. Die am linken Lappen bräunlichgelb gefärbte Leber von normaler Gröfse, die mit grüner Galle prall gefüllte Gallenblase ragte 1 Cm. unter dem rechten Leberlappen hervor.

Linke Arterie und Vena umbilicalis durchgängig und blutleer, die rechte Arterie geschrumpft, die Wandungen der drei Gefäfse sehr dünn. Die Milz klein und blafs. Die Nieren, von einer citrongelben Kapsel umgeben, erschienen auf dem Durchschnitt sehr blafs, die Basis der Pyramiden nur wenig geröthet. Harnsäureinfarct spärlich vorhanden. Die Därme bleich und eng. Der Magen, dessen Schleimhaut punktförmig injicirt war, enthielt einen theils weifslichen, theils bräunlichen, theils schwarzen Brei (wahrscheinlich halbverdautes Blut). Das Duodenum war gallig imbibirt und zeigte wie auch die übrigen Darmtheile einen schleimigen, blassen Inhalt.

Unter der Galea, über den beiden Scheitel-, Stirn- und Schläfenbeinen, ausgedehnte Blutextravasate. Aufserdem an der Basis beider Grofshirnhemisphären, sowie an der hinteren Partie des Kleinhirns beträchtliche Ergüsse von geronnenem Blute. Die an die Extravasate angrenzenden Hirnpartien erweicht. Schliefslich fanden sich noch im rechten Seitenventrikel sowie im Corpus striatum mehrere linsengrofse Ecchymosen.

Das Wochenbett der Icterischen verlief sehr gut. Unter Bedeckung der Vulva mit in 2 procentige Carbollösung ge-

tauchten Wattebäuschchen blieben die Lochien fast geruch-
los. Das Abdomen niemals schmerzhaft, das Allgemeinbefinden gut, der Uterus involvirte sich normal. Am 8. Tage
verliefs die Wöchnerin das Bett. Der Stuhl nahm am 6. Tage
wieder eine hellgelbe Farbe an, auch der Urin wurde um
diese Zeit klarer. Die Haut bekam nach und nach ihre
normale Farbe wieder, und waren am 12. Tage nur noch
an der Conjunctiva leise Spuren des kürzlich überstandenen
Icterus zu entdecken.

Am 3. Tage schwollen die Brüste etwas an und es wurden mit der Saugpumpe bis zum 6. Tage 180 Gramm einer
stark gefärbten, gelbgrün aussehenden Milch, die sich in ihrer
Farbe bedeutend von gewöhnlichem Colostrum unterschied,
zur genaueren Untersuchung gesammelt. Am 7. Tage war
wenigstens makroskopisch die Milch nicht mehr von gewöhnlicher zu unterscheiden.

Mit dieser Milch stellte ich nun eine Reihe von Untersuchungen an und zwar suchte ich

1) *eine brauchbare Methode für den Nachweis der Gallensäuren in der Milch zu finden, und*

2) *die Wirkung gallenhaltiger Milch auf den Säugling
zu erforschen.*

1) *Nachweis der Gallensäuren in der Milch Icterischer.*

Die Pettenkofer'sche Reaction zeigen bekanntlich
nicht allein die Gallensäuren, sondern auch Oelsäuren, fette
Säuren, Cholestearin und Albuminstoffe*). Das Verfahren
nach G. Strafsburg können wir daher von vornherein für
unsere Zwecke ausschliefsen. Aber auch die Neukomm-
sche Modification bietet keine Sicherheit. Dieselbe besteht
darin, dafs nach Vermischung einer Spur Zuckerlösung mit

---

*) Ueber einige bei der Pettenkofer'sche Reaction mögliche Ver-
wechslungen und die Mittel sie zu verhüten, s. Neukomm, Arch. für Anatomie und Physiol. 1860, S. 364. Ferner : Koschlakoff und Bogomoloff, Centralbl. f. med. Wissenschaften, 1868, S. 529 und Bogomoloff,
ebendaselbst, 1869, S. 484.

einigen Tropfen der zu untersuchenden Flüssigkeit in einem
flachen Porcellanschälchen einige Tropfen Schwefelsäure zugesetzt werden, worauf man das Ganze gelinde erwärmt.
Die charakteristische Violettfärbung tritt nur bei Gegenwart von
Gallensäuren und einigen Harzen, nicht aber von Albumin-
stoffen und Fetten auf. Wenn man aber einige Tropfen
normaler Frauenmilch auf diese Weise behandelt, so wird
man sich überzeugen, daß auch hier eine violette Färbung
vom Rande her sich entwickelt.

Es muß also bei der Untersuchung nach Gallensäuren
die erste Aufgabe die sein, die Eiweißkörper aus der Milch
wegzübringen. Daß auch hier nicht jede beliebige Methode
gewählt werden kann, mögen nachstehende Versuche beweisen, denen ich nur noch voranschicken möchte, daß die im
Folgenden zur Controle benutzte Normalmilch von einer 25-
jährigen Primiparen vom 8. Tage stammte, daß die Milch
zur besseren Ausfällbarkeit des Caseïns einen Tag gestanden
hatte, daß zum Filtriren doppelte Filter genommen und endlich, daß verhältnißmäßig wenig Gallensäuren zugesetzt
wurden.

1) a. 10 CC. Milch + acid. hydrochlorat. (10 CC.);
    b. 10 CC. Milch gemicht mit 1 CC. einer Gallensäüre-
        lösung ($^1/_{200}$) + 10 CC. acid. hydrochlor.

Filtrat wasserhell. Bei der Pettenkofer'schen Methode
entsteht in beiden Proben über der Schwefelsäure ein röth-
lichvioletter Ring, der beim Stehen in braun und schwarz
übergeht. Werden die Reagensgläser geschüttelt, so werden
beide Flüssigkeiten von vornherein dunkelbraun.

Bei dem Verfahren nach Neukomm entsteht auf beiden
Porcellanschälchen vom Rande her eine blaßrosa Färbung.

2) a. 10 CC. Milch + 10 CC. acid. phosphoricum;
    b. 10 CC. Milch + 10 CC. ac. phos. + 1 CC. Gallen-
        säurelösung ($^1/_{200}$).

Im klaren Filtrat beider Proben entsteht nach Pettenkofer
über der Schwefelsäure erst eine röthlichbraune, dann eine
dunkelbraune Schicht; nach Neukomm beiderseits eine
röthlichviolette Schicht.

3) a. 10 CC. Milch + acid. nitr. pur.;

    b. 10 CC. Milch + acid. nitr. pur. + 1 CC. Gallen-
säurelösung ($^1/_{200}$).

Nach Pettenkofer entsteht über der Schwefelsäure ein
grünlichschwarzer Ring, nach Neukomm's Methode eine
rothbraune oder schwarze Färbung.

4) a. 10 CC. Milch + acid. nitr. fumans.;

    b. desgleichen + 1 CC. der Lösung.

Das schmutzig gelbe Filtrat gibt nach Neukomm grüne,
dann braunschwarze Färbung.

5) a. 10 CC. Milch + acid. acet.;

    b. desgleichen + 1 CC. der Lösung.

Filtrat klar, gibt sowohl bei Pettenkofer's wie bei Neukomm's Probe eine schön violette Färbung.

6) a. 10 CC. Milch + acid. tart. (1 : 8);

    b. desgleichen + 1 CC. der Gallensäurelösung (1 :
200).

Das Filtrat ist klar, gibt nach Neukomm's Methode eine
rosaviolette Färbung.

7) a. 10 CC. Milch + Sublimat (1 : 40);

    b. desgleichen + 1 CC. der Lösung (1 : 200).

Nach Pettenkofer gibt das klare Filtrat eine dunkelgrüne
Färbung, nach Neukomm wieder erst grasgrün, dann
dunkelgrün und schwarz.

8) a. 10 CC. Milch + Alaun (1 : 8);

    b. desgleichen + 1 CC. der Gallensäurelösung (1 :
200).

Filtrat ganz klar, gibt nach Neukomm eine schön purpurviolette Färbung.

9) a. 10 CC. Milch + Tannin (1 : 10);

    b. desgleichen + 1 CC. der Gallensäurelösung (1 :
200).

Das Filtrat sieht hellbraun aus und gibt wieder in beiden
Fällen nach Pettenkofer eine rothbraune Schicht über der
Schwefelsäure, die bald in dunkelbraun und schwarz übergeht;
nach Neukomm eine röthlichbraune Färbung mit einem
Stich ins Violette.

Das Fällungsmittel wurde bei diesen beiden Versuchsreihen immer im Ueberschufs angewandt und gleichviel davon
zu je einem Gläschen mit und ohne Gallensäure geschüttet.
Das Resultat blieb aber auch insofern gleich, als in den
correspondirenden Gläschen immer eine ähnliche Färbung
entstand, einerlei, ob ich mit geringeren Mengen fällte, oder
die Milch erst beim Erwärmen durch Zusatz der oben erwähnten Mittel zur Coagulation zu bringen suchte.

Nach diesen negativen Resultaten suchte ich nach einer
anderen Methode. Ich nahm 150 Gramm Milch, die 30 Stunden gestanden und schüttelte sie durch 3 Stunden öfters mit
30 Gramm Chloroform. Beim Stehen setzte sich auf dem
Boden des Glases eine dickliche weifse Masse ab, während
die gelbliche Flüssigkeit darüber eine wässerige Beschaffenheit hatte. Von letzterer ein paar Tropfen auf dem Wasserbade bis zur Trockne verdampft, gaben sowohl mit als ohne
eine Spur Zucker beim Zusatze eines Tropfens concentrirter
Schwefelsäure eine violette Farbe. Setzte ich zu der wässeri-
gen Flüssigkeit absoluten Alkohol, so gab das klare Filtrat
nach demselben Verfahren eine Lilafärbung. Wurde die unten
sitzende, stark nach Chloroform riechende dicke Flüssigkeit
ebenfalls mit Schwefelsäure versetzt, so gab es eine violette
Färbung, die aber ausblieb und einer braunschwarzen Platz
machte, wenn man zu 3 CC. davon eben so viel absoluten
Alkohol schüttete, und mit dem klaren, durch einen doppelten
Filter gegangenen, Filtrate die Probe anstellte. Machte ich
ganz genau dieselbe Procedur mit eben so viel Milch, der ich
30 Gramm einer Gallensäurelösung von 1 : 200 zugesetzt hatte,
so verhielt sich die oben stehende trübe wässerige Flüssigkeit
in ihrer Reaction eben so, wie die analoge des ersten Ver-
suches. Wenn man aber die untere consistentere Schicht
für sich allein nach Neukomm's Vorschlag behandelte, so
entstand *eine intensiv purpurviolette Färbung, welche sich
deutlich von dem Blafsviolett der vorerwähnten normalen Milch-
probe unterschied.* Die purpurviolette Reaction blieb auch
bestehen, wenn ich 3 CC. von der Chloroformschicht gerade

wie vorher mit Alkohol behandelte, und mit dem zuvor ge-
schüttelten Filtrate denselben Versuch anstellte.

Behandelte man nach dieser letzten Methode die *Milch
unserer Icterischen, so zeigte auch diese eine intensiv purpurviolette Reaction.*

Man kann aber auch noch einen anderen Weg einschla-
gen, um die Eiweifskörper, das Haupthindernifs der Reaction,
zu entfernen.

Nach dem Vorgange von Puls *) neutralisirte ich bei
meinen ersten Versuchen die Milch mit verdünnter Essigsäure, mischte sie mit dem 10 fachen Volum Alkohol und so
viel Wasser, dafs der Alkoholgehalt der Mischung 60 Proc.
betrug, kochte und filtrirte sie darauf. Doch selbst nach
dieser Methode bekamen der Chemiker Dr. phil. Eickemeyer und ich, wenn das ganz klare Filtrat nach der Pettenkofer'schen Methode behandelt wurde, nach einigem
Stehen einen schmalen violetten Ring über der Schwefelsäure,
und auch nach Neukomm trat fast regelmäfsig eine schön
violette Färbung ein, wenn auf dem Wasserbade bis zur
Trockne verdampft wurde; ja die violette Färbung trat sogar
auch zuweilen ein, wenn nach dem Vorschlag von Professor
Dr. St. Stenberg stärkerer Spiritus genommen wurde, so
dafs in der Mischung von Spiritus und Milch .der Gehalt an
wasserfreiem Alkohol 85 Proc. betrug. Hiernach scheint mir
zwar die Pettenkofer'sche und noch mehr die Neukomm'sche eine ganz empfindliche Methode zu sein, um bei
der quantitativen Eiweifsbestimmung der Frauenmilch nachzuweisen, ob sich noch Spuren von Eiweifskörpern in dem
Filtrate befinden; für den Nachweis der Gallensäuren ist es
aber erforderlich, dafs aus der fraglichen Flüssigkeit zuvor
jede Spur von Eiweifskörpern verdrängt ist.

Schliefslich habe ich noch folgendes Verfahren eingeschlagen. Zu 10 CC. Milch setzte ich das doppelte Volum .
absoluten Alkohol. Das wasserhelle Filtrat gab wohl, nach

---

*) Archiv f. Physiol. XIII, S. 176.

Neukomm behandelt, zuweilen noch eine schwach violette Färbung, diese trat aber niemals mehr ein, wenn ich weiterhin *zu dem Filtrate 2 bis 3 Tropfen Acetum plumbi setzte,* von Neuem durch ein doppeltes Filtrum filtrirte und nun mit der so gewonnenen Flüssigkeit die Probe anstellte.

Ganz auf gleiche Weise habe ich auch die Milch der Patientin des Herrn Dr. Dickoré untersucht und auch hier keine violette Färbung wahrnehmen können.

Anders verhielt es sich mit der Milch unserer Icterischen. *Bei dieser Milch bekam ich,* in wiederholten Versuchen nach der letzterwähnten Behandlung, *immer eine schön purpurviolette Färbung.*

Damit ist nun in der That für Einen Icterusfall der Uebergang von Gallensäuren in die Milch und zwar, wie ich glaube, zum ersten Mal bewiesen.

Zwar will schon X. Landerer*) in Athen im Jahre 1858 die Gallensäuren in der Milch einer Icterischen nachgewiesen haben. Dadurch zur Untersuchung veranlaßt, daß das Kind gleich beim Entstehen des Icterus grofse Abneigung zu saugen zeigte, liefs Landerer einen Theil der Milch durch einen Sauger ausziehen und versetzte dieselbe während des Kochens mit Weinsteinsäure, verdampfte nach Abfiltriren des geronnenen Käsestoffs das safrangelbe Milchserum bis zur Honigconsistenz und machte damit die Pettenkofer'sche Zuckergallenprobe, wobei die Gallensäurereaction auf's schönste und mit der gröfsten Leichtigkeit eingetreten sei.

Die violette Färbung hat Dr. X. Landerer wohl mit Leichtigkeit bekommen, aber ob diese auf Gegenwart von Gallensäuren zurückzuführen ist, scheint nach obigen Erfahrungen problematisch. Wenn man nämlich denselben Versuch mit gewöhnlicher Frauenmich macht, so bekommt man regelmäfsig eine schöne violette Färbung, einerlei wieviel Acid. tart. man zusetzt.

---

*) „Ueber die Milch einer an Icterus leidenden Wöchnerin" von Dr. X. Landerer. Archiv d. Pharmacie CXLV, S. 261, 1858.

In Versuchen über den Nachweifs der *Gallenfarbstoffe*
fehlte es mir leider an Material. Ich suchte diesen Mangel
dadurch zu ergänzen, dafs ich zu gewöhnlicher Frauenmilch
rohe Ochsengalle setzte.

Dabei stellte sich heraus, dafs, wenn durch diesen
Zusatz die Milch überhaupt noch einen Stich ins Gelbe bekam, die Gmelin'sche Farbenreaction deutlich eintrat.
Es wurde jedoch die Vorsicht gebraucht, die Milch über die
concentrirte Salpetersäure zu schichten, und von oben her ge-
lind zu erwärmen.

Es steht nun zu erwarten, dafs in icterischer Milch die
Gallenfarbstoffe bei einer gewissen Menge in ähnlicher Weise
nachzuweisen sind, wie bei diesem künstlichen Milch-Gallen-
gemisch.

Wir wenden uns nun zur Beantwortung der zweiten
Frage :

2) Bringen die in die Milch übergegangenen Gallensäuren dem
Kinde einen Nachtheil ?

Da Gallensäuren durch Niederschlagen des Pepsins*) die
Magenverdauung beeinträchtigen, so war es mir wichtig, eine
Vorstellung von der Quantität der übergegangenen Gallen-
säuren zu erhalten.

Leider war die Milch der Icterischen unserer Klinik
durch die vorhergehenden Versuche verbraucht, und konnte
deshalb eine directe quantitative Bestimmung nicht gemacht werden. Ich half mir so, dafs ich prüfte, *bei*
welchem Gallensäurezusatz die Pettenkofer'sche Reac-

---

*) Näheres hierüber siehe bei Burkart, „Warum stört in den Magen
gebrachte Galle den Verdauungsprocefs?" Pflüger's Archiv für die gesammte Physiologie. Bd. I, Heft 4 und 5.

Ders., „Weitere Untersuchungen über die Behinderung der Magenverdauung durch Gallensäure." Pflüger's Archiv für die gesammte Physiologie, I. S. 182.

Hammersten, „Ueber der Einflufs der Galle auf die Magenverdauung." Archiv für die gesammte Physiologie II, S. 53.

tion, die ja bei der icterischen Milch nach oben ange-
führter Behandlung im Stiche liefs, *noch mit Sicherheit
auftritt und bei welcher Verdünnung die modificirte Neukomm'sche Probe.*

Mischte ich Rindsgalle mit Wasser, so trat bei einer Verdünnung von 1 : 150 eben noch Pettenkofer'sche Reaction
ein, während nach Neukomm's Methode in einer Verdünnung von 1 : 1200 die violette Färbung noch zum Vorschein
kam; bei 1 : 1500 blieb sie zuweilen aus. Wurde dagegen
reines glycocholsaures Natron dem destillirten Wasser zugesetzt, so war dasselbe nach Pettenkofer noch bei 0,05
Proc. oder bei $^1/_{2000}$ Verdünnung, nach Neukomm noch
bei 0,0005 Proc. oder $^1/_{200000}$ Verdünnung nachweisbar.

Die Versuche wurden dann mit Frauenmilch wiederholt,
der man glycocholsaures Natron und das doppelte Volum absoluten Alkohol zugesetzt hatte. Das durch ein doppeltes
Filter gegangene Filtrat wurde, nachdem es mit 2 bis 3 Tropfen Acet. plumbi versetzt war, wiederum doppelt filtrirt,
und dann erst die Probe angestellt.

Die Pettenkofer'sche Reaction trat noch ein bei 0,1
Proc. Glycocholsäure, aber nicht mehr bei 0,06 Proc.; die von
Neukomm dagegen noch bei 0,02 Proc. oder $^1/_{5000}$ Verdünnung.
Es war demnach *in der Milch unserer Icterischen gewifs we-
niger als 0,1 Proc. Gallensäure vorhanden.*

Um mich nun zu vergewissern, ob ein so geringer Zusatz von Gallensäuren die Verdauung im Magen wirklich bedeutend beeinträchtige, ging ich zu *Verdauungsversuchen*
über, und zwar habe ich die Frauenmilch durch die entsprechende Verdauungssalzsäure zuerst zur Gerinnung gebracht,
das durch Filtration gewonnene Caseïn zu Kügelchen von
gleichem Gewichte geformt, und diese mit den entsprechenden
Zusätzen im Brutofen bei einer Temperatur von 36 bis 38⁰ C.
der Verdauungsflüssigkeit ausgesetzt.

I. Verdauungsversuch am 11. Juni 1879 Morgens 4,⁴⁵ h.

Die Verdauungsflüssigkeit wurde aus der Schleimhaut eines frischen
Kälberlabmagens bereitet, indem diese in ganz feine Stückchen zerschnitten,
und mit dem doppelten Gewicht einer 0,4 procentigen Salzsäure übergossen

wurde. Das Gemenge blieb 6 Stunden stehen, wurde dann filtrirt und mit dem Caseïn in Liqueurgläschen zusammengebracht.

Nr. I. 2 Dcgr. Cas. + 3 CC. Saft.

II. „ + 3 CC. Saft + $^1/_5$ CC. einer Lösung von Glycocholsäure (1 : 200).

III. „ + 3 CC. Saft + $^3/_5$ der Glycocholsäurelösung (1 : 200).

IV. „ + 3 CC. Saft + 1CC. Glycocholsäurelösung.

V. „ + 3 CC. Saft + 1 Tropfen ungereinigte Ochsengalle.

VI. + 3 CC. Saft + $^1/_5$ CC. einer Lösung von Fel tauri depurat. sicc. (1 : 200).

VII. + 3 CC. Saft + $^3/_5$ CC. derselben Lösung.

VIII. „ + 3 CC. Saft + 1 CC. derselben Lösung.

Um 7 h. waren die Caseïnkügelchen in Nr. I., II. und VI. von einem schmalen schmutzigweifsen Hofe umgeben, während die übrigen noch so gut wie unverändert waren. Da nun in den verhältnifsmäfsig breiten Gläschen ein Theil der Verdauungsflüssigkeit verdunstet war, setzte ich zu jedem noch 1 CC. des Saftes.

10,^{30} h. Der graue Hof von Nr. I, II und VI ist gröfser geworden. Nr. III war in zwei Stücke, ein gröfseres und ein kleineres, zerfallen und jedes war von einem schmalen grauen Hofe umgeben. Nr. IV war in vier ungleich grofse Stücke zerfallen, aber sonst unverändert. Nr. V war unverändert, und wie von Anfang an gleichsam von einer grünlichen Membran umgeben. Nr. VII war in drei Stücke und Nr. VIII in vier Stücke zerfallen, auch hier die Stücke von grauen Höfen umgeben.

2 h. Nachmittags waren keine wesentlichen Veränderungen eingetreten, und ich setzte, um die Verdauungsflüssigkeit wieder annähernd auf 's frühere Volum zu bringen, zu jedem Gläschen 1 CC. auf 36° C. erwärmtes destillirtes Wasser, das nach verschiedenen Beobachtungen die stockende künstliche Verdauung wieder in Gang bringen soll.

Um 5 h war Nr. I bedeutend kleiner, der graue Hof nicht gröfser geworden, im Uebrigen die Flüssigkeit ziemlich klar. Nr. II und VI zeigten ziemlich dieselben Veränderungen wie Nr. I; nur war Nr. VI in zwei kleine Kügelchen zerfallen, auch die übrigen Kügelchen waren kleiner geworden und zum Theil weiter zerfallen. Nur an Nr. V zeigte sich weiter keine Veränderung, als dafs das Caseïnkügelchen in drei Stücke zerfallen war, von denen jedes eine grünliche Umhüllung hatte. Es wurde wieder 1 CC. Verdauungssaft zugesetzt.

Erst um 9,^{30} h. Abends, nachdem um 7 h. jedem Gläschen noch einmal 1 CC. destillirtes Wasser von 36° C. zugeschüttet worden, war Nr. I vollständig, Nr. II, III und VI nahezu gelöst. In IV schwamm nur noch ein kleines Caseïnkügelchen und bei VIII waren noch ungefähr vier stecknadelkopfgrofse Klümpchen mit grauem Hofe wahrzunehmen. Nr. V war in einzelne ganz kleine Stückchen zerfallen und auch hier schien eine theilweise Verdauung stattgefunden zu haben, denn die übrige Flüssigkeit war getrübt. Eine angesäuerte Ferrocyankaliumlösung gab nur bei dem Filtrate von VIII und V einen kaum wahrnehmbaren feinflockigen Niederschlag.

Da mir die Verdauungszeit der 2 Decg. Caseïn sehr lange erschien, so bereitete ich mir aus einem frischen Kalbsmagen anderen Verdauungssaft und wiederholte die Versuche, doch auch beim zweiten und dritten Male annähernd mit demselben Resultate, so daſs ich, wenn nicht ein unbewuſster Fehler bei Bereitung des Saftes untergelaufen ist, annehmen muſs, daſs die verdauenden Eigenschaften des vierten Magens vom Kalb wenigstens in den ersten acht Tagen sehr untergeordnet sein müssen. Von den Kälbern, denen die Magen entstammten, war, wie ich nachträglich erfuhr, keines älter als acht Tage. Damit würde auch die Thatsache übereinstimmen, daſs in den drei verwendeten Magen nichts zu finden war als 1 bis 2 dicke Caseïnklumpen, die sich jedesmal im Pylorustheil befanden. Auch im Anfangstheil des Duodenum, der mit dem Magen noch in Verbindung stand, waren Caseïnbrocken von ganz derselben Beschaffenheit zu sehen.

Daher bereitete ich mir eine Portion Labflüssigkeit aus der Schleimhaut eines frischen Schweinemagens, der in kleine Stückchen zerschnitten, und mit Salzsäure vom specifischen Gewicht 1,006 übergossen wurde. Diefs Gemenge blieb einen Tag stehen und wurde dann filtrirt. Anstatt Liqueurgläschen nahm ich jetzt enge Reagensgläschen, um die Verdunstung hintanzuhalten.

II. Verdauungsversuch am 15. Juni, Morgens h. 5.

Nr. I. 2 Decig. Caseïn $+$ 5 CC. Saft.

„	II.	„	$+$	„	$+$ 1 CC. Glycocholsäurelösung $^1/_{200}$
„	III.		$+$	„	$+$ $^3/_5$ „
„	IV.	„	$+$	„	$+$ $^1/_5$ „
„	V.	„	$+$	„	$+$ 2 Tropfen gewöhnl. Fel tauri.
„	VI.		$+$	„	$+$ 5 „
„	VII.	-	$+$	„	$+$ $^1/_5$ CC. gereinigte Gallenlösung $^1/_{200}$
„	VIII.	„	$+$	„	$+$ $^3/_5$ „
„	IX.	-	$+$	„	$+$ 1 „
„	X.	„	$+$	„	$+$ 2 „
„	XI.	„	$+$	„	$+$ $^1/_5$ CC. cholals. Lös. (1 : 200).

Um h. 7 war Nr. I, IV, VII und XI zum gröſsten Theil gelöst, die Flüssigkeit hatte in diesen vier Gläschen eine grauliche, opalisirende Beschaffenheit, Nr. II war in zwei Stückchen, Nr. III ebenfalls in zwei zerfallen, jedes Stückchen von einem grauweiſsen Hofe umgeben. Nr. V war ebenfalls in zwei Theile zerfallen, mit grüner Oberfläche, Nr. VI war fast unverändert, Nr. VIII, IX und X waren cohärent geblieben, aber auch zu bedeutend kleineren Kügelchen herabgeschmolzen. Nr. X war nicht auffallend viel gröſser als VIII und IX, aber der umgebende Hof schien dichter, trüber zu sein. Zu jedem Gläschen wurde Morgens 7 h. $^1/_2$ CC. Aqua dest. von 36° C. geschüttet.

Um h. 9,^{30} war I vollständig gelöst, aber auch Nr. III, IV, VII, VIII, XI waren verdaut. Auch von Nr. II und IX war nur noch ein unbedeu-

9*

tendes, von schmalem, grauem Hofe umgebenes Scheibchen übrig geblieben. Nr. X war wohl auch zum grofsen Theil verdaut, doch war das zurückgebliebene Klümpchen auffallend gröfser als in den vorherigen Gläschen. Auf jedem dieser Gläschen schwammen kleine Fetttröpfchen. Nr. V war in gröfsere und kleinere Theilchen zerfallen, die mit einer grünlichen Schicht bedeckt schienen. Die einzelnen Klümpchen hingen zusammen und schwammen auf der Oberfläche. Die Verdauungsflüssigkeit selbst war sichtlich getrübt. Am wenigsten Veränderungen zeigte Nr. VI. Es war wohl in fünf ungleich grofse Stücke zerfallen, deren Oberfläche eine grünliche Beschaffenheit hatte, aber von einem tiüben Hofe war keine Rede. Auch schwammen in diesen beiden letzten Fällen keine Fetttröpfchen auf der Oberfläche.

III. Verdauungsversuch am 21. Juni Morgens h. 10.

Die Verdauungsflüssigkeit bestand diesmal aus Pepsinum germanicum, das mit 0,4 Proc. Salzsäure im Verhältnifs mit 1 : 50 zusammengebracht war. Bevor die Milch zur Gewinnung des Caseïns benutzt wurde, schöpfte ich erst den, nach $1\frac{1}{2}$ tägigem Stehen entstandenen dicken gelben Rahm ab. Diefsmal sah ich öfters nach, um eine Vorstellung von der Zeitdauer zu bekommen, welche die einzelnen Proben zur vollständigen Verdauung nöthig haben.

Nr. I. 0,2 Caseïn $+$ 2 CC. Saft.

„ II. „ $+$ „ $+$ 1 CC. glycocholsaure Natronlösung v. 1 : 200.

„ III. „ $+$ „ $+$ $\frac{1}{5}$ CC. glycocholsaure Natronlösung v. 1 : 200.

„ IV. „ $+$ „ $+$ 1 Tropfen einer Glycocholsäurelösung v. 1 : 200.

„ V. „ innig vermischt mit 1 Tropfen der Glycocholllösung ($\frac{1}{200}$), dann erst 2 CC. Saft zugesetzt.

„ VI. „ $+$ 2 CC. Saft $+$ $\frac{3}{5}$ CC. Cholalsäurelösung ($\frac{1}{200}$).

„ VII. „ $+$ „ $+$ 1 „

„ VIII. „ $+$ „ $+$ 1 CC. gereinigte Gallenlösung (1 : 200).

„ IX. „ $+$ „ $+$ $\frac{1}{5}$ „ .

„ X. „ $+$ „ $+$ 1 Tropfen gereinigte Gallenlösung (1 : 100).

„ XI. „ $+$ „ $+$ 1 Tropfen gereinigte Gallenlösung ($\frac{1}{100}$) innig gemischt, dann 2 CC. Saft zugesetzt.

Nach zwei Stunden war Nr. I vollständig gelöst, zu gleicher Zeit aber auch Nr. III, IV, V, IX, X und XI.

Durch den Zusatz von so geringen Mengen Gallensäure hat also die Pepsinverdauung sich mindestens nicht bedeutend verzögert. Auch war es ziemlich gleichgültig, ob ich die Säure erst mit dem Caseïn mischte, oder sie direct der Verdauungsflüssigkeit zusetzte. Die Caseïnkügelchen in den anderen Reagensgläschen waren um 12 h. auch bedeutend kleiner geworden. Um 12,⁴⁵ h. setzte ich, da mir die Verdauung zu stocken schien, zu jedem dieser noch übrigen Gläschen 1 CC. Aqua dest. von 36⁰ C. Nr. VI war um h. 2 *Nachmittags* gelöst. Nr. II, VII und VIII waren dagegen in der Verdauung nur unbedeutend vorgeschritten, und ich setzte daher zu diesen drei Gläschen noch acht Tröpfchen Verdauungssaft. Darauf war um h. 3 Nr. VII gelöst, dann kam Nr. VIII, das um h. 4,¹⁵ vollständig verdaut war, während Nr. II erst, nachdem eine Stunde vorher noch fünf Tropfen Pepsinlösung zugesetzt waren, um h. 5,³⁵ als vollständig gelöst betrachtet werden konnte.

Mit einer angesäuerten Ferrocyankaliumlösung gab keines der Filtrate einen Niederschlag.

Wir sehen also, *daſs die Gallensäuren in der geringen Menge, in welcher sie in unserer icterischen Milch vorkommen, die Verdauung kaum beeinträchtigen, und daſs sie in etwas gröſserer Menge die Verdauung nur verlangsamen, aber nicht verhindern.*

Bei meinen Verdauungsversuchen bin ich überhaupt zur Ueberzeugung gekommen, daſs, wenn bei heftigem Erbrechen oder sonstwie gewöhnliche Galle in den Magen gelangt, die Verdauung nicht deshalb aufhört, weil, wie Viele annehmen, die Alkalien der Gallensalze die freie Säure des Magensaftes sättigen und das Pepsin durch die gefällten Gallensäuren niedergerissen wird, sondern weil der Schleim der Galle gerinnt und den Mageninhalt mit einer Schicht überzieht, welche für den Magensaft unangreifbar ist. Folgender Versuch möge diese Ansicht stützen.

IV. Verdauungsversuch (Verdauungssaft wie vorher).

Nr. I.   0,2 CC. Caseïn + 3 CC. Saft + 2 Tropfen Fel tauri.
„ II.   „   mit 2 Tropfen Fel tauri gemischt und dann 3 CC. Saft.
„ III.   „   + 3 CC. Magensaft + 4 Tropfen Galle.
„ IV.   „   +   „   + 6   „

Nach 4 Stunden waren an dem Inhalte der Gläschen keine weiteren Veränderungen zu sehen. Bei Nr. II lag das Caseïn als gallertige Masse wie im Anfang zu Boden, von grünlicher Schicht umgeben, während die Kügelchen in Nr. I, III und IV in kleine, mit grüner Oberfläche versehene Partikelchen zerfallen waren. Auch ein weiterer Zusatz von 1 CC. Saft konnte nach weiteren zwei Stunden sonst keine Veränderungen hervorbringen, als daſs die Partikelchen in I, III und IV noch kleiner geworden waren. Ich trennte nun durch Filtration den Saft in den vier Gläschen von Galle und Caseïn und lieſs ihn von Neuem nur auf Caseïn einwirken und zwar kamen auf 0,2 CC. Caseïn 4 CC. Saft; nach 3¹/₂ Stunden war das Caseïn gelöst.

Diefs beweist also, dafs nicht sämmtliches Pepsin von den Gallensäuren niedergerissen worden sein kann.

Von der erregenden Wirkung*), welche die Gallensäure-salze auf die Muskulatur des Magendarmkanals ausüben und durch welche sie auch Erbrechen und Diarrhöe herbeiführen sollen, kann wohl bei dem Vorkommen von so geringen Quantitäten nicht die Rede sein, und haben auch die weiter unten angeführten Versuche an Hunden nichts derart ergeben.

Es drängte sich nun der Gedanke auf, ob die Milch durch die Bestandtheile der Galle nicht derart in ihrem Geschmacke alterirt werde, dafs die Kinder überhaupt das Saugen verweigerten. Denn nach Magendie und Kufsmaul reagirt der Neugeborene, wenn bittere, süfs oder salzig schmeckende Substanzen auf die Zunge gebracht werden, in derselben Weise und mit denselben mimischen Ausdrücken, die auf behagliche oder widerwärtige Empfindungen schliefsen lassen. Nach A. Hoffmann kommen die Löwe-Schwalbe-schen Geschmacksknospen in den Geschmackswärzchen der Neugeborenen sogar in gröfserer Zahl vor als im späteren Alter.

Um zu eruiren, *bei welcher Verdünnung die Neugeborenen noch widerwärtige Geschmacksempfindungen verrathen,* stellte ich verschiedene Verdünnungen von Galle her.

Die Untersuchungen führten zu keinem positiven Resultat. Die Kinder vom 6. bis 12. Tage verzogen oft das Gesicht stärker, wenn ihnen vermittels eines Glasstabs destillirtes Wasser, als wenn ihnen reine Galle auf die Zunge gebracht wurde. Oft verhielten sie sich auch umgekehrt. Da man nun denken konnte, dafs die niedere Temperatur gleich unangenehm gewirkt hätte, so wurden die Lösungen auf 36° C. erwärmt und die Versuche, da uns die Sache frappirte, mehrmals und zu verschiedenen Zeiten, wiederholt. Jedoch fand Verziehen des Gesichtes und Schreien sogar bei Darreichung

---

*) Schülein, M., „Ueber die Einwirkung von gallensauren Salzen auf den Verdauungskanal des Hundes." Zeitschr. für Biologie XIII, S. 172.

von Zuckerwasser gerade so gut statt, wie bei den verschiedenen Gallenmischungen. Oft reagirten die Kinder auch gar nicht.

Nachdem unsere Versuche bezüglich des Schmeckens der Galle bei Kindern der ersten 14 Tage keine bestimmten Resultate ergeben hatten, und es jedenfalls zweifelhaft liefsen, ob Kinder dieses Alters überhaupt die bitteren Stoffe der Galle schmecken, ging ich über zu

2) *Fütterungsversuchen.*

Ich setzte jungen Hunden Galle zur Milch, und überzeugte mich während dieser Zeit durch genaue Beobachtungen von ihrer Ernährung und ihrem Allgemeinbefinden. Freilich liegen bei Hunden, wenigstens in der ersten Zeit, die Verhältnisse etwas anders als beim Menschen. Bei Hunden, Katzen u. s. w. kann nämlich nach den Beobachtungen von Hammarsten*) und Wolffhügel**) von einer Pepsinverdauung in den ersten Wochen nicht die Rede sein, und besitzt der Hund im Pancreassaft ein höchst wirksames Agens für die Eiweifsverdauung. Beim neugeborenen Kind soll zwar nach Wittich, Grützner nnd Ebstein die Pars pylorica und cardiaca fast keine verdauende Kraft haben, dagegen wies Zweifel***) unmittelbar nach der Geburt Pepsin im Magen nach und zeigte, dafs das wässerige Extract der Schleimhaut des letzteren, mit Salzsäure angesäuert im Brutofen mit Caseïn oder Fibrin zusammengebracht, stets Peptone bildet. Ich wartete daher mit meinen Versuchen, bis die Thiere vier Wochen alt waren. Das Mutterthier wog

---

*) Hammarsten, Olof, (Upsala). „Beobachtungen über die Eiweifsverdauung bei neugeborenen wie bei säugenden Thieren und Menschen." Beiträge zur Anatomie u. Physiologie als Festgabe f. C. Ludwig. 1. Heft, S. CXVI—CXXIX. 1875.

**) Wolffhügel, G., „Ueber die Magenschleimhaut neugeborener Säugethiere." Zeitschr. f. Biologie XII, S. 217—225. 1876.

***) Zweifel, Versuche über den Verdauungsapparat bei Neugeborenen. Berlin 1874.

ca. 7850 Grm. Die Jungen tranken ungefähr vier Wochen an der Mutter, dann wurden sie mit Kuhmilch, so viel sie nur immer wollten, gefüttert und wogen :

			Nr. I (männlich)	Nr. II (männlich)	Nr. III (weiblich)
Am 17. Mai 1879	Mg.		1795	1350	1250
	Ab.		1824	1401	1275
„ 18. „ „	Mg.		1786	1375	1215
	Ab.		1907	1464	1270
„ 19. „ „	Mg.		1826	1409	1236
	Ab.		2005	1495	1325
„ 20. „ „	Mg.		1905	1403	1228
	Ab.		2096	1566	1386
„ 21. „ „	Mg.		1948	1480	1307
	Ab.		2148	1602	1411.

Am 22. Morgens wurde eine Lösung von gereinigter Galle 1 : 50 hergestellt und dann der Milch von Nr. I zugeschüttet im Verhältnifs von 2 : 100, der Milch von Nr. II im Verhältnifs von 8 : 100. Nr. III bekam auf 100 Theile Milch 1 Theil gewöhnlicher Ochsengalle. Von der Milch wurde ihnen gerade wie vorher, so oft als sie nur immer trinken wollten, angeboten und die Wägungen fortgesetzt, die folgendes Resultat ergaben :

22.	Ab.	2170	1601	1421
23.	Mg.	2092	1572	1300
	Ab.	2298	1628	1420
24.	Mg.	2136	1617	1318
	Ab.	2325	1717	1459
25.	Mg.	2201	1622	1396
	Ab.	2398	1714	1502
26.	Mg.	2292	1675	1410
	Ab.	2470	1802	1537
27.	Mg.	2314	1701	1415
	Ab.	2510	1794	1530
28.	Mg.	2394	1738	1425
	Ab.	2648	1805	1555

29. Mg.	2502	1724	1462
Ab.	2702	1833	1582
30. Mg.	2561	1772	1479
Ab.	2755	1825	1580
1. Mg.	2601	1764	1482
Ab.	2796	1832	1584.

Nr. I fraſs eben so gierig wie vorher, während Nr. II und III an Appetit verloren zu haben schienen, und nachdem sie ein paar Züge aus ihren eigenen Schüsselchen gethan, immer aus dem von Nr. I zu fressen strebten. Im Uebrigen spielten sie aber gerade so munter wie vorher. Die Temperatur, im Anus gemessen, betrug gewöhnlich wie auch vorher über 38⁰ C., zeigte Morgens Remissionen und Abends Exacerbationen, und wenn man die Curve vor und nach dem Gallenzusatz verglich, waren die Schwankungen so gering, daſs man daraus keinen Schluſs ziehen konnte. Auch die Fäces blieben consistent und wie vorher von schwarzer oder dunkelgrüner Farbe.

Am 2. Morgens wurde der Gallenzusatz vermehrt und zwar wurde 1 CC. einer gereinigten Gallenlösung (1 : 10) auf 100 CC. Milch an Nr. I gegeben, an Nr. II auf eben so viel Milch 2 CC., an Nr. III wurde zu 100 CC. Milch 2 CC. gewöhnliche Ochsengalle zugesetzt. Die Milch gerann sogleich in Klumpen, schmeckte sehr bitter und wurde von den Thieren mit Ausnahme Nr. I erst dann genommen, nachdem ich durch Zuckerzusatz den bittern Geschmack einigermaſsen verdeckt hatte. Die Wägungen ergaben:

	Nr. I.	Nr. II.	Nr. III.
Am 2. Ab.	2623	1765	1501
3. Mg.	2589	1698	1475
Ab.	2764	1818	1505
4. Mg.	2648	1705	1462
Ab.	2801	1836	1592
5. Mg.	2756	1795	1498
Ab.	2975	1922	1629
6. Mg.	2821	1842	1502
Ab.	3075	2030	1805

	Nr. I.	Nr. II.	Nr. III.
7. Mg.	2976	1995	1664
Ab.	3195	2038	1758
8. Mg.	2982	1993	1628
Ab.	3150	2180	1790
9. Mg.	3019	2025	1674
Ab.	3279	2172	1828
10. Mg.	3167	2117	1692
Ab.	3336	2202	1818
11. Mg.	3252	2182	1789
Ab.	3391	2215	1902
12. Mg.	3337	2181	1826
Ab.	3505	2270	1980
13. Mg.	3384	2172	1837
Ab.	3592	2292	1975
14. Mg.	3410	2209	1869
Ab.	3575	2301	1986.

Auch diefsmal zeigte die Temperatur keine auffallenden Veränderungen, der Koth blieb consistent, die Thiere waren munter wie vorher und nahmen an Gewicht zu.

Wenn nun auch die Verdauung beim Hunde eine andere sein mag, als beim Menschen, so bin ich doch auf Grund der voranstehenden Beobachtungen der festen Ueberzeugung, dafs *so geringe Mengen von Gallensäuren in der icterischen Milch nicht wesentlich die Ernährung des Kindes beeinträchtigen, und dafs ein gewöhnlicher fieberloser Icterus keine Indication zum Absetzen des Säuglings sein darf.* Dazu kommt, dafs nach R ö h r i g und L e y d e n die in den Magen eingeführten Gallensäuren auf Herz und Nerven nicht so wirken, wie nach Einführung in die Blutbahn, auch nicht die Blutkörperchen verändern oder fettige Degeneration der Gewebe (Muskeln, Nieren, Leber) einleiten. Sollte auch die Pepsinverdauung im Magen etwas gestört werden, so besitzt der Säugling im Darmsaft *) und ganz besonders im Pancreassaft, Fer-

---

*) „Ueber das Verdauungsvermögen des Darmsafts" von Prof. M. Schiff (H. Morgagni, IX, 9, S. 642—648. 1867).

mente, die schon beim Neugeborenen Albuminate in lösliche Modificationen umwandeln (Z w ei f e l). Lassen wir das Kind weiter trinken, so werden wir ihm, auch auf die Gefahr hin, daſs es sich wenige Wochen mit etwas schlechterer Nahrung begnügen muſs, die kostbare Muttermilch erhalten, die gewiſs verschwände, wenn das Kind einige Wochen nicht saugen würde.

Es versteht sich von selbst, daſs, wenn der Icterus in schweren Krankheiten begründet ist (acute gelbe Leberatrophie, Pneumonie, Pyämie u. s. w.), das Kind von der Mutter weggenommen werden muſs, nicht, weil dann die Milch Gallenbestandtheile enthält, sondern weil die Mutter bei fortgesetztem Stillen zu sehr Noth leiden muſs, oder weil durch ein hohes Fieber die Secretion überhaupt aufhört.

Groſse Gefahren bringt dagegen auch ein einfacher Icterus gravidarum dem Kinde. Denn zunächst führt der Icterus oft zur Unterbrechung der Schwangerschaft*) und zwar nach M. K o n r a d durch mangelhafte Ernährung und Circulationsstörungen, welche ihrerseits auch den Icterus bedingen sollen. Den Gallensäuren selbst und ihren Wirkungen auf's Nerven- und Muskelsystem legt K o n r a d keine Bedeutung bei. Mag diese Erklärung auch für einzelne Fällen passen, für alle paſst sie sicherlich nicht, denn wie oft erreichen Frauen, trotzdem sie wegen Herz- oder Lungenkrankheiten u. s. w. an ziemlich hochgradigen Stauungen leiden, das normale Schwangerschaftsende, und anderersets gibt es gewiſs Fälle genug, wo eine sonst ganz gesunde Gravida Icterus bekommt, und die Schwangerschaft unterbrochen wird, ohne daſs die Gr. irgend welche Stauungserscheinungen zeigte.

---

*) Siehe : „Ueber Bedeutung des Icterus bei Schwangeren von Prof. M. K o n r a d in Groſswardein (Pesther med.-chir. Presse XII, 1848, 49, 50. 1876.'

Ferner : Dr. B a r d i n e t zu Limoges, „Ueber epidem. Icterus bei Schwangeren und den Einfluſs dieses Leidens auf Fehlgeburt und Tod.“

Ferner : „Icterus im 7. Monat der Schwangerschaft mit leth. Ausgang“, von P a u l D a v i d s o n in Breslau (Mon.-Schr. f. Geburtsk. XXX, S. 451. Dec. 1867.

Auch unsere Icterische war immer gesund, an den inneren Organen war keine pathologische Veränderung nachzuweisen, und sie hatte auch in ihrer jetzigen Schwangerschaft niemals an Oedemen der Unterextremitäten, nie an Varicositäten gelitten. Der Leib war bei der Geburt verhältnifsmäfsig klein, von Hydramnios keine Rede. Liegt es hier bei dem Fehlen aller anderer Causalmomente (Anämie, Syphilis u. s. w.) nicht sehr nahe, den Gallensäuren eine Wirkung auf die Uteruscontractionen zuzuschreiben?

Eben so wenig zeigte ein anderer Fall, der eine 19 jähr. kräftige gesunde Primipare betraf, welche Anfangs März in der hiesigen chirurgischen Klinik an Spitzencondylomen behandelt wurde, und dort an Icterus catarrh. erkrankte, Stauungserscheinungen. Da dieselbe ihre Niederkunft in Marburg abhielt, so konnte ich sie nicht weiter beobachten. Wie ich später durch den Assistenten an der dortigen Gebäranstalt in Erfahrung gebracht habe, kam diese Person ebenfalls zu frühe nieder (der Knabe wog 2820 Gramm), machte aber sonst eine ziemlich leichte Geburt durch. Der Verlauf des Wochenbettes war etwas getrübt. Die ersten acht Tage verlor sie ziemlich viel Blut aus einem Dammrisse. Am zweiten Tage waren die kleinen Labien stark geschwollen, sehr empfindlich und fanden sich auf denselben an verschiedenen Stellen oberflächliche Substanzverluste. Am dritten Tage fröstelte sie den Tag über und klagte über heftigen Kopfschmerz, ohne dafs der Uterus empfindlicher war. Am sechsten Tage traten in der Lebergegend Schmerzen auf, und zugleich bestand ein heftiger Durst; doch diese Erscheinungen nahmen in den nächsten Tagen ab, und sie konnte mit rückgängigem Icterus am vierzehnten Tage entlassen werden. Bis zum dreizehnten Tage bestand Fieber und die Temperatur stieg am dritten Tage auf 40,5.

Wichtig ist noch zu bemerken, dafs auch hier das Kind am Tage nach der Geburt, nachdem es am Morgen noch getrunken hatte, Mittags, als es zur Taufe geholt werden sollte, todt gefunden wurde. Unter welchen Erscheinungen dasselbe gestorben ist, konnte ich nicht eruiren.

Aber nicht allein durch eine zu frühe Geburt können die Chancen für das weitere Gedeihen des Kindes ungünstig werden, sondern vielleicht auch noch durch Uebergang der Gallensäuren in das Placentarblut. Sollte sich durch weitere Beobachtungen der Nachweis führen lassen, daſs die Gallensäuren durch die Chorionzetten in den Fötalkreislauf übergehen — ein Uebergang, der durch öfters gemachte Wahrnehmung von Icterus foetalis bei Icterus gravidarum mindestens höchst wahrscheinlich ist — so könnten die Gallensäuren in dem Fruchtkörper ihre toxischen Wirkungen (Auflösung der rothen Blutkörperchen, Lähmung der Herzganglien, der motorischen Centralorgane im Gehirn und Rückenmark, körnige und fettige Degeneration der Drüsen u. s. w.) entwickeln, und je nach der übergehenden Menge solche Ernährungsstörungen in den wichtigsten Organen bewirken, daſs das Kind für ein extrauterines Leben untauglich wird, oder gar den Fötus tödten.

Auch in unserem Falle könnte man vielleicht die *Hämophilie* des Säuglings als Folgezustand der durch die Gallensäuren gesetzten Ernährungsstörungen anzusehen geneigt sein, da nach den Untersuchungen von C. Leyden *) (neben Aether und Chloroform) auch Gallensäuren, in die Blutbahn gebracht, Ecchymosen und Blutungen zur Folge haben. Jedenfalls konnten andere Ursachen für Hämophilie der Neugeborenen weder die Heredität, welche von Prof. Kehrer **) durch ein eclatantes Beispiel belegt worden ist, noch Syphilis, oder andere Dyscrasien ***), noch Anämie der Mutter oder deprimirende Einflüsse in der Gravidität für unseren Fall nachgewiesen werden.

Vielleicht ist auf den Uebergang von Gallensäuren auch der plötzliche Tod des Kindes der in Marburg entbundenen Icterischen zu erklären.

---

*) „Beiträge zur Pathologie des Icterus" von Dr. C. Leyden. Berlin 1866.

**) Siehe Archiv für Gynäkologie. X. Bd., S. 201, Anmerkung.

***) Siehe Näheres bei Dr. Alois Epstein in Prag, „Zur Aetiologie der Blutungen im frühesten Kindesalter" (Oesterr. Jahrb. für Pädiatr., N. F. VII. 2, S. 119. 1876).

Wenn der Icterus bereits in der Gravidität bestanden
hat, und nun die Ernährung des Neugeborenen keine Fortschritte machen sollte, könnte man hiernach an die verderb-
lichen Folgen, gewissermaſsen an eine Nachwirkung der in
den Placentarkreislauf gelangten Gallenbestandtheile zu denken geneigt sein. Doch begnüge ich mich, diesen Gedanken
zur weiteren klinischen Prüfung zu empfehlen.

V.

Ueber Pflanzenreste im Eisensteinslager von Bieber bei Giessen.

Von Professor **Streng**.

Giefsen, den 9. October 1879. Gegen Ende September dieses Jahres erhielt ich von Herrn Grubenverwalter Freitag die Nachricht, dafs auf der Grube Eleonore am Dünstberge Blattabdrücke im Eisensteinslager gefunden worden seien. Ich habe dieses merkwürdige Vorkommen baldigst besucht und will das, was ich beobachtet habe, hier kurz mittheilen.

Das von Herrn Trapp in dem 14. Berichte unserer Gesellschaft beschriebene Lager von mulmigem manganreichem Brauneisenstein liegt auf dem Dolomit des Stryngocephalenkalks und ist von Kulmkieselschiefer überlagert. Nach Riemann (Beschreib. des Bergreviers Wetzlar, S. 58) hat das Lager ein Streichen von h 7 bis 8, fällt 40° nördlich ein und hat eine Mächtigkeit von 10 bis 24 Meter. In dem jetzt im Betriebe befindlichen Tagebau finden sich nun mitten im Lager, aber nahe am Liegenden, 3 bis 6 Meter unter Tag, zahlreiche Abdrücke von Blättern, welche auf meinen Collegen, Prof. Hoffmann sämmtlich den Eindruck von noch jetzt lebenden Pflanzen machten. Er sowohl, wie Herr Universitätsgärtner Müller erkannten die Blätter unserer Eiche und des

Hasels (Corylus Avellana), Herr College Hoffmann mit Wahrscheinlichkeit auch Salix caprea, Hopfen und Ahorn. Aber auch Abdrücke von Aesten mit einer Rinde von Mangansuperoxyd umhüllt finden sich an derselben Stelle. Die Holzsubstanz selbst ist entweder völlig verschwunden, und dann ist ein Hohlraum entstanden, in welchem sich mitunter Psilomelan- oder Wad-Stalaktiten und Nieren abgesetzt haben, oder sie ist mit Erhaltung der Holzstructur in Pyrolusit umgewandelt, so daſs ein solches Stück täuschend der Holzkohle ähnlich sieht.

Unter diesem pflanzenführenden Theile des Eisensteinlagers liegt nun ein röthlich gefärbter, mit Bruchstücken von Kieselschiefer untermengter Thon, in welchem ich ein 20 cm langes und 10 cm breites Stück eines in Braunkohle umgewandelten Eichenstammes fand, welches, so lange es völlig mit Wasser imprägnirt war, ganz weich und biegsam war, beim Trocknen aber unter starkem Schrumpfen fest und hart wurde. Unter diesem Thone liegt wahrscheinlich Dolomit.

Die Blattabdrücke im Erzlager sind ungemein scharf; sie sind sämmtlich schwarz gefärbt, wahrscheinlich von Pyrolusit. Daſs die Abdrücke sich im Erzlager selbst befinden, ergiebt sich aus folgender Analyse. Das Material, in welchem die Abdrücke sich befinden, besteht aus 23 Proc. Kieselschieferbruchstückchen, 38,7 Proc. Kieselerde im fein zertheilten Zustande, 30,4 Proc. Eisen- und Manganoxyd, 8,6 Proc. Wasser. — Nach Abzug der Kieselschieferbruchstücke enthält das mulmige Erz etwa 40 Proc. Eisen- und Manganoxyd. — Auffallend ist hier die groſse Menge der etwa 2 bis 4 mm dicken Bruchstücke des Kieselschiefers, der in compacten Massen das Hangende des Lagers bildet.

Gieſsen, den 22. October. Durch den weiteren Abbau der pflanzenführenden Erzmasse haben sich einige Thatsachen ergeben, die für die Erklärung der vorstehend beschriebenen Vorkommnisse von Wichtigkeit sind.

Zunächst sind einige Geweihe vom Edelhirsch zwischen den Pflanzenresten gefunden worden. Die Substanz derselben war weder verkohlt noch vererzt, sondern völlig erweicht, so

dafs sie die Consistenz einer weichen Seife hatte. Die äufsere
Form und die innere Structur waren aber überall deutlich zu
erkennen. Ferner wurde ein Laufkäfer in noch wohlerhaltenem
Zustande gefunden. Auch Haselnüsse mit holziger Schaale
sind mehrfach zwischen den Blattabdrücken vorgekommen.

Dann sind in dem erzarmen Thone zahlreiche Holzstücke
gefunden worden, die theilweise nur sehr wenig verändert
waren. In den erzreicheren Ablagerungen mit Blattabdrücken
kamen neuerdings auch kleine Zweige vor, die von Mangansuperoxyd umhüllt waren und noch Reste von Holzsubstanz
enthielten, die theils braunkohlenartig· verändert, theils mit
Mangansuperoxyd so vollständig imprägnirt waren, dafs sie
schwarz aussahen; nach der Behandlung mit Salzsäure, wobei
sich das Mangansuperoxyd unter Chlorentwickelung löste,
blieb die Holzfaser zurück. — Ganz vereinzelt fand sich auch
ein kleines Holzstückchen, welches völlig in Gelbeisenstein
umgewandelt war.

Es stellte sich ferner heraus, dafs zwischen den die Blattabdrücke führenden Erzen Brocken eines zähen Thones vielfach eingestreut waren, der dem eigentlichen Erzlager fremd
ist, an der Oberfläche aber vorkommt. Endlich hat sich bei dem
weiteren Abbau ergeben, dafs die pflanzenführende Parthie ziemlich scharf von dem eigentlichen compacten Erzlager getrennt
ist und eine nicht sehr mächtige, schon in nächster Zeit durch
den Abbau verschwindende Einlagerung in demselben bildet.
Dadurch wird es nun sehr wahrscheinlich, dafs an dieser
Stelle in einer der Gegenwart vielleicht ziemlich nahe liegenden Zeit sei es durch Spaltenbildung, sei es durch Einsturz
unterirdischer Höhlungen, wie sie im Kalke so häufig vorhanden sind, sei es durch Volumänderungen bei der Umwandlung des Dolomits in Spatheisenstein oder dieses letzteren in
Brauneisenstein, eine mit Wald bestandene Scholle eingesun
ken und in das Erzlager hereingerutscht resp. von ihm gänzlich umhüllt worden ist. An der Oberfläche ist freilich von
einem Erdfalle hier Nichts sichtbar, was aber nicht auffallend
ist, da die Erosion durch Zu- und Abschwemmung eine einmal vorhandene Unebenheit später wieder ausgeglichen haben

kann. Bei dem Einsturze der mit Wald bedeckten Scholle
konnten die oberflächlich vorhandenen Thone, sowie Theile
des Kieselschiefers und oberflächliche Erztheile mit herab-
rutschen und dabei bunt durch einandergewühlt werden. Die
durchsickernden Gewässer führten nun dieser Scholle Mangan
und zum Theil auch Eisen in gelöster Form zu und die Zersetzungsproducte der Holzsubstanz fort, so daſs einerseits die
Holztheile mit Manganerz überzogen wurden, andererseits das
Holz allmählich vollständig verschwand oder von Mangansuperoxyd imprägnirt und verdrängt wurde.

Nach den ersten Funden glaubte ich annehmen zu dürfen, daſs die Blattabdrücke im eigentlichen Erzlager vorkämen
und daſs dieses in Folge dessen ausschlieſslich jungquartärer
Bildung sei. Jetzt erscheint es mir wahrscheinlicher, daſs die
Hauptmasse der Erzablagerung schon vorhanden war, als die
mit Wald bedeckte Scholle versank. Unter allen Umständen
hat aber die Erzbildung, namentlich die Ablagerung des
Mangansuperoxyds zu dieser Zeit und nach derselben noch
stattgefunden, wie die Umhüllung des Holzes, die Ausfül-
lung des durch Oxydation der Holzsubstanz entstandenen
Hohlraums mit Mangansuperoxyd und die Umwandlung der
Holzfaser in Mangansuperoxyd unwiderleglich beweisen. Ja
nach einer brieflichen sehr interessanten Mittheilung des Herrn
C. Trapp, der als langjähriger Grubendirector alle Gelegenheit hatte, die Verhältnisse der Grube Eleonore auf das
Genaueste kennen zu lernen, finden noch gegenwärtig Neubildungen von Manganerz in derselben statt, indem ein Wad-
ähnliches Mineral an Thierstöcken entsteht und oft aus dem
Gestein mit wenigem Wasser aussickert.

Ob das von den Gewässern neuerdings abgesetzte Manganerz dem Erzlager neu zugeführt oder ob es aus dem
schon vorhandenen Erzlager aufgelöst worden ist, soll hier
vorläufig unentschieden bleiben, wie ich auch die Frage über
die Entstehung der mulmigen manganreichen Brauneisensteine
auf dem Stryngocephalenkalke noch als eine offene betrachten
muſs.

Jedenfalls bleibt es eine in hohem Grade auffallende Erscheinung, daſs sich um eine reducirend wirkende Substanz, wie Holz, eine dicke Lage von hoch oxydirtem Manganerz ablagert, welches ja aus der Lösung des kohlensauren Mangans nur durch Zuführung von Sauerstoff abgeschieden wird. Noch auffallender ist es, daſs die Holzsubstanz, statt durch kohlensaures Mangan ersetzt zu werden, ganz mit Mangansuperoxyd imprägnirt wird, so daſs schlieſslich das Holz in Pyrolusit oder Wad umgewandelt erscheint.

Auffallend ist es ferner, daſs es in den überwiegend meisten Fällen nicht das Eisenhydroxyd ist, welches die Umwandlung des Holzes in Mineralsubstanz bewirkt, sondern vorzugsweise das Mangansuperoxyd.

Ueber die Beschaffenheit des bei der Vererzung der Pflanzen sich abscheidenden Manganerzes kann übrigens nur eine Analyse entscheiden, die ich mir vorbehalten muſs.

VI.

Kurzer Bericht über die von der Gesellschaft im letzten Jahre abgehaltenen Monatssitzungen.

Von dem I. Secretär.

Da die für den diefsjährigen Jahresbericht eingelaufenen Originalbeiträge den vorgesehenen Umfang überschritten, so mufste davon abgesehen werden, ausführliche Auszüge der in den Monatssitzungen gehaltenen Vorträge zu bringen und sollen diese erst dem nächstjährigen Berichte angefügt werden.

Die Gesellschaft hielt in dem abgelaufenen Jahre einschl. der beiden Generalversammlungen zu Grünberg und Giefsen neun regelmäfsige Sitzungen ab. Als wichtigste Beschlüsse sind die zu Grünberg, als Zusatz zu den Statuten, gefafsten zu betrachten, dahin lautend :

„Aufser den regelmäfsigen Monatssitzungen sollen je nach Bedürfnifs aufserordentliche Sitzungen stattfinden, in denen den Mitgliedern Gelegenheit geboten wird, neue Resultate ihrer wissenschaftlichen Forschungen der Gesellschaft vorzulegen. Sobald sich ein Mitglied zu einer solchen Mittheilung bereit erklärt, wird eine aufserordentliche Sitzung durch den Director anberaumt.“

„Manuscripte von wissenschaftlichen Mittheilungen oder Abhandlungen, die dem Director zum Druck eingereicht werden und nicht über zwei Octavseiten umfassen, sollen sofort unter Angabe des Datums gedruckt und dem Verfasser in 50 Exemplaren zur Verfügung gestellt, im Uebrigen. aber in den nächsten Bericht eingefügt werden."

Die in den einzelnen Sitzungen gehaltenen Vorträge und erbrachten kürzeren Mittheilungen, z. Th. mit Vorlegung bez. Objecte, waren folgende :

In der Generalversammlung zu Grünberg am 6. Juli 1878. — Von Prof. Dr. Streng : „Ueber eine aufsergewöhnliche Krystallform an Quarzen des Dünstbergs", „über deutlich ausgebildete Krystalle von Magnetkies, aufgefunden bei Auerbach in der Bergstrafse" und „über Gysmondinkrystalle aus der Gegend von Gedern."

Von Dr. Buchner: „Ueber Edison's Phonographen" und „über mikroskopisch verkleinerte Schrift auf Gelatinplatten (aus der Belagerung von Paris) zur Beförderung durch Brieftauben."

Von Professor Dr. Hoffmann : „Ueber die Mittel der Vögel, bes. der Brieftauben, den Weg zu finden" und „über die Ursachen der Veränderung in Form und Charakter der Pflanzen."

Von Professor Dr. Zöppritz : „Ueber die geographische Verbreitung der Gletscher."

In der Sitzung am 7. August 1878. — Von Professor Dr. Streng : „Ueber die Theorie der Quellen, mit besonderer Berücksichtigung der Wasserversorgung der Stadt Giefsen."

In der Sitzung am 6. November 1878. — Von Professor Dr. Sattler : „Ueber den grauen Staar, sein Wesen, seine Geschichte und seine Behandlung."

In der Sitzung am 4. December 1878. — Von Professor Dr. Wernher : „Ueber die Leichenbestattung."

In der Generalversammlung zu Giefsen am 8. Januar 1879. — Von Professor Dr. Hoffmann : „Ueber das Klima von Giefsen."

In der Sitzung am 12. Februar 1879. — Von Professor Dr. Kehrer : „Ueber Blutleere."

In der Sitzung am 5. März 1879. — Von Professor Dr. Pflug : „Ueber die Rotzkrankheit."

In der Sitzung am 7. Mai 1879. — Von Professor Dr. Zöppritz : „Ueber die neuesten Unternehmungen der Afrikanischen Gesellschaft in Deutschland."

In der Sitzung am 11. Juni 1879. — Von Director Dr. Soldan : „Ueber die physikalischen Eigenschaften der Fixsterne."

Berichtigung.

Seite 13 Zeile 8 von oben lies **Flora** statt Ebene.

Druck von Wilhelm Keller in Giefsen.

LIBRARY
OF THE
UNIVERSITY OF ILLINOIS
3 NOV 1914

Neunzehnter Bericht

der

Oberhessischen Gesellschaft

für

Natur und Heilkunde.

——>+<——

Mit 4 lithographirten Tafeln.

Giefsen,
im Juli 1880.

Inhalt.

I.

Ueber die von Herrn Kerr gefundene neue Beziehung zwischen Licht und Elektricität.

Von W. C. Röntgen.

Hierzu Tafel I.

Die Beobachtung der bekannten Erscheinung dafs eine Glasplatte, welche von einem elektrischen Funken durchschlagen worden ist, optisch doppelbrechende Eigenschaften erhalten hat, sowie einige sich daran knüpfende Betrachtungen über die Natur der dielektrischen Polarisation führten mich im Jahr 1873 zu der Fragestellung, ob wohl schon bevor die Entladung durch das Glas stattfindet, während somit starke elektrische Kräfte auf die Glastheilchen wirksam sind, eine ähnliche Wirkung auf durchgehendes Licht ausgeübt werden sollte. Es wurde in Folge dessen eine Reihe von Versuchen mit Glasplatten angestellt, fast genau in derselben Weise, wie dieselben später von H. H. Kerr, Gordon und Mackenzie ausgeführt und veröffentlicht wurden. Allein ich erhielt blofs negative Resultate und gelangte überdiefs bald zu der Ansicht, dafs, wenn auch in einem festen Körper eine derartige Doppelbrechung beobachtet wäre, es immerhin sehr schwer sein würde zu constatiren, dafs dieselbe nicht von ohne Zweifel vorhandenen, durch die elektrischen Ladungen erzeugten, mechanischen und thermischen Veränderungen des

Körpers herrühren. Nachdem auch einige Versuche mit Canadabalsam als Dielektricum negative Resultate geliefert hatten, beschäftigte ich mich nicht mehr mit diesem Gegenstand.

Bald nachher erschienen die ersten Versuche des Herrn Kerr *), welche das Vorhandensein der von mir gesuchten Doppelbrechung zeigten und die durch H. Maxwell, resp. H. Helmholtz veranlaſsten Untersuchungen der H. H. Gordon **) und Mackenzie ***). Da es den beiden letzteren nicht gelang, die Kerr'sche Erscheinung in Glas zu erhalten, so wurde ich in meiner nach dem Lesen der Kerr'schen Abhandlung gefaſsten Meinung bestärkt, daſs bei jenen Versuchen irgend welche nebensächliche Einflüsse thätig gewesen wären.

Im Spätjahr 1879. sind nun von H. Kerr neue Untersuchungen veröffentlicht, die den Nachweis liefern, daſs in einer groſsen Zahl von schlecht leitenden Flüssigkeiten durch Elektricität Doppelbrechung erzeugt werden kann; es sei mir gestattet, das Wesentlichste derselben hier mitzutheilen. Die zu untersuchende Flüssigkeit befindet sich in einem Glasgefäſs, welches im Lichten 2,5 cm hoch, 1,6 cm breit und 1,8 cm tief ist. Zwei parallele, verticale Seitenwände bestehen aus 0,15 cm dicken Spiegelglasstücken; das durch einen Nicol geradlinig polarisirte Licht einer Paraffinlampe geht senkrecht zu diesen Platten durch die Flüssigkeit und wird durch einen zweiten Nicol analysirt. Die Mitte der zwei übrigen, verticalen Seitenwände ist durchbohrt, in jeder Durchbohrung steckt als Zuleiter der Elektricität ein Messingdraht, der in dem Gefäſs in einer Kugel von 0,6 cm Durchmesser endigt. Die einander genau gegenüber liegenden, stark abgeplatteten Flächen der Kugeln sind um 0,3 cm von einander entfernt und begrenzen nach rechts und nach links das von H. Kerr untersuchte elektrische Feld.

---

*) Phil. Mag. (4), Bd. 50.
**) Phil. Mag. (5), Bd. 2.
***) Ann. d. Ph. u. Ch., Neue Folge, Bd. 2,

Es schließe nun der Hauptschnitt des Polarisators mit
der Horizontalebene, somit auch mit den in der Mitte des
elektrischen Feldes verlaufenden Kraftlinien einen Winkel
von 45⁰ ein, der Analysator sei auf dunkel gestellt und als
Flüssigkeit habe man beispielsweise Schwefelkohlenstoff gewählt; wird alsdann die eine Kugel mit einer kräftigen Elektricitätsquelle (einer Holtz'schen Maschine) in Verbindung
gesetzt, während die andere zur Erde abgeleitet ist, so ge-
wahrt man sofort eine beträchtliche Erhellung des Gesichtsfeldes, welche nicht etwa von einer Drehung der Polarisa-
tionsebene herrührt, sondern nach allen angestellten Versuchen bloß durch eine in der Flüssigkeit stattgefundene
Doppelbrechung entstanden sein kann.

Bis jetzt wurde von H. Kerr diese Erscheinung bei
27 sehr schlecht leitenden Flüssigkeiten wahrgenommen und
zwar wurde gefunden, daß dieselben in zwei Klassen, in
positive und negative Flüssigkeiten zu theilen sind. Die
positiven Flüssigkeiten verhalten sich wie Glasplatten, die in
der Richtung der Kraftlinien gedehnt sind, die negativen
dagegen wie Glasplatten, die in jener Richtung comprimirt
sind. Die Intensität der doppelbrechenden Wirkung zeigte
sich sehr verschieden bei verschiedenen Flüssigkeiten, am
größten war dieselbe bei SC_2; außerdem wurde nachgewiesen,
daß die Intensität bei einer und derselben Flüssigkeit mit
der Potentialdifferenz zwischen den beiden Kugeln zunimmt.

Wenn der Hauptschnitt des Polarisators vertical oder
horizontal d. h. parallel oder senkrecht zu den Kraftlinien
stand, so war entweder gar keine oder bloß eine sehr un-
deutliche Wirkung zu beobachten.

Herr Kerr glaubt schließlich einen wesentlich anderen
Effect bei Nitrobenzol gefunden zu haben, indem diese Flüssigkeit erst dann doppelbrechende Eigenschaften erhält, wenn
in die sonst ununterbrochene Verbindung der einen Kugel
mit dem Conductor der Elektrisirmaschine eine Funkenstrecke
eingeschaltet wird; bei jeder Entladung bemerkt man ein
plötzliches Aufleuchten des Gesichtsfeldes.

Es sind nun diese Versuche, welche mich veranlaßten, mich zum zweiten Male mit der Sache zu beschäftigen und ich erlaube mir im Folgenden die Resultate dieser Arbeit mitzutheilen.

Ich versuchte zu allererst die Kerr'sche Erscheinung zu reproduciren und construirte dazu aus Spiegelglasstücken ein parallelipipedisches Gefäß im Lichten ungefähr 5 cm hoch, 2,5 cm breit und 2,5 cm tief; durch eine Durchbohrung des Bodens geht ein verticaler Messingdraht, welcher einerseits in dem Gefäß eine 1 cm dicke Kugel trägt, andererseits mit dem Conductor einer Winter'schen Elektrisirmaschine in Verbindung steht; von oben wird ein zweiter Messingdraht mit einer ebenfalls 1 cm dicken Kugel in das Gefäß hineingesteckt und durch ein Stativ so gehalten, daß der Abstand der senkrecht über einander liegenden Kugeln 0,2 bis 0,3 cm beträgt. Die obere Kugel ist mit der Erde, resp. mit dem Reibzeug der Maschine verbunden. Das zwischen den Kugeln hindurch gehende Licht kam bei den ersten Versuchen von einer Natronflamme, der Hauptschnitt des Polarisators machte einen Winkel von 45° mit der Verticalen und der Analysator war auf dunkel gestellt.

Nachdem das Gefäß mit Schwefelkohlenstoff gefüllt war, wurde die Elektrisirmaschine gedreht; meine Ueberraschung war nicht gering, als ich eine außerordentlich intensive Erhellung des Gesichtsfeldes zwischen den beiden Kugeln eintreten sah. Diese Erhellung verschwand sofort beim Ableiten des Conductors zur Erde. Der Versuch ließ sich beliebig oft wiederholen, die Erscheinung trat immer mit großer Regelmäßigkeit wieder ein.

Wurden die Hauptschnitte der Nicols um 45° gedreht, so war eine Wirkung der Elektricität nicht erkennbar, ebenfalls nicht, wenn unpolarisirtes Licht durch die Flüssigkeit ging.

Ich schritt darauf zu einigen Aenderungen der Beobachtungsmethode, welche sich bald als wesentliche Verbesserungen herausstellten. Erstens wurde das Natronlicht durch Drummond'sches Kalklicht ersetzt und dadurch, wie zu erwarten war, die Empfindlichkeit der Methode bedeutend gesteigert. Zweitens wurde, um von einem möglichen Einfluß der Glaswände frei zu werden, das kleine Gefäß durch eine weite, viereckige Glasflasche (12 cm hoch, 6 cm weit) ersetzt. Zwei einander gegenüberliegende Seitenwände sind mit 3 cm weiten, runden Oeffnungen versehen, welche durch mittelst Hausenblase aufgekittete Glasplatten verschlossen sind. Die Glasplatten wählte ich von dem sehr dünnen, wenige Zehntel Millimeter dicken Birminghamglas, um die bei dickeren Platten immer bemerkbare, durch mechanische Einflüsse erzeugte Doppelbrechung zu vermeiden. Durch eine Durchbohrung des Bodens der Flasche ist die mit der Elektricitätsquelle verbundene und durch den Hals die zur Erde abgeleitete Elektrode in die Flasche geführt. Das Licht geht unter senkrechter Incidenz durch die aufgekitteten Glasplatten hindurch.

Eine dritte, wesentliche Verbesserung ist die Anwendung von Nicols mit großem Gesichtsfeld; es ist dadurch ermöglicht die Erscheinung auf einem großen Gebiet mit einem Blick zu übersehen; man braucht sich nicht, wie H. Kerr, auf die Beobachtung eines kleinen, schmalen, zwischen den Elektroden gelegenen Streifens zu beschränken.

Die Mitte der Flasche war meistens 25 bis 30 cm vom Auge und ungefähr 20 cm vom Diaphragma der Duboscq-schen Laterne entfernt.

Von besonderer Wichtigkeit erschien mir die Frage nach den Schwingungsrichtungen des Lichtes in der Flüssigkeit. Herr Kerr hat, wie erwähnt, die Ansicht ausgesprochen, daß diese Schwingungsrichtung mit der Richtung der Kraftlinien und der dazu senkrechten zusammenfällt, er untersuchte aber bloß den Theil des elektrischen Feldes, welcher zwischen den abgeplatteten, nahezu ebenen Elektrodenflächen liegt, wo somit alle Kraftlinien nahezu parallel verlaufen.

Die Flasche wurde mit möglichst reinem und staubfreiem*)

---

*) Auf die Entfernung fester Theilchen aus der Flüssigkeit muß, wie

Schwefelkohlenstoff gefüllt und den Elektroden folgende Gestalten gegeben.

1) Die untere, mit dem Conductor der Elektrisirmaschine in directer Verbindung stehende Elektrode ist eine horizontale, kreisrunde Messingscheibe von 1,8 cm Durchmesser und 0,8 cm Dicke. Die obere eine Messingkugel von 1 cm Durchmesser. Die Mittelpunkte der beiden liegen genau in einer Verticalen.

Fig. 1 ist eine möglichst getreue Abbildung der Erscheinung, die beobachtet wird, wenn die Hauptschnitte der gekreuzten Nicols Winkel von 45⁰ mit der Verticalen bilden, welche Stellung ich der Einfachheit wegen die Stellung I der Nicols nennen werde. Die Mitte des Gesichtsfeldes zwischen Kugel und Scheibe [ist bei mäfsigem Drehen der Elektrisirmaschine so blendend hell geworden, dafs die Helligkeit dem Auge öfters unerträglich wird; nach den Seiten zu nimmt dieselbe allmälig ab. Die dunklen Schwänze, die von der Kugel ausgehen, haben ihren Ursprung in Punkten, wo durch den Mittelpunkt der Kugel gelegte unter 45⁰ gegen die Verticale geneigte Geraden aus der Kugel austreten. Ebenso sind die von dem in Wirklichkeit eine Fläche von starker Krümmung bildenden Scheibenrand ausgehenden Schwänze an ihrem Ursprung unter 45⁰ gegen die Verticale geneigt.

Es fragt sich wodurch diese Vertheilung der hellen und dunklen Partien bedingt wird. Zur Beantwortung dieser Frage ist es von Wichtigkeit die Bahn zu beobachten, welche unvermeidliche, immer hell leuchtende, in der Flüssigkeit suspendirte Theilchen beschreiben, während die Elektrisirmaschine gedreht wird. Solche Theilchen werden von der Kugel zur Scheibe und zurück geschleudert· und verfolgen wenigstens nahezu die Richtung einer Kraftlinie. Man bemerkt nun immer

auch H. Kerr bemerkt, die gröfste Sorgfalt verwendet werden, da dieselben sonst sofort eine relativ gut leitende Brücke zwischen den Elektroden bilden und die eigentliche Erscheinung dadurch bedeutend abgeschwächt wird.

wenn diese Bahn in einer Ebene liegt, welche senkrecht steht zu den Lichtstrahlen, dafs dieselbe und somit auch die betreffende Kraftlinie dort die erwähnten dunklen Schwänze schneidet, wo die Neigung der Bahn gegen die Verticale 45° beträgt; dafs dagegen an den Stellen der Bahn, wo diese horizontal oder vertical ist, die gröfste Helligkeit existirt.

Ein weiterer Aufschlufs über die Natur der Erscheinung wird erhalten, indem man mit H. Kerr eine möglichst wenig doppelbrechende Glasplatte zwischen dem Analysator und der Flasche so aufstellt, dafs die Lichtstrahlen die Platte unter senkrechter Incidenz treffen. Wird auf dieselbe durch eine geeignete Presse ein Druck in verticaler Richtung ausgeübt, so beobachtet man, dafs während der Elektrisirung die Partie zwischen den Schwänzen der Kugel und der Scheibe dunkler wird; dafs dagegen die Stellen oberhalb jener Schwänze links und rechts von der Kugel, sowie die kleinen Stellen links und rechts von der Scheibe heller werden. Zu gleicher Zeit klappen die Schwänze, sowohl die oberen als die unteren, zusammen. Bei fortgesetztem Pressen vereinigen sich die unteren Enden der beiden Kugelschwänze, so dafs sie das Ansehen einer an der Kugel hängenden Kette erhalten; dieselbe zieht sich bei noch weiter wachsendem Druck immer mehr gegen die Kugel zusammen, um endlich ganz zu verschwinden.

Selbstredend werden diese Vorgänge in umgekehrter Reihenfolge beobachtet, wenn man mit der Compression der Platte nachläfst.

Wird die eingeschaltete Glasplatte in horizontaler Richtung comprimirt, so finden gewissermafsen die entgegengesetzten Erscheinungen statt. Die Mitte zwischen Kugel und Scheibe wird heller, dagegen die seitlichen Partien neben Kugel und Scheibe dunkler. Die Schwänze biegen sich auseinander.

Die Erscheinung ohne comprimirte Glasplatte ist wesentlich dieselbe bei langsamer und bei starker Drehung der Elektrisirmaschine, im ersteren Fall ist sie nur etwas weniger markirt und von geringerer Ausdehnung. Hat man durch

eine horizontale Compression der Glasplatte vor der Elektrisirung das Gesichtsfeld schwach erhellt und fängt nun an
die Maschine langsam zu drehen, so wachsen aus der Mitte
des Gesichtsfeldes zwischen Kugel und Scheibe die zwei
dunklen Streifen heraus und klappen bei zunehmender
Potentialdifferenz immer weiter auseinander, erreichen aber
nicht die Stellung, welche sie ohne comprimirte Glasplatte
einnehmen. Eine Zunahme der Potentialdifferenz bei constant
bleibender Compression der Glasplatte hat somit den ähnlichen Erfolg wie eine Abnahme der Compression bei constant bleibender Potentialdifferenz.

Fig. 2 zeigt die Erscheinung, wenn die gekreuzten Hauptschnitte der Nicols horizontal resp. vertical stehen (Stellung
II der Nicols). Man bemerkt sofort, daſs diejenigen Stellen,
wo bei Stellung I der Nicols die gröſste Helligkeit vorhanden
war, jetzt am dunkelsten erscheinen und daſs umgekehrt die
früher dunklen Theile des Gesichtsfeldes jetzt die hellen
sind. Die beiden Figuren sind gewissermaſsen complementär.
Die Kraftlinien durchschneiden jetzt die dunklen Partien, wo
diese Linien vertical oder horizontal sind; dagegen ist dort
die gröſste Helligkeit vorhanden, wo die Neigung der Kraftlinien gegen die Verticale 45⁰ beträgt.

Wie man sieht, ist die Fig. 2 für den Vorgang ebenso
charakteristisch als Fig. 1 und wenn H. Kerr, wie oben
erwähnt, bei der Stellung II keine . Erhellung des Gesichtsfeldes beobachtet hat, so wird dieses erklärt durch die Be-
schränktheit des Gesichtsfeldes und durch den parallelen
Verlauf der Kraftlinien.

Wie zu erwarten war, ändert die Compression einer eingeschalteten Glasplatte in horizontaler oder verticaler Richtung
nichts an der Erscheinung, dagegen ist eine solche in einer
Richtung, die 45⁰ mit der Verticalen einschlieſst, sofort wirksam. Die Figur wird unsymmetrisch, indem z. B. bei einer
Compression die von rechts unten nach links oben gerichtet
ist, das groſse helle Feld links von der Kugel und das kleine
helle Feld an der rechten Kante der Scheibe heller werden
und sich zu gleicher Zeit nach allen Richtungen vergröſsern;

die beiden anderen hellen Partien werden dunkler und kleiner.

Schliefslich sei noch erwähnt, dafs Uebergänge zwischen den Fig. 1 und 2 leicht erhalten werden bei Stellungen der gekreuzten Nicols, welche zwischen den erwähnten liegen; die Figuren sind dann unsymmetrisch in Bezug auf die Mittellinie.

2) Die obere Elektrode ist ein 0,2 cm dicker, gut abgerundeter Messingdraht, die untere eine Kugel von 1 cm Durchmesser.

Fig. 3 giebt die bei Stellung I der Nicols beobachtete Erscheinung. Es hält nicht schwer sich auch hier zu überzeugen, dafs wiederum die hellsten Partien dort liegen, wo die Kraftlinien horizontal oder vertical verlaufen; die dunklen dagegen, wo die Neigung dieser Linien 45° beträgt.

Bei horizontaler Compression einer eingeschalteten Glasplatte wird der Theil zwischen der Spitze und der Kugel heller, die kleinen Felder links und rechts von der Spitze dunkler. Die Schwänze klappen nach oben gegen die Spitze. Eine Compression in verticaler Richtung hat dagegen das entgegengesetzte zur Folge. Die Schwänze biegen sich nach unten, lösen sich bei wachsender Compression von der Spitze ab und ziehen sich gegen die Kugel hin zusammen, um schliefslich zu verschwinden.

Figur 4 ist eine Darstellung der Erscheinung bei der Stellung II der Nicols. Fig. 3 und 4 sind wieder complementär; die dunklen und hellen Partien sind nach derselben Regel vertheilt wie in Fig. 2.

3) Beide Elektroden sind Parallelipipede, Höhe 1,2 cm, Breite und Dicke 0,6 cm.

Fig. 5 bezieht sich auf die Stellung I der Nicols. Abermals ist das Gesichtsfeld dort erhellt, wo die Kraftlinien horizontal oder vertical verlaufen und dunkel, wo die Neigung derselben 45° beträgt.

Bei horizontaler Compression einer eingeschalteten Glasplatte wird die Mitte heller, die neben den Parallelipipeda liegenden Seitenfelder dunkler. Die dunklen Büschel bewegen

sich gegen die Seitenflächen der Parallelipipede, sowohl oben
wie unten. Bei verticaler Compression wird die Mitte dunkler, die Seitenfelder heller, je zwei Büschel oben und unten
vereinigen sich zu zwei dunklen, verticalen Bändern.

Fig. 6 veranschaulicht die Verhältnisse bei der Stellung
II der Nicols. Die Anordnung der hellen und dunklen Theile
ist diejenige, welche zu erwarten war.

Aufser diesen Elektroden wählte ich noch verschiedene
anders gestaltete, ebenso beobachtete ich die Erscheinung bei
verschiedenen Stellungen der Elektroden und in Gefäfsen von
verschiedenen Weiten; immer konnte ich mich überzeugen,
dafs die gefundenen Gesetzmäfsigkeiten ohne Ausnahme zu-
treffen. Ich gelange somit zu den folgenden Resultaten.

*Aus der Vertheilung der hellen und dunklen Partien des
Gesichtsfeldes bei den Stellungen I und II der Nicols, sowie
den dazwischen liegenden folgt, dafs das durch Schwefelkohlenstoff gehende Licht in Folge von elektrischen Kräften Veränderungen erleidet, welche den durch gewöhnliche Doppelbrechung erzeugten vollständig ähnlich sind; die Schwingungsrichtungen des Lichtes im Schwefelkohlenstoff fallen an jeder
Stelle zusammen mit den Richtungen der durch diese Stellen
gehenden Kraftlinien und den dazu senkrechten. Die Intensität dieser Doppelbrechung ändert sich von Stelle zu Stelle
im elektrischen Feld mit der elektrischen Kraft und wächst
mit der Potentialdifferenz zwischen den Elektroden.*

*Die Versuche mit eingeschalteten und comprimirten Gläsern
beweisen, dafs Schwefelkohlenstoff sich unter dem Einfluſs
elektrischer Kräfte verhält wie Glas, welches in der Richtung
der Kraftlinien gedehnt worden ist.*

Nachdem Schwefelkohlenstoff in eingehender Weise untersucht war, wählte ich als zweite Flüssigkeit Leberthran, eine
von H. Kerr ebenfalls geprüfte Substanz. Ich erhielt ähnliche, wenn auch nicht so intensive Erscheinungen wie mit
Schwefelkohlenstoff und konnte die Entdeckung des H. Kerr
bestätigen, dafs Leberthran sich in optischer Beziehung verhält wie Glas, welches in der Richtung der Kraftlinien *com-*

primirt ist. *Die Classificirung der Flüssigkeiten in positive und negative ist somit durchaus gerechtfertigt* *).

Terpentin gab ebenfalls einen deutlich sichtbaren Effect. Wie eingangs erwähnt fand H. Kerr bei Nitrobenzol nur dann einen Effect, wenn die directe Verbindung der einen Elektrode mit dem Conductor der Elektrisirmaschine durch eine Funkenstrecke unterbrochen und dadurch eine plötzliche Entladung der Elektricität durch die Flüssigkeit hervorgerufen wurde. Ich glaube nun., dafs man es hier mit keiner wesentlich neuen Erscheinung zu thun hat und dafs vielmehr die Nothwendigkeit einen derartigen Aenderung der Versuchsanordnung blofs durch die relativ gute Leitungsfähigkeit des Nitrobenzols bedingt wird. Ist nämlich die Elektrode in directer Verbindung mit dem Conductor, so wird, wie der Versuch lehrt, die Elektricität beim Drehen der Maschine so rasch durch die Flüssigkeit zur Erde abgeleitet, dafs eine einigermafsen bedeutende Potentialdifferenz zwischen den Elektroden nicht zu Stande kommt. Schaltet man dagegen eine Funkenstrecke ein, so .wird bei jeder Entladung eine zwar kurz dauernde, aber grofse Potentialdifferenz erzeugt, welche nun im Stande ist ein plötzliches Aufleuchten im Gesichtsfeld zu bewirken. Ich finde dann auch im Gegensatz zu Herr Kerr, dafs dieser Effect bei allen von mir untersuchten, schlecht. leitenden Substanzen vorhanden ist; nur unterscheidet sich derselbe von

---

*) Bemerkung. Das Dunkler- oder Hellerwerden des Gesichtsfeldes nach Compression der eingeschalteten Gläser kann nicht ohne Weiteres *allein* entscheidend sein für das Verhalten der Flüssigkeiten; das Eintreffen des einen oder des anderen Falles hängt doch bei gegebener Compressionsrichtung lediglich von der in der Flüssigkeit erzeugten Phasendifferenz der an einer Stelle austretenden Strahlen ab und diese ist nicht nur von der Natur der Doppelbrechung, sondern auch von der Intensität derselben nnd von der Dicke der doppelbrechenden Schicht abhängig. Ich habe mich nun auf verschiedenen Wegen überzeugt, dafs bei meinen Versuchen niemals Phasendifferenzen vorkamen, welche den Werth $\frac{\lambda}{2}$ erreichten und darf deshalb die Intensitätsänderung als mafsgebend mit anführen. Aufserdem entscheidet aber die Richtung des Wanderns der dunklen Streifen, welche immer beobachtet und notirt wurde.

dem bei besser leitenden durch eine gröfsere Dauer, was begreiflich ist.

Diese soeben besprochene Abänderung der Versuchsmethode liefert ein sehr willkommenes Mittel die verhältnifsmäfsig gut leitenden Flüssigkeiten auf ihre elektro-optischen Eigenschaften zu untersuchen; *es gelang mir auch auf diesem Wege bei Glycerin (spec. Gew. 1,25), Schwefeläther und destillirtem Wasser einen Einfluſs der Elektricität auf das hindurchgehende Licht aufzufinden.*

Als Elektroden dienten bei der Untersuchung des Glycerins die oben erwähnte Scheibe und die Kugel von 1 cm Durchmesser; der Abstand betrug 0,25 cm. Die eingeschaltete Funkenstrecke zwischen zwei Kugeln von 1,4 cm Durchmesser hatte eine Länge von 1,0 cm. Das plötzliche, nicht sehr starke Aufleuchten in der Mitte des Gesichtsfeldes wurde bei der Stellung I der Nicols beobachtet, dasselbe trat nur dort auf, wo die stärkste Wirkung zu erwarten ist; in der Stellung II konnte ich bei dieser und den beiden folgenden Flüssigkeiten nichts bemerken, was ohne Zweifel dadurch zu erklären ist, dafs bei dieser Stellung die gröfseren Felder stärkerer Doppelbrechung überhaupt keine Intensitätsänderung zeigen können, weil dort die Kraftlinien parallel und senkrecht zu dem Hauptschnitt des Polarisators verlaufen. Der Conductor der Elektrisirmaschine war mit der inneren Belegung einer Leydener Flasche, deren äufsere Belegung zur Erde abgeleitet war, in Verbindung (belegte Fläche 840 qcm); ohne diesen Condensator gelang es mir nicht mit Sicherheit eine Erhellung zu beobachten.

Bei Schwefeläther war die Scheibe die untere und eins der Parallelipipede die obere Elektrode; Abstand 0,2 bis 0,3 cm; Funkenstrecke 1 bis 1,5 cm. Der Effect war bei der Stellung I der Nicols auch ohne Leydener Flasche deutlich sichtbar, wurde jedoch bedeutend intensiver nach Einschaltung derselben.

Die Anordnung der Versuche mit gewöhnlichem, in Glasgefäfsen destillirtem Wasser war im Wesentlichen dieselbe wie vorhin. Die Erhellung war aufserordentlich deutlich und stärker als bei Glycerin. Zwei Leydener Flaschen warén eingeschaltet; eine weitere Vermehrung der Flaschenzahl und eine dadurch bedingte Verringerung der Schlagweite hatte zur Folge, daſs die Erscheinung fast vollständig ausblieb. Es hat sich überhaupt ergeben daſs, wenn bei einer relativ gut leitenden Flüssigkeit die Erscheinung deutlich erkannt werden soll, eine für jede Flüssigkeit specifische Versuchsanordnung, was die Flaschenzahl, die Funkenstrecke und die Entfernung der Elektroden betrifft, getroffen werden muſs. Wahrscheinlich ist es diesem Umstand zuzuschreiben, daſs es mir bis jetzt nicht gelang, in schwach angesäuertem Wasser, sowie in Alkohol von 99,5 Proc. einen elektro-optischen Effect aufzufinden; ich hege keinen Zweifel darüber, daſs es durch passende Combinationen gelingen wird, auch selbst in Flüssigkeiten von noch besserem Leitungsvermögen einen solchen Effect wahrzunehmen.

Bei den obigen Versuchen wurden immer die Elektroden so weit von einander entfernt, daſs gerade eine Funkenentladung durch die Flüssigkeit nicht mehr stattfand.

In einer Geifsler'schen Vacuumröhre, die keine sichtbare Entladung durchläſst, war trotz des Vorhandenseins einer bedeutenden Potentialdifferenz zwischen den um ungefähr 0,2 cm von einander entfernten drahtförmigen Elektroden nichts von einer Doppelbrechung zu bemerken.

Zum Schluſs seien ein paar Versuche beschrieben, die ich in der Hoffnung anstellte, einige Anhaltspunkte für eine Erklärung der oben mitgetheilten Thatsachen zu erhalten.

Die lebhafte Bewegung, die man bei der Entladung in einer schlecht leitenden Flüssigkeit wahrnimmt, erregte in mir den Gedanken, ob wohl durch in der Flüssigkeit vorhandene Druckdifferenzen und dadurch erzeugte intensive Strömungen eine doppelbrechende Wirkung ausgeübt werden könne; war doch in zähflüssigen Substanzen, wie z. B. Canadabalsam durch Mach und Maxwell eine derartige Doppelbrechung nachgewiesen. Es wurde zu diesem Zweck die untere Elektrode aus der Flasche entfernt und an deren Stelle ein Glasrohr mit enger Oeffnung gesetzt, durch welches Schwefelkohlenstoff und später andere Flüssigkeiten unter hohem Druck gegen die obere Elektrode · gespritzt wurden. Wenn auch öfters wahrscheinlich in Folge von kleinen Temperaturdifferenzen entstandene Schlieren in der Flüssigkeit auftraten, so gelang es mir doch niemals · eine eigentliche Doppelbrechung wahrzunehmen und es scheint somit, daſs eine Erklärung auf diesem Wege ausgeschlossen ist.

Die Beobachtung jener Schlieren jedoch, sowie der früher mitgetheilten lebhaften Hin- und Herbewegung von festen Theilchen zwischen den Elektroden führte mich zu einer anderen Hypothese über die Natur der Vorgänge in der Flüssigkeit, von der jedoch sofort erwähnt werden muſs, daſs es sehr fraglich ist, ob dieselbe mehr Wahrscheinlichkeit für sich hat als die Annahme eines directen Einflusses der Elektricität auf die Lichtbewegung. Würde man nämlich annehmen dürfen, daſs die Entladung in der Flüssigkeit in der Weise stattfände, daſs zwischen den Elektroden Flüssigkeitstheilchen sich hin- und herbewegen, daſs sich gewissermaſsen in der Richtung der Kraftlinien sehr dünne Flüssigkeitsfäden bilden, von denen die mit positiver Elektricität versehenen eine andere Temperatur, oder eine andere Dichte, oder schlieſslich eine andere chemische Beschaffenheit hätten, als die mit negativer Elektricität beladenen, in umgekehrter Richtung sich bewegenden, so lieſse es sich denken, daſs durch Reflexionen und Brechungen und dadurch entstandene Phasendifferenzen eine Wirkung auf das geradlinig polarisirte Licht ausgeübt würde, welche Erscheinungen, die den beobachteten ähnlich sind, hervorrufen müſsten. Man stelle sich doch ein Büschel von vielen, äuſserst dünnen und einfach brechenden Glasstäbchen vor, die in der Richtung der Kraftlinien gebogen sind und sich in einer klar durchsichtigen Flüssigkeit befinden, deren optische Eigenschaften denen des Glases nahezu gleich sind, so würden dieselben, wie ich glaube, das geradlinig polarisirte Licht in ähnlicher Weise modificiren, wie es bei den obigen Versuchen beobachtet wurde, ohne gerade eine merkliche Trübung oder Verzerrung des Gesichtsfeldes erzeugen zu müssen. Leider erhält man keine einfach-brechenden Glasfäden, sondern immer doppelbrechende, und kann deshalb jene Ansicht durch den Versuch nicht prüfen.

In dem Fall, daſs die obige Erklärung sich als zulässig herausstellte, oder daſs auf irgend einem anderen Wege nachgewiesen würde, daſs die Elektricität sich bloſs in indirecter Weise bei den Versuchen betheiligt, so wäre die Kerr'sche Erscheinung immerhin eine interessante Beobachtung;. dieselbe erhält dagegen eine auſserordentlich fundamentale Bedeutung, wenn jede derartige Erklärung sich als unhaltbar ergiebt und es dadurch äuſserst wahrscheinlich geworden ist, daſs wir es in der That mit einer neuen, directen Wirkung der Elektricität auf die Lichtschwingungen zu thun haben.

Nehmen wir einmal an, daſs das Letztere wirklich der Fall wäre, so würde die Frage entstehen, ob diese Wirkung elektrodynamischen oder elektrostatischen Ursprungs sei; mit anderen Worten, ob dieselbe durch die Bewegung der Elektricität von der einen Elektrode zur anderen oder durch die auf jedes Theilchen inducirend wirkende elektrostatische Kraft erzeugt werde. Daſs eine solche Bewegung von Elektricität stattfindet (wahrscheinlich zum gröſsten Theil in der Form von fortführenden Entladungen), ist bei den obigen Versuchen leicht zu erkennen; auſserdem spricht dafür die bei einer früheren Gelegenheit gemachte Erfahrung, daſs alle sehr schlecht leitende Flüssigkeiten, wie Schwefelkohlenstoff, Petroleum, fette Oele u. s. w. verhältniſsmäſsig rasch Potentialdifferenzen weniger Daniells ausgleichen, wenn dafür gesorgt wird, daſs nicht durch neue Zufuhr von Elektricität jene Differenz erhalten bleibt.

Ueber diese Frage lieſse sich vielleicht einiges Licht gewinnen, wenn man untersuchte, wie die oben beschriebenen Erscheinungen sich zu strömender Elektricität verhalten, ob z. B. in einem stark magnetischen Felde Aenderungen in der Anordnung der hellen und dunklen Theile der Erscheinung stattfinden. Ein in dieser Richtung angestellter Versuch ergab nichts Bestimmtes; es müſsten derartige Versuche auch jedenfalls mit bedeutend kräftigeren Elektromagneten vorgenommen werden, als mir zur Verfügung stehen. Es sei nebenbei er-

wähnt, daſs die elektromagnetische Drehung der Polarisations-
ebene nicht merklich durch die erzeugte Doppelbrechung geändert wird.

Endlich habe ich noch den Einfluſs untersucht, welchen
eine Bewegung der Flüssigkeit auf den elektro-optischen Effect
ausübt. Von einer zweiten mit Schwefelkohlenstoff gefüllten
Flasche führt ein Glasrohr durch den Hals der oben beschriebenen Flasche in das Innere derselben; durch dieses
Glasrohr kann ein kräftiger Strom von Schwefelkohlenstoff
in horizontaler Richtung und senkrecht zu den durchgehen-
den Lichtstrahlen zwischen den Elektroden hindurch getrieben
werden. Als Elektroden wählte ich die Kugel und die Scheibe.
Die Stellung II der Nicols liefert alsdann unter gewöhnlichen
Verhältnissen beim Drehen der Elektrisirmaschine die Fig. 2;
sobald jedoch der von der Seite kommende Schwefelkohlen-
stoffstrom zu Stande gekommen ist, wird die Figur, d. h.
selbstverständlich der zwischen Kugel und Scheibe liegende
Theil, in der Richtung des Stromes verschoben und zwar am
stärksten in den der Scheibe zunächst liegenden. Partien;
das untere Ende des centralen, dunklen Streifens wird vom
Strom stark mitgerissen, während das obere Ende nur wenig
verrückt erscheint. Die Bewegung der Flüssigkeitstheilchen
übt somit einen sehr merklichen Einfluſs auf die Lage der
Schwingungsrichtungen des Lichtes aus.

Gieſsen, den 31. December 1879.

Fig. 1.

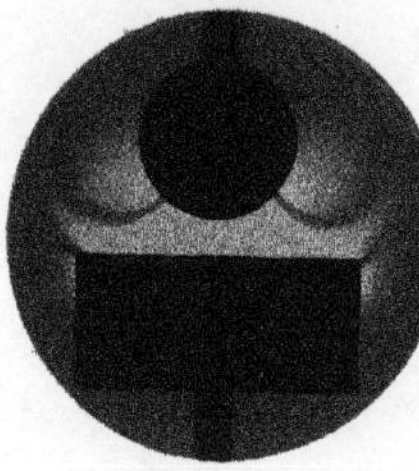

Fig. 2.

Fig. 3.

Fig. 4.

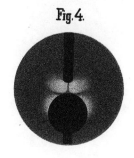

Fig. 5.

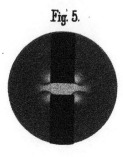

Fig. 6.

Lith.Anst.v.Loos & Reineke in Giessen.

II.

Nachträge zur Flora des Mittelrhein-Gebietes.

Von Prof. H. Hoffmann.

Fortsetzung *).

Aquilegia vulgaris.

Mitunter schwer zu entscheiden, ob wild. — Giefsen 12 : Lindener Mark, Schiffenberg, Annaberg. Wölfersheim 19. Assenheim 19. Wetzlar 11. Kreuznach 30. Molsbach 10. Königsberg auf Mauern 11. Falkenstein an der Kirche 25. Hinkelstein bei Kelsterbach 25. Kleeberg 18 : Kirchhof. Gleiberg 11 : Abhang nach West in Grasgärten. Stedebach 5 : Rain. Nassau 16. N. von Oberstein bei Obertiefenbach 29. Ramholz 21. Bergrothenfels 35 auf Sandstein; ob wild? Forsthaus Ruthartshausen 13 bei Laubach. Unter Schaumburg 17. Silberbachthal bei Ehlhalten 25 : wild. Hoffmann.

			(4)	5		
		10	11	12	13	14
	16	17	18	19	20	21
			25	26	27	
29	30		32	33		35
36	37		39			
43	44	45	46			

(unvollständig)

Kaichen 19 (Hörle *). Rofsdorf 33 : wild (nach Wagner). — Pfalz : Zweibrücken 43, Wolfstein 36, am Donnersberg 37, bei Annweiler : unter 44. Gräfenhausen 44, Eufserthal 44, durch das Frögenthal bis Elmstein 45, Neustadt 45, Dürkheim 45; Kaiserslautern 44, Rheinfläche bei Waghäusel 46, Heiligenberg 46, Friesenberg bei Heidelberg 46, Bergstrafse 39, Darmstadt 32 (Schlz. S. 23). Nassau nicht häufig, fehlt bei Reichelsheim 19 (Fuck. Fl.). Rheinabwärts und Nebenthäler bis Niederlande (Löhr En.). Zwischen Rendel 26 und Grofskarben,

---

*) Siehe den 18. Bericht S. 48. — Auf Seite 13 Zeile 8 von oben ist dort zu lesen *Flora* statt *Ebene.*

Friedberg 19, Oberwald 13, Gedern 20, Biedenkopf : über 4 (H e y. R. 12).
Gelnhausen 27 (Wett. Ber. 1868, 24). Fulda 14, Marburg 5 (W e n d e r.
Fl.). Wahrscheinlich allgemein verbreitet.

Arabis arenosa.

Rothenfels bei Kreuznach 30. Nassau 16. Eiserne Ley bei Kron-
weiler 36. Mörschied 29. Südöstlich von Weifsenthurm 15. Nördlich von
Rasenstein 8. Alt-Wied 8. Laurenburg 16. H o f f m a n n.
Runkel 17, Hadamar 10 (V o g e l*). Nahethal 30 (D. u. S c r.
S. 431).

.	.	.	.	.	.	.
8	.	10	.	.	.	.
15	16	17	.	.	.	.
.	23	.	.	.	.	.
29	30	.	.	.	.	.
36	.	.	.	.	.	.
43	44	45	.	.	.	.

Pfalz : Oberstein 36, Bingen 30,
zwischen Kaiserslautern 44 und Neustadt 45 : Frankenstein 44, Lindenberg
45, Weidenthal 44, zwischen Franken-
eck 45 und Elmstein 44 bis Eufserthal
44, Merzalben 44, Rothalben 44, Gräfenhausen 44, Scharfenecker Schlofs
45, Otterberg 44 bei Kaiserslautern,
Zweibrücken 43? (S c h l z. S. 39).
Nassau : Rheinthal ab Afsmannshausen
23, 16, untere Lahn 16 (F u c k. Fl.).
Rheinthal und alle Nebenthäler (W i r t g.
R. Fl.). Elsafs bis Coblenz 15 (L ö h r
En.). Ganz Rheinpreufsen (W i r t g.*).
Hiernach im Rheinthale und den Nebenthälern der Nahe, Lahn, Mosel.
(Deutet auf südwestliche Einwanderung.)

Archangelica officinalis.

Im Kirchhofe von Kirchgöns 11 (n. N a u). Nidda bei Karben19, Schwalheim 19 (D. u. S c r. S. 381). Früher bei Neuwied 8 (W i r t g. Fl.). Reichelsheim 19 : auf der Bleiche (F u c k. Fl. 141). Verwildert? bei Marburg
5 (W e n d e r).

Aristolochia Clematitis.

Willingshausen 6. Seckbach 26 : Weinberge. Obermörlen 19 : im Felde.
Monsheim 38. H. — (H e y. R. 327). Zw. Rockenberg u. Griedel 19 (E.
D i e f f e n b a c h). Hochelheim 11 : Kirchhof (L. R a h n). v. s. — Kaichen 19 :
Naumburger Wingert (H ö r l e). An der Enkheimer Kirche 26 (n. W o l f u.
S e i f e r m a n n). Grofs-Linden 12 : auf einer Mauer (L. R a h n). Malchen
39, Seeheim 39, Wallerstädten 32, Weinberge durch ganz Rheinhessen 31, 38;
Frankfurt 26, Rheinmühle bei Butzbach 19, Babenhausen 26, Wetterau
19, Eberstadt 12, Schwalheim 19, Ober-Wöllstadt 19, Assenheim 19,
Fauerbach 19, Arheilgen am Zentbach 32 (D. u. S c r. S. 219). — Pfalz :
Nufsloch 46, Bergheimer Mühle, Heidelberg 46, Rheinfläche von Landau

bis Speyer 46 stellenweise, Mufsbach 45; Tertiärkalkhügel bei Edenkoben 45, Dürkheim·45: Michelberg; zwischen Algesheim 31 und Kreuznach 30; Homburg 43, Zweibrücken 43 (Schlz. S. 400). — Zwischen Nufsloch, Rohrbach und Heidelberg 46; Deidesheim 45: in Gärten und an Mauern; Sobernheim 30, Mosbach am Neckar 48 (Poll. 1863, 220). Rheinpreufsen (Wirtgen Fl.). Nassau vereinzelt (Fuck. Fl.). Marburg 5, Fulda 14 Wender. Fl.).

```
.   .   .   .   5   6   .
.   .   .  11  12   .  14
,   .   .   .  19   .   .
.   .   .   .  26   .   .
.  30  31  32   .   .   :
.   .  38  39   .   .   .
43   .  45  46   .  48   .
```

Hiernach im Westrich, namentlich aber in der mittleren Rheingegend. Neckar, Wetterau u. s. w.

Arnica montana.

Arealkarte : Oberhess. Ges. Ber. 13 (1869). T. 1.

Neue Standorte.

Oberwald : Goldwiese 13. Westlich von Herbstein 13. H. — Oberhalb der Schmitta gegen den Königsstuhl 11 (n. Mettenheimer 1869). Westlich von Einsiedel 33 : hundert Morgen (n. Bauer). Platte nach Wehen hin 24 (Vogel*). Dieburg 33 (D. u. Scr. S. 248). Siegen 3 (Engstfeld*). Marburg 5, Fulda 14, Hanau 26 (Wender. Fl.). Kaiserslautern 44 (Poll. 34, S. 41). Biedenkopf 4 (n. K. Spamer).

Er wird hierdurch das frühere Árealbild nicht wesentlich verändert.

Geht durch Westeuropa (mit Ausnahme von England) bis Nord-Schweden; ferner Sibirien, Nord-America.

Arnoseris pusilla (minima K.).

Wetterau 19, Giefsen 12 : Ursulum, Wieseck, Mainzlar (Hey. R. 229). Neudorf 34. Kahl 26. Nördlich von Marjofs 21. H. — Marburg 5, im Fuldaischen 14 (Wender. Fl.). Darmstadt 32 : Dianenburg, Bayerseich; Fürth 40, Beerbacher Thal 39 (Bauer). Rofsdorf 33 (n. Wagner). Finthen 24 (nach Reifsig). — Pfalz : Rheinfläche bei Speyer 46, Neustadt 45, Sanddorf 39, zwischen Oggersheim 46 und Dürkheim 45; in der Vogesias sehr gemein, z. B. Kaiserslautern 44, Landstuhl 43, Homburg 43, Waldmohr 43, Zweibrücken 43, Pirmasenz : unter 43, Annweiler : unter 44 (Schlz. S.

```
.   .   3   .   5   .   .
.   .   .   .  12   .  14
.   .   .   .   -  19   .  21
.   .  24  25  26   .   .
;   .   .  32  33  34   .
.   .   .  39  40   .   .
43  44  45  46   .   .   .
```

2 *

259). Rheinische Gebirgsgegenden (Wirtg. Fl.). Okriftel 25, Ebersbach 3, Weidelbach 3 Amt Dillenburg, Langenaubach 3 (Fuck. Fl.). Hiernach weit verbreitet durch das Gebiet (Hauptzugstrafse).

Aronia rotundifolia (Amelanchier vulgaris M.).

Rheingrafenstein 30. Niederwald 23. Drachenfels 1. H. Oberstein 36 (nach Dörr). Berg Altenburg bei Boppard 16 (nach L. Bischof). Ramholz 21 (n. C. Reufs). Giefsen : Eberstein und Felsen gegenüber im Bieberthal 11 (H. z. Solms 1857). Rochusberg bei Bingen 30 (Reifsig 1851). Ruine Falkenstein 25 (nach Lehmann). Schierstein 24 (Becker). Kreuznach 30 : auf der Gans (nach Derscheid). Nahethal 30, Epstein 25, Königstein 25, Fürfeld 37, Wonsheim 37, Wendelsheim 38 (D. u. Scr. S. 504). — Pfalz : Dernbach 44 bei Annweiler, Heidenmauer bei Dürkheim 45, Donnersberg 37 und Umgebung gegen Steinbach, Winnweiler 37, Rockenhausen 37, Bingen 30, Kreuznach 30 und weiter das Nahethal hinauf 29 (Schlz. S. 151). Coblenz 15 (Löhr En.). Längs dem Main- 25,

i	.	.	.	.	.	
.	.	.	11	.	.	.
15	16	17	.	.	.	21
.	23	24	25	.	.	
29	30	.	.	.	.	.
36	37	38	39	.	.	.
.	44	45	.	.	.	

Rhein- 24, 23, und unteren Lahnthal 16 ab Diez 17 (Fuck. Fl.). — Zur Zeit Borkhausen's (1790) an der ganzen Bergstrafse 39 häufig (Hanstein). Hiernach überwiegend auf Bergen im mittleren Niveau des Rheinthales und der Nebenthäler. Isolirt in 21 und bei Giefsen 11. Nordgrenze.

(Deutet auf südwestliche Einwanderung. Beerenfrucht.)

Artemisia Absinthium.

Verwildert : Schiffenberg 12 (Dill. *).

.	.	.	.	5	6	.
8	9	.	.	12	13	.
15	16	17	.	19	20	.
.	23	.	.	.	.	.
29	30	.	.	.	.	.
36	.	.	.	40	.	.
.	44	.	46	47	.	.

Schlofs Ulrichstein 13. Bellnhausen 5. Ostern 40. Maulbach 6. Altstadt 9. Ruppertsburg 12. Rüdingshain 13. Breungeshain 13. Burckhards 20. Fronhausen 5. Waldmichelbach 40 : Mauern. Altneudorf 47 : Mauern. Argenstein 5. Laubach 12 : an der alten (1848 zerstörten) Ziegelhütte verwildert : 1862; ebenso. (n. Graf F. z. Laubach) im Buchenniederwald am Kirchberg (1862). Oberstein 36 : Wegrand. St. Goarshausen 23 : Rheinufer. H.

Kaichen 19 (Hörle*). Runkel u.

Schadeck 17 (n. Lambert und Graf R. z. Solms). Berg bei Reichels-
heim 40 : wohl wild (D. u. Scr. S. 245). — Pfalz : *Wild* bei Kreuznach :
Rheingrafenstein 30 und Schlofs Dhaun 29; verwildert bei Ketsch 46,
Schwetzingen 46, Käferthal 46, Kaiserslautern 44, Mölschbach 44 (Schlz.
S. 231). Rheinpreufsen : Hauptthäler bis zur Ahr 8 (Wirtg. Reisefl.).
Mosel 15 bis Bernkastel (Löhr En.). Nassau : *wild* auf Felsen im unteren
Rheinthale 16 (Fuck. Fl.) und im Nahe-, Mosel- und Ahrthal (Noll*).
Ferner Schweiz, Jura, Frankreich u. s. w.

Artemisia campestris.

Arealkarte : Oberh. Ges. Ber. 13 (1869). T. 1.

Nachtrag :

St. Goarshausen 23.

Geht durch fast ganz Europa (nicht in Scandinavien), Sibirien, Nord-
America.

Artemisia pontica.

Zwischen· Worms und Bobernheim ‹38. Hefsloch ¯38 (1864). H. —
Odernheim 31 (nach Endner und
Bauer), Kreuznach 30, Rheingrafenstein
30, Mainz 31, Worms 38 : H. Bock
(D. u. Scr. S. 246). „Haseloch (Hefsloch) 38 im Wormbser Gaw" H. Bock
vor 300 Jahren, zwischen Alwig 38
u. Nieder-Olm 31, stellenweise von da
bis Mainz 31 (Schlz. S. 231). Frankenthal 46 (Poll. 1863, 162). Bei
Neuwied 8 einmal (Wirtgen Fl.).
Wertheim 42; durch fast ganz Deutschland sehr zerstreut (cf. Löhr, En.
334).

```
  .   .   .   .   .   .     .
8     .   .   .   .         .
  .   :   .   :   .   .     .
  .   .   .   .   .   .     .
.  30  31   .   .   .   .
  .   .  38   .   .   .   42
  .   .   .  46   .   .     .
```

Arum maculatum.

Tringenstein 4. Giefsen 12 : Schiffenberger Wald, Lollarer Koppe,
Stolzenmorgen, Forstgarten u. s. w.

Schotten 13. Schlichter bei Mönchsbruch 32. Auersberg bei Schwarz
6. Zinhainer Ley 9. Driedorf 10. Haiern 10. Jägerhäuschen bei Rödelheim 25. Nördlich von Wilhelmsbad 26: Trifels : unter 44. Oberwald

13 : Geiselstein. Südöstlich von Münzenberg 19. Ober-Scheld 4. H. — (Hey. R. 358). Kaichen 19 (Hörle*). Hohensolms 11 : in Garten-Zäunen (n. Lambert). Marburg 5, Fulda 14 (n. Wender. Fl.). Ossenheimer Wäldchen 19 (n. Weigand). Bessunger Forsthaus 32, Roßdorf 33 (n. Wagner). — Pfalz : fehlt in den Sand-, Moor- und Haidegegenden der Vogesensandstein-Formation (Schlz. S. 436). Kreuznach 30 : Schloßsberg (Schlz.*). Nassau stellenweise (Fuck. Fl.). Rheinpreußen meist häufig (Wirtg. Fl.) ohne specielle Fundorts-Angaben.

.	.	.	4	5	6	.
.	9	10	11	12	13	14
.	.	.	.	19	.	.
.	.	.	25	26	.	.
.	30	.	32	33	.	.
.	.	.	.	.	.	.
.	.	.	.	.	.	.

(unvollständig)

Asarum europaeum.

Gießen 12 : Römerhügel bei der Ganseburg, Hangelstein, Schiffenberger Wald u. sonst. Im Birkich bei Lauterbach 14. Stockhausen 14. Schotten 13. Wallernhausen 20. Frankenbach 11. H. — (Hey. R. 327). Marburg 5, Schlüchtern 21, Bieber 27 (Wender. Fl.). Kaichen 19 (Hörle*). Gundernhausen 33 : im Murgwald (n. Bauer). Feldheimer Wald bei Hungen 12 (nach Reifsig). Weilburg 10 (n. Wirtgen), Rossert, Epstein 25 (n. Wendland). Erlenwäldchen bei Griesheim 32, bei der Glashütte im Odenwald (beim Felsberg 40?), Heidelberg 46, Heusenstamm 26, Laubach 12, Ulrichstein 13, Oberwald 13, Ziegenberg 18, Bornheim 38, Lonsheim 38, Wendelsheim 38, Kreuznach 30 (D. u. Scr. S. 219). — Pfalz : Haarlaß bei Heidelberg 46, Bergstraße 39; Rheinfläche bei Speier 46, Dürk- 45; Rockenhausen 37, Winterburg 30, Rheingrafenstein 30; Zweibrücken 43 (Schlz. S. 400). Leimen 46, Wiesloch 46 (Poll. 1863, 220). Battenberg 45 (Schlz.*). Rheinpreußen zerstreut (Wirtg. Fl.). Hirschwiesen 22 (Bach Fl.). Nassau stellenweise (Fuck. Fl.) ohne specielle Fundorts-Angaben. Montabaur 16 (Bach Fl.). — Scheint allgemein verbreitet.

.	.	.	.	5	.	.
.	.	10	11	12	13	14
.	16	.	18	19	20	21
22	.	.	25	26	27	.
.	30	.	32	33	.	.
.	37	38	39	40	.	.
43	.	45	46	.	.	.

(unvollständig)

Asparagus officinalis.

Gießen 12 : rechts an der Chaussee nach Hausen und Schiffenberg im Kiefernwald; westlich von Erfelden 32; Dienheim 32; Goldstein

25 : Main; Honnef 1 : Rhein; Güls 15 : Mosel. Nieder-Hammerstein am Rhein 8. H.

1	.	.	.	.	.	.
b	.	.	.	12	.	.
15	.	.	.	.	.	.
.	.	24	25	.	.	.
.	30	.	32	.	.	.
.	.	.	39	.	.	.
43	44	45	46	.	.	.

Darmstadt 32, Mombach 24 (nach Reifsig). Starkenburg und Rhein-hessen auf Sandboden gemein, Ober-hessen : Ostseite der Hohenwarte 12 (D. u. Scr. 130). — Pfalz : Rheinfläche häufig, Salinen von Dürkheim 45, Rheinufer 46 in Wäldern; verwildert? bei Kaiserslautern 44, Homburg 43 (Schlz. S. 460). Ludwigshafen 46, Mannheim 46, Worms 39 (Poll. 1863, 242). Nassau : Wiesen im Main- und Rheinthal (Fuck. Fl.). Rheinufer oberhalb Bingen 30 (Wirtg. Fl.).

Sehr zerstreut; unsicher wo wild oder verwildert. (Beerenfrucht.)

Asperugo procumbens.

.	.	.	.	.	.
.	.	.	.	.	.
15	.	.	.	.	.
.	.	.	.	.	.
.	30	31	.	.	.
.	37	.	.	.	.
.	(44)	.	.	.	.

Früher in Giefsen 12 : Gärten am Asterweg (von Sauer ausgesäet). Kreuznach 30 (n. Polstorf). Oppen-heim an Bergabhängen 31, Mainz 31 (D. u. Scr. S. 323). — Pfalz : Ruinen Trifels, Scharfenstein, bei Annweiler : unter 44, Felsen am Berge Anebos ib; Meisenheim 37 (Schlz. S. 306). Laach 15 (Wirtg. Fl.). Fehlt in Nassau (Fuck. Fl.).

Asperula arvensis.

.	.	3	.	.	.	.
.	.	.	11	12	.	.
.	.	.	.	.	.	.
.	.	24	25	26	.	.
.	30	31	32	.	.	.
.	37	38	.	.	.	.
43	.	45	.	.	.	.

Früher Wieseck 12 u. Königsberg 11; Bieberthal 11 (Hey. R. 182). Al-gesheim 31 (n. Reifsig). Oppenheim 32, Ingelheim 31, Bingen 30, Frank-furt : Lerchenberg 26, Forsthaus 25, Wieseck 12, Königsberg und Bieber 11 (D. u. Scr. S. 287). — Pfalz : Dürk-heim 45, Herxheim 45, Kallstadt 45, Grünstadt 38, von Oppenheim stellen-weise bis Bingen, Kreuznach 30, süd-westlich von Zweibrücken 43 (Schlz. S. 205). Meisenheim 37 (Löhr En.).

Nassau : Wiesbaden 24, Haiger 3, Bodenbach 3, Fellerdilln 3 (Fuck. Fl.).

Hiernach in der westlichen Pfalz, Mittelrhein, unterem Main; isolirt bei Dillenburg.

Asperula cynanchica.

Siehe Arealkarte : Bot. Zeitg. 1865, Beil. Karte 1.

Nachträge :

Alsenzthal vor Münster am Stein 30; Altenbamberg 37. Zwischen Rasenstein und Nieder-Bieber 8 : Thonschiefer. Rüdenthal bei Hardheim 42. Hopfingen 42. Nördlich vor Buchen 48. Kruft 15. Mettenheim 38: Löfs; Alsheim 38. Helmstädt 47 : Kalkformat., löfsartig. Oestlich von Münzenberg 19. H. — Neustadt 45 (Schlz.*).

Es wird hierdurch das frühere Areal um 3 Punkte in der südöstlichen Ecke erweitert.

Geht durch ganz Mittel- und Südeuropa und nach Sibirien.

Asperula gallioides (Galium glaucum L.).

Kreuznach 30 (nach Polstorf). Rehbachthal 31. H. — Neukirchen bei Wetzlar 11, Fuchssträuche bei Bonbaden 11 (nach Lambert). Alsbach 39 (n. Bauer). Laubenheim 31 (n. Reifsig). Bergstrafse 39 und Rheinhessen 31, 38 : auf kalkhaltigen Bergabhängen und Löfshügeln, Giefsen 12, Epstein 25, Wiesbaden 24, Taunus 25 (D. u. Scr. S. 288). — Pfalz : von Königsbach 45 bei Neustadt über Forst, Wachenheim, Dürkheim 45, Kallstadt 45, Grünstadt 38, Oppenheim 31 bis Bingen stellenweise 24, 30; Nahe- und Glanthal bis Sobernheim 30 und Meisenheim 37; von Weinheim 46 bis Heidelberg 46 (Schlz. S. 206). Mosbach 48 (Poll. 1863, 156). St. Goarshausen 23, Neuwied 8 (Löhr En.). Rechte Rheinseite von Rüdesheim 23 bis Braubach 16 (Wirtgen Fl. 217), bietet im Rheinthale einen interessanten und seltenen Beleg dafür, dafs ein Flufs eine Pflanzenarealgrenze bilden kann. Bei Helosciad. nod. kommt etwas Aehnliches vor.

Beschränkt auf die Thäler des Rheins und der Nebenflüsse.

.	.	.	.	.	.	.
6	.	.	11	12	.	.
.	16	.	.	.	.	.
.	23	24	25	.	.	.
.	30	31	.	.	.	.
.	37	38	39	.	.	.
.	.	45	46	.	48	.

Asperula odorata.

Wahrscheinlich im ganzen Gebiete.

Speciell angegebene Standorte sind die folgenden. Giefsen 12 : Schiffenberger Wald u. sonst gemein. Bieberthal 11 : Obermühle. Eberstadt 32. (Fehlt um Güttersbach 40 bei Hüttenthal auf Buntsand-

.	.	.	4	5	.	7
.	.	10	11	12	13	14
.	.	.	.	19	.	21
.	.	.	.	.	.	.
29	.	.	32	33	.	.
.	.	.	39	.	.	.
.	44	.	.	47	.	.

(unvollständig)

stein). Ruppertenrod ·13· Wind-hausen 13. Eisenbach 14. Kall-städter Thal 47 (angeblich). Auers-berg bei Schwarz 7. Sackpfeife und Biedenkopf: über 4. Selbenhausen 10. Zinhainer Ley 9. Beilstein 10. Ober-wald 13. Stockheim 19. Melibocus 39. Engelthal 19. Krossenbach 21. Kiliansherberge 13. Hoherothskopf 13. Langwasser 13. Hohe Noll bei Oden-hausen 5. Lixfeld 4. Winnen bei Westerburg 10. H. — Marburg 5 (Wender*). Ramholz 21 (nach C. Reuſs). Roſsdorf 33 (n. Wagner). — Pfalz: Laubwälder überall (Schlz. S. 206). Katzenloch 29 (Wirtg.*). Nassau: häufig (Fuck. Fl.). Kaiserslautern 44 (Trutzer*).

Aspidium aculeatum autt. (lobatum Kze.).

Nassau 16: Häuserhof. H. — Fürth 40, Erbach 40 (n. Bauer). Hammelbach 40 (Vollhard, t. Schnittspahn). Auf dem Stoppelberg bei Wetzlar 11 (n. Roſsmann). Um Gieſsen: Dünsberg 11, Schiffenberg 12 (Dillen*); jetzt nicht mehr, H.

.	.	.	4	.	.	.
6	.	.	11	12	.	.
15	16	17	18	.	.	21
.	23	24	.	.	.	.
29	30	.	32	.	34	.
.	37	.	39	40	41	.
.	.	.	46	47	.	.

Zwischen Erbach und Amorbach 41 (Borkh.). Grasellenbach 40, Auer-bacher Schloſsberg 39 (Schn.*). Gorx-heimer Thal 46 (Scriba*). Franken-stein 32 (Metzler*), Melibocus 39 (Bauer*). Heidelberg 46: über dem Schloſs und auf dem Heiligenberg (F. Schultz*). Nahe-Gebiet 30, 29 und Donnersberg 37 (F. Schultz*). Her-renwald bei Gieſsen 12 (Fl. Wett.*). Rheinthal von Bingen bis Coblenz 23, 16; Lahnthal 17, 16 (D. u. Scr. 20). — Pfalz: Kaiserslautern 44: Hagel-grund (Schlz. S. 566). Schmidtburg im Hahnebachthal 29 (Wirtg.*). — *A. lobat.*: Coblenz 15, Lahneck 16, Win-ningen 15, Isenburg 8, Königsbach, Stolzenfels 15, Boppard 16, St. Goar 23, St. Goarshausen 23, Ober-Heimbach 23, Ahrthal 8, Linz 8; — *acul.* nicht im preuſs. Gebietstheile (Wirtg. Fl.). Oberzell 21, Klein-Ostheim 34 (Wetter. Abh. 1858, 251). Wasserlos, Hörstein 34 (Ruſs*). Neuweilenau 18 (Bayrh.*). Herborn 4. Breitscheid 3 (Leers*). Nördlich von Oestrich 24 (Fuck.*). Wiesbaden 24 (Schneider*). Katzenbuckel 47 (Döll*).

Hiernach anscheinend regellos zerstreut im Gebiete. (Fliegende Samen.)

Asplenium Adiantum nigrum.

Gladenbach 4, Nauheim 19 (Heyer*). Fachingen 17 (F. Sandberger*). Trifels bei Landau (unter 44). Alsbacher Schlofs 39. Gerolstein 23. H. — Frauenstein 24 (F. Sandberger*). Boppard 16. H. — Wildenstein bei Büdingen 20 (Rufs*). Am Fufse des dicken Berges bei Braunfels 11 (n. Graf R. z. Solms-Laubach). Kaldern 5 (Mönch*).

			4	5		
8	.	10	11	12	13	.
.	16	17	18	19	20	.
.	23	24	25	.	27	.
29	30	.	32	.	34	.
.	37	.	39	40	.	.
43	(44)	45	46	.	.	.

Darmstadt 32 : Karlsplatz auf dem Wege nach dem Waltersteich westlich; alter Eberstädter Weg unter der Ludwigshöhe; Frankenstein 32, Steinberg 12 : in einem Brunnen (C. Heyer) v. s. Lorch 23 (Bayrh.*). Oestricher Wald 24 (Fuckel*). Beilstein bei Herborn 10, zwischen Michelbach 17 und Daisbach 17 (Vogel*). Spessart 34 (Behlen*). Hausberg 18 (Fabricius*). Bergstrafse 39, Secheim 39, Nieder-Beerbach 32, Jugenheim 39 bis Heidelberg 46, Taunus' 25, Kreuznach 30, Nahethal 29 (cf. D. u. Scr. 13). — Pfalz : Vogesias z. B. Dahn : unter 44; Donnersberg 37, ganzes Nahegebiet 30, 29 (Schlz. S. 568). Von Dürkheim 45 südwärts (Poll. 1863, 289). Galgenberg bei Waldfischbach 43 (Ney*). Rheinpreufs. Gebirg, bes. St. Goar 23; Leutesdorf 8, Herchenberg bei Brohl 8, Nieder-Hammerstein 8, Rheinbrohl 8 (Wirtg. Fl.) Klein-Ostheim 27, Gelnhausen 27, Vogelsberg 13, Birstein 20 (Wett. Abh. 1858, 252).

Hiernach anscheinend regellos zerstreut fast überall im Gebiete. (Fliegende Samen).

Asplenium Breynii Retz (germanicum Ws.).

Giefsen : Grofs-Buseck 12 (Dillen*). Nördlich von Niederkleen 11 (H.). Steinbach 12 (n. Heyer). Wetzlar 11 : an einigen Felsen des Wetzbachthals oberhalb Nauborn (nach Lambert). Marburg 5 (Heldm.*).

		3	4	5		
8	.	10	11	12	.	.
15	16	17	18	.	20	.
22	23	24	25	.	27	.
29	30	.	32	33	.	.
36	37	.	.	39	40	.
.	.	.	46	47	.	.

Büdingen 20 (Rufs*). Thal östlich von Seeheim 39; Frankenstein 32 (n. Bauer). Dillenburg 3 (Wagner*). Stettbacher Thal : zwischen Seeheim und Ober-Beerbach 39, Alsbach 39, Auerbach 39, Frankenstein 32 gegen Nieder-Beerbach (Schnittspahn*). Mathildentempel bei Darmstadt 32 (Bauer*). Schlofs Rodenstein 40 und Reichelsheim 40 (Scriba*). Heidelberg 46 über dem Haarlafs (Schimper*), Neckargemünd 47, Neckar-

steinach 47 (Scriba *). Schriesheim 46 (Göhrig *). Stockstadt 33, auf der Katz bei Gelnhausen 27, Homburg 25, Reiffenberg 25, Epstein 25, Lahnmühle bei Giefsen 12 (Becker *). Lorch 23 (Bayr. *). Nahethal 30 auf Porphyr (D. u. Scr. *). — Pfalz : Nahegegenden 30, 29; zwischen Niederalben und Erzweiler 36, Lichtenberg 36; Weinheim 46 (Schlz. S. 569). Alt-Weilnau 18 (Bayrh. *). Langen-Schwalbach 24 (Breyn. *, Röhling *). Simmern 22, Dhaun 29 (Schlz. *). Herborn 4, Beilstein 10 (Leers *). Alsenzthal 37, Eberbach 47, Zwingenberg 39 (Poll. 1863, 290). Simmern unter Dhaun 29, Boppard 16, Moselthal : Gondorf 15, Bischofstein 15, Isenburg 8, Altwied 8, Linz 8, Remagen 8, Diez 17, Gräfeneck 16 an der Lahn (Wirtg. Fl.). Langen-Schwalbach 24 (Wetter. Abhandl. 1858, 252).

Hiernach anscheinend regellos zerstreut im Gebiete, suis locis fast überall.

Asplenium septentrionale (Blechnum s.).

Amöneburg 5. Hausberg 18. Krofdorf: Weddenberg 11. Epstein 25. Oppenrod 12. (Auf dem Homberg bei Reddighausen, über Quadrat 4). Kleeberg 18 (Thonschiefer). Laasphe 4. Bodenrod 18. Neukirchen 11 (Thonschiefer). Blessenbach 17 (blauer Dachschiefer). Hof Au 2. H. — Fulda 14 (Lieblein *). Thal östlich von Seeheim 39; Frankenstein 32, Mathildentempel 32 (n. Bauer). Steinbach 12, Allendörfer Hinterwald 12 (n. Heyer). Fehlt im Mainzer Becken (Dosch und Scriba *). — Pfalz : Glan- und Nahegebiet 30, 29, 36, Donnersberg 37, selten in der Vogesias : Dahn : unter 44, und Hardt 45 (Schlz. S. 569).

.	2	.	4	5	.	.
.	.	.	11	12	13	14
.	.	17	18	19	20	.
.	.	24	25	.	27	.
29	30	.	32	.	34	.
36	37	.	39	40	.	.
.	.	45	46	.	.	.

Heidelberg 46, Bergstrafse 39, Odenwald 40 (Poll. 1863, 290). Rheinpreufsen ziemlich häufig (Wirtg. Fl.). Gelnhausen 27, Hahnenkamm 27, Ortenberg 20, Büdingen 20, Ziegenberg 18, Bilstein 13, Lohmühle bei Giefsen 12 olim (Wetter. Abh. 1858, 252). Hörstein 34 (Kretzer *). Schlofs Münzenberg 19 (Becker *).

Hiernach regellos zerstreut durch den gröfsten Theil des Gebietes.

Aster abbreviatus N. E.

Am linken Lahnufer oberhalb der Leuner Brücke 11 (n. Lambert). Unterhalb Mainz 24, Oestrich 24 (Poll. 1866, 293). Rheinufer bei Coblenz 15 (Wirtg. Fl.). Mainufer (Wirtg. Reisefl.).

Aster Amellus.

Arealkarte : Oberh. Ges. Ber. 13 (1869). T. 1.

Nachtrag :

Mutterstadt 46 (Ney*). Mainz 31 (W. von Reichenau).
Geht durch den Continent von Europa von Südwest nach Nordost bis
Sibirien (fehlt in England und Scandinavien).

Aster leucanthemus.

Giefsen 12 : Lahnufer am Thomas-Loch. H. — Weilburg 10 (nach
Wirtgen). Neckarufer und Inseln bei
Heidelberg 46, Offenbach 26, Oppenheim
32 (D. u. Scr. S. 239). Rheinwaldungen
bei Lufsheim 46, Speyer 46, Wachenheim 45, Lorch 23, Höchst 25, Lahnufer von Limburg 17 bis Wetzlar 11
(Poll. 1866, 294; Wirtg. Fl.). Zwischen Vilmar 17 und Weilburg 10,
Coblenz 15, Lahnthal bei Steten 17
(Löhr En.). Zwischen Höchst und
Sindlingen 25 (Fuck. Nass.). Frankfurt 26 (Kesselmeyer*).

Hiernach am Ufer der Lahn, des
Mains, Neckars und Rheins, ein Stand-

.	.	.	.	.	.	.
.	.	10	11	12	.	.
15	.	17	.	.	.	.
.	23	.	25	26	.	.
.	.	.	32	.	.	.
.	.	.	.	.	.	.
.	.	45	46	.	.	.

ort entfernter vom Rhein. Verwildert, vielleicht aus den botanischen
Gärten.

Aster salignus.

Wiesen gegen Schiffenberg 12. Niederwald bei Höchst 25. Am Sand
bei Giefsen 12. Neustadt 33. Schriesheim 46. Badenburg a. d. Lahn
12. Kempten am Rhein 30. H.

Salzhausen 20 (n. Mettenheimer
1851). Limburg 17 bis 10 Wetzlar 11
an der Lahn (Heyer). Kreuznach 30
(n. Polstorf). Pfalz : am Rhein in
der Anlage bei Speyer 46, Roxheim 39,
am Canale bei Frankenthal 46 (Schlz.
S. 221). — Nach Wirtg. Fl. 1857, S.
240 : der ächte Salignus nicht im
Rheingebiete. In der gleichzeitig erschienenen Rhein.Reiseflora 1857, II. 71
dagegen heifst es : Rhein- und Mainufer, Holland. — Horchheim bei Coblenz
16, Martinstein 29 an d. Nahe (Löhr
En.). Zw. Sonnenberg u. Wiesbaden

.	.	.	.	.	.	.
.	.	10	11	12	.	.
15	16	17	.	.	20	.
.	.	24	25	.	.	.
29	30	.	.	33	.	.
.	.	.	39	.	.	.
.	.	.	46	.	.	.

25, Oestrich 25 (Fuck. Fl.). A. salicifolius bei Metternich 15 (Wirtg.*) : Moselufer.

Hiernach am Rhein und einigen Nebenflüssen, einzelne Standorte auch entfernter. Verwildert.

Aster Tripolium.

Salzhausen 20 (n. Heldmann). Selters 20. H. — Traishorlof 19 Ortenberg 20 (D. u. Scr. S. 238). Nauheim 19 olim (Hey. R. 197).

Hiernach nur in der Wetterau; sonst fast an allen Salinen und der Nordseeküste (Wirtg. Reisefl.) und Ostsee (Löhr En.).

Astragalus cicer.

Berstadt 19. Ober-Issigheim 26. H. — (Hey. R. 94). Kaichen 19 (Hörle*). Früher bei Rofsdorf 33 (n. Wagner). Rödelheim 25 (n. C. Reufs). Darmstadt 32 : drei Brunnen bis Rofsdorf 33, Vilbel 26, Fried-berg 19, Butzbach 19, Trais-Münzen-berg 12, Nauheim 19, Schwalheim 19, Weifsenau 31, zwischen Bieber und Seligenstadt 26, zwischen Ladenburg und Virnheim 46 (D. u. Scr. S. 543; Wender. Fl. 253). Pfalz : Rheinfläche, Berghausen 46 bei Speyer, Franken-thal 46, Heidelberg 46, Schwetzingen 46, Westrich : Altheim südwestlich von Zweibrücken 43 (Schlz. S. 122). Dürk-heim 45, Ladenburg 46 (Schimp.*). Zwischen Rübenach und Bassenheim 15, Hanau 26, Coblenz 15 (Wirtgen Reisefl.). Nieder-Walluf 24, Salzbach bei Erbenheim 24 (Fuck.*). Hochstätten 26· (Löhr En. 180).

.	.	.	.	.	.	.
.	.	.	.	.	.	.
15	.	.	.	19	.	.
.	.	24	25	26	.	.
.	.	31	32	33	.	.
.	.	.	.	.	.	.
43	.	45	46	.	.	.

Hiernach überwiegend im mittleren Rhein- und unteren Maingebiete.

Atriplex oblongifolia (tatarica).

.	.	.	.	.	.	.
.	.	.	.	.	.	.
15	16	.	.	.	.	21
.	23	24	25	26	.	.
.	30	31	32	.	.	.
.	.	38	39	.	.	.
.	.	45	46	.	.	.

Schlofsberg bei Oppenheim 31. Zwischen Eich u. Alsheim 39. West-lich von Monsheim 38 : Forma cam-pestris. H.

Ramholz 21 (n. C. Reufs). Frank-furt 26 : Rechneigraben (n. Wolf u. Seiffermann). Leeheim 32, Geins-heim 32, in Rheinhessen 31 und längs dem Rhein (D. u. Scr. S. 200). — Pfalz : Rheinfläche von Speyer 46 bis 24 Bingen 30, durch das Nahethal bis Kreuznach 30, Sobernheim 30; Dürk-heim 45, Ungstein 45, Kallstadt 45

(Schlz. S. 386). Saliner Wald bei Kreuznach 30 (Schlz.*). Schwetzingen 46 (Poll. 1863, 215). Gräfenbachthal unterhalb Wallhausen 30 Wirtg.*). Nicht weiter im preufs. Gebietstheile (Wirtg. Fl. 393 und Löhr En. 579). Nassau : Rhein- und Mainthal 25, 24, 23, 16, Adolphseck 24 (Fuck. Fl.). Mosel, Coblenz 15 (C. Noll). Hiernach fast nur im mittleren Rheingebiete.

Atropa Belladonna.

Giefsen 12 : Lindener Mark, hohe Warte, Hangelstein; Krofdorfer Wald 11, Dünsberg 11. Bieberthal 11. Burkhardsfelden 12. Hof Haina 11. Himberg 11. Steinbruch nördlich von Hochweisel 18. Blaue Steinkaute östlich von Langen 33 (Dolerit). Wachenberg 46 (nach Berntheisel). Altenstadt 19. Blasbach 11. Bieber 11 : Kalköfen. Weilmünster 18. Gerolstein 23. Pirmasenz : unter 43. Fehlheimer Wäldchen bei Hungen 19. H. — Hinterland 4 (Hey. R. 270). Kaichen 19 (Hörle*). Marburg 5 (Wender*). Ramholz 21 (n. C. Reufs). Offenbach 26 : Zwischen Franzbörnchen und Buchrain. Griesheim 25 (n. Wolf u. Seiffermann). Rofsdorf 33 (nach Wagner), Epstein 25 (n. Wendland). — Pfalz : Heidelberg 46, Bergstrafse 39 bis gegen Darmstadt 32; Trifels und Annweiler : unter 44, Dürkheim 45 : Hohberg; Kaiserslautern 44 : Reutelsteiner Schlofs; südwestlich von Zweibrücken 43, Steinbach : Donnersberg 37 und Umgebung, Standebühl 37, Wildsteinerthal, Alsenbrück 37, Wolfstein 36, Mergenthal [? Marienthal 37], Lauterecken 36, Kusel 43 : Remigiusberg (Schlz. S. 316). Frankenstein 44, Wiesloch 46 (Poll. 1863, 188). Rheinpreufsen : zerstreut (Wirtg. Fl.). Nassau stellenweise (Fuck. Fl.). Fehlt bei Mainz 31 (v. Reichenau).

Wahrscheinlich fast im ganzen Gebiete verbreitet. (Beeren von Drosseln gefressen.)

.	.	.	4	5	.	.
.	.	.	11	12	.	.
.	.	.	18	19	.	21
.	23	.	25	26	.	.
.	.	.	32	33	.	.
36	37	.	39	.	.	.
43	44	45	46	.	.	.

(unvollständig)

Avena strigosa.

Giefsen 12 : Trieb, in Haferäckern (1862). H. — Pfalz : Bitsch unter 43 gemein (Schlz. S. 533). Rheinpreufsen : cultivirt (Wirtg. Fl.). Nassau vereinzelt (Fuck. Fl.).

Avena tenuis.

Giefsen 12: Chaussee n. Heuchelheim. Weddenberg 11. Grofslinden 12. Königsberg 11. Krofdorf 11. Bersrod 12. Garbenteich 12. Watzenborn 12. H. — (Hey. R. 425). Kaichen 19 : Diebseiche (Hörle). Zwischen Glashutten und Wippenbach 19, Ortenberg 20 : am Gaulsberg, Goldgrube (n. Heldmann). Südöstlicher Abhang des Vogelsbergs 13, 20; nicht in der Wetterau (n. Theobald). Darmstadt 32, Frankfurt 26, Nahethal 30, Nauheim 19, Wachenheim 45 (D. u. Scr. S. 53). — Pfalz : Neustadt 45, zwischen Dreisen 38 und Standebühl 37; Nahegebiet fast überall : Bingen 30, Sobernheim 30, Kreuznach 30, Meisenheim 37, Baumholder 36, gegen Kusel 43; Lauterecken 36, Grumbach 36, zwischen Kirn-Becherbach 36 und Rathsweiler 36 bei Kusel, früher bei Zweibrücken 43 (Schlz. S. 534). Vom Donnersberg 37 bis Neustadt 45, Wachenheim 45 (Koch*). Kirn 29, Bickenbach 39,

```
 1  .  3  .  5  .  .
 8  . 10 11 12 13  .
15  . 17 18 19 20  .
 .  .  . 25 26  .  .
29 30  . 32 33  .  .
36 37 38 39  .  .  .
43  . 45  .  .  .  .
```

Langen 33 (Poll. 1863, 273). Ganzes Mayenfeld 15 und rheinabwärts 8, 1 bis Bonn; Karthause bei Coblenz 15, (Wirtgen Fl.). Herborn im Beilstein 10, Dillenburg 3, Wallmerod 10, Villmar 17, Weilmünster 18, Oberursel 25 (Fuck. Fl.). Andernach 8 (Wirtg. Reisefl.). Ostheim 26 (Rufs*). Marburg 5 (Wender.*).

Scheint im ganzen Gebiet verbreitet.

Berula angustifolia (Sium a.).

Wiesen nordwestlich vor Schiffenberg 12 : Klingelflufs. Heuchelheim 11. Wieseck-Au 12. Oestlich vom Weddenberg 11. Bieberthal, Bubenrod 11. Hänlein 39. Ludwigs-Brunnen östlich von Langen 33, Sossenheim 25. Driedorf 10. Merkenbach 10. Nördlich von Beuern 12; Klimbach 12, Alten-Buseck 12. Oppershofen 19. Lich 12. Langsdorf 12. Traishorloff 19. Diebach 27. Selters 20. Fronhausen 5. Effolderbach 19. Altenstadt 19. Marköbel 26. Schmerlenbach 34. Ober-Besenbach 34. Münzenberger Salzwiese 12. Reiskirchen 11. Südlich v. Breunings 21. H. — Wiesenhof 13 : Vogelsberg (Hey. R. 160). Marburg 5 (Wender*). Kaichen 19 (Hörle*).

```
 .  .  .  .  5  .  .
 .  . 10 11 12 13  .
 .  .  .  . 19 20 21
 .  .  . 25 26 27  .
 .  .  .  . 33 34  .
 .  .  . 39  .  .  .
 .  .  .  .  .  .  .
       (unvollständig)
```

— Pfalz : fast überall, Niederung und Gebirg (Schlz. S. 180).

Vielleicht durch das ganze Gebiet verbreitet.

Biscutella laevigata.

```
·   ·   ·   ·   ·   ·   ·
·   ·   ·   ·   ·   ·
·   ·   ·   ·   ·   ·   ·
·   23  ·   ·   ·   ·   ·
29  30  ·   ·   ·   ·   ·
36  37  ·   ·   ·   ·   ·
·   ·   ·   ·   ·   ·   ·
```

Unter dem Rheingrafenstein 30 (n. (Polstorf). Oberwesel, St. Goar 23 (nach Mann). Nahethal nicht selten (Ziz*). — Pfalz: Kirn 29, Simmerthal 29, am Lemberg 37, Gans 30, Kreuznach 30 bis Oberstein 36 (Schlz. S. 54). Lorch, Bacharach, St. Goarshausen 23 (Wirtg.*). Hirznach 23 (Bach*). Hiernach nur im Nahegebiet und an einer Stelle des Rheinthals. Einwanderung von Südwesten.

Blechnum spicant (boreale).

Güttersbach 40. Oberwald 13. Höchstenbach 9. H. — Marburg 5 (Heldm. *). Hörstein 34 (Rufs*), Neu-Weilnau 18, Rod 18 (Bayrh.*). Mittelheim 24 (Fuck.*). Struth und Kalte-Eiche 3 (Koch*). Eiserne Hand [bei Wiesbaden 24?] (Fr. Sandberger*). Siegburg (E. Brühl).

```
·   ·   3   4   5   ·   ·
·   9   ·   11  12  13  ·
·   ·   ·   18  ·   ·   21
·   ·   24  25  26  27  ·
29  30  ·   32  33  34  ·
·   37  ·   39  40  41  ·
43  44  45  46  ·   ·   ·
```

Giefsen 12 : einzeln im Kiefernwalde, rechts am Butterweg, halbwegs Annerod (C. Leo). v. s. — Kalte Eiche bei Wetzlar 11 (n. Lambert). Darmstadt 32 : Schwefelbrunnen; gegen Dippels Hof 33 (n. Bauer). Feldberg 25, Bergebersbach 4 (n. Vogel*). Südlich von der Schmitte bei Giefsen 11 (Oeser). Geiswiese bei Ober-Keinsbach 40, Rohrbach 40 (n. Seibert). Taunus 25, Neunkircher Höhe 40, Waldmichelbach 40, Starkenburg 39 (Schnittsp.*). Heidelberg 46 (F. Sch.*). Darmstadt 32 : Albertsbrunnen (Schn.*). Zw. Erbach und Bullau 40, bei Mossau 40 u. Weschnitz 40 (Dosch*). Vielbrunn 41 (Metzler*). Zwischen Villbach und Bieber 27, Homburg 25 (Becker*). — Pfalz : Nahegebiet 30, 29, Donnersberg 37, Hardt 45, Kaiserslautern 44, Landstuhl 43, Homburg 43, Pirmasenz : unter 43, Merzalben 44, Rodalben 43, Waldfischbach 43, Eufserthal 44 (Schlz. S. 569). Oberstein 29 (Poll. 1863, 290). Rheinpreufsen (Wirtg. Fl.). Somborn 27, Bulau bei Hanau 26, Wasserlos 26, Bieber 27, Oberzell 21 (Wetter. Abh. 1858, 283).

Hiernach regellos zerstreut durch das Gebiet. (Fliegende Samen.)

Blitum capitatum.

Wöllstein 30 (nach Wagner). Mainz 31, Darmstadt 32 (D. u. Scr. S. 202). Rheinpreufsen als Gartenflüchtling (Wirtg. Reisefl.).

Botrychium Lunaria.

Oestlich von Marburg 5. Ruppertenrod 13. Eifa 6. (Battenberg : über 4, Reddighausen und Hatzfeld ebenso). Zwischen Hachborn und Winnen 5. Westlich von Greifenstein 10. Dautphe 4. H. — Niederkleen 11 (Becker*). Strüthchen bei Londorf 12 (n. Reufs 1851). Um Giefsen : Schiffenberg, Wiesecker Haide, Staufenberg 12; Hinterland; Bilstein bei Schotten 13 (Dillen*). Südöstlich von Kleinlinden 12; nordöstlich vom Lumpenmannsbrunnen gegen Annerod 12 (nach W. Weifs). Darmstadt 32 (Bauer*). Dippelshof 33, Offenbach 26, Vilbel 26 (Schnttsp.*). Zwischen Friedberg und Ockstadt 19 (Uloth*). Mossauer Höhe 40 (Dosch*). Mannheim 46; Virnheim (Schimp.*, Scriba*). Taunus 25 (D. S. S. 24). — Pfalz : zwischen Schwetzingen und Mannheim 46, Maxdorf 45; Vogesias

			3	4	5	6	.	
.	.	10	11	12	13	.		
.	.	.	.	19	.	21		
.	.	.	25	26	.	.		
.	30	.	32	33	.	.		
.	.	.	39	40	.	.		
43	44	45	46	.	.	.		

zwischen Hardt und Saarthal vielfach, z. B. Kaiserslautern 44, Homburg 43, Zweibrücken 43 (Schlz. S. 564). Melibocus 39 (Döll*). Landstuhl 43, Hardt von Dürkheim 45 nach Süden, Hunsrück 30, Heidelberg 46 (Poll. 1863, 286). Rheinpreufsen (Wirtg. Fl.) Hanau 26, Ahlersbach 21, Oberzell 21 u. s. w. (Wetter. Abhandl. 1858, 248). Dillenburg 3 (Dörrien*).

Hiernach anscheinend regellos zerstreut, wahrscheinlich aber in allen Districten.

Brachypodium pinnatum.

Südöstlich von Garbenteich 12. Westlich von Rodheim 11. Annerod 12. Römerhügel bei der Ganseburg; südlich von Steinbach 12. Hof Haina 11. Bubenrod 11. Heiligenstock nördlich von Frankfurt 26. Gernsheim 39. Rehbachthal 31. Kefenrod 20. Seckbach 26. Klein-Karben 26. Geisnidda 19. Altenstadt 19. Langenbergheim 26. Ilbenstadt 19. Schweinheim 34. Hörstein 34. Oestlich von Annerod 12. Oppenrod 12. Südöstlich von Albach 12. Lich 12. Nordöstlich vom

.	.	.	.	5	.	.
:	.	.	11	12	.	.
15	.	17	18	19	20	21
.	.	.	.	26	.	.
.	.	31	.	33	34	.
.	.	.	39	.	.	42
.	.	.	.	.	.	.

(unvollständig)

Hangelstein 12. Ziegenberg 18. Bonbaden 11. Ober-Brechen 21. Steinau 21. Südlich von Ramholz 17. Rettersheim 42. H. — (Hey. R. 437). Kaichen 19 (Hörle*). Ramholz 21 (nach C. Reufs). Rofsdorf 33 (nach Wagner). — Pfalz: in allen Gegenden gemein, mit Ausnahme des Vogesen-Sandstein-Gebirges 44 (Schlz. S. 550). Coblenz 15 und Rheinpreufsen sonst häufig (Wirtg. Fl.). Nassau häufig (Fuck. Fl.). Marburg 5 (Wender. *). Scheint im ganzen Gebiete verbreitet zu sein.

Brachypodium sylvaticum.

Giefsen 12 : Lindener Mark, vor Hausen. Salzböden. Hardt 12. Niederwöllstadt 19. Schlichter 32. Eckartsborn 20. H. — (cf. Hey. R. 437). Marburg 5 (Wender.*). Pfalz : fast überall (Schlz. S. 550). Rheinpreufsen (Wirtg. Fl.). Nassau häufig (Fuck. Fl.).
Scheint allgemein verbreitet.

Brassica nigra K. (Sinapis L.).

Wimpfen (unter 48), Neckar. Mainufer bei Griesheim und dem Gutleuthof 25. Speyer 46. Lorch 23 (Rheinufer). Unter Freienweinheim 31 (Rhein). Rothenfels am Main 35. Hafenlohr 35 : (Main). H. — Offenbach 26 (n. Bauer). Von Hanau bis Mainz; am Rhein von Mannheim bis Bingen 46, 39, 32, 24, 31, 30 (D. u. S. 437). Rheinufer vom Neckar bis 8, 1 bis Holland (Wirtgen*). Pfalz : Rheinufer von Speyer 46 bis Bingen stellenweise, von Neckargemünd 47 über Heidelberg 46 bis Mannheim 46 (Schlz. S. 46). Moselufer 15 (Wirtgen*). Nassau nur am Ufer vor Okriftel 25 bis 24, 23, Niederlahnstein 16 (Fuck. Fl.). Coblenz 15, Mosel

1	.	.	.	.	.	.
b	.	.	.	.	.	.
15	16	.	.	.	.	.
.	23	24	25	26	.	.
.	30	31	32	.	34	35
.	.	.	39	.	41	42
.	.	.	46	47	(48)	.

15 bis Trier, Main bis Würzburg (Löhr En.).

Hiernach nur am Ufer des Rheins, Neckars, Mains, der Mosel.

Bromus asper.

.	.	.	.	5	.	.
.	.	.	11	12	13	.
15	16	17	.	.	.	.
.	.	.	.	.	.	*).
.	.	.	32	.	.	.
.	.	.	.	.	.	.
.	.	.	.	.	.	.

Giefsen 12 : Lindener Mark, Lollarer Koppe, Lumpenmannsbrunnen, Annerod : Fernewald, westlich von Lich. Altenberg 11. Schlichter bei Grofs-Gerau 32. Burg-Schwalbach 17. Laurenburg 16. H. — Vogelsberg 13 (Hey. R. 439). Marburg 5 (Wender.*). Pfalz in allen Gegenden (Schlz. S. 552). Rheinpreufsen meist häufig, v. serotinus : Coblenzer Wald bei dem Laubachthal 15 (Wirtg. Fl.). Nassau (Fuck. Fl.).

Bromus erectus.

Giefsen 12 : Hardt, Stadtgärten, Forstgarten. Atzbach 11. Kammerhof bei Leeheim 32, Leeheim. Alzey 38. St. Johann 31. Sauerschwabenheim 31. H. — Römerhof bei Rödelheim 25

.	.	.	.	.	.	.
.	.	.	11	12	.	.
15	.	17	.	.	19	.
.	23	24	25	26	.	.
29	30	31	32	.	.	.
.	37	38	39	.	.	.
43	.	45	46	.	.	.

(unvollständig)

(n. C. Reufs). Seckbach 26. Hinkelstein bei Kelsterbach 25. Niederwald 23. Niederfell 15. Wörrstadt 31. H. — (Hey. R. 439). Pfalz : Rheinfläche 46 und Tertiärhügel 45, bis Worms 39, Mainz 31 und Bingen 30 hinab; Nahe : zwischen Bingen und Kreuznach 30, nach Sohernheim 30; Zweibrücken 43; fehlt im Vogesen-Sandstein-Gebirge 44 (Schlz. S. 553). Kirn 29, Meisenheim 37 (Poll. 1863, 280). Rheinpreufsen Wirtg. Fl.). Okriftel 25, Oestrich 24, Dietz 17 (Fuck. Fl.). Coblenz 15 (Löhr. En.). Wetterau 19 (Wender.*).

Scheint allgemein verbreitet zu sein.

Bromus inermis.

Dienheim 32. H. — Pfalz : von Bingen 30 bis 24 Mainz 31, ganze Rheinfläche 39, 46, und benachbarte Hügel 45, bis Heidelberg 46, Wag-

3 *

```
.  .  .  .  .  .  .
.  .  .  .  .  .  .
.  16 .  .  .  .  .
.  23 24 25 26 .  .
.  30 31 32 .  .  .
.  . 38 39 .  .  .
.  . 45 46 .  .  .
```

häusel 46, Oggersheim 46, Mutterstadt 46, Dürkheim 45, Hardenburg 45 (Schlz. S. 553). Speyer 46, Neustadt 45, Frankenthal 46, Alzey 38, Kreuznach 30, Darmstadt 32, Mannheim 46 (Poll. 1863, 280). Rheinpreufsen in den Hauptthälern (Wirtgen Fl.). Nassau : nur im Main- und Rheinthal 25, 23, 16 (Fuck. Fl.) Rumpenheim 26 (Wender.*).

Nur im oberen und mittleren Rheingebiete (im engerer Sinne) unserer Karte.

Bromus patulus.

Grofslinden und Langgöns 12 (Hey. R. 438). Steinfurt 19. H. — Oberfell 15 (Schlickum). Sandhof bei Frankfurt 26 (n. Wolf u. Seiffermann).

```
.  .  .  .  .  .  .
b  .  .  . 12  .  .
15 16 .  . 19  .  .
. 23 24  . 26  .  .
29 30 31 32 .   .  .
. 37  . 39  .   .  .
.  . 45 46  .   .  .
```

Riedgegend 32, Mainzer 31 und oberhessisches Becken (D. u. Scr. S. 70). — Pfalz : Rheinfläche 46, Tertiärkalkhügel längs derselben 45. Nahe-Gegenden 30 (Schlz. S. 552). Neustadt 45, Speyer 46 bis 39, 32, 24, Bingen 30 und Kreuznach 30, Kirn 29, Meisenheim 37; Forst 45, Wachenheim 45, Mannheim 46, Heidelberg bei Edingen 46 (Poll. 1863, 280). St. Goarshausen 23, unteres Lahnthal 16, Moselthal bei Gondorf 15, Brodenbach 15, Linz 8 : auf dem Ockenfels (Wirtg. Fl.). Hanau 26 (Löhr En.). Angeblich bei Wiesbaden 24 (Fuck. Fl.).

Hiernach nur im engeren Rheingebiete und der Wetterau. (Zwei Hauptzugrichtungen der Ackervögel.)

Bromus racemosus (pratens. Ehrh.).

Giefsen 12 : Gänsäcker. Rehbachthal 31. H. — (Hey. R. 438). Pfalz : häufig (Schlz. S. 551). Zweibrücken 43 (Poll. 1863, 280). Wallhausen 30 im Gräfenbachthal, Hahnebach bis Kirn 29 (Wirtg.*). Forst 45 (Schlz.*). Rheinpreufsen (Wirtg. Fl.). Nassau : häufig (Fuck. Fl.).

Bromus secalinus (segetalis B. D.).

Bromus secalinus, Form *grossus* : Ober-Ramstadt 33. Bobernheim 38. Schlierbach 40. — Pfalz (cf. Schlz. S. 551 ohne Ortsangaben). Arzheim bei Coblenz 15 : *velutinus* (Wirtg. Fl.).

Bupleurum falcatum.

Siehe Arealkarte : Bot. Zeitg. 1865, Beil. Karte 2.

Nachträge :

Dornheimer Wald 32 (n. Bauer). Bergstrafse 39 (D. u. Scr. S. 378). Südwestlich von Rettersheim 42. Höpfingen 41. Dallau 48 : Muschel-kalk; Neckarburken 48. Alten-Bamberg 37, Hochstätten 37 : Buntsand-stein; Alsenz 37 : Thonschiefer. Monsheim 38 : auf Löfs. Dienheim 32, Guntersblum 39, Osthofen 38. St. Goarshausen 23 : Schweizerthal. Win-ningen 15, Bassenheim 15. Benndorf 16 : Rheinufer; Vallendar 16. Ober-Hammerstein 8. Brohlthal 8. Zwischen Münzenberg und Arnsburg 12. Limburg bei Dürkheim 45 : rother Sandstein.

Hierdurch wird das frühere Areal nur insofern verändert, als einige Punkte im Südosten und an der Bergstrafse auftreten.

Verbreitet durch Süd- und Mitteleuropa und Sibirien.

Bupleurum longifolium.

Krötenphuhl nordwestlich von der Oes 18 : im Kreuzungspunkt der Linien (cf. Generalstabskarte) :

1) Bodenhard-Hochweisel.
2) Ebersgöns-Lammeshard.

Sonst nicht im Gebiete; sehr zerstreut durch ganz Deutschland (cf. Löhr En. 263), z. B. Kreis Witzenhausen in Kurhessen.

Bupleurum rotundifolium.

Bei Giefsen 12 einmal nahe der Pulvermühle (um 1850 Ettling). (Hey. R. 162). Schlofsberg bei Kreuznach 30 (n. Polstorf). Staudern-heim 30; südlich von Ramholz 21 : Muschelkalk. H. — Schlüchtern 21, Hochstadt 26 (Rufs*). Lerchenberg bei Sachsenhausen 26 (n. Wolf und Seiffermann). Ockenheimer Spitze 30 (n. Reifsig). Ried 32 und Rhein-hessen 31, 38 gemein; Grüningen 12, Wisselsheim 19 (D. u. Scr. S. 378). Pfalz : ganze Rheinfläche 46, 45, 38, Hügel des Tertiärkalks, Nahe- u. Glan-gegenden 30, 29, 37, 36, Kaiserslautern 44; Westrich auf Muschelkalk 43 (Schlz. S. 182). Von Basel bis zur niederrhein. Ebene, fehlt in Holland

.	.	.	.	5	.	.
.	.	.	.	12	.	.
.	.	.	.	19	.	21
.	23	24	25	26	.	.
29	30	31	32	.	.	.
36	37	38	.	.	.	.
43	44	45	46	.	.	.

(Wirtg. Reisefl.). Nassau : blofs im Main-, Rhein- und Lahnthal 25, 24, 23 (Fuck. Fl.). Marburg 5 (Wender.*).

Hiernach im südwestlichen Gebietstheile und der Wetterau. Isolirt : obere Kinzig 21.

Calamagrostis lanceolata.

i	.	.	.	.	. .
8	.	.	.	12	13′ .
.	.	.	.	19	. .
.	.	.	.	26	. .
.	.	.	32	.	. .
.	.	.	.	.	. .
.	.	45	46	.	. .

Giefsen 12, Marienschlofs 19. Oberwald 13 (Hey. R. 421). Dornheim 32 : Landwiesen (nach Bauer). — Pfalz : Rheinfläche bei Maxdorf 45, Oggersheim 46, Handschuchsheim 46, zwischen Griesheim und Leeheim 32 (Schlz. S. 526). Bessungen 32 (Schnittsp. *). Rheinpreufsen zerstreut (Wirtg. Fl.). Frankfurt 26, Hanau 26, Neuwied 8, Königswinter 1 (Löhr En.). Fehlt in Nassau (Fuck. Fl.). Im Ganzen an sehr wenigen Stellen.

Calamagrostis sylvatica D. C. (arundinacea R.).

Dünsberg 11. Lindener Mark 12. Oberwald 13 : Landgrafenborn. H. Sackpfeife nördlich von Biedenkopf : über 4 (Hey. R. 421.). Darmstadt

.	.	.	4	5	.	.
8	.	.	11	12	13	.
15	.	.	18	.	.	.
.	.	.	25	.	.	.
.	30	.	32	.	.	.
.	37	.	39	.	.	.
.	44	.	46	.	.	.

32 : Waltersteich (n. Bauer). Sayn 8 (Wirtgen *). Ludwigshöhe bei Darmstadt 32, Bergstrafse 39 (Schn.*). Ziegenberger Eck 18 (Uloth *). Pohlheimer 12 und Butzbacher Wald 18, Laubach 12 (Heyer*). — Pfalz : Kaiserslautern 44 (Vogesen-Sandstein) : Beutelsteiner Schlofs 44, Stiftswald 44; von Eufserthal 44 gegen Elmstein 44 und Kaiserslautern, Steinbach 37 am Donnersberg, Kreuznach 30, Speyer 46, zwischen Nufsloch 46 und dem Königsstuhle bei Heidelberg 46 (Schlz. S. 527). Rheinpreufsen (Wirtg. Fl.). Coblenz 15 (Löhr En.). Königstein 25, Lahnthal vielfach 16, 17 (Fuck. Fl.). Marburg 5 (Wender. *).

Hiernach im Ganzen den zwei Hauptzugrichtungen folgend.

Calamintha Acinos.

Westlich von Ulrichstein 13. Münzenberg 19. Gleiberg 11. Udebornwiese südwestlich vor Rödgen 12. Sieben Hügel 11. Bieberthal 11.

Leeheim 32. Königsberg 11. Rheingrafenstein 30. Elsheim 31. Geisberg bei Ober-Ingelheim 31. Zipf 33. Dünsberg 11. Grofs-Heubach 41. Zwingenberg 39. Schlofs Starkenburg 39. Grünmorsbach 34. Ober-Hörgern 12. Hohensolms 11. Lich 12. Kempten 30. Ramholz 21. Moselweifs 15. H. Westlich von Langgöns 11 (n. H. z. Solms und H. Meier). Kaichen 19 (Hörle*). Selters 20 (Hey. R. 294). Rofsdorf 33 (n. Wagner). — Pfalz : fast überall (Schlz. S. 356). — Rheinpreufsen; var. bei Erpel 8, Hammerstein 8 (Wirtg. Fl.). Nassau nicht selten (Fuck. Fl.). Marburg 5 (Wender. *). Kaiserslautern 44 (Trutzer*).

				5		
8			11	12	13	
15				19	20	21
	30	31	32	33	34	
			39		41	
	44					

(unvollständig)

Scheint durch das ganze Gebiet verbreitet.

Calamintha officinalis.

Allfeld auf Muschelkalk 48. Zwingenberg 39. Eberbach 47. Hirchhorn 47. Oestlich von Schriesheim 46. Schönau 47. Neckarsteinach 47. Wolfsbrunnen bei Heidelberg 47. Petersberg bei Königswinter 1. Löwenburg it. 1. Drachenfels 1. Unter Bingen 30. Hof Hollerich bei Nassau 16. Rasenstein (Rasselstein) 8. Alt-Wied 8. Vallendar 15. H. — Ramholz 21 (n. C. Reufs). Alsbach, Seeheim 39 (n. Bauer). Stettbacher und Jugenheimer Thal 39 (n. Reifsig). Odenwald 40, Bergstrafse 39, bes. von Weinheim 46 bis Heidelberg 46 und Mannheim 46 (D. u. Scr. S. 313). Kreuznach 30 (n. Polstorf) : hinter dem Rheingrafenstein. — Pfalz : südlich von Darmstadt 32; Rheinfläche bei Waghäusel 46, Ketsch 46, Schwetzingen 46; Sobernheim 30; *fehlt in der bayerischen Pfalz* (Schlz. S. 356). Wiesloch 46, Friedrichsfeld 46 (Poll. 1863, 204). Rheinpreufsen im Gebirge (Wirtg. Fl.). *Fehlt im mittleren und oberen Mainthal* (Wirtgen Reisefl.). Schwetzingen 46 bis Bonn : neben 1; Siebengebirge 1, Moselthal 15 von Coblenz bis Trier (Löhr En.). Lahnthal ab Ems 16, Kanapee bei Weilburg 10, Laurenburg 16, Okriftel 25 : in den Rüstern (Fuck. Fl.). Grofs-Steinheim 26 (Clemençon).

1						
8		10				
15	16					21
			25	26		
	30		32			
			39	40		
			46	47	48	

Hiernach wenig verbreitet, im engeren Rheingebiete, dem unteren Theil der Nebenflüsse, beim Neckar und der Mosel weit hinauf. Isolirt 21.

Calendula arvensis.

Guntersblum 39. Nierstein 31. Pfffligheim 38. Saner-Schwabenheim 31. Monsheim 38. H. — Fulda 14 (Lieblein*). Wiesbaden 24 (nach Theobald). Durch ganz Rheinhessen (n. Reifsig). Bingen 30 (n. Wirtgen). Rheinthal von Worms 39 bis Mainz 32, 31; im ganzen Kreise Worms 38; Alzey 38, Kreuznach 30, Bergstrafse 39, Taunus 25, Rhein- und Lahnthal 23, 16 (D. u. Scr. S. 252). — Pfalz: Längs dem Hardtgebirge 45, 38, und Rheinfläche 46, z. B. Fischlingen 45, Kirrweiler 45, Speyer 46, Forst 45, Wachenheim 45, Dürkheim 45, Ungstein 45, Grünstadt 38, Mainz 31, Budenheim 24; St. Wendel: neben 43 (Schlz. S. 245). Früher bei Winningen 15 (Wirtg. Fl.). Nassau: nur im Rheingau 24 (Fuck. Fl.).

```
  .   .   .   .   .   .
  .   .   .   .   .  14
 15  16   .   .   .   .
  .  23  24  25   .   .   .
  .  30  31  32   .   .   .
  .   .  38  39   .   .   .
  .   .  45  46   .   .   .
```

Hiernach ausschliefslich im engeren Rheingebiet (niederer Horizont oder Isohypse). Deutet auf südwestliche Einwanderung.

Calepina Corvini.

Basdorf bei Vöhl (Eder-Gebiet). H. — Zahlreich zwischen Andernach 8, Mayen und der Mosel 15; Sinzig 8, Coblenz 15 (Wirtg. Fl.). Neuwied 18 (Albertini*).

Calla palustris.

Schwanheimer Tränk 25 (1855 zahlreich; angepflanzt von Ohler). Eulbach 41: angepflanzt durch Apotheker Widder (nach Bauer). Rückingen 26 (n. C. B. Lehmann). Hanau 26 (n. Theobald). Offenbacher Wald 26 (n. C. B. Lehmann). — Pfalz: Kaiserslautern 44 — —, gegen Trippstadt 44 und Schopp 44 und weiter nach Südwesten (Schlz. 436). Seeburger Weiher 9 (Fuck. Fl.). Neuwied 8, Siegburg 1 (Löhr En.).

```
  i   .   .   .   .   .
  8   y   .   .   .   .
  .   .   .   .   .   .
  .   .   .  26   .   .
  .   .   .   .   .   .
  .   .   .   .   .   .
  .   .   .   .   .   .
```

Sehr zerstreut und nur an wenigen Orten spontan. (Die Moore von Siegburg haben mehrere Pflanzen mit denen von Offenbach-Hanau 26 gemein, z. B. Erica Tetralix), manche auch mit denen des Westrichs 43. (Deutet auf ziehende Sumpf- und Wasservögel).

Callitriche spatulaefolia Kg.

Giefsen 11 : Bieber (teste Hegelmaier).

Camelina dentata.

Giefsen 12 : Neuhof bei Leihgestern. H. — Friedberg, Nauheim 19 (Wender. *). Sobernheim 30 (n. Polstorf). Gräfenhausen 32 (nach Bauer). Heusenstamm, Hausen, Bieber 26 · (Wett. Ber. 1868, 60). Zwischen Weinheim 46 und Gernsheim 39; Meisenheim 37, Kreuznach 30, Donnersberg 37, Kusel 43, Zweibrücken 43 (Schlz. S. 52). Kaiserslautern 44, Homburg 43 (Schlz. *). Fast überall wo Flachs gesäet wird, und als mit demselben ausgesäet zu betrachten, Waldmohr 43 (Schlz. *). Okriftel 25, Dillenburg 3, Feldbach 3, Weilmünster 18, Möttau 18, Fachbach 16, Bierstadt 24 (Fuck. Fl.). Rheingegenden von Basel bis Niederlande (Löhr En.). Marburg 5 (Wender. *).

.	.	3	.	5	.	.
.	.	.	.	12	.	.
.	16	.	18	19	.	.
.	.	24	25	26	.	.
.	30	.	32	.	.	.
.	37	.	.	.	.	.
43	44	.	.	.	.	.

(unvollständig)

Sehr zerstreut in allen Richtungen, wahrscheinlich nur Culturanhängsel; vielleicht von Südwesten.

Campanula Cervicaria.

Giefsen 12 : Lindener Mark, Giefsener Wald, Münchmühle bei Bersrod, südlich von Klimbach, Beuern, östlich von Annerod. Gonterskirchen 13. Hettingenbeuern 48. H. — Ramholz 21 (n. C. Reufs). Nauheim 19, zwischen Ortenberg und Lisberg 20 (Hey. R. 247). Fuchssträuche bei Bonbaden 11 (n. Lambert). Auerbach 39 (n. Bauer). Langen-Lonsheim 30 (Eigenbrodt *). Bellersheim 12, Melibocus 39 (n. Reifsig). Heppenheim 39, Odenwald 40, Nahegebiet 30, 29 (D. u. Scr. S. 281). — Pfalz : Langenscheid bei Gräfenhausen 44, zwischen Börrstadt 37 und Langmeil, Hagelgrund bei Kaiserslautern 44, Donnersberg 37, Kreuznach 30, zwischen St. Wendel u.

.	.	.	.	.	.	.
b	.	.	11	12	13	.
15	16	.	18	19	20	21
.	23	.	25	.	.	.
29	30	.	.	.	.	.
.	37	.	39	40	.	.
43	44	.	46	.	48	.

Ottweiler : neben 43, Zweibrücken 43, Rheinfläche bei Schifferstadt 46; Weinheim 46, Starkenburg bei Heppenheim 39 (Schlz. S. 290). Oberhausen 30, Wiesloch (Poll. 1863, 178). Gräfenbachthal am Thiergarten 30, Perscheid 23 (Wirtg. *). Coblenzer Wald 15, Marienrod im Condethal 15, Ehrenbreitstein 15, Neuwied 8 (Wirtg. Fl.). Boppard 16 (Bach.*) Scheint im Westerwald zu fehlen (Wirtg. R. Fl.). Nassau : Taunus und Nebenthäler, z. B. Burgwald bei Langenbach 18 (Fuck. Fl.). Gundhof 25 bei Mörfelden (Fuckel*).

Hiernach anscheinend ganz regellos zerstreut.

Campanula glomerata.

Giefsen 12 : vor dem Wallthor; Baumgarten, Eulenburg, Altenbuseck, Gambach, Steinbach, Rödgen, Römerhügel bei der Ganseburg, Bersrod, Klimbach, Leihgestern, Neuhof. — Ziegenberg 18. Hausberg 18. Oppenheimer Schlofsberg 31. Südlich von Alzey 38. Morschheim 38. Hackenheim 30. Oestlich von Sprendlingen 31. Finthen 31. Klein-Umstadt 33. Hungen 12. Berstadt 19. Oestlich v. Schriesheim 46. Westlich v. Steinbach 12. Hallgarten 24. Johannisberg 24. Grofs-Rechtenbach 11. Hof Haina 11. Blasbach 11. Oppenrod 12. Albach 12. Lich 12. Garbenteich 12. Watzenborn 12. Annerod 12. Mengerskirchen 10. Ebschied 22. Schlechtenwegen 14. Wiederstein 3. Ranberger Hof bei Ems 16. Alt-Wied 8. Horhausen 8. Stahlhofen 16. Südwestlich von Königstein 25. — Rheinböllen 23 (Wirtg.*). Zwischen Münzenberg und Gambach 12 (E. Dieffenbach). Oberwald 13 : Geiselstein (n. A. Purpur u. W. Scriba). Kaichen 19 (Hörle*). Ramholz 21 (n. C. Reufs). Vilbel, Bergen, Seckbach 26 (n. Wolf u. Seiffermann). Schneidheim 25 (n. Wendland). — Pfalz : fast überall gemein (Schlz. S. 290). Rheinpreufsen meist häufig (Wirtg. Fl.). Nassau häufig, u. a. Okriftel 25, Oestrich 24, Reichelsheim 19 (Fuck. Fl.). Marburg 5 (Wender.*). Kaiserslautern 44 (Trutzer*).

.	.	3	.	5	.	.
8	.	10	11	12	13	14
.	16	.	18	19	.	21
22	23	24	25	26	.	.
.	30	31	.	33	.	.
.	.	38	.	.	.	.
.	44	.	46	.	.	.

(unvollständig)

Scheint hiernach durch das ganze Gebiet verbreitet.

Campanula latifolia.

Südlich von Schlechtenwegen 14. H. — Oberwald 13, früher Giefsen 12 (Hey. R. 246). Steinbachthal bei Wieselbach 36 (Bogenhard*). Siegen 3 (Engstfeld*). Burbach (Schenk*). Westerburg 10 (Bach*). — Sonst weit zerstreut durch Deutschland.

Campanula patula.

S. Arealkarte : Oberhess. Ges. Ber. 13 (1869). T. I.

Neue Standorte.

Grünberg 12. Londorf 12. Merkenfritz 20. Ohne Einfluſs auf das Gesammtbild des früher ermittelten Areals.

Die Pflanze ist durch ganz Europa und das nördliche Sibirien verbreitet.

Campanula persicifolia.

Gieſsen 12 : Lollarer Koppe, Hangelstein, Lindener Mark, Sieben Hügel 11, Reiskirchen, Philosophenwald, Steinbach, Annerod 12. (Siehe auch Hey. R. 244.). Hiltersklingen 40. Birkenau 40. Usingen 18. Geisberg bei Ober-Ingelheim 31. Umstadt 33. Oestlich von Langen 33. Melibocus 39. Südlich von Oberkleen 11, Kalkhügel. Breungeshain 13. Friedrichsdorf 47. Hirschhorn 47. Unterschönmattenwag 47. Melibocus 39. Eckartsborn 20. Altenstad 19. Rommelshausen 26. Langenbergheim 26. Hörstein 34. Ober-Eisenhausen 4. Breidenstein 4. Weilmünster 18. Blessenbach 17. Burg - Schwalbach 17. Queck 7. Aufenau 27. Südöstlich von Weidenthal 45. Dallau 48. Winden 18. H. — Kaichen 19 (Hörle*). Ramholz 21 (nach C.

			4	5	.	7
.	.	.	11	12	13	.
.	.	17	18	19	20	21
.	.	.	25	26	27	.
.	31	.	33	34	.	
.	.	.	39	40	.	.
.	44	45	.	47	48	.

(unvollständig)

Reuſs). Frankfurt : beim Schwengelsbrunnen 25 (n. Wolf u. Seiffermann). Roſsdorf 33 (n. Wagner). Kronberg 25 (n. Wendland). — Pfalz : Wälder des Gebirgs fast überall, seltener auf Buntsandstein und in der Rheinfläche (Schlz. S. 290). Rheinpreuſsen häufig (Wirtg. Fl.). Nassau häufig (Fuck. Fl.). Marburg 5 (Wender.*). Kaiserslautern 44 (Trutzer*).

Scheint hiernach durch das ganze Gebiet verbreitet.

Capsella bursa pastoris.

Die Form apetala westlich vom Kolnhäuser Hof 12 (1860). H. — Mainz 31 (D. u. Scr. 426).

Cardamine hirsuta.

Gieſsen 12 : anf Lahnkies im botanischen Garten. — (Nach Dillen wild ad radicem m.) Dünsberg 11; also vielleicht durch die Salzböde von da herabgeschwemmt. Kreuznach 30 (n. Polstorf). Nördlich v. Stromberg 30. Bielerburg westlich von Wetzlar 11. H. An der Bergstraſse 39, Darmstadt 32, Langen 33 : in der Koberstadt, Oberwald 13 (D. u. Scr. ˙S. 428). Pfalz: Kusel 43 : Remigiusberg, Steinbach am Donnersberg 37, längs dem Hardtgebirge in Weinbergen 45, 38; Burweiler 45, Annweiler unter 44, Kaiserslautern 44, Frankenthal 46, Heidelberg 46 (Schlz. S. 41). Neustadt 45, Nahegebiet 30 (Poll. 1863, 109). Herborn 4, Wetzlar 11, unteres Lahnthal 16, Wisperthal 23, Oestrich 24 (Fuck. Fl.). Rheinthal u. Nebenthäler, ganze Mosel 15 (Löhr En.). Isenburg 26 (Wett. Ber. 1868, 43). Rheinpreuſsen 8, 1 (Wirtg.*).

ı	.	.	4	.	.	.
o	.	.	11	12	13	.
15	16	.	.	.	.	.
.	23	24	.	26	.	.
.	30	.	32	33	.	.
.	37	38	39	.	.	.
43	44	45	46	.	.	.

Hiernach anscheinend ganz regellos zerstreut durch einen groſsen Theil des Gebietes.

Cardamine impatiens.

Gieſsen 12 : Hangelstein, hohe Warte, Lollarer Koppe, Lindener Mark. Dünsberg, Obermühle, Königsberg 11. Altenburgkopf bei Schotten 13. Schlichter bei Walldorf 32. Auersberg bei Schwarz 7. Battenberg (über 4). Hatzfeld (it.). Alsbacher Schloſs 39. Hohlenfels 17 (auf Kalkfels). Nassau 16. Laurenburg 16. Schotten 13. H. — (Hey. R. 23). Marburg 5 (Wender.*). Park bei Darmstadt 32 (n. Bauer). Roſsdorf 33 (n. Wagner). Nackenheim 31 : einzeln am Rheindamme (n. Reiſsig). Astheim 32 (D. u. Scr. S. 428). Pfalz : zwischen Kusel 43 und Altenglan 36, Remigiusberg bei Kusel 43, zwischen Erzweiler und Niederalben 36, Lauterecken 36, Sobernheim 30, Kreuznach 30, Donnersberg 37 : Königstuhl; bei Kaiserslautern 44 :

.	.	.	.	5	.	7
.	.	.	11	12	13	.
15	16	17	.	.	.	.
.	.	.	.	26	.	.
.	30	31	32	33	.	.
36	37	.	39	.	.	.
43	44	.	46	.	.	.

Aschbacher Thal; Annweiler unter 44 : unter dem Trifels; Rheinfläche bei Hagenau : unter 44. Haarlaſs bei Heidelberg 46 (Schlz. S. 40). Frankenstein 44 (Schlz.*). Speyer 46 (Ney*). Nassau (Fuck. Fl.). Coblenz 15 (Löhr En.). Ostheim 26, Hanau 26 (Wetter. Ber. 1868, 42). Ganz Rheinpreuſsen (Wirtg.*).

Hiernach anscheinend regellos über das ganze Gebiet zerstreut.

Cardamine sylvatica.

Gieſsen 12 : Hangelstein. Südlich von Storndorf 13. H. — Marburg 5 (nemorosa und sylv., Wender.*). Kesselsberg bei Wetzlar 11 (nach

Lambert). Bei Darmstadt 32 : Brunnenweg im Park; Koberstadt bei Langen 33 (n. Bauer). Längs der Bergstrafse 39, zwischen Fronhausen 5 und Krofdorf 11 (Dosch u. Scrba S. 429). Hanau 26, Freigericht 27, Büdingen 20 (Wett. Ber. 1868, 43). Pfalz : Zweibrücken 43, Kaiserslautern 44, Moorlautern 44, Eufserthal 44 (Schlz. S. 41). Neustadt 45, Waghäusel 46 (Poll. 1863, 109). Trippstadt 44 (Schlz.*). Oestricher Wald 24, Langenaubach 4, im Hirschberg Amt Dillenburg 3, Hasselbacher Weg 10 Amt Weilburg 10, Lahnthal bei Laurenburg 16, Isenburg 8, Braubach 16 (Fuck. Fl.). Coblenz 15, Ahrthal 8 (Löhr En.). Idar-Plateau 29, Bacharach 23, Wiedthal 8 (Wirtg.*).

.	.	3	4	5	.	.
8	.	10	11	12	13	.
15	16	.	.	.	20	.
.	23	24	.	26	27	.
29	.	.	32	33	.	.
.	.	.	39	.	.	.
43	44	45	46	.	.	.

Hiernach regellos zerstreut; vermuthlich vielfach übersehen und verkannt. Nach Fries Var. der hirsuta, wofür auch unser Areal spricht.

Cardaus acanthoïdes.

Um Giefsen 12 (Dillen Cat. 140). Schlofsberg bei Oppenheim 31. Ludwigshöhe bei Oppenheim 32. — Wimpfen (unter 48). Heilbronn it. — Wölfersheim 19. Brandoberndorf 18. Jahrsfeld 8. H. — Laubenheim 31, Bensheim 39, Griesheim 32 (nach Reifsig). — Pfalz : Rheinfläche 46 u. Hügel des Tertiärkalks 45 : Heidelberg 46, Mannheim 46, Frankenthal 46, Lambsheim 45, Dürkheim 45, Hardenburg 45 bis Staudenbühl 37, Kirchheimbolanden 38, Worms 39, Mainz 31, Kreuznach 30 (Schlz. S. 252). Durch das ganze Rheinthal (Löhr En.). Nassau : Main- und Rheinthal 25, 24, ·23, 16, Löhnberg bei Weilburg 10, sonst fehlend (Fuck. Fl.).

.	.	.	.	.	.	.
8	.	10	.	12	.	.
.	16	.	18	19	.	.
.	23	24	25	.	.	.
.	30	31	32	.	.	.
.	37	38	39	.	.	.
.	.	45	46	.	(48)	.

Hiernach trotz fliegendem Samen kaum in der Hälfte des Gebietes verbreitet; einem niederen Niveau des Rheingebietes mit Nebenthälern entsprechend. (Ackerbewohnende Zugvögel.)

Carex brizoïdes.

Früher Lindener Mark bei Giefsen 12 (Hey. R. 402). Frankfurt 26 : Sandhof (W. Schaffner). Krofdorfer Wald 11 (n. C. Heyer). Nieder-

Ramstadt 32, Melibocus 39, Felsberg 40, Kranichsteiner Wald 32, Brun-

·	·	(3)	·	·	·	·
·	·	·	11	12	·	·
·	·	·	·	·	·	
·	·	·	25	26	27	·
·	30	·	32	·	·	·
·	·	·	39	40	·	·
·	·	·	46	·	·	·

nersweg bei Darmstadt 32, Offenbach 26, zwischen Stierbach und Böllstein 40 (Gersprenz, D. u. Scr. S. 86). Hanau 26, Bieber 27 (Casseb.*). — Pfalz : Heidelberg 46, Kreuznach 30 (Schlz. S. 498) : auf Schiefer im Soonwald 30. Nordwestlich v. Kreuznach (Wirtgen*). Angeblich bei Oberursel 25 u. Sechshelden 3 (Fuck. Fl.). Westerwald? (Wirtg. Fl.).

Hiernach anscheinend wenig verbreitet, meist niedere Lagen. Wohl oft übersehen.

Carex cyperoides.

Hungen 12 (nach Reifsig). Gedern 20, Merlauer Wiesen bei Grünberg 12 (Becker 1825). — Pfalz : früher bei Limbach bei Zweibrücken : neben 43 (Schlz. S. 494). Nicht im altpreufs. Gebietstheil (Wirtg. Fl.). Nicht in Nassau (Fuck. Fl.). Marburg 5 (Mnch.*).

Carex Davalliana.

Westlich von Rödelheim 25. H. — Starkenburg gemein, Rheinthal

·	·	·	·	·	·	·
·	·	·	·	·	·	·
·	·	·	·	·	·	·
·	23	24	25	·	·	·
29	30	·	32	·	·	·
·	·	·	39	·	·	·
·	44	45	46	·	·	·

(D. u. Scr. S. 82). — Pfalz : Rheinfläche bei Waghäusel 46, Wiesloch 46, Brühl bei Schwetzingen 46, Sanddorf 39, Darmstadt 32; Speyer 46, Oggersheim 46, Friedelsheim 45. Forst 45, Kaiserslautern 44 (Schlz. S. 493). Dannstadt 45 (Schlz.*). Zwischen Kirn 29 und Sobernheim 30, Merxheim 29, Bingen 30, Oppenheim 32, Schifferstadt 46, Ladenburg 46 (Poll. 1863, 256). Rheinpreufsen (Wirtg. Fl.). Nassau nur im Main- und Rheinthal 25, 24, 23 (Fuck. Fl.).

Hiernach fast nur im niederen Horizonte des Rheingebietes.

Carex digitata.

Giefsen 12 : Lindener Mark, Hangelstein. H. — Niederkleen 11 (Ritschel). v. s. Alsbacher Schlofs 39. H. — (Hey. R. 409). Heldenbergen 26 : Herrenwald (Hörle). v. s. Taunus 25, Odenwald 40, Vogelsberg 13, Nahegebiet 29, 30 (D. u. Scr. S. 93). — Pfalz : Heidelberg 46, Rhein-

.	.	.	.	5	.	.
.	.	.	11	12	.	14
.	.	.	.	.	.	.
.	.	.	25	26	.	.
29	30	.	.	.	.	.
.	37	38	39	40	.	.
.	44	45	46	.	.	.

(unvollständig)

fläche zwischen Waghäusel und Walldorf 46; Speyer 46. Kreuznach 30, Kaiserslautern 44, zwischen Frankenstein und Hochspeyer 44, Elmstein 44, Neustadt 45, Eufserthal 44 (Schlz. S. 506). Göllheim 38, Grünstadt 38, Neu-Leiningen 38, Donnersberg 37, Kirchheimbolanden 38 (Poll. 1863, 263). Rheinpreufsen häufig (Wirtg. Fl.). Nassau stellenweise (Fuck. Fl.). Marburg 5, Fulda 14, Hanau 26 (Wender. Fl.).

Wahrscheinlich zerstreut durch das ganze Gebiet; in der Pfalz allgemein verbreitet.

Carex dioica.

.	.	.	.	.	.	.
.	9	.	.	.	13	.
.	.	.	.	.	.	.
.	.	.	25	26	.	.
.	30	.	32	.	.	.
.	.	.	39	.	.	.
.	44	.	46	.	.	.

Sickendorf 13. H. — Hengster, Heusenstamm 26, Traisa 32, Darmstadt 32 (D. u. Scr. S. 82). — Pfalz: Rheinfläche bei Waghäusel 46, Leimen 46, Sandtorf 39; Nahe: Bockenau 30 (Schlz. S. 493). Erfenbach bei Kaiserslautern 44 (Böhmer*). Rheinpreufsen (Wirtg. Fl.). Höchstenbach 9 Amt Hachenburg, Weifskirchen 25 (Fuck. Fl.).

Anscheinend regellos zerstreut über das Gebiet; wohl mehrfach übersehen.

Carex distans.

.	.	.	.	5	.	.
.	.	.	.	12	.	.
15	16	.	.	19	.	.
.	.	.	25	26	.	.
29	30	.	32	33	.	.
.	.	.	.	.	.	.
43	44	45	46	.	.	.

Münzenberger Salzwiese 12. Oppershofen 19. Griesheim 32. Rockenberg 19. Westlich von Rödelheim 25. H. — (Hey. R. 410). Starkenburg, Rheinhessen, zwischen Darmstadt und Messel 33, Walldorf 25, Daubringer Moor 12, Münzenberg bis Wisselsheim 19 (D. u. Scr. S. 97). — Pfalz: Zweibrücken 43; Nahe 30, 29; Rheinfläche gemein 46, 45; Hardt zwischen Ungstein 45 und Leistadt; Kaiserslautern 44 (Schlz. S. 512). Coblenz: Gondorf 15 und Montabaurer Höhe 16

(Wirtg. Fl.). Soden 25 (Fuck. Fl.). Marburg 5, Bornheim 26 (Wenderoth Fl.).
Hiernach sehr zerstreut durch das Gebiet.

Carex divulsa Good. (C. virens var.).

Giefsen 12 : Forstgarten. H. — Kaichen : Naumburg 19 (Hörle). v. s. — Pfalz : Schwetzingen 46, Weinheim 46?. Südwestlich von Zweibrücken 43, Donnersberg 37, Kusel 43 (Poll. 1863, 257). Nicht im übrigen preufs. Gebietstheile (Wirtg. Fl.). Dillenburg 3, Herborn 4 (Fuck. Fl.).
Hiernach sehr vereinzelt durch das Gebiet.

Carex elongata.

Giefsen 12 : Schindanger. H. — (Hey. R. 403). Marburg 5, Hanau 26 (Wender. Fl.). Darmstadt 32, Arheiligen 32, Einsiedel 33, Gundernhäuser Mark 33, Mühlheim 26, Grofs-Lindener Mark 12, Trohe 12, hinter dem Hangelstein 12, Licher Teich 12, Stelzenmorgen bei Giefsen 12 (D. u. Scr. S. 88). — Pfalz : Queichhambach : unter 44, Gimmeldingen 45; Rheinfläche bei Speyer 46, Waghäusel 46, Ladenburg 46, Handschuchsheim 46; Kreuznach 30; zwischen Frankenstein und Hochspeyer 44, Kaiserslautern 44 (Schlz. S. 500). Rheinpreufsen zerstreut (Wirtg. Fl.). Nassau nicht häufig (Fuck. Fl.).
Hiernach an wenigen Orten und sehr zerstreut durch das Gebiet.

.	.	.	.	5	.	.
.	.	.	.	12	.	.
.	.	.	.	.	.	.
.	.	.	.	26	.	.
.	30	.	32	33	.	.
.	.	.	.	.	.	.
.	44	45	46	.	.	.

Carex ericetorum Poll.

Früher bei Giefsen 12 (Hey. R. 408). Eschollbrückener Tanne 32. Jägerhäuschen bei Rödelheim 25 : Sand. H. — Marburg 5, Hanau 36 (Wender. Fl.). Tannenwälder von Starkenburg 32 und Rheinhessen 24, Sichertshausen 5, Belnhausen 5 (D. u. Scr. S. 92). — Pfalz : Heidelberg 46; Rheinfläche bei Speyer 46, Maxdorf 45, Darmstadt 32, Nieder-Ingelheim 24; Hardt zwischen Neustadt und Wachenheim 45; Erfenbach 44, Kaiserslautern 44; zwischen Kirrberg, dem Karlsberg

.	.	.	.	5	.	.
.	.	.	.	12	.	.
15	.	.	.	.	.	.
.	.	24	25	26	.	.
29	30	31	32	.	.	.
.	.	38	39	.	.	.
43	44	45	46	.	.	.

und Homburg 43 (Schlz. S. 505). Merxheim 29 (Schlz. *). Zwischen Bingen 30 und Mainz 24, 31, Sanddorf 39, Käferthal 46, Schwetzingen 46, Heidelberg 46, Göllheim 38 bis Neustadt 45 (Poll. 1863, 262). Coblenz 15 (Löhr En.). Nicht im preufs. Gebietstheil (Wirtg. Fl.). Schwanheimer Wald 25 (Fuck. Fl.).

Hiernach im unteren Horizont der rheinischen Niederungen; sporadisch an der oberen Lahn 5.

Carex filiformis.

1	.	.	.	.	.	.
.	.	(10)	.	.	.	.
15	.	.	.	19	.	.
.	.	.	.	26	.	.
.	.	.	32	.	.	.
.	.	.	39	.	.	.
43	44	.	46	.	.	.

Griesheimer Sümpfe 32. H. — Wilhelmsbad 26 (Wenderoth Fl.). Hengster 26 (n. Bauer). Buchrainweiher bei Offenbach 26 (n. Lehmann). Ockstädter Sumpf 19 (Uloth*). — Pfalz : Homburg 43, Miesau 43, Landstuhl 43, Kindsbach 43, Einsiedel bei Kaiserslautern 44; zwischen Eberstadt 32 und Ludwigshöhe, Speyer 46, Sanddorf 39 (Schlz. S. 515). Siegburg 1, Laacher See 15 (Wirtg. Fl.)? Beilstein 10 bei Herborn (Fuck. Fl.).

Hiernach vorwiegend in den grofsen Sümpfen des niedersten Niveaus.

Carex flava.

1	.	3	.	5	.	.
.	9	10	11	12	.	.
15	.	.	18	.	.	.
.	.	.	25	.	.	.
.	.	.	.	.	.	.
36	.	.	.	.	.	.
.	.	.	.	.	.	.

Nordwestlich vom Dünsberg 11. Daubringer Heide 12. Oes 18. Werthenbach 3. H. — (Hey. R. 411.) Marburg 5 (Wender.*). Pfalz : nicht überall (cf. Schlz. S. 510). Oberstein 36 (Schlz.*). Rheinpreufsen ziemlich häufig, z. B. Gondorf 15 an der Mosel (Wirtg. Fl.). Westerwald 9, 10, Taunus 25 (Fuck. Fl.). Siegburg 1 (Becker*).

Hiernach sehr zerstreut, vorwiegend in höheren Lagen.

XIX.

4

Carex hordeiformis (hordeistichos Vill.).

<table>
<tr><td>·</td><td>·</td><td>·</td><td>·</td><td>·</td><td>·</td></tr>
<tr><td>·</td><td>·</td><td>·</td><td>12</td><td>·</td><td>·</td></tr>
<tr><td>·</td><td>·</td><td>·</td><td>19</td><td>·</td><td>·</td></tr>
<tr><td>·</td><td>·</td><td>·</td><td>·</td><td>·</td><td>·</td></tr>
<tr><td>·</td><td>·</td><td>31</td><td>32</td><td>·</td><td>·</td></tr>
<tr><td>·</td><td>·</td><td>38</td><td>·</td><td>40</td><td>·</td></tr>
<tr><td>·</td><td>·</td><td>·</td><td>·</td><td>·</td><td>·</td></tr>
</table>

Zwischen Ostheim und Butzbach 19 : Hoffm. 1845. Gau-Algesheimer Berg 31 (n. Vigener). Zwischen Wörrstadt und Alzey 31, Alzey 38, zwischen Flonheim und Eckelsheim 31, Ried zwischen Geinsheim und Dornheim 32, Odenwald bei Pfaffenbeerfurth 40 (Gersprenz), Hungen 12 (D. u. Scr. S. 96). — Pfalz : fehlt im Bayerischen (Schlz. S. 510). Ebenso in Rheinpreufsen (Löhr En.) und Nassau (Fuck. Fl.). Hiernach sehr vereinzelt im mittleren Niveau des Gebietes.

Carex montana.

Wommelshausen 4. Giefsen 12 : Schiffenberger Wald, nordwestlich vor Annerod. Hangelstein. Hausen. Bieber 11, Obermühle 11. Oberkleen 11. Gehspitz bei Kelsterbach 25. Mühlberg bei Niederkleen 11.

<table>
<tr><td>·</td><td>·</td><td>4</td><td>5</td><td>·</td><td>·</td></tr>
<tr><td>·</td><td>·</td><td>11</td><td>12</td><td>13</td><td>14</td></tr>
<tr><td>·</td><td>·</td><td>·</td><td>·</td><td>·</td><td>·</td></tr>
<tr><td>·</td><td>·</td><td>25</td><td>·</td><td>·</td><td>·</td></tr>
<tr><td>29</td><td>30</td><td>31</td><td>32</td><td>33</td><td>·</td><td>·</td></tr>
<tr><td>·</td><td>37</td><td>·</td><td>·</td><td>40</td><td>·</td><td>·</td></tr>
<tr><td>43</td><td>44</td><td>45</td><td>46</td><td>·</td><td>·</td><td>·</td></tr>
</table>

Südlich von Bortshausen 5. Nordwestl. vom Kolnhäuser Hof 12. Narzhausen 5. Buchwald südwestlich bei dem Altenberg 11. H. — (Hey. R. 408). Marburg 5, Fulda 14 (Wender. Fl.). Darmstadt 32 : längs dem Papierweg (n. Bauer). Rofsdorf 33 (n. Wagner). Odenwald 40, Nahegebiet 29, 30, Taunus 25, Vogelsberg 13, Frankfurter Wald 25, Wingertsberg bei Wonsheim 37 (D. u. Scr. S. 92). — Pfalz : Rheinfläche bei Mannheim 46; Hardt : Neustadt bis Forst 45 stellenweise; Oppenheim 31, Kreuznach 30; Frankenstein 44, Alsenborn 37, Kaiserslautern 44, Fischbach 44, Zweibrücken 43 (Schlz. S. 504). Heidelberg 46 (Poll. 1863, 262). Zwischen Hirschhorn und Erzenhausen 43 (Schlz.*). Rheinpreufsen meist häufig (Wirtg. Fl.). Nassau stellenweise (Fuck. Fl.).

Hiernach anscheinend regellos zerstreut durch alle Niveaus.

Carex paniculata.

Griesheimer Sümpfe 32. Münzenberger Salzwiese 12. Kolnhäuser Hof 12 : nach den Teichen in Nordwesten. H. — Merlau 12, Vogelsberg

```
. . . . . . . .
. . . 11 12 13 .
. . . . . . . .
. . . 25 26 . .
. 30 . 32 33 . .
. . . 39 . . .
. . . 46 . . .
```

13 (Hey. R. 401). Wetzlar 11 : Wiese westlich vor dem Stoppelberg (nach Lambert). Rofsdorf 33 (n. Wagner). — Pfalz : Rheinthal links bis Bingen 30 abwärts, Waghäusel 46, Sanddorf 39, Darmstadt 32 (Poll. 1863, 258). Rheinpreufsen (Wirtgen Fl.). Hofheim 25 (Fuck. Fl.). Fulda 14, Hanau 26 (Wender. Fl.).

Hiernach sehr zerstreut durch einige Theile der unteren u. mittleren Lagen des Gebietes.

Carex paradoxa.

Giefsen 12 : südlich vom Kreuzberg. Münzenberger Salzwiese 12.

```
. . . . . . .
. . (10) 11 12 . .
15 . . 18 . . .
. . . 25 . . .
. . . 32 . . .
. . . . . . .
43 (44) 45 46 . . .
```

Griesheimer Sümpfe 32. Rödgen 12. Westlich von Rödelheim 25. Oes auf dem Hausberg 18. H. — Niederkleen 11 (Hey. R. 402). Darmstadt 32 : oberhalb des Dianenteichs im Park (n. Bauer). — Pfalz : Waghäusel 46, zwischen Friedelsheim 45 und Forst 45, Queichhambach und Annweiler : unter 44; Zweibrücken 43 (Schlz. S. 497). Laacher See 15 (Wirtg. Fl.). Ostseite des Westerwaldes 10? (Fuck. Fl.).

Hiernach sehr vereinzelt durch alle Niveaus. (Ueberwiegend in der Hauptzugrichtung.)

Carex Pseudo-Cyperus.

```
. 2 . . . . .
8 9 . . 12 . 14
. . . . . . .
. 23 24 25 26 . .
. . . 32 . . .
. 37 . 39 . . .
43 44 45 46 . . .
```

. Giefsen 12 : am Philosophenwald; Daubringer Haide; westlich vom Heibertshäuser Hof (W. Weifs). Münzenberger Salzwiese 12. H. — Merlau 12 (Hey. R. 411). Darmstadt 32 : Ziegelteich (n. Bauer). Virnheim 46, Worms 39 (D. u. Scr. S. 98). — Pfalz : Westrich im Würzbacher Weiher : neben 43, Kaiserlautern 44, Sembach 44, zw. Kais. und Winnweiler 37; Rheinfläche : Friedelsheim 45, Forst 45, Ladenburg 46, Neckarau 46, Waghäusel 46 (Schlz. S. 514). Hagelgrund 44 (Trutzer*).

4*

Dürkheim 45, Sanddorf 39 (Poll. 1863, 266). Saynthal 8 (Wirtg. Fl.).
Seeburg 9, Kirburg 2, Wehen 24, Nastätten 23 (Fuck. Fl.). Walldorf 25
(Fuck.*). Fulda 14, Hanau 26 (Wender. Fl.).
Hiernach sehr zerstreut in den niedersten und mittleren Lagen.

Carex pulicaris.

Giefsen 12 : Waldbrunnen; westlich vor dem Hangelstein; Udebornwiese am Rödgener Kopf. Struther Haeg bei Eifa 7. Oes am Hausberg
18. H. — Krofdorfer Wald und sonst 11 (Hey. R. 400). Westlich von
Einsiedel 32 (n. Bauer). Offenbach
26, Baierseich 33, Scheftheimer Wiesen
32 (n. Schnittspahn). Taunus 25,
Frankfurt 26, Hengster 26, Neunkircher Höhe 40, Wolfsgarten 32,
Arheilgen 32, Wixhausen 32, auf den
Sülzwiesen 32 (D. u. Scr. S. 82).
— Pfalz : Rheinfläche bei Waghäusel
46; nördlich am Donnersberg 37, Fischbach bei Hochspeyer 44, zwischen
Aschbacherhof und Trippstadter Forst-
haus 44, Reiskirchen bei Homburg 43;
Nahe : Merxheim 29 (Schlz. S. 494).
Hornunger Thal 44, Vogelwoog (Tru-

1	.	3	4	5	.	7
.	.	.	11	12	.	.
.	.	.	18	.	.	.
.	.	.	25	26	27	.
29	.	.	32	33	.	.
.	37	.	.	40	.	.
43	44	.	46	.	.	.

tzer*). Marburg 5 (Wender.*). Oestlich von Waldmohr 43 (Ney*).
Rheinpreufsen (Wirtg. Fl.). Dillenburg 3, Frohnhausen 4 (Fuck. Fl.).
— Neuenhafslau 27, Mühlheim 27 (Rufs*). Siegburg 1 (Becker*).
Hiernach sehr zerstreut durch alle Niveaus (überwiegend in der
Hauptzugrichtung).

Carex Schreberi Schrank (praecox Schreb.).

Hungen 12 (Hey. R. 403). Rödelheim 25. H. — Bönstadt im Dorn-
berg 19 (Hörle). v. s. — Darmstadt
32 : am Weg nach der Schneide-
mühle (n. Bauer). — Pfalz : Rheinfläche bei Speyer 46, Mannheim 46,
Dürkheim 45, Heidelberg 46, östlich
unter dem Donnersberg 37, Kreuznach
30 (Schlz. S. 498). Zwischen Oggersheim 46 und Worms 39; Deidesheim
45 (Schlz.*). Von Neustadt 45 bis
Bingen 30 (Poll. 1863, 258). Ambühl
bei Bolanden 38 (Böhmer*). Rheinpreufsen zerstreut (Wirtg. Fl.). Coblenz 15 (Löhr En.). Nassau : nur im
Main- und Rheinthale 25, 24, 23, 16

.	.	.	.	.	.	.
.	.	.	.	12	.	.
15	16	.	.	19	.	.
.	23	24	25	26	27	.
.	30	.	32	.	.	.
.	37	38	39	.	.	.
.	.	45	46	.	.	.

(Fuck. Fl.). Orb 27, Dörnigheim 26 (Wender. Fl.). Boppard 16 (Bach Fl.).
Hiernach fast nur in den niedersten Niveaus der Hauptflüsse.

Carex tomentosa.

.	.	3	4	5	.	.
.	.	.	.	12	.	.
15	.	.	.	.	.	.
.	.	.	25	26	.	.
.	.	.	.	.	.	.
.	.	.	.	.	.	.
43	.	45	46	.	.	.

Giefsen 12 : Hangelstein, Hefslar, Annaberg, Forstgarten. Rödelheim 25 H. — (Hey. R. 407). Pfalz: Rheinfläche fast überall 46, 45; Zweibrücken 43 (Schlz. S. 504). Rheinpreufsen : z. B. Winningen 15, Metternich 15 (Wirtg. Fl.). Taunus 25, Dillenburg 3 im Heckenbach, Sinn 4 (Fuck..Fl.). Marburg 5, Lambowald u. s. w. bei Hanau 26 (Wender. Fl.).

Hiernach anscheinend regellos zerstreut ohne Beziehung zu den Flufsgebieten.

Carlina acaulis.

Ramholz 21 (nach C. Reufs) : Muschelkalk. Fulda 14 : Langeberg, Haselstein (Wender. Fl.).

Carlina vulgaris.

Giefsen 12, Eulenburg 12, Hardt 11, Hangelstein 12, Vetzberg 11, Beuern 12, Klimbach 12, Treis 12. Schlofsberg bei Oppenheim 31. Bennhausen 38. Ibener Hof 37. Fürfeld 37. Kreuznach 30. Rheingrafenstein

.	.	.	.	.	.	.
.	.	.	11	12	13	.
.	.	.	18	19	20	21
.	.	.	25	.	27	28
.	30	31	32	33	34	35
36	37	38	39	40	41	42
43	44	45	46	.	48	.

(unvollständig)

30. Geisberg bei Ober-Ingelheim 31. Bischofsheim 32. Laubach 12. Elpenrod 13. Gedern 20. Kefenrod 20. Büdingen 20. Ronneburg 27. Frauen-Nauses 33. Obernburg 34. Engelberg 41. Ottorfszell 41. Ernstthal 41. Zotzenbach 40. Kranichstein 32. Schlofs Starkenburg 39. Oestlich von Schriesheim 46. Edenkoben 45. Hohensolms 11. Stoppelberg 11. Garbenteich 12. Kröffelbach 18. Burgjofs 28. Pfaffenhausen 28. Nördlich von Partenstein 35. Steinbach 42. Buchen 48. H. — Kaichen 19 (Hörle*). Ramholz 21 (n. C. Reufs). Rofsdorf 33 (n. Wagner). Kronberg 25 (n. Wendland). Pfalz : überall gemein

(Schlz. S. 254). Fast durch das ganze Gebiet (Löhr En.). Nassau gemein (Fuck. Fl.).

Scheint hiernach allgemein verbreitet. (Fliegende Samen.)

Carum Bulbocastanum.

Hof Groroth bei Frauenstein 24. Rauenthal 24. Hallgarten 24. Mittelheim 24. Geisenheim 24. Südlich von Simmern 29. Weitersborn 29. Staudernheim 30. Waldböckelheim 30. Plateau des Altenbergs 11. H. — Zell 39 (n. Bauer). Rheinhessen gemein 31, 38, Wolfskehlen 32, Dippelshof 33, Bischofsheim 32, Schierstein 24, Hochheim 25 (D. u. Scr.

1	.	3	.	.	.	.
8	.	.	11	.	.	.
15	16	17	.	.	.	.
.	23	24	25	26	.	.
29	30	31	32	33	.	.
36	37	38	39	.	.	.
43	44	45	46	.	.	.

S. 376). — Pfalz : Rheinfläche von Dürkheim 45 und Ladenburg 46 bis Mainz 31 und Bingen 30; Kallstadt 45 über Grünstadt 38 bis Alzey 38, Mainz 31 und Bingen 30; Nahe- und Glanthal 36, 37, Kaiserslautern 44, Westrich 43 (Schlz. S. 179). Gräfenbachthal 30 von Wallhausen abwärts (Wirtgen*). Schriesheim 46, abwärts bis Holland, nicht über 7—800 Fufs abs. H. (Wirtg. Fl.). Moselthal 15, Coblenz 15, Frankfurt 26 (Löhr En.). Nassau : Rhein- und Lahnthal häufig, Dillenburg 3 und Herborn 4 (Fuck. Fl.).

Hiernach durch den mittleren und westlichen Gebietstheil von den niedersten Lagen bis fast auf die höchsten Ackerbaulagen, wohl den Culturpflanzen folgend. Nach C. Noll* wohl aus Frankreich eingewandert; berührt bereits Thüringen.

Caucalis daucoides.

Bieber 11, Obermühle 11. Südlich von Buchen 48. Westlich bei Blasbach 11. Weilmünster 18 (Thonschiefer). Oberstein 36. Staudernheim 30. Südlich von Ramholz 21. H.

.	.	.	.	5	.	.
.	.	.	11	12	.	.
.	.	.	18	19	.	21
.	.	.	25	.	.	.
.	30	31	32	33	.	.
36	.	38	39	.	.	.
.	.	44	.	.	48	.

(unvollständig)

— (Hey. R. 171). Kaichen 19 (Hörle*). Königsberg 11 (C. Heyer). v. s. — Rofsberg 33 bei Darmstadt (n. Bauer). Oppenheim 31, Hochheim 25 (nach Reifsig). Starkenburg 32, Rheinhessen 31, 38, Bergstrafse 39, Giefsen 12 (D. u. Scr. S. 384). Kreuznach 30 (n. Polstorf). — Pfalz : fast überall; fehlt auf der Vogesen-Sandstein-Formation (Schlz. S. 195). Sambach, Otterbach 44 (Trutzer*). Marburg 5 (Wender.*).

Scheint hiernach weit verbreitet durch die niederen u. mittleren Lagen.

Centaurea Calcitrapa.

Arealkarte : Oberh. Ges. Ber. 13 (1869). T. 2.

Neue Standorte :

Rheinhessen und Riedgegend 32 häufig, Mainufer von Mainz bis Seligenstadt 26 (D. u. Scr. S. 263). Castel 24 (n. W. v. Reichenau). Ohne Einfluſs auf das frühere Arealbild.

Die Pflanze ist durch ganz Süd- und Mitteleuropa und Nord-Africa bis Arabien verbreitet; naturalisirt in Nord-America.

Centaurea Jacea.

Arealkarte : Oberh. Ges. Ber. 13 (1869). T. 2.

Nachtrag :

Pirmasenz 43.

Die gesammelten Standorte (im Ganzen 133) zeigen, daſs die Pflanze wohl durch das ganze Gebiet verbreitet ist; überhaupt durch fast ganz Europa.

Centaurea maculosa Lam. (panicul. Jacq.)

Schloſsberg bei Oppenheim 31. Bischofsheim 32. Ludwigshöhe bei Edenkoben 45. Westhofen 38. Westlich von Andernach 8. Ludwigshöhe bei Oppenheim 32. Mettenheim 39. Monsheim 38. H. — (Hey. R. 228). Griesheim 32 (n. Bauer). Lerchenberg, Sachsenhäuser Ziegelhütte 26

.	.	.	.	.	.	.
8	.	.	11	12	.	.
.	.	.	.	.	19	.
.	.	24	25	26	.	.
.	30	31	32	.	.	.
.	.	38	39	.	.	.
.	.	45	46	.	.	.

(nach Wolf und Seiffermann). Wetterau 19 (n. Heldmann). Starkenburg u. Rheinhessen häufig; Oberkleen 11, Beuern nordöstlich : Burghain 12, Butzbach 19 (D. u. Scr. S. 262). — Pfalz : Rheinfläche bei Speyer 46, Neustadt 45, Ellerstadt 45, Mannheim 46, Fränkenthal 46, Worms 38, Mainz 31, Bingen 30, Darmstadt 32, Weinheim 46, Kallstadt 45 (Schlz. S. 258). Waghäusel 46, Kreuznach 30, (Poll. 1863, 169). Rüdesheim 30 Wirtg. Fl.). Hanau 26 (Löhr En.). Okriftel 25, Flörsheim 25, Hochheim 25, Mosbach 24, Geisenheim 24 : in Nassau also nur im Main- u. Rheinthale (Fuck. Fl.). Erbenheim 24 (W. v. Reichenau).

Hiernach vorzugsweise im mittleren Gebiete, fast nur in der niederen Region der Hauptflüsse.

Centaurea montana.

Zwingenberg 39 (n. Bauer). Melibocus 39 (n. Reifsig). Odenwald 40, Bergstraſse 39, Taunus 25, Oberwald-Wiesen 13, Frauenwäldchen bei

Nieder-Mörlen 19, Ziegenberg 18, Giefsen 12, Butzbach 19, zwischen Wendelsheim und dem Weisensteiner Forthaus 37, Alten-Bamberg 37 (D. u. Scr. S. 262). Plateau nordöstlich vor Lamscheid 22, vor Homburg 18, Hausberg 18, südlicher Abhang des Wachenbergs 46, Geiselstein 13. H. — Afslarer Wald bei Wetzlar 11 (nach Lambert). Südlich bei Kronberg 25. H. — (Hey. R. 227). Grünstadt 38, Kaiserslautern 44, Heidelberg 46 (F. Schultz*). Taunus bei Lorsbach 25, Lorch 23, im Sauerthale 23 und in den Seitenthälern der Weil 18 und Aar 17 (Fuck.*). Krofdorfer Wald 11, Kleeberg 18, Espa 18, Weiperfelden 18 (Fabric.*).

1	.	3	4	.	.	.
8	.	.	11	12	13	.
15	.	17	18	19	.	.
22	23	.	25	.	27	.
.	30	.	.	.	.	35
36	37	38	39	40	.	.
.	44	45	46	.	.	.

Winterstein bei Friedberg 19, von Ulrichstein durch den Oberwald 13, z. B. um den Brunnerkopf, Geiselstein, Kohlstock, Nesselberg; im Hinterlande bei Gladenbach : über 4, Biedenkopf 4 (Heyer*). Orb 27 und Lohr 35 (n. Kittel). Thälchen zwischen Fleisbach (Amts Herborn) und Greifenstein 11; Siebengebirg am grofsen Oelberg (n. Strippel); auch sonst hier sehr verbreitet, im Rheinecker Thal 8 (Hildebrand*). Oberhalb der Rheinböller Hütte 23 (Wirtgen*); im Güldenbachthale 30 : auf Grauwacke (F. Schultz*). Kleeberg 18. H. — Pfalz : Donnersberg 37, zwischen Kirnbecherbach und Rathsweiler 36, Kreuznach 30, Oberstein 36, Grünbach 36, Niederalben 36, Kaiserlautern 44, Frankenstein 44, Picard, Hardenburg 45, vielfach zwischen Kaiserslautern 44, Neustadt und Annweiler : unter 44; z. B. zwischen Elmstein 44 und Eufserthal 44, Arensberg bei Gräfenhausen 44; Heidelberg 46, Schriesheim 46 (Schlz. S. 257). Grünstadt 38 (Schlz.*). Siegen 3 (Wirtg. Fl.). Mosel bis Coblenz 15 (Löhr En.). Schwanzberg bei Aslar 11, Lorsbach 25, Lorch 23 : Sauerthal, Seitenthäler der Weil 11, 18 und Aar 17 (Fuck. Fl.).

Hiernach durch die höheren Lagen wahrscheinlich des ganzen Gebietes verbreitet. — Geht durch ganz Mittel- und Süd-Europa bis zum Caucasus und Kleinasien.

Centaurea nigra (nemoralis Jord.).

S. Arealkarte : Oberhess. Ges. Ber. 13 (1869). T. 2.

Neue Standorte.

Rodalben 44. Speyerbrunnen 44. Zwischen der Maincur und Bergen 26 (n. Lehmann). Von Echzell 19 bis Friedberg (n. Heldmann). Starkenburg und Rheinhessen gemein (D. u. Scr. S. 261).

Hierdurch wird das frühere Areal insofern geändert, als Rheinhessen (ohne specielle Standortsangaben) hinzukommt. — Geht durch ganz Süd- und Mittel-Europa, einschliefslich England und südliches Norwegen.

Centaurea phrygia L.

Oberwald 13 : sieben Ahorne (n. C. Eckhard 1876; cf. Hey. R. 226). Oberwald-Wiesen 13 (Scriba*; cf. D. u. Scr. S. 227). Taunus 25 : Epstein, Lorsbach, Königstein (Fuck. Fl.).

Hiernach nur auf den Höhen des Vogelsbergs und Taunus.

Centaurea Scabiosa.

Giefsen : sieben Hügel, Hardt, Bieberthal 11, westlich von Rödgen 12' Krofdorf 11. Münzenberg 19. Nördlich von Frankfurt 26. Hochstadt 26. Oppertshofen 19. Rehbachthal 31. Buchen 48. Albisheim 38. Morschheim 38. Rheingrafenstein bei Kreuznach 30. Geisberg bei Ober-Ingelheim 31. Römerhügel bei der Ganseburg 12 : Trachydolerit. Klimbach 12. Altenbuseck 12. Südlich von Gambach (involueri squamis *acutis!*). Steinbach 12. Ober-Hörgern 12.. Hungen 12. Burkhards 20. Gedern 20. Nieder-Seemen 20. Glauberg 19. Seckbach 26. Nördlich von Hirschhorn 47. Neustadt 45. Nidda 20. Kaichen 19. Ober-Affenbach 34. Krumbach 11. Erda 11.

.	.	.	4	.	.	.
8	.	.	11	12	13	.
.	16	17.	18	19	20	21
.	.	.	25	26	.	.
.	30	31	.	33	34	35
36	37	38	.	.	.	42
.	.	45	.	47	48	.

Hof Haina 11. Blasbach 11. Altenberg 11. Kröffelbach 18. Weyer 17. Nieder-Selters 17. Winneberger Hof bei Ensweiler 36. Dautphe 4. Amelose 4. Monsheim 38. Westhofen 38. Crainfeld 21. Niedermoos 21. Kallbach 37. Arzheim 16. Nieder-Bieber 8. Südlich von Ramholz 21. Lohr 35. Rüdenthal 42. Hardheim 42. Wiesenhof bei Ulrichstein 13. H. — (Hey. R. 227). Kaichen 19 (Hörle*). Rofsdorf 33 (n. Wagner). Kronberg 25 (n. Wendland). — Pfalz : fast überall (Schlz. S. 257). Im ganzen Gebiete (Löhr En.). Nassau häufig (Fuck. Fl.).

Scheint hiernach durch unser ganzes Gebiet verbreitet.

Centaurea solstitialis.

Bockenheimer Warte 25. Heuchelheim gegen Atzbach 11 (1854). St. Goarshausen 23 : Rheinufer. H. — Alsfeld 6 : am Eisenbahndamm (Götz. 1872). v. s. Darmstadt 32 : in Luzerne-Aeckern (Bauer 1856). Eisenbahndamm zwischen Langgöns und Giefsen 12 (Schnittspahn 1853). Einmal hinter Bieber 26 (n. Lehmann). Wahrscheinlich seit 1810 durch französisches Getreide in der Wetterau eingeführt (u. Theobald). Frankfurt 26 (n. Becker). Grofslinden 12 (n. Theobald) an der Eisenbahn. Effolderbach 19 (Hey. R. 228). Neuwied 8 (n. Rüdiger*). Wiesbaden 24 : Aecker, Geisberg (Vogel*). Rosenhöhe bei Darmstadt 32, Kranichstein 32, Nauheim 19, Ossenheim 19, Giefsen 12, zwischen Butzbach und Giefsen am Bahndamme 12, zwischen Bosenheim u. Kreuznach 30 u. sonst in Rheinhessen, Friedberg 19 (D. u. Scr. S. 263). — Pfalz : Rheinfläche bei Speyer 46, zwischen Mannheim 46 und Heidelberg 46, Frankenthal 46, Weinheim 46, Mainz 31, Kreuznach 30; in manchen Jahren fehlend (Schlz. S. 258). Wahrscheinlich mit Luzerne oder Getreide eingewandert; Deidesheim 45 (Schlz.*). Rheinpreufsen : einzeln und unbeständig (Wirtg. Fl.). Winningen 15, Linz 8, Hanau 26, Wertheim 42 (Löhr En.). Diez 17, Dillenburg 3 (Fuck. Fl.).

·	·	3	·	·	6	·
8	·	·	11	12	·	·
15	·	17	·	19	·	·
·	23	24	25	26	·	·
·	30	31	32	·	·	·
·	·	·	·	·	·	42
·	·	45	46	·	·	·

Hiernach mit der Cultur durch die Niederungen verbreitet, stellenweise.

Cephalanthera ensifolia (C. Xiphophyllum R.).

Giefsen 12 : Schiffenberger Wald, Philosophenwald, Lindener Mark. Bieberthal 11 : Obermühle. Mammolshain 25. Altenburgskopf bei Schotten 13. Kreuznach 30 (n. Polstorf). Nördlich von Londorf 12. Oestlich von Maulbach 6. Kesselburg 11. Klein-Karben 26. Laubach 12. Betzenrod 13. H. — Glauberg 20 (Hey. R. 367). Ramholz 21 (n. C. Reufs). Kaichen 19 (Hörle*). Zw. dem Heisterberger Hof u. Ulm 11 (n. Lambert). Stockheim 19 : am Glauburg; Münzenberg 19 (n. Heldmann). Rofsdorf 33 (Wagner). Wald bei Dorlar 11 (n. C. Heyer). Westlicher Theil des Odenwaldes 40, Bergstrafse 39, Donnersberg 37, Nahethal 30 (D. u. Scr. S. 151, wo ihr Vorkommen irrthümlich auf Eruptivgesteine beschränkt wird). — Pfalz : Zweibrücken 43, Nahe : Nohen neben 36, zwischen Kirn-Becherbach und Rathsweiler 36, Wolfstein 36, Sobernheim 30, Bockenheim [? Bockenau 30], Kreuznach 30, Eufserthal 44 und Dernbach 44; Leimen 46, Nufsloch 46, Heidelberg 46 (Schlz. S. 451). Oberhausen 30 (Poll. 1863, 238). Waldmohr 43 (Merz*). Vereinzelt durch Nassau (Fuck. Fl.). Rheinpreufsen (Wirtg. Fl.) Lorch 23 (n. Massenbach*). Marburg 5 (Wender.*). Leniaberg bei Mainz (v. Reichenau).

·	·	·	·	5	6	·
·	·	·	11	12	13	·
·	·	·	·	19	20	21
·	23	·	25	26	·	·
·	30	31	·	33	·	·
36	37	·	39	40	·	·
43	44	·	46	·	·	·

(unvollständig)

Hiernach zerstreut durch die Gebirge, vereinzelt in der Niederung 46.

Cephalanthera pallens (grandiflora Bab.).

Giefsen : Obermühle im Bieberthal. Bieber 11. Lindener Mark 12. Mühlberg bei Niederkleen 11. Dünsberg 11. H. — Alten-Bamberg im Alsenzthal 30 (n. Polstorf). Klein-Karben 26, Hardt bei Arnsburg 12. H. — (Hey. R. 367). Westlich bei Braunfels 11 (n. A. Paulitzky). Bei Braunfels 11 : nördlich von der Weilburger Chaussee (n. Lambert). Stockheim 19 (n. Heldmann). Wald bei Dorlar 11 (n. C. Heyer). Darmstadt 32, Dippelshof 33, Melibocus 39, Auerbacher Schlofs 39, Schön-

1	.	3	.	5	.	.
.	.	.	11	12	13	.
15	16	17	.	19	20	.
.	.	.	.	26	.	.
.	30	31	32	33	.	.
36	.	.	39	.	.	.
43	.	.	46	.	.	.

berg 39, Langgönser Wald 12, Laubacher Wald 12, Oberwald 13, Schlofs Zwiefalten 20 (D. u. Scr. S. 152). — Pfalz : Zweibrücken 43, Kreuznach 30, Wolfstein 36, Speyer 46, Wiesloch 46, Nufsloch 46, Leimen 46 (Schlz. S. 450). Oberhausen 30 (Poll. 1863, 238). Amt Herborn bei Erdbach 3; Lahnthal 17, 16 (Fuck. Fl.). Rheinpreufsen (Wirtg. Fl.) bis zum Siebengebirge 1 (Wirtg. Reisefl.). Coblenz 15 (Löhr En.). Marburg 5, Hanau 26 (Wenderoth Fl.). Leniaberg ca. Mainz 31 (v. Reichenau).

Hiernach zerstreut durch die Gebirge und Niederungen des Gebiets.

Cephalanthera rubra.

Giefsen 12 : Lindener Mark, hohe Warte. Obermühle im Bieberthal 11. Burg-Schwalbach 17. Nördlich von Niederkleen 11. H. — Zwischen Bleichenbach 20 und Stockheim (Hey. R. 368). Ramholz 21 (n. C. Reufs).

.	.	.	.	.	.	.
.	.	.	11	12	.	.
15	.	17	.	19	20	21
.	.	24	25	26	.	.
.	30	31	32	33	34	.
36	.	.	39	40	.	.
43	44	.	46	.	.	.

Stockheim 19 (n. Heldmann). Rofsdorf 33 (n. Wagner). Gonsenheim 31 (n. Reifsig). Spessart 34 (Behlen*). Darmstadt 32, längs der Bergstrafse 39, östlicher Odenwald 40, Mombach 24 (D. u. Scr. S. 151). — Pfalz : Zweibrücken 43, Kaiserslautern 44, zwischen Johanneskreuz 44 u. Meiserspring 44; Nahe : Lauterecken 36, Merzweiler 36, Kirn-Becherbach 36, Kreuznach 30; Nieder-Ingelheim 24, Mainz 31; Eufserthal 44; Käferthal in Nadelwäldern, und Wiesloch 46 : im Hessel (Schlz. S. 451). Schwetzingen 46, Leimen 46, Edenkoben 45 (Poll. 1863, 238). Elmstein 44 (Ney*). Vereinzelt durch Nassau (Fuck. Fl.). Rheinpreufsen (Wirtg. Fl.). Coblenz 15 (Löhr

En.). Frankfurter Wald 25, Oberrad 26 (Schmitz *). Ahlersbach 21 (Rufs *).

Hiernach zerstreut durch die niederen und mittleren Lagen.

Cerastium brachypetalum.

Ottilienhöhe bei Braunfels 11 (n. Lambert). Marburg 5 (Wender.*).

		3		5		
			11	12		
15	16	17				
	23	24	25	26	27	
29	30				34	
36	37					
	44	45	46			

Hungen 12; fehlt in Rheinhessen 31, 38 (n. Reifsig). Lich 12, Giefsen 12, Weinheim 46 (D. u. Scr. S. 457; Hey. R. 57). — Pfalz : Kaiserslautern 44, Donnersberg 37 : Steinbach und Jakobsweiler, Glan- 36 und Nahegegenden 30, 29, entlang dem Hardtgebirge, besonders von Wachenheim bis Königsbach 45; Heidelberg 46 (Schlz. S. 87). Rheinhügel von Weifsenburg : unter 44, bis Bingen 30, zwischen Hirschhorn und Erzenhausen 44 (Schlz.*). Nassau im ganzen Rhein-, Main- und Lahnthal 25, 24, 23, 16, 17, Dillenburg 3 (Fuck. Fl.). Coblenz 15 (Löhr En.). Klein-Ostheim 34, Steinheim 26, Vilbel 26, Gelnhausen 27 (Wett. Ber. 1868, 108).

Ueberwiegend in niederen und mittleren Lagen.

Cerastium glomeratum Th., K. (viscosum L.).

Giefsen 12 : hohe Sonne; am Kirchhof. Kaldern 5. Waldgirmes 11.

			4	5		
			11	12	13	
					20	
				26		
		31			34	
		38		40		

(unvollständig)

Nördlich von Kirchberg 5. Kolnhäuser Hof 12. Haddamshausen 5. Breidenbach 4. Grofsen-Eichen 13. Westlich von Düdelsheim 20. H. — Annerod 12 : auf der Oberförsterwiese (n. C. Eckhard). Odenwald 40, häufig in Rheinhessen 31, 38 (D. u. Scr. S. 456). Nassau nicht selten (Fuck. Fl.). Rheinpreufsen (Löhr En.). Hanau 26, Ostheim 26, Klein-Ostheim 34, Hengster 26 (Wett. Ber. 1868, 108).

Wegen unzureichender Angaben läfst sich über die anscheinend sehr ungleiche Verbreitung nichts sagen.

Ceratophyllum submersum.

Wisselsheim 19, zwischen Münzenberg und Ober-Hörgern 12 (Hey. R.
138). Carlshof bei Darmstadt 32.
Südlich von Effolderbach 19. H. —
Conradsdorf bei Ortenberg 20 (nach
Heldmann). — Pfalz : Rheinfläche
bei Speyer 46, Schwetzingen 46, Eppstein 45, Flomersheim 46, Lambsheim
45 (Schlz. S. 160). Nicht im preufs.
Gebietstheile (Wirtg. Fl.). u. in Nassau
(Fuck. Fl.).

Hiernach ganz vereinzelt an wenigen, zerstreuten Stellen.

.	.	.	.	.	.	.
.	.	.	12	.	.	
.	.	.	19	20	.	
.	.	.	.	.	.	.
.	.	32	.	.	.	
.	.	.	.	.	.	.
.	.	45	46	.	.	.

Chaerophyllum aureum L. (Myrrhis Sp.).

Schlechtenwegen 14. Wiesenhof bei Ulrichstein 13. H. — Breungeshain 13 (n. Heldmann). Biedenkopf 4 : am Fufse des Frauenbergs (n.
H. Nau). Niederwiesen 38 (n. Wagner). Mannheim 46 bis Worms 39,
der Pfrim entlang 38, Rheindürkheim
39, Gernsheim 39, Alzey 38, Wöllstein
30, Bodenheim 31, Uffhofen 38, Wendelsheim 38, Ibener Hof bis Neu-
bamberg 30; Launspacher Wäldchen
11, zwischen Unter-Seibertenrod und
Ulrichstein 13; Neckar von Heidelberg bis Mannheim 46 (Dosch und
Scr. S. 386). — Pfalz : Dautenheim
38 bei Alzey; Rheinfläche häufig :
zwischen Speyer 46 und Germersheim,
zwischen Deidesheim 45 und Mufsbach
auf Wiesen (Schlz. S. 198). Sobernheim 30, Königsbach 45, Dürkheim 45,
Grünstadt 38, zwischen Frankenstein 44 und Dürkheim, Sembach 44
(Poll. 1863, 154). Waldmohr 43 (Koch*).

.	.	.	4	.	.	.
.	.	.	11	.	13	14
.	.	.	.	.	.	.
.	.	.	.	.	.	.
.	30	31	.	.	.	.
.	.	38	39	.	.	.
43	44	45	46	.	.	.

Hiernach ganz regellos zerstreut von den niedersten bis in die höchsten Lagen.

Chaerophyllum bulbosum.

Giefsen 12 auf Aluvium, Grauwacke u. s. w. : Lahninsel bei Badenburg,
Hefslar. Hardt 11. Arnsburg 12. Königsberg 11. Bruchköbel 26. Bischofsheim 26. Enkheim 26. Laasphe 4. Ziegenberg 18. Burg-Schwalbach 17.

Steinau 20. H. — (Hey. R. 173). Marburg 5 (Wender.*). Kaichen 19 (Hörle*). Ginsheim, Astheim 32, Nauheim 19 (n. Reifsig). Oppenheim 32, Bingen 30, Ried 32 : Wolfskehlen, Leeheim; Gräfenhausen 32, Mörfelden 32; Oberhessen auf Tertiär . ., Heidelberg 46 am Neckar (D. u. Scr. S. 386). — Pfalz : Rheinfläche bei Speyer 46, Schwetzingen 46, Mannheim 46, Niederkirchen 45, Dürkheim 45, Worms 39, Weinheim 46, Heidelberg 46, Neu-Lufsheim 46, Waghäusel 46; Oppenheimer Schlofsberg 31; Kreuznach 30, Sobernheim 30, Meisenheim 37 (Schlz. S. 198). Deidesheim 45 (Poll. 1863,

.	.	.	4	5	.	.
.	.	.	11	12	.	.
15	16	17	18	19	20	.
.	23	24	25	26	.	.
.	30	.	32	.	.	.
.	37	.	39	.	.	.
.	.	45	46	.	.	.

154). Coblenz 15 (Löhr En.). Nassau : nur im Rhein-, Main- u. Lahnthal 25, 24, 23, 16, 17 (Fuck. Fl.).

Hiernach weit verbreitet durch die niederen und mittleren Theile der Flufsthäler.

Chaerophyllum hirsutum.

Grofsfelda 13. Storndorf 13. Eisenbach 14. Eichelhain, Rebgeshain 13. Langwasser 13. Oberwald 13 : Kühwald. Rinderbiegen 20. Giefsen 12 : Erlenbrünnchen (1856), Forstgarten : verwildert? Oestlich von Laubach 12. Kilians-Herberge 13. Weidmühle bei Eschenrod 13. Breungeshain 13. Oberwald 13 : Geiselstein. Südwestlich von Gedern 20. Ortenberg 20. Westerburg 10 : nordwestlicher Abhang. Marienstadt bei Hachenburg 10. H. — (Hey. R. 174). Lollarer Koppe 12 (Wender.*). Ramholz 21 (n. C. Reufs). Driedorf 10 : im Rehbach an der Olemühle (n. Lambert). Erdbach 3 und Breitscheid 3 : westlich bei Herborn (n. Lambert). Lisberg 20, an der Nidda abwärts bis zur Hanau'schen Mühle in Ortenberg 20

.	.	3	4	.	.	.
.	.	10	.	12	13	14
15	.	17	.	19	20	21
.	.	.	25	26	.	.
.	(30)	.	.	.	.	.
.	.	38	.	40	.	42
.	.	.	.	.	.	.

(n. Heldmann). Lollarer Koppe bei Giefsen 12 (Heldmann.*). Rohrbach 40, Bilstein 13, von Breungeshain 13 längs dem Eichelsbach bis Eichelsdorf 20, vom Bilstein längs dem Hillersbach bis Lisberg 20, unter Ortenberg 20 an der Nidder, Schwalheim 19 (D. u. Scr. S. 386). Kreuznach? (Bogenh.*). Hochheim 38 (Reuling*). Hoher Westerwald : bei Daden 3, Emmerzhausen 3, bis zum Salzburger Kopf 3 (Wirtg. Fl.). Taunus 25, Hanau 26 (Wirtg. Reisefl.). Wertheim 42, Coblenz 15 (Löhr En.). Nassau : Diezhölze von Eibelshausen 4 bis zum Lahnhof;

Langen-Aubach 3 und Haiger 3, Dillenburg 3 : Herrenwiese, Steeten 17 (Fuck. Fl.). Siegen 3 (Engstfeld*).

Hiernach auf den Hauptgebirgen, stellenweise in die Niederungen herabsteigend 26.

Chamagrostis minima (Mibora verna B.).

Jugenheim 39. Eberstadt 32. Bessungen 32. H. — Giefsen 12 : Trieb, olim (Fl. Wett.). Lerchenberg bei Sachsenhausen 26 (n. Wolf u. Seiffermann). Traisa 32 (n. Wagner). Zwischen Offenbach u. Sprendlingen 26 (n. Lehmann). Hanau 26 bis Offenbach und aufwärts bis Alzenau 27 (n. Theobald). Kelsterbach 25, Budenheim 24 (n. Reifsig). Gustavsburg 32, Darmstadt 32, Bergstrafse 39; Schwetzingen bis Mannheim 46, Virnheim 46, Lampertheim 39 (Schimper.*). Mainz 31 bis 24 Bingen 30 (F.Schultz*). Eich 39 (D. u. Scr. S. 45). — Pfalz : Rheinfläche von Bingen 30 bis Philippsburg : unter 46 stellenweise, bis Mainz 31, Frankenthal 46 (Schlz. S. 523). — Maingebiet bis Würzburg (Koch Syn.). Früher in Frankenthal 46 (Röder*). Fehlt in Rheinpreufsen (Wirtg. Fl.). Okriftel 25 (Fuck. Fl.). Eltville 24, Rüdesheim 30 (Löhr En.). Frankfurt 26, Hanau 26, Wertheim 42 (Löhr En.). — Dünen bei Zorgvliet in Holland (Wirtg. Reisefl.).

Hiernach nur im niedersten Niveau des mittleren Rheingebietes.

.	.	.	.	.	.	.
.	.	.	.	12	.	.
.	.	.	.	.	.	.
.	.	24	25	26	27	.
.	30	31	32	.	34	35
.	.	.	39	.	41	42
.	.	.	46	.	.	.

Cheiranthus Cheiri.

Auf Mauern : Ober-Ursel 25. Wolfskehlen 32. Jugenheim 39. Rheingrafenstein 30 (*Felsen!*). Rothenfels 30 (*Felsen*, n. Polstorf). Zwingenberg 39. Kronberg 25 : Mauern. Oberstein 36, neues Schlofs (flore simplici luteo! wohl aus verwilderten entsprungen nach dem Brande vor sieben Jahren. H. 1862). Trier an *Felsen*, wie wild. Runkel 17 : f. parviflora, florib. citrinis : auf Schalstein*felsen* unter dem Schlosse. H. — Ortenberg 20 : Stadtmauer (n. Graf F. z. Solms-Laubach). Oppenheim 32 : auf Mauern (nach Reifsig). Auf Mauern im Rhein-, Main- und Nahethal, längs der Bergstrafse 39, Zwingenberg 39, Heidel-

.	.	.	.	.	.	.
8	.	.	.	.	.	.
15	16	17	18	19	20	.
.	23	.	25	26	.	.
29	30	31	32	.	.	.
36	37	.	39	.	.	.
.	.	45	46	.	.	.

berg 46, Oppenheim 32 (Dosch u. Scriba S. 431). Nassau : am Rhein an vielen Ruinen; Neuweilnau 18, Epstein 25, Kronberg 25 (Fuck. Fl.). Ehrenbreitstein 16. Braubach 16, Remagen 8 (Wirtg.*). Kommt auch *weit vom Rhein* entfernt zu Vlotho und Sparenberg im Mindenschen an alten Burgen vor (Bot. Ztg. 1851, S. 763). — Pfalz : Heidelberger Schlofs 46, Schriesheim 46, Worms 39, Oppenheim 39, Mainz 31, Kreuznach 30, Kirn 29, Meisenheim 37, Hardt bei Neustadt 45. Ob wild? (Schlz. S. 32.) Ganzes Rheinthal auf Mauern und Felsen, Moselthal 15 (Wirtg.*). Bonn : am alten Zoll (n. E. Ihne). Coblenz 15 (Löhr En.). Friedberger Stadtmauer 19 (Rufs*). Hanau 26, Hochstadt 26 (Wender. Fl.).

Hiernach fast nur im mittleren und westlichen Theile des Gebietes, suis locis, allgemein verbreiteter Gartenflüchtling.

Chenopodium Botrys.

In Selters 20 : auf der Strafse. H. — Nassau (Löhr 1852; bei Fuckel Fl. 1856 nicht aufgeführt. Neuwied (Blenke* 1866). Gartenflüchtling.

Chenopodium opulifolium.

Oppenheim 39. Rödelheim 25. Mittelheim 24. H. — Sachsenhausen 26 (n. Wolf u. Seiffermann). Hanau, Wilhelmsbad, Frankfurt 26 (n. Lehmann). Durch Rheinhessen 31 u. Ried 32; Odenwald 40, Oberhessen, Butzbach 19, Darmstadt 32 (D. u. Scr. S. 205). — Pfalz : Rheinfläche bei Speyer 46, Heidelberg 46, Mannheim 46, Ungstein 45, Oppenheim 32, Mainz 31, Bingen 30, im Nahethal bis Kreuznach 30; Zweibrücken 43 (Schlz. S. 384). Meisenheim 37, Dürkheim 45, Schwetzingen 46 (Poll. 1863, 215). Ehrenbreitstein 16, Coblenz 16, Bacharach 23 (Wirtg. Fl.). Nassau : nur im Main- und Rheinthale (Fuck. Fl.).

.	.	.	.	.	.	
.	.	.	.	.	.	
15	16	.	.	19	.	.
.	23	24	25	26	.	.
.	30	31	32	.	.	.
.	37	.	39	40	.	.
43	.	45	46	.	.	.

Hiernach fast ausschliefslich in dem niedersten Horizonte des Rheins und der Nebenflüsse (s. Brassica nigra).

(Wird fortgesetzt.)

III.

Studien zur Pflanzengeographie : Verbreitung von Xanthium strumarium und Geschichte der Einwanderung von Xanthium spinosum.

Von **Egon Ihne.**

III. Verbreitung von Xanthium strumarium.

Die Pflanze, mit deren Verbreitung ich mich im Folgenden beschäftigen will, ist Xanthium strumarium Linné. Als Standort führt L i n n é [editio 16, 1826 (1)] an : Europa, Asia, America borealis; Aug. Pyr. d e C a n d o l l e im Prodromus (2): ad vias, agras, vineas rudera totius Europae frequens, etiam in Sibiria, in Africa boreali, imo in America verisim. introd; W a l l r o t h in Walper's Repertorium (3) : crescit passim per totam Europam borealem. Letzterer schränkt das Verbreitungsgebiet dadurch so erheblich ein, daſs er verschiedene Formen, welche in America, Asien und Afrika wachsen und welche von mehreren Botanikern (siehe 3) als Xanthium strumarium bezeichnet werden, als besondere Species aufstellt. Da es bei Betrachtung der Verbreitung einer Pflanze wesentlich nöthig ist, daſs der Begriff der Pflanzenart selbst nicht schwankt, weil sonst alle Angaben über erstere werthlos sein würden, und da es uns zur Zeit noch an einer kritischen Abhandlung über die Identität oder Nichtidentität des Xanthium strumarium der einzelnen Autoren fehlt, so ist eine

gewisse Freiheit in der Auffassung des Begriffs unserer
Species, die sich namentlich bemerklich macht, wenn man die
verschiedenen aufsereuropäischen Xanthia strumaria ins Auge
nimmt, erlaubt, und ich halte im Nachstehenden am Xanth.
strumarium de Candolle's fest, wie es auch Lecoq in
seinem vortrefflichen Werk : études de la géogr. bot. de
l' Europe (4) gethan hat.

Was das Verbreitungsgebiet der Xanthien überhaupt
anbetrifft, so bewohnen sie (vgl. de Candolle's Prodromus
und Walper's Repert.) alle Continente aufser Australien.
Von letzterem hat erst in allerneuster Zeit Xanth. spinosum
Besitz genommen, worüber ich auf den bez. Theil meiner
Arbeit über diese Species verweise.

Bentham (5) meint, die Gattung sei wahrscheinlich
amerikanischen Ursprungs, „although the common species X.
strum. had evidently made its way into the old world long
before the discovery of America.“ Was Bentham zu dieser
Ansicht veranlafst, weifs ich nicht; dieselbe scheint mir nur
Vermuthung bleiben zu können. Thatsache ist, dafs unsere
ältesten botanischen Schriftsteller, wie — im Alterthum — der
Grieche Dioscorides (um 100 v. Chr.), im Mittelalter der
Italiener Matthiolus (geb. 1500), die Franzosen Ruellius
(geb. 1474) und Lobelius (geb. 1538), die Schweizer Gefs-
ner (geb. 1516), J. und C. Bauhin (Ende des 16., Anfang
des 17. Jahrh.), die Deutschen Cordus (geb. 1486), Brun-
fels (geb. 1488), Tragus (geb. 1498), Fuchs (geb. 1501),
Tabernämontanus (gest. 1590), Dorsthenius (gest.
1552), Pauli (geb. 1603), der Niederländer Dodonaeus
(geb. 1517), die Engländer Gerard (geb. 1545), Morison
(geb. 1620) die Pflanze kennen und ihren Namen in Griechenland, Italien, Spanien, Frankreich, Deutschland, den Niederlanden, England, Dänemark, Böhmen nennen, woraus man
schliefsen darf, dafs sie schon damals dort vorkam, wie sie
es auch heute thut. Es scheint hiernach unmöglich, eine ursprüngliche Wanderung in diese Länder nachzuweisen, und wir
müssen Xanthium strumarium zu der Zeit, bis zu der unsere
historisch-botanischen Kenntnisse reichen, als schon in den

angegebenen Ländern vorkommend 'betrachten. In der Folge indessen läfst sich zuweilen eine Wanderung constatiren, indem die Pflanze an einem Orte erscheint, wo sie früher nicht war. Die Möglichkeit einer Wanderung · wird wahrscheinlich durch die Beschaffenheit der Früchte, die mit Stacheln versehen sind und sich leicht an den Woll- und Borstenpelz der Thiere u. s. w. anhängen. — Meine Aufgabe soll es nun sein, auf die Standorte von Xanthium strumarium etwas näher einzugehen.

Ich beginne mit Griechenland, von wo die älteste Notiz — etwa um 100 v. Chr. — über unsere Pflanze stammt. Dioscorides de m. m. IV, 138 nennt sie Ξάνθιον. ·Sie wird zum .Gelbfärben der Haare gebraucht und wächst nicht selten· in· fruchtbarem Boden, feuchten Niederungen und ausgetrockneten Sümpfen (Attica, Argolis 6 u. 7). Nach· Lenz (6) . wächst sie in Griechenland wild und hat jetzt den Namen ἥμερα πολλητράθα. — Die Türkei besitzt sie gleichfalls [vielleicht in grofser Verbreitung, · doch· fehlen Nachrichten]. Grisebach (8) .sah sie 1843 in Thracien „prope Eski Heracli in agro Byzantino", J. Pančic (9) führt sie in Serbien — 1856 — als auf Schutt und Wegen allenthalben gemein auf, Pantoscek fand sie bei Trebinje und Bogetici in der Herzegowina· 1871—72 (177).

Wie in Griechenland, wächst auch in ganz Italien Xanthium strumarium wild und führt [neben anderen] jetzt noch den Namen, unter dem es die Autoren des Mittelalters : Matthiolus (10), J. Bauhin (11), Tabernämontanus- (12) kennen : lappola menore. — Von bestimmten Localitäten ·habe ich erfahren : Toskana (13), die Lombardei (14), Dolo und Mestre (Gegend von Venedig), · Polosella´ am Po (15), Murano (16) (sofern Terracciano's ager murensis das Gebiet von M. ist).

Aus Spanien kennt schon J. Bauhin (10) Xanthium strum. als Lappa seu Bardana menore, welch' letztere Bezeichnung sich bis heute erhalten hat. — M. Willkomm beobachtete unsere Pflanze auf seinen beiden Reisen nach Spanien (1844 und 1850) „an den Ufern des Guadalquivir von

Andujar bis Sevilla und weiter hinab" (17), ferner auf Schutt und „pinguibus" bei Saragossa und sonst in Aragonien, am See Albufera, in Neukastilien an vielen Orten (18). J. Lange, welcher 1851 eine Reise nach Spanien unternahm, erwähnt Xanth. strum. bei San Sebastian, Murcia und Sevilla (19). — Daſs es auch in Portugal wächst, unterliegt keinem Zweifel. Auf den Azoren sammelte es Watson 1844 (20).

In der Flora Frankreichs nimmt unsere Pflanze schon seit lange eine Stelle ein. Matthiolus giebt 1586 (10) als ihren französischen Namen an : Gratteton tenant aux robes, J. Bauhin 1651 (11) petit Glétteron, Tabernämontanus 1664 (12) Gratteon tenant aux robes. Sollte ein Zusammenhang dieser Bezeichnungen mit der heutigen „petit gloutteron" und unserem deutschen „Klette" vorhanden sein ? Lamarck und de Candolle sagen in der Synopsis plant. in fl. gall. (21) einfach : ad sepes et vias, ohne einen bestimmten Standort anzuführen. Ich nenne von letzteren : die Provence (4), Saincaize im Becken des Allier (22), Verdun-sur-Saône (23), Môle und Givry (24), Sèvres und St. Cloud bei Versailles (25), das Seineufer bei St. Germain, Fontenay aux Roses, Mont Valérien und einige andere Orte aus der Umgebung von Paris (26, 27). — Auf Corsica beobachtete Dr. Salis-Marschlins sie bei Bastia (28) 1834.

In den Niederlanden führt Xanthium strumarium zur Zeit Bauhin's (11) und Tabernämontanus (12) den Namen „kleine Clissen". — Devos sagt in seiner Enumération 1870 (29), daſs es sich in Belgien kaum naturalisirt habe und zerstreut in einzelnen Exemplaren „dans les lieux cultivés, sur les décombres, aux bords des chemins et sur les fumiers" finde. Lejeune zufolge (29) ist es vielleicht mit Wolle von Spanien oder Portugal gekommen. Es wächst nach Dossin, flore de Spaa 1807 und Devos 1870 in der Umgebung von Verviers an Orten, wohin man die Wollabfälle der Tuchfabriken bringt, was ganz gewiſs auf eine Wanderung mit Wolle u. s. w. schlieſsen läſst; Durand 1875 fand es indessen nicht mehr hier (29 und 30). 1868 beobachteten es Marchal und Hardy auf einer Wiese bei Petit-Lannaye

[an der Maas zwischen Lüttich und Mastricht] (32), 1877
Tilman bei Val-Dieu (33). 1874 führt Koltz (34) Xanth.
strum. unter den Pflanzen von Luxemburg auf und nennt
1875 als Standort Wasserbillig (34). — In Holland kommt
es ebenfalls vor und zwar an ähnlichen Localitäten wie in
Belgien (35); specielle Standorte sind mir nicht bekannt
geworden.

Auch England besitzt unsere Pflanze, und sie wird von
Watson als fremd, von Babington und Bromfield (35)
als unvollkommen eingebürgert betrachtet. Man gelangte zu
dieser Ansicht, in Betracht der „localités peu fixes et d'une
nature suspecte, car la plante se trouve près de fumiers,
décombres, terrains gras non cultivées etc." Indessen ist sie
schon seit mehreren Jahrhunderten in England anwesend,
indem schon sich bei Bauhin (11) und Tabernämontanus
(12) ihr englischer Name findet : Jowse burre Lesser und
Burre bei dem Einen, lesse Burre Docke bei dem Andern;
jetzt heifst sie Burdock oder Bur. — Smith in der Flora
britannica 1805 (36) giebt an „in fimetis et pinguibus rarius."
— Three miles from Portsmuth towards London and about
Dulwich (Dorf bei London), Ray. Naylor sammelte sie in
Middlesex bei Chelsea, wo sie schon 1746 war (37). Ferner
findet sie sich nach Bromfield (38) in Hampshire, Kent,
Surrey und anderen Grafschaften. In Irland existirt sie auch
„peut-être introduite" (4).

In Schweden ist Xanthium strumarium jetzt „ausge-
storben" (39, 40). 1835 erwähnt es noch L. Hvasser (41)
mit der Bemerkung : „plurimis ubi olim lecta fuerit, locis
disparuerit, attamen non prorsus omittenda videtur." Ob es
jemals Norwegen bewohnt hat, weifs ich nicht, Schübler
führt es in der Pflanzenwelt Norwegens 1873 bis 1875 nicht
an. — In Dänemark ist es schon seit früher Zeit. 1647 wird
es im Danske Vrtebog (42) erwähnt, 1667 nennt S. Pauli (43)
seinen Namen : Gaaseskreppe, Spitzeburrer, Bettlerlus. Die
Flora Danica zählt es auf t. 970 auf. Fries 1843 und 1846
sagt von ihm, es sei am Erlöschen und trete nur sporadisch auf
(39, 40). Koch fand es 1862 bei Nykjöbing auf Falster (44).

Wie für alle bisher betrachteten Länder, so ist auch für Deutschland Xanthium strumarium eine alte Pflanze. Bei den alten Botanikern : Matthiolus, Bauhin, Pauli, Tabernämontanus, Fuchs (45) u. A. heifst es : Klein Kletten, Bettlerslaufs, Bubenlaufs, Igelskletten, Spitzekletten, Klein Kliven und es werden ihm mancherlei Heilkräfte zugeschrieben, sowohl „in Leib" als „aufsen". Es wächst „gern auff den alten Hofstätten und hinder den Zäunen" (12), sowie „an feychten Orten, in pfützen und aufsgetrückneteń Lachen" (45). Von bestimmten Standorten sind mir als die ältesten bekannt Altdorf in Bayern 1615 (135) und die Mark 1663 (62). — Roth 1788 (46) sagt von ihm : habitat in ruderatis humentibus ad sepes et vias pagorum totius fere Germaniae, Schkuhr 1808 (47) drückt sich ähnlich aus. Koch (Synopsis etc. 1838) kennt es auf Aeckern, Schutthaufen, an Wegen durch das ganze Gebiet zerstreut; Reichenbach (49) ebenfalls. — Ich werde nun in den einzelnen Districten die Standorte angeben, und wir werden Koch's Angabe bestätigt sehen.

Provinz Preufsen : Masuren. Thienemann 1861 (50); am alten Schlofs bei Tilsit, Behrendt 1877 (357); Lyck Sanio 1857—58 (51); Gerdauen häufig, Mayer 1844 (52); Marienburger Werder bei Tannsee, Wernersdorf ziemlich selten, Preuschoff 1870—75 (53); Dorf Rittel bei Konitz höchst selten, Lucas 1863—65 (54).

Provinz Posen : von Ascherson 1853 genannt (64). Umgebung von Bromberg gemein, Kühling 1866 (55).

Provinz Pommern : auf der Insel Wollin bei Pritter, Vietzig, Soldemin, Wollin, Lucas 1858—60 (56). Bei Stralsund, Demmin, Peenemünde, Zabel 1859 (57). Franzburg, Zabel 1861 (58).

Grofsherzogthümer Mecklenburg : 1819 von Schultz genannt, von Bull 1849 wiederholt (59). Güstrow in der Schnoienvorstadt (60).

Provinz Schleswig-Holstein : erwähnt von Wiggers 1780 (61).

Provinz Brandenburg : von Elsholtius schon 1663 in
der Flora Marchica aufgezählt (62), 1853 (63) und 1854 (64)
von Ascherson wiederholt, an letzterem Orte unter den
Dorf- und Schuttpflanzen; Gegend von Berlin auf Wegen
und in Dörfern überall, Dietrich 1824 (65), hier schon 1757
von Zinn (95) erwähnt; Neudamm sehr gemein, Itzigsohn.
und Hertsch 1853 (66); in der Umgebung von Arnswalde
in Dörfern sehr verbreitet, Warnstorf 1870 (67); Gers-
walde, Peck 1868 (68); in Menz an der Wassermühle, in
Dollzow an der Windmühle, Winter 1870 (69); Jüterbog,
Zinna einzeln, v. Thümer-Gräfendorf 1857 (70). Treuen-
brietzen an Wegen hin und wieder, Pankert 1860 (71);
in der mittleren Lausitz bei Drebkau, Schorbus, Ragow selten, Holla. 1861—62 (72); Steinkirchen bei Lübben, Müller
1876 (73).

Provinz Schlesien : von Ascherson 1853 erwähnt (63);
am Fährhaus bei Neusalz mit Xanth. italicum, Franke
1868 (74); bei Niesky auf unbebauten wüsten Stellen, Burkhardt 1851 (75); Bunzlau, Schneider 1837 (76); Festen-
berg, Limpricht 1872 (77); Parchwitz, Postel 1848 (78);
Breslau, Cohn 1860 (79); Karschau, Wimmer 1859 (80);
Schweidnitz, Helmrichs 1857 (81); in Oberschlesien zwischen Ratibor, Kosel, Neustadt, Jägerndorf, Troppau auf
Schuttstellen und in Dörfern, Kölbing 1837 (82).

Provinz Hannover : Meyer in der Chloris hannovera
1836 (83) giebt eine ganze Anzahl von Standorten an, wo sie
auf Schutt, Mauern, an Wegen vorkommt. Fürstenthum
Grubenhagen. Fürst. Hildesheim : bei Hasede. Fürst. Ca-
lenberg : bei Pattensen am Wege von Hannover nach Hain-
holz, bei Herrenhausen. Fürst. Osnabrück : Amt Hunteburg.
Grafschaft Diepholz : bei Sandbrink. Grafschaft Hoya : bei
Nienburg. Fürst. Lüneburg : bei Nienhagen, Langendorf,
Hitzacker, Winsen. — An mehreren dieser Orte ist indessen
die Pflanze im Lauf der Zeit verschwunden, 1862 fand
Pape (84) sie nicht mehr bei Nienhagen und Nöldeke
1864 (85) sie nicht mehr bei Nienburg. Von ferneren Standorten nenne ich : Schutthaufen um Blekede häufig, Pape

1868 (86); Fischerhude (bei Ottersberg), A l p e r s 1875 (87);
Salzderhelden und Allendorf bei Göttingen, Z i n n 1757 (95).
Bei Hannover fand sie auch H o l l e 1862, doch selten (88).

Im Gebiet der Stadt Bremen zählt sie M e y e r (83) bei
Gramke auf.

Im Grofsherzogthum Oldenburg beobachtete sie H a -
g e n a (89) 1871 in Hude auf dem Maierhofe, in Hasbergen,
auf dem Lemwerder Groden.

Provinz Sachsen und kleinere Staaten Mitteldeutschlands :
Handelage, Lehre, Vorsfelde, Grathorst, Helmstädt (alle in
der Gegend von Braunschweig), L a c h m a n n 1831 selten (90);
Magdeburg am Werder und rechten Elbufer (91), S c h n e i -
d e r 1869; Quedlinburg, S c h a t z (92); Gegend von Barby
und Zerbst an Schutt und Gräben ziemlich häufig, R o t h e r
1865 (93); Halle selten, S p r e n g e l 1806 (94); Wittenberg
um die Stadt vor den Thoren S c h k u h r 1808 (47); nach
W e i d a mit fremder Wolle gekommen, S c h m i d t 1859 (96);
am Saalufer Jena gegenüber, augenscheinlich eingeschleppt
mit der Wolle einer nahen Spinnerei, I l s e 1866 (97); bei
Jena erwähnt die Pflanze weder R u p p i u s 1718 noch H a l -
l e r 1745 und wir haben hier ohne Zweifel eine Wanderung
derselben mit der Wolle u. s. w. vor uns; in der Krelle bei
Saalfeld, S c h ö n h e i t 1864—65 (98).

Aus dem Königreich Sachsen ist mir nur Leipzig als
Standort bekannt, wo sie B ö h m e r 1750 bei dem „Peters-
Schiefsgraben" gesehen hat (99).

Provinz Westfalen : v. B ö n n i n g h a u s e n 1824 giebt
an : „in fimetis, ruderatis, ad sepes rarius" bei Münster auf
dem Kump, Dorsten an der Brücke (100); 1853 ist Xanth.
strum. an ersterer Localität nicht mehr aufzufinden, nach
K a r s c h (346); 1860 beobachtete es M ü l l e r bei Lipstadt im
Dorfe Garfeln „auf einer schlammigen Strecke mitten im
Dorfe" (101).

In den Rheinlanden kommt es nach W i r t g e n 1857 (102)
einzeln und sehr zerstreut auf Schutt und Kies an den Ufern
des Rheins, der Nahe und der Mosel vor. Solche Standorte
sind : Im Moselthal : Trarbach, Litzig, Eukirch häufig, P f e i f-

f.er 1848 (103); Hatzenport, Henfrey und Francis 1851. (104); Güls, Hoffmann 1868 (105); Coblenz, Wirtgen, (Herbarium zu Giefsen). Im Nahethal : von Oberstein bis Bingen, Bogenhard 1840 (106); z. B. Münster, Polstorf (107); Kreuznach, Gutheil 1839 (108); schon 1777 von Pollich hier gefunden (109). Im Rheinthal : Wesel, v. Bönninghausen 1824 (100); am Wege bei Oberkassel am Ufer, Hildebrand 1866 (110); — 1844 fand die Pflanze Thieme bei Heinsberg (nahe bei Aachen (111), also an einem Platze, der nicht in einem der oben erwähnten Flufsthäler liegt.

Hessische Lande : 1802 von Walther bei den Salinen von Nauheim in Oberhessen aufgezählt (112); Heyer-Rofsmann 1860 kennen aus neuerer Zeit keinen Fundort in letzterem Gebiete (113); Dosch und Scriba 1873 nennen es wieder, aber ohne specielle Ortsangabe (114). Bei Nauheim kommt die Pflanze jetzt nicht mehr vor; zeitweilig, mehrere Jahre hindurch, fand sie Dr. Uloth bei der Schultheifs'schen Gärtnerei bei Steinfurth, wohin sie wahrscheinlich eingeschleppt wurde (347). — Bei Hadamar 1822 Hergt (115); am Rhein bei Schierstein und Biebrich häufig, Rudio 1851 (116) und Fuckel 1856 (117); längs des Mains bis Seligenstadt, Rudio (116), Fuckel (117), Dosch und Scriba (114); z. B. bei Frankfurt, wo sie schon v. Bergen 1750 (118) anführt, und Offenbach, Gärtner-Meyer-Scherbius 1801 (119). In der Wetterau vor Hanau auf dem Wege nach Steinheim und im Lambowald an der Kinzig, vor Niederrodenbach, auf Aeckern vor dem Vilbelerwald 1801 (119); Ramholz bei Schlüchtern, Reufs 1859 (120). — — In Rheinhessen und der Pfalz kommt Xanthium strumarium sehr zerstreut, meist im Diluvium des Rheinthals vor (121). So „circa Lauterem ad sepes passim sed raro reperitur. Prope dem Holzhof ad vias, inter Oppenheim, Guntersblum et Worms ambulacra." Pollich 1777 (109); Speyer, Lusheim, Neckarau, Maxdorf, Mörsch, Roxheim, Kaiserslautern an Rainen selten, Schultz 1846 (122); 1878 giebt Trutzer (350) bei letzterer Stadt an : trockene Orte.

Kammerhof bei Oppenheim, Hoffmann 1850 (123); Mainz, Alzey, Nierstein, Laubenheim, Virnheim, Weinheim, Dosch und Scriba 1873 (114). Diese beiden Autoren sagen allgemein : selten und unbeständig durch Rheinhessen und die Riedgegend. — Aus Starkenburg nenne ich : Amosenteich bei Darmstadt, Bauer (124); Eberstadt, Bauer (124); Dosch und Scriba (114); Pfungstadt, Bauer (124); Königstädter Fallthorhaus bei Grofsgerau, Hoffmann 1851 (125).

Im Elsafs findet sich die Pflanze bei Hagenau (122); Strafsburg, Colmar, Mühlhausen, Kirschleger 1858 (126); Illzach 1865, Kirschleger (127), alles Orte in der Rheinebene. — In Lothringen sind mir von Standorten bekannt : Dierk a. d. Mosel, Rodemack, Brücke der Kissel jenseits Garsch, selten, Humbert 1870 (128).

Grofsherzogthum Baden : Gmelin 1808 (109) giebt an : „in ruderatis et ad vias passim copiose. Circa Carlsruhe, Beurtheim, Rippur et alibi frequens." Dierbach 1820 (130) nennt aus der Gegend von Heidelberg Schwetzingen, Sandhausen „et alibi passim frequens." Döll 1859 (349) sagt : „auf Schutt, an öden Orten, an Zäunen und Mauern gemein, in der Carlsruher Gegend, namentlich bei Dachslanden."

Königreich Bayern : am Main bei Rothenfels, Hasenlohr, Triefenstein, Hoffmann 1862 (131); bei Aschaffenburg (jenseits der Brücke, vor Stockstadt, Dettingen u. s. w.), Gallenmüller 1876 (351); um Schweinfurt (Eisenbahndamm, in den Mäingärten, am Abflufs des Sennefeldersees, bei der langen Brücke, am Ufer des Mains, hin und wieder bei Hergolshausen, Gartstadt, Wipfeld), Emmert-Segnitz 1852 (132); in der Gegend von Bamberg nicht häufig, auf Schutt und Wegen bei Wunderburg und · Zeil, Funk 1854 (133). Ferner bei Nürnberg und Erlangen (Muggenhof, Erlensteger St.), Sturm und Schnitzlein 1860 (134), Altdorf 1615, Jungermann (135); in dieser Gegend kennt Xanthium strumarium auch noch· ein älterer Florist : Hoffmann (1621—1698) zählt es unter den Pflanzen des Moritzbergs bei Nürnberg auf (352). Regensburg, Irlbach (an d. Donau), Deggendorf (a. d. D.), Altmühlendorf (a. d. D.),

Aufhausen (a. d. Vils), Sendtner 1854 (136), Niederpöring im Vilsthale, Priem 1854—1867 (137). Umgebung Augsburg, Caflisch 1848 (138). 1850 im Hofraum der Märzschen Kammerwollspinnerei in Augsburg mit den Abfällen der Wolle ausgestreut und sich fortpflanzend, Caflisch (139), 1867 bei der Zolleis'schen Fabrik in Mering aus den Abfällen importirter Wolle; früher noch nicht hier, Caflisch (140), also zwei Fälle von constatirter Wanderung.

Königreich Württemberg : in den tiefsten Gegenden bis 1000'. Stuttgart, Vaihingen, Heilbronn, Schübler und Martens, Flora von Würt. 1834 (141). Aalen, Reutlingen, Finckh 1860 (142); Hegnach in einem Hopfengarten, der. mit ungarischer Wolle gedüngt war, Dietrich 1861 (328). Wanderung!

Aus der Schweiż beschreibt A. von Haller unser Xanthium als X. foliis semitrilobatis uncinnatis (siehe bei 3), Steudel und Hochstätter 1826 erwähnen es als in ruderatis et ad vias (143), womit die Angabe Wegelin's 1837 (353) und Koch's 1838 (48) stimmt. Von bestimmten Localitäten nenne ich den Canton Solothurn, wo es nach Ducommun 1869 nicht selten vorkommt (144).

Alle Länder der österreichischen Monarchie zählen Xanthium strumarium unter ihre Flora. Host 1831 (flora austriaca) sagt „ad fimeta, vias, pagos, fossas et alibi" (145). In Böhmen trägt nach Matthiolus und Tabernämontanus die Pflanze den Namen „Lupen menssy", ist also schon zu dieser Zeit hier. Kosteletzky 1824 zählt sie ebenfalls auf (146). Ich gebe von Standorten an : auf Feldern um Niemes, Schanta 1861 (147); Woschkaberg bei Podubrad, Reufs 1862 (148); auf einem Schutthaufen bei Eidlitz nächst Komotau mit Xanthium spinosum, Reufs 1861 (149); häufig in der Umgebung von Vysocom im Saazer Kreise, Thiele 1862 (150).

: Mähren : bei Brünn, Wawra 1852 (151) und Makowsky 1862 (152); im Brünner Kreise sehr gemein, Makowsky 1862 (152); Wegränder, Strafsengräben bei Holleschau, Sloboda 1867 (153). Neutitschein, Fulnek, Frey-

berg, Krasna, Hotzendorf, „aus Ungarn eingeschleppt", Sapetza 1865 (154). — Da in allen diesen Orten Tuchfabriken
sind, so ist es leicht möglich, dafs die Früchte der Pflanze
mit ungarischer Wolle, die sehr viel verarbeitet wird, gekommen sind. [Vgl. Xanthium spinosum in Mähren.]

Oesterreichisch-Schlesien : um Teschen, O'Zlick 1862 (155).

Galizien : 1789 bei Nowosielce im Brzezaner Kreis,
Hacquet (251); in den dorfähnlichen Vorstädten von Krakau, Ascherson 1865 (156); etwas nördlich von Tarnow,
Herbich 1834 (157); Drohobycz, Hückel 1866 (158); Jaworow, Wotorzcek 1874 (161), auf Schutt in Lemberg und
nahen Dörfern, Tomaschek 1862 (159), um Tarnopol 1866,
Tomaschek (160). In diesen Städten herrscht meist ein
lebhafter Handel mit Ungarn, und man kann wohl an eine
Einschleppung der Pflanze mit Wolle, Getreide, Lohe, Häuten u. s. w. denken, wie in Mähren.

In Ungarn ist Xanthium strumarium allgemein verbreitet.
Im Neutraer Komitat in ruderatis, del vias et sepes divulga-
tum, Knapp 1865 (162), bei Names-Podhagry sehr gemein
(Trentschiner Komitat), Holuby 1866 (163); in valle Petrova
Zázrivae (Arvaer Komitat) (164); in ruderatis et ad fimeta
saltem Kesmarkini frequenter (Komitat Zips), Wahlenberg
1814 (165); an wüsten Stellen und Wegerändern im Zempli-
ner Komitat, Behrendsen 1876 (166); auf Schutt und
Wegen im Pilis-Vertesgebirge (Gegend von Grofswardein?),
Kerner 1857 (167); Korončzo (bei Oedenburg), Ebenhöch
1860—61(168); Agtalva (bei Oedenburg), Szontagh 1864 (169);
bei Pesth und Ofen überall an Gräben und Wegen, Sadler
1818 (170); im Banat, Rochel 1838 (171). Im Gebiet der
Militärgrenze bei Futak und Cserevics (bei Peterwardein),
Schneller 1859 (172).

Siebenbürgen : auf unbebauten, feuchten Orten, Hermannstadt, Kronstadt, Schur 1866 (173), im grofsen Kockelthal
zwischen Mediasch und Blasendorf häufig, Barth 1867 (174).

In Slavonien wächst unsere Pflanze auf unbebauten Orten,
Flufsufern, Schulzer-Kanitz-Knapp 1866 (175). Aus
Kroatien erwähne ich Agram, Klinggräff 1861—62 (176).

Aus Istrien giebt Freyn 1877 eine Reihe Standorten an,
z. B. Dignono, Fasana, Pola u. s. w. (178). Bei Fiume ist
nach Smith 1878 die Pflanze „auf wüstem und bebautem
Boden, sowie an Wegen, sehr zerstreut", (354). — Aus Dalmatien nenne ich Spalato, Petter 1832 (179). — In Kärnthen kennt Josch 1853 die Pflanze im Stadtgraben von
Klagenfurt, beim Schrottthurme am Wördsee, im Lavanthale
am Bamernhofe (355).

In Steiermark sammelte Alexander Xanthium strumarium 1842 südlich der Drau (180). 1859 sah es Tomaschek
auf Schutt bei Cilli (181), 1860 Reichhardt auf Aeckern
als Unkraut beim Bad Neuhaus (bei Cilli) (182).

Oesterreich: um Wien sehr gemein, Kreutzer 1852 (183)
und Neilreich 1859 (184); bei St. Pölten auf den Hügeln
gegen das Donauthal hin, Hackel 1873 (185); in Oberösterreich (z. B. Linz) gemein, Britinger 1862 (186).

: Aus Tyrol ist mir nur Meran bekannt als Standort, Leybold 1854 (187).

In Rußland kommt Xanthium strumarium in den mittleren und südlichen Gegenden überall vor.

Polen : auf Schutt, wüsten Plätzen, Wegrändern zerstreut, stellenweise häufig, Rostafinski 1872 (188). Lindemann 1860 nennt Polen gleichfalls (189). Warschau, Ledebour 1844—46 (190) am rechten Wartheufer bei Konin, um
Patnow am See, bei Leczyn Stara Gorzelina, Biskügie, Wil-
zyn, Baenitz 1865 (191); 1871 bezeichnet dieser Autor die
Pflanze als „gemein" (356).

Curland, Livland (190), Lithauen (190), Georgi
1800 (192); bei Mohilew, Downar 1861 (193); Minsk,
Grodno, Lindemann (189). Wolhynien (190). Podolien
(189 und 190). Großrußland : Kursk, Tambow (190), Palna
(bei Jelecz), Gruner (194); Tula, Mosqua (190), Moskau (192),
Wladimir (190), Kostroma Ostrowsky (195), an der Oka und
weiter östlich (192), Nischnei-Nowgorod (190), Gegend von
Semenow, Herder-Regel (196). — In Kasan (Provinz)
häufig auf Schutt und Wegen, Wirzén (187), an der
Sura (192), in Permien (192). — In Kleinrußland : Kiew (190),

Brjansk, Potschep, Pogow (Gouv. Tschernigow), Regel (198),
Charkow, Lindemann (172). In Südrufsland sehr gemein :
Elisabethethgrad ad sepes et domos, Lindemann (199), in
den Niederungen des Dnjeprs und der Konka (im Gouvern.
Jekaterinoslaw) in grofser Häufigkeit, Gruner (200 u.
201), Cherson, am Don und im Land der Kosacken (190); in der
Krim, Marschall v. Bieberstein (202), Koch (203),
v. Steven (204), Ledebour (190). In Cis- und Transkaukasien (202, 203, 190), z. B. am Tereck, in Iberien, Aw-
hasien, bei Elisabethpol, Karabagh. Im Gouvernement Astrachan : vom Don bis zum Uralflufs (190), an der unteren
Wolga (192), am Tschaptschatschi, Insel Birutschi, Astrachan,
Becker (205), Zarytzin (190), Sarepta, Becker (206), Sara-
tow (191), Orenburg (190).

Wie ich schon im Anfang dieser Abhandlung gesagt
habe, kommt bei Betrachtung des Vorkommens von Xanthium
strumarium in den aufsereuropäischen Ländern die Verschiedenheit der Auffassung der Species sehr in Betracht. Es
gilt diefs namentlich von Amerika, aus welchem Erdtheil
mehrere Autoren ein Xanth. strumarium aufzählen, dessen
Begriff sich aber bei ihnen nicht deckt. Ob daher die Vorkommen, die ich im Folgenden nennen werde, sich auch wirklich auf eine unserem europäischen Xanthium strumarium
gleiche Art beziehen, ist nicht aufser Zweifel. — Lecoq
führt an (4), Grönland und „quelques points de l' Amérique
septentrionale." Nach Bruhin (214) ist die Pflanze in Wisconsin bei New-Cöln und Milwaukee häufig, ebenso in Cale-
donia (Canada). Wheeler fand sie im Thal des Colorado-
flusses (215), Humboldt und Bonpland bei Zelaya in
Mexiko (doch war sie etwas von der europäischen verschieden) (216), Dr. Schaffner bei Sinaloa, Durango, Chihua-
hua (217). Auf der Sandwichinsel Ohahu beobachtete
Edelstan-Jardin 1853—55 (218) ein Xanthium, das wahrscheinlich Xanthium strumarium war.

Aus Asien nenne ich aufser dem schon erwähnten Transkaukasien noch die Umgebung von Mossul und Aleppo, wo
1841 Kotschy die Pflanze sammelte (207), ferner das alta-

ische Sibirien (190), die Seen Alakul (190) und Baikal (208),
die Flüsse Argun und Amur; die Stadt Kiachta und die
chinesische Mongolei (209 und 190).

In Afrika kommt Xanthium strumarium vor auf den
kanarischen Inseln, Madeira (4), Algerien (4), z. B. Sétif (210),
Nubien, Cordofan, Kotschy (24), Chartum in Sennaar (Herbarium zu Giefsen), Abyssinien, wo sie Schimper sammelte
(4, 212, 213).

Kurzer Rückblick.

Xanthium strumarium findet sich in allen Länder Euro-
pas aufser Norwegen und Schweden. In letzterem war die
Pflanze übrigens früher. Ihre Grenze nach Norden ist ungefähr der 58. Grad nördl. Br. In Deutschland, Belgien,
Frankreich und einigen Kronländern der österreichischen
Monarchie wächst sie an ziemlich vielen Orten, fast immer
aber zerstreut und in geringer Häufigkeit. Mehrmals ist sie
auch als unbeständig beobachtet worden, indem sie an einer
Stelle einen Zeitraum hindurch gedieh, dann allmählich verschwand. In Spanien, Italien, Griechenland und besonders
Ungarn und in dem mittleren und südlichen Rufsland ist dagegen
ihre Verbreitung eine allgemeine. Nachrichten über ihr Vorkommen liegen auch vor aus dem altaischen Sibirien, Daurien,
Kurdistan und Syrien in Asien, Algerien, Nubien und Abyssinien in Afrika, Grönland und einigen Districten Nordamerikas. Zur Frage nach einer Wanderung ist zu sagen, dafs
unsere ältesten botanischen Schriftsteller die Pflanze in fast
allen europäischen Reichen kennen und sich somit eine ursprüngliche Wanderung hierhin auf dem Wege der Vergleichung alter und neuer Floristen nicht nachweisen läfst. Für
viele Orte Deutschlands, Belgiens, Englands, Oesterreichs ist
indessen eine Einwanderung constatirbar, erfolgt, indem sich
die Früchte an Wolle u. s. w. angeheftet haben, die aus den
genannten südlichen Ländern bezogen wurde.

IV. Geschichte der Einwanderung von Xanthium spinosum.

Ueber das Vaterland von Xanthium spinosum bestehen zur Zeit zwei Ansichten, nach der einen wird Südamerika, nach der anderen Südrufsland dafür gehalten.

Aus Südamerika liegen mir Nachrichten über das Vorkommen unserer Pflanze aus Chili, den Laplatastaaten und Brasilien vor. In Chili traf sie Beechey auf seiner Reise (etwa 1830) (35), Philippi zählt sie 1859 unter den chilensischen Pflanzen mit der Bemerkung auf : ohne Zweifel mit dem Getreide oder Gartensämereien eingeführt (219). Reisseck (220) und Alph. de Candolle (35) stimmen Philippi bei und erklären sie nicht für ursprünglich in Chili, sondern eingeführt. Mr. Bentham (5) dagegen sagt : Xanth. spinos. was originally said to be Chilian, führt indessen keine Gründe an. — Jetzt ist unsere Pflanze in Chili häufig und Ritter von Frauenfeld sah (um 1860) „sich herumtreibende Pferde, deren Schweife und Mähnen von tausenden solcher Früchte zu einem unförmlichen Klumpen von Mannesdicke verfilzt waren, unter deren Last die armen Thiere fast erlagen (225). — Ich will aber nicht unerwähnt lassen, dafs Chili eine Xanthiumart besitzt : Xanth. catharticum, welche „a Xanthio spinoso vix atque ne vix quidem diversum“ (345), ebenso wie in Brasilien ein Xanth. brachyacanthum vorkommt (2), das sich nur durch kürzere Dornen von Xanth. spinosum unterscheidet, so dafs de Candolle sich zu der Frage veranlafst sieht : au discrimen forte constans? (2) — — In Uruguay ist Xanth. spinosum und Xanth. macrocarpum nach David Christison 1876 (358) aus Europa naturalisirt. Die Laplatastaaten kennen unsere Pflanze bei Buenos-Ayres und Umgebung, wo „the ditchsides and waste grounds are overrun with Chenopodium album, Sonchus oler. and X. sp.“, Bunbury 1853 (221), ferner bei S. Luis und Mendoza, Palacky 1862 (222) und bei Tucuman, wo sie sich — 1876 — „statt der Disteln von Buenos-Ayres überall angesiedelt hat“ (223). — Grisebach und Reisseck nehmen hier

ebenfalls eine Einbürgerung an, welche namentlich bei
Buenos-Ayres sehr evident erscheint, wenn man die unser
Xanthium begleitenden Pflanzen, die europäischen Ursprungs
sind, betrachtet. — Auch in Brasilien erachten Alph. de
Candolle (35) und Reisseck (220) Xanthium spinosum
für eingeführt. Letzterer nennt als Standort die Küstengegenden und giebt an, dafs St. Hilaire (um 1830) ein
europäisches Xanthium neben den eingeschleppten europäischen Ruderalkräutern Urtica verb., Poa annua bei Tijuco
fand. — Es scheint sich aus allem Diesem zu ergeben, dafs
Südamerika Xanthium spinosum nicht als ursprüngliche, sondern als eingewanderte Pflanze besitzt. Ascherson (224)
hält es für „vermuthlich aus Südamerika stammend“, seine
Gründe hierfür kenne ich nicht. A. Pyr. de Candolle (2)
sagt ausdrücklich : „introd. in America“, was man wohl be-
achten mufs.

In Nordamerika besitzen die Vereinigten Staaten Xanthium spinosum, und hier ist eine Wanderung ganz sicher
nachzuweisen (35). Die Pflanze wird nicht von Walter
(Fl. Carol. 1788), von Michaud 1803, von Pursh 1814,
von Bigelow (Fl. Boston 1814 et 1824), von Barton (Fl.
Philad. 1818) erwähnt. Zuerst bringt sie Nutall 1818, indem er sagt, dafs sie von Savannah in Georgien bis George-
town bei Columbia naturalisirt sei. 1824 ist sie nach Elliot
schon sehr gemein an den Küsten von Carolina und Georgien. 1826 kennt sie Darlington in Pennsylvanien noch
nicht, 1837 ist sie aber, wenngleich nur in einzelnen Exemplaren, im Nordwesten des Districts eingebürgert und, von
Süden her eingeführt, auch bei Philadelphia. 1842 nimmt
sie die ganze Küste von Massachusetts ein, wo sie 1824 noch
nicht war (Bigelow). — 1861 sagt Pokorny (225), dafs in
den südlichen vereinigten Staaten weite Strecken durch die
Pflanze jeder Benutzung entzogen werden. — Dadurch, dafs unser
Xanthium zuerst an den Küstenstädten auftaucht, scheint sich
zu ergeben, dafs sie mit Schiffen hierhin gelangt ist. Gray
(220) meint, sie komme vom tropischen Amerika. Nach
Reisseck ist diefs möglich, „weil sie sich in den Laplata-

staaten und Küstengegenden Brasiliens bereits früher eingebürgert hatte." Eben so gut können aber europäische Schiffe
sie von Europa mitgebracht haben.

Die ältesten Beobachtungen über das Vorkommen von
Xanthium spinosum in den Gegenden Südrußlands rühren
von Güldenstedt her, der sie 1787 als ein Ergebniß seiner
Reise hierhin niederschrieb. Er nennt (190) Tschernigow,
Kiew, die Ukraine, Cherson, Jekaterinoslaw, das Land der
Kosacken und Imeretien. Georgi, dessen Werk 1800 erschien (192), beruft sich auf ihn und führt an Georgien, den
Don bei Asow und den Choper. Nach Baumann (bei
Hamm 226) sollen die südrussischen Steppen und auch
Georgien vor Anfang des zweiten Viertels unseres Jahrhun-
derts von der Pflanze noch frei gewesen sein, die so eben
erwähnten Angaben Güldenstedt's und Georgi's wider-
sprechen indessen auf's Entschiedenste. — Von Südrußland
läßt sich nun ein Wanderung nach Süden, Osten und Westen
constatiren. — In der Krim war vor 1814 Xanthium spinosum nirgends. In diesem Jahre gelangte es zufällig mit
Sämereien aus dem Garten Sofiefka bei Kiew nach dem
Landgute Sobla, verbreitete sich mehr und mehr und
erfüllte bereits 1856 die ganze Halbinsel, so daß es von
Steven eine „pestis Tauriae" nennt (204). — Aus Ciskau-
kasien führen es Güldenstedt und Georgi nicht an, auch
Marschall v. Bieberstein 1808 (202) nicht, wohl aber
Koch 1851 (203). Es scheint somit die Pflanze in Ciskau-
kasien bei weitem später eingedrungen zu sein wie in Transkaukasien. — Eine Wanderung nach Osten beweist die Thatsache, daß um das Jahr 1840 bei Sarepta und in der Umgegend kein Xanthium spinosum zu finden war, während
1868 dort die Pflanze fast überall, namentlich in den Dörfern
wuchs, Becker (231). Dieser Autor nennt von sonstigen
Standorten in jener Gegend: 1866 Jenotajewsk, Insel Birutschi
(205); 1867 Astrachan (232).

Von den Ländern westlich von Südrußland sind zu erwähnen: Bessarabien, nach Reisseck (220) zur Zeit des
Feldzugs der Russen 1819 hierhin gebracht, nach Hamm

(226) erst Anfang der dreifsiger Jahre dieses Jahrhunderts; Podolien : bei Komienietz erst seit Ende der zwanziger Jahre, 1858 hier überaus häufig und gemein. Besser nennt (um 1830) das Land als der erste, Ledebour wiederholt seine Angabe (190), Lindemann 1860 bestätigt sie (189); Wolhynien: von Ledebour (1844—46) nicht angeführt, wohl von Lindemann 1860 (189). Letzterer fand 1856 als westliche Grenze der Pflanze die Orte Gutschka und Klevom (Gouv. Wolhýn), glaubt aber, dafs sie sich 1860 schon weiter ausgebreitet habe. Lithauen : nicht ven Ledebour und Lindemann erwähnt, was auch nach dem eben für Podolien gesagten sehr zu erwarten war. 1861 fand Downar bei Mohilew „rarissimum unum tantum specimen in ruderatis" (193), offenbar eine ganz recente Einführung, vielleicht durch Wolle, Häute u. s. w., da derlei Fabriken in Mohilew existiren. Polen : im südwestlichen Gebiet schon 1820 von Jastrzebowski bei Pincczow und Sandomierz entdeckt, wohin sie, nach meiner Vermuthung, durch Handelsbeziehungen gekommen sein wird. In das südöstliche Gebiet, wo sie 1871 Rōśtafinski „überall in Menge" sah, ist sie nach der Meinung dieses Herrn von Galizien (hier Anfang der 30er Jahre beobachtet, siehe weiter´ unten) eingewandert. 1872 ist die Pflanze schon bei Lublin und Sarock an der Narew, vielleicht auch längs der Weichsel verbreitet (188). Ledebour und Lindemann (1860) nennen Polen nicht, was mich veranlafst zu glauben, dafs Xanthium spinosum bis 1860 nicht allzuhäufig in diesem Lande gewesen ist, da es sonst beiden Botanikern wohl nicht entgangen wäre. — Ich meine, dafs der Ansicht, dafs der Ansicht, das südliche Rufsland als sein Vaterland zu betrachten, nichts widerspricht; eine Einwanderung, schon nicht wahrscheinlich durch die Art und Weise des Standorts : öde Steppen, fast durchaus unberührt vom menschlichen Verkehr, läfst sich meines Wissens nicht nachweisen, während man diefs für die umliegenden Gegenden, wie wir gesehen haben, sehr wohl kann; zwischen Südrufsland und Transkaukasien zu entscheiden, wird wohl nicht möglich sein. — Ich will nun noch einiger bisher nicht erwähnter Fundorte aus dem

muthmaſslichen Vaterlande gedenken. Nach Hamm (226)
wächst Xanthium spinosum an den Ufern des schwarzen
Meeres und in den Steppen des südlichen Ruſslands überall
wild, meist zusammen mit Xanthium strumarium. Lindemann 1860 (189) nennt Kursk und Charkow, Belke 1866
(233) Radomysl (Gouv. Kiew), Holtz 1868 (234) den Kreis
Uman (Gouv. Kiew); 1872 ist die Pflanze nach Lindemann (235) bei Elisabethgrad gemein; v. Steven zufolge
erfüllt sie — 1856 — ganz Südruſsland, besonders Aecker,
Wege, Schutthaufen und macht am Dnjepr groſse Strecken
völlig unwirthbar. Daſs sie in den Niederungen des Dnjepr
und der Konka überaus häufig und oft die einzige Pflanze
der Steppen ist, bestätigt Gruner 1868 und 1872 (200, 201);
auf Ruderal- und Kompostplätzen und unbebauten Stellen
menschlicher Wohnungen traf dieser Autor sie ebenfalls.

In die Moldau und Wallachei fand Xanthium spinosum
seinen Weg sehr bald. Edel berichtet (220), daſs es in
ersteres Land zu derselben Zeit wie nach Bessarabien, also
1819 während des Russenfeldzugs, gekommen sei. In Jassy,
der Hauptstadt der Moldau, war es vor den dreiſsiger Jahren
noch ganz unbekannt, 1848 trat es hier „in ungewöhnlich
groſser Menge auf", Hamm 226. Czihack kennt 1836 die
Pflanze noch nicht (236). 1853 überzog sie in der Moldau
„in enormer Menge die Weideflächen, und oft war das im
Spätherbst von der Weide heimkehrende Vieh ganz bedeckt
mit den Stachelfrüchten", Edel (220). — In die Walachei
brachten Xanthium spinosum die russischen Truppen 1828,
und die Mähnen und Schweife der Pferde sollen von den
Früchten oft ganz voll gewesen sein (220). — Von der Walachei kam unsere Pflanze schnell durch den Verkehr nach
Serbien (220) und bürgerte sich gut ein. 1839 fand sie
Griesebach häufig bei Swienicza (an der Donau oberhalb
des eisernen Thores) (220). 1858 nennt Pančic sie eine
Landplage Serbiens (9). — Von Serbien gelangte sie nach
Ungarn. 1832 wuchs sie hier nur im südöstlichen Banat bei
dem Grenzdorf Wrathewagai und ist hierhin nach der Mei-
nung des Landvolks durch serbische Schweine gekommen,

welche die Früchte in ihren Borsten mitführten, Wierzbicki (220). Hierauf bezieht sich auch der Localname der
Pflanze in jenen Gegenden : serbische Distel. — Bald wurde
sie häufiger. 1838 zählt sie Rochel im Banat auf (171), 1839
fand sie Wierzbicki zu Orawicza und in den umliegenden Gegenden (südlich Lugos) (237). „Um diese Zeit breitete
sie sich schon allgemein in den Ebenen Südungarns aus und
tauchte sporadisch an den Straßen auf, auf welchen das serbische und slavonische Borstenvieh nach Niederösterreich getrieben wurde", Reisseck (220). 1857 beobachtete sie
Kerner auf Schutt und Wegen des Pilis-Vertes-Gebirge
(bei Großwardein?) (167), 1859 Schneller in der Gegend
von Peterwardein (172). 1863 sagt Kerner (238), daß „sie
sich auch auf den salzauswitternden Stellen der Pusten angesiedelt hat und dort so häufig geworden ist, als ob sie seit
undenklichen Zeiten ein Bestandtheil der Vegetationsdecke
gewesen wäre." 1818 war Xanthium spinosum bei Pesth
und Ofen gar nicht (170), 1840 bei Pesth nur an einzigen
Stelle zu finden (220), „1850 war es schon in vielen Gegenden Ungarns eine wahre Landplage geworden" (220). 1856
ist die Pflanze bei Presburg häufiger, vormals bei Ziffer (in
der Nähe Presburgs) selten, Bolla (239). Im Neutraer Komitat fand sie Knapp 1865 auf Aeckern und Wegen häufig
(162), im Neograder Komitat Freyn 1872 ebenfalls (348);
nach Borbás 1876 kommt sie hier besonders massenhaft
vor (240). Bei Names-Podhagry führt sie Holuby 1866
(163) als sehr gemein an. 1874 beobachtete sie dieser Botaniker bei Sillein und Budatin am Bahndamm (241). Im
Marmaroser Komitat wurde sie 1855 schon in wenigen Exemplaren bei Hußt constatirt, 1875 ist sie hier überall bis
Körösmezö (242) verbreitet. 1876 fand sie Behrendsen
im Czirokagebiet (166), Wahlenberg 1814 flora carp. princip. (165) führt kein Xanthium spinosum an. Bezüglich des
Vorkommens bei Hußt, sowie im nördlichen Ungarn überhaupt, kann auch Galizien als Land, aus dem die Pflanze
gekommen ist, mit in Betracht gezogen werden. Bei Oedenburg traf sie Szontagh 1864 an Wegen und auf Aeckern

häufig an (196), bei Kronoczó und Umgebung (Gegend von Oedenburg) zählt sie Ebenhöch 1860—1861 auf (168).

Nach Siebenbürgen wird sich Xanthium spinosum wohl vom Banat aus verbreitet haben, vielleicht auch von der Moldau oder der Walachei. Löhr 1852 kennt es bereits dort (243); Schur 1866 führt es unter den Pflanzen des Landes an als „auf unbebauten, dürren Plätzen, an Wegen" (173). Im grofsen Kockelthale zwischen Mediasch und Blasendorf fand es Barth 1867 (174).

In der Bukowina erschien Xanth. sp. 1830, gleichzeitig mit dem ersten Auftreten der Cholera, weshalb ihm dort der Name Choleradistel beigelegt wurde, den es gegenwärtig noch führt, Reisseck (220). 1831 sah es Zawadski bei Czernowitz (244). Von 1833—1856 beobachtete es Herbich in der ganzen Bukowina, fast überall in sehr grofser Menge. So nennt er die Gassen von Czernowitz, die Dörfer am Dnjestr, die Hochebene zwischen Pruth und Dnjestr, das Pruththal (namentlich Sadagora und Czernowitz), das Sareththal, das Suczawathal, das Moldawathal; in letzterer Localität ist es etwas weniger häufig (245). Nach seiner Meinung ist es aus den östlichen Ländern eingeschleppt worden (246).

1832 fand Herbich (245) Xanthium spinosum in Galizien bei Tismenice (östlich von Stanislawow) an Misthaufen der Judenhäuser und bei der Brücke über die Wram. Bei Stanislawow und in den umliegenden Gegenden : vom Ufer des Dnjestr bis zur Alpe Zaplata kam die Pflanze nicht vor, und ohne Zweifel haben wir hier eine directe und noch nicht alte Einschleppung. 1856 traf Herbich unser Xanthium in mehreren Orten und zwar bei Synatin, Kolomea, Otynia, Stanislawow und umliegende Dörfer, Kalusz, Zurawna, Stry, weiter westlich aber nicht, so dafs es in den zwei Jahrzehnten nur um fünf Meilen östlich vorgedrungen ist. Im Osten nennt Herbich 1860 Czortkow, Zalesczyki, Horodenka (247). Bei Lemberg war es 1836 noch nicht, 1855 fand Tomaschek einige Exemplare (248), 1861—62 traf es derselbe in verschiedenen Vorstädten und es scheint mit fremder Wolle gekommen zu sein (249, 159). Bei Tarnopol ist es

1866 häufig; bis 1822 soll es hier Herbich nicht gefunden
haben, wie Tomaschek berichtet, allein dieser Herr hat
sich geirrt, denn Herbich spricht an der angeführten Stelle
nicht von Tarnopol, sondern von Tarnow (246). 1861 fand
sie Tomaschek in Bolechow (249). Rehmann 1868 nennt
den Brzezaner, Tarnopoler, Czortkower und Kolomäer Kreis,
so daſs also zu dieser Zeit das ganze östliche Galizien erfüllt
ist (250). Der älteste galizische Standort ist „nördlich von
Nowosielce im Brzezaner Kreise, längs des Koropa-Flüſs-
chens" aus dem Jahre 1789, bemerkt von Hacquet (251).
Es erscheint dieses Vorkommen besonders merkwürdig, indem es früher ist als alle bisher in Oesterreich und die meisten in Ruſsland erwähnten. Es ist sehr wahrscheinlich nicht
vor dem Jahre 1861 bekannt geworden (251), weil es sonst
Herbich und Tomaschek sicher erwähnt haben würden.
Beide Autoren führen den Standort nicht an und das Vorkommen ist vielleicht nur ein sehr vereinzeltes und sporadisches
gewesen, ohne viel Werth für die Wanderungen der Pflanze.
— Als die westlichsten Punkte der Verbreitung unseres Xanthium in Galizien nennt Rehmann 1868 (250) die Weichsel-
ufer bei Sandomierz, Tarnobrzeg und Ntokrzyszow. 1874
fand Watoszczak es bei Jaworow (nordwestlich von Lemberg (161).

In Mähren kommt Xanthium spinosum jetzt an vielen
Orten vor und ist, wie sich mit Gewiſsheit behaupten läſst,
mit Handelswolle eingeschleppt (namentlich mit ungarischer). Sein erstes Auftreten war immer sporadisch
und auf Stellen geringen Umfangs beschränkt (220).
Rohrer, Flora von Mähren 1835, kennt die Pflanze noch
nicht (151), denn 1840 wird zuerst ihr Erscheinen constatirt:
auf Schuttplätzen des südwestlichen Theils des Spielbergs bei
Brünn, Reisseck (252). [Nach Makowsky (152) soll sie
1841 oder 1842 von Bayer zuerst entdeckt worden sein.]
Sie breitete sich nicht übermäſsig rasch aus, bis 1853 fand
sie Makowsky immer nur am Spielberg, und erst 1862 ist
sie häufig an Wegen, Gräben und schreitet zu den umliegenden Ortschaften vor (152). 1854 kam sie bei Lomnitz vor,

aber nur als „Gast", der hier nicht ausreift und sich durch
sich selbst nicht weiter fortpflanzt, Pluskal (253). 1856
sammelte sie Sapetza auf Schutt bei Klobauk (254), 1860
nennt Reisseck aufser Lomnitz und Brünn noch Iglau,
Namiest, Weifskirchen, Neutitschein, welche Orte sämmtlich
Tuchwebereien besitzen (220). Makowsky fügt 1862
Mährisch-Trübau hinzu (152), Sapetza 1865 Fulnek, Frey-
berg, Krasna, Hotzendorf (alle in der Gegend von Neutitschein) (154). Bei Iglau hat sich die Pflanze nicht erhalten
können; obwohl noch 1866 häufig, ist sie 1868 schon fast
ganz verschwunden, Jaksch (255). 1867 ist sie gemein bei
Holleschau, wo sie früher selten war, Sloboda (153). 1875
verdrängte sie um Petrau und Strafsnitz alle übrige Vegetation (256), Makowsky.

In Oesterreichisch-Schlesien wurde Xanthium spinosum
1850 bei Troppau von Urban entdeckt, 1851 war es bei
Jägerndorf (257). Bei Bielitz fand es Kolbenheyer 1862
(155), und am Bahnhof Oswiecim Unverricht 1876, hier
durch Vieh eingeschleppt (258). — — In Böhmen zählt
Kosteletzky 1824 die Pflanze noch nicht auf (146), 1853
kennt sie Ascherson bei Bodenbach und Reichenberg (63),
bei ersterer Stadt an Eisenbahndämmen (64). 1861 fand
sie Reufs am Raudnitzer Bahnhofe und auf einem Schutthaufen bei Eidlitz nächst Komotau (149). 1862 beobachtete
er sie häufig am Bahnhofe und im Dorfe Pecek bei Podubrad (148). 1870 ist sie in Nordböhmen (die Prager Gegend
mitgerechnet) völlig eingebürgert (259). — Das Vorkommen
an Bahndämmen und Bahnhöfen, dem wir schon mehrfach
begegnet sind und noch mehrfach begegnen werden, beweist
die Einschleppung recht evident.

Das älteste Vorkommen von Xanthium spinosum im Erz-
herzogthum Oesterreich theilt Reisseck (220) mit: 1825
fand Fenzl die Pflanze bei Wien in der Nähe des botanischen Gartens, doch verschwand sie später. — Gegen 1830
tauchte sie bei Wien am ehemaligen Stubenthore an Woll-
magazinen auf (220) und seit dieser Zeit ist sie ein bleibender Bürger der Wiener und der österreichischen Flora

überhaupt. 1846 zählt sie N e i l r e i c h in der Flora von
Wien auf (260), 1852 verbreitete sie sich, ihm zufolge, hier
allgemein (261). In demselben Jahre nennt K r e u t z e r (183)
aus der Gegend von Wien : Simmering, Klosterneuburg,
Stockerau, Aspern, zwischen Floridsdorf und Kagram, Her-
renals. Bis 1860 ist sie indessen mehr oder weniger selten
geblieben und erst von diesem Jahre an beginnt sie, sich
bedeutend zu vermehren (262). 1869 führt N e i l r e i c h (263)
an : Neustadt, Eggendorf, Neudörfl, Fels, Kirchberg am
Wagram, überall häufig. Bei Hohenau (zwischen Wien und
Brünn) giebt schon 1856 A n d o r f e r sie als häufig an
Wegen an (264). Im Westen Niederösterreichs entdeckte
K e r n e r die Pflanze zuerst bei Krems 1846 (238), 1851 fand
er sie auch. bei Mautern (265); wahrscheinlich haben sie
ungarische Schweine an diese Localitäten gebracht. In einem
Strafsengraben zwischen Maissau und Ziersdorf (nordöstlich
von Krems) sammelte sie S t e i n i n g e r 1863 in einem Exemplar (266). — In seiner·Flora von Oberösterreich sagt B r i -
t i n g e r 1862 von ihr : „an Wegen, àuf Schutt, wüsten
Stellen. Bei Linz an ·der Strafse nach Ebelsberg, doch in
neuerer Zeit wieder verschwunden. Es ist eine südliche
Pflanze, die mit Schaafwolle aus Ungarn eingeführt wurde"
(186).

In Slavonien kommt Xanthium spinosum nach S c h u l -
z e r u. s. w. 1866 „auf unbebauten Orten, an Ufern der
Flüsse massenhaft vor und überzieht öfters mehrere Joch
grofse Strecken" (175). In Kroatien ist es nach N e i l r e i c h
(267) 1869 ebenfalls eine sehr gemeine Pflanze. Schon 1861
fand es K l i n g g r ä f f bei Agram (176). — In die südlichen
Provinzen scheint unser Xanthium ziemlich frühe gekommen
zu sein, S t e u d e l und H o c h s t ä t t e r (143) nennen schon
1826 „Austria Littoralis". Da man vermuthen möchte, dafs
diese Gegenden die Pflanze von Osten her bekommen haben,
so ist diese Angabe für die Zeit der Einwanderung bemerkenswerth, denn R e i s s e c k zufolge ist Xanthium spinosum
in das zunächst liegende östliche Land, Serbien, erst nach
1828 gelangt. Sollte vielleicht eine unmittelbare Einschleppung

(— durch Schiffe —) stattgefunden haben? Host 1831 giebt als Standort an : in provinciis calidioribus ad vias, sepes et alibi (145). Koch, Synopsis etc. (48) nennt die südliche Gegend, um Triest und Fiume, Löhr, Enumeratio etc. (243) 1852 u. A. Krain Littorale, Istrien, Fiume, Dalmatien. — In Istrien nenne ich noch besonders Pisino 1843 (268), ganz Südistrien, wo es 1877 ein überaus gemeines und lästiges Unkraut ist (178), in Dalmatien: Spalato 1832, Petter (179), Cattaro 1872, Pantoscek (187), die Inseln Sansego 1868, Reufs (269) und Lesina 1846, Römer (270). — — Nachrichten über bestimmtere Daten der Einwanderung sind mir nicht zugegangen.

Dafs sich unsere Pflanze von den Donaufürstenthümern aus weiter nach der Türkei verbreitet hat, unterliegt wohl keinem Zweifel. Es stehen mir aber nur sehr wenige Nachrichten hierüber zu Gebote. In Bosnien ist sie nach Pantoscek 1871 bei Trebinje (177), nach Borbás bei Novi (240); in Montenegro bei Cettinje· (177); in Thracien bei Puskoi, Griesebach 1843 (8). — In Griechenland war sie zur Zeit Sibthorp's, also Ende des 17. Jahrhunderts, noch nicht, 1855 existirt sie hier (35). — Auf der Cyklade Syra fand sie Weifs 1869 (271).

In Italien und Sicilien ist Xanthium spinosum gegen Ende des 17. Jahrhunderts noch nicht, denn Cupani (geb. 1679 zu Florenz) spricht nicht davon (35). Erst zu Beginn des 18. Jahrhunderts, zur Zeit Micheli's fing es an sich einzubürgern. Um 1745 wurde es zu Verona eingeführt „par des terres sorties d'un jardin dans lequel on la cultivait", de Candolle (35). In unserem Jahrhundert ist es in ganz Italien verbreitet (2, 35) wie auch folgende Standorte einigermafsen erkennen lassen. 1834 sammelte es Herbich am Wege von Neapel über Avena nach Capua und von Polosella nach Rovigo (15), 1850 Rabenhorst bei Tarent, Bari und Gargano (273) an Wegen und wüsten Stellen, 1875 Marchesetti auf dem Wege von Frascati nach Rocca di Papa beim Dorfe Squarciatelli (274). 1871 erwähnt es Carnel in Toscana als eine Pflanze „communi della Toscana el

all' Alto el Bassa Italia" (13), 1848 nennt es Cesati als
Pflanze der Lombardei (14), 1848 fand es derselbe bei Ver-
cellä ziemlich häufig (275). 1852 führt Löhr (243) Lombardei und Venedig an, 1873 zählt es Terracciano bei Murano auf (16). — Auf Sicilien fand es Todaro 1864 (276).
Mit sehr grofser Wahrscheinlichkeit kann man annehmen,
dafs Xanthium spinosum bis zur Mitte des 17. Jahrhunderts
nicht auf der Pyrenäenhalbinsel wuchs; namentlich kommt
dabei in Betracht, dafs es Barrelier (geb. 1606, gest.
1673) nicht kennt. Siehe de Candolle (35). Tournefort
(geb. 1656, gest. 1706) ist der erste, welcher von der Pflanze
spricht und zwar erwähnt er Portugal als Standort. Jetzt
ist ihre Verbreitung hier und in Spanien eine allgemeine.
Linné (ed. 1840, Richter) (277) nennt Lusitania; Willkomm sah sie auf seiner Reise 1844 in der Sierra Nevada,
auf Schütt bei Guejas (278) und „an den Ufern des Guadalquivir von Andujar bis Sevilla und weiter hinab" (17); aut
seiner Reise 1850 in Unteraragonien z. B. Saragossa, beim
See Albufera (18), häufig in Neukastilien, z. B. Madrid und
Toledo, in Estremadura bei Plasencia, in Leon bei Salamanka
(18). J. Lange (1851 und 1852) nennt Bilbao, Coruña,
Tuy und Villafranca del Vierze (19). — Auf Mallorka fand
Willkomm 1873 sie ziemlich verbreitet (279), auf den
Azoren Watson 1847 (280). — — Ob Xanthium spinosum
nach Spanien und Portugal von Südrufsland gekommen ist,
oder, wie es de Candolle glaubt (35), von Amerika, wird
wohl kaum zu entscheiden sein.

Frankreich kannte die Pflanze bis zur Zeit Magnol's
nicht (d. h. bis etwa 1700). Von 1700—1763 (ungefähr)
bürgerte sie sich in Montpellier ein, wahrscheinlich als Flüchtling des botanischen Gartens, in welchem sie — ihren Samen
hatte man von Spanien bezogen — cultivirt wurde. 1765
zählt sie Gouan in seiner Flore de Montpellier auf, letztere
Stadt scheint der erste Standort in Frankreich gewesen zu
sein. Lamarck und de Candolle 1808 (21) nennen aufser
ihr noch Nizza und den Tempel zwischen Tarascon und
St. Remy, Pyr. de Candolle (2) agros et vias Galliae

praesertim australis, wonach man eine schon weitere Verbreitung vermuthen kann. Lecoq 1857 (4) kennt aufser dem Süden noch einige Punkte im Centrum Frankreichs, nennt diese jedoch nicht. Bouchemann 1866 fand unser Xanthium bei Versailles an einigen Orten, „où il n'a pas persisté" (25). 1868 sammelte es Goubert in der Gegend von Paris bei le Pecq am Ufer der Seine und auf dem Wege von Poissy nach Achères, beim ersten Orte in nur einem Individuum (281). 1871 erwähnen Gaudefroy und Mouilleforine noch etliche Localitäten aus der Umgegend von Paris (27). 1874 entdeckte Delacour bei einer Wollfabrik an der Marne, ebenfalls bei Paris, prächtige Exemplare (282). — — Man darf wohl glauben, dafs nach allen diesen Orten, wie es für den letzten erwiesen scheint, die die Pflanze auf dem Wege des Handels gelangt ist. — Auf Corsica beobachtete sie Salis-Marschlins 1834 um Bastia (28).

In Belgien erwähnt Crépin 1860 Xanthium spinosum als verwildert (283). Nach Weimann 1859 kommt es zuweilen auf Schutthaufen bei Verviers vor, wo Tuchmanufacturen fremde Wolle (z. B. spanische) verarbeiten (300). 1862 fand Donckier ein Exemplar bei der Kirche zu Goé (31), 1863 ist es an mehreren Stellen bei Tirlemont eingeführt worden, Thielens (284). 1867 zählt es Cogniaux bei Gosselies auf (285). Devos 1870 rechnet es zu den plantes naturalisées ou introduites und bezeichnet es als zerstreut in einzelnen Exemplaren vorkommend „dans les lieux cultivées, sur les décombres, aux bords des chemins et sur les fumiers." [Also wie Xanthium strumarium.] Selten reifen die Früchte, denn die frühen Herbstfröste verhindern das (29). Hardy beobachtete es bei Tournay und Stavelot (286) 1870. Donckier und Durand 1873 und folg. Jahre geben eine Anzahl von Standorten aus der Provinz Lüttich an, aus denen hervorgeht, dafs die Pflanze im Allgemeinen hier ziemlich verbreitet ist, an den einzelnen Localitäten dagegen, mit sehr geringen Ausnahmen, doch nur selten (287, 288, 289, 33). In der Provinz Brabant führt sie Baguet 1876 als „introduite"

an bei Wilsele, Maromsart und Hérent (290). — — Ueber
die Zeit der Einwanderung, die auch hier, wie wir schon so oft
es bemerkt haben, auf dem Handelsweg stattgefunden haben
wird, habe ich nichts näheres erfahren können. Lecoq
1857 (4) nennt Belgien nicht. — — In Luxemburg ist Xanthium spinosum eine seltene oder wenig verbreitete Pflanze.
Koltz fand es 1875—76 bei Ingeldorf (34). — Aus Holland
ist mir wenig bekannt über sein Vorkommen; ich kann nur
Katwijk bei Leiden nennen, wo es Oudemanns 1872 fand (291).

In England kennt Smith 1805 Xanthium spinosum
noch nicht (36). 1866 beobachtete es Bull in Herefordshire
(292), 1871 Naylor (37) auf wüstem Boden bei den neuen
West-India-Docks in Middlesex als eine in der Flora dieser
Grafschaf neue Pflanze. In demselben Jahr fand Mrs. San-
key ein Exemplar in einem Hopfengarten zu Beckey bei
Hastings (293); 1874 ist es bei Manchester und York naturalisirt (294), bei ersterer Stadt kannte es Grindon 1859
noch nicht (295). 1876 sammelte es Lees auf Schutt bei
Hoo Mill in der Nähe von Kidderminster in Worcestershire
(296). — In Schottland tauchte es nach Balfour 1871 bei
Edinburg zwischen Canonmills und Borington plötzlich in
Masse auf einem Weidegrund auf, wo früher eine Gerberei
gestanden hatte, deren Trümmer über die Fläche ausgestreut
worden waren. Ohne Zweifel sind die Früchte mit Häuten [oder
mit Lohe] an diesen Ort eingeführt worden (297). 1873 fand
Gilbert Stuart unser Xanthium „naturalized on the banks
of the Tweed and the Gala (in the vicinity of Galashiels)“,
wo „extensive wool washing and drying works“ bestehen
(298). 1875 beobachtete es Peach auch bei Melrose, zwei-
fellos mit australischer Wolle eingeführt (299). — — — Es
braucht wohl nicht erst hervorgehoben zu werden, dafs ohne
Zweifel der Handel die Pflanze nach ganz Grofsbritannien
gebracht hat.

In Deutschland ist Xanthium spinosum erst seit dem
Anfange dieses Jahrhunderts als wildwachsende Pflanze bekannt. Gmelin 1808 ist der erste, der von ihm spricht, er
hat es als Flüchtling aus dem botanischen Garten in Karls-

ruhe beobachtet (129). — Ich gebe im Folgenden die Standorte in den einzelnen Provinzen, und wir werden sehen, dafs
es ziemlich im ganzen Gebiet, aufser dem Norden, aber meist
sehr zerstreut vorkommt; die Einschleppung durch den Handel
liegt in der Mehrzahl der Fälle offen zu Tage.

Bis 1835 wurde die Pflanze in Schlesien nicht gefunden;
in diesem Jahr beobachtete sie Weimann bei Grünberg
„auf einem Schutthaufen in der Vorstadt hinter dem Gehöft
eines Kaufmanns am Rande eines Bachs, von wo sie sich in
der Entfernung einer halben Meile — unfehlbar durch die
Hülfe des Bachs — weiter ansiedelte." Seitdem ist sie öfter
gefunden worden (300). Erst später, aber vor 1859, hat
man sie bei Breslau constatirt (300), andere Standorte kennt
bis 1859 Weimann nicht. Uechtritz 1861—62 sagt, sie
erscheine um und in Breslau alljährlich an verschiedenen
Plätzen, doch bleibe sie selten (301). 1865 nennt er von
solchen die „Hinterbleiche" und „Gräbschen" mit der Bemerkung, dafs sie früher häufiger gewesen sei wie heute (302).
1877 erwähnt Cohn Schuttplätze an dem Oderthorbahnhofe
(303). Von ferneren Standorten in der Provinz gebe ich an:
1857 Schweidnitz, auf Schutt und Wegen hier und da häufig
(80), hier von Schumann (301) und Rupp 1870 ebenfalls
gefunden (304); 1861 Sorau und ein Hof zu Ratibor, in dem
oft ungarische Schweine untergebracht werden (301); 1863
Striegau (305); 1864 Primkenau, Bunzlau, Hainau, Peis-
kretscham (306); 1865 Ernsdorf bei Reichenau (302); 1871
Liegnitz an einem Lattenzaun der glog. Vorstadt, Gerhardt (307).

In der Mark Brandenburg wurde Xanthium spinosum
vom Anfang der fünfziger Jahre an an einer Reihe von Orten
beobachtet, wohin es jedenfalls mit Wolle u. s. w. aus Ungarn
u. s. w. gekommen ist. Ich lasse dieselben in chronologischer
Ordnung folgen. 1853 nennt Ascherson Frankfurt, Neudamm, Brandenburg (63), 1855 Kotbus und Spremberg (308).
Vor oder während 1859 (das Jahr wird nicht bestimmt angegeben) sah es Weimann (300) bei Züllichau und Sommer-
feld. 1860 führt Ascherson Berlin beim Zellengefängnifs,

Sorau, Gassen, Guben : am Ulrichsgarten an (309), 1861—62
Guben : am Stadtgraben, Driesen (310), 1862—66 Potsdam:
vor der Dampfmühle, Neu-Ruppin : Tuchmacher Ebell's
Garten, Berlin : in der Heidestraſse, wo es 1864 häufig war.
Küstrin : Bauplatz an der Warthe (311). 1870 bemerkte
Heinze die Pflanze an einer Gerberei zu Berlinchen (67),
hier werden Lohe oder Häute zur Einschleppung gedient
haben.

In Posen fand Ritschl sie 1855 bei Posen (308),
in Preuſsen Grabowski 1861—62 auf Gemüllhaufen einer
Gerberei bei Marienburg (312), Conwentz 1874 bei Heu-
bude (Gegend von Danzig) (313).

Aus Pommern, Mecklenburg, Holstein sind mir keine
Funde bekannt, obwohl ich die hierauf berzüglichen Schriften
genau und ziemlich vollständig durchgesehen habe. — — In
der Provinz Sachsen fand Geran 1856 unser Xanthium bei
Kettenmühle bei Mülhausen (314). 1861—62 berichtet Garke,
daſs es sich bei Halle vor dem Dorfe Giebichenstein angesiedelt habe (315). 1863 sammelte es Gundermann bei
Kalbe, 1866 Ebeling und Eggert vor dem Ulrichthore
und der alten Neustadt von Magdeburg (311). — In den
kleinen mitteldeutschen Staaten fand es Engel 1860 bei
Dessau zwischen dem askanischen und Leipziger Thore (309).
1850 beobachtete es Schönheit bei Jena an mehreren
Orten (98), 1866 Ilse ebenfalls (97), nach letzterem ist es :
„augenscheinlich eingeschleppt mit der Wolle einer nahen
Spinnerei." — Im Königreich Sachsen entdeckte Artzt es
1874 am Bahnhofe von Reichenbach im Vogtlande, wohin es
offenbar die Eisenbahn gebracht hat (316).

In Rheinland und Westfalen sind nur sehr wenige Standorte zu verzeichnen. 1849 fand Pfeiffer die Pflanze bei
·Trarbach an der Mosel (317); Wirtgen (1817) erwähnt sie
in seiner Flora der Rheinlande nicht (102). Weimann
1859 sagt, daſs man sie zuweilen bei Aachen auf Schutthaufen sähe, wo fremde (spanische) Wolle von den Tuchmanufacturen verarbeitet werde (300). In gleicher Weise
ist sie mehrmals bei Siegen — 1852 und noch 3 bis 4 Mal

nachher — auf den Lohhaufen einer Gerberei oder Lohmühle ("Schleifmühlchen") aufgetaucht, immer nur kurze Zeit vege-tirend (318, 319). Sie ist ohne Zweifel mit ungarischer Lohe, die manchmal zur Verwendung kommt, eingeschleppt.

In Hessen hat man ebenfalls nur wenige Fundorte ent-deckt; Bauer beobachtete sie zuerst 1854 bei Eberstadt auf Schutthaufen (320), Anfang der 60er Jahre sah sie Reuling um Worms ziemlich häufig, wahrscheinlich mit wollenen Lumpen, die eine Kunstwollfabrik massenhaft bezieht, einge-führt (321). Dosch und Scriba 1873 geben an: Weg nach der Bürgerweide bei Worms, sehr selten (144). — In der Pfalz sah sie Prof. Hoffmann 1865 bei Lamprecht, Eisenbahnstation bei Neustadt a. d. Haardt (322), Trutzer 1874 und 1875 an einigen Stellen bei Kaiserlautern, er be-zeichnet sie als „wohl verwildert" und „unbeständig" (350).

Aus dem Elsaſs giebt Kirschleger 1858 (126) als Standorte an Kolmar, Wasselonne, Bischweiler, und Xanthium spinosum ist nach ihm eine Pflanze, deren flüchtiges oder dauerndes Erscheinen man im 19. Jahrhundert oder gegen Ende des 18. zu constatiren vermag. Maeder fand es 1858 bei Mühlhausen (126). Da die genannten Städte Tuchwebe-reien besitzen, für welche ausländische Wolle bezogen wird, so ist wiederum der Gedanke an eine Einschleppung mit diesem Material sehr naheliegend. 1868 sagt Döll, daſs es in neuerer Zeit auch bei Straſsburg getroffen worden sei (323). — In Lothringen sammelte es Monard bei Ruelles, entre les jardins du Sablon, glacis des fortifications à la poste des Allemands 1866 (324).

Aus Baden stammt, wie schon auf Seite 93 erwähnt, die älteste Notiz über das Vorkommen von Xanthium spinosum in Deutschland. Gmelin constatirte es: circa Carlsruhe, am Holzmagazin, nec non ad vias publicas urbis passim sine dubio ex horto botanico emissa, nunc quasi spontanea (129). Es verschwand im Lauf der Zeit (349), 1867 bemerkte in-dessen ein Seminarist ein Exemplar am Calabrich (zwischen Mühlburg und Knielingen) (323), „wahrscheinlich zufällig verschleppt." An der Landstraſse bei Neckarau, 1 St. vom bot. Garten in Mannheim und 2 St. von Schwetzingen, fand Döll 1837 ein Exemplar (349).

Württemberg besitzt die Pflanze an ziemlich vielen Orten. 1853 entdeckte sie Schütz an einer Stelle des Nagoldufers bei Calw (325). 1861 sagt er von ihr: „zerstreut auf Schutthaufen an der Nagold, am Kapellenberg und in Gärten. Wahrscheinlich durch südeuropäische Wolle eingeführt (326). 1859 beobachtete Schramm Xanth. sp. an einer wüsten Stelle bei Cannstadt, „gewifs eingeschleppt und nur sparsam vorhanden" (327). 1860 fand es Steudel bei Böblingen, Dietrich bei Hegnach (Gegend von Waiblingen) „in einem Hopfengarten, der mit Abfällen ungarischer Wolle gedüngt war" (328). Nach Finckh und Urach soll es auch bei Hohenheim nicht zu selten vorkommen 1861 (328). 1861 sammelte es v. Endrefs am Wege von Ebingen nach Birz und Gmelin am Lothnanger Weg bei Stuttgart (329). 1863 constatirte es Schöpfer vor dem Aldringer Thor in Ludwigsburg, wohin es wahrscheinlich mit Wolle aus Ungarn oder mit Luzernerkleesamen eingeschleppt wurde (330). 1872 beobachtete es Völters auf einer Weinbergsmauer bei Metzingen (331).

In Bayern war die Pflanze bereits 1854 bei Ulm und hatte Regensburg schon einige Jahre früher erreicht, Reisseck (220). Bei letzterer Stadt fand sie auch Loritz 1870 in den Eisenbahnanlagen (332). In Südbayern kennt sie Sendtner 1854 noch nicht (136), 1861 beobachtete sie Frickhinger mit Poa annua in Nördlingen vor Wollarbeiterwohnungen sporadisch auftretend, „die Samen sind offenbar mit ungarischer Wolle eingeführt" (333). 1867 trat sie in der Zolleis'schen Fabrik in Mering auf, wo sie früher nicht war und wohin sie mit Abfällen importirter Wolle gekommen ist, Caflisch (140). Mayenburg 1871—74 erwähnt Kriesdorf a. d. Vils und Vilsmühle (334), ebenso Passau, wo er sie an der Getraidehalle oberhalb der Brücke in einigen Exemplaren fand, wahrscheinlich durch Getreideschiffe aus Osten eingeschleppt (334) 1875 entdeckte sie Kreuzpointner bei München an Getreidelagerhäusern, wo fremdes Getreide bewahrt wurde (335), früher fehlte sie hier.

In der Schweiz kennen sie weder A. v. Haller 1742 (3), noch Steudel und Hochstetter 1826 (143), noch Koch 1838 (48). 1847 giebt sie Laffon bei Büsingen, Buchthalen im Kanton Schaffhausen als selten auf Aeckern an (336), Déréglise fand sie 1874 auf Schutthaufen bei einer Mühle zu Genf (337).

Was das Vorkommen von Xanthium spinosum in den fremden Erdtheilen betrifft, so habe ich dasselbe in Amerika schon erwähnt. — In Asien nenne ich zunächst Transkaukasien, wo es schon lange heimisch und überall verbreitet ist (190, 192, 359); den schon früher angegebenen Standorten in diesem Lande reihe ich noch folgende an : Tiflis 1852 Pomorzoff (227), Derbent 1869 Becker (228), Becken des Rion's (bis zur Höhe von 3400') 1874 Stredinsky (229). In Armenien fand Koch unsere Pflanze 1836 und 1837, und hierhin mag sie wohl von Transkaukasien gelangt sein. In Centralasien zählt sie Regel 1878 bei Taschkent auf (338), wohin sie leicht die letzten Russenfeldzüge gebracht haben können. Bei den Angaben, die mir über das Vorkommen von Xanthium strumarium aus Asien vorliegen und die sich an der betreffenden Stelle meiner Arbeit über diese Pflanze finden, wird, mit Ausnahme von Transkaukasien und Armenien, Xanthium spinosum nirgends erwähnt, woraus man schliefsen darf, dafs es an den dort citirten Orten nicht existirt, denn es würde den Forschern schwerlich entgangen sein. — — In Afrika ist es im Norden und im Süden; im Norden in Algerien, wo es Desfontaines und Munby (letzterer um 1847) nicht gesehen haben, aber nach Boissier (1837) doch vorhanden ist (35). Lecoq (4) 1857 nennt Algerien ebenfalls. 1871 fand es Oberst Paris in der Umgebung von Konstantine bei Sidi-Mecid (339). Vielleicht ist durch die Expeditionen der Franzosen unser Xanthium nach Algier gekommen. — Im Süden hat es sich im Capland eingebürgert; Mitte der fünfziger Jahre existirte es hier noch nicht (35), verbreitete sich aber nach der Einführung aus Europa (298) mit überaus grofser Schnelligkeit an den Wegrändern und wüsten Plätzen des ganzen Landes, dafs schon 1861 Alles von ihm erfüllt war (340). Besonders lästig, ja empfindlichen pecunären Schaden verursachend, ist die Pflanze für die Besitzer der Schaaf-heerden, denn die stacheligen Früchte haften mit enormer Zähigkeit in dem Vliefs der Schaafe und sind nur mit sehr vieler Mühe, oft gar nicht, herauszubringen. Shaw 1873 sagt sogar, dafs durch das infame Gewächs die Wolle 50 Proc. an Werth verliert (341). — In Süd-Australien wurde Xanth. sp. nach Schomburgk zuerst um 1850 constatirt als Pflanze der Wegränder, gewann aber bald „with alarming rapidity" im ganzen Lande Terrain, unterstützt durch die Schaafe und Pferde, die es in ihren Haaren mitschleppten (360). Brown 1802—1805 kennt in Australien unser Xanthium noch nicht, womit ja die Angabe Schomburgk's stimmt. Wools 1866 giebt an, dafs es um Sidney sehr häufig vorkomme, Bentham 1874, dafs es in Queensland in derselben Weise wie im Cap-land die Weidegründe verschlechtere (298). Nach Schom-burgk (360 und 343) gehört es jetzt in Südaustralien zu jenen Pflanzen, die „nicht nur in den Culturen als Unkräuter auftreten, sondern auch in Wald und Busch sich mit Unter-drückung aller einheimischen Gräser und Kräuter verbreiten, die Weiden verschlechtern und die Viehzucht stellenweise fast zur Unmöglichkeit machen." — In Tasmanien führt es Müller bei Hobart-Town und Lomneston an (344) — 1878 wahrsch. — Darüber, dafs die Pflanze von Europa herge-kommen ist, ist kein Zweifel.

Kurzer Rückblick.

Xanthium spinosum wächst in ganz Europa aufser den nordischen Reichen : Schweden, Norwegen, Dänemark. Nach Spanien, Italien, Griechenland, Frankreich, den Niederlanden, England, Deutschland, Oesterreich läfst sich eine Einwande-rung nachweisen, die theils im vorigen, theils in diesem Jahr-hundert, oft erst in neuster Zeit, geschehen ist. Für die meisten

dieser Reiche kann man es aufser Zweifel setzen, dafs Südrufsland das Land ist, von dem aus die Einwanderung stattgefunden hat, entweder unmittelbar oder mittelbar, d. h. von
anderen Ländern aus, die die Pflanze schon von hier erhalten
hatten (namentlich gehört Ungarn dazu). Da für Südrufsland selbst eine Einwanderung sich nicht nachweisen läfst,
und da die Art und Weise des Standorts der Pflanze eine
solche nicht wahrscheinlich machen, so dürfen wir wohl diese
Gegend als Vaterland betrachten. — Die Wanderung ist auf
drei Wegen hauptsächlich erfolgt, 1) indem die Früchte den
Borsten der Schweine, den Mähnen der Pferde, dem Vliefs
der Schafe u. s. w. anhafteten, 2) indem die Früchte mit
Wolle, Häuten, Lohe, Getreide u. s. w., überhaupt Handels-
artikeln, wanderten, 3) indem die Pflanze als Gartenflüchtling Terrain gewann.

Von den aufsereuropäischen Continenten kommt unser
Xanthium in jedem vor. In Südamerika findet sie sich in
Chili, den Laplatastaaten, Uruguay, Brasilien. Mehrere
Autoren nehmen Südamerika als Vaterland an, doch wie es
scheint mit Unrecht. Die Zeit der Einwanderung habe ich
nicht erfahren können, wie mir überhaupt zu meinem Be-
dauern nicht allzu viele Angaben über die Verbreitung und
Einwanderung in Südamerika zugänglich gewesen sind, ich
daher ein ganz entscheidendes Wort nicht zu sprechen vermag. Die Vereinigten Staaten Nordamerikas ergriff Xanthium spinosum im Anfang dieses Jahrhunderts. — In Afrika
besitzt es das Capland und Algerien, in Australien den Süden
und Osten und Tasmanien. In das Capland und Australien
wurde es erst Ende der fünfziger Jahre eingeführt, breitet sich
aber jetzt über weite Strecken aus, die Wollproduction sehr
beeinträchtigend. Algerien hat es wahrscheinlich durch die
Feldzüge der Franzosen im zweiten Viertel unseres Jahrhunderts erhalten.

Quellen zur Geschichte der Verbreitung und Einwanderung von
Xanthium strumarium und **Xanthium spinosum.**

Willkürlich geordnet.

1. Caroli Linnaei systema vegetab. editio decima sexta c. C. Sprengel 1826, III, p. 852.

2. Aug. Pyr. de Candolle, Prodromus system. natur. regni veg. V. 1836, p. 523.

3. Walper's Repertorium Botanices syst. VI, p. 150, 1846.

4. Lecoq, études de la géogr. bot. de l'Europe VII, 1857, p. 287.

5. Bentham, in the Journal of the Linnean soc. XIII, 1873, p. 437.

6. Lenz, Botanik der Griechen und Römer 1859, S. 471.

7. C. Fraas, Synopsis plant. florae class. 1870, p. 216.

8. Grisebach specil. fl. Rumel. et Bithyn. 1843, II, p. 227.

9. Pančic in Verhandl. d. zool. bot. Ver. in Wien 1856, S. 554.

10. P. A. Matthiolus, Kreuterbuch 1586, S. 405 c.

11. J. Bauhin, Historia plantarum etc. III, 1651, p. 572.

12. Th. Tabernämontanus, Neu vollk. Kreuterbuch 1664, S. 1157.

13. Caruel, statistica bot. della Toscana 1871.

14. V. v. Cesati in Linnaea 21, p. 45, 1848.

15. Herbich in Flora 1834, Beibl. II, S. 90, 109 u. 113.

16. Terracciano in Nuove giornale botanico italiano (publicato da O. Beccari) 1873, p. 85.

17. Willkomm in Botan. Zeit. 4, 1846.

18. Willkomm in Flora 1852, S. 198.

19. J. Lange in Videnskabelige Meddeleser fra den naturhist. Forening i Kjöbenhavn 1861. p. 105.

20. Watson in the London Journal of Botany 1844, p. 603.

21. Lamarck et A. P. de Candolle, Synopsis plantarum in flora gallica 1806, S. 185.

22. Personnat in Bull. d. l. s. b. d. France 1870, p. CXIX.

23. Paillot, ibidem, 1870, p. LXXVI.

24. Jaubert, ibidem, 1870, p. CXXVI.

25. Landrin, ibidem, 1866, p. 277.

26. Brisout de Barneville, ibidem, 1869, p. 297.

27. Gaudefray et Mouillefarine, ibidem, 1871, p. 250.

28. Dr. Salis-Marschlins in Flora 1834, Beibl. II. Bd., S. 32.

29. Dévos in Bull. d. l. soc. roy. de Bot. de Belgique 1870, p. 104.

30. Durand, ibidem, 1875, p. 35.

31. Donckier, ibidem, 1862, p. 236.

32. Marchall et Hardy, ibidem, 1868, p. 265.

33. Durand, ibidem, 1877, p. 117.

34. Koltz in Recueil des mémoires et des travaux publiés par la soc. de Bot. du grandduché de Luxembourg I, 1874, p. 67, II—III, 1875—76, p. 83. 109.

35. Alph. de Candolle, géographie bot. rais. II, p. 671, 715, 729, 730, 1855.

36. Smith, flora britannica, III, 1805, p. 1017.

37. Naylor in the Journal of Botany Brit. and for. IX, 1871, p. 371.

38. Bromfield in the Phytologist III, 1849, p. 525.

39. Fries in Flora 1843, I. Bd., S. 336.

40. Fries, summa vegetabilium Scandinaviae, 1846, p. 9.

41. L. Hvasser, in geogr. plant. intra Sueciam distrib. adnot. 1835, p. 57.

42. Den tredie part aff den Danske Vrtebog, 1647, p. 379.

43. Simonis Paulli, quadripartitium Botanicum, 1667.

44. Koch in Videnskabelige Meddeleser fra den nat. Forening in Kjöbenhavn, 1862, p. 128.

45. L. Fuchs, New Kreuterbuch, 1543, Cap. CCXX.

46. A. G. Roth, tentamen florae Germaniae I, p. 410, 1788.

47. Schkuhr, botan. Handbuch, II, p. 240, 1808.

48. W. D. J. Koch, Synopsis der deutschen und schweizer Flora, 1838, S. 462.

49. Reichenbach, Deutschl. Flora, 1860, S. 120, 19. Bd.

50. Thienemann in Flora 1861, p. 728.

51. Sanio in Linnaea 29, 1857—58, S. 189.

52. L. Maier in Botan. Zeit. 12, 1847, S. 205.

53. Preuschoff in Schriften der ökon.-physik. Gesellsch. zu Königsberg, 1876, S. 41.

54. Lucas, ibidem, 1866, S. 156.

55. Kühling, ibidem, 1866, S. 13.

56. Lucas, ibidem, 1860, S. 50.

57. Zabel in Archiv d. Ver. f. Frd. d. Naturg. in Mecklenburg 1859, S. 54.

58. Zabel, ibidem 1861, S. 420.

59. Boll, ibidem, 1849, S. 86.

60. Boll, ibiedm, 1864, S. 116.

61. Wiggers, primitiae florae holsatiae, 1780, p. 69.

62. S. Elsholtii Flora Marchica, 1663, p. 108.

63. Ascherson in Linnaea 1853, p. 400.

64. Ascherson in Zeitschrift für die gesammten Naturwissenschaften 1854, S. 437.

65. Dietrich, Flora der Gegend um Berlin, 1824, S. 844.

66. Itzigsohn und Hertsch in Botan. Zeit. 2, 1854.

67. Warnstorf in Verh. des botan. Ver. für d. Prov. Brandenburg 1871, S. 17.

68. Peck, ibidem, 1868, S. 145.

69. Winter, ibidem, 1870, S. 19.

70. v. Thümen-Gräfendorf in Flora 1857, S. 731.

71. Pankert in Verh. d. bot. Ver. f. d. Prov. Brandenburg 1860, S. 10.

72. Hollá, ibidem, 1861—62, S. 64.

73. Müller im Jahresber. der Schule zu Lübben 1876, S. 15.
74. Engler in Abhandl. d. schles. Gesellsch. für vaterl. Kultur 1868, S. 111.
75. Burkhardt in Abh. d. nat. Gesellsch. zu Görlitz 6. Bd., I. Heft, 1851.
76. Schneider, Flora von Bunzlau, 1837.
77. Limpricht in Abh. d. schles. Gesellsch. für vat. Kultur 1872/73, S. 57.
78. Wimmer, ibidem, 1859, S. 119.
79. Cohn, ibidem, 1860, S. 121.
80. Wimmer, ibidem, 1859, S. 65.
81. Helmrichs, Prodr. florae suidniciensis, p. 18, 1857.
82. Kölbing in Flora I. Bd., S. 197, 1837, 20. Jahrg.
83. F. W. Meyer, Chloris hannovera, 1836, p. 406.
84. Pape im 12. Jahresb. d. nat. Gesellsch. zu Hannover 1862, S. 31.
85. Nöldeke, ibidem, 1864, S. 28.
86. Pape in Jahreshefte d. nat. Ver. f. d. Fürst. Lüneburg III, 1867, S. 69.
87. Alpers in Abh. d. nat. Ver. zu Bremen IV, 1875, S. 355.
88. v. Holle im 12. Jahresb. d. nat. Ges. zu Hannover, 1862, S. 15.
89. Hagena in Abh. d. nat. Ver. zu Bremen II, 1871, S. 103.
90. Lachmann, Flora Brunsviciensis, II, 1831.
91. Schneider in Verh. d. bot. V. f. d. P. Brandenburg 1869, S. 53.
92. Schatz in Botan. Zeit. 35, 1873.
93. Rother in Verh. d. bot. V. f. d. P. Brandenburg 1865, S. 50.
94. Sprengel, Flora Halensis, 1806, p. 269.
95. Zinn, Catalogus plant. horti acad. et agri götting. 1757, p. 13.
96. Schmidt u. Müller im 2. Jahresber. der Gesellsch. von Frd. der Nat. in Gera 1859, S. 25.
97. Ilse in Botan. Zeit. 49, 1866.
98. Schönheit in Linnaea 33, 1864—65, p. 752.
99. Böhmeri florae lipsiae indigena, 1750, p. 268.
100. v. Bönninghausen, Prodr. florae monasteriensis westphal., 1824, p. 289.
101. Müller in Verh. d. nat. V. d. preufs. Rheinl. u. Westfalens 1860, S. 188.
102. Wirtgen, Flora der preufs. Rheinprovinz, 1857, S. 281.
103. Wirtgen in Verh. d. nat. V. d. preufs. Rheinl. u. Westfalens 1850, S. 22.
104. Henfrey und Francis, ibidem, 1851, S. 343.
105. H. Hoffmann, 1868 (Arealnotizen).
106. Bogenhard in Flora 1839, II. Bd. Beibl. S. 37.
107. Polstorf bei Prof. H. Hoffmann's Arealnotizen 1851.
108. Gutheil in Flora 1839, II. Bd. Beibl. 37.
109. J. A. Pollich, historia plant. in palatinatu elect. 1777, p. 607 II.
110. Hildebrand in Verh. d. nat. V. d. preufs. Rheinl. u. Westfalens 1866, S. 75.

111. Thieme in Flora 1844, I. Bd., S. 216.
112. Walther, Flora von Giefsen, 1802, S. 689.
113. Heyer-Rofsmann, Phan.-Flora von Oberhessen, 1860.
114. Dosch u. Scriba, Flora vom Grofsh. Hessen, 1873.
115. Hergt, Flora von Hadamar, 1822.
116. Rudio in Jahrb. d. Ver. f. Nat. im Herzogth. Nassau, 1851.
117. Fuckel, Flora Nassau's, 1856.
118. v. Bergen, Flora Frankofurtana, 1750, p. 263.
119. Gärtner-Meyer-Scherbius, Flora der Wetterau, III. Abth., S. 391, 1801.
120. C. Reufs bei Prof. H. Hoffmann's Arealnotizen.
121. Dr. F. W. Schultz in Jahresber. d. Pollichia 1863.
122. Schultz, Flora der Pfalz.
123. H. Hoffmann, 1850, Arealnotizen.
124. Bauer, Handschriftl. Bemerkung in Schnittspahn, Flora von Hessen, 1853, bei X. str.
125. H. Hoffmann, 1851, Arealnotizen.
126. Kirschleger, Flore d'Alsace III, 1858, p. 101 u. 308.
127. Kirschleger in Annales d'Alsace 1865.
128. Humbert in Bull. d. l. soc. d'histoire nat. du dép. de la Moselle 1870, p. 74.
129. Gmelin, Flora badensis etc., 1808, III, p. 686.
130. Dierbach, Flora heidelbergensis, 1820, p. 510, II.
131. H. Hoffmann 1867, Arealnotizen.
132. Emmert-Segnitz, Flora von Schweinfurt.
133. Funk im 2. Ber. d. nat. Ges. zu Bamberg 1854, S. 50.
134. Sturm-Schnitzlein, Pflanzen von Nürnberg u. Erlangen, 1860.
135. Jungermann, Catalogus plant. circa altorfum noricum et vicinis quibusdam locis, 1615.
136. Sendtner, Vegetationsverhältnisse von Südbayern, 1854, S. 816.
137. Priem im 7. u. 8. Jahresb. d. nat. Ver. in Passau, 1865—68, S. 90.
138. Caflisch in Flora 1848, S. 307.
139. Caflisch, Flora von Augsburg, 1850, S. 51.
140. Caflisch im 19. Ber. d. nat. Ver. in Augsburg 1867, S. 109.
141. Schübler u. Martens, Flora von Württemberg, 1834, S. 627.
142. Finckh in Jahresb. d. Ver. für vaterl. Nat. in Würtemberg, 1860, S. 156.
143. Steudel et Hochstätter, Enumeratio plant. Germaniae Helvetiaeque indig., 1826, p. 136.
144. Ducommun in Verh. der schweiz. nat. Gesellsch. in Solothurn 1869, S. 69.
145. Host, Flora austriaca, 1831, II, p. 616.
146. Kosteletzky, Clavis analytica in Floram Bohem. phan., 124, p. 128.
147. Schanta in Lotos 1861, S. 51.
148. Reufs, ibidem, 1862, S. 236.
149. Reufs, ibidem, 1861, S. 225.

150. Thiel, in Lotos 1862, p. 253.
151. Wawra in Verh. d. zool.-bot. V. in Wien 1852, I, S. 186 u. 177.
152. Makowsky in Verh. des nat. V. in Brünn 1862, I, S. 37, 34, 120.
153. Sloboda, ibidem, 1867, IV, S. 111.
154. Sapetza in Abh. d. nat. Gesellsch. zu Görlitz 1865, S. 38.
155. Kolbenheyer in Verh. des zool.-bot. Ver. in Wien 1862, S. 1202.
156. Ascherson in Verh. d. bot. V. f. d. P. Brandenburg 1865, S. 113.
157. Herbich in Flora 1834, S. 566.
158. Hückel in Verh. d. zool.-bot. Ver. in Wien 1866, S. 283.
159. Tomaschek, ibidem 1862, S. 912.
160. Tomaschek, ibidem, 1868, S. 348.
161. Watoszczak, ibidem, 1874, S. 533.
162. Knapp, ibidem, 1865, S. 130.
163. Holuby, ibidem, 1866, S. 69.
164. Szontagh, ibidem, 1863, S. 1069.
165. Wahlenberg, Flora carpatorum princip. 1814, p. 307.
166. Behrendsen in Bot. Zeit. 1876, 43.
167. Kerner in Verh. d. zool.-bot. V. in Wien 1857, S. 279, VII.
168. Ebenhöch, ibidem, 1860—61, V, S. 59.
169. Szontagh, ibidem, 1864, S. 482, XIV.
170. Sadler, Verzeichnifs der Gewächse um Pesth u. Ofen, 1818.
171. Rochel, Reise in das Banat, 1838.
172. Schneller in Verh. d. bot. Ver. für Nat. zu Prefsburg 1859, IV, S. 82.
173. Schur, Enumeratio plant. transsilvaniae, 1866, p. 428.
174. Barth in Verh. u. Mittheil. d. siebenb. V. f. Nat. zu Hermannstadt 1867, S. 86.
175. Schulzer-Kanitz-Knapp in Ver. d. zool.-bot. V. in Wien 1866, S. 113.
176. v. Klinggräff in Linnaea 31, 1861—62, S. 26.
177. Pantoscek in Verh. d. zool.-bot. V. in Wien 1871—72, S. 39.
178. Freyn, ibidem, 1877, S. 373.
179. Petter in Flora, I. Intellgbl., S. 14, 1832.
180. Alexander in Annals and Mag. of natural history 1846, XVIII, p. 100.
181. Tomaschek in Verh. d. zool.-bot. Ver. in Wien 1859, S. 40.
182. Reichhardt, Flora des Bades Neuhaus bei Cilli, 1860.
183. Kreutzer, Taschenbuch der Flora Wiens, 1852, S. 317.
184. Neilreich in Verh. d. zool.-bot. Ver. in Wien 1859, S. 174.
185. Hakel, ibidem, 1873, S. 567.
186. Brittinger, ibidem, 1862, S. 1045.
187. Leybold in Flora 1854, S. 658.
188. Rostafinski in Verh. d. zool.-bot. Ver. in Wien 1872, S. 145.
189. Lindemann in Bull. de la soc. impér. des naturalistes de Moscou 1860, III, p. 124.
190. Ledebour, Flora Rossica, II, p. 515.

191. Bänitz in den Schriften der königl. physik.-ökon. Gesellschaft zu Königsberg 1865, S. 91.

192. Georgi, Geogr.-physik. Beschreibung des russ. Reiches, III. Theiles V. Bd., 1800, S. 1297.

193. Downar im Bull. de la s. imp. des nat. de Moscou 1861, I, p. 169.

194. Gruner, ibidem, 1868, I, p. 284.

195. Ostrovsky, ibidem, 1867, IV, p. 569.

196. Regel et Herder, ibidem, 1867, HI, p. 125.

197. Wirzén, dissertatio geogr. plant. prov. Casan, 1839.

198. Regel et Herder in Bull. de la soc. i. des nat. de Moscou 1872, II, p. 423 ff.

199. Lindemann, ibidem, 1867, II, p. 526.

200. Gruner, ibidem, 1868, IV, p. 415.

201. Gruner, ibidem, 1872, I, p. 120 ff.

202. Marschall v. Bieberstein, Flora taurico-caucasica II, 1808, p. 398.

203. Koch in Linnaea 1851, 24, p. 314.

204. v. Steven in Bull. de la s. i. d. nat. de Moscou 1856, IV, p. 378.

205. Becker, ibidem, 1866, III, p. 191, 199 ff.

206. Becker, ibidem, 1858, I, p. 50.

207. Kotschy in Flora 1843, II. Bd., S. 501.

208. Besser in Flora, Beibl. I. Bd., 1834, S. 15.

209. Herder in Bull. de la soc. i. des nat. de Moscou 1865, II, p. 399.

210. Duckerby-Sollier-Sannier in Bull. de la soc. bot. de France 12, 1865, p. 326.

211. Kotschy in Flora, II. Bd., 1842, S. 211.

212. Palacky in Flora 1860, S. 295.

213. Vatke in Linnaea 39, 1875, S. 494.

214. Bruhin in Verh. d. zool.-bot. V. in Wien 1876, S. 255.

215. Löw in Just, botan. Jahresb. 1875.

216. Humboldt-Bonpland, Synopsis plant. aequin. orbis novi II, 1823, p. 502.

217. Schaffner, bei Prof. H. Hoffmann's Arealnotizen.

218. Schultz in Flora 1856, S. 356.

219. Philippi in Linnaea 30, S. 244, 1859—60.

220. Reisseck in Verh. d. zool.-bot. V. in Wien 1860, S. 105—108.

221. Bunbury in Annals and Mag. of nat. hist. 1853, p. 465.

222. Palacky in Lotos 1862, p. 241.

223. Grisebach in Behm's geogr. Jahrb. VI, S. 278, 1876.

224. Ascherson in Verh. d. bot. V. f. d. P. Brandenburg 1875, S. 12.

225. Pokorny in den Schriften zur Verbreit. nat. Kenntnifs in Wien 1861/62, 2. Bd.

226. Hamm in Natur 1859, S. 121.

227. Herder in Flora 1870, S. 276.

228. Becker in Bull. d. l. s. i. des nat. de Moscou 1869, I, p. 192.

229. Stredinsky in Just, botan. Jahresb., 2. Jahrg., S. 1147.

230. Koch in Linnaea 17, 1843, S. 44.
231. Becker in Bull. d. l. s. i. des nat. de Moscou 1868, I, p. 193—233.
232. Becker, ibidem, 1867, I, p. 105.
233. Belke, ibidem, 1866, I, p. 243.
234. Holtz in Linnaea 1878, 42, II. Heft, S. 174.
235. Lindemann in Bull. d. l. s. i. des nat. de Moscou 1867, II, p. 526.
236. Czihack in Flora 1836, 19. Jahrg., S. 58, Bd. II.
237. Wiezbicki in Flora 1840, I. Bd., S. 375.
238. Kerner, Pflanzenleben der Donauländer, S. 286, 1863.
239. Bolla in Verh. d. Ver. f. Nat. zu Presburg I, 1856.
240. Borbás in Just, botan. Jahresb. 1876, 3. Abth. 1878, S. 1174.
241. Holuby, ibidem, 1874, 2. Jahrg.
242. Vágner, ibidem, 1876, 3. Abth. 1878, S. 1174.
243. Löhr, Enumeratio etc., 1852.
244. Zawadski in Verh. d. nat. V. in Brünn 1869, S. 62.
245. Herbich in Flora 1857, S. 507.
246. Herbich in Verh. d. zool.-bot. V. in Wien 1860, S. 625.
247. Herbich, ibidem, 1860, S. 615.
248. Tomaschek, ibidem, 1859; S. 53.
249. Tomaschek, ibidem, 1861, S. 71 und 75.
250. Rehmann, ibidem, 1868, S. 489.
251. Hölzl, ibidem, 1861, S. 446.
252. Reisseck in Flora 1841, 24. Jahrg., II, S. 686.
253. Pluskal in Verh. d. zool.-bot. V. in Wien 1854, S. 199.
254. Sapetza, ibidem, 1856, S. 471.
255. Jaksch in Verh. d. nat. V. in Brünn 1868, III, S. 171.
256. Makowsky, ibidem, 1875, S. 62.
257. Urban in Lotos 1851, S. 230.
258. Uechtritz in Abh. d. schles. Gesellsch. f. vat. Cultur 1876, S. 289.
259. Celakowsky in Botan. Zeit. 1871, S. 41.
260. Neilreich in Flora 1847, S. 75.
261. Neilreich in Flora 1852, S. 458.
262. Neilreich in Verh. des zool.-bot. V. Wien 1870, S. 615.
263. Neilreich, ibidem, 1869, S. 268.
264. Andorfer, ibidem, 1856, S. 93.
265. Kerner, ibidem, 1851, S. 28.
266. Steininger, ibidem, 1866, S. 488.
267. Neilreich, ibidem, 1869, S. 792.
268. Heuffer in Flora 1843, 26. Jahrg., II. Bd., S. 768.
269. Reufs in Verh. d. zool.-bot. V. in Wien 1869, S. 141.
270. Römer in Botan. Zeit. 1846, 17.
271. Weifs in Verh. d. zool.-bot. V. in Wien 1869, S. 47.
272. Caruel in Botan. Zeit. 1867, 25.
273. Rabenhorst in Flora 1850, S. 324, 348, 378.
274. Marchesetti in Verh. d. zool.-bot. V. in Wien 1875, S. 604.
275. Cesati in Linnaea 1863, S. 242.

276. Todaro in Botan. Zeit. 1864, 7.
277. C. Linnaei systema etc. edidit Richter 1840, p. 934.
278. Willkomm in Flora 1846, S. 676.
279. Willkomm in Linnaea 40, 1876, S. 53.
280. Watson in the London Journal of Botany 1847, VI, p. 382.
281. Brisout de Barneville in Bull. d. l. soc. bot. de France 1868, p. 23 et 24.
282. Delacour, ibidem 1874, p. 283 Anmerkung.
283. Crépin in Flora 1861, S. 381.
284. Thielens in Bull. d. l. soc. roy. de bot. de Belgique 1864, III, p. 147.
285. Cogniaux, ibidem, 1867, VI, S. 387.
286. Hardy, ibidem, 1870, S. 128.
287. Donckier und Durand, ibidem, 1873, S. 406.
288. Donckier und Durand, ibidem, 1874, S. 526.
289. Donckier und Durand, ibidem, 1875, S. 315.
290. Baguet, ibidem, 1876, S. 136.
291. Oudemans in Nederlandsch kruidkundig Archief, Tweede serie, 1. Deel, 2. Stuck, 1872, p. 139.
292. Bull 1866, bei Prof. H. Hoffmann's Arealnotizen.
293. Saunders in the Journal of Botany, Brit. and for. 1871, IX, p. 51.
294. Babington, ibidem, 1874, XII, p. 216.
295. Grindon, the Manchester Flora 1859.
296. Lees in the Journal of Botany, Brit. and for. 1876, XIV, p. 215.
297. Balfour, ibidem, 1871, p. 380.
298. Brown in the Gographical Magazine 1874, p. 321 ff.
299. Peach in Just, botan. Jahresb. 1875, S. 603, 3. Jahrg.
300. Weimann in Natur 1859, S. 256.
301. Uechtritz in Verh. d. b. V. f. d. P. Brandenburg 1861—62, S. 210.
302. Uechtritz, ibidem, 1865, S. 90.
303. Cohn, Bericht über die Thät. d. botan. Section 1877, Erforschung der schles. Flora, zus. von Uechtritz.
304. Engler in Verh. d. b. V. f. d. P. Brandenburg 1870, S. 57.
305. Uechtritz, ibidem, 1863, S. 135.
306. Uechtritz, ibidem, 1864, S. 112.
307. Gerhardt in Abhandl. der schles. Gesellsch. f. vat. Cultur 1874, S. 123.
308. Ascherson in Linnaea 1856, 28, S. 589.
309. Ascherson in Verh. d. b. V. f. d. P. Brandenburg 1860, S. 175.
310. Ascherson, ibidem, 1861—62, S. 258.
311. Ascherson, ibidem, 1866, S. 132.
312. Klinggräff, ibidem, 1861—62, S. 189.
313. Conwentz in Just, botan. Jahresb. 2. Jahrg. 1874, S. 1036.
314. Garke in Verh. d. b. V. f. d. P. Brandenburg 1861—62, S. 241.
315. Bornemann in Zeitschr. für die ges. Naturw. 1856, S. 131.
316. Artzt in Jahresb. d. V. f. Nat. zu Zwickau 1875, S. 88.

317. Wirtgen u. Koch in Flora 1849, S. 79.

318. Rudio in Jahrb. d. V. f. Nat. im Herzogthum Nassau 1852.

319. Jüngst, Flora Westfalens 1869, S. 371.

320. Bemerk. in Bauer's Herbarium (in Giefsen).

321. Reuling 1865, bei Prof. H. Hoffmann's Arealnotizen.

322. H. Hoffmann 1865, Arealnotizen.

323. Döll in Mannheimer V. für Nat. 34. Jahrg. 1868, S. 66.

324. Monard in Bull. de la soc. d'histoire nat. du dép. de la Moselle 1866, p. 160.

325. Schütz in Jahresh. des Ver. f. vaterl. Nat. in Würtemberg 1854, S. 10.

326. Schütz, Flora des nördl. Schwarzwalds, I. Heft 1861, S. 31.

327. Schramm in Flora 1856, S. 615.

328. Finckh und Urach in Jahresh. d. V. f. v. Nat. in Württemberg 1861, S. 353.

329. Finckh und Urach, ibidem, 1862, S. 190.

330. Finckh und Urach, ibidem, 1864, S. 52.

331. Finckh und Urach, ibidem, 1872, S. 238.

332. Loritz 1870, bei Prof. H. Hoffmann's Arealnotizen.

333. Frickhinger im 14. Ber. d. nat. Ver. in Augsburg 1861, S. 39.

334. Mayenberg im 10. Ber. d. nat. Ver. in Passau 1871—74, S. 88, 104.

335. Kreuzpointner in Flora 1876, S. 79.

336. Laffon in Verh. d. schweiz. nat. Gesellsch. bei ihrer Versammlung zu Schaffhausen 1847, S. 281.

337. Déréglise in Bull. d. l. s. roy. de Bot. de Belgique 1877, p. 239.

338. Regel in Bull. d. l. s. i. des nat. de Moscou 1878, p. 172, II.

339. Paris in Bull. d. l. s. b. de France 1871, p. 263.

340. D'Urban in the Journal of the Proceedings of the Linnean society, Botany 1864, VII, p. 269.

341. Shaw in Just, botan. Jahresb. 2. Jahrg. 1874, S. 1107.

342. Brown, Prodromus florae novae Hollandia, 1827.

343. Schomburgk in Wiener Gartenzeitung, Jan. 1879.

344. v. Müller in Just, botan. Jahresb., 3. Abth. 1878, S. 1174.

345. Chamisso in Linnaea 1831, VI, S. 157.

346. Karsch, Phan.-Flora der Prov. Westfalen 1853, S. 303.

347. Dr. Uloth, Schriftliche Mittheilung an mich, April 1879.

348. Freyn in Verh. d. zool.-bot. V. in Wien 1872, S. 349.

349. Döll, Flora des Grofsherzogthums Baden, II, S. 848, 849, 1859.

350. Trutzer, Flora von Kaiserslautern in Jahresber. der Pollichia XXXIV und XXXV, 1877, S. 40.

351. Gallenmüller, Phan.-Flora von Aschaffenburg 1876.

352. Hauck, Die botan. Untersuchung der Gegend von Nürnberg, 1858, S. 11.

353. A. Th. Wegelin, Enumeratio stirp. Helvet. 1837, p. 21.

354. A. M. Smith in Verh. des zool.-bot. Ver. in Wien 1878, S. 366.

355. Ed. Josch, Flora von Kärnthen 1853, S. 68.

356. Baenitz, Beiträge zur Flora des Königsreichs Polen 1871, S. 13.

357. Behrendt im Programm der städt. Realschule zu Tilsit 1877, S. 12.

358. David Christison in Transact. of the bot. Soc. Edinburgh, XIII, 1878, p. 267.

359. Radde, Vier Vorträge über den Kaukasus, 36. Ergheft zu Petermann's geogr. Mitth. 1875, S. 29, 31.

360. Schomburgk, on the naturalized weeds and other plants in South Australia, 1879.

IV.

Vorläufiger Bericht über zwei neue Mineralien von der Grube Eleonore am Dünsberg bei Gießen.

Von Dr. **August Nies**, Reallehrer in Mainz.

Die Untersuchung der von mir auf der Grube „Eleonore"
entdeckten neuen Mineralien*), die ich den Mitgliedern der
Oberhessischen Gesellschaft für Natur und Heilkunde bereits
auf der Generalversammlung zu Dillenburg im Jahr 1878 mit
Strengit vorzeigen konnte, hat bis jetzt folgende Resultate
ergeben :

Das eine Mineral, dem ich nach dem Fundorte den Namen
Eleonorit beigelegt habe, ist ein bis jetzt noch nicht bekannt
gewesenes Eisenphosphat von der Zusammensetzung :

$$2\,(Fe_2)P_2O_8 + H_6(Fe_2)O_6 + 15\,aq.$$

Die Krystalle sind zum Theil säulenförmig ausgebildet, wobei
die eine Fläche sehr stark vorherrscht, während die benachbarte zurücktritt; ebenso tritt von den als Endflächen vorhandenen Domenflächen oft nur die eine auf, während die

---

*) Jahrb. für Mineralogie u. s. w. Jahrg. 1877, S. 176.

andere fehlt. Dadurch bekommen die Krystalle einen vom rhombischen System abweichenden Habitus, der mich früher veranlaſste das Mineral für monoklin zu erklären, während die Krystallform höchst wahrscheinlich rhombisch ist, da unter dem Polarisationsapparat die eine Auslöschungsrichtung mit einer Säulenkante zusammen fällt. Die rhombische Form tritt deutlicher bei den öfters ringsum ausgebildeten Kryställchen hervor, welche durch eine braune erdige Substanz verbunden, Hohlräume in dem isolirten Eisensteinsblock erfüllen, in dem auch der Strengit vorkommt.

Spaltbarkeit ist anscheinend parallel den Domenflächen und dem Brachypinakoïd vorhanden.

Der Eleonorit ist in frischem Zustande glasglänzend, durscheinend, von dunkelbrauner Farbe, oft bunt angelaufen und hat gelben Strich. Das Mineral ist auffallend stark dichroïtisch, denn die parallel der Hauptaxe schwingenden Strahlen sind hellgelb, die senkrecht hierzu schwingenden Strahlen aber lebhaft rothbraun gefärbt. Zwischen gekreuzten Nicols ist die Auslöschungsrichtung *annähernd* zusammenfallend mit der Säulenkante; im Uebrigen stellen sich lebhafte Interferenzfarben ein. Die Härte ist = 3, das specifische Gewicht = 2,40. Das Mineral ist in Salzsäure und erwärmter Salpetersäure löslich. Der Eleonorit bildet im Tagbau der Grube Kugeln, aus denen Kakoxen durch Verwitterung resp. Phosphorsäureabnahme hervorgeht.

Der *Picit*, wie ich das zweite Mineral nach dem picites resinaceus Breithaupt's, dem es sehr nahe steht, genannt habe, ist ein neben dem Eleonorit vorkommendes, amorphes Eisenphosphat von der Zusammensetzung :

$$4\,(Fe_2)P_2O_8 + 3\,H_6(Fe_2)O_6 + 27\,aq.$$

Er bildet dünne Ueberzüge, oder kleine stalaktitische oder kugelige Formen, ist glas- bis fettglänzend, durchscheinend, dunkelbraun, oft bunt angelaufen und hat gelben Strich. Der Bruch ist muschelig, die Härte = 3 bis 4, das specifische Gewicht 2,83. Der Picit scheint identisch zu sein mit dem

von Bořicky von der Grube Hrbck bei St. Benigna beschriebenen Mineral (Berichte der k. k. Academie der Wissensch.
in Wien, mathem.-naturw. Classe I, Abth. 2, S. 16 ff.).

Mainz, im Januar 1880.

Eingegangen bei dem Vorstande der oberh. Gesellsch.
am 24. Januar 1880.

Phänologische Beobachtungen

Von

Namen	Erste Blüthe offen			
	1872	1873	1874	1875
1. *Aesculus Hippocastanum*	30. IV	21. IV	27. IV	10. V
2. *Aesculus macrostachya*	20. VII	24. VII	20. VII	22. VII
3. *Aster Amellus*	7. VIII	15. VIII	15. VIII	8. VIII
4. *Atropa Belladonna*	[20. V]	21. VI	4. VI	24. V
5. *Berberis vulgaris*	3. V	10. V	16. V	14. V
6. *Castanea vulgaris*	27. VI	14. VII	—	18. VII
7. *Catalpa syringaefolia*	26. VII	26. VII	16. VII	17. VII
8. *Colchicum autumnale*	12. VIII	18. VIII	15. VIII	7. VIII
9. *Cornus mas*	27. III	12. III	—	6. IV
10. *Corylus Avellana*	2. III	6. I	21. I	29. I
11. *Daphne Mezereum*	6. III	—	—	[31. III]
12. *Dianthus Carthusianorum*	11. VI	14. VI	26. V	[10. VI]
13. *Lilium candidum*	—	4. VII	[2. VII]	29. VI
14. *Liriodendron tulipifera*	12. VI	19. VI	[14. VI]	10. VI

---

*) S. 14. Bericht S. 61, und 15. Bericht S. 1 f. — Die [eingeklammerten]

in Giefsen *).

H. Hoffmann.

		Erste Blüthe offen			erste Frucht reif.	allgemeine Laubver- färbung.
1876	1877	1878	1879	General- Mittel (...Jahre)	General- mittel	General- mittel
8. V	16. V	30. IV	18. V	7. V (25)	17. IX (25)	11. X (25)
27. VII	25. VII	[23. VII]	5. VIII	22. VII (17)	—	11. X (8)
10. VIII	12. VIII	9. VIII	15. VIII	11. VIII (19)	6. X (1)	21. X (1)
10. VI	6. VI	18. V	9. VI	28. V (20)	2. VIII (13)	—
9. V	18. V	5. V	24. V	9. V (24)	13. VIII (14)	19. X (3)
[31. VII]	30. VI	26. VI	9. VII	9. VII (22)	[2. X] (8)	22. X (20)
—	23. VII	22. VII	6. VIII	23. VII (21)	—	9. X (23)
[14. VIII]	30. VII	15. VIII	20. VIII	12. VIII (29)	23. VI (12)	23. VI (2)
[27. III]	18. II	4. III	1. IV	17. III (25)	28. VIII (12)	[17. X] (6)
24. II	[8. I]	25. II	[10. III]	16. II (32)	12. IX (5)	13. X (13)
[3. III]	18. I	18. II	17. III	19. II (24)	19. VI (13)	[7. IX] (4)
28. V	—	12. V	—	5. VI (19)	8. VIII (14)	19. IX (8)
3. VII	—	28. VI	11. VII	1. VII (22)	—	—
[19. VI]	19. VI	[13. VI]	[23. VI]	12. VI (15)	—	13. X (10)

Daten sind nur annähernd genau.

8 *

Namen	Erste Blüthe offen			
	1872	1873	1874	1875
15. *Muscari botryoides*	2. IV	29. III	—	12. IV
16. *Persica vulgaris*	11. IV	31. III	14. IV	[20. IV]
17. *Prenanthes purpurea*	7. VII	18. VII	19. VII	9. VII
18. *Prunus avium*	12. IV	9. IV	16. IV	[25. IV]
19. *Prunus Cerasus*	20. IV	14. IV	20. IV	27. IV
20. *Pyrus communis*	17. IV	12. IV	22. IV	2. V
21. *Pyrus Malus*	27. IV	17. IV	22. IV	5. V
22. *Ribes Grossularia*	6. IV	2. IV	13. IV	20. IV
23. *Ribes rubrum*	10. IV	[7. IV]	—	[22. IV]
24. *Salix daphnoides*	[30. III]	1. IV	[9. IV]	12. IV
25. *Sambucus nigra*	28. V	26. V	2. VI	25. V
26. *Scilla sibirica*	17. III	25. III	—	9. IV
27. *Syringa vulgaris*	28. IV	9. V	27. IV	9. V
28. *Vitis vinifera*	17. VI	22. VI	10. VI	7. VI

Erste Blüthe offen					erste Frucht reif.	allgemeine Laubver- färbung.
1876	1877	1878	1879	General- mittel (... Jahre)	General- mittel	General- mittel
3. IV	2. IV	[4. IV]	[9. IV]	3. IV (14)	—	—
7. IV	13. IV	15. IV	26. IV	7. IV (25)	4. IX (12)	—
13. VII	18. VII	10. VII	20. VII	15. VII (14)	13. VIII (3)	14. X (3)
11. IV	13. IV	19. IV	27. IV	19. IV (26)	14. VI (24)	16. X (18)
—	—	20. IV	29. IV	22. IV (23)	6. VII (15)	20. X (7)
22. IV	27. IV	20. IV	4. V	23. IV (26)	12. VIII (13)	11. X (17)
27. IV	11. V	27. IV	10. V	28. IV (26)	16. VIII (14)	23. X (18)
7. IV	9. IV	15. IV	[18. IV]	12. IV (25)	6. VII (20)	[21. X] (17)
6. IV	[11. IV]	[20. IV]	19. IV	14. IV (21)	21. VI (27)	4. X (12)
3. IV	9. IV	[8. IV]	10. IV	8. IV (17)	—	15. X (15)
30. V	5. VI	16. V	5. VI	27. V (26)	11. VIII (26)	[7. X] (21)
24. III	13. II	[9. III]	[27. III]	17. III (15)	—	—
[5. V]	1. V	3. V	15. V	4. V (25)	12. X (2)	[16. X] (17)
18. VI	18. VI	10. VI	23. VI	14. VI (27)	5. IX (19)	17. X (23)

VI.

Experimental - Untersuchungen über die Steighöhen von Wasser und Alkohol.

Von **Karl Noack**.

---

1. Die Steighöhen von Wasser und Alkohol zwischen den Temperaturen von 0° bis 190° Celsius.

Die Untersuchungen von Sondhaufs*), Frankenheim**), Brunner***), Wolf†) haben das Resultat ergeben, dafs die Aenderung der capillaren Steighöhe einer Flüssigkeit resp. der specifischen Cohäsion a², d. h. der Steighöhe in einer Röhre vom Halbmesser 1, nichts weniger wie proportional der Aenderung ihrer Dichtigkeit mit der Temperatur erfolgt, dafs vielmehr die Abnahme von a² in weit rascherem Verhältnifs stattfindet, als es jenes Ergebnifs der Theorien von Laplace, Gaufs und Poisson††) verlangt,

---

*) Sondhaufs, de vi quam calor habet in fluidorum capillaritatem. Vratisl. 1841.

**) Frankenheim und Sondhaufs, über die Capillarität flüssiger Körper bei verschiedenen Temperaturen (Journal für praktische Chemie. Bd. 23 (1841), S. 401 ff.).

Frankenheim, über die Anhängigkeit einiger Cohäsionserscheinungen von der Temperatur (Ann. d. Phys. u. Chem. Bd. 72 (1847)).

***) Brunner, Untersuchung über die Cohäsion der Flüssigkeiten (Ann. d. Phys. u. Chem. Bd. 70).

†) Wolf, Vom Einflufs der Temperatur auf die Erscheinungen in Haarröhrchen (Ann. der Phys. und Chem. Bd. 101 u. 102).

††) Laplace, œuvres 4, p. 505 ff. Gaufs, principia generalia theoriae figurae fluidorum in statu aequilibrii. Comm. soc. reg. tom. 7, p. 88, Gött. 1832; Poisson, nouvelle théorie de l'action capillaire, p. 106. Paris 1831.

die bekanntlich alle drei übereinstimmend zu dem Schlufs kommen, dafs sich die capillare Steighöhe einer Flüssigkeit direct proportional ihrer Dichtigkeit bei wechselnder Temperatur ändere *).

Allein die Theorien gehen von der Voraussetzung aus, dafs die beiden in Berührung stehenden Flüssigkeiten während der ganzen Versuchsreihe dieselben sind. Im Hinblick auf die bei diesen Versuchen befolgten Methoden ist es aber einleuchtend, dafs diese Bedingung durchaus nicht erfüllt ist, vielmehr ist die zweite Flüssigkeit, d. h. der Dampf der ersten, so bedeutenden Aenderungen ausgesetzt, dafs die erhaltenen Resultate durchaus nicht als Beweis für die Unrichtigkeit der genannten Theorien geltend gemacht werden dürfen. Es kann daher aus den Aenderungen der Steighöhen noch kein Schlufs gezogen werden auf die Aenderungen der Oberflächenspannung α_{13}, z. B. zwischen Wasser und Luft (resp. Dampf von niederer Spannung), da man bei anderen Temperaturen durchaus nicht dieselbe Gröfse mifst, sondern die Oberflächenspannung zwischen Wasser und Dampf von beträchtlicher Dichte.

Die oben angeführten Untersuchungen führten mit ziemlicher Uebereinstimmung zu dem Ergebnifs, dafs innerhalb der Fehlergrenzen die Aenderung von a^2 im Intervall von 0^0 bis 100^0 indirect proportional der Temperaturzunahme zu setzen sei. Doch führen alle an, dafs genauer genommen die Curven, welche den Verlauf von a^2 mit der Temperatur darstellen, schwach gegen die Temperaturachse gekrümmt seien.

Folgendes sind für Wasser und Alkohol die Ergebnisse :

---

*) Poisson a. a. O. p. 107 : „l'experience montre, en effect, que pour un même liquide à différentes températures, l'élévation du point C croit proportionellement à la densité; ce qui donne lieu croire que la force repulsive de la chaleur, ou du moins sa variation, que nous avons négligée, n'a qu'une influence insensible sur l'intégrale etc.“

1. Wasser.

$a^2 = 15,373 - 0,02938$ t (S o n d h a u f s, a. a. O. S. 25),

$a^2 = 15,420 - 0,02944$ t (F r. u. S., a. a. O. S. 421),

$a^2 = 15,366 - 0,02881$ t (F r a n k e n h., a. a. O. S. 195),

$a^2 = 15,332 - 0,02864$ t (B r u n n e r, a. a. O. S. 515),

$a^2 = 15,769 - 0,02865$ t (W o l f, a. a. O. S. 577).

2. Alkohol.

$a^2 = 6,061 - 0,01441$ t (S o n d h a u f s, a. a. O. S. 31),

$a^2 = 6,050 - 0,01269$ t (F r. u. S., a. a. O. S. 423),

$a^2 = 6,050 - 0,011640$ t $- 0,000051120$ t^2 (F r a n k e n-

heim, a. a. O. S. 201),

während nach R o s e t t i sich die Aenderung der Dichte des
Wassers durch die Formel wiedergeben läfst

$$d = 0,99987 - 0,0004101 \ t$$

und K o p p für den Aethylalkohol in demselben Intervall die
Zahlen

$$d = 0,80950 - 0,0009287 \ t$$

giebt.

Dafs aber die Abnahme der Steighöhe von Flüssigkeiten,
die unter dem Druck ihres Dampfes erwärmt werden, für
höhere Temperaturen eine weit raschere sein mufs, wird auf
das schlagendste durch den Versuch von W o l f nachgewiesen [*]), wonach bei einer Temperatur von 191⁰ C. die Steighöhe von Aethyläther gleich 0 wird, während seine lineare
Formel [*]) für die Abhängigkeit der Steighöhe von der Temperatur 217⁰ C. liefern würde.

Was die von W o l f zwischen 190 und 200⁰ beobachtete
Depression der Aethersäule bei fortwährend concavem Meniskus
anlangt, so scheint D r i o n [**]) die richtige Erklärung abge-
geben zu haben, indem er eine kleine Temperaturdifferenz
der innersten Flüssigkeit und der äufseren annimmt, die bei
der starken Ausdehnung der Flüssigkeit in der Nähe des
kritischen Punktes wohl ausreichen kann, um die Erscheinung

---

[*]) A. a. O. S. 583.

[**]) Annales de chim. et de phys. 1859, tom. 56, p. 228.

zu erklären. Diese Vermuthung wird durch die Versuche von Ladenburg*) bestätigt, der keine derartige Depression bemerkt, weil den Flüssigkeiten Zeit gelassen war eine durchweg gleichmäßige Temperatur anzunehmen.

Man ersieht aus dem Gesagten, daß die Aenderung der Steighöhen mit der Temperatur durchaus noch nicht festgestellt ist, vielmehr eine Erweiterung der Temperaturgrenzen entschieden wünschenswerth erscheint.

Allein die experimentellen Schwierigkeiten, mit denen man zu kämpfen hat, und die geringe Uebereinstimmung unter den Resultaten machen die Untersuchung zu keiner angenehmen. So ist z. B. die einzig brauchbare von den bis jetzt vorgeschlagenen Methoden zur Bestimmung der Steighöhe einer Flüssigkeit bei hohen Temperaturen und zwar schon bei solchen, die noch nicht deren Siedepunkt überschreiten, mit einem Fehler behaftet, dessen Correction die Genauigkeit der Resultate sehr illusorisch macht. Ich meine die Methode, wonach die Flüssigkeit mit eingetauchter Capillarröhre in eine starkwandige sogenannte Aufschlußröhre eingeschmolzen wird. Das störende bei dieser Methode ist die Berücksichtigung der Erhebung der Flüssigkeit in dem zwischen Capillarrohr und äußerer Wand gebildeten ringförmigen Raum. Die von Wolf**) vorgeschlagene Berichtigung der nach dieser Methode gefundenen Steighöhen ist ganz angemessen, basirt aber auf der schwerlich häufig erfüllten Voraussetzung, daß die Abnahme der Steighöhe mit wachsender Temperatur schon annähernd bekannt ist.

Einfacher und exacter ist wohl folgendes Verfahren : Zwei ungleich weite Glasröhren von den Radien r und r' seien in eine Flüssigkeit eingetaucht, die in denselben bis zu den Höhen h und h' bei einer und derselben Temperatur ansteigt; sei ferner α der Ausdehnungscoëfficient des Glases und $\varphi(t)$ die specifische Cohäsion a^2 der Flüssigkeit als Function ihrer Temperatur, so hat man

---

*) Ber. d. chem. Ges. zu Berlin 1878, S. 818.
**) Ann. d. Phys. u. Chem. Bd. 102, S. 582.

$$h = \frac{\varphi(t)}{r\,(1 + \alpha t)} \qquad\qquad h' = \frac{\varphi(t)}{r'\,(1 + \alpha t)}$$

wobei das Correctionsglied der Formel

$$a^2 = rh + \frac{r^2}{3}$$

als Gröfse zweiter Ordnung vernachlässigt ist. Es ergiebt sich hieraus

$$\frac{h - h'}{h'} = \frac{r' - r}{r} = \frac{1}{c}$$

d. h. das Verhältnifs der Höhendifferenz zu einer der Höhen ist bei allen Temperaturen eine constante Gröfse. Hat man also bei irgend einer Temperatur die Höhendifferenz $h - h'$ $= d$ und eine der Höhen h' gemessen, so findet man die Höhe h_t bei jeder anderen Temperatur t aus der Differenz d_t nach der Formel

$$h_t = d_t\,(1 + c).$$

Dieses Resultat läfst sich aber im Wesen auf den Fall übertragen, wo eine Capillarröhre in die Flüssigkeit eintaucht, die in einer etwas weiteren Röhre enthalten ist; die obige zweite Röhre ist dann ersetzt durch den ringförmigen Raum zwischen Capillarröhre und äufserer Wand.

Man hat also auch in diesem Fall nur jede Höhendifferenz mit einem ein für allemal empirisch zu bestimmenden constanten Factor zu multipliciren, um die wahre Erhebung zu erhalten.

Um nun auf die Untersuchungen selbst zu kommen, so sei zuerst über die Einrichtung des Apparates folgendes bemerkt (hierzu Tafel 1):

In Glasröhren von 20 cm Länge und 14 mm innerem Durchmesser und 2,5 bis 3 mm Wandstärke wurden etwa 4 bis 5 ccm Wasser resp. Alkohol (vom spec. Gewicht 0,8105 bei 10° C.) eingefüllt und dann mittelst zweier federnder Drahtringe von der Tafel I, Figur 3 dargestellten Form die Capillarröhre im innern befestigt. Der hierzu benutzte Draht war sehr reiner Kupferdraht. Durch diese Art der Befestigung konnte die Centrirung in durchaus befriedigender Weise erreicht werden; der untere Ring ruhte auf der Ver-

jüngung der umhüllenden Röhre, so daſs das Ende der Capillarröhre zwei bis drei Millimeter von deren unterem Ende
entfernt war. Nun wurde die Röhre, ohne vorher zu evacuiren, zugeschmolzen, da es sich gezeigt hatte, daſs die evacu-
irten Röhren wegen der unvermeidlichen Deformation beim
Zuschmelzen nicht die nöthige Widerstandsfähigkeit hatten.
Die so präparirten Röhren hatten dann als Probe im Luftbad
eine Erhitzung von 200⁰ C. und etwa halbstündiger Dauer
zu bestehen; daſs ein groſser Theil hierbei verunglückte, ist
leicht begreiflich.

Von den so präparirten Röhren kamen im Lauf der
Untersuchung nur drei zur Verwendung, eine mit Alkohol
und zwei mit Wasser gefüllte; dieselben werden im Folgenden mit I, II (destillirtes Wasser) und III (Alkohol) bezeichnet
werden.

Betreffs der Erwärmung der Röhren schlug ich nun einen
anderen Weg ein, wie der seither befolgte. Es schien mir
nämlich für meinen Zweck wichtiger, wenige möglichst genaue Angaben zu erhalten, als Resultate bei sehr vielen
Temperaturen zu gewinnen, die, wenn auch als Mittel von
drei oder vier Ablesungen, mir doch nicht die erreichbare
Genauigkeit zu haben schienen. Ich erwärmte daher die
Röhren im Dampf siedender Flüssigkeiten und zwar von

Schwefelkohlenstoff (46,5⁰ C.),
Aethylalkohol (78,2⁰ C.),
Wasser (100⁰ C.),
Amylalkohol (119⁰ bis 132,5⁰ bei verschiedener
Concentration),
Terpentinöl (155,5⁰ bis 157,5⁰ ebenso),
Anilinöl (186,5⁰ und 190⁰ C.).

Von letzterem benutzte ich zwei Sorten, die verschiedene
Siedepunkte hatten.

Diese Flüssigkeiten wurden in einer kupfernen Destillirblase erwärmt, die in zwei Ringen fest an einem eisernen
Stativ befestigt war. Auf dem Boden des Stativs war ebenfalls unverrückbar ein Gasbrenner angebracht. In dem die
Destillirblase schlieſsenden Tubulus war mittelst eines starken

Korkpfropfes die Verjüngung eines 4 cm starken Glascylinders befestigt, in welchem mittelst eines Drahtgestelles die zugeschmolzenen Röhren senkrecht aufgehängt werden konnten. Oben war der Cylinder geschlossen durch einen Kork, durch den ein Geifsler'sches Thermometer und eine etwa 12 mm weite Glasröhre eingeführt waren. Letztere stand mittelst eines kurzen Schlauches von vulkanisirtem Kautschuk mit einem Kühlrohr in Verbindung, das schräg aufwärts an einem eigenen Stativ befestigt war.

Wurde nun die Flüssigkeit zum Sieden erhitzt, so umströmte ihr Dampf den die Röhre umhüllenden Glascylinder, condensirte sich dann in dem Kühlrohr und strömte sofort in die Destillirblase zurück. Durch ein an der unteren Seite des verschliefsenden Korkes angebrachtes Blechscheibchen war die zurückströmende Flüssigkeit genöthigt an einer bestimmten Stelle der Wand herabzurinnen, so dafs eine durch etwa auftropfende Flüssigkeit erfolgende Abkühlung des Hauptrohres vermieden wurde.

Durch diese Einrichtung des Rückflusses konnte es allein gelingen, ohne Unterbrechung und ohne allzugrofse Mengen von Flüssigkeit anwenden zu müssen, für die Dauer der Versuche ganz constante Temperaturen zu erzielen, wie es zur Erreichung zuverlässiger Resultate unbedingt erforderlich war. Welche Genauigkeit durch das Verfahren erreicht wurde, ist aus den Tabellen ersichtlich.

Die eigenthümliche Einrichtung, dafs der ganze Apparat mit dem Stativ unverrückbar verbunden und die Communication mit dem Kühlrohr allein durch einen Gummischlauch hergestellt war, wurde durch die Nothwendigkeit bedingt, den ganzen Apparat neigen zu können, um vor jeder Ablesung eine vollständige Benetzung der Capillarröhre zu erzielen. Diese Neigung des Apparates, die um die hintere Kante des Stativbodens stattfand, wurde durch einen über mehrere Rollen gehenden Bindfaden bewirkt, dessen eines Ende am oberen Theile des Stativs befestigt war, während das andere zu dem Tisch des Kathetometers führte. Letzteres war in 1½ bis 2 Meter Entfernung aufgestellt und durch eine mit

Fenster versehene Kiste vor Verletzungen durch die etwa
stattfindenden Explosionen geschützt.

Ein Mißstand darf hierbei nicht unerwähnt bleiben. Es
war dieß der Mangel eines geeigneten Fundamentes für das
Kathetometer; doch glaube ich den daraus entspringenden
Fehler dadurch möglichst verringert zu haben, daß ich das
Kathetometer so aufstellte, daß es nie mit dem Beobachter
auf einen und denselben Balken des Fußbodens zu stehen
kam. Außerdem wurde seine Stellung immer erst dann
regulirt, wenn der Beobachter seinen Platz eingenommen
hatte, den er dann für gewöhnlich während einer ganzen
Versuchsreihe nicht zu verlassen brauchte, da auch der Gas-
zufluß zum Brenner von hier aus regulirt werden konnte.

Die Beobachtungen wurden nun in der Art angestellt,
daß, nachdem der Apparat in Gang gesetzt und die Temperatur eine gleichmäßige geworden war*), der Apparat geneigt
wurde. Vermöge der eigenen ziemlich bedeutenden Schwere
kehrte er dann sofort beim Nachlassen des Zuges in die
Ruhelage zurück. Alsdann wurden möglichst rasch die beiden Ablesungen des Niveaus in der weiteren Röhre (d. h.
streng genommen des tiefsten Punktes der Flüssigkeitsoberfläche in derselben) und der Kuppe in der Capillarröhre gemacht. Vor jeder neuen Ablesung wurde dann erst wieder
der Apparat geneigt.

Um den Fehler festzustellen, mit dem die Ablesungen
der Steighöhen in Folge der Brechung durch die verschiedenen Glaswände behaftet waren, wurden eine Anzahl Vor-
versuche gemacht, die für denselben einen völlig verschwin-
denden Werth ergaben.

Auf diese Weise wurden bei jeder Temperatur zwanzig
Ablesungen gemacht, mit Ausnahme von zwei Beobachtungsreihen mit Wasser, bei denen nach der sechsten Ablesung
Explosionen eintraten; vor Beginn der Ablesungen, nach der
fünften, zehnten, fünfzehnten und nach der letzten wurde

---

*) Der Apparat hatte für gewöhnlich nach zwanzig Minuten eine con-
stante Temperatur angenommen.

vom Platze aus mittelst des Kathetometers die Temperatur des Apparates abgelesen; von diesen fünf Ablesungen wurde das Mittel genommen; differirten dieselben um mehr wie einen halben Grad, so wurde die ganze Reihe verworfen; doch ereignete sich diese Unannehmlichkeit nur dreimal.

Es muſs hier noch eines Umstandes Erwähnung geschehen, der schon von Cagniard Latour*) bemerkt wurde; bei den höheren Temperaturen wird das Glas in starkem Maſs von dem Wasser angegriffen; die vom Wasser berührten Theile waren nach Beendigung der Versuche stark blind geworden, doch nicht so sehr, daſs dadurch die Möglichkeit der Ablesung wäre beeinträchtigt worden. Diesem Umstande ist es auch jedenfalls zuzuschreiben, daſs zwei Röhren mit Wasser explodirten, während die mit Alkohol gefüllte Röhre einen weit höheren Druck ohne Schaden aushielt. Glücklicherweise konnten bei beiden Explosionen noch Stücke der umhüllenden Röhren aufgefunden werden, so daſs die später zu besprechenden Messungen noch ausgeführt werden konnten. Die Capillarröhren, welche sich im Mittelpunkt der Explosion befanden, kamen beidemal völlig unversehrt davon.

In den nun folgenden Versuchsresultaten beziehen sich die römischen Ziffern über jeder Colonne auf das zum Versuch benutzte System von Röhren (vgl. S. 123), während die arabischen Ziffern, die Nummern der einzelnen Versuchsreihen, zur leichteren Orientirung beigefügt sind.

Folgendes sind die Ergebnisse :

---

*) Annales de chimie et de physique, t. 21 (1822), p. 182.

1. Wasser.

Höhendifferenz bei den Temperaturen:

1° C.	46,5°	78,2°	78,2°	98,4°	99,5°	100°	119°	122°	129,5°	155,5°	186,5°	190°
I. 1.	I. 3.	I. 5.	II. 19.	I. 7.	II. 12.	II. 18.	II. 14.	II. 15.	I. 9.	II. 21.	I. 11.	II. 23.
49,9	46,4	43,4	40,9	41,0	39,1	38,6	37,8	36,7	36,1	32,8	31,4	30,4
49,7	46,3	43,5	40,9	40,9	39,0	38,6	37,8	36,7	36,1	32,8	31,8	30,3
49,8	46,2	43,5	40,9	40,9	39,0	38,6	38,0	36,7	36,0	32,8	31,6	30,3
49,8	46,2	43,3	40,8	40,9	39,0	38,7	38,1	36,7	36,0	32,8	31,4	30,4
49,7	46,3	43,3	40,8	41,0	39,1	38,6	37,9	36,8	36,0	32,8	31,2	30,3
49,7	46,3	43,5	40,8	41,0	39,0	38,6	37,8	36,7	36,0	33,1	31,4	30,4
49,9	46,3	43,3	40,8	41,0	39,1	38,7	37,9	36,6	35,9	33,1		
49,8	46,2	43,4	40,8	41,0	39,1	38,6	37,9	36,7	35,9	33,1		
49,8	46,3	43,4	40,8	41,0	39,1	38,5	37,9	36,8	35,9	33,1		
50,0	46,3	43,3	40,8	41,0	39,0	38,5	38,0	36,6	35,8	33,0		
50,0	46,5	43,3	40,7	41,1	39,0	38,5	38,0	36,7	35,9	33,0		
50,0	46,4	43,2	40,7	41,1	39,0	38,6	38,0	36,7	35,8	32,9		
50,0	46,4	43,3	40,8	41,0	39,0	38,5	38,2	36,6	35,8	33,0		
50,1	46,4	43,2	40,8	41,0	39,1	38,5	38,2	36,7	35,8	33,0		
50,0	46,4	43,3	40,7	40,9	39,0	38,5	37,9.	36,8	35,8	33,0		
49,8	46,3	43,3	40,7	40,9	39,0	38,4	37,9	36,7	35,8	33,0		
49,9	46,4	43,3	40,7	40,8	39,0	38,5	38,1	36,7	35,8	32,9		
49,9	46,5	43,3	40,8	40,8	39,0	38,5	38,1.	36,7	35,7	32,9		
50,0	46,3	43,3	40,8	40,8	39,1	38,5	38,0	36,7	35,8	32,9		

2. Alkohol.

Höhendifferenz bei den Temperaturen:

1°	46,5°	78,2°	78,2°	98,4°	98,7°	119°	122,5°	130,5°	157,2°	190°
III. 2.	III. 4.	III. 6.	III. 20.	III. 8.	III. 13.	III. 10.	III. 16.	III. 17.	III. 22.	III. 24.
50,8	45,6	41,3	40,9	37,7	37,7	34,2	33,6	32,1	25,5	17,3
50,8	45,7	41,6	40,9	37,7	37,8	34,2	33,5	32,1	25,4	17,3
50,7	45,6	41,5	40,9	37,7	37,7	34,3	33,6	32,1	25,5	17,3
50,8	45,5	41,4	40,9	37,7	37,6	34,4	33,6	32,1	25,6	17,3
50,5	45,5	41,4	41,0	37,7	37,6	34,3	33,7	32,1	25,6	17,4
50,6	45,5	41,3	40,9	37,7	37,7	34,2	33,5	32,1	25,5	17,3
50,6	45,5	41,3	40,9	37,7	37,7	34,2	33,4	32,1	25,5	17,3
50,5	45,5	41,3	41,0	37,8	37,6	34,3	33,5	32,0	25,5	17,4
50,5	45,5	41,0	41,0	37,7	37,8	34,2	33,5	32,0	25,5	17,3
50,8	45,6	41,0	41,0	37,7	37,6	34,3	33,5	32,0	25,6	17,3
50,8	45,5	41,0	41,0	37,7	37,5	34,2	33,5	32,0	25,5	17,3
50,8	45,6	41,3	41,0	37,7	37,6	34,2	33,6	32,0	25,6	17,3
50,8	45,5	41,4	41,0	37,7	37,6	34,2	33,5	32,0	25,5	17,3
50,8	45,6	41,3	40,9	37,7	37,8	34,2	33,5	32,1	25,5	17,4
50,8	45,5	41,4	40,9	37,7	37,6	34,2	33,6	32,0	25,5	17,3
50,7	45,5	41,4	40,9	37,7	37,7	34,2	33,6	32,0	25,5	17,3
50,7	45,5	41,4	40,9	37,7	37,7	34,2	33,6	32,0	25,6	17,4
50,8	45,5	41,4	40,9	37,7	37,6	34,2	33,5	32,0	25,5	17,2
50,8	45,5	41,4	40,9	37,7	37,7	34,2	33,5	32,0	25,4	17,3
50,4	45,5	41,3	40,9	37,7	37,6	34,2	33,5	32,0	25,4	17,3
50,4	45,5	41,4	40,9	37,7	37,6	34,2	33,6	32,0	25,5	17,3
50,7	45,5	41,3	41,0	37,7	37,7	34,2	33,5	32,1	25,5	17,3
50,9	45,6	41,3	40,9	37,7	37,5	34,2	33,6	32,1	25,5	17,3
50,7	45,6	41,4	40,9	37,7	37,7	34,2	33,6	32,1	25,5	17,2
50,6	45,5	41,4	40,9	37,7	37,6	34,3	33,6	32,1	25,5	17,3

Die Temperaturen von 119⁰ bis 130⁰ wurden erzielt durch Amylalkohol von verschiedener Concentration; die zwichen 155,5⁰ und 157⁰ durch Terpentinöl; die Temperaturen von 186,5⁰ und 190⁰ lieferten zwei verschiedene Sorten Anilinöl; die constante Temperatur von 1⁰ wurde dadurch erhalten, dafs ein Strom kalten Wassers durch den Apparat geleitet wurde.

Als Mittel aus sämmtlichen Beobachtungen ergaben sich folgende zusammengehörige Temperaturen und Höhendifferenzen :

1. Wasser.

Temp.	Höhendiff.	wahrscheinl. Fehler	Röhren-Nr.	Versuchs-Nr.
1⁰	49,89	0,018	I.	1.
46,5	46,34	0,014	I.	3.
78,2	43,34	0,013	I.	5.
78,2	40,80	0,008	II.	19.
98,4	40,94	0,015	I.	7.
99,5	39,05	0,004	II.	12.
100	38,55	0,012	II.	18.
119	37,97	0,018	I.	9.
122,5	36,70	0,007	II.	14.
129,5	35,89	0,016	II.	15.
155,5	32,96	0,017	II.	21.
186,5	31,48	0,059	I.	11.
190	30,35	0,016	II.	23.

2. Alkohol.

Temp.	Höhendiff.	wahrscheinl. Fehler	Röhren-Nr.	Versuchs-Nr.
1	50,69	0,020	III.	2.
46,5	45,56	0,010	III.	4.
78,2	41,38	0,013	III.	6.
78,2	40,93	0,004	III.	20.
98,4	37,70	0,005	III.	8.
98,7	37,65	0,010	III.	13.
119	34,23	0,005	III.	10.
122,5	33,55	0,010	III.	16.
130,5	32,05	0,007	III.	17.
157,3	25,49	0,008	III.	22.
190	17,31	0,006	III.	24.

Zur Ermittelung der wahren Steighöhe nach der S. 122 besprochenen Methode mußte nun noch die Erhebung der Flüssigkeit in dem ringförmigen Raum über das äußere Niveau für die drei angewandten Röhren bei je einer Temperatur gemessen werden.

Zu diesem Zweck wurde von jeder Röhre ein Stück mit darin befestigter Capillarröhre in eine Glasschale mit Flüssigkeit getaucht (I und II in destillirtes Wasser, III in Alkohol vom specifischen Gewicht 0,8105) und die Steighöhe im weiteren Rohr direct gemessen. Hierbei war die flache oben abgeschliffene Glasschale über den Rand mit Flüssigkeit gefüllt, so daß ihr Niveau vor einem hellen Hintergrund sich als ganz scharfe Linie abgrenzte. Durch jedesmaliges tieferes Eintauchen und Wiederherausziehen wurde eine völlige Benetzung erzielt und dann erst die Ablesung vorgenommen; so erhielt ich bei 16⁰ Cels. folgende Resultate :

. Höhen.		
I. (Wasser)	II. (Wasser)	III. (Alkohol)
3,4	4,0	1,7
3,4	4,0	1,7
3,4	4,0	1,7
3,4	4,0	1,7
3,4	4,0	1,7

woraus sich ergiebt :

I. 3,40

H. 4,00

III. 1,70

Nach S. 122 hat man demnach für System I.

$$d_{16} = 48,720,$$

wie man aus d_1 und $d_{46,5}$ S. 129 durch Interpolation findet; ferner ist

$$h'_{16} = 3,40,$$

folglich

$$c = 0,069,$$

für System II.

$$d_{16} = 45,86 \,^*)$$
$$h'_{16} = 4,00,$$

folglich

$$c = 0,087,$$

für System III.

$$d_{16} = 49,00$$

durch Interpolation wie bei I; ferner

$$h'_{16} = 1,70,$$

folglich

$$c = 0,035.$$

Hiernach erhält man nun als wahre Steighöhen der Flüssigkeiten :

1. Wasser.

Temp.	Steighöhe	wahrscheinl. Fehler	Röhren-Nr.	Versuchs-Nr.
1⁰	53,34	0,019	I.	1.
46,5	49,55	0,015	I.	3.
78,2	46,33	0,014	I.	5.
78,2	44,34	0,008	II.	19.
98,4	43,78	0,016	I.	7.
99,5	42,43	0,004	II.	12.
100	41,90	0,013	II.	18.
119	40,60	0,019	I.	9.
122,5	39,88	0,007	II.	14.
129,5	38,93	0,017	II.	15.
155,5	35,82	0,018	II.	21.
168,5	33,66	0,063	I.	11.
190,5	32,98	0,017	II.	23.

---

*) Die Berechnung von d_{16} geschah in diesem Falle durch die Proportion

$$\frac{d_{18}}{d_{78}} \,(I) = \frac{d_{16}}{d_{78}} \,(II).$$

Die Zulässigkeit dieser Methode ergiebt sich direct aus der Darstellung S. 122.

2. Alkohol.

Temp.	Steighöhe	wahrscheinl. Fehler	Röhren-Nr.	Versuchs-Nr.
1	52,42	0,021	III.	2.
46,5	47,15	0,008	III.	4.
78,2	42,82	0,013	III.	6.
78,2	42,36	0,004	III.	20.
98,4	39,02	0,005	III.	8.
98,7	38,97	0,010	III.	13.
119	35,43	0,005	III.	10.
122,5	34,73	0,010	III.	16.
130,5	33,18	0,007	III.	17.
157,3	26,38	0,008	III.	22.
190	17,92	0,006	III.	24.

Nun blieb als letzte Messung noch die Bestimmung der Durchmesser der capillaren Röhren der drei Systeme übrig. Hierzu benutzte ich eine Theilmaschine, die mittelst des Nonius am getheilten Schraubenkopf 0,001 der Höhe eines Schraubenganges direct abzulesen gestattete. Die Höhe eines Schraubenganges wurde zu 0,9091 mm bestimmt.

Von jeder Röhre wurden nun innerhalb des Intervalles, in dem sich die Flüssigkeitssäule zwischen den Temperaturen 0^0 bis 190^0 bewegt hatte, fünf Querschnitte durch je drei Messungen untersucht und von diesen 15 Angaben das Mittel genommen.

So erhielt ich bei 15^0 C. folgende auf Millimeter reducirte Angaben :

I. $r = 0,292$

II. $r = 0,304$

III. $r = 0,120.$

Unter Berücksichtigung des Ausdehnungcoëfficienten des Glases ($\alpha = 0,000008$) wurde nun nach der Formel

$$a^2 = r \left(h + \frac{r}{3} \right)$$

folgende Tabelle der specifischen Cohäsion berechnet.

1. Wasser.

Temp.	a²	wahrscheinl. Fehler	Versuchs-Nr.
1⁰	15,599	0,054	1.
46,5	14,496	0,050	3.
78,2	13,558	0,047	5.
78,2	13,509	0,067	19.
98,4	12,815	0,044	7.
99,5	12,993	0,064	12.
100	12,772	0,063	18.
119	11,888	0,041	9.
122,5	12,152	0,040	14.
129,5	11,872	0,039	15.
155,5	10,929	0,054	21.
186,5	9,866	0,038	11.
190	9,643	0,033	23.

2. Alkohol.

Temp.	a²	wahrscheinl. Fehler	Versuchs-Nr.
1	6,290	0,048	2.
46,5	5,659	0,042	4.
78,2	5,139	0,039	6.
78,2	5,083	0,038	20.
98,4	4,687	0,035	8.
98,7	4,681	0,032	13.
119	4,256	0,032	10.
122,5	4,172	0,030	16.
130,5	3,986	0,029	17.
157,3	3,171	0,024	22.
190	2,157	0,016	24.

Die Berechnung dieser Tabellen aus der Formel S. 132 involvirt die Voraussetzung, dafs der Randwinkel sich nicht mit der Temperatur ändert. Dafs diefs in der That der Fall sein sollte, ist sehr wenig wahrscheinlich und wird in der That durch die Versuche von Quincke widerlegt. So lange aber das Gesetz der Aenderung nicht bekannt ist, mufs man sich wohl mit obiger Annahme begnügen.

Es wurde nun weiterhin der Versuch gemacht, aus diesen Angaben eine empirische Formel für die Abhängigkeit der Gröfse a² von der Temperatur aufzustellen.

In Ermangelung irgend eines sicheren Anhaltspunktes für die Form der zu wählenden Gleichung, schien es am

zweckmäfsigsten, die gewöhnliche Darstellung nach steigenden
Potenzen der Temperatur t zu wählen.

Die erhaltenen Resultate mögen zuerst für Wasser mitgetheilt werden.

Eine vorläufige Untersuchung der Zahlen S. 133 ergiebt
eine so bedeutende Abweichung des Werthes a^2 für 119° von
den übrigen, wie Tafel 2 erkennen läfst *), dafs es entschieden angezeigt erscheint, diesen Werth unberücksichtigt
zu lassen. Geschieht diefs, so erhält man aus den übrigen
nach der Methode der kleinsten Quadrate die kubische Formel

$$a^2 = A + Bt + Ct^2 + Dt^3 \ldots \ldots \ldots 1a$$

A = 15,6305,

B = — 0,0224197,   lg. 0,3506304 — 2,

C = — 0,000062721,   lg. 0,7974164 — 5,

D = 0,000000084773,   0,9282597 — 8,

oder die quadratische

$$a^2 = A + Bt + Ct^2 \ldots \ldots \ldots \ldots 1b$$

A = 15,6473 $\pm$ 0,0365,

B = — 0,0242333 $\pm$ 0,0007177,

C = — 0,000037863 $\pm$ 0,000003353,

lg. A = 1,1944383,

lg. B = 0,3844124 — 2,

lg. C = 0,5782180 — 5.

Da sich nun ergab, dafs die Differenzen der beobachteten
Werthe von a^2 von den aus diesen Gleichungen berechneten,
für die quadratische Formel 1b geringer ausfallen, wie für
die kubische 1a, während die Vorzeichen durchweg dieselben
sind, so durfte der quadratischen Formel der Vorzug ge-
gegeben werden **).

In folgender Tabelle (S. 135) sind für dieselbe die be-

---

*) Auf Tafel 2 stellen die ausgezogenen Curven die Abhängigkeit
der specifischen Cohäsion a^2 als Ordinaten von der Temperatur t als Ab-
scissen dar, während die punktirten Linien sich auf die Oberflächenspannung α beziehen. Die schwarzen Curven gelten für Wasser, die rothen
für Alkohol.

**) Zum Beleg diene folgende Zusammenstellung :

rechneten, beobachteten Werthe und die Differenzen zusammengestellt :

Temp.	a^2 beobachtet	a^2 berechnet	Differenz	wahrscheinl. Fehler
1	15,599	15,623	+ 0,024	0,054
46,5	14,496	14,439	— 0,057	0,050
78,2	13,558	13,521	— 0,037	0,047
78,2	13,509	13,521	+ 0,012	0,067
98,4	12,815	12,896	+ 0,081	0,044
99,5	12,933	12,861	— 0,072	0,064
100	12,772	12,845	+ 0,074	0,063
122,5	12,159	12,110	— 0,049	0,041
129,5	11,872	11,874	+ 0,002	0,040
155,5	10,929	10,963	+ 0,034	0,039
186,5	9,866	9,811	— 0,055	0,038
190	9,643	9,676	+ 0,033	0,033

Hieraus ergiebt sich der in der Anmerkung angeführte wahrscheinliche Fehler eines aus der Formel 1 b berechneten Werthes a^2:

$$\pm\, 0,0391.$$

Dafs die Uebereinstimmung eine befriedigende ist, bestätigt ein Blick auf Tafel 2.

Temp.	a^2 beobachtet	a^2 ber. aus 1 a	Diff. mal 10^3	a^2 ber. aus 1 b	Diff. mal 10^3
1	15,599	15,608	+ 9	15,623	+ 24
46,5	14,496	14,461	— 35	14,438	— 57
78,2	13,558	13,512	— 47	13,521	— 37
78,2	13,509	13,512	+ 2	13,521	+ 12
98,4	12,815	12,898	+ 81	12,896	+ 81
99,5	12,933	12,862	— 71	12,861	— 72
100	12,772	12,846	+ 74	12,845	+ 74
122,5	12,159	12,099	— 61	12,111	— 49
129,5	11,872	11,859	— 13	11,874	+ 21
155,5	10,929	10,946	+ 17	10,963	+ 34
186,5	9,866	9,818	— 48	9,811	— 55
190	9,643	9,688	+ 45	9,676	+ 33

Hieraus findet man als wahrscheinlichen Fehler von a^2

$$\pm\, 0,0408 \text{ (für Formel 1 a)},$$
$$\pm\, 0,0391 \text{ (für Formel 1 b)}.$$

Ungemein viel wichtiger, wie die specifische Cohäsion a^2, würde die Abhängigkeit der Gröfse α_{12} von der Temperatur sein, die die Oberflächenspannung zwischen den sich berührenden Flüssigkeiten 1 und 2 mifst. Allein wie schon oben (S. 119) gezeigt wurde, wird bei der hier befolgten Methode durchaus nicht die Oberflächenspannung zwischen *denselben* Flüssigkeiten gemessen. Gleichwohl erscheint es mir unerläfslich, auch den Verlauf von α in Betracht zu ziehen und mag also nur ausdrücklich betont werden, dafs die hier gegebenen Constanten sich nur auf Wasser (resp. Alkohol) umgeben vom eigenen Dampf bei der jedesmaligen Temperatur beziehen, und die Werthe α_{12} bei verschiedenen Temperaturen eine durchaus verschiedene Bedeutung haben.

Es bedarf wohl kaum einer Erwähnung, wesshalb zur Darstellung der Abhängigkeit der Capillarkräfte von der Temperatur nur die Gröfse α mafsgebend sein kann; der Grund liegt einfach darin, dafs a^2 nicht nur Function der mit der Temperatur variabelen Molekularkräfte, sondern auch des gleichzeitig sich ändernden specifischen Gewichts der Flüssigkeit ist, während in α dieser letztere fremde Einflufs eliminirt ist [*]).

Allein gerade die Darstellung von α ist auf directem Weg unmöglich, weil die Aenderung der Dichte einer unter dem Drucke des eigenen Dampfes stehenden Flüssigkeit bis jetzt noch nicht untersucht worden ist [**]). ·

Um trotzdem eine angenäherte Vorstellung von dem Verlauf der Abhängigkeit der Gröfse α von der Temperatur t zu erhalten, habe ich einen Weg eingeschlagen, der, wie ich ausdrücklich betonen mufs, keine Garantie für vollständige Richtigkeit des Resultates bietet. Ich benutzte nämlich die

---

[*]) Letzterer Umstand springt sofort in die Augen, wenn man sich der physikalischen Erklärung von α als das Gewicht der von der Einheit der Contactlinie gehobenen Flüssigkeit erinnert.

[**]) Der Aethyläther macht hiervon eine Ausnahme; er ist unter den fraglichen Verhältnissen untersucht von M. Avenarius, Bul. de l'acad. des sciences de St. Pétersbourg 1878, t. 24, p. 525.

von Hirn *) gegebenen Zahlen für die Wasservolumina bei den Temperaturen

0° 100° 120° 140° 160° 180° 200

unter einem Druck von 11,26 m Quecksilber. Hierzu kam noch die Erwägung, dafs die Curve der α mit der Curve der a² den Schnittpunkt in der Temperaturachse gemein haben mufs, da für eine gewisse Temperatur, den absoluten Siedepunkt nach Mendelejeff, oder die kritische Temperatur der Flüssigkeit nach Andrews, nicht nur a², sondern auch α verschwinden mufs **).

Für diese Temperatur findet man aus Formel 1 b, indem man a² $=$ 0 setzt,

$$T = 398 \pm 6 \text{ ***).}$$

Unter Benutzung dieser Angabe erhält man für α nach der Methode der kleinsten Quadrate die Formel

$$\alpha = A + Bt + Ct^2$$
$$A = 7{,}887 \qquad\qquad B = -0{,}017874$$
$$C = -0{,}000004752.$$

---

*) Hirn, Ann. de chim. et de phys. Ser. 4, t. 10.

**) Das Verschwinden von a² bei einer bestimmten Temperatur wurde zuerst von Frankenheim (Journ. für prakt. Chemie Bd. 23, S. 435) vermuthet und mit den Versuchen von Cagniard Latour in Verbindung gesetzt; eine eingehendere Betrachtung widmete Mendelejeff (Ann. der Phys. u. Chem. Bd. 141 (1870), S. 620 ff.) dem Gegenstand. Er scheint jedoch die erwähnte Stelle bei Frankenheim nicht gekannt zu haben.

***) Zur Vergleichung mag hier Folgendes Platz finden : Cagniard Latour hat eine directe Bestimmung des absoluten Siedepunkts vorgenommen und giebt als Resultat die Temperatur „du zinc fondant", d. i. 423° C. an (Ann. de chim. etc. t. 21, p. 182). Auffallend ist übrigens die viel höhere Zahl 706° C., die aus der Regnault'schen Formel für innere Verdampfungswärme hervorgeht (Zeuner, Grundzüge der mechanischen Wärmetheorie, 2. Aufl. S. 267); was die Grenze $\pm$ 6 anlangt, so wurde diese aus den wahrscheinlichen Fehlern ϱ σ τ der Constanten von 1b, S. 134, nach einem nicht ganz exacten Verfahren bestimmt, von dem ich übrigens glaube, dafs es in diesem Fall ein hinreichend genaues Resultat liefert, nämlich nach der Formel

$$F(a^2) = \sqrt{\varrho^2 + (\sigma t)^2 + (\tau t^2)^2} = 0{,}3190$$

für t $=$ 398° C. (Vg. Dienger, Methode der kleinsten Quadrate § 6, S. 46).

Hieraus, sowie aus Tafel 2 ist ersichtlich, daſs die Aenderung der Oberflächenspannung α fast proportional der Temperaturzunahme erfolgt. Will man sich daher mit der linearen Form begnügen, so hat man zu setzen

$$\alpha = 7{,}733 - 0{,}019880\ t$$

oder

$$\alpha = 0{,}019880\ (T - t),$$

wo für T der oben gefundene Werth 398⁰ zu setzen ist.

Um für den Alkohol dieselbe Rechnung durchzuführen, können sämmtliche Beobachtungen benutzt werden. Man findet nach der Methode der kleinsten Quadrate für die specifische Cohäsion a^2 die quadratische Formel

$$a^2 = A + Bt + Ct^2 \ldots \ldots \ldots 2,$$

$$A = 6{,}279 \pm 0{,}022,$$
$$B = -0{,}009859 \pm 0{,}000444,$$
$$C = -0{,}000061939 \pm 0{,}000002084,$$
$$\text{lg. } A = 0{,}7978995,$$
$$\text{lg. } B = 0{,}9938563 - 3,$$
$$\text{lg. } C = 0{,}7919641 - 5.$$

Folgende Tabelle enthält eine Zusammenstellung der beobachteten und der mit Hülfe der Formel 2 berechneten Werthe von a^2 nebst den Differenzen.

Temp.	a^2 beobachtet	a^2 berechnet	Differenz	wahrscheinl. Fehler
1⁰	6,290	6,269	— 0,021	0,048
46,5	5,659	5,627	— 0,032	0,043
78,2	5,139	5,129	— 0,010	0,039
78,2	5,083	4,709	+ 0,046	0,038
98,4	4,687	4,709	+ 0,022	0,035
98,7	4,681	4,702	+ 0,021	0,035
119	4,256	4,229	— 0,028	0,032
122,5	4,172	4,142	— 0,030	0,031
130,5	3,986	3,938	— 0,048	0,030
157,5	3,171	3,196	+ 0,025	0,024
190	2,157	2,170	+ 0,013	0,016

Es ergiebt sich hieraus als wahrscheinlicher Fehler von a^2
$$\pm 0{,}0231.$$
Um die Oberflächenspannung α darzustellen als Function

der Temperatur, wurde ein ähnliches Verfahren eingeschlagen, wie oben, man hat nämlich vor allem für

$$t = 0 \qquad \alpha = 2{,}575,$$

ferner ergiebt sich aus der Gleichung $a^2 = 0$ als absolute Siedetemperatur des Alkohol

$$t = 248 \pm 3{,}7$$

und zwar verdient dieser Werth ein ungemein größeres Vertrauen, wie der für Wasser gefundene, da die Versuche viel näher an fragliche Temperatur heranreichen [*]). Man hat also weiter für

$$t = 249 \qquad \alpha = 0.$$

Außerdem sind durch die Untersuchungen von Amagat [**]) die Compressionscoëfficienten des Alkohols für zwei Temperaturen bestimmt, nämlich bei

$$14^0 \text{ C.} \qquad 0{,}000101$$
$$99{,}4^0 \text{ C.} \qquad 0{,}000202.$$

Unter Benutzung dieser Constanten und der von Hirn [***]) gegebenen Zahlen für die Ausdehnung des Alkohols unter constantem Druck findet man als Dichtigkeit des Alkohols bei diesen beiden Temperaturen unter dem Druck des eigenen Dampfes

$$14^0 \qquad 0{,}807450$$
$$99{,}4^0 \qquad 0{,}725976.$$

Hieraus ergeben sich die zwei weiteren Werthe von α

$$14^0 \qquad \alpha = 2{,}472$$
$$99{,}4^0 \qquad \alpha = 1{,}700.$$

Aus diesen vier Werthen von α bei den Temperaturen 0^0, 14^0, $99{,}4$, 249^0 ist folgende Formel für α berechnet:

---

[*]) Cagniard Latour (a. a. O. S. 181) fand direct die fast gleiche Zahl $258{,}5^0$ C. — Die Regnault'schen Beobachtungen über innere Verdampfungswärme des Alkohols gestatten nicht einen Schluß auf die absolute Siedetemperatur zu ziehen (Zeuner, a, a. O. S. 268). Nur soviel läßt eine graphische Darstellung der in Tabelle 3 b des Werkes gegebenen Zahlen erkennen, daß derselbe weit höher zu liegen käme, wie die Erfahrung lehrt.

[**]) Amagat, Ann. de chim. et de phys. 1877, p. 534.

[***]) Hirn, a. a. O.

$$\alpha = A + Bt + Ct^2$$

$$A = 2{,}579 \qquad B = -0{,}007798$$

$$C = -0{,}000010279.$$

Will man sich mit einer linearen Formel begnügen, so hat man zu setzen

$$\alpha = 2{,}628 - 0{,}010389 \ t.$$

Allein hier sowohl, wie beim Wasser halte ich es entschieden für unzulässig einer der beiden Formeln den Vorzug zu geben; erst durch eingehendere Untersuchungen über die Dichtigkeit von Flüssigkeiten bei hohen Temperaturen unter dem Druck des eigenen Dampfes könnte dazu die Berechtigung verliehen werden.

2. Die Capillaritätsconstanten von Gemischen aus Wasser und Alkohol.

Ueber die Capillarität von Flüssigkeitsgemischen liegen so gut wie keine Untersuchungen vor, wiewohl mehrfach und neuerdings wieder auf den Einfluß hingewiesen wurde, den die Capillarität auf Aräometermessungen hat[*]) und in jüngster Zeit ist gerade für Weingeist das Gewicht der Tropfen zur Bestimmung des Procentgehaltes an Alkohol in Vorschlag gebracht worden.

Daß zur Beurtheilung dieser Fragen eine genauere Kenntniß der Capillaritätsconstanten von Wasser-Alkohol-Gemischen nothwendig wird, liegt auf der Hand.

Allein wenn man sich in der Literatur umblickt, so findet man merkwürdigerweise nur die Beobachtungen von Gay-Lussac, die Poisson in seiner „nouvelle théorie de l'action capillaire" mittheilt, und ferner eine Reihe von Angaben in der bekannten Arbeit von Poiseuille über den Ausfluß von Flüssigkeiten aus capillaren Röhren[**]).

---

[*]) Langberg, Pogg. Ann. Bd. 16, S. 299.
[**]) Poisson, a. a. O. S. 294 ff. — Poiseuille, Ann. der Ph. u. Ch. Bd. 58, S. 437.

Diese Gleichgültigkeit ist um so auffallender, als Poisson's Formel mit den Angaben von Gay-Lussac durchaus
nicht übereinstimmt, und ferner weil Poiseuille's Arbeit
einen Zusammenhang zwischen der Contraction eines Gemisches von Wasser und Alkohol und der specifischen Cohäsion vermuthen läfst.

Um diese Frage zu erledigen unternahm ich die folgenden Untersuchungen, allein man wird finden, dafs die Resultate
nicht in der gewünschten Weise ausfielen, indem die Beobachtungsfehler vielfach eine unliebsame Gröfse erreichen.
Gleichwohl glaube ich die Resultate veröffentlichen zu sollen,
da alles gethan wurde um möglichst genaue Resultate zu erhalten und die Ergebnisse immerhin von einigem Interesse
sein werden.

Vor allem möge das Wichtigste über die Art und Weise,
wie die Versuche angestellt wurden, mitgetheilt werden.

Das Gemisch von Alkohol und Wasser, dessen Zusammensetzung jedesmal mit einem Alkoholometer nach Tralles
und einem Aräometer für specifisches Gewicht bestimmt und
auf 0^0 reducirt wurde, befand sich in einem Glasgefäfs mit
gut eben geschliffenem Rand (vgl. Tafel 3) und zwar war
das Gefäfs so hoch gefüllt, dafs die Flüssigkeitsoberfläche
etwa 2 mm über den oberen Rand hervorragte, gerade wie
bei den S. 130 beschriebenen Versuchen. Der Vorzug dieser
Methode liegt in der aufserordentlich grofsen Schärfe der
Ablesung, die dieses Arrangement gestattet.

Seitlich tauchte in die Flüssigkeit ein Thermometer herab,
um die jedesmalige Temperatur des Gemisches in bestimmten
Zwischenräumen bequem ablesen zu können.

In der Mitte wurde das Capillarrohr befestigt und zwar
in folgender Weise : über dem Gefäfs war an einem Stativ
eine leicht bewegliche Rolle angebracht und darüber eine
seidene Schnur geschlungen, deren eines Ende nach dem
Tisch des Kathetometers ging in ganz ähnlicher Weise, wie
S. 125 beschrieben wurde, während am anderen Ende senkrecht über dem Gefäfs mit Flüssigkeit eine Klemme von
Messingdraht befestigt war. In diese Klemme konnte nun

jede von den 6 Röhren eingehängt werden, mit denen experimentirt wurde und die im Folgenden mit I bis VI bezeichnet sind. Jede Röhre trug aufser dieser ihrer Nummer eine mit dem Diamant eingeritzte Marke; das Material war bei allen die nämliche Sorte Manganglas.

Auf diese Weise war es ermöglicht eine in der Klemme befestigte Röhre, die vorher mit Salpetersäure gewaschen, mit destillirtem Wasser, Alkohol und Aether ausgespült war und schliefslich über einer Flamme getrocknet worden war, vom Kathetometer aus bis über die Marke in die Flüssigkeit einzutauchen; alsdann wurde unter Vermeidung jeder Erschütterung die Röhre soweit emporgezogen, dafs sich die Kuppe gerade an der Marke befand, und nun das Niveau der Flüssigkeit und die Kuppenhöhe abgelesen.

In dieser Weise wurden mit allen sechs Röhren je fünf Ablesungen immer nach vorherigem Eintauchen in einer und derselben Mischung gemacht, und nach der fünften Ablesung die Temperatur notirt und schliefslich von den so erhaltenen sieben Temperaturen das Mittel genommen.

Im Ganzen kamen zwölf Gemische zur Verwendung, die zwischen Alkohol von 99,5 Volumprocenten und destillirtem Wasser schwanken.

Ueber das Kathetometer gilt das S. 125 gesagte. Was die Temperatur während einer Versuchsreihe anlangt, so war dieselbe so constant, dafs keine Differenzen vorkamen, die 1^0 überstiegen.

Die Ergebnisse sind in folgender Tabelle zusammengestellt:

Steighöhen eines Gemisches von ...Procent Tr.

Proc.	99,5	89,4	75,9	59,5	48,3	38,9	29,0	21,5	19,5	17,2	9	0	Proc.
Temp.	19°	19°	18,5°	15,5°	14,5°	14°	14,6°	15°	15°	14°	14°	15°	Temp.
	3,1	3,2	3,2	3,4	3,4	3,7	4,1	4,6	4,8	5,0	6,1	8,6	
	3,0	3,1	3,2	3,4	3,4	3,7	4,2	4,6	4,7	4,9	6,1	8,4	
I.	3,0	3,1	3,2	3,3	3,4	3,6	4,0	4,6	4,7	4,9	6,0	8,5	I.
	3,1	3,2	3,1	3,4	3,5	3,6	4,1	4,6	4,7	5,1	6,1	8,4	
	2,9	3,1	3,2	3,3	3,6	3,7	4,2	4,5	4,8	5,0	6,0	8,5	
	5,2	5,2	5,2	5,4	5,6	6,1	6,6	7,6	7,9	8,0	9,7	13,3	
	5,0	5,3	5,3	5,4	5,7	6,0	6,8	7,5	7,9	8,	,7	13,4	
II.	5,2	5,3	5,2	5,5	5,7	6,0	6,8	7,5	7,8	8,	,7	13,4	II.
	5,1	5,1	5,3	5,4	5,7	6,1	6,8	7,5	7,8	8,	,7	13,5	
	5,1	5,2	5,2	5,4	5,7	6,1	6,7	7,5	7,8	8,	,8	13,4	
	6,1	6,2	6,5	6,5	6,6	7,1	7,9	9,1	9,1	9,5	11,4	15,7	
	6,0	6,2	6,1	6,4	6,6	7,1	8,0	8,8	9,2	9,5	,6	15,8	
III.	6,1	6,1	6,4	6,6	6,7	7,1	8,0	8,9	9,2	9,	,5	15,8	III.
	6,0	6,1	6,4	6,6	6,7	7,1	8,0	8,9	9,2	9,	,5	15,7	
	6,1	6,3	6,1	6,6	6,7	7,2	8,0	9,0	9,2	9,	,5	15,7	
	7,3	7,5	7,6	7,7	8,0	8,5	9,6	10,7	11,0	11,4	13,7	18,8	
	7,2	7,5	7,6	7,7	8,1	8,7	9,5	10,7	11,0	11,	13,8	18,7	
IV.	7,0	7,4	7,5	7,9	8,0	8,6	9,5	10,7	11,0	11,	,8	18,8	IV.
	7,2	7,4	7,7	7,8	8,1	8,4	9,7	10,5	11,1	11,	,8	18,8	
	7,3	7,4	7,6	7,7	8,0	8,6	9,5	10,8	11,0	11,	,7	18,9	
	8,8	9,0	9,0	9,4	9,7	10,3	11,5	12,9	13,2	13,6	16,4	22,3	
	8,6	8,8	9,1	9,3	9,8	10,4	11,6	12,7	13,3	13,	16,4	22,4	
V.	8,8	9,0	9,1	9,5	9,7	10,3	11,4	12,9	13,3	13,	,5	22,4	V.
	8,8	8,9	9,2	9,5	9,7	10,3	11,5	12,8	13,2	13,	,5	22,4	
	8,6	8,8	9,1	9,6	9,7	10,3	11,4	12,8	13,3	13,	,5	22,5	
	18,1	18,8	19,1	19,8	20,3	20,7	24,0	26,6	27,4	28,6	34,3	46,8	
	18,1	18,7	19,2	19,8	20,3	20,6	24,1	26,6	27,7	28,	34,3	46,9	
VI.	18,1	19,0	19,2	19,8	20,3	20,6	24,1	26,7	27,5	28,	,4	47,0	VI.
	18,1	18,7	19,3	19,8	20,4	20,6	24,1	26,7	37,3	28,	,5	46,9	
	18,3	18,9	19,2	19,8	20,4	20,5	24,0	26,8	27,4	28,	,5	46,9	

Die folgenden Tabellen enthalten die aus je 5, mit einer und derselben Röhre in derselben Flüssigkeit gemachten Ablesungen, berechneten Mitteln nebst den wahrscheinlichen Fehlern :

Röhren-Nr.	99,5 Proc. 19°		89,4 Proc. 19°		75,9 Proc. 18,5°		59,5 Proc. 15,5°		48,3 Proc. 14,5°		38,9 Proc. 14,0°	
	Höhe	w. Fehler	Höhe	w. Fehler	Höhe	w. Fehler	Höhe	w. Fehler	Höhe	w. Fehler	Höhe	w. Fehler
I.	3,01	0,02	3,11	0,02	3,17	0,01	3,35	0,02	3,46	0,02	3,66	0,02
II.	5,14	0,02	5,23	0,02	5,23	0,02	5,45	0,01	5,67	0,02	6,05	0,02
III.	6,06	0,02	6,17	0,02	6,31	0,05	6,54	0,02	6,66	0,01	7,14	0,01
IV.	7,21	0,03	7,46	0,03	7,61	0,01	7,78	0,02	8,03	0,01	8,57	0,02
V.	8,72	0,03	8,92	0,03	9,11	0,02	9,45	0,03	9,72	0,02	10,33	0,01
VI.	18,15	0,02	18,86	0,04	19,21	0,02	19,76	0,04	20,34	0,02	20,59	0,02

Röhren-Nr.	29,0 Proc. 14,6°		21,5 Proc. 15°		19,5 Proc. 15°		17,2 Proc. 14°		9 Proc. 14°		0 Proc. 15°	
	Höhe	w. Fehler	Höhe	w. Fehler	Höhe	w. Fehler	Höhe	w. Fehler	Höhe	w. Fehler	Höhe	w. Fehler
I.	4,13	0,02	4,60	0,02	4,76	0,01	4,99	0,02	6,07	0,01	8,49	0,03
II.	6,75	0,02	7,52	0,01	7,84	0,02	8,07	0,01	9,72	0,01	13,39	0,03
III.	7,98	0,01	8,97	0,03	9,19	0,02	9,53	0,02	11,50	0,01	15,77	0,01
IV.	9,55	0,03	10,68	0,03	11,00	0,01	11,45	0,02	13,76	0,01	18,81	0,02
V.	11,50	0,02	12,83	0,02	13,24	0,01	13,76	0,02	16,47	0,01	22,41	0,01
VI.	24,07	0,01	26,69	0,03	27,50	0,05	28,64	0,02	34,40	0,03	46,90	0,03

Wie man sieht sind die wahrscheinlichen Fehler sämmtlicher Mittel weit gröfser, wie in der ersten Untersuchung. Wie ich glaube ist die Erklärung für diesen an sich auffallenden Umstand darin zu suchen, dafs die Röhren in jenem Fall, nachdem sie einmal eingeschmolzen, keiner Verunreinigung mehr ausgesetzt waren, wenn auch nur durch adhärirende Luft, vielmehr während der ganzen Reihe von zwanzig Beobachtungen ganz unter den gleichen Bedingungen standen, während hier an offener Luft naturgemäfs die Verhältnisse sehr schwankend waren, obgleich die Röhren in Salpetersäure aufbewahrt wurden und daher immer bei Beginn der Versuche möglichst rein waren.

Nach Beendigung sämmtlicher Versuchsreihen wurde zur Bestimmung der Röhrendurchmesser geschritten. Die hierbei eingeschlagene Methode war folgende: Die einzelnen Röhren wurden an der Marke durchschnitten und in der S. 132 beschriebenen Weise an dieser Stelle acht Durchmesser gemessen; von diesen acht Zahlen wurde dann das Mittel genommen. Da die Röhren sehr sorgfältig ausgewählt waren, so differirten die einzelnen Werthe nur sehr wenig. Im Folgenden sind die daraus berechneten und auf 0⁰ reducirten Halbmesser zusammengestellt :

$$\text{I.} \quad r = 1{,}685.$$
$$\text{II.} \quad r = 1{,}090.$$
$$\text{III.} \quad r = 0{,}948.$$
$$\text{IV.} \quad r = 0{,}793.$$
$$\text{V.} \quad r = 0{,}664.$$
$$\text{VI.} \quad r = 0{,}323.$$

Mit Hülfe dieser Radien wurde nun die specifische Cohäsion, wie früher, nach der Formel

$$a^2 = r \left(h + \frac{r}{3} \right)$$

berechnet; die Resultate sind im Folgenden gegeben.

Röhren-Nr.	99,5 Proc. 19°		89,4 Proc. 19°		75,9 Proc. 18,5°		59,5 Proc. 15,5°		44,3 Proc. 14,5°		38,9 Proc. 14°	
	a^2	w. Fehler	a^2	w. Fehler	a^2	w. Fehler	a^2	w. Fehler	a^2	w. Fehler	a^2	w. Fehler
I.	6,02	0,05	6,19	0,04	6,29	0,04	6,58	0,05	6,76	0,06	7,12	0,05
II.	6,00	0,04	6,09	0,04	6,10	0,04	6,33	0,04	6,58	0,04	6,99	0,04
III.	6,04	0,03	6,15	0,04	6,28	0,06	6,50	0,04	6,61	0,03	7,07	0,04
IV.	5,93	0,04	6,12	0,03	6,24	0,03	6,34	0,03	6,57	0,03	7,00	0,04
V.	5,93	0,05	6,07	0,05	6,19	0,05	6,42	0,05	6,60	0,05	7,01	0,05
VI.	5,90	0,07	6,12	0,08	6,24	0,08	6,42	0,08	6,60	0,08	6,68	0,08

Röhren-Nr.	29 Proc. 14,6°		21,5 Proc. 15°		19,5 Proc. 15°		17,2 Proc. 14°		9 Proc. 14°		0 Proc. 15°	
	a^2	w. Fehler	a^2	w. Fehler	a^2	w. Fehler	a^2	w. Fehler	a^2	w. Fehler	a^2	w. Fehler
I.	7,90	0,05	8,70	0,05	8,96	0,05	9,35	0,06	11,18	0,06	15,25	0,09
II.	7,75	0,05	8,60	0,06	8,94	0,05	9,19	0,06	10,99	0,07	14,99	0,09
III.	7,86	0,04	8,80	0,05	8,96	0,05	9,01	0,05	11,20	0,06	15,25	0,08
IV.	7,78	0,04	8,67	0,05	8,93	0,04	9,29	0,06	11,12	0,05	15,13	0,05
V.	7,78	0,06	8,67	0,07	8,94	0,07	9,29	0,07	11,08	0,08	15,03	0,11
VI.	7,80	0,10	8,65	0,10	8,92	0,11	9,28	0,10	11,15	0,14	15,18	0,19

Es zeigen diese Angaben eine so geringe Uebereinstimmung der mit den einzelnen Röhren gewonnenen Resultate, daſs man fast auf den Gedanken kommen kann, die Formel für a^2 reiche selbst für eine solche Annäherung nicht aus; es scheint eben, als ob auch bei benetzenden Flüssigkeiten der Randwinkel nicht schlechtweg gleich Null gesetzt werden dürfe.

Im Folgenden sind nun die aus den sechs Gruppen berechneten Mittel zusammengestellt, nebst gleichzeitiger Angabe des auf 0^0 reducirten specifischen Gewichts:

Proc.	a^2	wahrsch. F.	spec. Gew.	Temp.
99,5	5,970	0,120	0,796	19
89,4	6,123	0,119	0,835	19
75,9	6,226	0,127	0,874	18,5
59,5	6,439	0,125	0,914	15,5
48,3	6,621	0,129	0,936	14,5
38,9	6,979	0,131	0,953	14
29,0	7,815	0,146	0,966	14,6
21,5	8,681	0,163	0,974	15
19,5	8,942	0,162	0,975	15
17,2	9,235	0,176	0,978	14
9,0	11,120	0,202	0,987	14
0,0	15,136	0,277	0,999	15

Nun handelte es sich darum, die Reduction von a^2 auf 0^0 C. vorzunehmen. Streng genommen hätte hierzu für jedes Gemisch die Gleichung S. 134 bestimmt werden müssen, allein es fand sich, daſs ein weit bequemerer, ja der einzig mögliche Weg folgender war:

Aus den Gleichungen S. 134 und 138 ergiebt sich, daſs zwischen den Temperaturen 0^0 bis 20^0 die specifische Cohäsion a^2 für Alkohol und Wasser bei 0^0 C. aus der bei t^0 (unter Voraussetzung linearer Aenderungen) durch die Reductionsformel bestimmt werden kann:

$$a_o^2 = a_t^2 \left\{ \frac{1}{1 - 0,00177\, t} \right\} \text{Alkohol,}$$

$$a_o^2 = a_t^2 \left\{ \frac{1}{1 - 0,00160\, t} \right\} \text{Wasser.}$$

Nimmt man für Alkohol wie für Wasser das Mittel aus beiden, d. h. die Formel

$$a_o{}^2 = a_t{}^2 \left\{ \frac{1}{1 - 0,00168\ t} \right\}$$

so überzeugt man sich leicht, dafs die hierdurch entstehenden Differenzen weit geringer wie die wahrscheinlichen Fehler ausfallen; man wird daher die Formel mit einer gewissen. Berechtigung zur Reduction eines Gemisches von Wasser und Alkohol anwenden dürfen.

Auf Grund derselben erhält man für a^2 folgende Tabelle, der zugleich die zugehörigen Werthe der Oberflächenspannung

$$\alpha = \frac{1}{2}\ a^2 . s,$$

wo s das specifische Gewicht bedeutet, beigefügt sind :

Proc.	a^2	α
99,5	6,167	2,454
89,4	6,325	2,640
75,9	6,426	2,808
59,5	6,611	3,021
48,3	6,787	3,176
38,9	7,147	3,405
29,0	8,011	3,869
21,5	8,906	4,337
19,5	9,173	4,472
17,2	9,457	4,624
9,0	11,388	5,620
0,0	15,700	7,850

Es wurden nun zunächst nach der Methode der kleinsten Quadrate die Coëfficienten der Poisson'schen Gleichung

$$\alpha = f p^2 + f_1\ (100 - p)\ p + f_2\ (100 - p)^2,$$

wo p die Volumprocente Alkohol sind, berechnet; es ergab sich, dafs man für die Coëfficienten zu setzen hat

$$f = 0,000291,$$
$$f_1 = 0,00017217,$$
$$f_2 = 0,00068891,$$

während die Gröfsen, die Poisson angiebt, reducirt auf Volumprocente und α, folgende sind :

$$f = 0{,}000250,$$
$$f_1 = 0{,}0002396,$$
$$f_2 = 0{,}0007574.$$

Die durch die obige Gleichung dargestellte Curve ist auf Tafel 4 roth eingetragen nebst den beobachteten Werthen α; man sieht sofort, dafs dieselbe den Verlauf von α auch nicht entfernt wiederzugeben vermag. Es mufste deshalb eine andere Form zur Darstellung des Verlaufs von a^2 und α mit dem Procentgehalt an Alkohol gewählt werden und wurden daher zunächst die Coëfficienten einer cubischen Gleichung :

$$a^2 = A + Bp + Cp^2 + Dp^3$$

berechnet. Es ergab sich

$$A = 15{,}2176, \qquad B = -0{,}419493,$$
$$C = 0{,}00656468, \qquad D = -0{,}000033051,$$

und für α

$$\alpha = A' + B'p + C'p^2 + D'p^3,$$
$$A' = 7{,}5942, \qquad B' = -0{,}215155,$$
$$C' = 0{,}00333247, \qquad D' = -0{,}000017114.$$

Beide Curven sind ebenfalls auf Tafel 4 eingetragen, nebst den beobachteten Werthen a^2 (die ausgezogenen Curven; — für a^2, — für α). Folgende Tabelle enthält aufserdem eine Zusammenstellung der beobachteten und mit Hülfe obiger Gleichung berechneten Werthe von a^2 nebst den Differenzen und wahrscheinlichen Fehlern. Es ergiebt sich daraus als wahrscheinlicher Fehler von a^2

$$\pm 0{,}060.$$

Proc.	a^2 beobachtet	a^2 berechnet	Differenz	wahrsch. F.
99,5	5,912	6,167	+ 0,255	0,120
89,5	6,566	6,325	− 0,241	0,119
75,9	6,744	6,426	− 0,318	0,127
59,5	6,536	6,611	+ 0,075	0,125
48,3	6,547	6,787	+ 0,240	0,129
38,9	6,888	7,147	+ 0,259	0,131
29,0	7,767	8,011	+ 0,244	0,146
21,5	8,905	8,906	+ 0,001	0,163
19,5	9,289	9,173	− 0,116	0,162
17,2	9,776	9,457	− 0,319	0,176
9,0	11,950	11,388	− 0,562	0,202
0,0	15,218	15,700	+ 0,482	0,277

Allein aus der Tafel sowohl, wie aus dieser Tabelle ist ersichtlich, daſs auch diese Formel den Verfauf von a^2 nicht befriedigend darstellt. Es wurde daher noch der Versuch gemacht, denselben durch eine Gleichung von der Form

$$a^2 = A \cdot B^{\frac{p}{C + p}}$$

auszudrücken. Da aber hier die Differenzen weit gröſser ausfielen, so begnügte ich mich, die Curve, welche die beobachteten Punkte auf Tafel 4 verbindet, zu construiren (die punktirten Linien; schwarz a^2, roth α), indem ich auf eine empirische Formel verzichtete.

Es wurde oben auf einen wahrscheinlichen Zusammenhang des Contractionsmaximums von Wasser und Alkohol, das Mendelejeff[*] für die Zusammensetzung $C_2H_2O +$ $3\,H_2O$, also bei 60 Proc., nachgewiesen hat, mit der specifischen Cohäsion hingewiesen, eine Vermuthung, die durch die Untersuchungen von Poiseuille[**] über die Ausfluſsgeschwindigkeit aus capillaren Röhren erregt wird. Nach dieser Seite hin haben die Versuche ein negatives Resultat ergeben, indem sich ein solcher Zusammenhang in den Beobachtungen nicht zeigt.

Selbstverständlich ist damit nicht ausgeschlossen, daſs eine Wiederholung der Versuche mit einem besseren Kathetometer zu einem anderen Resultat führen kann, das hier durch die Gröſse der Beobachtungsfehler verdeckt wird.

---

[*] Ann. der Ph. u. Ch. Bd 138, S. 263.
[**] Daselbst, Bd. 58 (1843), S. 438.

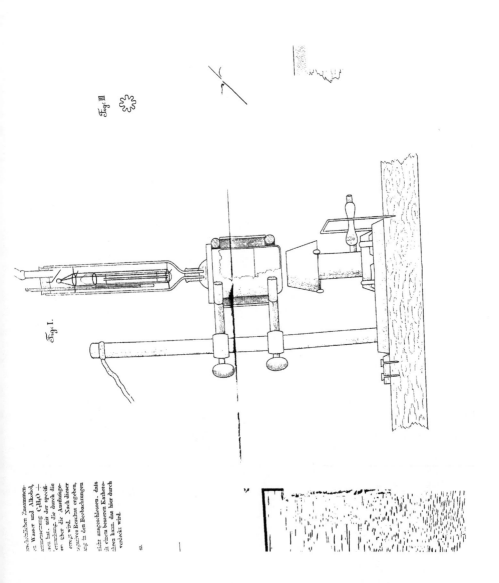

Fig. I.

Fig. III

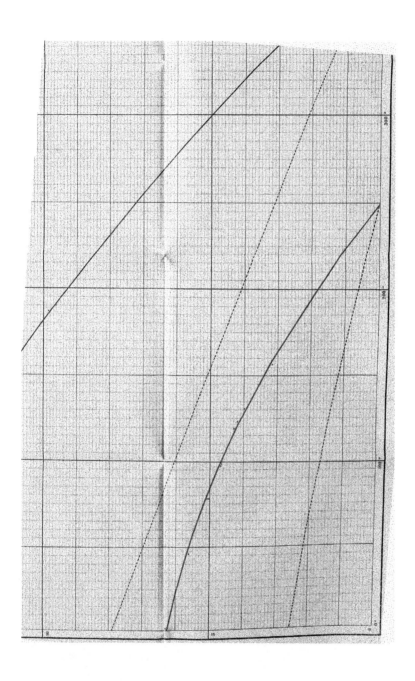

Taf. III.

LIBRARY
OF THE
UNIVERSITY OF ILLINOIS

VII.

Ueber die Phosphate von Waldgirmes.

Von A. Streng.

Auf der Grube Rothläufchen bei Waldgirmes sind neuerdings zahlreiche Phosphate in schönen Krystallen vorgekommen. Schon im vergangenen Winter von Herrn Bergrath Riemann auf dieses Vorkommen aufmerksam gemacht, habe ich am Ende des Winters vortreffliches Material gesammelt, welches ich demnächst im Neuen Jahrbuch f. Min. genauer beschreiben werde. Hier sollen nur die Resultate meiner Untersuchungen mitgetheilt werden. Die nachstehend genannten Phosphate sind auf Klüften des Brauneisensteins ausgeschieden.

1) *Elenorit* (Nies, 19. Bericht d. Oberh. Ges.) kommt in meſsbaren Krystallen der Combination $\infty P \infty . 0 P . + P$ vor. Die Krystalle sind tafelartig nach $\infty P \infty$ und nach der orthodiagonalen Axe säulenförmig in die Länge gezogen. Axenverhältniſs von a : b : c ist $= 2,7737 : 1 : 4,8933$, $\beta = 48^0 33'$. Es kommen häufig einfache Zwillinge parallel $\infty P \infty$, seltener Durchkreuzungszwillinge vor.

Die Zusammensetzung ist $= 2 FeP_2O_8 + H_6FeO_6 + 5 H_2O$ oder $Fe_3P_4O_{19} + 8 H_2O$. Die von Herrn Dr. Nies angegebene Formel bezieht sich auf die radialfasrigen braunen Kugeln, welche dem Kakoxen nahe stehen. Der Eleonorit stimmt in der Zusammensetzung mit dem Beraunit, einer Pseudomorphose nach Vivianit überein, während der Eleonorit ein in selbstständigen Krystallen auftretendes Mineral ist. — Der Eleonorit ist stark dichroitisch in dunkelrothbraunen und gelben Farben.

2) *Kakoxen* findet sich in gelben sammtartigen Ueberzügen. Aber auch die braunen radialfasrigen Kugeln, welche Herr Dr. Nies als Eleonorit analysirt hat, sind in ihrer Zusammensetzung dem Kakoxen nahestehend und in ihn übergehend, aber doch etwas davon verschieden. Das Molekularverhältnifs von P_2O_5 : FeO_3 : H_2O ist in dem fraglichen braunen Mineral nach Nies $= 2 : 3 : 18,5$, im Kakoxen $= 1,39$ bis $1,66 : 3 : 18,4$ bis $19,1$. Letzterer entsteht daher aus ersterem durch Abnahme der Phosphorsäure. — Das braune fasrige Mineral ist weniger dichroitisch, wie der Eleonorit; Lichtstrahlen, welche parallel der Längenaxe der Fasern schwingen, sind hier dunkelbraun, wenn sie senkrecht dazu schwingen aber hellgelb gefärbt. Bei dem Eleonorit ist das Umgekehrte der Fall.

3) *Kraurit.* Dunkelgrüne fast schwarze scheinbar würfelförmige Krystalle sind ihrer Formentwicklung nach rhombisch, während sie optisch als monoklin erscheinen. Unter Annahme rhombischer Entwicklung sind die hier auftretenden Formen : ein vertical gestreiftes glänzendes $\infty \bar{P} \infty$, ein vertical gestreiftes etwas schwächer glänzendes $\infty \breve{P} \infty$, ein lebhaft glänzendes untergeordnet entwickeltes ∞P und ein weifsmattes völlig gerundetes $\breve{P} \infty$. Das Axenverhältnifs von a : b : c ist annähernd $= 0,8734 : 1 : 0,426$. — $\infty \bar{P} \infty$, $\infty \breve{P} \infty$ und das gerundete sehr flache $\breve{P} \infty$ bilden zusammen die würfelähnlichen Gestalten. Das Mineral ist stark dichroitisch in braunrothen, gelben und grünen Farben und hat einen bräunlichgrünen Strich. Sehr merkwürdig ist die regelmäfsige Verwachsung mit Eleonorit in einfachen und Zwillingskrystallen. — Die Zusammensetzung ist : $3(FeP_2O_8) + 2(H_6FeO_6)$; G ist $= 3,39$, H > 4. Alle diese Eigenschaften stimmen mit denen des Kraurit überein.

4) *Picit* kommt in dunkelbraunen amorph scheinenden Parthieen vor; da sie aber auf das polarisirte Licht wirken, so können sie nicht isotrop sein.

5) *Strengit* kommt in sehr schön ausgebildeten farblosen Krystallen vor, gehört aber zu den Seltenheiten.

6) *Wavellit* findet sich theils in radialfasrigen Ueberzügen auf Klüften des den Brauneisenstein bedeckenden Kieselschiefers, theils in dem ersteren selbst in isolirten prachtvoll glänzenden farblosen, durchsichtigen Kryställchen, die nach ∞P in die Länge gezogen sind und am oberen Ende begrenzt sind von drei verschiedenen Pyramiden und einem Brachydoma. Alle diese Formen sind wegen ihrer Kleinheit nicht meſsbar, die Flächen treten aber unter dem Mikroskope bei auffallendem Lichte sehr schön hervor. Das Mineral enthält 34,94 Proc. P_2O_5 und 28,48 Proc. H_2O.

7) *Barrandit.* Radialfasrige, concentrisch-schaalige Kugeln von hellgrauer Farbe bestehen wahrscheinlich aus einem thonerdereichen Barrandit.

Eingegangen bei der Direction der Gesellschaft am 9. Juli 1880.

VIII.

Bericht über die vom Juli 1878 bis Juni 1880 in den Monatssitzungen gehaltenen Vorträge.

Vom I. Secretär.

Generalversammlung am 6. Juli 1878 zu Grünberg.

Prof. Dr. Streng : „Ueber eine aufsergewöhnliche Krystallform an Quarzen des Dünstbergs", „über deutlich ausbildete Krystalle von Magnetkies, aufgefunden bei Auerbach in der Bergstrafse" und „über Gysmondinkrystalle aus der Gegend von Gedern."

Dr. Buchner : „Ueber Edison's Phonographen" und „über mikroskopisch verkleinerte Schrift auf Gelatinplatten (aus der Belagerung von Paris) zur Beförderung durch Brieftauben."

Professor Dr. Hoffmann : „Ueber die Mittel der Vögel, bes. der Brieftauben, den Weg zu finden" und „über die Ursachen der Veränderung in Form und Charakter der Pflanzen."

Professor Dr. Zöppritz : „Ueber die geographische Verbreitung der Gletscher."

Sitzung am 7. August 1878.

Prof. Dr. S t r e n g : „Ueber die Theorie der Quellen, mit besonderer Berücksichtigung der Wasserversorgung der Stadt Giefsen." Nachdem ganz im Allgemeinen die Theorie der Quellen dargelegt worden war, wendete sich der Vortragende zu den durch die Arbeiten am Annaberge erhaltenen Wasser-. aufschlüssen. Aus den von ihm ausgeführten Berechnungen ergiebt sich, dafs, wenn man unter allen Umständen so viel Wasser erschürfen zu müssen glaubt, dafs *alle* Bedürfnisse der Stadt Giefsen gedeckt werden, wenn also 120 Liter pro Kopf gerechnet werden, man bis jetzt nur einen Theil, nämlich etwa ein Fünftel dieses Quantums erschürft habe. Legt man aber nur die wirklich *nothwendigen* Bedürfnisse zu Grunde und .rechnet pro Kopf und Tag einen Consum von 50 Litern, dann haben wir den *gröfsten Theil* der hierzu nöthigen Wassermenge nachgewiesen und es ist zu hoffen, dafs man durch systematische Drainirung auch der Gegend links von der Licher Strafse das noch Fehlende erlangen werde.

Sollte sich aber herausstellen, dafs dieses Wasserquantum nicht genügend ist, sollten die gegenwärtig erschürften Wassermengen sich im Laufe der Zeit vermindern, so dafs der auf 750 Cubikmeter geschätzte Wasserbedarf nicht gedeckt werden kann, dann würden die jetzt erschürften Quellen völlig hinreichen, eine gröfsere Zahl von laufenden Brunnen zu speisen, und damit alle Stadttheile wenigstens mit einem vortrefflichen Trinkwasser zu versorgen.

Sitzung am 6. November 1878.

Professor Dr. S a t t l e r : „Ueber den grauen Staar, sein Wesen, seine Geschichte und seine Behandlung." Der graue Staar wird definirt als die Trübung der Krystalllinse des Auges. Nach einer kurzen Darstellung der Anatomie des Auges, wird die Rolle, welche die Linse bei dem Zustandekommen von Bildern auf der Netzhaut spielt, genauer erklärt, und besonders ihre Bedeutung für die Accommodation des Auges hervorgehoben. Hierauf wurden die Erscheinungen kurz geschildert, welche die Entwicklung des grauen Staares begleiten. Nun folgte eine Darstellung der historischen Entwicklung unserer Kenntnisse vom grauen Staar, von den ältesten Zeiten bis auf unsere Tage. Nach einer kurzen Erklärung der Bedeutung und Ableitung der für das in Rede stehende Uebel gebrauchten Ausdrücke, werden die Heilverfahren und Operationsmethoden besprochen, welche in den verschiedenen Perioden der Geschichte gegen den grauen Staar in Anwendung gekommen waren, und welche heut zu Tage in Gebrauch sind.

Sitzung am 4. December 1878.

Professor Dr. Wernher : „Ueber die Leichenbestattung." Nachdem Redner daran erinnert hat, daſs sich zuerst 1846 in London, wo sich die Kirchhöfe noch im Innern der Stadt befanden, eine Gesellschaft zur Leichenverbrennung gebildet hatte die sich resultatlos wieder auflöste, daſs alsdann die ersten Verbrennungsanstalten in Italien (Mailand und Neapel) und erst später, 1876, in Deutschland (Dresden und Gotha) errichtet wurden, hebt er hervor, daſs bei der Wahl irgend einer Bestattungsweise vorzugsweise von drei Gesichtspunkten auszugehen sei, nämlich von der Religiosität und Pietät, von der Wohlfeilheit und von der Hygieine.

Schon seit frühester Zeit ist mit der Bestattung der Leichen ein gewisser Cultus getrieben worden, es widerstrebt der menschlichen Natur die Leichen theurer Angehöriger ohne Noth rasch aus dem Wege und dem Gedächtnisse zu schaffen. Die Bestattung entweder direct in der Erde oder in Grüften entspricht zumeist dem Gefühle und gestattet eine länger andauernde Pflege von Seiten der Hinterbliebenen. Die verschiedenen Bestattungsweisen bei den Alten und den Völkern der Jetztzeit haben einen religiösen Hintergrund, wie bei den Egyptern das Einbalsamiren, bei den Hindus das Einsenken in den Ganges u. s. w. Bei den alten Römern war das Verbrennen nur facultativ, Arme und Sclaven wurden beerdigt, die Griechen verbrannten die in der Schlacht Gefallenen, die in der Heimath Verstorbenen nicht. — Die Juden,

Christen und Muhammedaner beerdigen ihre Leichen, bei den Christen wurde das Verbrennen geradezu als heidnischer Gebrauch verdammt.

Die einfache Beerdigung, wie sie bei uns gebräuchlich, ist bei Weitem die billigste Bestattungsweise, so lange noch in der Nähe der Städte und Dörfer genügender Raum vorhanden ist. Es ist zu bedenken, daſs bei dem gröſseren Theile der zu Bestattenden Rücksicht auf die Kosten zu nehmen ist, da oft schon durch die vorausgegangene Krankheit u. s. w. Noth und Mangel bei den Angehörigen eingetreten ist. Die Verbrennung ist bedeutend kostspieliger, da auſser den auch bei der Beerdigung entstehenden Kosten für Sarg, Transport u. s. w., noch der, sich beispielsweise in Gotha auf 30 Mark belaufende, Mehrbetrag für Brennmaterial und Benutzung des Ofens hinzukommt. — Anders stellen sich die Verhältnisse in groſsen Städten, wo bei der sehr groſsen Zahl der nothwendigen Beerdigungen schlieſslich der Raum nicht mehr reicht und die Leichen mit groſsen Kosten weit weg gebracht werden müssen. Bei den groſsen Städten der Alten, wie Troja, Memphis, Theben u. A., ist der Boden meilenweit unterwühlt; in London sterben jetzt durchschnittlich 56- bis 60000 Menschen jährlich und das Unterbringen der Leichen in der Erde wird immer schwieriger und kostspieliger. In solchen Fällen könnte also das Verbrennen der Leichen als zweckmäſsiger befürwortet werden, doch wäre es fraglich, ob nicht, bei praktischer Einrichtung, ein Beisetzen in ausgemauerten Grüften, wobei durch Uebereinanderstellen der Särge Raum erspart würde, sich billiger stellen könnte.

In sanitärer Beziehung ist von Seiten derjenigen, die die Leichenverbrennung befürworten, der Gesundheitsschädlichkeit der von den Kirchhöfen ausgehenden Luft- und Wasserverunreinigung wohl eine viel zu groſse Bedeutung zugeschrieben worden. Die gasförmigen Producte, die bei der, je nach den Verhältnissen des Bodens und des Klimas rascher oder langsamer vor sich gehenden, Zersetzung der Leichen erzeugt werden, als Kohlensäure, Schwefelwasserstoff, schweflige Säure, Ammoniak, sind zwar sehr unangenehm, aber bei den geringen Quantitäten, die in Betracht kommen können, nicht gesundheitsschädlich (vgl. Anatomie, Fabriken von künstlichem Dünger u. s. w.). Die nicht direct in die Luft übergehenden Producte werden durch die desinficirende Kraft des Bodens in den meisten Fällen zurückgehalten.

Die Krankheit erzeugenden Keime sind durch die Geruchsorgane nicht wahrzunehmen, die putriden Stoffe sind nicht selbst Krankheitserreger, können aber unter Umständen zu günstigem Boden für solche werden.

Bedenkt man aber, daſs unsere Erde überhaupt von lebenden Organismen erfüllt, daſs die obere Schichte des Bodens von den Leichen dieser Organismen durchdrungen ist, bedenkt man ferner die beständigen massenhaften thierischen Ausscheidungen, welche alle die gleichen Zersetzungsproducte liefern, wie die vermodernden menschlichen Leichen, so ist die von den Kirchhöfen ausgehende Verpestung der Luft und des Bodens doch nur eine verschwindend kleine zu nennen und es wird nur in ganz besonderen Fällen, wie auf Schlachtfeldern, bei Epidemieen u. s. w. eine rasche Unschädlichmachung geboten sein.

Nachdem Redner noch die Art und Weise der Leichenverbrennung in den Siemens'schen Oefen kurz geschildert, schlieſst er seinen Vortrag mit dem Bemerken, daſs nach seiner persönlichen Ansicht die jetzige Bestattungsweise in kleineren Städten und auf dem flachen Lande den Vorzug verdiene, daſs aber da, wo diese durch die Verhältnisse unausführbar sei oder doch zu sehr erschwert werde, zwischen dem Verbrennen und dem Beisetzen der Leichen in ausgemauerten Grüften die locale Zweckmäſsigkeit zu entscheiden habe.

Generalversammlung am 8. Januar 1879 zu Giessen.

Professor Dr. Hoffmann: „Ueber das Klima von Gieſsen." Die wesentlichsten Thatsachen sind folgende:

Temperatur.

Mittlere, berechnet aus Maximum und Minimum = 6,7° R., welches einem wahren Mittel von etwa 7,5° entspricht.

Der Winter liegt fast im Schmelzpunkte des Eises in — 0,2°.

Der wärmste Sommermonat, der Juli, hat 14,4°. Der Januar ist gleich jenem von Süd-Island, S. W. Norwegen, Amsterdam, Donaumündung; der Juli identisch mit dem von Süd-England, Kasan. Das absolute Minimum betrug — 27° (im J. 1850).

Das wahrscheinliche (mittlere) Minimum eines jeden Winters beträgt — 15,2°.

Das absolute Maximum beträgt + 27,5° (an der Sonne 40°), das wahrscheinliche (mittlere) Maximum eines jeden Sommers + 24,9°.

Frost

(Reif) ist in jedem Monat des Jahres beobachtet worden; frostfrei ist bis jetzt nur die Zeit vom 6. Juli bis 7. August. Frosttage (mit Temperatur unter 0°) sind im Mittel 104, im Maximum 140, im Minimum 72.

Sommertage mit 20 und mehr Grad sind im Mittel 26, im Maximum 66, im Minimum 8.

Tage mit allgemeiner Schneedecke um 12 Uhr Mittags im Mittel 27 (auf dem Plateau von Königsberg und Altenberg 53), im Maximum 69, im Minimum 1.

Höchste Schneedecke 12″ p.

Gröfste Eisdecke auf der Lahn 17″ p.

Tiefste gefrorene Bodenoberfläche 38″ p.

Die Vegetationsentwickelung

ist im Frühling gleichzeitig mit Berlin, 4 Tage vor Leipzig, 1 Tag hinter Wien, 35 Tage hinter Neapel.

Niederschlag.

Es regnet oder schneit durchschnittlich jeden zweiten Tag, die längste Periode ohne mefsbaren Niederschlag war 35 Tage (vom 4. September bis 8. October 1865). Die mittlere Höhe des Niederschlags beträgt 23,2″ p. (im Jahre = 643 mm).

Die Maxima (bis 30,1″) und Minima (bis 15,3″) sind in gröſseren oder kleineren Jahresgruppen vereinigt, nicht isolirt.

Anzahl der Tage mit meſsbarem Niederschlag im Mittel 168, im Maximum 220, im Minimum 125.

Die *trockensten* Monate sind März mit 1,3″ Niederschlag und September mit 1,8″ Niederschlag, letzterer also wohl der *beste* Reisemonat. Der nässeste Monat ist der Juli mit 2,9″ Niederschlag.

Das absolute Maximum des Niederschlags an Einem Tage beträgt 4,3″.

Der erste *Schnee* fällt im Durchschnitt am 8. November, der letzte am 22. April. Tage mit Schneefall im Jahresmittel 43.

Der erste *Herbstreif* tritt im Mittel am 21. September ein, der letzte am 25. Mai. Es reift im Mittel an 57 Tagen. Maximum im März und April.

Nebel zeigt sich an 53 Tagen, am meisten im September und October, je 8,5 Tage.

Sitzung am 12. Februar 1879.

Professor Dr. K e h r e r : „Ueber Blutleere (Anaemie)." Diese kann bestehen in relativer Verminderung der Gesammtmenge des Blutes oder dessen einzelner Bestandtheile (Bluteiweiſs, rothe Blutkörper oder Blutfarbestoff). Blutleere entwickelt sich entweder plötzlich durch einen Blutverlust oder allmälig durch Störung in der Blutbildung, durch Säfteverluste, durch Beschleunigung des Stoffwechsels. Die zahlreichen Erscheinungen und Folgezustände werden soweit vorgeführt, um auch dem Laien die Erkennung der Anaemie zu ermöglichen.

Redner legt besonderes Gewicht auf die Verhütung der Krankheit. Durch eine passende Lebensweise, durch zweckmäſsige Muskelarbeit, durch eine weder allzu opulente noch zu kärgliche, am besten gemischte Nahrung; durch Vermeidung von Excessen aller Art kann Vieles zur Verhütung und auch Beseitigung der Blutleere geschehen. Insbesondere erscheint es wichtig, bei Erziehung der Jugend nicht einseitig den Wissensbedarf des späteren Lebens, sondern auch die Anforderungen der vielfach verkannten Natur zu berücksichtigen und beide in einer physisch nicht schädlichen Weise zu normiren. Sociale Mifsverhältnisse im weitesten Sinne sind, zumal in den Grofsstädten, eine fortwährende Quelle der in erschreckender Weise zunehmenden Anaemie. Sanitäre Mafsregeln allein können hier nicht helfen.

Sitzung am 5. März 1879.

Professor Dr. Pflug : „Ueber die Rotzkrankheit." Anschliefsend an frühere Vorträge über solche Thierkrankheiten, welche auf Menschen übertragbar sind, schildert Redner die Rotzkrankeit als eine, insbesondere den Einhufern eigene, ansteckende Krankheit, die von da aus durch Ansteckung nicht selten auf Menschen übergeht.

Das Pferd ist es insbesondere, bei dem sich die Krankkeit findet; ob sie hier spontan entstehe, ist noch nicht endgültig entschieden. Thatsache ist es, dafs sie sich auf contagiösem Wege von Pferd zu Pferd verbreitet und durch Impfung auch auf andere Thiere verpflanzt werden kann.

Man hat die Impfung werthloser Thiere (Kaninchen) mit Rotzgift zur Sicherstellung der Diagnosis empfohlen; da aber manche Impfungen im Stich lassen, so ist dieses Verfahren nicht ganz zuverlässig. Das Contagium der Rotzkrankheit, das Rotzgift, kennen wir als solches noch nicht. Die Behauptungen Einzelner : kleinste Pilze als das wirksame Princip der Rotzmaterie gefunden zu haben, ist noch lange nicht erwiesen.

Wir wissen dafs das Gift vorzugsweise an jenen schleimig-eiterigen Ausflufs gebunden ist, welcher bei rotzigen Pferden aus der Nase abläuft, und an den Eiter wurmiger Pferde. Blut und Lymphe u. s. w. von kranken Thieren sind aber auch Träger des Ansteckungsstoffes.

Ob auch die ausgeathmete Luft und die Hautausdünstung das Contagium birgt, läfst sich nicht für alle Fälle beweisen; darum ist das Rotzcontagium auch ein vorzugsweise fixes.

Der Rotz tritt in zwei Formen auf :

1) *als eigentlicher Rotz* (malleus humidus),

2) *als Wurm* (malleus farciminosus) und kann acut und chronisch verlaufen.

Der Rotz hat seinen Sitz vorzugsweise auf den Schleimhäuten der oberen Luftwege; Bronchien, Lungen, Leber, Milz können gleichzeitig afficirt sein; es kann aber der Rotz allein in der Lunge, oder in der Luftröhre seinen Sitz haben. Bei dieser Form sind die Kehlgangsdrüsen fast immer mit ergriffen.

Der Wurm ist der sogenannte Hautrotz. Hier bilden sich kleinste Abscefschen in der Haut, unter der Haut und im intermuskulären Bindegewebe. Beim Wurm scheint der Sitz der Erkrankung in den Lymphgefäfsen zu sein.

Der Wurm ist intensiver ansteckend als der Rotz, auch ist ihm ein flüchtiges Contagium wahrscheinlich eigen.

Nach Impfung bricht die Krankheit bei dem Impfthier (Pferd) nach 5 bis 10 Tagen aus; die Incubationszeit bei natürlicher Ansteckung dauert oft einige Wochen.

Ist das Rotzgift der Atmosphäre, der Kälte oder trocknen Wärme ausgesetzt, so verliert es bald seine Wirsamkeit; an geschützten Orten : in feuchten, warmen Stallungen insbesondere, bleibt es bis zu einem Jahr wirksam.

Der Rotz entsteht nicht aus der *Druse*, einem Catarrh der oberen Luftwege mit gleichzeitiger Affection der Lymphdrüsen des Kehlgangs. In Fällen, wo sich aus Druse Rotz entwickelte, ist anzunehmen, dafs es von vornherein Rotz und nicht Druse war.

Der Rotz ist nicht immer leicht zu diagnosticiren; es dauert oft lange Zeit bis man die dem Rotz charakteristischen Geschwüre in der Nase nachweist.

Dafs Rotz und Wurm identisch sind, geht aus dem Umstand hervor, dafs rotzige Pferde schliefslich wurmig und wurmige Pferde schliefslich rotzig werden. Nach Impfungen mit Rotzmaterie entwickelt sich bald einmal der Rotz, bald der Wurm.

Wenn in den Lungen rotziger oder wurmiger Pferde

sich — was häufig der Fall ist — kleine Knötchen finden, so nennt man diese Krankheitsform den Lungenrotz und behauptet, aber mit Unrecht, daſs diese Knötchen sogenannte *„Tuberkel"* wären. Diese Knötchen, welche Redner allerdings *Rotztuberkel* nennt, sind aber nichts anders als lobulärpneumonische Herdchen; ihre Entwickelung und ihre Hystologie in den verschiedenen Stadien spricht unzweifelhaft dafür.

Die ersten Anfänge — wahrscheinlich da, wo das Contagium reizend einwirkte — sind kleinste hyperämische Herdchen, mit der Zunahme der Exsudation schwindet die Hyperämie, die Alveolen füllen sich mit lymphoiden Zellen, ebenso die Alveolarsepten; das Ganze stellt schlieſslich ein kleinstes Abscefschen dar, welches aufbricht oder, wie gewöhnlich, verkalkt.

Eine andere Form — der sogenannte diffuse Lungenrotz — ist eine Desquamativpneumonie.

Menschen inficiren sich gewöhnlich dann, wenn sie mit rotzigen Pferden in Berührung kommen; wie bei dem Pferde, so führt die Rotz-Wurmkrankheit auch bei dem Menschen gewöhnlich zum Tode.

Beim Menschen verläuft die Krankheit ganz wie beim Pferde; als Rotz oder Wurm, acut oder chronisch. Es ist eine sehr schwere und schmerzhafte Krankheit.

Schlieſslich schildert Redner die Symptome der Krankheit beim Pferd und beim Menschen und bemerkt, daſs eine Reihe verschiedener Heilmittel zwar versucht, sie aber alle als unwirksam wieder bei Seite gelegt wurden.

Heilungen rotziger Menschen sind in einzelnen Fällen zwar gelungen — auch rotzige Pferde sind schon geheilt worden — eine Naturheilung des Rotzes kommt vor — aber es sind dieses so seltene Ausnahmen, daſs wir sagen müssen: die Rotz-Wurmkrankheit ist eine in der Regel zum Tode führende Krankheit.

Menschen und Pferde sind oft Jahr und Tag krank, schlieſslich gehen sie an Erschöpfung oder an Pyämie zu Grunde.

11 *

Sitzung am 7. Mai 1879.

Professor Dr. Zöppritz : „Ueber die neusten Unternehmungen der Afrikanischen Gesellschaft in Deutschland." Nach einer Skizzirung der Grenzen des noch unbekannten Gebietes in Centralafrika berichtet der Vortragende über die Expeditionen der Afrikanischen Gesellschaft. Dieselben sind drei an der Zahl, von denen die eine unter Gerhard Rohlfs von Norden her über Wadai in den unbekannten Theil eindringen will, während die beiden anderen die in den portugiesischen Besitzungen Angola's gebotene Operationsbasis benützen sollen. Die eine dieser letzteren führt der Ingenieur Schütt von dem vorgeschobenen Posten Malange aus gegen Nordosten, in welcher Richtung er schon gute Fortschritte gemacht .hat. Die zweite ist Herrn Dr. Max Buchner anvertraut, der in mehr östlicher Richtung womöglich zur Hauptstadt des Muata Yamvo vordringen und von dort seinen Weg nach Osten oder Norden weiter suchen soll.

Aufserdem betheiligt sich die Gesellschaft an den Unternehmungen der internationalen Association in Ostafrika, insofern sie mit Unterstützung derselben eine deutsche Station zwischen der Küste von Zanzibar und dem Tanganika-See begründen und unterhalten wird. Diese Station soll vor Allem europäischen Reisenden zum Stützpunkt dienen; sie soll Führer, Träger und Proviantvorräthe bereit halten, friedliche Disposition der umliegenden Stämme befördern und ein Centralpunkt beginnender Civilisation werden. Daneben sollen aber daselbst wissenschaftliche Beobachtungen, namentlich meteorologische gemacht und die nähere Umgebung naturhistorisch erforscht werden.

Ein fernerer wichtiger Beschlufs des Ausschusses der Gesellschaft war der, jüngere Reisende auf kleinere Expeditionen in Nordafrika auszusenden, damit dieselben sich in der Sprache und in der Kunst des Reisens vervollkommnen können. Eine erste Reise dieser Art führt Herr A. Krause nach dem Lande der Ahaggar der westlichen Sáhára aus. Ihm wird Dr. O. Lenz bald folgen, der das Atlasgebirg bereisen will.

Sitzung am 11. Juni 1879.

Director Dr. Soldan: „Ueber die physikalischen Eigenschaften der Fixsterne."

Generalversammlung am 5. Juli 1879 zu Nauheim.

Professor Dr. Hoffmann: „Ueber den Einfluſs der Dichtsaat auf die Geschlechtsbestimmung." Während unter normalen Verhältnissen im freien Lande und bei reichlicher Ernährung die Zahl der männlichen und der weiblichen Spinatpflanzen ungefähr gleich ist, steigt die Zahl der männlichen bei Dichtsaat auf das Doppelte.

Professor Dr. Streng: „Entstehungsgeschichte des Rheinfalls bei Schaffhausen."

Professor Dr. Zöppritz: „Projectirte Durchstechung des Isthmus von Panama."

Stud. Rahn: „Interessanter Blitzschlag."

Sitzung am 7. August 1879.

Professor Dr. Heſs: „Ueber die Würdigung der Spechte in forstlicher Beziehung." Redner beginnt mit einer allgemeinen Beschreibung der Spechte und ihrer eigenthümlichen Lebensweise. — Es folgen einige historische Mittheilungen über die verschiedenen Ansichten welche man von jeher über den Nutzen, bezw. Schaden der Spechte, in naturwissenschaftlichen und forstlichen Kreisen gehabt hat. — Zu den ersten Forstwirthen, welche den Specht wegen seiner Baumbeschädigungen auf die Anklagebank gesetzt haben, gehört Johann Gottlieb Beckmann (1784). — Bechstein hat sich wohl zuerst des Spechtes als eines überwiegend nützlichen Vogels angenommen (1802). — Diesem Beispiel folgten fast alle neueren Naturforscher und forstlichen Autoren. Neuerdings ist aber in der Spechtfrage wieder eine gewisse Reaction durch Altum (Eberswalde) eingeleitet worden, welcher schon in seiner Forstzoologie (1873) darauf hinwies, „daſs die Spechte *kein* Gegengewicht gegen die eigentlich schädlichen Holzinsecten (Borkenkäfer) bilden, indem sie von gröſseren,

forstlich indifferenten Raupen leben", und mehr noch in einer
besonderen Broschüre „Unsere Spechte u. s. w." (1878) gegen
diese Waldvögel zu Felde zieht. Der Autor kommt hier zu
der Schlußfolgerung : „Die weitaus meiste Arbeit der Spechte
ist wirthschaftlich gänzlich unnütz; ihre nützliche Arbeit ist
fast unmerklich gering; ihre wirthschaftlich schädlichen Arbeiten überwiegen bei weitem die nützlichen" — will aber
merkwürdiger Weise die Spechte doch geschont haben, freilich nur aus *ästhetischen* Rücksichten!

Gegen diese Broschüre ist neuerdings v o n H o m e y e r,
ebenfalls in einer besondern Schrift, aufgetreten, in welcher
A l t u m einseitige, ungenügende Beobachtung, tendenziöse
Eingenommenheit gegen die Spechte, Sucht zu viel erklären
zu wollen u. s. w. vorgeworfen wird.

Der Vortrag gliedert sich nach diesen einleitenden Bemerkungen in drei Theile :

I. Würdigung des unzweifelhaften Nutzens der Spechte;
II. Würdigung des unzweifelhaften Schadens derselben;
III. Beleuchtung derjenigen Spechtarbeit, welche *nützlich*
und *schädlich* zugleich ist.

Ad. I wird auf die Vertilgung der frei lebenden Insecten
hingewiesen (z. B. der Nonne, der Maikäfer) und auf die
Spechtarbeit in abgestorbenem oder dem Absterben nahen
Holz (Buprestis-, Pissodes-, Bostrychus-, Cerambyx-, Sirex-
Arten), wobei den Specht außer dem Gehör wohl auch der
Geruch leite, ferner auf die Vertilgung der Werren und
Regenwürmer durch die Erdspechte.

Ad. II. Zu dem unzweifelhaften Schaden wird gerechnet :

a) das *mehr vereinzelte,* ohne Ordnung und Regelmäßigkeit ausgeführte *Anschlagen* ganz gesunder Stämme,
zumal *Eichen,* welche frei von Insecten sind (wohl mit
aus Laune, Neugier, Erprobung der Schnabelkraft
oder Absicht, den Schnabel von Harz zu reinigen?);

b) das sogenannte *Ringeln gesunder Bäume* durch den
großen Buntspecht. Die Theorie des Safteckens an
diesen *Ringel-* oder *Wanzenbäumen* wird verworfen,

ebenso die Ansicht, daſs dieses Behacken zum Zwecke
des Genusses der Bastfasern erfolge. Mehr Wahrscheinlichkeit hat die Altum'sche Ansicht, daſs der
Specht Insecten suche und zu diesem Behuf *percutire*.
Vielleicht beabsichtigt auch der Specht durch das
Ringeln die Bäume krank zu machen, um Holzinsecten auf diese Weise eine angenehme Brutstätte zu
bereiten;

c) das *Aufklauben* von *Zapfen* und *Verzehren* von *Kie-
fern- und Fichtensamen* u. s. w. durch den groſsen
Buntspecht (nicht von Belang und namentlich von
Altum mit viel zu grellen Farben geschildert).

Ad. III. Nützlich und schädlich zugleich wirken die
Spechte durch *Anschlagen* von Stämmen, welche zwar von
Insecten (z. B. Zeuzera, Cossus, Bostrychinen im weitesten
Sinne, Saperda u. s. w.) bewohnt, aber noch nicht abgestor-
ben sind, ferner durch das *Zimmern* von *Bruthöhlen* und end-
lich durch *Verzehren* von *Ameisen*.

Der Vortragende gelangt auf Grund seiner Besprechung,
wobei fortwährend auf die divergirenden Ansichten der
neueren Specht-Schriftsteller Bezug genommen wird, zu dem
Endresultat, daſs die *Spechte als vorwiegend nützlich auch
ferner zu schonen seien*.

Es wird zwar anerkannt, daſs Altum den früheren, oft
übertriebenen Lobhudeleien der Spechtthätigkeit gegenüber
in einzelnen Punkten recht habe, aber zugleich mit Entschie-
denheit hervorgehoben, daſs derselbe dafür in das entgegengesetzte Extrem verfallen sei. Man dürfe überhaupt nicht
unerfüllbare Anforderungen an die Vogelwelt stellen, die nur
unter normalen Verhältnissen ein Gegengewicht gegen die
übermäſsige Vermehrung der schädlichen Insecten bilden
könne, und müsse sich in der Spechtfrage vor Schluſsfolge-
rungen a posteriori aus Holzstücken mit Spechtbeschädigungen
und vor einer *sofortigen Verallgemeinerung einzelner beobach-
teter Thatsachen* hüten.

Der Vortrag wird durch Vorzeigen der deutschen Spechtarten und einer großen Anzahl von Holzstücken mit Specht-beschädigungen und Insectenfraßobjecten erläutert.

Sitzung am 5. November 1879.

Professor Dr. Streng : „Ueber Pflanzenreste im Eisen-steinlager von Bieber bei Gießen." S. bez. Aufsatz S. 143 des XVIII. Berichts.

Sitzung am 3. December 1879.

Professor Dr. Laubenheimer : „Ueber Cellulose-nitrate und Celluloïd." Die Cellulose, welche den Hauptbe-standtheil der Zellmembran der Pflanze bildet, enthält Kohlen-stoff, Wasserstoff und Sauerstoff in dem durch die Formel $C_6H_{10}O_5$ ausgedrückten Verhältniß. Drei von diesen zehn Wasserstoffatomen können durch den aus einem Atom Stick-stoff und zwei Atomen Sauerstoff bestehenden Salpetersäure-rest ersetzt werden, und entstehen so die Cellulosenitrate :

$C_6H_7O_2(OH)_2(ONO)$ Cellulosemononitrat,
$C_6H_7O_2(OH)(ONO)_2$ Cellulosedinitrat,
$C_6H_7O_2(ONO)_3$ Cellulosetrinitrat.

Das *Dinitrat* wird durch Eintragen von Baumwolle in ein Gemenge von Schwefelsäure und nicht sehr concentrirter Salpetersäure und Auswaschen mit Wasser erhalten. Seine Lösung in Aetheralkohol ist das „Collodium", das in der Photographie ausgedehnte Anwendung findet.

Das *Trinitrat*, welches man durch Eintragen von Baum-wolle in sehr concentrirte Salpeter-Schwefelsäure und nach-heriges Auswaschen der Säure erhält, ist die „Schießbaum-wolle", welche als Sprengmittel benutzt wird. Ihre Fabrika-tion und ihre Eigenschaften wurden von dem Vortragenden eingehender erörtert.

Vermischt man Cellulosetrinitrat, wie es durch Behand-lung von Seidenpapier mit Salpeter-Schwefelsäure erhalten wird, nach dem Trocknen mit Campher, erwärmt und bewirkt durch Kneten der teigigen Masse eine innige Mischung, so resultirt ein nach dem Erkalten hornähnliches Product, das „Celluloïd". Dieses ist ein ausgezeichneter Ersatz für Horn und Hartgummi. Es ist etwa zehnmal elastischer als Holz, sehr politurfähig, erweicht bei 125° und läfst sich bei dieser Temperatur in Formen pressen. Durch Zusatz geeigneter Farbstoffe gewinnt es das Ansehen von Elfenbein, Schildplatt, Corallen, Malachit u. s. w. Der Vortragende zeigt Proben der Rohmaterialien und daraus gefertigte Gegenstände.

Generalversammlung am 7. Januar 1880 zu Giessen.

Professor Dr. Zöppritz : „Ueber Wettertelegraphie und Wetterprognose." In der Einleitung wurde die Vertheilung von Druck, Dichte und Temperatur in der ruhenden Atmosphäre und der Einfluß des Wasserdampfes auf dieselbe betrachtet. Darauf wandte sich der Vortragende zu den in Folge von Druckdifferenzen auftretenden Luftströmungen, den Winden, und entwickelte das Buys-Ballotsche Gesetz für die Windrichtung in ihrer Abhängigkeit von der Lage der Isobaren. Es wurden dann die Windrichtungen um ein barometrisches Minimum und um ein Maximum herum untersucht, sowie die Niederschlags- und Temperaturverhältnisse, die sich daraus ergeben, ferner die Fortpflanzung solcher Minima, als deren Hauptentstehungsursache die warmen Meeres- und Luftströmungen des nordatlantischen Oceans zu betrachten sind. An der Hand zweier synoptischer Wetterkarten wurde nun der Verlauf der Witterungserscheinungen über Westeuropa während zweier auf einander folgender Tage näher betrachtet. Die Construction solcher Karten wird ermöglicht durch die an einem Centralort allmorgenlich von geeignet vertheilten Stationen eintreffenden Telegramme, die Luftdruck, Temperatur, Feuchtigkeit, Windrichtung und -Stärke angeben. Durch die Betrachtung der so construirten Karte kann man bei einiger Uebung die Gestaltung der Witterung in den nächsten 24 Stunden voraussehen. Die Voraussagen der deutschen Seewarte treffen in etwa 80 Proc. aller Fälle pünktlich ein und nur in 7 bis 8 Proc. sind sie entschieden irrig.

Sitzung am 11. Februar 1880.

Professor Dr. Hoffmann : „Ueber thermische Constanten der Vegetation." Die Thatsache, dafs Wärme und Vegetation in einem Verhältnisse innigster Correlation stehen, hat verschiedenen Forschern Veranlassung gegeben, hierfür einen exacten quantitativen Ausdruck zu suchen.

Die Summirung der täglichen Mitteltemperaturen über 0^0 (Fritsch's Methode) vom 1. Januar an, als der Zeit der tiefen Winterruhe, bis zu dem Tage im April, Mai u. s. w., an welchem sich die erste Blüthe eines gewissen Baumes öffnete, führte in verschiedenen Jahren an demselben Orte zu keinen genügend übereinstimmenden Temperatursummen.

Besser scheint die Methode v. Oettingen's 1879, der nur die Grade *oberhalb* einer gewissen (für jede Pflanze eigenthümlichen) Höhe, oder Schwelle, z. B. 2^0 summirte.

Hoffmann summirt die täglichen Maxima an einem der Sonne ausgesetzten, nach Süden schauenden Thermometer und fand namentlich bei solchen Pflanzen gut stimmende Summen, welche sehr spät erst blühen, also von den so häufigen Nachtfrösten im Mai möglichst wenig betroffen und geschädigt werden.

Die weifse Lilie (lilium candidum) entfaltet in Giefsen ihre erste Blüthe im Mittel am 1. Juli, also am 182. Tage vom 1. Januar. Die Summe der Insolationsmaxima beträgt für diese Zeit im Mittel 2834^0 R., kann aber in einzelnen Jahren um 7,2 Proc. differiren, während v. Oettingen's Verfahren im günstigsten Falle noch um 10 Proc. differirende Werthe ergab. Für Gera betrug die Summe 2827^0, für Frankfurt a. M. 2813^0. Die Schwankung von 2813^0 auf 2834^0 beträgt nur 21^0, also das Mittel (2823^0) gleich 100 gesetzt nur $0,7^0$ pro Hundert. Für den Weinstock ergaben sich folgende Werthe : Giefsen, wo die erste Blüthe im Mittel auf den 14. Juni fällt, 2432^0. Gera 2486^0, also im Verhältnifs wie 98 zu 100.

Sitzung am 3. März 1880.

Professor Dr. Kehrer : „Ueber Dotterfurchung und· Zelltheilung." Die Ergebnisse der neueren Forschung von Zoologen und Botanikern über Dotterfurchung und Zelltheilung sind in Kürze folgende :

Der erste Vorgang bei der .Dotterfurchung und Zelltheilung ist die Umwandlung des. kugeligen Zellkerns in eine Zellspindel oder Tonne. Unter lebhaften Ortsbewegungen gruppirt sich dabei die in dem Kernsaft eingeschlossene dichte Kernsubstanz zunächst zu einem Fadenknäuel. Im weiteren Verlaufe entstehen zwei Sternfiguren, deren Mittelpunkte an den Polen der Kernspindel liegen. Bald finden wir an diesen Polen solide Kernsubstanz angehäuft, von der die strahligen Ausläufer abgehen; bald sind die Sterncentren Lücken, umgeben von einem Hofe der Kernsubstanz, an welchen sich die Strahlen anschließen. Sämmtliche Radien der beiden Sternfiguren einer Kernspindel laufen nach Art geographischer Längsgrade über die Oberfläche der letzteren weg. Die Theilung der Kernspindel in zwei Hälften geschieht nun entweder so, daß die Radien am Aequator · verschwinden, worauf eine Kreisfurche entsteht, oder so, daß sich am Aequator knotige Verdickungen der Radien bilden, die Knoten sich theilen und dann jede Hälfte nach dem Pole hinrückt. Auch in diesem Falle giebt es dann eine Kreisfurche. Durch Vertiefung der Kreisfurchen trennen sich allmälig die nunmehrigen Tochterkerne und rücken auseinander. Jedenfalls spielen sich die ersten Vorgänge der Zelltheilung an dem Kerne ab.

Das umwebende Protoplasma, der Zellenleib, macht inzwischen deutliche Protoplasmabewegungen, welche zu einer Verlängerung der Zelle im Sinne der Längsachse der Kernspindel führen. Außerdem bilden sich nächst den beiden Polen der Kernspindel durch Verdrängung der Dotterkörner lichte Sonnensysteme mit je einer Centralmasse und langen Strahlen. Die von den beiden Sonnen einer Zelle ausgehenden Strahlen treffen am Aequator bogenförmig oder winkelig zusammen. Mit der vollendeten Bildung zweier Tochterkerne schwinden die Sonnen. Dann bildet' sich an dem Aequator der Zelle eine kreisförmige Einschnürung des Protoplasmas, die in die Tiefe wächst, mit der Schnürstelle der Kernspindel zusammentrifft und auf diese Weise auch äufserlich die Zelltheilung vollendet.

Bei den weiteren Metamorphosen der getrennten Tochterkerne zerfällt allmälig die. feste Kernsubstanz in Körner und Stäbchen, welche theils im Kernsaft schwimmen, theils zur Kernhaut zusammentreten. Jedenfalls geschieht der Zerfall der festen Kernsubstanz nach einem umgekehrten Schema, wie ihr Aufbau zu Sternfiguren vor der Theilung.

Im Grofsen und Ganzen sind die Theilungsvorgänge bei den Thier- und Pflanzenzellen dieselben.

Sitzung am 5. Mai 1880.

Professor Dr. Stötzer : „Ueber die forstlichen Verhältnisse Frankreichs." Der Vortragende giebt zunächst eine Reihe statistischer Mittheilungen über die Gröfsen- und Besitzverhältnisse der französischen Wälder, verbunden mit vergleichenden Angaben analoger Zustände anderer Länder. Er erörtert die in Bezug auf Beaufsichtigung der Nichtstaatswaldungen in Frankreich bestehenden gesetzlichen Bestimmungen, theilt ferner genaue Angaben über die Verbreitung der hauptsächlichsten Holzarten und Waldformen mit und liefert endlich auch eine Uebersicht über die Forsterträge an Material und Geld.

Die Organisation der Forstverwaltung und die Art und Weise in welcher die Wirthschaft in den Wäldern im Einzelnen geführt wird, wurde hierauf ausführlich geschildert, ebenso die Einrichtung des forstlichen Unterrichtswesens eingehend behandelt.

Redner ging alsdann zu einer Schilderung der von französischen Forstgelehrten in den letzten Jahren in !nicht unbeträchtlichem Umfange ausgeführten Arbeiten auf dem Gebiet der forstlich-meteorologischen Beobachtung über, knüpfte hieran eine Mittheilung über eine Reihe von Versuchen chemisch-physiologischer Natur und referirte endlich über gewisse Untersuchungen aus dem Gebiete der Technologie, die sich namentlich auf die Gewinnung und Benutzung von Schälrinden, sowie auf Maßregeln zur besseren Conservirung von Hölzern durch Imprägnation sowie durch Tränken mit Kalklösung u. s. w. erstreckten.

Der Vortrag schloß mit der Schilderung der ausgedehnten forstlichen Arbeiten, welche man in Frankreich schon seit längerer Zeit in sehr energischer Weise zur Ausführung gewisser Meliorationen in Angriff genommen hat. Diese Arbeiten erstrecken sich hauptsächlich auf die Wiederaufforstung ausgedehnter Heideflächen im Departement des Landes, südlich von Bordeaux am atlantischen Ocean gelegen, ferner auf die Bindung von Dünen an den Seeküsten und endlich auf die Wiederbewaldung beziehungsweise Wiederberasung kahler Gebirgshöhen in den Pyrenäen, Alpen und Cevennen, zur Abstellung der durch die Wildbäche hervorgerufenen großsartigen Ueberschwemmungsschäden, auf welche die vorausgegangenen Entwaldungen von sehr verderblichem Einfluß gewesen waren.

Sitzung am 2. Juni 1880.

Professor Dr. Zöppritz: „Ueber die neuesten Reisen der Sendlinge der Afrikanischen Gesellschaft in Deutschland." Im Anschlusse an seinen am 7. Mai 1879 gehaltenen Vortrag schildert der Redner die Erfolge, welche auf der nördlichen Operationsbasis von Gerhard Rohlfs, auf der südwestlichen von O. Schütt und M. Buchner erreicht worden sind. — Rohlfs und seinem Begleiter Dr. Stecker gelang es, den mitten in der bisher noch völlig unbekannten Osthälfte der großen Wüste Sahara gelegenen bedeutenden Oasen-Archipel Kufrah zu erforschen. Leider aber wurde die Expedition durch Ausplünderung zur Umkehr nach Norden gezwungen. — O. Schütt hat vom oberen Coanza nach Nordosten vordringend ein ziemlich ausgedehntes Stück völlig unbekannten Landes durchzogen, die großen südlichen Zuflüsse des Zaïre überschritten und, obwohl selbst durch einen

Sohn des Herrschers Muata Yamvo vom weiteren Vordringen abgehalten, doch für einen nachfolgenden Reisenden günstige Gelegenheit zu weiterem Vordringen und interessanten Entdeckungen in Aussicht gestellt. Er hat seine Wege mit grofser Genauigkeit aufgenommen und die Veröffentlichung seiner Karten steht bevor. Buchner hat nach den neusten Nachrichten theilweise dem Weg Schütt's folgend, die Hauptstadt des Muata Yamvo erreicht und seine Reise darüber hinaus in unbekanntes Gebiet fortsetzen können.

IX.

Verzeichnifs der Akademien, Behörden, Institute, Vereine und Redactionen, welche von Mitte October 1878 bis Ende Juni 1880 Schriften eingesendet haben.

Vom II. Secretär.

Amsterdam : K. Akademie van Wetenschappen. — Versl. en Meded. Afd. Natuurk. (2) 12. 13. 14. Letterk. (2) 7. 8. Jaarboek 1877. 1878. — Proc. Verb. Mai 1877 — Apr. 1878. Mai 1878 — April 1879. — Idyllia aliaque poemata. Elegiae duae. 1879.

Annaberg-Buchholz : Verein f. Naturkunde. — Jahresber. 4.

Augsburg : Naturhist. Verein. — Ber. 25.

Bamberg : Naturforschende Gesellschaft. — Ber. 11, Lief. 2.

Batavia : Bat. Genootschap van Kunsten en Wetenschappen. — Gedenkboek 1788—1878. — Kupferne Denkmünze zur Feier des hundertjährigen Bestehens der Gesellsch. — Notulen, D. 16, 1—4. — Tijdschr. voor Ind. Taal-, Land- en Volkenkunde, D. 25, 1. 2. — Verslag der Viering van het 100-jarig bestaan 1 Juni 1878. Bat. 1878.

Batavia : K. Natuurk. Vereeniging in Nederl. Indie. — Natuurk. Tijdschrift, D. 38.

Berlin : K. Preufs. Akademie der Wissenschaften. — Monatsber. Jg. 1878. 1879. 1880 Jan. Febr.

Berlin : Gesellsch. für Erdkunde. — Zeitschr. B. 13, H. 4. 5. 6. B. 14, H. 1—6. B. 15, H. 1. 2. — Verh. B. 5,

H. 5—10. B. 6, H. 1—10. B. 7, H. 1—3. — Mitth.
d. Afrik. Ges. B. 1, H. 1—5. B. 2, H. 1.

Berlin : Botanischer Verein der Provinz Brandenburg. —
Verh. Jahrg. 19, 1877. 20, 1878.

Berlin : Verein zur Beförderung des Gartenbaues in Preußen.
Monatsschrift Jg. 1878. 1879.

Bern : Schweizerische naturforschende Gesellschaft. — Actes,
Bex 1877. Verh. Bern 1878. Verh. St. Gallen 1879.

Bern : Naturforschende Gesellschaft. — Mitth. 1877. 1878.
1879.

Besançon : Société d'Emulation du Doubs. (5) T. 2, 1877.

Bistritz, Siebenbürgen : Direction der Gewerbeschule. —
Jahresber. 5, 1879.

Bologna : Accademia delle Scienze. — Memorie Ser. III, T.
9, F. 3. 4. T. 10, F. 1, 2. — Rendiconto delle sessioni
1878—79. — Bildnifs v. Luigi Galvani.

Bonn : Naturhistor. Verein der preuß. Rheinlande und Westfalens. — Verh. Jg. 34, H. 2. Jg. 35, H. 1. 2. Jg.
36, H. 1.

Bonn : Landwirthschaftl. Verein f. Rheinpreußen. — Zeitschrift Jg. 1878, Nr. 11, 12. Jg. 1879, Nr. 1—12. Jg.
1880, Nr. 1—5.

Bordeaux : Société des Sciences physiques et naturelles. —
Mém. (n. S.) (4) T. 3. cah. 1. 2. 3. 6. Proc. verb.
1879.

Bordeaux : Société Linnéenne. — Actes Vol. 29, 30, 31 und
Atlas. Vol. 32, 33, L. 2. 34, 5.

Boston : Mass. State Board of Health. — 7. Annual Rep.
Jan. 1876. 8. Annual Rep. Jan. 1877. 9. Annual Rep.
Jan. 1878. 10. Annual Rep. Jan. 1879. — Bull. Vol. I,
Nr. 4—52. 1879. 1880.

Boston : Society of Natural History. Mem. Vol. III. p. 1.
Nr. 1. 2. — Proceed. Vol. 19, p. 3, 4. Vol. 20, p. 1.

Bremen : Geographische Gesellschaft. — Jahresber. 3.

Bremen : Naturwissenschaftl. Verein. — Abhandl. B. 6, H. 1.
2. 3. Beilage N: 7.

Bremen : Landwirthschaftl. Verein f. d. bremische Gebiet. —
Jahresber. Jg. 1878. 1879.

Breslau : Schlesischer Forstverein. — Jahrb. 1877.

Breslau : Schlesische Gesellsch. für vaterländische Cultur. —
Jahresber. 55, 1877. 56, 1878. — Fortsetz. d. Verz. d.
Aufsätze in d. Schriften d. Ges. — Generalregister d.
in d. Schriften d. Ges. v. 1804—1876 enth. Aufsätze. —
Schles. Inschriften v. 13—16. JH. — Audienz Breslauer
Bürger bei Napoleon I, 1813. — Statut 1879.

Breslau : Verein f. schles. Insektenkunde. — Ztschr. f. Entomologie N. F. H. 7.

Breslau : Central-Gewerbverein. — Breslauer Gewerbeblatt.
Jg. 1879, 1880.

Brünn : kk. Mährisch-schles. Gesellsch. zur Beförderung des
Ackerbaues, der Natur- u. Landeskunde. — Mitth. Jg.
58, 1878. 59, 1879.

Brünn : Naturforschender Verein. — Verh. B. 16, 17.

Brüssel : Académie R. des Sciences, des Lettres et des Beaux-
Arts. — Annuaire 1877. 1878. — Bull. T. 41, 1876 bis
T. 45, 1878.

Brüssel : Société R. de Botanique de Belgique. — Bull. T. 17.
18, I. 1. 2. 18, II.

Brüssel : Académie R. de Médecine de Belgique. — Mém.
couronnés T. 5, F. 2—6. — Bull. T. 12, Nr. 8—11. T.
13, Nr. 1—11. T. 14, Nr. 1—4.

Brüssel : Société malacologique de Belgique. — Proc. verb.
T. 7, 1878. — Annales T. 9, 1874. T. 11, 1876.

Brüssel : Soc. entomologique de Belgique. — Cpt. rnd. ser.
II, Nr. 56—72. 1880, 3. Jan.

Cambridge, Mass. : Museum of Comparative Zoology at Harvard College. — Bullet. Vol. 5, Nr. 1—9. 10. 15. 16.
Vol. 6, Nr. 1. 2. 3. 4—7. — Ann. Rep. 1877—78. 1878—79.

Carlsruhe : Verband rhein. Gartenbauvereine. — Rheinische
Gartenschrift, red. Noack. Jg. 12, 1878, Juli bis Decbr.
Jg. 13, Jan. bis Dcbr. Jg. 14, März, April.

Cassel : Verein f. Naturkunde. — Ber. 26 u. 27. 1880.
Druckfehlerverzeichnifs.

Chemnitz : Naturwiss. Gesellsch. — Ber. 6, 1878.

Cherbourg : Société nationale des Sciences naturelles. — Mém. T. 21. Cat. Bibl. II, l. 2.

Christiania : Videnskabs-Selskabet. — Forh. 1876—1879.

Chur : Naturforschende Gesellsch. Graubündens. — Jahresber. N. F. Jg. 21.

Cöthen : Red. d. Chemiker-Zeitung, Centralorgan f. Chemiker u. s. w. 1879, N. 44 bis Schluſs. 1880, 1—13.

Colmar : Soc. d'Hist. nat. — Bull. 10—17 année, 1869—1877. 18 et 19 année, 1877—1878.

Columbus, Ohio : Staats-Ackerbau-Behörde v. Ohio. — Jahresber. 32, 1877.

Danzig : Naturforschende Gesellsch. — Schriften N. F. B. 4, H. 3. 4.

Darmstadt : Verein f. Erdkunde u. verwandte Wissenschaften. Notizbl. III. Folge H. 17. 18.

Davenport, Jowa : Acad. of Nat. Sciences. — Proceed. Vol. II, p. 1.

Dijon : Acad. des Sciences, Arts et Belles-Lettres. — Mém. (3) T. 5.

Donaueschingen : Verein f. Geschichte u. Naturgeschichte der Baar u. der angrenzenden Landestheile. H. 3, 1880.

Dorpat : Naturforscher-Gesellschaft. — Archiv f. d. Naturkunde Liv-, Esth- und Kurlands. I. Ser. B. 8, H. 4 (m. Karte). II. Ser. B. 8, H. 3. — Sitzungsberichte B. 5, H. 1. 2.

Dresden : Kais. Leopoldinisch-Carolinische Akademie der Naturforscher. — Leopoldina H. 14. 15, Nr. 1—18.

Dresden : Naturwissenschaftl. Gesellschaft „Isis." — Sitzungsber. Jg. 1878, 1. 2, 1879, 1. 2. — Schneider, naturwiss. Beiträge z. Kenntniſs d. Kaukasusländer. Dresden 1878.

Dresden : Verein f. Erdkunde. — Jahresber. 1, 1865. 2, 1865. 3, 1866. 4, 5, 1868. 6, 7, 1870. Nachtr. z. 6, 7. 8, 9, 1872. 10, 1874. 11, 1874. 12, 1875. 13, 14, 1877. 15, 1878. 16, 1879.

Dresden : Gesellsch. für Natur- und Heilkunde. — Jahresber. 1877—78. 1878—79.

Dublin : R. Geological Society of Ireland. — Journ. Vol. V. P. 1.

Dürkheim a. H. : Pollichia. — Jahresb. 33, 1875. 34 u. 35, 1877.

Edinburg : Botanical Society. — Transact. and Proceed. Vol. XIII, p. 2. — R. Bot. Garden Rep. 1878. 1879.

Elberfeld : Naturwiss. Verein. — Jahresberichte H. 5, 1878.

Elberfeld : Naturwiss. Gesellsch. — Jahresber. 1.

Emden : Naturforschende Gesellsch. — Jahresber. 61—64. — Kl. Schriften 18.

Erlangen : Physikalisch-medicinische Societät. — Sitzungsber. H. 10, 11.

Florenz : Società Toscana di Scienze Naturali. — Proc. Verbali 12. Gen. 1879. 9. Mrz. 1879. 1880. 11. Gen. 14. Mrz. 9. Mai.

Florenz : Soc. entomologica italiana. — Bulletino ao. X. Trim. 3. 4. XI. 1. 2. 3. 4. XII. 1. — Adunanza Nov. 24. Dcb. 21. — Catalogo d. collez. di insetti ital. del R. Museo di Firenze. Coleott. S. 2.

Frankfurt a. M. : Senckenbergische Naturforschende Gesellschaft. — Abh. XI, H. 2. 3. 4. Ber. 1876—77. 1877—78. 1878—79.

Frankfurt a. M. : Physikalischer Verein. — Jahrersbericht 1877—78.

Frankfurt a. M. : Aerztlicher Verein. — Jahresber. Jg. 22, 1878. — Statist. Mitth. über d. Civilstand d. St. Frankfurt i. J. 1869. 1873. 1877. 1878. 1879.

Freiburg i. B. : Naturforschende Gesellsch. — Berichte über die Verh. B. 7, H. 3.

Fulda : Verein f. Naturkunde. — Met. phänol. Beobachtungen. 1878.

Genua : Società di Letture e conversazioni scientifiche. — Giornale Ao. II, F. 1—12. III, 1—12. IV, 1—4.

Gera : Gesellsch. von Freunden der Naturwissenschaften. — Verh. 1868—72. 1873—74.

Görlitz : Oberlausitzische Gesellsch. d. Wissensch. — N. Lausitzisches Magazin B. 54, H. 2. B. 55, H. 1.

Görlitz : Naturforsch. Gesellsch. — Abh. B. 16.

Göttingen : K. Gesellsch. der Wissenschaften. — Nachrichten Jg. 1878. 1879.

Graz : Academ. naturwiss. Verein. — Jahresber. 2, 1876. 3, 1877. 4, 1878. 5, 1879.

Graz : Naturwissenschaftl. Verein für Steiermark. — Mitth. Jg. 1878. 1879. — v. Pebal, d. chem. Institut d. k. k. Univ. Graz. 8 Tff. Wien 1880.

Graz : K. K. Steiermärkische Landwirthschaftsgesellschaft. — Der steierische Landbote 1878, 1879.

Graz : Verein der Aerzte in Steiermark. — Mitth. XV, 1878.

Graz : K. K. Steierm. Gartenbau-Verein. — Mitth. Jg. IV bis Nr. 24.

Greifswalde : Naturwiss. Verein v. Neuvorpommern u. Rügen. — Mitth. Jg. 10. 11.

Halle a. S. : Naturforschende Gesellschaft. — Bericht 1877. 1878. — Abhandl. B. 14, H. 1, 2, 3. — Festschrift zur Säcularfeier 1879.

Halle a. S. : Naturwissensch. Verein f. Sachsen u. Thüringen. — Zeitschrift für die gesammten Naturwissenschaften. Red. Giebel. 3. Folge B. 3, 1878. B. 4, 1879.

Halle a. S. : Verein f. Erdkunde. — Mitth. 1879.

Hamburg : Geograph. Gesellsch. — Erster Jahresber. 1873—74. Zweiter Jahresbericht 1874—75. Mitth. 1876—77. 1878—79, H. 1. 2.

Hamburg-Altona : Naturwissenschaftlicher Verein. — Abhandl. B. 6, Abth. 3. — Verhandlungen N. F. 1. 2. 3.

Hamburg : Verein für naturwissenschaftl. Unterhaltung. — Verh. B. III, 1876.

Hanau : Wetterauische Gesellsch. — Ber. 1873—79.

Hannover : K. Thierarzneischule.

Hannover : Naturhistor. Gesellsch. — Jahresber. 27 u. 28.

Harlem : Musée Teyler. — Archives Vol. 4, F. 2—4. Vol. 5, F. 1.

Heidelberg : Naturhistor. Medic. Verein. — Verh. N.˙F. B. 2, H. 3. 4.

Helsingfors : Finska Vetenskaps - Societet. — Bidr. till Kännedom af Finl. Nat. och Folk H. 27. 28. 29. 30. 31. — Öfversigt af Förhandl. XIX. XX. XXI. — Observat˙ mét. 1875. 1876. 1877. — Hjelt, Carl von Linné som läkare. Helsingf. 1877.

Hermannstadt : Siebenbürg. Verein für Naturwissenschaften. — Verh. Jg. 29.

Jena : Medicinisch - naturwissenschaftliche Gesellschaft. — Jenaische Zeitschrift für Naturwissenschaft B. 12. 13. Suppl.-Heft 1. 2.

Innsbruck : Ferdinandeum für Tirol u. Vorarlberg. — Ztschr. III. F. H. 22. 23.

Innsbruck : Naturwissenschaftlich-medic. Verein. — Ber. Jg. 8. 9.

Kiel : Naturwissenschaftl. Verein für Schleswig-Holstein. — Schriften B. 3, H. 1. 2.

Klagenfurt : Naturhistor. Landesmuseum von Kärnten. — Jahrb. H. 13. — Ber. üb˙ d. nat.-histor. Landesmuseum 1877.

Königsberg : K. physikalisch-ökonom. Gesellsch. — Schriften Jg. 18, 2. 19, 1. 2. 20, 1.

Kopenhagen : K. Danske Videnskabernes Selskab. — Oversigt 1878, Nr. 2. 1879, Nr. 1. 2. 3. 1880, Nr. 1.

Kopenhagen : Naturhistorik forening. — 1877—78. 1879—80. - 1, 2.

Landshut : Botan. Verein. — Ber. 7.

Leipzig : K. Sächsische Gesellschaft der Wissenschaften. — Berichte über d. Verh. (Math. phys. Cl.) 1875, 2—4. 1876, 1. 2. 1877, 1. 2. 1878. 1879.

Leipzig : Naturforschende Gesellschaft. — Sitzungsberichte Jg. 5, 1878.

Leipzig : Fürstl. Jablonowskische Gesellschaft. — Jahresber. 1878, 1879.

Leipzig : Verein f. Erdkunde. Mitth. 1877. 1878.

Linz : Museum Francisco-Carolinum. — Bericht 37.

London : Anthropological Instit. of Great-Britain and Ireland. — Journ. Vol. 3, Nr. 2. Vol. 4, N. 1. Vol. 5, N. 2. 3. 4. Vol. 6, Nr. 1. Vol. 7, Nr. 4. Vol. 8, Nr. 1. 2. 3. 4. Vol. 9, Nr. 1. 2. 3.

London : Geological Soc. — Quarterly Journ. Nr. 135—141. — List, Nov. 1878. Nov. 1879.

London : Linnean Soc. — Journ. Zool. Nr. 72—79. — Journ. Bot. Nr. 93—102. — List. 1877. 1878.

Lübeck : Gesellsch. zur Beförderung gemeinnütz. Thätigkeit. Jahresber. der Vorsteher der Nat. Samml. in Lübeck 1877. 1878.

Lüneburg : Naturwiss. Verein. Jahreshefte B. 7, 1874—78.

Lüttich : Soc. géologique de Belgique. — Annales T. 4. 5.

Lüttich : Soc. R. des Sciences. — Mém. (2), T. 7. 8.

Luxemburg : Instit. R. Grandducal de Luxembourg. — Publications T. 17.

Luxemburg : Soc. des sciences médicales. — Bull. 1879.

Luxemburg : Botan. Verein des Grofsherzogthums Luxemburg. — Recueil des Mém.

Lyon : Société d' Études scientifiques. — Bull. T. 3, Nr. 2. T. 4.

Madison : Wisconsin Acad. of Sciences, Arts and Letters. — Transact. Vol. III.

Mannheim : Verein f. Naturkunde. — Jahresber. 41—44, 1878.

Marburg : Gesellsch. zur Beförderung der gesammten Naturwissenschaften. — B e n e k e, Volumen d. Herzens 1879. — G a f s e r, Primitivstreifen bei Vogelembryonen. 1879. — B e n e k e, Weite der Iliacae comm. u. s. w. 1879. — B e n e k e, Weite der Aorta toracica u. s. w. 1879. — Sitzungsber. 1878. 1879. — Schriften B. 11, Abh. 4—6.

Melbourne : R. Society of Victoria. — Transact. Vol. 13, 14.

Mexico : Museo Nacional. — Anales T. I. 5ª.

Milwaukee, Wisc. : Naturhistor. Verein von Wisconsin. — Jahresber. 1879—80.

Mitau : Kurländ. Gesellschaft für Literatur und Kunst. — Sitzungsber. 1877. 1878.

Moncalieri : Observatorio del R. Collegio Carlo Alberto. —
Bull. meteorol. XIII, 2—12. XIV, 1—12.

Montpellier : Acad. des Sciences et Lettres. — Mém. Sect.
d. Sciences T. 9, F. 2.

Moskau : Soc. Imp. des Naturalistes. — Bull. 1878, Nr. 2. 3.
4. 1879, Nr. 1. 2. 3.

München : K. Bayrische Academie der Wissenschaften. —
Sitzungsber. Jg. 1878, H..3, 4. 1879, H. 1—4. 1880,
H. 1. 2.

Münster : Westfäl. Provinzialverein f. Wissensch. u. Kunst.
— Jahresber. 1. 3—7.

Nancy : Société des Sciences. — Bull. (2) T. 4, F. 8, 9.

Neapel : Zoologische Station. — Mitth. B. II, H. 1.

Neu-Brandenburg : Verein der Freunde der Naturgeschichte
in Mecklenburg. — Archiv Jg. 32. 33. — Inhaltsverz.
zu XXI—XXX. 1879.

Neuchatel : Soc. des Sciences naturelles. — Bullet. T. 11,
cah. 2. 3.

New-Haven Conn. : Conn. Acad. of Arts and Science. —
Transact. Vol. 3, p. 2. Vol. 4. p. 1.

New-York : Academy of Sciences. — Annals Vol. XI, 9—12.
I, 1—8.

Nürnberg : German. Nationalmuseum. — Anzeiger Jg. 1877,
—1879. — Jahresber. Jan. 1878. 1879.

Nymwegen : Ned. Botan. Vereeniging. — Ned. Kruidkundig
Archief. II, 4. III, 1.

Offenbach a. M. : Verein für Naturkunde. — Ber. 17, 18.

Osnabrück : Naturwiss. Verein. — Jahresber. 4, 1876—80.

Padua : Soc. Veneto-Trentina di scienze nat. — Atti Vol.
VI, fasc. 1. 2. — Bullet. 1879, T. I, Nr. 1. 2. 1880,
Nr. 3.

Paris : Ecole Polytechnique. — Journ. T. 1, C. 2. 4 T. 2.
C. 5—8. T. 4, C. 11. T. 5—7, C. 12—14. T. 9. 10,
C. 16, 17. T. 13. 14, C. 20—23. T. 15, C. 25. T. 16
—28, C. 26—45.

Passau : Naturhistor. Verein. — Ber. 11.

Pesaro : Accad. agraria. — Esercitazioni Ao. 15, ser. 2, sem. 2.

Pest : Magyarhoni Földtani Tarsulat. — Földtáni Közlöny' 1878, szám 9—12. 1879, szám 1—12. 1880, 1—3. — Les eaux minérales de la Hongrie 1878.

St. Petersburg : Acad. Imp. des Sciences. — Bull. T. 25, Nr. 3. 4. 5. T. 26, Nr. 1.

St. Petersburg : Kais. Gesellsch. für d. gesammte Mineralogie. — v. Kokscharow, Materialen zur Mineralogie Rufslands B. 7, Bg. 12 bis Schlufs. B. 8, Bg. 1, 2.

Philadelphia : Acad. of Nat. Sciences. — Proceed. 1878, P. 1—3.

Philadelphia : Amer. Philos. Society. — Proceed. Vol. 17, Nr. 101. Vol. 18, Nr. 102. 103.

Pisa : Società Toscana di scienze naturali. — Atti Vol. III, Fasc. 1. 2. 3. Vol. IV, Fasc. 1, 2.

Prag : K. Böhm. Gesellsch. der Wissenschaften. — Sitzungsber. Jg. 1878. — Jahresber. Mai 1877. 1878. — Abhandlungen VI. Folge, B. 9.

Prag : Naturhistor. Verein Lotos. — Jahresber. Jg. 1878.

Prag : Böhm. Forstverein. — Vereinsschrift f. Forst-, Jagd- und Naturkunde Jg. 1878, H. 1—4. 1879, H. 1—4. 1880, H. 1. 2.

Regensburg : Zoolog.-mineralog. Verein. — Correspondenzblatt Jg. 32. — Abhandl. H. 11.

Reichenberg, Böhmen : Verein der Naturfreunde. — Mitth. 1879. 1880.

Rom : Società Geografica Italiana. — Boll. (2), Vol. V, Fasc. 4. 5.

Rom : R. Comitato Geologico d'Italia. — Boll. ao. IX, 1878. X, 1879.

Rom : La Reale Accademia dei Lincei. — Transunti Vol. III, F. 1—7. Vol. IV, F. 1—6. — Atti, Mem. dellá Classe di Scienze fisiche, matematiche e nàturali. (3) Vol. II, disp. 1. 2. Vol. III. IV.

Salem, Mass. : Essex Institute. — Bull. Vol. 10, Nr. 1—12.

San Francisco : California Academy of Natural Sciences. — Proceed. VI. VII, 1.

St. Gallen : Naturwissensch. Gesellschaft. — Bericht 1877—78.

Sassari : Circolo di Scienze Mediche e Naturali. — Annuario Ao. I, F. 2, 1879.

Singapore : Straits Branch of the R. Asiatic Society. — Journ. Nr. 1—3.

Sondershausen : Verein zur Beförderung der Landwirthschaft. — Verh. Jg. 39. 40.

Stockholm : Bureau de la récherche géologique de la Suède. — Carte géol. de la Suède, Atlas Nr. 63—69. 71. 72, 4. 5 u. Beskrifning. — Linnarsson, Paleozoiska Bildn. — Torell, Glacial Phenomena. — Svedmark, Hallo-och Hunnebergs Trapp. — Nathorst, om floran Skånes Kolförande Bildingar. I. Malfyndigheter Norrbottens Län. 1877. — Nathorst, om floran Skånes Kolförande Bildingar. I. II. — Blomberg u. Lindström, Prakt. Geol. Untersökningar. — Lindström, Prakt. Geol. Jakttagelser. — Linnarsson, om Faunan i Coronatus Kalken. Ders., om Faunan i lagern m. Paradoxides Oelandicus. Ders., Graptolitförande Skiffrarne.

Stuttgart : K. statistisch-topographisches Bureau, Verein für Kunst u. Alterthum in Ulm und Oberschwaben, Württ. Altherthumsverein. — Vierteljahrshefte für Württemb. Gesch. u. Altherthumskunde 1—4, 1878. 1—4, 1879.

Stuttgart : Verein für vaterländ. Naturkunde. — Württ. nat.-wiss. Jahreshefte Jg. 36.

Tokyo, Japan : Gesellschaft für Natur- u. Völkerkunde Ostasiens. — Mitth. H. 16. 17. 18. 19.

Triest : Società Adriatica di Scienze naturali. — Bollet. Vol. IV, Nr. 2. Vol. V, 1. 2.

Tromsö, Norwegen : Museum. — Aarshefter I, II.

Utrecht : K. Nederl. Meteorologisch-Institut. — Ned. Med. Jaarboek 1873, 2. 1877, 1. 1878, 1. 1879, 1.

Washington : Smithsonian Institution. — Rep. 1877. — Misc. Collect. Vol. XIII. XIV. XV. — Mineral Map and Gen. Statistics of New-South Wales. Sydney 1876. — Biogr. von Prof. Jos. Henry.

Washington : Department of the Interior. — Coues, Birds of the Colorado-Valley. Wash. 1878. — Rep. reg. Hot Springs Reservation Ark. — Catalogue of Publ. Geol.

Geogr. Survey of the Territories. — Grote, Noctuidae.
Chambers, 3 Abh. — Mc Chesney, Mammals of
Fort Sisseton, Dak. Bull. Entomol. Commiss. Nr. 1. 2.
2. Rep. Field Work Geol. Survey 1877. 1878. — Cope,
Region of Judith River Mont. and Vertebr. Fossils. —
Hayden, Suppl. to 5. Ann. Rep. Geol. Survey 1871.
— Lesquereux, Fossil Flora of N. A. — Cham-
bers, Tineina and Entomostraca of Colorado. — Gan-
nett, List of Elevations W. of Miss. R. 1875. —
Jackson, Catal. of Phot. of N. A. Indians. 1877. —
Whitfield, Palaeont. of Black Hills. 1877. Ann.
Rep. Secr. of Interior 1873. — Allen, Geogr. Distrib.
of Mammalia 1878. — Endlich, Products of Erosion
in Colorado. 1878. — Allen, Fossil Passerine Bird,
Colorado 1878. — Coues, Notes on Birds. 1878. —
Allen, Amer. Sciuri 1878. — Chickering, Plants of
Dak. a. Mont. 1878. — White, Laramie Group. 1878.
— Yarrow, Herpetology of Dak. and Mont. 1878. —
Jordan, Fishes of Dak. and Mont. 1878. — Gan-
nett, Arable and Pasture lands of Colorado. 1878. —
Ridgway, Am. Herodiones. 1878. Bull. U. S. Nat.
Museum I, 1875. II, 1875. III (Kidder, Nat. Hist.
Kerguelen Isl.), 1876. VI (Goode, Animal Resources
U. S. A.), 1876. XII (Jordan a. Brayton, N. A.
Ichthyology), 1878. — Coues, Bibliography of N. A.
Mammals. — Allen, N. A. Rodentia. 1877. — Poore,
Congr. Directory, 45 Congr. 1878. — Jackson, Pho-
tographs U. S. Geol. Survey 1875. — Pangborn,
Rocky Mt. Tourist. 1878.

Washington : War department, Surgeon general's office. —
Transport of Sick and Wounded by Packanimals. Wash.
1877. — Medical and surgical Hist. of the War of the
Rebellion P. II, Vol. I. Medical History. Wash. 1878.

Washington : Department of Agriculture of the U. S. A. —
Rep. 1876. 1877.

Wien : Kaiser. Academie der Wissenschaften. — Sitzungsber.
— Mathemat.-nat.-wiss. Classe I. Abth. 1877, 6—10.

1878, 1—10. II. Abth. 1877, 7—10. 1878, 1—10. 1879,
1—3. III. Abth. 1877, 6—10. 1878, 1—10. 1879, 1—5.
— Register VIII (zu B. 65—75).

Wien : K. K. Geologische Reichsanstalt. — Verh. 1878, Nr.
11—18. 1879. 1880, 1—5. — Jahrb. 1878, B. 28, Nr.
2. 3. 4. B. 29. B. 30, Nr. 1.

Wien : K. K. zool. botan. Gesellsch. — Verh. B. 28, 1878.
29, 1879.

Wien : Verein z. Verbreitung naturwissenschaftlicher Kenntnisse. Schriften Bd. 19. 20.

Wien : K. K. Gartenbau-Gesellschaft. — Der Gartenfreund,
Jg. XI, Nr. 9—12. — Wiener Ill. Garten-Zeitung 1879
H. 1—12. 1880, H. 1—6.

Wien : Leseverein der deutschen Studenten. — Jahresber. 7.

Wiesbaden : Verein Nassauischer Land- und Forstwirthe. —
Zeitschr. N. F. Jg. 1878.

Würzburg : Physikal. medicin. Gesellsch. — Verhandl. N. F.
B. 12, H. 3. 4. B. 13, H. 1—4. B. 14, H. 1—4.

Würzburg : Polytechn. Centralverein für Unterfranken und
Aschaffenburg. — Gemeinnütz. Wochenschr., Jg. 1878,
Nr. 35—52. 1879. 1880, 1—22.

Zürich : Naturforschende Gesellschaft. — Vierteljahrsschrift,
Jg. 23, 1—4. 1878.

Zwickau : Verein für Naturkunde. — Jahresber. 1878.

Durch K a u f wurden erworben :

Petermann, Mitth. Jg. 1877—1880. Ergänzungsh.
Globus 1878. 1879. 1880.
D. Naturforscher v. Sklarek 1878—1880.
Polytechn. Notizbl. v. Böttger. Jg. 1878—80.
Heis-Klein, Wochenschrift für Astronomie etc. N. F.
1878—1880.
Scudder, Catalogue of Scientific Serials. 1633—1876.
Cambridge 1879.

Geschenkt wurden folgende Schriften :

F. Sandberger : Ueber vulkanische Erscheinungen. (Vf.)
Pflug : Typhus und Status typhosus. (Vf.)

Streng : Silberkies vom Andreasberg. (Vf.)

Ders. : Geolog. mineralog. Mittheilungen. (Vf.)

Regel : Gartenflora, 1878 Aug. bis Dcb. 1879 Jan. bis Dcb.
1880 Jan. bis Mai. (Prof. Hoffmann.)

Fittica : Jahresber. der Chemie 1877, H. 2. 3. 1878, H. 1.
2. 3. Registerbd. 1867—76. (Ricker'sehe Buchh.)

Hoffmann : Blattdauer. (Vf.)

H. Welcker : Ueber Bau und Entwickelung der Wirbelsäule.
(Dr. Buchner.)

Hoffmann : Ueber anomale Holzbildung. (Vf.)

Ders. : Ueber anomale Herbstzeitlose. (Vf.)

Fritsch : Insectenfauna v. Oestr.-Ungarn. (Prof. Hoffmann.)

Hoffmann : Culturversuche. (Vf.)

H. Hoffmann : Rundwerden von Cactusstämmen. (Vf.)

Report of the Commissioner of Indian Affairs 1872. (Dr.
Buchner.)

Almanach d. Münchener Acad. d. Wiss. 1875. (Ds.)

Menzer : Weinfahrt durch Hellas. (Ds.)

Hinrichs : Storm of Easter Sunday 1878, Jowa. (Prof. Hoffmann.)

Heiligenthal : Baden und Friedrichsbad in Baden-Baden. (Ds.)

The Universal Engineer, Vol. 4, Nr. 5. (V. Verl.)

Ziegler : Phänolog. Beobachtungen. (Vf.)

B. Hirsch : Biogr. v. R. Buchheim. (Vf.)

Sponholz : Salzschlirf, s. Heilquellen u. s. Moorbäder. (O. Roth.)

Berichtigung.

S. 66 Z. 17 v. u. lies statt v. Chr. n. Chr.

„ 74 „ 16 „ „ „ „ Hasenlohr Hafenlohr.

„ 82 „ 1 „ „ „ „ 1819 1829.

„ 90 „ 18 „ „ „ „ 17. 18.

„ 97 „ 15 „ „ ist Ulm fälschlich als in Bayern liegend angegeben.

„ 152 „ 13 „ „ lies statt weifsmattes meist mattes.

Lightning Source UK Ltd.
Milton Keynes UK
UKHW020211091218
333599UK00006B/239/P